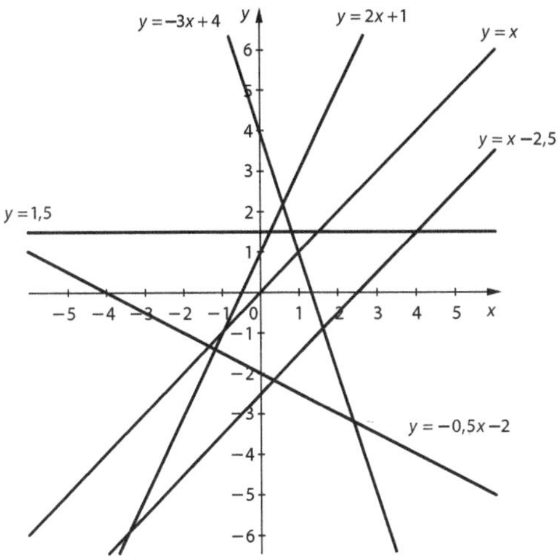
$y=-3x+4$
$y=2x+1$
$y=x$
$y=x-2,5$
$y=1,5$
$y=-0,5x-2$
x
y

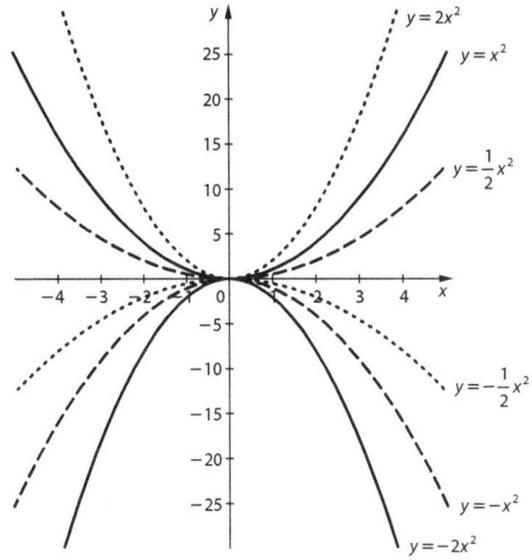
$y=2x^2$
$y=x^2$
$y=\frac{1}{2}x^2$
$y=-\frac{1}{2}x^2$
$y=-x^2$
$y=-2x^2$
x
y

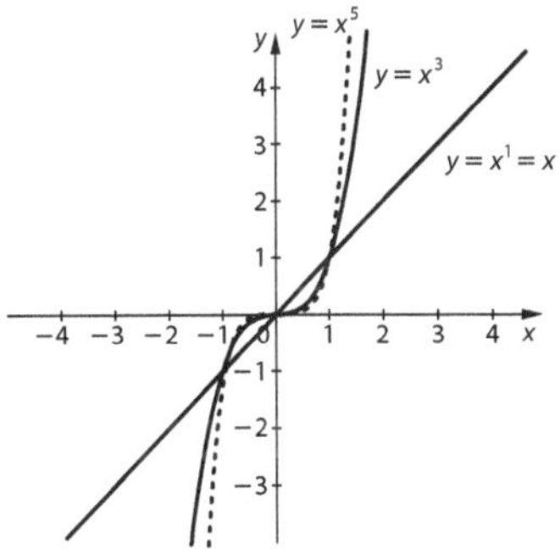
$y=x^5$
$y=x^3$
$y=x^1=x$
x
y

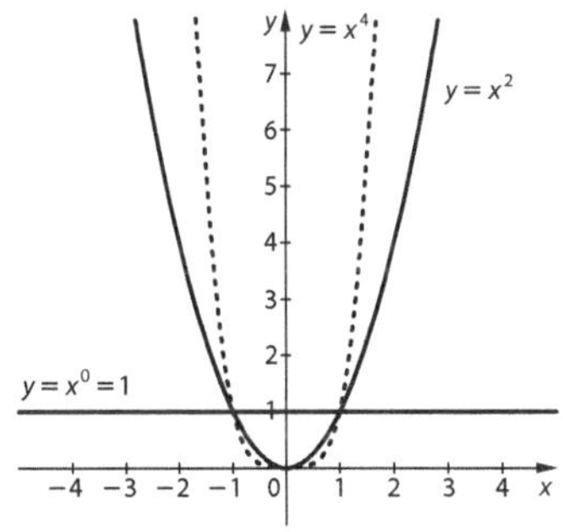
$y=x^4$
$y=x^2$
$y=x^0=1$
x
y

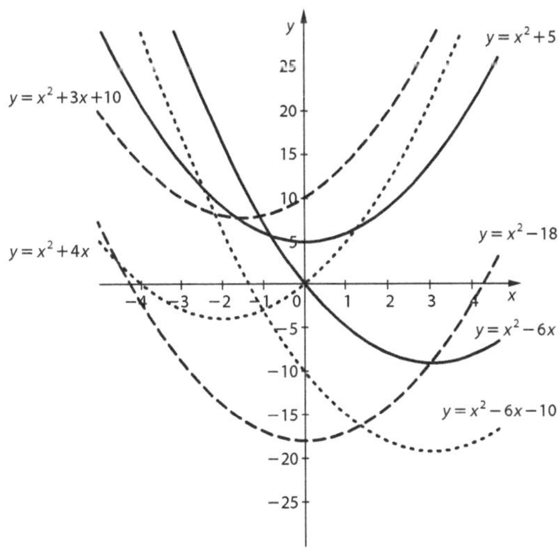
$y=x^2+5$
$y=x^2+3x+10$
$y=x^2-18$
$y=x^2+4x$
$y=x^2-6x$
$y=x^2-6x-10$
x
y

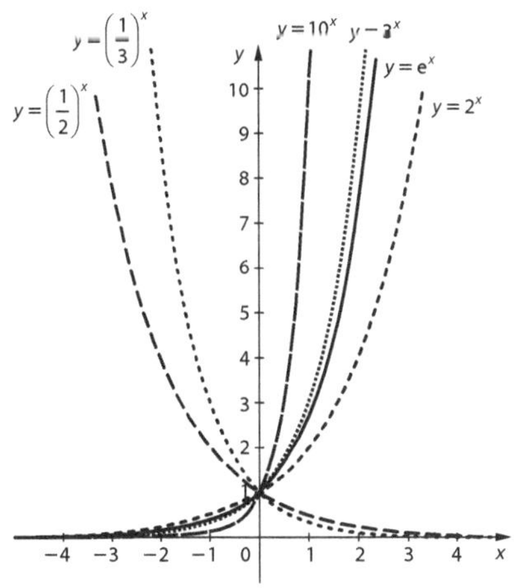
$y=\left(\frac{1}{3}\right)^x$
$y=\left(\frac{1}{2}\right)^x$
$y=10^x$
$y=3^x$
$y=e^x$
$y=2^x$
x
y

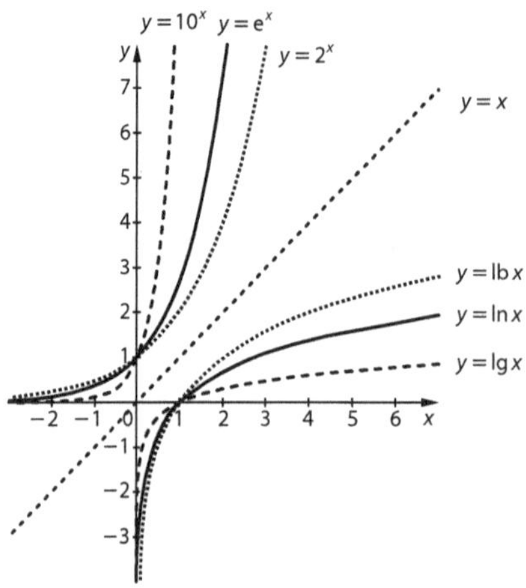
y = 10^x
y = e^x
y = 2^x
y = x
y = lb x
y = ln x
y = lg x

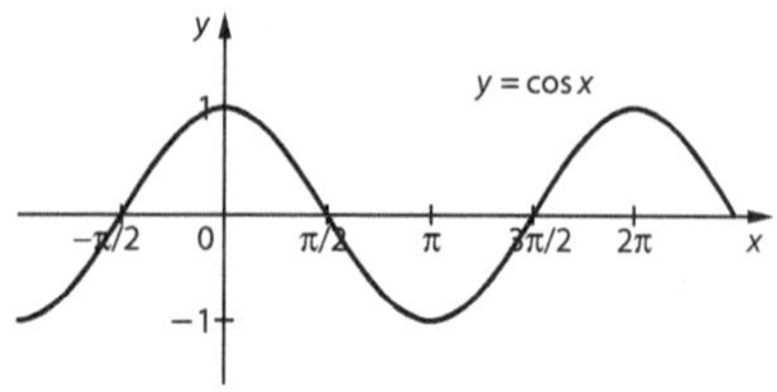
y = cos x

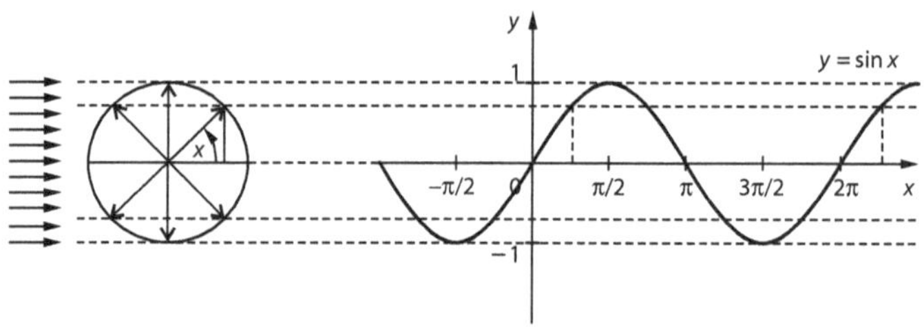
y = sin x

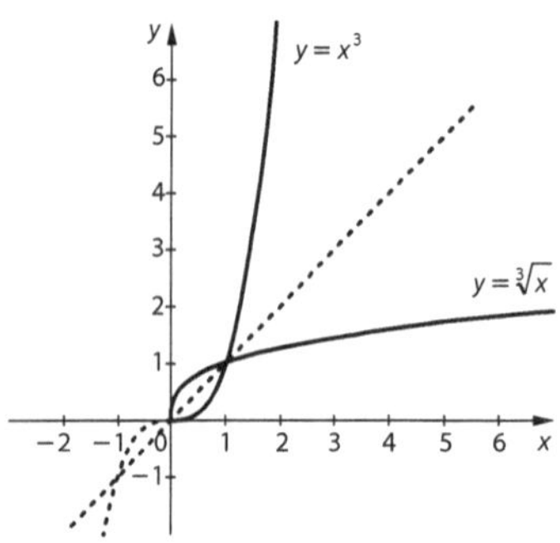
y = x^3
y = ∛x

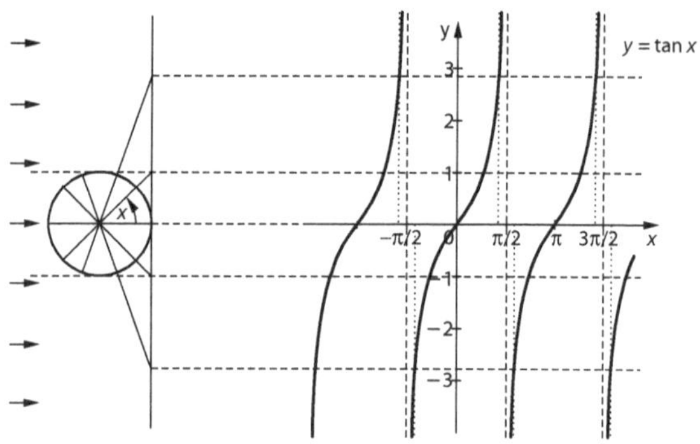
y = tan x

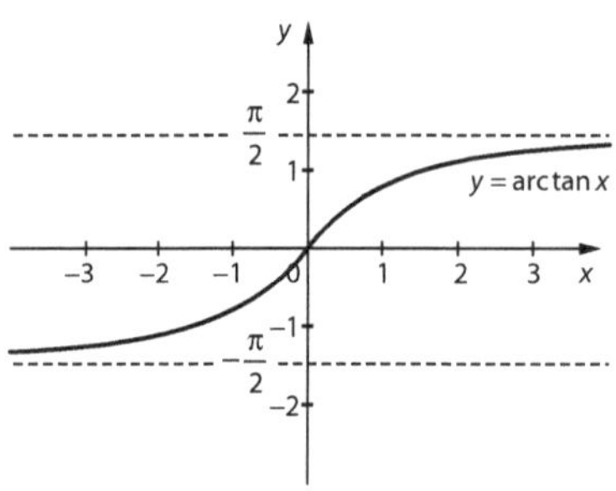
y = arctan x

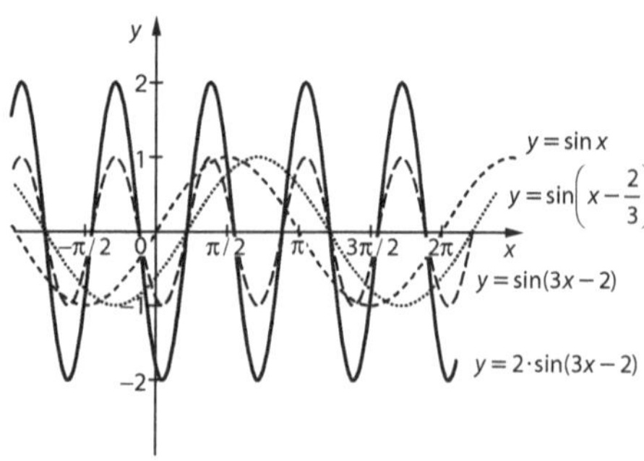
y = sin x
y = sin(x − 2/3)
y = sin(3x − 2)
y = 2·sin(3x − 2)

Völkel u.a.

Mathematatik für Techniker

Siegfried Völkel u.a.

Mathematatik für Techniker

9., aktualisierte Auflage

HANSER

Über die Autor:innen:
Dr. Horst Bach, Eisleben (Kap. 6 bis 8)
Dr. Manfred Bannach (Kap. 3 und 4), Berufsbildende Schule „Gutjahr“ Halle
Dipl.-Päd. Elke Katz (Kap. 9 und 10), Arwed-Rossbach-Schule / Berufsschulzentrum der Stadt Leipzig
Oberstudienrat Ingo Mees (Kap. 5, 11 und 12), Staatliche Technikerschule Berlin
Dipl.-Ing.-Päd. Annette Thon (Kap. 1 und 2), Fachschule für Technik Mühlhausen
Dr. Heinz Nickel †, Dresden
Dipl.-Math. Jürgen Schäfer, Altenburg
Dr. Siegfried Völkel, Dresden

FSC www.fsc.org MIX Papier aus verantwortungsvollen Quellen FSC® C083411

Print-ISBN: 978-3-446-48022-3
E-Book-ISBN: 978-3-446-48075-9

Bibliografische Information der Deutschen Nationalbibliothek:
Die Deutsche Nationalbibliothek verzeichnet diese Publikation in der Deutschen Nationalbibliografie; detaillierte bibliografische Daten sind im Internet unter http://dnb.d-nb.de abrufbar.

Vilshofener Straße 10 | 81679 München | info@hanser.de
www.hanser-fachbuch.de
Lektorat: Dipl.-Ing. Natalia Silakova-Herzberg
Herstellung: Frauke Schafft
Coverkonzept: Marc Müller-Bremer, www.rebranding.de, München
Covergestaltung: Max Kostopoulos
Titelmotiv: © shutterstock.com/Vasilius
Satz: Dr. Steffen Naake, Limbach-Oberfrohna
Druck: CPI books GmbH, Leck
Printed in Germany

Vorwort

Vorwort zur 9. Auflage

Die vorliegende 9. Auflage wurde durchgesehen und aktualisiert. Des Weiteren wurden Lesereinschriften berücksichtigt, entsprechende Änderungen vorgenommen und Fehler behoben.

Leipzig, Mühlhausen, Halle und Berlin, im April 2024 — Die Verfasser

Vorwort zur 7. Auflage

Die 7., neubearbeitete und erweiterte Auflage stellt eine umfangreiche Überarbeitung des in der Mathematikausbildung angehender Techniker bewährten Lehrbuches dar.

Der Inhalt orientiert sich an den Lehrplänen für die Technikerausbildung. Aus didaktischen Gründen folgt das Kapitel „Gleichungen und Ungleichungen" nun direkt dem Kapitel „Rechenoperationen". Der Abschnitt, der das Lösen von linearen Gleichungssystemen mit Determinanten behandelt, wurde im Umfang erhöht, dafür entfallen Rechenoperationen mit Matrizen. Die Kapitel Geometrie und Trigonometrie sind entsprechend den Lehrplananforderungen umfassend bearbeitet worden. Das Kapitel „Funktionen" wurde neu strukturiert. Es schließen sich Zahlenfolgen und Grenzwerte an. Der Differenzial- und der Integralrechnung ist nun je ein eigenes Kapitel gewidmet, um die verschiedenen Grundanliegen dieser Teilgebiete der Infinitesimalrechnung hervorzuheben. Im Kapitel „Differenzialrechnung" wird auch die geometrische Bedeutung der 2. Ableitung einer Funktion mit allen Konsequenzen zur Bestimmung von Maxima und Minima von Funktionen betrachtet. Der Abschnitt „Kurvendiskussion" wurde vollständig überarbeitet. Neu aufgenommen wurde ein Abschnitt über das Aufstellen von Funktionsgleichungen mittels Ableitungen. Im Kapitel „Integralrechnung" wurden Abschnitte über die Integration durch Substitution sowie die Berechnung des Rauminhalts von Rotationskörpern ergänzt. Anschließend folgen die Kapitel „Einführung in die Wahrscheinlichkeitsrechnung" und „Einführung in die Statistik". Neu ist hier ein Bezug im Bereich der Anwendungsaufgaben auf Taschenrechner mit Computeralgebrasystem und auf Tabellenkalkulationssoftware. Die Inhalte zu komplexen Zahlen waren bisher auf verschiedene Abschnitte verteilt. In die Neuauflage wurde ein separates Kapitel „Komplexe Zahlen" aufgenommen. Auf vielfachen Wunsch der Leser dieses Buches wurde die „Vektorrechnung" als neues Kapitel hinzugefügt. Die Bilder und Grafiken zur Illustration der dargestellten mathematischen Sachverhalte wurden teilweise neu erstellt, an der großen Anzahl von Beispielen wurde festgehalten.

Die Autoren, die sämtlich über ein hohes Maß an Erfahrung in der Technikerausbildung verfügen, haben sich um größtmögliche Verständlichkeit und Anschaulichkeit bemüht.

Durch die Art der Stoffdarbietung eignet sich das Buch sowohl für den Gebrauch im Unterricht als auch zum Selbststudium. Zu diesem Zweck wurden die Kontrollfragen, die sich jedem Abschnitt anschließen, beibehalten und die Anzahl der Aufgaben, die weitgehend anwendungsorientiert und praxisnah sind, erhöht. Am Kapitelende sind zur Selbstkontrolle die Lösungen der Aufgaben eingefügt.

Für Kritik, Korrekturen, Anregungen und Hinweise inhaltlicher und didaktischer Art ist das Autorenteam dankbar, soll dieses Buch doch aus der Unterrichtspraxis zur Praxis, d. h. zum Gelingen des Mathematikunterrichts und zum Lernerfolg der Studierenden, beitragen.

Ein besonderer Dank gilt der Lektorin Frau Christine Fritzsch vom Fachbuchverlag Leipzig, der es gelungen ist, das fünfköpfige Autorenteam mit großer Geduld zu koordinieren und dafür zu sorgen, dass dieses Unterrichtswerk in einer neuen Auflage vorliegt. Auch Frau Katrin Wulst gebührt Dank für die technische Unterstützung und die Herstellung dieses Buches. Die Zusammenarbeit mit beiden Fachfrauen war stets sehr angenehm.

Möge dieses Buch dazu beitragen, dass die Vermittlung mathematischer Sachverhalte und Zusammenhänge im Rahmen der Technikerausbildung gelingt!

Leipzig, im Mai 2014 Die Verfasser

Inhalt

1 Rechenoperationen ... 13

1.1 Grundbegriffe der Mengenlehre und Logik ... 13
1.1.0 Vorbemerkung ... 13
1.1.1 Begriff der Menge ... 13
1.1.2 Relationen zwischen Mengen ... 16
1.1.3 Operationen mit Mengen ... 19
1.2 Zahlenbereiche ... 23
1.2.0 Vorbemerkung ... 23
1.2.1 Bereich der reellen Zahlen und seine Teilbereiche ... 23
1.2.2 Zahlensysteme ... 25
1.2.3 Intervalle, absoluter Betrag, Runden von Zahlen ... 27
1.3 Rechenoperationen erster und zweiter Stufe ... 32
1.3.0 Vorbemerkung ... 32
1.3.1 Grundbegriffe ... 32
1.3.2 Rechenoperationen mit Zahlen ... 34
1.3.3 Algebraische Summen ... 35
1.3.4 Bruchrechnung ... 39
1.3.5 Proportionen ... 44
1.3.6 Summenzeichen ... 49
1.4 Rechenoperationen dritter Stufe ... 51
1.4.0 Vorbemerkung ... 51
1.4.1 Rechnen mit Potenzen und Wurzeln ... 51
1.4.2 Rechnen mit Logarithmen ... 61
1.4.3 Potenz eines Binoms ... 68
1.5 Aufgaben ... 71
1.6 Lösungen ... 80

2 Gleichungen und Ungleichungen ... 86

2.1 Gleichungen mit einer Variablen ... 86
2.1.0 Vorbemerkung ... 86
2.1.1 Grundbegriffe ... 86
2.1.2 Lösen von algebraischen Gleichungen ... 90
2.1.3 Lösen von transzendenten Gleichungen ... 99
2.1.4 Lösen von Gleichungen durch Näherungsverfahren ... 104
2.2 Ungleichungen ... 110
2.2.0 Vorbemerkung ... 110
2.2.1 Grundbegriffe ... 110
2.2.2 Einfache Typen linearer Ungleichungen ... 111
2.3 Lineare Gleichungssysteme ... 113
2.3.0 Vorbemerkung ... 113

2.3.1 Herkömmliche Lösungsverfahren ... 114
2.3.2 Lösbarkeitsbetrachtungen ... 117
2.3.3 Gauß'scher Algorithmus ... 120
2.3.4 Determinantenverfahren ... 125
2.4 Aufgaben ... 131
2.5 Lösungen ... 138

3 Geometrie ... 143

3.1 Planimetrie ... 143
3.1.0 Vorbemerkung ... 143
3.1.1 Grundbegriffe ... 143
3.1.2 Winkel an sich schneidenden Geraden ... 146
3.1.3 Bewegungen in der Ebene, Kongruenz, Symmetrie ... 147
3.1.4 Grundkonstruktionen ... 151
3.1.5 Ähnlichkeit ... 154
3.1.6 Allgemeines Dreieck ... 156
3.1.7 Rechtwinkliges, gleichschenkliges und gleichseitiges Dreieck ... 163
3.1.8 Viereck ... 166
3.1.9 Regelmäßiges n-Eck ... 168
3.1.10 Kreis ... 170
3.1.11 Flächeninhalte ... 174
3.2 Stereometrie ... 180
3.2.0 Vorbemerkung ... 180
3.2.1 Quader ... 181
3.2.2 Prisma und Pyramide ... 183
3.2.3 Prismatoid ... 188
3.2.4 Zylinder und Kegel ... 190
3.2.5 Cavalierisches Prinzip ... 195
3.2.6 Kugel und Kugelteile ... 195
3.3 Aufgaben ... 200
3.4 Lösungen ... 208

4 Trigonometrie ... 215

4.1 Goniometrie ... 215
4.1.0 Vorbemerkung ... 215
4.1.1 Winkelmessung ... 215
4.1.2 Winkelfunktionen im rechtwinkligen Dreieck ... 216
4.1.3 Winkelfunktionen für beliebige Winkel ... 222
4.1.4 Quadrantenrelationen ... 225
4.1.5 Zusammenhang zwischen den Funktionswerten eines Winkels ... 231
4.1.6 Additionstheoreme ... 233
4.2 Dreiecksberechnung ... 237
4.2.1 Allgemeines ... 237
4.2.2 Sinus- und Kosinussatz ... 238
4.2.3 Grundaufgaben der Dreiecksberechnung ... 244
4.2.4 Weitere Anwendungen ... 246
4.3 Aufgaben ... 252
4.4 Lösungen ... 258

5 Funktionen ... 263
5.0 Vorbemerkung ... 263
5.1 Der Funktionsbegriff ... 263
5.1.1 Die Definition einer Funktion ... 263
5.1.2 Darstellungsformen von Funktionen ... 264
5.1.3 Eigenschaften von Funktionen ... 269
5.1.4 Die Umkehrfunktion ... 271
5.2 Lineare Funktionen (Geraden) ... 274
5.2.1 Die analytischen Darstellungsarten linearer Funktionen ... 274
5.2.2 Die lineare Funktion und ihre Umkehrfunktion ... 277
5.2.3 Lagebeziehungen zwischen Geraden ... 279
5.3 Quadratische Funktionen (Parabeln) ... 283
5.3.1 Die Darstellungsarten quadratischer Funktionen ... 283
5.3.2 Die Umwandlung zwischen den Darstellungsarten quadratischer Funktionen ... 288
5.3.3 Die Umkehrfunktion der quadratischen Funktion ... 291
5.4 Potenz- und Wurzelfunktionen ... 293
5.4.1 Potenzfunktionen und ihre Eigenschaften ... 293
5.4.2 Wurzelfunktionen und ihre Eigenschaften ... 295
5.5 Ganzrationale Funktionen ... 296
5.6 Gebrochenrationale Funktionen ... 300
5.7 Exponential- und Logarithmusfunktionen ... 303
5.7.1 Exponentialfunktionen und ihre Eigenschaften ... 303
5.7.2 Logarithmusfunktionen und ihre Eigenschaften ... 306
5.8 Trigonometrische Funktionen und ihre Umkehrfunktionen ... 307
5.9 Der Einfluss von Funktionsparametern auf Funktionsgraphen ... 313
5.10 Bestimmung von Funktionsgleichungen ... 322
5.11 Aufgaben ... 326
5.12 Lösungen ... 333

6 Zahlenfolgen ... 341
6.0 Vorbemerkung ... 341
6.1 Grundbegriffe ... 341
6.2 Arithmetische Folgen ... 344
6.3 Geometrische Folgen ... 348
6.4 Anwendungsbeispiele der geometrischen Folge ... 350
6.5 Grenzwert einer Zahlenfolge ... 355
6.6 Grenzwert einer Funktion ... 359
6.6.1 Grenzwert einer Funktion an der Stelle $x = a$ ... 359
6.6.2 Grenzwert einer Funktion für $x \to \pm\infty$ ... 363
6.7 Aufgaben ... 364
6.8 Lösungen ... 366

7 Differenzialrechnung ... 369

7.0 Vorbemerkung ... 369
7.1 Grundbegriffe ... 369
7.2 Ableitung der Potenzfunktion ... 374
7.3 Ableitung einer konstanten Funktion und einer Funktion mit konstantem Faktor ... 376
7.4 Ableitung einer Summe von Funktionen ... 376
7.5 Differenzial einer Funktion ... 377
7.6 Weitere Grundregeln der Differenzialrechnung ... 381
7.6.1 Ableitung eines Produktes von Funktionen ... 381
7.6.2 Ableitung eines Quotienten zweier Funktionen ... 382
7.7 Regeln für die Ableitung weiterer Funktionen ... 384
7.8 Höhere Ableitungen ... 386
7.9 Geometrische Interpretation der ersten und zweiten Ableitung ... 387
7.10 Kurvendiskussion ... 392
7.11 Extremwertaufgaben ... 398
7.12 Aufstellen von Funktionsgleichungen mittels der Ableitungen ... 401
7.13 Aufgaben ... 404
7.14 Lösungen ... 407

8 Integralrechnung ... 413

8.0 Vorbemerkung ... 413
8.1 Unbestimmtes Integral ... 413
8.2 Bestimmtes Integral ... 416
8.3 Eigenschaften bestimmter Integrale ... 421
8.4 Bestimmtes Integral als Grenzwert einer Summenfolge ... 422
8.5 Flächeninhalte ebener Flächen zwischen einer Kurve und der x-Achse ... 426
8.6 Flächen zwischen zwei Kurven ... 428
8.7 Integration durch Substitution ... 431
8.8 Der Rauminhalt von Rotationskörpern ... 433
8.9 Numerische Integration ... 436
8.10 Aufgaben ... 440
8.11 Lösungen ... 441

9 Einführung in die Wahrscheinlichkeitsrechnung ... 443

9.0 Vorbemerkung ... 443
9.1 Zufällige Erscheinungen und Ereignisse ... 443
9.2 Wahrscheinlichkeitsbegriff ... 446
9.3 Anzahl von Ergebnissen und Wahrscheinlichkeiten mehrstufiger Zufallsversuche ... 453
9.4 Simulation von Zufallsversuchen ... 466
9.5 Aufgaben ... 471
9.6 Lösungen ... 473

10 Einführung in die Statistik ... 475

10.0 Vorbemerkung ... 475
10.1 Statistische Erhebung, Auswertung und Darstellung von Daten ... 475
10.2 Zufallsgrößen und Wahrscheinlichkeitsverteilung ... 495
10.3 Erwartungswert, Varianz und Standardabweichung ... 499
10.4 Binomialverteilte Zufallsgrößen ... 502
10.5 Anwendungen zur Binomialverteilung ... 504
10.6 Aufstellen und Testen von Hypothesen ... 510
10.7 Anwendungsaufgaben ... 514
10.8 Die Poisson-Verteilung ... 516
10.9 Die Normalverteilung ... 519
10.10 Anwendungen der Normalverteilung ... 524
10.11 Exponentialverteilung ... 526
10.12 Aufgaben ... 527
10.13 Lösungen ... 532

11 Komplexe Zahlen ... 537

11.0 Vorbemerkung ... 537
11.1 Die arithmetische Form der komplexen Zahlen ... 537
11.1.1 Imaginäre und komplexe Zahlen ... 537
11.1.2 Rechnen mit komplexen Zahlen in der arithmetischen Form ... 541
11.1.3 Die Darstellung komplexer Zahlen in der Gauß'schen Zahlenebene ... 544
11.2 Die trigonometrische Form der komplexen Zahlen ... 546
11.3 Die Exponentialform der komplexen Zahlen ... 550
11.3.1 Die Multiplikation und die Division komplexer Zahlen in der Exponentialform ... 550
11.3.2 Das Potenzieren, das Radizieren und das Logarithmieren komplexer Zahlen ... 552
11.4 Aufgaben ... 555
11.5 Lösungen ... 556

12 Vektorrechnung ... 560

12.0 Vorbemerkung ... 560
12.1 Punkte und Vektoren im kartesischen Koordinatensystem ... 560
12.1.1 Punkte im kartesischen Koordinatensystem ... 560
12.1.2 Vektoren im kartesischen Koordinatensystem ... 561
12.2 Rechnen mit Vektoren ... 565
12.2.1 Addition und Subtraktion von Vektoren ... 565
12.2.2 Die Multiplikation von Vektoren mit reellen Zahlen ... 568
12.2.3 Das Skalarprodukt ... 570
12.2.4 Das Vektorprodukt (Kreuzprodukt) ... 576
12.3 Die vektorielle Beschreibung von Geraden ... 579
12.3.1 Die Vektorgleichung einer Geraden ... 579
12.3.2 Die Lagebeziehungen zwischen Geraden ... 581
12.4 Die vektorielle Beschreibung von Ebenen ... 584
12.4.1 Die Vektorgleichung einer Ebene ... 584

12.4.2 Die Lagebeziehungen zwischen einer Ebene und einer Geraden .. 588
12.4.3 Die Lagebeziehung zwischen Ebenen ... 590
12.4.4 Der Normalenvektor einer Ebene ... 594
12.5 Aufgaben ... 598
12.6 Lösungen ... 605

Sachwortverzeichnis ... 609

1 Rechenoperationen

1.1 Grundbegriffe der Mengenlehre und Logik

1.1.0 Vorbemerkung

Die Mengenlehre hat sich seit ihrer Begründung durch Georg Cantor (1845–1918) zu einer grundlegenden mathematischen Disziplin entwickelt. Viele Gebiete der Mathematik und der Logik wurden durch sie entscheidend beeinflusst.

Die Logik ist eine Wissenschaft, in der die allgemeinste Struktur des richtigen Denkens untersucht wird.

Mithilfe der Mengenlehre und Logik lassen sich mathematische Zusammenhänge präzise und übersichtlich darstellen. Deshalb werden in diesem Abschnitt Grundbegriffe und -beziehungen aus beiden Gebieten eingeführt. Ihre Anwendung in den folgenden Abschnitten wird mit dazu beitragen, das Erkennen der dargestellten Zusammenhänge zu erleichtern.

1.1.1 Begriff der Menge

Für den Mengenbegriff gab Cantor die *Erklärung*

Eine **Menge** ist eine Zusammenfassung M bestimmter, wohlunterschiedener Objekte m unserer Anschauung oder unseres Denkens zu einem Ganzen. Die Objekte m heißen die **Elemente** von M.

Mengen werden mit Großbuchstaben bezeichnet. Die Elemente einer Menge werden durch geschweifte Klammern zusammengefasst.

Ein Objekt a ist entweder ein Element einer Menge M oder nicht. Man schreibt:

$a \in M$, gelesen „a (ist) Element (von) M“;
$a \notin N$, gelesen „a (ist) nicht Element (von) N“.

Beispiele

1.1 Die Menge M aller positiven Zahlen, die Teiler von 12 sind: $M = \{1;\ 2;\ 3;\ 4;\ 6;\ 12\}$. Es ist z. B. $3 \in M$, aber $5 \notin M$.

1.2 Die Menge L aller Lösungen der Gleichung $x^2 = 16 : L = \{-4;\ 4\}$.

1.3 Die Menge K aller Primzahlen enthält unendlich viele Elemente: $K = \{2; 3; 5; 7; \ldots\}$.

1.4 Die Menge P aller geraden Primzahlen enthält nur ein Element: $P = \{2\}$.

1.5 Die Menge B aller Hauptstädte der deutschen Bundesländer enthält 16 Elemente: $B = \{$Hauptstadt Bremen; Dresden; München; ... Stuttgart$\}$. Es ist „Schwerin" $\in B$, aber „Meißen" $\notin B$. ■

Während die Umgangssprache unter einer Menge eine Vielzahl von Elementen versteht, können Mengen im Sinne der angegebenen Erklärung auch aus wenigen Elementen bzw. aus keinem Element bestehen.

Eine Menge, die nur ein Element enthält, heißt Einermenge. Wenn sie zwei verschiedene Elemente enthält, heißt sie Zweiermenge usw. Eine Menge, die kein Element enthält, heißt **leere Menge** (Symbol: $\emptyset$). Es ist $\emptyset = \{\ \}$.

Beispiele

1.6 Die Gleichung $x^2 = -4$ hat keine reelle Lösung (denn das Quadrat einer reellen Zahl kann nicht negativ sein). Die Menge ihrer Lösungen ist leer: $L_1 = \{\ \} = \emptyset$.

1.7 Die Gleichung $2x = 0$ hat die Lösung 0 (denn $2 \cdot 0 = 0$). Die Menge ihrer Lösungen ist die Einermenge $L_2 = \{0\}$. L_2 ist nicht die leere Menge, denn sie enthält ein Element (die Zahl 0), während L_1 in *Beispiel 1.6* kein Element enthält. ■

Zwischen den Begriffen der Mengenlehre und der Logik besteht ein enger Zusammenhang. Das gilt auch für den Begriff „Menge".

Man kann das Prinzip der Mengenbildung mit den Begriffen „Aussage" und „Aussageform", die Grundbegriffe der Logik sind, erklären.

Eine **Aussage** ist ein Gebilde, das einen Sachverhalt widerspiegelt. Wenn der Sachverhalt richtig widergespiegelt wird, ist die Aussage **wahr**, anderenfalls ist sie **falsch**.

Die Eigenschaften „wahr (w)" und „falsch (f)" heißen **Wahrheitswerte**. Für Aussagen gilt der

Satz der Zweiwertigkeit 1.1
Jede Aussage ist entweder wahr oder falsch.

Es gibt also

1. keinen dritten Wahrheitswert,
2. keine Aussage, die sowohl wahr als auch falsch ist.

Aussagen werden schriftlich (oder sprachlich) durch Aussagesätze ausgedrückt. Diese können auch mathematische Beziehungen sein.

Beispiele

1.8 „Dresden liegt an der Elbe." (w)

1.9 „7 ist durch 4 teilbar." (f)

1.10 $3 + 4 = 7$ (w)

1.11 $3 + 4 = 10$ (f)

1.12 $3+4>6$ (w)

1.13 $3+4<5$ (f) ■

Die *Beispiele 1.10* und *1.11* sind Gleichungen (weil sie ein Gleichheitszeichen enthalten), von denen die eine wahr und die andere falsch ist. Aus dem Begriff „Gleichung" kann demnach nicht auf den Wahrheitswert geschlossen werden. Entsprechendes gilt für die Ungleichungen in den *Beispielen 1.12* und *1.13*.

Aussagen sind daran erkennbar, dass sie einen (und nur einen) Wahrheitswert haben. Dieser lässt sich allerdings nicht immer feststellen.

Beispiele

1.14 $3+5$

1.15 „Komm her!"

1.16 H_2O

1.17 $ab+c$

1.18 $3+5=8$

1.19 „Der Monat März hat 30 Tage."

1.20 „Auf anderen Sternen gibt es vernunftbegabte Lebewesen."

1.21 „Am 1. Juni 1750 regnete es in Berlin." ■

Die *Beispiele 1.14* bis *1.17* sind keine Aussagen; *1.18* ist eine wahre, *1.19* eine falsche Aussage; *1.20* und *1.21* sind Aussagen, deren Wahrheitswert noch nicht bzw. nicht mehr feststellbar ist.

Die Gebilde der beiden folgenden Beispiele haben keinen Wahrheitswert, sind also keine Aussagen. Sie werden aber zu Aussagen, wenn für u bzw. x Objekte (Städtenamen bzw. Zahlen) eingesetzt werden.

Beispiele

1.22 „u ist Hauptstadt eines deutschen Bundeslandes." Wenn z. B. u = „Dresden" ist, entsteht eine wahre Aussage, für u = „Leipzig" ergibt sich eine falsche Aussage.

1.23 $x^2=16$ wird für $x=4$ und für $x=-4$ zu einer wahren, für jede andere Zahl zu einer falschen Aussage. ■

Für $x^2=16$ könnte auch geschrieben werden: $(\ldots)^2=16$. Demnach steht x für eine Leerstelle in der Gleichung.

- Ein Zeichen, das für eine Leerstelle steht, heißt **Variable (Veränderliche)**.

  Mithilfe des Variablenbegriffs wird definiert:

- Eine **Aussageform** ist ein Gebilde, das mindestens eine Variable enthält und durch Belegen dieser Variablen zu einer Aussage wird.

Die Gebilde in den *Beispielen 1.22* und *1.23* sind demnach Aussageformen.

Für die Objekte, mit denen die Variablen belegt werden können, ist ein Bereich zu wählen (**Grundbereich**), und zwar so, dass beim Belegen sinnvolle Aussagen entstehen (für *Beispiel 1.23* wären z. B. Städtenamen kein möglicher Grundbereich). Wenn sich beim Belegen einer Variablen eine wahre Aussage ergibt, so sagt man „die Aussageform wird erfüllt (gelöst)", und das Objekt heißt **Erfüllung (Lösung)** der Aussageform. Alle Lösungen können zu einer Menge zusammengefasst werden.

Prinzip der Mengenbildung

Wenn eine Aussageform für die Objekte eines Grundbereichs vorliegt, so bilden alle Objekte, die diese Aussageform erfüllen (lösen), eine **Menge**.

Die Aussageform drückt eine gemeinsame Eigenschaft aller Elemente der Menge aus. Wenn die Aussageform mit $H(x)$ bezeichnet wird (d. h. ein Gebilde, das die Variable x enthält, gelesen: „H von x"), so kann man schreiben:

$M = \{x: H(x)\}$, gelesen: „M ist die Menge aller (Elemente) x, für die $H(x)$ gilt".

Beispiele

1.22 (Fortsetzung) Die Lösungsmenge ist B (siehe *Beispiel 1.5*).
Man kann schreiben $B = \{u: u \text{ ist Hauptstadt eines deutschen Bundeslandes}\}$.

1.23 (Fortsetzung) Die Lösungsmenge ist L (siehe *Beispiel 1.2*).
Es ist $L = \{\pm 4\} = \{x: x^2 = 16\}$, falls der Grundbereich die Menge der reellen Zahlen ist. Wenn der Grundbereich auf die Menge der natürlichen Zahlen eingeschränkt wird, ändert sich die Lösungsmenge: $L_n = \{4\}$. ■

Mengen lassen sich demnach auf zwei Arten darstellen: durch Angabe der Elemente oder Angabe der die Menge definierenden Aussageform. Eine Menge heißt **Allmenge**, wenn sie alle Objekte des Grundbereichs enthält. Im *Abschnitt 1.1* dieses Buches wird sie mit U bezeichnet.

Beispiel

1.24 Grundbereich: Gesamtheit aller reellen Zahlen.
Es gilt $\{x: x + x = 2x\} = U$, denn die Gleichung wird durch jede reelle Zahl gelöst. ■

Kontrollfragen

1.1 Wie ist nach Cantor der Begriff der Menge erklärt?

1.2 Was ist eine Aussage, und woran ist sie erkennbar?

1.3 Was ist eine Variable?

1.4 Was ist eine Aussageform, und wie lässt sich mit ihrer Hilfe das Prinzip der Mengenbildung erklären?

Aufgaben: *1.1* und *1.2*

1.1.2 Relationen zwischen Mengen

Definition 1.1

Zwei Mengen A und B heißen **gleich** genau dann, wenn sie dieselben Elemente haben.

Schreibweise: $A = B$, gelesen: „A (ist) gleich B".

A heißt **Teilmenge** von B genau dann, wenn jedes Element von A auch Element von B ist.

Schreibweise: $A \subseteq B$, gelesen: „A (ist) Teilmenge von B".

Die Teilmengenrelation $A \subseteq B$ wird auch Inklusion genannt.

Mengen kann man durch Punktmengen in der Ebene veranschaulichen. Alle Punkte, die von einer geschlossenen Kurve begrenzt werden, sollen Elemente der Menge sein. In den *Bildern 1.1* und *1.2* sind $A \subseteq B$ und $A = B$ dargestellt. Die Rechteckfläche soll den Grundbereich (die Allmenge) U darstellen.

Folgerungen:

1. Wenn $A \subseteq B$ ist, so ist $B \supseteq A$. A wird auch Untermenge von B, und entsprechend B Obermenge von A, genannt.
2. Die Gleichheit $A = B$ ist ein Sonderfall von $A \subseteq B$. Es ist $A = B$ genau dann, wenn $A \subseteq B$ und $B \subseteq A$ ist, d. h., wenn jedes Element von A auch Element von B und jedes Element von B auch Element von A ist.
3. Wenn $A \subseteq B$ ist und B mindestens ein Element enthält, das nicht Element von A ist, so heißt A **echte Teilmenge** von B: $A \subset B$.
4. Für die leere Menge, eine beliebige Menge A und die Allmenge gilt:

$$\emptyset \subseteq A; \quad A \subseteq U \tag{1.1}$$

Zwei Mengen A und B, für die weder die Teilmengen- noch die Gleichheitsrelation gilt, können gemeinsame Elemente haben, aber dann enthält jede Menge mindestens ein Element, das nicht Element der anderen Menge ist (*Bild 1.3*). Falls A und B keine gemeinsamen Elemente haben, heißen sie **disjunkte (elementfremde) Mengen** (*Bild 1.4*).

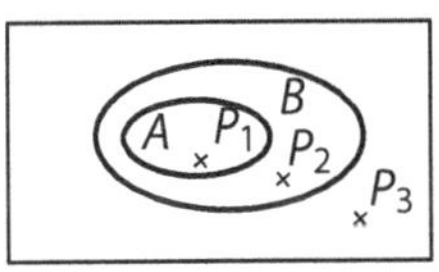

Bild 1.1

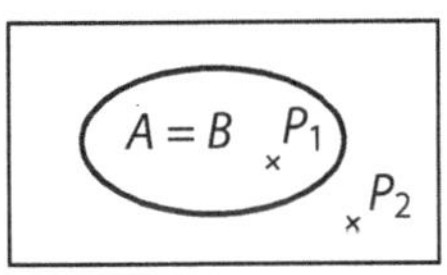

Bild 1.2

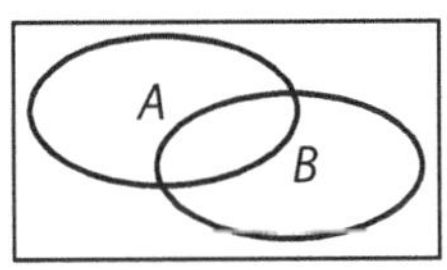

Bild 1.3

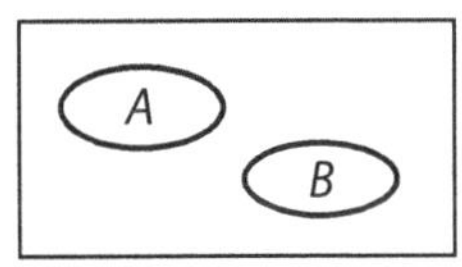

Bild 1.4

Beispiele

1.25 Grundbereich: $U = \{1; 2; \ldots; 20\}$ (Menge der ganzen Zahlen von 1 bis 20).

Wenn $A = \{x\colon x \text{ ist teilbar durch } 6\} = \{6; 12; 18\}$ und
$B = \{x\colon x \text{ ist teilbar durch } 3\} = \{3; 6; 9; 12; 15; 18\}$,
so ist $A \subseteq B$ (A ist sogar echte Teilmenge von B: $A \subset B$).

1.26 Grundbereich: Menge aller Vierecke.

Wenn A die Menge aller Quadrate ist und B die Menge aller gleichseitigen Rechtecke, also $A = \{x\colon x \text{ ist ein Quadrat}\}$, $B = \{x\colon x \text{ ist gleichseitiges Rechteck}\}$, so ist $A = B$.

1.27 Welche Relationen bestehen zwischen $P = \{3; 5; 7\}$, $Q = \{5; 7; 10\}$, $R = \{5; 7; 9; 10\}$ und $S = \{4; 6\}$?

Lösung: P und Q enthalten gemeinsame Elemente, es besteht aber keine Teilmengenrelation; für P und R gilt das Gleiche; P und S sind disjunkt. Es ist $Q \subset R$; Q und S und gleichfalls R und S sind disjunkt. ■

Zusammenhang mit logischen Operationen

In *Abschnitt 1.1.1* wurde festgestellt, dass zwischen Mengenlehre und Logik ein enger Zusammenhang besteht. Das gilt auch für die in diesem Abschnitt eingeführten Relationen:

(1) $A \subseteq B$: Für alle Elemente des Grundbereichs gilt (vgl. *Bild 1.1*) „wenn $x \in A$ erfüllt ist, so muss auch $x \in B$ erfüllt sein" (z. B. Punkt P_1), aber „wenn $x \in B$ erfüllt ist, so kann $x \in A$ erfüllt sein, muss aber nicht" (z. B. liegen P_1 und P_2 beide in B, aber P_2 liegt nicht in A). In der Logik gibt es für zwei Aussagen (oder auch Aussageformen) p, q die Verknüpfung $p \Rightarrow q$. Sie heißt **Implikation** und wird gelesen „wenn p, so (muss) q" (bei Vertauschen von p und q „wenn q, so kann p"). Die Bedingung p heißt hinreichend für q, q heißt notwendig für p. Zwischen Teilmengenrelation und Implikation besteht demnach der Zusammenhang:

$A \subseteq B$ gilt genau dann, wenn $x \in A \Rightarrow x \in B$ ($x \in B$ folgt aus $x \in A$).

Die Bedingung $x \in A$ ist hinreichend für $x \in B$, aber nicht notwendig; andererseits ist $x \in B$ notwendig für $x \in A$, aber nicht hinreichend. Für die Punktmengen in *Bild 1.1* bedeutet das: Damit ein Punkt in B liegt, ist es hinreichend, dass er in A liegt (P_1), aber nicht notwendig (auch P_2 liegt in B). Damit ein Punkt in A liegt, ist es notwendig, dass er in B liegt (denn wenn er nicht in B liegt, kann er auch nicht in A liegen: P_3); die Bedingung ist aber nicht hinreichend (P_2 liegt zwar in B, aber nicht in A).

(2) $A = B$: Für alle Elemente des Grundbereichs gilt (vgl. *Bild 1.2*) „wenn $x \in A$, so muss $x \in B$" und auch „wenn $x \in B$, so muss $x \in A$". In der Logik gibt es eine entsprechende Verknüpfung. Sie heißt **Äquivalenz** (Gleichwertigkeit): $p \Leftrightarrow q$, gelesen „genau dann q, wenn p". Da $p \Leftrightarrow q$ sowohl $p \Rightarrow q$ als auch $q \Rightarrow p$ bedeutet, heißt jede der Bedingungen p, q ist notwendig und hinreichend für die andere.

Die Äquivalenz wird auch gelesen „dann und nur dann q, wenn p".

Zwischen Gleichheitsrelation und Äquivalenz besteht demnach der Zusammenhang:

$A = B$ gilt genau dann, wenn $x \in A \Leftrightarrow x \in B$.

Da äquivalente Aussageformen gleiche Mengen erklären, wird besonders die letzte Lesart genutzt, wenn ein neuer Begriff definiert wird.

Beispiele

1.28 Für die Mengen in *Beispiel 1.25* gilt wegen $A \subseteq B$ „x ist teilbar durch 6" $A \Rightarrow B$ „x ist teilbar durch 3". Wenn eine Zahl durch 6 teilbar ist, so muss sie auch durch 3 teilbar sein, d. h., die Teilbarkeit durch 6 ist hinreichende Bedingung für die Teilbarkeit durch 3 (aber keine notwendige). Andererseits gilt: Wenn eine Zahl durch 3 teilbar ist, so kann sie durch 6 teilbar sein, d. h., Teilbarkeit durch 3 ist notwendige Bedingung für die Teilbarkeit durch 6 (aber keine hinreichende).

1.29 Grundbereich: Menge aller Vierecke.

Welche der beiden Bedingungen „x ist Rechteck", „x ist Quadrat" ist notwendige Bedingung für die andere?

Lösung: Für $R = \{x\colon x \text{ ist Rechteck}\}$ und $Q = \{x\colon x \text{ ist Quadrat}\}$ gilt $Q \subseteq R$. Folglich gilt für die Aussageformen „x ist Quadrat" $\Rightarrow$ „x ist Rechteck".

Da die notwendige Bedingung rechts vom Implikationszeichen steht, ist „x ist Rechteck" eine notwendige (aber nicht hinreichende) Bedingung für „x ist Quadrat".

1.30 Die Bedingungen „x ist Rhombus" und „x ist gleichseitiges Viereck" sind miteinander zu vergleichen.

Lösung: Es ist $\{x\colon x \text{ ist Rhombus}\} = \{x\colon x \text{ ist gleichseitiges Viereck}\}$, folglich „$x$ ist Rhombus" $\Leftrightarrow$ „x ist gleichseitiges Viereck", d. h., „ein Viereck ist ein Rhombus genau dann, wenn es gleichseitig ist". Jede der beiden Bedingungen ist notwendig und hinreichend für die andere.

Das Beispiel zeigt, wie mithilfe einer Äquivalenz ein Begriff (der Begriff „Rhombus") definiert werden kann. ■

Kontrollfragen

1.5 Wie ist die Teilmengenrelation definiert?

1.6 Welche Bedingung muss erfüllt sein, damit eine Menge eine echte Teilmenge einer anderen ist?

1.7 Mithilfe welcher Wörter ist eine Implikation $p \Rightarrow q$ zu formulieren? Wie ist sie nach Vertauschen von p und q zu lesen? Welche Art von Bedingung sind p bzw. q?

1.8 Mithilfe welcher Wörter ist eine Äquivalenz zu formulieren? Welche Art von Bedingung sind p und q?

Aufgaben: ***1.3*** **und** ***1.4***

1.1.3 Operationen mit Mengen

Bei einer Mengenoperation wird aus zwei Mengen eine neue gebildet. Die wichtigsten Operationen sind Durchschnitt, Vereinigung und Differenz.

Definition 1.2

Gegeben seien zwei Mengen A und B.

Der **Durchschnitt** $A \cap B$ (gelesen: „A geschnitten mit B") enthält alle Elemente, die gemeinsame Elemente von A und B sind (*Bild 1.5*).

Die **Vereinigung** $A \cup B$ (gelesen: „A vereinigt mit B") enthält alle Elemente, die Element von mindestens einer der Mengen A, B sind (*Bild 1.6*).

Die **Differenz** $A \setminus B$ (gelesen: „A ohne B") enthält alle Elemente von A, die nicht Element von B sind (*Bild 1.7*).

Entsprechend enthält $B \setminus A$ alle Elemente von B, die nicht Element von A sind (*Bild 1.8*).

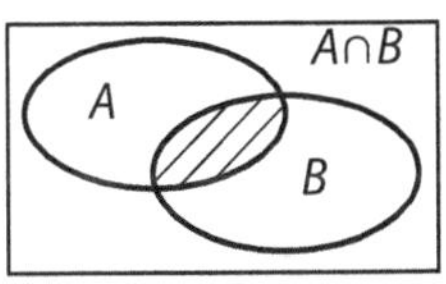

Bild 1.5

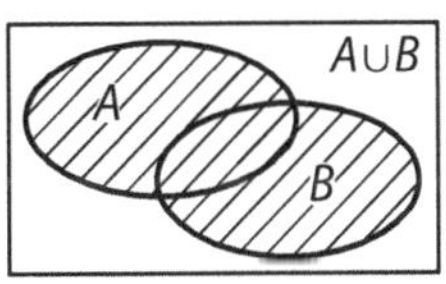

Bild 1.6

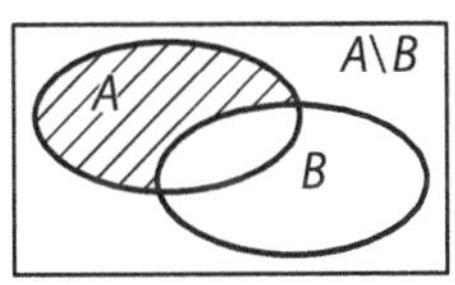

Bild 1.7

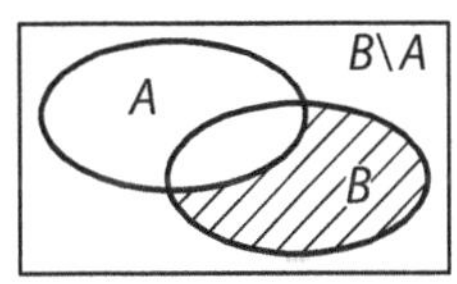

Bild 1.8

Beispiel

1.31 Mit $A = \{a;\ b;\ c;\ d\}$ und $B = \{c;\ d;\ e;\ f\}$ sind Durchschnitt, Vereinigung und Differenzmengen zu bilden.

Lösung:

$A \cap B = \{c;\ d\}$ $\quad A \cup B = \{a;\ b;\ c;\ d;\ e;\ f\}$

$A \setminus B = \{a;\ b\}$ $\quad B \setminus A = \{e;\ f\}$ ■

Allgemein gilt (vgl. *Bilder 1.5* bis *1.8*):

$$A \cap B \subseteq A \cup B \tag{1.2}$$

$$A \setminus B \subseteq A; \quad B \setminus A \subseteq B \tag{1.3}$$

$$A \setminus B = A \setminus (A \cap B); \quad B \setminus A = B \setminus (A \cap B) \tag{1.4}$$

Beispiele

1.32 Es seien $A = \{c;\ d\}$ und $B = \{a;\ b;\ c;\ d;\ e\}$, d. h., $A \subseteq B$.
Dann ist

$$A \cap B = \{c;\ d\} = A; \quad A \cup B = \{a;\ b;\ c;\ d;\ e\} = B$$

und nach *Gln. (1.4)*

$$A \setminus B = A \setminus (A \cap B) = \{c;\ d\} \setminus \{c;\ d\} = \emptyset$$
$$B \setminus A = B \setminus (A \cap B) = \{a;\ b;\ c;\ d;\ e\} \setminus \{c;\ d\} = \{a;\ b;\ e\}$$

1.33 Es seine $A = \{2;\ 4\}$ und $B = \{10;\ 12;\ 14\}$, d. h., A und B sind disjunkt.
Dann ist

$$A \cap B = \emptyset; \quad A \cup B = \{2;\ 4;\ 10;\ 12;\ 14\}$$
$$A \setminus B = \{2;\ 4\} \setminus \emptyset = \{2;\ 4\} = A$$
$$B \setminus A = \{10;\ 12;\ 14\} \setminus \emptyset = \{10;\ 12;\ 14\} = B$$

■

Aus diesen Beispielen folgt durch Verallgemeinerung:

1. Wenn eine Menge A Teilmenge einer Menge B ist, so ist der Durchschnitt gleich der Teilmenge, die Vereinigung gleich der Obermenge, und die Differenz $A \setminus B$ ist leer:

$$A \subseteq B \Rightarrow A \cap B = A, \quad A \cup B = B, \quad A \setminus B = \emptyset$$

2. Wenn zwei Mengen A, B disjunkt sind, so ist der Durchschnitt leer ($A \cap B = \emptyset$). Für die Differenzmengen gilt:

$$A \setminus B = A; \quad B \setminus A = B.$$

Eigenschaften des Durchschnitts und der Vereinigung von Mengen sind:

Kommutativität

$$A \cap B = B \cap A; \quad A \cup B = B \cup A \tag{1.5}$$

Assoziativität

$$\begin{aligned} A \cap \left(B \cap C\right) &= (A \cap B) \cap C; \\ A \cup \left(B \cup C\right) &= (A \cup B) \cup C \end{aligned} \tag{1.6}$$

Distributivität

$$\begin{aligned} A \cap \left(B \cup C\right) &= (A \cap B) \cup \left(A \cap C\right); \\ A \cup \left(B \cap C\right) &= (A \cup B) \cap \left(A \cup C\right) \end{aligned} \tag{1.7}$$

Idempotenz

$$A \cap A = A; \quad A \cup A = A \tag{1.8}$$

Kommutativität und Idempotenz sind offensichtlich, die beiden anderen Eigenschaften lassen sich an Beispielen leicht nachprüfen.

Die Differenz zweier Mengen ist i. Allg. weder kommutativ noch assoziativ:

$$A \setminus B \neq B \setminus A, \quad A \setminus (B \setminus C) \neq (A \setminus B) \setminus C$$

Beispiel

1.34 Für $A = \{a;\ b;\ c;\ d\}$, $B = \{b;\ c;\ d;\ e\}$ und $C = \{c;\ d;\ e;\ f\}$ ist zu zeigen, dass die Differenz nicht assoziativ ist.

Lösung: Es ist

$A \setminus (B \setminus C) = A \setminus \{b\} = \{a;\ c;\ d\}$

$(A \setminus B) \setminus C = \{a\} \setminus C = \{a\}$

$\{a;\ c;\ d\} \neq \{a\}$, d. h., $A \setminus (B \setminus C) \neq (A \setminus B) \setminus C$ ■

Als letzte Mengenoperation wird das Bilden des Komplements eingeführt.

Definition 1.3

Das **Komplement** $\overline{A}$ einer Menge A enthält alle Elemente des Grundbereichs (der Allmenge U), die nicht Element von A sind (*Bild 1.9*).

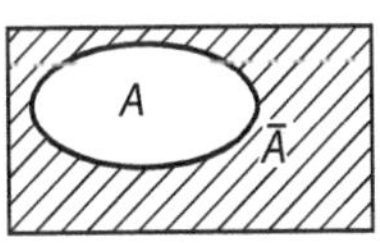

Bild 1.9

A und $\overline{A}$ sind demnach disjunkte Mengen: $A \cap \overline{A} = \emptyset$.

Ferner gilt: $A \cup \overline{A} = U$; $\quad U \setminus A = \overline{A}$; $\quad U \setminus \overline{A} = A$.

Zweifache Komplementbildung hebt sich auf:

$$\overline{\overline{A}} = A \tag{1.9}$$

Zusammenhang mit logischen Operationen

Eine Verknüpfung zweier Aussagen (oder Aussageformen) p und q, die ausdrückt, dass bei zwei Sachverhalten sowohl der eine als auch der andere gilt, heißt **Konjunktion** $p \wedge q$, gelesen: „p und q“. Wenn von zwei Sachverhalten mindestens einer gilt, heißt die Verknüpfung **Alternative** $p \vee q$, gelesen: „p oder q“. Mit Konjunktion und Alternative kann man Durchschnitt und Vereinigung von Mengen definieren:

$$x \in A \cap B \Leftrightarrow x \in A \wedge x \in B$$

(d. h., x ist genau dann ein Element des Durchschnitts, wenn es Element der einen „und (auch)“ der anderen Menge ist);

$$x \in A \cup B \Leftrightarrow x \in A \vee x \in B$$

(d. h., x ist genau dann ein Element der Vereinigung, wenn es ein Element der einen „oder" der anderen Menge ist (oder auch ein Element beider Mengen ist)).

Das Bindewort „oder" schließt bei der Alternative den Fall mit ein, dass beide Sachverhalte gelten. Deshalb wird es auch „einschließendes ‚oder'" genannt. Das Bindewort „oder" kann aber auch ausdrücken, dass nur einer der beiden Sachverhalte gilt („ausschließendes ‚oder'", „entweder – oder"), z. B. in dem Satz „Jede ganze Zahl ist (entweder) gerade oder ungerade". Eine Verknüpfung mit dem ausschließenden „oder" ist keine Alternative.

Eine Aussage (oder Aussageform) p, mit der zu einem gegebenen Sachverhalt der entgegengesetzte ausgedrückt wird, heißt **Negation** $\neg p$ (gelesen: „nicht p"). Sie entsteht aus p durch Vorsetzen von „es ist nicht wahr, dass ...". Wenn eine Menge A die Lösungen der Aussageform $H(x)$ als Elemente hat, so wird das Komplement $\overline{A}$ aus den Lösungen der Negation von $H(x)$ gebildet.

Für die Negation von p ist auch die Schreibweise $\overline{p}$ üblich.

Beispiele

1.35 Für $M = \{x\colon x \text{ ist teilbar durch } 2\}$ und
$N = \{x\colon x \text{ ist teilbar durch } 3\}$ ergibt sich
$M \cap N = \{x\colon (x \text{ ist teilbar durch } 2) \wedge (x \text{ ist teilbar durch } 3)\}$,
d. h., $M \cap N$ enthält die durch 2 und durch 3 teilbaren, also die durch 6 teilbaren Zahlen:

$M \cap N = \{0;\ 6;\ 12;\ \ldots\}$.

Die Vereinigung ist $M \cup N = \{x\colon (x \text{ ist teilbar durch } 2) \vee (x \text{ ist teilbar durch } 3)\}$,
d. h., $M \cup N$. enthält die Zahlen, die durch 2 oder durch 3 (oder durch beide) teilbar sind:

$M \cup N = \{0;\ 2;\ 3;\ 4;\ 6;\ 8;\ \ldots\}$.

1.36 Im Grundbereich $\{1;\ 2;\ \ldots;\ 10\}$ sei

$A = \{x\colon x < 7\} = \{1;\ 2;\ 3;\ 4;\ 5;\ 6\}$.

Wenn die Aussageform „$x < 7$" negiert wird, ergibt sich „es ist nicht wahr, dass $x < 7$", kürzer „x ist nicht kleiner als 7" oder „$x \geqq 7$", und das Komplement der Menge A ist

$\overline{A} = \{x : x \geqq 7\} = \{7;\ 8;\ 9;\ 10\}$. ■

Kontrollfragen

1.9 Mithilfe welcher logischer Verknüpfungen werden Durchschnitt und Vereinigung von Mengen definiert?

1.10 Es sei A Teilmenge von B. Was folgt daraus für Durchschnitt $A \cap B$, Vereinigung $A \cup B$ und Differenz $A \setminus B$?

1.11 Es seien A und B disjunkte Mengen. Was folgt daraus für Durchschnitt $A \cap B$ und die Differenzen $A \setminus B$, $B \setminus A$?

1.12 Welche Relation besteht zwischen Durchschnitt und Vereinigung zweier Mengen?

Aufgaben: ***1.5*** **bis** ***1.10***

1.2 Zahlenbereiche

1.2.0 Vorbemerkung

Für die Mathematik und ihre Anwendung sind Zahlen und Operationen mit ihnen von fundamentaler Bedeutung. Während in der Praxis im Wesentlichen mit natürlichen Zahlen (z. B. als Stückzahlen) und rationalen Zahlen (z. B. als Zahlenwerte von Größen) gearbeitet wird, werden in der Mathematik besonders die reellen Zahlen benötigt.

Der Abschnitt beginnt mit einer Übersicht über die Zahlenbereiche. Weitere Themen sind die Darstellung von Zahlen, Regeln für ihre Schreibweise und das Runden; ferner der absolute Betrag einer Zahl und Intervalle als Teilmengen des Bereichs der reellen Zahlen.

1.2.1 Bereich der reellen Zahlen und seine Teilbereiche

Der Bereich der reellen Zahlen umfasst die Bereiche der natürlichen, ganzen, rationalen und irrationalen Zahlen. Jeder Zahlenbereich bildet eine Menge.

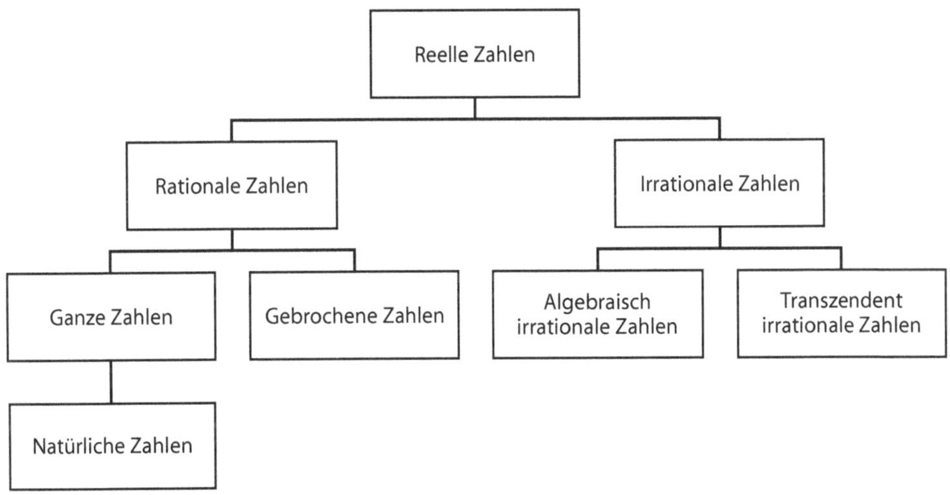

Natürliche Zahlen

$$\mathbb{N} = \{0;\ 1;\ 2;\ 3;\ \ldots\}$$

Mit ihnen kann man

- die Anzahl der Elemente einer (endlichen) Menge angeben **(Kardinalzahlen)**,
- die Elemente einer nach einem beliebigen Prinzip geordneten Menge nummerieren (**Ordinalzahlen:** 1.; 2.; 3.; ...).

Die Zahl 0 gibt die Anzahl der Elemente der leeren Menge an.

In $\mathbb{N}$ sind die zwei Grundrechenoperationen Addition und Multiplikation uneingeschränkt ausführbar: Wenn $a \in \mathbb{N}$ und $b \in \mathbb{N}$, so ist auch $a + b \in \mathbb{N}$ und $a \cdot b \in \mathbb{N}$.

Jede natürliche Zahl hat genau einen (unmittelbaren) Nachfolger: Für $a \in \mathbb{N}$ ist $a + 1$ der Nachfolger von a. Folglich gibt es keine größte natürliche Zahl. Es gibt aber eine kleinste natürliche Zahl, nämlich die Zahl 0.

Ganze Zahlen

$$\mathbb{Z} = \{\ldots; -3; -2; -1; 0; +1; +2; +3; \ldots\}$$

In $\mathbb{Z}$ ist als weitere dritte Grundrechenoperation die Subtraktion uneingeschränkt ausführbar.

Jede ganze Zahl hat einen (unmittelbaren) Nachfolger. Es gibt keine größte und keine kleinste ganze Zahl.

Da der positiven ganzen Zahl $+a$ auf der Zahlengeraden derselbe Punkt zugeordnet ist wie der natürlichen Zahl a $(+a = a)$, gilt $\mathbb{N} \subseteq \mathbb{Z}$.

Rationale Zahlen

$$\mathbb{Q} = \left\{q\colon q = \frac{a}{b};\ a \in \mathbb{Z},\ b \in \mathbb{Z} \setminus \{0\}\right\}$$

Rationale Zahlen sind **Brüche** $q = \frac{a}{b}$, deren Zähler a und Nenner b ganze Zahlen sind (mit $b \neq 0$, denn die Division durch Null ist nicht ausführbar).

Brüche, die sich durch Erweitern oder Kürzen ineinander umformen lassen, sind demselben Punkt auf der Zahlengeraden zugeordnet. Als Vertreter (Repräsentant) wird i. Allg. der vollständig gekürzte Bruch gewählt, d. h., derjenige Bruch, bei dem Zähler und Nenner teilerfremd sind (z. B. ist bei $q = \frac{-12}{18} = \frac{6}{-9} = -\frac{2}{3}$ die letzte Darstellung zu wählen).

In $\mathbb{Q}$ ist als weitere vierte Grundrechenoperation die Division (außer der Division durch 0) uneingeschränkt ausführbar. Damit ist $\mathbb{Q}$ der kleinste Zahlenbereich, in dem alle vier Grundrechenoperationen uneingeschränkt ausführbar sind (außer der Division durch 0). Für rationale Zahlen lässt sich der (unmittelbare) Nachfolger nicht mehr angeben. Sie liegen auf der Zahlengeraden dicht, d. h., zwischen zwei verschiedenen rationalen Zahlen *a und b* liegt stets(!) eine dritte (z. B. der Mittelwert $\frac{1}{2}(a + b)$).

Da der rationalen Zahl $\frac{a}{1}$ auf der Zahlengeraden derselbe Punkt zugeordnet ist wie der ganzen Zahl a $\left(\frac{a}{1} = a\right)$, gilt $\mathbb{Z} \subseteq \mathbb{Q}$. Wenn bei einer rationalen Zahl $q = \frac{a}{b}$ der Zähler a durch den Nenner b dividiert wird, entsteht ein Dezimalbruch. Dieser ist entweder endlich (wenn die Division mit dem Rest 0 abbricht, z. B. $\frac{7}{4} = 1{,}75$) oder unendlich periodisch (da bei nicht abbrechender Division höchstens $b - 1$ verschiedene Reste auftreten können, z. B. $\frac{2}{7} = 0{,}285\,714\,285\,714\ldots$ (6-stellige Periode), $-\frac{7}{22} = -0{,}318\,18\ldots$ (2-stellige Periode)).

Jede rationale Zahl $q = \frac{a}{b}$ lässt sich als **endlicher oder unendlicher periodischer Dezimalbruch** darstellen.

Umgekehrt kann jeder endliche oder unendliche periodische Dezimalbruch in einen Bruch der Form $q = \frac{a}{b}$ (rationale Zahl) umgeformt werden.

Obwohl die rationalen Zahlen auf der Zahlengeraden dicht liegen, füllen sie diese nicht lückenlos aus. Es gibt auf ihr Punkte (sogar unendlich viele), denen keine rationale Zahl entspricht. Sie lassen sich als unendliche nichtperiodische Dezimalbrüche darstellen. Beispiele sind die meisten Wurzelwerte $\left(\sqrt{2};\ \sqrt{3};\ \sqrt[3]{2};\ \dots\right)$, die meisten Logarithmen (lg 2; ln 3; ...), die meisten Winkelfunktionswerte ($\sin 10°$; $\cos 20°$; ...), die Zahlen π und e. Sie werden **irrationale Zahlen** genannt.

Vereinigt man die Menge der rationalen mit der Menge der irrationalen Zahlen, erhält man einen Zahlenbereich, der die Zahlengerade lückenlos ausfüllt:

Reelle Zahlen

$$\mathbb{R} = \{r\colon r \text{ ist ein Dezimalbruch}\}$$

Jede reelle Zahl ist demnach darstellbar als ein endlicher oder unendlicher periodischer Dezimalbruch (rationale Zahl) oder als ein unendlicher nichtperiodischer Dezimalbruch (irrationale Zahl). Es gilt also $\mathbb{Q} \subseteq \mathbb{R}$.

In $\mathbb{R}$ sind alle vier Grundrechenoperationen (außer der Division durch 0) uneingeschränkt ausführbar.

Aussagen über Zahlen in diesem und den folgenden Abschnitten gelten grundsätzlich für reelle Zahlen. Auf Einschränkungen des Geltungsbereichs wird hingewiesen.

Da die Zahlengerade lückenlos ausgefüllt wird, werden zunächst keine weiteren Zahlen benötigt. Es gibt aber Probleme, die sich im Bereich der reellen Zahlen nicht lösen lassen (z. B. das Bestimmen der Lösungen der Gleichung $x^2 = -4$). Um solche Probleme lösen zu können, müssen Zahlen eingeführt werden, die nicht reell sind. Die ihnen zugeordneten Punkte liegen außerhalb der reellen Zahlengeraden (siehe *Kapitel 11*).

1.2.2 Zahlensysteme

Zahlen werden durch **Ziffern** dargestellt, die aus **Grundziffern** bestehen. Im Beispiel

$$z = 17 = \text{卌 卌 卌 II} = \text{XVII} = (10001)_2 = (11)_{16}$$

wird die Zahl z in fünf verschiedenen Ziffernsystemen dargestellt.

In der Praxis ist es auch üblich, die Grundziffern als Ziffern zu bezeichnen.

Man unterscheidet

Additionssysteme

Jede Grundziffer hat einen Zahlenwert, und diese sind in der Zifferndarstellung zu addieren. (Die Grundziffern haben keinen Stellenwert.)

Beispiele:

(1) Strichdarstellung, z. B. 卌 卌 卌 II

(4 Striche senkrecht, der 5. Strich waagerecht)

(2) römische Ziffern, z. B. XVII

Bedeutung:

I	V	X	L	C	D	M
1	5	10	50	100	500	1 000

MCM bedeutet $1\,000 + (1\,000 - 100) = 1\,900$

z. B. MCMLXXXVIII = 1 988

Positionssysteme

Jede Grundziffer hat außer dem Zahlen- auch einen Stellenwert, der eine Potenz der Basis a ist. Wenn a die Basis ist, werden a Grundziffern gebraucht. Außer $a = 10$ sind $a = 2$ und $a = 16$ (in der Rechentechnik) von Bedeutung.

(1) Dezimalsystem ($a = 10$). – Grundziffern: $0, 1, 2, \ldots, 9$;

Stellenwerte $10^0 = 1$ (Einer), 10^1 (Zehner), 10^2 (Hunderter), ...

Beispiel:

$$3\,208 = 3 \cdot 10^3 + 2 \cdot 10^2 + 0 \cdot 10^1 + 8 \cdot 10^0$$

Bei Brüchen gibt es die Stellenwerte $10^{-1} = 0{,}1$ (Zehntel), $10^{-2} = 0{,}01$ (Hundertstel), ...

Beispiel:

$$2{,}306 = 2 \cdot 10^0 + 3 \cdot 10^{-1} + 0 \cdot 10^{-2} + 6 \cdot 10^{-3}$$

(2) Binärsystem ($a = 2$). – Grundziffern: 0, 1.

Um Missverständnisse zu vermeiden, wird an die in Klammern geschriebene Ziffer die Basis als Index gesetzt.

Stellenwerte $2^0 = 1$ (Einer), 2^1 (Zweier), 2^2 (Vierer), ...

Beispiel:

$$(11011)_2 = 1 \cdot 2^4 + 1 \cdot 2^3 + 0 \cdot 2^2 + 1 \cdot 2^1 + 1 \cdot 2^0 = (27)_{10}$$

Ziffern im Binärsystem werden auch mit den Grundziffern 0 und L geschrieben, z. B. $\mathrm{LL0LL} = (27)_{10}$. Für Bereiche, in denen der Buchstabe L eine spezielle Bedeutung hat (z. B. in der Elektronik), sollte diese Schreibweise vermieden werden, damit sich keine Missverständnisse ergeben können.

(3) Hexadezimalsystem ($a = 16$). – Gebraucht werden 16 Grundziffern: $0, 1, 2, \ldots, 9$,

$$\mathrm{A} = 10, \quad \mathrm{B} = 11, \quad \mathrm{C} = 12, \quad \mathrm{D} = 13, \quad \mathrm{E} = 14, \quad \mathrm{F} = 15$$

Stellenwerte $16^0 = 1$ (Einer), $16^1 = 16$, $16^2 = 256$, ...

Beispiel:

$$(\mathrm{AB8})_{16} = 10 \cdot 16^2 + 11 \cdot 16^1 + 8 \cdot 16^0 = (2\,744)_{10}$$

Konvertierung (Umrechnung in ein anderes System):

$$a = 2 \rightarrow a = 10$$

Kleine Binärzahlen lassen sich mithilfe der Stellenwerte schnell umrechnen, z. B.

$$(1101)_2 = 8 + 4 + 0 + 1 = (13)_{10}$$

Große Binärzahlen können mit folgendem Schema konvertiert werden:

$x =$	1	1	1	0	1	1	1
	0	2	6	14	28	58	118
2 ·	1	3	7	14	29	59	119

Es wird spaltenweise von links nach rechts gerechnet.

Ablauf der Rechnung:

$1 + 0 = 1$ (erste Spaltensumme; unter die erste 1 wird 0 gesetzt)
$2 \cdot 1 = 2$ (Ergebnis in die Spalte rechts daneben, Zeile 2, schreiben)
$2 + 1 = 3$ (Summe der zweiten Spalte)
$2 \cdot 3 = 6$ usw.

Es ergibt sich $x = (1\,1\,1\,0\,1\,1\,1)_2 = (119)_{10}$.

$$a = 10 \rightarrow a = 2$$

Es kann mit dem gleichen Schema konvertiert werden. Gerechnet wird in umgekehrter Reihenfolge.

Ablauf der Rechnung:

$119 = 118 + 1$	(Zerlegung in eine Summe, bei der ein Summand durch 2 teilbar ist)
$118 : 2 = 59$	(Ergebnis in die Spalte links daneben, Zeile 2, schreiben)
$59 = 58 + 1$	
$58 : 2 = 29$	usw.

Es ergibt sich $x = (119)_{10} = (1\,1\,1\,0\,1\,1\,1)_2$

$$a = 2 \rightarrow a = 16$$

Regel zum Konvertieren:

Die Binärzahl wird (von rechts nach links) in Gruppen zu je vier Grundziffern geteilt und jede Gruppe für sich in eine Hexadezimalgrundziffer konvertiert.

Beispiel: $x = (1\,0'\,1\,1\,1\,0'\,0\,1\,1\,1)_2 = (2E7)_{16}$

$$\big((1\,0)_2 = (2)_{16}; \quad (1\,1\,1\,0)_2 = (14)_{10} = (E)_{16}; \quad (0\,1\,1\,1)_2 = (7)_{16}\big)$$

$$a = 16 \rightarrow a = 2$$

Es wird die gleiche Regel, in umgekehrter Reihenfolge, genutzt.

Beispiel: $x = (AB8)_{16} = (1\,1\,0\,0'\,1\,1\,0\,1'\,0\,1\,0\,0)_2 = (1\,1\,0\,0\,1\,1\,0\,1\,0\,1\,0\,0)_2$

1. Das Schema zum Konvertieren von Binär- in Dezimalzahlen (und umgekehrt) ist auch anwendbar, wenn Zahlen mit einer beliebigen Basis a in Dezimalzahlen konvertiert werden sollen (und umgekehrt). Man braucht nur den links stehenden Faktor 2 durch den Faktor a (z. B. 16) zu ersetzen.
2. Zahlen im Oktalsystem ($a = 8$) lassen sich nach einer Regel konvertieren, die der Regel für Hexadezimalzahlen ähnlich ist. Die Binärzahl muss in Gruppen zu je drei Grundziffern geteilt werden.

1.2.3 Intervalle, absoluter Betrag, Runden von Zahlen

Der Bereich $\mathbb{R}$ ist durch die **Kleiner-** bzw. **Größer-Beziehung** linear geordnet:

> Für zwei reelle Zahlen a, b gilt stets genau eine der Beziehungen
>
> $$a < b, \quad a = b, \quad a > b.$$

$a < b$ wird gelesen: „a (ist) kleiner als b“, entsprechend $a > b$ „a größer als b“. $x \leqq b$ bedeutet, dass x kleiner als b oder gleich b ist.

Wenn $a < b$ gilt, so liegt a auf der Zahlengeraden links von b.

Intervalle sind zusammenhängende Teilmengen von $\mathbb{R}$.

Man unterscheidet (*Bild 1.10*):

Bezeichnung	Schreibweise	Bedeutung
abgeschlossenes Intervall	$[a; b]$ $= \{x: a \leqq x \leqq b\}$	Menge aller reellen Zahlen von a bis b (einschließlich a und b)
offenes Intervall	$(a; b)$ $= \{x: a < x < b\}$	Menge aller reellen Zahlen von a bis b (ohne a und b)

Beide Intervalle haben die Breite $b - a$ (z. B. haben in *Bild 1.10* beide Intervalle die Breite 3).

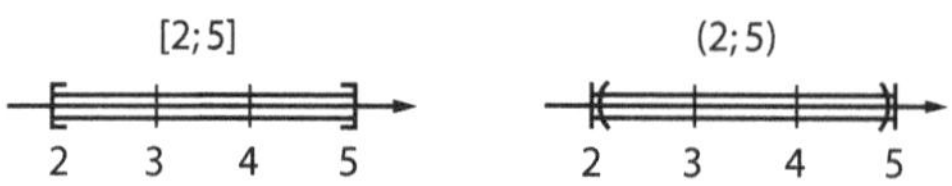

Bild 1.10

Das Intervall $(a; b] = \{x: a < x \leqq b\}$ heißt links offenes Intervall. Wenn Intervalle nach einer Seite unbegrenzt sind, sind sie an dieser Seite offen (runde Klammer!), und es wird das Zeichen „∞" (gelesen: „unendlich") geschrieben, z. B. ist $[a; \infty)$ ein rechts offenes Intervall, das alle Zahlen x enthält, die größer oder gleich a sind $x \geqq a$.

Die Klammernschreibweise für Intervalle darf nur auf Teilmengen von $\mathbb{R}$ angewandt werden. Während z. B. das Intervall $[2; 5) = \{x: 2 \leqq x < 5\}$ alle reellen Zahlen von 2 bis 5 (aber ausschließlich 5) lückenlos enthält, gilt für die Menge $\{x: 2 \leqq x < 5; x \in \mathbb{N}\} = \{2; 3; 4\}$, denn durch die zusätzliche Bedingung $x \in \mathbb{N}$ enthält sie nur natürliche Zahlen als Elemente. Die Klammernschreibweise für Intervalle ist nicht anwendbar, die Menge ist durch Aufzählen der Elemente darzustellen. Das offene Intervall wird auch durch $]a; b[$ symbolisiert.

Beispiele

1.37 Für die Intervalle $A = [1; 3]$ und $B = (2; 5)$ ist (siehe *Bild 1.11*) $A \cap B = (2; 3]$, $A \cup B = [1; 5)$, $A \setminus B = [1; 2]$, $B \setminus A = (3; 5)$. $A \setminus B$ ist rechts abgeschlossen, denn $2 \notin A \cap B$ und bleibt deshalb Element von $A \setminus B$. Entsprechend ist $B \setminus A$ links offen, denn $3 \in A \cap B$, folglich $3 \notin B \setminus A$.

1.38 Für die Intervalle $A = [1; 3]$ und $B = [3; 5]$ ist $A \cap B = \{3\}$ (denn 3 ist einziges gemeinsames Element), $A \cup B = [1; 5]$, $A \setminus B = [1; 3)$, $B \setminus A = (3; 5]$.

$A \cap B$ enthält nur ein Element, ist also kein Intervall und muss als Menge mit geschweiften Klammern geschrieben werden.

1.39 Für die Intervalle $A = [1; 3)$ und $B = (3; 5]$ ist $A \cap B = \emptyset$ (denn wegen $3 \notin A$ und $3 \notin B$ enthalten A und B keine gemeinsamen Elemente), $A \cup B = [1; 3) \cup (3; 5] = [1; 5] \setminus \{3\}$, $A \setminus B = A, B \setminus A = B$.

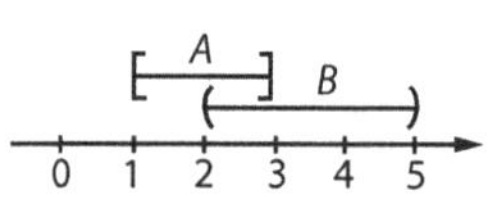

Bild 1.11

■

Zwei Zahlen heißen einander entgegengesetzt, wenn sie sich nur durch das Vorzeichen unterscheiden (z. B. +5 und −5). Sie haben auf der Zahlengeraden den gleichen Abstand von Null. Man sagt, sie haben den gleichen **absoluten Betrag**. Ihr Vorzeichen wird durch die Signumfunktion ausgedrückt.

Definition 1.4

Der **absolute Betrag** (kurz: Betrag) einer Zahl a ist die nichtnegative der beiden Zahlen a und $-a$. Die Funktion sgn a (gelesen „Signum von a") ist das Vorzeichen von a.

$$|a| = \begin{cases} a & \text{für } a \geqq 0 \\ -a & \text{für } a < 0 \end{cases} \quad ; \quad \operatorname{sgn} a = \begin{cases} 1 & \text{für } a > 0 \\ 0 & \text{für } a = 0 \\ -1 & \text{für } a < 0 \end{cases} \tag{1.10}$$

Beispiel

1.40 Für die Zahlen +5, −3 und 0 ist

$$|+5| = 5 \qquad |-3| = 3 \qquad |0| = 0$$

$$\operatorname{sgn}(+5) = 1 \quad \operatorname{sgn}(-3) = -1 \quad \operatorname{sgn}(0) = 0$$

■

Folgerungen:

Es gilt stets

a) $|a| \geqq 0$ (1.10a)

b) $|-a| = |a|$ (1.10b)

c) Für $z \geqq 0$ gilt

$$|a| = z \Leftrightarrow a = \pm z \tag{1.10c}$$

($a = \pm z$ bedeutet $a = z \vee a = -z$)

d) $a = \operatorname{sgn} a \cdot |a|$ (1.10d)

Wenn vor eine Zahl ein Pluszeichen gesetzt wird, bleibt sie unverändert; wird ein Minuszeichen gesetzt, entsteht die **entgegengesetzte Zahl**.

Die Zahl $-a$ kann demnach auch positiv sein, nämlich dann, wenn a negativ ist. Mitunter wird $-a$ als Zeichen für eine negative Zahl verwendet. Das ist aber nur richtig, wenn a positiv ist. Die Bedingung „a ist negativ" heißt für beliebige a „$a < 0$".

Beispiele

1.41 Es ist $z = |a| - |a - b|$ für $a = -5$, $b = -3$ zu berechnen.

Lösung:

$$z = |-5| - |-5 - (-3)| = |-5| - |-2| = 5 - 2 = 3$$

1.42 Es ist $z = \frac{1}{2}(x + y)$ für $|x| = 4$, $|y| = 6$ zu berechnen.

Lösung: Nach *Formel (1.10c)* ist $x = \pm 4$, $y = \pm 6$. Jeder Wert für x ist mit jedem Wert für y zu kombinieren. Für z ergeben sich 4 Werte:

(x; y)	(4; 6)	(4; −6)	(−4; 6)	(−4; −6)
z	5	−1	1	−5

1.43 Der Ausdruck $3\,u + 5\,v - 3\,|u - 2\,v|$ ist ohne Betragszeichen zu schreiben.

Lösung: Aus *Formel (1.10c)* und *Definition (1.10)* folgt durch Verallgemeinerung

$$|u-2v| = \begin{cases} +(u-2v) & \text{für } (u-2v) \geqq 0 \\ -(u-2v) & \text{für } (u-2v) < 0 \end{cases}$$

Es ergibt sich:

$$3u+5v-3\cdot\begin{cases} (u-2v) \\ -(u-2v) \end{cases} = \begin{cases} 3u+5v-3\,(u-2v) \\ 3u+5v+3\,(u-2v) \end{cases} = \begin{cases} 3u+5v-3u+6v \\ 3u+5v+3u-6v \end{cases}$$
$$= \begin{cases} 11v, & \text{wenn } u-2v \geqq 0 \\ 6u-v, & \text{wenn } u-2v < 0 \end{cases}$$

■

Aus *Formel (1.10c)* folgt durch Verallgemeinerung also

$$|x-b| = z \Leftrightarrow x-b = \pm z, \qquad |x-b| = z \Leftrightarrow x = b \pm z \tag{1.10e}$$

Beispiele

1.44 Durch welche Zahlen wird die Gleichung $|x - 10| = 2$ gelöst?

Lösung: Nach *Formel (1.10e)* ist

$$x - 10 = \pm 2$$
$$x = 10 \pm 2$$

Die Lösungen sind $x_1 = 8$, $x_2 = 12$ (Beide haben von der Zahl 10 den Abstand 2).

1.45 Welche Elemente enthält die Menge $A = \{x\colon\ |x+4| = 6\}$?

Lösung:

$x + 4 = \pm 6, \quad x = -4 \pm 6; \quad A = \{-10;\ 2\}$

■

In der Praxis wird fast ausschließlich mit Zahlen im Dezimalsystem gerechnet. Sie sind ganzzahlig oder endliche Dezimalbrüche, also rationale Zahlen.

Jede rationale Zahl kann in der Form $x = m \cdot 10^k$ geschrieben werden (**Gleitkommadarstellung**), z. B.

$$x = 324{,}16 = 3{,}241\,6 \cdot 10^2 = 0{,}324\,16 \cdot 10^3 = \ldots$$

Die Form, in der keine Zehnerpotenz als Faktor steht, heißt **Festkommadarstellung**. Wenn m zwischen 1 und 10 liegt ($1 \leqq m < 10$), ist die Zehnerpotenz der Stellenwert der links vom Komma stehenden Ziffer.

Beispiel: $x = 3{,}78 \cdot 10^6$; die Ziffer 3 hat den Stellenwert 10^6.

Regeln für Schreibweise und Runden von Zahlen im Dezimalsystem sind in DIN 1333 (Februar 1972) enthalten. Diese Regeln gelten nicht für Geldwert- und Kostenangaben.

1. Schreibweise von Zahlen

a) Bei Dezimalbrüchen sind ganzer und gebrochener Teil durch ein Komma zu trennen. In Texten, die mit Rechen- oder anderen Maschinen geschrieben werden, darf das Komma durch einen Punkt ersetzt werden.

b) Alle Ziffern einer Zahl von der ersten von Null verschiedenen links bis zur letzten rechts heißen **signifikante Ziffern**.

c) Wenn betont werden soll, dass eine exakte Zahl vorliegt, ist das Wort „exakt“ dahinter zu setzen (oder die letzte signifikante Ziffer ist halbfett zu drucken).

d) Die Genauigkeit genäherter Zahlen ist durch die Anzahl signifikanter Ziffern festzulegen.

   Da in der Praxis fast ausschließlich mit genäherten Zahlen gerechnet wird, ist diese Regel von besonderer Bedeutung.

e) Wenn für eine Zahl eine Unsicherheit (bzw. zulässige Abweichung) angegeben wird, so muss bei beiden die letzte signifikante Ziffer von gleicher Ordnung sein.

f) Bei einer Größe sind Zahlenwert und Fehler zweckmäßigerweise mit der gleichen Einheit zu schreiben.

Beispiel

1.46 Zahlenbeispiele zu

a) $3{,}45 = 3.45$; $2{,}86 \cdot 10^8 = 2.86 \cdot 10^8$

b) Die Zahlen 24,3; 24,0; 20,0; 0,024 3 und $2{,}43 \cdot 10^2$ haben je 3 signifikante Ziffern; die Zahl 20 hat 2 signifikante Ziffern.

c) Für die Zeiteinheiten „Stunde“ (h) und „Sekunde“ (s) gilt: 1 h = 3 600 s (exakt).

d) Von den genäherten Zahlen 3,2 und 3,20 ist die erste auf Zehntel und die zweite auf Hundertstel genau. Der wahre Wert der Zahl 3,20 könnte z. B. 3,204 oder 3,195 sein.

e) Richtige Angaben: $352{,}0 \pm 0{,}5$; $8{,}13 \pm 0{,}12$; $(6{,}3 \pm 0{,}1) \cdot 10^3$;
falsche Angaben: $352{,}03 \pm 0{,}5$; $8{,}1 \pm 0{,}12$

f) Beispiele für eine Längenangabe: $(6{,}348 \pm 0{,}001)$ km; Schreibweisen mit verschiedenen Einheiten, z. B. 6,348 km ± 1 m, sollte man vermeiden. ■

2. Runden von Zahlen

a) Beim Runden werden signifikante Ziffern von rechts weggelassen bis zu einer bestimmten Stelle. Wenn die erste der weggelassenen Ziffern, von links nach rechts gezählt, kleiner als 5 ist, so bleibt die letzte stehen bleibende Ziffer unverändert; wenn die erste der weggelassenen Ziffern gleich oder größer als 5 ist, so wird die letzte stehen bleibende Ziffer um 1 erhöht.

b) Das Runden auf eine gewünschte Stellenzahl ist (nach Möglichkeit) direkt und nicht schrittweise durchzuführen.

c) Wenn doch schrittweise gerundet wird, so gilt:

   Wenn die weggelassene Ziffer gleich 5 ist

   - und durch vorangegangenes Runden nach oben entstanden ist, so bleibt die letzte stehen bleibende Ziffer unverändert,
   - und durch vorangegangenes Runden nach unten entstanden ist, so wird die letzte stehen bleibende Ziffer um eins erhöht.

Gerundete Zahlen werden durch das Zeichen „≈“ gekennzeichnet (gelesen „angenähert gleich“ oder „rund“). Wenn keine Missverständnisse möglich sind, darf das Gleichheitszeichen geschrieben werden.

Beispiel

1.47 Die folgenden Zahlen sind auf n signifikante Ziffern gerundet:

$n = 3$: $x_1 = 23{,}24 \approx 23{,}2$; $n = 2$: $x_2 = 0{,}365\,4 \approx 0{,}37$
$n = 3$: $x_3 = 12\,365 \approx 1{,}24 \cdot 10^4$
$n = 2$: $x_4 = 0{,}364\,7 \approx 0{,}36$; $n = 2$: $x_5 = 0{,}365\,3 \approx 0{,}37$

Wenn x_4 und x_5 schrittweise gerundet werden, ergibt sich nach Regel c):

$x_4 = 0{,}3647 \approx 0{,}365 \approx 0{,}36$; $x_5 = 0{,}3653 \approx 0{,}365 \approx 0{,}37$ ■

Kontrollfragen

1.13 In welchen Zahlenbereichen gilt die Nachfolgerrelation?

1.14 In welchen Zahlenbereichen sind die vier Grundrechenoperationen (außer der Division durch 0) uneingeschränkt ausführbar?

1.15 Wodurch unterscheiden sich die Dezimalbruchdarstellungen rationaler und irrationaler Zahlen?

1.16 Welcher Zahlenbereich wird durch $\mathbb{R} \setminus \mathbb{Q}$ gebildet?

1.17 Wie wird eine Binärzahl in eine Hexadezimalzahl konvertiert?

1.18 Wie ist die Genauigkeit genäherter Zahlen festzulegen?

1.19 Nach welchen Regeln wird eine Dezimalzahl gerundet?

Aufgaben: *1.11* bis *1.28*

1.3 Rechenoperationen erster und zweiter Stufe

1.3.0 Vorbemerkung

In diesem Abschnitt wird Wissen und Können, das in den vorausgehenden Bildungseinrichtungen erworben wurde, über Eigenschaften und Regeln für das Rechnen mit Zahlen und mathematischen Ausdrücken zusammengefasst und gefestigt. Außerdem werden einige noch nicht bekannte Verfahren eingeführt, z. B. die Partialdivision und ein Verfahren zum Umformen von Doppelbrüchen.

1.3.1 Grundbegriffe

Die vier Grundrechenoperationen sind

Addition, Subtraktion (Rechenoperationen 1. Stufe),
Multiplikation, Division (Rechenoperationen 2. Stufe).

Operation	*a*	*b*	*c*
$a + b = c$	Summand	Summand	Summe
$a - b = c$	Minuend	Subtrahend	Differenz
$a \cdot b = c$	Faktor (Multiplikand)	Faktor (Multiplikator)	Produkt
$a : b = c$ $\frac{a}{b} = c$	Dividend	Divisor	Quotient

Addition und Subtraktion sowie Multiplikation und Division sind Umkehroperationen: $(x+a)-a=x$; $(x \cdot a):a=x$.

Die Zahlen a und $-a$ heißen **entgegengesetzte Zahlen** (siehe *1.2.3*); ihre Summe ist gleich Null: $a+(-a)=0$.

Die Zahlen a und $\frac{1}{a}$ heißen **reziproke Zahlen** (jede ist der reziproke Wert oder Kehrwert der anderen); ihr Produkt ist gleich Eins: $a \cdot \frac{1}{a} = 1$.

Mit ihrer Hilfe lassen sich Subtraktion und Division auf Addition und Multiplikation zurückführen:

$a-b=a+(-b)$; die Subtraktion von b ist gleich der Addition von $-b$;

$a:b=a\cdot\frac{1}{b}$; die Division durch b ist gleich der Multiplikation mit $\frac{1}{b}$.

Eigenschaften der Addition und Multiplikation sind:

Kommutativität

$$a+b=b+a; \quad a\cdot b=b\cdot a \tag{1.11}$$

Assoziativität

$$\begin{aligned}(a+b)+c&=a+(b+c)\\(a\cdot b)\cdot c&=a\cdot(b\cdot c)\end{aligned} \tag{1.12}$$

Distributivität

$$a\cdot(b+c)=a\cdot b+a\cdot c \tag{1.13}$$

Für Subtraktion und Division gelten diese Eigenschaften nicht, z. B. ist $6-3 \neq 3-6$ oder $(12:6):3 \neq 12:(6:3)$.

Das Multiplikationszeichen darf, wenn sich keine Missverständnisse ergeben können, weggelassen werden. Eine Ausnahme sind gemischte Zahlen: Sie sind die Summe einer ganzen Zahl und eines Bruches (z. B. $2\frac{2}{3}=2+\frac{2}{3}$), d. h., das fehlende Operationszeichen zwischen beiden Zahlen ist das Pluszeichen. Wenn ein Produkt geschrieben werden soll, ist das Multiplikationszeichen zu setzen (z. B. $2\cdot\frac{2}{3}=\frac{4}{3}$).

Rechnen mit Null und Eins

Es gilt stets $a+0=a$, $a\cdot 0=0$, $0:a=0$ (Bedingung: $a \neq 0$)

$a-0=a$, $0\cdot 0=0$

$a\cdot 1=a$, $a:1=a$, $a:a=1$ (Bedingung: $a\neq 0$)

Von besonderer Bedeutung und bei allen mathematischen Operationen zu beachten ist:

Die Division durch Null ist nicht ausführbar.

Begründung: Weder $a:0$ ($a\neq 0$) noch $0:0$ sind ausführbar, denn

- angenommen, $a:0$ wäre ausführbar: $a:0=x$, würde nach Umformung folgen: $a=x\cdot 0$. Diese Gleichung ist wegen $a\neq 0$ für keine Zahl x erfüllbar;

- angenommen, 0 : 0 wäre ausführbar: $0 : 0 = x$, würde folgen: $0 = x \cdot 0$. Diese Gleichung ist für jede reelle Zahl x erfüllbar. Da eine Rechenoperation ein eindeutiges Resultat haben muss, ist 0 : 0 nicht ausführbar.

Wegen $a \cdot 0 = 0$ und $0 \cdot 0 = 0$ gilt der

Satz 1.2

Ein **Produkt** ist genau dann **gleich Null**, wenn mindestens ein Faktor gleich Null ist:

$$a \cdot b = 0 \Leftrightarrow a = 0 \vee b = 0 \qquad (1.14)$$

Dieser Satz wird häufig zum Lösen von Gleichungen benutzt.

Beispiele

1.48 Für die Gleichung $x\,(x-4) = 0$ ergibt sich nach der *Äquivalenz (1.14)*: $x = 0 \vee x - 4 = 0$. Die Lösungen sind $x_1 = 0$ und $x_2 = 4$.

1.49 Die Gleichung $(x+2)\,(2x-6)\,(x-4) = 0$ ist zu lösen.

Lösung: Äquivalenz (1.14) ergibt: $x + 2 = 0 \vee 2x - 6 = 0 \vee x - 4 = 0$.
Die Lösungen sind $x_1 = -2$, $x_2 = 3$, $x_3 = 4$. ■

Kontrollfragen

1.20 Wie heißen zwei Zahlen, deren Summe gleich Null ist? Wie heißen zwei Zahlen, deren Produkt gleich Eins ist?

1.21 Welche Ergebnisse haben die Operationen $a + 0$, $a \cdot 0$, $0 : a\ (a \neq 0)$, $a \cdot 1$, $a : 1$, $a : a\ (a \neq 0)$?

Aufgabe: *1.29*

1.3.2 Rechenoperationen mit Zahlen

Vorzeichenregeln

- Addition: $a + b = c$

a, b gleiche Vorzeichen	a, b verschiedene Vorzeichen
$(+3) + (+5) = +8$	$(+3) + (-5) = -2$
$(-3) + (-5) = -8$	$(-3) + (+5) = +2$
Betrag und Vorzeichen der Summe: $\lvert c\rvert$ ergibt sich durch Addieren von $\lvert a\rvert$ und $\lvert b\rvert$;	Betrag und Vorzeichen der Summe: $\lvert c\rvert$ ergibt sich durch Subtrahieren von $\lvert a\rvert$ und $\lvert b\rvert$ (der kleinere Betrag wird vom größeren subtrahiert);
sgn c ist gleich dem Vorzeichen der beiden Summanden	sgn c ist gleich dem Vorzeichen des Summanden mit dem größeren Betrag.

- Multiplikation: $a \cdot b = c$

  Betrag von c : $|c| = |a| \cdot |b|$

  Vorzeichen von c: c ist positiv, wenn a und b gleiche Vorzeichen haben; c ist negativ, wenn a und b verschiedene Vorzeichen haben:

$$\operatorname{sgn} a = \operatorname{sgn} b \Rightarrow \operatorname{sgn} c = 1 \qquad (a, b \neq 0)$$
$$\operatorname{sgn} a \neq \operatorname{sgn} b \Rightarrow \operatorname{sgn} c = -1 \qquad (a, b \neq 0)$$

Für Subtraktion und Division sind keine speziellen Vorzeichenregeln nötig, da sich diese Operationen auf Addition und Multiplikation zurückführen lassen.

Kontrollfrage

1.22 Wie werden bei der Addition zweier Zahlen der Betrag und das Vorzeichen der Summe ermittelt?

1.3.3 Algebraische Summen

Ein Zahlzeichen, eine Variable oder eine Verknüpfung dieser Zeichen mit Operationszeichen und/oder Klammern wird als **Term** bezeichnet.

Beispiele für Terme sind: $2a$; $3a + b$; $a - 2b + 3$.

Ein Term, der aus nur einem Glied besteht, heißt Monom (griech. „mono-", einzeln). Ein zweigliedriger Term wird Binom (lat. „bi-", zwei), ein dreigliedriger Term Trinom (lat. „tri-", drei) genannt. Der Term $2a$ ist ein Monom, der Term $3a + b$ ein Binom und $a - 2b + 3$ ein Trinom. Für Terme gelten alle Aussagen des *Abschnitts 1.3.1*. Da sich die Subtraktion eines Terms auf die Addition des entgegengesetzten Terms zurückführen lässt, kann man jeden mehrgliedrigen Term als eine Summe auffassen (**algebraische Summe**). Eine algebraische Summe wird auch Polynom (griech. „poly-", viel) genannt. Für algebraische Summen gelten die bekannten Regeln: **Summe**, **Differenz** (Auflösen von Klammern)

$$a + (b - c) = a + b - c; \qquad a - (b - c) = a - b + c \tag{1.15}$$

Steht ein Pluszeichen vor der Klammer, bleibt beim Auflösen der Klammer der Term in der Klammer unverändert.

Steht ein Minuszeichen vor der Klammer, sind beim Auflösen der Klammer bei dem in der Klammer stehenden Term alle Vorzeichen zu ändern.

Bei mehrfachen Klammern ist es zweckmäßig, mit dem Auflösen der Klammern von innen zu beginnen.

Produkt algebraischer Summen

$$(a + b)(c + d) = ac + ad + bc + bd \tag{1.16}$$

Das Produkt zweier Summen wird gebildet, indem jedes Glied der einen Summe mit jedem Glied der anderen Summe multipliziert wird und die Produkte addiert werden.

Das Multiplizieren einer algebraischen Summe mit einem Monom wird nach dem Distributivgesetz *Gl. (1.13)* ausgeführt.

Beispiele

1.50 $(3a-2b)(4a-b)-\left[a(2a+3b)-(a+b)(a-2b)\right]$
$=12a^2-3ab-8ab+2b^2-\left[2a^2+3ab-(a^2-2ab+ab-2b^2)\right]$
$=12a^2-11ab+2b^2-\left[2a^2+3ab-a^2+2ab-ab+2b^2\right]$
$=12a^2-11ab+2b^2-\left[a^2+4ab+2b^2\right]$
$=12a^2-11ab+2b^2-a^2-4ab-2b^2$
$=11a^2-15ab$

1.51 $(u+v)(u-2v)(2u+3v)(3u-4v)$
$=(u^2-uv-2v^2)(6u^2+uv-12v^2)$
$=6u^4+u^3v-12u^2v^2$
$\quad-6u^3v-u^2v^2+12uv^3$
$\qquad-12u^2v^2-2uv^3+24v^4$
$=6u^4-5u^3v-25u^2v^2+10uv^3+24v^4$ ■

Binomische Formeln

$$(a+b)^2=a^2+2ab+b^2 \tag{1.17a}$$

$$(a+b)(a-b)=a^2-b^2 \tag{1.17b}$$

Diese Formeln sind für die Anwendung besonders wichtig. Deshalb sollte man sich ihre Struktur gut einprägen:

Das Quadrat eines Binoms wird berechnet, indem man beide Glieder quadriert (a^2; b^2), das Produkt $a \cdot b$ bildet und mit 2 multipliziert (d. h., man bildet das doppelte Produkt) und die drei Glieder summiert. Mit *Formel (1.17b)* berechnet man das Produkt zweier Binome, die sich nur durch das Vorzeichen des zweiten Summanden unterscheiden: Man quadriert beide Glieder und bildet die Differenz.

Beispiele

1.52 $(2x-3y)^2=(2x)^2+2(2x)(-3y)+(-3y)^2=4x^2-12xy+9y^2$

1.53 $\left(-3u^2v-5uv^2\right)^2=\left(-3u^2v\right)^2+2\left(-3u^2v\right)\left(-5uv^2\right)+\left(-5uv^2\right)^2$
$=9u^4v^2+30u^3v^3+25u^2v^4$

1.54 $(8xy+2)(8xy-2)=(8xy)^2-2^2=64x^2y^2-4$

1.55 $(-3a+2b)(-3a-2b)=(-3a)^2-(2b)^2=9a^2-4b^2$ ■

Faktorenzerlegung

Wenn jedes Glied einer algebraischen Summe den gleichen Faktor enthält, kann dieser ausgeklammert werden. Dabei wird die Eigenschaft der Distributivität (*Gl. (1.13)*), von rechts nach links gelesen, angewendet. Auch die binomischen Formeln, beide von rechts nach links gelesen, können genutzt werden. Ziel der Faktorenzerlegung ist, eine algebraische Summe in ein Monom umzuformen.

Die Faktorenzerlegung ist ein grundlegendes mathematisches Verfahren, das als Hilfsmittel zum Lösen vieler Probleme, z. B. in der Bruchrechnung, genutzt wird.

Beispiele

1.56 $15a^2-30ab+5a=5a\cdot 3a-5a\cdot 6b+5a\cdot 1$
$=5a\left(3a-6b+1\right)$

Der gemeinsame Faktor $5a$ wird ausgeklammert; der Term in der Klammer entsteht, indem jedes Glied der algebraischen Summe durch $5a$ dividiert wird. Das Ergebnis ist ein Monom, das aus den drei Faktoren 5, a und $(3a-6b+1)$ besteht.

1.57 $ac - bc + 3a - 3b = c(a - b) + 3(a - b) = (a - b)(c + 3)$

Die gegebenen vier Glieder enthalten keinen gemeinsamen Faktor, aber in jeweils der Hälfte der Glieder kann man einen gemeinsamen Faktor ausklammern. Es entsteht ein Binom, dessen beide Glieder den gemeinsamen Faktor $(a - b)$ enthalten. Dieser wird ausgeklammert.

1.58 $16p^2 - 9q^2 = (4p + 3q)(4p - 3q)$

Die beiden Glieder enthalten keine gemeinsamen Faktoren, aber die binomische *Formel (1.17b)* ist anwendbar, denn die Summe besteht aus zwei quadratischen Termen mit verschiedenen Vorzeichen.

1.59 $16x^2 - 36y^2 = 4(4x^2 - 9y^2) = 4(2x + 3y)(2x - 3y)$

Zunächst wird der gemeinsame Faktor 4 ausgeklammert und der Term in der Klammer dann weiter mithilfe der binomischen Formel zerlegt.

Diese Reihenfolge wird für jede Faktorenzerlegung empfohlen:

(1) Gemeinsamen Faktor bestimmen und ausklammern;

(2) weitere Zerlegung nach einer binomischen Formel versuchen;

(3) Zerlegung durch Probieren versuchen (siehe *Beispiel 1.61*).

Wenn die Summe in diesem Beispiel als erstes nach der binomischen Formel zerlegt würde, ergäbe sich $(4x + 6y)(4x - 6y)$, und bei diesem Produkt könnte möglicherweise nicht erkannt werden, dass sich aus jedem Klammerterm der Faktor 2 ausklammern lässt.

1.60 $4a^2 - 12ab + 9b^2 = (2a - 3b)^2$

Da der erste und dritte Summand die Quadrate von $2a$ und $3b$ sind, wird eine Zerlegung nach der binomischen *Formel (1.17a)* vermutet. Man macht den Ansatz $(2a - 3b)^2$ und muss überprüfen, ob der zweite Summand $-12ab$ das doppelte Produkt ist:

$$2 \cdot (2a) \cdot (-3b) = -12ab.$$

In der Summe $4a^2 - 10ab + 9b^2$ ist das z. B. nicht der Fall, folglich ist diese Summe nicht in Faktoren zerlegbar.

1.61 $2a^2 - 5ab - 12b^2 = (2a + 3b)(a - 4b)$

Diese Zerlegung wurde durch Probieren gefunden: Wegen $2a^2 = 2a \cdot a$ und $-12b^2 = 3b \cdot (-4b)$ wird das oben stehende Produkt der beiden Klammerterme als Ansatz für eine Faktorenzerlegung geschrieben. Der Ansatz wird durch Ausmultiplizieren entweder bestätigt, oder er ist zu ändern. Es kann auch möglich sein, dass die Summe nicht zerlegbar ist. ■

Quotient algebraischer Summen

Die Division einer algebraischen Summe durch ein Monom wird gliedweise ausgeführt:

$$(a + b) : c = a : c + b : c \tag{1.18}$$

Beispiel

1.62 $(8a^2b - 6ab^2 + 10a) : 2ab = 8a^2b : 2ab - 6ab^2 : 2ab + 10a : 2ab$

$$= 4a - 3b + \frac{5}{b}$$

Die gleiche Rechnung kann auch mit Bruchstrichen geschrieben werden:

$$\frac{8a^2b - 6ab^2 + 10a}{2ab} = \frac{8a^2b}{2ab} - \frac{6ab^2}{2ab} + \frac{10a}{2ab} = 4a - 3b + \frac{5}{b}$$

■

Die Division durch eine Summe wird nach dem Algorithmus (Rechenvorschrift) der **Partialdivision** ausgeführt.

Die einzelnen Schritte des Algorithmus sind (vgl. mit *Beispiel 1.63*):

(1) Dividend und Divisor werden nach dem gleichen Prinzip geordnet (z. B. die Variablen nach dem Alphabet – lexikografische Ordnung – und nach fallenden Potenzen einer Variablen);

im Beispiel: geordnet nach fallenden Potenzen von a

(2) das erste Glied des Dividenden (1. Klammernterm) wird **durch das erste Glied des Divisors** (2. Klammernterm) dividiert und der Quotient notiert;

im Beispiel: $9a^3 : 3a = 3a^2$

(3) der Quotient wird **mit dem gesamten Divisor** multipliziert und unter den Dividenden geschrieben;

im Beispiel: $(3a + 2b) \cdot 3a^2 = 9a^3 + 6a^2b$

(4) das Produkt wird vom Dividenden subtrahiert;

im Beispiel:
$$\begin{array}{r} \left(9a^3 - 9a^2b - 10ab^2\right) \\ -\left(9a^3 + 6a^2b\right) \qquad\quad \\ \hline -15a^2b - 10ab^2 \end{array}$$

(5) wenn die Differenz gleich Null ist, endet das Verfahren; wenn sie ungleich Null ist, wird bei (2) fortgesetzt (evtl. muss der neue Dividend, d. h. die in (4) berechnete Differenz, vorher geordnet werden).

Der Algorithmus wird fortgesetzt, bis die Differenz in (4) gleich Null ist oder sich die Division in (2) nicht mehr ausführen lässt. In diesem Fall geht die Division nicht auf; die in (4) berechnete Differenz ist dann der Rest.

Mittels einer Probe kann überprüft werden, ob der Algorithmus fehlerfrei ausgeführt wurde: Das Produkt aus Quotient und Divisor muss gleich dem Dividenden sein.

Beispiele

1.63 $\left(9a^3 - 10ab^2 - 9a^2b\right) : (3a + 2b)$

Ordnen nach fallenden Potenzen von a:

$$\begin{array}{l} \left(9a^3 - 9a^2b - 10ab^2\right) : (3a + 2b) = 3a^2 - 5ab \\ \underline{-\left(9a^3 + 6a^2b\right)} \\ \qquad\qquad -15a^2b - 10ab^2 \qquad \text{Division: } -15a^2b : 3a \\ \underline{\qquad -\left(-15a^2b - 10ab^2\right)} \\ \qquad\qquad\qquad 0 \end{array}$$

Probe: $\left(3a^2 - 5ab\right) \cdot (3a + 2b) = 9a^3 + 6a^2b - 15a^2b - 10ab^2$
$= 9a^3 - 9a^2b - 10ab^2$

1.64 $(x^3 - y^3) : (x - y)$

Beide Summen sind nach fallenden Potenzen von x geordnet:

$$\begin{array}{l} (x^3 - y^3) : (x - y) = x^2 + xy + y^2 \\ \underline{-(x^3 - x^2y)} \\ \quad x^2y - y^3 \\ \quad \underline{-(x^2y - xy^2)} \\ \qquad xy^2 - y^3 \\ \qquad \underline{-(xy^2 - y^3)} \\ \qquad\quad 0 \end{array}$$

Subtraktion: $(x^3 - y^3) - (x^3 - x^2y) = -y^3 + x^2y$; und nach fallenden Potenzen von x ordnen

Probe: $(x^2 + xy + y^2) \cdot (x - y)$
$= x^3 - x^2y + x^2y - xy^2 + xy^2 - y^3 = x^3 - y^3$

1.65 $$\begin{array}{l} (2x^3 - 5x + 3) : (4x + 8) = \frac{1}{2}x^2 - x + \frac{3}{4} - \frac{3}{4x + 8} \\ \underline{-(2x^3 + 4x^2)} \\ \quad -4x^2 - 5x + 3 \\ \quad \underline{-(-4x^2 - 8x)} \\ \qquad 3x + 3 \\ \qquad \underline{-(3x + 6)} \\ \qquad -3 \end{array}$$

Rest:
Das Divisionsverfahren endet mit dem Rest -3, denn die nächste Division wäre $(-3) : (4x) = -\frac{3}{4x}$, und die Variable x würde im Nenner auftreten. Im Quotienten wird ein gebrochener Term addiert, dessen Zähler gleich dem Rest und dessen Nenner gleich dem Divisor ist: $+\frac{-3}{4x + 8} = -\frac{3}{4x + 8}$.

Probe: $\left(\frac{1}{2}x^2 - x + \frac{3}{4} - \frac{3}{4x + 8}\right) \cdot (4x + 8)$
$= 2x^3 - 4x^2 + 3x - 3 + 4x^2 - 8x + 6 = 2x^3 - 5x + 3$ ■

Kontrollfragen

1.23 Nach welchen Regeln werden Klammern aufgelöst?

1.24 Was ist das Ziel der Faktorenzerlegung einer algebraischen Summe, und welche Schrittfolge wird empfohlen?

Aufgaben: *1.30* bis *1.34*

1.3.4 Bruchrechnung

Der Bruch $\frac{a}{b}$ $(b \neq 0)$ heißt **echter Bruch**, wenn $\left|\frac{a}{b}\right| < 1$;

er heißt **unechter Bruch**, wenn $\left|\frac{a}{b}\right| \geqq 1$.

Beispiele: $\frac{9}{10}$ und $-\frac{2}{5}$ sind echte Brüche, $-\frac{7}{4}$ und $\frac{3}{3} = 1$ sind unechte Brüche.

Formänderungen eines Bruches, die seinen Wert nicht ändern (also nur andere Darstellungen der gleichen rationalen Zahl ergeben), sind

Kürzen: $\frac{a}{b} = \frac{a:c}{b:c}$ und **Erweitern:** $\frac{a}{b} = \frac{a \cdot c}{b \cdot c}$ $(b, c \neq 0)$.

Zähler a und Nenner b werden durch den gleichen Term c dividiert bzw. mit dem gleichen Term c multipliziert.

Addition

$$\frac{a}{b} + \frac{c}{b} = \frac{a+c}{b}$$

Multiplikation

$$\frac{a}{b} \cdot \frac{c}{d} = \frac{a \cdot c}{b \cdot d} \tag{1.19}$$

Division

$$\frac{a}{b} : \frac{c}{d} = \frac{a}{b} \cdot \frac{d}{c}$$

Addition: Wenn die Brüche gleichnamig sind, werden die Zähler addiert (der Nenner bleibt unverändert). Ungleichnamige Brüche werden vor dem Addieren gleichnamig gemacht, d. h., sie werden durch Erweitern zu Brüchen mit gleichem Nenner gemacht. Der gemeinsame Nenner ist in der Regel der Hauptnenner (das kleinste gemeinschaftliche Vielfache aller Nenner).

Multiplikation: Das Produkt ist ein Bruch, dessen Zähler das Produkt der Zähler und dessen Nenner das Produkt der Nenner der Brüche ist.

Division: Die Division wird auf die Multiplikation zurückgeführt, d. h., $\frac{a}{b}$ wird mit dem reziproken Wert von $\frac{c}{d}$ (d. h. mit $\frac{d}{c}$), multipliziert.

Multiplikation (Division) mit ganzzahligen Termen wird nach den gleichen Regeln ausgeführt, denn jeder ganze Term lässt sich als Bruch mit dem Nenner 1 schreiben, z. B.

$$\frac{a}{b} \cdot c = \frac{a}{b} \cdot \frac{c}{1} = \frac{a \cdot c}{b}; \qquad \frac{a}{b} : c = \frac{a}{b} : \frac{c}{1} = \frac{a}{b} \cdot \frac{1}{c} = \frac{a}{b \cdot c}.$$

Beispiele

1.66 Die folgenden Brüche sind zu kürzen:

a) $\frac{48a^2b}{20ab^2} = \frac{16 \cdot 3 \cdot a^2 b}{4 \cdot 5 \cdot ab^2} = \frac{16 \cdot 3 \cdot a^2 b : (4ab)}{4 \cdot 5 \cdot ab^2 : (4ab)} = \frac{12a}{5b}$

b) $\frac{30mn + 36n^2}{25m^2 - 36n^2} = \frac{6n\,(5m + 6n)}{(5m + 6n)\,(5m - 6n)} = \frac{6n}{5m - 6n}$

Zähler- und Nennerterm werden in Faktoren zerlegt, damit man die gemeinsamen Faktoren ermitteln kann: Im Zähler wird $6n$ ausgeklammert, im Nenner nach der binomischen Formel $a^2 - b^2$ zerlegt.

Ziel des Kürzens ist, den Bruch zu vereinfachen. Man könnte zwar noch das Ergebnis mit $6n$ kürzen, aber es ergäbe sich ein Doppelbruch, also kein einfacherer Bruch:

$$\frac{6n : 6n}{(5m - 6n) : 6n} = \frac{1}{\frac{5m}{6n} - 1}$$

c) $\frac{8ax - 6bx}{6bx^2 - 8ax^2} = \frac{2x(4a - 3b)}{2x^2(3b - 4a)} = \frac{-2x(3b - 4a)}{2x^2(3b - 4a)} = -\frac{1}{x}$

Die Klammernterme $(4a - 3b)$ und $(3b - 4a)$ sind entgegengesetzt gleich. Man kann kürzen, wenn man aus einem Term (z. B. im Zähler) den Faktor -1 ausklammert:

$(4a - 3b) = (-1)(-4a + 3b) = -(3b - 4a)$

d) $\frac{3x^2 - 2xy - 8y^2}{2x^2 - 8y^2} = \frac{(3x + 4y)(x - 2y)}{2(x + 2y)(x - 2y)} = \frac{3x + 4y}{2(x + 2y)}$

Die Zerlegung des Zählerterms wird durch Probieren gefunden; im Nennerterm wird zunächst 2 ausgeklammert und dann nach der binomischen Formel $a^2 - b^2$ zerlegt:

$2x^2 - 8y^2 = 2\left(x^2 - 4y^2\right) = 2(x + 2y)(x - 2y)$

e) $\frac{3b - 2a}{v - u} = \frac{-(2a - 3b)}{-(u - v)} = \frac{2a - 3b}{u - v}$

Im Zähler- und im Nennerterm werden die Faktoren -1 ausgeklammert und gekürzt. Damit wird erreicht, dass sich bei allen Gliedern des Zählers und des Nenners die Vorzeichen ändern.

f) $\frac{16u - 9v}{4u - 3v}$ und $\frac{4a + m}{4am}$ lassen sich durch Kürzen nicht vereinfachen, da Zähler und Nenner keine gemeinsamen Faktoren haben.

1.67 Die folgenden Brüche sind gleichnamig zu machen:

a) $\frac{1}{12a^2b}$; $\frac{1}{20ab^2c}$; $\frac{1}{32bc}$

Die Nenner werden in Faktoren zerlegt. Der Hauptnenner N wird aus den Faktoren der Nenner zusammengesetzt: Er enthält jeden Faktor in der höchsten Potenz, in der er auftritt. Die Erweiterungsfaktoren der Brüche ergeben sich, indem N durch den jeweiligen Nenner dividiert wird, z. B. beim ersten Bruch $N/(12a^2b)$.

Nenner	Zerlegung	Erweiterungsfaktor
$12a^2b$	$2^2 \cdot 3a^2b$	$2^3 \cdot 5bc = 40bc$
$20ab^2c$	$2^2 \cdot 5ab^2c$	$2^3 \cdot 3a = 24a$
$32bc$	2^5bc	$3 \cdot 5a^2b = 15a^2b$
$N = 2^5 \cdot 3 \cdot 5a^2b^2c = 480a^2b^2c$		

Die erweiterten gleichnamigen Brüche sind:

$$\frac{1 \cdot 40bc}{12a^2b \cdot 40bc} = \frac{40bc}{480a^2b^2c}; \quad \frac{24a}{480a^2b^2c}; \quad \frac{15a^2b}{480a^2b^2c}$$

b) $\frac{b}{a}$; $\frac{a}{a + b}$; $\frac{c}{ab}$

Die Summe $a + b$ lässt sich nicht in Faktoren zerlegen und wird ein Faktor $(a + b)$ des Hauptnenners: $N = ab(a + b)$.

Erweiterungsfaktoren:

$N/a = b(a + b)$; $\quad N/(a + b) = ab$; $\quad N/(ab) = (a + b)$

Die erweiterten gleichnamigen Brüche sind:

$$\frac{b^2(a + b)}{ab(a + b)}; \quad \frac{a^2b}{ab(a + b)}; \quad \frac{c(a + b)}{ab(a + b)}$$

c) $\frac{2x}{9x - 6y}$; $\frac{3x - y}{18x^2 - 8y^2}$; $\frac{y}{12x}$

$9x - 6y = 3(3x - 2y)$; $\quad 18x^2 - 8y^2 = 2\left(3x + 2y\right)\left(3x - 2y\right)$

$12x = 2^2 \cdot 3 \cdot x$ ergibt $N = 12x(3x+2y)(3x-2y)$.

Erweiterungsfaktoren:

$4x(3x+2y)$; $6x$; $(3x+2y)(3x-2y)$

Die erweiterten gleichnamigen Brüche sind:

$$\frac{8x^2(3x+2y)}{12x(3x+2y)(3x-2y)};\quad \frac{6x(3x-y)}{12x(3x+2y)(3x-2y)};\quad \frac{y(3x+2y)(3x-2y)}{12x(3x+2y)(3x-2y)}$$

1.68 Die folgenden Brüche sind zu addieren:

a) $\frac{12a}{5m}+\frac{3b}{5m}-\frac{12a-7b}{5m}=\frac{12a+3b-(12a-7b)}{5m}=\frac{10b}{5m}=\frac{2b}{m}$

Beim Addieren sind mehrgliedrige Zähler in Klammern zu setzen.

b) $\frac{b}{a}+\frac{a}{a+b}+\frac{c}{ab}=\frac{b^2(a+b)+a^2b+c(a+b)}{ab(a+b)}=\frac{a^2b+ab^2+ac+bc+b^3}{ab\left(a+b\right)}$

(siehe *Beispiel 1.72b*).

Die Summe im Zählerterm wurde nach fallenden Potenzen von a geordnet.

c) $\frac{2a-c}{\underbrace{6a^2-4ab}_{2a(3a-2b)}}-\frac{4b-3c}{\underbrace{12ab-8b^2}_{4b(3a-2b)}}=\frac{(2a-c)2b-(4b-3c)a}{4ab(3a-2b)}=\frac{4ab-2bc-4ab+3ac}{4ab(3a-2b)}$

$$=\frac{3ac-2bc}{4ab(3a-2b)}=\frac{c(3a-2b)}{4ab(3a-2b)}=\frac{c}{4ab}$$

Nach dem Addieren ist zu untersuchen, ob sich der Zähler in Faktoren zerlegen lässt, um evtl. kürzen zu können.

d) $\frac{a}{\underbrace{a^2-1}_{(a+1)\,(a-1)}}-\frac{1}{\underbrace{a}_{a}}+\frac{1}{\underbrace{a-a^2}_{a\,(1-a)}}=\frac{a}{(a+1)\,(a-1)}-\frac{1}{a}-\frac{1}{a\,(a-1)}$

$$=\frac{a^2-(a+1)\,(a-1)-1\,(a+1)}{a\,(a+1)\,(a-1)}=\frac{a^2-a^2+1-a-1}{a\,(a+1)\,(a-1)}$$

$$=\frac{-a}{a\,(a+1)\,(a-1)}=-\frac{1}{a^2-1}$$

Da $(1-a)$ und $(a-1)$ entgegengesetzt gleich sind, wird bei $(1-a)$ der Faktor -1 ausgeklammert. Um die Rechnung zu vereinfachen, wird dieser Faktor als Minuszeichen vor den dritten Bruch geschrieben.

e) $\frac{1}{a+3}+\frac{1}{a+4}-\frac{2}{a+12}=\frac{1\,(a+4)\,(a+12)+1\,(a+3)\,(a+12)-2\,(a+3)\,(a+4)}{(a+3)\,(a+4)\,(a+12)}$

$$=\frac{17a+60}{(a+3)\,(a+4)\,(a+12)}$$

Da sich die Nenner nicht in Faktoren zerlegen lassen, ist jeder Nenner ein Faktor des Hauptnenners.

1.69 Die folgenden Brüche sind zu multiplizieren bzw. zu dividieren:

a) $\frac{42x^2y}{55ab}\cdot\frac{44a^2}{35xy}=\frac{6x}{5b}\cdot\frac{4a}{5}=\frac{24ax}{25b}$

Um mit möglichst einfachen Termen zu rechnen, werden diese vor dem Multiplizieren gekürzt: 42 und 35 mit der Zahl 7, x^2y und xy mit xy usw.

b) $\frac{6a^2+9ab}{4b^2}\cdot\frac{7bc}{4a^2-9b^2}=\frac{3a(2a+3b)}{4b^2}\cdot\frac{7bc}{(2a+3b)(2a-3b)}$

$$=\frac{3a}{4b}\cdot\frac{7c}{2a-3b}=\frac{21ac}{4b(2a-3b)}$$

c) $$\frac{m^2-4mn+4n^2}{3x^2-6xy} : \frac{4m-8n}{10y-5x} = \frac{(m-2n)^2}{3x(x-2y)} \cdot \frac{5(2y-x)}{4(m-2n)}$$
$$= \frac{(m-2n)}{3x(x-2y)} \cdot \frac{-5(x-2y)}{4} = \frac{-5(m-2n)}{12x} = \frac{10n-5m}{12x}$$

d) $$\frac{4u^2-9v^2}{5uv} : (2u+3v) = \frac{(2u-3v)(2u+3v)}{5uv} : \frac{(2u+3v)}{1}$$
$$= \frac{(2u-3v)(2u+3v)}{5uv} \cdot \frac{1}{(2u+3v)} = \frac{2u-3v}{5uv}$$ ■

Doppelbrüche können durch **Erweitern mit dem Hauptnenner** der in Zähler und Nenner des Doppelbruchs auftretenden Nenner in einfache Brüche umgeformt werden.

Beispiele

1.70 $$\frac{\frac{a}{b}+2c}{c-\frac{a}{2b}} = \frac{\left(\frac{a}{b}+2c\right)\cdot 2b}{\left(c-\frac{a}{2b}\right)\cdot 2b} = \frac{2a+4bc}{2bc-a} = \frac{2\,(a+2bc)}{2bc-a}$$

1.71 $$\frac{\frac{p}{q}+\frac{q}{p}+2}{\frac{p}{q}-\frac{q}{p}} = \frac{\left(\frac{p}{q}+\frac{q}{p}+2\right)\cdot pq}{\left(\frac{p}{q}-\frac{q}{p}\right)\cdot pq} = \frac{p^2+q^2+2pq}{p^2-q^2} = \frac{(p+q)^2}{(p+q)\,(p-q)} = \frac{p+q}{p-q}$$

1.72 $$\frac{a}{1-\frac{a}{a+\frac{1}{a}}} = \frac{a}{1-\frac{a\cdot a}{\left(a+\frac{1}{a}\right)\cdot a}} = \frac{a}{1-\frac{a^2}{a^2+1}} \cdot \frac{(a^2+1)}{(a^2+1)}$$
$$= \frac{a\,(a^2+1)}{(a^2+1)-a^2} = \frac{a\,(a^2+1)}{1} = a\,(a^2+1)$$

1.73 Die Gleichung $\frac{1}{R} = \frac{1}{R_1} + \frac{1}{R_2}$ ist nach R aufzulösen.

Lösung: Auf beiden Seiten der Gleichung geht man zum reziproken Term über:

$$R = \frac{1}{\frac{1}{R_1}+\frac{1}{R_2}}$$

Der Doppelbruch wird durch Erweitern umgeformt:

$$R = \frac{1\cdot R_1R_2}{\left(\frac{1}{R_1}+\frac{1}{R_2}\right)\cdot R_1R_2} = \frac{R_1R_2}{R_2+R_1} = \frac{R_1R_2}{R_1+R_2}$$ ■

Kontrollfragen

1.25 Welche Bedingung muss erfüllt sein, damit $\frac{a}{b}$ ein echter Bruch ist?

1.26 Wie werden zwei Brüche multipliziert, und wie werden sie dividiert?

1.27 Wie werden Doppelbrüche in einfache Brüche umgeformt?

Aufgaben: ***1.35*** **bis** ***1.46***

1.3.5 Proportionen

In der Mathematik und ihrer Anwendung in der Praxis sind Größenvergleiche weit verbreitet. Wenn zum Vergleich zweier Zahlen (oder Größen) a und b der Quotient $\frac{a}{b}$ gebildet wird, so nennt man diesen Quotienten das **Verhältnis** der beiden Zahlen (bzw. Größen).

Ein Bruch $\frac{a}{b} = a : b$, als Verhältnis aufgefasst, wird auch gelesen: „a zu b“.

Beispiele

1.74 Die Maßeinheit Radiant (rad) des ebenen Winkels wird als Verhältnis der Länge des Kreisbogens b, den die Schenkel des Winkels aus einem Kreis ausschneiden, dessen Mittelpunkt im Scheitelpunkt des Winkels liegt, zum Radius dieses Kreises definiert: $\alpha = \frac{b_1}{r_1} = \frac{b_2}{r_2} = \frac{b}{r}$

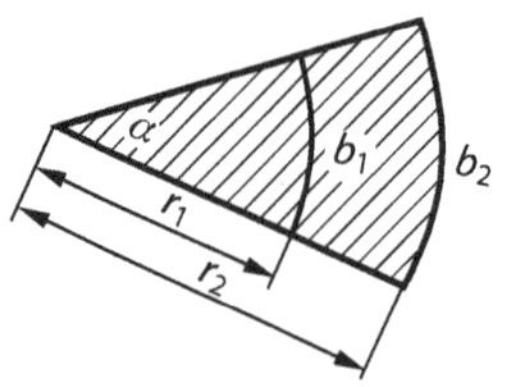

Bild 1.12

1.75 Ein Vergleich der Wärmeleitfähigkeit (in W/(m · K), d. h. Watt/(Meter · Kelvin)) von Kork (0,038) und Stahl (52) ergibt das Verhältnis $52/0{,}038 \approx 1{,}37 \cdot 10^3$, d. h., die Leitfähigkeit von Stahl ist mehr als 1000-mal so groß wie die von Kork.

1.76 Bei der gleichförmigen Bewegung eines Körpers wird die Geschwindigkeit als das Verhältnis des zurückgelegten Weges zur benötigten Zeit definiert: $v = \frac{s}{t}$. ■

Eine Gleichung zwischen zwei Verhältnissen heißt **Proportion** (Verhältnisgleichung):

$$\frac{a}{b} = \frac{c}{d} \quad \text{oder} \quad a : b = c : d \tag{1.20}$$

Man bezeichnet a, b, c, d als Glieder der Proportion; a und d sind die Außen-, b und c die Innen-, a und c die Vorder-, b und d die Hinterglieder.

Die Proportion kann gelesen werden: „es verhält sich a zu b wie c zu d“.

Multiplizieren der Proportion mit bd ergibt die

Produktgleichung

$$a \cdot d = b \cdot c \tag{1.20a}$$

Das Produkt der Außenglieder ist gleich dem Produkt der Innenglieder.

Jede Proportion ist einer Produktgleichung äquivalent. Mit ihrer Hilfe kann man z. B. ein Glied einer Proportion aus den anderen Gliedern berechnen.

Wenn die Innenglieder gleich sind ($b = c$), werden sie **mittlere Proportionale** genannt.

Aus $a : c = c : d$ folgt $c^2 = ad$, $c = \sqrt{ad}$.

Beispiele

1.77 Die Proportion $\frac{a}{\sin\alpha} = \frac{b}{\sin\beta}$ ist nach dem Term $\sin\beta$ umzustellen.

Lösung: Produktgleichung $a \cdot \sin\beta = b \cdot \sin\alpha$

Division durch a ergibt $\sin\beta = \frac{b \cdot \sin\alpha}{a}$

1.78 Aus der Proportion $\frac{3u+2v}{x-2v} = \frac{9u^2-4v^2}{3u}$ ist x zu berechnen.

Lösung: Produktgleichung

$$(x-2v)\left(9u^2-4v^2\right) = 3u\,(3u+2v)$$
$$x-2v = \frac{3u\,(3u+2v)}{\left(9u^2-4v^2\right)}$$
$$x-2v = \frac{3u\,(3u+2v)}{(3u+2v)\,(3u-2v)}$$
$$x = \frac{3u}{3u-2v} + 2v = \frac{3u}{3u-2v} + \frac{2v\,(3u-2v)}{3u-2v}$$
$$x = \frac{3u+6uv-4v^2}{3u-2v}$$

1.79 Die mittlere Proportionale zu $a_1 = 4$ und $d_1 = 9$ ist $c_1^2 = 4 \cdot 9 = 36$, d. h., $c_1 = 6$. Damit ergibt sich die Proportion:

$4 : 6 = 6 : 9$

Für $a_2 = -6$, $d_2 = -2$ ist $c_2^2 = (-6) \cdot (-2) = 12$, $c_2 = \sqrt{12}$ und die Proportion ist $(-6) : \sqrt{12} = \sqrt{12} : (-2)$.

Die Berechnung der mittleren Proportionale ist nicht eindeutig. Für c_1 ist eine zweite Lösung die Zahl -6, denn es ist $4 : (-6) = (-6) : 9$, entsprechend ist auch $c_2 = -\sqrt{12}$. ■

Direkte Proportionalität

Wenn in dem Verhältnis, mit dem die Maßeinheit Radiant eines Winkels definiert wird (siehe *Beispiel 1.74*, *Bild 1.12*), bei konstantem Winkel α der Radius r geändert wird, ändert sich auch die Kreisbogenlänge b; das Verhältnis $\frac{b}{r}$ bleibt konstant:

$$\frac{b_1}{r_1} = \frac{b_2}{r_2} = \ldots = \alpha$$

Der gleiche Zusammenhang besteht bei der gleichförmigen Bewegung eines Körpers (siehe *Beispiel 1.76*) zwischen dem zurückgelegten Weg s und der benötigten Zeit t, z. B. gilt für $v = 5\,\frac{\text{m}}{\text{s}}$

s/m	10	20	30	40
t/s	2	4	6	8

d. h., $\frac{s_1}{t_1} = \frac{s_2}{t_2} = \ldots = v.$

Zwei Variablen x und y, für die das Verhältnis zusammengehörender Werte konstant ist, heißen **direkt proportional** zueinander ($y \sim x$, gelesen: „y proportional x“):

$$\frac{y}{x} = c; \quad y = cx \tag{1.21}$$

Die Konstante c heißt Proportionalitätsfaktor. Die grafische Darstellung ist eine Gerade durch den Ursprung mit dem Anstieg c (*Bild 1.13*).

Indirekte Proportionalität

Wenn bei der gleichförmigen Bewegung eines Körpers der zurückgelegte Weg als konstant angenommen wird und der Zusammenhang zwischen Geschwindigkeit und Zeit interessiert, so gilt z. B. für $s = 120\,\text{m}$

$v/(\text{m/s})$	10	20	30	60
t/s	12	6	4	2

d. h., $v_1 t_1 = v_2 t_2 = \ldots = s$.

Zwei Variablen x und y, für die das Produkt zusammengehörender Werte konstant ist, heißen **indirekt** (umgekehrt) **proportional** zueinander:

$$y \cdot x = c; \quad y = \frac{c}{x} \tag{1.22}$$

(wegen $y = c \cdot \frac{1}{x}$ schreibt man $y \sim \frac{1}{x}$, gelesen: „y proportional $\frac{1}{x}$"). Die Konstante c heißt Proportionalitätsfaktor. Die grafische Darstellung ist eine Hyperbel (*Bild 1.14*). Proportionalitäten sind wichtige Zusammenhänge zwischen Größen.

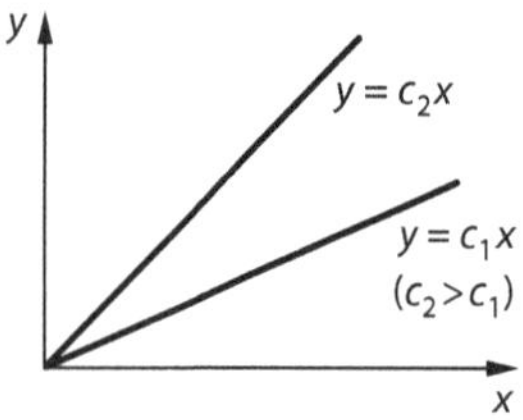

Bild 1.13

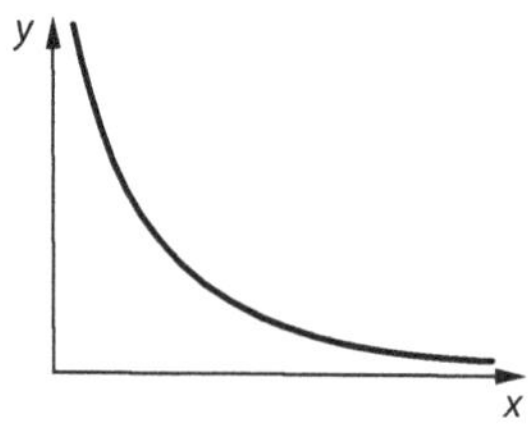

Bild 1.14

Beispiele

1.80 Für den Widerstand eines (elektrischen) Leiters gilt $R = \varrho\frac{l}{A}$ (ϱ ist der spezifische Widerstand in $\Omega \cdot \text{mm}^2 \cdot \text{m}^{-1}$; l ist die Länge in m, A der Leiterquerschnitt in mm^2).
Wegen $R = \frac{\varrho}{A} l \sim l$ (wenn $\frac{\varrho}{A}$ konstant ist) sind Widerstand und Leiterlänge direkt proportional zueinander. Entsprechend sind R und ϱ direkt proportional ($R = \frac{l}{A}\varrho \sim \varrho$), aber R und A sind indirekt proportional ($R = \varrho l \cdot \frac{1}{A} \sim \frac{1}{A}$).

1.81 Die thermische Zustandsgleichung $pV = mRT$ verknüpft die Menge m eines Gases in kg, den Druck p in Pa (Pascal), das Volumen V in m^3, die Temperatur T in K (Kelvin) und die spezielle Gaskonstante R in $\text{kJ} \cdot \text{kg}^{-1} \cdot \text{K}^{-1}$ ($1\,\text{J} = 1\,\text{Joule}$). Proportionale Zusammenhänge erkennt man durch Auflösen der Gleichung nach einer Variablen, z. B. ist $V = \frac{mRT}{p}$, d. h., $V \sim \frac{1}{p}$ (wenn m, R und T konstant sind) und entsprechend $V \sim m$, $V \sim R$ und $V \sim T$.

1.82 Wenn an einem Widerstand R eine Spannung U anliegt und ein Strom I fließt, so ist die Leistung $P = U \cdot I$.
Man könnte $P \sim U$ und $P \sim I$ vermuten. Dies Vermutung trifft aber nicht zu, da U und I voneinander abhängig sind ($I = \frac{U}{R}$, Ohmsches Gesetz). Einsetzen des Terms $\frac{U}{R}$ in die Gleichung für P ergibt $P = \frac{U^2}{R}$.

P und U sind also nicht direkt proportional, sondern es besteht ein quadratischer Zusammenhang.

Das Beispiel zeigt, dass zwischen den Variablen einer Gleichung keine Abhängigkeiten bestehen dürfen, wenn die Variablen auf Proportionalität untersucht werden sollen. ■

Prozent-, Zinsrechnung

Auf vielen Gebieten der Praxis wird mit Prozent (lat. „pro centum", entsprechend hundert) und Promille (lat. „mille", tausend) gerechnet. Mit ihnen werden spezielle Brüche bezeichnet.

$$1\,\% = \frac{1}{100} = 0{,}01; \quad 1\,‰ = \frac{1}{1\,000} = 0{,}001 \tag{1.23}$$

Beispiel

1.83 Die Zahlen 0,340 und 0,002 8 sind in Prozent und Promille zu schreiben.

Lösung:

$0{,}340 = 34{,}0 \cdot 0{,}01 = 34{,}0\,\%; \quad 0{,}340 = 340 \cdot 0{,}001 = 340\,‰$

$0{,}002\,8 = 0{,}28\,\%; \quad 0{,}002\,8 = 2{,}8\,‰$ ■

In Prozent (oder Promille) kann das Verhältnis zweier Zahlen (oder Größen) ausgedrückt werden.

Der **Prozentsatz** p ist das Verhältnis eines Wertes a zu einem **Grundwert** (Bezugswert) b:

$$p = \frac{a}{b} \tag{1.24}$$

Bei jeder Prozentberechnung ist zunächst zu entscheiden, welcher Wert der Grundwert ist.

Beispiele

1.84 Der Index der industriellen Nettoproduktion in einem Industriezweig war 2010 gleich 200 und 2014 gleich 250 (1990 ≙ 100). Welche prozentuale Änderung ergibt sich mit a) 2010, b) 2014 als Bezugswert?

Lösung:

a) $p_1 = \frac{250}{200} = 1{,}25 = 125\,\%$, d. h., ein Zuwachs von 100 % auf 125 % bzw. um 25 % (bezogen auf 2010).

b) $p_2 = \frac{200}{250} = 0{,}80 = 80\,\%$, d. h., ein Zuwachs von 80 % auf 100 % bzw. um 20 % (bezogen auf 2014).

Da sich die Prozentwerte wegen des unterschiedlichen Bezugswerts unterscheiden, ist bei Prozentangaben stets der Bezugswert anzugeben (p_1 und p_2 sind reziproke Zahlen).

1.85 Von der Elbe sind bei einer Gesamtlänge von 1165 km 81,3 % schiffbar, von der schiffbaren Länge sind 15,0 % für Seeschiffe schiffbar. Wie lang sind a) der schiffbare und b) der für Seeschiffe schiffbare Anteil?

Lösung:

a) Grundwert $b = 1\,165$ km. Aus *Gl. (1.24)* folgt $a = pb = 81{,}3\,\% \cdot b = 0{,}813 \cdot 1\,165\,\text{km} = 947\,\text{km}$.

b) Grundwert $b = 947\,\text{km} \cdot a = 15{,}0\,\% \cdot 947\,\text{km} \approx 142\,\text{km}$.

1.86 Der Schweriner See hat mit 65,5 km² eine Fläche, die um 69,25 % größer ist als die Fläche des Plauer Sees (in Mecklenburg/Vorpommern). Die Prozentzahl bezieht sich auf die Fläche des Plauer Sees. Es ist die Fläche des Plauer Sees zu berechnen.

Lösung: Die Formulierung „um 69,25 % größer als" bedeutet $p = 169{,}25\,\%$. Zu berechnen ist der Grundwert:

$$b = \frac{a}{p} = \frac{65{,}5\,\text{km}^2}{1{,}6925} = 38{,}7\,\text{km}^2$$

Der Plauer See hat eine Fläche von 38,7 km². ■

Die **Zinsrechnung** ist eine Anwendung der Prozentrechnung.

Der Prozentsatz p heißt **Zinsfuß**, der Grundwert b heißt **Grundbetrag**, a sind die **Zinsen**.

Dabei ist zu beachten, dass bei mehrmaliger Verzinsung die Zinsen jährlich zum Grundbetrag addiert werden und sich damit der Grundbetrag nach jedem Jahr erhöht. Aufgaben solcher Art können hier nicht gelöst werden. Sie sind Aufgabe der Zinseszinsrechnung (siehe *Kapitel 6*). Mit den Ansätzen dieses Abschnitts sind nur Probleme mit einfacher Verzinsung lösbar.

Beispiele

1.87 Für 12 500 € Grundbetrag und 3,25 % Zinsfuß sind die Zinsen zu berechnen.

Lösung:

$$a = p \cdot b = 0{,}0325 \cdot 12\,500\,€ = 406{,}25\,€$$

1.88 Wie groß ist ein Geldbetrag, der bei 5 % Zinsfuß auf 18 900 € wächst?

Lösung: Der Betrag wächst von 100 % auf 105 %, d. h., $p = 105\,\% = 1{,}05$.

$$b = \frac{a}{p} = \frac{18\,900\,€}{1{,}05} = 18\,000\,€$$

Der Grundbetrag ist 18 000 €. ■

Kontrollfragen

1.28 Welche Arten von Proportionalität gibt es zwischen zwei Variablen x und y? Durch welche Gleichungen sind x und y verknüpft, und welche Form haben die grafischen Darstellungen?

1.29 Was bedeuten 1 Prozent (1 %) und 1 Promille (1 ‰)?

1.30 Nach welcher Gleichung wird der Prozentsatz p berechnet?

Aufgaben: *1.47* **bis** *1.52*

1.3.6 Summenzeichen

Wenn in einer Summe die Summanden nach einer bestimmten Regel gebildet werden, so kann diese Summe abkürzend mithilfe des Summenzeichens geschrieben werden.

Definition 1.5

Das **Summenzeichen** bedeutet in Verbindung mit einem Variablenterm eine aus mehreren Summanden bestehende Summe:

$$\sum_{i=1}^{n} a_i = a_1 + a_2 + \ldots + a_n \tag{1.25}$$

Die Variable i heißt **Summationsindex** ($i \in \mathbb{Z}$). Er durchläuft alle Werte von der **unteren** bis zur **oberen** (Summations-) **Grenze**. Sie werden unten und oben an das Summenzeichen geschrieben.

Die untere Grenze darf auch eine andere Zahl als 1 sein.

Beispiele

1.89 $\sum_{i=1}^{5} i^2 = 1^2 + 2^2 + 3^2 + 4^2 + 5^2$ (Summe aller Quadratzahlen von 1 bis 5)

1.90 $\sum_{k=3}^{6} \frac{1}{k(k+1)} = \frac{1}{3 \cdot 4} + \frac{1}{4 \cdot 5} + \frac{1}{5 \cdot 6} + \frac{1}{6 \cdot 7}$

Die gleiche Summe wird dargestellt durch $\sum_{k=4}^{7} \frac{1}{(k-1)k}$

1.91 $\sum_{n=-2}^{1} (n+1)^2 = (-1)^2 + 0^2 + 1^2 + 2^2$

1.92 $\sum_{m=3}^{3} \frac{1}{m} = \frac{1}{3}$

1.93 $\sum_{i=1}^{3} 12 = 12 + 12 + 12 = 36$ ■

Beispiel 1.90 zeigt, dass für eine Summe verschiedene Darstellungen mit dem Summenzeichen möglich sind.

Rechenregeln

Es gilt stets:

$$\sum_{i=1}^{n} (a_i + b_i) = \sum_{i=1}^{n} a_i + \sum_{i=1}^{n} b_i \tag{1.26}$$

konstanter Faktor:

$$\sum_{i=1}^{n} c a_i = c \sum_{i=1}^{n} a_i \tag{1.27}$$

Konstante:

$$\sum_{i=1}^{n} c = nc \tag{1.28}$$

Im Allgemeinen gilt (d. h., es gibt Ausnahmen):

$$\sum_{i=1}^{n} a_i b_i \neq \sum_{i=1}^{n} a_i \cdot \sum_{i=1}^{n} b_i \tag{1.29}$$

Beispiele

1.94 $\sum_{k=1}^{3} (x_k + y_k - z_k) = (x_1 + y_1 - z_1) + (x_2 + y_2 - z_2) + (x_3 + y_3 - z_3)$

$= (x_1 + x_2 + x_3) + (y_1 + y_2 + y_3) - (z_1 + z_2 + z_3)$

$= \sum_{k=1}^{3} x_k + \sum_{k=1}^{3} y_k - \sum_{k=1}^{3} z_k$, vgl. *Gl. (1.26)*

1.95 $\sum_{n=1}^{n} zu_n = zu_1 + zu_2 + zu_3 = z \sum_{n=1}^{3} u_n$, vgl. *Gl. (1.27)*

1.96 $\sum_{j=1}^{3} k = k + k + k = 3k$, vgl. *Gl. (1.28)*

1.97 $\sum_{i=1}^{3} a_i b_i = a_1 b_1 + a_2 b_2 + a_3 b_3$ ist zu unterscheiden von

$\sum_{i=1}^{3} a_i \cdot \sum_{i=1}^{3} b_i = (a_1 + a_2 + a_3)(b_1 + b_2 + b_3)$, vgl. *Gl. (1.29)* ■

Das Summenzeichen ist der griechische Großbuchstabe „Sigma“. Auch Produkte können abgekürzt geschrieben werden, und zwar mit dem griechischen Großbuchstaben „Pi“: $\prod_{i=1}^{n} a_i = a_1 \cdot a_2 \cdot \ldots \cdot a_n$. Es gelten entsprechende Regeln wie für das Summenzeichen.

Kontrollfragen

1.31 Aus welchem Zahlenbereich müssen die Werte sein, die der Summationsindex annehmen darf?

1.32 Kann man beim Summieren einer Summe das Summieren summandenweise durchführen, und kann man beim Summieren eines Produktes das Summieren faktorenweise durchführen (*Gln. (1.26), (1.29)*)?

Aufgaben: *1.53* bis *1.55*

1.4 Rechenoperationen dritter Stufe

1.4.0 Vorbemerkung

Die Rechenoperationen dritter Stufe sind das Rechnen mit Potenzen, Wurzeln und Logarithmen (Potenzieren, Radizieren und Logarithmieren). In diesem Abschnitt werden die im Unterricht der vorausgehenden Bildungseinrichtungen erworbenen Kenntnisse zusammengefasst, erweitert (besonders im Bereich des Rechnens mit Logarithmen) und durch Übungen gefestigt. Sie werden ergänzt durch ein Verfahren zur Berechnung der Potenz $(a+b)^n$ eines Binoms.

1.4.1 Rechnen mit Potenzen und Wurzeln

Wenn ein Term a mehrfach (n-mal) mit sich selbst multipliziert wird, kann man das Produkt in abgekürzter Form als Potenz schreiben:

Definition der Potenz:

$$\underbrace{a \cdot a \ldots a}_{n \text{ Faktoren}} = a^n \tag{1.30}$$

Das Potenzieren $a^n = b$ hat zwei Umkehroperationen:

1. Zu berechnen ist a, wenn b und n gegeben sind: Radizieren;
2. zu berechnen ist n, wenn b und a gegeben sind: Logarithmieren.

Addition und Multiplikation haben nur je eine Umkehroperation. Eine Summe $a + b = c$ lässt sich zwar nach dem ersten oder zweiten Summanden auflösen ($a = c - b$; $b = c - a$), da aber die Addition kommutativ ist (d. h., erster und zweiter Summand sind vertauschbar), gibt es nur eine Umkehroperation, die Subtraktion. Da auch die Multiplikation kommutativ ist, gibt es gleichfalls nur eine Umkehroperation. Das Potenzieren ist nicht kommutativ, d. h., a und n sind i. Allg. nicht vertauschbar, und deshalb gibt es zwei Umkehroperationen.

Die folgende Zusammenstellung enthält Begriffe, Symbole und je ein Zahlenbeispiel:

Potenzieren	Radizieren	Logarithmieren
$a^n = b$	$\sqrt[n]{b} = a$	$\log_a b = n$
a Basis	b Radikand	b Numerus
n Exponent	n Wurzelexponent	a Basis
b Potenzwert	a Wurzelwert	n Logarithmus
$5^3 = 125$	$\sqrt[3]{125} = 5$	$\log_5 125 = 3$

Potenzgesetze

Addition: Potenzen kann man nur addieren (zusammenfassen), wenn sie gleich sind, d. h., wenn sie gleiche Basis und gleichen Exponenten haben.

Beispiele: $5x^3 + 3x^3 = 8x^3$; $6a^5 - 5a^5 = a^5$;
$x^3 + x^2$ (gleiche Basis), $a^2 + b^2$ (gleicher Exponent) kann man nicht addieren.

Es gilt i. Allg.: $a^n + b^n \neq (a + b)^n$.

Multiplikation: Potenzen kann man nur multiplizieren (zusammenfassen), wenn sie gleiche Basis oder gleichen Exponenten haben, z. B. kann man $x^3 \cdot u^4$ nicht zusammenfassen.

Potenzen

mit gleicher Basis	mit gleichem Exponenten	
$a^m \cdot a^n = a^{m+n}$	$a^n \cdot b^n = (a \cdot b)^n$	(1.31) (1.32)
$\dfrac{a^m}{a^n} = a^{m-n}$	$\dfrac{a^n}{b^n} = \left(\dfrac{a}{b}\right)^n$	(1.33) (1.34)

Der Teil, der beiden Potenzen gemeinsam ist, bleibt stets unverändert: Bei Potenzen mit gleicher Basis bleibt die Basis, bei Potenzen mit gleichem Exponenten bleibt der Exponent unverändert.

Potenzieren:

$$(a^m)^n = a^{m \cdot n} \tag{1.35}$$

Die Gesetze für Potenzen mit gleicher Basis und für das Potenzieren einer Potenz haben eine gemeinsame Eigenschaft: Die mit den Exponenten auszuführende Rechenoperation ist jeweils eine Stufe niedriger, d. h., zwei Potenzen werden multipliziert (dividiert), indem ihre Exponenten addiert (subtrahiert) werden, und eine Potenz wird potenziert, indem die Exponenten multipliziert werden.

Sonderfälle:

Potenzen von 0 und 1:

$$0^n = 0; \quad 1^n = 1 \tag{1.36}$$

Positive Basis:

$$a > 0 \Rightarrow a^n > 0 \tag{1.37}$$

Negative Basis:

$$a < 0 \Rightarrow \begin{cases} a^n > 0, & \text{wenn } n \text{ geradzahlig ist.} \\ a^n < 0, & \text{wenn } n \text{ ungeradzahlig ist.} \end{cases} \tag{1.38}$$

Aus der Definition der Potenz nach *Gl. (1.30)* folgt, dass n eine natürliche Zahl größer oder gleich 2 sein muss. Der Potenzbegriff wird durch die folgenden Definitionen auf ganzzahlige Exponenten erweitert (allerdings mit der Einschränkung $a \neq 0$).

Definition 1.6

$$a^1 = a; \quad a^0 = 1\ (a \neq 0); \quad a^{-n} = \frac{1}{a^n}\ (a \neq 0) \tag{1.39}$$

Mit der Bedingung $a \neq 0$, wenn n nicht positiv ist, wird ausgeschlossen, dass sich eine Division durch Null ergibt.

Die Potenzgesetze bleiben uneingeschränkt gültig.

Das bedeutet: Bei formalem Anwenden der Potenzgesetze führen die neuen Definitionen zu keinem Widerspruch.

Beispiele: Durch Dividieren (Kürzen) ergibt sich $\frac{a^3}{a^3} = 1$, $\frac{a^3}{a^5} = \frac{1}{a^2}$; durch Anwenden der Potenzgesetze erhält man die gleichen Ergebnisse $\frac{a^3}{a^3} = a^{3-3} = a^0 = 1$, $\frac{a^3}{a^5} = a^{3-5} = a^{-2} = \frac{1}{a^2}$.

Folgerungen:

(1) Potenzieren mit -1:

Nach *Gl. (1.39)* ist $a^{-1} = \frac{1}{a^1} = \frac{1}{a}$.

Wenn ein Term mit -1 potenziert wird, ergibt sich der reziproke Wert.

(2) Potenzieren mit $-n$:

$a^{-n} = \frac{1}{a^n} = \frac{1^n}{a^n} = \left(\frac{1}{a}\right)^n$ oder $a^{-n} = a^{(-1)\cdot n} = a^{n\cdot(-1)} = (a^n)^{-1}$.

Ein Term wird mit $-n$ potenziert, indem der reziproke Wert gebildet und dieser mit n potenziert wird. Die Reihenfolge beider Operationen ist vertauschbar.

(3) Vorrang der Operationen höherer Stufe:

Wenn Terme durch Multiplizieren und Potenzieren verknüpft sind, so hat das Potenzieren (Operation 3. Stufe) Vorrang vor dem Multiplizieren (Operation 2. Stufe).

Zum Beispiel ist $ab^2 = a\cdot b\cdot b$, aber $(ab)^2 = ab\cdot ab = a^2b^2$; oder $-a^2 = (-1)\cdot a\cdot a = -a\cdot a$, aber $(-a)^2 = (-a)\cdot(-a) = a^2$.

(4) Potenz entgegengesetzter Terme:

Es sei $a > 0$, dann ist $-a < 0$. Dann gilt nach *Gl. (1.38)*

$(-a)^n = a^n$, wenn n geradzahlig ist, und

$(-a)^n = -a^n$, wenn n ungeradzahlig ist.

Zum Beispiel ist $(-2)^2 = 2^2$, aber $(-2)^3 = -2^3$.

Im Folgenden wird bei allen Beispielen und Übungen vorausgesetzt, dass die einschränkenden Bedingungen erfüllt sind.

Beispiele

1.98 $(37{,}8\,ab)^0 = 1$; $5^{-1} = \frac{1}{5}$; $(a+b)^{-1} = \frac{1}{a+b}$; $\left(\frac{x}{yz}\right)^{-1} = \frac{yz}{x}$

1.99 $\left(\frac{3}{4}\right)^{-2} = \left(\frac{4}{3}\right)^2 = \frac{16}{9}$; $\left(\frac{3a}{b}\right)^{-3} = \frac{b^3}{27a^3}$; $\left(\frac{1}{a}+\frac{1}{b}\right)^{-2} = \left(\frac{a+b}{ab}\right)^{-2} = \frac{a^2b^2}{(a+b)^2}$

1.100 $\frac{x^2}{y^{-3}} = \frac{x^2y^3}{1} = x^2y^3$; $\frac{a^2b^{-3}}{c^{-4}d^5} = \frac{a^2c^4}{b^3d^5}$

1.101 $(2x-3y)$ und $(3y-2x)$ sind entgegengesetzte Terme. Nach Folgerung (4) ist $(3y-2x)^2 = (2x-3y)^2$, aber $(3y-2x)^3 = -(2x-3y)^3$

1.102 $3(u-2v)^2 + 5(2v-u)^2 = 8(u-2v)^2$; $3(u-2v)^3 + 5(2v-u)^3 = -2(u-2v)^3$

1.103 $\left(-2a^3\right)^4 = (-2)^4 \cdot \left(a^3\right)^4 = 16a^{12}; \quad \left(-2a^4\right)^3 = -8a^{12}; \quad -2\left(a^3\right)^4 = -2a^{12}$

1.104 $\left(-a^{-2}\right)^3 = (-1)^3 \cdot \left(a^{-2}\right)^3 = -\frac{1}{a^6}; \quad \left(-a^{-3}\right)^{-2} = a^6; \quad -a^{3^2} = (-1) \cdot a^9 = -a^9$

1.105 $\frac{u^2 v}{w^{3n}} \cdot \frac{v^n w^{3n}}{u^{4n}} = \frac{u^{2-4n} v^{n+1}}{w^{3n-3n}} = \frac{u^{2-4n} v^{n+1}}{w^0} = u^{2-4n} v^{n+1}$

Eine andere Form des Ergebnisses ist $\frac{v^{n+1}}{u^{4n-2}}$, denn $u^{2-4n} = u^{-(4n-2)} = \frac{1}{u^{4n-2}}$

1.106 $\frac{(x+y)^{n-1}}{xy^{3m+1}} \cdot \frac{x^{m+2} y^{2m+1}}{(x+y)^{-2}} = \frac{(x+y)^{n-1-(-2)} x^{m+2-1}}{y^{3m+1-(2m+1)}} = \frac{(x+y)^{n+1} x^{m+1}}{y^m}$

1.107 $\left(\frac{a^{-2}b}{c^3 d^{-4}}\right)^{-3} = \frac{\left(a^{-2}\right)^{-3}\left(b^1\right)^{-3}}{\left(c^3\right)^{-3}\left(d^{-4}\right)^{-3}} = \frac{a^6 b^{-3}}{c^{-9} d^{12}} = \frac{a^6 c^9}{b^3 d^{12}}$

1.108 $\frac{\left(9a^2x\right)^4}{\left(18ax^2\right)^5} \cdot \frac{\left(10x^2\right)^3}{\left(5a^3x\right)^2} = \frac{9^4 a^8 x^4 \cdot 10^3 x^6}{18^5 a^5 x^{10} \cdot 5^2 a^6 x^2}$

Potenzen, deren Basis eine Zahl ist, werden in Primfaktoren zerlegt.

$$= \frac{\left(3^2\right)^4 (2 \cdot 5)^3 a^8 x^{10}}{\left(2 \cdot 3^2\right)^5 5^2 a^{11} x^{12}} = \frac{3^8 \cdot 2^3 \cdot 5^3}{2^5 \cdot 3^{10} \cdot 5^2 a^3 x^2}$$

$$= \frac{5}{2^2 \cdot 3^2 \cdot a^3 x^2} = \frac{5}{36a^3x^2}$$

■

Aufgaben: ***1.56*** **bis** ***1.58***

Eine Umkehroperation des Potenzierens ist, wie zu Beginn dieses Abschnittes erläutert wurde, das **Radizieren** (Wurzelziehen). Um zu vermeiden, dass die Operation nicht ausführbar ist oder kein eindeutig bestimmtes Resultat ergibt, wird sie nur für nichtnegative Zahlen definiert.

Definition 1.7

Die *n*-te Wurzel aus einer nichtnegativen Zahl b (**Radikand**) ist diejenige nichtnegative Zahl a, deren n-te Potenz gleich b ist (n ist eine natürliche Zahl außer Null):

$$\sqrt[n]{b} = a \Leftrightarrow a^n = b; \quad b \geqq 0,\, a \geqq 0,\, n \in \mathbb{N} \setminus \{0\} \tag{1.40}$$

Die Zahl n heißt Wurzelexponent, das Ergebnis a Wurzelwert.

1. Das Wurzelzeichen ist der stilisierte Buchstabe „r“, der erste Buchstabe des Wortes „radizieren“ (lat. „radix“, Wurzel).

2. Bei der zweiten Wurzel (auch „Quadratwurzel“ oder nur „Wurzel“ genannt), wird i. Allg. der Wurzelexponent weggelassen.

   Die dritte Wurzel wird auch Kubikwurzel genannt.

3. Mit der Bedingung $b \geqq 0$ werden allgemein Wurzeln aus negativen Radikanden ausgeschlossen. Diese sind auch für geradzahliges n (im Bereich der reellen Zahlen) nicht ausführbar, z. B. hat $\sqrt[4]{-16}$ keinen reellen Wurzelwert, denn wenn man annimmt, es wäre $\sqrt[4]{-16} = x$, dann müsste $x^4 = -16$ sein; die vierte Potenz einer beliebigen reellen Zahl ist aber stets größer oder gleich Null, kann also nicht negativ sein. Für ungeradzahliges n wäre es zwar möglich, die Operation auszuführen (z. B. $\sqrt[3]{-8} = -2$, denn $(-2)^3 = -8$);

es würden sich aber Widersprüche beim Anwenden der Potenz- und Wurzelgesetze ergeben (siehe *Beispiel 1.120*).

Für einen positiven Radikanden und geradzahliges n wären 2 Wurzelwerte denkbar (z. B. $\sqrt{16} = 4$ und auch $\sqrt{16} = -4$, denn $(-4)^2 = 16$). Mit der Bedingung $a \geqq 0$ wird erreicht, dass die Rechenoperation eindeutig ist ($\sqrt{16} = 4$).

4. Für $n = 0$ ist die n-te Wurzel nicht definiert, denn diese Operation wäre entweder nicht oder nicht eindeutig ausführbar. Wenn nämlich angenommen wird, diese Operation wäre ausführbar, also $\sqrt[0]{b} = x$, so müsste gelten $x^0 = b$. Diese Bedingung ist aber für $b \neq 1$ nicht erfüllbar und für $b = 1$ für jeden reellen Wert x (außer 0) erfüllt.

Sonderfälle:

$$\begin{array}{llll} \text{Es ist} & \sqrt[n]{0} = 0; & \sqrt[n]{1} = 1; & \sqrt[1]{a} = a \\ \text{denn} & \sqrt[n]{0} = 0 \Leftrightarrow 0^n = 0; & \sqrt[n]{1} = 1 \Leftrightarrow 1^n = 1; & \sqrt[1]{a} = a \Leftrightarrow a^1 = a \end{array} \tag{1.41}$$

Die beiden folgenden Gleichungen drücken aus, dass Potenzieren und Radizieren Umkehroperationen sind:

$$\left(\sqrt[n]{z}\right)^n = z; \quad \sqrt[n]{z^n} = z \tag{1.42}$$

In der ersten Gleichung wird z zuerst radiziert und dann potenziert, in der zweiten Gleichung wird z zuerst potenziert und dann radiziert.

Zusammenhang zwischen Potenz- und Wurzelbegriff:

Für eine Potenz a^x soll x so bestimmt werden, dass $(a^x)^n = a$ gilt. Aus dem *Potenzgesetz (1.35)* folgt $a^{x \cdot n} = a$, und diese Gleichung wird mit $x \cdot n = 1$, d. h., $x = \frac{1}{n}$ erfüllt: $\left(a^{1/n}\right)^n = a$. Ein Vergleich mit *Gl. (1.42)* ergibt, dass es sinnvoll ist, die n-te Wurzel als Potenz mit dem gebrochenen Exponenten $\frac{1}{n}$ zu definieren.

Definition 1.8

$$a^{\frac{1}{n}} = \sqrt[n]{a}; \quad a > 0 \tag{1.43}$$

Für $\frac{1}{n} > 0$ gilt die Definition auch für $a = 0$. Man kann beweisen, dass für die nach *Gl. (1.43)* definierten Potenzen alle Potenzgesetze gelten. Zum Beispiel folgt durch Potenzieren mit m

$$\left(a^{\frac{1}{n}}\right)^m = a^{\frac{1}{n} \cdot m} = a^{\frac{m}{n}} = a^{m \cdot \frac{1}{n}} = (a^m)^{\frac{1}{n}} = \sqrt[n]{a^m}$$

$$a^{\frac{m}{n}} = \sqrt[n]{a^m} \tag{1.43a}$$

Damit ist der Potenzbegriff auf Potenzen mit rationalen Zahlen $\frac{m}{n}$ (z. B. endliche Dezimalbrüche) als Exponenten erweitert worden.

Man kann ihn auch auf Potenzen mit reellen (z. B. irrationalen) Zahlen als Exponenten erweitern, z. B. $a^{\sqrt{2}}$. Man nähert in diesem Beispiel $\sqrt{2}$ durch einen endlichen Dezimalbruch an. Das kann mit beliebiger Genauigkeit geschehen: $a^{\sqrt{2}} \approx a^{1,4}$; $a^{\sqrt{2}} \approx a^{1,41}$; ....

Auch die Bedingung für den Wurzelexponent n kann von einer natürlichen Zahl auf eine beliebig reelle Zahl (außer Null) erweitert werden, z. B. ist $\sqrt[0{,}8]{a} = a^{1/0{,}8} = a^{1{,}25}$.

Wurzelgesetze

Sie sind wegen der Definition *Gl. (1.43)* Sonderfälle von Potenzgesetzen (*Gln. (1.32), (1.34), (1.35)*).

Aus *Gl. (1.32)* folgt z. B. mit $n = \frac{1}{m}$: $a^{\frac{1}{m}} \cdot b^{\frac{1}{m}} = (a \cdot b)^{\frac{1}{m}}$.

Gleichnamige Wurzeln:

$$\sqrt[m]{a} \cdot \sqrt[m]{b} = \sqrt[m]{a \cdot b} \tag{1.44}$$

$$\frac{\sqrt[m]{a}}{\sqrt[m]{b}} = \sqrt[m]{\frac{a}{b}} \tag{1.45}$$

Mehrfachwurzeln:

$$\sqrt[q]{\sqrt[p]{a}} = \sqrt[p \cdot q]{a} \tag{1.46}$$

Terme mit Wurzeln kann man auch umformen, indem man jeden Wurzelterm in eine Potenz umwandelt und die Potenzgesetze anwendet.

Folgerungen:

(1) Potenz- und Wurzelexponenten können „gekürzt“ und „erweitert“, d. h. beide mit dem gleichen Term multipliziert oder dividiert werden:

$$\sqrt[n]{a^m} = \sqrt[n \cdot p]{a^{m \cdot p}}$$

(denn $a^{\frac{m}{n}} = a^{\frac{m \cdot p}{n \cdot p}}$).

(2) Vertauschen von Potenzieren und Radizieren: Aus der Herleitung zu *Gl. (1.43a)* folgt, dass beide Rechenoperationen vertauschbar sind:

$$\left(\sqrt[n]{a}\right)^m = \sqrt[n]{a^m} \tag{1.47}$$

(3) Wenn ein Faktor vor einem Wurzelterm unter das Wurzelzeichen geschrieben werden soll, muss er potenziert werden:

$$a\sqrt[n]{b} = \sqrt[n]{a^n b}$$

Umgekehrt: Wenn sich der Radikand einer n-ten Wurzel in Faktoren zerlegen lässt und ein Faktor eine n-te Potenz ist, kann der Radikand partiell (teilweise) radiziert werden:

$$\sqrt[n]{a^n b} = a\sqrt[n]{b}$$

(4) Wurzelterme in binomischen Formeln:

$$\left(\sqrt{a} + \sqrt{b}\right)^2 = \left(\sqrt{a}\right)^2 + 2\sqrt{a}\sqrt{b} + \left(\sqrt{b}\right)^2 = a + 2\sqrt{ab} + b$$

$$\left(a + \sqrt{b}\right)^2 = a^2 + 2a\sqrt{b} + b$$

Wenn ein Binom einen Wurzelterm enthält, so enthält auch das Quadrat einen Wurzelterm.

Andererseits ist $\left(\sqrt{a}+\sqrt{b}\right)\left(\sqrt{a}-\sqrt{b}\right) = a - b$; das Ergebnis enthält keinen Wurzelterm.

(5) Es ist $\sqrt[4]{2^4} = \sqrt[4]{16} = 2$, aber auch $\sqrt[4]{(-2)^4} = \sqrt[4]{16} = 2 = |-2|$.

Allgemein:

$$\sqrt[n]{a^n} = |a|\,, \quad \text{wenn } n \text{ geradzahlig ist} \tag{1.48}$$

In dieser Gleichung darf a eine beliebige reelle Zahl sein, denn a^n ist für geradzahliges n positiv, und damit ist die Bedingung erfüllt, dass der Radikand positiv sein muss.

Die Gleichung wird bei Formelumstellungen, z. B. beim Lösen von Gleichungen, angewendet, z. B. ist $\sqrt{x^2} = |x|$ (siehe *Beispiel 1.121*).

Beispiele

1.109 Umformungen:

a) $\sqrt[3]{a} = a^{\frac{1}{3}}, \quad \sqrt{x} = x^{\frac{1}{2}}, \quad \sqrt[3]{5^2} = 5^{\frac{2}{3}}, \quad \dfrac{1}{\sqrt[4]{z^3}} = \dfrac{1}{z^{\frac{3}{4}}} = z^{-\frac{3}{4}}$

b) $a^{\frac{1}{4}} = \sqrt[4]{a}, \quad b^{-\frac{2}{3}} = \dfrac{1}{b^{\frac{2}{3}}} = \dfrac{1}{\sqrt[3]{b^2}}$

1.110 Zu Folgerung (1):

$$\sqrt[6]{u^3} = u^{\frac{3}{6}} = u^{\frac{1}{2}} = \sqrt{u}; \quad \sqrt[4]{7^8} = \sqrt[1]{7^2} = 7^2 = 49; \quad \sqrt[3]{x^2} = \sqrt[9]{x^6}; \quad k^3 = k^{\frac{6}{2}} = \sqrt{k^6}$$

1.111 $\sqrt[3]{a}\cdot\sqrt[3]{a^2} = \sqrt[3]{a\cdot a^2} = \sqrt[3]{a^3} = a; \quad \dfrac{\sqrt{75}}{\sqrt{3}} = \sqrt{\dfrac{75}{3}} = \sqrt{25} = 5$

1.112 Zu Folgerung (3):

$$x\cdot\sqrt[4]{x^3} = \sqrt[4]{x^4\cdot x^3} = \sqrt[4]{x^7}; \quad \sqrt[3]{z^8} = \sqrt[3]{z^6\cdot z^2} = z^2\sqrt[3]{z^2}$$

1.113 $5\sqrt[3]{2} = \sqrt[3]{125\cdot 2} = \sqrt[3]{250}; \quad \sqrt{48} = \sqrt{16\cdot 3} = 4\sqrt{3}$

1.114
$$\begin{aligned}\left(2\sqrt{10}+4\sqrt{21}\right)\sqrt{6} &= 2\sqrt{60}+4\sqrt{126} = 2\sqrt{4\cdot 15}+4\sqrt{9\cdot 14}\\ &= 2\cdot 2\sqrt{15}+4\cdot 3\sqrt{14} = 4\sqrt{15}+12\sqrt{14}\end{aligned}$$

1.115
$$\begin{aligned}\sqrt[3]{12a^2b}\cdot\sqrt[3]{36a^2b^2} &= \sqrt[3]{2^2\cdot 3\cdot 2^2\cdot 3^2a^4b^3}\\ &= \sqrt[3]{2^3\cdot 2\cdot 3^3a^3ab^3} = 6ab\sqrt[3]{2a}\end{aligned}$$

1.116 $\sqrt{\sqrt[3]{a}} = \sqrt[2\cdot 3]{a} = \sqrt[6]{a}; \quad \sqrt[6]{16} = \sqrt[3\cdot 2]{16} = \sqrt[3]{\sqrt{16}} = \sqrt[3]{4}$

1.117 Gemischte Wurzeln:

$$\sqrt[4]{a\sqrt{a}} = \sqrt[4]{a}\cdot\sqrt[4]{\sqrt{a}} = \sqrt[4]{a}\cdot\sqrt[8]{a} = \sqrt[8]{a^2}\cdot\sqrt[8]{a} = \sqrt[8]{a^3}$$

oder … $= \sqrt[4]{\sqrt{a^2}\sqrt{a}} = \sqrt[4]{\sqrt{a^3}} = \sqrt[8]{a^3}$

oder … $= a^{\frac{1}{4}}\cdot a^{\frac{1}{8}} = a^{\frac{1}{4}+\frac{1}{8}} = a^{\frac{3}{8}} = \sqrt[8]{a^3}$

1.118 Ungleichnamige Wurzeln:

$$\frac{\sqrt{u}\cdot\sqrt[3]{u}}{\sqrt[4]{u^3}} = \frac{u^{\frac{1}{2}}\cdot u^{\frac{1}{3}}}{u^{\frac{3}{4}}} = u^{\frac{1}{2}+\frac{1}{3}-\frac{3}{4}} = u^{\frac{6+4-9}{12}} = u^{\frac{1}{12}} = \sqrt[12]{u}$$

1.119 In die Gleichung $h = \dfrac{V}{\pi r^2}$ ist $r = \sqrt[3]{\dfrac{V}{2\pi}}$ einzusetzen, und die Terme für h und r sind miteinander zu vergleichen.

Lösung:

$$h = \frac{V}{\pi\left(\sqrt[3]{\dfrac{V}{2\pi}}\right)^2}$$

Um den Bruch zu vereinfachen, werden alle Faktoren als dritte Wurzeln geschrieben:

$$h = \frac{\sqrt[3]{V^3}}{\sqrt[3]{\pi^3}\cdot\sqrt[3]{\left(\dfrac{V}{2\pi}\right)^2}} = \sqrt[3]{\frac{V^3}{\pi^3\cdot\dfrac{V^2}{4\pi^2}}} = \sqrt[3]{\frac{V^3\cdot 4\pi^2}{\pi^3\cdot V^2}} = \sqrt[3]{\frac{4V}{\pi}}$$

Zum Vergleich von h und r wird weiter umgeformt:

$$h = \sqrt[3]{\frac{8V}{2\pi}} = \sqrt[3]{8}\cdot\sqrt[3]{\frac{V}{2\pi}} = 2\sqrt[3]{\frac{V}{2\pi}}$$

Ein Vergleich von h und r ergibt: $h = 2r$.

1.120 Nach *Formel (1.40)* ist $\sqrt[n]{b} = a$ für $b \geqq 0$ und $a \geqq 0$ definiert. Die folgenden Umformungen zeigen, dass sich falsche Aussagen ergeben können, wenn b und a negativ sein dürfen:

$$-2 = \sqrt[3]{-8} = \sqrt[6]{(-8)^2} = \sqrt[6]{64} = \sqrt[6]{8^2} = \sqrt[3]{8} = 2,$$

d. h. $-2 = 2$, und das ist eine falsche Aussage.

1.121 Die Gleichungen a) $x^2 = 16$, b) $x^3 = -8$ sind nach x aufzulösen.

Lösung:

a) $x^2 = 16$

$\sqrt{x^2} = \sqrt{16}$, beide Seiten wurden radiziert

$|x| = 4$, die linke Seite wurde nach *Gl. (1.48)* umgeformt

$x = \pm 4$, vgl. *Äquivalenz (1.10c)*.

b) $x^3 = -8$

$\sqrt[3]{x^3} = -\sqrt[3]{8}$, beide Seiten wurden radiziert; weil $\sqrt[3]{-8}$ nicht definiert ist, die Lösung aber negativ sein muss (denn eine Zahl, deren dritte Potenz negativ ist, muss selbst negativ sein), wird $-\sqrt[3]{8}$ geschrieben

$x = -2$. ■

Wenn der Nenner eines Bruches ein Wurzelterm ist oder einen Wurzelterm enthält, ist es mitunter zweckmäßig, durch Erweitern den Bruch so umzuformen, dass der Wurzelterm im Nenner beseitigt wird: **Rationalmachen des Nenners**.

Beispiele

1.122 a) $\dfrac{1}{\sqrt{2}} = \dfrac{1\cdot\sqrt{2}}{\sqrt{2}\cdot\sqrt{2}} = \dfrac{\sqrt{2}}{\sqrt{4}} = \dfrac{\sqrt{2}}{2} = \dfrac{1}{2}\sqrt{2}$

b) $\dfrac{a+b}{\sqrt{c}} = \dfrac{(a+b)\sqrt{c}}{\sqrt{c}\sqrt{c}} = \dfrac{(a+b)\sqrt{c}}{c}$

c) $\dfrac{x}{\sqrt[4]{y}} = \dfrac{x\cdot\sqrt[4]{y^3}}{\sqrt[4]{y}\cdot\sqrt[4]{y^3}} = \dfrac{x\sqrt[4]{y^3}}{\sqrt[4]{y^4}} = \dfrac{x\sqrt[4]{y^3}}{y} = \dfrac{x}{y}\sqrt[4]{y^3}$

1.123 In *Beispiel 1.119* ist in der Gleichung für r der Nenner rational zu machen.

Lösung:

$$r=\sqrt[3]{\frac{V}{2\pi}}=\sqrt[3]{\frac{V\cdot(2\pi)^2}{2\pi\cdot(2\pi)^2}}=\sqrt[3]{\frac{V\cdot(2\pi)^2}{(2\pi)^3}}=\frac{1}{2\pi}\sqrt[3]{4\pi^2V}$$

■

Wenn der Nennerterm ein Binom ist, wird so erweitert, dass die binomische Formel $(a+b)(a-b)$ angewendet werden kann (siehe *Folgerung (4)*).

Beispiele

1.124 $$\frac{a\sqrt{b}}{b+2\sqrt{c}}=\frac{a\sqrt{b}\,(b-2\sqrt{c})}{(b+2\sqrt{c})\,(b-2\sqrt{c})}=\frac{ab\sqrt{b}-2a\sqrt{bc}}{b^2-(2\sqrt{c})^2}=\frac{ab\sqrt{b}-2a\sqrt{bc}}{b^2-4c}$$

1.125 $$\frac{1}{1-\sqrt{1-x^2}}=\frac{\left(1+\sqrt{1-x^2}\right)}{\left(1-\sqrt{1-x^2}\right)\left(1+\sqrt{1-x^2}\right)}=\frac{1+\sqrt{1-x^2}}{1^2-\left(\sqrt{1-x^2}\right)^2}$$

$$=\frac{1+\sqrt{1-x^2}}{1-(1-x^2)}=\frac{1+\sqrt{1-x^2}}{x^2}=\frac{1}{x^2}\left(1+\sqrt{1-x^2}\right)$$

1.126 $$\frac{x}{2-\sqrt{3}}=\frac{x\left(2+\sqrt{3}\right)}{\left(2-\sqrt{3}\right)\left(2+\sqrt{3}\right)}=\frac{x\left(2+\sqrt{3}\right)}{4-3}=x\left(2+\sqrt{3}\right)$$

■

Kontrollfragen

1.33 Wie heißen die Operanden a und n beim Potenzieren (a^n) und beim Radizieren $(\sqrt[n]{a})$?

1.34 Bei welchen Potenzgesetzen werden die Rechenoperationen durch entsprechende Operationen mit den Exponenten ausgeführt, und wie ändert sich in den Exponenten die Stufe der Rechenoperationen?

1.35 Welches Vorzeichen hat a^n, wenn a negativ und n ganzzahlig ist?

1.36 Mit welcher Potenzoperation wird der reziproke Wert gebildet?

1.37 Welche Bedingungen müssen a und b in $\sqrt[n]{b}=a$ erfüllen?

1.38 Wie ist eine Potenz mit einem gebrochenen Exponenten $\left(a^{m/n}\right)$ definiert?

1.39 Gegeben sind $(a^2+b^2)^2$, $(a^2b^2)^2$, $\sqrt{a^2+b^2}$, $\sqrt{a^2b^2}$. Welche Terme lassen sich zerlegen?

Aufgaben: *1.59* bis *1.66*

Formelumstellungen

Wenn eine Formel einen Potenz- oder Wurzelterm enthält, und sie soll nach der Basis des Potenzterms oder dem Radikanden des Wurzelterms aufgelöst werden, so ist dieser Potenz- oder Wurzelterm zunächst zu isolieren, d. h., es sind alle bei diesem Term stehenden Summanden und Faktoren zu beseitigen. Dann ist die *Äquivalenz (1.40)* anzuwenden.

Beispiele

1.127 Flächenträgheitsmoment I eines Kreisringes (d_a Außen-, d_i Innendurchmesser):

$$I=\frac{\pi}{64}\left(d_\mathrm{a}^4-d_\mathrm{i}^4\right)$$

Die Formel ist nach d_i umzustellen.

Lösung:

$\frac{64}{\pi}I = d_a^4 - d_i^4$ (Multiplizieren der Gleichung mit $\frac{64}{\pi}$)

$d_i^4 = d_a^4 - \frac{64}{\pi}I$ (Addition von d_i^4 und von $-\frac{64}{\pi}I$)

$d_i = \sqrt[4]{d_a^4 - \frac{64}{\pi}I}$ (Radizieren mit der 4ten Wurzel)

Anmerkungen:

1. Nach *Gl. (1.48)* ist die linke Seite der Gleichung zunächst $\sqrt[4]{d_i^4} = |d_i|$. Da aber $d_i \geqq 0$ (d_i ist eine Länge), ist $|d_i| = d_i$.
2. Der Wurzelterm rechts vom Gleichheitszeichen kann nicht zerlegt werden (z. B. in $\sqrt[4]{d_a^4} - \sqrt[4]{\frac{64}{\pi}I}$). Eine Zerlegung wäre nur möglich, wenn der Radikand ein Produkt ist (vgl. *Gl. (1.44)*).

1.128 Gleichung für die allgemeine Zustandsänderung eines Gases (Polytrope; p Druck, V Volumen, n Polytropenexponent):

$\frac{p_1}{p_2} = \left(\frac{V_2}{V_1}\right)^n$. Die Formel ist nach V_1, umzustellen.

Lösung:

$\left(\frac{V_1}{V_2}\right)^n = \frac{p_2}{p_1}$ (Potenzieren mit −1 und Vertauschen der Seiten) (I)

$\frac{V_1}{V_2} = \sqrt[n]{\frac{p_2}{p_1}}$ (Radizieren mit der n-ten Wurzel)

$V_1 = V_2\sqrt[n]{\frac{p_2}{p_1}}$ (Multiplizieren mit V_2)

Ein anderer Weg ist das Anwenden gebrochener Exponenten:

$\left[\left(\frac{V_1}{V_2}\right)^n\right]^{\frac{1}{n}} = \left(\frac{p_2}{p_1}\right)^{\frac{1}{n}}$ (*Gl. (I)* wird mit $\frac{1}{n}$ potenziert)

Die linke Seite ergibt nach *Gl. (1.35)* $\left(\frac{V_1}{V_2}\right)^{n\cdot\frac{1}{n}} = \left(\frac{V_1}{V_2}\right)^{\frac{n}{n}} = \frac{V_1}{V_2}$

folglich $V_1 = V_2\left(\frac{p_2}{p_1}\right)^{\frac{1}{n}}$.

Da sich Potenzen (auch mit gebrochenem Exponenten) mühelos mit dem Taschenrechner berechnen lassen, setzt sich die Potenzschreibweise gegenüber der Wurzelschreibweise immer mehr durch.

1.129 Abstand zweier Punkte P_1 und P_2 mit den Koordinaten $(x_1; y_1)$ und $(x_2; y_2)$:

$d = \sqrt{(x_2 - x_1)^2 + (y_2 - y_1)^2}$.

Die Formel ist nach y_2 umzustellen.

Lösung:

$d^2 = (x_2 - x_1)^2 + (y_2 - y_1)^2$ (Quadrieren der Gleichung)

$(y_2 - y_1)^2 = d^2 - (x_2 - x_1)^2$ (Addition von $-(x_2 - x_1)^2$ und Vertauschen der Seiten)

$|y_2 - y_1| = \sqrt{d^2 - (x_2 - x_1)^2}$ (Radizieren, vgl. *Gl. (1.48)*)

$y_2 - y_1 = \pm\sqrt{d^2 - (x_2 - x_1)^2}$ (Auflösen des Betragszeichens)

$y_2 = y_1 \pm \sqrt{d^2 - (x_2 - x_1)^2}$

1.130 Es ist $V_1 = V_2 \left(\frac{p_2}{p_1}\right)^{\frac{1}{n}}$ für $V_2 = 2{,}41\,\text{m}^3$, $p_2 = 0{,}76\,\text{Pa}$, $p_1 = 1{,}54\,\text{Pa}$ (Pa Pascal: $1\,\text{Pa} = 1\,\text{N} \cdot \text{m}^{-2}$) und $n = -0{,}6$ zu berechnen (siehe *Beispiel 1.128*).

Lösung: $V_1 = 2{,}41\,\text{m}^3 \left(\frac{0{,}76\,\text{Pa}}{1{,}54\,\text{Pa}}\right)^{\frac{1}{-0{,}6}} = 7{,}82\,\text{m}^3$ ■

Aufgaben: ***1.67*** **bis** ***1.70***

1.4.2 Rechnen mit Logarithmen

Das Logarithmieren ist die zweite Umkehroperation des Potenzierens. Während die Potenzgleichung $a^n = b$ beim Radizieren nach a aufgelöst wird, ist sie beim Logarithmieren nach dem Exponenten n aufzulösen.

Definition 1.9

Der **Logarithmus** zur Basis a für eine positive reelle Zahl b (gelesen: „Logarithmus von b zur Basis a") ist diejenige Zahl n, für die die Potenz a^n gleich b ist. Die Basis a muss eine positive reelle Zahl und ungleich 1 sein:

$$\log_a b = n \Leftrightarrow a^n = b; \qquad b > 0, \quad a > 0, \quad a \neq 1 \qquad (1.49)$$

Die Zahl b heißt Numerus (auch Logarithmand).

1. Für die Basis a ist die Zahl 1 deshalb auszuschließen, weil $\log_1 b = x \Leftrightarrow 1^x = b$ wäre. Die Gleichung $1^x = b$ ist aber für $b \neq 1$ nicht erfüllbar und für $b = 1$ für jede Zahl x erfüllt.
2. Aus der Bedingung $a > 0$ für die Basis folgt auch für den Numerus b, dass er nur positiv sein kann: $a > 0 \Rightarrow a^n = b > 0$.

Beispiele

1.131 $\log_3 9 = 2$, denn $3^2 = 9$
$\log_3 27 = 3$, denn $3^3 = 27$
$\log_3 81 = 4$, denn $3^4 = 81$

1.132 $\log_4 \left(\frac{1}{16}\right) = -2$, denn $4^{-2} = \frac{1}{4^2} = \frac{1}{16}$
$\log_{25} 5 = \frac{1}{2}$, denn $25^{\frac{1}{2}} = \sqrt{25} = 5$ ■

Sonderfälle:

Es ist

$$\log_a a = 1; \quad \log_a 1 = 0 \qquad (1.50)$$

denn

$$\log_a a = 1 \Leftrightarrow a^1 = a \quad \text{und} \quad \log_a 1 = 0 \Leftrightarrow a^0 = 1$$

Die Rechenoperation „Potenzieren mit der Basis a" und „Logarithmieren zur Basis a" sind Umkehroperationen:

$$\log_a \left(a^z\right) = z; \quad a^{\log_a z} = z \qquad (1.51)$$

Beispiel

1.133 $\log_2(2^5) = \log_2 32 = 5;\quad 2^{\log_2 32} = 2^5 = 32$

Bei der Operation „Potenzieren“ sind zwei Arten zu unterscheiden:

(1) Potenzieren einer Zahl z mit dem Exponenten a (z^a).

(2) Potenzieren von z zur Basis a (a^z). ■

Logarithmengesetze

Sie sind Sonderfälle der Potenzgesetze für Potenzen mit gleicher Basis und des Gesetzes für die Potenz einer Potenz.

Es gilt beispielsweise

$$\begin{aligned} 5 &= 2 + 3, \\ \log_2 32 &= \log_2 4 + \log_2 8, \\ \log_2(4 \cdot 8) &= \log_2 4 + \log_2 8 \end{aligned}$$

Allgemein gilt für das Produkt zweier Zahlen, die als Potenzen mit der gleichen Basis a geschrieben werden:

$$b = a^p, \quad c = a^q \Rightarrow b \cdot c = a^{p+q};$$

$$\log_a(b \cdot c) = p + q \quad \text{(siehe \textit{Äquivalenz (1.49)})}$$

und wegen $b = a^p \Leftrightarrow p = \log_a b$ und $c = a^q \Leftrightarrow q = \log_a c$ ergibt sich

$$\log_a(b \cdot c) = \log_a b + \log_a c$$

d. h., der Logarithmus eines Produktes $b \cdot c$ ist gleich der Summe der Logarithmen der beiden Faktoren b und c (wobei alle Logarithmen zur gleichen Basis zu bilden sind).

Entsprechend kann der Logarithmus eines Quotienten umgeformt werden. Für den Logarithmus einer Potenz ergibt sich aus

$$b = a^p \Rightarrow b^n = a^{np}$$

die Gleichung

$$\log_a(b^n) = np$$

und wegen

$$b = a^p \Leftrightarrow p = \log_a b$$

folgt

$$\log_a(b^n) = n \log_a b$$

Der Logarithmus einer n-ten Wurzel kann entsprechend umgeformt werden.

Damit ergeben sich die vier Logarithmengesetze:

$$\log_a(b \cdot c) = \log_a b + \log_a c \tag{1.52}$$

$$\log_a\left(\frac{b}{c}\right) = \log_a b - \log_a c \tag{1.53}$$

$$\log_a(b^n) = n \cdot \log_a b \tag{1.54}$$

$$\log_a\left(\sqrt[n]{b}\right) = \frac{1}{n} \cdot \log_a b \tag{1.55}$$

Allen Logarithmengesetzen ist gemeinsam, dass beim Umformen jedes Operationszeichen im Term des Numerus zu einem Operationszeichen zwischen den Logarithmen wird, das eine Stufe niedriger ist (aus dem Produkt *bc* wird z. B. die Summe $\log_a b + \log_a c$).

Die Gesetze werden zum Umformen von Termen genutzt.

Beispiele

1.134 $\log_a\left(\frac{pq}{rs}\right) = \log_a(pq) - \log_a(rs) = \log_a p + \log_a q - (\log_a r + \log_a s)$

1.135 $\log_x\left(\frac{a^2}{b^3}\right)^5 = 5\left[\log_x(a^2) - \log_x(b^3)\right] = 5\left[2\log_x a - 3\log_x b\right]$

1.136 $\log_5 \sqrt[3]{ab^2} = \frac{1}{3}\log_5(ab^2) = \frac{1}{3}(\log_5 a + 2\log_5 b)$

1.137 $\log_a(r+s)^2 = 2\log_a(r+s)$;
$\log_a(r^2+s^2)$ lässt sich nicht umformen.

1.138 $\log_c\left(\frac{1}{bc^2}\right) = \log_c 1 - \log_c b - 2\log_c c = -\log_c b - 2 = -2 - \log_c b$ (vgl. *Gln. (1.50)*)

1.139 $2\log_b u - \log_b v - \log_b w = \log_b\left(\frac{u^2}{vw}\right)$

1.140 $3\left[\log_z(a+b) + \frac{1}{2}\log_z c\right] = \log_z\left((a+b)\sqrt{c}\right)^3$

1.141 $\log_a x + \log_b x$ kann man nach den *Gln. (1.52)* bis *(1.55)* nicht umformen, da die Logarithmen keine gleiche Basis haben. ■

Aus $\log_a\left(\frac{1}{x}\right) = \log_a 1 - \log_a x = -\log_a x$ folgt

$$-\log_a x = \log_a\left(\frac{1}{x}\right) \tag{1.56}$$

Ein mit −1 multiplizierter Logarithmus eines Terms ist gleich dem Logarithmus des reziproken Terms.

Aufgaben: *1.71* bis *1.74*

Logarithmensysteme

Ein Logarithmensystem ist eine Menge, die als Elemente alle Logarithmen zur gleichen Basis enthält.

Von praktischer Bedeutung sind drei Systeme. Für ihre Logarithmen gibt es spezielle Bezeichnungen (nach DIN 1302, Dezember 1992):

(1) **Dekadischer (Zehner-)Logarithmus** (Basis $a = 10$)

$$\log_{10} x = \log x = \lg x; \quad \lg x = y \Leftrightarrow 10^y = x \tag{1.57}$$

(2) **Natürlicher Logarithmus** (Basis $a = \mathrm{e} = 2{,}718\,28\ldots$)

$$\log_{\mathrm{e}} x = \ln x; \quad \ln x = y \Leftrightarrow \mathrm{e}^y = x \tag{1.58}$$

Für Potenzen mit der Basis e darf geschrieben werden:

$$\mathrm{e}^x = \exp x \tag{1.58a}$$

Diese Schreibweise ist platzsparend und wird besonders dann angewendet, wenn der Exponent ein zusammengesetzter Ausdruck ist. Entsprechend ist die Schreibweise möglich:

$$a^x = \exp_a x \tag{1.58b}$$

(3) **Binärer Logarithmus** (Basis $a = 2$)

$$\log_2 x = \operatorname{lb} x; \quad \operatorname{lb} x = y \Leftrightarrow 2^y = x \tag{1.59}$$

Anmerkungen:

Zu (1): $\lg x$ wird gelesen: „l-g-x".

Dekadische Logarithmen hatten für das praktische Rechnen große Bedeutung, als der Taschenrechner noch nicht verfügbar war. Mithilfe von Logarithmentafeln gelang es, auch kompliziertere Berechnungen auszuführen, indem man die Eigenschaften des Logarithmus nutzte, die durch die Logarithmengesetze beschrieben werden. Von den verschiedenen möglichen Systemen eignete sich das dekadische Logarithmensystem besonders gut (Näheres dazu am Ende dieses Abschnitts). Ein weiteres Hilfsmittel war der Rechenstab, mit dem Rechenoperationen durch Verknüpfung logarithmisch geteilter Skalen ausgeführt werden konnten.

Dekadische Logarithmen haben zwar gegenwärtig für das praktische Rechnen kaum noch Bedeutung, sie werden aber für das Beschreiben bestimmter Zusammenhänge in Naturwissenschaft, Technik und Ökonomie genutzt.

Zu (2): $\ln x$ wird gelesen: „l-n-x" (logarithmus naturalis von x).

Die Basis e ist eine irrationale Zahl, d. h. ein unendlicher nichtperiodischer Dezimalbruch. Der natürliche Logarithmus und die Potenz e^x sind Hilfsmittel zur Beschreibung von Wachstumsprozessen (z. B. Bevölkerungswachstum, in negativem Sinn z. B. das Abnehmen der Amplituden einer gedämpften Schwingung).

Zu (3): $\operatorname{lb} x$ wird gelesen: „l-b-x".

Der binäre Logarithmus wird in der Praxis auch Dual-Logarithmus ($\operatorname{ld} x$) genannt. Er wird besonders für Probleme gebraucht, die zum Gebiet der Informationstheorie gehören.

Meist wird das System der natürlichen Logarithmen als bekanntes System angenommen:

$$\log_a x = \frac{\ln x}{\ln a} \tag{1.60}$$

Der Proportionalitätsfaktor $\frac{1}{\ln a} = M_a$ heißt **Modul** des Logarithmensystems zur Basis a.

1. Wenn ein anderes System als bekannt angenommen wird, ergibt sich eine entsprechende Umrechnungsformel, z. B. $\log_a x = \frac{\lg x}{\lg a}$.

2. Der Modul $M_{10} = \frac{1}{\ln 10} \approx 0{,}434\,3$ ist der Proportionalitätsfaktor zwischen dekadischen und natürlichen Logarithmen. Er kann in Formeln auftreten, wenn logarithmische Zusammenhänge in Naturwissenschaft und Technik von einem Logarithmensystem in das andere umgeformt werden:

   $\lg x \approx 0{,}434\,3 \, \ln x$

Wenn bei einem Logarithmus Basis und Numerus vertauscht werden, ergibt sich der reziproke Wert.

In einigen Gebieten der Naturwissenschaft und Technik ist es sinnvoll, für Größen den Logarithmus des Verhältnisses anzugeben.

Wenn x_1, x_2 zwei Größen mit gleicher Einheit sind, so wird die **logarithmische Verhältnisgröße**

$$\lg \frac{x_2}{x_1} \quad \text{in der Einheit 1 Bel (1 B),}$$

$$\ln \frac{x_2}{x_1} \quad \text{in der Einheit 1 Neper (1 Np)} \qquad (1.60a)$$

gemessen.

Logarithmische Verhältnisgrößen werden auch häufig in Dezibel angegeben: 1 dB = 0,1 B.

Beispiele

1.142 Für $x_1 = 32{,}68$; $x_2 = 0{,}004\,6$; $x_3 = 3{,}574\,1 \cdot 10^6$ sind $\lg x$, $\ln x$ und $\operatorname{lb} x$ zu berechnen.

Lösung:

$\lg x_1 = 1{,}514$; $\lg x_2 = -2{,}3$; $\lg x_3 = 6{,}553\,2$

$\ln x_1 = 3{,}487$; $\ln x_2 = -5{,}4$; $\ln x_3 = 15{,}089$

Nach *Gl. (1.60)* ist für $a = 2 : \operatorname{lb} x = \dfrac{\ln x}{\ln 2}$;

es ergibt sich $\operatorname{lb} x_1 = 5{,}030$; $\operatorname{lb} x_2 = -7{,}8$; $\operatorname{lb} x_3 = 21{,}769$.

1.143 Aus $\lg x_1 = -3{,}461\,2$; $\ln x_2 = 4{,}37$ und $\operatorname{lb} x_3 = 5{,}63$ sind die Numeri x_1, x_2, und x_3 zu berechnen.

Lösung:

$x_1 = 10^{-3{,}461\,2} = 3{,}457\,8 \cdot 10^{-4}$;

$x_2 = e^{4{,}37} = 7{,}90$;

$x_3 = 2^{5{,}63} = 49{,}5$

1.144 Die Schalldämmung (Schwächung des Schalls beim Durchlaufen einer Wand) wird durch das Schalldämmmaß D angegeben:

$D = 10 \lg \dfrac{J_1}{J_2}$ (D in dB; J_1, J_2 Schallintensität in $W \cdot m^{-2}$ vor und hinter der Wand).

a) Welcher Dämmwert ergibt sich für $J_1 = 10^{-6}\,W \cdot m^{-2}$ und $J_2 = 10^{-11}\,W \cdot m^{-2}$?

b) Um welche Zehnerpotenz ist J_1 größer als J_2, wenn $D = 80$ dB ist?

Lösung:

a) $D = 10 \lg \dfrac{10^{-6}}{10^{-11}} = 10 \cdot 5 = 50\,\text{dB}$

b) Aus $\lg \dfrac{J_1}{J_2} = \dfrac{D}{10} = \dfrac{80}{10}$ folgt $\dfrac{J_1}{J_2} = 10^8$; $J_1 = 10^8 J_2$

1.145 In der Fertigungstechnik wird der Umformgrad φ_x als natürlicher Logarithmus des Verhältnisses von End- zu Anfangsabmessung berechnet: $\varphi_x = \ln \dfrac{x_1}{x_0}$.

Der natürliche Logarithmus ist in einen dekadischen umzuformen.

Lösung: Nach *Gl. (1.60)* ist $\lg x = \dfrac{\ln x}{\ln 10}$, folglich $\ln x = \ln 10 \cdot \lg x$.

Damit ergibt sich $\varphi_x = \ln 10 \cdot \lg \dfrac{x_1}{x_0} \approx 2{,}302\,6 \lg \dfrac{x_1}{x_0}$. ■

Eigenschaften des dekadischen Logarithmus:

Aus der Gleitkommadarstellung $x = m \cdot 10^k$ $(1 \leqq m < 10;\ k \in \mathbb{Z})$ des Numerus x folgt für den Logarithmus

$$\lg x = \lg m + k \cdot \lg 10 = \lg m + k$$

Wegen $1 \leqq m < 10$ ist $\lg 1 \leqq \lg m < \lg 10$, d. h., $0 \leqq \lg m < 1$: Der Term $\lg m$ ist ein echter Dezimalbruch.

Der dekadische Logarithmus einer jeden positiven reellen Zahl $x = m \cdot 10^k$ lässt sich in der Form $\lg x = \lg m + k$ darstellen;

$\lg m$ heißt **Mantisse** und ist ein echter Dezimalbruch,

k heißt **Kennziffer** und ist eine ganze Zahl.

Numeri mit der gleichen Folge signifikanter Ziffern (d. h. mit dem gleichen Faktor m) haben demnach Logarithmen mit der gleichen Mantisse. Die Kennziffer k ist der Exponent des Stellenwertes der ersten signifikanten Ziffer des Numerus.

Beispiel

1.146 Die folgende Tabelle enthält verschiedene Numeri x mit der gleichen Folge signifikanter Ziffern, deren Mantissen, Kennziffern und Logarithmen:

Numerus	Gleitkomma-darstellung	Mantisse	Kennziffer	Logarithmus
x	$m \cdot 10^k$	$\lg m$	k	$\lg x$
815,2	$8{,}152 \cdot 10^2$	0,9113	2	2,9113
8,152	$8{,}152 \cdot 10^0$	0,9113	0	0,9113
0,008 152	$8{,}152 \cdot 10^{-3}$	0,9113	−3	$0{,}9113 - 3 = -2{,}0887$

■

Anmerkungen:

1. Nur dekadische Logarithmen lassen sich als Summe von Kennziffer und Mantisse darstellen. Logarithmen anderer Systeme haben nicht diese Eigenschaft.
2. Die Logarithmen in *Beispiel 1.146* sind auf höchstens 5 signifikante Ziffern gerundet. Der vollständige Dezimalbruch lässt sich nicht angeben, denn Logarithmen sind i. Allg. irrationale Zahlen (auch die Logarithmen eines beliebigen anderen Systems).
3. Eine Logarithmentafel für dekadische Logarithmen braucht nur die Logarithmen für Numeri zwischen 1 und 10 zu enthalten (siehe *Beispiel 1.146*: Die Numeri 815,2 und 0,008 152 haben die gleiche Folge signifikanter Ziffern wie 8,152, ihre Logarithmen haben deshalb die gleiche Mantisse, sie unterscheiden sich nur in den Kennziffern).

Kontrollfragen

1.40 Für welche Numeri sind die Logarithmen positiv, und für welche Numeri sind sie negativ?

1.41 Für welche Basen a ist $\log_a b$ nicht definiert?

1.42 Welche Potenzgleichungen sind äquivalent zu $\lg x = y$ und $\ln x = y$?

1.43 Welche Zahlenwerte können Mantisse und Kennziffer eines dekadischen Logarithmus annehmen, und welcher Zusammenhang besteht zwischen ihnen und dem Numerus?

Aufgaben: *1.75* bis *1.80*

Formelumstellungen

Wenn eine Formel mit einem Potenz- oder Logarithmenterm nach dem Exponenten der Potenz oder dem Numerus des Logarithmus aufgelöst werden soll, so ist (entsprechend den Formelumstellungen im vorhergehenden Abschnitt) dieser Term zunächst zu isolieren.

Beispiele

1.147 Zerfallsgesetz für radioaktive Kerne (N_0, N Anzahl der zu Beginn und zum Zeitpunkt t vorhandenen zerfallfähigen Kerne; t Zerfallszeit in s; λ Zerfallskonstante in s^{-1}):

$$N = N_0\,\mathrm{e}^{-\lambda t}$$

Die Formel ist nach λ umzustellen.

Lösung: $\dfrac{N}{N_0} = \mathrm{e}^{-\lambda t}$ (Isolieren der Potenz: Division durch N_0)

$\ln\left(\dfrac{N}{N_0}\right) = -\lambda t$ (Formelumstellung nach *Äquivalenz (1.58)*)

$\lambda = -\dfrac{1}{t}\ln\left(\dfrac{N}{N_0}\right)$ (Division durch $-t$; vertauschen der Seiten)

$\lambda = \dfrac{1}{t}\ln\left(\dfrac{N_0}{N}\right)$ (vgl. *Gl. (1.56)*)

1.148 Selbstinduktivität einer Leiterschleife (L Selbstinduktivität in H (Henry), l Länge in cm, d Leiterabstand in cm, r Leiterradius in cm):

$$L = 9{,}2\,l\lg\left(\frac{d}{r}\right)10^{-9}$$

Die Formel ist nach d umzustellen.

Lösung:

$\dfrac{L}{9{,}2\,l\cdot 10^{-9}} = \lg\left(\dfrac{d}{r}\right)$ (Isolieren des Logarithmusterms)

$\lg\left(\dfrac{d}{r}\right) = \dfrac{10^9 L}{9{,}2\,l}$

$\dfrac{d}{r} = 10^{\frac{10^9 L}{9{,}2\,l}}$ (nach *Äquivalenz (1.57)*)

$d = r\cdot 10^{\frac{10^9 L}{9{,}2\,l}} = r\cdot \exp_{10}\left(\dfrac{10^9 L}{9{,}2\,l}\right)$ (nach *Gl. (1.58b)*)

Wenn der dekadische in den natürlichen Logarithmus umgeformt wird, ergibt sich (vgl. Anmerkung 2 zu *Gl. (1.60)*)

$0{,}434\,3\ln\left(\dfrac{d}{r}\right) = \dfrac{10^9 L}{9{,}2\,l}$

$\ln\left(\dfrac{d}{r}\right) = \dfrac{10^9 L}{4\,l}$ (Division durch 0,434 3)

$\dfrac{d}{r} = \mathrm{e}^{\frac{10^9 L}{4\,l}}$ (nach *Äquivalenz (1.58)*)

$d = r\cdot\exp\left(\dfrac{10^9 L}{4\,l}\right)$ (vgl. *Gl. (1.58a)*)

1.149 Die Gleichung der Polytrope (siehe *Beispiel 1.128*) ist nach n umzustellen.

Lösung:

(1) $$\frac{p_1}{p_2} = \left(\frac{V_2}{V_1}\right)^n$$

$$n = \log_{\left(\frac{V_2}{V_1}\right)}\left(\frac{p_1}{p_2}\right) \quad \text{(nach \textit{Äquivalenz (1.49)})}$$

$$n = \frac{\ln\left(\frac{p_1}{p_2}\right)}{\ln\left(\frac{V_2}{V_3}\right)} \quad \text{(vgl. \textit{Gl. (1.60)})}$$

(2) Eine Gleichung kann auch nach einem Exponenten aufgelöst werden, indem man sie logarithmiert (z. B. zur Basis e) und mithilfe der Logarithmengesetze ((*1.52*) bis (*1.55*)) umformt:

$$\ln\left(\frac{p_1}{p_2}\right) = \ln\left[\left(\frac{V_2}{V_1}\right)^n\right]$$

$$\ln\left(\frac{p_1}{p_2}\right) = n \cdot \ln\left(\frac{V_2}{V_1}\right)$$

$$n = \frac{\ln\left(\frac{p_1}{p_2}\right)}{\ln\left(\frac{V_2}{V_1}\right)}$$

■

Aufgaben: *1.81* und *1.82*

1.4.3 Potenz eines Binoms

Die zweite Potenz eines Binoms wird mit einer binomischen Formel berechnet:

$$(a+b)^2 = a^2 + 2ab + b^2$$

Die dritte Potenz ergibt, wie man durch Ausmultiplizieren leicht berechnen kann:

$$(a+b)^3 = a^3 + 3a^2b + 3ab^2 + b^3$$

Wenn der Exponent größer ist, kann $(a+b)^n$ (für $n \in N$) nach der Regel berechnet werden:

(1) Die Summe beginnt mit a^n und endet mit b^n;

(2) die Summanden sind nach fallenden Potenzen von a (und nach steigenden Potenzen von b) geordnet; in jedem Summanden ist die Summe der Exponenten gleich n;

(3) die Koeffizienten können nach dem **Pascalschen Dreieck** berechnet werden:

```
          1
        1   1
      1   2   1
    1   3   3   1
  1   4   6   4   1
1   5  10  10   5   1
        usw.
```

Die Zahlen einer jeden Zeile werden berechnet, indem jeweils die beiden benachbarten Zahlen der darüber stehenden Zeile addiert werden.

Beispiel

1.150 $(a+b)^5 = a^5 + 5a^4b + 10a^3b^2 + 10a^2b^3 + 5ab^4 + b^5$ ■

Die Potenz eines Binoms kann auch direkt mit dem binomischen Lehrsatz berechnet werden. Zur Vorbereitung dieses Satzes werden zwei Symbole eingeführt:

Definition 1.10

1. Das Produkt aller natürlichen Zahlen von 1 bis n ($n > 1$) heißt ***n*-Fakultät** und wird mit $n!$ bezeichnet. Die Fakultäten für $n = 0$ und $n = 1$ werden speziell definiert:

$$n! = 1 \cdot 2 \cdot \ldots \cdot n; \quad 0! = 1; \quad 1! = 1 \tag{1.61}$$

2. Der **Binomialkoeffizient** $\binom{n}{k}$ (gelesen: „n über k") für reelle Zahlen n und natürliche Zahlen k wird definiert durch

$$\binom{n}{k} = \frac{n(n-1)(n-2)\ldots(n-k+1)}{k!} \quad (k \neq 0);$$

$$\binom{n}{0} = 1 \tag{1.62}$$

Aus der Definition ergibt sich als Regel für die Berechnung von $\binom{n}{k}$: Der erste Faktor des Nenners ist 1 und jeder folgende ist eine Einheit größer; der erste Faktor des Zählers ist n und jeder folgende ist eine Einheit kleiner; Zähler und Nenner sind Produkte mit der gleichen Anzahl von k Faktoren.

Beispiele

1.151 $4! = 1 \cdot 2 \cdot 3 \cdot 4 = 24; \quad 5! = 4! \cdot 5 = 120; \quad 6! = 5! \cdot 6 = 720$

1.152 $\dfrac{8!}{5! \cdot 3!} = \dfrac{1 \cdot 2 \cdot 3 \cdot 4 \cdot 5 \cdot 6 \cdot 7 \cdot 8}{1 \cdot 2 \cdot 3 \cdot 4 \cdot 5 \cdot 1 \cdot 2 \cdot 3} = \dfrac{6 \cdot 7 \cdot 8}{1 \cdot 2 \cdot 3} = 56$

1.153 Die Basis e des natürlichen Logarithmus kann mit der Summenformel $\mathrm{e} = \sum\limits_{n=0}^{\infty} \dfrac{1}{n!}$ mit beliebiger Genauigkeit berechnet werden. Es ist e aus den ersten 8 Gliedern der Summe zu berechnen, und die Summe ist auf 4 signifikante Ziffern zu runden.

Lösung:

$$\begin{aligned}\mathrm{e} &\approx \frac{1}{0!} + \frac{1}{1!} + \frac{1}{2!} + \ldots + \frac{1}{7!} \\ &\approx 1 + 1 + \frac{1}{2} + \frac{1}{6} + \frac{1}{24} + \frac{1}{120} + \frac{1}{720} + \frac{1}{5\,040} \\ &\approx 1 + 1 + 0{,}5 + 0{,}166\,7 + 0{,}041\,7 + 0{,}008\,3 + 0{,}001\,4 + 0{,}000\,2 \\ \mathrm{e} &\approx 2{,}718\end{aligned}$$

1.154 $\dbinom{8}{3} = \dfrac{8 \cdot 7 \cdot 6}{1 \cdot 2 \cdot 3} = 56$

1.155 $\dbinom{4}{1} = \dfrac{4}{1} = 4; \quad \dbinom{4}{4} = \dfrac{4 \cdot 3 \cdot 2 \cdot 1}{1 \cdot 2 \cdot 3 \cdot 4} = 1; \quad \dbinom{4}{5} = \dfrac{4 \cdot 3 \cdot 2 \cdot 1 \cdot 0}{1 \cdot 2 \cdot 3 \cdot 4 \cdot 5} = 0$

1.156 $\dbinom{1/2}{4} = \dfrac{\frac{1}{2} \cdot \left(-\frac{1}{2}\right) \cdot \left(-\frac{3}{2}\right) \cdot \left(-\frac{5}{2}\right)}{1 \cdot 2 \cdot 3 \cdot 4} = -\dfrac{15}{384} = -\dfrac{5}{128}$ ■

Eigenschaften des Binomialkoeffizienten:

(1) $\binom{n}{1} = n$ (2) $\binom{n}{n} = 1$

(3) $\binom{n}{k} = \dfrac{n!}{k!\,(n-k)!}$ (4) $\binom{n}{k} = 0$

wenn $n \in \mathbb{N}$ und $k \leqq m$ wenn $n \in \mathbb{N}$ und $k > n$.

Mit den Binomialkoeffizienten lässt sich eine Summenformel für $(a+b)^n$ angeben:

Binomischer Lehrsatz 1.3

Für $n \in \mathbb{N}$ und beliebige Terme a, b gilt

$$(a+b)^n = \sum_{k=0}^{n} \binom{n}{k} a^{n-k} b^k$$
$$= a^n + na^{n-1}b + \binom{n}{2} a^{n-2}b^2 + \binom{n}{3} a^{n-3}b^3 + \ldots + b^n \qquad (1.63)$$

Aus der Summendarstellung folgt ... $= \binom{0}{n} a^n + \binom{1}{n} a^{n-1}b + \ldots + \binom{n}{n} b^n$; da aber $\binom{0}{n} = 1$, $\binom{1}{n} = n$ und $\binom{n}{n} = 1$, ergibt sich die Summendarstellung in *Gl. (1.63)*.

Die Eigenschaft (3) des Binomialkoeffizienten wird durch die *Beispiele 1.152* bis *1.154* veranschaulicht.

Beispiele

1.157 $(2x-3y)^4 = (2x)^4 + 4(2x)^3(-3y) + \binom{2}{4}(2x)^2\,(-3y)^2 + \binom{3}{4}(2x)(-3y)^3 + (-3y)^4$

$$= 16x^4 + 4\left(8x^3\right)(-3y) + \frac{4\cdot 3}{1\cdot 2}\left(4x^2\right)\left(9y^2\right) + \frac{4\cdot 3\cdot 2}{1\cdot 2\cdot 3}(2x)\left(-27y^3\right) + \left(81y^4\right)$$
$$= 16x^4 - 96x^3y + 216x^2y^2 - 216xy^3 + 81y^4$$

1.158 Für $(a+b)^8$ sind die ersten 4 Summanden zu berechnen.

Lösung:

$$(a+b)^8 = a^8 + 8a^7b + \binom{2}{8} a^6b^2 + \binom{3}{8} a^5b^3 + \ldots$$
$$= a^8 + 8a^7b + 28a^6b^2 + 56a^5b^3 + \ldots$$

■

Kontrollfragen

1.44 Wie viele Faktoren enthält der Zähler von $\binom{k}{n}$, und wie viele enthält der Nenner?

1.45 Wie sind 0! und $\binom{0}{n}$ definiert?

1.46 Welchen Wert hat $\binom{k}{n}$, wenn $n \in \mathbb{N}$ und $k > n$ ist?

Aufgaben: ***1.83*** **bis** ***1.86***

1.5 Aufgaben

1.1 Entscheiden Sie, ob die folgenden Gebilde Aussagen oder Aussageformen sind:

a) $2+5<3$ b) $5x-3y=2$ c) $2a^2+5=0$

d) $(3r-4)(3r+4)$ e) $6+4=9$ f) 3,26

g) „Monat x hat 31 Tage"

1.2 Die folgenden Mengen sind durch Angabe der Elemente darzustellen (Grundbereich: Alle ganzen Zahlen von 0 bis 10):

a) $A=\{x\colon 3x \leqq 12\}$ b) $B=\{x\colon 3x=12\}$

c) $C=\{u\colon u^2-8u+15=0\}$ d) $D=\{y\colon 2y^2+32=0\}$

1.3 Sind die Mengen A, B gleich, besteht eine Teilmengenrelation oder sind sie disjunkt?

a) $A=\{x$: x ist ein Trapez$\}$,
$B=\{x$: x ist ein Parallelogramm$\}$

b) $A=\{u$: u ist eine durch 6 teilbare Zahl$\}$,
$B=\{u$: u ist eine durch 2 und durch 3 teilbare Zahl$\}$

c) $A=\{z$: z ist ein Viereck$\}$,
$B=\{z$: z ist ein Würfel$\}$

1.4 Stellen Sie für die Aussageformen $H(x)$ und $K(x)$ fest, ob $H(x)$ hinreichende, notwendige oder notwendige und hinreichende Bedingung für $K(x)$ ist.

a) $H(x)$: „x ist eine Tanne"; $K(x)$: „x ist ein Nadelbaum".

b) $H(x)$: „x ist eine gerade Zahl"; $K(x)$: „x ist eine durch 2 teilbare Zahl".

c) $H(x)$: „x ist ein Rechteck"; $K(x)$: „x ist ein Quadrat".

1.5 Mit $A=\{r; s; t; u\}$, $B=\{q; r; s; t\}$, $C=\{t; u\}$, $D=\{v; w\}$ sind zu bilden:

a) $A\cap B, A\cup B, A\setminus B, B\setminus A$ b) $A\cap C, A\cup C, A\setminus C, C\setminus A$

c) $A\cap D, A\cup D, A\setminus D, D\setminus A$

1.6 Mit $A=\{x\colon x\leqq 6\}$, $B=\{u\colon u>3\}$, $C=\{v\colon v\geqq 8\}$, $D=\{4; 5; 6\}$ (Grundbereich: Alle ganzen Zahlen von 0 bis 10) sind zu bilden:

a) bis c) Aufgaben wie bei *1.5*

1.7 Mit $K=\{m; n; o; p; q\}$, $M=\{n; o; p; r; s\}$, $N=\{o; p; q; s; t\}$, $L=\{o; p; q\}$ sind zu bilden:

a) $K\cap(M\setminus N)$ b) $K\cup(M\setminus L)$ c) $K\setminus(M\cup N)$ d) $K\setminus(L\cap N)$

1.8 Welches Ergebnis haben die folgenden Operationen (veranschaulichen Sie sich die Operationen an einem Diagramm)?

a) $(A\setminus B)\cup(A\cap B)\cup(B\setminus A)$ b) $(A\setminus B)\cap(B\setminus A)$ c) $A\cup(A\cap B)$ d) $B\cap(A\cup B)$

1.9 a) Schraffieren Sie in *Bild 1.15* $[C\setminus(B\cup D)]\cup[A\setminus(B\cap D)]$

b) Welche Menge wird in *Bild 1.16* durch die waagerecht schraffierte Fläche dargestellt?

c) Welche Menge wird in *Bild 1.16* durch die senkrecht schraffierte Fläche dargestellt?

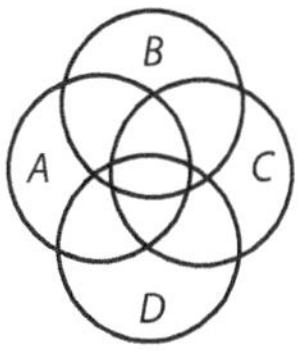

Bild 1.15

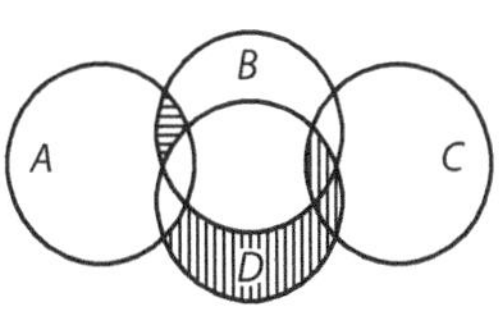

Bild 1.16

1.10 Mit $A = \{p;\ q;\ r\}$, $B = \{r;\ s;\ t\}$, $C = \{q;\ r;\ u\}$ ist zu zeigen, dass die *Gln. (1.7)* gelten.

1.11 Berechnen Sie für die folgenden Brüche die Dezimalbruchdarstellung:

a) $\frac{16}{75}$ b) $\frac{5}{37}$ c) $\frac{5}{52}$

1.12 Bilden Sie mit den Intervallen $A = [5;\ 10]$, $B = (7;\ 15)$, $C = (3;\ 7)$, $D = [2;\ 5]$:

a) $A \cap B, A \cup B, A \setminus B, B \setminus A$ b) $B \cap C, B \cup C, A \cap D, A \cup D$

c) $(A \cup C) \setminus B, (C \cap D) \setminus A$ d) $A \setminus (B \cup C), C \cap (A \setminus D)$

1.13 Berechnen Sie $a + 2\,(a - b) + |2b - 3a| - |b|$ für:

a) $a = 3, b = 4$ b) $a = 4, b = -2$ c) $a = 1, b = 0$

1.14 Berechnen Sie alle Werte von

a) $2a + 3b + 1$ b) $3a - 4b + 2$ c) $a \cdot \operatorname{sgn} a + b \cdot \operatorname{sgn} b$

für $|a| = 3$, $|b| = 1$.

1.15 Berechnen Sie alle Werte von $s = 2a + b - c$ für

$|a| = 4, \quad |b| = 5, \quad |c| = 6.$

1.16 Lösen Sie die Betragszeichen auf:

a) $2r + 8s + 4\,|r - 2s|$ b) $5u - 3\,|2u + v|$

1.17 Stellen Sie für $y = \frac{1}{4}\,|2x - 4| + 1$ für alle ganzzahligen x im Intervall $-2 \leqq x \leqq 6$ eine Wertetabelle auf.

1.18 Lösen Sie die Betragszeichen auf und deuten Sie bei b) das Ergebnis:

a) $|2a| - |3a + 4b|$ b) $\frac{1}{2}\,(a + b + |a - b|)$

1.19 Bestimmen Sie die Elemente der folgenden Mengen:

a) $A = \{x\colon |x - 15| = 5\}$ b) $B = \{u\colon |u + 2| = 10\}$

1.20 Schreiben Sie mit römischen Ziffern:

a) 1739 b) 1993

1.21 Schreiben Sie als Ziffern im Dezimalsystem:

a) MDCCCLXXIII b) MMCMLXII

1.22 Konvertieren Sie die gegebenen Ziffern in das System mit Basis a:

a) $(11\,001\,101)_2$; $a_1 = 10$, $a_2 = 16$

b) $(1\,012)_{10}$; $a_1 = 2$, $a_2 = 16$

c) $(\text{A4B})_{16}$; $a_1 = 2$, $a_2 = 10$

1.23 Konvertieren Sie in das System mit der Basis a:

$(1111\,1111)_2$; $a_1 = 10$, $a_2 = 16$

1.24 Desgleichen:

a) $(1\,1100\,0111)_2$; $a_1 = 10$, $a_2 = 16$, $a_3 = 8$

b) $(\text{23AD})_{16}$; $a_1 = 10$, $a_2 = 8$, $a_3 = 2$

1.25 Berechnen Sie, ohne zu konvertieren:

a) $(11001)_2 + (1110)_2$ (beachten Sie den Übertrag: $(1)_2 + (1)_2 = (10)_2$

b) $(\text{3AC})_{16} + (872)_{16}$ (beachten Sie den Übertrag, z. B. $(8)_{16} + (\text{A})_{16} = (12)_{16}$

1.26 Runden Sie auf 2 Stellen nach dem Komma:

a) 6,378 b) 3,454 c) 3,785 d) 12,345

1.27 Runden Sie auf 3 signifikante Ziffern:

a) 0,064 348 b) 376 200 c) 69,953

1.28 Runden Sie schrittweise zunächst auf 3 und anschließend auf 2 signifikante Ziffern:

a) 4,647 b) $6{,}253 \cdot 10^4$ c) 894,6

1.29 Lösen Sie die folgenden Gleichungen mithilfe der *Äquivalenz (1.14)*:

a) $(x-2)(x+3)=0$ b) $x^2-4x=0$ c) $(2x+6)(3x-12)=0$

1.30 Multiplizieren Sie, lösen Sie die Klammern auf und fassen Sie zusammen (wenden Sie bei c) und d) die binomischen Formeln an):

a) $110a-\left[(40b-46a)+2(56a-2b)\right]-3(15a-12b)$

b) $\left[0{,}6x-0{,}3(0{,}08y-0{,}04z)\right]-0{,}2\left[0{,}4(0{,}9x-0{,}3y)-2z\right]$

c) $(2x^2-7x+4)(2x^2-7x-4)-(2x^2+3x)^2$

d) $(2a-3b)^2-(3a+b)(3a-b)-(-a-2b)^2$

1.31 Multiplizieren Sie und fassen Sie zusammen:

a) $(a+b)\left[(a-2b)(a+b)-(a+2b)(a-b)+2ab\right]$

b) $(4x^2-3)(4x^2+3)-(5x^2-2)^2+(3x^2-4)^2$

c) $(0{,}3a-0{,}2b)^2+(0{,}4a+0{,}03b)^2$

1.32 Zerlegen Sie in Faktoren:

a) $36\,uv^2w-63\,u^2vw$ b) $4x^2(2x+3y)-8x(2x+3y)$

c) $162p^2-32q^2$ d) $4a^2-16ab+16b^2$

e) $8ux+2vx-12uy-3vy$ f) $8m^2+14mn-15n^2$

1.33 Dividieren Sie nach dem Algorithmus der Partialdivision:

a) $(6x^3-7x^2-14x+15):(2x+3)$ b) $(4abc+4a^2b^2+c^2-16):(2ab+c+4)$

c) $(20x^2-23x-20):(5x+3)$ d) $x^3:(2x-3)$

1.34 Dividieren Sie:

a) $(1{,}08x^4+0{,}96y^4-3{,}81x^2y^2+0{,}03x^3y-0{,}92xy^3):(0{,}9x^2-1{,}2y^2-1{,}1xy)$

b) $(125x^6-27y^3z^3):(5x^2-3yz)$

c) $(9a^3+5b^3-7ab^2):(3a-2b)$

1.35 Erweitern Sie die Brüche auf den Nenner N:

a) $\frac{5x}{6y}$; $N=42y^3$ b) $\frac{9}{11p^2q}$; $N=55p^2q^2$

c) $\frac{2a-3b}{5a-4b}$; $N=10ab-8b^2$ d) $\frac{4x}{2u+3v}$; $N=4u^2-9v^2$

1.36 Erweitern Sie die Brüche auf den Nenner N:

a) $\frac{2x}{2x+3y}$; $N=4x^2+6xy$ b) $\frac{3a-2b}{a-b}$; $N=4b-4a$

c) $\frac{5}{x-3y}$; $N=2x^2-5xy-6y^2$

1.37 Vereinfachen Sie die Brüche durch Kürzen (falls es möglich ist):

a) $\frac{62\,a^2bc^2}{155\,ab^3c^2}$ b) $\frac{48x^2}{72xy}$ c) $\frac{12ax}{24ap+30aq}$

d) $\frac{25x^2-15xy}{25x^2-9y^2}$ e) $\frac{12u(3u+1)^2}{36u^2-4}$ f) $\frac{4a^2+25b^2}{2a+5b}$

1.38 Vereinfachen Sie die Brüche durch Kürzen:

a) $\frac{3x-2y}{4y^2-9x^2}$ b) $\frac{2ac+3bc-4ad-6bd}{8a+12b}$

1.39 Kürzen Sie $\frac{4a^2+25b^2}{2a+5b}$ mit $2a$

1.40 Bestimmen Sie das kleinste gemeinschaftliche Vielfache und die Erweiterungsfaktoren:

a) $12a^2b$; $15b^3c$; $20ac$

b) a^2+4ab; $3ab+12b^2$; $6a$

c) $8m^2-10mn$; $24m^2+30mn$; $16m^2-25n^2$

1.41 Addieren Sie die Brüche:

a) $\dfrac{18a-6b}{24ab}-\dfrac{4a-5b}{24ab}+\dfrac{b-2a}{24ab}$

b) $\dfrac{9x+10z}{15xz}-\dfrac{2y-6z}{3xy}-\dfrac{5x+3y}{5yz}$

c) $\dfrac{3u^2+6uv}{15u-20v}-\dfrac{5uv-4v^2}{6u-8v}-\dfrac{uv}{3u-4v}-\dfrac{5u-14v}{30}$

d) $\dfrac{4x^2}{10xy-25y^2}-\dfrac{25y^2}{10xy-4x^2}+\dfrac{5y}{2x}-\dfrac{2x}{5y}$

e) $\dfrac{1}{x+5}+\dfrac{3}{x+15}-\dfrac{2}{x}$

f) $\dfrac{u-1}{u^2+u}-\dfrac{u+1}{u^2-u}-\dfrac{1}{u}+\dfrac{4}{u^2-1}$

1.42 Addieren Sie die Brüche:

a) $\dfrac{s}{4r-2s}+\dfrac{r}{s-2r}$

b) $\dfrac{x-9y}{6y^2-2xy}+\dfrac{x+6y}{3xy-x^2}+\dfrac{1}{2y}$

c) $\dfrac{20x^2-30xy}{8x^2-10xy}-\dfrac{4\,(2x+3y)}{4x+5y}-\dfrac{4x^2-25xy}{16x^2-25y^2}$

d) $\dfrac{7a+2b}{6ab-2b^2}-\dfrac{6a^2-7b^2}{9a^2b-b^3}-\dfrac{6a^2-4b^2}{27a^3-3ab^2}-\dfrac{3a-4b}{9a^2+3ab}$

e) $\dfrac{2m-3n}{3m+4n}-\dfrac{3m-4n}{2m-3n}-3+\dfrac{7m^2-11mn+5n^2}{6m^2-mn-12n^2}$

1.43 Berechnen Sie:

a) $\dfrac{12a^2b}{11c^2}\cdot 55ac$

b) $\dfrac{25xy}{24\,(x+y)}\cdot 32\,(xy+y^2)$

c) $\dfrac{12x^2y+6xy}{6x}:(2x+1)$

d) $\dfrac{36\,(a^2+ab)}{11\,(a+b)^2}:\dfrac{48\,(ab+b^2)}{33\,(a^2-b^2)}$

1.44 Berechnen Sie:

a) $\left(\dfrac{a^2}{x^2}+\dfrac{ab}{xy}+\dfrac{b^2}{y^2}\right)\left(\dfrac{x}{a}-\dfrac{y}{b}\right)$

b) $\dfrac{a^2+3a+2}{4p^2-9}:\dfrac{a+2}{2p-3}$

1.45 Vereinfachen Sie die Doppelbrüche durch Erweitern:

a) $\dfrac{\frac{x}{4}+5y}{\frac{x}{5}+4y}$

b) $\dfrac{3a-\frac{5}{2b}}{1+\frac{1}{6b^2}}$

c) $\dfrac{\frac{2}{9b^2}+\frac{1}{3ab}}{1+\frac{2a}{3b}}$

d) $\dfrac{1}{\frac{1}{R}-\frac{1}{R_2}-\frac{1}{R_3}}$

1.46 Vereinfachen Sie durch Erweitern:

a) $\dfrac{3a-\frac{16b^2}{3a}}{1+\frac{4b}{3a}}$

b) $\dfrac{6-10x}{4x+\dfrac{15}{5x+\dfrac{30x}{2-6x}}}$

1.47 Vergleichen Sie die Schmelztemperaturen für Aluminium (660 °C), Kupfer (1 083 °C) und Silicium (1 413 °C), bezogen auf a) Aluminium, b) Kupfer. Um wie viel Prozent sind sie höher bzw. niedriger?

1.48 In einem Betrieb mit 640 Arbeitnehmern sind 11,72 % Hoch- oder Fachschulabsolventen (HF-Absolventen), davon haben 42,67 % ihre Qualifizierung im Fernstudium erworben.

a) Wie viele Arbeitnehmer sind HF-Absolventen?

b) Wie viele haben sich im Fernstudium qualifiziert, und wie hoch ist ihr prozentualer Anteil, bezogen auf alle Arbeitnehmer?

1.49 Ein Betrieb hat von 2010 bis 2014 die tägliche Produktion eines Erzeugnisses um 18,4 % auf 1350 Stück/Tag erhöht. Der Materialverbrauch konnte um 14,3 % auf 1,32 kg/Stück gesenkt werden. Berechnen Sie die tägliche Produktion und den Materialverbrauch pro Stück im Jahr 2010.

1.50 a) Auf welchen Betrag wachsen 25 600 € bei einem Zinsfuß von 5,5 %?

b) Bei welchem Zinsfuß erhöht sich ein Betrag von 12 730 € auf 13 175,55 €?

c) Welcher Betrag erhöht sich bei einem Zinsfuß von 4 % auf 19 240 €?

1.51 Im Jahr 2012 wurden in einer Fachschule 345 Studenten immatrikuliert, davon 65 in die Fachrichtung Elektrotechnik. Von den 65 Studenten sind 9 weiblich. 2014 wurden 380 Studenten immatrikuliert, davon 75 in die Fachrichtung Elektrotechnik. Von ihnen sind 15 Studenten weiblich. Berechnen Sie den prozentualen Anteil

a) der in die Fachrichtung Elektrotechnik immatrikulierten Studenten an der Gesamtzahl der immatrikulierten Studenten für 2012;

b) der in die Fachrichtung Elektrotechnik immatrikulierten weiblichen Studenten an der Zahl der in diese Fachrichtung immatrikulierten Studenten für 2012;

c) der in die Fachrichtung Elektrotechnik immatrikulierten weiblichen Studenten an der Gesamtzahl der immatrikulierten Studenten für 2012;

d) wie bei c), aber für 2014.

e) Berechnen Sie die absolute und relative Änderung der in b) und d) berechneten Prozentzahlen, bezogen auf 2010.

1.52 Die Erde hat eine Fläche von $149{,}0 \cdot 10^6\ \text{km}^2$. Die Erdteile, Europa und Asien haben zusammen $54{,}9 \cdot 10^6\ \text{km}^2$, davon entfallen auf Russland $17{,}1 \cdot 10^6\ \text{km}^2$ und davon auf seinen europäischen Teil $3{,}9 \cdot 10^6\ \text{km}^2$. Berechnen Sie den prozentualen Anteil des europäischen Teils Russlands an Gesamtrussland und an der Erdoberfläche, den Anteil Russlands an der Gesamtfläche der Erdteile Europa und Asien und den Anteil der beiden Erdteile an der Erde. Welcher Zusammenhang besteht zwischen diesen Prozentzahlen?

1.53 Berechnen Sie für

i	1	2	3	4	5
a_i	2	3	1	−2	−3
b_i	4	2	−3	3	−2

a) $\sum\limits_{i=1}^{5}(a_i+b_i)$ b) $\sum\limits_{i=1}^{5}a_i+\sum\limits_{i=1}^{5}b_i$ c) $\sum\limits_{i=1}^{5}a_ib_i$ d) $\sum\limits_{i=1}^{5}a_i\cdot\sum\limits_{i=1}^{5}b_i$

1.54 a) Fassen Sie zusammen: $\sum\limits_{n=3}^{k}(2n-3)+\sum\limits_{n=3}^{k}(5-n)$

b) Zerlegen Sie: $\sum\limits_{i=1}^{n}(x_i-a)$

c) Fassen Sie zusammen: $\sum\limits_{i=1}(i+1)^2+\sum\limits_{i=5}^{10}(i+1)^2$

1.55 Schreiben Sie mit Summenzeichen:

a) $x_1^2+x_2^2+x_3^2+x_4^2$ b) $\frac{1}{y_3}+\frac{1}{y_4}+\frac{1}{y_5}$

c) $4+8+12+16+20$ d) $1+4+9+16+25$

1.56 Berechnen Sie und vereinfachen Sie das Ergebnis:

a) $16a \cdot (-0{,}03b)^0$

b) $\left(\frac{a}{b}\right)^0 \cdot \left(\frac{1}{2a}\right)^3 \cdot \left(\frac{1}{8b}\right)^{-2}$

c) $x^{-2}\left(\frac{y}{x}\right)^{-3}$

d) $8(2a-3b)^{20} - 5(3b-2a)^{20}$

e) $5(x-2y)^{11} + 7(2y-x)^{11}$

f) $\left[(-2x)^{-3}\right]^4; \quad (-2x^{-3})^{-4}; \quad \left(-2x^{-4}\right)^3; \quad -\left(2x^3\right)^4; \quad -2x^{3^4}$

1.57 Berechnen Sie und vereinfachen Sie das Ergebnis:

a) $\frac{a^4 b^x}{c} \cdot \frac{b^2 c^y}{a^6}$

b) $\frac{x^a y^b}{z^3} : \frac{x^{2a} y^{b+1}}{z^4}$

c) $\frac{a^{m+n} b^{n+3}}{c^m} \cdot a^{n-m} b c^m$

d) $\frac{r^{2a+3} s^{a-2}}{t^{a-5}} : \frac{s^a}{r^{2a-3} t^{a-4}}$

e) $\frac{(x+y)^2 xy^2}{(x-y)^{z+1}} : \left[(x+y)^z (x-y)^{1-z} x^2\right]$

f) $\left(\frac{u^3}{v^5 w^8}\right)^8 \left(\frac{v^6}{u^3 w}\right)^8$

g) $\left(\frac{u^{-1}}{r^4 s^{-3}}\right)^6 \left(\frac{r^{-6}}{s^{-5} u^2}\right)^{-4}$

h) $\frac{\left(18a^{-2}b^3\right)^{-5}}{\left(27a^6\right)^{-2}} : \left(6a^{-4}b^2\right)^{-5}$

i) $\frac{\left(24a^2 b\right)^4}{\left(9ab^2\right)^3} \cdot \frac{\left(6a^5 b^2\right)^3}{(16a^4 b)^5}$

1.58 Berechnen Sie und vereinfachen Sie das Ergebnis:

a) $2\,(3a-b)^8 + 3\,(3a-b)^7 - (b-3a)^8 + 2\,(b-3a)^7 - (3a-b)^8$

b) $\frac{x^{a+b}\,(y^a)^3}{y^{a-b}\,(xy)^{2a}}$

c) $\frac{a^m\,(ab^3)^{m+n}\,ac^{2m}}{(bc)^m\,(ab)^{2m}}$

d) $\left(\frac{a^{r-2}}{c^{2t}}\right)^3 \cdot \left(a^{4-2r} c^{3t+1}\right)^2$

e) $\left(\frac{a^2-4b^2}{x^2-2xy}\right)^3 \cdot \left(\frac{x^2-4y^2}{2a^2+4ab}\right)^3$

f) $\frac{\left(6a^3 b^2\right)^3}{\left(8a^2 b^3\right)^4} \cdot \frac{\left(12ab^2\right)^4}{\left(9a^2 b\right)^3}$

1.59 a) Schreiben Sie als Potenzterme:

$\sqrt[5]{x}, \quad \sqrt[7]{y^5}, \quad \sqrt[3]{(a+2b)^2}, \quad \frac{1}{\sqrt[4]{x^3}}, \quad \sqrt{x^2+y^2}$

b) Schreiben Sie als Wurzelterme:

$a^{\frac{3}{4}}, \quad x^{0{,}25}, \quad (x-y)^{\frac{1}{2}}, \quad b^{-0{,}8}$

c) Berechnen Sie ohne Hilfsmittel (z. B. Taschenrechner):

$16^{\frac{1}{2}}, \quad 32^{\frac{2}{5}}, \quad \left(\frac{8}{27}\right)^{\frac{2}{3}}, \quad \left(\frac{16}{9}\right)^{-\frac{1}{2}}$

1.60 a) Bringen Sie den Faktor vor dem Wurzelterm unter das Wurzelzeichen:

$a\sqrt[4]{a}, \quad x^3\sqrt{x}, \quad x\,\sqrt[3]{x}, \quad (2a+3b)\,\sqrt{c}, \quad 4\sqrt{3}, \quad 7\sqrt{2}$

b) Radizieren Sie partiell:

$\sqrt{a^5}, \quad \sqrt[4]{b^9}, \quad \sqrt{80}, \quad \sqrt[3]{16}$

1.61 Berechnen Sie und vereinfachen Sie das Ergebnis, ohne Hilfsmittel (z. B. Taschenrechner) zu benutzen:

a) $\left(4\sqrt{5}\right)^2 - \left(5\sqrt{3}\right)^2$

b) $\sqrt{9x^2} \cdot \sqrt{16y^2}$

c) $\sqrt{9x^2+16y^2}$

d) $\left(5\sqrt{12} - 6\sqrt{18}\right) \cdot 3\sqrt{6}$

e) $\left(3\sqrt{5}+2\sqrt{3}\right)\left(3\sqrt{5}-2\sqrt{3}\right)$

f) $\left(4\sqrt{32}+5\sqrt{12}-2\sqrt{6}\right) \cdot 3\sqrt{6}$

g) $\left(2\sqrt{15}-3\sqrt{5}\right)^2$ h) $\left(a\sqrt{ax}-b\sqrt{bx}\right)\cdot\sqrt{abx}$

i) $\sqrt[n]{a^{2n-2}b^{3n}}\cdot\sqrt[n]{a^2b^n}$ j) $\sqrt[3]{a^2}\sqrt{a}$

k) $\sqrt[5]{x^4}\,\sqrt[10]{x^3}\,\sqrt[15]{x^7}$ l) $\dfrac{\sqrt[4]{x^3}\sqrt[9]{x^4}}{\sqrt[6]{x^5}}$

m) $\sqrt[6]{\sqrt[3]{a^5}\sqrt{\sqrt[9]{a^7}}}$ n) $\sqrt[3]{a\sqrt{a}}$ o) $\sqrt[4]{x^2\sqrt[3]{x}}$ p) $\sqrt[4]{4\sqrt[3]{2}}$

1.62 Berechnen Sie und vereinfachen Sie das Ergebnis, ohne Hilfsmittel (z. B. Taschenrechner) zu benutzen:

a) $\sqrt{7+\sqrt{13}}\cdot\sqrt{7-\sqrt{13}}$ b) $\left(2\sqrt{6}-3\sqrt{24}\right)\left(4\sqrt{3}+\sqrt{2}\right)$

c) $\left(a\sqrt{a^3x}-b\sqrt{ax^3}\right)\left(b\sqrt{a^2x^3}+a\sqrt{ax^2}\right)$

d) $\dfrac{\sqrt[10]{a}\cdot\sqrt[12]{a^5}\cdot\sqrt[5]{a}}{\sqrt[6]{a}\cdot\sqrt{a}}$ e) $\dfrac{\sqrt[4]{x^3\sqrt[3]{x}}}{\sqrt[3]{x\sqrt[4]{x}}}:\sqrt[4]{x\sqrt{x}}$

1.63 Machen Sie die Nenner rational:

a) $\dfrac{5}{2\sqrt{3}}$ b) $\dfrac{18}{5\sqrt{6}}$ c) $\dfrac{x^2}{\sqrt{x}}$

d) $\dfrac{a^3}{\sqrt[4]{a}}$ e) $\dfrac{a}{1-2\sqrt{b}}$ f) $\dfrac{1}{x-\sqrt{x^2-1}}$

1.64 Machen Sie die Nenner rational:

a) $\dfrac{3+x^2}{2-\sqrt{1-x^2}}$ b) $\sqrt{\dfrac{x}{3+\sqrt{7}}}$ c) $\dfrac{10\sqrt{2}-2\sqrt{30}}{5\sqrt{3}-3\sqrt{5}}$

1.65 a) Kürzen Sie $\dfrac{1}{(1+x)^2}\sqrt{\dfrac{1+x}{1-x}}$

b) Beseitigen Sie den Doppelbruch: $\dfrac{\sqrt{1+x^2}-\dfrac{x^2}{\sqrt{1+x^2}}}{1+x^2}$

1.66 Welchen Wert hat h, wenn $h=2\sqrt{R^2-r^2}$ und $r=\dfrac{R}{3}\sqrt{6}$ ist?

1.67 Stellen Sie die folgenden Formeln um:

a) $f=\dfrac{q_m l^4}{120\,EI}$ nach l b) $p_{\max}=0{,}388\sqrt[3]{\dfrac{FE^2}{r^2}}$ nach E

c) $I_x=\dfrac{BH^3-bh^3}{12}$ nach H d) $\omega=\sqrt{\dfrac{1}{LC}-\dfrac{R^2}{4L^2}}$ nach R

e) $\psi=\sqrt[z-1]{\dfrac{n_{\max}}{n_{\min}}}$ nach $n_{\max}$ f) $\varphi=\left(\dfrac{T_1}{T_2}\right)^y$ nach T_2

g) $L=\left(\dfrac{C}{F}\right)^{\frac{10}{3}}$ nach C h) $v=kR^{\frac{2}{3}}J^{\frac{1}{2}}$ nach R

1.68 Stellen Sie die folgenden Formeln um:

a) $Q=C'A\left[\left(\dfrac{T_1}{100}\right)^4-\left(\dfrac{T_2}{100}\right)^4\right]$ nach T_1

b) $\tau_\mathrm{m}=\dfrac{1}{2}\sqrt{\left(\sigma_x-\sigma_y\right)^2+4\tau^2}$ nach σ_x

c) $\lambda_0=1-\varepsilon_0\left[\left(\dfrac{p_\mathrm{D}}{p_\mathrm{S}}\right)^{\frac{1}{n'}}-1\right]$ nach p_D

d) $x=\sqrt[i]{\dfrac{p_\mathrm{e}}{p_\mathrm{s}}}$ nach p_s

1.69 Berechnen Sie x: $\left(\frac{0{,}743}{0{,}532}\right)^{1{,}25} = \left(\frac{x}{1{,}54}\right)^{-1{,}47}$

1.70 Berechnen Sie

a) $v = 140 \cdot R^{0{,}645} \cdot J^{\frac{5}{9}}$ (Fließgeschwindigkeit in Rohrleitungen in $\mathrm{m \cdot s^{-1}}$) für $R = 3{,}25$, $J = 0{,}25$ ‰;

b) den Druck p_1 aus der Formel $\frac{T_1}{T_2} = \left(\frac{p_1}{p_2}\right)^{\frac{x-1}{x}}$ für $T_1 = 393\,\mathrm{K}$, $T_2 = 293\,\mathrm{K}$, $p_2 = 93{,}25\,\mathrm{kPa}$, $x = 1{,}405$

c) $f_0 = \frac{1}{2\pi}\sqrt{\frac{1}{LC} - \left(\frac{R}{L}\right)^2}$ (Resonanzfrequenz eines Parallelresonanzkreises) für $C = 400\,\mathrm{pF}$, $L = 0{,}3\,\mathrm{mH}$, $R = 120\,\Omega$.

1.71 Berechnen Sie x ohne Hilfsmittel (z. B. Taschenrechner):

a) $\log_2 32 = x$; $\log_3 81 = x$; $\log_{10} 100 = x$

b) $\log_2\left(\frac{1}{32}\right) = x$; $\log_3\left(\frac{1}{81}\right) = x$; $\log_{10}\left(\frac{1}{100}\right) = x$

c) $\log_{32} 2 = x$; $\log_{81} 3 = x$; $\log_{100} 10 = x$

1.72 Desgleichen:

a) $\log_2 x = 3$; $\log_3 x = 2$; $\log_{10} x = 4$

b) $\log_x 25 = 2$; $\log_x 1\,000 = 3$; $\log_x 16 = 2$

1.73 Zerlegen Sie die folgenden Terme:

a) $\log_a\left(\frac{x^2}{yz}\right)$ b) $\log_u\left(\frac{a^2b}{c}\right)^3$ c) $\log_x \sqrt[5]{\frac{a^2b}{c^3}}$ d) $\log_a\left(\frac{(x+y)^2}{x^2+y^2}\right)$

e) $\log_m\left(\frac{1}{x+y}\right)$ f) $\log_c\left(\frac{c^2}{d}\right)$ g) $\log_x\sqrt{\frac{1+x}{1-x}}$

1.74 Fassen Sie die Terme zusammen:

a) $2\,\log_a x - \log_a y$ b) $\log_u (cy) - \log_u (cx)$

c) $\frac{1}{3}\,(\log_x a - 4\,\log_x b)$ d) $4\left[\log_c (x+y) - \log_c (x^2 - y^2)\right]$

1.75 Berechnen Sie mit dem Taschenrechner:

a) $\ln\left(\frac{32{,}84}{7{,}836}\right)^3$ b) $\lg \sqrt[4]{6{,}378^3 + 1{,}253^4}$

c) $\mathrm{e}^{-0{,}34 \cdot 4{,}21}$ d) $10^{\frac{0{,}006\,31}{0{,}47}}$

1.76 Berechnen Sie mit dem Taschenrechner:

a) lb 32; lb 3,2; lb 0,32

b) $\log_5 324$; $\log_{16} 10$; $\log_8 70$

1.77 Berechnen Sie y für die Werte $x = 0$; 0,2; 0,4; 0,6 (runden Sie auf 3 signifikante Ziffern):

a) $y = \ln\left(x + \sqrt{x^2+1}\right)$ b) $y = \ln\sqrt{\frac{1+x}{1-x}}$

c) $y = \frac{1}{2}\,(\mathrm{e}^x + \mathrm{e}^{-x})$ d) $y = \frac{1}{\sqrt{2\pi}}\exp\left(-\frac{x^2}{2}\right)$

1.78 Beweisen Sie, dass folgende Gleichung gilt:

$$-\ln\left(x + \sqrt{x^2-1}\right) = \ln\left(\sqrt{x^2-1}\right)$$

1.79 Berechnen Sie

a) $\varphi_1 = \ln\sqrt{0{,}3\beta^2 + 0{,}7}$ (Fertigungstechnik: Umformgrad beim Tiefziehen mit Formstempel) für $\beta = 1{,}25$

b) $i = I\left[l - \exp\left(-\frac{t}{r}\right)\right]$ (Elektrotechnik: Einschaltvorgang) für $I = 200\,\text{mA}$, $T = 50\,\text{ms}$, $t = 20\,\text{ms}$

c) $L_J = 10\lg\left(\frac{J}{J_0}\right)$ (Schallintensitätspegel in dB) für $J_0 = 10^{-12}\,\text{W}\cdot\text{m}^2$ (Schwellenwert: gerade noch wahrnehmbare Schallintensität eines Tones mit der Frequenz 1 000 Hz) und $J = 1{,}6\cdot 10^{-4}\,\text{W}\cdot\text{m}^{-2}$

1.80 Welche Beziehung besteht zwischen den Einheiten Neper (Np) und Dezibel (dB) für logarithmische Verhältnisgrößen?

1.81 Stellen Sie die Formeln um:

a) $i = Ie^{-\frac{t}{T}}$ nach t

b) $p_s = 20\lg\left(\frac{U_x}{U_0}\right)$ nach U_x

c) $E = \dfrac{U}{r\ln\left(\frac{r_2}{r_1}\right)}$ nach r_2

d) $\varphi = \left(\frac{T_1}{T_2}\right)^y$ nach y

1.82 Stellen Sie die Formeln um:

a) $\varphi_1 = \ln\sqrt{0{,}3\beta^2 + 0{,}7}$ nach β

b) $F_n = F_2\left(e^{\mu\beta} - 1\right)$ nach β

c) $\varphi = \sqrt[z-1]{B}$ nach z

d) $\dfrac{T_1}{T_2} = \left(\dfrac{P_1}{P_2}\right)^{\frac{n-1}{n}}$ nach n

1.83 Berechnen Sie:

a) $\binom{12}{5}$ b) $\binom{12}{7}$ c) $\binom{20}{3}$ d) $\binom{20}{20}$

e) $\binom{20}{24}$ f) $\binom{-2}{3}$ g) $\binom{-2}{4}$ h) $\binom{1/3}{3}$

1.84 Berechnen Sie mit dem binomischen Lehrsatz:

a) $(a-b)^8$

b) $(3x-y)^4$

c) die ersten 4 Glieder von $(a-1)^{30}$

d) den Koeffizient von a^5 in $(a-b)^9$.

1.85 Berechnen Sie mit dem binomischen Lehrsatz:

a) $(a+2)^5 - (a-2)^5$

b) $(-2x-y)^6$

c) die ersten 5 Glieder von $(1-a)^{15}$

1.86 Welche Beziehung folgt aus dem binomischen Lehrsatz für $a = b = 1$?

1.6 Lösungen

1.1 Aussagen: a), e); Aussageformen: b), c), g); weder Aussagen noch Aussageformen: d), f)

1.2 a) $A = \{0;\ 1;\ 2;\ 3;\ 4\}$ b) $B = \{4\}$ c) $C = \{3;\ 5\}$ d) $D = \emptyset$

1.3 a) $A \supseteq B$ b) $A = B$ c) A, B sind disjunkt

1.4 Vgl. *Beispiele 1.29, 1.30*

a) $H(x) \Rightarrow K(x)$; $H(x)$ ist hinreichende Bedingung für $K(x)$

b) notwendige und hinreichende Bedingung

c) notwendige Bedingung

1.5 a) $\{r;\ s;\ t\}$, $\{q;\ r;\ s;\ t;\ u\}$, $\{u\}$, $\{q\}$

b) $\{t;\ u\} = C$, $\{r;\ s;\ t;\ u\} = A$, $(r;\ s\}$, $\emptyset$

c) $\emptyset$, $\{r;\ s;\ t;\ u;\ v;\ w\}$, $\{r;\ s;\ t;\ u\} = A$, $\{v;\ w\} = D$

1.6 a) $\{4;\ 5;\ 6\}$, $\{0;\ 1;\ 2;\ \ldots;\ 10)$, $\{0;\ 1;\ 2;\ 3\}$, $\{7;\ 8;\ 9;\ 10\}$

b) $\emptyset$, $\{0;\ 1;\ 2;\ 3;\ 4;\ 5;\ 6;\ 8;\ 9;\ 10\}$, A, C

c) D, A, $\{0;\ 1;\ 2;\ 3\}$, $\emptyset$

1.7 a) $K \cap \{n;\ r\} = \{n\}$ b) $K \cup \{n;\ r;\ s\} = \{m;\ n;\ o;\ p;\ q;\ r;\ s\}$

c) $K \setminus \{n;\ o;\ p;\ q;\ r;\ s;\ t\} = \{m\}$ d) $K \setminus \{o;\ p;\ q\} = \{m;\ n\}$

1.8 a) $A \cup B$ b) $\emptyset$ c) A d) B

1.9 a) Siehe *Bild L1.1* b) $(A \cap B) \setminus D$ c) $(C \cap D) \cup [D(A \cup B)]$

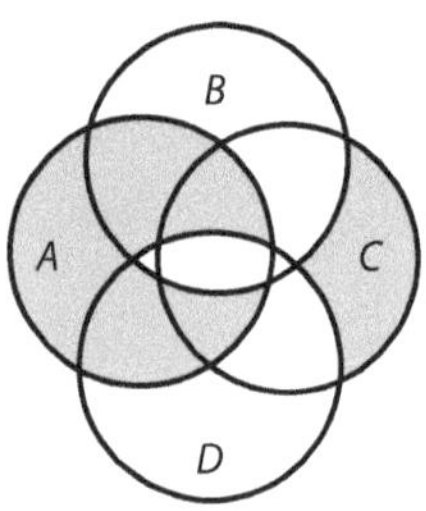

Bild L1.1

1.10 Erste Gleichung: $A \cap (B \cup C) = A \cap \{q;\ r;\ s;\ t;\ u\} = \{q;\ r\}$

$(A \cap B) \cup (A \cap C) = \{r\} \cup \{q;\ r\} = \{q;\ r\}$

zweite Gleichung: $A \cup (B \cap C) = A \cup \{r\} = \{p;\ q;\ r\}$

$(A \cup B) \cap (A \cup B) = \{p;\ q;\ r;\ s;\ t\} \cap \{p;\ q;\ r;\ u\} = \{p;\ q;\ r\}$

1.11 a) $0{,}21\overline{3}$ b) $0{,}\overline{135}$ c) $0{,}096\,\overline{153\,84}$

1.12 a) $(7;\ 10]$, $[5;\ 15)$, $[5;\ 7]$, $(10;\ 15)$

b) vgl. *Beispiele 1.38, 1.39*: $\emptyset$, $(3;\ 7) \cup (7;\ 15) = (3;\ 15) \setminus \{7\}$, $\{5\}$, $[2;\ 10]$

c) $(3;\ 10] \setminus B = (3;\ 7]$, $(3;\ 5] \setminus A = (3;\ 5)$

d) $A \setminus \big((3;\ 15) \setminus \{7\}\big) = \{7\}$, $C \cap (5;\ 10] = (5;\ 7)$

1.13 a) -2 b) 30 c) 6

1.14 Vgl. *Beispiel 1.42*:

a) 10, 4, −2, −8 b) 7, 15, −11, −3 c) 4

1.15 $\pm 3, \pm 7, \pm 9, \pm 19$

1.16 a) $\begin{cases} 6r, & r - 2s \geqq 0 \\ -2r + 16s, & r - 2s < 0 \end{cases}$ b) $\begin{cases} -u - 3v, & 2u + v \geqq 0 \\ 11u + 3v, & 2u + v < 0 \end{cases}$

(vgl. *Beispiel 1.43*)

1.17

x	−2	−1	0	1	2	3	4	5	6
y	3	2,5	2	1,5	1	1,5	2	2,5	3

1.18 a) $\begin{cases} -a-4b; & 2a \geqq 0, \quad 3a+4b \geqq 0 \\ 5a+4b; & 2a \geqq 0, \quad 3a+4b < 0 \\ -5a-4b; & 2a < 0, \quad 3a+4b \geqq 0 \\ a+4b; & 2a < 0, \quad 3a+4b < 0 \end{cases}$

b) $\begin{cases} a; & a-b \geqq 0 \\ b; & a-b < 0; \end{cases}$ falls $a \neq b$, ergibt sich die größere der beiden Zahlen a, b

1.19 a) $A = \{10;\ 20\}$ b) $B = \{-12;\ 8\}$ (vgl. *Beispiel 1.45*)

1.20 a) MDCCXXXIX b) MCMXCIII

1.21 a) 1 873 b) 2 962

1.22 a) $(205)_{10} = (\mathrm{CD})_{16}$ b) $(11\,1111\,0100)_2 = (\mathrm{3F4})_{16}$ c) $(1010\,0100\,1011)_2 = (2635)_{10}$

1.23 $(1111'1111)_2 = (\mathrm{FF})_{16} = (255)_{10}$
8 bit = 1 Byte können eine natürliche Zahl, die kleiner als 256 ist, speichern.

1.24 a) $(\mathrm{1C7})_{16} = (455)_{10} = (707)_8$
b) $(10\,0011\,1010\,1101)_2 = (9\,133)_{10} = (21655)_8$

1.25 a) $(10\,0111)_2$ b) $(\mathrm{CIE})_{16}$

1.26 a) 6,38 b) 3,45 c) 3,79 d) 12,35

1.27 a) 0,064 3 b) $3{,}76 \cdot 10^5$ c) 70,0

1.28 a) $4{,}65 \approx 4{,}6$ b) $6{,}25 \cdot 10^4 \approx 6{,}3 \cdot 10^4$ c) $895 \approx 8{,}9 \cdot 10^2$

1.29 a) $x_1 = 2;\ x_2 = -3$ b) $x(x-4) = 0;\ x_1 = 0;\ x_2 = 4$ c) $x_1 = -3;\ x_2 = 4$

1.30 a) $-a$ b) $0{,}528x + 0{,}412z$
c) $-40x^3 + 40x^2 - 16$ d) $-6a^2 - 16ab + 6b^2$

1.31 a) 0 b) $-4x^2 + 3$ c) $0{,}169a^2 - 0{,}096ab + 0{,}040\,9b^2$

1.32 a) $9uvw(4v - 7u)$ b) $4x(2x+3y)(x-2)$
c) $2(9p+4q)(9p-4q)$ d) $4(a-2b)^2$
e) $(2x-3y)(4u+v)$ f) $(2m+5n)(4m-3n)$

1.33 a) $3x^2 - 8x + 5$ b) Ordnen; $2ab + c - 4$ c) $4x - 7 + \dfrac{1}{5x+3}$

d) $\dfrac{1}{2}x^2 + \dfrac{3}{4}x + \dfrac{9}{8} + \dfrac{27/8}{2x-3} = \dfrac{1}{2}x^2 + \dfrac{3}{4}x + \dfrac{9}{8} + \dfrac{27}{8(2x-3)}$

1.34 a) $1{,}2x^2 + 1{,}5xy - 0{,}8y^2$ b) $25x^4 + 15x^2yz + 9y^2z^2$
c) $3a^2 + 2ab - b^2 + \dfrac{3b^3}{3a-2b}$

1.35 a) $\dfrac{35xy^2}{42y^3}$ (Erweiterungsfaktor: $7y^2$) b) $\dfrac{45q}{55p^2q^2}$ (Erweiterungsfaktor: $5q$)
c) $\dfrac{4ab-6b^2}{10ab-8b^2}$ (Erw.-f.: $2b$) d) $\dfrac{8ux-12vx}{4u^2-9v^2}$ (Erw.-f.: $2u-3v$)

1.36 a) $\dfrac{4x^2}{4x^2+6xy}$ b) $\dfrac{8b-12a}{4b-4a}$ c) $\dfrac{10x+5y}{2x^2-5xy-6y^2}$

1.37 a) $\dfrac{2a}{5b^2}$ b) $\dfrac{2x}{3y}$ c) $\dfrac{2x}{4p+5q}$ d) $\dfrac{5x}{5x+3y}$
e) $\dfrac{3u\,(3u+1)}{3u-1}$ f) Vereinfachung durch Kürzen nicht möglich

1.38 a) $\dfrac{-1}{3x+2y} = -\dfrac{1}{3x+2y}$ b) $\dfrac{c-2d}{4}$ c) $\dfrac{2u-3v}{2u+3v}$ d) $\dfrac{x-y}{2x}$

1.39 $\dfrac{2a + \dfrac{25b^2}{2a}}{1 + \dfrac{5b}{2a}}$

1.40 a) $60a^2b^3c$; Erw.-f.: $5b^2c$; $4a^2$; $3ab^3$

b) $6ab(a+4b)$; Erw.-f.: $6b$; $2a$; $b(a+4b)$

c) $6m(4m+5n)(4m-5n)$; Erw.-f.: $3(4m+5n)$; $(4m-5n)$; $6m$

1.41 a) $\frac{1}{2b}$

b) $\frac{9xy+10yz-10yz+30z^2-15x^2-9xy}{15xyz}=\frac{2z^2-x^2}{xyz}$

c) $\frac{3u^2-7uv+4v^2}{30\,(3u-4v)}=\frac{(3u-4v)\,(u-v)}{30\,(3u-4v)}=\frac{u-v}{30}$

d) den 2. Bruch mit -1 erweitern: $\ldots+\frac{25y^2}{4x^2-10xy}$

$$\frac{8x^3+125y^3+50xy^2-125y^3-8x^3+20x^2y}{10xy\,(2x-5y)}=\frac{2x+5y}{2x-5y}$$

e) $\frac{2x^2-10x-150}{x\,(x+5)\,(x+15)}$

f) $\frac{(u-1)^2-(u+1)^2-(u+1)\,(u-1)+4u}{u\,(u+1)\,(u-1)}=\frac{-u^2+1}{u\,(u+1)\,(u-1)}$

$$=\frac{-\left(u^2-1\right)}{u\,(u+1)\,(u-1)}=-\frac{1}{u}$$

1.42 a) $-\frac{1}{2}$

b) $\frac{12y^2-4xy}{2xy\,(3y-x)}=\frac{2}{x}$

c) $\frac{8x^3+14x^2y-30xy^2}{2x\,(4x+5y)\,(4x-5y)}=\frac{2x\,(4x-5y)\,(x+3y)}{2x\,(4x+5y)\,(4x-5y)}=\frac{x+3y}{4x+5y}$

d) $\frac{3a\,(9a^2+3ab-2b^2)}{6ab\,(3a+b)\,(3a-b)}=\frac{3a+2b}{2b\,(3a+b)}$

e) $\frac{-16m^2-20mn+66n^2}{(3m+4n)\,(2m-3n)}=\frac{(2m-3n)\,(-8m-22n)}{(3m+4n)\,(2m-3n)}=-\frac{2\,(4m+11n)}{3m+4n}$

1.43 a) $60\frac{a^3b}{c}$ b) $\frac{100xy^2}{3}$ c) y d) $\frac{9a\,(a-b)}{4b\,(a+b)}$

1.44 a) $\frac{b^2x}{ay^2}-\frac{a^2y}{bx^2}$ b) $\frac{a+1}{2p+3}$

1.45 a) $\frac{5}{4}$ b) $\frac{18ab^2-15b}{6b^2+1}$ c) $\frac{1}{3ab}$ d) $\frac{RR_2R_3}{R_2R_3-RR_3-RR_2}$

1.46 a) $3a-4b$ b) $\frac{6-10x}{4x+\frac{15\,(2-6x)}{10}}=2$

1.47 a) um 64,09 % bzw. 114,09 % höher

b) um 39,06 % niedriger bzw. um 30,47 % höher

1.48 a) 75 b) 32; 5 % (= 0,117 2 · 0,426 7)

1.49 $\frac{1\,350}{1{,}184}=1\,140$ Stück/Tag; $\frac{1{,}32}{0{,}857}=1{,}54$ kg/Stück

1.50 a) 27 008 € b) 3,5 % c) 18 500 €

1.51 a) 18,84 % b) 13,85 % c) 2,61 % (= 0,188 4 · 0,138 5)

d) 20,00 % e) 6,15 % absolut; (6,15 %) / (13,85 %) = 44,40 % relativ

1.52 22,8 %, 2,6 % (= 0,228 · 0,311 · 0,368), 31,1 %, 36,8 %

1.53 a) $6+5-2+\ldots=5$ b) $1+4=5$ c) 11 d) 4

1.54 a) $\sum_{n=3}^{k}(n+2)$ b) $\sum_{i=1}^{n}x_i - na$ c) $\sum_{i=1}^{10}(i+1)^2$

1.55 a) $\sum_{i=1}^{4}x_i^2$ b) $\sum_{i=3}^{5}\frac{1}{y_i}$ c) $\sum_{n=1}^{5}4n$ d) $\sum_{n=1}^{5}n^2$

Es sind auch andere Darstellungen möglich (andere Bezeichnung des Summationsindex, andere untere und obere Grenzen).

1.56 a) $16a$ b) $\frac{8b^2}{a^3}$ c) $\frac{x}{y^3}$

d) $3(2a-3b)^{20} = 3(3b-2a)^{20}$ e) $-2(x-2y)^{11} = 2(2y-x)^{11}$

f) $\frac{1}{4\,096x^{12}}; \frac{x^{12}}{16}; -\frac{8}{x^{12}}; -16x^{12}; -2x^{81}$

1.57 a) $\frac{b^{x+2}c^{y-1}}{a^2}$ b) $\frac{z}{x^a y}$ c) $a^{2n}b^{n+4}$ d) $r^{4a}s^{-2}t = \frac{r^{4a}t}{s^2}$

e) $\frac{y^2}{x(x-y)^2}$ f) $\left(\frac{v}{w^9}\right)^8 = \frac{v^8}{w^{72}}$ g) $\frac{u^2}{s^2} = \left(\frac{u}{s}\right)^2$ h) $\frac{3a^2}{b^5}$

i) $\frac{3}{32b}$

1.58 a) $(3a-b)^7 = -(b-3a)^7$ b) $x^{-a+b}y^b = \frac{y^b}{x^{a-b}}$ c) $a^{n+1}b^{3n}c^m$

d) $a^{-r+2}c^2$ e) $\left(\frac{(a-2b)(x+2y)}{2ax}\right)^3$ f) $\frac{3}{2ab}$

1.59 a) $x^{\frac{1}{5}} = x^{0{,}2}; y^{\frac{5}{7}}; (a+2b)^{\frac{2}{3}}; x^{-\frac{3}{4}} = x^{-0{,}75}; (x^2+y^2)^{\frac{1}{2}}$

b) $\sqrt[4]{a^3}; \sqrt[4]{x}; \sqrt{x-y}; \frac{1}{\sqrt[10]{b^8}} = \frac{1}{\sqrt[5]{b^4}}$

c) $4; \sqrt[5]{32^2} = 2^2 = 4; \sqrt[3]{\left(\frac{8}{27}\right)^2} = \left(\frac{2}{3}\right)^2 = \frac{4}{9}; \frac{3}{4}$

1.60 a) $\sqrt[4]{a^5}; \sqrt{x^7}; \sqrt[3]{x^4}; \sqrt{(2a+3b)^2c}; \sqrt{48}; \sqrt{98}$

b) $a^2\sqrt{a}; b^2\sqrt[4]{b}; 4\sqrt{5}; 2\sqrt[3]{2}$

1.61 a) $16\cdot5-25\cdot3=5$ b) $12xy$ c) nicht umformbar

d) $90\sqrt{2}-108\sqrt{3} = 18\left(5\sqrt{2}-6\sqrt{3}\right)$ e) $45-12=33$

f) $96\sqrt{3}+90\sqrt{2}-36$ g) $105-60\sqrt{3}$ h) $a^2x\sqrt{b}-b^2x\sqrt{a}$

i) $\sqrt[n]{a^{2n}b^{4n}} = a^2b^4$ j) $a^{\frac{7}{6}} = a\sqrt[6]{a}$ k) $x^{\frac{47}{30}} = x\sqrt[30]{x^{17}}$

l) $\sqrt[36]{x^{13}}$ m) $\sqrt[3]{a^2}$ n) $\sqrt{a}$

o) $\sqrt[12]{x^7}$ p) $\sqrt[12]{128}$

1.62 a) 6 b) $-48\sqrt{2}-8\sqrt{3}$

c) $a^3bx^2\sqrt{a}+a^4x\sqrt{x}-ab^2x^3\sqrt{a}-a^2bx^2\sqrt{x}$

d) $\sqrt[60]{a^3} = \sqrt[20]{a}$ e) $\sqrt[24]{x}$

1.63 a) $\frac{5}{6}\sqrt{3}$ b) $\frac{3}{5}\sqrt{6}$ c) $x\sqrt{x}$

d) $a^2\sqrt[4]{a^3}$ e) $\frac{a\left(1+2\sqrt{b}\right)}{1-4b}$ f) $x+\sqrt{x^2-1}$

1.64 a) $2+\sqrt{1-x^2}$ b) $\sqrt{\frac{x\left(3-\sqrt{7}\right)}{2}} = \frac{1}{2}\sqrt{2x\left(3-\sqrt{7}\right)}$ c) $\frac{20\sqrt{6}}{30} = \frac{2}{3}\sqrt{6}$

1.65 a) $\frac{1}{(1+x)\sqrt{1-x^2}}$ b) $\frac{1}{(1+x^2)^{1{,}5}}$

1.66 $h = \frac{2}{3}R\sqrt{3}$

1.67 a) $l = \sqrt[4]{\frac{120EIf}{q_m}}$ b) $E = \sqrt{\left(\frac{p_{\max}}{0{,}388}\right)^3 \cdot \frac{r^2}{F}} = \left(\frac{p_{\max}}{0{,}388}\right)^{1{,}5} \cdot \frac{r}{F^{0{,}5}}$

c) $H = \sqrt[3]{\frac{12l_x + bh^3}{B}}$ d) $R = 2L\sqrt{\frac{1}{LC}\omega^2}$

e) $n_{\max} = n_{\min}\varphi^{z-1}$ f) $\frac{T_1}{T_2} = \varphi^{-\frac{1}{y}}$; $T_2 = T_1\varphi^{-\frac{1}{y}}$

g) $C = FL^{0{,}3}$ h) $R = \left(\frac{v}{kJ^{\frac{1}{2}}}\right)^{\frac{3}{2}} = \left(\frac{v}{k}\right)^{1{,}5} J^{-0{,}75}$

1.68 a) $T_1 = 100\left[\frac{Q}{C'A} + \left(\frac{T_2}{100}\right)^4\right]^{0{,}25}$ b) $\sigma_x = \sigma_y \pm 2\sqrt{\tau_{\mathrm{m}}^2 - \tau^2}$

c) $p_{\mathrm{D}} = p_{\mathrm{S}}\left(\frac{1-\lambda_0}{\varepsilon_0} + 1\right)^{n'}$ d) $p_{\mathrm{S}} = p_{\mathrm{e}}x^{-i}$

1.69 $x = 1{,}16$

1.70 a) $v = 2{,}99\,\mathrm{m \cdot s^{-1}}$ b) $p_1 = 258{,}3\,\mathrm{kPa}$ c) $f_0 = 455\,\mathrm{kHz}$

1.71 a) 5; 4; 2 b) −5; −4; −2 c) $\frac{1}{5}; \frac{1}{4}; \frac{1}{2}$

1.72 a) 8; 9; 10 000 b) 5; 10; 4

1.73 a) $2\log_a x - (\log_a y + \log_a z)$ b) $3\,(2\log_u a + \log_u b - \log_u c)$

c) $\frac{1}{5}\,(2\log_x a + \log_x b - 3\log_x c)$ d) $2\log_a (x+y) - \log_a (x^2+y^2)$

e) $-\log_m (x+y)$ f) $2 - \log_c d$

g) $\frac{1}{2}\,[\log_x (1+x) - \log_x (1-x)]$

1.74 a) $\log_a\left(\frac{x^2}{y}\right)$ b) $\log_u\left(\frac{y}{x}\right)$

c) $\log_x \sqrt[3]{\frac{a}{b^4}} = \log_x\left(\frac{a}{b^4}\right)^{\frac{1}{3}}$ d) $\log_c \frac{1}{(x-y)^4}$

1.75 a) 4,299 b) 0,604 5 c) 0,239 d) 1,03

1.76 a) 5; 1,68; −1,64 b) 3,59; 0,830; 2,04

1.77 a) 0; 0,199; 0,390; 0,569 b) 0; 0,203; 0,424; 0,693

c) 1; 1,02; 1,08; 1,19 d) 0,399; 0,391; 0,369; 0,333

1.78 $-\ln\left(x + \sqrt{x^2-1}\right) = \ln\left(\frac{1}{x + \sqrt{x^2-1}}\right)$;

den Nennerterm rational machen.

1.79 a) $\varphi_1 = 0{,}078$ b) $i = 66\,\mathrm{mA}$

c) $L_J = 82\,\mathrm{dB}$ (Dieser Pegel entspricht einem sehr starken Lärm.)

1.80 $10\lg\left(\frac{x_2}{x_1}\right)\,\mathrm{dB} = \ln\left(\frac{x_2}{x_1}\right)\,\mathrm{Np}$; 1 NP = 4,343 dB; 1 dB = 0,230 Np

1.81 a) $t = -T\ln\left(\frac{i}{I}\right) = T\ln\left(\frac{I}{i}\right)$ b) $U_x = U_0 \cdot 10^{\frac{p_s}{20}} = U_0 \exp_{10}\left(\frac{p_s}{20}\right)$

c) $r_2 = r_1\,\mathrm{e}^{\frac{U}{Er}} = r_1 \exp\left(\frac{U}{Er}\right)$ d) $\log_{\left(\frac{T_1}{T_2}\right)} \varphi = y$; $y = \frac{\ln\varphi}{\ln\left(\frac{T_1}{T_2}\right)}$

1.82 a) $\beta = \left(\frac{\exp(2\varphi_1) - 0{,}7}{0{,}3} \right)^{0{,}5}$ b) $\beta = \frac{1}{\mu} \ln \left(\frac{F_n}{F_2} + 1 \right)$

c) $\log_B \varphi = \frac{1}{z-1}$; $z = \frac{\ln B}{\ln \varphi} + 1$

d) $\log_{\left(\frac{p_1}{p_2}\right)} \left(\frac{T_1}{T_2} \right) = \frac{n-1}{n} = 1 - \frac{1}{n}$; $n = \frac{1}{1 - \frac{\ln(T_1/T_2)}{\ln(p_1/p_2)}}$

1.83 a) 792 b) 792 c) 1 140 d) 1

e) 0 f) −4 g) 5 h) $\frac{5}{81}$

1.84 a) $a^8 - 8a^7b + 28a^6b^2 - 56a^5b^3 + 70a^4b^4 - 56a^3b^5 + 28a^2b^6 - 8ab^7 + b^8$

b) $81x^4 - 108x^3y + 54x^2y^2 - 12xy^3 + y^4$

c) $a^{30} - 30a^{29} + 435a^{28} - 4\,060a^{27} + - \ldots$

d) $\binom{9}{4} = 126$

1.85 a) $20a^4 + 160a^2 + 64$

b) $64x^6 + 192x^5y + 240x^4y^2 + 160x^3y^3 + 60x^2y^4 + 12y^5 + y^6$

c) $1 - 15a + 105a^2 - 455a^3 + 1\,365a^4 - + \ldots$

1.86 $2^n = \binom{n}{0} + \binom{n}{1} + \binom{n}{2} + \ldots + \binom{n}{n} = \sum_{k=0}^{n} \binom{n}{k}$

2

Gleichungen und Ungleichungen

2.1 Gleichungen mit einer Variablen

2.1.0 Vorbemerkung

In diesem Abschnitt werden wichtige Begriffe, die beim Lösen von Gleichungen auftreten, wiederholt. Daran schließen sich kurz gefasste theoretische Betrachtungen zum Lösen von Gleichungen unterschiedlicher Typen an. Die durchgerechneten Beispielaufgaben enthalten zusätzliche Hinweise, mit deren Hilfe die angegebenen Übungsaufgaben gelöst werden können. Wesentlich ist das Lösen einer Gleichung durch Näherungsverfahren.

2.1.1 Grundbegriffe

Der **Term** $ax + b$ enthält die drei **Variablen** a, b und x, deren Bedeutung unterschiedlich ist. Vertritt eine Variable eine beliebig wählbare, aber innerhalb einer Sachaufgabe dann konstante Zahl, so heißt sie **gebundene Variable**. Meistens werden für sie die ersten Buchstaben des Alphabets verwendet. Kann eine Variable innerhalb einer Sachaufgabe beliebige Werte eines **Variablengrundbereiches** annehmen, so ist sie eine **freie Variable** oder, wenn keine Zweifel bestehen, wird sie kurz Variable genannt. Sie wird meist mit x, y oder z, also den letzten Buchstaben des Alphabetes bezeichnet. In den Anwendungsaufgaben werden jedoch für Größen die in den jeweiligen Fachdisziplinen üblichen Bezeichnungen der Variablen benutzt: z. B. p für Druck, R für Widerstand, t für Zeit usw. Soll im Term $ax + b$ hervorgehoben werden, dass x die freie Variable ist, so wird der Term durch $T(x)$ symbolisiert (gelesen: T von x).

Den **Definitionsbereich eines Terms** bildet die Menge der Zahlen des Variablengrundbereiches, mit denen die Variable in einem Term belegt werden kann.

Beispiele

2.1 Ist der Variablengrundbereich von x die Menge der reellen Zahlen, so ist der Definitionsbereich des Terms $\sqrt{x-2} : X = [2; \infty)$, da der Radikand nicht negativ werden darf.

2.2 Ist wieder $x \in \mathbb{R}$, so ist der Definitionsbereich des Terms $\frac{1}{x^2-4} : X = \mathbb{R} \setminus \{-2; 2\}$, weil die Division durch 0 nicht definiert ist. ■

Definition 2.1
Werden zwei Terme T_1 und T_2 durch das Gleichheitszeichen miteinander verbunden, so entsteht die **Gleichung** $T_1 = T_2$.

Den **Definitionsbereich einer Gleichung** bilden diejenigen Zahlen, die in beiden Definitionsbereichen der Terme zugleich enthalten sind, also den Durchschnitt der Definitionsbereiche der Terme T_1 und T_2 bilden.

Beispiel

2.3 Welchen Definitionsbereich hat $\sqrt{x-2} = \frac{1}{x^2-4}$?

Lösung: Es ist $X_1 = [2; \infty)$ der Definitionsbereich von $\sqrt{x-2}$ und $X_2 = \mathbb{R} \setminus \{-2; 2\}$ der Definitionsbereich von $\frac{1}{x^2-4}$. Somit ist $X = X_1 \cap X_2 = (2; \infty)$ der Definitionsbereich der Gleichung, d. h., die Zahl 2 gehört nicht zum Definitionsbereich der Gleichung. ■

Bei einer Vielzahl von Sachaufgaben existieren einschränkende technisch-technologische, ökonomische oder sachlogische Bedingungen, die den aus rein mathematischer Sicht größtmöglichen Definitionsbereich weiter einengen. Dieser eingeengte ist der eigentliche Definitionsbereich der Gleichung.

Beispiel

2.4 Ein Gabelstapler kann jeweils 8 LKW-Reifen vom Materiallager in eine Montagehalle befördern. Wie oft muss der Gabelstapler fahren, wenn sich von den insgesamt 420 zu transportierenden Reifen bereits 240 in der Montagehalle befinden?

Lösung: Es sei x die Anzahl der noch notwendigen Transportfahrten des Gabelstaplers. Variablengrundbereich ist $\mathbb{N}$, da es sich bei x um eine Anzahl handelt.
Zu bilden sind die Terme
$T_1 : 240 + 8x, \quad x \in \mathbb{N}$ für den Zustand nach dem Transport;
$T_2 : 420$ für den Zustand vor dem Transport.
Definitionsbereich von T_1 ist $\mathbb{N}$. Deshalb entsteht die Gleichung $240+8x = 420$ mit $x \in \mathbb{N}$. ■

Wenn man eine Gleichung mit einer Variablen als ein Gebilde der Logik auffasst, so ist sie eine **Aussageform**. Wird für die Variable ein Wert des Definitionsbereiches eingesetzt, so entsteht entweder eine wahre oder eine falsche Aussage.

Definition 2.2

Der Wert x_1 aus dem Definitionsbereich einer Gleichung heißt **Lösung**, wenn beim Einsetzen von x_1 in die Gleichung eine wahre Aussage entsteht.

Beispiel (Fortsetzung)

2.4 Wird in Fortsetzung des vorstehenden Beispiels die Gleichung $240 + 8x = 420$ mit dem geänderten Definitionsbereich $X = \mathbb{R}$ betrachtet, so hätte sie die Lösung $x_1 = 22{,}5$. Wird $x_1 = 22{,}5$ eingesetzt, so ist $240 + 180 = 420$ eine wahre Aussage. Da aber 22,5 keine natürliche Zahl, also kein Element des eigentlichen Definitionsbereiches ist, stellt $x_1 = 22{,}5$ keine Lösung der Ausgangsgleichung dar. Obwohl diese im Bereich der natürlichen Zahlen keine Lösung besitzt, kann die gestellte Frage beantwortet werden: Der Gabelstapler muss 23 Fahrten machen und braucht z. B. bei der letzten Fahrt nur 4 LKW-Reifen zu transportieren. ■

Nun gibt es aber Gleichungen, die nicht nur eine, sondern sogar mehrere Lösungen haben. So sind beispielsweise die Werte $x_1 = 3$ und $x_2 = -3$ Lösungen der Gleichung $x^2 = 9$ mit $x \in \mathbb{R}$.

Die Tatsache, dass eine Gleichung mehrere Lösungen haben kann, ist Anlass zu der

Definition 2.3

Sind die Werte $x_1; x_2; \ldots; x_n$ sämtlich Lösungen einer Gleichung, so bezeichnet $L = \{x_1; x_2; \ldots; x_n\}$ die **Lösungsmenge** dieser Gleichung.

In diese Definition sind als Sonderfälle auch die Einermenge $L = \{x_1\}$ und die leere Menge $L = \emptyset$ eingeschlossen. Im zweiten Fall kann entweder gesagt werden: „Die Gleichung hat keine Lösung" oder „die leere Menge ist Lösungsmenge der Gleichung". Ein weiterer Sonderfall liegt dann vor, wenn alle Werte des Definitionsbereiches Lösungen sind. Das ist beispielsweise der Fall bei $2x - 6 = 2\,(x - 3)$. Wenn der Definitionsbereich nicht selbst die leere Menge ist, sind alle Werte des Definitionsbereiches Lösungen, denn es entsteht für jedes x stets eine wahre Aussage. Solche Gleichungen heißen **identische Gleichungen** oder **Identitäten**.

Bezeichnet X den Definitionsbereich einer Gleichung und L die Lösungsmenge der Gleichung, so gilt stets einer der Lösungsfälle:

a) $L = \emptyset$,

b) $L \subseteqq X$,

c) $L = X$.

Ein systematisches Lösen von Gleichungen fordert Antwort auf die Fragen: „Hat eine Gleichung überhaupt Lösungen und wenn ja, wie viele sind es?".

Auf beide Fragen gibt es, da die Gleichungen sehr unterschiedlich sein können, keine allgemeingültigen Antworten. Das ändert sich, wenn die Gleichungen in zwei Gruppen eingeteilt werden:

Algebraische Gleichungen sind solche, bei denen bezüglich der Variablen nur die algebraischen Operationen: Addition, Subtraktion, Multiplikation, Division, Potenzieren und Radizieren angewendet wurden.

Transzendente Gleichungen sind solche, bei denen bezüglich der freien Variablen die transzendenten Operationen: Logarithmieren und dessen Umkehrung oder die trigonometrischen Funktionen angewendet wurden.

Algebraische Gleichungen	**Transzendente Gleichungen**
$249 + 8x = 420$	$\mathrm{e}^{x+1} - 12 = 0$
$\dfrac{\sqrt{x+1}}{x^2} = \dfrac{1}{x}$	$2^{3x} + 8 = 24$
	$\sin x = 0{,}8$
$x^2 - 3x + 5 = 0$	$\arctan x = 1{,}2$
$x^2 \ln 4 + 7x = \sqrt{x}$	$\ln x + x^2 = 10$

In den jeweils zuletzt aufgeführten Gleichungen sind Besonderheiten enthalten. Obwohl in $x^2 \ln 4 + 7x = \sqrt{x}$ ein Logarithmus auftritt, ist sie keine transzendente Gleichung, denn die Anwendung des Logarithmus bezieht sich nicht auf die Variable x. So ist beispielsweise auch $x^2 = 3x\,\mathrm{e}^4$ eine algebraische Gleichung.

In der Gleichung $\ln x + x^2 = 10$ werden bezüglich der Variablen x sowohl transzendente als auch algebraische Operationen ausgeführt. Da eine transzendente Operation vorhanden ist, handelt es sich um eine transzendente Gleichung.

Die algebraischen Gleichungen treten in Anwendungsfällen häufiger auf als die transzendenten.

Ihre allgemeine Form ist:

$$a_n x^n + a_{n-1} x^{n-1} + \ldots + a_2 x^2 + a_1 x + a_0 = 0 \tag{2.1}$$

wobei $n \in \mathbb{N}$, $a_n \neq 0$ und $a_i \in \mathbb{R}$ für alle $i = 0, 1, \cdots, n$ gilt.

Die Zahl n, der größte Exponent von x, bezeichnet den **Grad** des auf der linken Seite der *Gleichung (2.1)* stehenden **Polynoms**. Die reellen Zahlen a_i heißen **Koeffizienten** des Polynoms.

Beispiel

2.5 Die Gleichung $8x^3 + 2x - 6 = 0$ ist eine algebraische Gleichung dritten Grades oder kubische Gleichung mit den Koeffizienten $a_3 = 8$, $a_2 = 0$, $a_1 = 2$ und $a_0 = -6$. ■

Liegt eine algebraische Gleichung in der Form (*2.1*) vor, so lässt sich die aufgeworfene Frage nach der Anzahl der Lösungen beantworten. Eine vorläufige und noch zu präzisierende Antwort ist, dass eine algebraische Gleichung vom Grade n genau n Lösungen hat. Wird eine algebraische Gleichung aus einem Sachverhalt heraus aufgestellt, so hat sie meist noch nicht die allgemeine Form (*2.1*), und es sind **Umformungen** erforderlich. Die Notwendigkeit von Umformungen ergibt sich auch beim Lösen von transzendenten Gleichungen. Es ist darauf zu achten, dass bei diesen Umformungen die ursprüngliche Lösungsmenge möglichst erhalten bleibt, insbesondere dürfen keine Lösungen „verloren gehen“.

Definition 2.4

Zwei Gleichungen sind zueinander **äquivalent**, wenn sie die gleiche Lösungsmenge haben. Umformungen, bei denen äquivalente Gleichungen entstehen, heißen **äquivalente Umformungen.**

Es ist wichtig zu wissen, durch welche Operationen nichtäquivalente Gleichungen entstehen können. Beim Multiplizieren und Dividieren mit Termen, die den Wert 0 annehmen können, sowie beim Potenzieren, Radizieren, beim Anwenden der trigonometrischen Funktionen und deren Umkehrfunktionen können nichtäquivalente Gleichungen entstehen.

Werden beim Umformen von Gleichungen nur äquivalente Umformungen benutzt, entstehen jeweils zueinander äquivalente Gleichungen mit den gleichen Lösungsmengen. Wie die folgenden Beispiele zeigen werden, ist es aber manchmal beim Lösen von Gleichungen unumgänglich, auch nichtäquivalente Umformungen anzuwenden.

Beispiele

2.6 Die Gleichung $\dfrac{\sqrt{x+2}}{x^2} = \dfrac{1}{x}$ mit $X = X_1 \cap X_2 = [-2; \infty) \setminus \{0\}$ ist in die *allgemeine Form (2.1)* zu überführen.

Lösung: Nach Multiplikation mit x^2 folgt aus

$$\frac{\sqrt{x+2}}{x^2} = \frac{1}{x} \tag{I}$$

$$\sqrt{x+2} = x \tag{II}$$

Beim Quadrieren beider Seiten entsteht

$$x + 2 = x^2 \qquad \text{(III)}$$

und nach Subtraktion von $(x + 2)$

$$x^2 - x - 2 = 0 \qquad \text{(IV)}$$

Die durch Umformungen entstandene quadratische Gleichung (IV) hat die Lösungen $x_1 = -1$ und $x_2 = 2$. Wenn diese Werte in (IV) eingesetzt werden, entstehen mit

$$(-1)^2 - (-1) - 2 = 0 \quad \text{und} \quad 2^2 - 2 - 2 = 0$$

jeweils wahre Aussagen.

Werden die Werte $x_1 = -1$ und $x_2 = 2$ in die Ausgangsgleichung (I) eingesetzt, ist das jedoch nicht so:

Bei $x_1 = -1$: $\dfrac{\sqrt{-1+2}}{(-1)^2} = \dfrac{1}{-1}$

entsteht mit $1 = -1$ eine falsche Aussage.

Bei $x_2 = 2$: $\dfrac{\sqrt{2+2}}{2^2} = \dfrac{1}{2}$

entsteht mit $0{,}5 = 0{,}5$ eine wahre Aussage.

Die Gleichung (IV) hat die Lösungsmenge $L_{IV} = \{-1; 2\}$, während die Ausgangsgleichung (I) nur die Lösungsmenge $L_I = \{2\}$ hat, d. h., die Gleichungen (I) und (IV) sind nicht äquivalent.

2.7 Die Gleichung $x^2(x - 3) = 4(x - 3)$ hat die Lösungsmenge $L_3 = \{-2; 2; 3\}$, was durch Einsetzen nachgeprüft werden kann. Würde die Gleichung durch $(x - 3)$ dividiert werden, so entstünde die quadratische Gleichung $x^2 = 4$, die aber nur die Lösungsmenge $L_2 = \{-2; 2\}$ hat. Die in der Ausgangsgleichung vorhandene Lösung $x_3 = 3$ ist deshalb „verschwunden", weil der zum Dividieren benutzte Term $(x - 3)$ für $x = 3$ den Wert 0 annimmt. ■

Müssen nichtäquivalente Rechenoperationen zur Umformung von Gleichungen angewendet werden, so sind die ermittelten Rechenergebnisse nicht automatisch auch Lösungen der Ausgangsgleichungen. Erst durch eine **Probe**, d. h. durch das Einsetzen der ermittelten Rechenergebnisse in die Ausgangsgleichung, lässt sich feststellen, ob es sich tatsächlich um Lösungen handelt.

Die Probe dient hierbei nicht vordergründig der Aufdeckung von Rechenfehlern, sondern dem Erkennen von „Scheinlösungen". Eine Überprüfung der Vollzähligkeit der Lösungen ist auf diesem Wege natürlich nicht möglich.

Kontrollfragen

2.1 Wodurch ist der Definitionsbereich einer Gleichung bestimmt?

2.2 Woran erkennen Sie eine algebraische bzw. eine transzendente Gleichung?

2.3 Was verstehen Sie unter einer Lösung bzw. Lösungsmenge einer Gleichung?

2.4 Welche Rechenoperationen können nichtäquivalente Gleichungen erzeugen?

2.5 Wozu dient eine Probe, und wie wird sie ausgeführt?

Aufgaben: ***2.1*** **bis** ***2.5***

2.1.2 Lösen von algebraischen Gleichungen

Ausgangspunkt der weiteren Betrachtungen ist die *allgemeine Form (2.1)* einer algebraischen Gleichung

$$a_n x^n + a_{n-1} x^{n-1} + \ldots + a_2 x^2 + a_1 x + a_0 = 0,$$

wobei die Koeffizienten a_i sämtlich reelle Zahlen sind. Wenn nicht ausdrücklich anderes festgelegt wird, ist der Definitionsbereich von *(2.1)* stets die Menge der reellen Zahlen $\mathbb{R}$.

Lineare Gleichungen

Die allgemeine Form einer linearen Gleichung oder Gleichung 1. Grades lautet

$$a_1 x + a_0 = 0 \tag{2.2}$$

bei der $a_1 \neq 0$ vorausgesetzt wird. Sie hat nur die eine Lösung

$$x_1 = -\frac{a_0}{a_1}.$$

Im Folgenden wird das Lösen von einfachen linearen Gleichungen sowie von Bruch- und Wurzelgleichungen, die sich auf lineare Gleichungen zurückführen lassen, demonstriert. Beim Lösen von linearen Gleichungen ergeben sich nur dann Schwierigkeiten, wenn vorherige Umformungen notwendig sind, um die *allgemeine Form (2.2)* herzustellen. **Grundprinzip** ist dabei, dass die jeweils entgegengesetzten Rechenoperationen anzuwenden sind.

Beispiele

2.8 Die Gleichung $3\,(x-6) + 8x\,(x-2) = 8x\,(x+1)$ ist zu lösen.

Lösung: Es entsteht $3x - 18 + 8x^2 - 16x = 8x^2 + 8x$, und nach Subtraktion von $\left(8x^2 + 8x\right)$ entsteht die lineare Gleichung $-21x - 18 = 0$ mit $x_1 = -\dfrac{18}{21} = -0{,}857$.

2.9 Die Gleichung $13x - \dfrac{2x\,(x-4)}{2x-6} = 12x$ ist zu lösen.

Lösung: Unter der Voraussetzung $2x - 6 \neq 0$, d. h. $x \neq 3$, wird mit $(2x - 6)$ multipliziert, um den Bruch zu beseitigen.
Dann ist

$$13x\,(2x-6) - 2x\,(x-4) = 12x\,(2x-6)$$

und

$$26x^2 - 78x - 2x^2 + 8x = 24x^2 - 72x$$

Zusammengefasst: $2x = 0$ mit der Lösung $x_1 = 0$.
Die Voraussetzung $x \neq 3$ ist erfüllt, sodass $x_1 = 0$ auch Lösung der Ausgangsgleichung ist. Die einfach auszuführende Probe wird dem Leser überlassen.

2.10 $\dfrac{2-x}{x+3} = \dfrac{6-5x^2}{5\,(x+3)^2}$ mit $x \neq -3$ ist zu lösen.

Lösung: Die Multiplikation mit dem Hauptnenner $5\,(x+3)^2$ führt auf die Gleichung

$$5\,(x+3)\,(2-x) = 6 - 5x^2$$

und weiter auf

$$-5x^2 - 5x + 30 = 6 - 5x^2$$

Nach Addition von $5x^2$ entsteht

$$-5x = -24 \quad \text{mit} \quad x_1 = 4{,}8$$

2.11 $\sqrt{x+14} - 2\sqrt{x+2} = 0$ mit $X = [-14; \infty) \cap [-2; \infty) = [-2; \infty)$ ist zu lösen.

Lösung: Es ist zweckmäßig, vor dem Quadrieren eine Wurzel zu isolieren, weil sonst bei Anwendung der binomischen Formel ein Summand entsteht, der wieder einen Wurzelterm enthält.

Umgestellt ist

$\sqrt{x+14} = 2\sqrt{x+2}$

und quadriert

$x + 14 = 4\,(x+2) = 4x + 8$

Zusammengefasst $-3x + 6 = 0$ und somit $x_1 = 2$.

Eine Probe mit $x_1 = 2$ bestätigt, dass $x_1 = 2$ Lösung der Ausgangsgleichung ist.

2.12 Die gegenüber dem *Beispiel 2.11* nur geringfügig geänderte Gleichung $\sqrt{x+14} + 2\sqrt{x+2} = 0$ mit $x \geqq -2$ ist zu lösen.

Lösung: Es entsteht zunächst $\sqrt{x+14} = -2\sqrt{x+2}$.

Nun wirkt das Quadrieren als nichtäquivalente Umformung. Es entstehen beim Umformen wieder dieselben Gleichungen, aber $x_1 = 2$ ist nicht Lösung der Ausgangsgleichung. Sie hat keine Lösung, denn die auf der linken Seite der Gleichung stehende Summe kann für kein reelles x negativ werden. ■

Charakteristische Aufgabenstellungen, die auf lineare Gleichungen führen, sind Prozent-, Zinsrechnungs-, Mischungs- und Verteilungsaufgaben.

Beispiele

2.13 In einem Schmelzofen werden 20 t Stahl von 0,5 % Kohlenstoffgehalt mit 5 t Grauguss von 5 % Kohlenstoffgehalt zusammengeschmolzen. Wie viel Prozent Kohlenstoff enthält die Mischung?

Lösung: Es sei x der Kohlenstoffgehalt der Mischung in Prozent.

Die Summe der Kohlenstoffmengen der Teile muss der Gesamtmenge an Kohlenstoff gleich sein. Das wird ausgedrückt durch die Gleichung:

$20 \cdot 0{,}5\,\% + 5 \cdot 5\,\% = 25 \cdot x\,\%$

Dann ist

$$0{,}1 + 0{,}25 = 0{,}25x \quad \text{und} \quad x_1 = \frac{0{,}35}{0{,}25} = 1{,}4$$

Die Mischung enthält 1,4 % Kohlenstoff.

2.14 Zwei Abraumbagger eines Tagebaues bewegen täglich zusammen 31 000 m^3 Abraum. Dabei schafft der zweite Bagger 5 000 m^3 weniger als das Doppelte des ersten. Wie groß ist die tägliche Abraummenge des ersten Baggers?

Lösung: Es sei x die tägliche Abraummenge des ersten Baggers.

Die Summe der Anteile der Abraummengen beider Bagger muss der Gesamtabraummenge gleich sein. Es gilt also

$x + (2x - 5\,000) = 31\,000$

und weiter

$3x = 36\,000 \quad \text{mit} \quad x_1 = 12\,000$

Der erste Bagger bewegt täglich 12 000 m^3 Abraum. ■

Aufgaben: *2.6* bis *2.15*

Quadratische Gleichungen

Eine Gleichung 2. Grades oder quadratische Gleichung hat die allgemeine Form

$$a_2x^2 + a_1x + a_0 = 0 \tag{2.3}$$

Damit es sich tatsächlich um eine quadratische Gleichung handelt, wird $a_2 \neq 0$ vorausgesetzt. Diese Voraussetzung gestattet es, die *Gleichung (2.3)* durch a_2 zu dividieren.

Dadurch entsteht die **Normalform** einer quadratischen Gleichung

$$x^2 + px + q = 0 \tag{2.4}$$

In (*2.4*) bedeuten $p = \frac{a_1}{a_2}$ und $q = \frac{a_0}{a_2}$.

Der wesentliche Schritt zur Lösung einer quadratischen Gleichung in Normalform ist das Addieren der quadratischen Ergänzung, sodass die linke Seite zu einem vollständigen Quadrat wird. Als Ergebnis entsteht die **Lösungsformel**

$$x_{1;2} = -\frac{p}{2} \pm \sqrt{\left(\frac{p}{2}\right)^2 - q} \tag{2.5}$$

Da beim Lösen einer quadratischen Gleichung das Wurzelziehen eine wesentliche Operation ist, werden die Lösungen von quadratischen Gleichungen auch als „**Wurzeln**" bezeichnet. Ohne Hervorhebung von Sonderfällen werden in den folgenden Beispielaufgaben die Gleichungen durch Anwendung der *Lösungsformel (2.5)* gelöst. Mögliche Vereinfachungen beim Vorliegen der Produktform werden später gezeigt.

Beispiele

2.15 Die Gleichung $2x^2 + 2x - 12 = 0$ ist zu lösen.

Lösung: Normalform ist $x^2 + x - 6 = 0$ mit $p = 1$ und $q = -6$. Dann ist nach (*2.5*)

$x_{1;2} = -0{,}5 \pm \sqrt{0{,}25 + 6}$

d. h., $x_1 = -3$ und $x_2 = 2$ sind die Lösungen, was durch Einsetzen in die Ausgangsgleichung bestätigt werden kann.

2.16 $-x^2 + x = 0$ ist zu lösen.

Lösung: Nach Multiplikation mit -1 entsteht die Normalform $x^2 - x = 0$. Die Koeffizienten sind $p = -1$ und $q = 0$.
Nach (*2.5*) ist

$x_{1;2} = 0{,}5 \pm \sqrt{0{,}25 - 0}$

$x_1 = 1$ und $x_2 = 0$ sind Lösungen der gegebenen Gleichung.

2.17 Die Lösungsmenge von $7x\,(x + 4) = (2x + 2)\,(x + 13)$ ist zu bestimmen.

Lösung: Zusammengefasst ist

$7x^2 + 28x = 2x^2 + 28x + 26$

$5x^2 - 26 = 0$

In Normalform $x^2 - 5{,}2 = 0$ mit $p = 0$ und $q = -5{,}2$. Nach (*2.5*) ist

$x_{1;2} = 0 \pm \sqrt{0 + 5{,}2} = \pm 2{,}28$

Lösungsmenge ist $L = \{-2{,}28;\ 2{,}28\}$.

2.18 $x^2 - 14x + 49 = 0$

Lösung: Es liegt bereits die Normalform vor mit $p = -14$ und $q = 49$. Nach (*2.5*) ist

$x_{1;2} = 7 \pm \sqrt{49 - 49} = 7$

In diesem Fall existiert eine **Doppellösung**. ■

Charakteristische Sachaufgaben, die auf quadratische Gleichungen führen, basieren auf der Anwendung von Gesetzmäßigkeiten und Formeln, in denen die Unbekannte in der 2. Potenz auftritt.

Beispiele

2.19 Der Außenradius einer Kreisringfläche betrage 13,0 cm und ihr Flächeninhalt 48,3 cm². Wie groß ist ihr Innenradius?

Lösung: Es sei r der Innen- und R der Außenradius des Kreisringes, der Flächeninhalt A ergibt sich aus

$$A = \pi\left(R^2 - r^2\right) \quad \text{mit} \quad r > 0$$

Umgestellt ist $r^2 = R^2 - \frac{A}{\pi}$, und mit den gegebenen Werten ist

$$r_{1;2} = \pm\sqrt{13^2 - \frac{48{,}3}{3{,}14}} = \pm\, 12{,}4$$

Lösung der Sachaufgabe ist aber nur der positive Wert. Der Innenradius des Kreisringes beträgt 12,4 cm.

2.20 Um die Tiefe eines Brunnens zu bestimmen, lässt man einen Stein frei hineinfallen und hört ihn nach 4,3 s im Wasser aufschlagen. Wie tief liegt der Wasserspiegel unter dem Rand des Brunnens?

Lösung: Es sei s die Wassertiefe in Metern und t die Fallzeit des Steins in Sekunden. Der Fallweg des Steins $s = \frac{g}{2}t^2$ ist gleich dem Schallweg $s = c\,(4{,}3 - t)$, wobei $g = 9{,}81\,\text{m/s}^2$ und die Schallgeschwindigkeit $c = 330\,\text{m/s}$ sind.
Die Gleichsetzung führt auf die quadratische Gleichung

$$\frac{g}{2}t^2 = c\,(4{,}3 - t) \quad \text{mit} \quad t > 0$$

Geordnet ist dann

$$\frac{g}{2}t^2 + ct - 4{,}3c = 0$$

und in Normalform

$$t^2 + \frac{2c}{g}t - \frac{8{,}6c}{g} = 0$$

Nach (*2.5*) ist

$$t_{1;2} = -\frac{c}{g} \pm \sqrt{\left(\frac{c}{g}\right)^2 + \frac{8{,}6c}{g}}$$

Beim Einsetzen der gegebenen Größen wird sichtbar, dass nur

$$t_1 = -33{,}6 + \sqrt{1420{,}89} = 4{,}1$$

Lösung sein kann.
Somit ist $s = c\,(4{,}3 - 4{,}1) = 7 \cdot 10^1$ (wegen $4{,}3 - 4{,}1 = 0{,}2$ ergibt sich s nur mit einer Genauigkeit von einer signifikanten Ziffer).
Der Brunnen ist etwa $7 \cdot 10^1$ Meter tief. ■

Bisher hatten die in den Beispielen gelösten quadratischen Gleichungen zwei reelle Lösungen oder eine reelle Doppellösung. Das ist nicht mehr so bei $x^2 - 8x + 20 = 0$.

Nach (*2.5*) ist

$$x_{1;2} = 4 \pm \sqrt{16 - 20} = 4 \pm \sqrt{-4}$$

Da $\sqrt{-4}$ keine reelle Zahl ist, hat die Gleichung im Bereich der reellen Zahlen keine Lösung.

Während für eine sehr große Anzahl von Sachaufgaben der Bereich der reellen Zahlen als Definitionsbereich einer Gleichung ausreicht, ist das z. B. bei der Lösung von Aufgaben innerhalb der Wechselstromtechnik nicht mehr der Fall. Es besteht die Notwendigkeit, den Bereich $\mathbb{R}$ der reellen Zahlen zu erweitern zum **Bereich der komplexen Zahlen**, der durch $\mathbb{C}$ symbolisiert werden soll (siehe *Kapitel 11*, Komplexe Zahlen).

Zusammenfassend können nun die **Lösbarkeitsfälle** einer quadratischen Gleichung in Normalform $x^2 + px + q = 0$ betrachtet werden.

Wenn p und q reelle Zahlen sind, entscheidet in

$$x_{1;2} = -\frac{p}{2} \pm \sqrt{\left(\frac{p}{2}\right)^2 - q}$$

der Radikand $D = \left(\frac{p}{2}\right)^2 - q$, **Diskriminante** genannt, über die Art der beiden Lösungen:

Diskriminante	Wurzelwert	die beiden Lösungen sind
$D > 0$	reell	reell und verschieden
$D = 0$	Null	reell und gleich
$D < 0$	imaginär	konjugiert komplex

Diese drei Lösungstypen lassen sich auch veranschaulichen. Dazu werden die Lösungen x_1 und x_2 einer quadratischen Gleichung als Nullstellen der quadratischen Funktion $y = x^2 + px + q$ aufgefasst.

Der Scheitelpunkt der im *Bild 2.1* dargestellten Parabel liegt für

a) $D > 0$: unterhalb der x-Achse

b) $D = 0$: auf der x-Achse

c) $D < 0$: oberhalb der x-Achse

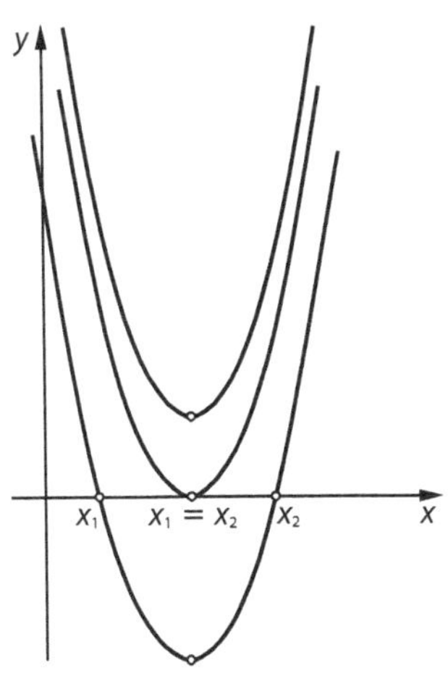

Bild 2.1

Auch aus rechentechnischer Sicht ist der Zusammenhang interessant, der zwischen den Lösungen x_1 und x_2 und den Koeffizienten einer quadratischen Gleichung in Normalform besteht. Er wird formuliert im folgenden

Satz (Wurzelsatz von Vieta) 2.1

Sind x_1 und x_2 die Lösungen (Wurzeln) der quadratischen Gleichung

$$x^2 + px + q = 0, \quad \text{so gilt}$$

$$x_1 + x_2 = -p \quad \text{und} \quad x_1 \cdot x_2 = q \tag{2.6}$$

Wenn x_1 bereits berechnet ist, ergibt sich die andere Lösung aus $x_2 = -p - x_1$. Eine Proberechnung kann mit der Beziehung $x_1 \cdot x_2 = q$ erfolgen. Das wird demonstriert im folgenden

Beispiel

2.21 $x^2 + 12{,}00x - 3811{,}26 = 0$ ist zu lösen.

Lösung: Nach (*2.5*) ist $x_1 = -6 + \sqrt{36 + 3\,811{,}26} = 56{,}03$, und mit (*2.6*) ist dann $x_2 = -p - x_1 = -12 - 56{,}03 = -68{,}03$. Es ist $x_1 \cdot x_2 = 56{,}03 \; (-68{,}03) = 3\,811{,}72$. Das ist unter Berücksichtigung der Rundungsfehler der Wert von q. ■

Satz 2.2

Sind x_1 und x_2 die Lösungen der quadratischen Gleichung $x^2 + px + q = 0$, so gilt die Identität

$$x^2 + px + q = (x - x_1)\,(x - x_2) \tag{2.7}$$

Neben der **Polynomdarstellung** $a_2x^2 + a_1x + a_0 = 0$ für quadratische Gleichungen gibt es auch die **Produktform**

$$a_2\,(x - x_1)\,(x - x_2) = 0 \tag{2.8}$$

bei der x_1 und x_2 die Lösungen der Gleichung sind.

Dass x_1 und x_2 Lösungen der Gleichung sind, wird abgeleitet aus der Regel, dass ein Produkt genau dann Null ist, wenn mindestens einer der Faktoren Null ist. Diese Regel wird zur Lösung der Gleichungen in den folgenden Beispielen angewendet.

Beispiele

2.22 Gesucht sind die Lösungen von $3\,(x - 2)\,(x + 1{,}5) = 0$.

Lösung: Das Ausmultiplizieren $\left(3x^2 - 1{,}5x + 9 = 0\right)$ und Lösen nach Formel wäre nicht zweckmäßig, weil sich die Lösungen $x_1 = 2$ und $x_2 = -1{,}5$ ablesen lassen. Da in (*2.7*) in den Klammern Minuszeichen stehen, ist z. B. $(x + 1,5)$ als $(x - (-1{,}5))$ aufzufassen.

2.23 Die Gleichung $x\,(x + 10) = 0$ hat die sofort ablesbare Lösungsmenge $L = \{0;\, -10\}$. ■

Kontrollfragen

2.6 Worin unterscheiden sich die allgemeine Form und die Normalform einer quadratischen Gleichung?

2.7 Wie lautet die Lösungsformel für die Normalform einer quadratischen Gleichung?

2.8 Welche Lösbarkeitsfälle treten bei quadratischen Gleichungen auf?

2.9 Worin besteht der Vorteil, wenn eine in Produktform gegebene Gleichung gelöst werden soll?

Aufgaben: ***2.16*** **bis** ***2.22***

Gleichungen dritten und höheren Grades

Gleichungen 3. Grades oder kubische Gleichungen haben abgeleitet aus (*2.1*) die allgemeine Form

$$a_3x^3 + a_2x^2 + a_1x + a_0 = 0 \tag{2.9}$$

oder die Produktdarstellung

$$a_3\,(x - x_1)\,(x - x_2)\,(x - x_3) = 0\ , \tag{2.10}$$

wobei x_1, x_2 und x_3 die Lösungen der Gleichung sind.
In Sonderfällen, wenn z. B. in (*2.9*) das absolute Glied $a_0 = 0$ ist oder die Produktdarstellung vorliegt, ist das Lösen einfach.

Beispiele

2.24 Die Gleichung $12\,(x+3)\left(x^2-4\right)=0$ ist zu lösen.

Lösung: Nach (*2.10*) ist sofort die Lösung $x_1 = -3$ ablesbar. Die anderen Lösungen ergeben sich aus $x^2 - 4 = 0$:

$x_{2;\,3} = \pm 2$

2.25 Die Gleichung $3x^3 - 8x^2 - 13x = 0$ ist zu lösen.

Lösung: Es kann x ausgeklammert werden, und es entsteht

$x\left(3x^2 - 8x - 13\right) = 0$

Eine Wurzel ist sofort durch $x_1 = 0$ angebbar.
Die anderen sind Lösungen der quadratischen Gleichung

$3x^2 - 8x - 13 = 0$

Es sind $x_2 = -1{,}14$ und $x_3 = 3{,}81$. ■

Gleichungen 3. und 4. Grades lassen sich vom Prinzip her durch Umformungen nach x auflösen. Ausgangspunkt dafür sind reduzierte Normalformen, auf die dann Substitutionen und Fallunterscheidungen angewendet werden, sodass im Ergebnis nicht nur eine Lösungsformel entsteht, sondern eine größere Anzahl mehrfach ineinander geschachtelter Formeln. Deren Anwendung war bisher kaum gebräuchlich, weil zu umständlich. Mit der fortschreitenden Verfügbarkeit eines am Arbeitsplatz befindlichen Computers ist es möglich, dass der Nutzer ein Programm aufruft, durch das nach Eingabe aller Koeffizienten der *allgemeinen Form (2.1)* einer algebraischen Gleichung sämtliche Lösungen berechnet und gelöst werden. Ist der **Grad größer als 4**, so ist eine formelmäßige Auflösung einer algebraischen Gleichung vom Prinzip her nicht mehr möglich. Es müssen dann völlig andere, in *Abschnitt 2.1.4* beschriebene, Lösungsverfahren angewendet werden. Mit diesen Verfahren können aber auch die Gleichungen 3. und 4. Grades gelöst werden, wenn keine Sonderfälle vorliegen.

Abschließend sollen nun noch einige wesentliche Aussagen zur Lösbarkeit von **Gleichungen *n*-ten Grades** gemacht werden.

Es kann gezeigt werden:

> Eine algebraische Gleichung ungeraden Grades hat bei geeignetem Definitionsbereich stets eine reelle Lösung.

Diese Aussage hat große praktische Bedeutung beim Lösen kubischer Gleichungen. Wenn es gelingt, von einer gegebenen kubischen Gleichung die vorhandene reelle Lösung x_1 zu bestimmen, so würde sich bei Division durch $(x - x_1)$ eine quadratische Gleichung ergeben:

$$\left(a_3x^3 + a_2x^2 + a_1x + a_0\right) : (x - x_1) = b_2x^2 + b_1x + b_0$$

Die quadratische Gleichung $b_2x^2 + b_1x + b_0 = 0$ kann mit der *Lösungsformel (2.5)* gelöst werden, sodass dann alle 3 Lösungen vorliegen.

Ist x_1 keine Lösung, sondern ein beliebiger Wert x^* des Definitionsbereiches, so geht die Division durch $(x - x^*)$ nicht auf. Es bleibt ein Rest. Es gilt dann

$$\left(a_3x^3 + a_2x^3 + a_1x + a_0\right) : (x - x^*) = b_2x^2 + b_1x + b_0 + r_0$$

mit r_0 als Rest.

Beide Probleme:

- das Finden einer reellen Lösung einer Gleichung und
- das Bestimmen der Koeffizienten der um einen Grad niedrigeren Gleichung

lassen sich mit einem von **Horner** entwickelten **Rechenschema** lösen. Dieses wird hier zunächst auf die Anwendung bei Polynomen dritten Grades beschränkt. Es besteht aus einer Kopfzeile, die alle Koeffizienten des Polynoms enthält. Wird im Schema mit dem Wert x^* gearbeitet, so entstehen durch abwechselndes Multiplizieren und Addieren die im Schema aufgeführten Terme. Begonnen wird bei $a_3 = b_2$. Die Pfeile geben die weitere Folge an.

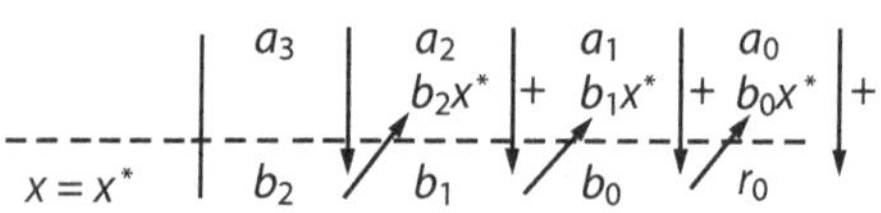

Auszuwerten ist die Zeile unter dem Strich. Die Werte b_2, b_1 und b_0 sind die Koeffizienten der gewollten quadratischen Gleichung. Der Wert r_0 ist der bei der Division mit $(x - x^*)$ entstehende Rest.

Die gesamte Vorgehensweise bei der Nutzung des Hornerschen Schemas zur Lösung kubischer Gleichungen wird in den folgenden Beispielen gezeigt.

Beispiel

2.26 Zu lösen ist die kubische Gleichung $x^3 + x^2 - 10x + 8 = 0$.

Lösung: Es wird probiert, ob z. B. $x^* = 3$ Lösung ist. Im Hornerschen Schema ergibt sich

	1	1	−10	8	
		3	12	6	
$x^* = 3$	1	4	2	14	$= r_0$

Da der Rest nicht 0 ist, kann $x^* = 3$ auch nicht Lösung sein. Es wird nun $x^* = 2$ probiert.

	1	1	−10	8	
		2	6	−8	
$x^* = 2$	1	3	−4	0	$= r_0$

Weil $r_0 = 0$ gilt, ist $x^* = 2$ eine Lösung der kubischen Gleichung. Die beiden anderen sind Lösung der quadratischen Gleichung $x^2 + 3x - 4 = 0$ (die Koeffizienten werden der Zeile unter dem Strich entnommen).

$x_{2;3} = -1{,}5 \pm \sqrt{6{,}25}$, d. h.,

$x_2 = 1$ und $x_3 = -4$.

Die Proben bestätigen $L = \{1, 2;\ -4\}$ als Lösungsmenge. ■

Das Hornersche Schema lässt sich auch zur Lösung von algebraischen Gleichungen vierten und höheren Grades einsetzen.

Beispiel

2.27 Die Lösungen von $x^5 - 1{,}6x^4 - 4{,}6x^3 + 5{,}2x^2 = 0$ mit $x \in \mathbb{R}$ sind zu bestimmen.

Lösung: Zunächst kann x^2 ausgeklammert werden. Es ist dann

$x^2(x^3 - 1{,}6x^2 - 4{,}6x + 5{,}2) = 0$

$x_{1;2} = 0$ ist eine Doppellösung.

Die verbleibende kubische Gleichung wird mittels Horner-Schema gelöst. Da die Reste immer kleiner geworden sind, wurde nacheinander mit $x^* = 2$; $x^* = 2{,}5$ und $x^* = 2{,}6$ probiert. Die Kopfzeile wurde nur einmal geschrieben und für alle 3 Schemata genutzt.

	1	$-1{,}6$	$-4{,}6$	$5{,}2$
		2	0,8	$-7{,}6$
$x^* = 2$	1	0,4	$-3{,}8$	$-2{,}4 = r_0$
		2,5	2,25	$-5{,}875$
$x^* = 2{,}5$	1	0,9	$-2{,}35$	$-0{,}675 = r_0$
		2,6	2,6	$-5{,}2$
$x^* = 2{,}6$	1	1	-2	$0 = r_0$

Da bei $x^* = 2{,}6$ der Rest Null ist, ist $x_3 = 2{,}6$ eine weitere Lösung.

Es bleibt nun die quadratische Gleichung $x^2 + x - 2 = 0$. Diese hat nach (*2.5*) die Lösungen $x_4 = 1$ und $x_5 = -2$.

Die gegebene Gleichung 5-ten Grades hat die Lösungsmenge

$L = \{-2;\ 0;\ 1;\ 2{,}6\}$ ■

Kontrollfragen

2.10 Bis zu welchem Grade lassen sich algebraische Gleichungen formelmäßig auflösen?

2.11 Wie wird das Hornersche Schema zur Lösung kubischer Gleichungen genutzt?

Aufgaben: ***2.23*** **bis** ***2.25***

2.1.3 Lösen von transzendenten Gleichungen

Grundbegriffe

Die Definitionsbereiche der in diesem Abschnitt betrachteten Gleichungen sind die reellen Zahlen oder geeignete Untermengen.

Transzendente Gleichungen sind dadurch gekennzeichnet, dass die freie Variable auftritt:

a) in einem Exponenten, z. B. in der **Exponentialgleichung**

$$e^{2x-3} = 5$$

b) im Argument eines Logarithmus, z. B. in der **logarithmischen Gleichung**

$$\lg (x + 2) - 3 = 0$$

c) im Argument goniometrischer Terme, z. B. in den **goniometrischen Gleichungen**

$$\sin \frac{x}{2} = 0{,}3$$

$$\arctan \frac{x}{4} = 0{,}7$$

In diesem Abschnitt werden nur **Sonderfälle** transzendenter Gleichungen betrachtet, bei denen, wie in den obigen Beispielen, jeweils nur eine transzendente Operation auftritt. Im Allgemeinen können in einer transzendenten Gleichung unterschiedliche transzendente und algebraische Operationen auftreten, wie das beispielsweise bei $e^x - \sin x = x^2$ der Fall ist. Derartige transzendente Gleichungen lassen sich nur durch die in *Abschnitt 2.1.4* beschriebenen Näherungsverfahren lösen. Da aber bei der Lösung von Sachaufgaben häufig die Sonderfälle auftreten, soll anhand einiger Beispiele die Vorgehensweise bei diesen Sonderfällen demonstriert werden.

Bei aller Unterschiedlichkeit der Gleichungen besteht das **Ziel** jeweils darin, die gegebene transzendente Gleichung durch Anwendung der jeweiligen Umkehroperation in eine algebraische zu überführen. Diese kann dann wie im vorigen Abschnitt beschrieben gelöst werden.

Exponentialgleichungen

Exponentialgleichungen der Form $a^x = b$ lassen sich lösen, indem beide Seiten der Gleichung zur selben Basis logarithmiert werden. Bei den weiteren Umformungen sind die Logarithmengesetze anzuwenden. In Sonderfällen ist auch ein Exponentenvergleich der Lösungsansatz.

Beispiele

2.28 Die Exponentialgleichung $e^{2x-3} = 5$ ist zu lösen.

Lösung: Die Umkehroperation ist hierbei das Logarithmieren. Vorteilhaft ist es, wenn ein Logarithmus zur gleichen Basis benutzt werden kann. Durch Anwendung des natürlichen Logarithmus auf beide Seiten der Gleichung entsteht eine algebraische Gleichung:

$$\ln e^{2x-3} = \ln 5$$

$$(2x - 3) \ln e = \ln 5$$

$$2x - 3 = \ln 5$$

Diese hat die Lösung $x_1 = \dfrac{3 + \ln 5}{2} = 2{,}305$, was beim Einsetzen in die Ausgangsgleichung bestätigt wird.

2.29 Die Exponentialgleichung $1{,}32^x = 5{,}40$ ist zu lösen.

Lösung: Es kann mit einem Logarithmus zu jeder beliebigen Basis $a > 0$ und $a \neq 1$ gearbeitet werden. Für $a = 10$ bzw.

$a =$ e ergeben sich z. B. die Gleichungen:

$$x \cdot \lg 1{,}32 = \lg 5{,}40 \qquad x \cdot \ln 1{,}32 = \ln 5{,}40$$

$$\text{mit } x_1 = \frac{\lg 5{,}40}{\lg 1{,}32} \qquad \text{mit } x_1 = \frac{\ln 5{,}40}{\ln 1{,}32}$$

$$= \frac{0{,}732\,4}{0{,}120\,6} = 6{,}07 \qquad = \frac{1{,}686\,4}{0{,}277\,6} = 6{,}07$$

2.30 Die Zustandsgleichung $\frac{T_1}{T_2} = \left(\frac{p_1}{p_2}\right)^{\frac{n-1}{n}}$ eines idealen Gases ist nach dem Polytropenexponenten n aufzulösen.

Lösung: Da die gesuchte Größe n im Exponenten auftritt, handelt es sich um eine Exponentialgleichung. Das Logarithmieren zur Basis 10 führt auf die algebraische Gleichung

$\lg\left(\frac{T_1}{T_2}\right) = \frac{n-1}{n} \lg\left(\frac{p_1}{p_2}\right)$ und weiter auf

$n \cdot \lg(T_1/T_2) = n \cdot \lg(p_1/p_2) - \lg(p_1/p_2)$

Somit ist dann $n = \frac{\lg(p_1/p_2)}{\lg(p_1/p_2) - \lg(T_1/T_2)}$.

2.31 Erwärmungsprozesse werden durch $T = T_E\left(1 - e^{-\alpha t}\right)$ beschrieben, wobei T_E ein sich einstellender Endwert, t die ablaufende Zeit und α eine stoffbezogene Zeitkonstante ist. Nach welcher Zeit hat die Temperatur die Hälfte des Endwertes erreicht?

Lösung: Mit $T = \frac{T_E}{2}$ ergibt sich die Exponentialgleichung $\frac{T_E}{2} = T_E\left(1 - e^{-\alpha t}\right)$. Nach Division durch T_E gilt $\frac{1}{2} = 1 - e^{-\alpha t}$ und zusammengefasst $e^{-\alpha t} = 0{,}5$. Erst jetzt, da der Grundtyp der Exponentialgleichung vorliegt, wird – passend zur Basis e – logarithmiert. Der gesuchte Zeitwert ist $t_1 = \frac{\ln 0{,}5}{-\alpha} = \frac{\ln 2}{\alpha}$. ■

Aufgaben: *2.26* und *2.27*

Logarithmische Gleichungen

Ziel der Umformungen ist das Zurückführen der logarithmischen Gleichung auf den Grundtyp $\log_a x = b$.

Durch Anwendung der entgegengesetzten Operation entsteht dann die algebraische Gleichung $x = a^b$.

Beispiele

2.32 Die Gleichung $\lg\left(x^2 + 2\right) - 3 = 0$ ist zu lösen.

Lösung: Die logarithmische Gleichung $\lg\left(x^2 + 2\right) - 3 = 0$ wird durch das Anwenden der Umkehroperation zur Basis 10 in eine algebraische Gleichung übergeführt:

$10^{\lg(x^2+2)} = 10^3$

$x^2 + 2 = 1\,000$

Diese quadratische Gleichung hat die beiden Lösungen

$x_{1;2} = \pm\sqrt{998} = \pm 31{,}59$

Die Probe ist leicht auszuführen und bestätigt, dass beide Werte Lösungen der Ausgangsgleichung sind.

2.33 Die Gleichung $2 \ln x = 10$ mit $x > 0$ ist zu lösen.

Lösung: Ein erster Weg ist:

$\ln x = 5$

$x_1 = e^5 = 148{,}413$

Da nach den Logarithmengesetzen formal $2 \ln x = \ln x^2$ gilt, kann auch die Gleichung $\ln x^2 = 10$ betrachtet werden. Aus ihr folgt aber $x^2 = e^{10}$ mit den beiden Werten $x_{1;2} = \pm e^5$, wobei wegen $x > 0$ nur $x_1 = e^5$ Lösung sein kann.

2.34 $\ln x^2 + \ln x = 23{,}5$ ist zu lösen.

Lösung: Aus $\ln x^2 + \ln x = 23{,}5$ folgt wegen $\ln x^2 = 2 \ln x$

$2 \ln x + \ln x = 23{,}5$ d. h. $3 \ln x = 23{,}5$

Somit ist $\ln x = \frac{23{,}5}{5}$ und $x_1 = e^{(23{,}5/3)} = 2\,523{,}3$.

2.35 Zum Vergleich zweier Schallstärken gibt man den mit 10 multiplizierten Logarithmus des Verhältnisses dieser Größen an, da die menschliche Empfindung für Lautstärke nicht der Reizstärke proportional ist:

$x = 10 \cdot \lg \frac{J_2}{J_1}$ ausgedrückt in Dezibel.

Wurden in einer Werkhalle $x = 94\,\mathrm{dB}$ gemessen und besitzt eine erste Schallquelle eine Intensität von $J_1 = 10^{-12}\,\mathrm{W \cdot m^{-2}}$, so ist J_2 berechenbar.

Aus $x = 10 \lg (J_2/J_1)$ folgt $0{,}1x = \lg (J_2/J_1)$ und $\frac{J_2}{J_1} = 10^{0{,}1x}$.

Somit ist $J_2 = J_1 \cdot 10^{0{,}1x}$, und mit den gegebenen Werten ist $J_2 = 10^{-12}\,\mathrm{W \cdot m^{-2}} \cdot 10^{9{,}4} = 0{,}002\,51\,\mathrm{W \cdot m^{-2}}$. ■

Aufgaben: *2.28* bis *2.30*

Goniometrische Gleichungen

Goniometrische Gleichungen in einfachster Form sind bereits als trigonometrische Gleichungen aufgetreten.

Während das Logarithmieren und dessen Umkehrung äquivalente Operationen sind, ist bei den trigonometrischen Funktionen die Beziehung zwischen Funktionswert und Argument (z. B. zwischen $\sin x$ und x) nicht eineindeutig.

Beispiel

2.36 Die Gleichung $\sin x = 0{,}5$ mit $x \in \mathbb{R}$ ist zu lösen.

Lösung: Zunächst ist $x_1 = \arcsin 0{,}5 = \frac{\pi}{6} = 0{,}524$ eine vom Taschenrechner (Modus RAD einstellen) angezeigte Lösung $(0{,}524 = 30^\circ)$. Werden Winkel über 90° betrachtet, so ist wegen der Periodizität der Sinusfunktion auch $x_2 = \pi - \frac{\pi}{6} = \frac{5}{6}\pi = 2{,}618$ eine Lösung der Gleichung.

Die Proben: $\sin x_1 = \sin 0{,}524 = 0{,}5$ und $\sin x_2 = \sin 2{,}618 = 0{,}5$ bestätigen, dass beide Werte Lösungen sind.

Da in dieser Beispielaufgabe x eine beliebige reelle Zahl sein kann, gibt es sogar unendlich viele Lösungen, die sich aber von den bereits ermittelten nur durch ganzzahlige Vielfache von 2π unterscheiden:

$x_1 = \frac{\pi}{6} + 2k\pi$ und $x_2 = \frac{5}{6}\pi + 2k\pi$, wobei $k \in \mathbb{Z}$ gilt.

Diese unendlich vielen Lösungen werden ausschnittweise im *Bild 2.2* veranschaulicht.

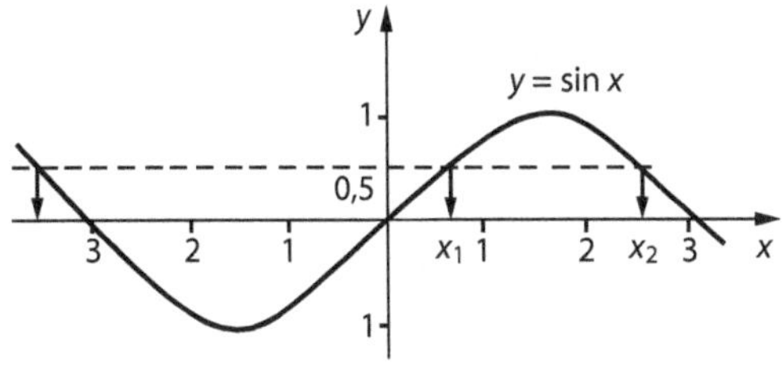

Bild 2.2 ■

Im Weiteren werden in den Beispielaufgaben nur diejenigen Werte als Lösungen angegeben, die bei der Benutzung eines Taschenrechners von diesem angezeigt werden und darüber hinaus eine weitere aus dem Intervall $0 \leqq x \leqq 2\pi$. Bei der Lösung von Sachaufgaben reichen diese beiden Lösungen meistens aus.

Zu beachten ist, dass grundsätzlich mit $x \in \mathbb{R}$, d. h. mit reellen Zahlen gearbeitet wird. Sie sind Maßzahlen für das Bogenmaß. Der Taschenrechner ist deshalb vor Beginn der Rechnung auf den Modus „RAD" einzustellen.

Beispiele

2.37 $\sin\frac{x}{2} = 0{,}367$ mit $0 \leqq \frac{x}{2} \leqq \frac{\pi}{2}$ ist zu lösen.

Lösung: Nach Anwendung der Umkehroperation entsteht eine algebraische Gleichung:

$$\arcsin\left(\sin\frac{x}{2}\right) = \arcsin 0{,}367$$

$$\frac{x}{2} = \arcsin 0{,}367$$

mit der Lösung $x_1 = 0{,}752$.

Umgerechnet ist $x_1 = 0{,}752 = \frac{180^\circ}{\pi} 0{,}752 = 43{,}09^\circ$.

Probe: $\sin\frac{0{,}752}{2} = 0{,}367$.

2.38 $\arctan\frac{x}{4} = 0{,}7$ mit $0 \leqq \frac{x}{4} \leqq \frac{\pi}{2}$ ist zu lösen.

Lösung: Durch Anwendung der Umkehroperation entsteht eine algebraische Gleichung:

$$\tan\left(\arctan\frac{x}{4}\right) = \tan 0{,}7$$

$$\frac{x}{4} = 0{,}842$$

Lösung ist $x_1 = 3{,}369$. ■

Schwieriger zu lösen sind solche goniometrischen Gleichungen, die Terme mit verschiedenen goniometrischen Funktionen enthalten. Durch Anwendung jeweils zweckmäßiger Umwandlungsbeziehungen ist die gegebene Gleichung so umzuformen, dass nur noch eine Funktionsart vorhanden ist.

Beispiel

2.39 $3\sin x - 4\cos x = 0$ mit $0 \leqq x \leqq 2\pi$ ist zu lösen.

Lösung: Wegen $\tan x = \frac{\sin x}{\cos x}$ wird die Gleichung durch $\cos x$ dividiert. Dabei ist zu beachten, dass $\cos x$ nicht Null werden darf. Deshalb wird für die weitere Rechnung $x \neq k\frac{\pi}{2}$ vorausgesetzt $(k \in \mathbb{Z})$.

Es entsteht nun mit $3\tan x - 4 = 0$ eine Gleichung, in der nur noch eine trigonometrische Funktion enthalten ist.

Aus $\tan x = \frac{4}{3}$ folgt $x_1 = \arctan\left(\frac{4}{3}\right) = 0{,}927$. Eine weitere Lösung ist

$x_2 = \pi + 0{,}927 = 4{,}07$

Die Proben werden dem Leser überlassen. ■

Eine weitere Möglichkeit, eine goniometrische Gleichung in eine algebraische zu überführen, besteht in einer zweckmäßigen Substitution.

Beispiel

2.40 Die Gleichung $\sin^2 x + 4\sin x - 5 = 0$ mit $0 \leqq x \leqq 2\pi$ ist zu lösen.

Lösung: Es sei $u = \sin x$. (I)

Wird die Beziehung (I) in die Ausgangsgleichung substituiert, so entsteht die algebraische Gleichung

$u^2 + 4u - 5 = 0$

Diese hat die Lösungen $u_1 = 1$ und $u_2 = -5$. Werden diese Werte in (I) eingesetzt, so gilt

a) $\sin x = 1$ mit der Lösung

$x_1 = \arcsin 1 = \frac{\pi}{2} = 1{,}571$

b) $\sin x = -5$ hat keine Lösung. ■

Kontrollfragen

2.12 Welche Arten von transzendenten Gleichungen gibt es?

2.13 Woran erkennen Sie, dass eine transzendente Gleichung formelmäßig lösbar ist?

2.14 Welche Möglichkeiten gibt es, eine transzendente Gleichung in eine algebraische zu überführen?

2.15 Welche transzendenten Operationen erzeugen äquivalente Gleichungen?

2.16 Weshalb haben goniometrische Gleichungen im Allgemeinen unendlich viele Lösungen?

Aufgaben: ***2.31*** **bis** ***2.37***

2.1.4 Lösen von Gleichungen durch Näherungsverfahren

Vorbemerkung

In den vorausgegangenen *Abschnitten 2.1.2* und *2.1.3* ist offen geblieben, wie

a) algebraische Gleichungen mit einem Grad $n > 4$, z. B.

$x^5 - x^2 + 3 = 0$, oder

b) transzendente Gleichungen, bei denen auf die freie Variable unterschiedliche Rechenoperationen angewendet wurden, z. B.

$2x - 3 = -\sin x$,

gelöst werden.

In beiden Fällen können die Lösungen nur durch die Anwendung eines Näherungsverfahrens gewonnen werden. Es gibt mehrere Näherungsverfahren, die sich u. a. dadurch unterscheiden, ob Mittel der Differenzialrechnung eingesetzt werden oder nicht und welcher Aufwand an Einzelrechnungen jeweils notwendig ist.

Jedes **Näherungsverfahren** verläuft in **zwei Schritten**:

1. Es ist ein erster, mehr oder weniger genauer Näherungswert x_1 für den wahren Wert x_0, der Lösung der Gleichung $T_1(x) = T_2(x)$ ist, zu bestimmen.
2. Das eigentliche Näherungsverfahren besteht dann darin, den ersten Näherungswert x_1 mittels einer Vorschrift schrittweise durch einen zweiten, einen dritten usw. solange zu verbessern, bis eine vorgegebene Genauigkeit erreicht ist. Insofern sind die Näherungsverfahren nicht „ungenauer" als die direkten Lösungswege.

Die Ermittlung eines **ersten Näherungswertes** x_1 kann durch Abschätzen, Probieren sowie auf grafischem Wege erfolgen. Letzteres soll im Weiteren betrachtet werden.

Die **grafische Lösung einer Gleichung** kann auf 2 Wegen erfolgen:

a) Die gegebene Gleichung $T_1(x) = T_2(x)$ mit $x \in X$ wird zerlegt in die zwei Kurvengleichungen

$$y_1 = T_1(x) \quad \text{mit} \quad x \in X \quad \text{und}$$
$$y_2 = T_2(x) \quad \text{mit} \quad x \in X$$

Beide werden in einem x, y-Koordinatensystem gezeichnet. Die gesuchten ersten Näherungswerte können als Abszissen der Schnitt- oder Berührungspunkte der beiden Kurven abgelesen werden, wie das im *Bild 2.3* dargestellt ist.

Ist die Gleichung in der Form $T(x) = 0$ mit $x \in X$ gegeben, muss sie vorher zu $T_1(x) = T_2(x)$ umgeformt werden.

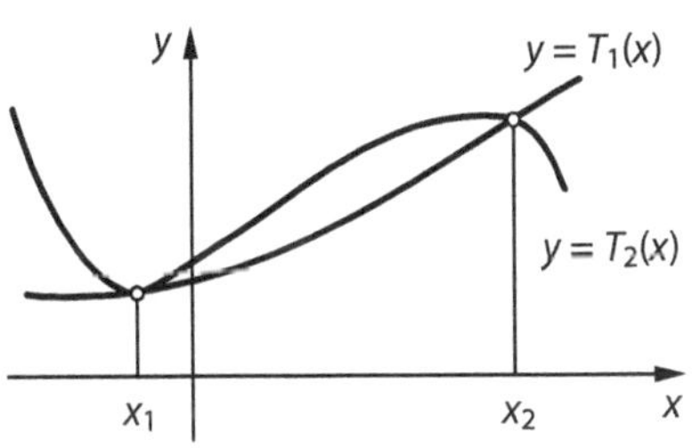

Bild 2.3

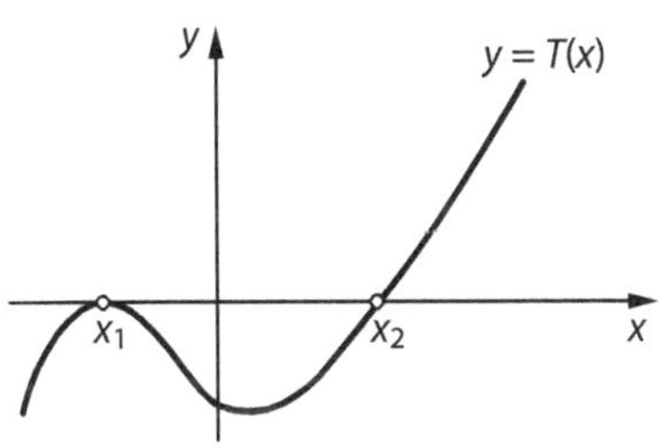

Bild 2.4

b) Die zur gegebenen Gleichung $T(x) = 0$ mit $x \in X$ zugehörige Kurvengleichung $y = T(x)$ mit $x \in X$ wird in einem x, y-Koordinatensystem gezeichnet.

Die gesuchten ersten Näherungswerte können als Abszissen der Schnitt- oder Berührungspunkte der Kurve mit der x-Achse (Nullstellen der Funktion) abgelesen werden, wie es im *Bild 2.4* dargestellt ist.

Ist die Gleichung in der Form $T_1(x) = T_2(x)$ mit $x \in X$ gegeben, so muss sie vorher zu $T(x) = 0$ umgeformt werden.

Im Rahmen dieses Lehrbuches werden nur zwei Näherungsverfahren, die Iteration und das Sekantenverfahren, betrachtet.

Iteration

Die **Iteration** basiert auf folgendem Grundgedanken:

Obwohl sich die in diesem Abschnitt zu lösenden Gleichungen $T_1(x) = T_2(x)$ nicht nach der freien Variablen auflösen lassen, ist es aber stets möglich, aus einem der Terme ein x zu isolieren.

Es entsteht, allgemein formuliert, die Gleichung: $x = \varphi\ (x)$. Diese Gleichung wird als eine Ergibtanweisung interpretiert, mit der beim Einsetzen des ersten Näherungswertes x_1 in die rechte Seite ein verbesserter Wert

$x_2 = \varphi(x_1)$ entstehen kann, mit diesem dann

$x_3 = \varphi(x_2)$ ein dritter, ein vierter usw.

Allgemein ergeben sich durch die **Iterationsvorschrift**

$$x_{i+1} = \varphi(x_i) \tag{2.11}$$

schrittweise immer bessere Näherungswerte $x_2;\ x_3;\ x_4;\ \ldots$ für die Lösung x_0 der Gleichung $T_1(x) = T_2(x)$. Voraussetzung ist, dass die Konvergenzbedingung (s. u.) erfüllt ist.

Beispiele

2.41 Die Gleichung $2x-2 = -\sin x$ mit $x \in \mathbb{R}$ ist zu lösen. Als Genauigkeit wird $|x_{i+1} - x_i| \leqq 0{,}001$ gefordert.

Lösung: Ein Näherungswert $x_1 = 0{,}7$ ist aus *Bild 2.5* ablesbar. Wird das auf der linken Seite stehende x isoliert, so ergibt sich als Iterationsvorschrift:

$x_{i+1} = 1 - 0{,}5 \sin x_i$

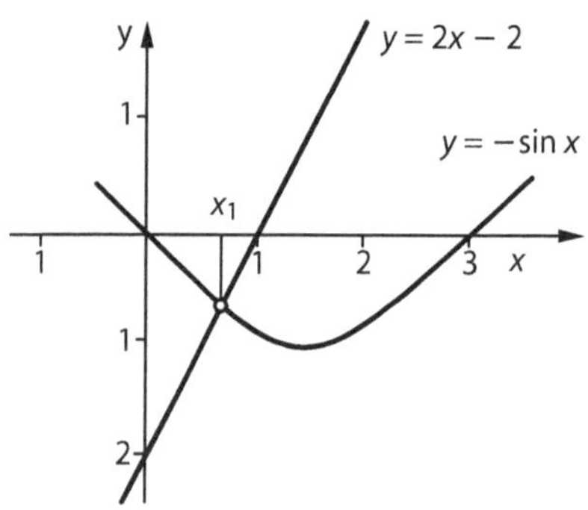

Bild 2.5

Ausgehend von $x_1 = 0{,}700$ entstehen nacheinander

$x_2 = 1 - 0{,}5 \sin 0{,}700 = 0{,}678$

$x_3 = 1 - 0{,}5 \sin 0{,}678 = 0{,}686$

$x_4 = 1 - 0{,}5 \sin 0{,}686 = 0{,}683$

$x_5 = 1 - 0{,}5 \sin 0{,}683 = 0{,}684$

$x_6 = 1 - 0{,}5 \sin 0{,}684 = 0{,}684$

Bei x_6 ist die geforderte Genauigkeit erreicht.
Lösung ist $x_6 = 0{,}684$.

2.42 $\frac{1}{x} = \ln x$ ist mit $|\Delta x_i| \leqq 0{,}01$ zu lösen.
Größter Definitionsbereich ist $X = (\mathbb{R} \setminus \{0\}) \cap (0;\ \infty) = (0;\ \infty)$.

Lösung: $x_1 = 2$ ist wegen $\ln 2 \approx 0{,}5$ als Startwert geeignet. Wird das im Nenner stehende x isoliert, so entsteht die Iterationsvorschrift: $x_{i+1} = \frac{1}{\ln x_i}$.

Ausgehend vom Startwert $x_1 = 2$ ergeben sich nacheinander die Werte

$$x_2 = \frac{1}{\ln 2} = 1{,}443$$
$$x_3 = \frac{1}{\ln 1{,}443} = 2{,}728$$
$$x_4 = \frac{1}{\ln 2{,}728} = 0{,}996$$
$$x_5 = \frac{1}{\ln 0{,}996} = -296{,}2$$

Die Iteration muss abgebrochen werden, weil die berechneten Werte nicht dem Wert der Lösung zustreben, sondern auseinanderstreben. (Die für x_i gegebenen Werte sind gerundet; es wurde jeweils mit dem Wert weitergerechnet, der sich im Register des Taschenrechners befindet.) ■

In *Bild 2.6* ist die Wirkungsweise des Iterationsverfahrens zu erkennen. Ausgehend von x_1 streben die folgenden Werte x_2; x_3; x_4; ... dem Schnittpunkt der Kurven $y = x$ und $y = \varphi(x)$ zu. Das ist auch so in *Bild 2.7*, bei dem sich die Pfeile nicht nur von einer Seite, sondern spiralförmig dem Schnittpunkt nähern. In diesen Fällen konvergiert das Verfahren. Unter der **Konvergenz** versteht man in diesem Zusammenhang, dass die Differenz der aufeinanderfolgenden Werte x_i verschwindend klein wird. Werden die Differenzen größer, so liegt die **Divergenz** vor.

Die *Bilder 2.8* und *2.9* demonstrieren die Möglichkeit, dass sich – wie im letzten Beispiel – die Werte x_2; x_3; x_4; ... immer weiter von x_0 entfernen (Divergenz des Verfahrens).

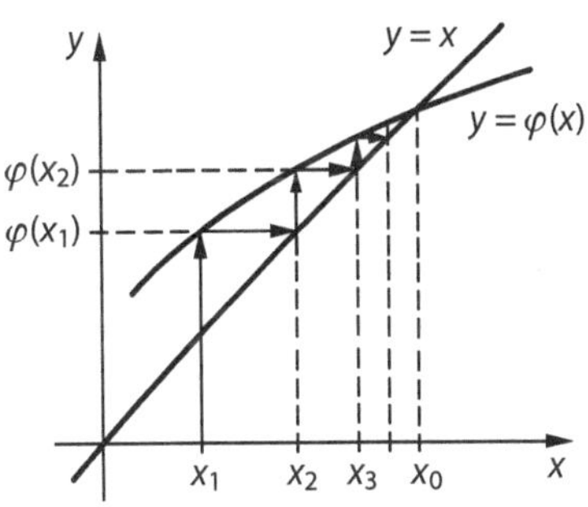

Bild 2.6

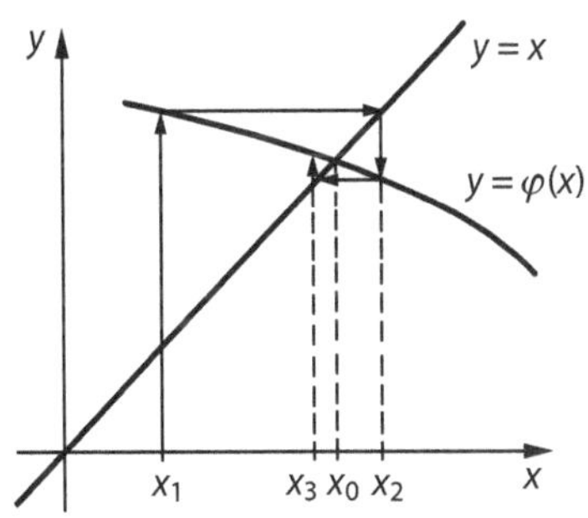

Bild 2.7

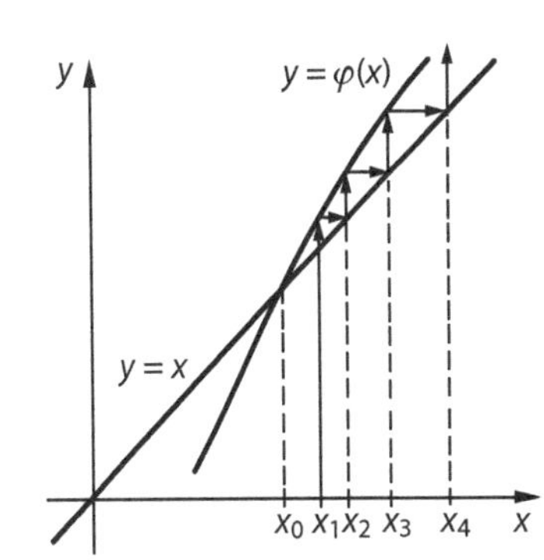

Bild 2.8

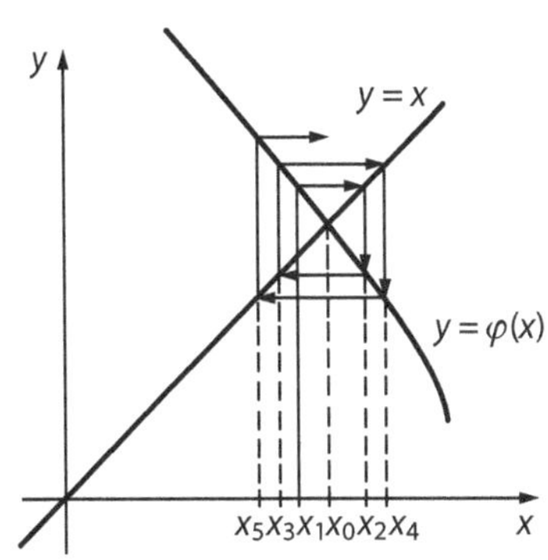

Bild 2.9

Die durch die *Iterationsvorschrift (2.11)* ermittelten x_i streben offensichtlich nur dann gegen x_0, wenn der Anstiegswinkel der Tangente an die Kurve $y = \varphi(x)$ in der Umgebung von x_0 zwischen 0° und 45° oder zwischen 135° und 180° liegt. Diese **Konvergenzbedingung** des Iterationsverfahrens war für die Iterationsvorschrift des *Beispiels 2.42* nicht erfüllt.

Beispiel (Fortsetzung)

2.42 In Fortsetzung des letzten Beispiels wird die Gleichung $\frac{1}{x} = \ln x$ mit $x > 0$ nun nach dem auf der rechten Seite enthaltenen x aufgelöst. Es ergibt sich als neue Iterationsvorschrift:

$$x_{i+1} = \mathrm{e}^{\frac{1}{xi}}$$

Bei gleichem Startwert $x_1 = 2$ entstehen nun nacheinander

$$\begin{aligned} x_2 &= \mathrm{e}^{\frac{1}{2}} &&= 1{,}649 \\ x_3 &= \mathrm{e}^{\frac{1}{1{,}649}} &&= 1{,}834 \\ &\vdots && \vdots \\ x_{10} &= \mathrm{e}^{\frac{1}{1{,}768}} &&= 1{,}762 \\ x_{11} &= \mathrm{e}^{\frac{1}{1{,}762}} &&= 1{,}764 \end{aligned}$$

Das Verfahren konvergiert, und nach 10 Iterationen ist die Lösung mit $x_{11} = 1{,}76$ mit der erforderlichen Genauigkeit erreicht. ■

Sekantenverfahren (regula falsi)

Das **Sekantenverfahren** oder die **regula falsi** ist ein weiteres Näherungsverfahren, welches den Mathematikern schon sehr lange bekannt ist. Sinngemäß übersetzt handelt es sich um die „Regel des Arbeitens mit dem Falschen", weil anstelle der Kurve von $y = T(x)$ eine Sekante zur Ermittlung von Lösungen benutzt wird.

Die zu lösende Gleichung muss die **Form** $\boldsymbol{T(x) = 0}$ haben. Ist das zunächst nicht der Fall, muss sie entsprechend umgeformt werden.

Betrachtet wird nun die zu $T(x) = 0$ zugehörige Kurvengleichung $y = T(x)$ in einem x, y-Koordinatensystem, wie das in den *Bildern 2.10a* und *2.10b* dargestellt ist.

Die Lösung der Gleichung ist die Abszisse x_0 des Schnittpunktes der Kurve mit der x-Achse (Nullstelle).

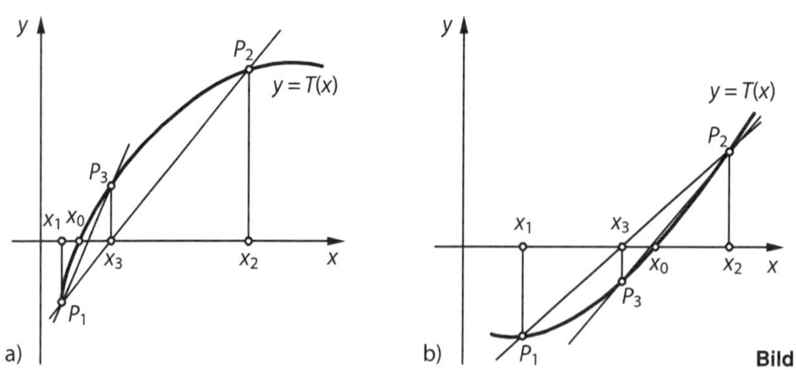

Bild 2.10

Auch das Sekantenverfahren besteht aus zwei Schritten: Zunächst werden **zwei Näherungswerte** x_1 und x_2 ermittelt, die möglichst nahe an x_0 liegen sollten und deren Werte $T(x_1)$ und $T(x_2)$ **unterschiedliches Vorzeichen** besitzen, d. h. $T(x_1) \cdot T(x_2) < 0$ gilt. Dadurch ist gesichert, dass der gesuchte Wert x_0 im Intervall $(x_1; x_2)$ liegt.

Ausgehend von den Startwerten x_1 und x_2, ergeben sich auf der Kurve die Punkte P_1 und P_2, die durch eine Sekante verbunden werden. Diese Sekante schneidet die x-Achse bei x_3. Je nach Krümmungsrichtung der Kurve liegt x_0 zwischen x_1 und x_3 oder x_2 und x_3 (siehe *Bilder 2.10a* und *2.10b*).

Werden nun P_1 und P_3 bzw. P_2 und P_3 erneut durch eine Sekante verbunden, wird mit x_4 eine weitere Annäherung an x_0 erreicht. Das Verfahren wird solange fortgesetzt, bis ein Wert x_i mit der geforderten Genauigkeit als Lösung vorliegt.

Die Vorschrift, mit der die neuen x_i-Werte berechnet werden können, lässt sich folgendermaßen herleiten: Die erste Sekante durch die Punkte P_1 und P_2 wird durch die Zwei-Punkte-Gleichung (siehe *Gl. (5.4)*)

$$\frac{T(x) - T(x_1)}{x - x_1} = \frac{T(x_2) - T(x_1)}{x_2 - x_1}$$

beschrieben. Wird für x der Wert x_3 gesetzt, so ist wegen $T(x_3) = 0$

$$\frac{-T(x_1)}{x_3 - x_1} = \frac{T(x_2) - T(x_1)}{x_2 - x_1}$$

und umgestellt ist $x_3 = x_1 - T(x_1) \cdot \dfrac{x_2 - x_1}{T(x_2) - T(x_1)}$.

Verallgemeinert ergibt sich daraus die Vorschrift:

$$x_{i+2} = x_i - T(x_i) \cdot \frac{x_{i+1} - x_i}{T(x_{i+1}) - T(x_i)} \tag{2.12}$$

wobei stets $T(x_i) \cdot T(x_{i+1}) < 0$ gelten muss.

Beispiele

2.43 Um den unterschiedlichen Rechenaufwand zeigen zu können, wird nochmals die Gleichung $\frac{1}{x} = \ln x$ mit $x > 0$ wie im *Beispiel 2.42* gelöst.

Lösung: Zunächst muss die gegebene Gleichung umgeformt werden in

$$\frac{1}{x} - \ln x = 0$$

Als Startwerte eignen sich z. B. $x_1 = 1$ und $x_2 = 2$, denn $T(1) = 1 - \ln 1 = 1$ und $T(2) = 0{,}5 - \ln 2 = -0{,}19$ haben unterschiedliches Vorzeichen. Die weitere Rechnung erfolgt vorteilhaft in einer Tabelle:

x_i	x_{i+1}	$T(x_i)$	$T(x_{i+1})$	$T(x_i) \cdot \dfrac{x_{i+1} - x_i}{T(x_{i+1}) - T(x_i)}$	x_{i+2}
1	2	1	−0,1931	−0,8381	1,84
1,84	1	−0,0663	1	0,0522	1,788
1,788	1	−0,0218	1	0,0168	1,771
1,771	1	−0,0069	1	0,0052	1,766

Die geforderte Genauigkeit ist bei $x_6 = 1{,}766$ nach nur viermaligem Rechendurchlauf erreicht. Im vorigen Beispiel wurde erst nach 10 Iterationen $x_{11} = 1{,}764$ berechnet.

Lösungsmenge ist $L = \{1{,}77\}$.

2.44 Die Gleichung $3x^2 - 4x - 48 = 0$ mit $x > 0$ ist zu lösen.

Lösung: Die Anwendung eines Näherungsverfahrens ist nicht notwendig, denn die quadratische Gleichung hat die Normalform $x^2 - \frac{4}{3}x - 16 = 0$ mit den Wurzeln $x_{1;2} = \frac{2}{3} \pm \sqrt{\frac{4+144}{9}}$, von denen aber wegen $x > 0$ nur $x_1 = 4{,}72$ Lösung ist. Startwerte für die regula falsi sind z. B. $x_1 = 4$ und $x_2 = 5$. Die weitere Rechnung erfolgt in der Tabelle:

x_i	x_{i+1}	$T(x_i)$	$T(x_{i+1})$	$T(x_i) \cdot \dfrac{x_{i+1} - x_i}{T(x_{i+1}) - T(x_i)}$	x_{i+2}
4	5	−16	7	−0,7	4,7
4,7	5	−0,53	7	−0,02	4,72

Mit $x_4 = 4{,}72$ ist die erforderliche Genauigkeit erreicht. Eine Lösung der Gleichung ist $x_1 = 4{,}72$. ■

Mit dem *Beispiel 2.44* wurde demonstriert, dass auch solche Gleichungen mit beliebiger Genauigkeit gelöst werden können, bei denen das nicht unbedingt notwendig ist. Natürlich ist im Allgemeinen der Rechenaufwand gegenüber dem direkten Lösungsweg erheblich größer. Bei Vorhandensein eines Computers und der notwendigen Software ist dieser Nachteil aber aufhebbar.

Kontrollfragen

2.17 Woran erkennen Sie, dass eine Gleichung nur durch ein Näherungsverfahren lösbar ist?

2.18 Wie werden die Startwerte für den Beginn eines Näherungsverfahrens ermittelt?

2.19 Welche Konvergenzbedingungen sind bei der Iteration und bei der regula falsi zu beachten?

2.20 Lassen sich alle Gleichungen durch Näherungsverfahren lösen?

Aufgabe: *2.38*

2.2 Ungleichungen

2.2.0 Vorbemerkung

In diesem Abschnitt werden als Ergänzung zur Theorie der Lösung von Gleichungen der Begriff der Ungleichung wiederholt und einige einfache Typen von linearen Ungleichungen gelöst. Wegen ihres häufigen Auftretens werden auch Ungleichungen betrachtet, in denen Beträge enthalten sind.

2.2.1 Grundbegriffe

Definition 2.5

Werden zwei Terme $T_1(x)$ und $T_2(x)$ durch die Relationszeichen $<$ oder $>$ verbunden, entsteht die Ungleichung

$$T_1(x) < T_2(x) \quad \text{oder} \quad T_1(x) > T_2(x)$$

Durch die Ungleichungen $T_1(x) \leqq T_2(x)$ und $T_1(x) \geqq T_2(x)$ werden die Formulierungen „höchstens“ und „mindestens“ symbolisiert. Da die in ihnen enthaltenen Gleichheitsbeziehungen gesondert betrachtet werden können, werden im weiteren nur die in der Definition erfassten echten Ungleichungen behandelt.

Der **Definitionsbereich einer Ungleichung** ist, wie bei den Gleichungen, der Durchschnitt der Definitionsbereiche der beiden Terme $T_1(x)$ und $T_2(x)$.

Definition 2.6

Ein Wert x_1 aus dem Definitionsbereich einer Ungleichung heißt **Lösung**, wenn beim Einsetzen von x_1 in die Ungleichung eine wahre Aussage entsteht.

2.2.2 Einfache Typen linearer Ungleichungen

Im Unterschied zu den Gleichungen sind die Lösungsmengen von Ungleichungen im Allgemeinen **Intervalle** unendlich vieler reeller Zahlen.

Beispiel

2.45 Die Lösungsmenge für $3x + 7 < 2x - 3$ mit $x \in \mathbb{R}$ ist zu ermitteln!

Lösung: Aus $3x + 7 < 2x - 3$ folgt $x < -10$.
Lösungsmenge ist $L = (-\infty; -10)$. Sie ist im *Bild 2.11* dargestellt.

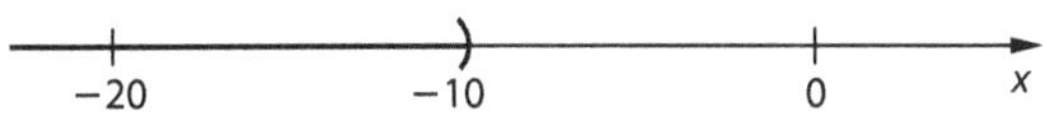

Bild 2.11 ■

Da das Lösen von Ungleichungen durch Anwendung der jeweiligen Umkehroperationen geschieht, ist zu sichern, dass beim Umformen zueinander äquivalente Ungleichungen entstehen. Wesentlich für das Lösen linearer Ungleichungen ist der

Satz 2.3

Werden beide Seiten einer Ungleichung mit einem negativen Wert multipliziert oder durch einen negativen Wert dividiert, so kehrt sich die Ordnungsrelation um.

Beispiele

2.46 Von $3x + 4 < 5(2 - x) + 18x$ mit $x \in \mathbb{R}$ ist die Lösungsmenge zu bestimmen!

Lösung: Nach Ausmultiplizieren der Klammer und Ordnen ergeben sich

$3x + 4 < 10 - 5x + 18x$ und $-10x < 6$

Die notwendige Division durch -10 kehrt das Relationszeichen um. Es gilt somit $x > -0{,}6$, d. h., die Lösungsmenge ist $L = (-0{,}6; \infty)$.

2.47 Welche Lösungsmenge hat $3x - 8(x + 2) < 1 - 5x$ mit $x \in \mathbb{R}$?

Lösung: Es folgt $3x - 8x - 16 < 1 - 5x$ und $-16 < 1$.
Diese Aussage ist aber für jedes x wahr, also ist $L = \mathbb{R}$.

2.48 Welche Lösungen hat $3\,[x - 2\,(4 + 8x)] > 9\,(2 - 5x)$?

Lösung: Ausmultiplizieren und Ordnen ergeben

$$3\,[x - 8 - 16x] > 18 - 45x$$
$$-45x - 24 > 18 - 45x$$
$$-24 > 18$$

Diese Ungleichung ist für kein x erfüllt, d. h. $L = \emptyset$. ■

Nicht selten enthalten Ungleichungen auch Beträge von Termen. Diese sind zunächst zu berücksichtigen.
Es gilt (vgl. *Abschnitt 1.2.2, Gl. (1.10c)*):

a) $|x| \leqq a \Leftrightarrow -a \leqq x \leqq a$ mit $a > 0$ (*Bild 2.12*),
b) $|x| \geqq b \Leftrightarrow x \geqq b$ oder $x \leqq -b$ mit $b > 0$ (*Bild 2.13*).

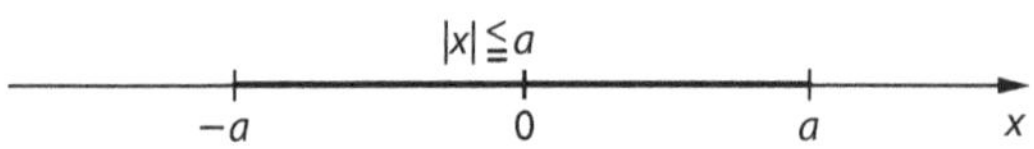

Bild 2.12

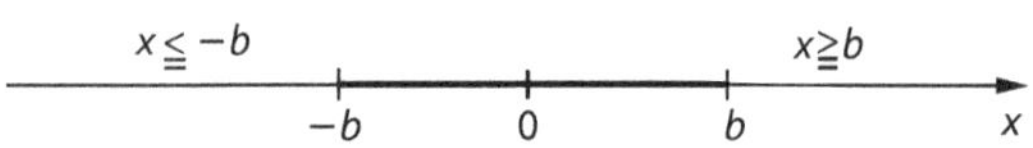

Bild 2.13

Diese beiden Äquivalenzen werden bei der Lösung von Ungleichungen mit Beträgen in den folgenden Beispielen genutzt.

Beispiele

2.49 Die Ungleichung $|2x + 4| \leqq 7$ mit $x \in \mathbb{R}$ ist zu lösen!

Lösung: Da der Fall a) vorliegt, ergibt sich die Doppelungleichung $-7 \leqq 2x + 4 \leqq 7$. Weiter entsteht dann

$-11 \leqq 2x \leqq 3$ und $-5{,}5 \leqq x \leqq 1{,}5$

Die Lösungsmenge ist $L = [-5{,}5;\ 1{,}5]$.

2.50 Welche Lösung hat $-2\,|x - 3| < -10$?

Lösung: Zunächst folgt $|x - 3| > 5$.
Entsprechend Fall b) gelten die beiden Ungleichungen

$x - 3 < -5$ oder $x - 3 > 5$
$x < -2$ oder $x > 8$

Lösungsmenge ist die Vereinigungsmenge

$L = L_1 \cup L_2 = (-\infty;\ -2) \cup (8;\ \infty)$

2.51 Die Lösungsmenge von $|12x - 7| \leqq -4$ ist zu bestimmen!

Lösung: Da der Betrag stets nichtnegativ ist, wird die Ungleichung durch kein x erfüllt, d. h. $L = \emptyset$. ■

Kontrollfragen

2.21 Bei welchen Rechenoperationen kehrt sich die Ordnungsrelation um?

2.22 Wie werden Ungleichungen mit Beträgen gelöst?

Aufgaben: ***2.39*** **bis** ***2.41***

2.3 Lineare Gleichungssysteme

2.3.0 Vorbemerkung

In *Abschnitt 2.1* wurden Gleichungen mit *einer* freien Variablen gelöst. Diese Gleichungen sind bei Sachaufgaben der formalisierte Ausdruck *einer* real existierenden Gleichheitsbeziehung.

Außerordentlich viele technische und ökonomische Problemstellungen enthalten aber zwei und **mehrere freie Variablen**, und es lassen sich meist auch zwei oder **mehrere Gleichheitsbeziehungen** aufstellen.

Beispiele

2.52 In einer Betriebsabteilung werden aus 2 Rohstoffen R_1 und R_2 zwei Erzeugnisse E_1 und E_2 produziert. Der Sachverhalt wird qualitativ in *Bild 2.14* dargestellt Der quantitative Zusammenhang zwischen den einzusetzenden Mengen y_1 und y_2 der Rohstoffe R_1 und R_2 und den daraus produzierten Mengen x_1 und x_2 bei E_1 und E_2 sei durch die beiden Gleichheitsbeziehungen $y_1 = 4x_1 + 1x_2$ und $y_2 = 2x_1 + 3x_2$ gegeben.

Beide Gleichungen zusammen bilden das Gleichungssystem

$$\left| \begin{array}{l} y_1 = 4x_1 + 1x_2 \\ y_2 = 2x_1 + 3x_2 \end{array} \right|$$

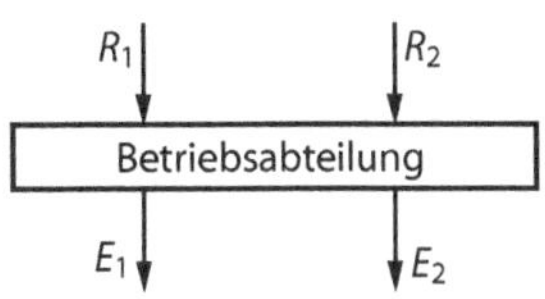

Bild 2.14

2.53 Für den im *Bild 2.15* dargestellten Vierpol, bei dem U_1 und U_2 sowie R_1; R_2 und R_3 bekannte Größen sein sollen, gelten die Gleichheitsbeziehungen

$U_1 = R_1 I_1 + R_3 (I_1 - I_2)$ und $U_2 = -R_2 I_2 + R_3 (I_1 - I_2)$

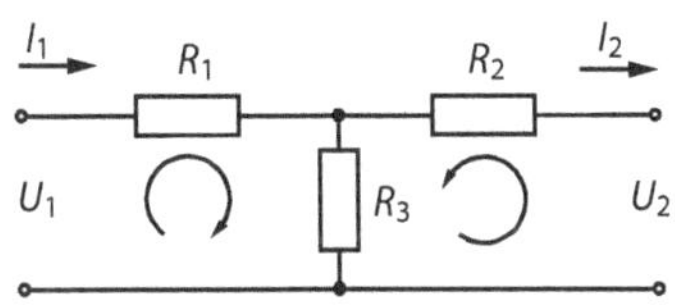

Bild 2.15

Weiter geordnet lassen sich diese zusammenfassen zum Gleichungssystem

$$\left| \begin{array}{rr} (R_1 + R_3) I_1 - & R_3 I_2 = U_1 \\ R_3 I_1 - & (R_2 + R_3) I_2 = U_2 \end{array} \right|$$

■

Ausgehend von den in den Beispielen aufgestellten Gleichungssystemen mit 2 Gleichungen und 2 Unbekannten, kann die **allgemeine Form eines linearen Gleichungssystems** angegeben werden:

$$\left| \begin{array}{l} a_{11}x_1 + a_{12}x_2 + a_{13}x_3 + \ldots + a_{1n}x_n = b_1 \\ a_{21}x_1 + a_{22}x_2 + a_{23}x_3 + \ldots + a_{2n}x_n = b_2 \\ \qquad \vdots \\ a_{m1}x_1 + a_{m2}x_2 + a_{m3}x_3 + \ldots + a_{mn}x_n = b_m \end{array} \right| \tag{2.13}$$

Es handelt sich bei diesem Gleichungssystem um die Zusammenfassung von ***m*** **Gleichungen** mit den ***n*** **Unbekannten**. Die Koeffizienten sind durch Doppelindizes gekennzeichnet. Der erste Index benennt die zugehörige Gleichungsnummer (desgl. der Index des absoluten Gliedes) und damit die Zeile, während der zweite Index die Zugehörigkeit des Koeffizienten zur ersten Variablen x_1 beziehungsweise zur zweiten Variablen x_2 und damit die Spalte angibt. Der Doppelindex z. B. bei a_{13} wird „a-eins-drei" gelesen. Ein Gleichungssystem hat auch einen Definitionsbereich. Da aber bei Systemen zwei oder mehrere freie Variablen vorhanden sind, besteht der Definitionsbereich aus einer Menge von

- geordneten **Paaren** $(x_1; x_2)$ bei 2 Unbekannten
- geordneten **Tripeln** $(x_1; x_2; x_3)$ bei 3 Unbekannten
- geordneten **Quadrupeln** $(x_1; x_2; x_3; x_4)$ bei 4 Unbekannten

und verallgemeinert aus einer Menge von

- geordneten ***n*-Tupeln** $(x_1; x_2; x_3; \ldots; x_n)$ bei n Unbekannten.

Definition 2.7

Lösung eines Gleichungssystems von m Gleichungen mit n Variablen sind alle n-Tupel, die, in alle m Gleichungen des Systems eingesetzt, diese zu wahren Aussagen werden lassen.

Wie bei den Gleichungen, so treten auch bei den Systemen im Hinblick auf das Lösen folgende Fragen auf:

- Hat ein gegebenes Gleichungssystem überhaupt Lösungen, und wie viele sind es?
- Mit welchen Methoden werden die Lösungen ermittelt?

Beide Fragen werden, eingeschränkt für lineare Gleichungssysteme, in *Abschnitt 2.3.2* beantwortet.

2.3.1 Herkömmliche Lösungsverfahren

Als herkömmliche Lösungsverfahren werden hier

- das Additionsverfahren;
- das Einsetzungsverfahren und
- das Gleichsetzungsverfahren betrachtet.

Sie haben alle das gleiche **Ziel**: Es soll zunächst **eine Gleichung mit einer Unbekannten** (freien Variablen) entstehen. Mit dem daraus bestimmten Wert der einen Variablen kann dann, mit einer der beiden Ausgangsgleichungen, der Wert der anderen Variablen errechnet werden. Wie das bei den einzelnen Verfahren erreicht werden kann, wird in den folgenden Beispielen gezeigt.

Beispiele

2.52 (Fortsetzung) Für die Rohstoffmengen $y_1 = 8$ und $y_2 = 14$, die für eine Tagesproduktion benötigt werden, sind die produzierten Mengen x_1 und x_2 zu berechnen.

Das entstehende Gleichungssystem

$$\left| \begin{array}{l} 4x_1 + 1x_2 = 8 \\ 2x_1 + 3x_2 = 14 \end{array} \right|$$

lässt sich vorteilhaft mit dem **Additionsverfahren** lösen.

Das **Wesen dieses Verfahrens** besteht darin, dass eine mit einem passend gewählten Faktor multiplizierte Gleichung zu der anderen addiert wird, sodass dabei Koeffizienten zu Null werden.

$$\text{Aus} \quad \begin{array}{l} \text{(I)} \\ \text{(II)} \end{array} \left| \begin{array}{l} 4x_1 + 1x_2 = 8 \\ 2x_1 + 3x_2 = 14 \end{array} \right| \cdot (-0{,}5)$$

$$+ \begin{array}{l} \text{(I)} \\ \text{(II)} \end{array} \left| \begin{array}{l} -2x_1 - 0{,}5x_2 = -4 \\ 2x_1 + 3x_2 = 14 \end{array} \right|$$

Entsteht (Ia) $2{,}5x_2 = 10$.

Mit (Ia) ist eine Gleichung mit einer Unbekannten entstanden. Sie hat die Lösung $x_2 = 4$. Wird dieser Wert nun in (I) eingesetzt, entsteht mit $4x_1 + 4 = 8$ wieder eine Gleichung mit einer Unbekannten. Sie hat die Lösung $x_1 = 1$.

Lösung des Systems ist, $L = \{(x_1;\, x_2)\} = \{(1;\, 4)\}$ was durch Einsetzen in das Ausgangssystem bestätigt wird. Aus den täglich benötigten Rohstoffmengeneinheiten $(y_1;\, y_2) = (8;\, 14)$ können in der Betriebsabteilung täglich $(x_1;\, x_2) = (1;\, 4)$ Mengeneinheiten Erzeugnisse produziert werden.

2.53 (Fortsetzung) Das Gleichungssystem für den Vierpol

$$\begin{array}{l} \text{(I)} \\ \text{(II)} \end{array} \left| \begin{array}{l} (R_1 + R_3)\, I_1 - R_3 I_2 = U_1 \\ R_3 I_1 - (R_2 + R_3)\, I_2 = U_2 \end{array} \right|,$$

bei dem die Spannungen U_1 und U_2 von den Strömen I_1 und I_2 abhängig sind, soll so umgestellt werden, dass U_1 und I_1 als von U_2 und I_2 abhängig erscheinen.

Lösung: Als zweckmäßig erweist sich hier das **Einsetzungsverfahren**.

Das **Wesen dieses Verfahrens** besteht darin, dass eine Gleichung nach einer Unbekannten aufgelöst und diese dann in die andere Gleichung eingesetzt wird.

Wird (II) nach I_1 aufgelöst, so gilt

$$\text{(IIa)} \quad I_1 = \frac{U_2}{R_3} + \left(\frac{R_2}{R_3} + 1 \right) I_2$$

Wird (IIa) in (I) eingesetzt, so folgt

$$\text{(Ia)} \quad (R_1 + R_3) \left[\frac{U_2}{R_3} + \left(\frac{R_2}{R_3} + I \right) I_2 \right] - R_3 I_2 = U_1$$

Vereinfacht und zusammengefasst entsteht das System

$$\left| \begin{array}{l} U_1 = \left(\dfrac{R_1}{R_3} + 1 \right) U_2 + \left(\dfrac{R_1 R_2}{R_3} + R_1 + R_2 \right) I_2 \\ I_1 = \dfrac{1}{R_3} U_2 + \left(\dfrac{R_2}{R_3} + 1 \right) I_2 \end{array} \right|$$

Damit ist, wie gefordert, U_1 und I_1 als von U_2 und I_2 abhängig dargestellt.

2.54 Ein Motor mit einer Leistung von 1,0 kW treibt ein Förderband an, das 18 t Baumaterial auf eine Höhe von 6 m transportieren soll. Der Wirkungsgrad der Anlage sei $\eta = 0{,}6$. Welche Mindestzeit muss für den Transportprozess geplant werden ($g = 10\,\text{m/s}^2$; $1\,\text{kW} = 1\,000\,\text{kg} \cdot \text{m}^2/\text{s}^3$)?

Lösung: Bezogen auf die angegebene Leistung und Energie gelten die folgenden Beziehungen:

$$\left| \begin{array}{l} P_{ab} = \eta P_{zu} \\ W_{ab} = P_{ab} t \end{array} \right|$$

Das Einsetzungsverfahren liefert (I) $W_{ab} = \eta P_{zu} t$.

Die verrichtete Hubarbeit ist (II) $W_{auf} = m \cdot g \cdot h$.

Da nach dem Energieerhaltungssatz $W_{ab} = W_{auf}$ gilt, ist hier das **Gleichsetzungsverfahren** besonders geeignet. Das **Wesen dieses Verfahrens** besteht darin, dass die Gleichungen nach jeweils dem gleichen Term aufgelöst werden und danach eine Gleichsetzung der verbleibenden Terme erfolgt.

Die Gleichsetzung $W_{ab} = W_{auf}$ liefert $\eta P_{zu} t = m \cdot g \cdot h$.

Dann ist $t = \dfrac{m \cdot g \cdot h}{\eta P_{zu} t}$, und mit den gegebenen Größen ist

$$t_1 = \frac{18\,000\,\text{kg} \cdot 10\,\text{m/s}^2 \cdot 6\,\text{m}}{0{,}6 \cdot 1\,000\,\text{kg} \cdot \text{m}^2/\text{s}^3} = 1\,800\,\text{s}$$

Es ist eine Mindesttransportzeit von 1 800 s = 30 min zu planen.

2.55 Ein Behälter mit dem Volumen V wird bei gleichzeitigem Arbeiten zweier Pumpen P_1 und P_2 in 6 Stunden gefüllt. Da die Pumpe P_2 nach 3 Stunden ausgefallen ist, war der Behälter erst nach weiteren 5 Stunden gefüllt. Welche Zeiten t_1 und t_2 werden benötigt, wenn jede Pumpe einzeln arbeitet?

Lösung: Die Förderleistung von P_1 ist $\dfrac{V}{t_1}$, von P_2 ist sie $\dfrac{V}{t_2}$, wobei $t_1 > 6$ und $t_2 > 6$ gilt.

Im ersten Zustand gilt $6\dfrac{V}{t_1} + 6\dfrac{V}{t_2} = V$,

im zweiten gilt $(5+3)\,\dfrac{V}{t_1} + 3\dfrac{V}{t_2} = V$.

Nach Division beider Gleichungen durch V entsteht das **nichtlineare System**

$$\left| \begin{array}{l} 6\dfrac{1}{t_1} + 6\dfrac{1}{t_2} = 1 \\ 8\dfrac{1}{t_1} + 3\dfrac{1}{t_2} = 1 \end{array} \right|$$

Durch die Substitutionen $x_1 = \dfrac{1}{t_1}$ und $x_2 = \dfrac{1}{t_2}$ wird es in das lineare System

$$\begin{array}{l} \text{(I)} \\ \text{(II)} \end{array} \left| \begin{array}{l} 6x_1 + 6x_2 = 1 \\ 8x_1 + 3x_2 = 1 \end{array} \right| \begin{array}{l} \cdot(-0{,}5) \\ \end{array}$$

übergeführt.

Bei Multiplikation mit dem angegebenen Faktor und Addition entsteht $5x_1 = 0{,}5$, d. h., $x_1 = 0{,}1$ und $t_1 = 10$. Aus (I) folgt $x_2 = \dfrac{1 - 6x_1}{6} = \dfrac{0{,}4}{6}$ und damit $t_2 = 15$.

Es benötigen allein P_1 10 Stunden und P_2 15 Stunden. ■

Kontrollfragen

2.23 Was verstehen Sie unter einem n-Tupel?

2.24 Welches sind die herkömmlichen Lösungsverfahren?

2.3.2 Lösbarkeitsbetrachtungen

Im vorigen Abschnitt wurden nur solche Gleichungssysteme gelöst, die genau eine Lösung hatten. Das ist aber nicht immer der Fall. Die Ursachen für das Auftreten der weiteren Lösbarkeitsfälle werden in den folgenden Beispielen aufgezeigt.

Beispiel

2.56 Mithilfe eines Wärmetauschers soll Frischwasser mit $T_2 = 12\,°\mathrm{C}$ durch Kondensat mit $T_1 = 88\,°\mathrm{C}$ auf $T_\mathrm{m} = 52\,°\mathrm{C}$ erwärmt werden. Welche Mengen m_2 und m_1 werden dazu benötigt?

Lösung: Abgegebene und aufgenommene Wärmemenge werden erfasst durch
$\Delta Q_1 = c_1 m_1 (T_1 - T_\mathrm{m})$ und $\Delta Q_2 = c_2 m_2 (T_\mathrm{m} - T_2)$.
Bei verlustlosem Wärmeaustausch gilt bekanntlich
$\Delta Q_1 = \Delta Q_2$ und somit $c_1 m_1 (T_1 - T_\mathrm{m}) = c_2 m_2 (T_\mathrm{m} - T_2)$.
Wegen $c_1 = c_2 = c$ kann durch c dividiert werden, und es entsteht mit

$$|m_1 (T_1 - T_\mathrm{m}) = m_2 (T_\mathrm{m} - T_2)| \qquad \text{(I)}$$

ein Gleichungssystem, das nur aus einer Gleichung mit den zwei Unbekannten m_1 und m_2 besteht.
Wird (I) z. B. nach m_2 aufgelöst, so ist

$$m_2 = \frac{T_1 - T_\mathrm{m}}{T_\mathrm{m} - T_2} m_1$$

Mit gegebenen Größen ist

$$m_2 = \frac{36\,°\mathrm{C}}{40\,°\mathrm{C}} \cdot m_1 = 0{,}9\ m_1 \qquad \text{(I')}$$

Lösungsmenge ist $L = \{(m_1;\ m_2)\} = \{(m_1;\ 0{,}9\ m_1)\}$ mit $m_1 \geqq 0$. ■

Das im *Beispiel 2.56* gelöste Gleichungssystem hat, da **mehr Unbekannte als Gleichungen** vorhanden sind, unendlich viele Lösungen. Wenn in einer Lösung eines Gleichungssystems mindestens eine frei wählbare Variable enthalten ist, nennt man solche Art Lösungen **Parameterlösungen** und die enthaltene Variable **Parameter**. Im *Beispiel 2.56* ist m_1 ein Parameter.

Beim Auftreten von Parameterlösungen besteht der Vorteil, dass aus den unendlich vielen Lösungen eine solche spezielle Lösung gewählt werden kann, die eine weitere, bisher nicht berücksichtigte Bedingung erfüllt.

Beispiele

2.56 (Fortsetzung) *Beispiel 2.56* wird durch Hinzufügen folgender Bedingung fortgesetzt: Es werden stündlich 5000 kg angewärmtes Wasser benötigt. Nun lassen sich die stündlich benötigten Mengen m_1 und m_2 aus dem neuen System

$$\left|\begin{array}{r} m_1 + m_2 = 5\,000 \\ m_2 = 0{,}9\ m_1 \end{array}\right|$$

ermitteln.

Das **Einsetzungsverfahren** liefert $m_1 + 0{,}9\ m_1 = 5\,000$. Somit ist $m_1 = \dfrac{5\,000}{1{,}9} = 2\,632$ und wegen $m_1 + m_2 = 5\,000$ ist $m_2 = 2\,368$, d. h., es werden stündlich etwa 2 630 kg Frischwasser und 2 370 kg Kondensat benötigt.

2.57 Ein Träger wird, wie dem *Bild 2.16* zu entnehmen ist, durch die Kräfte F_1 und F_2 belastet. Wie groß sind die Auflagekräfte F_A und F_B?

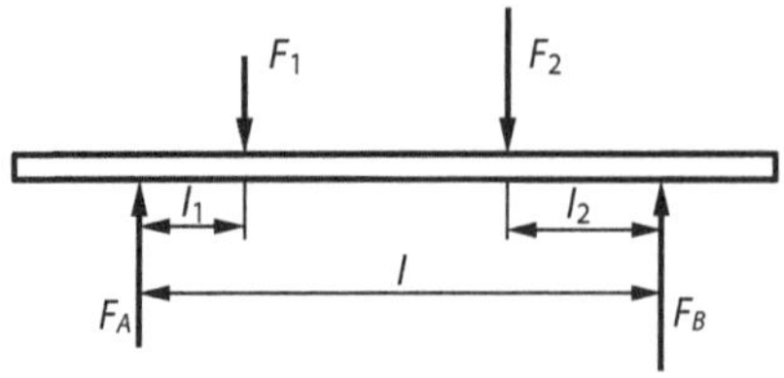

Bild 2.16

Lösung: Die den Gleichgewichtszustand beschreibenden Beziehungen sind:

- Die Summe der angreifenden Kräfte ist Null.
- Die Summe der Drehmomente bezüglich A ist Null.
- Die Summe der Drehmomente bezüglich B ist Null.

Formalisiert ergibt sich ein System von 3 Gleichungen mit nur 2 Unbekannten:

$$\begin{array}{l|r|}
\text{(I)} & F_1 + F_2 - F_A - F_B = 0 \\
\text{(II)} & l_1 F_1 + \left(l - l_2\right) F_2 - l F_B = 0 \\
\text{(III)} & l_2 F_2 + \left(l - l_1\right) F_1 - l F_A = 0
\end{array}$$

Werden die Gleichungen (II) und (III) addiert, so entsteht

$lF_1 + lF_2 - lF_A - lF_B = 0$ und weiter

$l\,(F_1 + F_2 - F_A - F_B) = 0$

Daraus folgt nun $F_1 + F_2 - F_A - F_B = 0$.

Das ist aber die schon existierende Gleichung (I). ■

Definition 2.8

Eine Gleichung heißt **linear abhängig**, wenn sie ein Vielfaches einer anderen ist oder durch Addition der Vielfachen anderer Gleichungen entstanden ist.

Wenn in der Definition von Vielfachen die Rede ist, so ist darin auch der Sonderfall eingeschlossen, dass es sich um das 1-Fache handeln kann, die Gleichungen also identisch sind.

Das im *Beispiel 2.57* aufgestellte Gleichungssystem enthält eine Gleichung, die von den anderen beiden linear abhängig ist. Eine der drei Gleichungen kann aus dem System entfernt werden, weil sie keine prinzipiell neue Information enthält. Welche Gleichung in einem solchen Falle weggelassen wird, ist beliebig.

Beispiel

2.57 (Fortsetzung) Wird aus dem aufgestellten System z. B. die Gleichung (I) eliminiert, so hat das neue System

$$\begin{array}{l|r|}
\text{(II)} & l_1 F_1 + l F_2 - l_2 F_2 - l F_B = 0 \\
\text{(III)} & -\, l_1 F_1 + l F_1 + l_2 F_2 - l F_4 = 0
\end{array}$$

die eindeutige Lösung

$$F_B = \frac{F_1 l_1 + F_2 l_2 - F_2 l}{l} \quad \text{und}$$

$$F_A = \frac{F_1 l + F_2 l_2 - F_1 l_1}{l}$$

Der Nachweis, dass sich beim Weglassen einer anderen Gleichung die gleiche Lösung ergibt, wird dem Leser überlassen. ■

Neben der Möglichkeit, dass in einem Gleichungssystem eine oder mehrere Gleichungen von den anderen linear abhängig sind, gibt es auch den Fall, dass eine oder mehrere Gleichungen zueinander im **Widerspruch** stehen.

Beispiel

2.58 $$\begin{vmatrix} 3x_1 + 4x_2 = 5 \\ 3x_1 + 4x_2 = 6 \end{vmatrix}.$$

Da die links stehenden Terme nicht gleichzeitig den Wert 5 und 6 haben können, hat dieses Gleichungssystem wegen des in ihm enthaltenen Widerspruchs keine Lösung. ■

Die **drei Lösbarkeitsfälle**:

Ein lineares Gleichungssystem hat

- **genau eine Lösung,**
- **unendlich viele Lösungen oder**
- **keine Lösung**

werden zusammenfassend betrachtet bei der Lösung der folgenden Beispiele.

Beispiel

2.59 a) $\begin{matrix}\text{(I)}\\ \text{(II)}\end{matrix}\begin{vmatrix} 2x - y = 1 \\ 2x + 3y = 6 \end{vmatrix}$ b) $\begin{matrix}\text{(I)}\\ \text{(II)}\end{matrix}\begin{vmatrix} 2x - y = 1 \\ 4x - 2y = 2 \end{vmatrix}$ c) $\begin{matrix}\text{(I)}\\ \text{(II)}\end{matrix}\begin{vmatrix} 2x - y = 1 \\ 2x - y = 2 \end{vmatrix}$

Da nur zwei Variablen auftreten, lassen sich die gegebenen Gleichungen als Funktionsgleichungen auffassen und die Funktionen in einem x, y-Koordinatensystem zeichnen. Nach y aufgelöst, entstehen die Systeme:

a) $\begin{matrix}\text{(I)}\\ \text{(II)}\end{matrix}\begin{vmatrix} y = 2x - 1 \\ y = \frac{-2}{3}x + 2 \end{vmatrix}$ b) $\begin{matrix}\text{(I)}\\ \text{(II)}\end{matrix}\begin{vmatrix} y = 2x - 1 \\ y = 2x - 1 \end{vmatrix}$ c) $\begin{matrix}\text{(I)}\\ \text{(II)}\end{matrix}\begin{vmatrix} y = 2x - 1 \\ y = 2x - 2 \end{vmatrix}$

Den *Bildern 2.17a* bis *2.17c* ist zu entnehmen:

Im Fall a) schneiden sich die Geraden in einem Punkt S.

Es existiert genau eine Lösung $L = \{(x_s;\, y_s)\} = \left\{\left(\frac{9}{8}; \frac{5}{4}\right)\right\}$.

Im Fall b) sind die Geraden identisch, weil die Gleichungen linear abhängig sind.

Es entsteht eine Parameterlösung $L = \{(x;\, y)\} = \{(x;\, 2x - 1)\}$ mit $x \in \mathbb{R}$. Die Variable x ist in diesem Fall der Parameter.

Im Fall c) verlaufen die Geraden parallel zueinander.

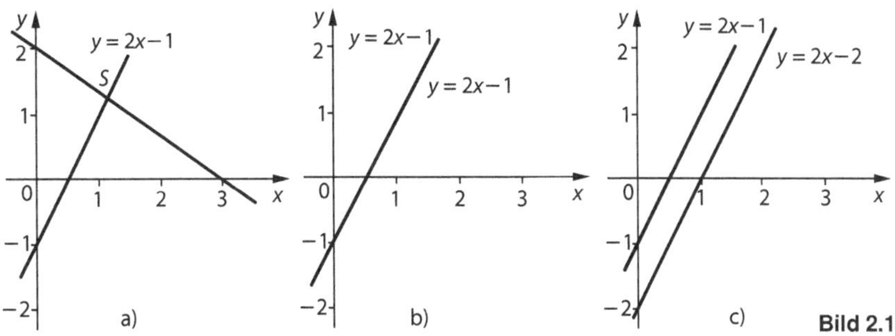

Bild 2.17

Dass es keinen Punkt gibt, den beide Geraden gemeinsam haben, ist Ausdruck für die Widersprüchlichkeit der Gleichungen. Das System hat keine Lösung, d. h. $L = \emptyset$. ■

In den folgenden Abschnitten wird die zur Darstellung der Lösungen eines Gleichungssystems benutzte Mengenschreibweise nur dann angewendet, wenn die Lösung mehr als ein n-Tupel umfasst.

Kontrollfragen

2.25 Wann sind Gleichungen linear abhängig?

2.26 Welche Lösbarkeitsfalle gibt es bei den linearen Gleichungssystemen?

2.27 Was verstehen Sie unter einer Parameterlösung?

Aufgaben: ***2.42*** **bis** ***2.47***

2.3.3 Gauß'scher Algorithmus

Die bisher in den Beispielaufgaben gelösten Systeme hatten jeweils nur 2 Unbekannte. Besonders bei ökonomischen Sachverhalten entstehen Gleichungssysteme mit über 100 Unbekannten. Aber auch komplexere technische Systeme mit vielen Eingangs- und Ausgangsgrößen führen auf Systeme mit einer großen Anzahl von Unbekannten und Gleichungen.

Zur Lösung größerer Systeme hat Gauß einen Algorithmus (eine Vorschrift) ausgearbeitet, mit der beim Additionsverfahren eine hohe Übersichtlichkeit gewährleistet ist und Schreibarbeit eingespart wird.

Der Algorithmus besteht aus 2 Teilen, die hier an einem System von 3 Gleichungen mit 3 Unbekannten erläutert werden sollen:

1. Das gegebene System

$$\left|\begin{array}{l} a_{11}x_1 + a_{12}x_2 + a_{13}x_3 = b_1 \\ a_{21}x_1 + a_{22}x_2 + a_{23}x_3 = b_2 \\ a_{31}x_1 + a_{32}x_2 + a_{33}x_3 = b_3 \end{array}\right|$$

   wird durch Addition von geeigneten Vielfachen der oberen Zeilen zu den unteren schrittweise in die **gestaffelte Form**

$$\left|\begin{array}{r} b_{11}x_1 + b_{12}x_2 + b_{13}x_3 = c_1 \\ b_{22}x_2 + b_{23}x_3 = c_2 \\ b_{33}x_3 = c_3 \end{array}\right|$$

   übergeführt.

2. Nun beginnt die Rückrechnung von unten nach oben. Aus der letzten Gleichung des gestaffelten Systems wird x_3 berechnet. Dieses wird in die darüber stehende Gleichung eingesetzt und x_2 berechnet. Beide Werte in die obere Gleichung eingesetzt, ermöglichen die Berechnung von x_1.

Beispiel

2.60 Zu lösen ist das lineare Gleichungssystem

$$\begin{array}{l} \text{(I)} \\ \text{(II)} \\ \text{(III)} \end{array} \left|\begin{array}{r} 3x_1 + 4x_2 - x_3 = 5 \\ 5x_1 - x_2 + 3x_3 = 7 \\ x_1 + 3x_2 - x_2 = 3 \end{array}\right| \downarrow \left(-\frac{5}{3}\right) \downarrow \left(-\frac{1}{3}\right)$$

Lösung: Die Gleichung (I), genauer der Koeffizient a_{11}, dient der Eliminierung der x_1 in den darunter stehenden Gleichungen. Dieser Koeffizient der Zeile, mit dem die Eliminierung ausgeführt wird, heißt **Pivotelement**. Der Faktor, mit dem die obere Gleichung jeweils zu multiplizieren ist, hat formal die Gestalt: $-\dfrac{\text{zu beseitigender Koeffizient}}{\text{Pivotelement}}$.

Im Beispiel sind es die Faktoren $\left(-\frac{5}{3}\right)$ und $\left(-\frac{1}{3}\right)$.

Das heißt, die erste Gleichung wird mit $\left(-\frac{5}{3}\right)$ multipliziert und zur zweiten Gleichung addiert. Es entsteht (II').

Zum anderen wird die erste Gleichung mit $\left(-\frac{1}{3}\right)$ multipliziert und zur dritten Gleichung addiert. Es entsteht (III').

$$\begin{array}{l|rcrcr|l}
\text{(I)} & 3x_1 + 4x_2 & - & x_3 & = & 5 & \\
\text{(II')} & -\frac{23}{3}x_2 & + & \frac{14}{3}x_3 & = & -\frac{4}{3} & \downarrow \left(\frac{5}{23}\right) \\
\text{(III')} & \frac{5}{3}x_2 & - & \frac{2}{3}x_3 & = & \frac{4}{3} &
\end{array}$$

Nun wird die zweite Gleichung mit $\frac{5}{23}$ multipliziert und zur dritten Gleichung addiert. Danach entsteht bereits das gestaffelte System

$$\begin{array}{l|rcrcr|}
\text{(I)} & 3x_1 + 4x_2 & - & x_3 & = & 5 \\
\text{(II')} & -\frac{23}{3}x_2 & + & \frac{14}{3}x_3 & = & -\frac{4}{3} \\
\text{(III')} & & & \frac{24}{69}x_3 & = & \frac{72}{69}
\end{array}$$

Dieser erste Teil des Lösungsvorganges kann von überflüssiger Schreibarbeit befreit werden, wenn nur noch mit den Koeffizienten und Absolutgliedern gearbeitet wird und diese in eine Rechentabelle eingetragen werden.

Die bisher erfolgte Rechnung zur Erzeugung des gestaffelten Systems führt dann zu folgendem Rechenschema:

	x_1	x_2	x_3	b
E	3	4	−1	5
	5	−1	3	7
	1	3	−1	3
E		$-\frac{23}{3}$	$\frac{14}{3}$	$-\frac{4}{3}$
		$\frac{5}{3}$	$-\frac{2}{3}$	$\frac{4}{3}$
			$\frac{24}{69}$	$\frac{72}{69}$

Die zur Eliminierung benutzten Zeilen werden beim nächsten Schritt nicht noch einmal mitgeschrieben.

Die letzte Zeile und die mit „E“ gekennzeichneten Eliminierungszeilen werden zur Rückrechnung benutzt.

Aus der letzten Zeile folgt $x_3 = \frac{72}{24} = 3$. Wird dieser Wert in die darüber stehende „E“-Zeile eingesetzt, so ist

$$-\frac{23}{3}x_2 + 14 = -\frac{4}{3} \quad \text{und} \quad x_2 = \frac{46}{23} = 2$$

Beide Werte in die obere „E“-Zeile eingesetzt, ergibt $3x_1 + 8 - 3 = 5$. Somit ist dann $3x_1 = 0$ und $x_1 = 0$. Lösung des Systems ist das Tripel $(x_1; x_2; x_3) = (0; 2; 3)$. ■

Bei beiden Teilrechnungen wurden gemeine Brüche verwendet. Dadurch wurden für alle drei Komponenten der Lösung ganzzahlige Werte ermittelt, die exakt sind. Das ist bei der Nutzung von Dezimalbrüchen, wie sie bei der Nutzung eines Taschenrechners unumgänglich sind, nicht immer der Fall.

Damit der Gauß'sche Algorithmus so problemlos ablaufen kann, müssen drei Voraussetzungen erfüllt werden:

1. Die Anzahl m der Gleichungen stimmt mit n, der Anzahl der Unbekannten überein, d. h., es gilt $m = n$.
2. Die Pivotelemente sind stets verschieden von Null.
3. Die Gleichungen sind nicht linear abhängig oder widersprüchlich.

Ob die letzte Voraussetzung erfüllt ist, lässt sich bei einem gegebenen Gleichungssystem nur selten direkt ablesen. Erst bei dem Versuch, das gestaffelte System zu erreichen, wird erkannt, ob lineare Abhängigkeiten oder Widersprüche vorliegen, d. h., welcher der drei Lösbarkeitsfälle zutrifft. Woran die einzelnen Fälle zu erkennen sind, zeigen die folgenden Beispiele, bei denen stets die Anzahl der Gleichungen mit der Anzahl der Unbekannten übereinstimmt.

Beispiele

2.61 Zu lösen ist

$$\begin{array}{l|rcrcrcr|} \text{(I)} & & & 2x_2 & + & 3x_3 & = & 7 \\ \text{(II)} & x_1 & + & x_2 & - & x_3 & = & 5 \\ \text{(III)} & 3x_1 & + & 5x_2 & & & = & 22 \end{array}$$

Lösung: Um die Voraussetzung $a_{11} \neq 0$ für das Pivotelement zu erfüllen, werden die Gleichungen (I) und (II) vertauscht.

	x_1	x_2	x_3	b	
E	1	1	−1	5	↓ (0) ↓ (−3)
	0	2	3	7	
	3	5	0	22	
E		2	3	7	↓ (−1)
		2	3	7	
		0	0	0	

Das gestaffelte System wird nicht vollständig erreicht. Nach der 2. Umformung entsteht **eine Zeile, in der nur Nullen auftreten**. Das ist das entscheidende Kennzeichen für die **lineare Abhängigkeit** von Gleichungen.

Aus der unteren „E"-Zeile: $2x_2 + 3x_3 = 7$ folgt z. B.

$$x_2 = \frac{7 - 3x_3}{2} = 3{,}5 - 1{,}5x_3$$

Nach Einsetzen von x_2 ergibt sich aus der oberen „E"-Zeile $x_1 = 5 - (3{,}5 - 1{,}5x_3) + x_3 = 1{,}5 + 2{,}5x_3$

Lösung ist $L = \{(x_1;\, x_2;\, x_3)\} = \{(1{,}5 + 2{,}5x_3;\, 3{,}5 - 1{,}5x_3;\, x_3)\}$, wobei $x_3 \in \mathbb{R}$ der Parameter ist.

Es gibt unendlich viele Lösungen, aus denen bestimmte ausgewählt werden können. Wird z. B. der Wert $x_3 = 1$ als zweckmäßig erachtet, so hat das System die spezielle Lösung $(x_1;\, x_2;\, x_3) = (4;\, 2;\, 1)$.

2.62
$$\left|\begin{array}{l} x_1 + x_2 + 2x_3 = 7 \\ 2x_1 - 3x_2 + x_4 = 10 \\ x_2 - x_4 = 3 \\ 3x_1 - x_2 + 2x_3 = 0 \end{array}\right|$$

Lösung:

	x_1	x_2	x_3	x_4	b	
E	1	1	2	0	7	↓ (−2) ↓ (0) ↓ (−3)
	2	−3	0	1	10	
	0	1	0	−1	3	
	3	−1	2	0	0	
E		−5	−4	1	−4	↓ (0,2) ↓ (−0,8)
		1	0	−1	3	
		−4	−4	0	−21	
E			−0,8	−0,8	2,2	↓ (−1)
			−0,8	−0,8	−17,8	
			0	0	−20,0	

In der letzten Zeile sind alle Koeffizienten Null, nicht aber das Absolutglied. Das ist das entscheidende Kennzeichen für den Widerspruch im System.

Die letzte Zeile: $0x_3 + 0x_4 = -20$ kann durch kein Paar $(x_3;\ x_4)$ erfüllt werden. Es ist $L = \emptyset$. ■

Abschließend müssen noch die Systeme betrachtet werden, bei denen die Anzahl m der Gleichungen nicht mit der Anzahl n der Unbekannten übereinstimmt. Zu den beiden Fällen $m < n$ und $m > n$ können im Rahmen dieses Lehrbuches nur einige Anmerkungen gemacht werden. Beiden Fällen gemeinsam ist, dass jeweils eine **Rückführung auf den Fall $m = n$** möglich ist.

Fall $m < n$ (weniger Gleichungen als Unbekannte).

Im *Bild 2.18* ist dieser Fall symbolisch dargestellt.

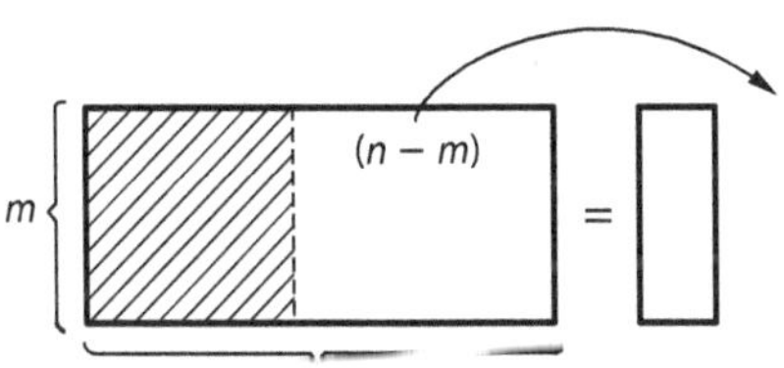

Bild 2.18

Die überzähligen $(n - m)$ Variablen werden auf die rechte Seite des Systems gebracht. Sie werden dadurch zu Parametern der Lösung. Bei Sachaufgaben kann es von Bedeutung sein, welche der freien Variablen als Parameter ausgewählt werden, denn diese Größen müssen sich im real existierenden System direkt größenmäßig einstellen lassen.

Beispiel

2.63 Gegeben ist ein System mit 3 Gleichungen und 4 Variablen

$$\left|\begin{array}{l} x_1 + 2x_2 - x_3 = 0 \\ 2x_1 - 3x_3 + x_4 = 6 \\ x_3 - x_4 = 2 \end{array}\right|$$

Als überzählige Variable wird x_4 ausgewählt. Das nun entstehende System wird in das Rechenschema eingetragen:

	x_1	x_2	x_3	b	x_4	
E	1	2	−1	0	0	↓ (−2)
	2	0	−3	6	−1	
	0	0	1	2	1	
E		−4	−1	6	−1	
			1	2	1	

Die Rückrechnung liefert $x_3 = 2 + x_4$.

Damit ist

$$x_2 = \frac{6 - x_4 + x_3}{-4} = \frac{6 - x_4 + 2 + x_4}{-4} = -2 \quad \text{und}$$

$$x_1 = -2x_2 + x_3 = 6 + x_4$$

Die von x_4 abhängige Parameterlösung ist somit

$$L = \{(x_1;\ x_2;\ x_3;\ x_4)\} = \{(6 + x_4;\ -2;\ 2 + x_4;\ x_4)\} \quad \text{mit} \quad x_4 \in \mathbb{R}$$

Es wird dem Leser überlassen, mit diesem Quadrupel die Einsetzprobe für alle 4 Gleichungen durchzuführen. ■

Fall $m > n$: (mehr Gleichungen als Unbekannte)

Im *Bild 2.19* ist dieser Fall symbolisch dargestellt.

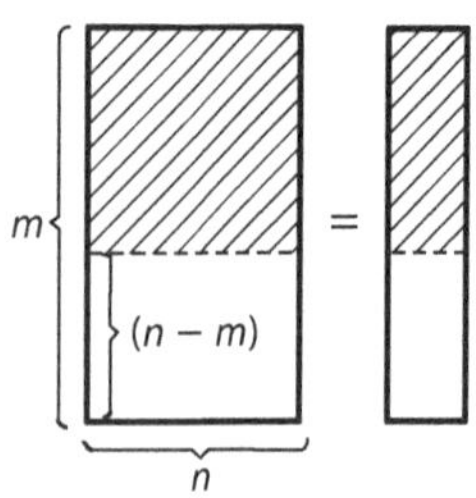

Bild 2.19

Eine Rückführung auf den Fall $m = n$ ist dadurch möglich, dass zunächst ein **Teilsystem** mit n Gleichungen ausgewählt und gelöst wird. Hierbei tritt einer der drei Fälle auf:

1. Das Teilsystem hat keine Lösung. Dann hat auch das Gesamtsystem keine Lösung.
2. Das Teilsystem hat genau eine Lösung. Dann ist durch Einsetzen dieser Lösung in die restlichen $(m - n)$ Gleichungen zu prüfen, ob sich stets wahre Aussagen ergeben. Ist das der Fall, so ist die Lösung des Teilsystems zugleich auch Lösung des Gesamtsystems.

   Tritt beim Einsetzen eine falsche Aussage auf, so hat das Gesamtsystem keine Lösung.
3. Das Teilsystem hat eine Parameterlösung. Dann sind die linear abhängigen Gleichungen zu eliminieren, n neue Gleichungen zu einem Teilsystem zusammenzufassen und die Rechnung erneut zu beginnen.

Für alle drei Fälle sind Übungsaufgaben gestellt worden. Hier wird nur der zweite Fall vorgeführt im folgenden Beispiel.

Beispiel

2.64 Das System

$$\begin{array}{l|rcl|} \text{(I)} & x + & y = 5 \\ \text{(II)} & 2x - & y = 1 \\ \text{(III)} & -x + & 3y = 7 \end{array}$$

ist zu lösen!

Lösung: Willkürlich werden die Gleichungen (I) und (II) zu einem Teilsystem zusammengefasst. Im Schema ergibt sich

	x	y	b	
E	1	1	5	$\downarrow (-2)$
	2	−1	1	
		−3	−9	

Die Rückrechnung ergibt $y = 3$ und $x = 5 - y = 2$.

Lösung des Teilsystems ist $L_T = \{(x;\, y)\} = \{(2;\, 3)\}$.

Die Einsetzprobe in (III) ergibt mit $-2 + 9 = 7$ eine wahre Aussage. Somit ist $L = L_T = \{(x;\, y)\} = \{(2;\, 3)\}$ auch Lösungsmenge des Gesamtsystems. ■

Der Gauß'sche Algorithmus zeichnet sich nicht nur durch eine hohe Übersichtlichkeit beim Lösen größerer Gleichungssysteme aus, sondern eignet sich auch zur Ausarbeitung eines Programms zur Lösung linearer Gleichungssysteme durch Computer.

Kontrollfragen

2.28 Unter welchen Bedingungen hat ein Gleichungssystem eine Parameterlösung?

2.29 Was verstehen Sie unter einem vollständigen gestaffelten System?

2.30 Woran erkennen Sie bei Anwendung des Gauß'schen Algorithmus, dass ein lineares Gleichungssystem genau eine, keine oder unendlich viele Lösungen hat?

2.31 Welche Möglichkeiten bestehen, um ein Gleichungssystem, bei dem die Anzahl der Gleichungen nicht mit der Anzahl der Unbekannten übereinstimmt, zu lösen?

Aufgaben: *2.48* und *2.49*

2.3.4 Determinantenverfahren

Bei vielen einfachen Anwendungsaufgaben ist ein **System mit 2 Gleichungen und 2 Variablen** aufzustellen, das gelöst werden muss. Deshalb ist es zweckmäßig, ein solches System in allgemeiner Form zu lösen. Die entstehenden Formeln vermindern den Umformungsaufwand beim Lösen eines Gleichungssystems erheblich.

Gegeben sei das System

$$\left| \begin{array}{l} a_{11}x_1 + a_{12}x_2 = b_1 \\ a_{21}x_1 + a_{22}x_2 = b_2 \end{array} \right|$$

Wie beim Additionsverfahren wird erweitert:

zur Berechnung von x_1

$$\left|\begin{array}{l} 2x_1 + 5x_2 = 1 \\ 3x_1 + 2x_2 = 7 \end{array}\right| \begin{array}{l} \cdot 2 \\ \cdot (-5) \end{array}$$

$$\left|\begin{array}{r} 2 \cdot 2x_1 + 5 \cdot 2x_2 = 1 \cdot 2 \\ -5 \cdot 3x_1 - 5 \cdot 2x_2 = -5 \cdot 7 \end{array}\right|$$

$$(2 \cdot 2 - 5 \cdot 3)x_1 = 1 \cdot 2 - 5 \cdot 7$$

zur Berechnung von x_2

$$\left|\begin{array}{l} 2x_1 + 5x_2 = 1 \\ 3x_1 + 2x_2 = 7 \end{array}\right| \begin{array}{l} \cdot (-3) \\ \cdot 2 \end{array}$$

$$\left|\begin{array}{r} -2 \cdot 3x_1 - 5 \cdot 3x_2 = -1 \cdot 3 \\ 2 \cdot 3x_1 + 2 \cdot 2x_2 = 2 \cdot 7 \end{array}\right|$$

$$(2 \cdot 2 - 5 \cdot 3)x_2 = 2 \cdot 7 - 1 \cdot 3$$

In beiden Berechnungen erscheint jeweils auf der linken Seite der Term $(2 \cdot 2 - 5 \cdot 3)$.

Diese vier Koeffizienten werden durch ein quadratisches Schema wiedergegeben. Dieses Schema heißt **zweireihige Determinante**.

$$\begin{vmatrix} 2 & 5 \\ 3 & 2 \end{vmatrix} = 2 \cdot 2 - 5 \cdot 3 = -11 = D$$

D ist das Symbol einer **Determinante**. Sie lässt sich als Differenz der Produkte der Elemente berechnen, die auf den Diagonalen des durch die Koeffizienten gebildeten Schemas stehen:

$$\begin{vmatrix} a_{11} & a_{12} \\ a_{21} & a_{22} \end{vmatrix} = a_{11}a_{22} - a_{12}a_{21} = D \tag{2.14}$$

$$\begin{vmatrix} b_1 & a_{12} \\ b_2 & a_{22} \end{vmatrix} = b_1 a_{22} - a_{12} b_2 = D_1 \tag{2.15}$$

$$\begin{vmatrix} a_{11} & b_1 \\ a_{21} & b_2 \end{vmatrix} = a_{11} b_2 - b_1 a_{21} = D_2 \tag{2.16}$$

Ist $D \neq 0$ ergibt sich nach der Cramerschen Regel:

$$x_i = \frac{D_i}{D} \tag{2.17}$$

(Fortsetzung) Die auf der rechten Seite stehenden Terme werden auch in Determinantenschreibweise wiedergegeben.

$$\begin{vmatrix} 1 & 5 \\ 7 & 2 \end{vmatrix} = 1 \cdot 2 - 5 \cdot 7 = -33 = D_1$$

$$\begin{vmatrix} 2 & 1 \\ 3 & 7 \end{vmatrix} = 2 \cdot 7 - 1 \cdot 3 = 11 = D_2$$

$$x_1 = \frac{-33}{11} = -3 \quad x_2 = \frac{11}{11} = 1$$

Beispiele

2.65 Das System ist mit dem Determinantenverfahren zu lösen.

$$\left|\begin{array}{r} 3x_1 + 4x_2 = 10 \\ x_1 - 8x_2 = -9 \end{array}\right|$$

Lösung:

Nach *Gl. (2.14)* ist $D = \begin{vmatrix} 3 & 4 \\ 1 & -8 \end{vmatrix} = -24 - 4 = -28$

Nach *Gl. (2.15)* ist $D_1 = \begin{vmatrix} 10 & 4 \\ -9 & -8 \end{vmatrix} = -80 + 36 = -44$

Nach *Gl. (2.16)* ist $D_2 = \begin{vmatrix} 3 & 10 \\ 1 & -9 \end{vmatrix} = -27 - 10 = -37$

Nach *Gl. (2.17)* ist $x_1 = \frac{-44}{-28} = \frac{11}{7}$, $x_2 = \frac{-37}{-28} = \frac{37}{28}$

2.66 $\left| \begin{aligned} 12x - 18y &= 34 \\ 2x - 3y &= -5 \end{aligned} \right|$ ist zu lösen.

Es ist $D = \begin{vmatrix} 12 & -18 \\ 2 & -3 \end{vmatrix} = -36 + 36 = 0$. Das System hat keine Lösung, da bei Anwendung der *Gleichung (2.17)* durch Null dividiert wird. ∎

Gesetze für zweireihige Determinanten

Die Determinantengesetze werden für die weiteren Darlegungen über lineare Gleichungssysteme von Bedeutung sein und werden zu Erleichterungen bei der Berechnung von Determinanten beitragen.

Die zunächst für zweireihige zu beweisenden Eigenschaften haben auch für drei- und mehrreihige Determinanten Gültigkeit.

Satz 2.4

Werden in einer Determinante die Spalten mit den gleichstelligen Zeilen vertauscht, so bleibt ihr Wert unverändert.

$$\begin{vmatrix} a_{11} & a_{12} \\ a_{21} & a_{22} \end{vmatrix} = a_{11}a_{22} - a_{12}a_{21} \quad \text{und} \quad \begin{vmatrix} a_{11} & a_{21} \\ a_{12} & a_{22} \end{vmatrix} = a_{11}a_{22} - a_{12}a_{21}$$

Aus dieser Eigenschaft kann eine wichtige Schlussfolgerung gezogen werden. Jede für die Zeilen (Spalten) nachgewiesene Gesetzmäßigkeit gilt gleichzeitig für die Spalten (Zeilen). Spalte und Zeile sind gleichberechtigt. Für sie wird deshalb die gemeinsame Bezeichnung **Reihe** eingeführt.

Satz 2.5

Enthalten alle Elemente einer Reihe einen gemeinsamen Faktor, so kann dieser vor die Determinante gesetzt werden.

Weisen z. B. die Elemente der ersten Zeile den gemeinsamen Faktor $k \in \mathbb{R}$ auf, so ist:

$$\begin{vmatrix} ka_{11} & ka_{12} \\ a_{21} & a_{22} \end{vmatrix} = ka_{11}a_{22} - ka_{12}a_{21} = k(a_{11}a_{22} - a_{12}a_{21}) = k \begin{vmatrix} a_{11} & a_{12} \\ a_{21} & a_{22} \end{vmatrix}$$

Satz 2.6

Werden in einer Determinante zwei parallele Reihen miteinander vertauscht, so ändert der Wert der Determinante das Vorzeichen.

Entsteht D^* aus D durch Vertauschen der ersten und zweiten Zeile, so ergibt sich:

$$D = \begin{vmatrix} a_{11} & a_{12} \\ a_{21} & a_{22} \end{vmatrix} = a_{11}a_{22} - a_{12}a_{21} \quad \text{und} \quad D^* = \begin{vmatrix} a_{21} & a_{22} \\ a_{11} & a_{12} \end{vmatrix} = a_{12}a_{21} - a_{11}a_{22}$$

$$D = -D^*$$

Satz 2.7

Eine zweireihige Determinante hat nur dann den Wert Null, wenn die Elemente einer Reihe alle Null oder zu denen einer Parallelreihe proportional sind.

Beispiele

Die Werte der folgenden Determinanten sind unter Verwendung der Determinantengesetze zu berechnen.

2.67 $D = \begin{vmatrix} 2 & 6 \\ 4 & 9 \end{vmatrix} = 2 \cdot 3 \begin{vmatrix} 1 & 2 \\ 2 & 3 \end{vmatrix} = 2 \cdot 3 \cdot (-1) = -6$

2.68 $D = \begin{vmatrix} 2 & -4 \\ 6 & 9 \end{vmatrix} = 2 \cdot 3 \begin{vmatrix} 1 & -2 \\ 2 & 3 \end{vmatrix} = 2 \cdot 3 \cdot 7 = 42$

2.69 $D = \begin{vmatrix} 1{,}5 & 2{,}5 \\ 1{,}2 & 2{,}0 \end{vmatrix} = 0{,}5 \cdot 0{,}4 = \begin{vmatrix} 3 & 5 \\ 3 & 5 \end{vmatrix} = 0$

Die folgenden Gleichungssysteme sind mithilfe der Determinantengesetze zu lösen.

2.70 $\begin{vmatrix} 0{,}8x_1 + 1{,}8x_2 = -3 \\ 1{,}3x_1 + 2{,}4x_2 = -3{,}72 \end{vmatrix}$

Lösung:

$$D = \begin{vmatrix} 0{,}8 & 1{,}8 \\ 1{,}3 & 2{,}4 \end{vmatrix} = 0{,}6 \begin{vmatrix} 0{,}8 & 3 \\ 1{,}3 & 4 \end{vmatrix} = -0{,}42$$

$$D_1 = \begin{vmatrix} -3 & 1{,}8 \\ -3{,}72 & 2{,}4 \end{vmatrix} = -3 \cdot 0{,}6 \begin{vmatrix} 1 & 3 \\ 1{,}24 & 4 \end{vmatrix} = -0{,}504$$

$$D_2 = \begin{vmatrix} 0{,}8 & -3 \\ 1{,}3 & -3{,}72 \end{vmatrix} = -3 \begin{vmatrix} 0{,}8 & 1 \\ 1{,}3 & 1{,}24 \end{vmatrix} = 0{,}924$$

$$x_1 = \frac{D_1}{D} = \frac{-0{,}504}{-0{,}42} = 1{,}2; \quad x_2 = \frac{D_2}{D} = \frac{0{,}924}{-0{,}42} = -2{,}2$$

2.71 $\begin{vmatrix} 3x_1 - 2x_2 = 0 \\ 5x_1 + 3x_2 = 0 \end{vmatrix}$

Lösung:

$$D = \begin{vmatrix} 3 & -2 \\ 5 & 3 \end{vmatrix} = 9 + 10 = 19$$

$$D_1 = \begin{vmatrix} 0 & -2 \\ 0 & 3 \end{vmatrix} = 0 \quad D_2 = \begin{vmatrix} 3 & 0 \\ 5 & 0 \end{vmatrix} = 0, \quad \text{daraus folgt } x_1 = x_2 = 0$$

■

Kontrollfragen

2.32 Was verstehen Sie unter einer Determinante?

2.33 Wie wird eine zweireihige Determinante berechnet?

2.34 Wann wird der Wert einer zweireihigen Determinante Null?

Aufgaben: *2.50* **bis** *2.52*

Mehrreihige Determinanten

Mit dem Determinantenverfahren lassen sich auch **Systeme mit mehr als 2 Gleichungen und 2 Variablen** lösen.

Gegeben sei das System

$$\left| \begin{aligned} a_{11}x_1 + a_{12}x_2 + a_{13}x_3 &= b_1 \\ a_{21}x_1 + a_{22}x_2 + a_{23}x_3 &= b_2 \\ a_{31}x_1 + a_{32}x_2 + a_{33}x_3 &= b_3 \end{aligned} \right|$$

Lösung mit dreireihigen Determinanten:

Um die Rechenregeln der zweireihigen Determinanten weiter anwenden zu können, bildet man aus dreireihigen Determinanten **zweireihige Unterdeterminanten**.

D wird z. B. nach den Elementen der ersten Spalte entwickelt:

$$D = \begin{vmatrix} a_{11} & a_{12} & a_{13} \\ a_{21} & a_{22} & a_{23} \\ a_{31} & a_{32} & a_{33} \end{vmatrix} = a_{11} \begin{vmatrix} a_{22} & a_{23} \\ a_{32} & a_{33} \end{vmatrix} - a_{21} \begin{vmatrix} a_{12} & a_{13} \\ a_{32} & a_{33} \end{vmatrix} + a_{31} \begin{vmatrix} a_{12} & a_{13} \\ a_{22} & a_{23} \end{vmatrix}$$

Es ist auf die Vorzeichen zu achten.

Weiterhin ergibt sich:

$$D_1 = \begin{vmatrix} b_1 & a_{12} & a_{13} \\ b_2 & a_{22} & a_{23} \\ b_3 & a_{32} & a_{33} \end{vmatrix} = b_1 \begin{vmatrix} a_{22} & a_{23} \\ a_{32} & a_{33} \end{vmatrix} - b_2 \begin{vmatrix} a_{12} & a_{13} \\ a_{32} & a_{33} \end{vmatrix} + b_3 \begin{vmatrix} a_{12} & a_{13} \\ a_{22} & a_{23} \end{vmatrix}$$

$$D_2 = \begin{vmatrix} a_{11} & b_1 & a_{13} \\ a_{21} & b_2 & a_{23} \\ a_{31} & b_3 & a_{33} \end{vmatrix} = a_{11} \begin{vmatrix} b_2 & a_{23} \\ b_3 & a_{33} \end{vmatrix} - a_{21} \begin{vmatrix} b_1 & a_{13} \\ b_3 & a_{33} \end{vmatrix} + a_{31} \begin{vmatrix} b_1 & a_{13} \\ b_2 & a_{23} \end{vmatrix}$$

Ist $D \neq 0$, so kann daraus x mit $x_i = \frac{D_i}{D}$ berechnet werden.

Bevor jedoch die Lösung des Gleichungssystems weiter verfolgt wird, sollen die zweireihigen Unterdeterminanten ausgewertet werden.

$$D = \begin{vmatrix} a_{11} & a_{12} & a_{13} \\ a_{21} & a_{22} & a_{23} \\ a_{31} & a_{32} & a_{33} \end{vmatrix}$$

$$= a_{11}(a_{22}a_{33} - a_{23}a_{32}) - a_{21}\,(a_{12}a_{33} - a_{13}a_{32}) + a_{31}\,(a_{12}a_{23} - a_{13}a_{22})$$

$$= a_{11}a_{22}a_{33} - a_{11}a_{23}a_{32} - a_{12}a_{21}a_{33} + a_{13}a_{21}a_{32} + a_{12}a_{23}a_{31} - a_{13}a_{22}a_{31}$$

Es ist zu erkennen, dass in jedem Summanden jede Spalte bzw. jede Zeile nur einmal vorkommt.

Jedes der neun Glieder der Determinante ist insgesamt zweimal vertreten.

Es gilt die Regel von Sarrus:

Man füge der Determinante die beiden ersten Spalten zusätzlich an und bilde die Produkte der Elemente, die jeweils auf einer der eingezeichneten Diagonalen liegen (siehe *Bild 2.20*). Dabei sind die Produkte mit dem für die Diagonalenrichtung vorgeschriebenen Vorzeichen zu versehen.

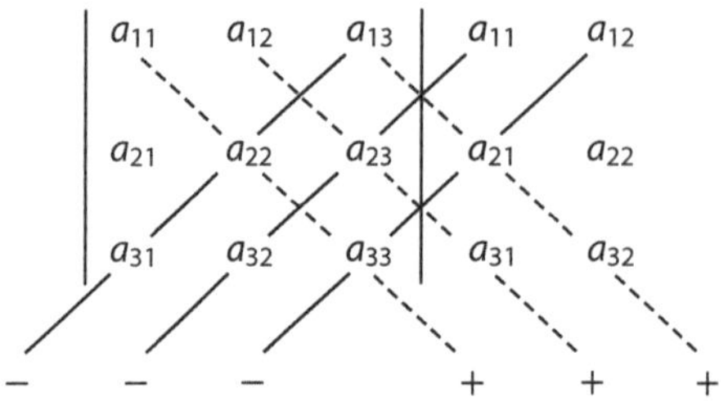

Bild 2.20

Diese Regel gilt nur für dreireihige Determinanten!

Beispiele

2.72 Die Determinante ist durch Entwicklung nach den Elementen der ersten Spalte zu berechnen.

$$D=\begin{vmatrix}1 & -2 & 1\\ 3 & 8 & 4\\ 3 & 5 & 3\end{vmatrix}=1\begin{vmatrix}8 & 4\\ 5 & 3\end{vmatrix}-3\begin{vmatrix}-2 & 1\\ 5 & 3\end{vmatrix}+3\begin{vmatrix}-2 & 1\\ 8 & 4\end{vmatrix}=1\cdot 4-3\cdot(-11)+3\cdot(-16)=-11$$

2.73 Die Determinante aus *Beispiel 2.72* ist mithilfe der Regel von Sarrus zu berechnen.

$$D=\left|\begin{matrix}1 & -2 & 1\\ 3 & 8 & 4\\ 3 & 5 & 3\end{matrix}\right|\begin{matrix}1 & -2\\ 3 & 8\\ 3 & 5\end{matrix}=1\cdot 8\cdot 3+(-2)\cdot 4\cdot 3+1\cdot 3\cdot 5-1\cdot 8\cdot 3-1\cdot 4\cdot 5-(-2)\cdot 3\cdot 3=-11$$

2.74 Es sind die Lösungen des folgenden Gleichungssystems zu bestimmen.

$$\left|\begin{aligned} 2x_1+3x_2-2x_3&=7\\ -3x_1-x_2+3x_3&=0\\ 5x_1+2x_2-x_3&=1\end{aligned}\right|$$

Lösung: Berechnung von D z. B. mit der Regel von Sarrus:

$$D=\left|\begin{matrix}2 & 3 & -2\\ -3 & -1 & 3\\ 5 & 2 & -1\end{matrix}\right|\begin{matrix}2 & 3\\ -3 & -1\\ 5 & 2\end{matrix}$$

$$=2\cdot(-1)\cdot(-1)+3\cdot 3\cdot 5+(-2)\cdot(-3)\cdot 2-(-2)\cdot(-1)\cdot 5-2\cdot 3\cdot 2-3\cdot(-3)\cdot(-1)=28$$

Berechnung von D_1 z. B. mit Entwicklung nach 1. Spalte, wegen dem Nullelement.

$$D_1=\begin{vmatrix}7 & 3 & -2\\ 0 & -1 & 3\\ 1 & 2 & -1\end{vmatrix}=7\begin{vmatrix}-1 & 3\\ 2 & -1\end{vmatrix}+1\begin{vmatrix}3 & -2\\ -1 & 3\end{vmatrix}=7\cdot(-5)+1\cdot 7=-28$$

Berechnung von D_2 z. B. mit Entwicklung nach der 2.Zeile.

$$D_2=\begin{vmatrix}2 & 7 & -2\\ -3 & 0 & 3\\ 5 & 1 & -1\end{vmatrix}=-(-3)\begin{vmatrix}7 & -2\\ 1 & -1\end{vmatrix}-3\begin{vmatrix}2 & 7\\ 5 & 1\end{vmatrix}=3\cdot(-5)-3\cdot(-33)=84$$

Berechnung von D_3:

$$D_3 = \begin{vmatrix} 2 & 3 & 7 \\ -3 & -1 & 0 \\ 5 & 2 & 1 \end{vmatrix} = 0$$

Berechnung von x_1; x_2 und x_3:

$$x_1 = \frac{D_1}{D} = \frac{-28}{28} = -1; \quad x_2 = \frac{D_2}{D} = \frac{84}{28} = 3; \quad x_3 = \frac{D_3}{D} = \frac{0}{28} = 0$$

$L = \{(-1;\ 3;\ 0)\}$ ■

Lösung mit n-reihigen Determinanten:

In der gleichen Weise wie beim Übergang von zweireihigen zu dreireihigen Determinanten lassen sich vier- bzw. n-reihige Determinanten einführen. Für diese n-reihigen Determinanten gelten die für dreireihige Determinanten aufgeführten Berechnungsvorschriften, außer der Regel von Sarrus, die nur für dreireihige Determinanten Gültigkeit besitzt. Beispielsweise wird eine fünfreihige Determinante zuerst in eine vierreihige und diese wiederum in eine dreireihige Determinante überführt.

Aufgaben: ***2.53*** **bis** ***2.63***

2.4 Aufgaben

2.1 Bestimmen Sie die Definitionsbereiche für die Terme!

a) $T = \sqrt{4-x}$ b) $T = \ln(5x-1)$ c) $T = \frac{0{,}7}{9-a^2}$

d) $T = \frac{1}{x^2-8}$ e) $T = \frac{R}{(1+R)(1-R)}$

2.2 Ermitteln Sie die größtmöglichen Definitionsbereiche!

a) $x^2(x+2) = x+2$ b) $\frac{1}{1-x} = \sqrt{\frac{1}{x}}$ c) $\sin^2 x + \cos^2 x = 1$

d) $\sqrt{4-x} = \frac{567}{x^2-25}$ e) $\ln 3 = (x+4)^2$

2.3 Welche der in der *Aufgabe 2.2* gegebenen Gleichungen sind algebraische Gleichungen?

2.4 Die in der *Aufgabe 2.2* gegebenen algebraischen Gleichungen sind in die allgemeine Form zu überführen!

2.5 Ermitteln Sie durch die Einsetzprobe, für welche der in der *Aufgabe 2.2* gegebenen Gleichungen $x_1 = -2$ oder $x_2 = 0$ Lösungen sind!

2.6 Die folgenden Gleichungen sind zu lösen:

a) $3x + 5(x+7) = 6x + 19$ b) $3x[2(x+7)] - 4x = -48x + 6x^2$

c) $\frac{1}{x} = \frac{4}{x-2}$ d) $2x - 7 = \frac{2x^2}{x+4}$

e) $\frac{3}{x+1} - \frac{7}{x-1} = \frac{8}{x^2-1}$ f) $\sqrt{3x+5} + \sqrt{x+1} = 0$

g) $\frac{2(x+2)}{x-3} + \frac{2x}{2x-6} = \frac{12}{3x-9}$ h) $1 - \frac{8}{4-x} = \frac{13x-7}{x-4}$

2.7 Folgende Formeln sind nach der jeweils angegebenen Variablen aufzulösen.

a) $V = \pi\, hs\,(2r + s)$ nach r

b) $\frac{1}{R} = \frac{1}{R_1} + \frac{1}{R_2}$ nach R_2

c) $Q = \dfrac{1}{1 + \frac{a}{b} + \frac{4\,b}{3\,u}}$ nach u

d) $W = mgh + \frac{m}{2} v^2$ nach m

e) $\frac{1}{f} = (n-1)\left(\frac{1}{e_1} + \frac{1}{e_2}\right)$ nach e_1

f) $F = F_0\left(1 - \frac{r}{n} - 0{,}8\frac{a}{n}\right)$ nach n

2.8 Drei gleiche Nähroboter benötigen für 200 Kleidungsstücke insgesamt 8 Stunden.

a) In welcher Zeit bearbeiten sie bei gleicher Leistung 65 Kleidungsstücke?

b) Wie viel Zeit wird benötigt, wenn für die 200 Stück fünf dieser Nähroboter eingesetzt werden?

c) Berechnen Sie die Anzahl der benötigten Nähroboter gleichen Typs, wenn 200 Stück in 1,5 Stunden bearbeitet sein sollen.

2.9 Die Warenproduktion eines Betriebsteiles betrug 2013 1,4 Millionen €.

a) Wie groß war die Warenproduktion 2012, wenn sie auf 106 % gesteigert wurde?

b) Um wie viel Prozent steigt die Warenproduktion, wenn für 2014 1,47 Mill. € Warenproduktion vorgesehen ist?

c) Wie groß ist die prozentuale Steigerung von 2012 zu 2014?

2.10 Ein 400 m langer Draht mit dem Durchmesser von 4 mm hat eine Masse von 36,7 kg. Wie viel Meter Draht aus dem gleichen Material, aber mit dem Durchmesser von 6 mm, haben eine Masse von 90 kg?

2.11 Zwei LKW unterschiedlicher Ladekapazität transportieren zusammen 12 t Material. Der erste transportiert 0,5 t weniger als das Dreifache des zweiten. Wie viel Tonnen transportiert jeder LKW?

2.12 Acht Liter einer 10 %igen Säure werden mit 3 l einer 2 %igen Säure gemischt. Wie groß ist der Prozentgehalt an Säure in der Mischung?

2.13 Bei einer Brinellhärteprüfung einer Stahlsorte, bei der eine Stahlkugel mit 10 mm Durchmesser auf die ebene Oberfläche des zu prüfenden Werkstückes gedrückt wird, ergibt sich ein Kugeleindruck mit 4 mm Durchmesser.

Wie tief ist die Kugel in das Werkstück eingedrungen?

2.14 In einer Anlage bewegen sich zwei Körper in einer Gesamtstrecke von 80 cm aufeinander zu. Der untere wird mit der konstanten Geschwindigkeit von 13 m/s angehoben, der obere bewegt sich mit der gleichmäßigen Beschleunigung von 4 m/s^2 nach unten. Wann treffen sich beide Körper, und welchen Weg hat dann jeder Körper zurückgelegt?

2.15 Wird eine Seite eines Quadrates um 3 m verkürzt, die andere um 5 m verlängert, so entsteht ein Rechteck mit 20 m^2 Flächeninhalt. Wie lang sind die Seiten des Rechtecks?

2.16 Folgende Gleichungen sind zu lösen:

a) $x^2 - 64 = 0$

b) $x^2 + 2x = 0$

c) $x^2 + 2x = 8$

d) $3x^2 - 5x = x^2 + 9x + 18$

e) $x^2 - 6x = x\,(x - 6)$

f) $(x + 4)\,(x - 3) = 0$

g) $(x + 1{,}9)^2 = 0$

h) $2x^2 = 8x - 8$

i) $8x^2 - 6x + 1 = 0$

j) $(x + a)^2 = b^2$

k) $-0{,}1x^2 + 2x + 50 = 0$

l) $4x^2 - 24x = 28$

m) $-0{,}030x^2 + 0{,}0150x - 0{,}185 = 0$ mit einer Genauigkeit von 10^{-5}.

2.17 Stellen Sie die Terme als Produkte von Linearfaktoren dar.

a) $x^2 - 8x + 16$ b) $x^2 - 5x$

2.18 Welche quadratische Gleichung in Normalform hat folgende Lösungsmengen?

a) $\{1; 3\}$ b) $\{0; 5\}$ c) $\{-3\}$(zweifach)

2.19 Die gegebenen Gleichungen sind in die Normalform der quadratischen Gleichung zu überführen und zu lösen.

a) $\frac{1}{x} = 2x + 3$ b) $x - 9 - \frac{\sqrt{3x}}{2} = 0$ c) $x + 1 = \sqrt{5 - 2x} + 10$

d) $\frac{x + 11}{x + 3} = \frac{2x + 1}{x + 5}$ e) $\frac{1}{x - 1} + \frac{2}{x - 3} = \frac{x^2 - 2x - 1}{x^2 - 4x + 3}$

2.20 Wird der Radius einer Kugel um 3 cm vergrößert, so verdoppelt sich ihre Oberfläche. Wie groß war der Radius?

2.21 In einem Stromkreis, an dem eine Spannung von 220 V angelegt ist, fließt bei Parallelschaltung zweier Widerstände ein Strom von 4 A und bei Reihenschaltung der gleichen Widerstände ein Strom von 1 A. Wie groß sind die Widerstände?

2.22 Lösen Sie folgende Gleichungen!

a) $x^2 + (x - 2)^2 = (x + 2)^2$ b) $2x^2 + 6 = (x - 3)(x - 2)$

c) $\frac{x + 1}{x - 1} - \frac{x - 1}{x + 1} = \frac{x^2}{x^2 - 1}$ d) $\frac{a}{a + 5} + \frac{a}{a - 5} = \frac{a^2 + 8a}{a^2 - 25}$

2.23 Folgende Gleichungen sind zu lösen.

a) $x^3 - 27 = 0$ b) $x^3 - 2x^2 - 12x = 0$

c) $(x - 3)(x + 4)^2 = 0$ d) $x^3 + 5x^2 = 0$

2.24 Bei einem Quader ist die erste Kante um 5 cm länger als die zweite und um 4 cm kürzer als die dritte. Er hat ein Volumen von 700 cm^3. Welche Längen haben die Kanten?

2.25 Ermitteln Sie unter Nutzung des Hornerschen Schemas die Lösungen der folgenden Gleichungen.

a) $x^3 - x^2 - 41x + 105 = 0$ b) $x^3 - 3x^2 + 3x - 9 = 0$

2.26 Lösen Sie folgende Exponentialgleichungen.

a) $8^x = 64$ b) $8^x = 164$

c) $3{,}11^{x-1} = 12{,}56$ d) $0{,}56^{3-x} \cdot 1{,}23^x = 15$

e) $2\,\mathrm{e}^x - 3\,\mathrm{e}^{-x} = 1$ f) $a^{x+7} = a^{16}$

g) $\left(r^{x-2}\right)^{x-4} = \left(r^{2-x}\right)^{7-x}$ h) $\left(\frac{3}{4}\right)^x = \left(\frac{4}{3}\right)^x$

2.27 Die gegebenen Formeln sind aufzulösen.

a) $D = \frac{1 - \mathrm{e}^{-kt}}{1 + \mathrm{e}^{-kt}}$ nach t b) $A_n = A_1 q^{n-1}$ nach n

c) $K = K_0 (1 - p)^n$ nach n

2.28 Lösen Sie die logarithmischen Gleichungen.

a) $6 + 3 \lg x = 7{,}9$ b) $4 - 8 \lg(3x) = -18{,}3$

c) $\lg x^3 + 2 \lg x^2 = 30{,}6$ d) $\ln x^2 + 23 = \lg 12\,700$

e) $\ln\left(x^2 + 2x - 7\right) = \ln(x + 3)$

2.29 Der Zeitwert K_z einer Maschine mit einem Neuwert K beträgt nach n Jahren $K_z = K\left(1 - p\right)^n$, wenn jährlich p Prozent abgeschrieben werden.

Nach wie vielen Jahren ist der Zeitwert auf ein Drittel des Neuwertes gesunken, wenn mit $p = 8\,\%$ abgeschrieben wird?

2.30 Die gegebenen Formeln sind aufzulösen.

a) $F_1 = \frac{F_2}{2^n}$ nach n b) $f = \ln \frac{D_0}{D_0 - d} + 0{,}3$ nach D_0

c) $AB^{C \lg D + E} = F$ nach A, B, C, D und E.

2.31 Von den gegebenen goniometrischen Gleichungen sind Lösungen aus dem Intervall $I_1 = \left[0;\ \frac{\pi}{2}\right]$ bzw. $I_2 = [0;\ 2\pi]$ in den Einheiten Radiant und Grad anzugeben.

a) $\sin 3x = 0{,}345;\quad x \in I_1$ b) $3\tan 0{,}6x = 2{,}33;\quad x \in I_1$

c) $\cos x - \sin x = 1;\quad x \in I_2$ d) $\frac{\cos x}{\tan x} = -3;\quad x \in I_2$

e) $\cos\ 2x = -2;\quad x \in I_2$ f) $\sin^2 x + \cos^2 x = 1; x \in I_2$

2.32 Ermitteln Sie eine, wenn möglich zwei Lösungen!

a) $3 + x = 0{,}43$ b) $3x = 0{,}43$

c) $3^x = 0{,}43$ d) $\log_3 x = 0{,}43$

e) $3\sin x = 0{,}43;\quad x \in [0;\ 2\pi]$ f) $\tan\frac{x}{3} = 0{,}43;\quad \frac{x}{3} \in [0;\ 2\pi]$

g) $\arctan(3 - x) = 0{,}43$ h) $\sqrt[x]{3} = 0{,}43$

2.33 Lösen Sie durch vorherige Umformungen oder mittels Substitution folgende Gleichungen!

a) $\lg x^4 = 5\lg 12 - \lg x$ b) $\ln(2x + 3) = \ln(x - 1) + 3$

c) $23{,}56^x = 14^{x-3}$ d) $e^{2x} + 3\,e^x = 0$

e) $2\ \cos 2x - 3\sin 2x = 1$ f) $6\sin x = 12\sin x$

2.34 Für einen Potenzflaschenzug gilt $F_1 = \frac{F_2}{2^n \cdot \eta}$. Wie viele Rollen werden benötigt, um die Last $F_2 = 54\,000$ N mit der Kraft $F_1 = 400$ N bei einem Wirkungsgrad $\eta = 0{,}78$ heben zu können?

2.35 Die Amplituden eines Federschwingers bilden eine fallende geometrische Folge mit der Gesetzmäßigkeit $A_n = A_0 q^n$. Dabei bedeuten: A_0 die Anfangsamplitude, A_n die Amplitude der n-ten Schwingung und $q = 0{,}95 = 95\,\%$ die jeweilige Amplitudenabnahme. Bei welcher Periode unterschreitet die Amplitude 10 % des Anfangswertes?

2.36 Bei der Papierherstellung wird die Papierbahn über Trockenzylinder geleitet, wie es dem *Bild 2.21* zu entnehmen ist. Mit den seitlich angeordneten Walzen lässt sich der Umschlingungswinkel α verändern. Ermitteln Sie diesen für den Fall $a = 100$ mm, $R = 320$ mm, $r = 44$ mm.

2.37 Ein liegender zylindrischer Kessel mit dem Radius r soll zu einem Drittel mit Wasser gefüllt werden. In welcher Höhe (gemessen in Bruchteilen des Radius) ist dann die Wasseroberfläche (*Bild 2.22*)?

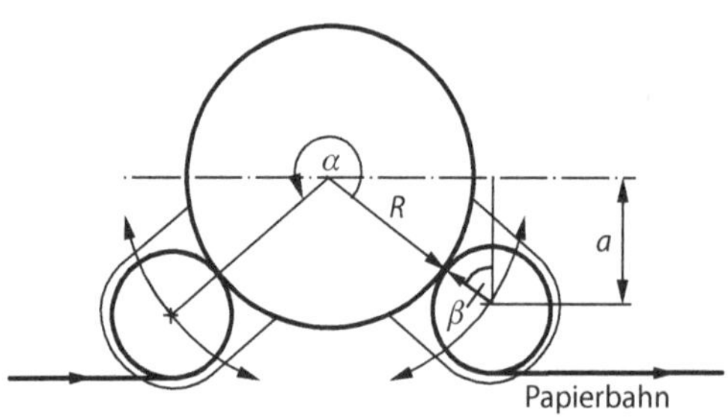

Bild 2.21

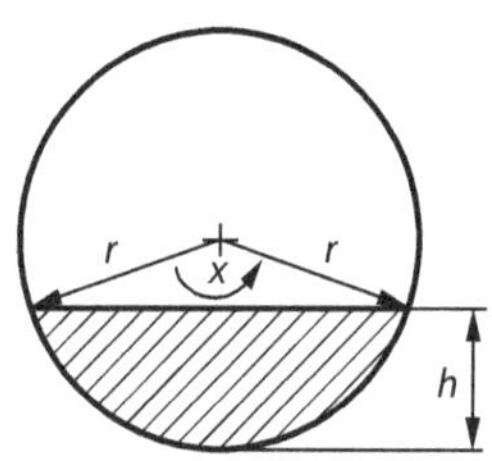

Bild 2.22

2.38 Ermitteln Sie auf grafischem Wege und danach mittels der Iteration oder dem Sekantenverfahren mit einer Genauigkeit von 10^{-3} die Lösungen folgender Gleichungen.

a) $\ln x = x - 3$ b) $\sin 2x - e^x + 3x = 0,\quad x \in [0;\ 0{,}5]$

c) $x^3 - 3x - 16 = 0$ d) $x^4 - 2x^2 = 3x + 4$

2.39 Die Lösungsmengen für die folgenden Ungleichungen sind zu ermitteln.

a) $3x - 4(7 - x) > 12x + 28$

b) $2(x + 2) - 10x \leq -8x$

c) $4 - x\,[6 - 5\,(3 - x)] \leqq x\,[-2 - 5\,(x + 12)]$

d) $2\,u + 10\,(3 - 5u) < 8u + u\,(2u - 1) - 2\,(u + 1)^2$

e) $(x - 3)\,(2x + 4) > 0$ (Produkt beachten!)

2.40 Bestimmen Sie die größtmöglichen Definitionsbereiche!

a) $\ln(3x - 1)$ b) $\sqrt{4\,u + 12}$ c) $\sqrt{\dfrac{4}{2 - 5\,t}}$

2.41 Die folgenden Ungleichungen sind zu lösen.

a) $|x + 3| \leqq 2$ b) $|x + 4| > 5$ c) $|8x - 3| \leqq 12$

2.42 Bestimmen Sie die Lösungen folgender Gleichungssysteme durch ein zweckmäßiges herkömmliches Lösungsverfahren (a) bis d) auch grafisch).

a) $\left| \begin{array}{l} 3x - 2y = 6 \\ 6x - 4y = 12 \end{array} \right|$ b) $\left| \begin{array}{l} 3x - 2y = 6 \\ 6x - 4y = 18 \end{array} \right|$

c) $\left| \begin{array}{r} 12x - 8y = 24 \\ 2y = 3x - 6 \end{array} \right|$ d) $\left| \begin{array}{r} 4x_2 - 2 = 8x_1 \\ x_1 = 12x_2 - 9 \end{array} \right|$

e) $\left| \begin{array}{l} 3x_1 = 4 + 2x_2 \\ 3x_1 = 12x_2 - 2 \end{array} \right|$ f) $\left| \begin{array}{r} x_1 + x_2 - 2 = 0 \\ 3x_1 - x_2 + 7 = 0 \end{array} \right|$

2.43 Stellen Sie aus den dargestellten Sachverhalten heraus die Gleichungssysteme auf, und lösen Sie diese mit einem passend gewählten Lösungsverfahren.

a) Zwei Bautrupps B_1 und B_2 sollten eine Werkhalle in 45 Tagen montieren. Der Bautrupp B_1 wurde nach 10 Tagen abgezogen, und der Bautrupp B_2 benötigte deshalb noch 42 Tage zur Fertigstellung der Halle. In welcher Zeit hätte jeder Bautrupp allein die Montage durchführen können?

b) Beim DIN-gerechten Papierformat A0 stehen die Seiten im Verhältnis $1 : \sqrt{2}$. Die Fläche beträgt $1\,m^2$. Wie lang sind die beiden Seiten?

c) Wird die lange Seite einer rechteckigen Platte um 4 cm verkürzt und die kurze um 2 cm, so entsteht eine quadratische Platte mit einem um $84\,cm^2$ geringeren Flächeninhalt. Wie lang sind die Seiten vorher gewesen?

d) Das von einer Kraft erzeugte Drehmoment bleibt konstant, wenn die Kraft um 68 N vergrößert und der Hebelarm um 32 cm verkürzt wird oder wenn die Kraft um 68 N verringert und der Hebelarm um 64 cm verlängert wird. Wie groß sind die Kraft und ihr Hebelarm?

e) In einem einfachen Stromkreis bewirkt die Verringerung des Widerstandes um 50 Ω ein Ansteigen der Stromstärke um 2,4 A. Bei Vergrößerung des Widerstandes um 20 Ω sinkt die Stromstärke um 0,6 A. Wie groß sind Widerstand und Stromstärke?

f) Eine 6 mm dicke Messingplatte ist 43 cm breit und 1,25 m lang. Sie hat eine Masse von 26,123 kg. Wie viel Kupfer mit $\varrho = 8{,}9\,kg/dm^3$ und wie viel Zink mit $\varrho = 7{,}14\,kg/dm^3$ sind darin enthalten?

g) Schwefelsäure mit einer Dichte von $1{,}15\,kg/dm^3$ und $1{,}21\,kg/dm^3$ ergeben beim Mischen $60\,dm^3$ Schwefelsäure mit der Dichte $1{,}18\,kg/dm^3$. Wie groß sind die Ausgangsmengen gewesen?

2.44 Berechnen Sie die Koordinaten der Schnittpunkte der durch die Funktionen gegebenen Geraden.

a) $y = 2x - 3$ und $y = -0{,}5x + 2$ mit $x \in \mathbb{R}$

b) $x - y = 0$ und $3x + y = 1$ mit $x \in \mathbb{R}$.

2.45 Fassen Sie zusammen und ermitteln Sie dann die Lösungsmengen der folgenden Gleichungssysteme.

a) $\left| \begin{array}{r} 2\,(x - 3) + y\,(x + 4) - xy + 12 = 0 \\ 8\,(3x + 6) - 2\,(12x - 5y) = 36x - 1 \end{array} \right|$ b) $\left| \begin{array}{l} (x + 3)^2 = x^2 - 3y \\ 12x + 6y = 10 \end{array} \right|$

c) $\left| \begin{array}{r} -(3x+2y)\,6+9\,(2y-3x)=0 \\ 6y-45x=0 \end{array} \right|$ d) $\left| \begin{array}{l} 0{,}780x+0{,}563y=0{,}217 \\ 0{,}913x+0{,}659y=0{,}254 \end{array} \right|$

e) $\left| \begin{array}{r} x+y=34{,}87 \\ 12{,}35x-56{,}73=y \end{array} \right|$ f) $\left| \begin{array}{l} \dfrac{2}{x+3}=\dfrac{6{,}7}{y-3{,}3} \\ \dfrac{3{,}1}{15-y}=\dfrac{0{,}3}{8{,}11x} \end{array} \right|$

2.46 Ein Körper bewegt sich geradlinig gleichförmig. Für ihn gilt deshalb $s = v_0 t + s_0$.

Zwei Messungen ergaben:

t/s	3	6
s/m	12,4	28,2

Ermitteln Sie aus dem aufzustellenden Gleichungssystem die Werte von v_0 und s_0.

2.47 Die nachstehend aufgeführten Punkte P_1 und P_2 liegen jeweils auf einer Geraden mit der Funktionsgleichung $y = mx + n$. Stellen Sie durch Einsetzen der Koordinaten die zugehörigen Gleichungssysteme auf, und ermitteln Sie die Werte für m und n.

a) $P_1(x;\,y) = P_1(2;\,3)$; $P_2(x;\,y) = P_2(-3;\,1)$

b) $P_1(0;\,0)$; $P_2(8;\,8)$

c) $P_1(4;\,0)$; $P_2(-3;\,0)$

d) $P_1(12{,}65;\,-32{,}19)$; $P_2(-38{,}13;\,-66{,}63)$

2.48 Die Lösungen der folgenden Systeme sind mithilfe des Gauß'schen Algorithmus zu ermitteln und auf 4 Dezimalstellen genau anzugeben.

a) $\left| \begin{array}{r} 3{,}8x_1+9{,}4x_2=0{,}2 \\ 72{,}3x_1+x_2=-0{,}4 \end{array} \right|$ b) $\left| \begin{array}{l} 9{,}81\,u+7{,}2=120{,}1\,v \\ 3\,v+2{,}8\,u=0 \end{array} \right|$

c) $\left| \begin{array}{r} 12x_1+3x_2-x_3=12 \\ 5x_1+x_3=16 \\ 19x_2-8x_3=-9 \end{array} \right|$ d) $\left| \begin{array}{r} 1{,}5x_1-12{,}4x_2+2{,}9x_3=14{,}05 \\ 3{,}6x_2+4{,}4x_3=11{,}68 \\ 3{,}2x_1-21{,}2x_2+10{,}2x_3=39{,}78 \end{array} \right|$

2.49 Lösen Sie das System

$$\left| \begin{array}{r} x+y+z=c \\ x-y+z=2 \\ 2x+2z=8 \\ -x-2y-z=-8 \end{array} \right|$$

mit dem Gauß'schen Algorithmus, indem Sie

a) $c=-2$ b) $c=6$

einsetzen. (*Hinweis:* Es können auch 2 Gleichungen linear abhängig sein.)

2.50 Ermitteln Sie für die gegebenen Gleichungssysteme die Lösungen mithilfe der *Formeln (2.14)*, (*2.15*) und (*2.16*).

a) $\left| \begin{array}{r} 2x+4y=11 \\ 16x-2y=-14 \end{array} \right|$ b) $\left| \begin{array}{r} 3-x+2y=0 \\ 2x+8y=0 \end{array} \right|$ c) $\left| \begin{array}{r} ax+by=a \\ x-y=0 \end{array} \right|$

2.51 Lösen Sie die folgenden nichtlinearen Systeme durch vorherige Substitutionen.

a) $\left| \begin{array}{l} \dfrac{6}{x}+3y-8=0 \\ \dfrac{1}{x}+2y+2=0 \end{array} \right|$ b) $\left| \begin{array}{l} \dfrac{4}{x}+\dfrac{5}{y}=3 \\ \dfrac{7}{x}-\dfrac{1}{y}=2 \end{array} \right|$

2.52 a) $\left| \begin{array}{l} \dfrac{2x-3y}{2x-6}=\dfrac{4}{3} \\ \dfrac{3x-2y}{x+y}=1 \end{array} \right|$ b) $\left| \begin{array}{l} 4y-9x=-xy \\ 6x+3y=4xy \end{array} \right|$

Die Lösungsmengen der nachfolgenden Gleichungssysteme sind zu bestimmen.

2.53
$$\left| \begin{aligned} x_1 + x_2 + x_3 &= 9 \\ x_1 + 2x_2 + 4x_3 &= 15 \\ x_1 + 3x_2 + 9x_3 &= 23 \end{aligned} \right|$$

2.54
$$\left| \begin{aligned} 4x_1 + 3x_2 + x_3 &= 81 \\ x_1 + 3x_2 + 2x_3 &= 56 \\ 6x_1 + 6x_2 + 9x_3 &= 177 \end{aligned} \right|$$

2.55
$$\left| \begin{aligned} 2x_1 - 3x_2 + x_3 &= 12 \\ -x_1 + 5x_2 - 2x_3 &= -11 \\ 3x_1 - 8x_2 + 5x_3 &= 39 \end{aligned} \right|$$

2.56
$$\left| \begin{aligned} -4x + 3y - 2z &= 8 \\ 5x + 4y - 6z &= -8 \\ -3x + 2y + 4z &= 19 \end{aligned} \right|$$

2.57
$$\left| \begin{aligned} 3x - 4y + z &= 0 \\ -3x + 6y - 2z &= 0 \\ 6x - 2y - z &= 0 \end{aligned} \right|$$

2.58
$$\left| \begin{aligned} 0{,}2a + 0{,}3b + 0{,}4c &= 29 \\ 0{,}3a + 0{,}4b + 0{,}5c &= 38 \\ 0{,}4a + 0{,}5b + 0{,}7c &= 51 \end{aligned} \right|$$

2.59
$$\left| \begin{aligned} 6x_1 + 3x_2 + 7x_3 - x_4 &= -4 \\ -2x_1 + x_2 + 2x_3 &= -3 \\ -9x_1 - 6x_2 - 13x_3 + 3x_4 &= 14 \\ 6x_1 + 2x_2 + 4x_3 - 2x_4 &= -6 \end{aligned} \right|$$

2.60 Drei Zahnräder eines Getriebes haben zusammen 80 Zähne. Bei 10 Umdrehungen des ersten Rades drehen sich das zweite 18- und das dritte 45-mal. Wie viele Zähne hat jedes Rad?

2.61 Ein Intercity-Express benötigt auf einer bestimmten Strecke 2,5 Stunden weniger Fahrzeit als ein Regional-Express, da er stündlich 25 km mehr zurücklegt. Ein Güterzug, dessen Geschwindigkeit um 15 km/h geringer ist als die des Regional-Expresses, braucht für die Strecke 3,5 Stunden mehr als der Regional-Express. Wie lang ist die Strecke, und mit welchen Geschwindigkeiten fahren die drei Züge?

2.62 Von drei Pumpen hebt die zweite 3 m^3 Wasser mehr, aber 4 m weniger hoch als die erste. Die dritte Pumpe hebt in der gleichen Zeit 2 m^3 Wasser weniger, aber 6 m höher als die erste. Welche Wassermengen bis zu welcher Höhe hebt jede Pumpe, wenn sie alle gleiche Leistung haben?

2.63 Drei Behälter enthalten zusammen 270 hl Flüssigkeit. Füllt man den Inhalt des ersten Behälters in den zweiten um, so bleiben im ersten 2/7 zurück. Füllt man den Inhalt der zwei letzten Behälter in den ersten um, so fehlen noch 10 hl, um den ersten vollständig zu füllen. Wie viel Hektoliter fasst jeder Behälter?

2.5 Lösungen

2.1 a) $(-\infty; 4]$ b) $(0{,}2; \infty)$ c) $\mathbb{R} \setminus \{-3; 3\}$

d) $\mathbb{R} \setminus \left\{-\sqrt{8}; \sqrt{8}\right\}$ e) $\mathbb{R} \setminus \{-1; 1\}$

2.2 a) $X = \mathbb{R}$ b) $X = (0; 1) \cup (1; \infty)$ c) $X = \mathbb{R}$

d) $X_1 = (-\infty; 4], X_2 = \mathbb{R} \setminus \{-5; 5\}, X = X_1 \cap X_2 = (-\infty; 4] \setminus \{-5\}$

e) $X = \mathbb{R}$

2.3 Algebraische Gleichungen sind: 2.2 a), b), d) und e).

2.4 2.2 a) $x^3 + 2x^2 - x - 2 = 0$

2.2 b) $x^2 - 3x + 1 = 0$

2.2 d) $-x^5 + 4x^4 + 50x^3 - 200x^2 - 625x - 318\,989 = 0$

2.2 e) $x^2 + 8x + 16 - \ln 3 = 0$

2.5 x_1 ist Lösung für 2.2 a), x_1 und x_2 für 2.2 c).

2.6 a) $x_1 = -8$ b) $x_1 = 0$ c) $x_1 = -\frac{2}{3}$ d) $x_1 = 28$

e) $x_1 = -4{,}5$ f) $L = \emptyset$ g) $x_1 = 0$ h) $x_1 = \frac{11}{12}$

2.7 a) $r = \frac{V}{2\pi hs} - \frac{s}{2}$ b) $R_2 = \frac{RR_1}{R_1 - R}$

c) $u = \frac{4Qb^2}{3\left(b - Qb - Qa\right)}$ d) $m = \frac{2W}{2gh + v^2}$

e) $e_1 = \frac{f\,(n-1)\,e_2}{e_2 - f\,(n-1)}$ f) $n = \frac{F_0\,(r + 0{,}8a)}{F_0 - F}$

2.8 a) $t = 156\,\text{min} = 2{,}60\,\text{h}$ b) $t = 288\,\text{min} = 4{,}80\,\text{h}$ c) $n = 16$ Stück

2.9 a) 1,321 Millionen € b) 5 % c) 11,3 %

2.10 436 m

2.11 3,125 t und 8,875 t

2.12 7,8 %

2.13 0,417 mm tief

2.14 $t_u = t_0 = 0{,}061\,\text{s}$; $l_u = 79{,}3\,\text{cm}$; $l_0 = 0{,}7\,\text{cm}$

2.15 $a = 2\,\text{m}$; $b = 10\,\text{m}$

2.16 a) $x_{1;2} = \pm 8$ b) $x_1 = 0; x_2 = -2$

c) $x_1 = 2; x_2 = -4$ d) $x_1 = 8{,}110; x_2 = -1{,}110$

e) $L = R$ f) $x_1 = -4;\ x_2 = 3$

g) $x_{1;2} = -1{,}9$ h) $x_{1;2} = 2$

i) $x_1 = 0{,}50; x_2 = 0{,}25$ j) $x_1 = -a + b; x_2 = -a - b$

k) $x_1 = 34{,}495; x_2 = -14{,}495$ l) $x_1 = 7; x_2 = -1$

m) $x_1 = 2{,}788\,68; x_2 = 2{,}211\,32$

2.17 a) $(x-4)\,(x-4)$ b) $x\,(x-5)$

2.18 a) $x^2 - 4x + 3 = 0$ b) $x^2 - 5x = 0$

c) $x^2 + 6x + 9 = 0$

2.19 a) $x_1 = 0{,}281; x_2 = -1{,}781$ b) $x_1 = 12$ c) $L = \emptyset$

d) $x_1 = 13; x_2 = -4$ e) nur $x = 4$ (!)

2.20 $r = 7{,}243\,\text{cm}$

2.21 $R_1 = R_2 = 110\,\Omega$

2.22 a) $x_1 = 0;\ x_2 = 8$ b) $x_1 = 0;\ x_2 = -5$
c) $x_1 = 0;\ x_2 = 4$ d) $a_1 = 0;\ a_2 = 8$

2.23 a) $x_1 = 3$ b) $x_1 = 0;\ x_2 = 4{,}606;\ x_3 = -2{,}606$
c) $x_1 = 3;\ x_{2;3} = -4$ d) $x_{1;2} = 0;\ x_3 = -5$

2.24 $a = 10\,\text{cm};\ b = 5\,\text{cm};\ c = 14\,\text{cm}$

2.25 a) $x_1 = 3;\ x_2 = 5;\ x_3 = -7$ b) $x_1 = 3$

2.26 a) $x_1 = 2$ b) $x_1 = 2{,}453$ c) $x_1 = 3{,}230$
d) $x_1 = 5{,}652$ e) $x_1 = 0{,}405$ (Substitution: $e^x = u$)
f) $x_1 = 9$ g) $x_1 = 2$ h) $x_1 = 0$

2.27 a) $t = -\dfrac{1}{k}\ln\dfrac{1-D}{1+D}$ b) $n = \dfrac{\ln\left(A_n/A_1\right)}{\ln q} + 1$ c) $n = \dfrac{\ln\left(K/K_0\right)}{\ln\left(l-p\right)}$

2.28 a) $x_1 = 4{,}229$ b) $x_1 = 204{,}352$
c) $x_1 = 23\,519{,}53$ d) $x_1 = 7{,}884 \cdot 10^{-5}$
e) $x_1 = 2{,}702$ ($x_2 = -3{,}702$ ist nicht Lösung der Ausgangsgleichung)

2.29 $n = 13$ Jahre

2.30 a) $n = \dfrac{\lg F_2 - \lg F_1}{\lg 2}$

b) $D_0 = \dfrac{d\,e^{f-0{,}3}}{e^{f-0{,}3} - 1}$

c) $A = \dfrac{E}{B^{C\lg D + E}};\quad B = \sqrt[C\lg D + E]{\dfrac{F}{A}};\quad C = \dfrac{\dfrac{\lg F - \lg A}{\lg B} - E}{\lg D};$

$D = 10^{\frac{\frac{\lg F - \lg A}{\lg B} - E}{C}};\quad E = \dfrac{\lg F - \lg A}{\lg B} - C\lg D$

2.31 a) $x_1 = 0{,}117 = 6{,}73°;\ x_2 = 0{,}930 = 53{,}27°$
b) $x_1 = 1{,}101 = 63{,}06°$
c) $\cos x = 1 + \sin x$; quadrieren;
$2\sin^2 x + 2\sin x = 0$; ausklammern ergibt
$\sin x = 0$ mit $x_1 = 0 = 0°$ und $x_2 = 2\pi = 360°$ ($x = \pi$ ist keine Lösung der Ausgangsgleichung);
$\sin x = -1$ mit $x_3 = 1{,}5\pi = 270°$
d) $\cos x/\left(\sin x/\cos x\right) = -3$ ergibt $\sin^2 x - 3\sin x - 1 = 0$
mit $\sin x = -0{,}302\,8$ (und $\sin x = 3{,}302\,8$),
$x_1 = 5{,}967 = 342{,}4°;\ x_2 = 3{,}449 = 197{,}6°$
e) $L = \emptyset$
f) $L = I_2$

2.32 a) $x_1 = -2{,}57$ b) $x_1 = 0{,}143$
c) $x_1 = \dfrac{\lg 0{,}43}{\lg 3} = -0{,}768$ d) $x_1 = 3^{0{,}43} = 1{,}604$
e) $x_1 = \arcsin\dfrac{0{,}43}{3} = 0{,}144;\ x_2 = \pi - 0{,}144 = 2{,}998$
f) $x_1 = 3\arctan 0{,}43 = 1{,}218;\ x_2 = 3\,(\pi + 0{,}406) = 10{,}643$
g) $x_1 = 3 - \tan 0{,}43 = 2{,}541$ h) $x_1 = \dfrac{\lg 3}{\lg 0{,}43} = -1{,}302$

2.33 a) $x_1 = 12$ b) $x_1 = 1{,}276$ c) $x_1 = -15{,}21$
d) $L = \emptyset$ e) $x_1 = 0{,}153$; $x_2 = 2{,}005$ f) $x_k = k\pi$ mit $k \in \mathbb{Z}$

2.34 $n > \dfrac{\ln\left(F_2/\left(F_1\eta\right)\right)}{\ln 2}$, $n = 8$

2.35 $n > \dfrac{\ln 0{,}1}{\ln 0{,}95}$, $n = 45$

2.36 $\alpha = 180° + 2\arcsin\dfrac{a}{R+r}$, $\alpha \approx 212°$

2.37 $h = 0{,}735r$ (x berechnen aus $\dfrac{x}{2} - \sin\dfrac{x}{2}\cos\dfrac{x}{2} - \dfrac{\pi}{3} = 0$; dann $h = r\left(1 - \cos\dfrac{x}{2}\right)$)

2.38 a) *Bild L2.1 a*; $x_{L1} = 0{,}052$, $x_{L2} = 4{,}505$
b) *Bild L2.1 b*; $x_L = 0{,}266$
c) *Bild L2.1 c*; $x_L = 2{,}914$
d) *Bild L2.1 d*; $x_{L1} = -1{,}385$, $x_{L2} = 2{,}087$

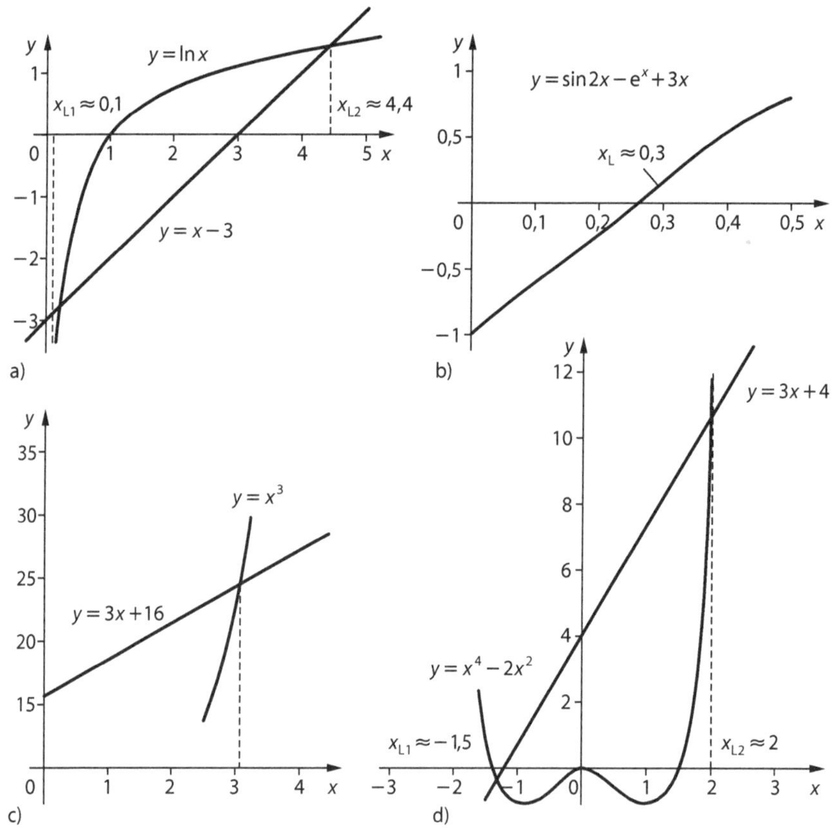

Bild L2.1

2.39 a) $L = (-\infty;\ -11{,}2)$ b) $L = \emptyset$ c) $L = \left(-\infty;\ -\dfrac{4}{71}\right]$ d) $L = \left(\dfrac{32}{51};\ \infty\right)$

e) Beide Faktoren müssen gleiche Vorzeichen haben:

$(x > 3 \wedge x > -2) \vee (x < 3 \wedge x < -2)$; $L = (-\infty;\ -2) \cup (3;\ \infty)$

2.40 a) $X = \left(\frac{1}{3}; \infty\right)$ b) $U = [-3; \infty)$ c) $T = (-\infty; 0{,}4)$

2.41 a) $L = [-5; -1]$ b) $L = (-\infty; -9) \cup (1; \infty)$ c) $L = \left[-\frac{9}{8}; \frac{15}{8}\right]$

2.42 a) *Bild L2.2a*; $L = \{(x; y)\} = \{(x; 1{,}5x - 3)\}$
b) *Bild L2.2a*; $L = \emptyset$
c) Lösung wie bei *2.42a)*
d) *Bild L2.2b*; $(x_1; x_2) = (0{,}130; 0{,}761)$
e) $(x_1; x_2) = (1{,}733; 0{,}600)$
f) $(x_1; x_2) = (-1{,}25; 3{,}25)$

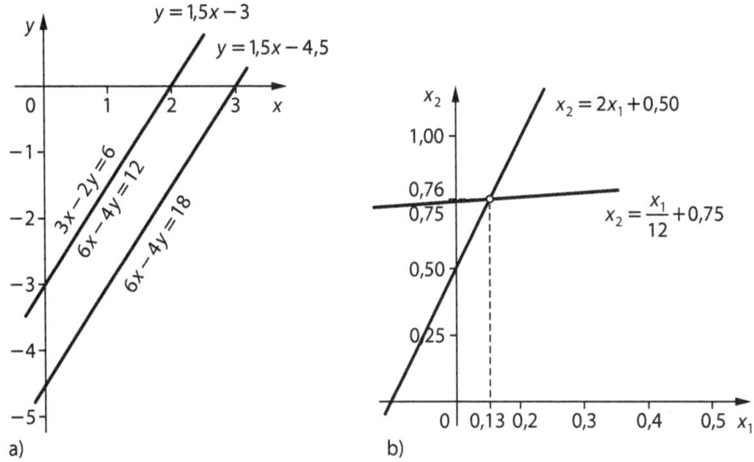

Bild L2.2

2.43 a) $t_1 = 270$ Tage; $t_2 = 54$ Tage
b) $a = 1{,}189$ m; $b = 0{,}841$ m
c) $a = 16{,}67$ cm; $b = 14{,}67$ cm
d) $F = 204$ N; $l = 128$ cm
e) $R = 167\,\Omega$; $I = 5{,}6$ A
f) $m_{Cu} = 15{,}658$ kg; $m_{Zn} = 10{,}465$ kg
g) Jeweils 30 dm^3 Säure wurden gemischt.

2.44 a) $(x_s; y_s) = (2; 1)$ b) $(x_s; y_s) = (0{,}25; 0{,}25)$

2.45 a) $(x; y) = (0{,}829; -1{,}915)$ b) $L = \emptyset$
c) $L = \{(x; y)\} = \{(x; 7{,}5x)\}$ d) $(x; y) = (1; -1)$
e) $(x; y) = (6{,}861; 28{,}008)$ f) $(x; y) = (0{,}0189; 13{,}41)$

2.46 $(v_0; s_0) = (5{,}27\,\text{m/s}; -3{,}4\,\text{m})$

2.47 a) $(m; n) = (0{,}4; 2{,}2)$ und $y = 0{,}4x + 2{,}2$
b) $(m; n) = (1; 0)$ und $y = x$
c) $(m; n) = (0; 0)$ und $y = 0$
d) $(m; n) = (0{,}678; -40{,}77)$ und $y = 0{,}678x - 40{,}77$

2.48 a) $(x_1; x_2) = (-0{,}0059; 0{,}0236)$ b) $(u; v) = (0{,}0704; 0{,}0657)$
c) $(x_1; x_2; x_3) = (0{,}8621; 4{,}4483; 11{,}6897)$
d) $(x_1; x_2; x_3) = (0{,}0000; -0{,}4300; 3{,}0063)$

2.49 a) $L = \emptyset$, da Widerspruch enthalten

b) $L = \{(x;\ y;\ z)\} = \{(x;\ 2;\ 4 - x)\} = \{(4 - z;\ 2;\ z)\}$

2.50 a) $\{(-0{,}5;\ 3)\}$ b) $\{(2;\ -0{,}5)\}$ c) $x = y = a/a + b$

2.51 a) $(x;\ y) = (0{,}409;\ -2{,}222)$ b) $(x;\ y) = (3;\ 3)$

2.52 a) $\emptyset$ b) $L_1 = \{(0;\ 0)\}$; $L_2 = \{(1{,}7;\ 2{,}68)\}$

2.53 $\{(5;\ 3;\ 1)\}$

2.54 $\{(10;\ 12;\ 5)\}$

2.55 $\{(5;\ 2;\ 8)\}$

2.56 $\{(-1;\ 3;\ 2{,}5)\}$

2.57 $\{(2t;\ 3t;\ 6t) \mid t \in \mathbb{R}\} = \{(z/3;\ z/2;\ z) \mid z \in \mathbb{R}\}$

2.58 $\{(20;\ 30;\ 40)\}$

2.59 $\{(1;\ 3;\ -2;\ -5)\}$

2.60 45 Zähne, 25 Zähne, 10 Zähne

2.61 315 km; $v_S = 70\,\text{km/h}$; $v_P = 45\,\text{km/h}$; $v_G = 30\,\text{km/h}$

2.62 6 m^3, 12 m; 9 m^3, 8 m; 4 m^3, 18 m

2.63 140 hl; 100 hl: 30 hl

3 Geometrie

3.1 Planimetrie

3.1.0 Vorbemerkung

In der **Planimetrie**, einem Teilgebiet der Geometrie, werden ebene geometrische Figuren untersucht wie zum Beispiel das Dreieck oder der Kreis.

Der griechische Mathematiker Euklid (etwa 365 bis 300 v. u. Z.) hat als erster die ebene Geometrie streng logisch aufgebaut. Für jeden Lehrsatz wird die Wahrheit der in ihm enthaltenen Aussage unter Verwendung anderer, bereits bewiesener Lehrsätze durch logische Schlüsse gezeigt; und jeder so bewiesene Satz kann wiederum bei folgenden Beweisen verwendet werden. Wird dieser stufenweise Aufbau der Geometrie rückwärts verfolgt, dann stößt man auf Aussagen, die sich nicht beweisen lassen und wegen ihrer „Einfachheit" offensichtlich keines Beweises bedürfen. Sie heißen **Axiome** und stellen das Fundament des geometrischen Gebäudes dar. Zum Beispiel findet sich bei Euklid das Axiom: Das Ganze ist größer als sein Teil. Der von Euklid angestrebte logische Aufbau der Geometrie wurde später auch für andere mathematische Gebiete zum Vorbild.

Viele Sätze der Planimetrie sind bereits Inhalt der Ausbildung der vorhergehenden Bildungseinrichtungen. Deshalb wird in diesem Abschnitt der Stoff in gestraffter Form geboten. Durch die ausführlichere Behandlung geometrischer Grundbegriffe wie Gerade, Strecke, Winkel, Symmetrie, Kongruenz und Ähnlichkeit soll erreicht werden, dass geometrische Aussagen exakt formuliert werden können. Der Leser soll befähigt werden, diese Grundbegriffe sowie die Kenntnisse der wichtigsten Sätze über das Dreieck und das Vieleck, über den Kreis und über Flächeninhalte bei der Lösung planimetrischer Aufgaben sicher anzuwenden. Konstruktionsaufgaben mit Zirkel und Lineal dienen der Festigung dieser Kenntnisse und der Veranschaulichung geometrischer Sachverhalte.

3.1.1 Grundbegriffe

Als erster Grundbegriff ist der **Punkt** zu nennen, der sich in einem Koordinatensystem durch seine Koordinaten beschreiben lässt, also bei der Planimetrie durch zwei Koordinaten. Diese sind meist x und y. Punkte werden mit großen lateinischen Buchstaben, teilweise mit Index, bezeichnet. So können nach dieser Festlegung z. B. A, B und C die Eckpunkte eines Dreiecks sein oder P_1, P_2 und P_3 sind Punkte einer Folge von Punkten. Durch zwei Punkte kann eine **Gerade** bestimmt werden. Geraden als Punktmenge werden mit kleinen lateinischen Buchstaben, ebenfalls zum Teil mit Index, bezeichnet. So ist z. B. die Gerade durch die Punkte A und B als g zu bezeichnen. Als Formel könnte auch $g = AB$ geschrieben werden, wobei es nur bedeutet, dass die Gerade g durch die Punkte A und B bestimmt ist. Für einen beliebigen anderen dritten Punkt C könnte entweder dieser Punkt auf der Geraden g liegen ($C \in g$) oder nicht auf dieser Geraden ($C \notin g$).

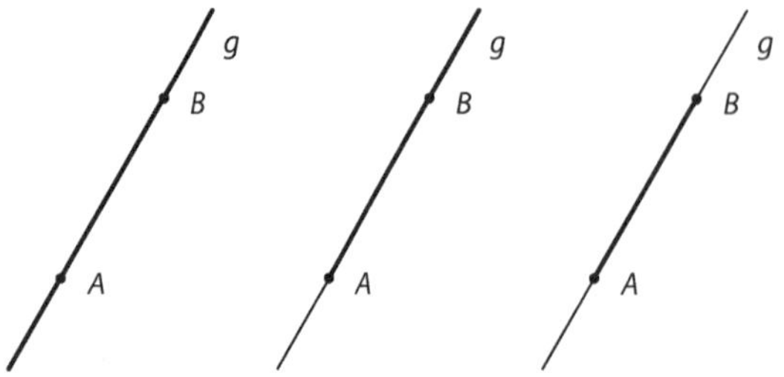

a) Gerade b) Strahl c) Strecke **Bild 3.1**

Durch zwei Punkte ist eine Gerade eindeutig bestimmt. Eine Gerade ist nach Festlegung jedoch nach „beiden Seiten" unbegrenzt.

Für die Lagebeziehung von zwei Geraden g_1 und g_2 gibt es folgende Möglichkeiten (*Bild 3.2*):

a) Zwei Geraden g_1 und g_2 haben entweder keinen Punkt gemeinsam, dann sind sie parallel: $g_1 \parallel g_2$.
b) Sie haben einen Punkt P gemeinsam, dann schneiden sie sich: $g_1 \cap g_2 = P$.
c) Sie haben alle Punkte gemeinsam, dann fallen sie zusammen: $g_1 = g_2$.

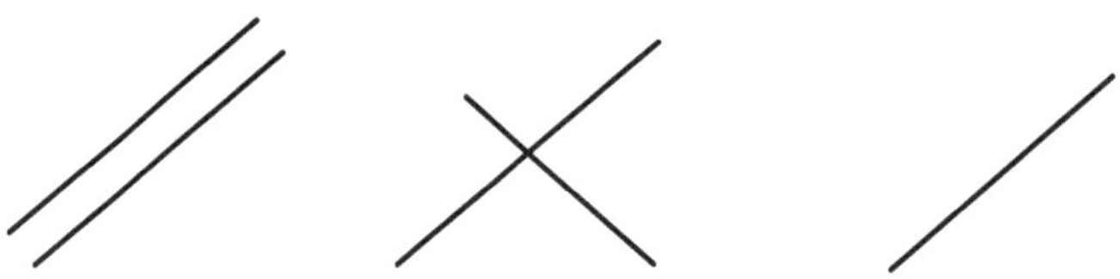

a) parallele Geraden b) sich schneidende Geraden b) zusammenfallende Geraden **Bild 3.2**

Durch zwei Punkte können aber weitere geometrische Grundelemente festgelegt werden. Dies sind der Strahl und die Strecke (siehe *Bild 3.1*).

Ein Strahl AB ist die Menge aller Punkte einer Geraden, die mit dem Punkt B auf derselben Seite eines Punktes A der Geraden liegen (*Bild 3.1 b*). A heißt Anfangspunkt des Strahles. Ein Strahl, auch Halbgerade genannt, ist nach einer Seite begrenzt, nach der anderen unbegrenzt. Ein Punkt zerlegt eine Gerade in zwei Strahlen. Strahlen werden auch durch kleine lateinische Buchstaben wie $p, q, \ldots$ bezeichnet.

Eine Strecke $\overline{AB}$ ist die Punktmenge, die aus A, B und allen Punkten der Geraden AB besteht, die zwischen A und B liegen (*Bild 3.1 c*). Unter $\overline{AB}$ wird aber nicht nur die Strecke als geometrische Figur verstanden, sondern auch ihre Länge, die dann mit kleinem lateinischem Buchstaben bezeichnet wird, z. B. $\overline{AB} = c = 5\,\text{cm}$.

Zwei Strahlen p, q, die von einem Punkt S ausgehen, zerlegen die Ebene in zwei Teile E_1 und E_2. Ein Teil, z. B. E_1 werde ausgewählt (in *Bild 3.3* grau getönt). Dann bilden S, p, q und E_1 einen Winkel α als weiteren Grundbegriff der Planimetrie. S ist der Scheitelpunkt, p und q sind die Schenkel und E_1 heißt das Innere des Winkels. *Bild 3.4* zeigt den Winkel β, für den E_2 als Inneres gewählt wird. Winkel werden durch kleine griechische Buchstaben bezeichnet, z. B. α, β, γ, … und in der Zeichnung durch einen Bogen dargestellt. Auch folgende Bezeichnungen sind möglich:

$$\alpha = \sphericalangle(p, q) = \sphericalangle ASB$$

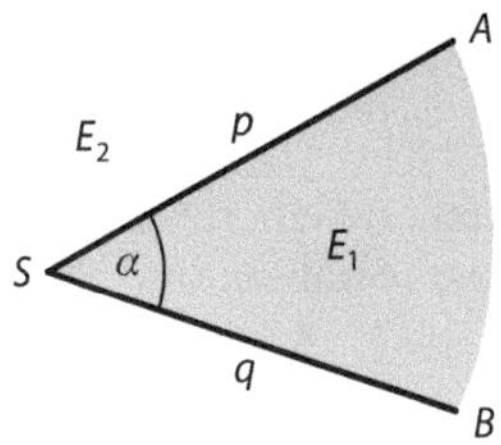

Bild 3.3

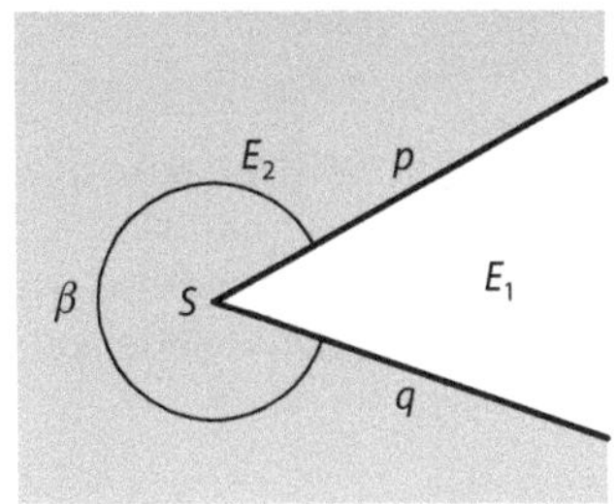

Bild 3.4

Zwei Sonderfälle des Winkels ergeben sich für $p = q$ der Nullwinkel α_0 (das Winkelinnere ist die leere Punktmenge) und der Vollwinkel α_v (*Bild 3.5*).

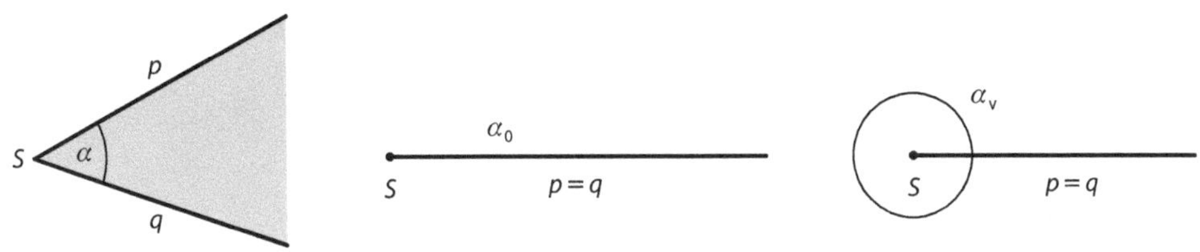

Bild 3.5

Die Hälfte eines Vollwinkels heißt gestreckter Winkel α_g, ein Viertel des Vollwinkels heißt rechter Winkel α_r. Ein Winkel α heißt für

$\alpha_0 < \alpha < \alpha_r$ **spitzer Winkel**

$\alpha_r < \alpha < \alpha_g$ **stumpfer Winkel**

$\alpha_g < \alpha < \alpha_v$ **überstumpfer Winkel**

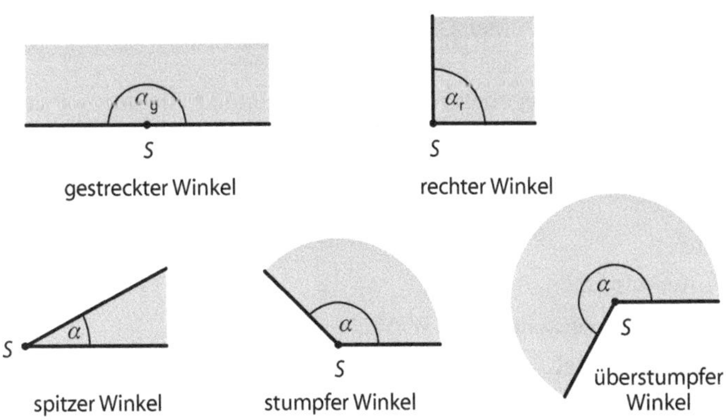

Bild 3.6

Es gibt verschiedene Winkelmaße (Gradmaß, Bogenmaß, Neugrad), mit denen die Größe eines Winkels angegeben werden kann (siehe *Kapitel 4*, Trigonometrie).

Kontrollfragen

3.1 Wie werden Gerade, Strecke und Strahl erklärt?

3.2 Welche Lagebeziehungen ergeben sich für zwei Graden?

3.3 Wie wird der Winkel definiert?

3.1.2 Winkel an sich schneidenden Geraden

Zwei Winkel α und β heißen **Nebenwinkel**, wenn sie den Scheitelpunkt und einen Schenkel gemeinsam haben und die anderen Schenkel entgegengesetzt gerichtete Strahlen sind (*Bild 3.7 links*).

Satz 3.1

Zwei Nebenwinkel ergänzen sich zu einem gestreckten Winkel.

Zwei Winkel α und β heißen **Scheitelwinkel**, wenn sie den Scheitelpunkt gemeinsam haben und ihre Schenkel paarweise entgegengesetzt gerichtete Strahlen sind (*Bild 3.7*).

Satz 3.2

Zwei Scheitelwinkel sind gleich groß.

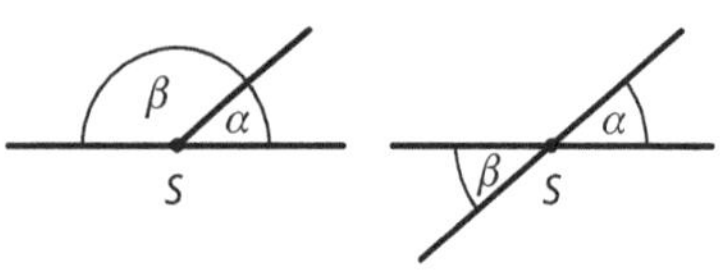

Bild 3.7

Zwei sich schneidende Geraden bilden 4 Winkel miteinander, z. B. in *Bild 3.8* die Geraden g_1 und g_3 die Winkel $\alpha_1, \beta_1, \gamma_1, \delta_1$. Die Winkelpaare α_1, β_1; β_1, γ_1; γ_1, δ_1; δ_1, α_1 sind je Nebenwinkel und die Winkelpaare α_1, γ_1; β_1, δ_1 sind je Scheitelwinkel.

Ist ein Winkel, z. B. α_1, ein rechter Winkel, so sind nach den Sätzen über Neben- und Scheitelwinkel auch $\beta_1, \gamma_1, \delta_1$ rechte Winkel. Die beiden Geraden sind **senkrecht** oder **orthogonal** zueinander: $g_1 \perp g_3$.

Wenn eine Gerade g und ein Punkt $P \notin g$ gegeben sind und eine Gerade l, die durch P geht und orthogonal zu g ist, so heißt l **Lot von P auf g**. Der Punkt $L = g \cap l$ heißt **Lotfußpunkt**.

Werden zwei parallele Geraden g_1 und g_2 von einer dritten Geraden g_3 geschnitten, dann entstehen 8 Winkel (*Bild 3.8*).

Dabei heißen die Winkelpaare

α_1, α_2; β_1, β_2; γ_1, γ_2; δ_1, δ_2 **Stufenwinkel**

α_1, δ_2; β_1, γ_2; γ_1, β_2; δ_1, α_2 **entgegengesetzt liegende Winkel**

α_1, γ_2; β_1, δ_2; γ_1, α_2; δ_1, β_2 **Wechselwinkel**.

- Stufenwinkel sind gleich groß.
- Entgegengesetzt liegende Winkel sind Supplementwinkel.
- Wechselwinkel sind gleich groß.

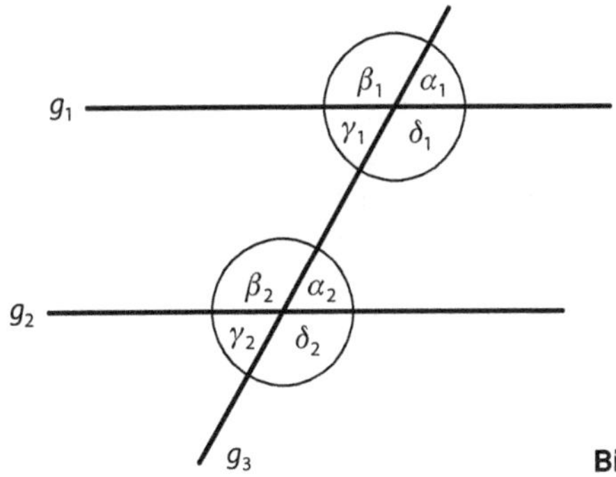

Bild 3.8

Für zwei Winkel $\alpha_1 = \sphericalangle(p_1, q_1)$ und $\alpha_2 = \sphericalangle(p_2, q_2)$ sei $p_1 \perp p_2$ und $q_1 \perp q_2$. Außerdem liege der Scheitelpunkt des einen Winkels nicht im Inneren oder auf einem Schenkel des anderen Winkels (*Bild 3.9*). Es sei $p_1' \parallel p_1$, somit $p_1' \perp p_2$ und aus $q_2' \parallel q_2$ folgt $q_2' \perp q_1$.

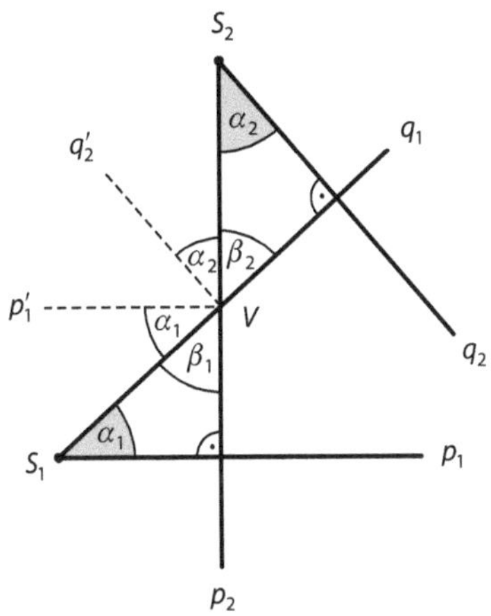

Bild 3.9

Wegen $\alpha_1 + \beta_1 = 90°$, $\alpha_2 + \beta_2 = 90°$ und $\beta_1 = \beta_2$ (Scheitelwinkel) folgt $\alpha_1 = \alpha_2$. Unter Beachtung der genannten Einschränkungen gilt der folgende Satz.

Satz 3.3

Zwei Winkel sind gleich, wenn ihre Schenkel paarweise zueinander senkrecht sind.

Kontrollfrage

3.4 Welche Beziehung besteht zwischen je zwei der in *Bild 3.9* angegebenen Winkel, und wie heißt das Winkelpaar?

3.1.3 Bewegungen in der Ebene, Kongruenz, Symmetrie

In der Ebene seien Z ein fester Punkt und P ein beliebiger Punkt (*Bild 3.10*). Es wird folgende Konstruktion durchgeführt: Durch P wird ein Strahl mit dem Anfangspunkt Z gelegt und auf dem Strahl die Strecke $2 \cdot \overline{ZP}$ von Z aus abgetragen bis P'. Durch die Konstruktion wird jedem

Punkt der Ebene eindeutig ein Punkt der gleichen Ebene zugeordnet. Es liegt eine eindeutige (und umkehrbar eindeutige) **Abbildung der Ebene auf sich** vor. Jede ebene Figur wird auf eine andere abgebildet, z. B. das Dreieck ABC auf das Dreieck $A'B'C'$. Bei dieser Abbildung ist die **Bildfigur** F' gegenüber der **Originalfigur** F vergrößert. Diese Abbildung nennt man Streckung, wenn der Faktor größer als 1 ist und Stauchung, wenn der Faktor kleiner als 1 ist.

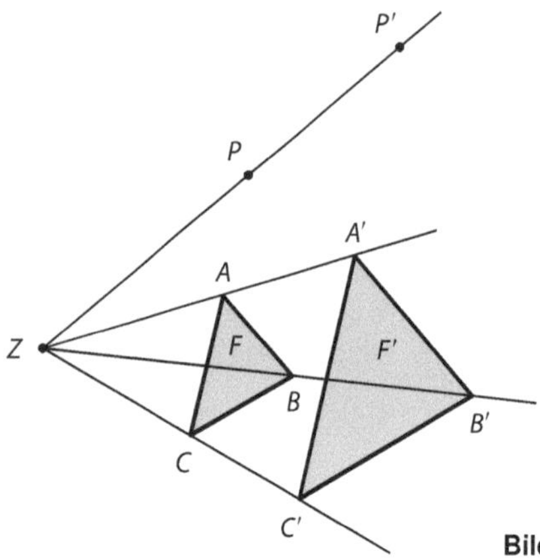

Bild 3.10

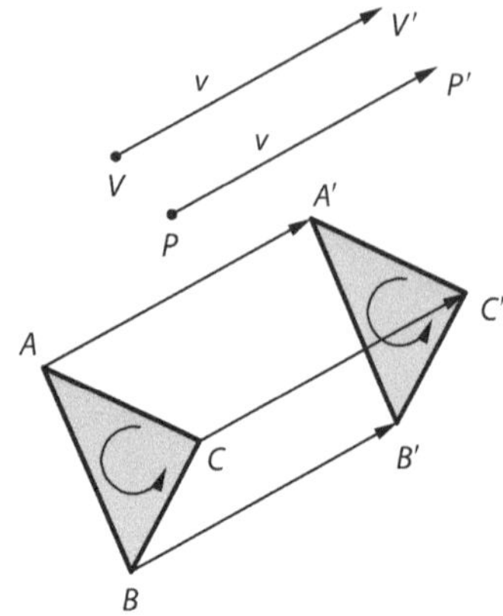

Bild 3.11

Abbildungen, bei denen Original- und Bildfigur in Form und Größe übereinstimmen und sich nur durch ihre Lage in der Ebene unterscheiden, heißen **Bewegungen**. Es gibt folgende Bewegungen in der Ebene:

Die Verschiebung (auch Parallelverschiebung)

Gegeben ist eine orientierte Strecke $\overrightarrow{VV'}$ (*Bild 3.11*) mit der Länge v. Durch jeden Punkt P der Ebene wird eine orientierte Strecke gelegt, die P als Anfangspunkt hat, zu $\overrightarrow{VV'}$ parallel und gleichorientiert ist und die **Länge** v hat. Ihr Endpunkt ist P', der Bildpunkt von P. $\overrightarrow{VV'}$ heißt **Verschiebungspfeil** oder Verschiebungsvektor. Er gibt die Verschiebungsrichtung und die Größe v der Verschiebung an.

Die Drehung (um einen Punkt)

Gegeben sind ein fester Punkt D und ein fester Winkel δ. Durch jeden Punkt P der Ebene ($P \neq D$) wird ein Kreis mit dem Mittelpunkt D gelegt und darauf P' so bestimmt, dass $\sphericalangle PDP' = \delta$ ist (*Bild 3.12*). Bei dieser Abbildung wird die Ebene um D und um den Winkel δ gedreht. D heißt **Drehzentrum**, δ heißt **Drehwinkel**. D wird auf sich selbst abgebildet: $D = D'$. Erfolgt die Drehung entgegengesetzt zum Uhrzeigerdrehsinn, dann liegt ein **positiver Drehsinn** vor (*Bild 3.12*).

Bei der Verschiebung und der Drehung bleibt der durch die Reihenfolge ABC gegebene Umlaufsinn eines Dreiecks erhalten (*Bild 3.11 und 3.12*). Verschiebung und Drehung sind **gleichsinnige Bewegungen**.

Die Spiegelung an einer Geraden

Gegeben ist eine feste Gerade s, die **Spiegelachse**. Durch jeden Punkt P wird eine Gerade senkrecht zu s gelegt und auf der Geraden P' so gewählt, dass P und P' von s gleichen Abstand haben und auf verschiedenen Seiten von s liegen (*Bild 3.13*). P' heißt das Spiegelbild von P bezüglich s. Die Abbildung lässt sich auch deuten als eine Drehung der Ebene um die

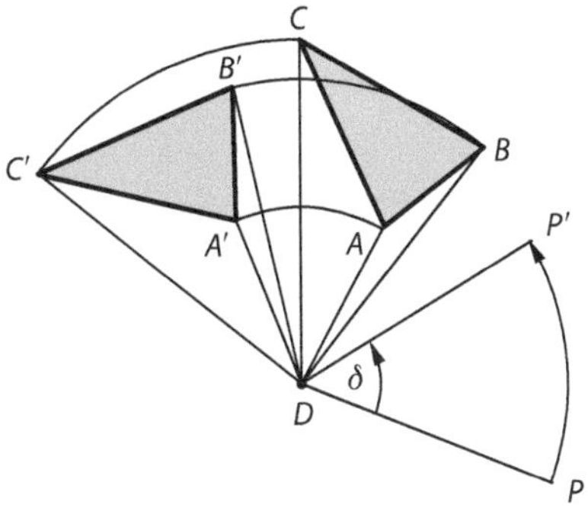

Bild 3.12

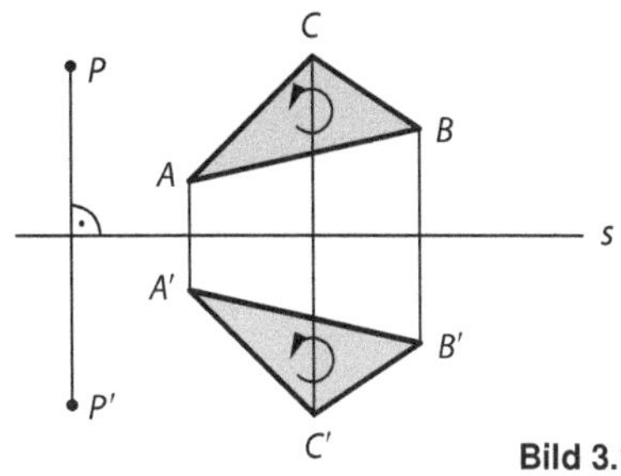

Bild 3.13

Gerade s um 180° und wird als Umklappung bezeichnet. Ein Dreieck ABC und sein Spiegelbild Dreieck $A'B'C'$ haben verschiedenen Umlaufsinn. Die Spiegelung ist eine **ungleichsinnige Bewegung**.

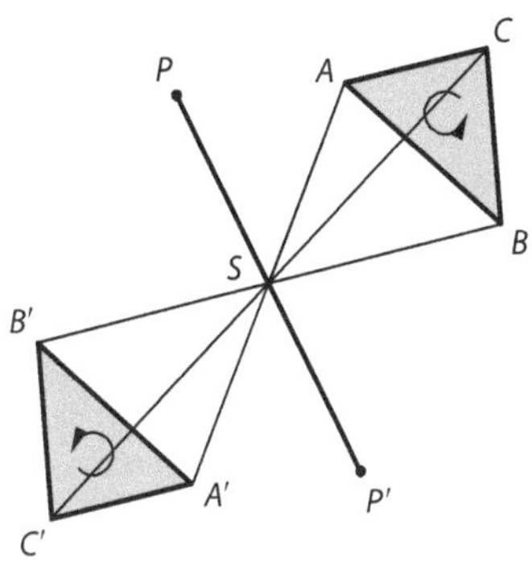

Bild 3.14

Die Spiegelung an einem Punkt

Gegeben ist ein fester Punkt S, der **Zentralpunkt**. Durch jeden Punkt P wird eine durch S gehende Gerade gelegt und darauf P' so bestimmt, dass P und P' von S den gleichen Abstand haben und auf verschiedenen Seiten von S liegen (*Bild 3.14*). P' folgt auch aus P, wenn die Ebene um S mit dem Drehwinkel $\delta = 180°$ gedreht wird. Die Spiegelung an einem Punkt ist daher eine spezielle Drehung und gehört zu den gleichsinnigen Bewegungen.

Die Kongruenz

Zwei Figuren F und F' heißen **kongruent** genau dann, wenn eine Figur in die andere durch eine Bewegung überführt, d. h. mit der anderen zur Deckung gebracht werden kann. Man schreibt

$$F \cong F' \quad \text{(gelesen: } F \text{ kongruent } F'\text{)}$$

Die Dreiecke ABC und $A'B'C'$ in den *Bildern 3.11, 3.12, 3.13 und 3.14* sind kongruent ($\triangle ABC \cong \triangle A'B'C'$), und zwar in den *Bildern 3.11, 3.12, 3.14* **gleichsinnig kongruent** und in *Bild 3.13* **ungleichsinnig kongruent**.

Die in *Bild 3.15* gezeigten Figuren F und F' sind kongruent. F kann durch eine Bewegung, die sich aus einer Verschiebung und einer Drehung zusammensetzt, nach F' überführt werden.

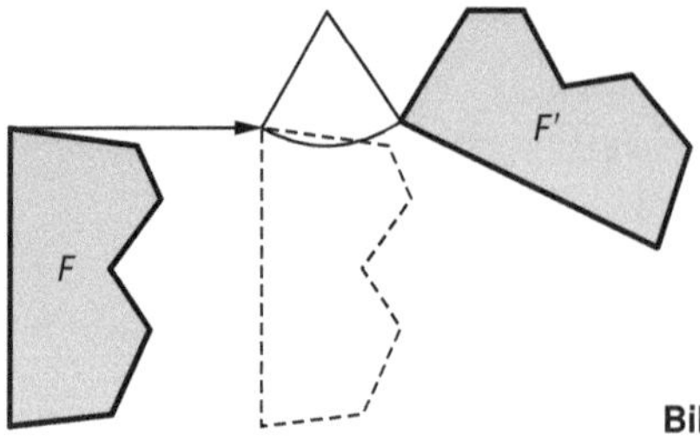

Bild 3.15

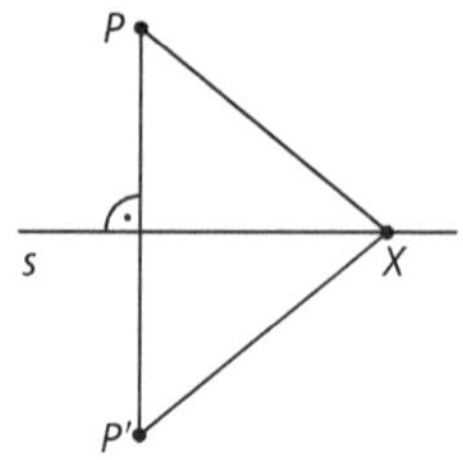

Bild 3.16

Die Symmetrie

Einen Sonderfall der Kongruenz stellt die **Symmetrie** dar. Zwei Figuren F und F' liegen **symmetrisch zu einer Geraden** s, wenn eine Figur durch Spiegelung an s auf die andere abgebildet wird. Zum Beispiel liegen die Dreiecke in *Bild 3.13* symmetrisch zu s. Diese Symmetrie heißt **Axialsymmetrie** oder **Spiegelsymmetrie**. Die Gerade s heißt **Symmetrieachse**.

Sind P und P' zwei zu s symmetrisch gelegene Punkte und ist X ein Punkt von s (*Bild 3.16*), dann gelten die Eigenschaften:

$$\overline{PX} = \overline{P'X}$$

d. h., jeder Punkt der Symmetrieachse zweier Punkte hat von diesen den gleichen Abstand;

$$\sphericalangle (PX, s) = \sphericalangle \left(P'X, s\right)$$

d. h., die Symmetrieachse halbiert den Winkel PXP'.

Zwei Figuren F und F' liegen **symmetrisch zu einem Punkt** S, wenn eine Figur durch Spiegelung an S auf die andere abgebildet wird. Die Dreiecke in *Bild 3.14* liegen symmetrisch zu S. Diese Symmetrie heißt **Zentralsymmetrie**. Der Punkt S heißt **Symmetriezentrum**.

Die Symmetrie wird auch für eine Figur erklärt. Eine Figur F heißt **axialsymmetrische Figur**, wenn es eine Gerade s gibt, sodass F durch Spiegelung an s auf sich selbst abgebildet wird, s ist Symmetrieachse der Figur. Die *Bilder 3.17* zeigen Figuren mit unterschiedlicher Anzahl von Symmetrieachsen:

Bild 3.17a	1 Symmetrieachse
Bild 3.17b	1 Symmetrieachse (Parabelabschnitt)
Bild 3.17c	2 Symmetrieachsen (Ellipse)
Bild 3.17d	4 Symmetrieachsen
Bild 3.17e	unendlich viele Symmetrieachsen (Kreis, jede Gerade durch den Mittelpunkt ist Symmetrieachse)
Bild 3.17f	0 Symmetrieachsen (Parallelogramm)

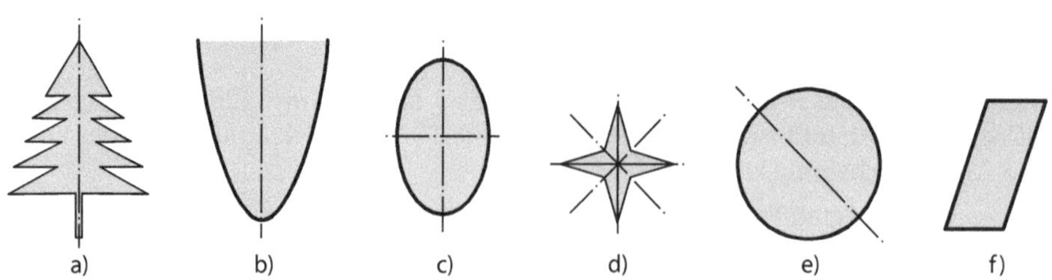

Bild 3.17

Eine Figur F heißt **zentralsymmetrische Figur**, wenn ein Punkt S existiert, sodass F durch Spiegelung an S auf sich selbst abgebildet wird. *Bild 3.18* zeigt zwei zentralsymmetrische Figuren. Auch die Figuren in den *Bildern 3.17c, d, e, f* sind zentralsymmetrisch.

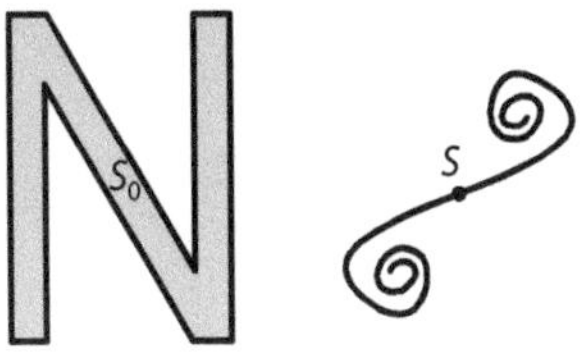

Bild 3.18

Kontrollfragen

3.5 Erläutern Sie die verschiedenen Arten von Bewegungen in der Ebene.

3.6 Welche Bewegungen sind gleichsinnig bzw. ungleichsinnig?

3.7 Wann sind zwei Figuren kongruent und wann sind sie symmetrisch?

3.8 Welche Arten der Symmetrie werden unterschieden?

Aufgaben: *3.1* **bis** *3.3*

3.1.4 Grundkonstruktionen

Unter geometrischer Konstruktion wird im Allgemeinen die Anfertigung von Zeichnungen geometrischer Figuren mit bestimmten Zeichenhilfsmitteln verstanden. Zeichenhilfsmittel können Lineal, Zeichendreiecke, Zirkel, Winkelmesser, Schablonen oder auch technische Hilsmittel wie Grafiktablett oder CAD-Software sein. Bei dem klassischen Aufbau der Geometrie durch Euklid waren nur Konstruktionen mit Zirkel und Lineal zugelassen. Die im Folgenden behandelten Grundkonstruktionen mit Zirkel und Lineal (bzw. noch mit Zeichendreiecken und Winkelmesser) haben aber noch ihre Bedeutung, da sie wesentlich zum Verständnis geometrischer Zusammenhänge beitragen.

Für die Konstruktionsbeschreibung wird statt der sprachlichen Form eine geeignete **symbolische Schreibweise** verwendet, die den algorithmischen Charakter der Konstruktion hervorhebt:

$g := AB$	g ergibt sich als Gerade durch die Punkte A und B (Verwendung des Lineals).
$k := KR(M, r)$	k ergibt sich als Kreis mit Mittelpunkt M und Radius r (Verwendung des Zirkels).
$P := g \cap h$	P ergibt sich als Schnittpunkt der Geraden g und h.
$\{P_1, P_2\} := g \cap k$	P_1 und P_2 ergeben sich als Schnittpunkte zwischen Gerade g und Kreis k.
$\{P_1, P_2\} := k_1 \cap k_2$	P_1 und P_2 ergeben sich als Schnittpunkte zwischen den Kreisen k_1 und k_2.

1. Grundkonstruktion: Abtragen einer Strecke auf einem Strahl

Aufgabe: Gegeben sind die Strecke $\overline{AB}$, der Strahl p mit Anfangspunkt O (*Bild 3.19*).

Von O ist auf p die Strecke $\overline{AB}$ abzutragen.

Konstruktionsbeschreibung: $r := \overline{AB}$ (als Radius wird im Zirkel die Strecke $\overline{AB}$ eingestellt)

$$k := KR\left(O, r\right)$$
$$P := k \cap p$$

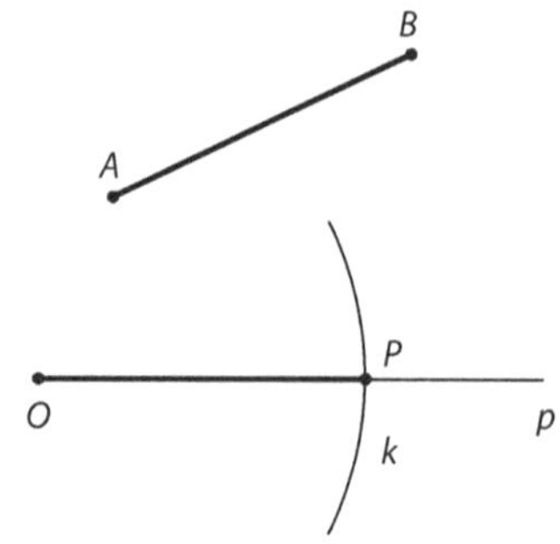

Bild 3.19

2. Grundkonstruktion: Halbieren einer Strecke

Aufgabe: Es ist der Mittelpunkt einer gegebenen Strecke $\overline{AB}$ zu bestimmen (*Bild 3.20*).

Konstruktionsbeschreibung:

r beliebig gewählt mit $r > \frac{\overline{AB}}{2}$

$$k_1 := KR\,(A, r)$$
$$k_2 := KR\,(B, r)$$
$$\{P, Q\} := k_1 \cap k_2$$
$$s := PQ$$
$$M := AB \cap s$$

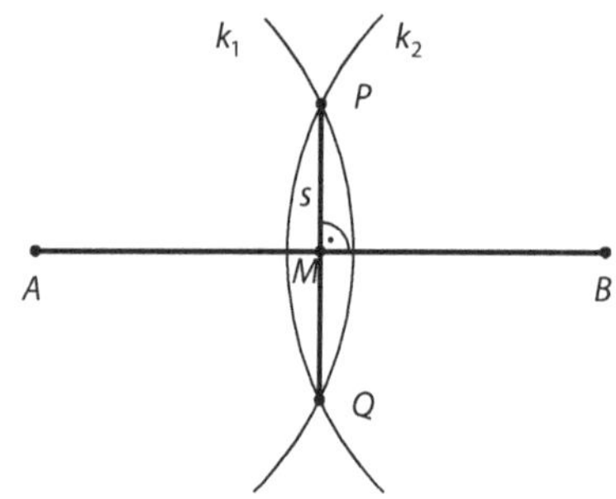

Bild 3.20

Beweis der Konstruktion: Der Punkt P hat von A und B je gleichen Abstand. Daher liegt er nach den in *Abschnitt 3.1.3* genannten Eigenschaften der Axialsymmetrie auf der Symmetrieachse s der Punkte A und B. Analog gilt $Q \in s$. Folglich ist $s = PQ$ die Symmetrieachse des Punktepaares A, B, und aus der Symmetrieeigenschaft folgt: $\overline{AM} = \overline{BM}$. Da als Symmetrieeigenschaft auch $AB \perp PQ$ folgt, wird mit dieser Grundkonstruktion auch die **Mittelsenkrechte der Strecke $\overline{AB}$** bestimmt.

Für die weiteren Grundkonstruktionen wird dem Leser die Beweisführung empfohlen.

3. Grundkonstruktion: Halbieren eines Winkels

Aufgabe: Gegeben ist $\measuredangle\, ASB$ (*Bild 3.21*). Gesucht wird seine Winkelhalbierende w.

Konstruktionsbeschreibung:

r_1, r_2 beliebig gewählt

$$k_1 := KR(S, r_1)$$
$$P := k_1 \cap SA$$
$$Q := k_1 \cap SB$$
$$k_2 := KR(P, r_2)$$
$$k_3 := KR(Q, r_2)$$
$$\{S, W\} := k_2 \cap k_3$$
$$w := SW$$

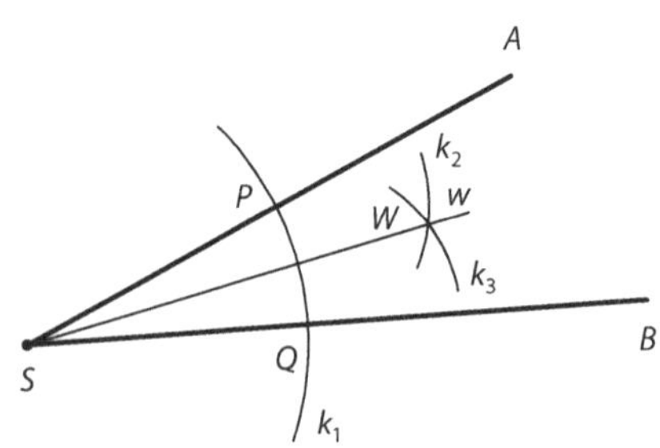

Bild 3.21

4. Grundkonstruktion: Errichten der Senkrechten zu einer Geraden in einem Punkt

Aufgabe: Gegeben sind eine Gerade g und ein Punkt $G \in g$. Gesucht wird die Gerade l, die durch G geht und senkrecht zu g ist.

Konstruktionsbeschreibung (Bild 3.22):

r_1 beliebig gewählt

$$k_1 := KR\,(G, r_1)$$
$$\{P, Q\} := g \cap k_1$$

r_2 beliebig mit $r_2 > \overline{PG}$

$$k_2 := KR(P, r_2)$$
$$k_3 := KR(Q, r_2)$$
$$\{L_1, L_2\} := k_2 \cap k_3$$
$$l := L_1 L_2$$

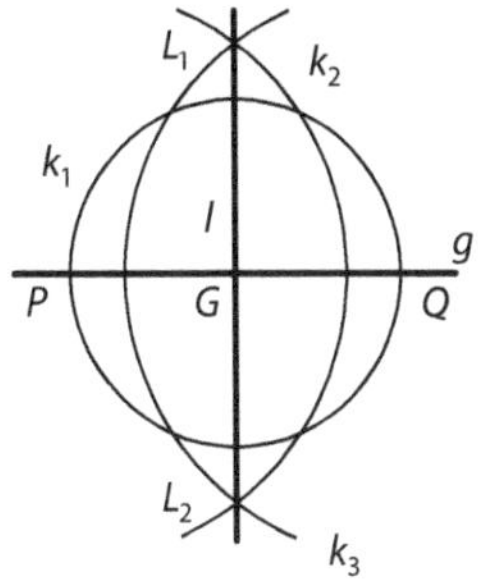

Bild 3.22

5. Grundkonstruktion: Fällen des Lotes von einem Punkt auf eine Gerade

Aufgabe: Gegeben sind eine Gerade g und ein Punkt $A \notin g$. Gesucht werden das Lot l von A auf g und der Lotfußpunkt L.

Konstruktionsbeschreibung (Bild 3.23):

r beliebig mit $r >$ Abstand A von g

$$k_1 := KR\,(A, r)$$
$$\{P, Q\} := g \cap k_1$$
$$k_2 := KR\,(P, r)$$
$$k_3 := KR\,(Q, r)$$
$$\{A, B\} := k_2 \cap k_3$$
$$l := AB$$
$$L := g \cap l$$

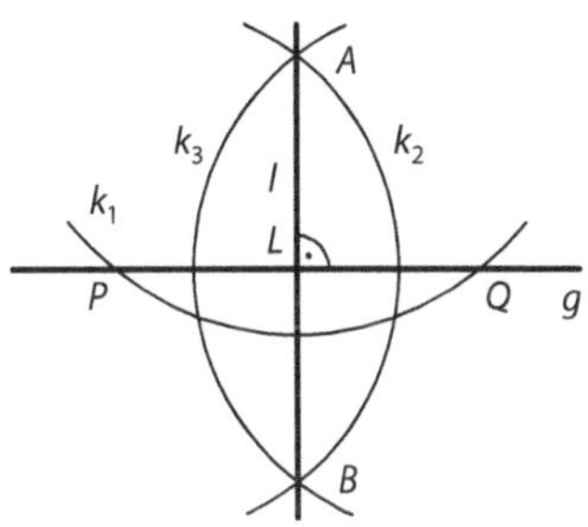

Bild 3.23

6. Grundkonstruktion: Zeichnen einer Parallelen zu einer Geraden

Aufgabe: Gegeben sind eine Gerade g und die Länge a einer Strecke. Gesucht wird eine Gerade h, die parallel zu g ist und von g den Abstand a hat.

Konstruktionsbeschreibung: Es wird zweimal die 4. Grundkonstruktion verwendet (siehe *Bild 3.24*). Daher liegt eigentlich keine Grundkonstruktion vor. In der Zeichenpraxis verwendet man dann die Parallelverschiebung mithilfe von Dreiecken oder Dreieck und Lineal.

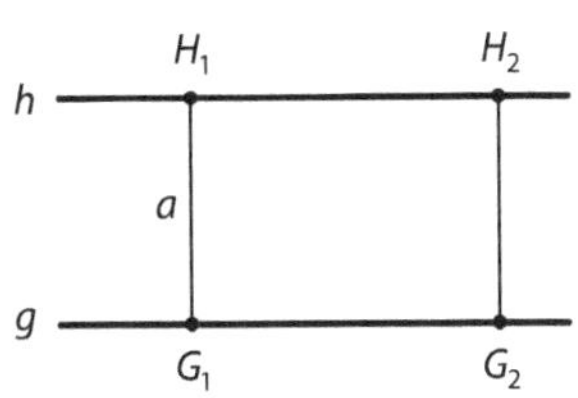

Bild 3.24

7. Grundkonstruktion: Antragen eines Winkels an einen Strahl

Aufgabe: Gegeben sind der Winkel $\alpha = \measuredangle(m, n)$ und der Strahl p mit Anfangspunkt O (*Bild 3.25*). An p ist in O der Winkel α anzutragen.

Konstruktionsbeschreibung:

r_1 beliebig

$$k_1 := KR(S, r_1)$$
$$M := k_1 \cap m$$
$$N := k_1 \cap n$$
$$k_2 := KR(O, r_1)$$
$$P := k_2 \cap p$$
$$r_2 := \overline{MN}$$
$$k_3 := KR(P, r_2)$$
$$Q := k_2 \cap k_3$$
$$q := OQ$$
$$\measuredangle(q, p) = \measuredangle(m, n) = \alpha$$

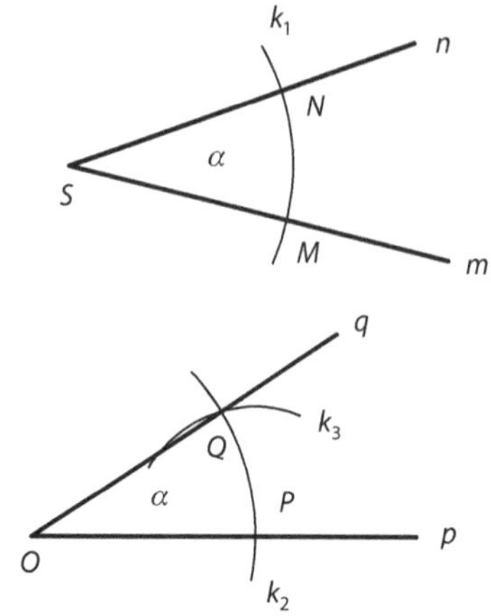

Bild 3.25

Praktisch werden gegebene Winkel mit einem Winkelmesser angetragen.

Kontrollfrage

3.9 Nennen Sie die mit Zirkel und Lineal ausführbaren Grundkonstruktionen!

Aufgabe: *3.4*

3.1.5 Ähnlichkeit

Die in *Abschnitt 3.1.3* behandelten Bewegungen als Abbildungen der Ebene auf sich lassen „Form“ und „Größe“ von Figuren unverändert. Bei der folgenden Abbildung bleibt nur die Form erhalten. Sie heißt **zentrische Streckung**.

Gegeben ist ein fester Punkt Z. Durch jeden Punkt P ($P \neq Z$) der Ebene und durch Z wird eine orientierte Gerade $\overrightarrow{ZP}$ gelegt und darauf von Z aus die Strecke $k \cdot \overline{ZP}$ abgetragen bis P', und zwar für $k > 0$ in Orientierungsrichtung, für $k < 0$ entgegengesetzt. P' ist das Bild von P. Es gilt somit

$$\overline{ZP'} = k \cdot \overline{ZP} \quad \text{oder} \quad k = \frac{\overline{ZP'}}{\overline{ZP}} \qquad (\textit{Bild 3.26})$$

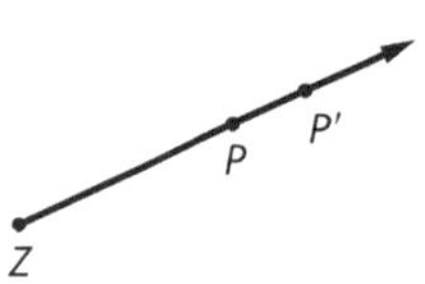

Bild 3.26

Der Punkt Z heißt **Streckungszentrum**; k heißt der **Streckungsfaktor** oder **Maßstab** und ist das Verhältnis von Bildstrecke zu Urbildstrecke. Der Punkt Z wird auf sich selbst abgebildet:

$Z' = Z$. In *Bild 3.27* wurde das Dreieck ABC durch zentrische Streckung mit $k > 1$ auf das Dreieck $A'B'C'$,

mit $k < 1$ auf das Dreieck $A''B''C''$ und

mit $k < 0$ auf das Dreieck $A'''B'''C'''$ abgebildet.

Für $|k| > 1$ werden Figuren vergrößert abgebildet, es findet eine **Dehnung** statt. Für $|k| < 1$ werden Figuren verkleinert, es liegt eine **Stauchung** vor. Für $k = 1$ ergibt sich die **Identität**, d. h., jeder Punkt wird auf sich selbst abgebildet. Für $k < 0$ kommt zur Dehnung, Stauchung bzw. Identität noch eine Punktspiegelung an Z hinzu.

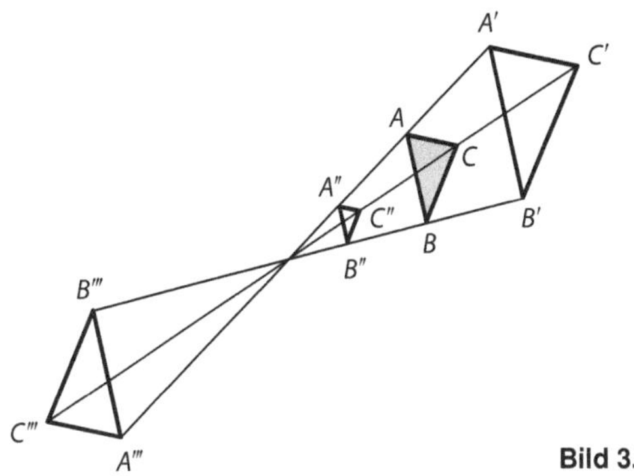

Bild 3.27

Bei der zentrischen Streckung wird jede Gerade auf eine zu ihr parallele Gerade abgebildet und jeder Winkel auf einen zu ihm gleich großen Winkel, während die Länge jeder Strecke mit k multipliziert wird.

Zwei Figuren F und F' heißen **ähnlich**, wenn F durch eine zentrische Streckung oder eine Bewegung oder durch eine Nacheinanderausführung von beiden auf F' abgebildet werden kann. Man schreibt:

$$F \sim F' \qquad (F \text{ ähnlich } F')$$

Die vier Dreiecke in *Bild 3.27* sind ähnlich zueinander. Auch die Dreiecke F und F' in *Bild 3.28* sind ähnlich. Aus der Definition der Ähnlichkeit ergibt sich der folgende Satz.

Satz 3.4

Bei ähnlichen Figuren sind einander entsprechende Winkel gleich, und einander entsprechende Strecken stehen im gleichen Verhältnis zueinander.

Zum Beispiel ist in *Bild 3.28*

$$\measuredangle ABC = \measuredangle A'B'C', \quad \measuredangle BCA = \measuredangle B'C'A', \quad \measuredangle CAB = \measuredangle C'A'B',$$

$$\frac{\overline{A'B'}}{\overline{AB}} = \frac{\overline{B'C'}}{\overline{BC}} = \frac{\overline{C'A'}}{\overline{CA}} = k$$

k heißt auch Ähnlichkeitsfaktor. Für $k = 1$ ergibt sich als Sonderfall der Ähnlichkeit die Kongruenz.

Zwischen den Figuren in *Bild 3.27* bzw. *3.28* besteht gleichsinnige Ähnlichkeit. Enthält die Abbildung auch eine Spiegelung an einer Geraden, dann liegt ungleichsinnige Ähnlichkeit vor.

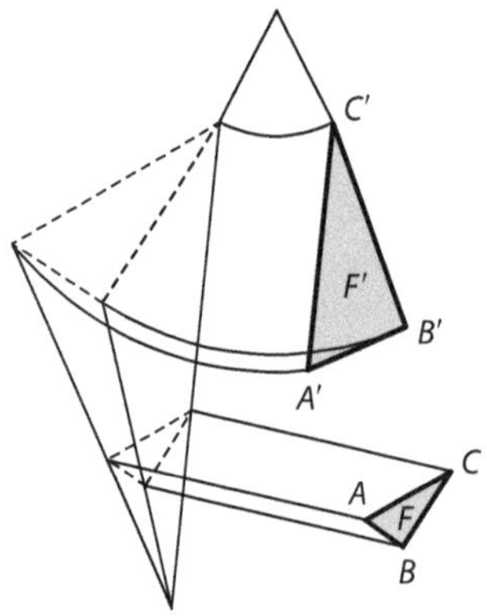

Bild 3.28

Kontrollfragen

3.10 Wie wird die Ähnlichkeit von Figuren erklärt?

3.11 Welche Beziehungen bestehen zwischen ähnlichen Figuren?

Aufgabe: *3.5*

3.1.6 Allgemeines Dreieck

Drei nicht auf einer Geraden liegende Punkte bilden mit ihren Verbindungsstrecken ein ebenes *Dreieck* (*Bild 3.29*). A, B, C sind die **Eckpunkte** des Dreiecks, die Strecken $\overline{AB} = c$, $\overline{BC} = a$, $\overline{CA} = b$ seine **Seiten** und $\measuredangle CAB = \alpha$, $\measuredangle ABC = \beta$, $\measuredangle BCA = \gamma$ seine **Innenwinkel** oder kurz **Winkel**. Die Nebenwinkel der Innenwinkel, das sind die Winkel $\alpha_1 = \alpha_2$, $\beta_1 = \beta_2$, $\gamma_1 = \gamma_2$, heißen **Außenwinkel**. Die Bezeichnung der Eckpunkte wird so vereinbart, dass der durch die Reihenfolge ABC bestimmte Umlaufsinn mathematisch positiv ist (positiv im mathematischen Sinn bedeutet gegen den Uhrzeigersinn).

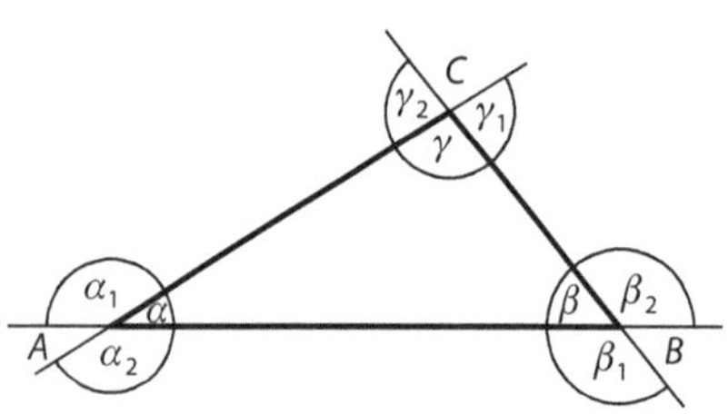

Bild 3.29

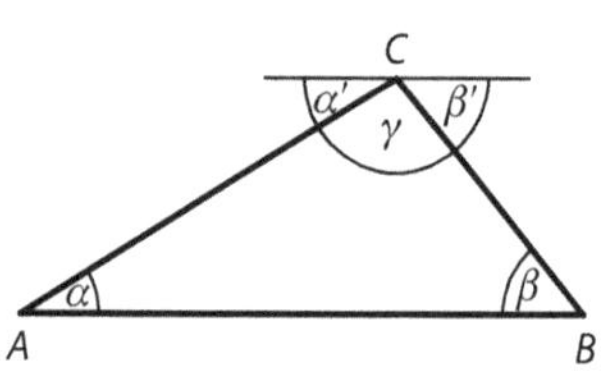

Bild 3.30

Satz 3.5

Die Summe der Innenwinkel eines ebenen Dreiecks beträgt 180°, also

$$\alpha + \beta + \gamma = 180°$$

Beweis: In *Bild 3.30* ist durch C eine Parallele zu AB gelegt. Die Winkelpaare α, α' bzw. β, β' sind Wechselwinkel, daher ist $\alpha = \alpha', \beta = \beta'$. Mit $\alpha' + \beta' + \gamma = 180°$ folgt der *Satz 3.5*. Folgerung: Ein Dreieck enthält höchstens einen stumpfen oder einen rechten Winkel.

Dreiecke können nach den Größenverhältnissen ihrer Seiten oder nach der Größe der Winkel unterschieden werden. Dabei gelten jedoch in jedem Fall die Dreiecksungleichung und die Winkelsumme 180°.

Für die Unterscheidung nach den Größenverhältnissen gibt es

- ungleichseitige Dreiecke, bei denen alle Seiten unterschiedlich lang sind,
- gleichschenklige Dreiecke, bei denen zwei Seiten gleich lang sind und
- als Sonderfall der gleichschenkligen Dreiecke die gleichseitigen Dreiecke, bei denen alle drei Seiten gleich lang sind.

Für die Unterscheidung nach der Größe der Winkel gibt es

- spitzwinklige Dreiecke, bei denen alle Winkel kleiner als 90° sind,
- rechtwinklige Dreiecke, bei denen ein Winkel gleich 90° ist und
- stumpfwinklige Dreiecke, bei denen ein Winkel größer als 90° ist.

Satz 3.6

Der Außenwinkel eines Dreiecks ist gleich der Summe der beiden nichtanliegenden Innenwinkel.

Zum Beispiel gilt: $\alpha_1 = \beta + \gamma$. *Beweis:* Aus *Satz 3.5* folgt $\beta + \gamma = 180^\circ - \alpha = \alpha_1$ nach *Bild 3.29*.

Satz 3.7

In einem Dreieck ist die Summe zweier Seiten größer als die dritte Seite:

$$a + b > c, \quad b + c > a, \quad c + a > b$$

und die Differenz zweier Seiten ist kleiner als die dritte Seite:

$$a - b < c, \quad b - c < a, \quad c - a < b,$$
$$b - a < c, \quad c - b < a, \quad a - c < b$$

Satz 3.8

Der größeren Seite des Dreiecks liegt der größere Winkel gegenüber und umgekehrt dem größeren Winkel die größere Seite.

Zum Beispiel gilt: $a > b \Leftrightarrow \alpha > \beta$.

Beweis: Die Aussage wird in beiden „Richtungen" bewiesen. Es sei $a > b$. Die Gerade w, die γ halbiert, schneidet AB in D (*Bild 3.31*). $\triangle ADC$ wird an w gespiegelt und auf $\triangle A_1CD$ abgebildet. Wegen $a > b$ liegt A_1 zwischen B und C. Da die Spiegelung eine kongruente Abbildung ist, ist $\measuredangle DA_1C = \alpha$. Nach dem Satz über Außenwinkel ist $\alpha = \beta + \delta$, d. h. $\alpha > \beta$.

Nun sei $\alpha > \beta$. Die Mittelsenkrechte m der Strecke $\overline{AB}$ schneidet BC in D (*Bild 3.32*), $\triangle MBD$ wird durch Spiegelung an m auf $\triangle AMD$ abgebildet. Daher ist $\measuredangle MAD = \beta$ und $\overline{AD} = \overline{BD}$. Wegen $\alpha > \beta$ liegt D zwischen B und C. Nach dem Satz über Dreieckseiten ist $\overline{AD} + \overline{DC} > b$ und mit $\overline{AD} = \overline{BD}$ folgt: $\overline{BD} + \overline{DC} > b$ oder $a > b$. Eine Folgerung ist, dass gleichen Seiten gleiche Winkel gegenüberliegen.

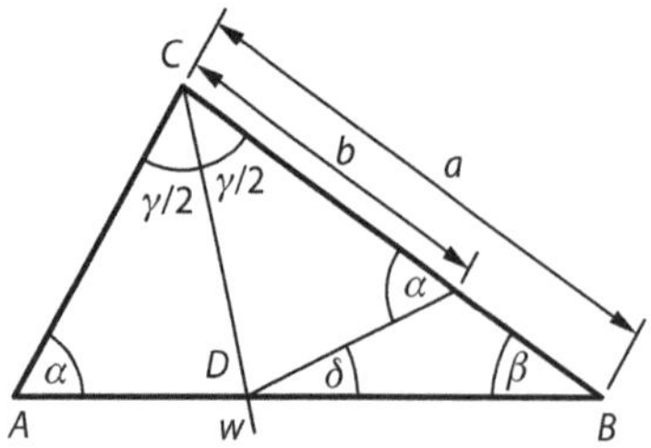

Bild 3.31

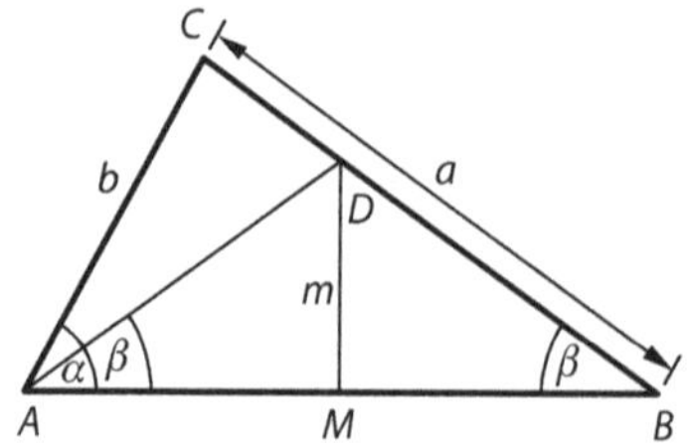

Bild 3.32

Unter Verwendung von Bewegungen lassen sich folgende Sätze über die Kongruenz von Dreiecken beweisen.

Satz 3.9

Kongruenzsätze

Zwei Dreiecke sind kongruent, wenn sie in

1. einer Seite und zwei Winkeln (den beiden anliegenden oder einem anliegenden und einem gegenüberliegenden Winkel, Fall WSW oder SWW)
2. zwei Seiten und dem von ihnen eingeschlossenen Winkel (Fall SWS)
3. zwei Seiten und dem der größeren Seite gegenüberliegenden Winkel (Fall SSW)
4. drei Seiten (Fall SSS)

übereinstimmen.

Die Kongruenzsätze legen fest, aus welchen gegebenen Größen (Seiten, Winkel) Dreiecke eindeutig konstruiert werden können. Sie werden auch häufig bei Beweisen verwendet.

Beispiele

3.1 Es ist ein Dreieck mit den Seiten $a = 7\,\text{cm}$, $b = 5\,\text{cm}$, $c = 6\,\text{cm}$ zu konstruieren.

Lösung: Die Aufgabe ist nur lösbar, wenn die Summe zweier Seiten größer als die dritte Seite ist. Die gegebenen Seiten erfüllen die Bedingung.

Konstruktionsbeschreibung:

Zeichen der Strecke $\overline{AB} = c$ (*Bild 3.33*)

$k_1 := KR(A, b)$

$k_2 := KR(B, a)$

$\{C, C_1\} := k_1 \cap k_2$

$\triangle\, ABC$ ist das gesuchte Dreieck.

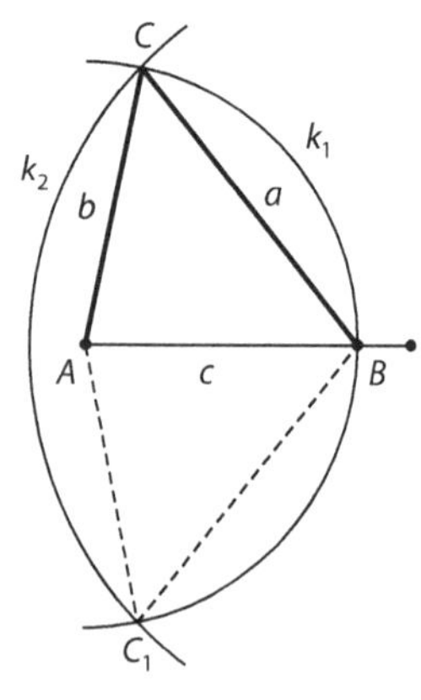

Bild 3.33

Für das Dreieck ABC_1 ist der Umlaufsinn negativ, was der Vereinbarung widerspricht; es ist deshalb keine Lösung. Die Aufgabe ist eindeutig lösbar.

3.2 Es ist ein Dreieck mit den Seiten $a = 6$ cm, $b = 4$ cm und $\alpha = 60°$ zu konstruieren.

Lösung: Konstruktionsbeschreibung:

Zeichen des Strahles p mit Anfangspunkt A

q: = Antragen von α an p in A (7. Grundkonstruktion)

C: = Abtragen von b auf q von A aus (1. Grundkonstruktion)

$k := KR(C, a)$

$B := k \cap p$

$\triangle ABC$ ist das gesuchte Dreieck.

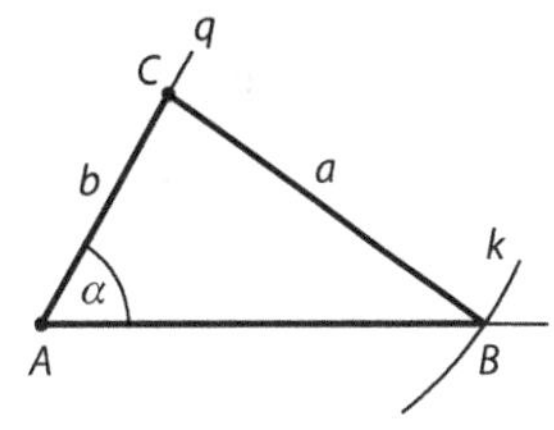

Bild 3.34

Mit den Größen $a = 4$ cm, $b = 6$ cm, $\alpha = 60°$ führt die Konstruktion auf keinen Punkt B (*Bild 3.35*), d. h., es existiert kein Dreieck mit den gegebenen Größen, während sich mit $a = 4$ cm, $b = 6$ cm, $\alpha = 35°$ zwei Punkte B_1, B_2 und damit zwei Dreiecke AB_1C und AB_2C ergeben (*Bild 3.36*). Im ersten Fall ist $a > b$, d. h., α liegt der größeren Seite gegenüber; im zweiten und dritten Fall ist $a < b$, α liegt der kleineren Seite gegenüber.

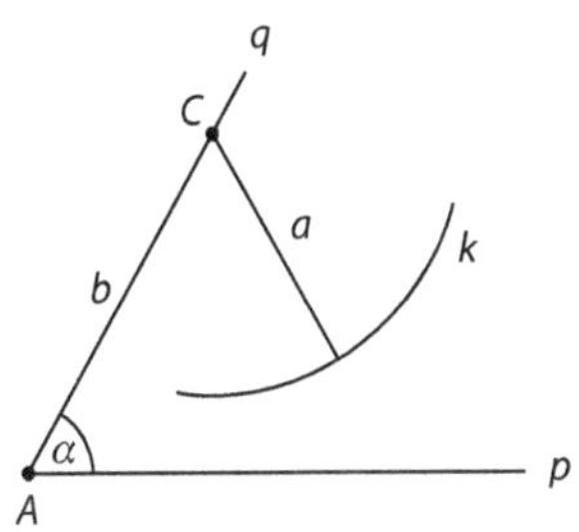

Bild 3.35

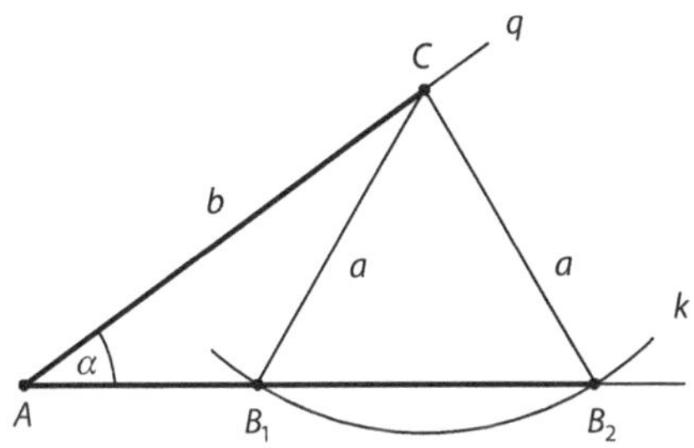

Bild 3.36

3.3 Es ist der Satz zu beweisen: Alle Punkte der Halbierenden eines Winkels haben von den Schenkeln jeweils gleichen Abstand.

Lösung: Es sei $\measuredangle(p, q) = \delta$ und w die Winkelhalbierende (*Bild 3.37*). W ist ein beliebiger Punkt von w; P und Q sind die Fußpunkte der Lote von W auf p bzw. q. Es ist $\triangle WPS \simeq \triangle WQS$ (ungleichsinnige Kongruenz), denn

$$\measuredangle PSW = \measuredangle QSW = \frac{\delta}{2}$$

$$\measuredangle WPS = \measuredangle WQS = 90°$$

$$\overline{SW} = \overline{SW}$$

(gemeinsame Seite beider Dreiecke).

Damit stimmen beide Dreiecke in einer Seite und zwei Winkeln überein und sind nach dem ersten Kongruenzsatz kongruent. Folglich gilt auch $\overline{WP} = \overline{WQ}$ und der Satz ist bewiesen. ∎

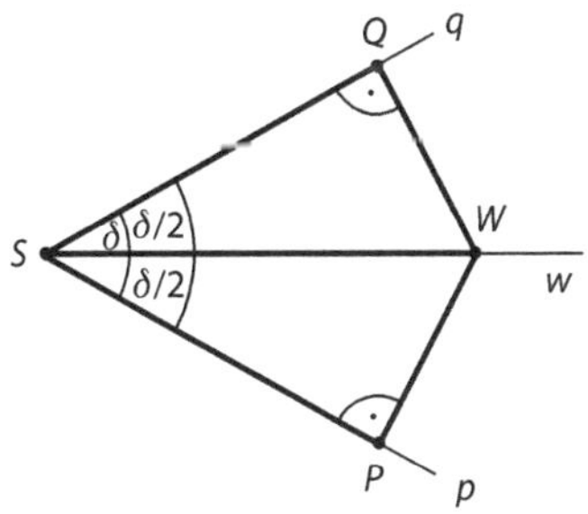

Bild 3.37

Aus dem *Satz 3.4* folgen für Dreiecke die Ähnlichkeitssätze.

Satz 3.10

Ähnlichkeitssätze

Zwei Dreiecke sind ähnlich, wenn sie in

1. zwei Winkeln
2. dem Verhältnis von zwei Seiten und in dem von ihnen eingeschlossenen Winkel
3. dem Verhältnis von zwei Seiten und in dem der größeren Seite gegenüberliegenden Winkel
4. den Verhältnissen der drei Seiten

übereinstimmen.

Zum Beispiel besagt der dritte Ähnlichkeitssatz, dass für die zwei Dreiecke in *Bild 3.38* die Ähnlichkeit aus den Gleichungen

$$\frac{a}{c} = \frac{a'}{c'} \quad \text{und} \quad \alpha = \alpha'$$

folgt.

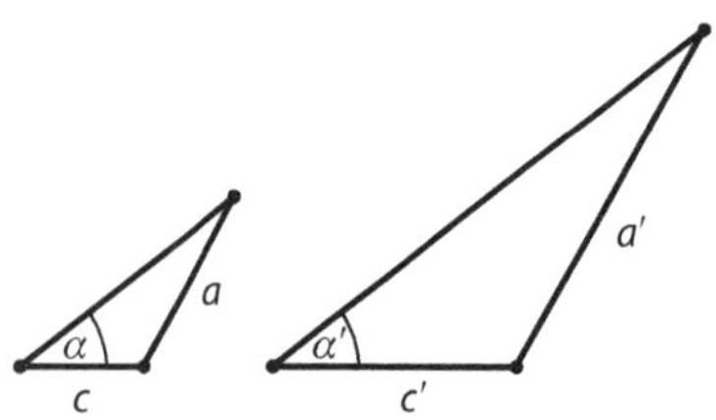

Bild 3.38

Die Ähnlichkeit von Dreiecken wird meist über den 1. Ähnlichkeitssatz bewiesen. Die bekannten **Strahlensätze** lassen sich stets auf die Ähnlichkeit von Dreiecken zurückführen und werden deshalb nicht gesondert behandelt.

Beispiel

3.4 Für die in *Bild 3.39* gezeigte Figur sind die Strecken $a = 32{,}1\,\text{m}$, $b = 46{,}5\,\text{m}$, $c = 66{,}0\,\text{m}$ bekannt und es ist $BC \parallel DE$. Gesucht wird die Strecke x.

Lösung: Nach dem 1. Ähnlichkeitssatz ist $\triangle ABC \sim \triangle ADE$, denn $\measuredangle BAC = \measuredangle DAE$ (gemeinsamer Winkel), $\measuredangle ABC = \measuredangle ADE$ (Stufenwinkel).

Aus der Ähnlichkeit folgen die Streckenverhältnisse

$$\frac{\overline{BC}}{\overline{AB}} = \frac{\overline{DE}}{\overline{AD}} \quad \text{oder} \quad \frac{a}{c} = \frac{b}{c+x}$$

Umstellung ergibt

$$x = \frac{bc}{a} - c = \underline{\underline{29{,}6\,\text{m}}}$$

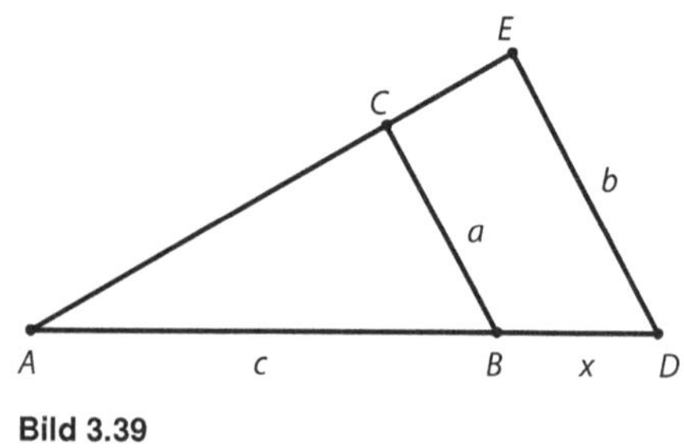

Bild 3.39

■

Eine **Dreieckstransversale** ist eine Gerade, die das Dreieck schneidet. Besondere Bedeutung haben die folgenden Transversalen.

Mittelsenkrechte m_a, m_b, m_c: Jede Mittelsenkrechte geht durch den Mittelpunkt einer Dreieckseite und steht senkrecht auf dieser (*Bild 3.40*).

Die Mittelsenkrechten des Dreiecks schneiden sich in einem Punkt M. Er ist der Mittelpunkt des Umkreises.

Höhen h_a, h_b, h_c: Jede Höhe geht durch einen Eckpunkt des Dreiecks und ist senkrecht zur gegenüberliegenden Seite (*Bild 3.41*). Der Schnittpunkt der Höhe mit der gegenüberliegenden Seite oder ihrer Verlängerung heißt Höhenfußpunkt (H_a, H_b, H_c).

Die Höhen des Dreiecks schneiden sich in einem Punkt H.

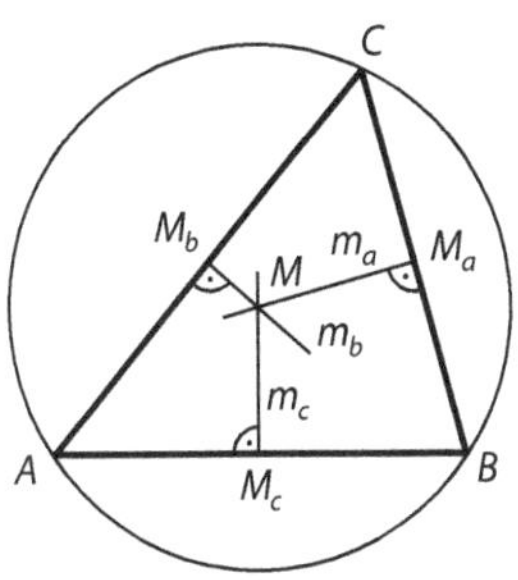

Bild 3.40

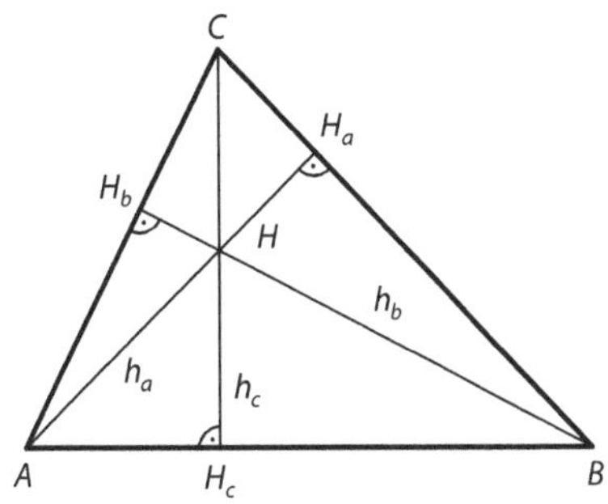

Bild 3.41

Seitenhalbierende s_a, s_b, s_c: Jede Seitenhalbierende verbindet den Mittelpunkt einer Dreieckseite mit dem gegenüberliegenden Eckpunkt (*Bild 3.42*).

Die Seitenhalbierenden des Dreiecks schneiden sich in einem Punkt S. Er ist der Schwerpunkt des Dreiecks.

Die Seitenhalbierenden heißen auch Schwerelinien des Dreiecks. Durch S werden die Seitenhalbierenden so geteilt, dass die Proportionen bestehen:

$$\overline{AS} : \overline{SM_a} = \overline{BS} : \overline{SM_b} = \overline{CS} : \overline{SM_c} = 2 : 1$$

Winkelhalbierende $w_\alpha, w_\beta, w_\gamma$: Jede Winkelhalbierende geht durch einen Eckpunkt des Dreiecks und halbiert den zum Eckpunkt gehörigen Innenwinkel (*Bild 3.43*).

Die Winkelhalbierenden des Dreiecks schneiden sich in einem Punkt W. Er ist der Mittelpunkt des Inkreises.

Die vier Punkte M, H, S, W werden häufig als die vier „merkwürdigen Punkte" des Dreiecks bezeichnet. M, H und S liegen auf einer Geraden, die Eulersche Gerade heißt.

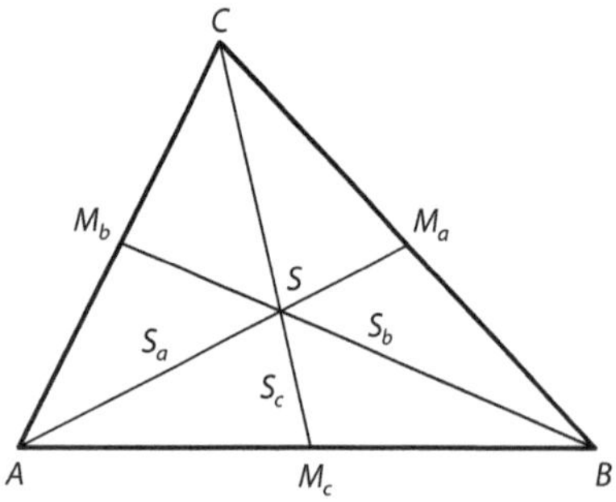

Bild 3.42

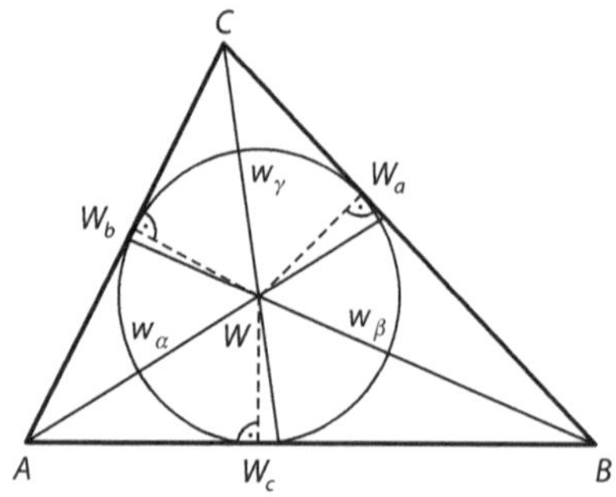

Bild 3.43

Die hier genannten Transversalen werden unterschiedlich als Geraden, Strahlen oder Strecken aufgefasst. So wird unter Höhen, Seitenhalbierenden oder Winkelhalbierenden als Strecke jeweils die Strecke vom entsprechenden Dreieckspunkt bis zum Schnittpunkt der Transversalen mit der gegenüberliegenden Seite verstanden; z. B. ist $S_a = \overline{AM_a}$.

Beispiele

3.5 Ein Dreieck ist zu konstruieren aus $b = 6{,}5\,\text{cm}$, $c = 6{,}0\,\text{cm}$, $h_a = 5{,}5\,\text{cm}$.

Lösung: Zur Herleitung der Konstruktionsschritte wird eine (unmaßstäbliche) Skizze, auch **Planfigur** genannt, angefertigt (*Bild 3.44*).

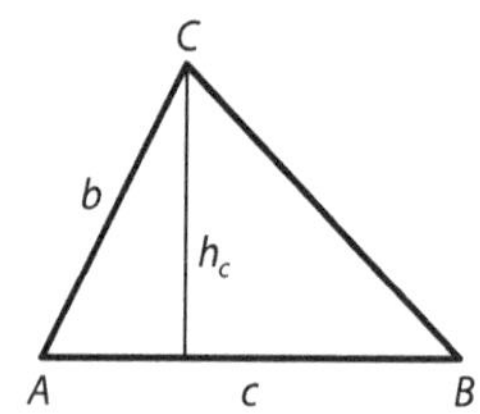

Bild 3.44

Konstruktionsbeschreibung (*Bild 3.45*):
Zeichnen der Strecke $\overline{CH_c} = h_c$

$g :=$ Gerade durch H_c senkrecht zu CH_c

$k := KR\,(C, b)$

$\{A_1, A_2\} := k \cap g$

$B_1 :=$ Abtragen von c auf g von A_1 aus (in Richtung H_c)

$B_2 :=$ Abtragen von c auf g von A_2 aus (gleichgerichtet zu $\overline{A_1H_c}$)

Die Aufgabe hat zwei Lösungen: $\triangle A_1B_1C$ und $\triangle A_2B_2C$.

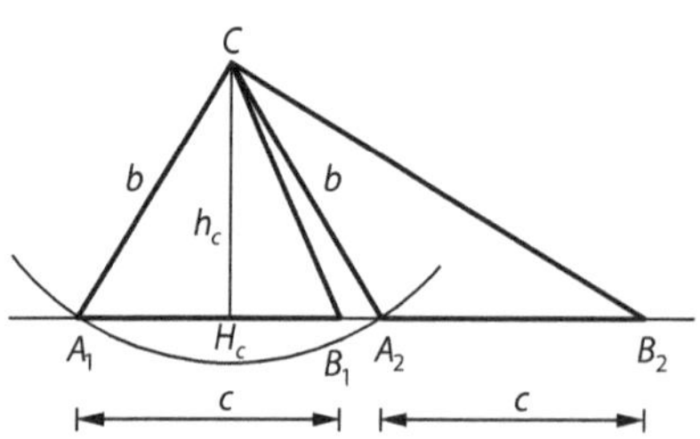

Bild 3.45

3.6 Ein Dreieck ist zu konstruieren aus $b = 9{,}0\,\text{cm}$, $\alpha = 40°$, $s_b = 5{,}6\,\text{cm}$.

Lösung: Skizze (*Bild 3.46*)

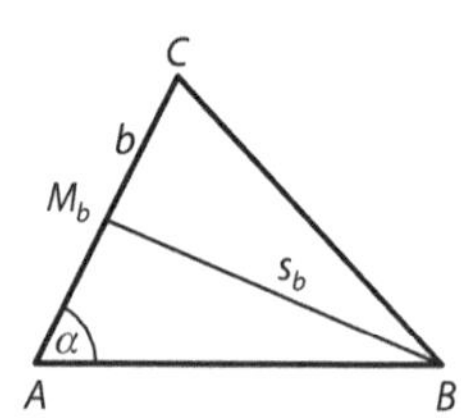

Bild 3.46

Konstruktionsbeschreibung (*Bild 3.47*):

Zeichnen des Strahles p mit Anfangspunkt A

$q :=$ Antragen von α an p in A
$C :=$ Abtragen von b auf q von A aus
$M_b :=$ Abtragen von $b/2$ auf q von A aus
$k := KR(M_b, s_b)$
$B := k \cap p$

$\triangle ABC$ ist das gesuchte Dreieck.

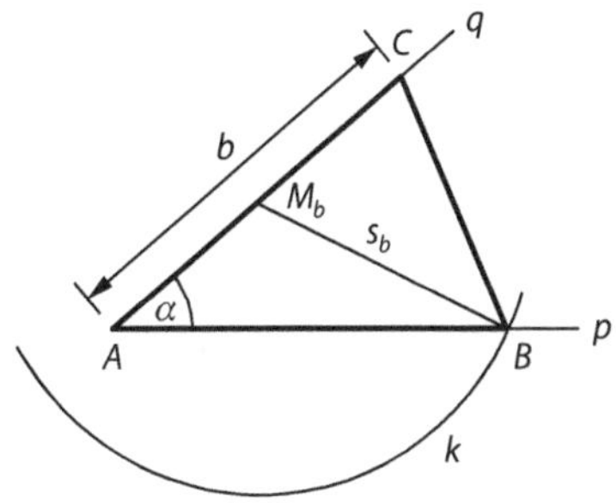

Bild 3.47

■

Kontrollfragen

3.12 Welche Sätze der Planimetrie gibt es zwischen Seiten und Winkel im Dreieck?

3.13 Wann sind zwei Dreiecke kongruent, und wann sind sie sich ähnlich?

3.14 Welche wichtigen Dreieckstransversalen gibt es, und welche Eigenschaften haben sie?

Aufgaben: *3.6* bis *3.9*

3.1.7 Rechtwinkliges, gleichschenkliges und gleichseitiges Dreieck

Das rechtwinklige Dreieck

Es sei $\gamma = 90°$ (*Bild 3.48*). Die den rechten Winkel einschließenden Seiten a, b heißen **Katheten**, die dem rechten Winkel gegenüberliegende Seite c heißt **Hypotenuse**. Die Winkel α und β heißen **Kathetenwinkel** und sind stets spitz. Die Höhe h teilt c in die Hypotenusenabschnitte p und q.

Die drei rechtwinkligen Dreiecke in *Bild 3.48* sind ähnlich: $\triangle ABC \sim \triangle AH_cC \sim \triangle H_cBC$.

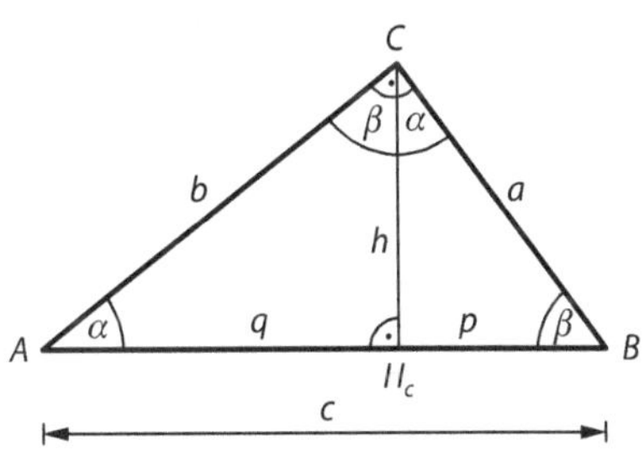

Bild 3.48

Aus der Ähnlichkeit folgen die Seitenverhältnisse in den Dreiecken

$$ABC \text{ und } H_cBC: \quad c : a = a : p \quad \text{oder} \quad a^2 = cp \tag{3.1}$$

$$ABC \text{ und } AH_cC: \quad c : b = b : q \quad \text{oder} \quad b^2 = cq \tag{3.2}$$

$$H_cBC \text{ und } AH_cC: \quad p : h = h : q \quad \text{oder} \quad h^2 = pq \tag{3.3}$$

Die *Formeln (3.1)* und *(3.2)* stellen den **Kathetensatz von Euklid** dar.

Satz 3.11

Kathetensatz von Euklid

Die Seiten eines rechtwinkligen Dreiecks seien a, b, c mit der Hypotenuse c. Teilt man dieses Dreieck an der Höhe h und mit p der Hypotenusenabschnitt über a, q der entsprechende Abschnitt über b, so gilt:

Das Quadrat über a ist flächeninhaltsgleich zum Rechteck mit den Seiten p und c, und das Quadrat über b ist flächeninhaltsgleich zum Rechteck mit den Seiten q und c, also $a^2 = c \cdot p$ bzw. $b^2 = c \cdot q$.

Die *Formel (3.3)* beschreibt den **Höhensatz von Euklid**.

Satz 3.12

Höhensatz von Euklid

Gegeben sei ein rechtwinkliges Dreieck mit der Höhe h, welche die Hypotenuse in die Abschnitte p und q teilt. Dann ist das Quadrat über der Höhe flächengleich mit dem Rechteck mit den Seiten p und q, also $h^2 = p \cdot q$.

Die Addition von *(3.1)* und *(3.2)* ergibt mit

$$a^2 + b^2 = cp + cq = c\left(p + q\right) = c \cdot c$$

$$a^2 + b^2 = c^2 \qquad (3.4)$$

den **Satz des Pythagoras**.

Satz 3.13

Satz des Pythagoras

Im rechtwinkligen Dreieck ist die Summe der Quadrate der Katheten gleich dem Quadrat der Hypotenuse, also $a^2 + b^2 = c^2$.

Beispiel

3.7 Im rechtwinkligen Dreieck ist die Höhe h aus den Katheten a und b zu berechnen.

Lösung: Aus $\triangle AH_cC \sim \triangle ABC$ folgt:

$$h : b = a : c \quad \text{oder} \quad h = \frac{ab}{c} = \frac{ab}{\sqrt{a^2 + b^2}}$$

■

Das gleichschenklige Dreieck

Im gleichschenkligen Dreieck des *Bildes 3.49* sind die Seiten $\overline{AC} = \overline{BC} = a$ die **Schenkel**, $\overline{AB} = c$ ist die **Basis**, die Winkel BAC und CAB heißen **Basiswinkel**. Die zur Basis gehörige Höhe h_c zerlegt das gleichschenklige Dreieck in zwei kongruente rechtwinklige Dreiecke AH_cC und H_cBC. Aus der Kongruenz folgt:

Im gleichschenkligen Dreieck halbiert die zur Basis gehörige Höhe den Winkel zwischen den Schenkeln und die Basis. Basiswinkel sind gleich.

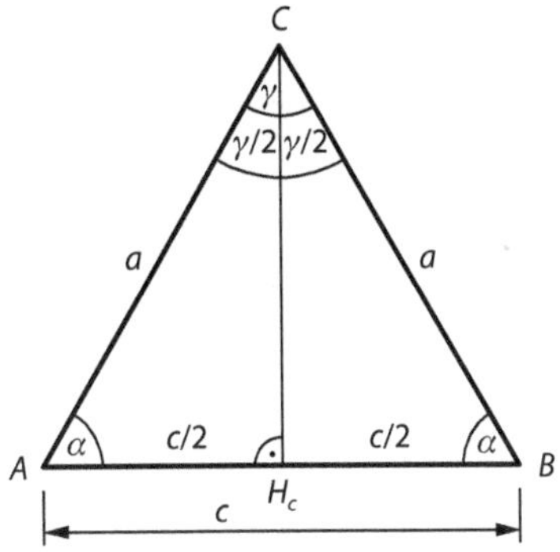

Bild 3.49

Beispiel

3.8 Von einem gleichschenkligen Dreieck sind Basis c und Schenkel a gegeben. Gesucht wird die Höhe h_a auf einen Schenkel (*Bild 3.50*).

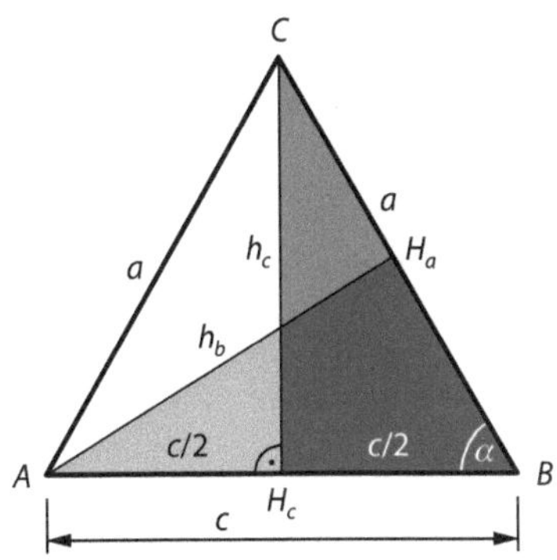

Bild 3.50

Lösung: $\triangle ABH_a \sim BCH_c$ (ungleichsinnig ähnlich)
Wegen $\measuredangle AH_aB = \measuredangle BH_cC = 90°$

$\measuredangle ABH_a = \measuredangle H_cBC = \alpha$

Aus der Ähnlichkeit folgt die Proportion:

$$h_a : c = h_c : a \quad \text{oder} \quad h_a = \frac{c}{a} \cdot h_c \tag{I}$$

Für h_c ergibt sich nach dem Satz von Pythagoras:

$$h_c = \sqrt{a^2 - \left(\frac{c}{2}\right)^2} = \sqrt{a^2 - \frac{c^2}{4}} = \sqrt{\frac{4a^2 - c^2}{4}} = \frac{1}{2}\sqrt{4a^2 - c^2}$$

und damit aus (I):

$$h_a = \frac{c}{2a}\sqrt{4a^2 - c^2}$$

■

Das gleichseitige Dreieck

Da den gleichen Seiten $\overline{AB} = \overline{BC} = \overline{CA} = a$ gleiche Winkel gegenüber liegen müssen, beträgt jeder Innenwinkel 60°. Aus Symmetriegründen fallen die Punkte H, M, S, W zusammen.

Beispiel

3.9 Aus der Seite a eines gleichseitigen Dreiecks ist der Radius r_i des Inkreises zu berechnen (*Bild 3.51*).

Lösung: Es ist $CW_c = \sqrt{a^2 - (a/2)^2} = \sqrt{3/4a^2} = \frac{a}{2}\sqrt{3}$.

Da W und S und ebenso w_γ und s_c zusammenfallen und S die Seitenhalbierende im Verhältnis 1 : 2 teilt, gilt

$$r_i = \overline{WW_c} = \frac{1}{3}\overline{CW_c} = \frac{a}{6}\sqrt{3}$$

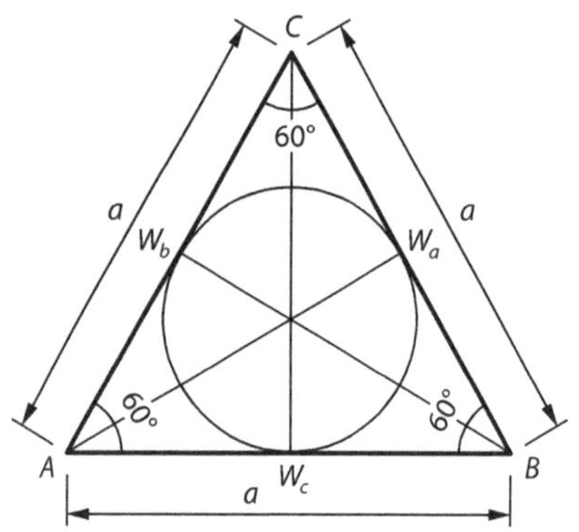

Bild 3.51

■

Kontrollfragen

3.15 Welche besonderen Eigenschaften haben das rechtwinklige, das gleichschenklige und das gleichseitige Dreieck?

3.16 Welche Lage haben die Punkte M, H, S, W bei einem spitzwinkligen, stumpfwinkligen, rechtwinkligen, gleichschenkligen und bei einem gleichseitigen Dreieck?

Aufgaben: *3.10* bis *3.14*

3.1.8 Viereck

Vier Punkte A, B, C, D, von denen drei nicht auf einer Geraden liegen, bilden mit den Verbindungsstrecken $\overline{AB} = a, \overline{BC} = b, \overline{CD} = c, \overline{DA} = d$ das Viereck $ABCD$ (*Bild 3.52*). Diese Strecken sind die **Seiten**, $\alpha, \beta, \gamma, \delta$ die **Winkel** und $\overline{AC} = e, \overline{BD} = f$ die **Diagonalen** des

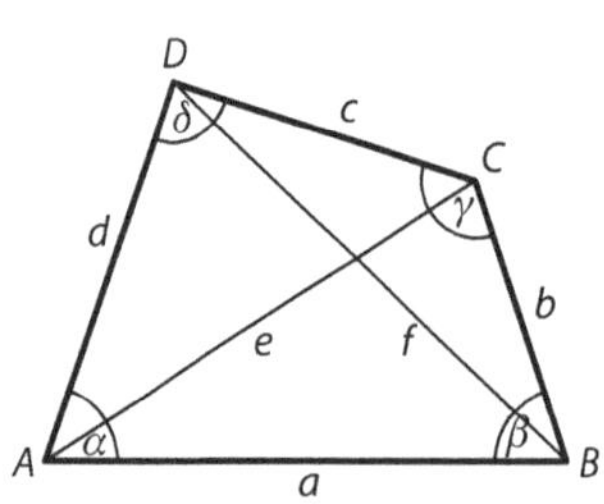

Bild 3.52

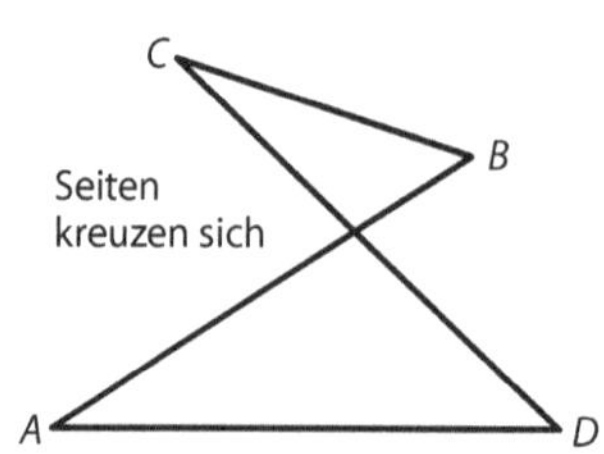

Bild 3.53

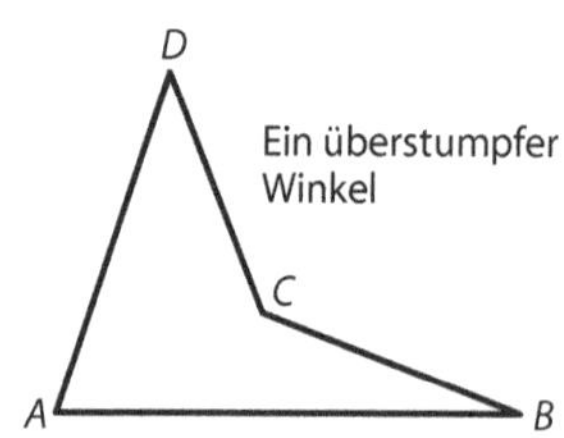

Bild 3.54

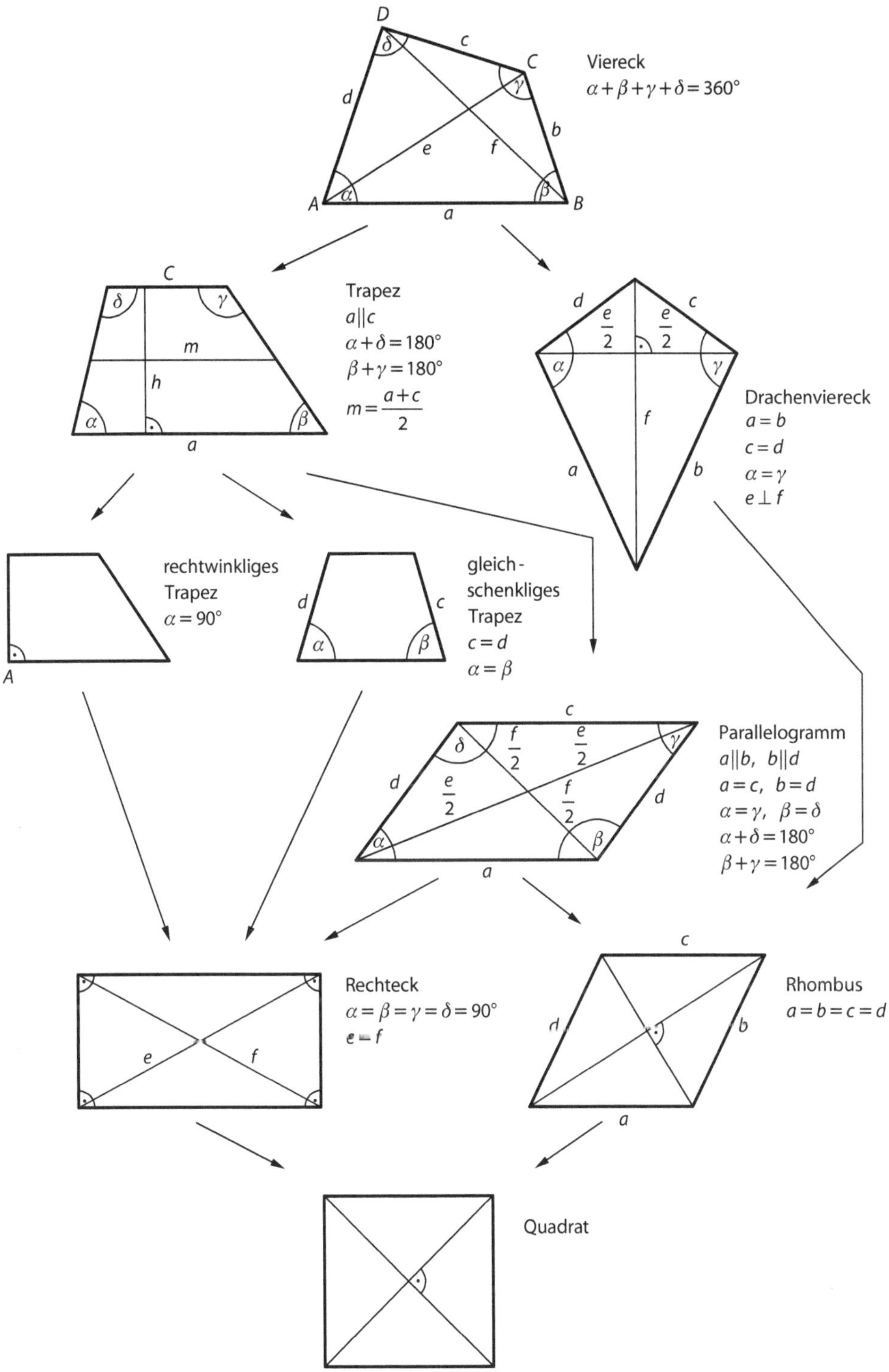
Viereck
α+β+γ+δ=360°
Trapez
a||c
α+δ=180°
β+γ=180°
m=(a+c)/2
Drachenviereck
a=b
c=d
α=γ
e⊥f
rechtwinkliges Trapez
α=90°
gleich-schenkliges Trapez
c=d
α=β
Parallelogramm
a||b, b||d
a=c, b=d
α=γ, β=δ
α+δ=180°
β+γ=180°
Rechteck
α=β=γ=δ=90°
e=f
Rhombus
a=b=c=d
Quadrat

Bild 3.55

Vierecks. Die Seitenpaare a, c bzw. b, d heißen **Gegenseiten**. Es sind auch „überschlagene" Vierecke (*Bild 3.53*) und „konkave" Vierecke (*Bild 3.54*) möglich. Im Folgenden werden nur „konvexe" Vierecke wie in *Bild 3.52* betrachtet.

Satz 3.14

Die Summe der Winkel im Viereck beträgt 360°.

$$\alpha + \beta + \gamma + \delta = 360°$$

Der Beweis folgt sofort aus der Zerlegung des Vierecks durch eine Diagonale in zwei Dreiecke.

Zur Konstruktion oder Berechnung eines allgemeinen Vierecks müssen fünf Größen, darunter mindestens zwei Seiten, gegeben sein, z. B. a, b, α, β, γ. Bei speziellen Vierecken wie z. B. Parallelogrammen, verringert sich diese Anzahl.

Konstruktionen und Berechnungen erfolgen im Allgemeinen über die durch die Diagonalen entstehenden Teildreiecke.

Bild 3.55 gibt einen Überblick über die Arten der Vierecke: Trapez, Drachenviereck, Parallelogramm, Rechteck, Rhombus und Quadrat mit ihren speziellen Merkmalen.

Beispiel

3.10 Ein rechtwinkliges Trapez $(\alpha = 90°)$ ist durch $a = 16{,}4\,\text{cm}$, $b = 12{,}9\,\text{cm}$, $d = 10{,}5\,\text{cm}$ gegeben.
Es sind c, e, f, m zu berechnen.

Lösung: Nach *Bild 3.56* folgt unmittelbar

$$c = a - \sqrt{b^2 - d^2} = 8{,}9\,\text{cm}$$

$$e = \sqrt{c^2 + d^2} = 13{,}8\,\text{cm}$$

$$f = \sqrt{a^2 + d^2} = 19{,}5\,\text{cm}$$

$$m = \frac{a + 2}{2} = 12{,}7\,\text{cm}$$

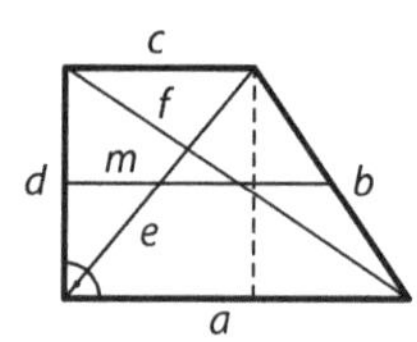

Bild 3.56

■

Kontrollfragen

3.17 Welche Arten von Vierecken gibt es, und wie werden sie definiert?

3.18 Welche Eigenschaften haben die verschiedenen Arten von Vierecken?

Aufgaben: *3.15* bis *3.18*

3.1.9 Regelmäßiges n-Eck

n Punkte $P_1, P_2, \ldots, P_n$, von denen drei benachbarte nicht auf einer Geraden liegen, bilden mit den Verbindungsstrecken $P_1P_2, P_2P_3, \ldots, P_nP_1$ ein ***n*-Eck**. Die Winkel $\alpha_1, \alpha_2, \ldots, \alpha_n$ sind seine Winkel (vgl. das konvexe Siebeneck in *Bild 3.57*). Wird ein Eckpunkt, z. B. P_1, mit den anderen Punkten verbunden, dann entstehen $n - 2$ Dreiecke. Aus der Winkelsumme im Dreieck folgt sofort:

Die Summe der Winkel im n-Eck beträgt $(n - 2) \cdot 180°$.

Ein **regelmäßiges n-Eck** hat gleichlange Seiten s_n und gleichgroße Winkel α_n. Seine Punkte liegen auf einem Kreis, dem Umkreis, und teilen ihn in n Teile (*Bild 3.58* für $n = 5$).

Für das regelmäßige n-Eck gelten für die Seitenlängen $s_n = 2 * r_\mathrm{u} * \sin \dfrac{\pi}{n}$, wobei r_u der Radius des Umkreises ist.

Für den Inkreis gilt die Formel $r_\mathrm{i} = \dfrac{1}{2}\sqrt{4r_\mathrm{u}^2 - s_n}$. Die Herleitung dieser Gleichungen sollte der Leser über Winkelfunktionen bzw. den Lehrsatz des Pythagoras selbst finden. *Bild 3.60* liefert für $n = 6$ eine Anregung.

Zwei benachbarte Punkte des n-Ecks und der Mittelpunkt M des Umkreises bilden das **Bestimmungsdreieck** des regelmäßigen n-Ecks.

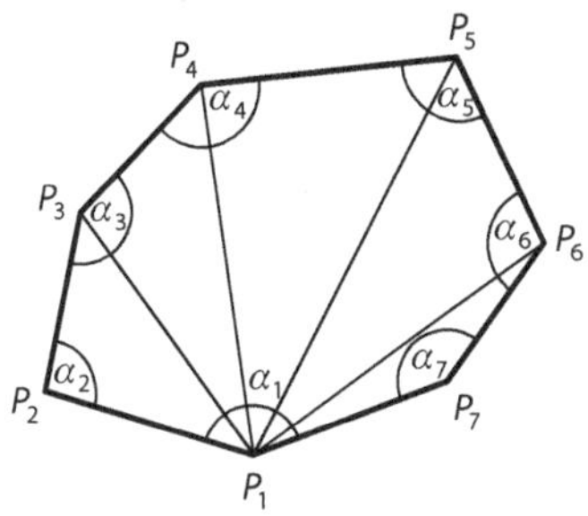

Bild 3.57

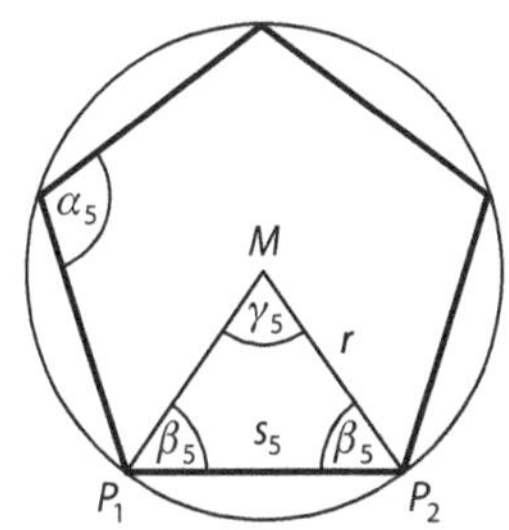

Bild 3.58

Das Bestimmungsdreieck ist gleichschenklig mit den Schenkeln r; es hat die Basiswinkel $\beta_n = \alpha_n/2$ und in M den Winkel $\gamma_n = 360^\circ/n$. Die Summe der Seiten s_n ist der Umfang des regelmäßigen n-Ecks:

$$u_n = n \cdot s_n$$

Bei dem regelmäßigen Sechseck ist wegen $\gamma_6 = 360^\circ/6 = 60^\circ$ auch $\beta_6 = 60^\circ$, d. h. das Bestimmungsdreieck ist gleichseitig und damit $s_6 = r$. Daraus folgt die leichte Konstruierbarkeit des regelmäßigen Sechsecks mit einem Zirkel und Lineal (*Bild 3.59*).

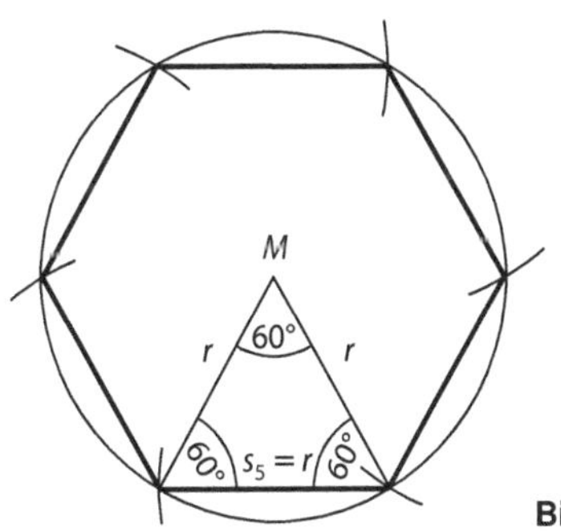

Bild 3.59

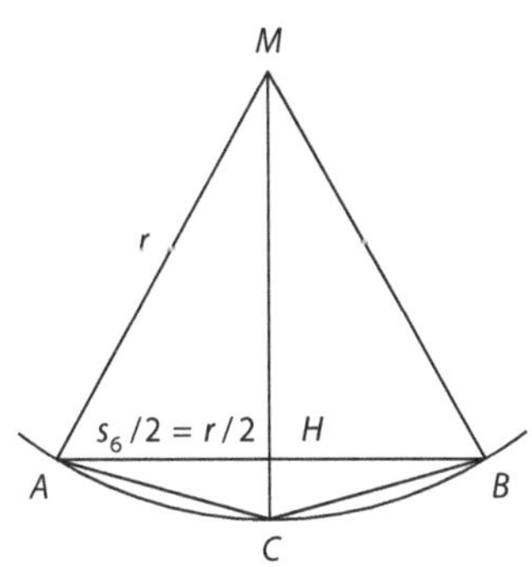

Bild 3.60

Beispiel

3.11 Die Seite s_{12} und der Umfang u_{12} des regelmäßigen 12-Ecks sind zu berechnen.

Lösung: $\triangle\, ABM$ sei ein Bestimmungsdreieck des regelmäßigen Sechsecks (*Bild 3.60*). Seine Höhe MH schneidet den Umkreis in C, und $\overline{AC} = \overline{CB} = s_{12}$ ist eine Seite des regelmäßigen 12-Ecks. Es ist

$$\overline{MH} = \sqrt{r^2 - (r/2)^2} = \sqrt{\frac{3}{4}r^2} = \frac{r}{2}\sqrt{3}$$

$$\overline{CH} = r - \overline{MH} = r - \frac{r}{2}\sqrt{3} = r\left(1 - \frac{1}{2}\sqrt{3}\right)$$

$$\overline{AC} = s_{12} = \sqrt{\overline{AH}^2 + \overline{CH}^2} = \sqrt{(r/2)^2 + r^2\left(1 - \frac{1}{2}\sqrt{3}\right)^2}$$

$$= r\sqrt{\frac{1}{4} + 1 - \sqrt{3} + \frac{3}{4}} = r\sqrt{2 - \sqrt{3}} = 0{,}518\,r$$

$$u_{12} = 12 \cdot s_{12} = 6{,}212\,r$$

■

3.1.10 Kreis

Der **Kreis** k ist die Menge aller Punkte der Ebene, die von einem festen Punkt der Ebene einen konstanten Abstand haben.

Der feste Punkt heißt **Mittelpunkt** M, der konstante Abstand heißt **Radius** r.

Für den Kreisumfang gilt

$$u = 2\pi r \qquad (3.5)$$

Eine Gerade, die den Kreis in zwei Punkten A, B schneidet, heißt Sekante (*Bild 3.61*); die Strecke $s = \overline{AB}$ heißt Sehne. Eine durch M gehende Sekante ist eine Zentrale z, die zugehörige Sehne heißt Durchmesser d. Eine Gerade t, die den Kreis in einem Punkt T berührt, ist eine Tangente des Kreises. Die Tangente steht senkrecht auf dem „Berührungsradius" $\overline{MT}$.

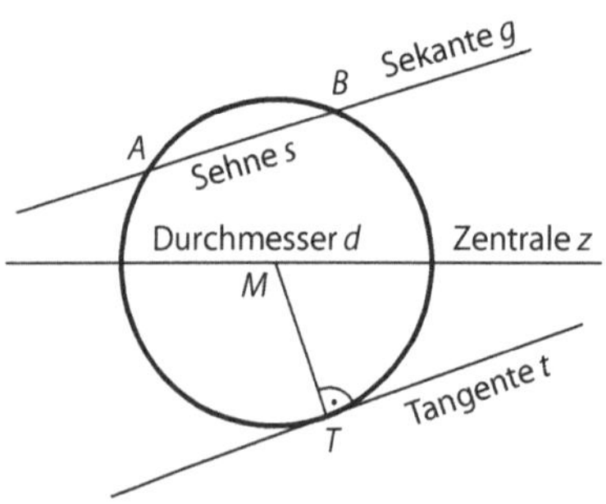

Bild 3.61

Das von einer Sehne $\overline{AB}$ und den Radien $\overline{AM}$ und $\overline{BM}$ gebildete Dreieck ist stets gleichschenklig. Daher geht die Mittelsenkrechte m jeder Sehne durch M (*Bild 3.62*). Ein Kreis ist durch drei nicht auf einer Geraden liegende Punkte festgelegt. Soll aus drei gegebenen Kreispunkten A, B, C der Mittelpunkt M konstruiert werden, dann sind für zwei Sehnen, z. B. $\overline{AB}$ und $\overline{BC}$, die Mittelsenkrechten zu konstruieren, die sich in M schneiden (M ist Mittelpunkt des Umkreises im $\triangle ABC$).

Zwei Kreispunkte A, B zerlegen den Kreis in zwei Bögen, die beide mit $\widehat{AB}$ bezeichnet werden. Bei einer konkreten Aufgabe ergibt sich aus dem Zusammenhang, welcher von beiden Bögen gemeint ist.

Es seien A, B, C drei Kreispunkte (*Bild 3.63*). Der $\sphericalangle ACB = \alpha$ heißt Peripheriewinkel über dem Bogen $\widehat{AB} = b$; $\sphericalangle AMB = \beta$ heißt **Zentriwinkel** über $\widehat{AB} = b$.

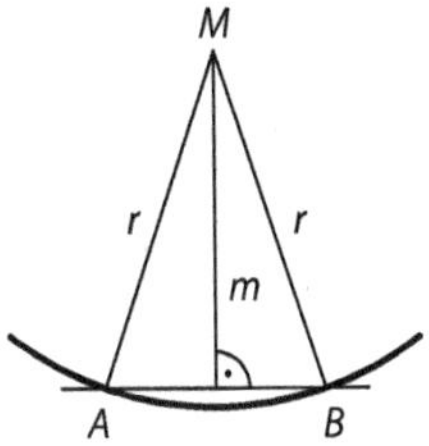

Bild 3.62

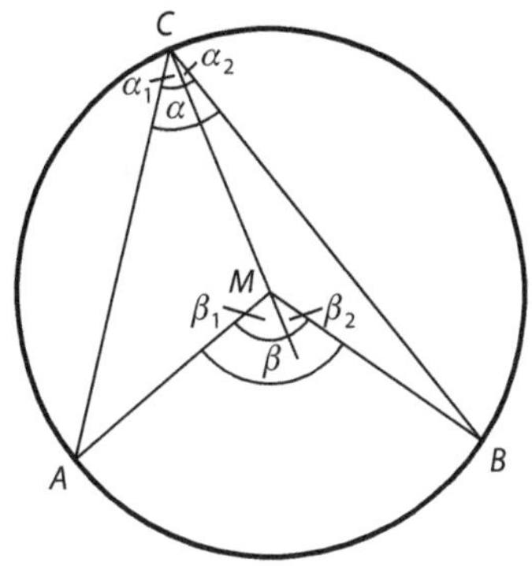

Bild 3.63

Jeder Zentriwinkel ist doppelt so groß wie der Peripheriewinkel über demselben Bogen.

Alle Peripheriewinkel über demselben Bogen sind gleich.

Satz 3.15

Satz des Thales

Jeder Peripheriewinkel über dem Halbkreis ist ein rechter Winkel.

Satz 3.16

Sekantensatz

Schneiden sich zwei Sekanten des Kreises, so ist das Produkt der Abschnitte der einen Sekante gleich dem Produkt der Abschnitte der anderen Sekante.

Beispiele

3.12 Gegeben sind ein Kreis k mit dem Mittelpunkt M und ein Punkt P außerhalb des Kreises. Es sind die durch P gehenden Kreistangenten t_1, t_2 zu konstruieren.

Lösung: Bild 3.64

Konstruktionsbeschreibung:

M_1 := Mittelpunkt von PM

$r_1 := \overline{PM_1}$

$k_1 := KR\,(M_1, r_1)$

$\{T_1, T_2\} := k \cap k_1$

$t_1 := PT_1$

$t_2 := PT_2$

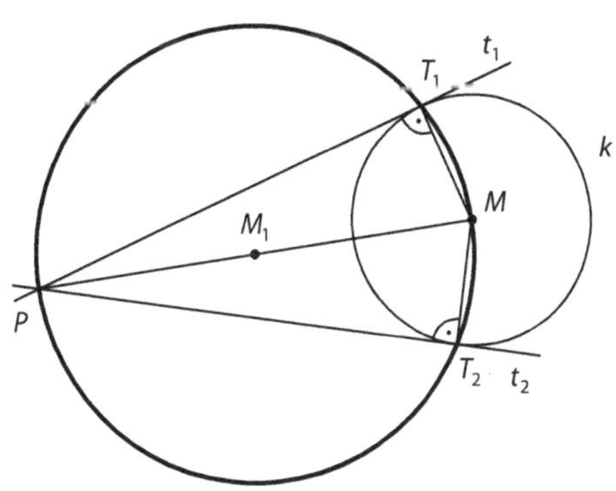

Bild 3.64

Beweis: $\sphericalangle PT_1M = \sphericalangle PT_2M = 90°$ nach dem Satz des Thales, daher sind t_1, t_2 als Senkrechte zu den Berührungsradien Tangenten des Kreises.

Aus $\triangle PT_1M \cong \triangle PT_2M$ folgt $\overline{PT_1} = \overline{PT_2}$, d. h., die Abschnitte der von einem Punkt an den Kreis gelegten Tangenten, gemessen vom gemeinsamen Punkt bis zu den Berührungspunkten, sind gleich. Außerdem ist $\sphericalangle T_1PM = \sphericalangle T_2PM$, d. h., der von den Tangenten gebildete Winkel wird von der Zentralen PM halbiert.

3.13 Bis zu welcher Entfernung e ist das Licht eines Leuchtturmes mit der Höhe $h = 38\,\text{m}$ von der Meeresoberfläche aus sichtbar?

Lösung: Die Erde wird als Kugel mit dem Radius $r = 6\,370\,\text{km}$ betrachtet (*Bild 3.65*). Nach dem Sekantensatz ist $h\,(h+2r) = e^2$ oder

$$e = \sqrt{h\,(h+2r)} = 22\,\text{km}$$

Da h im Verhältnis zu $2r$ sehr klein ist, genügt die Näherungsformel $e \approx \sqrt{2rh}$.

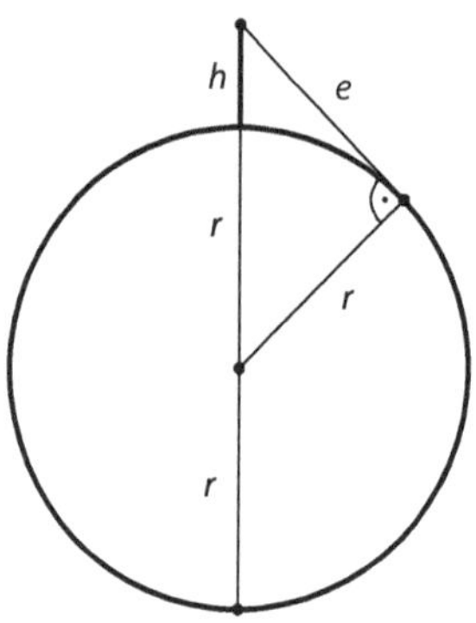

Bild 3.65

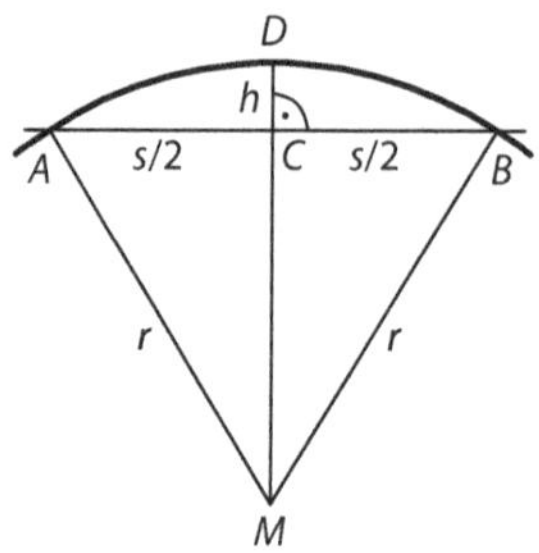

Bild 3.66

3.14 Von einem im Kreisbogen liegenden Eisenbahngleis wurden die Sehne $\overline{AB} = s = 20\,\text{m}$ und in Sehnemitte die „Pfeilhöhe" (Stichmaß) $\overline{CD} = h = 0{,}14\,\text{m}$ gemessen (*Bild 3.66*). Gesucht wird der Kreisradius r.

Lösung: Im rechtwinkligen Dreieck AMC ist $\overline{AC} = s/2$, $\overline{MC} = r - h$. Nach dem Satz des Pythagoras ist

$$\left(\frac{s}{2}\right)^2 + (r-h)^2 = r^2$$

Die Gleichung wird nach r umgestellt:

$$\frac{s^2}{4} + r^2 - 2rh + h^2 = r^2$$

$$r = \frac{s^2}{8h} + \frac{h}{2} = 357{,}21\,\text{m} \approx 357\,\text{m}$$

Ist wie im vorliegenden Fall h sehr klein gegen s, dann gilt die Näherung $r \approx \dfrac{s^2}{8h}$. ■

Kreise mit gemeinsamem Mittelpunkt heißen **konzentrische Kreise**, sonst heißen sie **exzentrisch** (*Bild 3.67*).

Zwei exzentrische Kreise

- schneiden sich entweder in zwei Punkten: $k_1 \cap k_2 = \{P_1, P_2\}$
- oder sie berühren sich in einem Punkt: $k_1 \cap k_2 = T$
- oder sie haben keinen Punkt gemeinsam: $k_1 \cap k_2 = 0$.

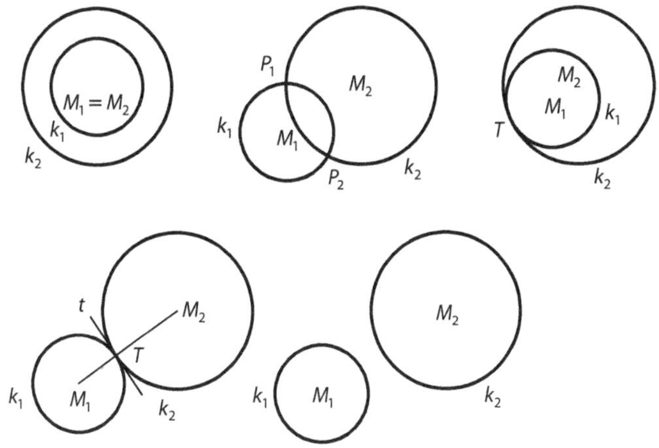

Bild 3.67

Im Fall der Berührung haben beide Kreise im Berührungspunkt eine gemeinsame Tangente, die senkrecht zur Geraden M_1M_2 ist.

Beispiel

3.15 Gegeben sind zwei Kreise k_1, k_2 mit $\overline{M_1M_2} > r_1 + r_2$ und $r_2 > r_1$ (*Bild 3.68*). Es sind die gemeinsamen äußeren Tangenten an beide Kreise zu konstruieren.

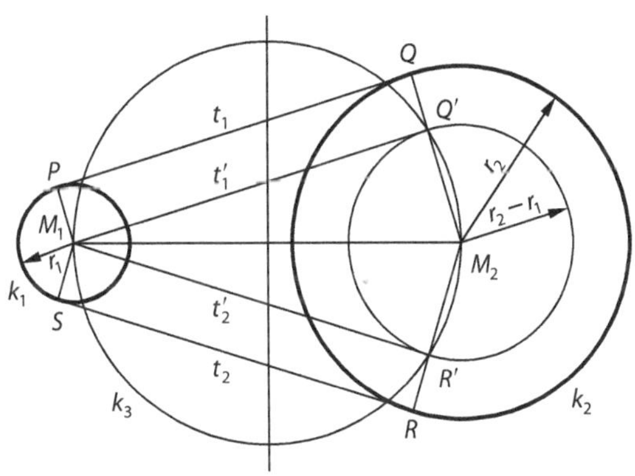

Bild 3.68

Lösung: Die Aufgabe wird auf die behandelte Aufgabe, die Tangenten von einem Punkt an einen Kreis zu legen, zurückgeführt. Von M_1 werden die Tangenten an einen Hilfskreis um M_2 mit dem Radius $r_2 - r_1$ gelegt und zu diesen Tangenten die Parallelen konstruiert.

Konstruktionsbeschreibung:

$k_3 := KR\,(M_2, r_2 - r_1)$

$$\left.\begin{array}{l} t_1' := M_1Q' \\ t_2' := M_1R' \end{array}\right\} \text{ nach } \textit{Bild 3.68}$$

$s_1 :=$ Gerade durch M_1 senkrecht zu t_1'

$s_2 :=$ Gerade durch M_1 senkrecht zu t_2'

$P := s_1 \cap k_1$

$Q := M_2Q' \cap k_2$

$t_1 := PQ$
$S := s_2 \cap k_1$
$R := M_2R' \cap k_2$
$t_2 := SR$

Den Beweis für die Konstruktion führe der Leser selbst. ■

Kontrollfragen

3.19 Welche wichtigen Geraden und Strecken gibt es am Kreis, und welche Beziehungen bestehen zwischen ihnen?

3.20 Welche Winkelarten gibt es am Kreis, und welche Beziehungen bestehen zwischen ihnen?

Aufgaben: ***3.19*** **bis** ***3.27***

3.1.11 Flächeninhalte

Um den Flächeninhalt einer ebenen Figur zu bestimmen, wird festgestellt, wie oft ein als Maßeinheit verwendeter Flächeninhalt in dem zu ermittelnden Flächeninhalt enthalten ist. Als Einheit dient der Flächeninhalt eines Quadrates, dessen Seite a eine Längeneinheit ist, z. B. das Quadrat mit $a = 1$ cm und dem Flächeninhalt $A = 1\ \text{cm}^2$.

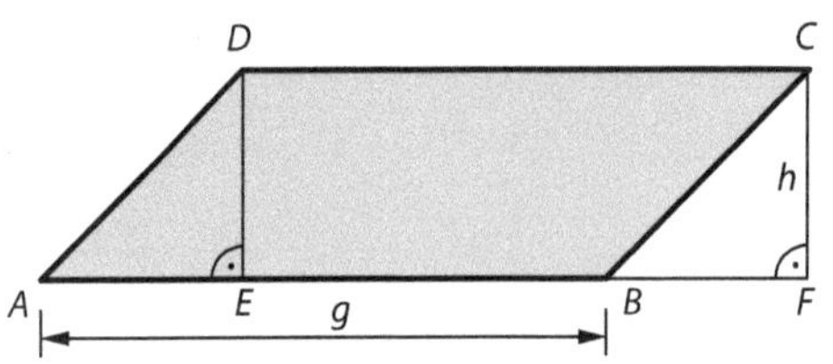

Bild 3.69

Allgemein ist der **Flächeninhalt des Rechtecks** mit den (in gleicher Längeneinheit anzugebenden) Seiten a, b:

$$A = ab \tag{3.6}$$

und der **Flächeninhalt des Quadrates** mit der Seite a

$$A = a^2 \tag{3.7}$$

Der Flächeninhalt eines Parallelogramms $ABCD$ ist nach *Bild 3.69* gleich dem Flächeninhalt des Rechtecks $EFCD$, da $\triangle AED \cong \triangle BFC$ ist. Mit dem Inhalt der Rechteckfläche

$A_{EFCD} = \overline{EF} \cdot \overline{FC} = \overline{EF} \cdot h$ und mit $\overline{EF} = \overline{AB} = g$ wird der **Flächeninhalt des Parallelogramms**

$$A = g \cdot h \tag{3.8}$$

Wird g als Grundlinie, h als Höhe des Parallelogramms bezeichnet, dann gilt:

Der Flächeninhalt des Parallelogramms ist gleich dem Produkt aus Grundlinie und Höhe. Parallelogramme gleicher Grundlinie und gleicher Höhe haben gleichen Flächeninhalt.

Bild 3.70 zeigt drei flächeninhaltsgleiche Parallelogramme.

Ein Dreieck ABC (*Bild 3.71*) lässt sich durch eine Parallele zu AC durch B und eine Parallele zu AB durch C zu einem Parallelogramm $ABCD$ ergänzen. Wegen $\triangle ABC \cong \triangle BDC$ ist der Inhalt der Dreiecksfläche gleich dem halben Flächeninhalt des Parallelogramms:

Der Flächeninhalt des Dreiecks ist gleich dem halben Produkt aus Grundlinie und Höhe. Dreiecke mit gleicher Grundlinie und gleicher Höhe haben gleichen Flächeninhalt.

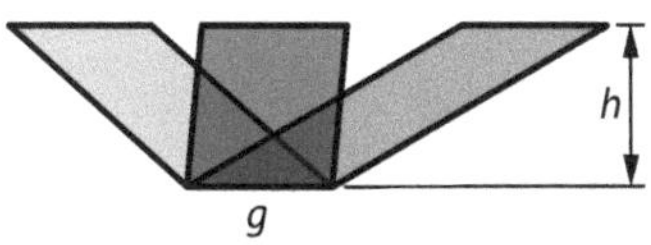

Bild 3.70

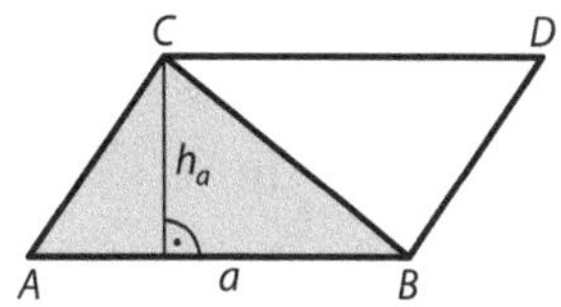

Bild 3.71

Es folgt für den **Flächeninhalt des Dreiecks**:

$$A = \frac{a \cdot h_a}{2} = \frac{b \cdot h_b}{2} = \frac{c \cdot h_c}{2} \tag{3.9}$$

Ohne Beweis wird eine Formel zur Berechnung des Flächeninhalts des Dreiecks aus den drei Seiten a, b, c angegeben, die auf Heron von Alexandria (etwa um 60 n. Chr.) zurückgeht:

$$A = \sqrt{s\,(s-a)\,(s-b)\,(s-c)} \quad \text{mit} \quad s = \frac{a+b+c}{2} \tag{3.10}$$

Man beachte auch den *Satz 4.6* in *Abschnitt 4.2.4* für den Inhalt der Dreiecksfläche.

Zur Bestimmung des Flächeninhalts eines Trapezes $ABCD$ (*Bild 3.72*) wird dieses in die Dreiecke ABD und BCD zerlegt. Dann folgt für den **Flächeninhalt des Trapezes**:

$$A = \frac{a \cdot h}{2} + \frac{b \cdot h}{2}$$

$$A = \frac{a+b}{2} \cdot h = m \cdot h \tag{3.11}$$

Der Flächeninhalt des Trapezes ist gleich dem Produkt aus Mittellinie und Höhe.

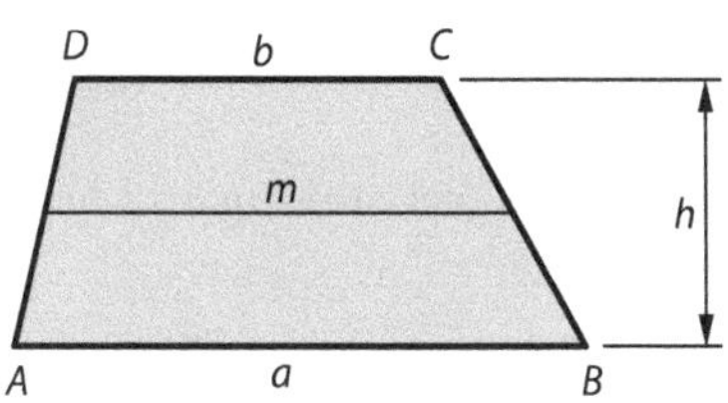

Bild 3.72

Der Flächeninhalt eines Vielecks lässt sich durch Zerlegung der Figur in Dreiecke oder in Dreiecke und Trapeze entsprechend der in *Bild 3.73* gezeigten Möglichkeiten bestimmen.

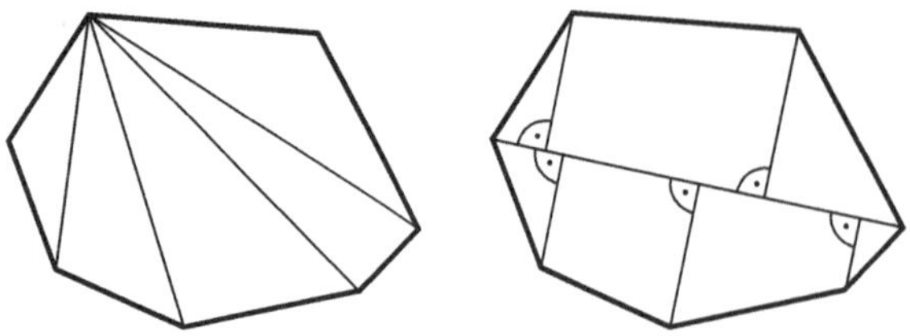

Bild 3.73

Beispiele

3.16 Gesucht wird der Flächeninhalt eines Bleches mit den in *Bild 3.74* gezeigten Abmessungen in mm.

Lösung: Die Figur lässt sich auf verschiedene Arten in Teilfiguren zerlegen. Bei der Zerlegung nach *Bild 3.73* ergibt sich der Flächeninhalt als Summe der Flächeninhalte von drei Rechtecken und drei Trapezen:

$$A = \left(24 \cdot 80 + 2 \cdot 10 \cdot 13 + \frac{50+24}{2} \cdot 14 + 2 \cdot \frac{18+10}{2} \cdot 9\right) = 2950\,\text{mm}^2$$

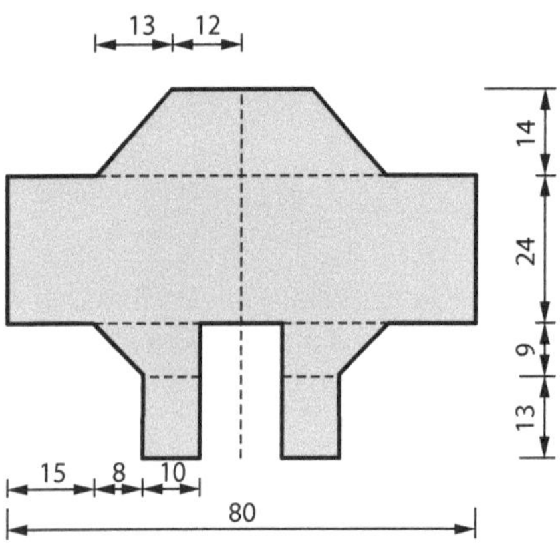

Bild 3.74

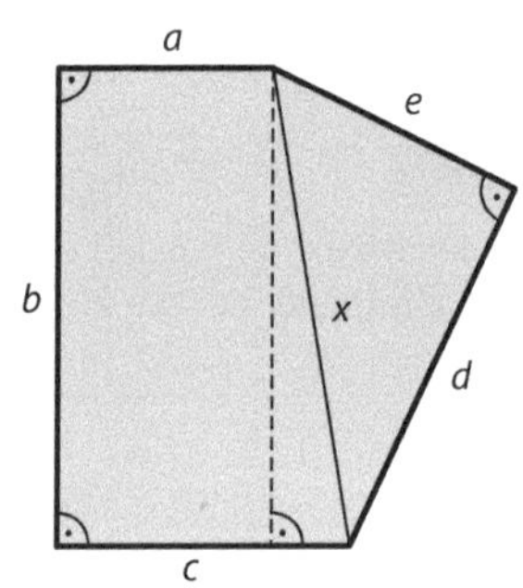

Bild 3.75

3.17 Von dem in *Bild 3.75* dargestellten Grundstück sind die Seiten $a = 54{,}87\,\text{m}$, $b = 116{,}05\,\text{m}$, $c = 74{,}20\,\text{m}$, $d = 96{,}15\,\text{m}$ gegeben. Der Flächeninhalt des Grundstücks ist zu berechnen.

Lösung: Das Fünfeck wird in ein Trapez und ein rechtwinkliges Dreieck zerlegt. Zunächst sind die Strecken x und e zu berechnen:

$$x = \sqrt{(c-a)^2 + b^2} = 117{,}65\,\text{m}, \quad e = \sqrt{x^2 - d^2} = 67{,}80\,\text{m}$$

Für den Flächeninhalt folgt entsprechend der Zerlegung

$$A = \frac{a+c}{2} \cdot b + \frac{e \cdot d}{2} = 10\,749\,\text{m}^2$$

■

Der Flächeninhalt des in *Bild 3.76* gezeigten regelmäßigen 12-Ecks (vgl. *Abschnitt 3.1.9*) ist das 12-Fache des Flächeninhaltes seines Bestimmungsdreiecks

$$A_{12} = 12\frac{s_{12} \cdot h_{12}}{2}$$

Allgemein gilt für das n-Eck mit der Seite s_n und der Höhe h_n seines Bestimmungsdreiecks:

$$A_n = n\frac{s_n \cdot h_n}{2} \qquad \text{(I)}$$

Wird die Eckenzahl n ständig vergrößert, z. B. verdoppelt, dann nähert sich der Umfang $u_n = n \cdot s_n$ des n-Ecks dem Kreisumfang $u = 2\pi r$, die Höhe h_n nähert sich dem Radius r, und der Flächeninhalt A_n des n-Ecks nähert sich dem Flächeninhalt A des Kreises. Aus (I) folgt somit für den **Flächeninhalt des Kreises**:

$$A = \frac{2\pi r \cdot r}{2}$$

$$A = \pi r^2 \qquad (3.12)$$

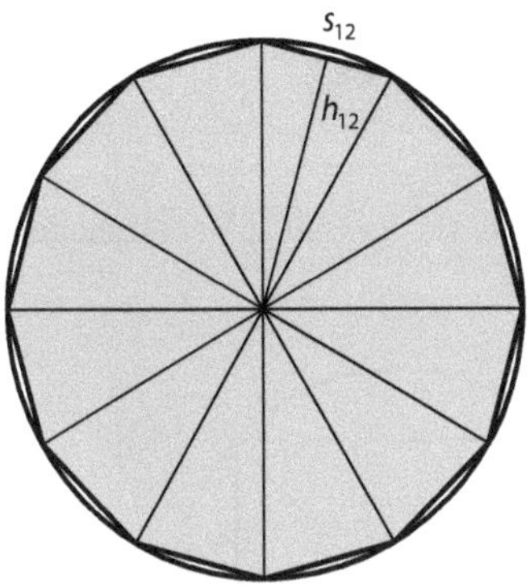

Bild 3.76

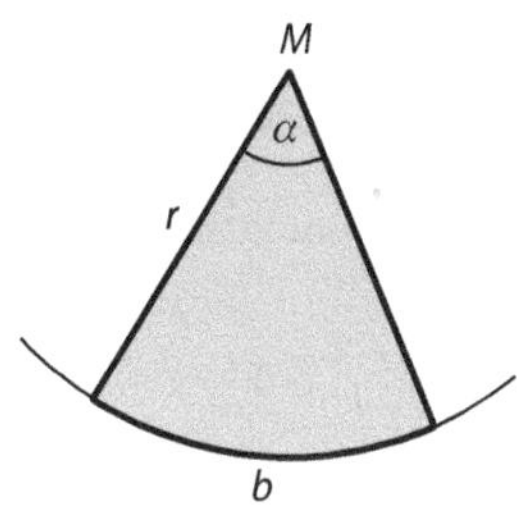

Bild 3.77

Die von zwei Radien und dem Bogen eines Kreises gebildete Figur heißt **Kreissektor** oder **Kreisausschnitt** (*Bild 3.77*). Die beiden Radien schließen einen Zentriwinkel α ein. Für $\alpha = 180°$ ist der Flächeninhalt des Sektors gleich dem halben Flächeninhalt des Kreises, für $\alpha = 90°$ gleich einem Viertel des Flächeninhalts usw. Allgemein gilt: Der Flächeninhalt des Sektors verhält sich zum Flächeninhalt des Kreises wie der zugehörige Zentriwinkel α zum Vollwinkel:

$$A : \pi r^2 = \alpha : 360°$$

Daraus folgt der **Flächeninhalt des Kreissektors**:

$$A = \frac{\pi r^2 \alpha}{360°} \qquad (3.13a)$$

Wegen $\pi = 180°$ folgt:

$$A = \frac{r^2 \alpha}{2} \qquad (3.13b)$$

Wegen $b = r\alpha$ gilt auch:

$$A = \frac{r \cdot b}{2} \qquad (3.13c)$$

Ein **Kreissegment** oder **Kreisabschnitt** wird von einer Sehne und einem der beiden zugehörigen Bogen gebildet (*Bild 3.78*). Der **Flächeninhalt eines Kreissegments** ergibt sich als Differenz zwischen dem Flächeninhalt des zugehörigen Sektors und dem Flächeninhalt des von der Sehne und den beiden Radien gebildeten Dreiecks: $A = A_{\text{Sektor}} - A_{\text{Dreieck}}$. Bei der Berechnung werden im Allgemeinen trigonometrische Funktionen gebraucht.

Die von zwei konzentrischen Kreisen begrenzte Figur heißt **Kreisring** (*Bild 3.79*). Der **Flächeninhalt des Kreisringes** ist die Differenz der Flächeninhalte zweier Kreise: $A = \pi(r_1^2 - r_2^2)$.

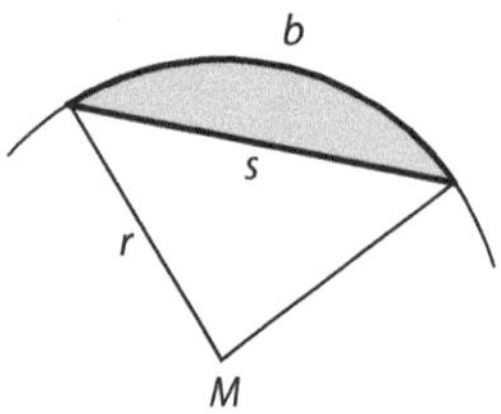

Bild 3.78

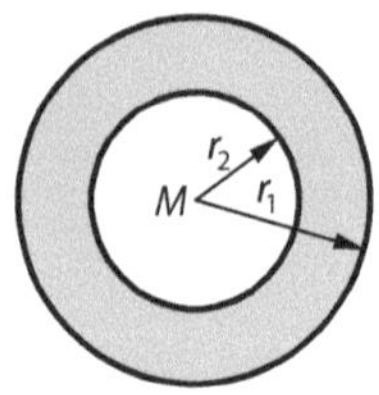

Bild 3.79

Beispiele

3.18 Einem Quadrat ist ein Kreis umschrieben (*Bild 3.80*). Um wie viel Prozent ist der Flächeninhalt des Kreises größer als der Flächeninhalt des Quadrates?

Lösung: Aus der Quadratseite a errechnet sich der Radius r mit

$$r^2 = \left(\frac{a}{2}\right)^2 + \left(\frac{a}{2}\right)^2 = \frac{a^2}{2}$$

Der Flächeninhalt des Kreises ist

$$A_{\text{Kreis}} = \pi r^2 = \frac{\pi a^2}{2}$$

Die Proportion

$$A_{\text{Kreis}} : A_{\text{Quadrat}} = (100 + x) : 100 \quad \text{oder}$$

$$\frac{\pi a^2}{2} : a^2 - (100 + x) : 100$$

wird nach x aufgelöst:

$$x = 50 \cdot \pi - 100 = 57{,}1$$

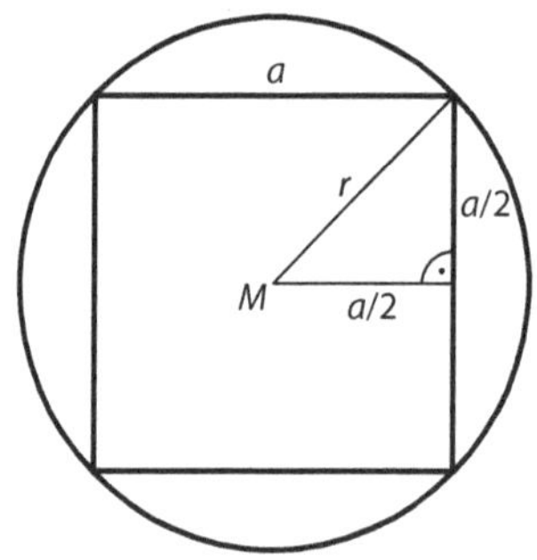

Bild 3.80

Der Flächeninhalt des Kreises ist um 57,1 % größer als der Flächeninhalt des Quadrates.

3.19 Es ist der Flächeninhalt eines Kreissegments für $r = 15\,\text{cm}$ und $s = 15\,\text{cm}$ zu berechnen.

Lösung: Das von der Sehne und den Radien (vgl. *Bild 3.78*) gebildete Dreieck ist wegen $s = r$ gleichseitig. Daher ist $\alpha = 60°$. Für die Höhe h gilt nach *Beispiel 3.8*: $h = \frac{a}{2}\sqrt{3}$. Damit folgt für den Flächeninhalt des Segments

$$A = A_{\text{Sektor}} - A_{\text{Dreieck}} = \frac{\pi r^2 \alpha}{360°} - \frac{r^2}{4}\sqrt{3}$$
$$= \frac{\pi \cdot 225\,\text{cm}^2 \cdot 60°}{360°} - \frac{225}{4}\sqrt{3}\,\text{cm}^2 = 20{,}38\,cm^2$$

3.20 Gegeben ist ein gleichseitiges Dreieck mit der Seite a. Es ist der in *Bild 3.81* angegebene Flächeninhalt zu bestimmen und seine Größe für $a = 20\,\text{cm}$ zu berechnen.

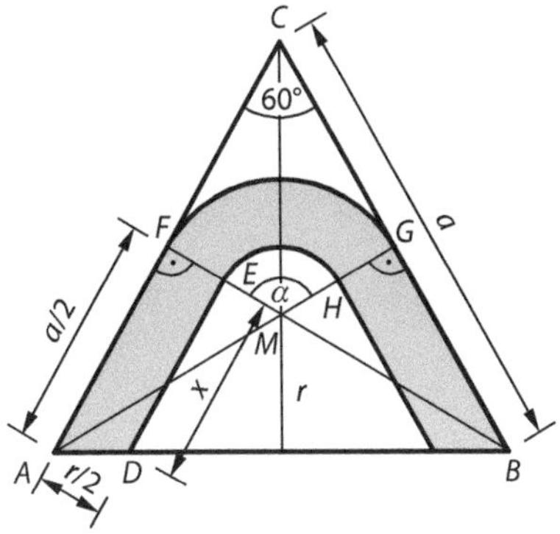

Bild 3.81

Lösung: Die angegebene Fläche setzt sich aus zwei kongruenten Trapezen und einem Kreisringstück zusammen. Zur Berechnung des Inhalts der Trapezfläche $ADEF$ muss die Strecke $\overline{DE} = x$ berechnet werden. Aus $\triangle ABF \sim \triangle DBE$ folgt die Proportion:

$$\overline{AF} : \overline{DE} = \overline{FB} : \overline{EB} \qquad \text{(II)}$$

Nach *Beispiel 3.10* sind die Höhe $\overline{FB} = \frac{a}{2}\sqrt{3}$, der Inkreisradius $r = \frac{a}{6}\sqrt{3}$, $\frac{r}{2} = \frac{a}{12}\sqrt{3}$. Damit wird aus (II) mit $\overline{EB} = \overline{FB} - \overline{FE}$:

$$\frac{a}{2} : x = \frac{a}{2}\sqrt{3} : \left(\frac{a}{2}\sqrt{3} - \frac{a}{12}\sqrt{3}\right)$$

und durch Umstellung nach x und Vereinfachung:

$$x = \frac{5}{12}a$$

Der Flächeninhalt des Trapezes ist nach *Gl. (3.11)*:

$$A_{ADEF} = \frac{\frac{a}{2} + \frac{5}{12}a}{2} \frac{a}{12}\sqrt{3} = \frac{11}{288}\sqrt{3}a^2$$

Der Flächeninhalt des Kreisringstücks $FEHG$ ist die Differenz der Flächeninhalte zweier Sektoren. Die Radien sind $r_1 = r = \frac{a}{6}\sqrt{3}$, $r_2 = \frac{r}{2} = \frac{a}{12}\sqrt{3}$; der Sektorwinkel ist $\alpha = 120°$. Damit ist der Flächeninhalt des Kreisringstücks:

$$A_{FEHG} = \frac{\pi r_1^2 \alpha}{360°} - \frac{\pi r_2^2 \alpha}{360°} = \frac{\pi\left(r_1^2 - r_2^2\right)\alpha}{360°}$$

$$= \pi \frac{\frac{a^2}{36} \cdot 3 - \frac{a^2}{144} \cdot 3}{360°} \cdot 120° = \frac{\pi}{48}a^2$$

Der gesuchte Inhalt der Gesamtfläche wird

$$A = 2 \cdot A_{ADEF} + A_{FEHG}$$

$$A = \left(\frac{11}{144}\sqrt{3} + \frac{\pi}{48}\right) a^2$$

Für $a = 20\,\text{cm}$ folgt

$$A = 79{,}10\,\text{cm}^2$$

■

Bild 3.82 zeigt zwei ähnliche Dreiecke A_1, B_1, C_1 und A_2, B_2, C_2 mit dem Ähnlichkeitsfaktor k, es ist also

$$\frac{c_2}{c_1} = k, \quad \frac{h_2}{h_1} = k \quad \text{oder} \quad c_2 = k \cdot c_1, \quad h_2 = k \cdot h_1$$

Die Flächeninhalte der Dreiecke sind

$$A_1 = \frac{c_1 h_1}{2}, \quad A_2 = \frac{c_2 h_2}{2} = \frac{kc_1 \cdot kh_1}{2} = k^2 \frac{c_1 h_1}{2} = k^2 \cdot A_1$$

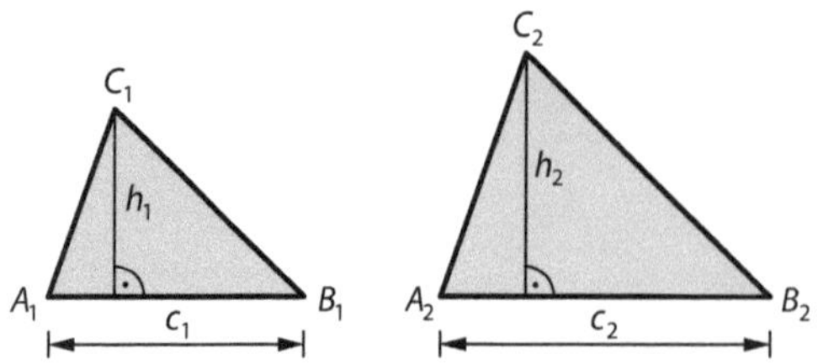

Bild 3.82

Während die Strecken des ersten Dreiecks mit k multipliziert werden, um die Strecken des zweiten Dreiecks zu erhalten, ergibt sich der Flächeninhalt A_2 aus A_1 durch Multiplikation mit k^2. Der Flächeninhalt eines Grundstücks auf einer Karte im Maßstab 1 : 1 000 ist daher eine Million Mal kleiner als in der Natur.

Aus den Proportionen

$$\frac{A_1}{A_2} = \frac{c_1 h_1}{c_2 h_2} \quad \text{und} \quad \frac{h_1}{h_2} = \frac{c_1}{c_2}$$

folgt durch Einsetzen

$$\frac{A_1}{A_2} = \frac{c_1^2}{c_2^2} \quad \text{oder} \quad A_1 : A_2 = c_1^2 : c_2^2$$

Allgemein gilt der folgende Satz.

Satz 3.17

Die Flächeninhalte ähnlicher Figuren verhalten sich wie die Quadrate gleichliegender Seiten.

Kontrollfragen

3.21 Welche Strecken müssen jeweils gegeben sein, um den Flächeninhalt der in *Bild 3.55* gezeigten Vierecke berechnen zu können?

3.22 Durch welche Proportionen lässt sich der Flächeninhalt eines Kreissektors berechnen?

Aufgaben: *3.28* **bis** *3.62*

3.2 Stereometrie

3.2.0 Vorbemerkung

In der Stereometrie werden die Form, die Größe und die gegenseitige Lage von geometrischen Objekten im (dreidimensionalen) Raum untersucht. Im Folgenden stehen entsprechend den in der Praxis häufig vorkommenden Aufgaben die Berechnungen des Volumens und der Oberfläche von mathematischen Körpern wie Quader, Prisma, Pyramide, Zylinder, Kegel und Kugel im Mittelpunkt.

Vorher werden noch einige oft anzuwendende Grundbegriffe und -aussagen der Geometrie des Raumes behandelt.

Bei technischen Anwendungen wird häufig der Winkel zwischen zwei Ebenen bzw. der Winkel zwischen Gerade und Ebene verwendet.

Um den Winkel zwischen zwei Ebenen zu definieren, werden die von einem beliebigen Punkt P der Schnittgeraden $s = E_1 \cap E_2$ ausgehenden Strahlen p, q betrachtet, die in E_1 bzw. E_2 liegen und senkrecht zu s sind (*Bild 3.83*). Der **Winkel α zwischen E_1 und E_2** ist dann

$$\alpha = \sphericalangle(E_1, E_2) = \sphericalangle(p, q)$$

Die Ebene von α steht senkrecht auf s.

Der Winkel zwischen einer Geraden g und einer Ebene E ($g \nparallel E$) wird wie folgt erklärt: Von einem beliebigen Punkt Q von g wird das Lot auf E gefällt und ergibt den Lotfußpunkt Q' (*Bild 3.84*). Die Gerade $SQ' = g'$ ist die senkrechte Projektion der Geraden g auf die Ebene E. Der **Winkel α zwischen g und E** ist dann

$$\alpha = \sphericalangle\, QSQ' = \sphericalangle\,(g, g')$$

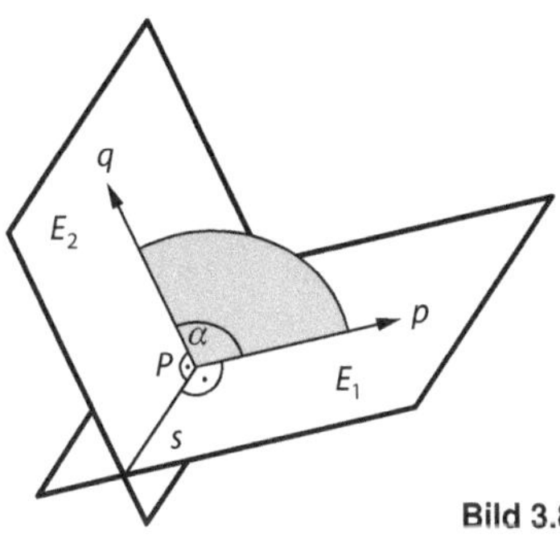

Bild 3.83

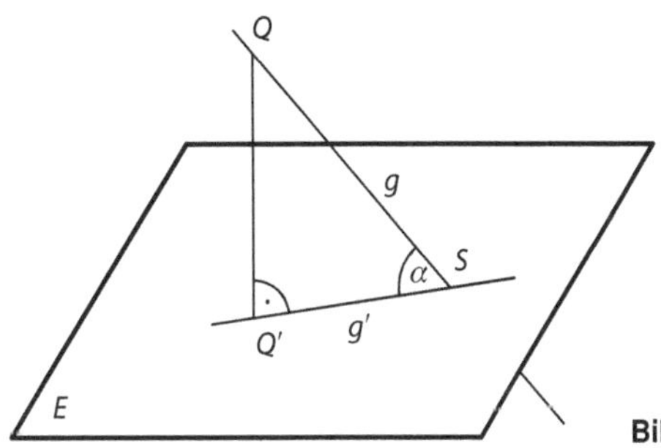

Bild 3.84

3.2.1 Quader

Ein **mathematischer Körper** oder kurz Körper ist ein Teil des Raumes, der vollständig von Flächen eingeschlossen wird. Der eingeschlossene Raumteil heißt das **Volumen** oder der Rauminhalt des Körpers, die Menge aller begrenzenden Flächen heißt seine **Oberfläche**.

Anmerkung: Um eine einfachere Ausdrucksweise zu erhalten, werden im Folgenden unter Grundfläche, Oberfläche usw. (analog wie bei dem Begriff Strecke, vgl. *Abschnitt 3.1.1*) nicht nur die geometrischen Figuren, sondern auch ihre Flächeninhalte verstanden.

Die einfachsten Körper werden von ebenen Vielecken, z. B. von Rechtecken, Quadraten oder Dreiecken begrenzt und heißen ebenflächig begrenzte Körper, Vielflächner oder **Polyeder**. Dazu gehören unter anderem Quader, Würfel, Pyramide und Prisma. Je zwei Seitenflächen stoßen in einer **Kante** zusammen. Jeder gemeinsame Punkt von drei oder mehr Kanten und damit von drei oder mehr Seitenflächen heißt **Eckpunkt** des Polyeders.

Ist f die Anzahl der Seitenflächen, k die Anzahl der Kanten und e die Anzahl der Eckpunkte eines konvexen Polyeders (Polyeder ohne „einspringende" Ecken), dann gilt die von dem Mathematiker Leonhard Euler (1707–1783) gefundene Gleichung:

$$e + f - k = 2 \qquad \text{(I)}$$

Bild 3.85 zeigt als einfacher Polyeder den **Quader** oder das Rechtkant. Der Quader hat $e = 8$ Eckpunkte, $f = 6$ Rechtecke als Seitenflächen, von denen je zwei gegenüberliegende kongruent sind, und $k = 12$ Kanten. Es seien a, b, c die Längen von je vier Kanten. In einem Eckpunkt stehen drei Kanten je paarweise aufeinander senkrecht. Die Strecke $\overline{AG}$ ist eine der vier Raumdiagonalen des Quaders. Aus dem rechtwinkligen Dreieck ACG folgt

$$\overline{AG} = \sqrt{\overline{AC}^2 + c^2} \quad \text{und mit} \quad \overline{AC}^2 = a^2 + b^2$$

$$\overline{AG} = \sqrt{a^2 + b^2 + c^2}$$

Für $a = b = c$ folgt aus dem Quader als Sonderfall der Würfel.

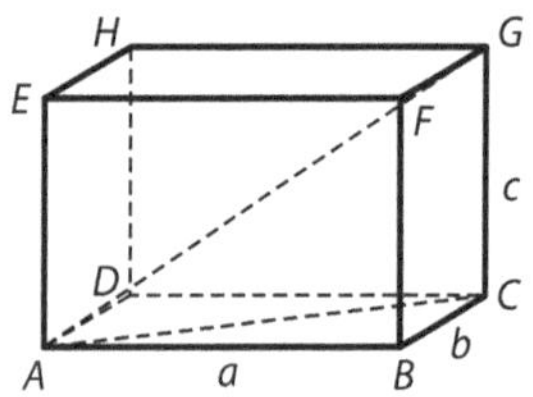

Bild 3.85

Das **Volumen des Quaders** mit den (in gleicher Längeneinheit anzugebenden) Kanten a, b, c ist

$$V = a \cdot b \cdot c \tag{3.14}$$

Wird die Fläche des Rechtecks $ABCD$ in *Bild 3.85* als Grundfläche mit dem Flächeninhalt $A_G = a \cdot b$ und die Kantenlänge c als Höhe h bezeichnet, dann wird $V = (a \cdot b) \cdot c = A_G \cdot h$, d. h., das Volumen des Quaders ist gleich dem Produkt aus Grundflächeninhalt und Höhe.

Das **Volumen des Würfels** mit der Kantenlänge a ist

$$V = a^3 \tag{3.15}$$

Denkt man sich einen Quader aus Papier hergestellt, schneidet das Modell längs einiger Kanten auf und breitet es in die Ebene aus, dann entsteht das **Netz** des Quaders (*Bild 3.86*). Die zeichnerische oder nur gedankliche Darstellung des Netzes erleichtert bei vielen Körpern die Berechnung der Oberfläche.

Die **Oberfläche des Quaders** besteht aus 6 Rechtecken, von denen je 2 kongruent sind:

$$A_0 = 2(ab + ac + bc) \tag{3.16}$$

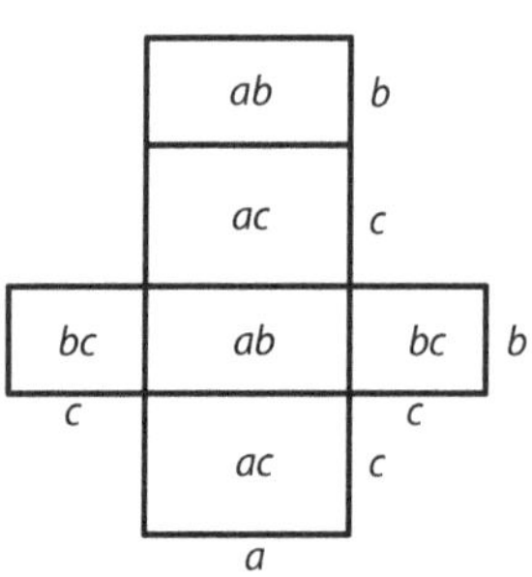

Bild 3.86

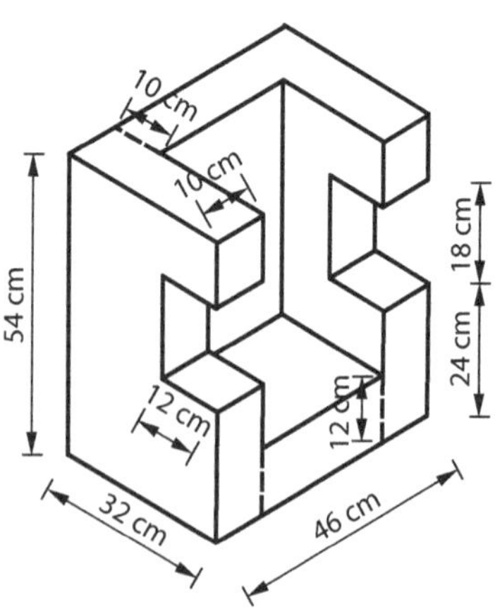

Bild 3.87

Beispiel

3.21 Es sind Volumen und Oberfläche des im *Bild 3.87* dargestellten Werkstücks zu berechnen.

Lösung: Der Körper kann zur Berechnung des Volumens auf verschiedene Arten in Quader zerlegt werden. Eine Möglichkeit zeigen die gestrichelten Linien in *Bild 3.87*. Danach ist das Volumen des Körpers die Summe der Volumen von vier Quadern (Grund- und Rückenplatte, 2 Seitenplatten), von der die Volumen von zwei gleichen Quadern (Aussparungen) zu subtrahieren sind:

$$V = 26 \cdot 22 \cdot 12\,\text{cm}^3 + 26 \cdot 10 \cdot 42\,\text{cm}^3 + 2 \cdot 32 \cdot 10 \cdot 54\,\text{cm}^3 - 2 \cdot 12 \cdot 10 \cdot 18\,\text{cm}^3$$

$$V = 48{,}024\,\text{dm}^3$$

Die Oberfläche ist die Summe von 22 Rechteckflächen, vermindert um 4 Rechteckflächen (Angabe in der Reihenfolge: Rückfläche, Seitenflächen, Grundfläche, Deckfläche, Vorderflächen, innere Flächen, Flächen der Aussparungen):

$$\begin{aligned} A_0 = {} & 54 \cdot 46\,\text{cm}^2 + 2 \cdot 54 \cdot 32\,\text{cm}^2 + 32 \cdot 46\,\text{cm}^2 + 2 \cdot 32 \cdot 10\,\text{cm}^2 \\ & + 10 \cdot 26\,\text{cm}^2 + 2 \cdot 10 \cdot 24\,\text{cm}^2 + 26 \cdot 12\,\text{cm}^2 + 2 \cdot 10 \cdot 12\,\text{cm}^2 \\ & + 22 \cdot 26\,\text{cm}^2 + 26 \cdot 42\,\text{cm}^2 + 2 \cdot 22 \cdot 42\,\text{cm}^2 + 2 \cdot 10 \cdot 18\,\text{cm}^2 \\ & + 4 \cdot 12 \cdot 10\,\text{cm}^2 - 4 \cdot 12 \cdot 18\,\text{cm}^2 \end{aligned}$$

$$\underline{\underline{A_0 = 12\,832\,\text{cm}^2 = 1{,}283\,2\,\text{m}^2}}$$

■

Kontrollfragen

3.23 Welche Lagebeziehungen sind a) zwischen zwei Geraden, b) zwischen zwei Ebenen, c) zwischen Gerade und Ebene möglich?

3.24 Nennen Sie einige Beispiele für Polyeder.

Aufgaben: *3.63* **und 3.64**

3.2.2 Prisma und Pyramide

Ein **Prisma** ist ein Polyeder, dessen Grund- und Deckfläche kongruente Vielecke sind, die in parallelen Ebenen liegen und dessen Seitenflächen Parallelogramme sind. Die Anzahl der Seitenflächen ist gleich der Anzahl der Seiten der Grundfläche. Grund- und Deckfläche werden auch gemeinsam als **Grundflächen** bezeichnet. Der Abstand der parallelen Ebenen, in denen die Grundflächen liegen, ist die **Höhe** h des Prismas. *Bild 3.88* zeigt einige Prismenarten. Nach der Anzahl der Seiten der Grundflächen werden **3-, 4-, … ,** n**-seitige Prismen** und nach der Form der Grundflächen **regelmäßige** und **unregelmäßige** Prismen unterschieden. Sind alle Seitenflächen Rechtecke, dann liegt ein **gerades Prisma** vor, bei beliebigen Parallelogrammen als Seitenflächen ein **schiefes Prisma**. Quader und Würfel sind Sonderfälle des Prismas.

Wie das Volumen des Quaders ergibt sich das Volumen beliebiger Prismen als Produkt aus Grundfläche und Höhe: $V = A_G \cdot h$. Für gerade Prismen folgt die Formel sofort aus der Tatsache, dass nach *Abschnitt 3.1.11* die Grundfläche A_G als Summe von (genügend klein gewählten) „Einheitsquadraten“ angegeben werden kann. Zu jedem dieser Quadrate gehört ein Quader mit dem Quadrat als Grundfläche und der Höhe des Prismas als Höhe. Die Summe der zu allen Quadraten gehörenden Quadervolumen ergibt das Volumen des Prismas.

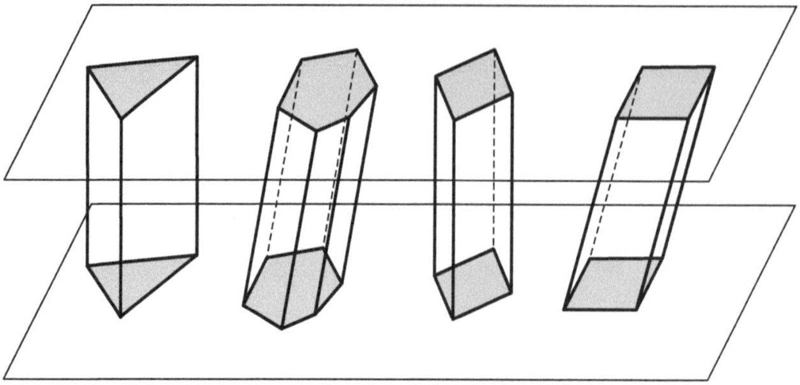

Bild 3.88

Dass die Formel auch für schiefe Prismen gilt, lässt sich wie folgt erklären: Ein gerades Prisma werde durch Schnitte parallel zur Grundfläche in Scheiben zerlegt. Bei seitlicher Verschiebung der Scheiben bleibt das Volumen des „Treppenkörpers" als Summe der Scheibenvolumen gleich dem ursprünglichen Prismenvolumen. Werden die Scheiben bei wachsender Anzahl immer dünner gemacht (man denke z. B. an Papierscheiben), dann geht der Treppenkörper in ein schiefes Prisma über.

Satz 3.18

Das Volumen eines Prismas ist gleich dem Produkt aus Grundfläche und Höhe:

$$V = A_G \cdot h$$

Die Oberfläche des Prismas setzt sich wie bei dem Quader aus den beiden Grundflächen und den aus Rechtecken oder Parallelogrammen bestehenden Seitenflächen zusammen. Die Summe der Seitenflächen ergibt den **Mantel** A_M des Prismas.

Satz 3.19

Die Oberfläche des Prismas ist

$$A_O = 2A_G + A_M$$

Beispiel

3.22 Es sind Volumen und Oberfläche eines schiefen Prismas mit quadratischen Grundflächen entsprechend *Bild 3.89* zu berechnen.

Lösung: Die Höhe des Prismas folgt aus $l^2 = h^2 + h^2 = 2h^2$ mit $h = l/\sqrt{2}$. Das Volumen ist

$$V = A_G \cdot h = a^2 \frac{l}{\sqrt{2}} = 5{,}2^2\,\text{cm}^2 \cdot \frac{14{,}3\,\text{cm}}{\sqrt{2}} = 273{,}418\,\text{cm}^3$$

Die Oberfläche setzt sich entsprechend dem gezeigten Netz aus 2 Quadraten, 2 Rechtecken und 2 Parallelogrammen zusammen. Die Höhe h_1 eines Parallelogramms ist $h_1 = a/\sqrt{2}$. Damit ist die Oberfläche

$A_O = 2a^2 + 2la + 2la/\sqrt{2} = 307{,}96\,\text{cm}^2$

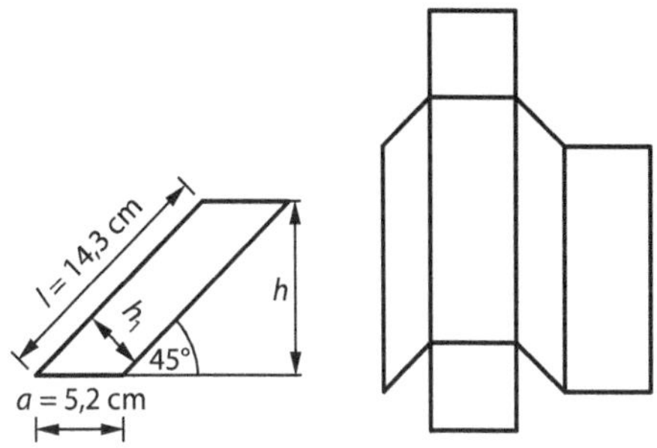

Bild 3.89 ■

Die **Pyramide** ist ein Polyeder mit einem n-Eck als **Grundfläche** und einem Eckpunkt, der **Spitze** S, außerhalb der Grundfläche. S ist mit allen Eckpunkten des n-Ecks durch die **Seitenkanten** der Pyramide verbunden. Die Seiten des n-Ecks heißen **Grundkanten**. Die Seitenflächen sind Dreiecke. Wird von S das Lot auf die Grundfläche mit dem Lotfußpunkt S' gefällt (*Bild 3.90*), dann ist $h = \overline{SS'}$ die **Höhe** der Pyramide. Hat die Grundfläche einen Mittelpunkt (Mittelpunkt des Umkreises der Grundfläche) und fällt S' in diesen Mittelpunkt, dann liegt eine **gerade Pyramide** vor, alle anderen Pyramiden heißen **schiefe Pyramiden**. Ist die Grundfläche ein regelmäßiges n-Eck, ist es eine **regelmäßige Pyramide**. *Bild 3.90* zeigt einige Pyramidenarten. Der **Tetraeder** hat vier gleichseitige Dreiecke als Begrenzungsflächen. Es ist ein **regelmäßiger Körper**. Jedes der vier Dreiecke kann als Grundfläche betrachtet werden.

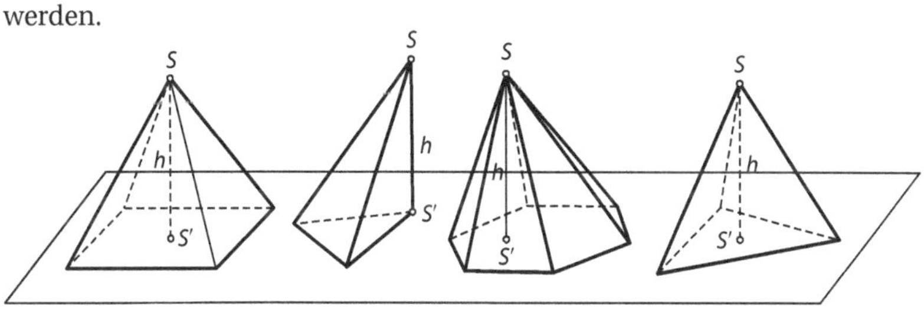

vierseitige regelmäßige (quadratische) gerade Pyramide | dreiseitige unregelmäßige schiefe Pyramide | sechsseitige regelmäßige schiefe Pyramide | dreiseitige regelmäßige gerade Pyramide, alle sechs Kanten sind gleich lang: Tetraeder

Bild 3.90

Ebenso wie in *Bild 3.88* für Prismen lässt sich auch für Pyramiden zeigen, dass ihr Volumen nur von Grundfläche und Höhe abhängt. *Bild 3.91* zeigt ein dreiseitiges gerades Prisma mit dem Volumen $V = A_G \cdot h$. Durch zwei ebene Schnitte wird es in drei Pyramiden I, II, III mit den Volumen V_I, V_{II}, V_{III} zerlegt:

$$V_I, V_{II}, V_{III} = V \qquad \text{(I)}$$

Die Pyramiden I und II haben gleich große Grundflächen: $\triangle ABC \cong \triangle DEF$ und gleich große Höhen: $\overline{CF} = \overline{AD} = h$; sie haben daher gleiches Volumen: $V_I = V_{II}$. Auch die Pyramiden II und III haben gleich große Grundflächen: $\triangle AED \cong \triangle ABE$ und die gleiche Höhe h_1; daher ist auch $V_I = V_{III}$. Aus $V_I = V_{II} = V_{III}$ und (I) folgt: $V_I = \dfrac{1}{3}V = \dfrac{1}{3}A_G \cdot h$. Die Formel gilt für beliebige Pyramiden.

Satz 3.20

Das Volumen einer Pyramide ist gleich einem Drittel des Produktes aus Grundfläche und Höhe:

$$V = \frac{1}{3} A_G \cdot h$$

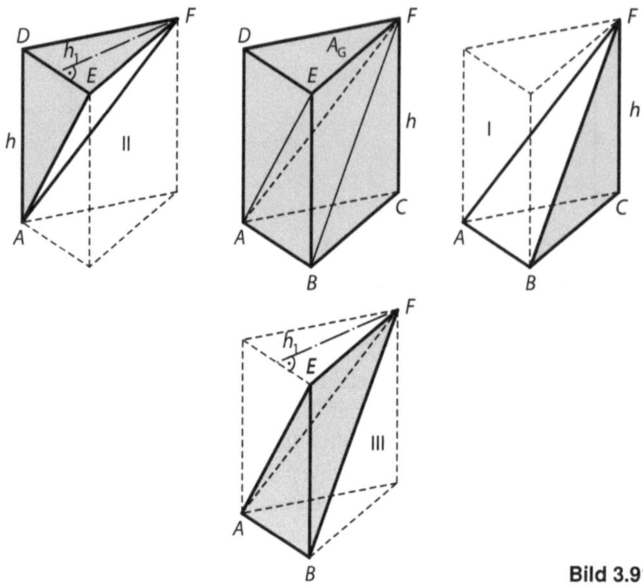

Bild 3.91

Beispiele

3.23 Eine quadratische Pyramide hat die Grundkante $a = 18\,\text{cm}$ und die Höhe $h = 24\,\text{cm}$. Es sind die Länge s einer Seitenkante, die Oberfläche A_O und das Volumen V zu berechnen (*Bild 3.92*).

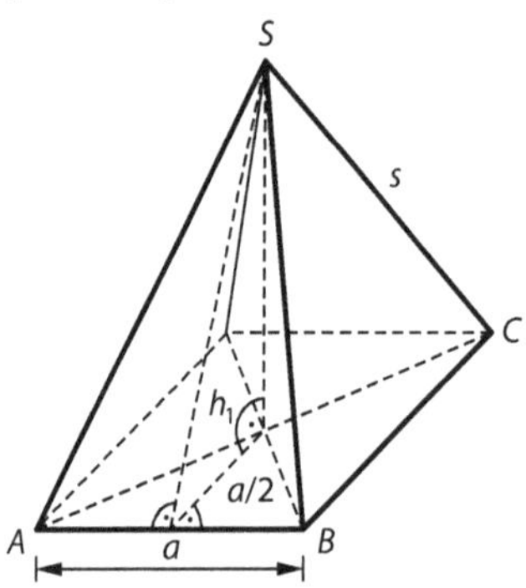

Bild 3.92

Lösung: Im rechtwinkligen Dreieck ABS' ist $\overline{AS'}^2 + \overline{BS'}^2 = a^2$ oder $\overline{AS'} = a/\sqrt{2}$ und $\overline{AS} = s = \sqrt{\left(a/\sqrt{2}\right)^2 + h^2} = \sqrt{a^2/2 + h^2} = 27{,}2\,\text{cm}$. Jede Seitenfläche ist ein gleichschenkliges Dreieck mit der Basis a und der Höhe $h_1 = \sqrt{(a/2)^2 + h^2} = 25{,}6\,\text{cm}$. Die Oberfläche besteht aus der Grundfläche und 4 Seitenflächen:

$$A_0 = a^2 + 4\frac{a \cdot h_1}{2} = 1\,246{,}75\,\text{cm}^2$$

Das Volumen der Pyramide ist

$$V = \frac{1}{3}a^2 \cdot h = 2\,592\,\text{cm}^3$$

3.24 Eine regelmäßige dreiseitige Pyramide hat das Volumen $V = 36\,\text{cm}^3$ und die Grundkante $a = 4{,}5\,\text{cm}$. Wie groß ist ihre Höhe?

Lösung: Aus $V = \frac{1}{3}A_G \cdot h$ folgt $h = \frac{3V}{A_G}$. Die Grundfläche ist ein gleichseitiges Dreieck mit der Seite a:

$$A_G = \frac{a^2}{4}\sqrt{3} \quad \text{(vgl. \textit{Aufgabe 3.30})}$$

Damit ist

$$h = \frac{3\,V}{A_G} = \frac{3\,V}{\frac{a^2}{4}\sqrt{3}} = \frac{4\sqrt{3}\,V}{a^2} = 12{,}3\,\text{cm}$$ ■

Wird von einer Pyramide durch einen Schnitt parallel zur Grundfläche der die Spitze enthaltende Teil abgetrennt, so heißt der Rest ein **Pyramidenstumpf** (*Bild 3.93*). Der Pyramidenstumpf hat zwei einander ähnliche n-Ecke als Grundflächen; die Seitenflächen sind Trapeze. Das Volumen kann als Differenz von zwei Pyramidenvolumen berechnet werden:

$$V = \frac{A_{G1}h_1}{3} - \frac{A_{G2}h_2}{3} \tag{II}$$

Im Allgemeinen sind aber h_1, h_2 nicht bekannt, sondern es sind außer den Grundflächen A_{G1}, A_{G2} ihr Abstand $h = h_1 - h_2$ gegeben. Für diesen Fall wird ohne Beweis die folgende Formel für das **Volumen des Pyramidenstumpfes** angegeben:

$$V = \frac{h}{3}\left(A_{G1} + A_{G2} + \sqrt{A_{G1}A_{G2}}\right) \tag{3.17}$$

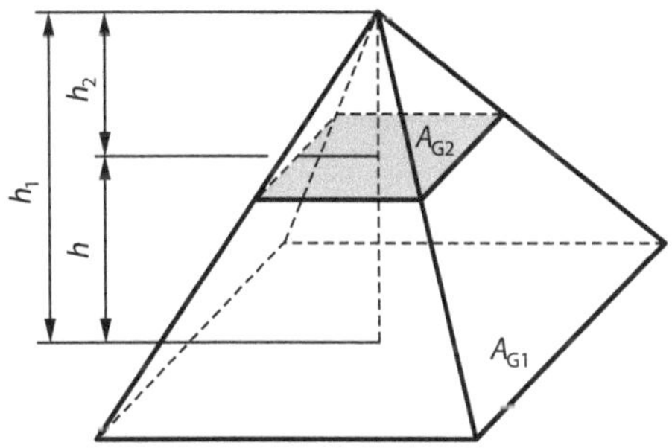

Bild 3.93

Beispiele

3.25 Welche Masse hat der in *Bild 3.94* im Aufriss dargestellte Sockel aus Sandstein ($\varrho = 2{,}3 \cdot 10^3\,\text{kg} \cdot \text{m}^{-3}$) mit quadratischer Grundfläche?

Lösung: Für die Masse gilt $m = V \cdot \varrho$. Das Sockelvolumen V setzt sich aus dem Volumen von drei Quadern I, III, V und zwei Pyramidenstümpfen II, IV zusammen. Mit den gegebenen Zahlen folgt:

$$V/\text{cm}^3 = 60^2 \cdot 16 + 28^2 \cdot 36 + 50^2 \cdot 12 + \frac{12}{3}(60^2 + 28^2 + 60 \cdot 28) + \frac{8}{3}(50^2 + 28^2 + 50 \cdot 28)$$

$$V = 152\,571\,\text{cm}^3 = 0{,}152\,6\,\text{m}^3$$

Die Masse m des Sockels ist $m = 351\,\text{kg}$.

3.26 Ein offener Behälter aus Blech hat die Form eines Pyramidenstumpfes mit rechteckiger Grundfläche (*Bild 3.95*). Gegeben sind $a = 43{,}2\,\text{cm}$, $b = 33{,}7\,\text{cm}$, $c = 77{,}0\,\text{cm}$, $d = 60{,}1\,\text{cm}$, $h = 47{,}0\,\text{cm}$. Wie viele Quadratmeter Blech werden gebraucht? (Die Blechstärke wird vernachlässigt).

Lösung: Die gesuchte Fläche ist die Summe von einer Rechteckfläche und zweimal zwei Trapezflächen. Die Höhen h_1, h_2 der Trapeze mit den Grundlinien a, c bzw. b, d sind

$$h_1 = \sqrt{\left(\frac{d-b}{2}\right)^2 + h^2} \quad \text{und} \quad h_2 = \sqrt{\left(\frac{c-a}{2}\right)^2 + h^2}$$

Die gesuchte Gesamtfläche hat den Inhalt

$$A = ab + 2 \cdot \frac{a+c}{2} h_1 + 2 \cdot \frac{b+d}{2} h_2$$

$$A = ab + (a+c)\,h_1 + (b+d)\,h_2 = 12\,009\,\text{cm}^2$$

Es werden $120\,\text{dm}^2$ Blech für den Behälter gebraucht.

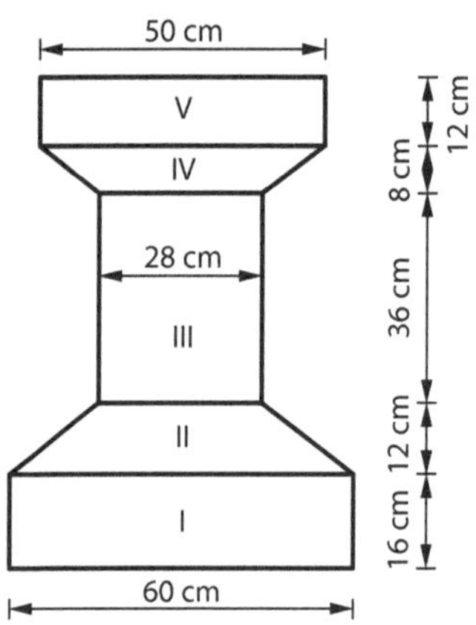

Bild 3.94

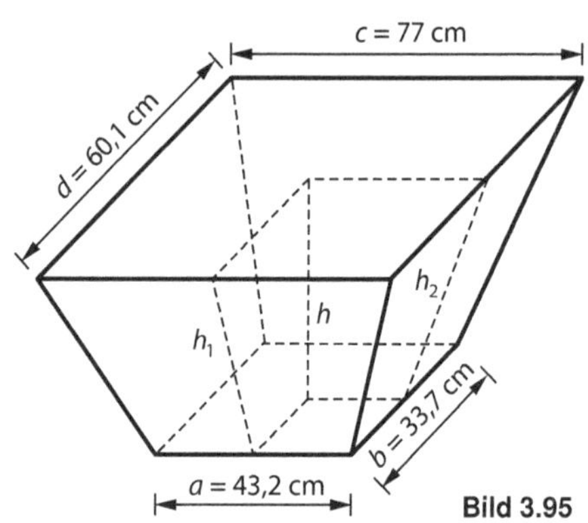

Bild 3.95 ■

Kontrollfragen

3.25 Erklären Sie das Prisma und die Pyramide, und nennen Sie verschiedene spezielle Formen dieser Körper.

3.26 Was folgt aus der Tatsache, dass sich das Volumen eines Prismas oder einer Pyramide allein aus Grundfläche und Höhe berechnen lässt?

Aufgaben: *3.65* bis *3.70*

3.2.3 Prismatoid

Ein **Prismatoid** (Prismoid) ist ein Polyeder, dessen Grundflächen beliebige Vielecke sind, die in parallelen Ebenen liegen und dessen Seitenflächen Dreiecke oder Trapeze sind. *Bild 3.96* zeigt ein Prismatoid mit einer fünfeckigen Grundfläche A_{G1} und einer dreieckigen Grundfläche A_{G2}. Die Höhe h ist der Abstand der Grundflächen. Ein ebener Schnitt im Abstand $h/2$ von den Grundflächen und parallel zu diesen ergibt als Schnittfigur den Mittelschnitt A_{GM}, z. B. in *Bild 3.96* ein Sechseck. Das **Volumen des Prismatoids** berechnet sich aus der Formel

$$V = \frac{h}{6}\left(A_{G1} + 4A_{GM} + A_{G2}\right) \tag{3.18}$$

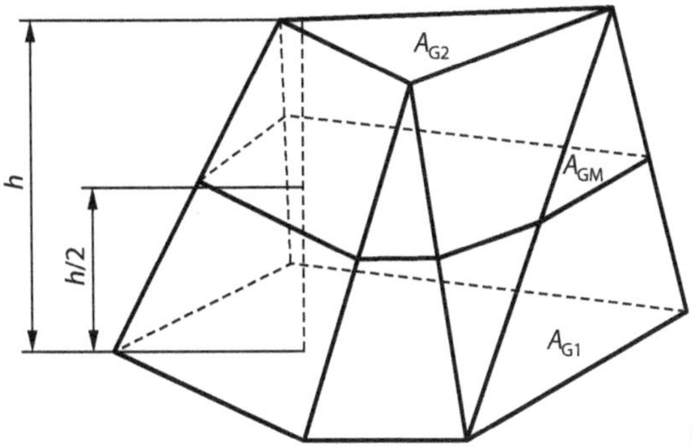

Bild 3.96

Prisma, Pyramide und Pyramidenstumpf sind Sonderfälle des Prismatoids. Bei der Pyramide denkt man sich die Grundfläche A_{G2} zu einem Punkt zusammengeschrumpft. Zwei weitere Sonderfälle werden genannt. Ein Prismatoid, dessen Grundflächen Rechtecke und dessen Seitenflächen Trapeze sind, heißt **Ponton** (*Bild 3.97*). Schrumpft ein Rechteck zu einer Strecke, der Schneide, zusammen, dann entsteht ein **Keil** (*Bild 3.98*). Aus *Gl. (3.18)* folgt für das Volumen des Pontons

$$V = \frac{h}{6}\left((2a + c)\,b + (2c + a)\,d\right)$$

und für das Volumen des Keils

$$V = \frac{h}{6}\,(2a + s)\,b \quad \text{(vgl. } \textit{Aufgabe 3.71}\text{)}$$

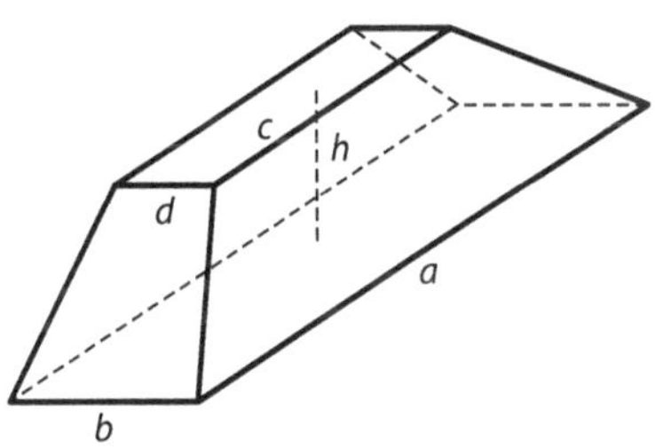

Bild 3.97

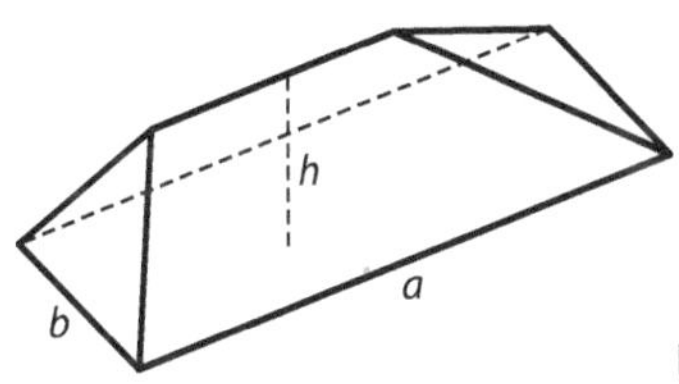

Bild 3.98

Bei der Berechnung des Volumens eines Prismatoids besteht im Allgemeinen die Hauptaufgabe in der Berechnung des Mittelschnitts A_{GM}.

Beispiel

3.27 *Bild 3.99* stellt einen Geländeausschnitt dar (Blockbild). Auf einer schrägen Geländeebene soll ein ansteigender Weg aufgeschüttet werden. Mithilfe des Entwurfs in der Karte wurden in Abständen von je 30 m rechtwinklig zum Weg Querschnitte gezeichnet und grafisch die Flächeninhalte $A_1 = 6{,}53\,\text{m}^2$, $A_2 = 16{,}17\,\text{m}^2$, $A_3 = 29{,}76\,\text{m}^2$ ermittelt. Gesucht wird das Volumen der aufzuschüttenden Erdmasse.

Lösung: Der Böschungskörper ist ein Prismatoid mit den Grundflächen A_1, A_3, dem Mittelschnitt A_2 und der Höhe $h = 60$ m.

Das Volumen ist nach *Gl. (3.18)*:

$$V = \frac{h}{6}\,(A_1 + 4A_2 + A_3) = 10\,(6{,}53 + 4 \cdot 16{,}17 + 29{,}76)\ \text{m}^3 = 1\,010\,\text{m}^3$$

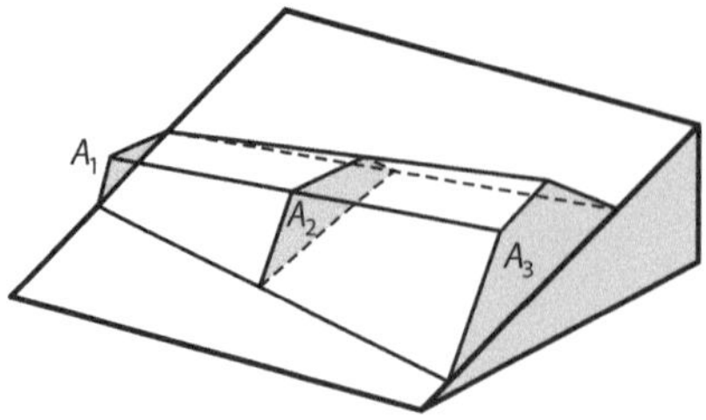

Bild 3.99 ■

Kontrollfragen

3.27 Wie wird das Prismatoid definiert?

3.28 Wie viele Ecken hat der Mittelschnitt eines Prismatoids, dessen Grundflächen beliebige Dreiecke mit nicht zueinander parallelen Seiten sind?

3.29 Nennen Sie Sonderfälle des Prismatoids.

Aufgaben: *3.71* bis *3.73*

3.2.4 Zylinder und Kegel

Wenn im Raum eine Gerade, die Erzeugende, parallel zu sich an einer Kurve, der Leitkurve, entlang gleitet, dann beschreibt sie eine **Zylinderfläche** (*Bild 3.100*). Ist die Leitkurve eine geschlossene Kurve, dann heißt der Körper, der von der Zylinderfläche und zwei parallelen Ebenen (die nicht parallel zur Erzeugenden sind) begrenzt wird, ein **Zylinder**. Die Strecken auf den Erzeugenden zwischen den Parallelebenen sind seine Mantellinien, ihre Gesamtheit ist der Mantel. Die vom Mantel aus den Parallelebenen ausgeschnittenen kongruenten Flächen sind seine Grundflächen und der Abstand der Parallelebenen ist die Höhe h des Zylinders. Für die Technik ist der Zylinder am wichtigsten, dessen Grundflächen Kreise sind. Er heißt **gerader Kreiszylinder**, wenn die Gerade durch die Kreismittelpunkte, die Zylinderachse, senkrecht zu den Grundflächen ist, sonst **schiefer Kreiszylinder**. Im Folgenden wird unter Zylinder im Allgemeinen der gerade Kreiszylinder verstanden.

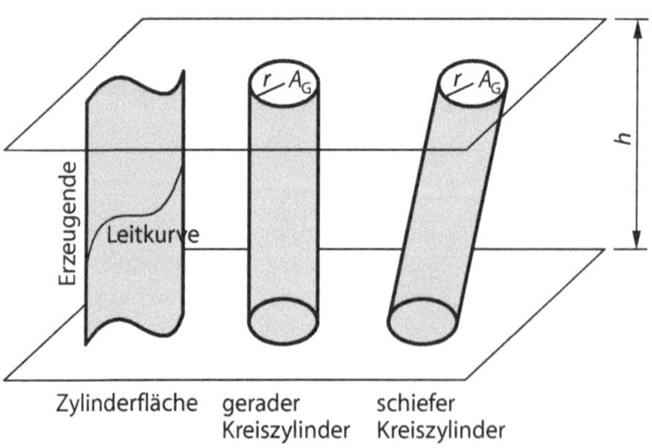

Bild 3.100

Gleitet die Erzeugende an der Leitkurve und geht dabei stets durch einen festen Punkt S, so entsteht eine **Kegelfläche** (*Bild 3.101*). S ist ihre Spitze. Bei geschlossener Leitkurve hüllen die Kegelfläche und eine nicht durch S gehende Ebene einen **Kegel** ein. Er heißt **Kreiskegel**, wenn seine Grundfläche ein Kreis ist. Die Kegelachse ist die durch S und den Kreismittelpunkt gehende Gerade. Ist die Kegelachse senkrecht zur Grundfläche, dann liegt ein **gerader Kreiskegel** vor, sonst ein **schiefer Kreiskegel**. Die Strecken auf den Erzeugenden von S bis zur Grundfläche sind die Mantellinien s des Kegels.

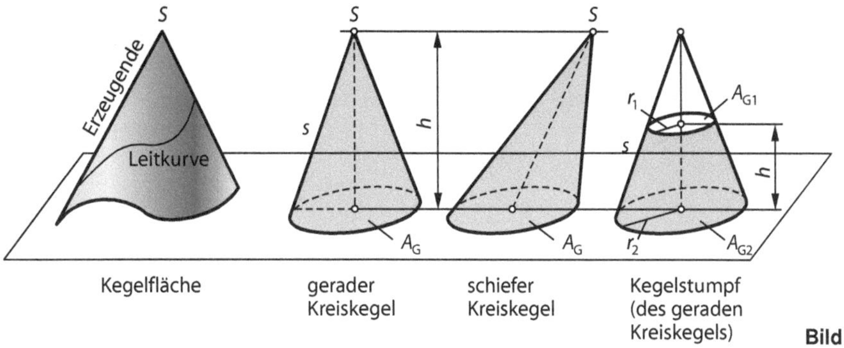

Bild 3.101

Für den geraden Kreiskegel mit der Höhe h und dem Radius r der Grundfläche ist $s = \sqrt{r^2 + h^2}$. Wird der gerade Kreiskegel von einer durch die Achse gehenden Ebene geschnitten, dann entsteht als **Achsenschnitt** ein gleichschenkliges Dreieck (*Bild 3.102*). Der von den Schenkeln s eingeschlossene Winkel γ heißt Öffnungswinkel des Kegels.

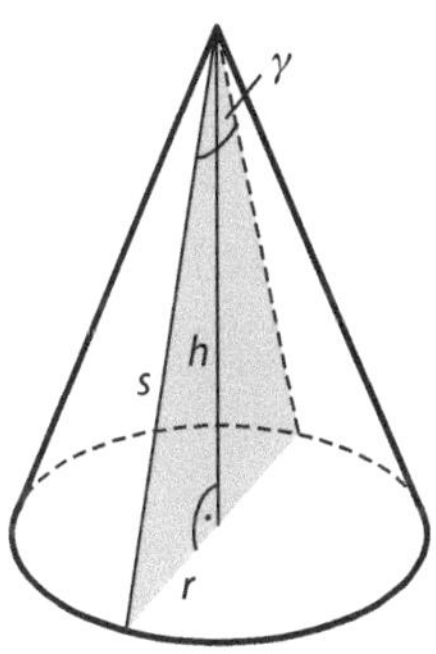

Bild 3.102

Wird von einem Kegel durch einen Schnitt parallel zur Grundfläche der die Spitze enthaltende Teil abgetrennt, so heißt der Rest **Kegelstumpf**.

In *Abschnitt 3.1.10* wurde gezeigt, dass sich ein regelmäßiges n-Eck bei ständiger Vergrößerung von n immer mehr dem Kreis nähert. Entsprechend geht bei wachsendem n ein regelmäßiges n-seitiges Prisma in einen Zylinder und eine regelmäßige Pyramide in einen Kegel über. Die Volumenformeln für Pyramide, Prisma bzw. Pyramidenstumpf bleiben dabei erhalten.

Das Volumen des Zylinders ist $V = A_G \cdot h$ und das **Volumen des Kreiszylinders**.

$$V = \pi r^2 h \tag{3.19}$$

Das Volumen des Kegels ist $V = \frac{1}{3} A_G \cdot h$ und das **Volumen des Kreiskegels**

$$V = \frac{1}{3} \pi r^2 h \tag{3.20}$$

Für das **Volumen des Kreiskegelstumpfes** folgt aus *Gl. (3.17)*

$$V = \frac{\pi h}{3}\left(r_1^2 + r_2^2 + r_1 r_2\right) \tag{3.21}$$

Beispiele

3.28 Welche Masse hat das in *Bild 3.103* im Grund- und Aufriss gezeigte gusseiserne Werkstück ($\varrho = 7{,}3\,\text{kg}\cdot\text{dm}^{-3}$), Maßangaben in mm?

Lösung: Der Körper setzt sich aus einem Zylinder mit dem Volumen V_1 und einem Hohlzylinder zusammen, dessen Volumen V_2 die Differenz von zwei Zylindervolumen ist:

$$V = \pi\cdot 15^2\cdot 3{,}5\,\text{cm}^3 + \pi\cdot 7{,}5^2\cdot 16\,\text{cm}^3 - \pi\cdot 4{,}0^2\cdot 16\,\text{cm}^3$$

$$= \pi\left(15^2\cdot 3{,}5 + \left(7{,}5^2 - 4{,}0^2\right)16\right)\ \text{cm}^2 = 4\,497{,}2\,\text{cm}^3 = 4{,}497\,2\,\text{dm}^3$$

$$m = V\cdot\varrho = 4{,}497\,2\,\text{dm}^3\cdot 7{,}3\,\text{kg}\cdot\text{dm}^{-3} = 32{,}830\,\text{kg}$$

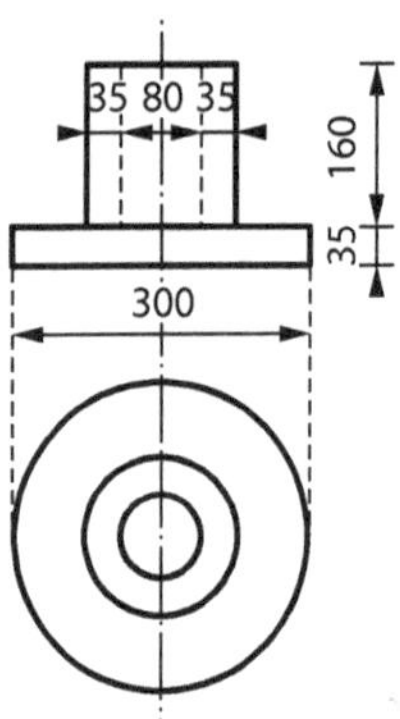

Bild 3.103

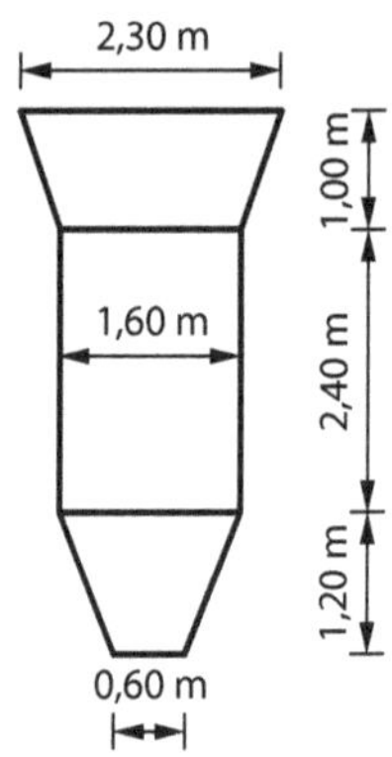

Bild 3.104

3.29 *Bild 3.104* zeigt einen Blechschacht für Schüttgut mit kreisförmigem Querschnitt. Wie groß ist sein Volumen?

Lösung: Das Behältervolumen setzt sich aus dem Volumen eines Zylinders und den Volumen von zwei Kegelstümpfen zusammen. Mit den *Gln. (3.19)* und *(3.21)* wird

$$V = \pi\cdot 0{,}8^2\cdot 2{,}4\,\text{m}^3 + \frac{\pi\cdot 1{,}0}{3}\left(0{,}8^2 + 1{,}15^2 + 0{,}8\cdot 1{,}15\right)\ \text{m}^3$$

$$+\ \frac{\pi\cdot 1{,}2}{3}\left(0{,}8^2 + 0{,}3^2 + 0{,}8\cdot 0{,}3\right)\ \text{m}^3$$

$$= 4{,}825\,5\,\text{m}^3 + 3{,}018\,5\,\text{m}^3 + 1{,}218\,9\,\text{m}^3 = 9{,}062\,9\,\text{m}^3$$ ■

Für die Berechnung des Kreiskegelstumpfvolumens werden in der Praxis oft Näherungsformeln verwendet. Meist wird das Volumen des Kegelstumpfes angenähert durch das Volumen eines Zylinders, der die gleiche Höhe wie der Kegelstumpf hat und dessen Grundfläche gleich dem Mittelschnitt G_M (vgl. *Abschnitt 3.2.3*) des Kegelstumpfs ist, das ist die Schnittfläche parallel zu den Grundflächen in der Höhe $h/2$:

$$V \approx A_{GM}\cdot h$$

Der Radius der Kreisfläche des Mittelschnitts ist $r_M = \dfrac{r_1 + r_2}{2}$. Damit folgt als **Näherungsformel für das Volumen des Kegelstumpfs**:

$$V \approx \pi h\left(\frac{r_1 + r_2}{2}\right)^2 \tag{I}$$

Der Fehler der Näherung ist umso kleiner, je größer h im Verhältnis zu r_1, r_2 ist. Das nach (I) berechnete Volumen ist stets kleiner als das tatsächliche Volumen des Kegelstumpfs.

Beispiel

3.30 Wie groß ist das Volumen eines Baumstammes mit der Länge $h = 10\,\text{m}$, dessen Schnittflächen die Durchmesser $d_1 = 70\,\text{cm}$ und $d_2 = 56\,\text{cm}$ haben?

Lösung: Nach *Gl. (3.21)* folgt

$$V = \frac{\pi \cdot 10}{3}\left(0{,}35^2 + 0{,}28^2 + 0{,}35 \cdot 0{,}28\right)\,\text{m}^3 = 3{,}130\,\text{m}^3$$

Die Näherungsformel (I) ergibt

$$V \approx \pi \cdot 10\left(\frac{0{,}35 + 0{,}28}{2}\right)^2 m^3 = 3{,}117\,\text{m}^3$$

Der Fehler der Näherung beträgt $0{,}013\,\text{m}^3$, das sind 0,4 %, d. h. im vorliegenden Fall für die Praxis ohne Bedeutung. ■

Bild 3.105 zeigt einen **schräg geschnittenen geraden Kreiszylinder**. Die Schnittfigur ist eine Ellipse mit den Achsen $\overline{AB} = 2a$ und $\overline{CD} = 2b$. $\overline{AA'} = h_1$ und $\overline{BB'} = h_2$ sind die kleinsten und größten Mantellinien. Ein Vergleich des schräg geschnittenen Zylinders mit dem Zylinder gleicher Grundfläche und der Höhe $h = \frac{1}{2}\left(h_1 + h_2\right)$ zeigt, dass sich beide Zylinder um zwei keilförmige und untereinander gleiche Körper mit der gemeinsamen Kante $\overline{CD}$ unterscheiden. Wird vom schräg geschnittenen Zylinder in *Bild 3.105* der Keil rechts oben abgenommen und links angesetzt, dann entsteht der Zylinder mit der Höhe h. Beide Zylinder haben daher gleiches Volumen. Folglich ist das Volumen des schräg geschnittenen geraden Kreiszylinders

$$V = \pi r^2 \frac{h_1 + h_2}{2} \tag{II}$$

Der Zylindermantel lässt sich in die Ebene abwickeln und ergibt für den geraden Kreiszylinder ein Rechteck mit den Seiten $2r\pi$ und h. Nach dem in *Bild 3.106* gezeigten Netz ist die **Oberfläche des geraden Kreiszylinders**

$$A_O = 2\pi r^2 + 2\pi r h = 2\pi r\left(r + h\right) \tag{3.22}$$

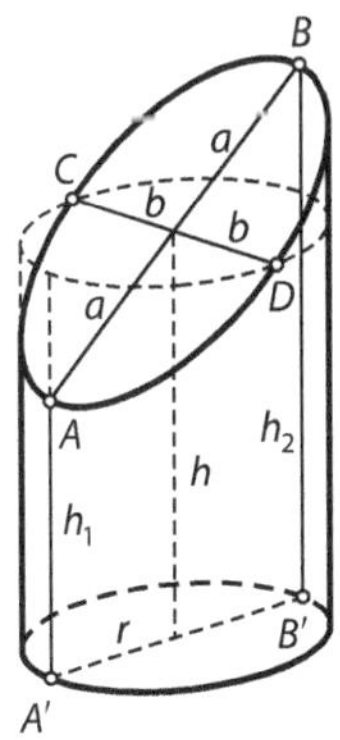

Bild 3.105

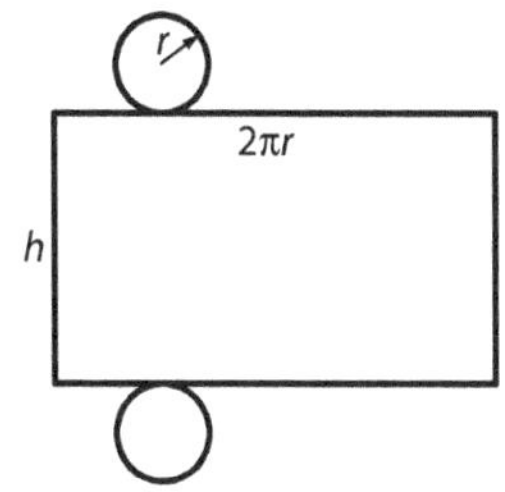

Bild 3.106

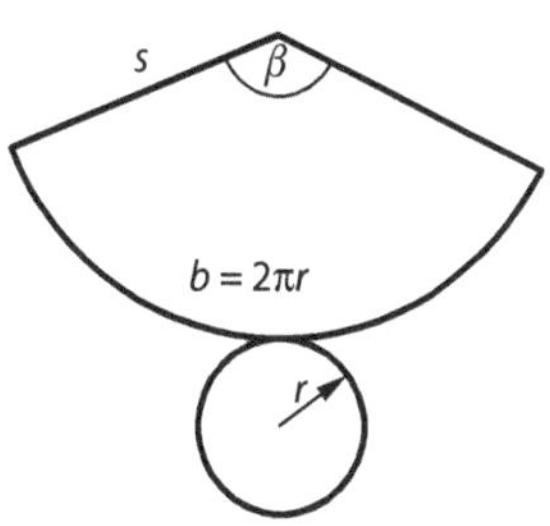

Bild 3.107

Für den schräg geschnittenen geraden Kreiszylinder in *Bild 3.105* ist die Mantelfläche ebenfalls gleich

$$A_M = 2\pi r h = 2\pi r \frac{h_1 + h_2}{2} \tag{III}$$

Der Flächeninhalt der Ellipse ist $A = ab\pi$, was hier nicht bewiesen werden kann.

Auch der Mantel des Kegels lässt sich in die Ebene abwickeln und ergibt bei dem geraden Kreiskegel einen Kreissektor mit dem Bogen $b = 2\pi r$, dem Radius s und dem Zentriwinkel β (*Bild 3.107*). Die Mantelfläche ist daher als Sektorfläche nach *Gl. (3.13c)*:

$$A_M = \frac{s \cdot b}{2} = \frac{s \cdot 2\pi r}{2} = \pi r s = \pi r \sqrt{r^2 + h^2} \tag{IV}$$

Nach dem Netz des *Bildes 3.107* ist die **Oberfläche des geraden Kreiskegels**

$$A_O = \pi r^2 + \pi r s$$

$$A_O = \pi r (r + s) = \pi r \left(r + \sqrt{r^2 + h^2}\right)$$

Zwischen dem Radius der Grundfläche, der Mantellinie s und dem Zentriwinkel β gibt es eine einfache Beziehung. Aus der Proportion $\beta : 360° = b : 2\pi s$ mit β in Grad folgt wegen $b = 2\pi r$

$$\frac{r}{s} = \frac{\beta}{360°} \tag{V}$$

Der **Kegelstumpfmantel** ergibt abgewickelt ein Kreisringstück. Seine Fläche ist mit den Bezeichnungen des *Bildes 3.101*:

$$A_M = \pi s (r_1 + r_2) \tag{3.23}$$

(Der Leser versuche selbst, die Formel zu beweisen.)

Beispiele

3.31 Für das in *Bild 3.108* dargestellte Blechrohr mit kreisförmigem Querschnitt ist der Inhalt der Gesamtfläche (Materialbedarf) zu ermitteln.

Lösung: Das Rohr besteht aus drei schräg geschnittenen Kreiszylindern, deren Mantelflächen nach *Gl. (III)* berechnet werden. Nach Ausklammern von $2\pi r$ wird die Gesamtmantelfläche:

$$A_M = 2\pi \cdot 12{,}5 \left(\frac{65 + 57}{2} + 38 + \frac{40 + 40 + (65 - 57)}{2}\right) \text{cm}^2$$

$$A_M = 112{,}3\,\text{dm}^2$$

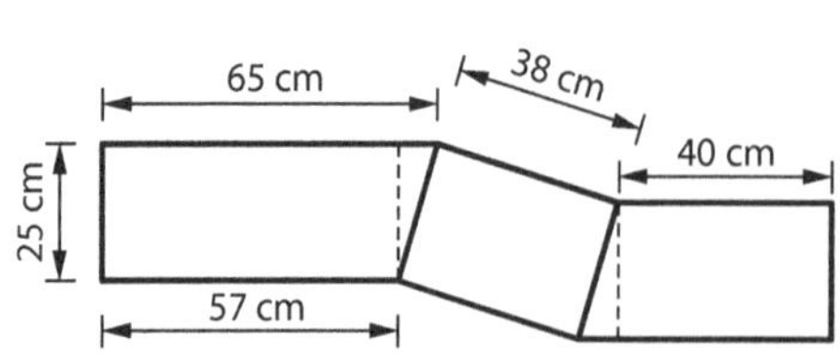

Bild 3.108

3.32 Aus einem Stück Blech ist ein Trichter herzustellen mit der oberen Weite 32 cm und der Tiefe 40 cm (die kleine Öffnung bleibt unberücksichtigt). Mit welchem Radius und welchem Zentriwinkel muss der Kreissektor ausgeschnitten werden und wie groß ist der Materialbedarf?

Lösung: Der Trichter ist ein Kegel mit $r = 16\,\text{cm}$ und $h = 40\,\text{cm}$. Für die Mantellinie s und damit den Radius des Kreissektors folgt

$$s = \sqrt{16^2 + 40^2}\,\text{cm} = 43{,}1\,\text{cm}$$

Der Zentriwinkel β ist nach *Gl. (V)*

$$\beta = \frac{r}{s} \cdot 360° = 133{,}7°$$

und der Flächeninhalt des Sektors ist nach *Gl. (IV)*

$$A_M = \pi r s = 21{,}66\,\text{dm}^2$$

■

Kontrollfragen

3.30 Erklären Sie die Körper: Zylinder, Kegel. Kegelstumpf. Aus welchen Teilflächen setzt sich jeweils ihre Oberfläche zusammen?

3.31 Wie kann das Volumen eines Kegelstumpfes genähert berechnet werden?

Aufgaben: ***3.74*** **bis** ***3.81***

3.2.5 Cavalierisches Prinzip

Der Sachverhalt, dass Prismen und ebenso Zylinder und Kegel mit kongruenten Grundflächen und gleichen Höhen gleiches Volumen haben, lässt sich verallgemeinern. Diese allgemeinere Aussage wurde 1629 von dem italienischen Mathematiker Cavalieri (um 1598–1647) angegeben und heißt **Cavalierisches Prinzip**.

> Liegen zwei Körper zwischen zwei parallelen Ebenen und schneidet jede dazu parallele und in beliebiger Höhe liegende Ebene die Körper in flächeninhaltsgleiche Figuren, dann haben die Körper gleiches Volumen.

Die in beliebiger Höhe sich ergebenden Schnittfiguren brauchen also nicht kongruent, sondern nur flächeninhaltsgleich zu sein. Außerdem gilt der Satz nicht nur für die bisher behandelten Körper, sondern auch für beliebige.

Im folgenden Abschnitt wird gezeigt, wie das Cavalierische Prinzip zur Bestimmung des Kugelvolumens angewendet wird.

3.2.6 Kugel und Kugelteile

Die Kugel ist ein Körper, der allseitig von einer gleichmäßig gekrümmten Fläche begrenzt wird. Diese **Kugelfläche** ist die Menge aller Punkte, die von einem festen Punkt M den konstanten Abstand r haben. M heißt **Mittelpunkt**, r heißt **Radius** der Kugel.

Um die Formel für das Volumen der Kugel herzuleiten, wird die Halbkugel nach dem Prinzip von Cavalieri mit einem Körper verglichen, dessen Volumen bekannt ist. Der Vergleichskörper ist ein Zylinder, aus dem entsprechend *Bild 3.109* ein Kegel herausgenommen wurde. Zylinder und Kegel haben gleichen Radius r wie die Halbkugel und die Höhe $h = r$. Die Grundflächen beider Körper liegen in einer Ebene. Es werden nun beide Körper in beliebiger Höhe x mit $0 < x < r$ durch eine Ebene parallel zur Ebene der Grundflächen geschnitten. Für die Halbkugel ist die Schnittfigur ein Kreis mit dem Radius $r_1 = \sqrt{r^2 - x^2}$ und damit ist der Inhalt der Schnittfläche

$$A_{Gx} = \pi r_1^2 = \pi \left(r^2 - x^2\right)$$

Für den zweiten Körper ist die Schnittfigur ein Kreisring mit dem äußeren Radius r und dem inneren Radius x (da der halbe Öffnungswinkel des Kegels 45° beträgt). Der Flächeninhalt des Kreisrings ist

$$A'_{Gx} = \pi \left(r^2 - x^2\right)$$

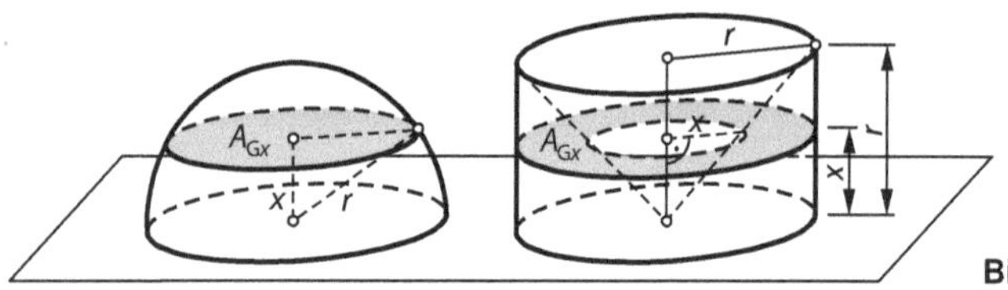

Bild 3.109

Es ist also $A_{Gx} = A'_{Gx}$ für beliebiges x mit $0 < x < r$. Nach dem Prinzip von Cavalieri haben beide Körper gleiches Volumen, d. h., das Volumen der Halbkugel ist gleich dem Volumen des Zylinders, vermindert um das Volumen des Kegels:

$$V_{\text{Halbkugel}} = \pi r^2 \cdot r - \frac{\pi r^2 \cdot r}{3} = \frac{2}{3}\pi r^3$$

Das **Volumen der Kugel** ist

$$V = \frac{4}{3}\pi r^3 \tag{3.24}$$

Zur Berechnung der Kugeloberfläche denkt man sich diese durch ein Netz von Kreisen (*Bild 3.110*) in n Teilflächen $\triangle A_{Oi}$ $(i = 1, 2, \ldots, n)$ zerlegt, die umso kleiner werden, je größer n wird. Die Ecken jeder Teilfläche, die genähert als eben angesehen wird, ergeben Pyramiden mit dem Volumen $\triangle V_i$ und der genäherten Höhe r. Die Summe aller Pyramidenvolumen ist

$$\begin{aligned} V_n &= \triangle V_1 + \triangle V_2 + \ldots + \triangle V_n = \frac{1}{3}\triangle A_{O1} r + \frac{1}{3}\triangle A_{O2} r + \ldots + \frac{1}{3}\triangle A_{On} r \\ &= \frac{1}{3} r \left(\triangle A_{O1} + \triangle A_{O2} + \ldots + \triangle A_{On}\right) = \frac{1}{3} r A_{On} \end{aligned}$$

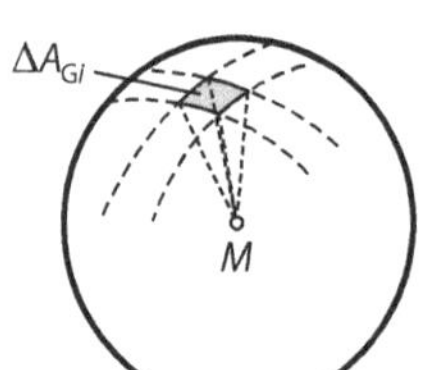

Bild 3.110

Für unbegrenzt wachsendes n nähert sich die Summe V_n immer mehr dem Kugelvolumen V und die Summe A_{On} der Teilflächen $\triangle A_{Oi}$ der Kugeloberfläche A_O. Im Grenzfall gilt daher

$$V = \frac{1}{3} r \cdot A_O \quad \text{oder} \quad \frac{4}{3}\pi r^3 = \frac{1}{3} r \cdot A_O$$

Daraus folgt für die **Oberfläche der Kugel**

$$A_O = 4\pi r^2 \tag{3.25}$$

Bild 3.111 zeigt Teile der Kugel. Die Formeln für Volumen und Mantelflächen werden ohne Beweis gegeben.

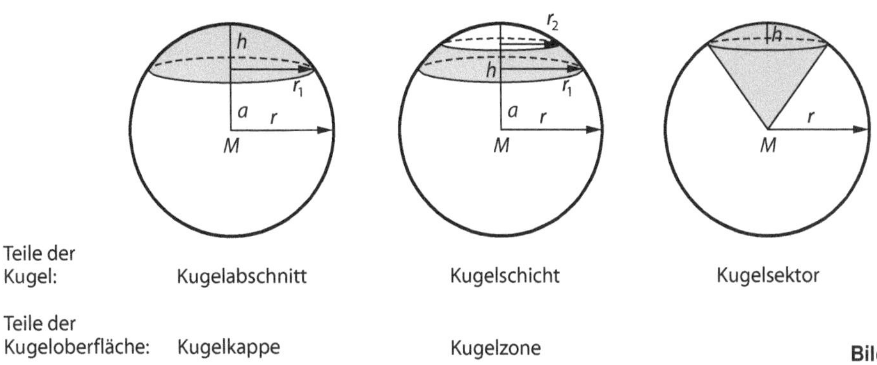

Bild 3.111

Durch den Schnitt der Kugel mit einer Ebene wird die Kugel in zwei **Kugelabschnitte** oder **Kugelsegmente** zerlegt und die Kugelfläche in zwei **Kugelkappen** oder **Kalotten**. Die Höhe h eines Kugelabschnitts ist die Strecke, die sich als Differenz zwischen dem Radius r und dem Abstand a der Schnittebene vom Kugelmittelpunkt M ergibt.

Volumen des Kugelabschnitts

$$V = \frac{\pi h^2}{3}(3r - h) = \frac{\pi h}{6}\left(3r_1^2 + h^2\right) \tag{3.26}$$

Flächeninhalt der Kugelkappe

$$A_M = 2\pi r h \tag{3.27}$$

Durch den Schnitt mit zwei parallelen Ebenen wird aus der Kugel eine **Kugelschicht** und aus der Kugelfläche eine **Kugelzone** ausgeschnitten. Die Höhe h der Kugelschicht ist der Abstand der parallelen Ebenen.

Volumen der Kugelschicht

$$V = \frac{\pi h}{6}\left(3r_1^2 + 3r_2^2 + h^2\right) \tag{3.28}$$

Flächeninhalt der Kugelzone

$$A_M = 2\pi r h \tag{3.29}$$

Wird jeder Punkt des Schnittkreises eines Kugelabschnitts mit dem Kugelmittelpunkt M durch den Radius r verbunden, so entsteht ein Kegel. Der aus dem Kugelabschnitt und dem Kegel gebildete Körper heißt **Kugelsektor**.

Volumen des Kugelsektors

$$V = \frac{2}{3}\pi r^2 h \tag{3.30}$$

Beispiele

3.33 Welchen Durchmesser muss eine Kugel aus Blei ($\varrho = 11{,}3\,\text{kg}\cdot\text{dm}^{-3}$) mit der Masse $m = 2{,}5\,\text{kg}$ haben?

Lösung: Aus $V = \frac{4}{3}\pi r^3$ und $V = \frac{m}{\varrho}$ folgt

$$r = \sqrt[3]{\frac{3V}{4\pi}} = \sqrt[3]{\frac{3m}{4\pi\varrho}} = \sqrt[3]{\frac{3\cdot 2{,}5\,\text{kg}\cdot\text{dm}^3}{4\pi\cdot 11{,}3\,\text{kg}}} = 0{,}375\,\text{dm}$$

$r = 37{,}5\,\text{mm}$

3.34 Eine Kugel mit dem Radius r wird von einer punktförmigen Lichtquelle P aus beleuchtet, die den Abstand $k\cdot r$ mit $k > 1$ vom Kugelmittelpunkt hat. In welchem Verhältnis stehen beleuchtete und unbeleuchtete Kugelkappe zueinander?

Lösung: Im rechtwinkligen Dreieck PQM (*Bild 3.112*) gilt nach dem Kathetensatz

$$r^2 = x\cdot(k\cdot r) \quad \text{oder} \quad x = \frac{r}{k}$$

Für die „Höhe“ der beleuchteten bzw. unbeleuchteten Kugelkappe folgt

$$h_1 = r - x = r - \frac{r}{k} = \frac{r}{k}(k-1)\,,$$

$$h_2 = r + x = r + \frac{r}{k} = \frac{r}{k}(k+1)$$

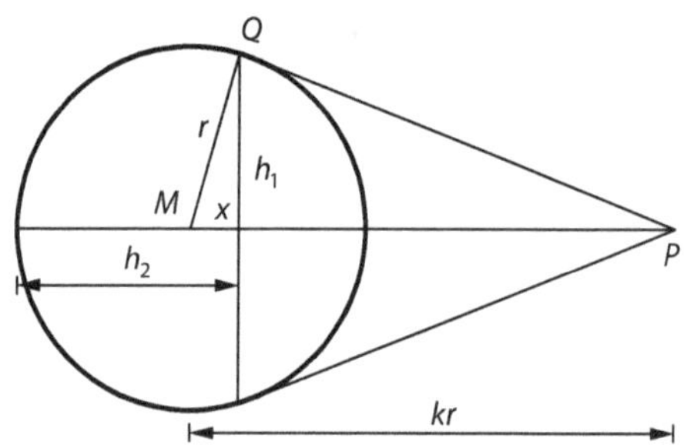

Bild 3.112

Die Mantelflächen beider Kugelkappen sind

$$A_{M1} = 2\pi r h_1, \quad A_{M2} = 2\pi r h_2$$

Ihr Verhältnis ist

$$\frac{A_{M1}}{A_{M2}} = \frac{h_1}{h_2} = \frac{k-1}{k+1}$$

Ist z. B. $k = 2$, also P um $2r$ von M oder um r von der Kugelfläche entfernt, dann ist $A_{M1} : A_{M2} = 1 : 3$, d. h., ein Viertel der Kugelfläche ist beleuchtet.

3.35 Wie groß ist die Masse eines eisernen zylinderförmigen Kessels mit kugelförmig gewölbten Seitenflächen (*Bild 3.113*, $\varrho = 7{,}8\,\text{kg}\cdot\text{dm}^{-3}$). Gegeben sind $h = 146\,\text{cm}$, $h_1 = 120\,\text{cm}$, $d = 60\,\text{cm}$. Die Wandstärke beträgt $e = 12\,\text{mm}$.

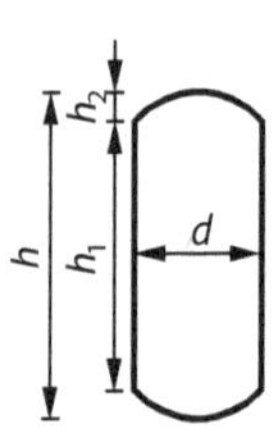

Bild 3.113

Lösung:

1. Weg: Das Volumen des vollen Körpers setzt sich aus dem Volumen eines Zylinders und den Volumen zweier Kugelabschnitte zusammen:

$$V = \pi r^2 h_1 + 2\frac{\pi h_2^2}{3}(3r - h_2)$$

Für das Volumen des gefüllt zu denkenden Kessels folgt:

$$V_1 = \pi \cdot 30^2 \cdot 120\,\text{cm}^3 + \frac{2\pi \cdot 13^2}{3}(3 \cdot 30 - 13)\ \text{cm}^3 = 366{,}546\,\text{dm}^3.$$

Für das Volumen des Hohlraumes gilt:

$$V_2 = \pi \cdot 28{,}8^2 \cdot 120\,\text{cm}^3 + \frac{2\pi \cdot 11{,}8^2}{3}(3 \cdot 28{,}8 - 11{,}8)\ \text{cm}^3 = 334{,}447\,\text{dm}^3$$

Das Volumen des Materials ist

$$V = V_1 - V_2 = 32{,}099\,\text{dm}^3$$

und damit die Masse des Kessels

$$m = 250{,}372\,\text{kg}$$

2. Weg: Das Materialvolumen ergibt sich in guter Näherung aus dem Produkt von der Oberfläche und der Wandstärke. Zur Berechnung der Oberfläche wird das Mittel aus äußerem und innerem Radius verwendet:

$$\bar{r} = \frac{30 + 28{,}8}{2}\ \text{cm} = 29{,}4\,\text{cm}$$

Entsprechend ist $\bar{h}_2 = 1{,}24\,\text{cm}$. Damit erhält man

$$V \approx A_O \cdot e = \left(2\pi\bar{r}h_1 + 2 \cdot 2\pi\bar{r}\bar{h}_2\right) e$$

$$= 2\pi \cdot 29{,}4\,(120 + 2 \cdot 12{,}4)\ 1{,}2\,\text{cm}^3 = 32{,}098\,\text{dm}^3$$

$$m = 250{,}364\,\text{kg}$$

Gegenüber dem genauen Wert ergibt sich eine Abweichung von nur 8 g.

3.36 Eine Kugel mit dem Radius $r = 15\,\text{cm}$ wird zylindrisch mit dem Radius $r_1 = 6\,\text{cm}$ entsprechend *Bild 3.114* ausgebohrt. Welches Volumen hat der Restkörper?

Lösung: Das Volumen V des Restkörpers ist

$$V = V_{\text{Kugel}} - V_{\text{Zylinder}} - 2V_{\text{Kugelabschnitt}}$$

Mit den *Gln. (3.24), (3.19)* und *(3.26)* folgt:

$$V = \frac{4}{3}\pi r^3 - \pi r_1^2 h - 2\frac{\pi h_1^2}{3}(3r - h_1) \qquad \text{(I)}$$

wobei $h = 2\sqrt{r^2 - r_1^2}$ und $h_1 = r - \dfrac{h}{2}$ ist.

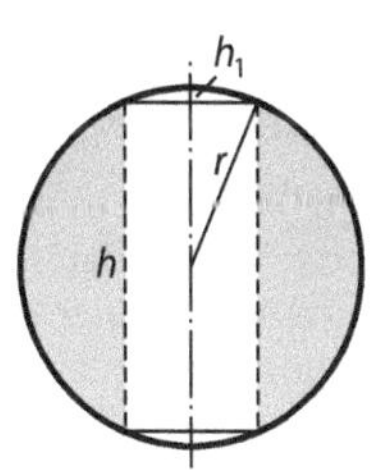

Bild 3.114

Für die gegebenen Größen folgt:

$$V = 14\,137{,}167\,\text{cm}^3 - 3\,109{,}663\,\text{cm}^3 - 143{,}685\,\text{cm}^3$$

$$= 10\,883{,}819\,\text{cm}^3$$

$$V = 10{,}884\,\text{dm}^3$$

Werden in (I) r_1 und h_1 durch h ausgedrückt mittels der Gleichungen

$$r_1 = \sqrt{r^2 - \frac{h^2}{4}}, \quad h_1 = r - \frac{h}{2}$$

dann ergibt sich

$$V = \frac{4}{3}\pi r^3 - \pi\left(r^2 - \frac{h^2}{4}\right)h - \frac{2}{3}\pi\left(r - \frac{h}{2}\right)^2\left(3r - \left(r - \frac{h}{2}\right)\right)$$

und nach Auflösen der Klammern und Zusammenfassen folgt die einfache Formel

$$V = \frac{\pi}{6}h^3 = \frac{4}{3}\pi\sqrt{r^2 - r_1^2}^3$$

Da jedes Prisma ein Prismatoid ist und z. B. der Zylinder als Grenzfall eines regelmäßigen Prismas mit unbegrenzt großer Zahl der Seitenkanten aufgefasst werden kann, gilt auch für Zylinder, ebenso für Kegel, Kugel usw. und damit für den in diesem Beispiel betrachteten Körper die Volumenformel des Prismatoids.

Für die durchlochte Kugel in *Bild 3.114* ist $A_{G1} = 0$, $A_{G2} = 0$. Der Mittelschnitt ist ein Kreisring mit der Fläche

$$A_{GM} = \pi\left(r^2 - r_1^2\right) = \pi\left(\frac{h}{2}\right)^2 = \frac{\pi}{4}h^2$$

Damit folgt sofort aus *Gl. (3.18)* das obige Ergebnis:

$$V = \frac{h}{6}\left(0 + 4\cdot\frac{\pi}{4}h^2 + 0\right) = \frac{\pi}{6}h^3$$ ■

Kontrollfragen

3.32 Beschreiben Sie Teile der Kugel und ihre Mantelflächen. Durch welche Größen können diese Teile jeweils bestimmt werden?

3.33 Bestimmen Sie die Formel für das Volumen der Kugel nach der Prismatoidformel.

Aufgaben: *3.82* bis *3.106*

3.3 Aufgaben

3.1 Eine Figur F werde an der Geraden s_1 nach F' und dann an der Geraden s_2 nach F'' gespiegelt. Es ist $s_1 \perp s_2$. Durch welche Bewegung wird F direkt nach F'' überführt?

3.2 Gegeben ist eine Figur F. Es sei
K die Menge aller Figuren, die zu F kongruent sind,
G die Menge aller Figuren, die zu F gleichsinnig kongruent sind,
U die Menge aller Figuren, die zu F ungleichsinnig kongruent sind,
A die Menge aller Figuren, die zu F axialsymmetrisch sind,
Z die Menge aller Figuren, die zu F zentralsymmetrisch sind.
Welche Relationen und Operationen gibt es zwischen diesen Mengen?

3.3 Für folgende Figuren ist anzugeben, ob sie symmetrisch sind, welche Art der Symmetrie vorliegt und was die Symmetrieachsen s bzw. Symmetriezentren D sind:

a) Strecke,
b) Rechteck,
c) gleichschenkliges Dreieck,
d) gleichseitiges Dreieck,
e) rechtwinkliges Dreieck mit den Katheten $a = 3$, $b = 4$.

3.4 Mit Zirkel und Lineal ist ein regelmäßiges Achteck zu konstruieren (Teilung eines Kreises in acht kongruente Bogen).

3.5 Gegeben sind zwei ähnliche Vierecke F und F' (*Bild 3.115*). Die fehlenden Strecken von F' sind zu berechnen.

3.6 Ein Dreieck ist zu konstruieren aus $b = 8\,\text{cm}$, $\alpha = 35°$, $\beta = 70°$.

3.7 Von der Figur des *Bildes 3.116* sind die Dreieckseiten $\overline{AB} = 6{,}0\,\text{cm}$, $\overline{BC} = 6{,}8\,\text{cm}$, $\overline{AC} = 8{,}4\,\text{cm}$ sowie die Strecken $\overline{AD} = 2{,}7\,\text{cm}$, $\overline{AE} = 3{,}8\,\text{cm}$, $\overline{FD} = 3{,}2\,\text{cm}$ gegeben. Es ist $AB \parallel EG$. Die fehlenden Strecken sind zu berechnen.

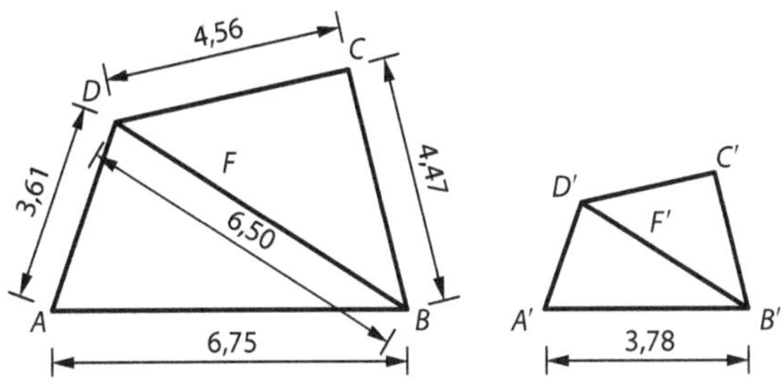

Bild 3.115

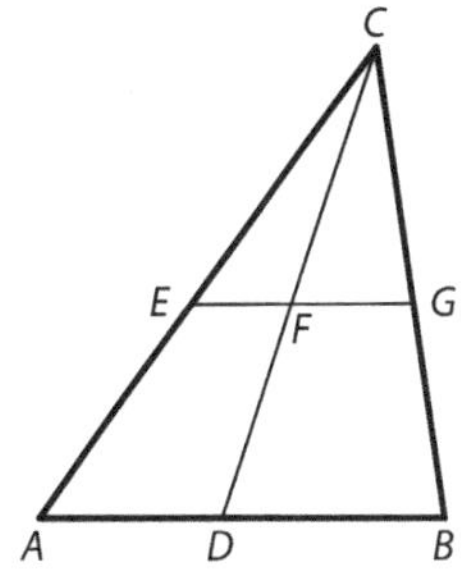

Bild 3.116

3.8 Welche Höhe h hat das Signalgerüst des *Bildes 3.117*?

3.9 Ein Dreieck ist zu konstruieren aus $a = 7\,\text{cm}$, $h_b = 5\,\text{cm}$, $s_a = 6\,\text{cm}$.

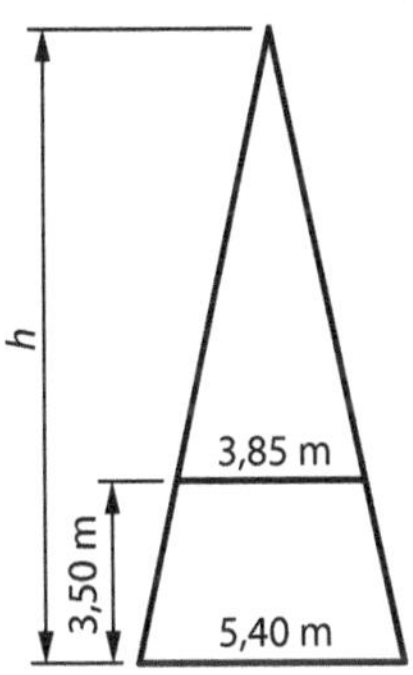

Bild 3.117

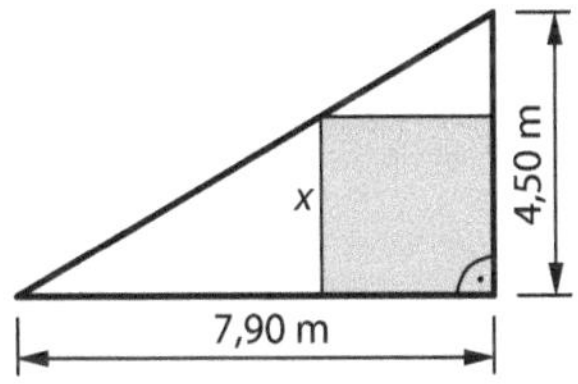

Bild 3.118

3.10 Im rechtwinkligen Dreieck sind von den Strecken a, b, c, p, q, h je zwei gegeben. Berechnen Sie die fehlenden Größen.

a) $p = 24{,}03\,\text{m}$, $q = 12{,}51\,\text{m}$

b) $c = 6{,}433\,\text{m}$, $p = 1{,}896\,\text{m}$

c) $b = 88{,}6\,\text{cm}$, $h = 82{,}7\,\text{cm}$

d) $q = 42{,}5\,\text{cm}$, $a = 27{,}7\,\text{cm}$

e) $q = 56{,}1\,\text{cm}$, $h = 32{,}8\,\text{cm}$

3.11 Im rechtwinkligen Dreieck sind $c = 34\,\text{cm}$ und $a : b = 15 : 8$ gegeben. Berechnen Sie a und b.

3.12 Einem rechtwinkligen Dreieck mit $a = 4{,}50\,\text{m}$, $b = 7{,}90\,\text{m}$ ist nach *Bild 3.118* ein Quadrat einbeschrieben. Berechnen Sie die Quadratseite x.

3.13 Von einer Dachkonstruktion sind nach *Bild 3.119* $l = 5{,}10$ m, $s = 6{,}50$ m gegeben. Berechnen Sie die Höhe h und die Balkenlängen a, b, c.

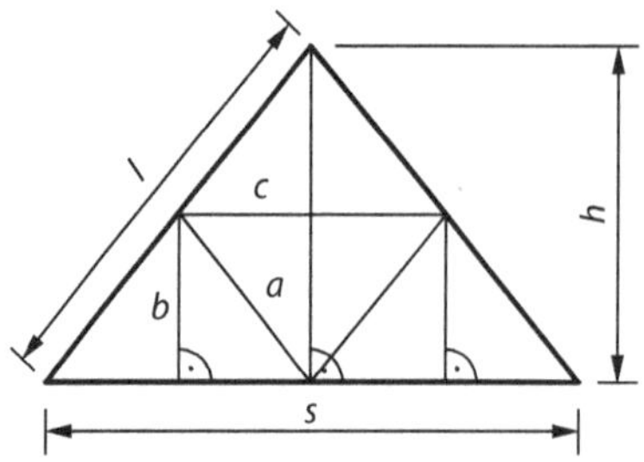

Bild 3.119

3.14 Berechnen Sie den Umkreisradius r_u des gleichseitigen Dreiecks mit der Seite a.

3.15 Konstruieren Sie ein

a) Trapez aus $b = 5$ cm, $d = 4$ cm, $f = 8$ cm, $\alpha = 75°$

b) Rhombus aus $e = 10$ cm, $\alpha = 36°$

c) Drachenviereck aus $a = 5$ cm, $d = 3$ cm, $\beta = 40°$

d) Parallelogramm aus $a = 8{,}0$ cm, $e = 10{,}7$ cm, $f = 6{,}5$ cm.

3.16 Von einem Parallelogramm sind $a = 22$ cm, $b = 10$ cm, $\alpha = 45°$ gegeben. Berechnen Sie e, f und h.

3.17 Ein Trapez ist durch $a = 37{,}9$ cm, $b = 20{,}0$ cm, $d = 27{,}1$ cm, $\beta = 60°$ gegeben. Berechnen Sie die Seite c.

3.18 Ein Rhombus hat die Diagonalen $e = 18{,}5$ cm, $f = 34{,}7$ cm. Berechnen Sie seine Seite a.

3.19 Im Kreis mit dem Radius $r = 10{,}0$ cm ist eine Sehne $s = 6{,}8$ cm gegeben. Welchen Abstand hat die Sehne vom Kreismittelpunkt?

3.20 Welche Pfeilhöhe h gehört im Kreis mit $r = 2{,}41$ m zur Sehne $s = 1{,}86$ m?

3.21 Ein Werkstück wird nach *Bild 3.120* durch Strecken und Kreisbogen begrenzt. Gegeben sind $a = 12{,}0$ cm, $b = 5{,}1$ cm, $c = 1{,}9$ cm, $d = 2{,}5$ cm. Gesucht wird der Radius des Kreisbogens.

3.22 Man konstruiere einen Kreis mit $r = 2{,}5$ cm, der die Schenkel des Winkels $\alpha = 40°$ berührt.

3.23 Es ist ein Kreis zu konstruieren, der eine Gerade g in einem Punkt A berührt und durch einen Punkt B ($B \notin g$) geht.

3.24 Was ist die Menge der Mittelpunkte aller Kreise, die durch zwei gegebene Punkte A und B gehen?

3.25 Was ist die Menge der Punkte C aller Dreiecke mit den gleichen Punkten A und B und dem gleichen Winkel γ?

3.26 Gegeben sind zwei Kreise mit $r_1 = 14$ cm, $r_2 = 35$ cm und $\overline{M_1M_2} = 80$ cm. Berechnen Sie die Strecken auf den äußeren Tangenten zwischen den Berührungspunkten.

3.27 Einem Kreis mit $r = 10$ cm ist ein gleichschenkliges Dreieck $(a = b)$ mit dem Winkel $\gamma = 45°$ einbeschrieben. Berechnen Sie die Basis c und den Schenkel a des Dreiecks.

3.28 Welchen Flächeninhalt hat das Dreieck mit den Seiten $a = 29{,}5$ cm, $b = 32{,}0$ cm, $c = 36{,}2$ cm?

3.29 Im rechtwinkligen Dreieck sind gegeben:

a) $a = 12{,}49$ m, $c = 37{,}03$ m,

b) $p = 2{,}36$ m, $q = 5{,}61$ m.

Gesucht wird der Flächeninhalt des Dreiecks.

3.30 Welchen Flächeninhalt hat das gleichseitige Dreieck mit der Seite a?

3.31 Von einem Dreieck sind $a = b = 75{,}0\,\text{cm}$, $h_c = 62{,}5\,\text{cm}$ gegeben. Berechnen Sie den Flächeninhalt A.

3.32 Berechnen Sie den in *Bild 3.121* gezeigten Flächeninhalt.

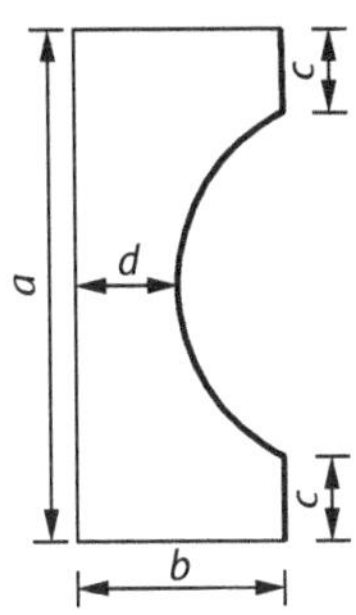

Bild 3.120

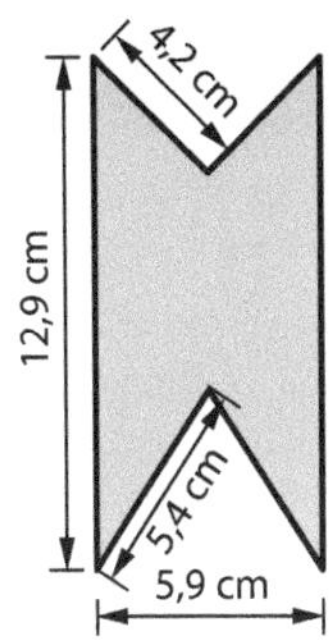

Bild 3.121

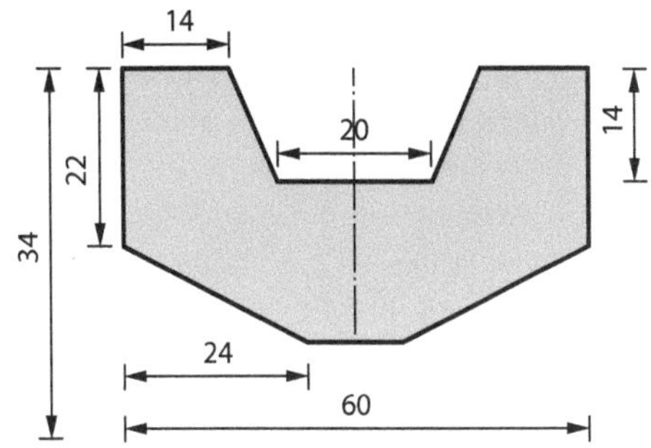

Bild 3.122

3.33 Ein Trapez hat die parallelen Seiten $a = 84\,\text{cm}$, $c = 62\,\text{cm}$ und die Schenkel $b = d = 36\,\text{cm}$. Berechnen Sie den Flächeninhalt.

3.34 Von einem Parallelogramm sind $a = 34{,}8\,\text{cm}$, $b = 21{,}5\,\text{cm}$, $A = 600\,\text{cm}^2$ gegeben. Gesucht werden die Längen der Diagonalen.

3.35 Berechnen Sie den in *Bild 3.122* dargestellten Flächeninhalt (Alle Maße in mm).

3.36 Im Kreis mit $r = 5{,}0\,\text{cm}$ hat ein Sektor den Flächeninhalt $A = 6{,}15\,\text{cm}^2$. Wie groß ist der Sektorwinkel α?

3.37 Ein Kreisring hat den Flächeninhalt $A = 300\,\text{cm}^2$ und den äußeren Radius $r_1 = 14\,\text{cm}$. Wie groß ist der innere Radius r_2?

3.38 Gesucht wird der in *Bild 3.123* gezeigte Flächeninhalt (alle Maße in mm).

3.39 Von einem Dreieck mit dem Flächeninhalt A ist durch eine Parallele zu c ein Trapez mit dem Flächeninhalt $A_1 = \frac{3}{4}A$ abzutrennen. Berechnen Sie x (*Bild 3.124*).

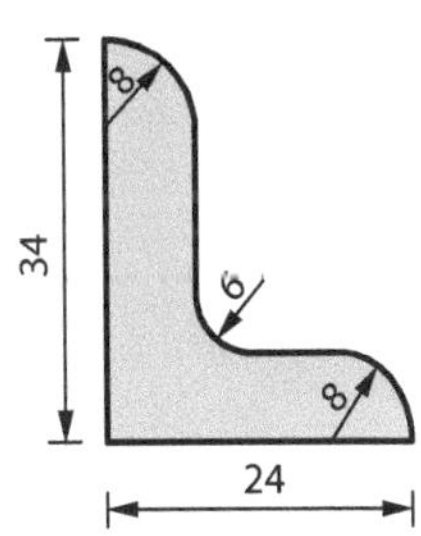

Bild 3.123

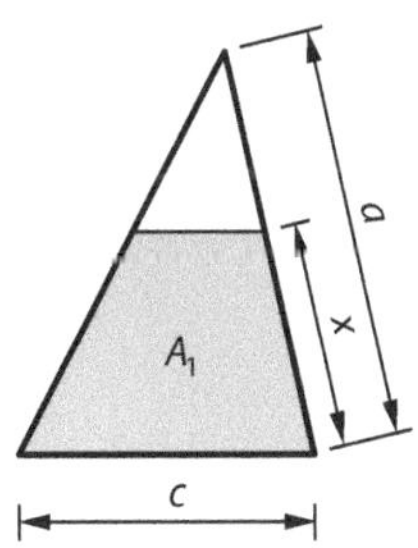

Bild 3.124

3.40 Ein Dreieck ist zu konstruieren aus $\beta = 78°$, $h_c = 6\,\text{cm}$, $w_\beta = 5\,\text{cm}$.

3.41 Beweisen Sie, dass sich die Mittelsenkrechten des Dreiecks in einem Punkt schneiden.

3.42 Im rechtwinkligen Dreieck sind a und b gegeben. Berechnen Sie den Radius r_i des Inkreises.

3.43 Von einem gleichseitigen Dreieck ist r_i gegeben. Berechnen Sie s, h, r_u.

3.44 Ein Antennenmast ist durch drei Drahtseile verspannt. Diese greifen den Mast 10 m über dem Boden an; ihre Bodenanker bilden ein gleichseitiges Dreieck mit 12 m Seitenlänge. Berechnen Sie die Länge l eines Spannseils.

3.45 Konstruieren Sie ein

a) Viereck aus $a = 7\,\text{cm}$, $b = 5\,\text{cm}$, $c = 4\,\text{cm}$, $\alpha = 65°$, $\delta = 120°$

b) Trapez aus $a = 8\,\text{cm}$, $b = 4\,\text{cm}$, $\beta = 60°$, $\delta = 140°$.

3.46 Konstruieren Sie die inneren Tangenten an zwei Kreise k_1, k_2 mit $r_1 = 1{,}5\,\text{cm}$, $r_2 = 3{,}0\,\text{cm}$, $\overline{M_1M_2} = 8{,}0\,\text{cm}$.

3.47 Der Außendurchmesser eines Fahrzeugreifens beträgt 85 cm. Wie viele Umdrehungen in der Minute macht das Rad bei einer Geschwindigkeit von 70 km/h?

3.48 Im Kreis mit $r = 20\,\text{cm}$ ist die Sehne $s = 32\,\text{cm}$ gegeben. Eine zweite Sehne l ist parallel zu s und hat von s den Abstand $h = 5\,\text{cm}$. Wie lang ist l?

3.49 Berechnen Sie den Radius r_1 des Kreises, der die drei Halbkreise in *Bild 3.125* berührt.

3.50 Vier Punkte A, B, C, D, die auf einem Kreis liegen, bilden ein Sehnenviereck. Beweisen Sie den Satz: Im Sehnenviereck beträgt die Summe der Gegenwinkel 180°. Anleitung: Zeichnen Sie BM und DM (M ist Kreismittelpunkt) und verwenden Sie den Satz über Zentri- und Peripheriewinkel.

3.51 Im rechtwinkligen Dreieck sind $A = 462{,}00\,\text{cm}^2$ und $h = 20{,}7\,\text{cm}$ gegeben. Berechnen Sie die Seiten a, b, c.

3.52 Gesucht wird der Flächeninhalt des in *Bild 3.126* gezeigten konkaven Vierecks.

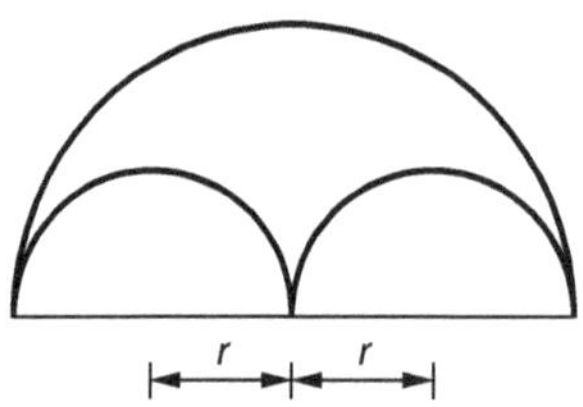

Bild 3.125

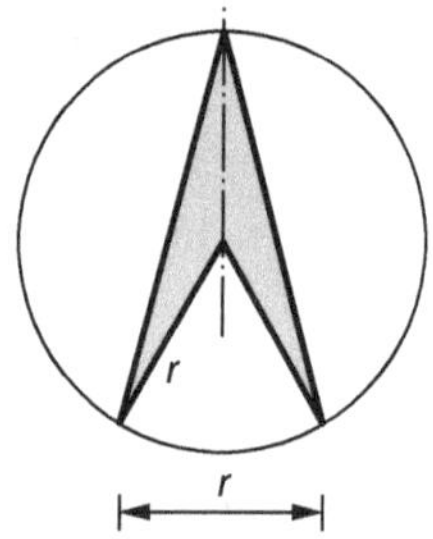

Bild 3.126

3.53 Von einem Quadrat mit der Seitenlänge a werden die Ecken so abgeschnitten, dass ein regelmäßiges Achteck entsteht. Berechnen Sie die Seite und den Flächeninhalt des Achtecks.

3.54 Von einem Rhombus sind die Diagonalen $e = 45\,\text{cm}$, $f = 22\,\text{cm}$ gegeben. Gesucht wird der Radius des Inkreises.

3.55 Gesucht wird die Querschnittsfläche einer Betonrinne nach *Bild 3.127*.

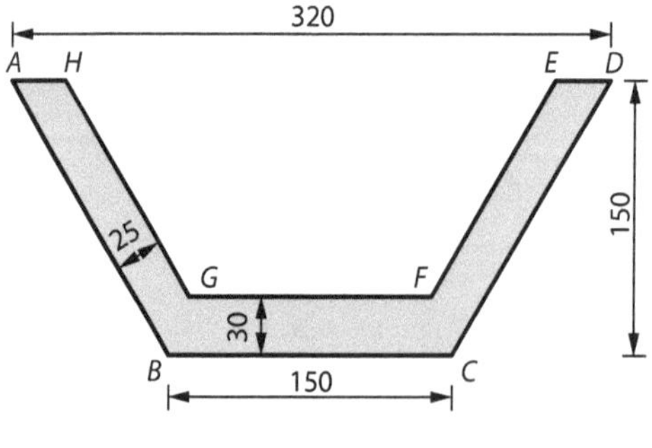

Bild 3.127

3.56 Es ist der Flächeninhalt des regelmäßigen Zwölfecks in Abhängigkeit zum Radius des Umkreises r_u zu berechnen.

3.57 Um wie viel Prozent ist der Umfang eines Kreises kleiner als der eines ihm flächeninhaltsgleichen Quadrates?

3.58 Ein Kreisringsektor mit $r_1 = 10\,\text{cm}$ und $r_2 = 4\,\text{cm}$ hat den Flächeninhalt $A = 29{,}4\,\text{cm}$? Wie groß ist der Zentriwinkel α?

3.59 Um wie viel Prozent ist in einem Kreis der zum Zentriwinkel $\alpha = 60°$ gehörige Bogen b länger als die zugehörige Sehne?

3.60 Berechnen Sie den Flächeninhalt der in *Bild 3.128* dargestellten Figur für $a = 6\,\text{cm}$.

3.61 Eine Säule hat kreisringförmigen Querschnitt $A = 400\,\text{cm}^2$. Wie groß sind bei einer Wandstärke von 4 cm innerer und äußerer Durchmesser zu wählen?

3.62 Berechnen Sie den in *Bild 3.129* angegebenen Flächeninhalt.

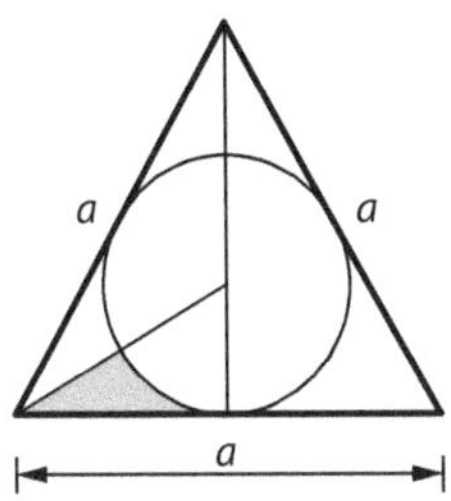

Bild 3.128

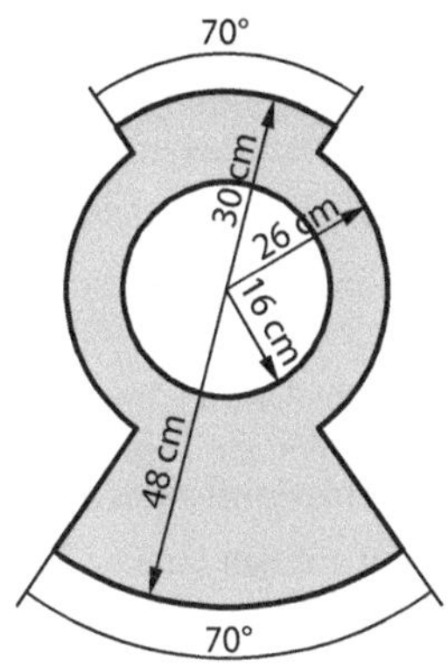

Bild 3.129

3.63 Berechnen Sie die Oberfläche eines Würfels mit dem Volumen $V = 450\,\text{cm}^3$.

3.64 Ein Ziegelstein hat die Kantenlängen $a = 25\,\text{cm}$, $b = 12\,\text{cm}$, $c = 6{,}5\,\text{cm}$. Wie viele Ziegelsteine werden für eine Mauer von 8 m Länge, 2,20 m Höhe und 25 cm Breite gebraucht? Der Mörtel beträgt 8 % des Volumens.

3.65 Berechnen Sie Oberfläche und Masse eines Sechskantstahls ($\varrho = 7{,}8\,\text{kg} \cdot \text{dm}^{-3}$) mit der Grundkante $a = 12\,\text{mm}$ und der Höhe $h = 150\,\text{mm}$.

3.66 Auf einer waagerechten Ebene ist ein waagerechter Bahndamm mit der Höhe $h = 4\,\text{m}$ und der oberen Breite $b = 6\,\text{m}$ aufzuschütten. Die Länge ist $l = 60\,\text{m}$. Die Neigung der Böschungsfläche ist 1 : 1,6. Berechnen Sie das Volumen des Böschungskörpers.

3.67 Berechnen Sie Volumen und Oberfläche einer geraden Pyramide, deren Grundfläche ein Rechteck mit den Seiten $a = 84\,\text{cm}$, $b = 52\,\text{cm}$ ist. Die Seitenkante hat die Länge $s = 115\,\text{cm}$.

3.68 Berechnen Sie Volumen und Oberfläche eines Tetraeders mit der Kantenlänge $a = 8\,\text{cm}$.

3.69 Welche Masse hat die in *Bild 3.130* dargestellte quadratische Stahlplatte ($\varrho = 7{,}8\,\text{kg} \cdot \text{dm}^{-3}$)?

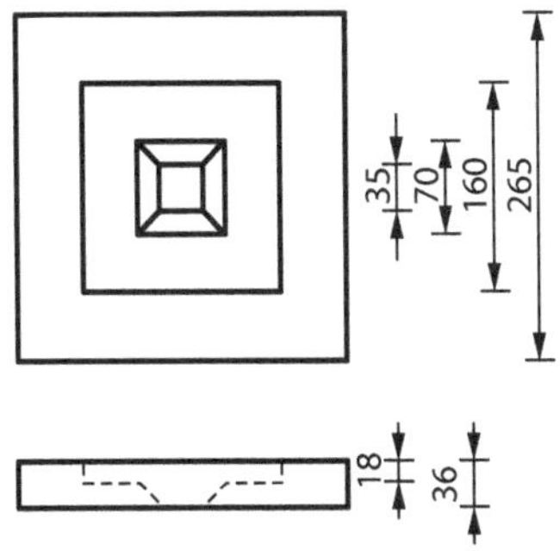

Bild 3.130

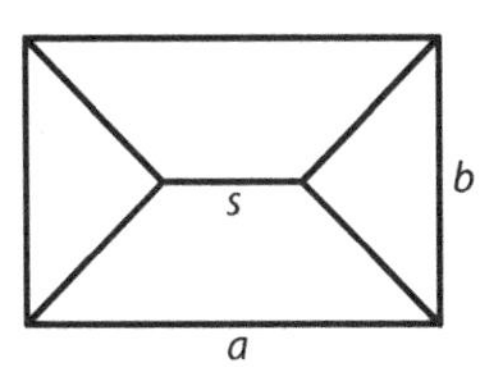

Bild 3.131

3.70 Welche Höhe h hat ein Pyramidenstumpf, wenn sein Volumen halb so groß ist wie das Volumen der zugehörigen Pyramide mit der Höhe h_1?

3.71 Leiten Sie aus der Formel für das Volumen des Prismatoids die Formeln für die Volumen des Pontons und des Keils ab.

3.72 Ein Stahlkeil ($\varrho = 7{,}8\,\text{kg} \cdot \text{dm}^{-3}$) hat als Grundfläche ein Rechteck mit den Seiten $a = 76$ mm, $b = 34$ mm, die Schneide $s = 50$ mm und ihren Abstand von der Grundfläche $h = 62$ mm. Welche Masse hat der Keil?

3.73 Wie viele Kubikmeter Schüttgut lassen sich auf einem rechteckigen Platz mit den Seiten $a =$ 30 m, $b = 22$ m aufschütten, wenn die Böschungsneigung 1 : 1,4 beträgt (*Bild 3.131*)?

3.74 Ein zylindrisches Hohlmaß soll 2 dm^3 fassen und 12 cm hoch sein. Wie groß ist der Radius?

3.75 Ein Messzylinder aus Glas hat den inneren Durchmesser $d = 2{,}5$ cm. In welchen Abständen sind Teilstriche anzubringen, damit Kubikzentimeter angezeigt werden?

3.76 Welche Masse hat das in *Bild 3.132* gezeigte Werkstück ($\varrho = 7{,}8\,\text{kg} \cdot \text{dm}^{-3}$, Maße in mm)?

3.77 Welche Masse hat ein Eisenrohr ($\varrho = 7{,}8 \cdot 10^3\,\text{kg} \cdot \text{dm}^{-3}$) mit dem äußeren Durchmesser $d = 12$ cm, der Wandstärke $s = 8$ mm und der Länge $l = 3{,}60$ m?

3.78 Ein rechtwinkliges Dreieck mit den Katheten $a = 5$ cm und $b = 8$ cm wird um die größere Kathete gedreht. Wie groß sind Volumen und Oberfläche des entstehenden Kegels, und wie groß ist der Zentriwinkel β des in die Ebene abgerollten Mantels?

3.79 Ein Schüttkegel aus Sand hat eine Höhe von 3,5 m. Das Böschungsverhältnis ist 1 : 1,8. Wie groß ist das Volumen des Schüttkegels?

3.80 Berechnen Sie das Volumen eines Kegels, dessen Mantel durch Zusammenrollen eines Kreissektors mit dem Zentriwinkel $\beta = 90°$ und mit dem Radius $s = 10$ cm entsteht.

3.81 Wie viele der in *Bild 3.133* dargestellten Stahlbolzen (Maße in mm) mit kreisförmigem Querschnitt lassen sich aus einer Tonne Stahl herstellen ($\varrho = 7{,}8\,\text{kg} \cdot \text{dm}^{-3}$, Maße in mm)?

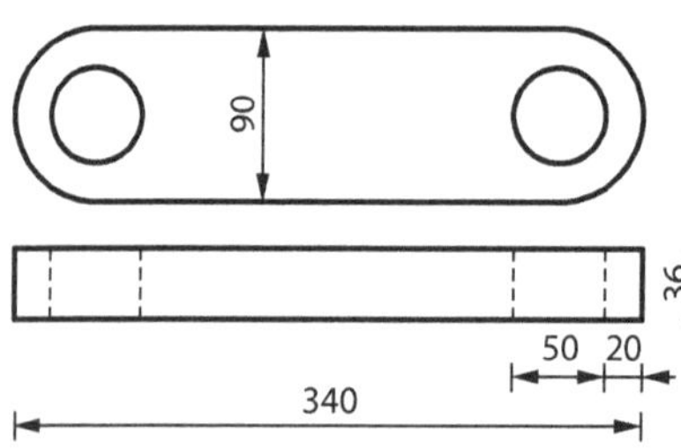

Bild 3.132

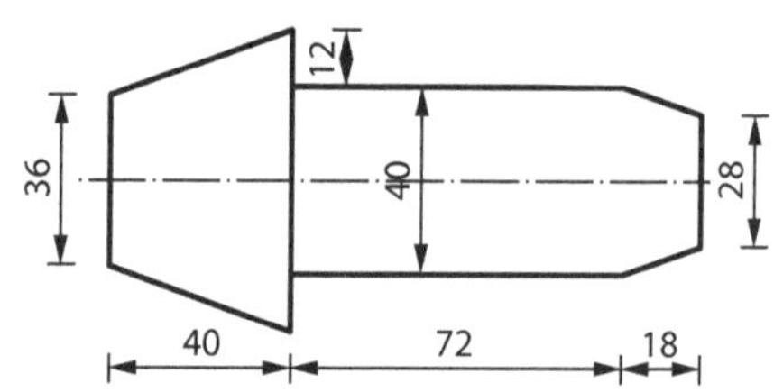

Bild 3.133

3.82 Wie viele Kugeln von 4 mm Durchmesser lassen sich theoretisch aus 2 kg Zinn ($\varrho = 7{,}28\,\text{kg} \cdot \text{dm}^{-3}$) gießen?

3.83 Wie verhalten sich Volumen bzw. Oberfläche einer Kugel zu dem Volumen bzw. der Oberfläche des einbeschriebenen Würfels?

3.84 Einem Zylinder mit dem Radius r und der Höhe $2r$ sind nach *Bild 3.134* ein Kegel und eine Kugel einbeschrieben. In welchem Verhältnis stehen a) die Volumen, b) die Oberflächen der drei Körper zueinander?

3.85 Wie groß ist die Wandstärke s einer Hohlkugel aus Kupfer ($\varrho = 8{,}92\,\text{kg} \cdot \text{dm}^{-3}$) mit der Masse $m = 1{,}2$ kg und dem äußeren Durchmesser $d_1 = 12$ cm?

3.86 Wie groß ist der Teil der Erdoberfläche, der von einem Flugzeug theoretisch in $h = 11\,000$ m Höhe sichtbar wäre? Die Erde wird durch eine Kugel mit dem Radius $r = 6\,370$ km angenähert. Der wievielte Teil der Erdoberfläche ist die sichtbare Fläche?

Bild 3.134

3.87 Ein Blechgefäß in Form eines vierseitigen regelmäßigen geraden Prismas mit der „inneren" Kantenlänge $a = 6\,\text{cm}$ der Grundfläche enthält 0,8 l Flüssigkeit. Welche Höhe hat die Flüssigkeit im Gefäß?

3.88 Ein rechteckiger offener Holzkasten hat die Maße $a = 52\,\text{cm}$, $b = 26\,\text{cm}$, $c = 18\,\text{cm}$. Wie viel Prozent Holz wird mehr verbraucht, wenn bei gleicher Breite b und Höhe c das Volumen verdoppelt wird?

3.89 Ein Würfel hat die Raumdiagonale $d = 12\,\text{cm}$. Wie groß ist die Oberfläche?

3.90 Ein Kanal hat trapezförmigen Querschnitt mit der unteren Breite $a = 14\,\text{m}$, der Tiefe $h = 8\,\text{m}$ und der Böschungsneigung 1 : 1,5. Wie viele Kubikmeter Erde sind je 100 m Länge auszubaggern? Wie groß ist die Wassermenge je 100 m, wenn der Wasserspiegel 7 m hoch steht?

3.91 Berechnen Sie die Oberfläche eines Pyramidenstumpfes mit der Höhe $h = 14\,\text{cm}$, dessen Grundflächen regelmäßige Sechsecke mit den Seiten $s_1 = 8\,\text{cm}$, $s_2 = 3\,\text{cm}$ sind.

3.92 Von einem Würfel mit der Kantenlänge a werden durch ebene Schnitte an den Ecken Teile so abgetrennt, dass an jeder Ecke von jeder der dort zusammentreffenden Kanten je $\frac{1}{3}a$ abgeschnitten wird. Berechnen Sie Volumen und Oberfläche des restlichen Körpers.

3.93 Ein Oktaeder (Achtflach) besteht aus zwei Pyramiden mit quadratischer Grundfläche, deren Kanten alle gleich a sind und die mit den Grundflächen zusammen liegen. Berechnen Sie Volumen und Oberfläche des Oktaeders.

3.94 Eine gerade regelmäßige dreiseitige Pyramide hat die Seite $a = 8\,\text{cm}$ der Grundfläche und die Seitenkante $s = 14\,\text{cm}$. Berechnen Sie Volumen und Oberfläche.

3.95 Welches Volumen hat ein Pyramidenstumpf mit quadratischen Grundflächen, wenn die Höhe $h = 10\,\text{cm}$, die Länge $s = 10{,}8\,\text{cm}$ einer Seitenkante und die Diagonale $d_1 = 15\,\text{cm}$ der größeren Grundfläche gegeben sind?

3.96 Von einem Prismatoid mit quadratischer Grundfläche und rechteckiger Deckfläche sind nach *Bild 3.135* gegeben: $a = 18\,\text{cm}$, $b = 6\,\text{cm}$, $c = 22\,\text{cm}$, $h = 21\,\text{cm}$. Berechnen Sie das Volumen.

3.97 Berechnen Sie das Volumen des im *Bild 3.136* gezeigten Prismatoids mit $a = 12\,\text{cm}$, $b = 9\,\text{cm}$, $h = 15\,\text{cm}$. Die Schneide b ist parallel zur Grundfläche.

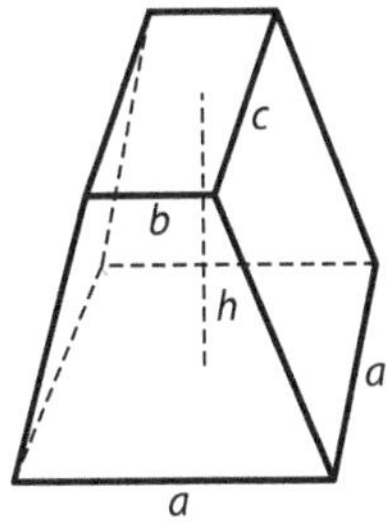

Bild 3.135

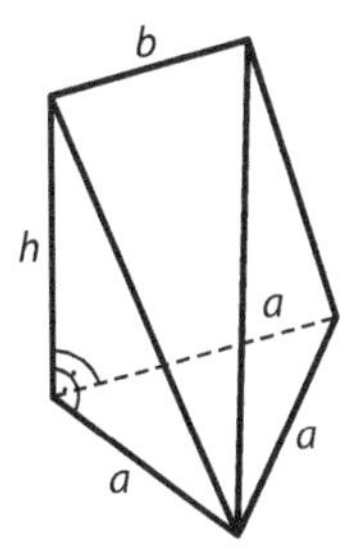

Bild 3.136

3.98 Eine Rolle Kupferdraht $\varrho = 8{,}9\,\text{kg}\cdot\text{dm}^{-3}$ mit dem Durchmesser $d = 2\,\text{mm}$ hat die Masse $m = 28{,}4\,\text{kg}$. Wie lang ist der Draht?

3.99 Ein zylinderförmiges Gefäß mit $r = 4\,\text{cm}$ ist mit Wasser gefüllt. Um wie viel steigt das Wasser, wenn ein Metallwürfel mit der Kantenlänge $a = 1{,}8\,\text{cm}$ in das Gefäß gelegt wird und unter Wasser liegt?

3.100 Welche Wandstärke a hat ein eisernes Rohr ($\varrho = 7{,}8\,\text{kg}\cdot\text{dm}^{-3}$), dessen Masse $m = 40\,\text{kg}$, dessen äußerer Durchmesser $d_1 = 16\,\text{cm}$ und dessen Höhe $h = 1{,}1\,\text{m}$ gegeben sind?

3.101 Ein gleichschenkliges Trapez mit den Grundlinien $a = 10\,\text{cm}$, $b = 6\,\text{cm}$ und dem Schenkel $s = 5\,\text{cm}$ wird um die größere Grundlinie gedreht. Berechnen Sie Volumen und Oberfläche des entstehenden Drehkörpers.

3.102 Ein regelmäßiges Sechseck mit der Seite a rotiert um eine durch zwei Eckpunkte gehende Symmetrieachse. Welches Volumen hat der Rotationskörper?

3.103 Wie hoch muss ein kegelförmiges Sektglas mit der Kegelhöhe h gefüllt werden, damit es halbvoll ist?

3.104 Ein Blech in Form einer halben Kreisfläche mit dem Radius $s = 20\,\text{cm}$ wird zum Mantel eines Kegels zusammengerollt. Wie groß sind der Radius r der Grundfläche, die Höhe und der Öffnungswinkel des Kegels?

3.105 Welche Masse hat die in *Bild 3.137* gezeigte bikonvexe gläserne Linse ($\varrho = 2{,}7\,\text{kg}\cdot\text{dm}^{-3}$)?

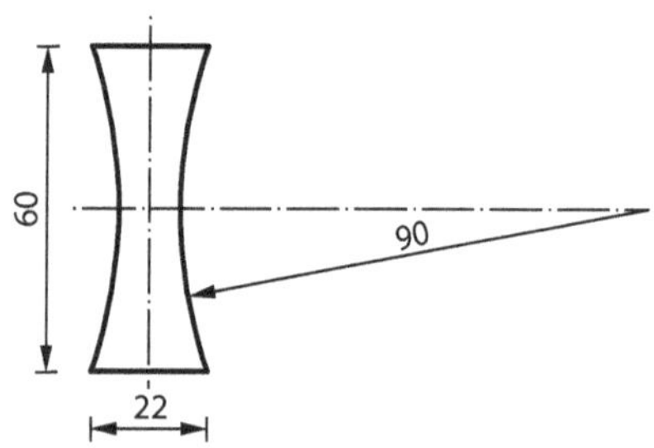

Bild 3.137

3.106 Wie groß ist der Durchmesser einer Kugel mit 3 kg Masse, wenn sie aus a) Aluminium ($\varrho = 2{,}7\,\text{kg}\cdot\text{dm}^{-3}$), b) Blei ($\varrho = 11{,}3\,\text{kg}\cdot\text{dm}^{-3}$), c) Holz ($\varrho = 0{,}5\,\text{kg}\cdot\text{dm}^{-3}$) besteht?

3.4 Lösungen

3.1 Spiegelung am Punkt $S = s_1 \cap s_2$

3.2 $K = G \cup U, A \subset U, Z \subset G$

3.3
a) axialsymmetrisch, s ist Mittelsenkrechte der Strecke und zentralsymmetrisch, S ist Mittelpunkt der Strecke
b) axialsymmetrisch, s_1, s_2 sind Mittellinien des Rechtecks und zentralsymmetrisch, S ist Schnittpunkt der Mittellinien bzw. Diagonalen
c) axialsymmetrisch, s ist Mittelsenkrechte der Basis
d) axialsymmetrisch, s_1, s_2, s_3 sind die Mittelsenkrechten der Seiten
e) keine Symmetrie

3.4 Der Vollwinkel im Kreismittelpunkt wird in 8 kongruente Winkel zerlegt, deren Schenkel den Kreis in den Eckpunkten des regelmäßigen Achtecks schneiden. Konstruktion: Wahl eines Durchmessers $\overline{AE}$. Die Mittelsenkrechte von $\overline{AE}$ ergibt Durchmesser $\overline{CG}$. Halbierung der Winkel AMC und AMG ergibt die Durchmesser $\overline{BF}$ und $\overline{HD}$. $ABCDEFGH$ ist das gesuchte Achteck.

3.5 $3{,}78/6{,}75 = 0{,}56 = k$, $\overline{B'C'} = k \cdot \overline{BC} = 2{,}50$, $\overline{C'D'} = 2{,}55$, $\overline{A'D'} = 2{,}02$, $\overline{B'D'} = 3{,}64$

3.6 *Bild L3.1*

Zeichnen des Strahls p mit Anfangspunkt A
q: Antragen von α in A an p
C: Abtragen von b auf q von A aus
$B_1 \in p$ beliebig gewählt
r: Antragen von β an p in B_1
g: Parallele zu r durch C
B: $g \cap p$

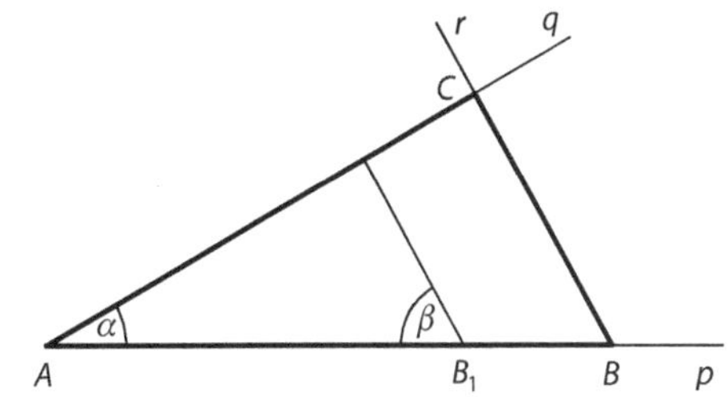

Bild L3.1

3.7 $\overline{EF} = 1{,}5\,\text{cm}$, $\overline{FG} = 1{,}8\,\text{cm}$, $\overline{CF} = 3{,}9\,\text{cm}$, $\overline{BG} = 3{,}1\,\text{cm}$

3.8 $h = 12{,}19\,\text{m}$

3.9 *Bild L3.2*

Zeichnen einer Geraden g
$H_b \in g$ beliebig
h: Gerade durch H_b senkrecht zu g
B: Abtragen von h_b auf h von H_b aus
$\{C_1, C_2\}$: $KR\,(B, a) \cap g$
M_{a1}: Mittelpunkt von $\overline{BC_1}$
M_{a2}: Mittelpunkt von $\overline{BC_2}$
A_1: $KR\,(M_{a1}, s_a) \cap g$
A_2: $KR\,(M_{a2}, s_a) \cap g$

2 Lösungen: $\triangle A_1BC_1$ und $\triangle A_2BC_2$

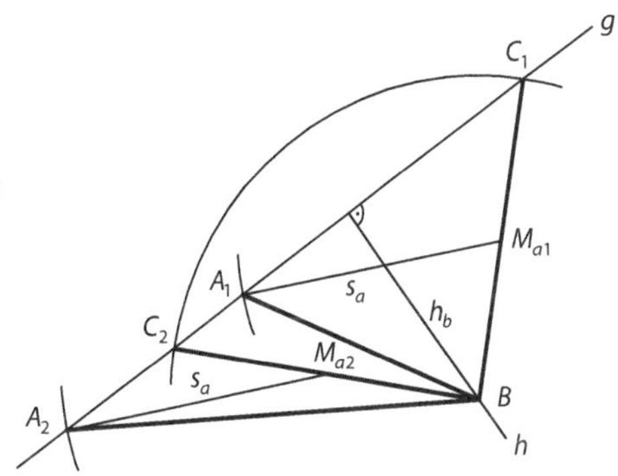

Bild L3.2

3.10 a) $a = 29{,}63\,\text{m}$, $b = 21{,}38\,\text{m}$, $c = 36{,}54\,\text{m}$, $h = 17{,}34\,\text{m}$
b) $a = 3{,}492\,\text{m}$, $b = 5{,}402\,\text{m}$, $q = 4{,}537\,\text{m}$, $h = 2{,}933\,\text{m}$
c) $a = 230{,}6\,\text{cm}$, $c = 247{,}0\,\text{cm}$, $p = 215{,}2\,\text{cm}$, $q = 31{,}8\,\text{cm}$
d) $b = 48{,}9\,\text{cm}$, $c = 56{,}2\,\text{cm}$, $p = 13{,}7\,\text{cm}$, $h = 24{,}1\,\text{cm}$
e) $a = 38{,}0\,\text{cm}$, $b = 65{,}0\,\text{cm}$, $c = 75{,}3\,\text{cm}$, $p = 19{,}2\,\text{cm}$

3.11 $a = 30\,\text{cm}$, $b = 16\,\text{cm}$

3.12 Aus ähnlichen Dreiecken folgt $x = \dfrac{ab}{a+b} = 2{,}87\,\text{m}$

3.13 $h = 3{,}93\,\text{m}$, $a = \dfrac{hs}{2l} = 2{,}50\,\text{m}$, $b = a^2/h = 1{,}60\,\text{m}$, $c = \sqrt{a^2 - b^2} = 1{,}93\,\text{m}$

3.14 $r_u^2 = (a/2)^2 + r_i^2$ (vgl. *Beispiel 3.9*), $r_u = \dfrac{1}{3}\sqrt{3}\,a$

3.15 a) Zeichnen des Strahles p mit Anfangspunkt A
q: Antragen von α an p in A
D: Abtragen von d auf q
g: Parallele zu p durch D

B: $KR(D, f) \cap p$
C: $KR(B, b) \cap g$

b) Zeichnen des Strahles p mit Anfangspunkt A
q: Antragen von α an p in A
w_α: Halbieren von α
C: Abtragen von e auf w_α von A aus
g_1: Parallele zu p durch C
g_2: Parallele zu q durch C
B: $p \cap g_2$
D: $q \cap g_1$

c) Zeichnen des Strahles p mit Anfangspunkt B
q: Antragen von β an p in B
A: Abtragen von a auf q von B aus
C: Abtragen von a auf p von B aus
w_β: Halbieren von β
D: $KR(A, d) \cap w_\beta$

d) Zeichnen des Strahles p mit Anfangspunkt A
B: Abtragen von a auf p von A aus
k_1: $KR(A, e/2)$
k_2: $KR(B, f/2)$
M: $k_1 \cap k_2$
C: Abtragen von e auf AM von A aus
D: Abtragen von f auf BM von B aus

3.16 $h = \frac{b}{2} \cdot \sqrt{2} = 7{,}1\,\text{cm},\ e = \sqrt{(a+h)^2 + h^2} = 29{,}9\,\text{cm}$

$f = \sqrt{(a-h)^2 + h^2} = 16{,}5\,\text{cm}$

3.17 $h = \frac{b}{2}\sqrt{3} = 17{,}3\,\text{cm},\ c = a - b/2 - \sqrt{d^2 - h^2} = 29{,}6\,\text{cm}$

3.18 $a = \frac{1}{2}\sqrt{e^2 + f^2} = 19{,}7\,\text{cm}$

3.19 $e = \sqrt{r^2 - (s/2)^2} = 9{,}4\,\text{cm}$

3.20 $h = r - \sqrt{r^2 - (s/2)^2} = 0{,}187\,\text{m}$

3.21 Nach *Beispiel 3.14* ist $r = \frac{(a-2c)^2}{8(b-d)} + \frac{b-d}{2} = 4{,}5\,\text{cm}$

3.22 Zeichnen von $\alpha = \sphericalangle(p, q)$
w: Winkelhalbierende von α
g: Parallele zu p im Abstand r (g geht durch das Innere von α)
M: $w \cap g$
k: $KR(M, r)$

3.23 h: Gerade durch A senkrecht zu g
m: Mittelsenkrechte von $\overline{AB}$
M: $h \cap m$
r: $\overline{MA}$
k: $KR(M, r)$

3.24 Die Mittelsenkrechte der Strecke $\overline{AB}$.

3.25 Der Kreis mit $\overline{AB}$ als Sehne und γ als zugehörigen Peripheriewinkel

3.26 Nach *Bild 3.68* ist $\overline{PQ} = \overline{SR} = \overline{M_1Q'} = 77{,}2\,\text{cm}$

3.27 $\triangle\, ABM$ ist rechtwinklig (*Bild L3.3*), daher ist

$$c = \sqrt{2} \cdot r = 14{,}1\,\text{cm}$$

$$h = \frac{r}{2}\sqrt{2}$$

$$a = \sqrt{(c/2) + (r+h)^2} = r\sqrt{2+\sqrt{2}} = 18{,}5\,\text{cm}$$

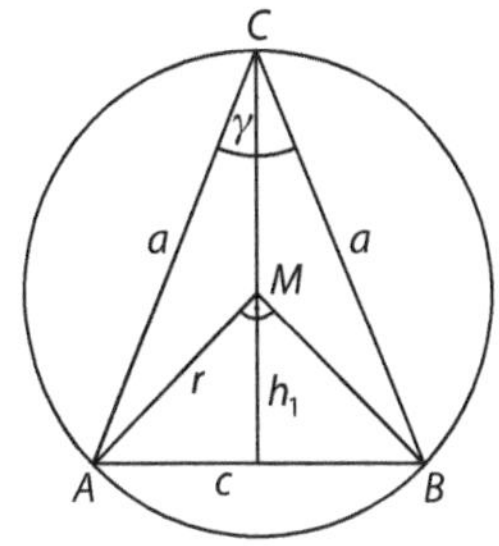

Bild L3.3

3.28 $s = 48{,}85\,\text{cm}$, $A = 448{,}87\,\text{cm}^2$

3.29 a) $A = \dfrac{a\sqrt{c^2 - a^2}}{2} = 217{,}70\,\text{m}^2$

b) $A = \dfrac{(p+q)\,\sqrt{pq}}{2} = 14{,}50\,\text{m}^2$

3.30 $h = \dfrac{a}{2}\sqrt{3}, \quad A = \dfrac{a^2}{4}\sqrt{3}$

3.31 $c = 2\sqrt{a^2 - h_c^2}, \quad A = \dfrac{ch_c}{2} = 2\,591{,}11\,\text{cm}^2$

3.32 $A = 53{,}95\,\text{cm}^2$

3.33 $h = \sqrt{d^2 - \left(\dfrac{a-c}{2}\right)^2} = 34{,}28\,\text{cm}, \quad A = 2\,502{,}31\,\text{cm}^2$

3.34 $h = A/a, \quad x = \sqrt{b^2 - h^2},$

$$e = \sqrt{(a+x)^2 + h^2} = 50{,}7\,\text{cm}$$

$f = \sqrt{(a-x)^2 + h^2} = 27{,}9\,\text{cm}$ (*Bild L3.4*)

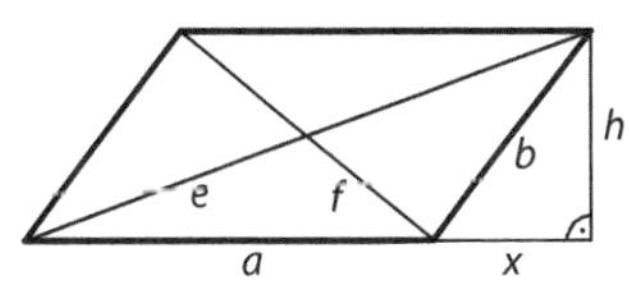

Bild L3.4

3.35 $A = 1\,388\,\text{FE}$

3.36 $\alpha = \dfrac{2A}{r^2} = 0{,}492\,\text{rad} = 28{,}19°$

3.37 $r_2 = \sqrt{r_1^2 - \dfrac{A}{\pi}} = 10{,}0\,\text{cm}$

3.38 $A = 420{,}26\,\text{cm}^2$

3.39 $A : (A - A_1) = a^2 : (a-x)^2,\ x = \dfrac{a}{2}$

3.40 *Bild L3.5*

Zeichnen des Strahles p mit Anfangspunkt B

q: Antragen von β in B an p

w: Halbieren des Winkels β

g: Parallele zu q im Abstand h_c

C: $g \cap p$

W_b: Abtragen von w_α auf w von B aus

A: $CW_b \cap q$

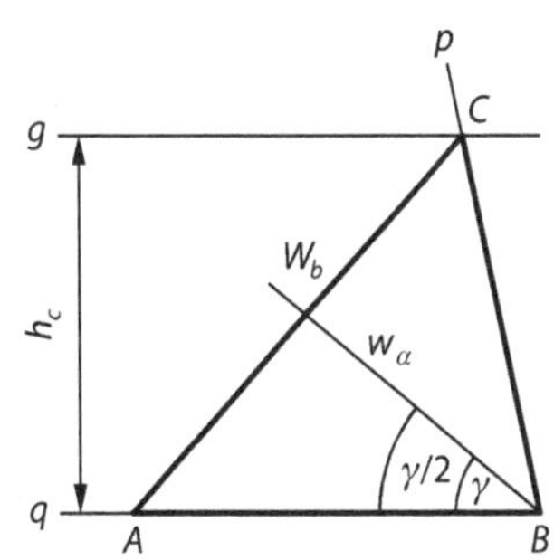

Bild L3.5

3.41 m_a, m_b sind Mittelsenkrechte von a bzw. b und schneiden sich in M. Beweis von $\triangle AMM_b \cong \triangle CM_bM$, daraus folgt $\overline{AM} = \overline{CM}$. Beweis von $\triangle BM_aM \cong \triangle CMM_a$, daraus folgt $\overline{BM} = \overline{CM}$. Die Senkrechte zu AB durch M schneidet AB in M_c. Beweis von $\triangle AM_cM \cong \triangle BMM_c$, daraus folgt $\overline{AM_c} = \overline{BM_c}$, d. h., $MM_c = m_c$ ist Mittelsenkrechte von AB.

3.42 $c = (a - r_i) + (b - r_i)$, $a^2 + b^2 = (a + b - 2r_i)^2$, daraus folgt $r_i = \frac{1}{2}\left(a + b - \sqrt{a^2 + b^2}\right)$.

3.43 $s = 2\sqrt{3}\, r_i$, $h = 3r_i$, $r_u = 2r_i$

3.44 $l = \sqrt{148}\,\text{m} = 12{,}17\,\text{m}$

3.45 a) Zeichnen des Strahles p mit Anfangspunkt A
B: Abtragen von a auf p
q: Antragen von α an p in A
$P \in q$ beliebig gewählt
s: Antragen von δ an q in P
Q: Abtragen von c auf s von P aus
g: Parallele zu q durch Q
C: $KR(B, b) \cap g$
h: Parallele zu s durch C
D: $h \cap q$

b) Zeichnen des Strahles p mit Anfangspunkt A
B: Abtragen von a auf p von A aus
q: Antragen von $\alpha = 180° - \delta$ an p in A
s: Antragen von β an p in B
C: Abtragen von b auf s von B aus
g: Parallele zu p durch C
D: $q \cap g$

3.46 Die Konstruktion verläuft wie im *Beispiel 3.15* mit dem Unterschied, dass der Hilfskreis k_3 den Radius $r_3 = r_1 + r_2$ hat.

3.47 437 Umdrehungen pro Minute

3.48 2 Lösungen: $l_1 = 37{,}5\,\text{cm}$, $l_2 = 21{,}1\,\text{cm}$

3.49 $(2r - r_1)^2 + r^2 = (r + r_1)^2$, daraus folgt $r_1 = \frac{2}{3} r$

3.50 *Bild L3.6*

$\alpha = \alpha_1/2$, $\gamma = \gamma_1/2$,

$$\alpha + y = \frac{\alpha_1 + \gamma_1}{2} = \frac{360°}{2} = 180°$$

Nach der Winkelsumme im Viereck ist auch $\beta + \delta = 180°$

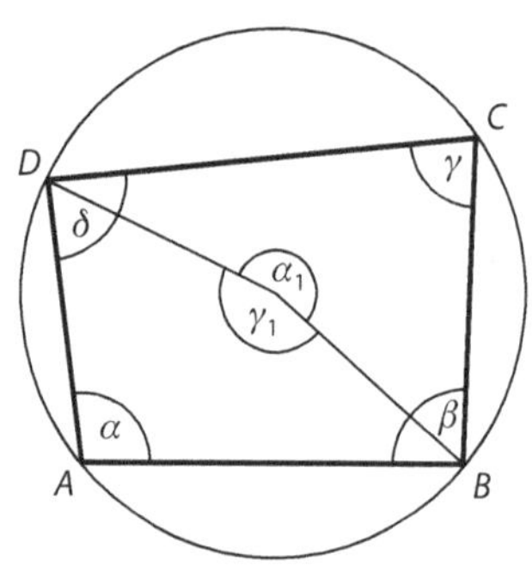

Bild L3.6

3.51 $c = 2A/h = 44{,}6\,\text{cm}$. Aus $ab = 2A$, $a^2 + b^2 = c^2$ folgt

$$(a + b)^2 = a^2 \pm 2ab + b^2 = c^2 \pm 4A = w_{1,2}^2, \quad a \pm b = \pm w_{1,2}$$

$$a = \frac{1}{2}(w_1 \pm w_2), \quad b = \frac{1}{2}(w_1 \mp w_2)$$

$a_1 = 37{,}0\,\text{cm}$, $b_1 = 25{,}0\,\text{cm}$, $a_2 = 25{,}0\,\text{cm}$, $b_2 = 37{,}0\,\text{cm}$

3.52 $A = \frac{1}{2} r^2$

3.53 Im Bestimmungsdreieck ist $s_8 = \dfrac{a}{\sqrt{2}+1}$, $h_8 = \dfrac{a}{2}$, $A_8 = 8 \cdot \dfrac{s_8 h_8}{2} = 2\left(\sqrt{2}-1\right)a^2$

3.54 $a = \frac{1}{2}\sqrt{e^2+f^2}$, $A = \dfrac{ef}{2}$, $h = \dfrac{A}{a}$, $r = \dfrac{h}{2} = \dfrac{ef}{2\sqrt{e^2+f^2}} = 9{,}9\,\text{cm}$

3.55 Zerlegung in drei Trapeze, $\overline{CD} = 163{,}78$, $\overline{FE} = 128{,}69$, $\overline{GF} = 127{,}93$, $A = 11\,480{,}78\,\text{FE}$

3.56 $h_{12} = \sqrt{r_u^2 - (s_{12}/2)^2} = \frac{r_u}{2}\sqrt{2+\sqrt{3}}$, $A_{12} = 3r_u^2$

3.57 11,4 %

3.58 $\alpha = 0{,}7\,\text{rad} = 40{,}1^\circ$

3.59 4,72 %

3.60 $A = \dfrac{a^2}{72}\left(3\sqrt{3}-\pi\right) = 1{,}03\,\text{cm}^2$

3.61 $r_1 - r_2 = 4\,\text{cm}$, $r_1 + r_2 = \dfrac{400\,\text{cm}^2}{4\pi}$, $d_1 = 35{,}8\,\text{cm}$, $d_2 = 27{,}8\,\text{cm}$

3.62 $A = 2\,450{,}79\,\text{cm}^2$

3.63 $A_0 = 6\sqrt[3]{V^2} = 352\,\text{cm}^2$

3.64 2 076 Ziegelsteine

3.65 $A_0 = 109\,\text{cm}^2$, $m = 438\,g$

3.66 $a = b + 2 \cdot 1{,}6 \cdot h = 18{,}8\,\text{m}$, $V = \dfrac{a+b}{2} \cdot h \cdot l = 2\,976\,\text{m}^3$

3.67 $h = \sqrt{s^2 - \frac{1}{4}\left(a^2+b^2\right)}$, $V = \frac{1}{3}abh = 151{,}207\,\text{dm}^3$

$h_a = \sqrt{s^2 - \left(\frac{a}{2}\right)^2}$, $h_b = \sqrt{s^2 - \left(\frac{b}{2}\right)^2}$, $A_0 = ab + ah_a + bh_b = 191{,}86\,\text{dm}^2$

3.68 $h = a\sqrt{\frac{2}{3}} = 6{,}5\,\text{cm}$, $V = \dfrac{a^3}{12}\sqrt{2} = 60{,}340\,\text{cm}^3$, $A_0 = a^2\sqrt{3} = 110{,}85\,\text{cm}^2$

3.69 $m = 15{,}72\,\text{kg}$

3.70 Es ist A_{G2} Grundfläche, h_2 Höhe der abgeschnittenen Pyramide.
Aus $V_2 : V = 1 : 2 = A_{G2}h_2 : A_{G1}h_1$ und $A_{G1} : A_{G2} = h_1^2 : h_2^2$ folgt

$h_2 = \sqrt[3]{\frac{1}{2}}h_1$, $h = h_1 - h_2 = 0{,}206h_1$

3.71 Ponton: $A_{G1} = ab$, $A_{GM} = \dfrac{a+c}{2} \cdot \dfrac{b+d}{2}$, $A_{G2} = cd$

Keil: $A_{G1} = ab$, $A_{GM} = \dfrac{a+s}{2} \cdot \dfrac{b}{2}$, $A_{G2} = 0$

3.72 $m = 0{,}5536\,\text{kg}$

3.73 Keil mit $a = 30\,\text{m}$, $b = 22\,\text{m}$, $h = 7{,}86\,\text{m}$, $s = a - b = 8\,\text{m}$, $V = 1\,959\,\text{m}^3$

3.74 $r = \sqrt{\dfrac{V}{\pi h}} = 7{,}3\,\text{cm}$

3.75 $h = \dfrac{V}{\pi r^2} = 2{,}04\,\text{mm}$

3.76 Das Volumen ist das Volumen eines Quaders plus Volumen eines Zylinders (2 Halbzylinder) minus Volumen zweier Zylinder, $m = 7{,}00\,\text{kg}$.

3.77 $m = \pi h\left(r_1^2 - r_2^2\right)\varrho = 79\,kg$

3.78 $V = \dfrac{\pi}{3}a^2 b = 209{,}440\,\text{cm}^3$, $A_0 = 226{,}73\,\text{cm}^2$, $\beta = 190{,}8^\circ$

3.79 $r = h \cdot 1{,}8 = 6{,}3\,\text{m}$, $V = 145\,\text{m}^3$

3.80 $V = \dfrac{\sqrt{15}}{192}\pi s^3 = 63{,}372\,\text{cm}^3$

3.81 $V = 0{,}1809\,\text{dm}^3$, 683 Bolzen

3.82 8 198 Kugeln

3.83 $V_K : V_W = \dfrac{\pi}{2}\sqrt{3}$, $A_{0K} : A_{0W} = \dfrac{\pi}{2}$

3.84 a) $V_Z : V_{Ku} : V_{Ke} = 1 : \dfrac{2}{3} : \dfrac{1}{3}$

b) $A_{0Z} : A_{0Ku} : A_{0Ke} = 1 : \dfrac{2}{3} : \dfrac{1+\sqrt{5}}{6}$

3.85 $r_2 = \sqrt[3]{r_1^3 - \dfrac{3V}{4\pi}} = 0{,}569\,\text{dm}$, $s = 3{,}1\,\text{mm}$

3.86 Mit dem Kathetensatz folgt $A_M = \dfrac{2\pi r^2 h}{r+h} = 439\,504\,\text{km}^2$, der 1 160-te Teil der Erdoberfläche ist sichtbar.

3.87 $h = 22\,\text{cm}$

3.88 $a_1 = 104\,\text{cm}$, es wird 77,5 % Holz mehr verbraucht.

3.89 $A_0 = 2d^2 = 288\,\text{cm}^2$

3.90 20 800 m³ Erde, 17 150 m³ Wasser

3.91 $A_{G1} = \dfrac{s_1^2}{4}\sqrt{3} \cdot 6$, $A_{G2} = \dfrac{s_2^2}{4}\sqrt{3} \cdot 6$, $h_1 = \sqrt{\left(\dfrac{s_1}{2}\sqrt{3} - \dfrac{s_2}{2}\sqrt{3}\right)^2 + h^2}$

$A_{G1} = 166{,}28\,\text{cm}^2$, $A_{G2} = 23{,}38\,\text{cm}^2$, $h_1 = 14{,}65\,\text{cm}$

$A_M = 6\dfrac{s_1 + s_2}{2} h_1 = 483{,}59\,\text{cm}^2$, $A_0 = 673{,}25\,\text{cm}^2$

3.92 $V = \dfrac{77}{81}a^3$, $A_0 = \left(\dfrac{14}{3} + \dfrac{4}{9}\sqrt{3}\right) a^2 = 5{,}436a^2$

3.93 $V = \dfrac{a^3}{3}\sqrt{2}$, $A_0 = 2a^2\sqrt{3}$

3.94 $V = \dfrac{a^2}{12}\sqrt{3s^2 - a^2} = 122{,}086\,\text{cm}^3$, $h_1 = \sqrt{s^2 - \dfrac{1}{4}a^2}$,

$A_0 = \dfrac{a^2}{4}\sqrt{3} + \dfrac{3a}{4}\sqrt{4s^2 - a^2} = 188{,}71\,\text{cm}^2$

3.95 $V = 624{,}051\,\text{cm}^3$

3.96 $V = 4{,}956\,\text{dm}^3$

3.97 $V = 5{,}456\,\text{dm}^3$

3.98 $l \approx 1016\,\text{m}$

3.99 $h = 1{,}2\,\text{mm}$

3.100 $a = 1\,\text{cm}$

3.101 $V = 154\pi\,\text{cm}^3 = 483{,}805\,\text{cm}^3$, $A_0 = 22\sqrt{21}\pi = 316{,}72\,\text{cm}^2$

3.102 $V = \pi a^3$

3.103 $h_1 = \sqrt[3]{0{,}5}\,h$

3.104 $r = s/2$, $h = \dfrac{s}{2}\sqrt{3}$, Öffnungswinkel 60°

3.105 $m = 128\,\text{g}$

3.106 a) $d = 12{,}9\,\text{cm}$ b) $d = 8{,}0\,\text{cm}$ c) $d = 22{,}5\,\text{cm}$

4 Trigonometrie

4.1 Goniometrie

4.1.0 Vorbemerkung

Trigonometrie bedeutete ursprünglich „Dreiecksmessung“ (griechisch: trigonon, Dreieck; metrein, messen). Dieses Teilgebiet der Mathematik wurde zunächst aus den Bedürfnissen der Astronomie und später der Geodäsie (Erdvermessung) heraus entwickelt. Die trigonometrischen Funktionen haben aber auch in vielen anderen Gebieten der Mathematik, Physik und Technik Eingang gefunden und werden zum Beispiel bei der mathematischen Beschreibung von Schwingungsvorgängen in der Elektrotechnik verwendet.

Goniometrie bedeutet Winkelmessung (griechisch: gonia, Winkel); allgemeiner wird darunter die Lehre von den Winkelfunktionen verstanden. Nach der Definition der trigonometrischen Funktionen und ihrer Anwendung bei der Berechnung rechtwinkliger Dreiecke werden zunächst einige wichtige Eigenschaften dieser Funktionen wie Quadrantenrelationen, Zusammenhang zwischen den Funktionen und Additionstheoreme erläutert. Dann folgt die Berechnung des schiefwinkligen Dreiecks, wobei die vier Grundaufgaben übersichtlich herausgearbeitet und zusammengestellt sind. Einige Beispiele aus verschiedenen Gebieten der Praxis sollen die Anwendungsmöglichkeiten der trigonometrischen Funktionen aufzeigen.

4.1.1 Winkelmessung

Gradmaß oder Altgrad

Die Verwendung vom Gradmaß ist die bekannteste Methode der Winkelmessung. Ein Vollkreis wird beim Gradmaß in 360 gleiche Teile unterteilt. Jeder dieser Teile wird ein Grad ($1°$) genannt. Eine weitere Unterteilung erfolgt in Minuten ($1'$), wobei jedes Grad 60 Minuten hat, und in Sekunden ($1''$), wobei jede Minute 60 Sekunden hat. Also

$$\text{Vollkreis} = 360° \quad \text{und} \quad 1° = 60' \quad \text{und} \quad 1' = 60''$$

Diese Einteilung wird auch Sexagesimalschreibweise genannt. In der Praxis wird aber mit der Dezimalschreibweise gearbeitet, also z. B. $13{,}563°$.

Zur Umrechnung zwischen beiden Schreibweisen werden bei der Umrechnung aus der Sexagesimalschreibweise zunächst die Sekunden durch 60 dividiert. Dann die Minuten dazu addiert und das Ergebnis wieder durch 60 dividiert. Abschließend werden die Grad addiert. Bei der Umrechnung aus dem Dezimalsystem erfolgt der Weg genau entgegengesetzt.

Beispiel:

$$17°\,46'\,13'' = ((13 : 60 + 46) : 60) + 17 = 17{,}770\,278°$$

bzw.

$$19{,}123761^\circ$$
$$(19{,}123761 - 19) * 60 = 7{,}425\,66$$
$$(7{,}42566 - 7) * 60 = 25{,}539\,6$$

damit etwa

$$19{,}123\,761^\circ = 19^\circ\,7'\,25{,}54''$$

Neugrad

Vor allem in der Vermessungstechnik wird der Vollwinkel in 400 gleiche Teile geteilt. Die Maßeinheit ist hier das Gon (^{g}). Ein Gon kann in Neuminuten (^{c}) und in Neusekunden (^{cc}) umgerechnet werden. Der Umrechnungsfaktor ist hierbei jeweils die Zahl 100. Als Umrechnungsvorschrift gelten die folgenden Formeln.

$$360^\circ = 400^{g}$$
$$1^\circ = 1{,}1111^{g} = 1^{g}\,11^{c}\,11^{cc}$$
$$1^{g} = 0{,}9^\circ \quad = 54'$$

Bogenmaß

Die Maßzahl eines Winkels im Bogenmaß ist das Verhältnis der Bogenlänge, die der Winkel aus einem beliebigen Kreis um seinen Scheitelpunkt als Mittelpunkt ausschneidet, zum Radius dieses Kreises. Für den Radius 1 ist damit die Bogenlänge gleichzeitig das Bogenmaß. Das Bogenmaß wird oft auch als Arcus (Kurzzeichen arc) bezeichnet. Die Maßeinheit ist der Radiant (1 rad). Es gelten folgende Gleichungen:

$$\operatorname{arc} 360^\circ = 2\pi, \qquad \operatorname{arc} 1^\circ = 0{,}017\,45, \qquad \operatorname{arc} \alpha = \frac{2\pi}{360}$$

oder als Bogenmaß

$$\frac{2\pi\alpha}{360} = 1\,\text{rad}, \qquad 1\,\text{rad} = 57{,}295\,78^\circ$$

In vielen technischen Anwendungen (z. B. Programmiersprachen, Tabellenkalkulationen) hat sich das Bogenmaß als Winkelmaß durchgesetzt, da es keine weitere künstliche Teilung hat, sondern direkt verwendet werden kann.

4.1.2 Winkelfunktionen im rechtwinkligen Dreieck

Nach dem Satz des Pythagoras ist in einem rechtwinkligen Dreieck nach der Kenntnis zweier Seiten auch die dritte Seite bekannt. Wenn aber alle drei Seiten bekannt sind, so sind auch die Innenwinkel des rechtwinkligen Dreiecks bekannt. Dreiecke, die in ihren Innenwinkeln übereinstimmen, sind ähnliche Dreiecke. Damit sind auch die Seitenverhältnisse in diesen Dreiecken identisch. Dies trifft auf die im *Bild 4.1* dargestellten Dreiecke $\triangle T_1AS_1$, $\triangle T_2AS_2$ und $\triangle T_3AS_3$ zu. Damit gilt die folgende Beziehung $\frac{h_1}{s_1} = \frac{h_2}{s_2} = \frac{h_3}{s_3}$. Da das Verhältnis vom Winkel α abhängig ist, wird es als Funktion **Sinus** des Winkels α definiert.

Diese Funktion heißt $f(\alpha) =$ Sinus von α, abgekürzt $f(\alpha) = \sin\alpha$.

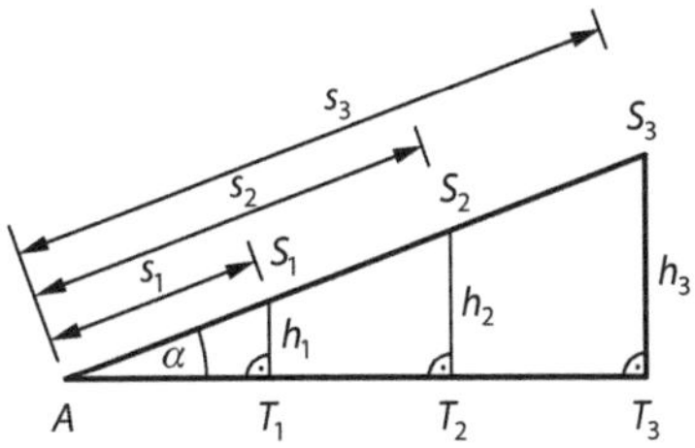

Bild 4.1

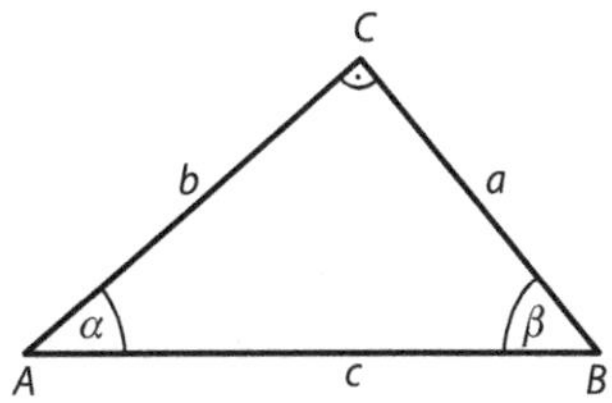

Bild 4.2

Im rechtwinkligen Dreieck werden mit Kosinus, Tangens und Kotangens weitere Funktionen definiert.

$f(\alpha)$ = Kosinus von α, abgekürzt $f(\alpha) = \cos\alpha$,

$f(\alpha)$ = Tangens von α, abgekürzt $f(\alpha) = \tan\alpha$ und

$f(\alpha)$ = Kotangens von α, abgekürzt $f(\alpha) = \cot\alpha$

Die folgenden Streckenverhältnisse definieren diese **trigonometrischen Funktionen** (*Bild 4.2*):

$$\begin{aligned}
\sin\alpha &= \frac{a}{c} = \frac{\text{Gegenkathete}}{\text{Hypotenuse}} \\
\cos\alpha &= \frac{b}{c} = \frac{\text{Ankathete}}{\text{Hypotenuse}} \\
\tan\alpha &= \frac{a}{b} = \frac{\text{Gegenkathete}}{\text{Ankathete}} \\
\cot\alpha &= \frac{b}{a} = \frac{\text{Ankathete}}{\text{Gegenkathete}}
\end{aligned} \tag{4.1}$$

In *Bild 4.2* sind α und β wegen $\alpha + \beta = 90^\circ$ Komplementwinkel. Aus dem Bild lässt sich ablesen:

$$\sin\beta = \cos\alpha = \frac{b}{c}, \qquad \tan\beta = \cot\alpha = \frac{b}{a}$$

$$\cos\beta = \sin\alpha = \frac{a}{c}, \qquad \cot\beta = \tan\alpha = \frac{a}{b}$$

und mit $\beta = 90^\circ - \alpha$ folgen

$$\begin{aligned}
\sin(90^\circ - \alpha) &= \cos\alpha \qquad & \tan(90^\circ - \alpha) &= \cot\alpha \\
\cos(90^\circ - \alpha) &= \sin\alpha \qquad & \cot(90^\circ - \alpha) &= \tan\alpha
\end{aligned} \tag{4.2}$$

Ein anschauliches Bild über die Werte der trigonometrischen Funktionen erhält man durch die grafische Darstellung der Funktionswerte am Einheitskreis (*Bild 4.3*).

Von einem Punkt O aus werden zwei zueinander orthogonale Strahlen q, s gelegt und um O wird ein Kreis k mit dem Radius $r = 1$ LE (mit beliebiger Längeneinheit LE) gezeichnet, der q in T und s in S schneidet. Ein Strahl p mit dem Anfangspunkt O schneide k in P und bilde mit q den Winkel α. Von P wird das Lot auf q bis Q gefällt. Im rechtwinkligen Dreieck OQP ist

$$\sin\alpha = \frac{\overline{PQ}}{\overline{OP}} = \frac{\overline{PQ}}{1\,\text{LE}},$$

d. h., die Maßzahl der Strecke $\overline{PQ}$ ist gleich dem Funktionswert $\sin\alpha$.

Für $\alpha = 38°$ und LE = 1 m ist z. B. $PQ = 0{,}615\,7$ m und damit $\sin 38° = \dfrac{\overline{PQ}}{1\,\text{m}} = 0{,}615\,7$.

Weiter ist

$$\cos\alpha = \frac{\overline{OQ}}{\overline{OP}} = \frac{\overline{OQ}}{1\ LE},$$

d. h., die Maßzahl der Strecke $\overline{OQ}$ ist gleich $\cos\alpha$.

Für die Darstellung der Werte der Tangens- und Kotangensfunktion werden in T und in S die Tangenten an k gelegt, die p in R bzw. U schneiden. Es ist $\sphericalangle OUS = \alpha$ (Wechselwinkel).

Aus $\tan\alpha = \dfrac{\overline{RT}}{\overline{OT}} = \dfrac{\overline{RT}}{1\,\text{LE}}$ und $\cot\alpha = \dfrac{\overline{SU}}{\overline{OS}} = \dfrac{\overline{SU}}{1\,\text{LE}}$ folgt, dass die Maßzahlen der Strecken $\overline{RT}$ bzw. $\overline{SU}$ die Werte $\tan\alpha$ bzw. $\cot\alpha$ darstellen.

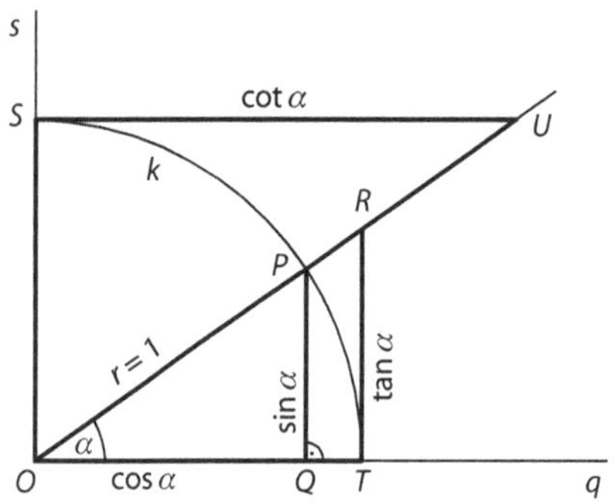

Bild 4.3

Im *Bild 4.3* werde nun der Schenkel q von α als fest betrachtet, während der Schenkel p variabel sei und sich von der Ausgangslage q bis zur Endlage s bewege. Dann läuft P auf dem Kreis von T bis S und α nimmt alle Werte von 0° bis 90° an.

Aus dem Bild erkennt man für die Funktion $f(\alpha) = \sin\alpha$:

Für $\alpha = 0°$ ist $P = T$ und damit $\sin 0° = 0$.

Mit wachsendem α wächst auch sin α und nimmt für $\alpha = 90°$ wegen $P = S$ den Wert $\sin 90° = 1$ an.

$f(\alpha) = \cos\alpha$: Für $\alpha = 0°$ ist $\cos 0° = 1$. Mit wachsendem α wird $\cos\alpha$ kleiner bis zum Wert $\cos 90° = 0$.

$f(\alpha) = \tan\alpha$: Für $\alpha = 0°$ ist $\tan 0° = 0$. Mit wachsendem α wächst $\tan\alpha$. Nähert sich α dem Winkel 90°, dann nimmt $\tan\alpha$ unbegrenzt große Werte an. Als Sonderfall ist $\tan 90°$ nicht definiert, da p parallel zur Tangente in T ist und daher R nicht existiert.

$f(\alpha) = \cot\alpha$: $\cot 0°$ ist nicht definiert, da p parallel zur Tangente in S ist, also U nicht existiert. Je näher α bei Null liegt, umso größer ist $\cot\alpha$. Mit wachsendem α fällt $\cot\alpha$ bis zum Wert $\cot 90° = 0$.

Zusammengefasst gibt es für die Werte der trigonometrischen Funktionen folgende Intervalle:

Für	$0° \leqq \alpha \leqq 90°$	gelten	$0 \leqq \sin\alpha \leqq 1$
		und	$1 \geqq \cos\alpha \geqq 0$
Für	$0° \leqq \alpha < 90°$	gilt	$0 \leqq \tan\alpha < \infty$
Für	$0° < \alpha \leqq 90°$	gilt	$\infty > \cot\alpha \geqq 0.$

Häufig werden die Funktionswerte der speziellen Winkel $\alpha = 30°$, $45°$ und $60°$ gebraucht. Das gleichschenklig-rechtwinklige Dreieck mit den Katheten a (*Bild 4.4*) hat die Kathetenwinkel $\alpha = \beta = 45°$ und die Hypotenuse $c = \sqrt{a^2 + a^2} = \sqrt{2a^2} = a\sqrt{2}$. Damit ist

$$\sin 45° = \cos 45° = \frac{a}{a\sqrt{2}} = \frac{1}{\sqrt{2}} = \frac{1}{2}\sqrt{2}$$

$$\tan 45° = \cot 45° = \frac{a}{a} = 1$$

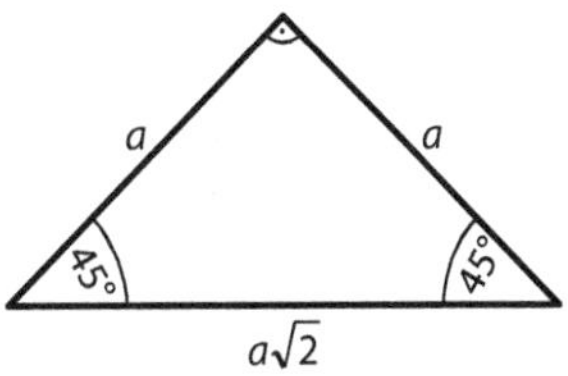

Bild 4.4

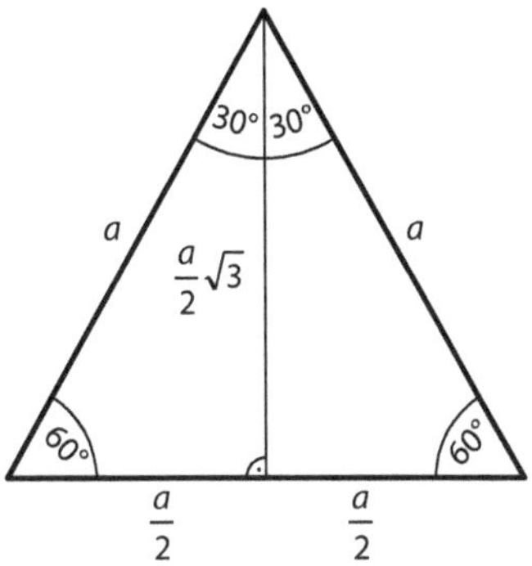

Bild 4.5

Das gleichseitige Dreieck mit den Seiten a hat die Dreieckswinkel $\alpha = 60°$ und die Höhen $h = \sqrt{a^2 - \left(\frac{a}{2}\right)^2} = \frac{a}{2}\sqrt{3}$, die je einen Winkel und eine Seite halbieren. Aus *Bild 4.5* ist abzulesen:

$$\sin 30° = \cos 60° = \frac{a}{2} : a = \frac{1}{2}$$

$$\sin 60° = \cos 30° = \frac{a}{2}\sqrt{3} : a = \frac{1}{2}\sqrt{3}$$

$$\tan 30° = \cot 60° = \frac{a}{2} : \frac{a}{2}\sqrt{3} = \frac{1}{\sqrt{3}} = \frac{1}{3}\sqrt{3}$$

$$\tan 60° = \cot 30° = \frac{a}{2}\sqrt{3} : \frac{a}{2} = \sqrt{3}$$

Zusammenstellung spezieller Funktionswerte für $0° \leqq \alpha \leqq 90°$:

Tabelle 4.1

α	$0°$	$30°$	$45°$	$60°$	$90°$
$\sin\alpha$	0	$\frac{1}{2}$	$\frac{1}{2}\sqrt{2}$	$\frac{1}{2}\sqrt{3}$	1
$\cos\alpha$	1	$\frac{1}{2}\sqrt{3}$	$\frac{1}{2}\sqrt{2}$	$\frac{1}{2}$	0
$\tan\alpha$	0	$\frac{1}{3}\sqrt{3}$	1	$\sqrt{3}$	–
$\cot\alpha$	–	$\sqrt{3}$	1	$\frac{1}{3}\sqrt{3}$	0

Zur Berechnung des rechtwinkligen Dreiecks folgen einige Beispiele.

Beispiele

4.1 Von einem rechtwinkligen Dreieck sind die Kathete $a = 21{,}72\,\text{m}$ und der Kathetenwinkel $\alpha = 35{,}149°$ gegeben. Es sind b, c, β, γ, h_c, p, q zu berechnen (*Bild 4.6*).

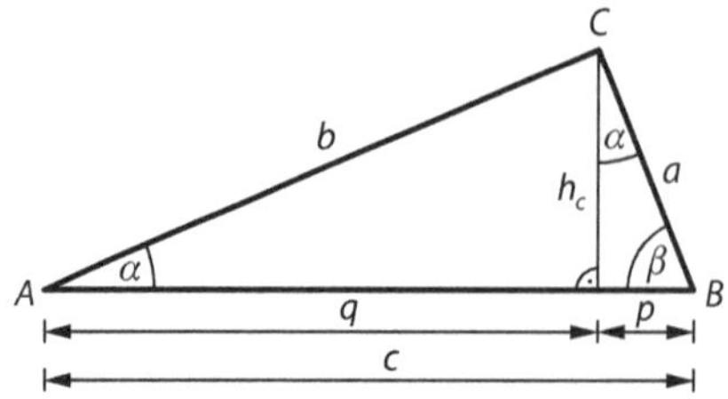

Bild 4.6

Lösung: Wegen $\triangle ABC \sim \triangle BCD$ ist $\sphericalangle BCD = \alpha$. Aus dem Bild folgt:

$$\cot\alpha = \frac{b}{a} \quad \text{oder} \quad b = a \cdot \cot\alpha = 30{,}85\,\text{m}$$

$$\sin\alpha = \frac{a}{c} \quad \text{oder} \quad c = \frac{a}{\sin\alpha} = 37{,}73\,\text{m}$$

$$\beta = 90° - \alpha = 54{,}851°$$

$$\cos\alpha = \frac{h_c}{a} \quad \text{oder} \quad h_c = a \cdot \cos\alpha = 17{,}76\,\text{m}$$

$$\sin\alpha = \frac{p}{a} \quad \text{oder} \quad p = a \cdot \sin\alpha = 12{,}50\,\text{m}$$

$$q = c - p = 25{,}23\,\text{m}$$

4.2 Zwei gerade Straßen stoßen unter dem Winkel $\beta = 108{,}205°$ aufeinander (*Bild 4.7*). Sie sollen durch einen Kreisbogen mit dem Radius $r = 250\,\text{m}$ verbunden werden. Zur Festlegung der Bogenendpunkte A, B und der Bogenmitte sind die Tangentenlängen $\overline{AS} = \overline{BS}$ und die Strecke $\overline{CS}$ zu berechnen. Wie lang ist der Bogen $\overset{\frown}{AB}$?

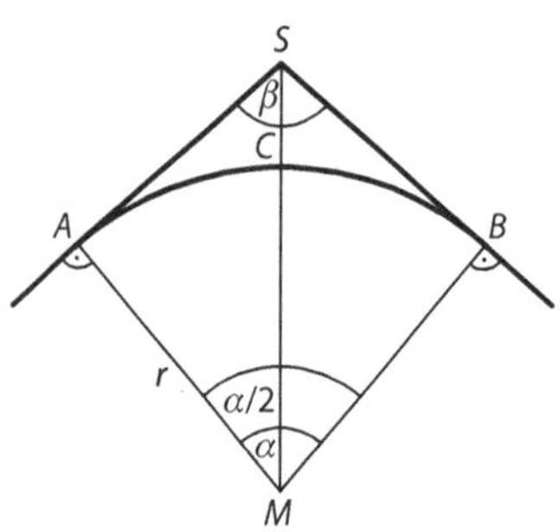

Bild 4.7

Lösung: Der zum Kreissektor ABM gehörende Zentriwinkel ist

$$\alpha = 180° - \beta = 71{,}795°$$

Aus $\tan\frac{\alpha}{2} = \frac{\overline{AS}}{r}$ folgt

$$\overline{AS} = \overline{BS} = r\tan\frac{\alpha}{2} = 250\,\text{m} \cdot \tan 35{,}897\,5° = 180{,}95\,\text{m}$$

Aus

$$\cos\frac{\alpha}{2} = \frac{r}{\overline{SM}} \quad \text{folgt}$$

$$\overline{SM} = \frac{r}{\cos\frac{\alpha}{2}} = \frac{250\,\text{m}}{\cos 35{,}897\,5^\circ} = 308{,}62\,\text{m}$$

und daraus $\overline{SC} = \overline{SM} - r = 58{,}62\,\text{m}$.

Für die Bogenlänge folgt nach *Abschnitt 4.1.1*:

$$\widehat{AB} = r \cdot \alpha = 250\,\text{m} \cdot 71{,}795 \cdot \frac{\pi}{180} = 313{,}26\,\text{m}$$

4.3 Eine quadratische gerade Pyramide (*Bild 4.8*) hat die Grundkante $a = 24$ cm und die Höhe $h = 26$ cm. Wie groß sind der Winkel α einer Seitenfläche mit der Grundfläche, der Winkel β einer Seitenkante mit der Grundfläche und der Winkel γ zwischen zwei benachbarten Seitenkanten?

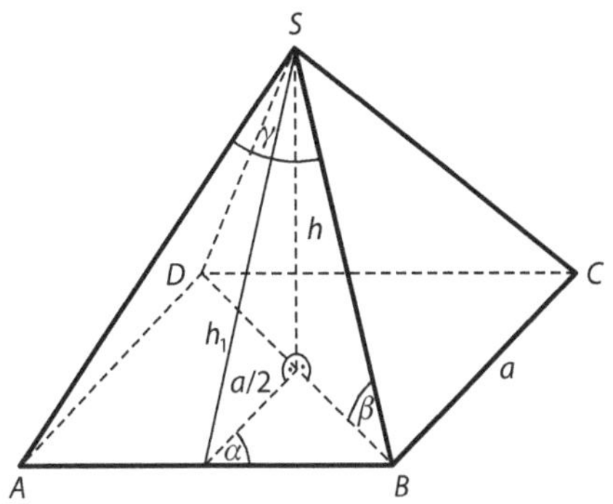

Bild 4.8

Lösung: $\tan\alpha = \frac{h}{\frac{a}{2}}$, $\alpha = \arctan\frac{2h}{a} = \arctan 2{,}166\,7 = 65{,}225^\circ$

Die Diagonale $d = \overline{BD}$ ist $d = \sqrt{a^2 + a^2} = a\sqrt{2}$.

$$\tan\beta = \frac{h}{\frac{d}{2}} = \frac{h}{\frac{a}{2}\sqrt{2}}$$

$$\beta = \arctan\frac{2h}{a\sqrt{2}}$$

$$= \arctan 1{,}532\,1 = 56{,}867^\circ$$

Die Höhe h_1 im gleichschenkligen Dreieck ABS ist

$$h_1 = \sqrt{\left(\frac{a}{2}\right)^2 + h^2} = \sqrt{12^2 + 26^2}\,\text{cm} = 28{,}635\,6\,\text{cm}$$

$$\tan\frac{\gamma}{2} = \frac{\frac{a}{2}}{h_1}, \qquad \gamma = 2 \cdot \arctan\frac{a}{2h_1} = 45{,}473^\circ$$

4.4 Welche Masse hat ein Tonnengewölbe mit der Lichtweite $\overline{AB} = s = 45$ m, der Pfeilhöhe $p = 0{,}96$ m, der Stärke $d = 0{,}58$ m und der Länge $l = 5{,}5$ m (*Bild 4.9*)? Die Dichte des Mauerwerks ist $\varrho = 2{,}2 \cdot 10^3\,\text{kg} \cdot \text{m}^{-3}$.

Lösung: Es sei α der zum Bogen $\widehat{AB}$ gehörende Zentriwinkel. Dann ist $\sphericalangle BAC = \frac{\alpha}{4}$, da er Peripheriewinkel über dem Bogen $\widehat{BC}$ ist und folglich halb so groß wie der Zentriwinkel

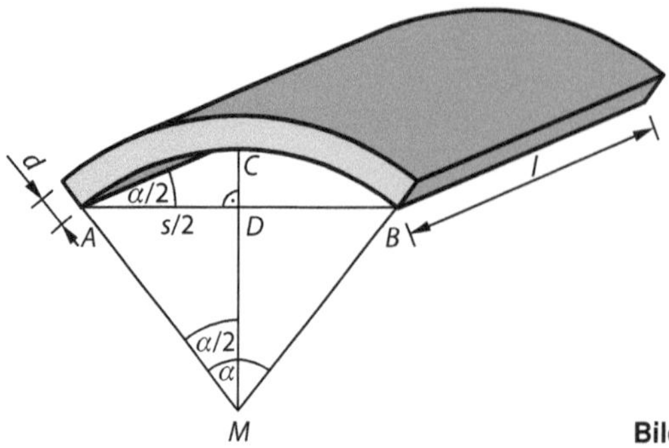

Bild 4.9

$\sphericalangle BMC = \frac{\alpha}{2}$ über dem gleichen Bogen. Im Dreieck ADC ist:

$$\tan\frac{\alpha}{4} = \frac{p}{\frac{s}{2}} \quad \text{und damit} \quad \alpha = 4 \cdot \arctan\frac{2p}{s} = 92{,}425^\circ$$

und im Dreieck AMD folgt aus $\sin\frac{\alpha}{2} = \frac{\frac{s}{2}}{r}$ für den Radius

$$r = \frac{s}{2\sin\frac{\alpha}{2}} = 3{,}117\,\mathrm{m}$$

Der Flächeninhalt des Kreisringstücks ist $A = \frac{\pi\left(r+d\right)^2\alpha}{360^\circ} - \frac{\pi r^2\alpha}{360^\circ}$ oder umgeformt

$$A = d\left(2r+d\right)\frac{\pi\alpha}{360^\circ} = 3{,}187\,4\,\mathrm{m}^2$$

Die Masse des Gewölbes folgt aus $m = A \cdot l \cdot \varrho = 38{,}57\,\mathrm{t}$. ■

Kontrollfragen

4.1 Wie lauten die Definitionen der vier trigonometrischen Funktionen im rechtwinkligen Dreieck?

4.2 Erläutern Sie die grafische Darstellung der Funktionswerte am Einheitskreis.

4.3 Welche Beziehungen gelten für Funktionen von Komplementwinkeln?

4.4 Welches Funktionssymbol fordert, zu einem gegebenen Funktionswert den Winkel zu bestimmen?

Aufgaben: *4.1* **bis** *4.11*

4.1.3 Winkelfunktionen für beliebige Winkel

In diesem Abschnitt wird eine für beliebige Winkel gültige Definition der trigonometrischen Funktionen gegeben. Grund für diesen Abschnitt ist die Tatsache, dass die Berechnung stumpfwinkliger Dreiecke trigonometrische Funktionen braucht, die auch für Winkel von 90° bis 180° definiert sind. Außerdem werden für technische Anwendungen Funktionswerte für beliebige Winkel gebraucht.

Zugrunde gelegt wird die Darstellung am Einheitskreis. Die Strahlen q und s in *Bild 4.3* werden ersetzt durch die Achsen x und y eines kartesischen Koordinatensystems entsprechend *Bild 4.10* und der Strahl p wird durch eine Gerade g ersetzt.

Für einen im I. Quadranten liegenden Punkt P des Einheitskreises ist dann entsprechend *Bild 4.3* seine Abszisse x gleich dem Funktionswert $\cos\alpha$ und seine Ordinate y gleich dem Funktionswert $\sin\alpha$. Es wird nun definiert, dass auch für beliebige, also auch im II., III. oder IV. Quadranten liegende Punkte des Einheitskreises stets

$$x = \cos\alpha, \qquad y = \sin\alpha$$

sei. Entsprechend den Vorzeichen von x und y erhalten damit die Funktionswerte $\sin\alpha$ und $\cos\alpha$ Vorzeichen. Auch die Funktionswerte $\tan\alpha$ und $\cot\alpha$ werden allgemein durch die Maßzahlen derjenigen Strecken erklärt, die die Gerade g auf den an den Einheitskreis in T bzw. S angelegten Tangenten abschneidet. Ihre Vorzeichen sind positiv oder negativ, je nachdem, ob die Richtung von T nach R mit der positiven oder negativen Richtung der y-Achse übereinstimmt bzw. die Richtung von S nach U mit der positiven oder negativen Richtung der x-Achse.

Die folgende *Tabelle 4.2* gibt ausgehend von den *Bildern 4.10a–d* die Vorzeichen der Funktionswerte für die vier Quadranten des Winkels α an.

Tabelle 4.2

	$0^\circ < \alpha < 90^\circ$	$90^\circ < \alpha < 180^\circ$	$180^\circ < \alpha < 270^\circ$	$270^\circ < \alpha < 360^\circ$
$\sin(\alpha)$	+	+	−	−
$\cos(\alpha)$	+	−	−	+
$\tan(\alpha)$	+	−	+	−
$\cot(\alpha)$	+	−	+	−

Die *Tabelle 4.3* enthält die Funktionswerte solcher Winkel, die Vielfaches von 90° sind.

Tabelle 4.3

α	0°	90°	180°	270°	360°
$\sin\alpha$	0	1	0	−1	0
$\cos\alpha$	1	0	−1	0	1
$\tan\alpha$	0	$\pm\infty$	0	$\mp\infty$	0
$\cot\alpha$	$\pm\infty$	0	$\mp\infty$	0	$\pm\infty$

Die Funktion $f(\alpha) = \tan\alpha$ ist für 90° und 270°, die Funktion $f(\alpha) = \cot\alpha$ für 0° und 180° nicht definiert. Die Schreibweise $\tan 90^\circ = \pm\infty$ bedeutet: Nähert sich α dem Wert 90° von kleineren Winkeln her unbegrenzt, z. B. $\alpha = 85^\circ, 89^\circ, 89{,}9^\circ$ usw., dann wird $\tan\alpha$ unbegrenzt größer. Nähert sich α dem Wert 90° von größeren Winkeln her unbegrenzt, z. B. $\alpha = 95^\circ$, $91^\circ, 90{,}1^\circ$ usw., dann nähert sich $\tan\alpha$ negativen Zahlen mit unbegrenzt größer werdendem Betrag. Zum Beispiel ist $\tan 89{,}99^\circ = 5\,729{,}58$ und $\tan 90{,}01^\circ = -5\,729{,}58$.

Bewegt sich ein Punkt aus der zu $\alpha = 0^\circ$ gehörenden Lage T mathematisch negativ, d. h. im Uhrzeigersinn, auf dem Einheitskreis bis P, dann entsteht ein negativer Winkel $-\alpha$ (*Bild 4.11*). Ein Vergleich der Funktionswerte von $-\alpha$ und von α ergibt: die zu $-\alpha$ gehörenden Werte der Sinus-, Tangens- und Kotangensfunktion haben denselben absoluten Wert wie die entsprechenden Funktionswerte von α, aber entgegengesetztes Vorzeichen.

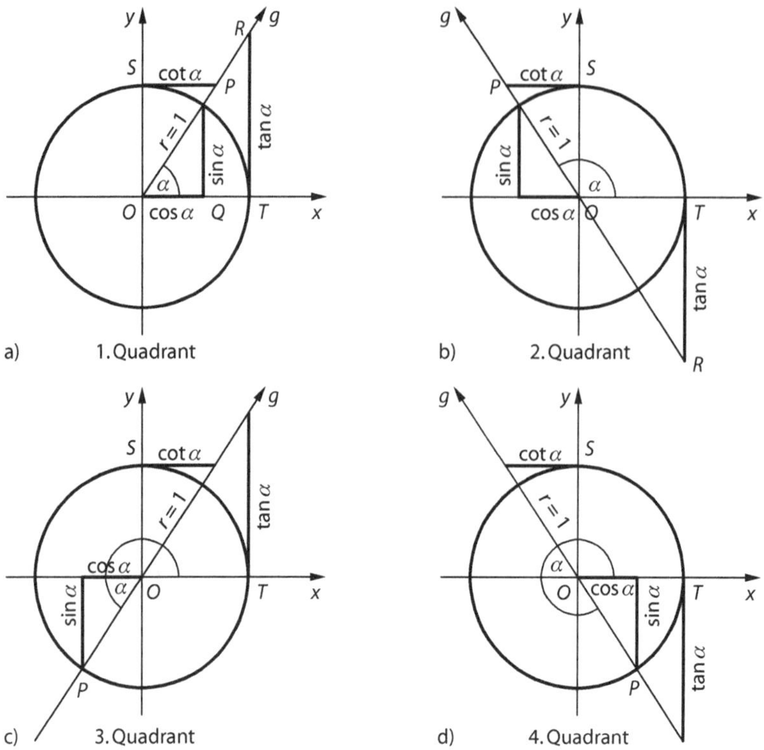

Bild 4.10

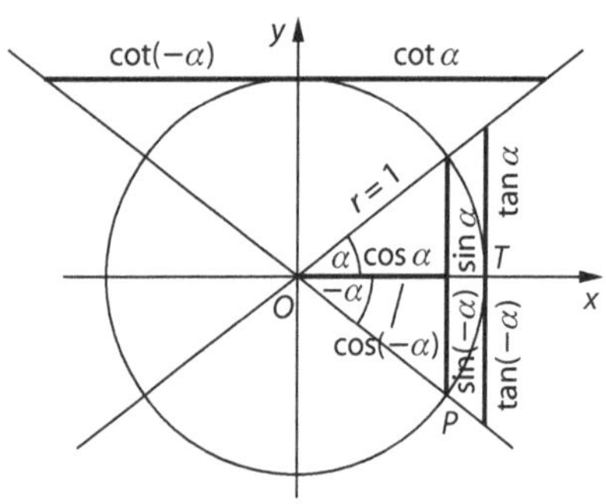

Bild 4.11

Dagegen sind die Werte der Kosinusfunktion für $-\alpha$ und α gleich. Allgemein, d. h. unabhängig vom Quadranten, gilt für die Funktionswerte negativer Winkel

$$\begin{aligned} \sin(-\alpha) &= -\sin\alpha \\ \cos(-\alpha) &= \cos\alpha \\ \tan(-\alpha) &= -\tan\alpha \\ \cot(-\alpha) &= -\cot\alpha \end{aligned} \tag{4.3}$$

Wird die zu einem Winkel α gehörende Gerade g weiter um O um den Winkel 360° positiv oder negativ gedreht, dann nimmt sie wieder ihre vorherige Lage ein. Die zum Winkel $\alpha \pm 360^\circ$ gehörenden Funktionswerte sind somit nach der Definition am Einheitskreis gleich den Funktionswerten von α. Die Funktionswerte wiederholen sich daher nach Vergrößerung oder Verkleinerung des Winkels um Vielfaches von 360°. Zum Beispiel ist $\sin 60^\circ = \sin 420^\circ = \sin 780^\circ = \ldots = \sin(-300^\circ) = \sin(-660^\circ) = \ldots$

Die trigonometrischen Funktionen sind periodische Funktionen. Für $f(\alpha) = \tan\alpha$ und $f(\alpha) = \cot\alpha$ wiederholen sich die Funktionswerte schon nach einer Veränderung des Winkels um Vielfaches von ±180°, wie ein Vergleich der grafischen Darstellung in den *Bildern 4.10a–d* für den I. und III. Quadranten zeigt. Man vergleiche auch die Kurven der trigonometrischen Funktionen in *Abschnitt 5.8*.

Periodizität der trigonometrischen Funktionen

$$\begin{aligned} \sin(\alpha + k\cdot 360^\circ) &= \sin\alpha \\ \cos(\alpha + k\cdot 360^\circ) &= \cos\alpha \\ \tan(\alpha + k\cdot 180^\circ) &= \tan\alpha \\ \cot(\alpha + k\cdot 180^\circ) &= \cot\alpha \end{aligned} \qquad k \in Z \tag{4.4}$$

Durch *Gl. (4.4)* lassen sich die Funktionswerte beliebiger Winkel auf die Funktionswerte von Winkeln zwischen 0° und 360° zurückführen.

Beispiel

4.5 $\sin 788^\circ = \sin(68^\circ + 2\cdot 360^\circ) = \sin 68^\circ$

$\tan(-240^\circ) = \tan(-240^\circ + 360^\circ) = \tan 120^\circ$ ■

Zusammengefasst erkennt man: Die Werte der Sinus- und Kosinusfunktion liegen stets zwischen −1 und 1 einschließlich der Grenzen:

$$-1 \leqq \sin\alpha \leqq 1, \qquad -1 \leqq \cos\alpha \leqq 1$$

Dagegen sind die Werte der Tangens- und der Kotangensfunktion beliebige reelle Zahlen:

$$-\infty < \tan\alpha < \infty, \qquad -\infty < \cot\alpha < \infty$$

Kontrollfragen

4.5 Erläutern Sie am Einheitskreis das Verhalten der Werte der vier trigonometrischen Funktionen, wenn der Winkel α von 0° bis 360° wächst (wachsende oder abnehmende Funktionswerte, spezielle Funktionswerte, Vorzeichen usw.).

4.6 Welches periodische Verhalten zeigen die trigonometrischen Funktionen?

Aufgabe: *4.12*

4.1.4 Quadrantenrelationen

Als Quadrantenrelationen werden Gleichungen zwischen Funktionswerten solcher Winkel bezeichnet, die sich entweder um Vielfaches von 90° unterscheiden oder zum Vielfachen von 90° ergänzen. Zum Beispiel unterscheiden sich die Winkel $\alpha = 30^\circ$ und $\beta = 300^\circ = 270^\circ + 30^\circ = 270^\circ + \alpha$ um $270^\circ = 3\cdot 90^\circ$, während sich die Winkel $\alpha = 20^\circ$ und $\beta = 160^\circ = 180^\circ - 20^\circ = 180^\circ - \alpha$ zu $180^\circ = 2\cdot 90^\circ$ ergänzen. Mithilfe der Quadrantenrelationen können in Weiterführung der Anwendung von *Gl. (4.3)* die Funktionswerte beliebiger Winkel auf die Funktionswerte von spitzen Winkeln zurückgeführt werden.

Einige ausgewählte Quadrantenrelationen werden am Einheitskreis hergeleitet, die restlichen werden ohne Beweis angegeben.

In *Bild 4.12* sind für die Winkel α und $90° + \alpha$ die Funktionswerte grafisch dargestellt. Aus der Kongruenz von Dreiecken und zwar aus $\triangle OQP \cong \triangle P_1 Q_1 O$, $\triangle OTR \cong \triangle OSU_1$, $\triangle OUS \cong \triangle OR_1 T$ lassen sich unter Beachtung der Vorzeichen die Quadrantenrelationen direkt ablesen:

$$\begin{aligned} \sin(90° + \alpha) &= \cos\alpha \\ \cos(90° + \alpha) &= -\sin\alpha \\ \tan(90° + \alpha) &= -\cot\alpha \\ \cot(90° + \alpha) &= -\tan\alpha \end{aligned} \tag{4.5a}$$

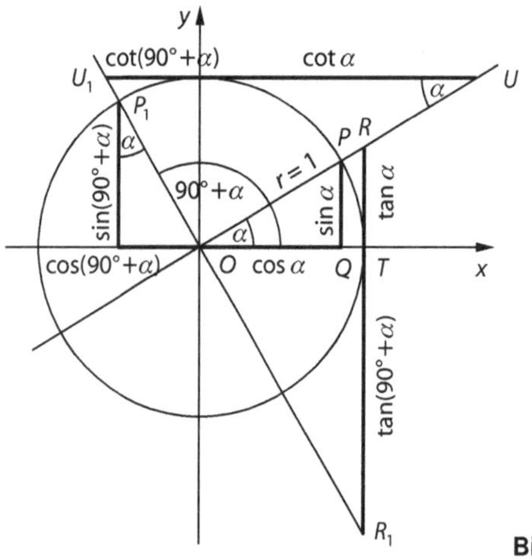

Bild 4.12

Entsprechend ergibt sich am Einheitskreis

$$\begin{aligned} \sin(180° + \alpha) &= -\sin\alpha \\ \cos(180° + \alpha) &= -\cos\alpha \\ \tan(180° + \alpha) &= \tan\alpha \\ \cot(180° + \alpha) &= \cot\alpha \end{aligned} \tag{4.5b}$$

$$\begin{aligned} \sin(270° + \alpha) &= -\cos\alpha \\ \cos(270° + \alpha) &= \sin\alpha \\ \tan(270° + \alpha) &= -\cot\alpha \\ \cot(270° + \alpha) &= -\tan\alpha \end{aligned} \tag{4.5c}$$

Bild 4.13 zeigt die grafische Darstellung der Funktionswerte für die Winkel α und $180° - \alpha$. Aus entsprechend kongruenten Dreiecken wird abgelesen:

$$\begin{aligned} \sin(180° - \alpha) &= \sin\alpha \\ \cos(180° - \alpha) &= -\cos\alpha \\ \tan(180° - \alpha) &= -\tan\alpha \\ \cot(180° - \alpha) &= -\cot\alpha \end{aligned} \tag{4.5d}$$

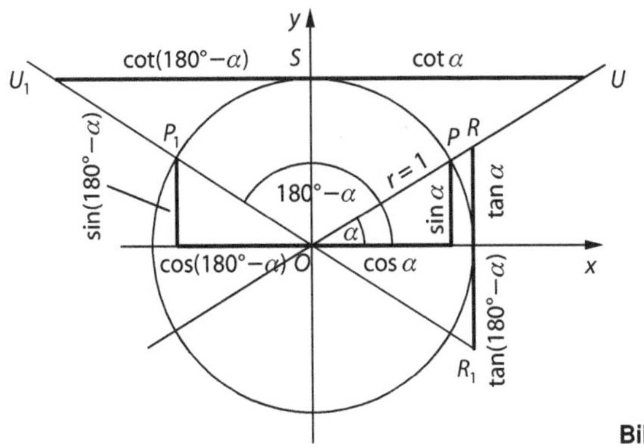

Bild 4.13

Analog lassen sich am Einheitskreis die Gleichungen ablesen:

$$\begin{aligned} \sin(270^\circ - \alpha) &= -\cos\alpha \\ \cos(270^\circ - \alpha) &= -\sin\alpha \\ \tan(270^\circ - \alpha) &= \cot\alpha \\ \cot(270^\circ - \alpha) &= \tan\alpha \end{aligned} \tag{4.5e}$$

$$\begin{aligned} \sin(360^\circ - \alpha) &= -\sin\alpha \\ \cos(360^\circ - \alpha) &= \cos\alpha \\ \tan(360^\circ - \alpha) &= -\tan\alpha \\ \cot(360^\circ - \alpha) &= -\cot\alpha \end{aligned} \tag{4.5f}$$

Die Beziehungen für die Winkel α und $90^\circ - \alpha$ wurden bereits in *Gl. (4.2)* angegeben. Die Quadrantenrelationen *Gl. (4.4)* wurden zwar nur für spitze Winkel α bewiesen, gelten aber auch für beliebig große Winkel.

Wird unter $f(\alpha)$ einer der vier trigonometrischen Funktionswerte und unter der Co-Funktion jeweils die in *Gl. (4.4)* verwendeten Funktionen verstanden, dann ergibt sich mit *Gl. (4.2)* und *(4.4)* folgende Zusammenfassung der Quadrantenrelationen

$$\begin{aligned} |f(180^\circ \pm \alpha)| &= |f(360^\circ \pm \alpha)| = |f(\alpha)| \\ |f(90^\circ \pm \alpha)| &= |f(270^\circ \pm \alpha| = |\text{Co-Funktion zu } f(\alpha)| \end{aligned} \tag{4.6}$$

Die *Gln. (4.5a)* bis *(4.5f)* enthalten nur die absoluten Beträge der Funktionswerte. Die Vorzeichen ergeben sich nach dem Quadranten des gegebenen Winkels $k \cdot 90^\circ \pm \alpha$, wobei α als spitzer Winkel angenommen wird.

Beispiele

4.6 $\sin 240^\circ$ ist auf den Funktionswert eines spitzen Winkels zurückzuführen.

Lösung: Der Winkel liegt im III. Quadranten, daher ist $\sin 240^\circ$ negativ. Nach den *Gln. (4.5a)* bis *(4.5f)* ist entweder $\sin 240^\circ = \sin(270^\circ - 30^\circ) = -\cos 30^\circ$ oder $\sin 240^\circ = \sin(180^\circ + 60^\circ) = -\sin 60^\circ$ ($= -\cos 30^\circ$ nach *Gl. (4.2)*).

4.7 Der Term $\dfrac{\sin(\alpha + 450^\circ)}{\sin(\alpha - 450^\circ)}$ ist zu vereinfachen.

Lösung: Aufgrund der *Periodizität (5.6)* und mit *(4.5a)* bis *(4.5f)* folgt:

$$\frac{\sin(\alpha + 450^\circ)}{\sin(\alpha - 450^\circ)} = \frac{\sin(\alpha + 90^\circ + 360^\circ)}{\sin(\alpha - 450^\circ + 720^\circ)} = \frac{\sin(90^\circ + \alpha)}{\sin(270^\circ + \alpha)} = \frac{\cos\alpha}{-\cos\alpha} = -1$$ ■

Nach der verallgemeinerten Definition der trigonometrischen Funktionen gibt es für jeden Winkel α (bis auf die genannten Einschränkungen für die Tangens- und Kotangensfunktion) für jede der vier Funktionen einen eindeutig bestimmten Funktionswert. Umgekehrt lassen sich jedoch zu einem gegebenen Funktionswert unbegrenzt viele Winkel angeben. Zum Beispiel gehören zu dem Funktionswert $\sin\alpha = 0{,}5 = m$ der Winkel $\alpha = 30^\circ$, nach *Gl. (4.5d)* auch der Winkel $180^\circ - 30^\circ = 150^\circ$ und somit wegen der Periodizität alle Winkel $30^\circ + k \cdot 360^\circ$ und $150^\circ + k \cdot 360^\circ$ mit der beliebigen ganzen Zahl k. Um Rechnungen mit den Arkusfunktionen eindeutig durchführen zu können, d. h. für jeden Funktionswert nur einen Winkel zu erhalten, wurden bestimmte Intervalle für den Winkel festgelegt. Der in diesem Intervall liegende Winkel soll mit $\overline{\alpha}$ bezeichnet werden. Bei gegebenem Funktionswert m liegt für

$\arcsin m = \overline{\alpha}$ der Winkel im Intervall $-90^\circ \leqq \overline{\alpha} \leqq 90^\circ$,

$\arccos m = \overline{\alpha}$ der Winkel im Intervall $0^\circ \leqq \overline{\alpha} \leqq 180^\circ$,

$\arctan m = \overline{\alpha}$ der Winkel im Intervall $-90^\circ < \overline{\alpha} < 90^\circ$,

$\operatorname{arccot} m = \overline{\alpha}$ der Winkel im Intervall $0^\circ < \overline{\alpha} < 180^\circ$.

arccot m wird kaum verwendet, da dieser Funktionswert auf arctan m zurückgeführt wird. Ergibt die Aufgabenstellung, dass der gesuchte Winkel in einem anderen Quadranten liegt, dann ist unter Verwendung der Quadrantenrelationen oder der Periodizität eine Umrechnung vorzunehmen.

Beispiele

4.8 Gegeben ist $\sin\alpha = 0{,}285\,1$. Wie groß ist der im II. Quadranten liegende Winkel α?

Lösung: $\arcsin 0{,}285\,1 = 16{,}564\,8^\circ = \overline{\alpha}$,

$\alpha = 180^\circ - \overline{\alpha} = 163{,}435\,2^\circ$

4.9 Gegeben ist $\tan\alpha = -2{,}152\,6$, α liege im IV. Quadranten. Wie groß ist α?

Lösung: $\arctan(-2{,}152\,6) = -65{,}082\,7^\circ = \overline{\alpha}$,

$\alpha = 360^\circ + \overline{\alpha} = 294{,}917\,4^\circ$ ■

Eine wichtige Anwendung der Quadrantenrelationen ist die Umrechnung von rechtwinkligen Koordinaten in Polarkoordinaten und umgekehrt.

Das rechtwinklige oder kartesische ebene Koordinatensystem besteht aus zwei senkrecht aufeinander stehenden orientierten Geraden, der x-Achse oder Abszissenachse und der y-Achse oder Ordinatenachse, die sich im Punkt O, dem Ursprung, schneiden (*Bild 4.14*). Eine beliebig gewählte Einheitsstrecke e, z. B. $e = 1$ cm, wird von O aus auf den Achsen in positiver Richtung abgetragen. Den erhaltenen Punkten E_x bzw. E_y wird je die Zahl 1 zugeordnet. Auf diesem Weg lassen sich die beiden Achsen zu Zahlengeraden vervollständigen. P sei ein beliebiger Punkt der Ebene. Die Lote von P auf die Koordinatenachsen ergeben die Fußpunkte P_x und P_y, denen durch $\overline{OP_x} = x \cdot e$ und $\overline{OP_y} = y \cdot e$ die reellen Zahlen x und y zugeordnet sind. Damit wird jedem Punkt P der Ebene eindeutig ein Paar x, y reeller Zahlen zugeordnet und umgekehrt. Denn wenn x, y gegeben sind, können in den zu x, y gehörenden Punkten der x- bzw. y-Achse die Senkrechten zu der jeweiligen Achse errichtet werden, die sich in P schneiden.

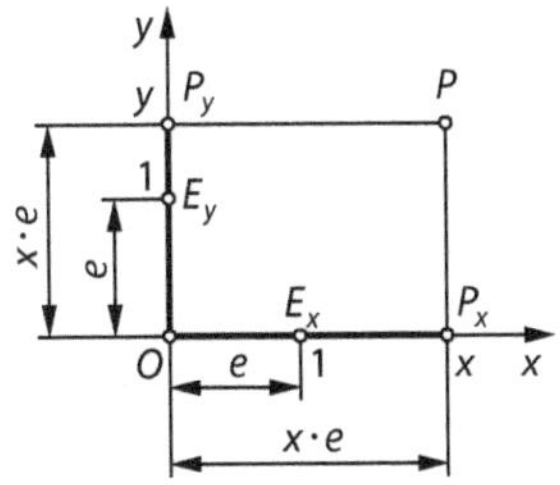

Bild 4.14

Die reellen Zahlen x, y sind die rechtwinkligen Koordinaten von P. x heißt Abszisse, y heißt Ordinate. Für den Punkt P mit den Koordinaten x, y schreibt man $P(x; y)$.

Ein Polarkoordinatensystem besteht aus einem festen Punkt O, dem Pol, einem von O ausgehenden Strahl, der Polarachse und einer gewählten Maßeinheit e, sodass dem Punkt E der Polarachse mit $\overline{OE} = e$ der Zahl 1 zugeordnet wird (*Bild 4.15*). Jeder Punkt P der Ebene (außer $P = O$) lässt sich eindeutig und umkehrbar eindeutig festlegen durch die Maßzahl r seines Abstandes $\overline{OP} = r \cdot e$ vom Pol und durch den Winkel α, den OP mit der Polarachse bildet. Es soll stets

$$r > 0 \quad \text{und} \quad 0 \leqq \alpha < 360^\circ \tag{I}$$

sein. r und α sind die Polarkoordinaten von P. r heißt Abstand oder Radiusvektor, α heißt Richtungswinkel oder Argument.

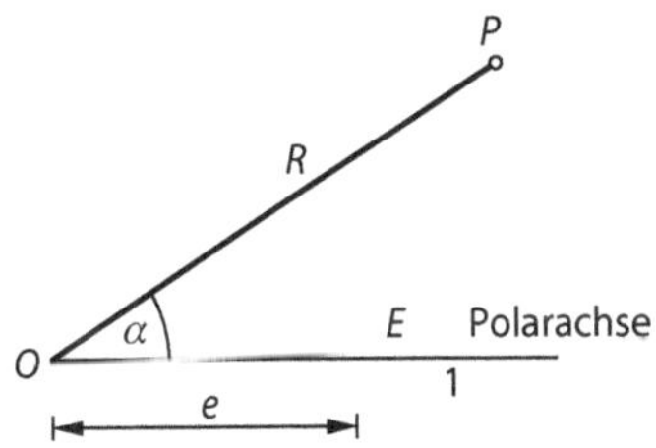

Bild 4.15

Gegeben sind die Polarkoordinaten r, α eines Punktes P, gesucht werden seine rechtwinkligen Koordinaten x, y. Für jeden der vier Quadranten gilt

$$\begin{aligned} x &= r\cos\alpha \\ y &= r\sin\alpha. \end{aligned} \tag{II}$$

Sind die rechtwinkligen Koordinaten x, y gegeben und werden die Polarkoordinaten r, α gesucht, dann folgt:

$$\begin{aligned} \tan\alpha &= \frac{y}{x} \\ r &= \sqrt{x^2 + y^2} \end{aligned} \tag{III}$$

Die Vorzeichen von x und y zeigen an, in welchem Quadranten α liegt. Dabei gelten folgende Zuordnungen:

Quadrant	x-Wert	y-Wert
I	> 0	> 0
II	< 0	> 0
III	< 0	< 0
IV	> 0	< 0

Beispiele

4.10 Von drei Punkten sind die Polarkoordinaten gegeben: $P(r = 22; \alpha = 61{,}0°)$, $Q(r = 1{,}084; \alpha = 154{,}20°)$, $R(r = 36{,}15; \alpha = 288{,}17°)$. Gesucht werden die rechtwinkligen Koordinaten.

Lösung: Nach *(II)* folgt

$P(x = 10{,}67; y = 19{,}24)$, $Q(x = -0{,}976; y = 0{,}472)$, $R(x = 11{,}27; y = -34{,}35)$

4.11 Gesucht werden die Polarkoordinaten der Punkte

$P(x = 48{,}05; y = 71{,}96)$, $Q(x = -12{,}15; y = 85{,}15)$,
$R(x = -2{,}19; y = -19{,}47)$, $S(x = 19{,}28; y = -45{,}30)$

Lösung: P liegt wegen $x > 0$, $y > 0$ im I. Quadranten. Nach *(III)* folgt

$$\arctan\frac{y}{x} = 56{,}268° = \overline{\alpha} = \alpha, \quad r = 86{,}53.$$

Q liegt wegen $x < 0$, $y > 0$ im II. Quadranten:

$$\arctan\frac{y}{x} = -81{,}879° = \overline{\alpha}, \quad \alpha = 180° + \overline{\alpha} = 98{,}121°, \quad r = 86{,}01$$

R liegt wegen $x < 0$, $y < 0$ im III. Quadranten:

$$\arctan\frac{y}{x} = 83{,}582° = \overline{\alpha}, \quad \alpha = 180° + \overline{\alpha} = 263{,}582°, \quad r = 19{,}59$$

S liegt wegen $x > 0$, $y < 0$ im IV. Quadranten:

$$\arctan\frac{y}{x} = -66{,}945° = \overline{\alpha}, \quad \alpha = \overline{\alpha} + 360° = 293{,}055°, \quad r = 49{,}23$$ ■

Zusammenfassung

Ergibt die Funktion Arkustangens den Winkel $\overline{\alpha}$ und liegt

α im I. Quadranten,	dann ist $\alpha = \overline{\alpha}$	(mit $\overline{\alpha} > 0$)
α im II. Quadranten,	dann ist $\alpha = \overline{\alpha} + 180°$	(mit $\overline{\alpha} < 0$)
α im III. Quadranten,	dann ist $\alpha = \overline{\alpha} + 180°$	(mit $\overline{\alpha} > 0$)
α im IV. Quadranten,	dann ist $\alpha = \overline{\alpha} + 360°$	(mit $\overline{\alpha} < 0$)

Beispiel

4.12 In einem Punkt O greifen vier Kräfte $F_1 = 41\,\text{N}$, $F_2 = 28\,\text{N}$, $F_3 = 35\,\text{N}$, $F_4 = 38\,\text{N}$ an. Ihre Wirkungslinien schließen entsprechend *Bild 4.16* die Winkel $\alpha_2 = 55°$, $\alpha_3 = 155°$, $\alpha_4 = 208°$ ein. Zu berechnen sind die Resultierende F und der Winkel α, den die Wirkungslinien von F und F_1 bilden.

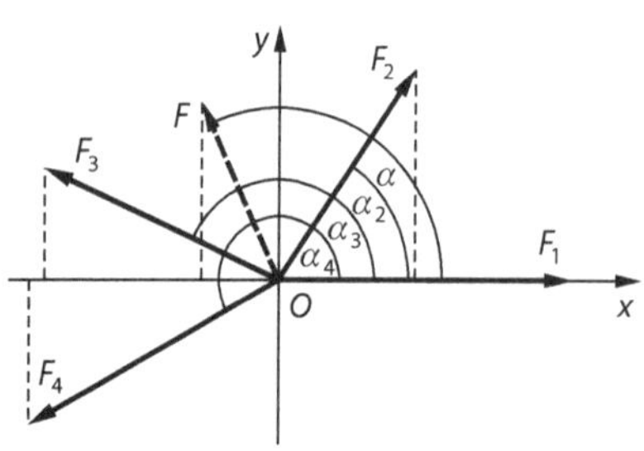

Bild 4.16

Lösung: O sei Ursprung eines rechtwinkligen Koordinatensystems, dessen x-Achse in Richtung von F_1 liegt. Jede Kraft wird in zwei Komponenten in x- und y-Richtung zerlegt:

$$F_{ix} = F_i \cos\alpha_i, \quad F_{iy} = F_i \sin\alpha_i, \quad i = 1, 2, 3, 4, \quad \alpha_1 = 0°$$

Die Komponenten der resultierenden Kraft F sind:

$$F_x = \sum_{i=1}^{4} F_{ix} = F_{1x}\cos\alpha_1 + F_{2x}\cos\alpha_2 + F_{3x}\cos\alpha_3 + F_{4x}\cos\alpha_4$$

$$F_x = -8{,}21\,\mathrm{N}$$

$$F_y = \sum_{i=1}^{4} F_{iy} = F_{1y}\sin\alpha_1 + F_{2y}\sin\alpha_2 + F_{3y}\sin\alpha_3 + F_{4y}\sin\alpha_4$$

$$F_y = 19{,}89\,\mathrm{N}$$

Für F folgt

$$F = \sqrt{F_x^2 + F_y^2} = 21{,}52\,\mathrm{N}$$

Da α wegen $F_x < 0$, $F_y > 0$ im II. Quadranten liegt, ergibt sich

$$\arctan\frac{F_y}{F_x} = \overline{\alpha} = -67{,}56^\circ, \qquad \alpha = \overline{\alpha} + 180^\circ = 112{,}44^\circ$$ ■

Kontrollfragen

4.7 Wie wird der Funktionswert eines beliebigen Winkels auf den Funktionswert eines spitzen Winkels zurückgeführt?

4.8 Erläutern Sie die Ermittlung des Winkels für einen gegebenen Funktionswert.

Aufgaben: *4.13* bis *4.16*

4.1.5 Zusammenhang zwischen den Funktionswerten eines Winkels

Jeder Funktionswert eines Winkels kann durch einen der drei anderen Funktionswerte dieses Winkels ausgedrückt werden. Die Formeln, die den Zusammenhang zwischen den trigonometrischen Funktionen zum Ausdruck bringen, werden unter anderem bei der Vereinfachung trigonometrischer Ausdrücke oder bei der Lösung goniometrischer Gleichungen gebraucht.

Es gilt für jeden Quadranten $\sin\alpha = \frac{y}{r}$, $\cos\alpha = \frac{x}{r}$. Nach Quadrieren und Addieren folgt:

$$\sin^2\alpha + \cos^2\alpha = \frac{y^2}{r^2} + \frac{x^2}{r^2} = \frac{y^2 + x^2}{r^2} = \frac{r^2}{r^2} = 1$$

Satz 4.1

Trigonometrischer Pythagoras

$$\sin^2\alpha + \cos^2\alpha = 1$$

Nach $\sin\alpha$ oder $\cos\alpha$ aufgelöst ergibt:

$$\sin\alpha = \pm\sqrt{1 - \cos^2\alpha}, \qquad \cos\alpha = \pm\sqrt{1 - \sin^2\alpha}$$

Von den zwei Vorzeichen ist das durch die Funktion und durch den Quadranten von α bestimmte Vorzeichen entsprechend *Bild 4.10* auszuwählen.

Es gilt unabhängig vom Quadrant $\tan\alpha = \frac{y}{x}$, woraus nach Kürzen von Zähler und Nenner mit r folgt:

$$\tan\alpha = \frac{\frac{y}{r}}{\frac{x}{r}} = \frac{\sin\alpha}{\cos\alpha}$$

Satz 4.2

$$\tan\alpha = \frac{\sin\alpha}{\cos\alpha}$$

Weiterhin ist

$$\cot\alpha = \frac{x}{y} = \frac{1}{y} = \frac{1}{\tan\alpha}$$

Satz 4.3

$$\cot\alpha = \frac{1}{\tan x}$$

Mithilfe der *Sätze 4.1* bis *4.3* kann aus jedem trigonometrischen Funktionswert eines Winkels jeder der drei anderen Funktionswerte berechnet werden.

Beispiel

4.13 Der Funktionswert $\sin\alpha$ ist durch den Funktionswert $\tan\alpha$ auszudrücken.

Lösung: Aus den *Sätzen 4.2* und *4.3* folgt

$$\tan\alpha = \frac{\sin\alpha}{\cos\alpha} = \frac{\sin\alpha}{\pm\sqrt{1-\sin^2\alpha}}$$

Quadriert ergibt

$$\tan^2\alpha = \frac{\sin^2\alpha}{1-\sin^2\alpha}$$

und schrittweise Umstellung nach $\sin\alpha$

$$\tan^2\alpha(1-\sin^2\alpha) = \sin^2\alpha$$

$$\sin^2\alpha(1+\tan^2\alpha) = \tan^2\alpha$$

$$\sin^2\alpha = \frac{\tan^2\alpha}{1+\tan^2\alpha}$$

$$\sin\alpha = \frac{\tan\alpha}{\pm\sqrt{1+\tan^2\alpha}}$$ ■

In *Tabelle 4.4* sind alle Beziehungen zusammengestellt.

Tabelle 4.4 Zusammenhang zwischen den trigonometrischen Funktionen

	gegeben			
gesucht	$\sin\alpha$	$\cos\alpha$	$\tan\alpha$	$\cot\alpha$
$\sin\alpha =$		$\pm\sqrt{1-\cos^2\alpha}$	$\dfrac{\tan\alpha}{\pm\sqrt{1+\tan^2\alpha}}$	$\dfrac{1}{\pm\sqrt{1+\cot^2\alpha}}$
$\cos\alpha =$	$\pm\sqrt{1-\sin^2\alpha}$		$\dfrac{1}{\pm\sqrt{1+\tan^2\alpha}}$	$\dfrac{\cot\alpha}{\pm\sqrt{1+\cot^2\alpha}}$
$\tan\alpha =$	$\dfrac{\sin\alpha}{\pm\sqrt{1-\sin^2\alpha}}$	$\pm\dfrac{\sqrt{1-\cos^2\alpha}}{\cos\alpha}$		$\dfrac{1}{\cot\alpha}$
$\cot\alpha =$	$\dfrac{\pm\sqrt{1-\sin^2\alpha}}{\sin\alpha}$	$\dfrac{\cos\alpha}{\pm\sqrt{1-\cos^2\alpha}}$	$\dfrac{1}{\tan\alpha}$	

Von den zwei Vorzeichen ist entsprechend der gesuchten Funktion und dem Quadranten von α eines zu wählen.

Beispiele

4.14 Gegeben ist $\cos\alpha$ mit $180° < \alpha < 270°$. Gesucht werden die drei anderen Funktionswerte.

Lösung: Aus *Tabelle 4.4* folgt

$$\sin\alpha = -\sqrt{1-\cos^2\alpha}, \qquad \tan\alpha = \frac{\sqrt{1-\cos^2\alpha}}{\cos\alpha}, \qquad \cot\alpha = \frac{\cos\alpha}{\sqrt{1-\cos^2\alpha}}$$

4.15 Der Term $\sin\varphi\sqrt{1+\cot^2\varphi}$ ist zu vereinfachen ($0° < \varphi < 90°$).

Lösung: Mit *Satz 4.3* folgt

$$\sin\varphi\sqrt{1+\cot^2\varphi} = \sin\varphi\sqrt{1+\left(\frac{\cos\varphi}{\sin\varphi}\right)^2} = \sin\varphi\sqrt{\frac{\sin^2\varphi+\cos^2\varphi}{\sin^2\varphi}}$$

$$= \sin\varphi\sqrt{\frac{1}{\sin^2\varphi}} = \underline{\underline{1}}$$

unter Verwendung von *Satz 4.1.* ■

Kontrollfrage

4.9 Wie lassen sich die Beziehungen aus *Tabelle 4.4* unmittelbar am Einheitskreis ablesen?

Aufgaben: *4.17* bis *4.19*

4.1.6 Additionstheoreme

Bei der Umformung trigonometrischer Ausdrücke ist es oft notwendig, den Funktionswert der Summe zweier Winkel durch die Funktionswerte der einzelnen Winkel anzugeben, z. B. $\tan(\alpha+\beta)$ durch $\tan\alpha$ und $\tan\beta$. Die hierzu benötigten Beziehungen sowie weitere goniometrische Formeln werden als Additionstheoreme bezeichnet. Sie sind für alle mathematischen Anwendungen, bei denen trigonometrische Funktionen verwendet werden, von großer Bedeutung.

In *Bild 4.17* haben die Winkel α und β einen gemeinsamen Schenkel. Auf dem freien Schenkel von α sei A beliebig gewählt. Von A werden die Lote auf die Schenkel von β bis B bzw. C gezeichnet und von B die Lote auf AC bis D sowie auf OC bis E. Wegen $AC \perp OC$ und $AB \perp OB$ ist $\measuredangle BAD = \beta$.

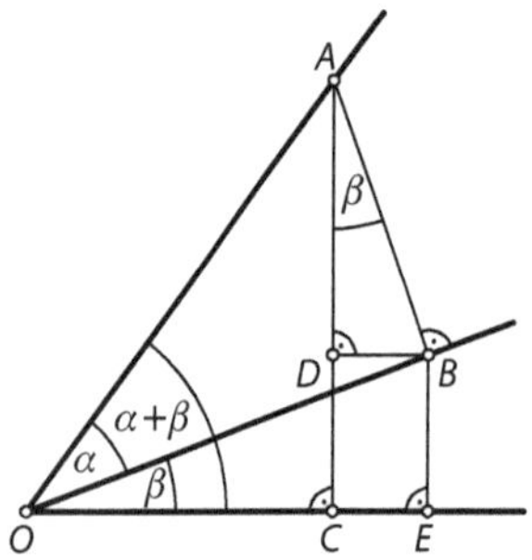

Bild 4.17

Es ist im

$$\triangle OCA: \quad \sin(\alpha+\beta) = \frac{\overline{AC}}{\overline{OA}} = \frac{\overline{AD}+\overline{DC}}{\overline{OA}} = \frac{\overline{AD}+\overline{BE}}{\overline{OA}} \tag{I}$$

$$\triangle OBA: \quad \sin\alpha = \frac{\overline{AB}}{\overline{OA}} \quad \text{oder} \quad \overline{AB} = \overline{OA}\sin\alpha \tag{II}$$

$$\triangle ADB: \quad \cos\beta = \frac{\overline{AD}}{\overline{AB}} \quad \text{oder} \quad \overline{AD} = \overline{AB}\cos\beta$$

und mit (II)

$$\overline{AD} = \overline{OA}\sin\alpha\cos\beta \tag{III}$$

$$\triangle OBA: \quad \cos\alpha = \frac{\overline{OB}}{\overline{OA}} \quad \text{oder} \quad \overline{OB} = \overline{OA}\cos\alpha$$

$$\triangle OEB: \quad \sin\beta = \frac{\overline{BE}}{\overline{OB}} \quad \text{oder} \quad \overline{BE} = \overline{OB}\sin\beta \tag{IV}$$

und mit (IV)

$$\overline{BE} = \overline{OA}\sin\beta\cos\alpha \tag{V}$$

Die Ausdrücke für $\overline{AD}$ und $\overline{BE}$ aus (III) bzw. (V) werden in (I) eingesetzt:

$$\sin(\alpha+\beta) = \frac{\overline{OA}\sin\alpha\cos\beta + \overline{OA}\sin\beta\cos\alpha}{\overline{OA}}$$

Nach Kürzen durch $\overline{OA}$ und Umstellung folgt

$$\sin(\alpha+\beta) = \sin\alpha\cos\beta + \cos\alpha\sin\beta \tag{4.7}$$

Wird in *Gl. (4.7)* der Winkel β durch $-\beta$ ersetzt, dann ergibt sich

$$\sin(\alpha-\beta) = \sin\alpha\cos(-\beta) + \cos\alpha\sin(-\beta)$$

und wegen *Gl. (4.3)* mit $\sin(-\beta) = -\sin\beta$, $\cos(-\beta) = \cos\beta$ folgt

$$\sin(\alpha-\beta) = \sin\alpha\cos\beta - \cos\alpha\sin\beta \tag{4.8}$$

Auf ähnlichem Weg lassen sich aus *Bild 4.18* die Formeln ableiten

$$\cos(\alpha+\beta) = \cos\alpha\cos\beta - \sin\alpha\sin\beta \tag{4.9}$$

$$\cos(\alpha-\beta) = \cos\alpha\cos\beta + \sin\alpha\sin\beta \tag{4.10}$$

Für die Tangensfunktion ergeben sich die Formeln

$$\tan(\alpha+\beta) = \frac{\tan\alpha + \tan\beta}{1 - \tan\alpha\tan\beta} \tag{4.11}$$

$$\tan(\alpha-\beta) = \frac{\tan\alpha - \tan\beta}{1 + \tan\alpha\tan\beta} \tag{4.12}$$

Die *Gln. (4.7)* bis *(4.12)* heißen **Additionstheoreme**. Sie sind für beliebige Winkel α und β gültig.

Beispiele

4.16 Der Term $T(\varphi) = \sin(150^\circ + \varphi) + \cos(300^\circ + \varphi)$ ist zu vereinfachen.

Lösung: Mit den *Additionstheoremen (4.7)* und *(4.9)* folgt

$T(\varphi) = \sin 150^\circ \cos\varphi + \cos 150^\circ \sin\varphi + \cos 300^\circ \cos\varphi - \sin 300^\circ \sin\varphi$

Aus den Zerlegungen $150^\circ = 90^\circ + 60^\circ$ bzw. $300^\circ = 270^\circ + 30^\circ$ ergibt sich mit den *Quadrantenrelationen (4.5a)* und *(4.5c)*:

$T(\varphi) = \cos 60^\circ \cos\varphi - \sin 60^\circ \sin\varphi + \sin 30^\circ \cos\varphi + \cos 30^\circ \sin\varphi$

und mit den Funktionswerten

$\cos 60^\circ = \sin 30^\circ = \frac{1}{2}, \qquad \sin 60^\circ = \cos 30^\circ = \frac{1}{2}\sqrt{3}$

wird

$T(\varphi) = \frac{1}{2}\cos\varphi - \frac{1}{2}\sqrt{3}\sin\varphi + \frac{1}{2}\cos\varphi + \frac{1}{2}\sqrt{3}\sin\varphi$

$T(\varphi) = \sin(150^\circ + \varphi) + \cos(300^\circ + \varphi) = \cos\varphi$

4.17 Mithilfe der Additionstheoreme lassen sich leicht die Quadrantenrelationen herleiten. Zum Beispiel ist nach *Gl. (4.8)*

$\sin(270^\circ - \alpha) = \sin 270^\circ \cos\alpha - \cos 270^\circ \sin\alpha$

und wegen $\sin 270^\circ = -1$, $\cos 270^\circ = 0$ folgt in Übereinstimmung mit *Gl. (4.5e)*:

$\sin(270^\circ - \alpha) = -\cos\alpha$ ■

Ist in dem *Additionstheorem (4.7)* im Sonderfall $\alpha = \beta$, dann erhält man, wenn β durch α ersetzt wird:

$$\sin(\alpha+\alpha) = \sin\alpha\,\cos\alpha + \cos\alpha\,\sin\alpha$$

oder als Formeln für Funktionen des doppelten Winkels

$$\sin 2\alpha = 2\sin\alpha\,\cos\alpha \tag{4.13}$$

Entsprechend folgt aus *Gl. (4.9)*:

$$\begin{aligned} \cos 2\alpha &= \cos^2\alpha - \sin^2\alpha \\ &= 1 - 2\sin^2\alpha \\ &= 2\cos^2\alpha - 1 \end{aligned} \tag{4.14}$$

Die letzten zwei Gleichungen in *(4.14)* ergeben sich mit dem trigonometrischen Pythagoras; danach kann

$$\cos^2\alpha = 1 - \sin^2\alpha \quad \text{bzw.} \quad \sin^2\alpha = 1 - \cos^2\alpha$$

gesetzt werden. Wird in *Gl. (4.13)* und *(4.14)* α durch $\frac{\alpha}{2}$ ersetzt, dann entsteht die ebenso häufig gebrauchte Formelgruppe

$$\sin\alpha = 2\sin\frac{\alpha}{2}\cos\frac{\alpha}{2} \tag{4.15}$$

$$\begin{aligned} \cos\alpha &= \cos^2\frac{\alpha}{2} - \sin^2\frac{\alpha}{2} \\ &= 1 - 2\sin^2\frac{\alpha}{2} \\ &= 2\cos^2\frac{\alpha}{2} - 1 \end{aligned} \tag{4.16}$$

Beispiele

4.18 Der Term $\frac{1-\cos\alpha}{\sin\alpha}$ ist zu vereinfachen.

Lösung: Mit den *Gln. (4.16)* und *(4.15)* folgt

$$\frac{1-\cos\alpha}{\sin\alpha} = \frac{1-\left(1-2\sin^2\frac{\alpha}{2}\right)}{2\sin\frac{\alpha}{2}\cos\frac{\alpha}{2}} = \frac{2\sin^2\frac{\alpha}{2}}{2\sin\frac{\alpha}{2}\cos\frac{\alpha}{2}} = \frac{\sin\frac{\alpha}{2}}{\cos\frac{\alpha}{2}} = \tan\frac{\alpha}{2}$$

4.19 Im gleichschenkligen Dreieck sind der Schenkel a und der Basiswinkel α gegeben. Es ist eine Formel für die Höhe h_a aufzustellen (*Bild 4.18*).

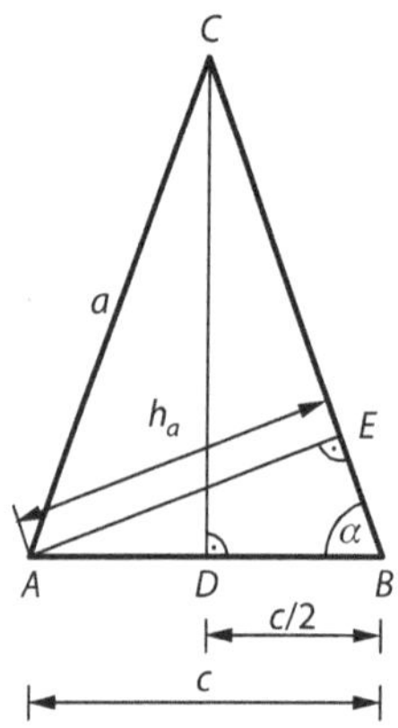

Bild 4.18

Lösung: Im $\triangle DBC$ ist

$$\cos\alpha = \frac{c/2}{a} = \frac{c}{2a}, \qquad c = 2a\cos\alpha \tag{VI}$$

Im $\triangle ABE$ ist

$$\sin\alpha = \frac{h_a}{c}, \qquad h_a = c\sin\alpha$$

und mit *(VI)* und *(4.13)* wird

$$h_a = 2a\sin\alpha\cos\alpha = a\sin 2\alpha$$ ■

Ohne Beweis wird noch eine Formelgruppe angegeben, die Summen oder Differenzen gleichartiger Winkelfunktionen in Produkte verwandelt und daher besonders bei der Vereinfachung von Brüchen genutzt werden kann:

$$\sin\alpha + sin\beta = 2\sin\frac{\alpha+\beta}{2}\cos\frac{\alpha-\beta}{2} \tag{4.17}$$

$$\sin\alpha - \sin\beta = 2\sin\frac{\alpha-\beta}{2}\cos\frac{\alpha+\beta}{2} \tag{4.18}$$

$$\cos\alpha + \cos\beta = 2\cos\frac{\alpha+\beta}{2}\cos\frac{\alpha-\beta}{2} \tag{4.19}$$

$$\cos\alpha - \cos\beta = -2\sin\frac{\alpha+\beta}{2}\cos\frac{\alpha-\beta}{2} \tag{4.20}$$

Beispiel

4.20 Der Term $T(\alpha) = \dfrac{\sin\alpha + \sin\beta}{\cos\alpha + \cos\beta}$ ist zu vereinfachen.

Lösung: Mit den *Gln. (4.17)* und *(4.19)* folgt

$$T(\alpha) = \frac{2\sin\frac{\alpha+\beta}{2}\cos\frac{\alpha-\beta}{2}}{2\cos\frac{\alpha+\beta}{2}\cos\frac{\alpha-\beta}{2}} = \frac{\sin\frac{\alpha+\beta}{2}}{\cos\frac{\alpha+\beta}{2}} = \tan\frac{\alpha+\beta}{2}$$

■

Kontrollfragen

4.10 Beschreiben Sie, welche grundlegende Umformung die Additionstheoreme ermöglichen.

4.11 Beweisen Sie mithilfe der Additionstheoreme einige der *Quadrantenrelationen (4.5a)* bis *(4.5f)*.

Aufgaben: ***4.20*** **und** ***4.21***

4.2 Dreiecksberechnung

4.2.1 Allgemeines

Im Folgenden werden die trigonometrischen Funktionen zur Berechnung beliebiger, d. h. spitz- oder stumpfwinkliger Dreiecke verwendet. Die Dreieckswinkel α, β, γ können daher im I. oder im II. Quadranten liegen:

$$0° < \alpha < 180°, \qquad 0° < \beta < 180°, \qquad 0° < \gamma < 180°$$

Nach *Bild 4.10* ist der Funktionswert $\sin\alpha$ in den beiden ersten Quadranten positiv, während die Funktionswerte $\cos\alpha$, $\tan\alpha$, $\cot\alpha$ in dem ersten Quadranten positiv, im II. Quadranten negativ sind. Entsprechendes gilt für β und γ. Daraus ergeben sich Folgerungen für die Eindeutigkeit von Lösungen.

Wird z. B. im Dreieck ein Winkel α nach dem Sinussatz berechnet und ergibt sich $\sin\alpha = 0{,}926\,1$, dann folgt zunächst

$$\arcsin 0{,}926\,1 = \overline{\alpha} = 67{,}834\,8°$$

Da α im I. oder II. Quadranten liegen kann, sind zwei Winkel möglich:

$$\alpha_1 = \overline{\alpha} = 67{,}834\,8^\circ, \qquad \alpha_2 = 180^\circ - \overline{\alpha} = 112{,}165\,2^\circ$$

Es muss nun, z. B. mithilfe von Sätzen über das Dreieck, entschieden werden, ob beide Lösungen möglich sind bzw. bei eindeutiger Lösung muss diese ausgewählt werden. Bei Verwendung der drei anderen Funktionen, z. B. bei cos α, bestimmt das Vorzeichen des Funktionswertes eindeutig den Quadranten, in dem der Winkel liegt.

Im schiefwinkligen Dreieck sind alle Seiten gleichberechtigt, ebenso alle Winkel. Aus jeder Formel, die für bestimmte Seiten und Winkel bewiesen ist, folgen daher zwei weitere, wenn nach *Bild 4.19* durch **zyklische Vertauschung** (Zyklus; der Kreis) Seiten und Winkel durch die im Kreis entsprechend den Pfeilen folgenden Seiten bzw. Winkel ersetzt werden. Zum Beispiel ergibt sich aus der Formel

$$h_c = b \sin\alpha$$

nach der 1. zyklischen Vertauschung:

$$h_a = c \sin\beta \quad \text{und}$$

nach der 2. zyklischen Vertauschung:

$$h_b = a \sin\gamma$$

Nochmalige Vertauschung führt wieder auf die erste Formel.

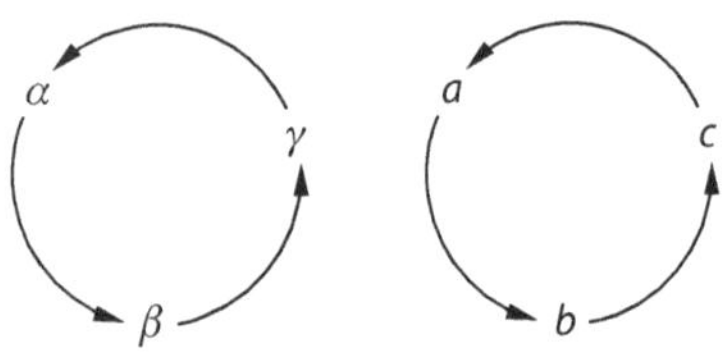

Bild 4.19

4.2.2 Sinus- und Kosinussatz

Nach *Bild 4.20* ist im spitzwinkligen Dreieck ABC und zwar im

Teildreieck ACD	Teildreieck BCD
$\sin\alpha = \dfrac{h_c}{b}$	$\sin\beta = \dfrac{h_c}{a}$
$h_c = b\sin\alpha$	$h_c = a\sin\beta$

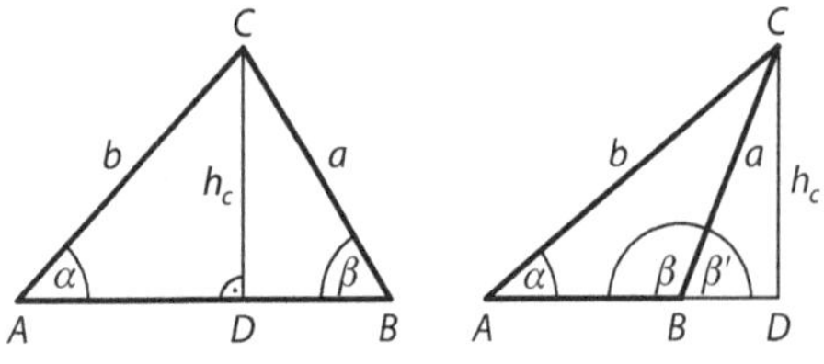

Bild 4.20

Durch Gleichsetzen folgt

$$b\sin\alpha = a\sin\beta \quad \text{oder} \quad \frac{a}{b} = \frac{\sin\alpha}{\sin\beta} \qquad \text{(I)}$$

Dieselbe Beziehung gilt auch im stumpfwinkligen Dreieck, denn es ist nach *Bild 4.20*

$$h_c = b\sin\alpha, \qquad h_c = a\sin\beta' = a\sin(180^\circ - \beta) = a\sin\beta$$

Aus *Gleichung (I)* folgen zwei weitere durch zyklische Vertauschung.

Satz 4.4

Sinussatz

Die Seiten eines Dreiecks verhalten sich zueinander wie die Sinus der gegenüberliegenden Winkel.

$$\frac{a}{b} = \frac{\sin\alpha}{\sin\beta}, \qquad \frac{b}{c} = \frac{\sin\beta}{\sin\gamma}, \qquad \frac{c}{a} = \frac{\sin\gamma}{\sin\alpha}$$

oder als Proportion geschrieben

$$a : b : c = \sin\alpha : \sin\beta : \sin\gamma \tag{II}$$

Die *Gl. (II)* lässt sich auch wie folgt zusammenfassen:

$$\frac{a}{\sin\alpha} = \frac{b}{\sin\beta} = \frac{c}{\sin\gamma} \tag{III}$$

Im Dreieck ist das Verhältnis jeder Seite zum Sinus ihres gegenüberliegenden Winkels konstant.

Der Sinussatz wird angewendet, wenn von einem Dreieck eine Seite und zwei Winkel oder zwei Seiten und der einer Seite gegenüberliegende Winkel gegeben sind.

Beispiele

4.21 Von einem Dreieck sind $b = 23{,}67\,\text{m}$, $\alpha = 113{,}127^\circ$, $\beta = 32{,}593^\circ$ gegeben. Gesucht werden die restlichen Seiten und Winkel.

Lösung: Aus der Winkelsumme im Dreieck folgt

$$\gamma = 180^\circ - (\alpha + \beta) = 34{,}280^\circ$$

a und c werden nach dem Sinussatz berechnet:

$$a = \frac{b\sin\alpha}{\sin\beta} = 40{,}41\,\text{m}, \qquad c = \frac{b\sin\gamma}{\sin\beta} = 24{,}75\,\text{m}$$

4.22 Von einem Dreieck sind $a = 36{,}78\,\text{m}$, $c = 50{,}21\,\text{m}$, $\alpha = 42{,}530^\circ$ gegeben. Die restlichen Seiten und Winkel sind zu berechnen.

Lösung: Zuerst wird mit dem Sinussatz γ berechnet:

$$\sin\gamma = \frac{c\sin\alpha}{a} = 0{,}922\,80$$

$$\arcsin 0{,}922\,80 = \overline{\gamma} = 67{,}340^\circ$$

Für γ ergeben sich nach dem vorigen Abschnitt zwei Werte: $\gamma_1 = 67{,}340^\circ$, $\gamma_2 = 112{,}660^\circ$. Im Dreieck muss der größeren Seite der größere Winkel gegenüberliegen, daher muss aus $c > a$ folgen $\gamma > \alpha$. Beide Winkel γ_1 und γ_2 sind größer als α, daher sind zwei Dreiecke ABC_1 und ABC_2 (*Bild 4.21*) mit den gegebenen Größen a, c, α möglich. In beiden Dreiecken werden anschließend getrennt die fehlenden Größen berechnet:

$\triangle ABC_1$

$$\gamma_1 = 67{,}340^\circ$$

$$\beta_1 = 180^\circ - (\alpha + \gamma_1) = 70{,}130^\circ$$

$$b_1 = \frac{a\sin\beta_1}{\sin\alpha} = 51{,}17\,\text{m}$$

$\triangle ABC_2$

$$\gamma_2 = 112{,}660^\circ$$

$$\beta_2 = 180^\circ - (\alpha + \gamma_2) = 24{,}810^\circ$$

$$b_2 = \frac{a\sin\beta_2}{\sin\alpha} = 223{,}83\,\text{m}$$

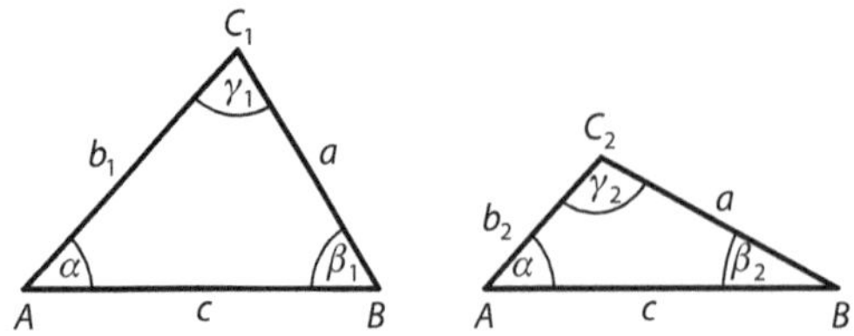

Bild 4.21

4.23 Um den wegen eines Flusses nicht direkt messbaren Abstand e eines Punktes P vom Rand einer geraden Straße zu bestimmen, wurden auf dem Straßenrand die Punkte M und N gewählt, und es wurden die Strecke $\overline{MN} = c = 145{,}85\,\text{m}$ und die Winkel $\sphericalangle NMP = \alpha = 61{,}274°$, $\sphericalangle PNM = \beta = 45{,}029°$ gemessen (*Bild 4.22*). e ist zunächst allgemein durch c, α, β auszudrücken und dann zu berechnen.

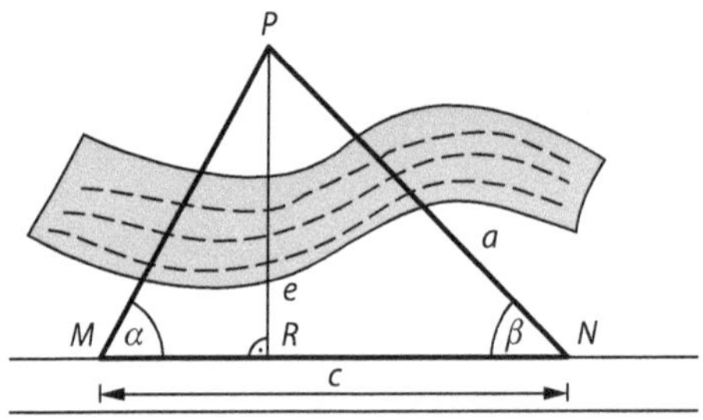

Bild 4.22

Lösung: Im Dreieck MNP ergibt sich die Seite $\overline{NP} = a$ nach dem Sinussatz:

$$a = \frac{c \sin\alpha}{\sin\gamma}$$

Wegen $\gamma = 180° - (\alpha + \beta)$ und $\sin(180° - (\alpha + \beta)) = \sin(\alpha + \beta)$ folgt:

$$a = \frac{c \sin\alpha}{\sin(\alpha + \beta)} \tag{IV}$$

Der gesuchte Abstand e ist die Höhe im Dreieck MNP und wird im Dreieck RMP berechnet:

$$e = a \sin\beta \tag{V}$$

(V) in (IV) eingesetzt ergibt

$$e = \frac{c \sin\alpha \sin\beta}{\sin(\alpha + \beta)} = 94{,}28\,\text{m}$$

4.24 Im Rahmen der Vorarbeiten für den Bau einer Sprungschanze ist die Höhe x des Punktes C über dem Punkt A zu bestimmen. Es wurde ein Punkt B gewählt, der mit A und C in einer Vertikalebene liegt, und es wurden die Vertikalwinkel $\alpha = 23°\,58'$, $\beta = 11°\,51'$, die Strecke $s = 41{,}03\,\text{m}$ und der Höhenunterschied $h = 17{,}88\,\text{m}$ der Punkte A und B gemessen (*Bild 4.23*). Der Höhenunterschied x ist zu berechnen.

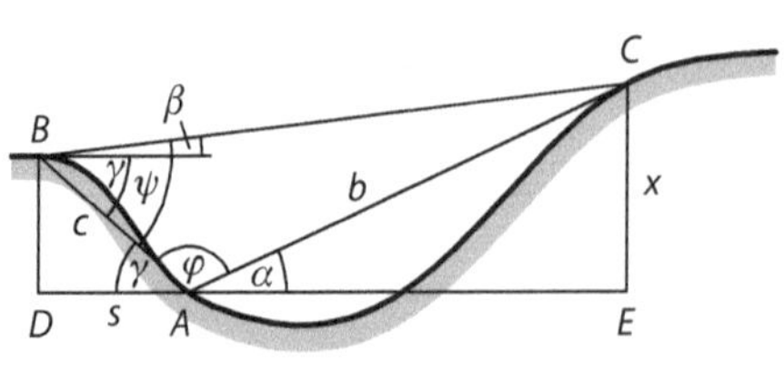

Bild 4.23

Lösung: Berechnung im Dreieck ABD:

$$\tan\gamma = \frac{h}{s}, \qquad \gamma = 23{,}546\,5^\circ$$

$$c = \overline{AB} = \sqrt{h^2 + s^2} = 44{,}757\,\text{m}$$

Berechnung im Dreieck ACB:

$$\varphi = 180^\circ - (\alpha + \gamma) = 132{,}487^\circ \qquad (\alpha \text{ und } \beta \text{ sind in dezimalgeteiltem Grad anzugeben.})$$

$$\psi = \beta + \gamma = 35{,}397^\circ$$

$$b = \frac{c \sin\psi}{\sin(\varphi + \psi)} \qquad \text{(vgl. } \textit{Beispiel 4.23}) \qquad \text{(VI)}$$

Berechnung im Dreieck AEC:

$$\sin\alpha = \frac{x}{b}, \qquad x = b\sin\alpha \qquad \text{und mit (VI)}$$

$$x = \frac{c\sin\psi\sin\alpha}{\sin(\varphi + \psi)} = 50{,}17\,\text{m}$$

■

In *Bild 4.24* gilt für beide Dreiecke nach dem Sinussatz

$$a\sin\beta = b\sin\alpha \qquad \text{(VII)}$$

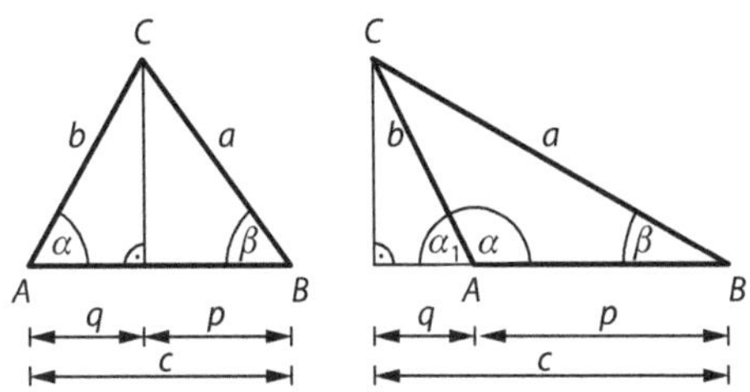

Bild 4.24

Weiterhin ist im

spitzwinkligen Dreieck:	stumpfwinkligen Dreieck:
$p = c - q$ mit	$p = c + q$ mit
$p = a\cos\beta$	$p = a\cos\beta$
$q = b\cos\alpha$	$q = b\cos\alpha_1 = b\cos(180^\circ - \alpha)$
	$= -b\cos\alpha$

Damit ist in beiden Dreiecken

$$a\cos\beta = c - b\cos\alpha \qquad \text{(VIII)}$$

Die *Gln. (VII)* und *(VIII)* werden quadriert

$$a^2\sin^2\beta = b^2\sin^2\alpha$$

$$a^2\cos^2\beta = c^2 - 2bc\cos\alpha + b^2\cos^2\alpha$$

und addiert

$$a^2\left(\sin^2\beta + \cos^2\beta\right) = b^2\left(\sin^2\alpha + \cos^2\alpha\right) + c^2 - 2bc\cos\alpha$$

Wegen *Gl. (4.15)* ist der Inhalt jeder Klammer gleich eins, und mit zyklischer Vertauschung folgt der nächste Satz.

Satz 4.5

Kosinussatz

In jedem Dreieck ist das Quadrat einer Seite gleich der Summe der Quadrate der beiden anderen Seiten, vermindert um das doppelte Produkt aus diesen beiden Seiten und dem Kosinus des eingeschlossenen Winkels.

$$a^2 = b^2 + c^2 - 2bc\cos\alpha$$

$$b^2 = c^2 + a^2 - 2ca\cos\beta$$

$$c^2 = a^2 + b^2 - 2ab\cos\gamma$$

Der Kosinussatz wird angewendet, wenn von einem Dreieck zwei Seiten und der eingeschlossene Winkel oder alle drei Seiten gegeben sind.

Im rechtwinkligen Dreieck ist $\gamma = 90^\circ$ und wegen $\cos\gamma = \cos 90^\circ = 0$ folgt aus der letzten Gleichung von *Satz 4.5* der Satz des Pythagoras als Sonderfall des Kosinussatzes.

Beispiele

4.25 Der Abstand c zweier Punkte A und B kann wegen eines zwischen den Punkten liegenden Gebäudes nicht direkt gemessen werden. Es wurde ein Hilfspunkt C gewählt, und es wurden die Strecken $a = 83{,}87$ m, $b = 74{,}45$ m und der Winkel $\gamma = 134^\circ 26'$ gemessen (*Bild 4.25*). Gesucht wird $c = \overline{AB}$.

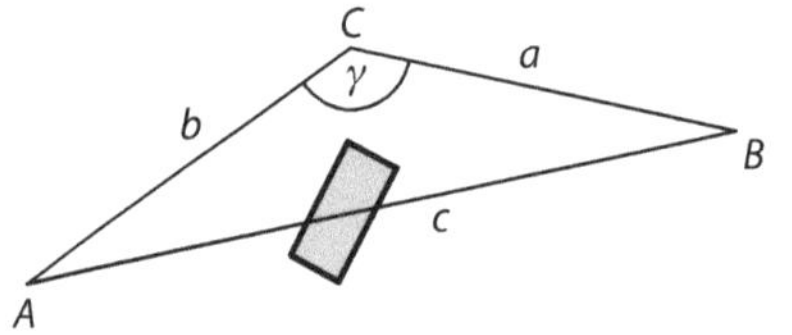

Bild 4.25

Lösung: Nach dem Kosinussatz ist

$$c = \sqrt{a^2 + b^2 - 2ab\cos\gamma} = 146{,}01\text{ m}$$

4.26 Von einem Dreieck sind $b = 62{,}1$ m, $c = 35{,}8$ cm und $\alpha = 27{,}400^\circ$ gegeben. Zu berechnen sind α, β, γ.

Lösung: Zuerst wird nach dem Kosinussatz die Seite α berechnet:

$$a = \sqrt{b^2 + c^2 - 2bc\cos\alpha} = 34{,}50\text{ cm}$$

Der Winkel β ergibt sich nach dem Sinussatz:

$$\sin\beta = \frac{b\sin\alpha}{a} = 0{,}828\,27,$$

$$\overline{\beta} = \arcsin 0{,}828\,27 = 55{,}922^\circ$$

Von den zwei möglichen Winkeln $\overline{\beta}$ und $180^\circ - \overline{\beta} = 124{,}078^\circ$ kommt für β nur der stumpfe Winkel in Frage; denn aus $c < b$ folgt $\gamma < \beta$. Wäre also $\beta = \overline{\beta} = 55{,}922^\circ$, dann müsste $\gamma < 55{,}922^\circ$ sein. Dann ist aber $\alpha + \beta + \gamma < 180^\circ$ im Widerspruch zur Winkelsumme im Dreieck. Folglich ist

$$\beta = 124{,}078^\circ$$

und für γ folgt

$\gamma = 180° - (\alpha + \beta) = 28{,}522°$

γ kann auch nach dem Sinussatz berechnet und dann die Winkelsumme im Dreieck als Probe verwendet werden.

4.27 In einem Punkt P greifen an einen Körper drei Kräfte $F_1 = 1\,080\,\text{N}$, $F_2 = 710\,\text{N}$ und $F_3 = 520\,\text{N}$ an (*Bild 4.26*). Welche Winkel α, β, γ müssen die Wirkungslinien der Kräfte miteinander bilden, damit die Kräfte im Gleichgewicht sind?

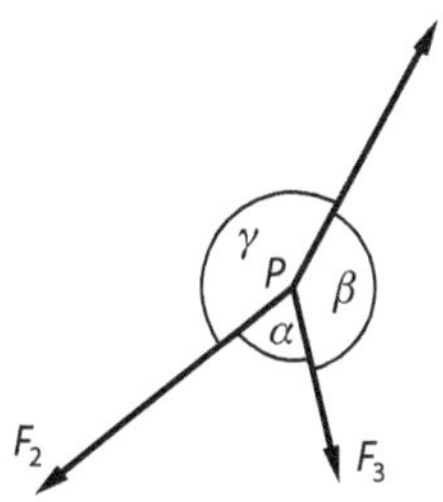

Bild 4.26

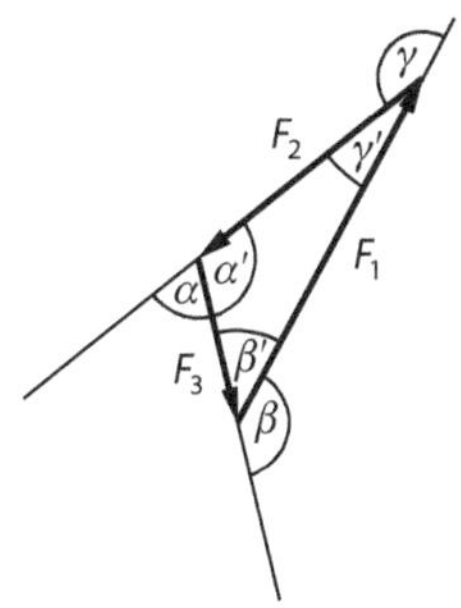

Bild 4.27

Lösung: Damit Gleichgewicht vorliegt, müssen die Kräfte ein Dreieck bilden (*Bild 4.27*). Die gesuchten Winkel sind Außenwinkel des Dreiecks. Zur Berechnung von α wird der Kosinussatz

$F_1^2 = F_2^2 + F_3^2 - 2F_2F_3\cos\alpha'$

nach $\cos\alpha'$ umgestellt:

$$\cos\alpha' = \frac{F_2^2 + F_3^2 - F_1^2}{2F_2F_3} = -0{,}530\,7$$

Für α' ergibt sich

$\alpha' = \arccos(-0{,}530\,7) = 122{,}055\,6°$

Die Winkel β' und γ' folgen aus dem Sinussatz und müssen, da α' stumpf ist, spitz sein:

$$\sin\beta' = \frac{F_2\sin\alpha'}{F_1} \qquad \sin\gamma' = \frac{F_3\sin\alpha'}{F_1}$$

$$\beta' = 33{,}860\,6° \qquad \gamma' = 24{,}083\,8°$$

Die gesuchten Winkel sind

$\alpha = 180° - \alpha' = 57{,}944\,4°$

$\beta = 180° - \beta' = 146{,}139\,4°$

$\gamma = 180° - \gamma' = 155{,}916\,2°$

Probe: $\alpha + \beta + \gamma = 360°$ als Summe der Außenwinkel eines Dreiecks.

4.28 Zur Bestimmung der Entfernung e zweier unzugänglicher Geländepunkte P_1, P_2 (*Bild 4.28*) wurden in einem Standpunkt S der Horizontalwinkel $\beta = 32°25'$ und die Vertikalwinkel $\alpha_1 = 17°05'$, $\alpha_2 = 13°45'$ gemessen. Durch vorhergehende Messung sind die Höhenunterschiede $h_1 = 46{,}20\,\text{m}$, $h_2 = 38{,}70\,\text{m}$ zwischen S und P_1 bzw. P_2 gegeben. Zu berechnen ist $e = \overline{P_1P_2}$.

Lösung: In den vertikalen rechtwinkligen Dreiecken $SP_1'P_1$ und $SP_2'P_2$ ist

$$a_1 = \frac{h_1}{\tan\alpha_1} = 150{,}33\,\text{m}, \qquad a_2 = \frac{h_2}{\tan\alpha_2} = 158{,}15\,\text{m}$$

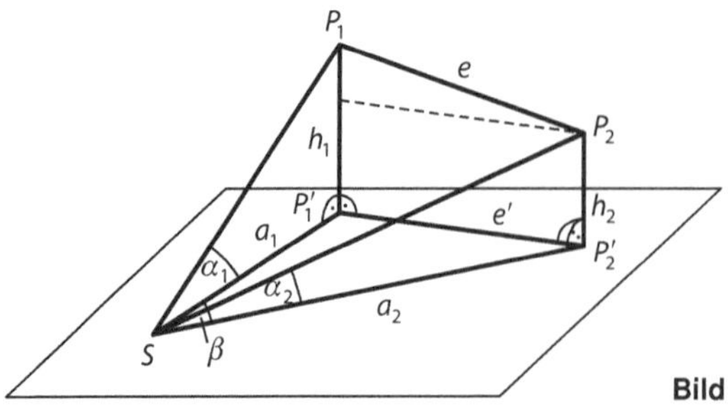

Bild 4.28

Die horizontale Entfernung $e' = \overline{P_1'P_2'}$ beider Punkte wird nach dem Kosinussatz berechnet:

$$\overline{P_1'P_2'} = \sqrt{a_1^2 + a_2^2 - 2a_1 a_2 \cos\beta} = 86{,}43\,\text{m}$$

Der gesuchte Abstand $e = \overline{P_1 P_2}$ folgt aus

$$e = \sqrt{e'^2 + (h_1 - h_2)^2} = 86{,}76\,\text{m}$$ ■

Kontrollfragen

4.12 Welche Größen im Dreieck müssen gegeben sein, damit der Sinussatz bzw. der Kosinussatz angewendet werden kann?

4.13 Welche Überlegungen sind notwendig, wenn ein Dreieckswinkel mit dem Sinussatz berechnet wird?

Aufgaben: *4.22* **bis** *4.25*

4.2.3 Grundaufgaben der Dreiecksberechnung

Nach den gegebenen Größen lassen sich bei der trigonometrischen Berechnung des Dreiecks vier Grundaufgaben unterscheiden. Dieselbe Einteilung wird auch den Dreieckskonstruktionen und den Kongruenzsätzen zugrunde gelegt.

Entsprechend der jeweiligen Grundaufgabe ergeben sich verschiedene Lösungsschritte, die in der *Tabelle 4.5* dargestellt sind.

1. Grundaufgabe: Gegeben sind **eine Seite und zwei Winkel**, und zwar

a) eine Seite und zwei anliegende Winkel, **WSW**

b) eine Seite, ein anliegender und ein gegenüberliegender Winkel, **SWW**

2. Grundaufgabe: Gegeben sind **zwei Seiten und der eingeschlossene Winkel, SWS**

3. Grundaufgabe: Gegeben sind **zwei Seiten und der einer Seite gegenüberliegende Winkel, SSW**

4. Grundaufgabe: Gegeben sind die **drei Seiten, SSS**

Tabelle 4.5

1. SWW, WSW	2. SWS	3. SSW	4. SSS
Gegeben: 1 Seite und 2 Winkel, z. B. a, β, γ 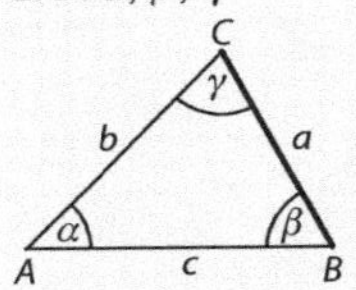 **Bild 4.29**	*Gegeben:* 2 Seiten und der eingeschlossene Winkel, z. B. a, b, γ 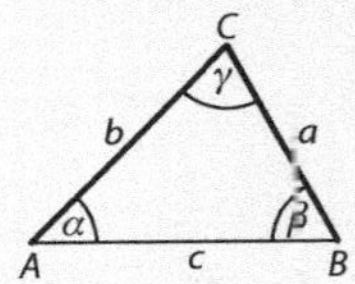 **Bild 4.30**	*Gegeben:* 2 Seiten und der einer Seite gegenüberliegende Winkel, z. B. a, b, α 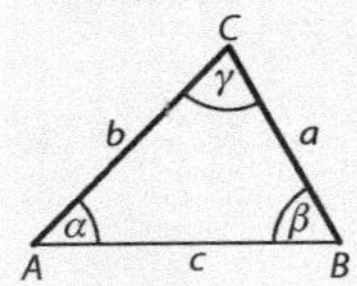 **Bild 4.31**	*Gegeben:* 3 Seiten a, b, c 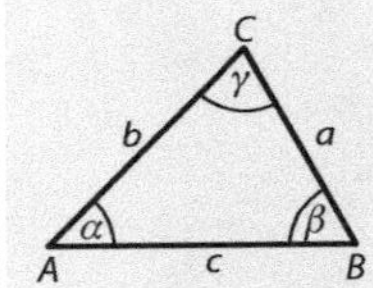 **Bild 4.32**
Bedingung: $\beta + \gamma < 180°$	*Bedingung:* $\gamma < 180°$	*Bedingung:* $\alpha < 180°$, siehe Fallunterscheidung	*Bedingung:* $a+b > c, b+c > a, c+a > b$
Lösung: $\alpha = 180° - (\beta + \gamma)$ $b = \dfrac{a \sin\beta}{\sin\alpha}$ $c = \dfrac{a \sin\gamma}{\sin\alpha}$	*1. Lösung:* Gesucht c oder c, α, β $c = \sqrt{a^2 + b^2 - 2ab\cos\gamma}$ $\sin\alpha = \dfrac{a \sin\gamma}{c}$ $\sin\beta = \dfrac{b \sin\gamma}{c}$ oder α und β nach 2. Lösung α bzw. β können spitz oder stumpf sein. Entscheidung nach Bild oder nach Satz: Der größeren Seite liegt der größere Winkel gegenüber. *Probe:* $\alpha + \beta + \gamma = 180°$ *2. Lösung:* Gesucht α oder β $\tan\alpha = \dfrac{a \sin\gamma}{b - a\cos\gamma}$ $\tan\beta = \dfrac{b \sin\gamma}{a - b\cos\gamma}$	*Lösung:* $\overline{\beta}$ ist der spitze Winkel. *Fallunterscheidung:* 1. $\dfrac{b \sin\alpha}{a} > 1$ 0 Lösungen 2. $\dfrac{b \sin\alpha}{a} = 1$ 1 Lösung: $\beta = 90°$ 3. $\dfrac{b \sin\alpha}{a} < 1$ 3.1. $b > a$ 3.1.1. $\alpha < 90°$ 2 Lösungen: $\beta_1 = \overline{\beta}, \beta_2 = 180° - \overline{\beta}$ 3.1.2. $\alpha > 90°$ 0 Lösungen 3.2. $b < a$ 3.2.1. $\alpha < 90°$ 1 Lösung: $\beta = \overline{\beta}$ 3.2.2. $\alpha > 90°$ 1 Lösung: $\beta = \overline{\beta}$ Weitere Berechnung mit einem Winkel β oder mit 2 Winkeln β_1, β_2: $\gamma_1 = 180° - (\alpha + \beta_1)$ $\gamma_2 = 180° - (\alpha + \beta_2)$ $c_1 = \dfrac{a \sin\gamma_1}{\sin\alpha}$ $c_2 = \dfrac{a \sin\gamma_2}{\sin\alpha}$	*Lösung:* Es sei a die größte Seite $\cos\alpha = \dfrac{b^2 + c^2 - a^2}{2bc}$ $\sin\beta = \dfrac{b \sin\alpha}{a}$ $\sin\gamma = \dfrac{c \sin\alpha}{a}$ β und γ sind spitze Winkel *Probe:* $\alpha + \beta + \gamma = 180°$

Kontrollfragen

4.14 Welche Grundaufgaben der Dreiecksberechnung werden nach den gegebenen Größen unterschieden?

4.15 Erläutern Sie den Lösungsweg für die einzelnen Grundaufgaben.

Aufgabe: *4.26*

4.2.4 Weitere Anwendungen

Von einem Dreieck seien die zwei Seiten a, b und der eingeschlossene Winkel γ gegeben. Gesucht wird der Flächeninhalt A des Dreiecks. Es ist (*Bild 4.33*):

$$A = \frac{ah_a}{2}$$

und mit $h_a = b \sin\gamma$ und zyklischer Vertauschung folgt:

Satz 4.6

Der Flächeninhalt eines Dreiecks ist gleich dem halben Produkt aus zwei Seiten und dem Sinus des eingeschlossenen Winkels.

$$A = \frac{1}{2}ab\sin\gamma = \frac{1}{2}bc\sin\alpha = \frac{1}{2}ca\sin\beta$$

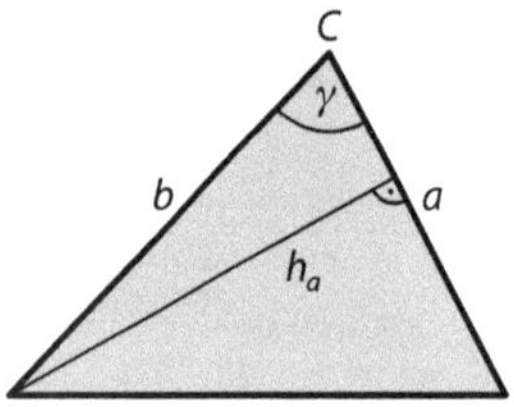

Bild 4.33

Für den Flächeninhalt eines Parallelogramms mit den Seiten a, b und dem von ihnen eingeschlossenen Winkel α folgt durch Zerlegung in zwei Dreiecke sofort (*Bild 4.34*):

$$A = ab\sin\alpha$$

und für den Flächeninhalt eines Rhombus (*Bild 4.35*) gilt $A = a^2 \sin\alpha$.

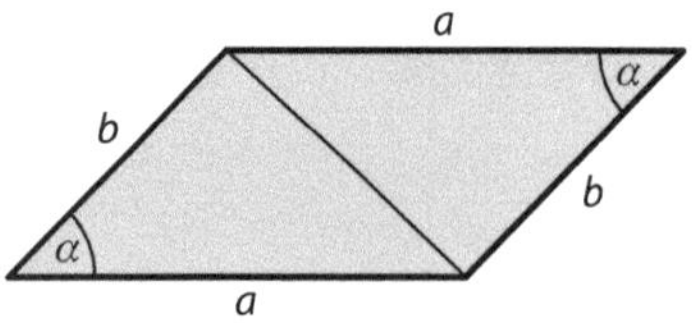

Bild 4.34

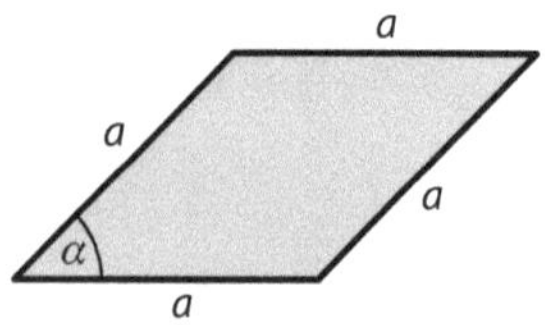

Bild 4.35

Beispiele

4.29 Die Eckpunkte eines Dreiecks $P_1P_2P_3$ sind durch die Polarkoordinaten gegeben:

P_1: $r_1 = 6{,}8$, $\alpha_1 = 18{,}6°$

P_2: $r_2 = 9{,}0$, $\alpha_2 = 44{,}4°$

P_3: $r_3 = 4{,}5$, $\alpha_3 = 84{,}2°$

Gesucht wird der Flächeninhalt A des Dreiecks.

Lösung: Nach *Bild 4.36* ergibt sich A als Summe der Flächeninhalte der Dreiecke OP_1P_2 und OP_2P_3, vermindert um den Flächeninhalt des Dreiecks OP_1P_3:

$$A = A_{012} + A_{023} - A_{013}$$

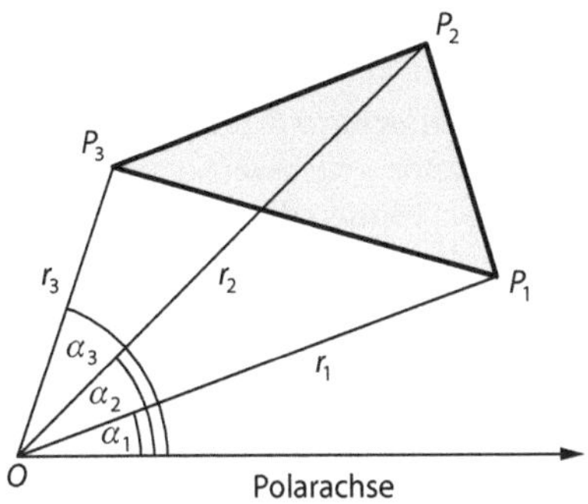

Bild 4.36

Nach *Satz 4.6* folgt damit

$$A = \frac{1}{2} r_1 r_2 \sin(\alpha_2 - \alpha_1) + \frac{1}{2} r_2 r_3 \sin(\alpha_3 - \alpha_2) - \frac{1}{2} r_1 r_3 \sin(\alpha_3 - \alpha_1)$$

$$A = 13{,}318 + 12{,}962 - 13{,}933 = 12{,}347$$

$$A = 12{,}35$$

4.30 Wie groß ist der Flächeninhalt eines Kreisabschnitts, der im Kreis mit dem Radius $r = 2{,}26$ m zum Zentriwinkel $\alpha = 77°42'$ gehört?

Lösung: Bild 4.37

Die Flächeninhalte von Kreissektor und Dreieck AMB sind nach *Gl. (3.13b)* bzw. *Satz 4.6*

$$A_{\text{Sektor}} = \frac{1}{2} r^2 \alpha, \qquad A_{\text{Dreieck}} = \frac{1}{2} r^2 \sin\alpha$$

Für den Flächeninhalt des Kreisabschnitts folgt

$$A = A_{\text{Sektor}} - A_{\text{Dreieck}} = \frac{1}{2} r^2 (\alpha - \sin\alpha)$$

$$= \frac{1}{2} (2{,}26\,\text{m})^2 \cdot \left(77{,}7 \cdot \frac{\pi}{180} - \sin 77{,}7°\right) = 0{,}968\,\text{m}^2$$

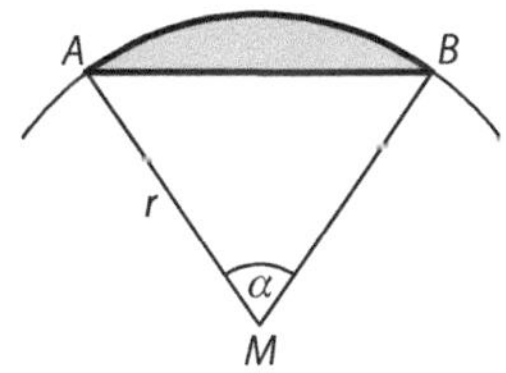

Bild 4.37

4.31 Schneiden sich die Diagonalen $\overline{AC} = e$, $\overline{BD} = f$ eines beliebigen Vierecks $ABCD$ unter dem Winkel ε, dann ist der Flächeninhalt des Vierecks

$$A = \frac{1}{2} e f \sin\varepsilon$$

Die Formel ist zu beweisen.

Lösung: Mit *Satz 4.6* folgt aus *Bild 4.38*

$$A = \frac{1}{2} e_1 f_1 \sin \varepsilon + \frac{1}{2} e_2 f_1 \sin \varepsilon' + \frac{1}{2} e_2 f_2 \sin \varepsilon + \frac{1}{2} e_1 f_2 \sin \varepsilon'$$

und wegen $\varepsilon' = 180° - \varepsilon$, $\sin \varepsilon' = \sin \varepsilon$ wird

$$A = \frac{1}{2} \left(e_1 f_1 + e_2 f_1 + e_2 f_2 + e_1 f_2 \right) \sin \varepsilon$$
$$= \frac{1}{2} \left(e_1 \left(f_1 + f_2 \right) + e_2 \left(f_1 + f_2 \right) \right) \sin \varepsilon$$
$$= \frac{1}{2} \left(e_1 + e_2 \right) \left(f_1 + f_2 \right) \sin \varepsilon$$

Mit $e_1 + e_2 = e$, $f_1 + f_2 = f$ folgt

$$A = \frac{1}{2} e f \sin \varepsilon$$ ■

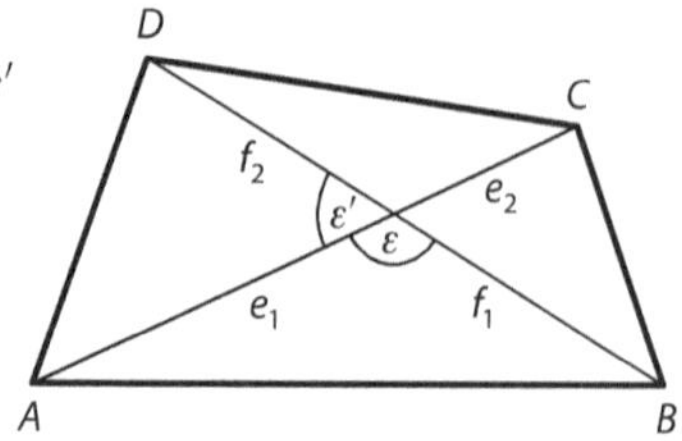

Bild 4.38

Viele Anwendungen führen auf Vierecksaufgaben. Nach *Abschnitt 3.1.8* müssen zur Berechnung eines beliebigen Vierecks fünf Größen, darunter mindestens zwei Seiten, gegeben sein. Durch Zerlegung in Teildreiecke mithilfe der Diagonalen können die Formeln zur Dreiecksberechnung verwendet werden.

Beispiele

4.32 Die Entfernung zweier Turmspitzen P_1 und P_2 ist zu berechnen. Es wurde eine waagerechte Basis $\overline{AB} = c = 104{,}60\,\text{m}$ bestimmt und in den Punkten A und B wurden die Winkel $\alpha_1 = 105°00'30''$, $\alpha_2 = 28°58'00''$, $\beta_1 = 35°36'30''$, $\beta_2 = 109°40'00''$ gemessen (*Bild 4.39*). Gesucht wird $\overline{P_1P_2} = e$.

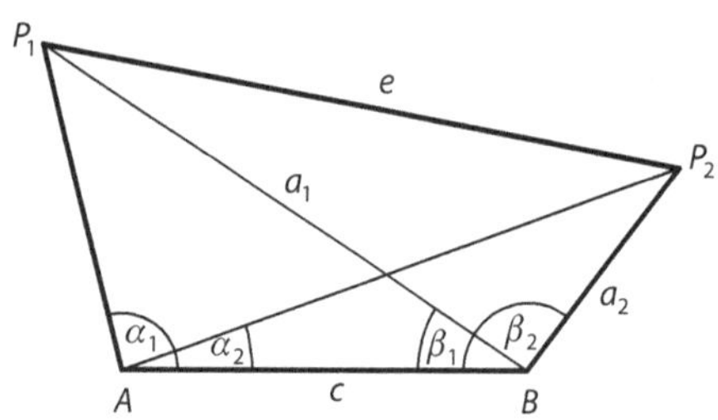

Bild 4.39

Lösung: Im Dreieck ABP_1 folgt nach der ersten Grundaufgabe

$$\overline{BP_1} = a_1 = \frac{c \sin \alpha_1}{\sin \left(\alpha_1 + \beta_1 \right)} = 159{,}229\,\text{m}$$

und im Dreieck ABP_2

$$\overline{BP_2} = a_2 = \frac{c \sin \alpha_2}{\sin \left(\alpha_2 + \beta_2 \right)} = 76{,}653\,\text{m}$$

Damit sind im Dreieck P_1BP_2 zwei Seiten und der eingeschlossene Winkel $\sphericalangle P_1BP_2 = \beta_2 - \beta_1$ gegeben (2. Grundaufgabe) und e folgt mit dem Kosinussatz aus

$$e = \sqrt{a_1^2 + a_2^2 - 2a_1a_2 \cos \left(\beta_2 - \beta_1 \right)} = 156{,}60\,\text{m}$$

e sollte zur Probe ein zweites Mal im Dreieck P_1AP_2 berechnet werden. Diese Aufgabe wird im Vermessungswesen als „Hansensche Aufgabe“ oder als „doppelter Vorwärtseinschnitt“ bezeichnet.

4.33 Die Entfernung e der Punkte P_1, P_2 ist zu bestimmen. Zwischen P_1 und P_2 besteht keine Sicht; der Punkt P_2 ist nicht zugänglich. Es wurden die Hilfspunkte M, N gewählt und die Strecken $\overline{P_1M} = m = 110{,}42$ m, $\overline{P_1N} = n = 99{,}62$ m, die Winkel $\delta = 137°\,11'\,10''$, $\lambda = 78°\,29'\,30''$ und $\varepsilon = 100°\,02'\,30''$ gemessen (*Bild 4.40*). Wie groß ist e?

Lösung: Durch die Diagonale MN wird das Viereck MP_1NP_2 in zwei Dreiecke zerlegt. Im Dreieck MP_1N sind zwei Seiten und der eingeschlossene Winkel bekannt (2. Grundaufgabe), die fehlenden Größen werden berechnet:

$$\overline{MN} = c = \sqrt{m^2 + n^2 - 2mn\cos\delta} = 195{,}589\,\text{m}$$

$$\sin\lambda_1 = \frac{n\,\sin\delta}{c}, \qquad \lambda_1 = 20°15'08''$$

$$\sin\varepsilon_1 = \frac{m\,\sin\delta}{c}, \qquad \varepsilon_1 = 22°33'42''$$

Für die Winkel λ_2, ε_2 folgt

$$\lambda_2 = \lambda - \lambda_1 = 58°\,14'\,22'',$$

$$\varepsilon_2 = \varepsilon - \varepsilon_1 = 77°\,28'\,48''$$

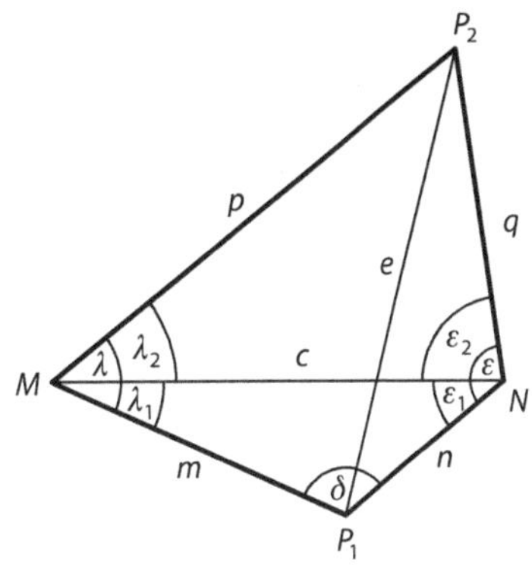

Bild 4.40

Im Dreieck MNP_2 sind damit eine Seite und zwei Winkel bekannt (1. Grundaufgabe), die Seiten p und q werden berechnet:

$$p = \frac{c\sin\varepsilon_2}{\sin(\lambda_2+\varepsilon_2)} = 273{,}483\,\text{m}, \qquad q = \frac{c\sin\lambda_2}{\sin(\lambda_2+\varepsilon_2)} = 238{,}195\,\text{m}$$

Nun sind im Dreieck P_1P_2M zwei Seiten und der eingeschlossene Winkel gegeben (2. Grundaufgabe) und e lässt sich mit dem Kosinussatz berechnen:

$$e = \sqrt{m^2 + p^2 - 2mp\cos\lambda} = 273{,}74\,\text{m}$$

Zur Kontrolle wird e ein zweites Mal im Dreieck P_1NP_2 berechnet:

$$e = \sqrt{n^2 + q^2 - 2nq\cos\varepsilon} = 273{,}74\,\text{m}$$ ■

Die folgenden Beispiele zeigen Anwendungen der Trigonometrie aus verschiedenen Gebieten der Physik, der Technik und der Nautik.

Beispiele

4.34 Ein Lichtstrahl trifft unter dem Einfallswinkel $\alpha = 55°$ auf eine planparallele Platte mit der Dicke $d = 1{,}2$ cm und dem Brechungsindex $n = 1{,}5$. Beim Austritt erfährt der Lichtstrahl eine Parallelverschiebung v. Es ist eine Formel für v in Abhängigkeit von α und d aufzustellen. Für die gegebenen Werte ist v mit 0,01 mm Genauigkeit zu berechnen.

Lösung: Bild 4.41. Es ist

$$\sin(\alpha-\beta) = \frac{v}{a} \quad \text{oder} \quad v = a\sin(\alpha-\beta) \qquad \text{(I)}$$

$$\cos\beta = \frac{d}{a} \quad \text{oder} \quad a = \frac{d}{\cos\beta} \qquad \text{(II)}$$

Der Term für a in *(II)* wird in *(I)* eingesetzt und das *Additionstheorem (4.8)* angewendet:

$$v = \frac{d\sin(\alpha-\beta)}{\cos\beta} = \frac{d\,(\sin\alpha\cos\beta - \cos\alpha\sin\beta)}{\cos\beta}$$

$$v = d\,(\sin\alpha - \cos\alpha\tan\beta) \qquad \text{(III)}$$

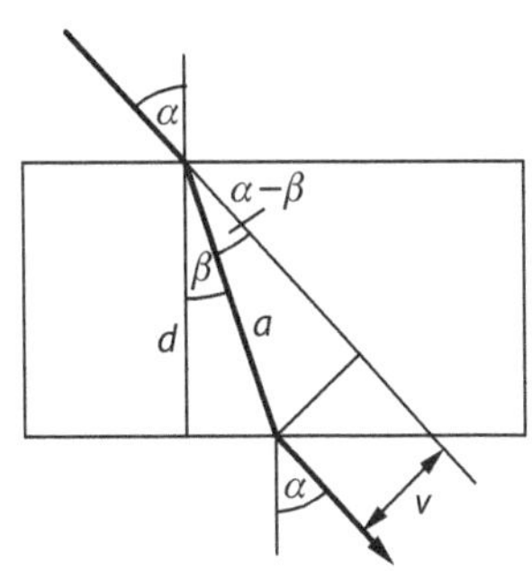

Bild 4.41

In *(III)* muss β noch durch α ausgedrückt werden. Aus dem Brechungsgesetz

$$\frac{\sin\alpha}{\sin\beta} = n \quad \text{folgt} \quad \sin\beta = \frac{\sin\alpha}{n} \qquad \text{(IV)}$$

Nach *Tabelle 4.4* ist

$$\tan\beta = \frac{\sin\beta}{\sqrt{1-\sin^2\beta}} = \frac{\sin\alpha}{n\sqrt{1-\dfrac{\sin^2\alpha}{n^2}}} = \frac{\sin\alpha}{\sqrt{n^2-\sin^2\alpha}}$$

Der Term für $\tan\beta$ wird in *(III)* eingesetzt und ergibt die gesuchte Formel:

$$v = d\sin\alpha\left(1-\frac{\cos\alpha}{\sqrt{n^2-\sin^2\alpha}}\right)$$

Für die gegebenen Werte folgt: $v = 0{,}534$ cm

4.35 Die Achse eines Eisenbahngleises liegt im Kreisbogen mit dem Radius $r = 500$ m. Die Strecke soll durchschnittlich mit 80 km/h befahren werden. Auf das Fahrzeug wirkt die Schwerkraft F_G und die Zentrifugalkraft F_Z ein. Um wie viel muss die äußere Schiene gegenüber der inneren Schiene überhöht werden, damit die Resultierende F_R aus F_G und F_Z senkrecht zum Gleis ist? (Spurweite $s = 1\,435$ mm, $g = 9{,}81\ \text{m/s}^2$).

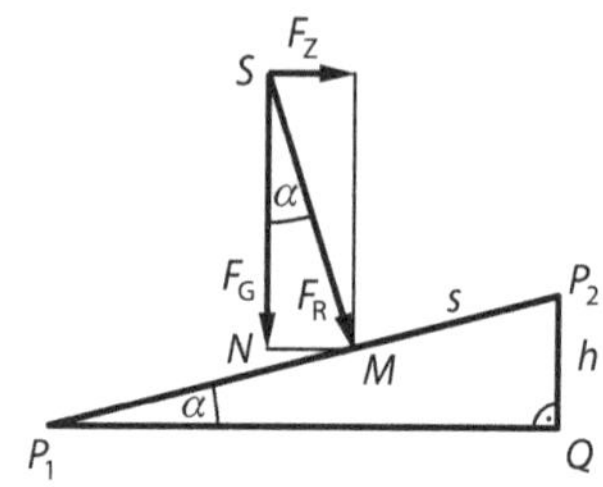

Bild 4.42

Lösung: Bild 4.42. Aus Dreieck P_1QP_2 folgt

$$\sin\alpha = \frac{h}{s} \quad \text{oder} \quad h = s\cdot\sin\alpha \qquad \text{(V)}$$

Für die Zentrifugalkraft bzw. die Schwerkraft gilt

$$F_Z = \frac{mv^2}{r}, \qquad F_G = mg$$

Es ist $\sphericalangle NSM = \sphericalangle QP_1P_2 = \alpha$. Im Dreieck SNM gilt

$$\tan\alpha = \frac{F_Z}{F_G} = \frac{\dfrac{mv^2}{r}}{mg} = \frac{v^2}{rg} \qquad \text{(VI)}$$

Da α ein sehr kleiner Winkel ist, kann $\tan\alpha \approx \sin\alpha$ gesetzt werden. Damit folgt aus *(V)* und *(VI)*:

$$h = s\cdot\tan\alpha = \frac{sv^2}{rg} = \frac{1\,435\ \text{mm}\left(\dfrac{80\cdot 10^3\ \text{m}}{3\,600\ \text{s}}\right)^2}{500\ \text{m}\cdot 9{,}81\ \text{m}\cdot\text{s}^{-2}}$$

$h = 144$ mm

Der Fehler obiger Näherung ist kleiner als 1 mm.

4.36 *Bild 4.43* zeigt einen Schubkurbeltrieb. Er führt eine Drehbewegung in eine geradlinige Bewegung über bzw. umgekehrt. Die Pleuelstange mit der Länge s ist drehbar am Kreuzkopf im Punkt K und an einem Schwungrad im Punkt P befestigt. P hat vom Radmittelpunkt (Kurbelwelle) den Abstand r. Der Abstand $\overline{KM} = e$ ist als Funktion des Drehwinkels φ des Schwungrades anzugeben.

Lösung: Aus *Bild 4.43* folgt

$$e = r\cos\varphi + s\cos\varepsilon \qquad \text{(VII)}$$

und nach dem Sinussatz im Dreieck KMP:

$$\sin\varepsilon = \frac{r\sin\varphi}{s}$$

Aus *Tabelle 4.4* folgt:

$$\cos\varepsilon = \sqrt{1-\sin^2\varepsilon} = \sqrt{1-\frac{r^2\sin^2\varphi}{s^2}}$$

Eingesetzt in *(VII)* ergibt:

$$e = r\cos\varphi + s\sqrt{1-\frac{r^2\sin^2\varphi}{s^2}}$$

$$e = r\cos\varphi + \sqrt{s^2 - r^2\sin^2\varphi} = f(\varphi)$$

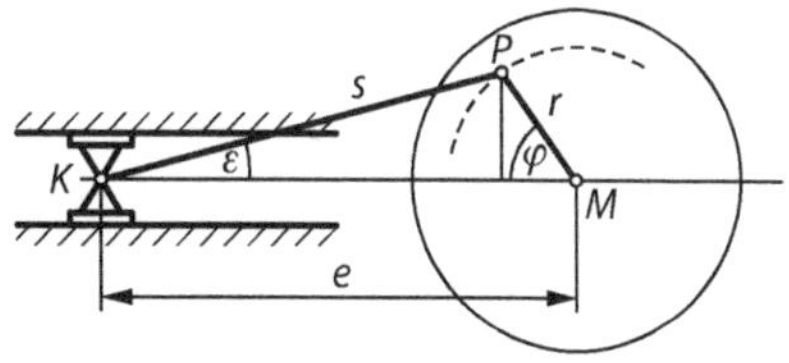

Bild 4.43

4.37 Von der im Kreisbogen liegenden Achse einer im Bau befindlichen Bahnlinie sind der Radius r und die Sehne $\overline{AB}$ gegeben (*Bild 4.44*). Für den Bau sind Bogenpunkte P_1, P_2, P_3, ... so abzustecken, dass $\widehat{AP_1} = \widehat{P_1P_2} = \widehat{P_2P_3} = \ldots = b$ wird. Gesucht wird eine allgemeine Formel für die zur Absteckung benötigten Polarkoordinaten s_1, φ_1; s_2, φ_2; ... dieser Punkte. Für die Größen $r = 350\,\text{m}$, $\overline{AB} = 185{,}20\,\text{m}$ und $b = 20\,\text{m}$ sind die Polarkoordinaten s_i, φ_i für $i = 1, 2, 3$ zu berechnen (φ_i in sexagesimal geteiltem Grad).

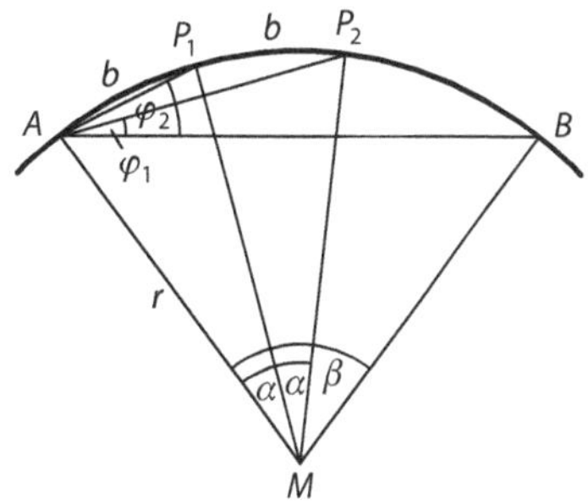

Bild 4.44

Lösung: Es ist

$$\sin\frac{\beta}{2} = \frac{\overline{AB}}{2r}, \qquad \beta = 2\arcsin\frac{\overline{AB}}{2r}, \qquad \alpha = \frac{b}{r}$$

Für P_1 berechnet man die Sehne s_1 im gleichschenkligen Dreieck AMP_1:

$$s_1 = 2r\sin\frac{\alpha}{2}$$

Der Winkel φ_1 ist Peripheriewinkel $\widehat{P_1B}$ über und daher gleich dem halben Zentriwinkel $\sphericalangle P_1MB = \beta - \alpha$:

$$\varphi_1 = \frac{\beta-\alpha}{2}$$

Für P_2 ergibt sich entsprechend:

$$s_2 = 2r\sin\frac{2\alpha}{2}, \qquad \varphi_2 = \frac{\beta - 2\alpha}{2}$$

und für P_n:

$$s_n = 2r\sin\frac{n\alpha}{2}, \qquad \varphi_n = \frac{\beta - n\alpha}{2}$$

Mit den gegebenen Werten ist

$$\beta = 30{,}682\,98^\circ, \qquad \alpha = 3{,}274\,04^\circ$$

Die Absteckkoordinaten für P_1, P_2, P_3 sind:

$P_1 : s_1 = 19{,}997\,\text{m}, \quad \varphi_1 = 13°\,42'\,16''$

$P_2 : s_2 = 39{,}978\,\text{m}, \quad \varphi_2 = 12°\,04'\,03''$

$P_3 : s_3 = 59{,}927\,\text{m}, \quad \varphi_3 = 10°\,25'\,50''$

4.38 Zur Bestimmung des Standortes P_0 eines in Küstennähe fahrenden Schiffes peilt man eine Landmarke P_1 in der Richtung $\alpha = 31°\,18'$ und einen Leuchtturm P_2 in der Richtung $\beta = 51°\,14'$. Aus der Karte entnimmt man die Strecke $\overline{P_1P_2} = e = 13{,}7\,\text{km}$ und die Richtung von P_1 nach P_2 mit $\gamma = 112°\,05'$. Wie weit ist das Schiff vom Leuchtturm entfernt und welchen Kurs φ muss es fahren, um den Leuchtturm im Abstand $d = 10\,\text{km}$ auf der südlichen Seite zu passieren?

Lösung: Peilrichtung und Kurswinkel werden von der Nordrichtung aus rechtsherum gemessen. Die Meeresoberfläche wird bei diesen kleinen Entfernungen genähert als eben angenommen (bei größeren Entfernungen müssen Formeln und Sätze der sphärischen Trigonometrie, das ist die Trigonometrie auf der Kugelfläche, angewendet werden).

Im Dreieck $P_0P_2P_1$ ist

$$\delta = 180° - (\gamma - \alpha) = 99°13'$$

$$\varepsilon = \beta - \alpha = 19°56'$$

$$\overline{P_0P_2} = c = \frac{e \sin\delta}{\sin\varepsilon} = 39{,}67\,\text{km}$$

Der Abstand vom Leuchtturm beträgt 39,7 km.

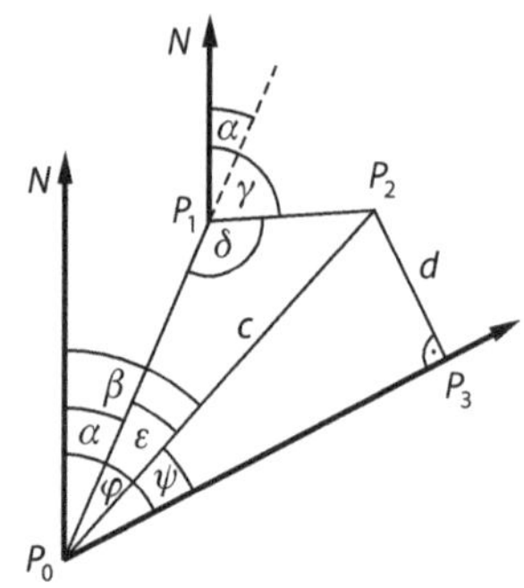

Bild 4.45

Um den Leuchtturm im Abstand von 10 km südlich zu passieren, muss das Dreieck $P_0P_3P_2$ rechtwinklig sein mit $\overline{P_2P_3} = 10\,\text{km}$ und der gesuchte Kurswinkel φ muss größer als β sein. Damit folgt

$$\sin\psi = \frac{d}{c}, \qquad \psi = 14°\,36'$$

$$\varphi = \beta + \psi = 65°\,50'$$

Der gesuchte Kurswinkel beträgt $65°\,50'$. ■

Aufgaben: ***4.27*** **bis** ***4.59***

■ 4.3 Aufgaben

4.1 Im rechtwinkligen Dreieck sind von den sieben Größen a, b, c, α, β, h, A je zwei gegeben. Berechnen Sie die fehlenden Größen.

a) $a = 71{,}18\,\text{m}, \quad \alpha = 67{,}805\,5°$

b) $b = 6{,}12\,\text{m}, \quad h = 1{,}31\,\text{m}$

c) $c = 138{,}8\,\text{cm}, \quad \alpha = 60{,}424°$

d) $\beta = 27{,}682\,8°, \quad h = 4{,}263\,\text{m}$

e) $a = 36{,}01\,\text{m}, \quad A = 101{,}368\,2\,\text{m}^2$

f) $\beta = 56{,}28°, \quad A = 200{,}50\,\text{cm}^2$

4.2 Im gleichschenkligen Dreieck sind von den sieben Größen a, c, a, g, h_a, h_c, A je zwei gegeben. Berechnen Sie die fehlenden Größen.

a) $a = 26{,}41\,\text{m}$, $c = 12{,}05\,\text{m}$
b) $\alpha = 40{,}016°$, $h_c = 3{,}45\,\text{m}$
c) $a = 76{,}1\,\text{cm}$, $\gamma = 18{,}603°$
d) $A = 3\,067{,}9\,\text{m}^2$, $h_c = 120{,}26\,\text{m}$
e) $A = 2\,860\,\text{cm}^2$, $\alpha = 36°\,14'$
f) $c = 60{,}50\,\text{cm}$, $h_a = 54{,}20\,\text{cm}$

4.3 Ein Rhombus hat die Seite $a = 34{,}0\,\text{cm}$, zwei Seiten schließen den Winkel $\alpha = 40°\,16'$ ein. Wie lang sind die Diagonalen e und f?

4.4 Zwei Punkte A und B mit den Höhen $h_A = 303{,}50\,\text{m}$ und $h_B = 313{,}40\,\text{m}$, sind durch einen Tunnel zu verbinden. Von einem auf dem Berg liegenden Signalpunkt C, der mit A und B in einer Vertikalebene liegt und die Höhe $h_C = 392{,}10\,\text{m}$ hat, wurden die Winkel $\alpha = 33°\,02'$ und $\beta = 26°\,12'$ gemessen (*Bild 4.46*). Berechnen Sie die Tunnellänge $\overline{AB}$ und den Anstiegswinkel δ der Strecke $\overline{AB}$.

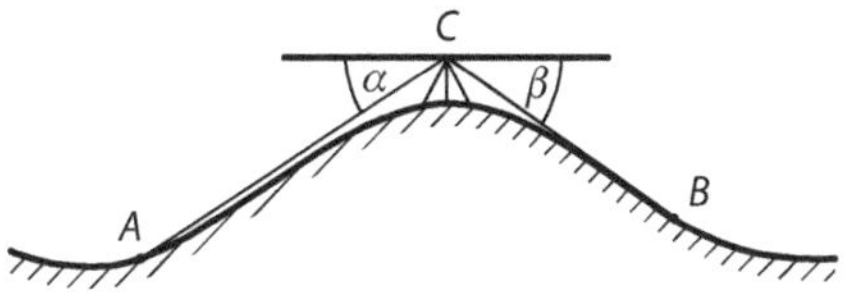

Bild 4.46

4.5 Zur Bestimmung der Höhe h einer Turmspitze P wurden die waagerechte Strecke $\overline{AB} = c = 214{,}31\,\text{m}$ und in A und B die Horizontalwinkel $\alpha = 73°\,16'\,10''$, $\beta = 65°\,20'\,00''$ sowie die Vertikalwinkel $\varphi = 12°\,14'\,40''$, $\psi = 11°\,38'\,00''$ gemessen (*Bild 4.47*). Berechnen Sie h.

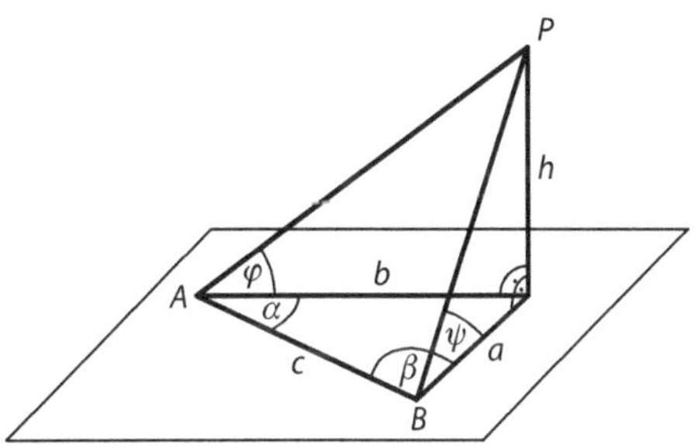

Bild 4.47

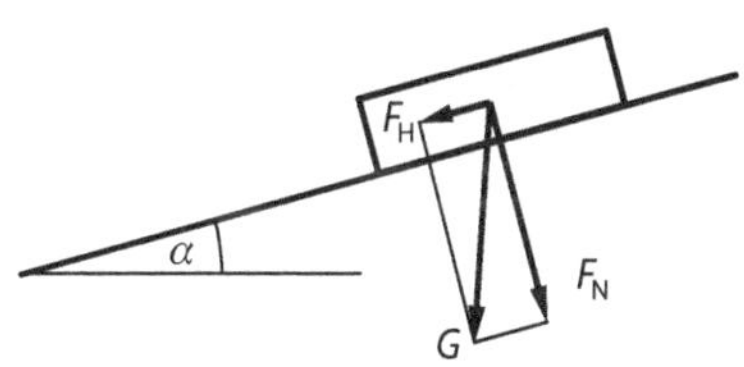

Bild 4.48

4.6 Ein Körper mit der Masse $m = 300\,\text{kg}$ liegt auf einer geneigten Ebene mit dem Anstiegswinkel $\alpha = 12{,}4°$ (*Bild 4.48*). Berechnen Sie die Normalkraft F_N und die Hangabtriebskraft F_H ($g = 9{,}81\,\text{m/s}^2$).

4.7 Die Kraft $F = 520\,\text{N}$ ist in zwei gleichgroße Komponenten F_1, F_2 zu zerlegen, deren Wirkungslinien miteinander den Winkel $\alpha = \sphericalangle\,(F_1, F_2) = 63{,}4°$ bilden. Berechnen Sie die Komponenten.

4.8 Im Kreis mit $r = 13{,}2\,\text{cm}$ liegt eine Sehne $\overline{AB} = s = 22{,}5\,\text{cm}$. In A und B sind die Tangenten an den Kreis gelegt. Welchen Winkel α bilden die Tangenten miteinander, und wie lang sind die Tangentenabschnitte vom Berührungspunkt bis zum Tangentenschnittpunkt T?

4.9 Von einem geraden Kreiskegel sind der Radius $r = 14{,}5\,\text{cm}$ des Grundkreises und der Winkel $\alpha = 75°$ gegeben, den die Mantellinien mit der Grundfläche bilden. Berechnen Sie das Kegelvolumen, die Länge s einer Mantellinie und den Inhalt der Mantelfläche.

4.10 Wie groß ist im Kreis mit $r = 300\,\text{m}$ die Differenz zwischen Bogen b und Sehne s, wenn $s = 20\,\text{m}$ beträgt?

4.11 In einem Kreissektor sind die Pfeilhöhe $p = 0{,}510$ m und der Zentriwinkel $\alpha = 15{,}340°$ gegeben. Berechnen Sie den Bogen b.

4.12 Führen Sie die folgenden Funktionswerte auf solche für Winkel zwischen 0° und 360° zurück.

a) $\cos(-45°)$ b) $\tan 1\,100°$ c) $\sin(-258°)$ d) $\cot 451°$

4.13 Bestimmen Sie für folgende Funktionswerte die im Intervall $0° \leqq \alpha < 360°$ liegenden Winkel α.

a) $\sin\alpha = 0{,}824\,1$ b) $\tan\alpha = -1{,}573\,0$ c) $\cos\alpha = 0{,}016\,9$

d) $\cot\alpha = 41{,}286\,0$ e) $\sin\alpha = -0{,}542\,2$ f) $\tan\alpha = 0{,}212\,6$

g) $\cos\alpha = -1$ h) $\cot\alpha = -0{,}024\,3$

4.14 Die rechtwinkligen Koordinaten eines Punktes sind in seine Polarkoordinaten umzuwandeln.

a) $x = 22{,}75;\ y = 76{,}13$ b) $x = -0{,}42;\ y = 1{,}86$ c) $x = 21{,}54;\ y = -1{,}70$

d) $x = -63{,}21;\ y = -127{,}50$ e) $x = 0{,}00;\ y = -78{,}31$

4.15 Aus den Polarkoordinaten eines Punktes sind die rechtwinkligen Koordinaten zu berechnen.

a) $r = 21{,}26;\ \varphi = 215{,}076°$ b) $r = 107{,}80;\ \varphi = 81{,}157°$ c) $r = 56{,}29;\ \varphi = 314{,}251°$

d) $r = 74{,}08;\ \varphi = 144{,}357°$

4.16 Vereinfachen Sie die folgenden Terme:

a) $\dfrac{\sin(180° + \varphi)}{\sin(270° + \varphi)}$ b) $\cos\left(\dfrac{7}{2}\pi - \beta\right)$ c) $\tan(x + 450°)$ d) $\sin(\lambda - 810°)$

4.17 Gegeben ist a) $\tan\alpha = \dfrac{1}{n}$, b) $\cos\alpha = \dfrac{1-a}{1+a}$.

Berechnen Sie die drei anderen Funktionswerte.

4.18 Vereinfachen Sie die folgenden Ausdrücke:

a) $\dfrac{\sin\alpha}{\tan\alpha}$ b) $\tan\alpha\sqrt{1 - \sin^2\alpha}$ c) $\dfrac{\cos^2\alpha}{1 + \sin\alpha}$ d) $\dfrac{1}{\sin\alpha\sqrt{1 + \tan^2\alpha}}$

4.19 Beweisen Sie die Gleichungen:

a) $1 + \tan^2\alpha = \dfrac{1}{\cos^2\alpha}$ b) $1 + \cot^2\alpha = \dfrac{1}{\sin^2\alpha}$

4.20 Vereinfachen Sie die folgenden Terme:

a) $\sin(330° - \alpha) - \cos(120° + \alpha)$ b) $\sin(45° + \beta) - \sin(45° - \beta)$

c) $\dfrac{\sin 2\alpha}{1 - \cos 2\alpha}$ d) $\dfrac{1 - \cos\alpha}{\sin\alpha}$

e) $\sqrt{\dfrac{1 - \cos(\varphi + \psi)}{1 + \cos(\varphi + \psi)}}$ f) $\dfrac{\cot\alpha - \tan\alpha}{\cot\alpha + \tan\alpha}$

4.21 Beweisen Sie die folgenden Gleichungen:

a) $\tan\alpha + \cot\alpha = \dfrac{2}{\sin 2\alpha}$ b) $\tan\alpha - \cot\alpha = -2\cot 2\alpha$

c) $\dfrac{1 + \tan\alpha}{1 - \tan\alpha} = \tan(45° + \alpha)$ d) $\sin 3\alpha = 3\sin\alpha - 4\sin^3\alpha$

e) $\sin\dfrac{\alpha}{2} = \dfrac{1}{2}\sqrt{2 - 2\cos\alpha}$ f) $\cos\dfrac{\alpha}{2} = \dfrac{1}{2}\sqrt{2 + 2\cos\alpha}$

4.22 Zur Bestimmung einer Flussbreite wird parallel zum Ufer im Abstand $e = 15{,}4$ m eine Strecke $\overline{AB} = 200$ m abgesteckt, und es werden in A und B die Winkel $\alpha = 101°\ 12'$ bzw. $\beta = 39°\ 14'$ zwischen der Basis und einem am anderen Ufer stehenden Zielpunkt C gemessen (*Bild 4.49*). Welche Breite d hat der Fluss?

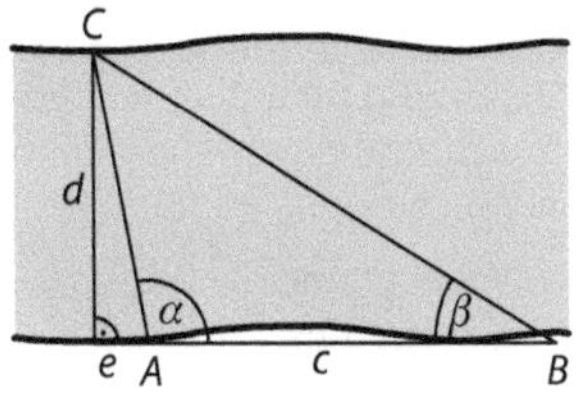

Bild 4.49

4.23 Von einem Parallelogramm sind die Seiten $a = 41{,}9\,\text{cm}$ und $b = 23{,}4\,\text{cm}$ und der Winkel $\alpha = 34{,}528°$ gegeben. Berechnen Sie die Längen beider Diagonalen und den Schnittwinkel ε zwischen den Diagonalen.

4.24 An einem Punkt greifen zwei Kräfte $F_1 = 280\,\text{N}$ und $F_2 = 450\,\text{N}$ an, deren Wirkungslinien den Winkel $\delta = \sphericalangle(F_1, F_2) = 53°\,20'$ bilden. Berechnen Sie die resultierende Kraft F_R und den Winkel $\varepsilon = \sphericalangle(F_1, F_R)$.

4.25 Zwei Teilströme $I_1 = 2{,}4\,\text{A}$ und $I_2 = 3{,}7\,\text{A}$ mit der Phasenverschiebung $\varphi = 30°$ von I_2 gegenüber I_1 werden überlagert. Wie groß ist der Gesamtstrom, und wie groß sind seine Phasenverschiebungen gegenüber den Teilströmen (Verwendung des Zeigerdiagramms)?

4.26 In einem Dreieck sind von den sechs Größen $a, b, c, \alpha, \beta, \gamma$ je drei Größen gegeben, berechnen Sie die restlichen Größen.

a)	$a = 244{,}8\,\text{m}$,	$c = 190{,}3\,\text{m}$,	$\beta = 156°\,42'$
b)	$a = 75{,}2\,\text{cm}$,	$c = 96{,}5\,\text{cm}$,	$\gamma = 47{,}157°$
c)	$a = 44{,}91\,\text{m}$,	$\alpha = 62{,}094°$,	$\gamma = 50{,}748°$
d)	$a = 67{,}81\,\text{m}$,	$b = 82{,}19\,\text{m}$,	$\alpha = 52{,}341°$
e)	$a = 37{,}4\,\text{cm}$,	$b = 47{,}2\,\text{cm}$,	$c = 51{,}8\,\text{cm}$
f)	$b = 26{,}07\,\text{m}$,	$c = 51{,}47\,\text{m}$,	$\alpha = 26°12'$
g)	$b = 67{,}5\,\text{cm}$,	$c = 124{,}1\,\text{cm}$,	$\beta = 123°44'$
h)	$a = 7{,}20\,\text{m}$,	$b = 3{,}15\,\text{m}$,	$\alpha = 136{,}760°$
i)	$a = 26{,}58\,\text{m}$,	$b = 35{,}02\,\text{m}$,	$c = 153{,}21\,\text{m}$

4.27 Von einem gleichschenkligen Dreieck sind die Schenkel a und der Basiswinkel α gegeben. Stellen Sie eine Formel für den Inhalt der Dreiecksfläche auf.

4.28 Berechnen Sie den Flächeninhalt eines Parallelogramms mit der Seite $a = 25{,}3\,\text{cm}$, der Diagonalen $e = 42{,}1\,\text{cm}$ und dem Winkel $\beta = 126{,}5°$.

4.29 Berechnen Sie den Umfang u_{25} und den Flächeninhalt A_{25} eines regelmäßigen 25-Ecks, das einem Kreis mit $r = 100\,\text{m}$ einbeschrieben ist. Um wie viel Prozent weichen u_{25} vom Kreisumfang u und A_{25} vom Flächeninhalt A des Kreises ab?

4.30 Von einem Viereck sind die Seiten $a = 2{,}441\,\text{m}$, $b = 3{,}110\,\text{m}$, $c = 3{,}547\,\text{m}$, $d = 1{,}901\,\text{m}$ und der Winkel $\beta = 122{,}508°$ gegeben. Berechnen Sie die Diagonale f (vgl. *Bild 3.52*).

4.31 An einem aus zwei Stäben s_1, s_2 bestehenden Gestänge (*Bild 4.50*) greift eine Gewichtskraft $F = 940\,\text{N}$ an. Berechnen Sie die in Richtung beider Stäbe wirkenden Kräfte.

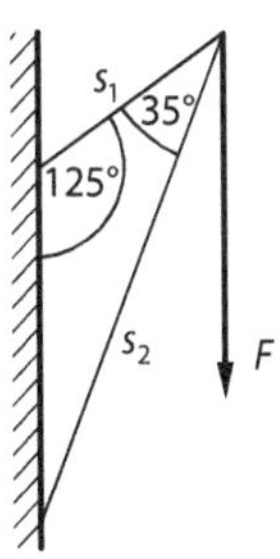

Bild 4.50

4.32 Ein Schiff peilt einen Leuchtturm unter dem Richtungswinkel $\alpha = 78° 51'$. Es fährt dann unter dem Kurswinkel $\beta = 50° 15'$ eine Strecke von 12,8 km und peilt den Leuchtturm ein zweites Mal unter $\gamma = 151° 42'$. Wie weit war das Schiff während der zweiten Peilung vom Leuchtturm entfernt?

4.33 Ein gleichschenkliges Dreieck ist durch den Schenkel $a = 73{,}41$ m und die Basis $c = 42{,}16$ m gegeben. Berechnen Sie seine Winkel und den In- und Umkreisradius.

4.34 Eine geologische Schicht wird vertikal durchbohrt, und es ergibt sich die scheinbare Mächtigkeit $a = 2{,}80$ m. Die Schicht hat den Fallwinkel (Neigungswinkel) $\alpha = 32° 40'$. Wie groß ist die wirkliche (wahre) Mächtigkeit d (*Bild 4.51*)?

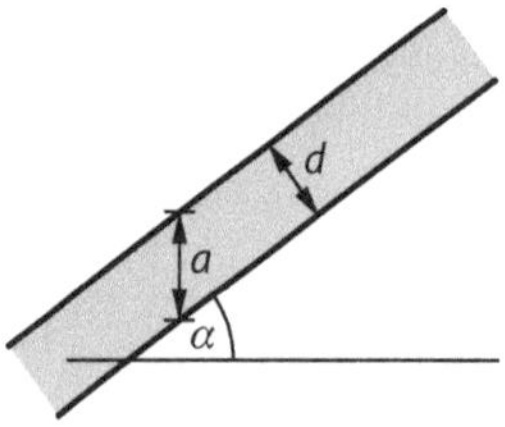

Bild 4.51

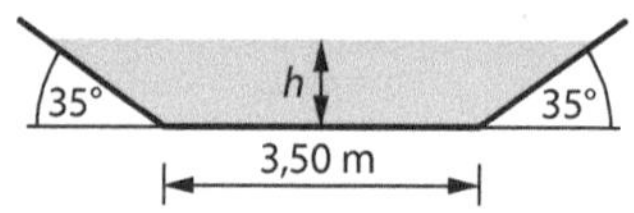

Bild 4.52

4.35 *Bild 4.52* zeigt einen Grabenquerschnitt. Welche Wassermenge fließt in der Sekunde durch den Graben, wenn die Wasserhöhe $h = 1{,}8$ m und die Fließgeschwindigkeit $v = 4$ km/h betragen?

4.36 Zur Berechnung der Entfernung e wurden die $b = 2$ m voneinander entfernten Endpunkte einer senkrecht gehaltenen Messlatte angezielt und die Vertikalwinkel $\alpha_1 = 19° 18' 20''$, $\alpha_2 = 16° 42' 50''$ gemessen (*Bild 4.53*). Berechnen Sie e.

4.37 Ein Funkmast wird durch drei Halteseile gestützt, die in 22 m Höhe befestigt sind und mit dem Erdboden Winkel von 62,00° bilden. Berechnen Sie die Länge l der Halteseile. Welchen Abstand e vom Mast haben die Punkte, in denen die Seile am Erdboden befestigt sind, und welchen gleichen Abstand s haben diese Punkte untereinander?

4.38 Auf einer schrägen Geländeebene ist für ein Eisenbahngleis ein Damm mit den in *Bild 4.54* angegebenen Maßen aufzuschütten. Die Dammrichtung verläuft parallel zu den Geländehöhenlinien, d. h., alle Querprofile des Dammes sind kongruent. Wie viel Kubikmeter Erde werden für eine Dammlänge von 50 m gebraucht?

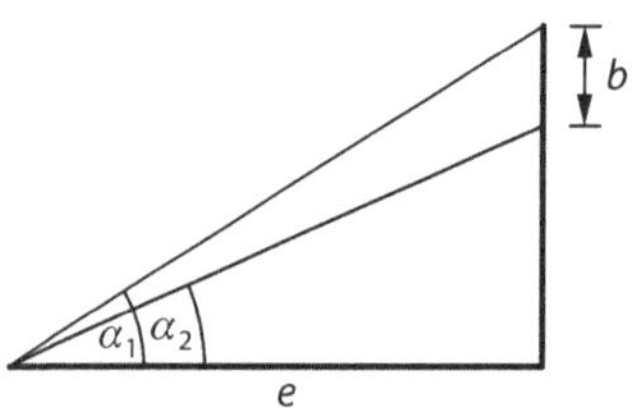

Bild 4.53

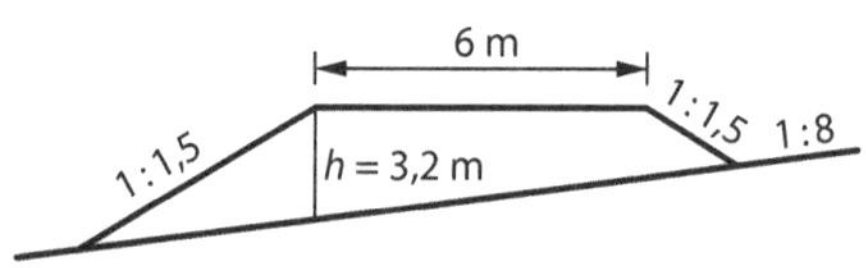

Bild 4.54

4.39 Berechnen Sie den von den Parallelkreisen mit der geographischen Breite $\varphi_1 = 50°$, $\varphi_2 = 60°$ eingeschlossenen Flächeninhalt der Erdoberfläche (Erdradius $r = 6\,371$ km).

4.40 Für den Bau einer Straße sind zwei Punkte P_1, P_2 mit $\overline{P_1P_2} = s = 112{,}30$ m durch einen Kreisbogen mit dem Radius $r = 250$ m zu verbinden. Berechnen Sie den Bogen $\widehat{P_1P_2} = b$ und die zugehörige Pfeilhöhe p.

4.41 Welche Gesamtlänge l hat ein Treibriemen, der über zwei Riemenscheiben mit den Radien $r_1 = 0{,}180$ m, $r_2 = 0{,}355$ m und dem Abstand der Kreismittelpunkte $\overline{M_1M_2} = e = 1{,}960$ m gelegt ist, wenn der Riemen a) gerade, b) gekreuzt läuft?

4.42 Aus einem Kreissektor mit dem Zentriwinkel $\beta = 128{,}21^\circ$ und dem Radius $s = 38{,}2\,\text{cm}$ entsteht durch Zusammenrollen ein Kegel. Wie groß ist der Öffnungswinkel γ des Kegels?

4.43 Ein Ballon mit 8,4 m Durchmesser erscheint einem Beobachter unter dem Sehwinkel $\delta = 24'$. Welche Entfernung e hat der Ballon vom Beobachter?

4.44 Im Punkt A ist an eine gerade Straßenachse ein Kreisbogen mit der Länge $b = 126{,}500\,\text{m}$ und mit dem Radius $r = 450\,\text{m}$ tangential anzulegen (*Bild 4.55*). Berechnen Sie für die Absteckung des Bogenendpunktes B seine Koordinaten x und y!

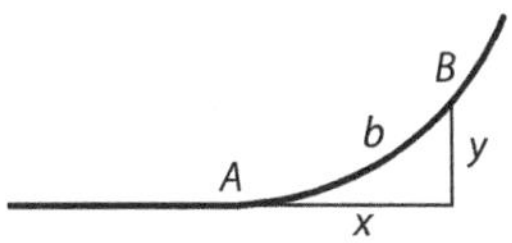

Bild 4.55

4.45 Vereinfachen Sie folgende Terme:

a) $\cot\left(\frac{\pi}{2} - \alpha + \beta\right) \sin\left(\frac{\pi}{2} + \alpha - \beta\right)$ b) $\tan\left(\alpha + \frac{3}{2}\pi\right)$

c) $\tan\left(180^\circ - \frac{\alpha}{2}\right) \tan\left(270^\circ + \frac{\alpha}{2}\right)$

4.46 Gegeben ist a) $\tan\alpha = \frac{4\sqrt{k}}{1-4k}$, b) $\sin\gamma = \frac{a-b}{\sqrt{a^2+b^2}}$. Gesucht werden die drei anderen Funktionswerte.

4.47 Vereinfachen Sie die Terme

a) $\sin(210^\circ - \alpha) + \cos(120^\circ + \alpha)$ b) $\cos(\beta + 60^\circ) - \cos(\beta - 60^\circ)$

c) $\frac{\sin(45^\circ + \alpha) - \cos(45^\circ + \alpha)}{\sin(45^\circ + \alpha) + \cos(45^\circ + \alpha)}$ d) $\frac{\sin 2\alpha \cos\alpha}{(1 + \cos 2\alpha)(1 + \cos\alpha)}$

4.48 Beweisen Sie die Formeln

a) $\frac{2\tan\frac{\alpha}{2}}{1 + \tan^2\frac{\alpha}{2}} = \sin\alpha$ b) $\frac{1 - \tan^2\frac{\alpha}{2}}{1 + \tan^2\frac{\alpha}{2}} = \cos\alpha$

c) $\tan 3\alpha = \frac{3\tan\alpha - \tan^3\alpha}{1 - 3\tan^2\alpha}$ d) $\sin\varphi + \sin(\varphi + 120^\circ) + \sin(\varphi + 240^\circ) = 0$

e) $\frac{\sin\alpha - \sin\beta}{\sin\alpha + \sin\beta} = \tan\frac{\alpha - \beta}{2} \cot\frac{\alpha + \beta}{2}$

4.49 Ein Weg steigt von P_1 mit dem Anstiegswinkel $\varphi_1 = 9{,}1^\circ$ bis P_2 und von P_2 mit dem Anstiegswinkel $\varphi_2 = 6{,}3^\circ$ bis P_3. Die (schräg) gemessenen Weglängen sind $\overline{P_1P_2} = 163{,}12\,\text{m}$, $\overline{P_2P_3} = 271{,}11\,\text{m}$. Der in P_2 gemessene Horizontalwinkel zwischen P_1 und P_3 ist $\gamma = 112{,}3^\circ$. Berechnen Sie den Höhenunterschied h von P_1 und P_3 sowie die Entfernung $e = \overline{P_1P_3}$.

4.50 An einem Punkt greifen drei Kräfte $F_1 = 120\,\text{N}$, $F_2 = 180\,\text{N}$, $F_3 = 410\,\text{N}$ an. Ihre Wirkungslinien bilden die Winkel $\delta = \sphericalangle(F_1, F_2) = 44{,}0^\circ$, $\varepsilon = \sphericalangle(F_2, F_3) = 78{,}0^\circ$. Berechnen Sie die Resultierende F_R und den Winkel $\varphi = \sphericalangle(F_1, F_R)$.

4.51 Welches Volumen hat ein 4 m langer Schuppen, dessen Giebelwand die in *Bild 4.56* gezeigten Maße hat?

4.52 Ein gerades gleichseitiges Dreikantprisma hat die Seite $s = 15\,\text{cm}$ der Grundfläche. Eine Ebene schneidet die Prismenkanten in den Punkten A, B, C, die von der Grundfläche die Abstände (Höhen) $h_A = 23{,}0\,\text{cm}$, $h_B = 28{,}0\,\text{cm}$, $h_C = 41{,}0\,\text{cm}$ haben. Berechnen Sie den Flächeninhalt der Schnittfläche.

4.53 Berechnen Sie den Flächeninhalt eines Kreisabschnitts, der durch die Sehne $s = 2{,}405\,\text{m}$ und die Pfeilhöhe $p = 0{,}684\,\text{m}$ gegeben ist.

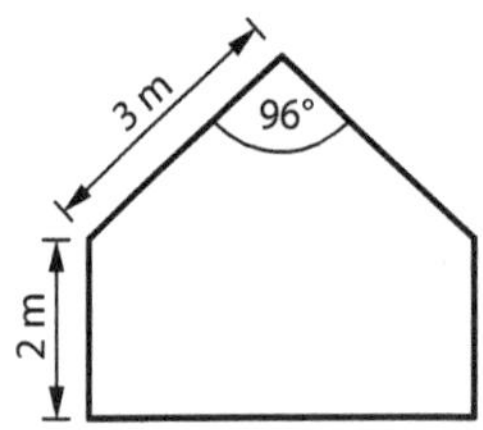

Bild 4.56

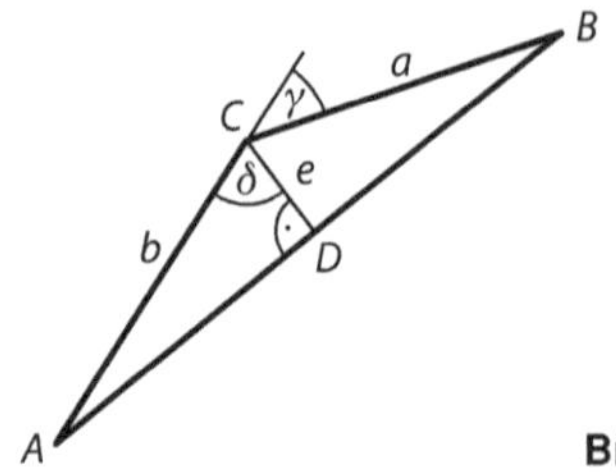

Bild 4.57

4.54 Zwischen die Punkte A und B, zwischen denen keine Sicht besteht, ist ein Punkt D abzustecken (*Bild 4.57*). Es wurden gemessen: $a = 141{,}83$ m, $b = 185{,}54$ m, $\gamma = 7° \, 44' \, 44''$. Berechnen Sie für die Absteckung e und δ.

4.55 Im Punkt A am Rand eines Sees werden zum Gipfel G eines Berges der Winkel $\alpha = 14° \, 09' \, 20''$ und zu dessen Spiegelbild der Winkel $\beta = 20° \, 51' \, 30''$ gegen die Horizontale gemessen. Der Punkt A hat über der Wasseroberfläche die Höhe $h_A = 18{,}73$ m. Berechnen Sie die Höhe h_G und den horizontalen Abstand e von A und G.

4.56 In einem Viereck sind $a = 41{,}1$ cm, $c = 20{,}5$ cm, $d = 26{,}4$ cm, $\alpha = 63{,}481°$, $\delta_1 = 27{,}820°$ gegeben. Berechnen Sie die Diagonale e (*Bild 4.58*).

4.57 Beweisen Sie den Satz: In jedem Parallelogramm gilt: $a^2 + b^2 = \frac{1}{2}\left(e^2 + f^2\right)$ wobei a, b die Seiten, e, f die Diagonalen sind.

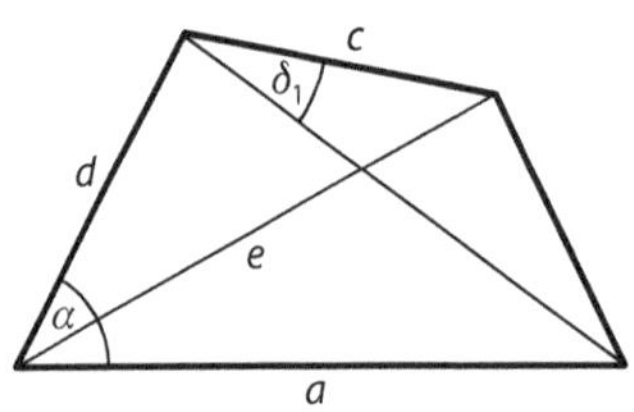

Bild 4.58

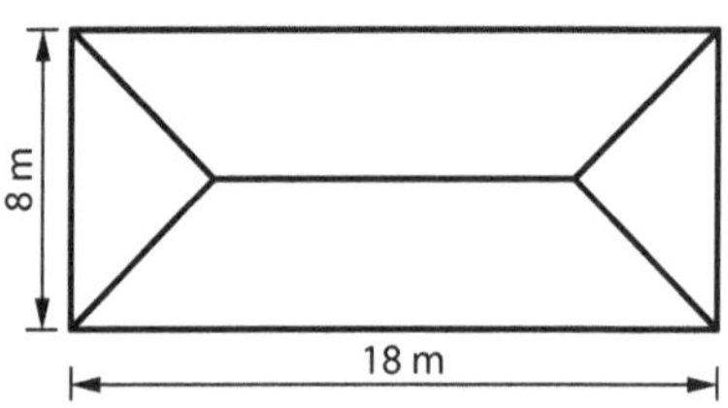

Bild 4.59

4.58 *Bild 4.59* zeigt den Grundriss eines Walmdaches mit den Seitenlängen 18 m und 8 m. Welches Volumen hat der Dachraum, und welchen Gesamtflächeninhalt haben die Dachflächen, wenn die Dachneigung 40° beträgt?

4.59 Ein Schiff fährt vom Standort P_1 unter dem Kurswinkel $\alpha = 101° \, 00'$ mit der Geschwindigkeit $v_1 = 28$ km/h. Im Seegebiet existiert eine Strömung mit der Richtung $\beta = 230°$ und der Geschwindigkeit $v_2 = 2$ km/h. Wie weit ist der nach fünf Stunden Fahrzeit erreichte Standort P_2 von P_1 entfernt, und wie groß ist die Richtung y von P_1 nach P_2?

4.4 Lösungen

4.1 a) $b = 29{,}04$ m, $c = 76{,}88$ m, $\beta = 22{,}194\,5°$, $h = 26{,}89$ m, $A = 1\,034$ m^2

b) $a = 1{,}34$ m, $c = 6{,}27$ m, $\alpha = 12{,}360°$, $\beta = 77{,}640°$, $A = 4{,}10$ m^2

c) $a = 120{,}7$ cm, $b = 68{,}51$ cm, $\beta = 29{,}576°$, $h = 59{,}58$ cm, $A = 4\,135$ cm^2

d) $a = 9{,}176$ m, $b = 4{,}814$ m, $c = 10{,}36$ m, $\alpha = 62{,}317\,2°$, $A = 22{,}09$ m^2

e) $b = 5{,}630$ m, $c = 36{,}45$ m, $\alpha = 81{,}114\,0°$, $\beta = 8{,}886\,0°$, $h = 5{,}562$ m

f) $a = 16{,}4$ cm, $b = 24{,}5$ cm, $c = 29{,}5$ cm, $\alpha = 33{,}72°$, $h = 13{,}6$ cm

4.2 a) $\alpha = 76{,}813°$, $\gamma = 26{,}374°$, $h_a = 11{,}73\,\text{m}$, $h_c = 25{,}71\,\text{m}$, $A = 154{,}9\,\text{m}^2$
b) $a = 5{,}37\,\text{m}$, $c = 8{,}22\,\text{m}$, $\gamma = 99{,}968°$, $h_a = 5{,}28\,\text{m}$, $A = 14{,}2\,\text{m}^2$
c) $c = 24{,}6\,\text{cm}$, $\alpha = 80{,}699°$, $h_a = 24{,}3\,\text{cm}$, $h_c = 75{,}1\,\text{cm}$, $A = 923\,\text{cm}^2$
d) $a = 122{,}94\,\text{m}$, $c = 51{,}021\,\text{m}$, $\alpha = 78{,}023°$, $\gamma = 23{,}953°$, $h_a = 49{,}910\,\text{m}$
e) $a = 77{,}45\,\text{cm}$, $c = 124{,}9\,\text{cm}$, $\gamma = 107°32'$, $h_a = 73{,}85\,\text{cm}$, $h_c = 45{,}78\,\text{cm}$
f) $a = 68{,}08\,\text{cm}$, $\alpha = 63{,}620°$, $\gamma = 52{,}760°$, $h_c = 60{,}99\,\text{cm}$, $A = 1\,845\,\text{cm}^2$

4.3 $e = 2a\cos\frac{\alpha}{2} = 63{,}8\,\text{cm}$, $f = 2a\sin\frac{\alpha}{2} = 23{,}4\,\text{cm}$

4.4 $a = h_C - h_A$, $b = h_C - h_B$, $e = h_B - h_A$, $c = a\cot\alpha$, $d = b\cot\beta$,
$\overline{AB} = \sqrt{(c+d)^2 + e^2} = 296{,}36\,\text{m}$, $\delta = \arctan\frac{e}{c+d} = 1°55'$

4.5
$$h = a\tan\psi = \frac{c\sin\alpha\tan\psi}{\sin(\alpha+\beta)} = 63{,}90\,\text{m}$$
$$= b\tan\varphi = \frac{c\sin\beta\tan\varphi}{\sin(\alpha+\beta)} = 63{,}92\,\text{m}$$
Die zwei Werte weichen wegen Messungenauigkeiten voneinander ab und werden gemittelt: $h = 63{,}91\,\text{m}$.

4.6 $F_\text{N} = mg\cos\alpha = 2\,874\,\text{N}$, $F_\text{H} = mg\sin\alpha = 632\,\text{N}$

4.7 $F_1 = F_2 = \dfrac{F}{2\cos\frac{\alpha}{2}} = 305{,}6\,\text{N}$

4.8 $\alpha = 2\arccos\frac{s}{2r} = 63{,}08°$, $\overline{AT} = \overline{BT} = r\cot\frac{\alpha}{2} = 21{,}5\,\text{cm}$

4.9 $h = r\tan\alpha$, $V = 11{,}9\,\text{dm}^3$, $s = \dfrac{r}{\cos\alpha} = 56{,}0\,\text{cm}$
$A_M = \pi rs = 25{,}5\,\text{cm}^2$

4.10 $\alpha = 2\arcsin\frac{s}{2r}$, $b = r\alpha$ (α in rad), $b - s = 4\,\text{mm}$

4.11 $s = 2p\cot\frac{\alpha}{4}$, $r = \dfrac{s}{2\sin\frac{\alpha}{2}}$, $b = 15{,}262\,\text{m}$

4.12 a) $\cos 315°$ b) $\tan 20°$ c) $\sin 102°$ d) $\cot 91°$

4.13 a) $\alpha_1 = 55{,}497°$, $\alpha_2 = 124{,}503°$ b) $\alpha_1 = 122{,}445°$, $\alpha_2 = 302{,}445°$
c) $\alpha_1 = 89{,}032°$, $\alpha_2 = 270{,}968°$ d) $\alpha_1 = 1{,}387\,5°$, $\alpha_2 = 181{,}387\,5°$
e) $\alpha_1 = 212{,}834°$, $\alpha_2 = 327{,}166°$ f) $\alpha_1 = 12{,}002\,4°$, $\alpha_2 = 192{,}002\,4°$
g) $\alpha = 180°$ h) $\alpha_1 = 91{,}392°$, $\alpha_2 = 271{,}392°$

4.14 a) $r = 79{,}46$, $\varphi = 73{,}362\,2°$ b) $r = 1{,}91$, $\varphi = 102{,}724\,4°$
c) $r = 21{,}61$, $\varphi = 355{,}487\,4°$ d) $r = 142{,}31$, $\varphi = 243{,}629\,4°$
e) $r = 78{,}31$, $\varphi = 270°$

4.15 a) $x = -17{,}40$, $y = -12{,}22$ b) $x = 16{,}57$, $y = 106{,}52$
c) $x = 39{,}28$, $y = -40{,}32$ d) $x = -60{,}20$, $y = 43{,}17$

4.16 a) $\tan\varphi$ b) $-\sin\beta$ c) $-\cot x$ d) $-\cos\lambda$

4.17 a) $\sin\alpha = \dfrac{1}{\sqrt{1+n^2}}$, $\cos\alpha = \dfrac{n}{\sqrt{1+n^2}}$, $\cot\alpha = n$
b) $\sin\alpha = \dfrac{2\sqrt{a}}{1+a}$, $\tan\alpha = \dfrac{2\sqrt{a}}{1-a}$, $\cot\alpha = \dfrac{1-a}{2\sqrt{a}}$

4.18 a) $\cos\alpha$ b) $\sin\alpha$ c) $1 - \sin\alpha$ d) $\cot\alpha$

4.19 Anwendung von *Satz 4.1* und *4.2*

4.20 a) 0 b) $\sqrt{2}\sin\beta$ c) $\cot\alpha$ d) $\tan\dfrac{\alpha}{2}$ e) $\tan\dfrac{\varphi+\psi}{2}$ f) $\cos 2\alpha$

4.21 a) *Satz 4.1* und *4.2* anwenden
b) *Satz 4.1* und *Gln. (4.13)* und *(4.14)* anwenden
c) folgt aus $1 = \tan 45^\circ$ und *Gl. (4.11)*
d) Ansatz: $\sin 3\alpha = \sin(2\alpha+\alpha) = \sin 2\alpha\cos\alpha + \cos 2\alpha\sin\alpha$, dann *Gln. (4.13), (4.14)* und *Satz 4.1* anwenden
e) und f) *Gl. (4.16)* anwenden

4.22 $d = \dfrac{c\sin\beta}{\sin(\alpha+\beta)}\sin\alpha - e = 179{,}4\,\text{m}$

4.23 $e = \sqrt{a^2 + b^2 - 2ab\cos(180^\circ - \alpha)} = 62{,}6\,\text{cm}$

$f = \sqrt{a^2 + b^2 - 2ab\cos\alpha} = 26{,}2\,\text{cm}$

$$\varepsilon = \arccos\frac{\left(\frac{e}{2}\right)^2 + \left(\frac{f}{2}\right)^2 - a^2}{2\frac{e}{2}\cdot\frac{f}{2}} = 137{,}384^\circ$$

4.24 $F_R = \sqrt{F_1^2 + F_2^2 + 2F_1F_2\cos\delta} - 657\,\text{N}$

$\varepsilon = \arcsin\dfrac{F_2\sin\delta}{F_R} = 33^\circ 20'$

4.25 *Bild L4.1*

$I = I_1^2 + I_2^2 - 2I_1I_2\cos(180^\circ - \varphi) = 5{,}9\,\text{A}$

$\varphi_1 = \arcsin\dfrac{I_2\sin\varphi}{I} = 18{,}268^\circ,\quad \varphi_2 = 11{,}732^\circ$

I_1 eilt um φ_1 voraus, I_2 bleibt um φ_2 zurück

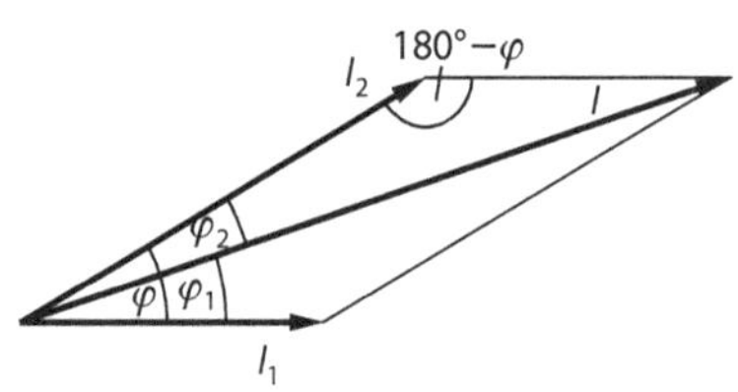

Bild L4.1

4.26 a) Grundaufgabe 2: $b = 426{,}3\,\text{m}$, $\alpha = 13^\circ 08'$, $\gamma = 10^\circ 10'$
b) Grundaufgabe 4.2.1: $b = 130{,}3\,\text{cm}$, $\alpha = 34{,}846^\circ$, $\beta = 97{,}997^\circ$
c) Grundaufgabe 1: $b = 46{,}83\,\text{m}$, $c = 39{,}35\,\text{m}$, $\beta = 67{,}158^\circ$
d) Grundaufgabe 4.1.1, zwei Lösungen:

$c_1 = 69{,}31\,\text{m}$, $\beta_1 = 73{,}647^\circ$, $\gamma_1 = 54{,}012^\circ$

$c_2 = 31{,}12\,\text{m}$, $\beta_2 = 106{,}353^\circ$, $\gamma_2 = 21{,}306^\circ$

e) Grundaufgabe 4: $\alpha = 44{,}09^\circ$, $\beta = 61{,}41^\circ$, $\gamma = 74{,}50^\circ$
f) Grundaufgabe 2: $a = 30{,}35\,\text{m}$, $\beta = 22^\circ 17'$, $\gamma = 131^\circ 31'$
g) Grundaufgabe 4.1.2, 0 Lösungen
h) Grundaufgabe 4.2.2, eine Lösung: $c = 4{,}57\,\text{m}$, $\beta = 17{,}440^\circ$, $\gamma = 25{,}800^\circ$
i) Grundaufgabe 4: $\alpha = 25{,}945^\circ$, $\beta = 35{,}200^\circ$, $\gamma = 118{,}854^\circ$

4.27 $A = \dfrac{1}{2}a^2\sin 2\alpha$

4.28 $A = 443{,}62\,\text{cm}^2$

4.29 $u_{25} = 25 \cdot 2 \cdot r \sin \dfrac{360^\circ}{25 \cdot 2} = 626{,}666\,\text{m}$

$A_{25} = 25 \cdot \dfrac{r^2}{2} \sin \dfrac{360^\circ}{25} = 31\,086{,}236\,\text{m}^2$

u_{25} weicht um 0,26 % von u und A_{25} weicht um 1,05 % von A ab.

4.30 Berechnung in der Reihenfolge $e, \alpha_1, \gamma_1, \alpha_2, \gamma_2$ und doppelte Berechnung von f.

$f = 2{,}513\,\text{m}$ (*Bild L4.2*).

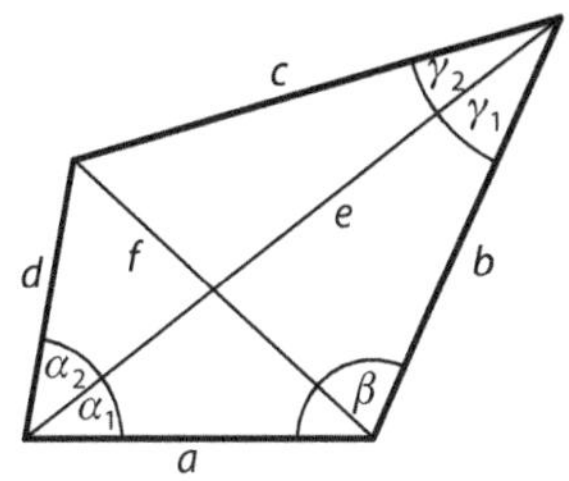

Bild L4.2

4.31 $F_1 = 561\,\text{N}, F_2 = 1\,342\,\text{N}$

4.32 $e = 6{,}4\,\text{km}$

4.33 $\alpha = 73{,}312^\circ, \gamma = 33{,}375^\circ, r_i = 15{,}69\,\text{m}, r_u = 38{,}32\,\text{m}$

4.34 $d = 2{,}36\,\text{m}$

4.35 $V = 12{,}141\,\text{m}^3 \cdot \text{s}^{-1}$

4.36 Aus den zwei Gleichungen $\tan \alpha_1 = \dfrac{h+b}{e}$, $\tan \alpha_2 = \dfrac{h}{e}$ folgt $e = \dfrac{b}{\tan \alpha_1 - \tan \alpha_2} = 39{,}98\,\text{m}$

4.37 $l = 24{,}92\,\text{m}, e = 11{,}70\,\text{m}, s = 20{,}26\,\text{m}$

4.38 *Bild L4.3*

$\tan \alpha = 1/8, \tan \beta = 2/3$

$x = \dfrac{h}{\tan \beta - \tan \alpha} = 5{,}908, \quad y = 0{,}738\,\text{m}$

$z = 0{,}750\,\text{m}, \quad w = \dfrac{h - z}{\tan \alpha + \tan \beta} = 3{,}095\,\text{m}$

$u - 2{,}063\,\text{m}, \quad v - 0{,}387\,\text{m}, \quad V = 1\,509{,}668\,\text{m}^3 \approx 1\,510\,\text{m}^3$

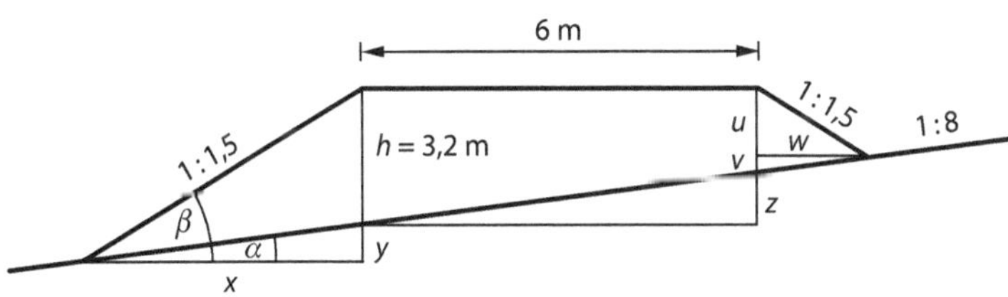

Bild L4.3

4.39 $A = 2\pi\, r^2 (\sin \varphi_2 - \sin \varphi_1) = 25\,498\,368\,\text{km}^2 \approx 2{,}550 \cdot 10^7\,\text{km}^2$

4.40 $b = 113{,}27\,\text{m}, p = 6{,}39\,\text{m}$

4.41 a) $\sin \alpha = \dfrac{r_2 - r_1}{e}$, $l = 2e \cos \alpha + r_1 (\pi - 2\alpha) + r_2 (\pi + 2\alpha) = 5{,}616$

b) $\sin \alpha = \dfrac{r_1 + r_2}{e}$, $l = 2e \cos \alpha + (r_1 + r_2)(\pi + 2\alpha) = 5{,}748\,\text{m}$

4.42 $\gamma = 41{,}73^\circ, 3{,}43$

4.43 $e = 1{,}2\,\text{km}$

4.44 $x = 124{,}840\,\text{m}, y = 17{,}663\,\text{m}$

4.45 a) $\sin(\alpha-\beta)$ b) $-\cot\alpha$ c) 1

4.46 a) $\sin\alpha=\dfrac{4\sqrt{k}}{1+4k}$, $\cos\alpha=\dfrac{1-4k}{1+4k}$, $\cot\alpha=\dfrac{1-4k}{4\sqrt{k}}$

b) $\cos\gamma=\sqrt{\dfrac{2ab}{a^2+b^2}}$, $\tan\gamma=\dfrac{a-b}{\sqrt{2ab}}$, $\cot\gamma=\dfrac{\sqrt{2ab}}{a-b}$

4.47 a) $-\cos\alpha$ b) $-\sqrt{3}\sin\beta$ c) $\tan\alpha$ d) $\tan\dfrac{\alpha}{2}$

4.48 a) und b) Anwendung von *Satz 4.1* und *4.2* sowie *Gln. (4.13)* bzw. *(4.14)*

c) Zerlegung: $\tan 3\alpha=\tan(2\alpha+\alpha)$, *Gl. (4.11)* anwenden usw.

d) *Gl. (4.7)* anwenden

e) *Gln. (4.17), (4.18)* anwenden

4.49 $h=55{,}55\,\text{m}$, $e=366{,}86\,\text{m}$

4.50 $F_R=474\,\text{N}$, $\varphi=86{,}1^\circ$

4.51 $V=53{,}6\,\text{m}^3$

4.52 $A=155{,}12\,\text{cm}^2\approx155\,\text{cm}^2$

4.53 $A=1{,}164\,675\,\text{m}^2\approx1{,}165\,\text{m}^2$

4.54 $e=10{,}856\,\text{m}$, $\delta=86^\circ\,38'\,44''$

4.55 $h_G=92{,}07\,\text{m}\approx92\,\text{m}$, $e=290{,}80\,\text{m}\approx291\,\text{m}$

4.56 $e=37{,}5\,\text{cm}$

4.57 Es sei $M=e\cap f$. Kosinussatz für a^2 in $\triangle ABM$ und für b^2 in $\triangle BCM$ aufstellen und addieren.

4.58 $V=205{,}86\,\text{m}^2$ (vgl. *3.2.3*), $A=188\,\text{m}^2$

4.59 $P_1P_2=134\,\text{km}$, $\gamma=104^\circ20'$

5 Funktionen

5.0 Vorbemerkung

In diesem Kapitel werden die für die technische Anwendung wichtigsten reellen Funktionen und ihre Eigenschaften behandelt. Der Schwerpunkt liegt dabei auf den linearen und den quadratischen Funktionen. Insbesondere wird darauf eingegangen, welchen Einfluss die Funktionsparameter auf die Form und die Lage des Funktionsgraphen haben und wie man aus gegebenen Informationen die zugrunde liegende Funktionsgleichung bestimmen kann.

5.1 Der Funktionsbegriff

5.1.1 Die Definition einer Funktion

In der Technik, in den Naturwissenschaften und in der Wirtschaft gibt es eine Vielzahl von Zusammenhängen und Gesetzmäßigkeiten, die mit geeigneten mathematischen Mitteln dargestellt werden müssen. Oft anzutreffende Formulierungen wie z. B.

- die Bewegung eines Körpers wird beschrieben, indem jeder Zeit der in dieser Zeit zurückgelegte Weg zugeordnet wird;
- die Temperatur eines Körpers ist abhängig von der ihm zugeführten Wärmemenge;
- der Materialverbrauch ist eine Funktion der Stückzahl der herzustellenden Erzeugnisse

haben gemeinsam, dass den Elementen einer Menge jeweils ein Element einer anderen Menge zugeordnet wird. Anders ausgedrückt handelt es sich bei dieser elementweisen Zuordnung um eine **Abbildung** oder eine **Relation**.

Ist die Relation eindeutig, was bei den meisten Zusammenhängen und Gesetzmäßigkeiten der Fall ist, so bezeichnet man diese Relationen als **Funktionen**.

Definition 5.1

Hängt eine 2. Größe (die **abhängige Variable**) von einer 1. Größe (**unabhängige Variable**) ab, so ist die abhängige Variable eine **Funktion** der unabhängigen Variablen. Dabei ist wichtig, dass diese Abhängigkeit eindeutig ist, d. h. **jedem Wert der unabhängigen Variable wird genau ein Wert der abhängigen Variable zugeordnet**.

Alle Werte, die für die unabhängige Variable gewählt werden können, bilden den **Definitionsbereich *D*** der Funktion, alle möglichen Werte der abhängigen Variablen bilden den **Wertebereich *W*** der Funktion.

Beispiele

5.1 Einem Kreis mit dem Radius r ist eindeutig ein Flächeninhalt A zugeordnet. Der Definitionsbereich wird durch alle möglichen Radien gebildet, der Wertebereich durch alle Flächeninhalte, die Kreise mit diesen möglichen Radien haben können.

5.2 In einer elektrischen Schaltung ist jeder angelegten Spannung eindeutig ein Strom zugeordnet. Alle anlegbaren Spannungen bilden den Definitionsbereich, die aus diesen Spannungen resultierenden Ströme den Wertebereich.

5.3 Jeder geraden ganzen Zahl kann eindeutig ihre jeweilige Hälfte zugeordnet werden.

$$D = \{z_g \in \mathbb{Z} \mid z_g = 2z,\, z \in \mathbb{Z}\}, \quad W = \mathbb{Z}$$

5.4 Die Zuordnung der Länge einer Schraube zu ihrem Gewindedurchmesser stellt *keine* Funktion dar: Zu einer vorgegebenen Schraubenlänge finden sich mehrere Exemplare, die sich in ihren Gewindedurchmessern unterscheiden. Diese Zuordnung ist also nicht eindeutig. ■

Ein sehr nützliches Modell für eine Funktion stellt das „**Maschinenmodell**" dar:

In diesem Modell wird eine Funktion mit einer Maschine verglichen, der ein zu bearbeitendes Objekt zugeführt wird und die als Resultat das in irgendeiner Weise veränderte Objekt auswirft. Alle Objekte, die der Maschine zugeführt werden können, bilden den Definitionsbereich und alle Objekte, die die Maschine auswirft, bilden den Wertebereich.

Bild 5.1

Ein Modell, das den dynamischen Charakter einer Funktion betont, ist das „**Prozessmodell**":

Der augenblickliche Wert der Ausgangsgröße A bei einem Prozessablauf ist abhängig vom momentanen Wert der Eingangsgröße E.

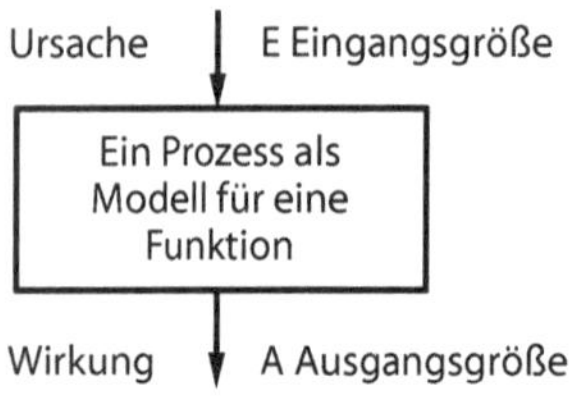

Bild 5.2

5.1.2 Darstellungsformen von Funktionen

Die **verbale Beschreibung** einer Funktion ist möglich, aber nicht praktikabel genug. Bevorzugt werden deshalb drei Darstellungsformen:

(1) Die **analytische Darstellung** durch die Angabe der Funktionsgleichung,

(2) die **Wertetabelle** und

(3) die **grafische Darstellung**.

Diese Darstellungsformen werden nun anhand des *Beispiels 5.1* vorgestellt.

Die Gleichung, die den Zusammenhang zwischen dem Radius eines Kreises und seinem Flächeninhalt beschreibt, lautet

$$A_o = \pi \cdot r^2$$

Der Vorteil der Funktionsgleichung liegt in der Möglichkeit, für jeden gegebenen Kreisradius den Kreisflächeninhalt mit höchster Genauigkeit errechnen zu können.

Allgemein wird eine **Funktionsgleichung** folgendermaßen geschrieben:

$$y = f(x)$$

Gewöhnlich werden Funktionen innerhalb der Mathematik mit dem Kleinbuchstaben f bezeichnet. Um unterschiedliche Funktionen voneinander unterscheiden zu können, werden anstelle von f auch andere Bezeichnungen wie g, h, φ, f_1, f_2 benutzt. Die unabhängige Variable wird in der Regel mit x, die abhängige Variable mit y bezeichnet. In den Fachdisziplinen werden anstelle von x und y die Bezeichnungen für Größen (dabei auch Großbuchstaben) verwendet, z. B. bei $U = R \cdot I$ oder $W = P/t$.

Je nachdem, ob bei einer Funktion die eindeutige Zuordnung, die Abbildung oder die Abhängigkeit hervorgehoben werden soll, nennt man

Tabelle 5.1

das Element x	das Element y
Argument	Funktionswert
Urbild	Bild
unabhängige Variable	abhängige Variable

Wenn der Sachzusammenhang es erfordert, muss neben der Funktionsgleichung auch der Definitionsbereich angegeben werden.

Aus der Funktionsgleichung oder ggf. aus ermittelten Messwerten lässt sich eine **Wertetabelle** erstellen:

Tabelle 5.2

r in cm	0,5	1	1,5	2	2,5	3
A_o in cm^2	0,8	3,1	7,1	12,6	19,6	28,3

Der Vorteil einer Wertetabelle liegt in der Möglichkeit, Funktionswerte schnell ablesen zu können. Letztlich stellen Tabellenbücher eine Sammlung von Wertetabellen dar.

Eine Wertetabelle kann auch verwendet werden, um die **grafische Darstellung** einer Funktion zu ermitteln. Dies geschieht in der Regel in einem **kartesischen (rechtwinkligen) Koordinatensystem** (*Bild 5.3*).

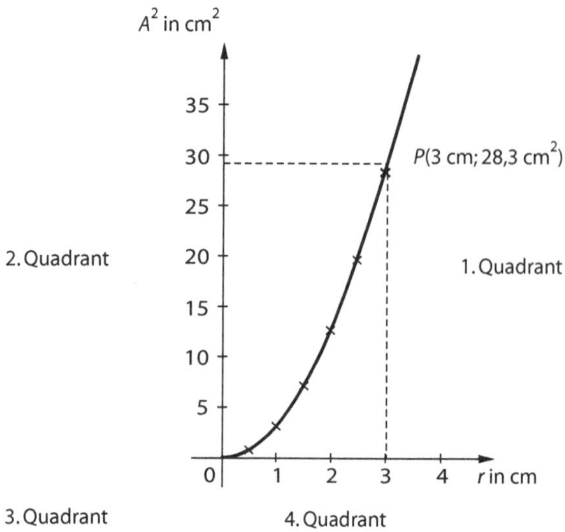

Bild 5.3

Anmerkungen:

Die waagerechte Koordinatenachse wird als **Abszisse** bezeichnet, die senkrechte als **Ordinate**.

Statt „r in cm" und „A in cm^2" schreibt man auch „r/cm" bzw. „A/cm^2", da der Quotient aus Größe und Maßeinheit reelle Zahlen – die Maßzahlen – ergibt, die man an die Skalierung anträgt.

Die oben dargestellte Funktion liegt im **1. Quadranten** des Koordinatensystems. In mathematisch positivem Drehsinn (d. h. dem Uhrzeigersinn entgegengesetzt) werden die Quadranten bis zum 4. Quadranten durchnummeriert.

Der Schnittpunkt der Koordinatenachsen wird als **Koordinatenursprung** oder **Nullpunkt** bezeichnet.

Punkte im Koordinatensystem werden als kleine Kreuze gezeichnet.

Die Punkte sind der Wertetabelle entnommen, sie sind die Schnittpunkte der Senkrechten durch den entsprechenden Wert auf der Abszisse und der Waagerechten durch den dazugehörigen Funktionswert auf der Ordinate.

Punkte werden mit großen lateinischen Buchstaben bezeichnet, ggf. gefolgt von einer Klammer, die den Wert der unabhängigen Variable und den dazugehörigen Wert der abhängigen Variable – in dieser Reihenfolge – umschließt.

Bei der Darstellung von Funktionen im Koordinatensystem zeigt sich die Eindeutigkeit von Funktionen darin, dass jede Parallele zur senkrechten Achse höchstens einen Punkt mit dem Funktionsgraphen gemeinsam hat.

Neben der grafischen Darstellung einer Funktion in einem rechtwinkligen Koordinatensystem durch Punkte bzw. Linien gibt es auch noch die grafische Darstellung als **Säulen-**, **Balken-** oder **Kreisdiagramm**. Der wesentliche Unterschied zu den in der Mathematik üblichen Darstellungsweisen besteht darin, dass nun die Funktionswerte durch Flächen symbolisiert werden. Damit wird eine besonders hohe Anschaulichkeit und Fasslichkeit erreicht. In den *Bildern 5.4* und *5.5* werden typische Sachverhalte als Säulen- bzw. Kreisdiagramm dargestellt.

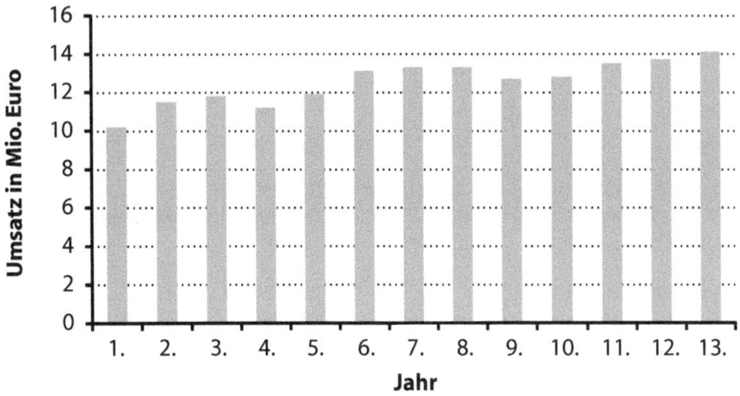

Bild 5.4

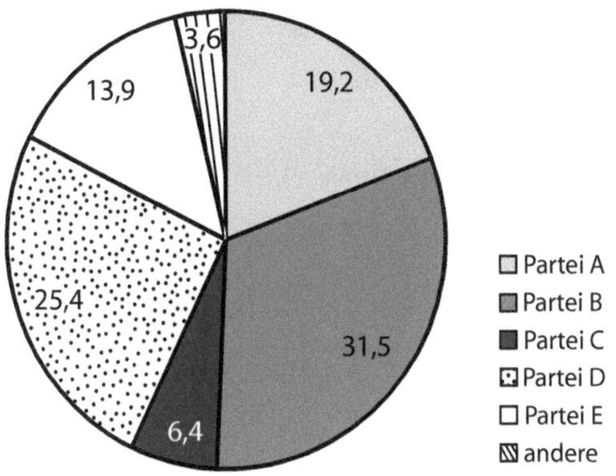

Bild 5.5

Dem jeweiligen Zweck entsprechend hat jede Darstellungsart Vor- und Nachteile gegenüber den beiden anderen.

Tabelle 5.3

Darstellungsart	Vorteile
analytische Darstellung (z. B. in der Formelsammlung)	alle Funktionswerte können beliebig genau berechnet werden
Wertetabelle (z. B. im Tabellenbuch oder als Messprotokoll)	schnelles Ablesen von Funktionswerten ist möglich
grafische Darstellung (z. B. als Aufzeichnung beim EKG oder auf einem Bildschirm)	die Eigenschaften der Funktion werden anschaulich sichtbar

Für mathematische Zwecke wird die analytische Darstellung einer Funktion bevorzugt. Dabei muss beachtet werden, dass die Angabe des Definitionsbereiches eine entscheidende Bedeutung besitzt, wie das folgende Beispiel zeigt.

Beispiel

5.5 Die Funktionen

$$f_1(x) = 0{,}5\,x \quad \text{mit} \quad x \in \{0, 1, 2, 3, 4, 5\} \quad \text{und}$$
$$f_2(x) = 0{,}5\,x \quad \text{mit} \quad x \in [0;\, 5]$$

haben dieselbe Funktionsgleichung, aber unterschiedliche Definitionsbereiche. Deshalb handelt es sich um verschiedene Funktionen. Während $f_1(x)$ von nur 6 Wertepaaren gebildet wird, ist $f_2(x)$ eine Menge mit unendlich vielen Wertepaaren. ■

Der Definitionsbereich einer Funktion wird aus mathematischer Sicht von der Ausführbarkeit der jeweiligen Rechenoperationen bestimmt. Im Anwendungsfall wird der Definitionsbereich einer Funktion durch untere und obere Werte begrenzt. Diese engen den aus mathematischer Sicht möglichen Bereich in vielen Fällen ein.

Für die analytische Darstellung einer Funktion, speziell für die Funktionsgleichung, gibt es zwei Darstellungsformen.

Die **explizite Form**

$$y = f(x)$$

ist dann gegeben, wenn die Funktionsgleichung nach der abhängigen Variablen y aufgelöst ist.

Die **implizite Form**

$$F(x;\, y) = 0$$

liegt beispielsweise bei

$$2x - 3y = 0 \quad \text{oder}$$
$$2x - 3y + y^5 + 7 = 0$$

vor.

Von der letztgenannten Funktion gibt es keine explizite Darstellung, weil es prinzipiell nicht möglich ist, diese Gleichung fünften Grades formelmäßig nach y aufzulösen.

Nicht immer liegen die Funktionen bereits in der Darstellungsart vor, die zweckentsprechend ist. Damit ergibt sich die Frage, ob die Umwandlung einer gegebenen Darstellungsart in die beiden anderen möglich ist. Die *Tabelle 5.4* enthält Einschätzungen über den jeweils notwendigen Arbeitsaufwand beim Umwandeln.

Tabelle 5.4

von	in		
	analytisch	tabellarisch	grafisch
analytisch	—	gering	gering
tabellarisch	groß	—	gering
grafisch	sehr groß	gering	—

Anmerkung:

Die aus der grafischen Darstellung einer Funktion gewonnene analytische Darstellung ist im Allgemeinen nur eine Näherung, deren Genauigkeit umso größer ist, je mehr Punkte aus der grafischen Darstellung zur Gewinnung der analytischen Darstellung verwendet werden.

5.1.3 Eigenschaften von Funktionen

Die Eigenschaften von Funktionen müssen den Eigenschaften der Zusammenhänge bzw. Abhängigkeiten, die sie widerspiegeln sollen, entsprechen.

Eine große Zahl von Gesetzmäßigkeiten und Zusammenhängen ist dadurch gekennzeichnet, dass die Funktionswerte ausgehend von einem Anfangswert stets entweder nur größer oder nur kleiner werden. Diese Eigenschaft wird bei den Funktionen **Monotonie** genannt.

Definition 5.2

Eine Funktion f heißt im Intervall $I \subseteq D$ **streng monoton wachsend**, wenn für alle $\{x_1;\ x_2\} \subseteq I$ mit $x_1 < x_2$ stets $f(x_1) < f(x_2)$ gilt.

Sie heißt **streng monoton fallend**, wenn mit $x_1 < x_2$ stets $f(x_1) > f(x_2)$ gilt.

Gilt $f(x_1) = f(x_2)$ für alle $\{x_1;\ x_2\} \subseteq I$, so ist die Funktion im Intervall I **konstant**.

In Anwendungsfällen interessiert neben der Tatsache, dass eine Funktion monoton ist, auch die Art des Steigens und Fallens. Die *Bilder 5.6a* bis *5.6f* zeigen die sechs prinzipiell möglichen Funktionsverläufe streng monotoner Funktionen.

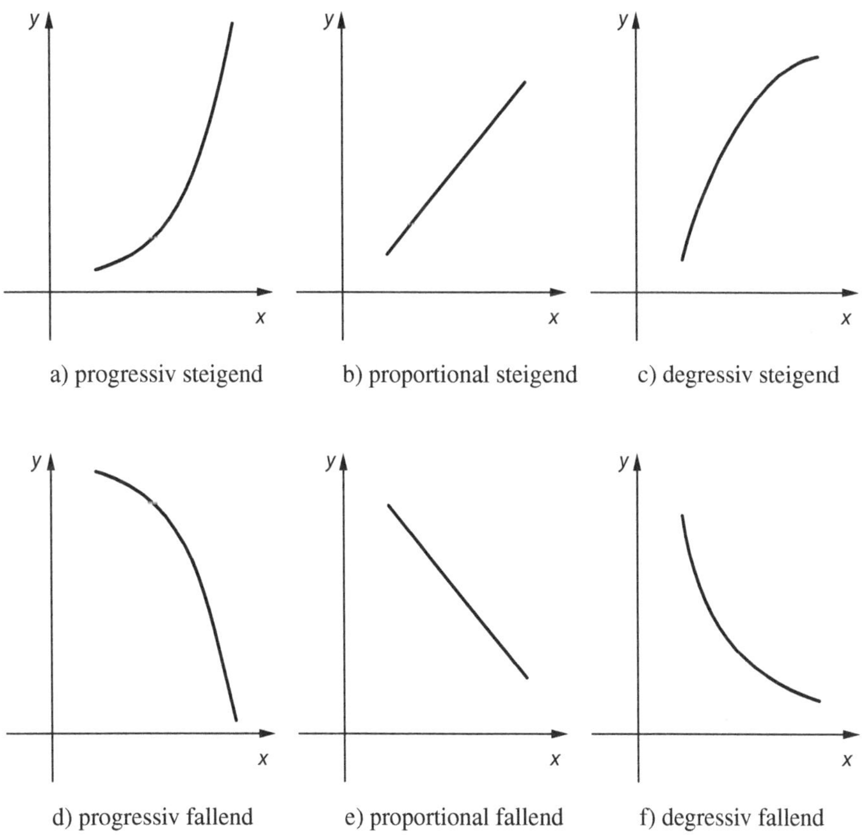

Bild 5.6

Progressives Steigen oder Fallen bedeutet, dass mit wachsenden Argumentwerten x die Funktionswerte y **immer stärker** steigen oder fallen; sie steigen oder fallen überproportional. Degressiv bedeutet unterproportional.

Wie allen Funktionsverläufen streng monotoner Funktionen zu entnehmen ist, tritt kein Funktionswert wiederholt auf. Diese Eigenschaft nennt man **Injektivität**. Streng monotone Funktionen sind also **injektiv**. Treten alle Elemente des Wertebereiches als Funktionswerte auf, spricht man von **Surjektivität**. Zu jedem Element y des Wertebereiches einer **surjektiven** Funktion gibt es also mindestens ein Element x des Definitionsbereichs, das das Element y als Funktionswert besitzt. Funktionen, die injektiv und gleichzeitig surjektiv sind, bezeichnet man als **bijektiv**. **Bijektivität** bedeutet also, dass jedem Element des Wertebereiches eineindeutig (auch: umkehrbar eindeutig) ein Element des Definitionsbereiches zugeordnet ist.

Bei vielen Gesetzmäßigkeiten und Zusammenhängen sind die Werte, die die abhängige Variable annehmen kann, nicht unbegrenzt, d. h., die Funktionswerte sind beschränkt. So ist es z. B. sachlogisch bedingt, dass der Flächeninhalt A eines Quadrates, dargestellt durch die Funktion $A = a^2$ mit $a \in \mathbb{R}$, nicht negativ werden kann. Die Funktionswerte sind hier nach unten hin beschränkt. In einem anderen Fall mag es sinnvoll sein, dass die Funktionswerte nach oben hin beschränkt sind, weil z. B. nur ein Sättigungsgrad von maximal 100 % erreicht werden kann.

Definition 5.3

Die Funktion $y = f(x)$ mit $x \in D$ heißt auf einem Intervall I

a) **nach oben beschränkt**, wenn es eine Zahl o gibt, sodass für alle $x \in I$ stets $f(x) \leqq o$ gilt;

b) **nach unten beschränkt**, wenn es eine Zahl u gibt, sodass für alle $x \in I$ stets $f(x) \geqq u$ gilt.

Die Zahl o heißt **obere Schranke**, die Zahl u heißt **untere Schranke**.

Es muss beachtet werden, dass diese unteren und oberen Schranken nicht eindeutig festgelegt sind. So ist beispielsweise $u_1 = -8$ eine untere Schranke für die Funktion $y = x^2$ mit $x \in \mathbb{R}$, denn alle Funktionswerte sind größer als -8. Ebenso ist auch $u_2 = -3{,}3$ eine untere Schranke. Der Wert $u_3 = 0$ ist die größte der möglichen unteren Schranken.

Oft wird aus praktischer Sicht die Frage gestellt, ob es im Definitionsbereich einer Funktion Stellen gibt, bei denen die abhängige Variable, also der Funktionswert, den Wert 0 annimmt.

Definition 5.4

Ein Wert $x_N \in D$, für den $f(x_N) = 0$ gilt, heißt **Nullstelle** der Funktion $y = f(x)$.

In dieser Definition ist auch gesagt, wie die Nullstellen einer in der analytischen Darstellung gegebenen Funktion ermittelt werden: In die explizite oder implizite Form der Funktionsgleichung wird für y der Wert 0 eingesetzt. Die dadurch entstehende Gleichung mit einer Variablen ist dann zu lösen. Zu beachten ist, dass nur solche Rechenergebnisse Nullstellen sind, die im Definitionsbereich der Funktion liegen.

Beispiele

5.6 Die Funktion $y = 2x - 6$, $x \in \mathbb{R}$, ist auf Nullstellen zu untersuchen.

$0 = 2x_N - 6 \Leftrightarrow 2x_N = 6 \Leftrightarrow x_N = 3 \in \mathbb{R}$, somit ist $x_N = 3$ die einzige Nullstelle der Funktion $y = 2x - 6$.

5.7 Die Funktion $y = x^2 + 16$, $x \in \mathbb{R}$, ist auf Nullstellen zu untersuchen.

$0 = x^2 + 16 \Leftrightarrow x^2 = -16$.

Da die Gleichung $x^2 = -16$ im Reellen keine Lösung hat, besitzt die Funktion $y = x^2 + 16$ keine Nullstelle. ■

Eng verbunden mit dem Nullstellenproblem ist das Schnittstellenproblem von zwei oder mehreren Funktionen. Im einfachsten Falle, wenn nur die zwei Funktionen

$$y_1 = f_1(x) \quad \text{mit} \quad x \in D_1 \qquad \text{und} \qquad y_2 = f_2(x) \quad \text{mit} \quad x \in D_2$$

gegeben sind, wird gefragt, ob es im Durchschnitt der Definitionsbereiche der Funktionen Werte x_s gibt, bei denen die Funktionswerte jeweils gleich groß sind. Formalisiert wird nach den Lösungen des Gleichungssystems

$$\begin{vmatrix} y_1 = f_1(x) \\ y_2 = f_2(x) \end{vmatrix}$$

gefragt.

Da beide Funktionsgleichungen oft in der expliziten Form vorliegen, ist das Gleichsetzungsverfahren besonders vorteilhaft zur Lösung des Systems geeignet. Es entsteht in diesem Falle die Gleichung

$$f_1(x) = f_2(x) \quad \text{mit} \quad x \in D_1 \cap D_2 \tag{5.1}$$

die zu lösen ist.

Beispiel

5.8 Die Funktionen $y_1 = 2x - 6$ $x \in \mathbb{R}$, und $y_2 = x^2 - 54$, $x \in \mathbb{R}$, sind auf Schnittstellen zu untersuchen.

$$2x_S - 6 = x_S^2 - 54 \quad \Leftrightarrow \quad x_S^2 - 2x_S - 48 = 0 \quad \Leftrightarrow \quad x_{S_{1,2}} = 1 \pm \sqrt{1 + 48} = 1 \pm \sqrt{49} = 1 \pm 7 \quad x \in \mathbb{R}$$

Es gibt also zwei Schnittstellen: $x_{S_1} = 1 + 7 = 8$ und $x_{S_2} = 1 - 7 = -6$. Die Schnittpunkte haben die Koordinaten

$$S_1\left(x_{S_1};\, f\left(x_{S_1}\right)\right) = S_1\left(8;\, f(8)\right) = S_1(8;\, 10) \quad \text{und}$$
$$S_2\left(x_{S_2};\, f\left(x_{S_2}\right)\right) = S_2\left(-6;\, f(-6)\right) = S_2(-6;\, -18)$$

wobei zur Berechnung des Funktionswertes sowohl y_1 als auch y_2 verwendet werden kann. ■

5.1.4 Die Umkehrfunktion

Für bijektive Funktionen kann die festgelegte Zuordnungsrichtung umgekehrt werden. Dabei entsteht wieder eine eindeutige Abbildung, es liegt also eine neue Funktion vor. Das ist so im *Beispiel 5.9*.

Beispiel

5.9 Einem Kreis mit dem Radius r ist eindeutig ein Flächeninhalt A zugeordnet.
Die Funktion ist hier $A(r) = \pi \cdot r^2$ mit $r > 0$ und $A > 0$.
Umgekehrt ist jeder Kreisfläche A eindeutig ein Radius r zugeordnet.
Die Funktionsgleichung lautet nun $r(A) = \sqrt{\frac{A}{\pi}}$ mit $A > 0$ und $r > 0$. ■

Definition 5.5

Die aus einer bijektiven Funktion f durch Umkehrung der Zuordnung hervorgehende Abbildung heißt **Umkehrfunktion** und wird mit f^{-1} bezeichnet.

Anmerkungen:

Die Schreibweise f^{-1} für die Umkehrfunktion bedeutet keine Kehrwertbildung, d. h. -1 ist hier nicht als Exponent zu lesen.

Ist eine Funktion nicht eineindeutig, so lässt sie sich nicht umkehren. Es ist aber möglich, sie durch Aufspaltung des Definitionsbereiches in mehrere, jeweils streng monotone Teilfunktionen zu zerlegen und von diesen dann die Umkehrfunktionen zu bilden.

Das **Ermitteln der Umkehrfunktion** einer in analytischer Darstellung gegebenen Funktion $y = f(x)$ erfolgt in zwei Schritten:

1. Schritt: Vertauschung der abhängigen und der unabhängigen Variablen in der Funktionsgleichung: Aus $y = f(x)$ wird $x = f(y)$.
2. Schritt: Auflösung der im 1. Schritt entstandenen Gleichung $x = f(y)$ nach der abhängigen Variablen y. Es entsteht die analytische Darstellung der Umkehrfunktion $y = f^{-1}(x)$.

Beispiel

5.10 Die Funktion $y = \sqrt{x+2}$, $D = \{x \in \mathbb{R} \mid x \geqq -2\}$, $W = \{y \in \mathbb{R} \mid y \geqq 0\}$ ist bijektiv und besitzt somit eine Umkehrfunktion.

1. Schritt: $x = \sqrt{y+2}$
2. Schritt: $x = \sqrt{y+2} \Leftrightarrow x^2 = y + 2 \Leftrightarrow y = x^2 - 2$, $D = \{x \in \mathbb{R} \mid x \geqq 0\}$,
$W = \{y \in \mathbb{R} \mid y \geqq -2\}$

Dieses Beispiel zeigt, dass der Definitionsbereich einer Funktion zum Wertebereich ihrer Umkehrfunktion und ihr Wertebereich zum Definitionsbereich ihrer Umkehrfunktion wird: Der Definitionsbereich und der Wertebereich tauschen ihre Rollen. ■

Ist eine Funktion grafisch als Kurve in einem rechtwinkligen Koordinatensystem mit gleichen Achseneinteilungen gegeben, so ist der Graph der zugehörigen Umkehrfunktion das Spiegelbild bezogen auf die **Spiegelachse** $y = x$.

Im *Bild 5.7* sind die im *Beispiel 5.10* betrachtete Funktion und ihre Umkehrfunktion dargestellt.

Ist die Funktion als Wertetabelle gegeben, so ist die Wertetabelle bei geänderter Ableserichtung zugleich die Wertetabelle der Umkehrfunktion. So ist bekanntlich eine Quadrattafel zugleich eine Tafel für das Ermitteln von Quadratwurzeln.

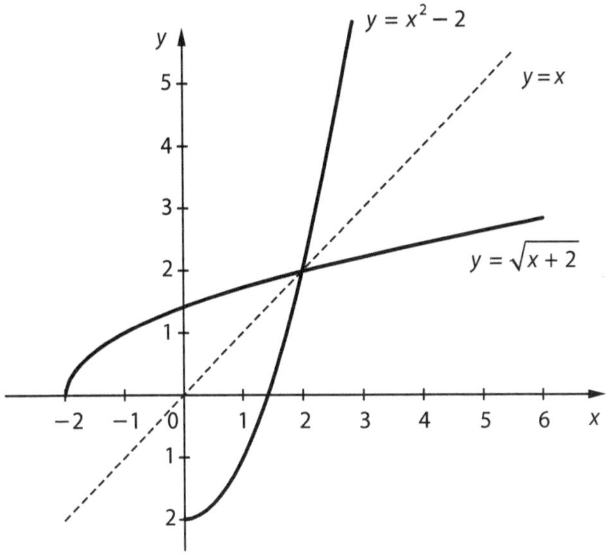

Bild 5.7

Kontrollfragen

5.1 Woran erkennt man, ob eine gegebene Abbildung mehrdeutig, eindeutig oder eineindeutig ist?

5.2 Wie ist der Begriff der „Funktion“ definiert?

5.3 Welche Darstellungsarten für Funktionen gibt es, und worin besteht ihr Vorteil gegenüber den anderen?

5.4 Woran erkennt man, dass eine Kurve die grafische Darstellung einer Funktion ist?

5.5 Weshalb ist die Angabe der Funktionsgleichung zur Darstellung einer Funktion allein nicht ausreichend?

5.6 Wodurch ist der Definitionsbereich einer Funktion bestimmt?

5.7 Lässt sich jede implizit gegebene Funktionsgleichung in die explizite Form umwandeln?

5.8 Welche Eigenschaften können Funktionen hinsichtlich ihres Steigungsverhaltens haben?

5.9 Was bedeutet es, wenn eine Funktion nach oben oder nach unten beschränkt ist?

5.10 Was versteht man unter der Umkehrfunktion einer Funktion?

5.11 Wieso haben alle streng monotonen Funktionen eine Umkehrfunktion?

5.12 Wie wird zu einer Funktion f die Umkehrfunktion ermittelt, wenn f a) analytisch, b) grafisch gegeben ist?

5.13 Kann eine Funktion gleichzeitig nach unten und nach oben beschränkt sein?

5.14 Was versteht man unter der Nullstelle einer Funktion und wie wird diese ermittelt?

5.15 Wie können Sie auf analytischem Weg prüfen, ob sich die grafischen Darstellungen zweier Funktionen in einem gegebenen Punkt schneiden oder berühren?

Aufgaben: ***5.1*** **bis** ***5.12***

5.2 Lineare Funktionen (Geraden)

5.2.1 Die analytischen Darstellungsarten linearer Funktionen

Ein einfacher, aber in den technischen Anwendungsgebieten häufig auftretender Zusammenhang zwischen zwei Größen ist der lineare Zusammenhang.

Definition 5.6

Eine Funktion heißt **lineare Funktion**, wenn ihr Graph im kartesischen Koordinatensystem eine Gerade oder einen Geradenabschnitt darstellt.

Beispiel

5.11 Gemessen wird die Stärke des elektrischen Stroms, der durch einen einfachen Schaltkreis fließt, wobei die angelegte Gleichspannung nach jeder Messung verändert wird. Die Messungen ergeben folgende Wertetabelle:

Tabelle 5.5

U in V	2,0	3,0	6,0	7,5	10,0	12,0
I in A	0,4	0,6	1,2	1,5	2,0	2,4

Trägt man diese Werte in ein kartesisches Koordinatensystem ein, so ergibt sich folgender Funktionsgraph:

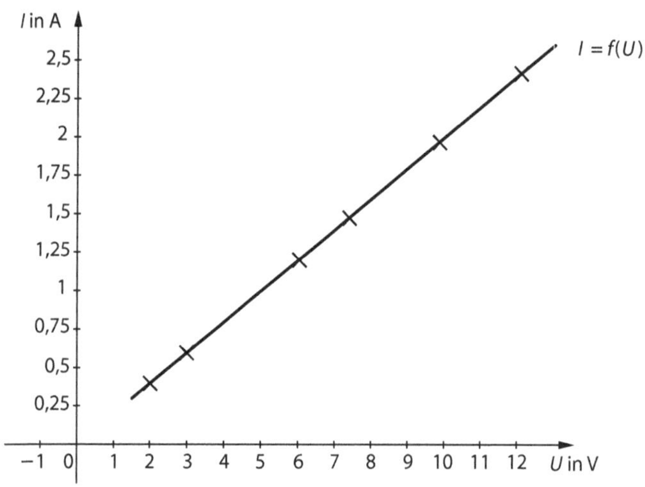

Bild 5.8

Offenbar handelt es sich bei der oben dargestellten Abhängigkeit um eine lineare Funktion. ■

Die Gerade in *Beispiel 5.11* ist proportional steigend (vgl. *Bild 5.6b*) und trifft – wenn man sie verlängern würde – den Koordinatenursprung. Eine Gerade kann aber auch proportional fallen (vgl. *Bild 5.6e)* bzw. in senkrechter Richtung verschoben werden, sodass sie die Ordinate nicht mehr im Nullpunkt trifft. Offenbar ist der genaue Verlauf des Graphen durch das Maß seiner Steigung bzw. seines Gefälles und durch die Stelle, an der er – ggf. bei Verlängerung – die Ordinate schneidet, gegeben.

Die analytische Darstellung einer linearen Funktion ist gegeben durch die Funktionsgleichung

$$y = m \cdot x + b \qquad \textbf{(Normalform der Geradengleichung)} \qquad (5.2)$$

Der Faktor m heißt **Steigung(sfaktor)** der Geraden und bestimmt die Steilheit der Gerade.

Der konstante Summand b heißt **Achsenabschnitt** und stellt den Wert dar, an dem die Ordinate von der Geraden geschnitten wird.

Anmerkungen:

Je größer der Betrag von m, desto steiler ist der Verlauf der Geraden.

- Für $m > 0$ steigt die Gerade, d. h. mit Vergrößerung der unabhängigen Variablen nimmt auch der Wert der abhängigen Variablen zu.
- Für $m < 0$ fällt die Gerade, d. h. mit Vergrößerung der unabhängigen Variablen nimmt der Wert der abhängigen Variablen ab.
- Für $m = 0$ verläuft die Gerade parallel zur Abszisse (waagerechter Verlauf).
- Für $b = 0$ verläuft die Gerade durch den Koordinatenursprung („**Ursprungsgerade**“).
- Für $b > 0$ ist die Gerade gegenüber der Ursprungsgeraden nach oben verschoben.
- Für $b < 0$ ist die Gerade gegenüber der Ursprungsgeraden nach unten verschoben.

Diese Anmerkungen werden verdeutlicht durch folgende Beispiele.

Beispiele

5.12 a) $y = x (m = 1, b = 0)$

b) $y = 2x + 1 (m = 2, b = 1)$

c) $y = x - 2{,}5 (m = 1, b = -2{,}5)$

d) $y = -3x + 4 (m = -3, b = 4)$

e) $y = -0{,}5x - 2 (m = -0{,}5, b = -2)$

f) $y = 1{,}5 (m = 0, b = 1{,}5)$

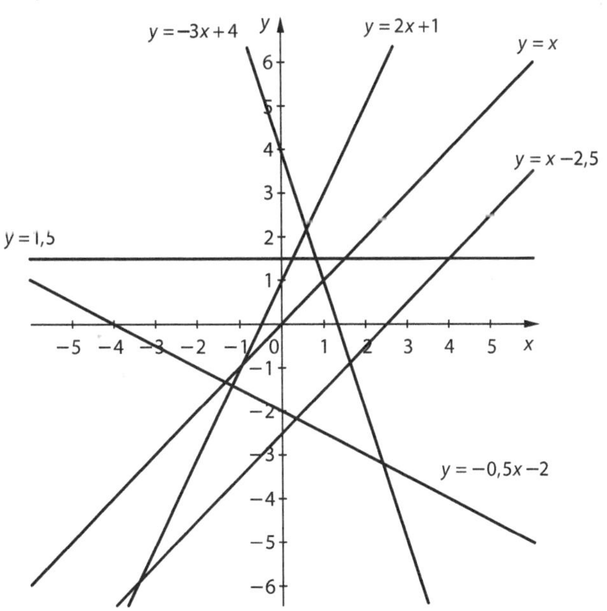

Bild 5.9 ∎

Offensichtlich ist eine Gerade durch zwei Punkte eindeutig festgelegt. Gibt man die Koordinaten dieser Punkte vor, müsste sich eindeutig die Funktionsgleichung der Geraden bestimmen lassen.

Beispiel

5.13 Zu bestimmen ist die Gleichung der linearen Funktion, die durch die Punkte P_1 (2; 7) und P_2 (5; 13) verläuft.

Lösung: Da die Koordinaten der Punkte die Geradengleichung $y = mx + b$ erfüllen müssen, erhält man das folgende lineare Gleichungssystem:

$$\begin{vmatrix} 7 = m \cdot 2 + b \\ 13 = m \cdot 5 + b \end{vmatrix}$$

Löst man die erste Gleichung nach b auf, so ergibt sich: $b = 7 - 2m$.

Setzt man diesen Ausdruck für b in die zweite Gleichung ein, so erhält man:
$13 = m \cdot 5 + (7 - 2m)$.

Das Auflösen dieser Gleichung nach m ergibt: $m = 2$. Es folgt nun aus $b = 7 - 2m$: $b = 3$.

Die gesuchte Geradengleichung lautet also $y = 2x + 3$.

Zeichnet man den Graphen dieser Funktion in ein kartesisches Koordinatensystem, ergibt sich folgendes Bild:

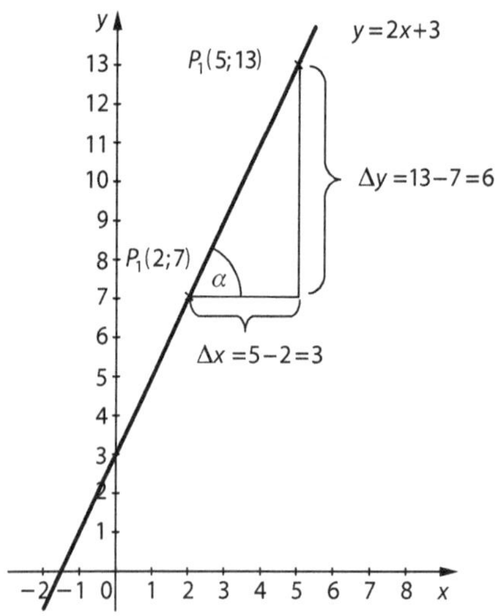

Bild 5.10 ■

Das in *Bild 5.10* eingezeichnete **Steigungsdreieck** macht deutlich, dass sich die Steigung m der Geraden aus dem Quotienten der Kathetenlängen ergibt: $m = \frac{6}{3} = 2$. Das Gleiche gilt für den Tangens des **Steigungswinkels** α: $\tan \alpha = \frac{6}{3} = 2$. Offenbar entspricht die Steigung der Geraden dem Tangens des Steigungswinkels:

$$m = \tan \alpha \qquad (5.3)$$

m Steigung der Geraden
α Steigungswinkel der Geraden

Führt man die in *Beispiel 5.13* dargestellte Rechnung allgemein für zwei Punkte $P_1\,(x_1;\,y_1)$ und $P_2\,(x_2;\,y_2)$ durch, so erhält man **die 2-Punkte-Form der Geradengleichung**:

$$y = \frac{y_2 - y_1}{x_2 - x_1} \cdot (x - x_1) + y_1 \quad \text{bzw.} \quad y = \frac{y_2 - y_1}{x_2 - x_1} \cdot x - \frac{y_2 - y_1}{x_2 - x_1} x_1 + y_1 \tag{5.4}$$

Anmerkung: Es muss $x_2 \neq x_1$ sein, d. h., die Punkte dürfen nicht auf einer Senkrechten im Koordinatensystem liegen.

Dieser Darstellung lässt sich entnehmen, wie die Steigung und der Achsenabschnitt einer Geraden sich aus zwei gegebenen Punkten $P_1\,(x_1;\,y_1)$ und $P_2\,(x_2;\,y_2)$ berechnen lassen:

$$m = \frac{\Delta y}{\Delta x} = \frac{y_2 - y_1}{x_2 - x_1} \quad \text{und}$$

$$b = -\frac{\Delta y}{\Delta x} x_1 + y_1 = -\frac{y_2 - y_1}{x_2 - x_1} x_1 + y_1 \quad \text{oder} \quad b = -\frac{\Delta y}{\Delta x} x_2 + y_2 = -\frac{y_2 - y_1}{x_2 - x_1} x_2 + y_2$$

Beispiel

5.14 Zu bestimmen ist die Gleichung der linearen Funktion, deren Graph durch die Punkte $P_1\,(-1;\,4)$ und $P_2\,(6;\,10)$ verläuft, sowie ihre Nullstelle und der Steigungswinkel der Geraden.

Lösung:

$$m = \frac{y_2 - y_1}{x_2 - x_1} = \frac{-10 - 4}{6 - (-1)} = \frac{-14}{7} = -2$$

$$b = -\frac{y_2 - y_1}{x_2 - x_1} x_1 + y_1 = -\frac{-14}{7} \cdot (-1) + 4 = -2 + 4 = 2$$

Die Geradengleichung lautet also $y = -2x + 2$.

Nach *Definition 5.4* gilt für die Nullstelle x_N: $0 = -2 \cdot x_N + 2 \Leftrightarrow -2 = -2 \cdot x_N \Leftrightarrow x_N = 1$.

Zum Steigungswinkel: $\tan\alpha = m = -2 \Rightarrow \alpha = \arctan(-2) = -63{,}4°$ ■

5.2.2 Die lineare Funktion und ihre Umkehrfunktion

Zur Bestimmung der Umkehrfunktion einer linearen Funktion führt man das in *Abschnitt 5.1.4* dargestellte Verfahren durch.

Beispiel

5.15 Gesucht ist die Umkehrfunktion zur linearen Funktion $y = 2x - 4$.

Lösung: Die Vertauschung von x und y führt auf die Gleichung $x = 2y - 4$. Löst man diese Gleichung nach y auf, so erhält man die Funktionsgleichung $y = \frac{1}{2}x + 2$. Dies ist offenbar wieder die Gleichung einer linearen Funktion mit der Steigung $m = \frac{1}{2}$ und dem Achsenabschnitt $b = 2$. Im kartesischen Koordinatensystem haben die beiden Geraden den in *Bild 5.11* dargestellten Verlauf.

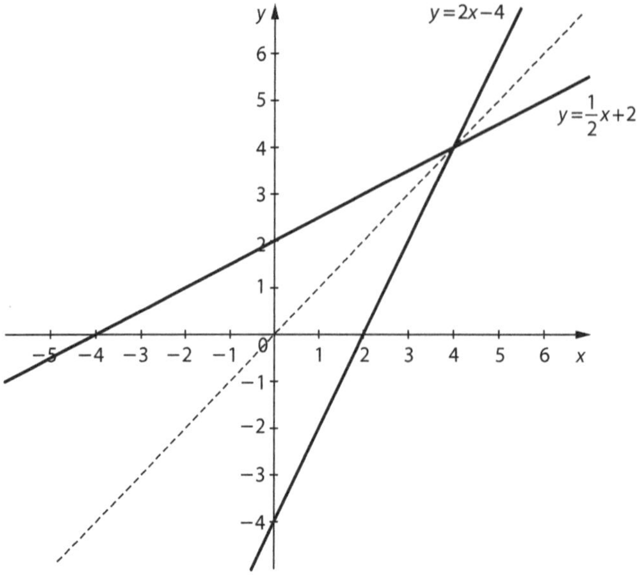

Bild 5.11 ■

Bild 5.11 zeigt, dass eine Gerade aus der anderen durch Spiegelung an der Winkelhalbierenden durch den 1. und 3. Quadranten hervorgeht, was bei Umkehrfunktionen zu erwarten ist. Es ist ebenso erkennbar, dass die Nullstelle der einen Funktion zum Achsenabschnitt der anderen wird und umgekehrt.

Führt man das in *Beispiel 5.15* angewendete Verfahren allgemein für eine lineare Funktion $y = m \cdot x + b$ durch, so wird deutlich, dass nicht jede lineare Funktion eine Umkehrfunktion besitzt:

Vertauschung der Variablen x und y:

$$x = m \cdot y + b$$

Auflösung der Gleichung nach y:

$$x - b = my \Leftrightarrow y = \frac{1}{m}x - \frac{b}{m}, \quad m \neq 0$$

Offenbar besitzen Geraden mit der Steigung $m = 0$, also Parallelen zur Abszisse, keine Umkehrfunktion. Dies ist anschaulich klar, da die Spiegelung einer Parallelen zur Abszisse mit der Winkelhalbierenden als Spiegelachse eine Parallele zur Ordinate, also eine Senkrechte ergibt. Eine senkrechte Gerade stellt im kartesischen Koordinatensystem aber keine Funktion dar, da die Bedingung der Eindeutigkeit des Funktionswertes verletzt ist.

Die Nullstelle der Umkehrfunktion $y = \frac{1}{m}x - \frac{b}{m}$ ergibt sich zu $x_N = b$, was dem Achsenabschnitt der ursprünglichen Funktion entspricht.

Der Achsenabschnitt der Umkehrfunktion lässt sich als $-\frac{b}{m}$ ablesen, das entspricht genau der Nullstelle der ursprünglichen Funktion.

5.2.3 Lagebeziehungen zwischen Geraden

Untersucht man die Lagebeziehung zweier Geraden zueinander, ist eine der folgenden verschiedenen Möglichkeiten zu erwarten:

1. Fall: Die Geraden liegen deckungsgleich aufeinander, $g_1 = g_2$

Dieser Fall liegt vor, wenn die Geradengleichungen identisch sind.

Beispiel

5.16 Zu bestimmen ist die Lage zweier Geraden zueinander. Die erste Gerade schneidet die Achsen bei $x_N = 0{,}75$ und $y_S = -0{,}25$. Die zweite Gerade verläuft durch die Punkte $P_1\,(3;\ 0{,}75)$ und $P_2\,(-3;\ -1{,}25)$.

Lösung: Die Funktionsgleichungen der beiden Geraden müssen bestimmt werden.
Ansatz: $y = m_1 \cdot x + b_1$. Da die erste Gerade die Ordinate bei $y_S = -0{,}25$ schneidet, ist $b_1 = -0{,}25$.
Für die Nullstelle gilt: $0 = m_1 . x_N + b_1 = m_1 \cdot 0{,}75 - 0{,}25$. Löst man diese Gleichung nach m_1 auf, so ergibt sich $m_1 = \frac{1}{3}$. Die Gleichung der ersten Geraden lautet also $y_1 = \frac{1}{3} \cdot x - \frac{1}{4}$.
Die Gleichung der zweiten Geraden lässt sich mithilfe der 2-Punkte-Form der Geradengleichung ermitteln (*Gl. (5.4)*):

$$y = \frac{y_2 - y_1}{x_2 - x_1} \cdot x - \frac{y_2 - y_1}{x_2 - x_1} \cdot x_1 + y_1 = \frac{-1{,}25 - 0{,}75}{-3 - 3} \cdot x - \frac{-1{,}25 - 0{,}75}{-3 - 3} \cdot 3 + 0{,}75$$

$$= \frac{-2}{-6} \cdot x - \frac{-2}{-6} \cdot 3 + 0{,}75 = \frac{1}{3} \cdot x - \frac{-6}{-6} + \frac{3}{4} = \frac{1}{3} \cdot x - \frac{4}{4} + \frac{3}{4} = \frac{1}{3} \cdot x - \frac{1}{4}$$

Da beide Geradengleichungen übereinstimmen, sind die Geraden identisch. ■

2. Fall: Die Geraden liegen parallel zueinander, $g_1 \parallel g_2$

Dieser Fall liegt vor, wenn die Steigungen der Geraden übereinstimmen, d. h. wenn $m_1 = m_2$.

Beispiel

5.17 Gegeben sind zwei Geraden. Die Funktionsgleichung der ersten Geraden lautet $y = -2{,}5x - 3{,}5$, die zweite Gerade ist eine Ursprungsgerade mit dem Steigungswinkel $\alpha = -68{,}2°$. Zur Bestimmung ihrer Lagebeziehung wird die Funktionsgleichung der zweiten Geraden bestimmt. Nach *Gl. (5.3)* ist $m = \tan\alpha = \tan(-68{,}2°) = -2{,}5$. Da es sich um eine Ursprungsgerade handelt, ist der Achsenabschnitt $b = 0$. Die zweite Gerade hat also die Funktionsgleichung $y = -2{,}5x$. Da die beiden Geraden nicht identisch sind, ihre Steigungen aber übereinstimmen, liegen sie parallel zueinander im Koordinatensystem (*Bild 5.12*).

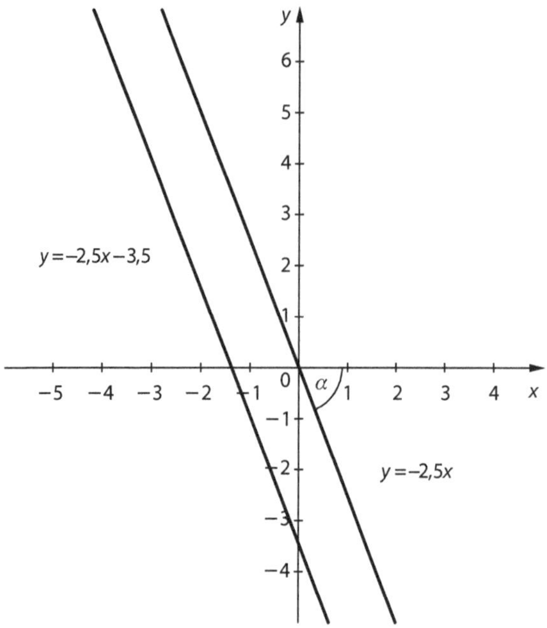

Bild 5.12 ■

3. Fall: Die Geraden schneiden sich in einem Punkt, $g_1 \cap g_2 = P$

Zur Bestimmung des Schnittpunktes setzt man die Funktionsterme gleich und löst die entstandene Gleichung nach x auf. Aus einer der beiden Funktionsgleichungen bestimmt man durch Einsetzen des gefundenen Wertes von x die y-Koordinate des Schnittpunktes (*Gl. (5.1)*).

Beispiel

5.18 Gesucht ist der Schnittpunkt S der Geraden $y = 2x - 1$ und $y = 4x + 3$. Das Gleichsetzen der Funktionsterme führt auf die Gleichung:

$$x - 1 = 4x + 3 \Leftrightarrow -4 = 2x \Leftrightarrow -2 = x$$

Setzt man diesen Wert für x in die erste Geradengleichung ein, so erhält man:

$$y = 2 \cdot (-2) - 1 = -4 - 1 = -5$$

Der Schnittpunkt ist also der Punkt $S\,(-2;\ -5)$.

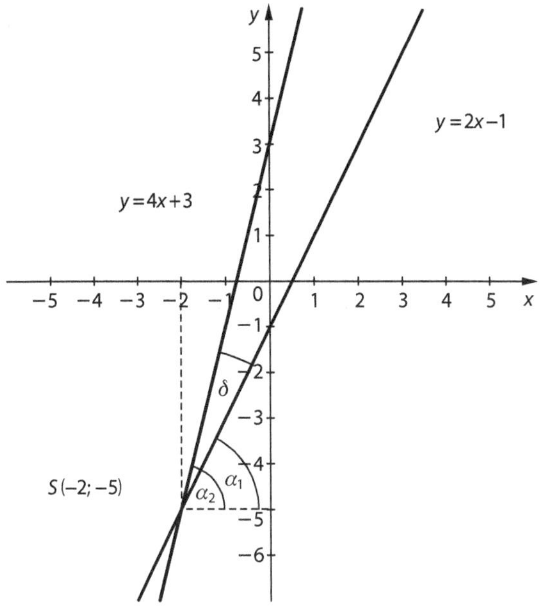

Bild 5.13 ■

Der Betrag des Schnittwinkels δ ergibt sich nach *Bild 5.13* aus der Differenz der Steigungswinkel der Geraden:

$$\delta = |\alpha_2 - \alpha_1|$$

Ein Spezialfall liegt vor, wenn die Geraden sich unter einem rechten Winkel schneiden.

Beispiel

5.19 Eine Ursprungsgerade und eine weitere Gerade schneiden sich orthogonal im Punkt $S(-1;\ -3)$. Gesucht sind die Funktionsgleichungen der beiden Geraden.

Lösung: Für die Ursprungsgerade gilt die allgemeine Funktionsgleichung $y = m \cdot x$. Setzt man die Koordinaten des Punktes S in diese Gleichung ein, so erhält man $-3 = m \cdot (-1)$. Somit hat die Steigung m den Wert 3 und die Gleichung der Ursprungsgeraden lautet $y = 3x$.

Setzt man zur Bestimmung der Funktionsgleichung der zweiten Geraden in ihre Normalform die Koordinaten des Punktes S ein, so erhält man die Gleichung $-3 = m \cdot (-1) + b$. Die Tatsache, dass sich beide Geraden orthogonal schneiden, muss zu einer zweiten Bestimmungsgleichung führen. Der Verlauf der beiden Geraden im Koordinatensystem führt auf die benötigte *Beziehung (5.5)*.

Betrachtet man die angelegten Steigungsdreiecke, so stellt man fest, dass das eine durch eine Drehung um 90° aus dem anderen hervorgeht: Sie sind kongruent. Folglich haben ihre Katheten die gleiche Länge, jedoch ist die waagerechte Kathete zur senkrechten Kathete geworden und umgekehrt. Demensprechend ist der Betrag der Steigung der einen Gerade der Kehrwert des Betrages der anderen Gerade: $|m_2| = \dfrac{1}{|m_1|}$. Da durch eine Drehung um 90° eine steigende Gerade zu einer fallenden wird und eine fallende zu einer steigenden Gerade, müssen sich die Steigungen im Vorzeichen unterscheiden.

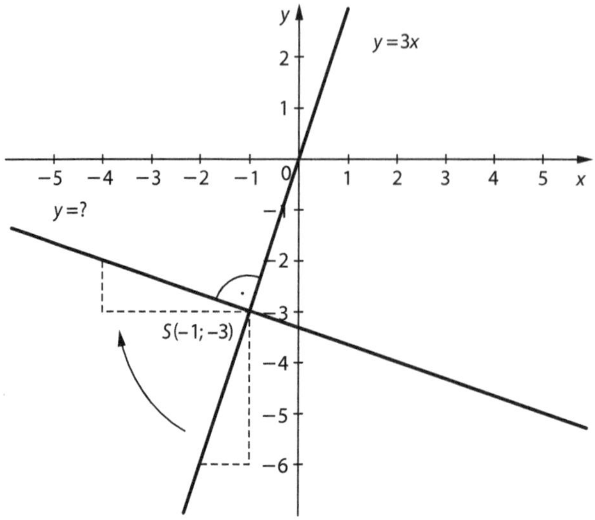

Bild 5.14

Es gilt also:

Zwei Geraden schneiden sich genau dann senkrecht, wenn für ihre Steigungen gilt:

$$m_2 = -\frac{1}{m_1} \quad \text{bzw.} \quad m_1 \cdot m_2 = -1 \tag{5.5}$$

Die zweite Gerade hat demzufolge die Funktionsgleichung $y = -\frac{1}{3}x + b$. Der Achsenabschnitt b ergibt sich, wenn man wieder die Koordinaten des Schnittpunktes $S(-1;\,-3)$ in diese Gleichung einsetzt.

$$-3 = -\frac{1}{3} \cdot (-1) + b \Leftrightarrow b = -\frac{10}{3}$$

Also lautet die Gleichung der zweiten Geraden:

$$y = -\frac{1}{3}x - \frac{10}{3}$$

■

Kontrollfragen

5.16 Wie lautet die Normalform der Geradengleichung und welche anschauliche Bedeutung haben die darin auftretenden Parameter?

5.17 Welche Informationen kann man einem Steigungsdreieck entnehmen, das an einer Geraden liegt?

5.18 Wie lautet der Zusammenhang zwischen der Steigung einer Geraden und ihrem Steigungswinkel?

5.19 Wozu dient die 2-Punkte-Form der Geradengleichung?

5.20 Was lässt sich über die Umkehrfunktion einer linearen Funktion aussagen?

5.21 Welche Lagebeziehungen können zwei Geraden in einem kartesischen Koordinatensystem zueinander haben?

5.22 Wie stellt man fest, welche Lagebeziehung zwei Geraden zueinander haben?

5.23 Wie kann man feststellen, ob sich zwei Geraden orthogonal schneiden?

Aufgaben: *5.13* **bis** *5.26*

5.3 Quadratische Funktionen (Parabeln)

5.3.1 Die Darstellungsarten quadratischer Funktionen

In vielen technischen und physikalischen Zusammenhängen liegt keine lineare, sondern eine quadratische Abhängigkeit vor. So vervierfacht sich die Fallstrecke beim freien Fall, wenn die Fallzeit verdoppelt wird, und die elektrische Leistung wächst bei konstantem Widerstand proportional zum Quadrat der Stromstärke.

Definition 5.7

Eine Funktion heißt **quadratische Funktion**, wenn sich ihre Funktionsgleichung in der Form $y = m \cdot x^2 + r \cdot x + s$ $(m \neq 0)$ schreiben lässt. Diese Darstellung nennt man **allgemeine Form** der quadratischen Funktion. Die grafische Darstellung einer quadratischen Funktion heißt **Parabel.**

Anmerkungen:

Die Bedingung $m \neq 0$ ist nötig, da sich für $m = 0$ die Gleichung einer linearen Funktion ergeben würde.

Die Koeffizienten m, r und s bestimmen die Form und die Lage der Parabel im kartesischen Koordinatensystem.

Für $m = 1$ erhält man die **Normalform** einer quadratischen Funktion: $y = x^2 + r \cdot x + s$.

Beispiel

5.20 Die auf den Platten eines Kondensators mit der Kapazität C gespeicherte elektrische Energie E wird in Abhängigkeit von der zwischen den Platten herrschenden Spannung U ermittelt, um die Kapazität des Kondensators zu bestimmen. In der folgenden Wertetabelle werden die Messergebnisse dargestellt:

Tabelle 5.6

Spannung U in V	0	25	50	75	100	125	150	175	200
Energie E in mJ	0	0,8	3,4	7,6	13,5	21,1	30,4	41,3	54,0

Trägt man diese Werte in ein kartesisches Koordinatensystem ein, so ergibt sich der in *Bild 5.15* gezeigte Funktionsgraph.

Der Funktionsgraph stellt einen Parabelast dar. Die zugrunde liegende Funktion hat die Funktionsgleichung

$$E(U) = \frac{1}{2} \cdot C \cdot U^2$$

Die Kapazität des vermessenen Kondensators beträgt

$$C = 2{,}7\,\mu\text{F}$$

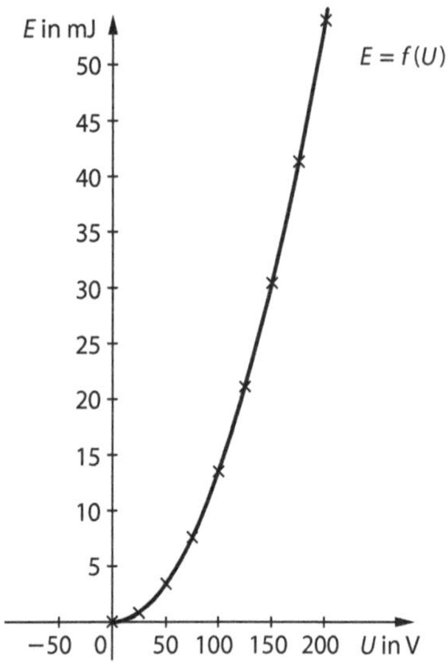

Bild 5.15 ■

In welcher Weise hängt nun die Lage und die Form einer Parabel von ihren Parametern *m*, *r* und *s* ab? Dies sollen die folgenden Beispiele verdeutlichen.

Beispiel

5.21 Im Folgenden wird die Abhängigkeit der Parabeln von dem Parameter *m* dargestellt:

$$y = m \cdot x^2 \quad \text{für} \quad m = 1, m = -1, m = 2, m = -2, m = \frac{1}{2}, m = -\frac{1}{2}$$

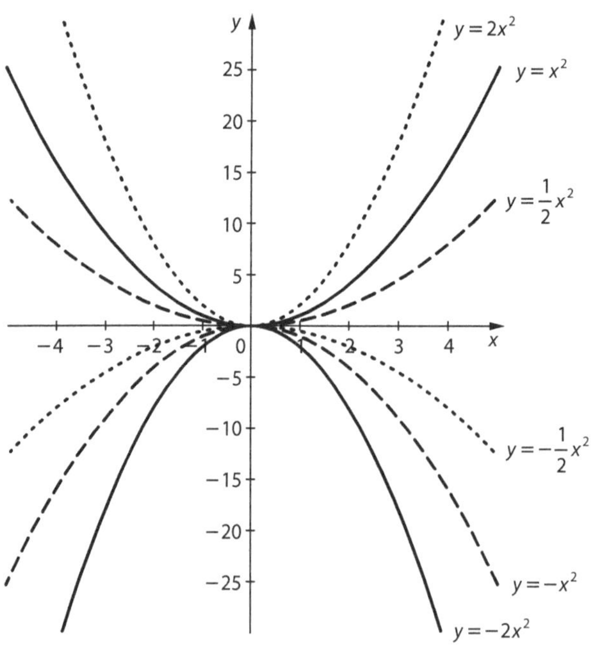

Bild 5.16 ■

Das obenstehende Beispiel macht Folgendes deutlich:

Der Koeffizient vor dem quadratischen Glied (d. h. der Parameter m) beeinflusst die Steilheit und die Öffnungsrichtung der Parabel, nicht jedoch die Lage ihres Scheitelpunktes. Im Einzelnen gilt:

- Die quadratische Funktion $y = m \cdot x^2$ hat ihren Scheitelpunkt im Koordinatenursprung und
- verläuft spiegelsymmetrisch zur Ordinate.
- Für $m > 0$ ist die Parabel nach oben geöffnet, für $m < 0$ ist sie nach unten geöffnet.
- Je größer der Betrag von m, desto steiler verläuft die Parabel.
- Ist $m = 1$, so spricht man von der **Normalparabel** $y = x^2$.

Der Einfluss des Koeffizienten vor dem linearen Glied (Parameter r) und des absoluten Gliedes (Parameter s) lassen sich nicht eindeutig bestimmen. Das folgende Beispiel zeigt aber, dass diese Parameter für eine Verschiebung nach links oder nach rechts bzw. nach oben oder nach unten verantwortlich sind.

Beispiel

5.22 Für $m = 1$ werden die Parameter r und s variiert: $y = x^2 + rx + s$.

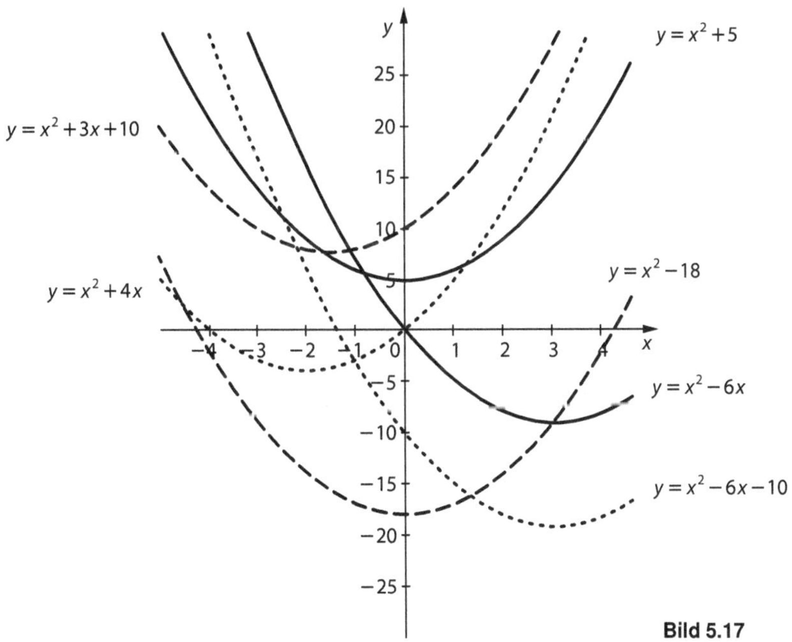

Bild 5.17

Offensichtlich gibt der Parameter s die Schnittstelle an der Ordinate an. Das absolute Glied beschreibt also die Verschiebung der Parabel nach oben ($s > 0$) bzw. nach unten ($s < 0$).

Die Variation des Parameters r hat eine Verschiebung nach links ($r > 0$) bzw. nach rechts ($r < 0$) zur Folge, allerdings erfolgt gleichzeitig eine Verschiebung nach oben ($r > 0$) bzw. nach unten ($r < 0$). ■

Das letzte Beispiel zeigt, dass man an der Gleichung einer quadratischen Funktion nicht unmittelbar ablesen kann, wie die Parabel im Koordinatensystem verläuft. Insbesondere fehlt die Möglichkeit, die Lage des Scheitelpunktes der Parabel abzulesen.

Dies ist in einer anderen Darstellung der quadratischen Funktion gegeben:

Liegt die Funktionsgleichung einer quadratischen Funktion in der Form

$$y = m \cdot (x + a)^2 + b$$

vor, so spricht man von der **Scheitelform** der quadratischen Funktion.
Die Parabel hat ihren **Scheitel** dann im Punkt $S\left(-a;\ b\right)$.

Anmerkungen:

Multipliziert man die Scheitelform der quadratischen Funktion aus, so erhält man die allgemeine Form der quadratischen Funktion:

$$\begin{aligned} y &= m \cdot (x + a)^2 + b = m \cdot \left(x^2 + 2ax + a^2\right) + b = m \cdot x^2 + 2 \cdot a \cdot m \cdot x + m \cdot a^2 + b \\ &= m \cdot x^2 + (2am) \cdot x + \left(ma^2 + b\right) \end{aligned}$$

Hiermit ist gleichzeitig gezeigt, wie man die Gleichung einer quadratischen Funktion von der Scheitelform in die allgemeine Form umwandelt (siehe *Abschnitt 5.3.2*).

Für $x = -a$ verschwindet der erste Summand der Scheitelform: Die Parabel hat an dieser Stelle offenbar ihren Tiefpunkt (für $m > 0$) bzw. ihren Hochpunkt (für $m < 0$), mithin also ihren Scheitel. Die zugehörige y-Koordinate hat an dieser Stelle dann den Wert b: $S\left(-a;\ b\right)$ stellt den Scheitelpunkt dar.

Der Parameter m, der das Steigungsverhalten der quadratischen Funktion bestimmt, hat keinen Einfluss auf die Lage des Scheitelpunktes.

Liegt eine quadratische Funktion in der Scheitelform vor, lässt sich die Lage ihres Scheitels sofort ablesen und die Lage der Parabel im kartesischen Koordinatensystem schnell skizzieren.

Beispiele

5.23 Für die folgenden quadratischen Funktionen ist die Lage des Scheitelpunktes zu bestimmen!

a) $y = 2x^2$ — *Lösung*: $S\,(0;\ 0)$, denn $a = 0$ und $b = 0$.

b) $y = (x + 2)^2$ — *Lösung*: $S\,(-2;\ 0)$, denn $a = 2$ und $b = 0$.

c) $y = x^2 - 5$ — *Lösung*: $S\,(0;\ -5)$, denn $a = 0$ und $b = -5$.

d) $y = -3 \cdot (x - 1)^2$ — *Lösung*: $S\,(1;\ 0)$, denn $a = -1$ und $b = 0$.

e) $y = (x - 8)^2 + 4$ — *Lösung*: $S\,(8;\ 4)$, denn $a = -8$ und $b = 4$.

f) $y = -\frac{1}{2} \cdot \left(x + \frac{2}{3}\right)^2 - \frac{1}{5}$ — *Lösung*: $S\left(-\frac{2}{3};\ -\frac{1}{5}\right)$, denn $a = \frac{2}{3}$ und $b = -\frac{1}{5}$.

5.24 Die quadratische Funktion $y = -\frac{1}{2} \cdot (x + 1)^2 + 8$ ist mithilfe ihres Scheitelpunktes und ihrer Nullstellen in einem kartesischen Koordinatensystem zu skizzieren!

Lösung: Die Koordinaten des Scheitelpunktes lassen sich ablesen: $S(-1;\ 8)$.
Die Nullstellen der Funktion erhält man, wenn man in die Funktionsgleichung für y Null einsetzt und die Gleichung nach x auflöst.

$$0 = -\frac{1}{2} \cdot (x_N + 1)^2 + 8 \Leftrightarrow 0 = (x_N + 1)^2 - 16 \Leftrightarrow (x_N + 1)^2 = 16 \Leftrightarrow x_N + 1 = \pm 4 \Leftrightarrow x_N = -1 \pm 4$$

$x_{N_1} = -1 + 4 = 3$ und $x_{N_2} = -1 - 4 = -5$

Die Skizze zeigt *Bild 5.18*.

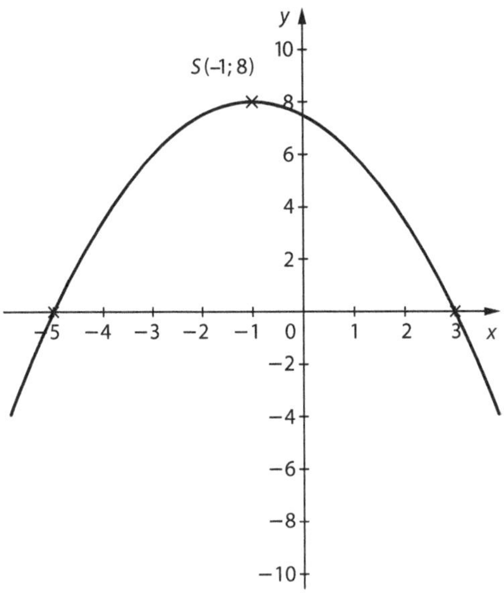

Bild 5.18 ■

Wenn eine quadratische Funktion wie die aus *Beispiel 5.24* zwei verschiedene Nullstellen hat, so hat sie eine dritte Darstellungsform:

Liegt die Funktionsgleichung einer quadratischen Funktion in der Form

$$y = m \cdot (x - x_1) \cdot (x - x_2)$$

vor, so spricht man von der **Produktform** der quadratischen Funktion.
Die Parameter x_1 und x_2 sind die **Nullstellen** der Parabel.

Anmerkungen:

Multipliziert man die Produktform der quadratischen Funktion aus, so erhält man die allgemeine Form der quadratischen Funktion:

$$y = m \cdot (x - x_1) \cdot (x - x_2) = m \cdot \left(x^2 - x \cdot x_2 - x \cdot x_1 + x_1 \cdot x_2\right)$$
$$= m \cdot x^2 + m \cdot (-x_1 - x_2) \cdot x + m \cdot x_1 \cdot x_2$$

Hiermit ist gleichzeitig gezeigt, wie man die Gleichung einer quadratischen Funktion von der Produktform in die allgemeine Form umwandelt (siehe *Abschnitt 5.3.2*).

Hat die Parabel nur eine „doppelte" Nullstelle x_1, liegt also der Scheitel der Parabel bei x_1 auf der Abszisse, so fallen die Produktform und die Scheitelform zusammen:

$$y = m \cdot (x - x_1) \cdot (x - x_1) = m \cdot (x - x_1)^2, \quad S(x_1;\ 0)$$

Eine quadratische Funktion, die keine Nullstellen hat, kann nicht in der Produktform dargestellt werden.

Beispiele

5.25 Eine quadratische Funktion hat die Nullstellen $x_{N_1} = 5$ und $x_{N_2} = -1$ und verläuft durch den Punkt $P\,(2;\ -27)$. Ihre Funktionsgleichung ist zu bestimmen!

Lösung: Die Produktform der quadratischen Funktion lautet

$y = m \cdot (x-5) \cdot (x-(-1)) = m \cdot (x-5) \cdot (x+1)$

Setzt man die Koordinaten des gegebenen Punktes in diese Funktionsgleichung ein, so ergibt sich als Bestimmungsgleichung für den Parameter m:

$-27 = m \cdot (2-5) \cdot (2+1) \Leftrightarrow -27 = m \cdot (-3) \cdot 3 \Leftrightarrow -27 = m \cdot (-9) \Leftrightarrow m = 3$

Die gesuchte Funktionsgleichung lautet also $y = 3 \cdot (x-5) \cdot (x+1)$.

5.26 Gesucht sind die Nullstellen folgender quadratischer Funktionen:

a) $y = \frac{1}{2}(x-3) \cdot (x+2)$

Lösung: Die Nullstellen $x_{N_1} = 3$ und $x_{N_2} = -2$ lassen sich direkt ablesen.

b) $y = \frac{1}{2}\left(x - \frac{1}{2}\right)^2 - \frac{25}{8}$

Lösung:

$$0 = \frac{1}{2}\left(x_N - \frac{1}{2}\right)^2 - \frac{25}{8} \Leftrightarrow \frac{25}{8} = \frac{1}{2}\left(x_N - \frac{1}{2}\right)^2 \Leftrightarrow \left(x_N - \frac{1}{2}\right)^2 = \frac{25}{4} \Leftrightarrow x_N - \frac{1}{2} = \pm\frac{5}{2}$$

$$\Leftrightarrow x_N = \frac{1}{2} \pm \frac{5}{2} \Leftrightarrow x_{N_1} = \frac{1}{2} + \frac{5}{2} = \frac{6}{2} = 3 \quad \text{und} \quad x_{N_2} = \frac{1}{2} - \frac{5}{2} = -\frac{4}{2} = -2$$

c) $y = \frac{1}{2}x^2 - \frac{1}{2}x - 3$

Lösung:

$$0 = \frac{1}{2}x_N^2 - \frac{1}{2}x_N - 3 \Leftrightarrow 0 = x_N^2 - x_N - 6 \Leftrightarrow x_{N_{1,2}} = \frac{1}{2} \pm \sqrt{\frac{1}{4} + 6} = \frac{1}{2} \pm \sqrt{\frac{25}{4}} = \frac{1}{2} \pm \frac{5}{2}$$

$$\Leftrightarrow x_{N_{1,2}} = \frac{1}{2} \pm \frac{5}{2} \Leftrightarrow x_{N_1} = \frac{1}{2} + \frac{5}{2} = \frac{6}{2} = 3 \quad \text{und} \quad x_{N_2} = \frac{1}{2} - \frac{5}{2} = -\frac{4}{2} = -2$$

Offenbar handelt es sich in allen drei Fällen um ein und dieselbe Funktion! ■

5.3.2 Die Umwandlung zwischen den Darstellungsarten quadratischer Funktionen

Die Beispiele aus dem *Abschnitt 5.3.1* verdeutlichen, dass die Umwandlung von der allgemeinen Form einer quadratischen Funktion in die Scheitelform und in die Produktform sinnvoll ist – einmal, um die Koordinaten des Scheitelpunktes ablesen zu können, und zum anderen, um die Nullstellen ablesen zu können. Die Umwandlung von der Scheitelform oder der Produktform in die allgemeine Form wird seltener gebraucht und erfolgt durch Ausmultiplizieren des Funktionsterms, was in den Anmerkungen im vorigen Abschnitt bereits dargestellt wurde.

Wie die Umwandlung von der allgemeinen Form in die Scheitelform durchgeführt wird, zeigt das folgende Beispiel.

Beispiel

5.27 Für die quadratische Funktion $y = x^2 - 6x - 10$ (siehe *Bild 5.17*) ist die Lage des Scheitelpunktes zu bestimmen!

Lösung: Da die Lage des Scheitelpunktes in der allgemeinen Form dieser quadratischen Funktion nicht erkennbar ist, muss die Scheitelform ermittelt werden. Dies erfolgt durch eine quadratische Ergänzung:

$$y = x^2 - 6x - 10 = x^2 - 6x + (9 - 9) - 10 = x^2 - 6x + 9 - 9 - 10$$
$$= \left(x^2 - 6x + 9\right) - 9 - 10 = (x - 3)^2 - 19$$

Der Scheitelpunkt hat also die Koordinaten $S\,(3;\ -19)$. ■

Beispiel 5.27 zeigt, dass sich die ersten beiden Summanden der allgemeinen Form durch die geschickte „Addition einer Null" (hier: 9 – 9) zu einem binomischen Ausdruck ergänzen lassen. Deshalb wird dieses Verfahren **quadratische Ergänzung** genannt. Steht vor dem quadratischen Glied ein Koeffizient, ist dieser vorher auszuklammern.

Beispiel

5.28 Für die quadratische Funktion $y = -3x^2 - 12x + 27$ ist die Lage des Scheitelpunktes zu bestimmen!

Lösung:

$$y = -3x^2 - 12x + 27 = -3 \cdot \left(x^2 + 4x - 9\right) = -3 \cdot \left(x^2 + 4x + 4 - 4 - 9\right)$$
$$= -3 \cdot \left[(x + 2)^2 - 13\right] = -3 \cdot (x + 2)^2 + 39$$

Der Scheitelpunkt hat also die Koordinaten $S\,(-2;\ 39)$. ■

Wie findet man den richtigen Ausdruck oder Zahlenwert, der die ersten beiden Summanden der allgemeinen Form zu einem binomischen Ausdruck ergänzt? Dies wird im Folgenden dargestellt.

Gegeben ist die allgemeine Form einer quadratischen Funktion:

$$y = m \cdot x^2 + r \cdot x + s$$

1. Schritt: Ausklammern des Faktors vor dem quadratischen Glied:

$$y = m \cdot \left(x^2 + \frac{r}{m} \cdot x + \frac{s}{m}\right)$$

2. Schritt: Den Ausdruck, der die ersten beiden Summanden der Klammer zu einem binomischen Ausdruck ergänzt, findet man, indem man den Faktor vor dem linearen Glied halbiert und dann quadriert:

$$y = m \cdot \left\{x^2 + \frac{r}{m} \cdot x + \left[\left(\frac{r}{2m}\right)^2 - \left(\frac{r}{2m}\right)^2\right] + \frac{s}{m}\right\}$$
$$= m \cdot \left\{x^2 + \frac{r}{m} \cdot x + \left(\frac{r}{2m}\right)^2 - \left(\frac{r}{2m}\right)^2 + \frac{s}{m}\right\}$$
$$= m \cdot \left\{\left[x^2 + \frac{r}{m} \cdot x + \left(\frac{r}{2m}\right)^2\right] + \left[-\left(\frac{r}{2m}\right)^2 + \frac{s}{m}\right]\right\}$$

3. Schritt: Anwendung der binomischen Formel:

$$y = m \cdot \left\{\left(x + \frac{r}{2m}\right)^2 + \left[-\left(\frac{r}{2m}\right)^2 + \frac{s}{m}\right]\right\}$$

4. Schritt: Beseitigung der äußeren Klammer durch Ausmultiplizieren:

$$y = m \cdot \left(x + \frac{r}{2m}\right)^2 + m \cdot \left[-\left(\frac{r}{2m}\right)^2 + \frac{s}{m}\right] = m \cdot \left(x + \frac{r}{2m}\right)^2 + \left(-\frac{r^2}{4m} + s\right)$$

Die Koordinaten des Scheitelpunktes lassen sich nun ablesen:

$$S\left(-\frac{r}{2m}; -\frac{r^2}{4m} + s\right)$$

Diese vier Schritte werden nun noch einmal an einem konkreten Beispiel verdeutlicht.

Beispiel

5.29 Die Scheitelform der quadratischen Funktion $y = \frac{1}{3}x^2 - \frac{1}{6}x + \frac{49}{48}$ ist zu bestimmen!

Lösung:

$$y = \frac{1}{3}x^2 - \frac{1}{6}x + \frac{49}{48} = \frac{1}{3} \cdot \left(x^2 - \frac{1}{2}x + \frac{49}{16}\right) = \frac{1}{3} \cdot \left(x^2 - \frac{1}{2}x + \frac{1}{16} - \frac{1}{16} + \frac{49}{16}\right)$$

$$= \frac{1}{3} \cdot \left[\left(x - \frac{1}{4}\right)^2 - \frac{1}{16} + \frac{49}{16}\right] = \frac{1}{3} \cdot \left[\left(x - \frac{1}{4}\right)^2 + \frac{48}{16}\right]$$

$$= \frac{1}{3} \cdot \left(x - \frac{1}{4}\right)^2 + \frac{48}{48} = \frac{1}{3} \cdot \left(x - \frac{1}{4}\right)^2 + 1$$

Die Koordinaten des Scheitelpunktes lauten also: $S\left(\frac{1}{4}; 1\right)$. ■

Die Umwandlung von der allgemeinen Form einer quadratischen Funktion in ihre Produktform geschieht durch die Bestimmung der Nullstellen der Parabel mithilfe der p-q-Formel.

Beispiel

5.30 Die Produktform der quadratischen Funktion $y = 4x^2 - 5x + 1$ ist zu bestimmen!

Lösung: Zuerst müssen die Nullstellen – sofern sie existieren – bestimmt werden.

$$0 = 4x_N^2 - 5x_N + 1 \Leftrightarrow 0 = x_N^2 - \frac{5}{4}x_N + \frac{1}{4}$$

$$\Leftrightarrow x_{N_{1,2}} = \frac{5}{8} \pm \sqrt{\frac{25}{64} - \frac{1}{4}} = \frac{5}{8} \pm \sqrt{\frac{25}{64} - \frac{16}{64}} = \frac{5}{8} \pm \sqrt{\frac{9}{64}} = \frac{5}{8} \pm \frac{3}{8}$$

$$\Leftrightarrow x_{N_1} = \frac{5}{8} + \frac{3}{8} = \frac{8}{8} = 1 \quad \text{und} \quad x_{N_2} = \frac{5}{8} - \frac{3}{8} = \frac{2}{8} = \frac{1}{4}$$

Der Faktor vor dem quadratischen Glied bleibt als Faktor vor den Klammerausdrücken in der Produktform erhalten, sodass die Produktform nun dargestellt werden kann:

$$y = 4 \cdot (x - 1) \cdot (x - 0{,}25)$$

■

Die Umwandlung von der Scheitelform in die Produktform erfolgt in vergleichbarer Weise über die Bestimmung der Nullstellen und in umgekehrter Richtung durch das Ausmultiplizieren der Klammerausdrücke mit anschließender quadratischer Ergänzung.

Beispiele

5.31 Die Produktform der quadratischen Funktion $y = 6\left(x + \frac{1}{2}\right)^2 - \frac{27}{2}$ ist zu bestimmen!

Lösung: Zuerst müssen die Nullstellen – sofern sie existieren – bestimmt werden.

$$0 = 6\left(x_N + \frac{1}{2}\right)^2 - \frac{27}{2} \Leftrightarrow \frac{27}{2} = 6\left(x_N + \frac{1}{2}\right)^2 \Leftrightarrow \frac{27}{12} = \left(x_N + \frac{1}{2}\right)^2 \Leftrightarrow \frac{9}{4} = \left(x_N + \frac{1}{2}\right)^2$$

$$0 \Leftrightarrow x_N + \frac{1}{2} = \pm\frac{3}{2} \Leftrightarrow x_N = -\frac{1}{2} \pm \frac{3}{2} \Leftrightarrow x_{N_1} = -\frac{1}{2} + \frac{3}{2} = 1 \quad \text{und} \quad x_{N_2} = -\frac{1}{2} - \frac{3}{2} = -2$$

Auch hier bleibt der Faktor vor dem quadratischen Glied als Faktor vor den Klammerausdrücken in der Produktform erhalten, sodass sich für die Produktform der Funktion ergibt:

$$y = 6 \cdot (x - 1) \cdot (x + 2)$$

5.32 Die Scheitelform der quadratischen Funktion $y = -2 \cdot (x - 4) \cdot (x + 6)$ ist zu bestimmen!

Lösung:

$$y = -2 \cdot (x - 4) \cdot (x + 6) = -2 \cdot \left(x^2 + 6x - 4x - 24\right) = -2 \cdot \left(x^2 + 2x - 24\right)$$
$$= -2 \cdot \left(x^2 + 2x + 1 - 1 - 24\right) = -2 \cdot \left[(x + 1)^2 - 25\right] = -2 \cdot (x + 1)^2 + 50$$

■

Tabelle 5.7

von	in: allgemeine Form	Scheitelform	Produktform
allgemeiner Form	—	durch quadratische Ergänzung	durch Nullstellenbestimmung
Scheitelform	durch Ausmultiplizieren	—	durch Nullstellenbestimmung
Produktform	durch Ausmultiplizieren	über die allgemeine Form	—

5.3.3 Die Umkehrfunktion der quadratischen Funktion

Da eine quadratische Funktion mit den reellen Zahlen als Definitions- und Wertebereich nicht bijektiv ist, ist sie nicht umkehrbar. In vielen Anwendungsfällen sind jedoch der Definitionsbereich und der Wertebereich derartig eingeschränkt, dass die quadratische Funktion in dem eingeschränkten Definitionsbereich bijektiv ist und eine Umkehrfunktion ermittelt werden kann. Das *Beispiel 5.10* sowie das folgende Beispiel stellen solche Fälle dar.

Beispiel

5.33 Die Umkehrbarkeit der quadratischen Funktion $y = -2x^2 + 4x + 1$ ist zu untersuchen!

Lösung: Zunächst muss untersucht werden, welche reellen Zahlen als Funktionswerte angenommen werden. Dazu wird die Funktionsgleichung in die Scheitelform überführt:

$$y = -2 \cdot \left(x^2 - 2x - \frac{1}{2}\right) = -2 \cdot \left(y^2 - 2x + 1 - 1 - \frac{1}{2}\right) = -2 \cdot \left[(x - 1)^2 - \frac{3}{2}\right]$$
$$= -2 \cdot (x - 1)^2 + 3$$

Der Scheitelpunkt hat offensichtlich die Koordinaten $S\,(1;\,3)$ und die Parabel ist nach unten geöffnet ($m = -2 < 0$). Folglich gilt für die Funktionswerte: $y \leqq 3$. Demzufolge muss für die Umkehrbarkeit der Funktion ihr Wertebereich auf $W = \{y \in \mathbb{R} \mid y \leqq 3\}$ eingeschränkt werden. Nun wird die Gleichung der Umkehrfunktion ermittelt. Im 1. Schritt werden die unabhängige Variable x und die abhängige Variable y vertauscht: $x = -2 \cdot (y-1)^2 + 3$. Diese Gleichung ist nach y aufzulösen:

$$x - 3 = -2 \cdot (y-1)^2 \Leftrightarrow -\frac{1}{2}x + \frac{3}{2} = (y-1)^2 \Leftrightarrow \pm\sqrt{-\frac{1}{2}x + \frac{3}{2}} = y - 1$$

$$\Leftrightarrow y_{1,2} = \pm\sqrt{-\frac{1}{2}x + \frac{3}{2}} + 1$$

Für $y_1 = +\sqrt{-\frac{1}{2}x + \frac{3}{2}} + 1$ gilt $y_1 \geqq 1$, entsprechend folgt aus $y_2 = -\sqrt{-\frac{1}{2}x + \frac{3}{2}} + 1$: $y_2 \leqq 1$.

Die Funktion $y = -2x^2 + 4x + 1$ also umkehrbar für

(1) $D = \{x \in \mathbb{R} \mid x \geqq 1\}$, $W = \{y \in \mathbb{R} \mid y \leqq 3\}$

mit der Umkehrfunktion $y^{-1} = +\sqrt{-\frac{1}{2}x + \frac{3}{2}} + 1$,

$D = \{x \in \mathbb{R} \mid x \leqq 3\}$, $W = \{y \in \mathbb{R} \mid y \geqq 1\}$ (*Bild 5.19*) und für

(2) $D = \{x \in \mathbb{R} \mid x \leqq 1\}$, $W = \{y \in \mathbb{R} \mid y \leqq 3\}$

mit der Umkehrfunktion $y^{-1} = -\sqrt{-\frac{1}{2}x + \frac{3}{2}} + 1$,

$D = \{x \in \mathbb{R} \mid x \leqq 3\}$, $W = \{y \in \mathbb{R} \mid y \leqq 1\}$ (*Bild 5.20*)

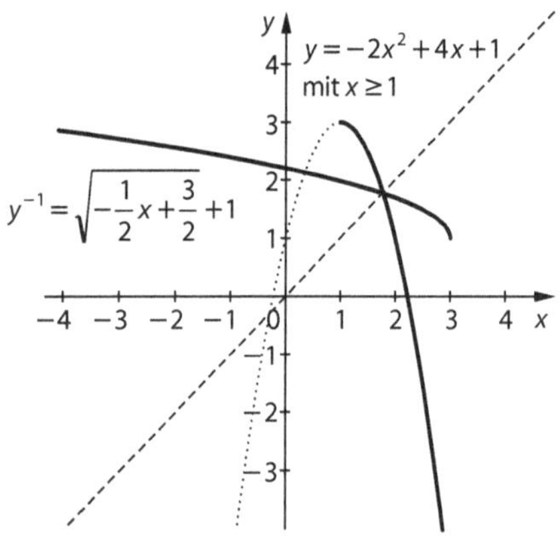

Bild 5.19

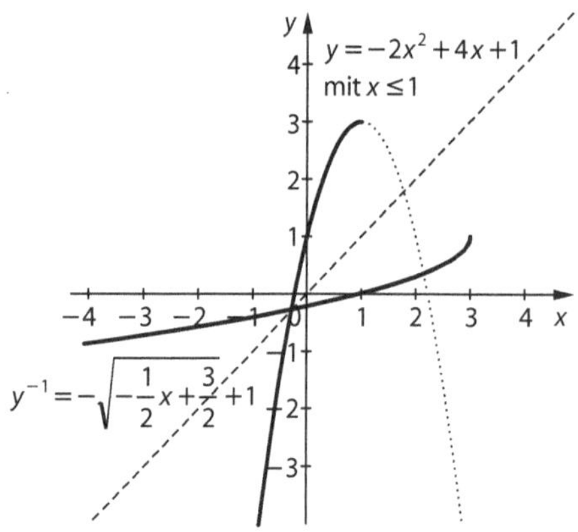

Bild 5.20 ■

Kontrollfragen

5.24 Welchen Einfluss hat der Parameter m auf die Lage und die Form der quadratischen Funktion $y = m \cdot x^2 + r \cdot x + s$ im kartesischen Koordinatensystem?

5.25 Welchen Vorteil hat es, eine quadratische Funktion in der Scheitelform darzustellen?

5.26 Wie können aus der Scheitelform einer quadratischen Funktion die Koordinaten des Scheitelpunktes abgelesen werden?

5.27 Warum lässt sich nicht jede quadratische Funktion in der Produktform darstellen?

5.28 Was versteht man unter einer quadratischen Ergänzung?

5.29 Wie wandelt man quadratische Funktionen von einer Darstellungsart in die andere um?

5.30 Welche Überlegungen muss man anstellen, um eine mögliche Umkehrfunktion einer quadratischen Funktion zu ermitteln?

Aufgaben: *5.27* **bis** *5.32*

5.4 Potenz- und Wurzelfunktionen

5.4.1 Potenzfunktionen und ihre Eigenschaften

Definition 5.8

Eine Funktion mit der Funktionsgleichung

$$y = x^n, \quad n \in \mathbb{N}$$

heißt **Potenzfunktion.**

Anmerkungen:

Wegen $x^0 = 1$ wird die konstante Funktion $y = x^0 = 1$ als Sonderfall zu den Potenzfunktionen gezählt (*Bild 5.21*).

Die Potenzfunktion $y = x^1 = x$, deren Graph eine Ursprungsgerade mit der Steigung $m = 1$ ist, stellt ebenfalls einen Sonderfall dar (*Bild 5.22*).

Die Potenzfunktion $y = x^2$ stellt im kartesischen Koordinatensystem eine Normalparabel dar (*Bild 5.20*).

Potenzfunktionen heißen für $n \neq 0;\ 1$ **Parabeln *n*-ter Ordnung**.

Potenzfunktionen werden zur Darstellung von Zusammenhängen und Gesetzmäßigkeiten in den Naturwissenschaften, in der Technik und auch in der Wirtschaft sehr häufig benötigt, denn in vielen Fällen besteht zwischen der Größe y und der Potenz x^n ein proportionaler Zusammenhang. Im Anwendungsfall ist meist $n < 4$, weil konkret gegebene Größen, wie Strecken, Flächen bzw. Volumina oder physikalische Größen, in den Dimensionen $n = 1;\ 2;\ 3$ auftreten.

Die Kurven der Potenzfunktionen $y = x^n$ mit $x \in \mathbb{R}$ sind im *Bild 5.21* für gerades n und im *Bild 5.22* für ungerades n dargestellt.

Die Potenzfunktionen ungerader Ordnung und die Potenzfunktionen gerader Ordnung sind auf unterschiedliche Weise symmetrisch. Diese Eigenschaft ist Anlass zu folgender

Definition 5.9

Eine Funktion $y = f(x)$, bei der für alle $x \in D$

a) $f(-x) = f(x)$ gilt, heißt **gerade Funktion;**

b) $f(-x) = -f(x)$ gilt, heißt **ungerade Funktion.**

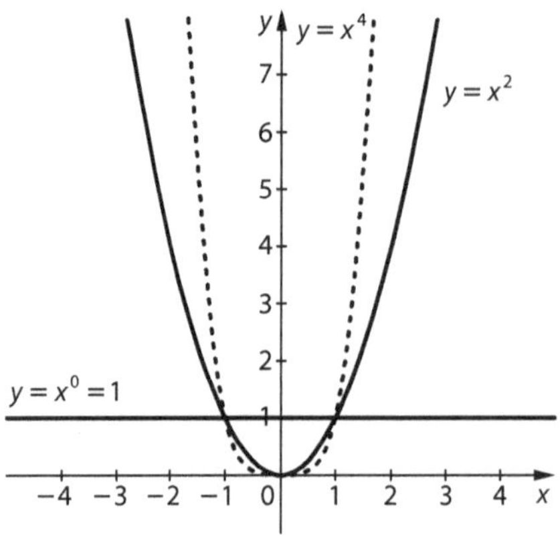

Bild 5.21

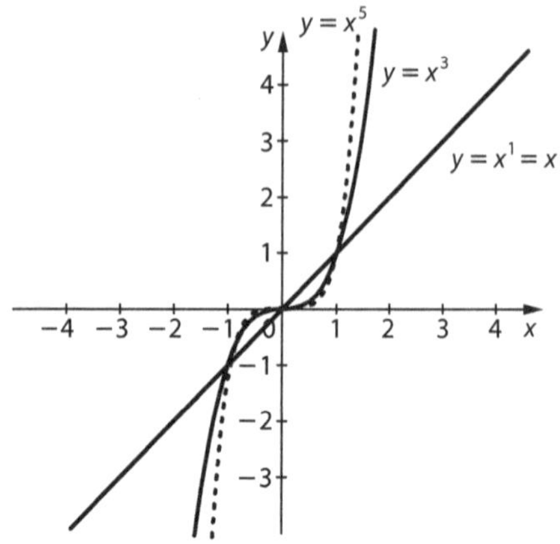

Bild 5.22

Anmerkung:

Wie in den *Bildern 5.21* und *5.22* erkennbar verlaufen die Graphen gerader Funktionen **achsensymmetrisch** zur Ordinate und die Graphen ungerader Funktionen **punktsymmetrisch** zum Koordinatenursprung.

Beispiele

5.34 a) Die Funktion $y = f(x) = x^4$ mit $x \in \mathbb{R}$ ist eine gerade Funktion, denn es gilt für alle x des Definitionsbereichs

$$f(-x) = (-x)^4 = x^4 = f(x)$$

b) Die Funktion $y = f(x) = x^3 - 6x$ mit $x \in \mathbb{R}$ ist eine ungerade Funktion. Es gilt hier für alle $x \in D$

$$f(-x) = (-x)^3 - 6(-x) = -x^3 + 6x = -\left(x^3 - 6x\right) = -f(x)$$

c) Die Funktion $y = f(x) = x^3 + x^2$ mit $x \in \mathbb{R}$ ist weder gerade noch ungerade.

5.35 Die in *Abschnitt 5.8* näher betrachtete Funktion $y = \cos x$ mit $x \in \mathbb{R}$ ist eine gerade Funktion, denn es gilt für jeden Wert x: $\cos(-x) = \cos x$. Die Funktion $y = \sin x$ mit $x \in \mathbb{R}$ ist dagegen eine ungerade Funktion, da $\sin(-x) = -\sin x$ für alle x-Werte gilt.

Bei diesen Funktionen ist die Eigenschaft nicht so leicht wie im *Beispiel 5.34* am Auftreten gerader oder ungerader Exponenten zu erkennen. ■

Der Funktionsgraph einer geraden Funktion liegt achsensymmetrisch zur y-Achse. Der Funktionsgraph einer ungeraden Funktion liegt punktsymmetrisch zum Koordinatenursprung.

Gerade und ungerade Potenzfunktionen unterscheiden sich besonders durch ihren Wertebereich. Er ist bei geradem n beschränkt auf $W = [0; +\infty)$; bei ungeradem n ist $W = \mathbb{R}$, und somit ist der Wertebereich nicht beschränkt.

5.4.2 Wurzelfunktionen und ihre Eigenschaften

Die Umkehrfunktionen zu den Potenzfunktionen sind die **Wurzelfunktionen**.

Im *Beispiel 5.33* wurde gezeigt, wie eine quadratische Funktion in Teilintervalle zerlegt und in diesen dann umgekehrt werden kann. Das gleiche Problem ergibt sich allgemein für die Potenzfunktion $y = x^n$ mit $x \in \mathbb{R}$.

Potenzfunktionen ungerader Ordnung sind im gesamten Definitionsbereich monoton steigend (siehe *Bild 5.22*), also bijektiv und haben die Umkehrfunktion

$$y = \sqrt[n]{x} \quad \text{mit} \quad x \geqq 0 \text{ und } n \text{ ungerade}$$

Potenzfunktionen gerader Ordnung sind im Intervall $(-\infty; 0]$ monoton fallend und im Intervall $[0; \infty)$ monoton steigend (siehe *Bild 5.21*). Bezogen auf diese Intervalle entstehen die beiden Umkehrfunktionen

$$y_1 = -\sqrt[n]{x} \quad \text{mit} \quad x \geqq 0 \quad \text{und}$$
$$y_2 = \sqrt[n]{x} \quad \text{mit} \quad x \geqq 0$$

Die *Bilder 5.23* und *5.24* zeigen die Umkehrfunktionen der Funktion $y = x^3$ mit $x \in [0, \infty)$ und der Funktion $y = x^4$, $x \in (-\infty; 0]$.

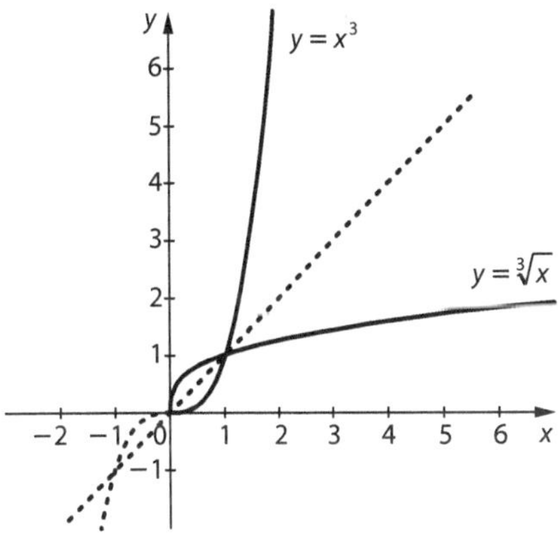

Bild 5.23

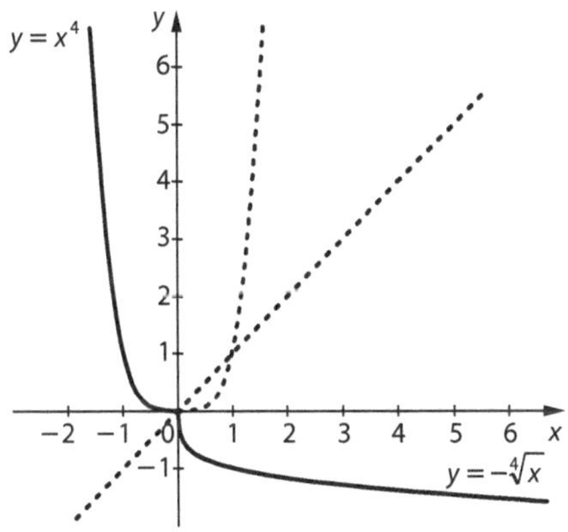

Bild 5.24

Allgemein gilt für Wurzelfunktionen, dass sie nur für nichtnegative x-Werte definiert sind ($D = \mathbb{R}_{\geqq 0}$) und dass sie in ihrem Definitionsbereich monoton steigend sind.

Kontrollfragen

5.31 Wann nennt man eine Funktion gerade, wann ungerade?

5.32 Wie erkennt man anhand des Funktionsgraphen, ob eine Funktion gerade oder ungerade ist?

5.33 Wann sind Potenzfunktionen gerade bzw. ungerade?

5.34 Warum sind Wurzelfunktionen generell weder gerade oder ungerade?

Aufgabe: *5.33*

5.5 Ganzrationale Funktionen

Ganzrationale Funktionen sind zusammengesetzte Funktionen, die aus Summen von mit Koeffizienten versehenen Potenzfunktionen verschiedenen Grades gebildet werden:

Definition 5.10
Jede Funktion, deren Funktionsgleichung in der Form

$$y = f(x) = a_n x^n + a_{n-1} x^{n-1} + \ldots + a_2 x^2 + a_1 x + a_0 \quad \text{mit} \quad n \in \mathbb{N}$$

darstellbar ist, heißt bei $a_n \neq 0$ **ganzrationale Funktion n-ten Grades.**

Anmerkungen:
Da der Term auf der rechten Seite der Funktionsgleichung ein Polynom ist, spricht man auch von einer **Polynomfunktion n-ten Grades oder n-ter Ordnung**.
Lineare Funktionen sind ganzrationale Funktionen 1. Grades.
Quadratische Funktionen sind ganzrationale Funktionen 2. Grades.

Beispiel

5.36 a) $y = 8x^5 - 5x^4 + 2x^3 - 5x + 7$ mit $x \in \mathbb{R}$ ist eine ganzrationale Funktion 5. Grades.
b) $y = 2x^2 + \ln 5$ mit $x \in \mathbb{R}$ ist eine Polynomfunktion 2. Grades.
Die weiteren Beispiele für Funktionsgleichungen von Polynomfunktionen zeigen, dass erst nach entsprechenden Umformungen die in *Definition 5.10* angegebene Form entsteht.
c) $y = (2x+1)^2 \left(x^2 - 2x\right) = 4x^4 - 4x^3 - 7x^2 - 2x$ mit $x \in \mathbb{R}$ ist eine Polynomfunktion 4. Grades.
d) $y = \dfrac{3x^2 - 5x}{2x} = 1{,}5x - 2{,}5$ ist für alle Werte $x \neq 0$ eine Funktion 1. Grades. ■

Den Polynomfunktionen kommt in der Menge der zusammengesetzten Funktionen eine besondere Bedeutung zu. Das hat seinen Grund darin, dass

- eine große Anzahl von Zusammenhängen und Gesetzmäßigkeiten ihrem Wesen nach durch Polynomfunktionen dargestellt werden;
- in allen den Fällen, in denen ein spezieller Funktionstyp nicht bekannt ist, wegen der einfachen Berechnung von Funktionswerten ersatzweise mit Polynomfunktionen gearbeitet wird.

Wenn, wie im erstgenannten Fall, ein Zusammenhang durch eine Polynomfunktion dargestellt werden muss, so kommt den einzelnen Summanden des Polynoms eine konkrete Bedeutung zu.

Beispiel

5.37 Das Weg-Zeit-Gesetz einer gleichmäßig beschleunigten Bewegung wird dargestellt durch die Polynomfunktion

$$s = s(t) = \frac{a}{2} t^2 + v_0 t + s_0 \quad \text{mit} \quad t \geqq 0$$

Der Summand $\frac{a}{2} t^2$ beschreibt den Anteil, der durch die Beschleunigung a verursacht wird, der Summand $v_0 t$ ist auf die Anfangsgeschwindigkeit v_0 zurückzuführen und der Summand s_0 steht für den Anfangsweg zum Zeitpunkt $t = 0$. ■

Bei den Polynomfunktionen von höherem als 2. Grad sind die Zusammenhänge zwischen den Koeffizienten der Funktionsgleichung und der Lage des Funktionsgraphen komplizierter. Um den Verlauf des Graphen richtig darstellen zu können, wird entweder eine umfangreiche Wertetabelle benötigt oder es müssen mit Mitteln der Analysis weitergehende Untersuchungen durchgeführt werden.

In *Abschnitt 5.1.2* wurde das Problem der Umwandlung einer durch die Wertetabelle gegebenen Funktion in die analytische Darstellung aufgeworfen. Wenn über die Art und Weise des funktionellen Zusammenhanges der beiden Größen nichts Näheres zum Funktionstyp bekannt ist, dann ist es gerechtfertigt, als Funktionstyp eine ganzrationale Funktion mit der Funktionsgleichung

$$y = a_n x^n + a_{n-1} x^{n-1} + \ldots + a_1 x + a_0$$

zu benutzen. Unbekannt sind in dieser Funktionsgleichung der Grad n des Polynoms und die $n + 1$ Koeffizienten $a_n, a_{n-1}, \ldots, a_0$.

Im einfachsten Falle, wenn es sich um zwei Wertepaare handelt, gibt es stets eine Gerade, die durch beide Punkte verläuft. Es handelt sich also um eine lineare Funktion.

Beispiel

5.38 Gesucht ist die Gleichung einer linearen Funktion, deren grafische Darstellung (Gerade) durch die Punkte $P_1\,(-2;\,1)$ und $P_2\,(2;\,3)$ hindurchgeht (siehe *Beispiel 5.13*).

Lösung: Der Ansatz ist hier $y = a_1 x + a_0$. Werden die Koordinaten der gegebenen Punkte in diese Gleichung eingesetzt, so entsteht das lineare Gleichungssystem

$$\left| \begin{array}{l} 1 = -2a_1 + a_0 \\ 3 = 2a_1 + a_0 \end{array} \right| .$$

Die eindeutige Lösung des Systems ist $\{(a_1;\, a_0)\} = \{(0{,}5;\, 2)\}$.

Die gesuchte Funktion hat mithin die Gleichung $y = 0{,}5\,x + 2$ mit $x \in \mathbb{R}$.

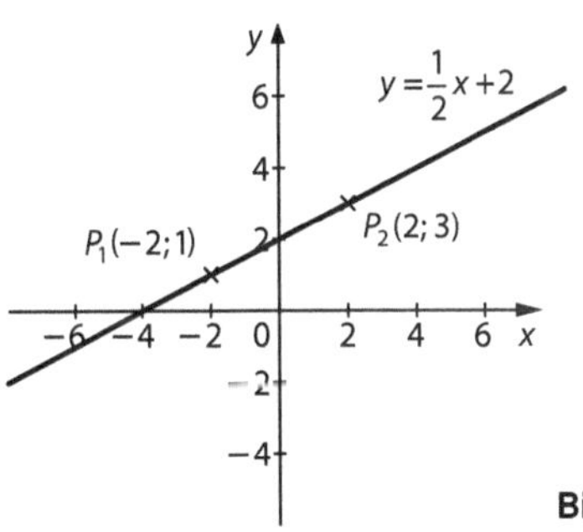

Bild 5.25

■

Sind in einer Sachaufgabenstellung oder in einer Wertetabelle drei Wertepaare gegeben, so ist eine quadratische Funktion in Ansatz zu bringen, weil diese drei Koeffizienten enthält.

Beispiel

5.39 Es ist eine ganzrationale Funktion gesucht, deren grafische Darstellung durch die in der Wertetabelle gegebenen Punkte hindurchgeht:

x	1	3	6
y	1,5	0,5	2

Lösung: Werden die gegebenen Werte in $y = a_2x^2 + a_1x + a_0$ eingesetzt, ergibt sich

$$\left| \begin{array}{l} 1{,}5 = a_2 + a_1 + a_0 \\ 0{,}5 = 9a_2 + 3a_1 + a_0 \\ 2 = 36a_2 + 6a_1 + a_0 \end{array} \right|$$

mit der Lösung $\{(a_2;\ a_1;\ a_0)\} = \{(0{,}2;\ -1{,}3;\ 2{,}6)\}$.
Die gesuchte Funktion hat also die Gleichung $y = 0{,}2x^2 - 1{,}3x + 2{,}6$ mit $x \in \mathbb{R}$.

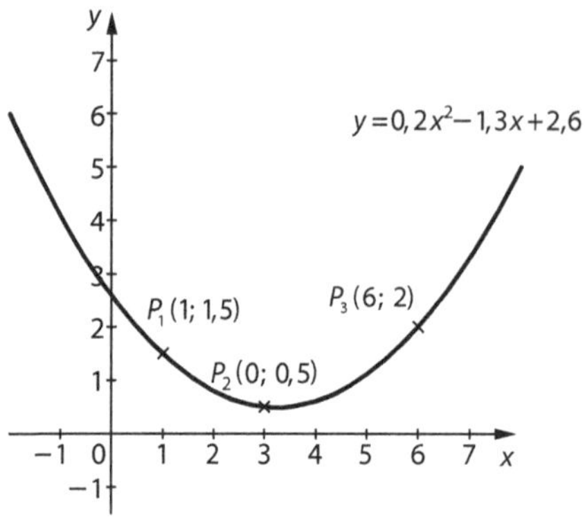

Bild 5.26

Das in den letzten beiden Beispielen demonstrierte Vorgehen zur Gewinnung von Funktionsgleichungen ganzrationaler Funktionen aus Wertepaaren kann weiter verallgemeinert werden. Dazu wird vereinbart: Die in der Wertetabelle vorgegebenen Argumentwerte $x_0;\ x_1;\ \ldots;\ x_n$ heißen **Stützstellen**; die ihnen zugeordneten Funktionswerte $y_0;\ y_1;\ \ldots;\ y_n$ heißen **Stützwerte** der Funktion.

Besteht nun die Aufgabe, eine Polynomfunktion zu bestimmen, deren grafische Darstellung durch $n + 1$ vorgegebene Punkte $(x_0;\ y_0)$, $(x_1;\ y_1)$, …, $(x_n;\ y_n)$ hindurchgeht, sind alle Wertepaare in die Polynomfunktion n-ten Grades $y = a_nx^n + a_{n-1}x^{n-1} + \ldots + a_2x^2 + a_1x + a_0$ einzusetzen, sodass dadurch ein lineares Gleichungssystem entsteht. Aus der Lösung dieses Gleichungssystems können die Koeffizienten des Polynoms abgelesen werden.

Es lässt sich zeigen, dass das entstehende Gleichungssystem bei $n + 1$ voneinander verschiedenen Stützstellen stets eine eindeutige Lösung hat. Es ist möglich, dass im Ergebnis der Berechnung des Systems $a_n = a_{n-1} = \ldots = a_{n-k} = 0$ ist. Dann ist der Grad des Polynoms kleiner als n. Dieser Sachverhalt tritt bereits dann auf, wenn drei Punkte gegeben sind, die auf einer Geraden liegen. Eine lineare Funktion ist in diesem Sonderfall ausreichend.

Für das Lösen von Gleichungen ist es von Bedeutung, dass sich eine ganzrationale Funktion – sofern sie Nullstellen besitzt und einen höheren Grad als eins hat – in Produktform darstellen lässt. Die Anzahl ihrer Nullstellen bestimmt die Anzahl der **Linearfaktoren**, in die sich die Funktion zerlegen lässt. Diesen Sachverhalt verdeutlichen die folgenden Beispiele.

Beispiele

5.40 Die quadratische Funktion $y = 12x^2 + 2x - 2$ ist auf eine mögliche Produktzerlegung zu untersuchen!

Lösung: Die Nullstellen dieser Funktion können mittels der p-q-Formel bestimmt werden.

$$0 = 12x_N^2 + 2x_N - 2 \Leftrightarrow 0 = x_N^2 + \frac{1}{6}x_N - \frac{1}{6}$$

$$\Leftrightarrow x_{N_{1,2}} = -\frac{1}{12} \pm \sqrt{\left(\frac{1}{12}\right)^2 + \frac{1}{6}} = -\frac{1}{12} \pm \sqrt{\frac{1}{144} + \frac{24}{144}} = -\frac{1}{12} \pm \sqrt{\frac{25}{144}} = -\frac{1}{12} \pm \frac{5}{12}$$

$$\Rightarrow x_{N_1} = -\frac{1}{12} + \frac{5}{12} = \frac{4}{12} = -\frac{1}{3} \wedge x_{N_2} = -\frac{1}{12} - \frac{5}{12} = -\frac{6}{12} = -\frac{1}{2}$$

Wie in *Beispiel 5.30* dargestellt ergibt sich die Produktform dieser Funktion zu

$$y = 12\left(x - \frac{1}{3}\right)\left(x + \frac{1}{2}\right)$$

Die zwei Nullstellen führen also zu zwei Linearfaktoren.

5.41 Die Polynomfunktion 3. Grades $y = 3x^3 - 3x$ ist auf eine mögliche Produktzerlegung zu untersuchen!

Lösung:

$$y = 3x^3 - 3x = 3x \cdot \left(x^2 - 1\right) = 3x \cdot (x+1)(x-1)$$

In diesem Fall lässt die Produktzerlegung der Funktion auf ihre drei Nullstellen schließen:

$x_1 = 0$; $x_2 = -1$ und $x_3 = 1$

5.42 Die ganzrationale Funktion 5. Grades $y = 2x^5 - 26x^3 + 72x$ ist auf eine mögliche Produktzerlegung zu untersuchen!

Lösung:

$$y = 2x^5 - 26x^3 + 72x = 2x \cdot \left(x^4 - 13x^2 + 36\right) = 2x \cdot \left(u^2 - 13u + 36\right)$$

mit der Substitution $u = x^2$.

Die Nullstellen der Polynomfunktion $y = u^2 - 13u + 36$ ergeben sich mit der p-q-Formel zu $u_{N_1} = 9 \wedge u_{N_2} = 4$. Die Rücksubstitution $x^2 = u$ ergibt $x_{N_{1,2}} = \pm 3$ und $x_{N_{3,4}} = \pm 2$.
Folglich hat die Funktion die Produktform

$$y = x \cdot (x-3) \cdot (x+3) \cdot (x-2) \cdot (x+2)$$

5.43 Die ganzrationale Funktion 4. Grades $y = -1{,}2x^4 - 3{,}5x^2 - 2{,}8$ ist für alle $x \in \mathbb{R}$ negativ und hat somit keine Nullstellen. Deshalb lässt sich für diese Funktion keine Produktzerlegung finden.

5.44 Die Polynomfunktion 4. Grades $y = x^4 - 5x^2 - 36$ ist auf eine mögliche Produktzerlegung zu untersuchen!

Lösung: $y = x^4 - 5x^2 - 36 = u^2 - 5u - 36$ mit der Substitution $u = x^2$. Die p-q-Formel liefert $u_{N_1} = 9 \vee u_{N_2} = -4$. Die Rücksubstitution $x^2 = u$ ergibt $x_{N_{1,2}} = \pm 3$ für u_{N_1}, während die Gleichung $x^2 = -4$ keine Lösung hat. Diese Funktion hat also nur zwei Nullstellen, sodass sie auch nur zwei Linearfaktoren besitzt: $y = x^4 - 5x^2 - 36 = (x-3) \cdot (x+3) \cdot \left(x^2 + 4\right)$. Der letzte Faktor ergibt sich, wenn man die Polynomdivisionen $\left(x^4 - 5x^2 - 36\right) : (x-3) = x^3 + 3x^2 + 4x + 12$ und $\left(x^3 + 3x^2 + 4x + 12\right) : (x+3) = x^2 + 4$ durchführt. ■

Kontrollfragen

5.35 Mit welcher Funktionsgleichung werden die ganzrationalen Funktionen dargestellt?

5.36 Wodurch wird der Grad (oder die Ordnung) einer ganzrationalen Funktion bestimmt?

5.37 Wie sieht der Graph einer ganzrationalen Funktion 1. Grades aus, wie der einer Funktion 2. Grades?

5.38 Welchen Grad muss eine Polynomfunktion haben, wenn ihre grafische Darstellung durch fünf vorgegebene Punkte hindurchgehen soll und kein Sonderfall vorliegt?

5.39 Welche Eigenschaft muss eine ganzrationale Funktion n-ten Grades besitzen, damit sie sich in n Linearfaktoren zerlegen lässt?

Aufgaben: *5.34* und *5.35*

5.6 Gebrochenrationale Funktionen

Definition 5.11

Alle Funktionen, deren Funktionsgleichung in der Form

$$y = \frac{p(x)}{q(x)} = \frac{a_n x^n + a_{n-1} x^{n-1} + \ldots + a_1 x + a_0}{b_m x^m + b_{m-1} x^{m-1} + \ldots + b_1 x + b_0}, \quad \text{mit} \quad n, m \in \mathbb{N}$$

darstellbar ist, heißen **gebrochenrationale Funktionen.**

Anmerkungen:

Gebrochenrationale Funktionen entstehen aus dem Quotienten zweier ganzrationaler Funktionen.

An den Stellen, an denen das Nennerpolynom den Wert null annimmt, sind gebrochenrationale Funktionen nicht definiert.

Definition 5.12

Gegeben sei die gebrochenrationale Funktion $y = f(x) = \dfrac{p(x)}{q(x)}$. Der Wert x_{p} heißt **Polstelle** der Funktion $y = f(x)$, wenn $q(x_{\mathrm{p}}) = 0$ und $p(x_{\mathrm{p}}) \neq 0$ gilt. Die grafische Darstellung der Funktion $y = f(x)$ hat an der Stelle x_{p} eine senkrechte Asymptote (Pol).

Die einfachsten Vertreter der gebrochenrationalen Funktionen haben die Funktionsgleichung

$$y = x^{-n} = \frac{1}{x^n} \quad \text{mit} \quad x \neq 0 \quad \text{und} \quad n \in \mathbb{N} \setminus \{0\} \tag{5.6}$$

Dieser Spezialfall kann auch als Potenzfunktion mit negativem Exponenten bezeichnet werden. In den *Bildern 5.27* und *5.28* werden die Kurven der Funktionen für gerades und ungerades n dargestellt. Die Kurven heißen **Hyperbeln**. In Abhängigkeit von n entstehen Hyperbeln gerader und ungerader Ordnung, die unterschiedliche Arten der Symmetrie aufweisen. Die zwei Äste der Hyperbel sind bei geradem n axialsymmetrisch und bei ungeradem n zentralsymmetrisch gespiegelt. Polstelle für alle diese Funktionen ist $x_{\mathrm{p}} = 0$. Die Hyperbeln nähern sich der y-Achse und auch der x-Achse asymptotisch.

Im Anwendungsfall wird oft die zusammengesetzte Funktion

$$y = a \cdot \frac{1}{x^n} = \frac{a}{x^n} \quad \text{mit} \quad x \neq 0$$

benötigt.

Durch sie wird die indirekte Proportionalität zwischen der Größe y und x^n zum Ausdruck gebracht. Zuweilen wird aber nicht diese indirekte Proportionalität hervorgehoben, sondern mit der umgeformten Darstellung durch $y \cdot x^n = a$ mit a konstant betont, dass das Produkt aus y und x^n konstant ist.

Einfache Beispiele dafür sind die Gesetzmäßigkeiten $p \cdot v = \text{const.}$ und $R \cdot I = U$, wobei U als konstant vorausgesetzt wird.

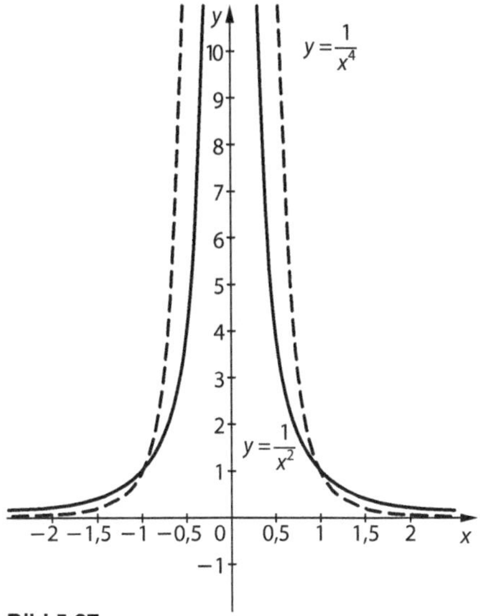

Bild 5.27

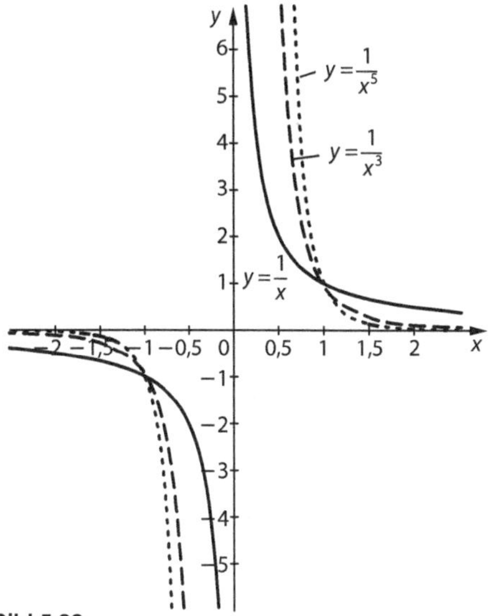

Bild 5.28

Im folgenden Beispiel werden gebrochenrationale Funktionen vorgestellt, die in der Praxis zur Beschreibung von Sättigungsprozessen dienen können.

Beispiel

5.45 a) Die Kurve der Funktion $y = k\frac{x}{x+a}$ mit $a > 0$ und $x \in [0;\ \infty)$ beginnt im Koordinatenursprung, ist monoton steigend und nähert sich asymptotisch dem Sättigungswert k. Der Kurvenverlauf für $a = 2$ und $k = 6$ ist im *Bild 5.29* dargestellt.

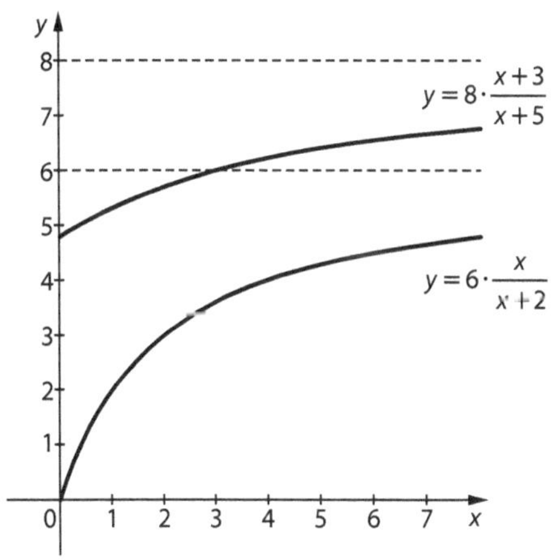

Bild 5.29

b) Die Kurve der Funktion $y = k\frac{x+b}{x+a}$ mit $a > 0$ und $x \in [0;\ \infty)$ beginnt nicht im Koordinatenursprung, sondern bei $\frac{kb}{a}$, ist monoton wachsend und nähert sich asymptotisch dem Sättigungswert k. Für $a = 5$, $b = 3$ und $k = 8$ ist der Kurvenverlauf ebenfalls im *Bild 5.29* dargestellt. ■

Komplizierter gestaltet sind die gebrochenrationalen Funktionen im folgenden Beispiel.

Beispiel

5.46 a) $y = \frac{p(x)}{q(x)} = \frac{3x^3 - 7x^2 + 5x + 2}{x^4 + 3x^2 + 1}$ mit $x \in \mathbb{R}$

b) $y = \frac{p(x)}{q(x)} = \frac{x - 3}{x^2 + 2}$ mit $x \in \mathbb{R}$ ■

Bei den im *Beispiel 5.46* aufgeführten Funktionen ist der Grad m des Nennerpolynoms $q(x)$ größer als der Grad n des Zählerpolynoms $p(x)$. Sie heißen deshalb **echt gebrochenrationale Funktionen**. Ist der Grad des Nennerpolynoms $q(x)$ kleiner als der des Zählerpolynoms $p(x)$, so handelt es sich um eine **unecht gebrochenrationale Funktion**. Letztere lassen sich mittels Polynomdivision in eine Summe zweier Summanden zerlegen:

$$\frac{p(x)}{q(x)} = g(x) + \frac{r(x)}{q(x)}$$

Der erste Summand $g(x)$ ist eine ganzrationale Funktion, der zweite Summand ist als Rest der Division die echt gebrochenrationale Funktion $\frac{r(x)}{q(x)}$. In der Summendarstellung lässt sich der Kurvenverlauf besser erkennen, weil die ganzrationale Funktion $g(x)$ eine **Grenzkurve** für die gesamte Funktion $y = \frac{p(x)}{q(x)}$ darstellt (siehe *Definition 5.13*). Wachsen die Argumentwerte in der echt gebrochenrationalen Funktion $\frac{r(x)}{q(x)}$ betragsmäßig an, so liefert dieser Quotient einen immer geringer werdenden Beitrag zum Gesamtfunktionswert. Das bedeutet, dass sich die Kurve der Gesamtfunktion immer mehr an die Kurve von $g(x)$ annähert (siehe *Definition 5.13*).

Beispiele

5.47 $y = \frac{4x + 2}{2x + 3}$ mit $x \in \mathbb{R}$, $x \neq -1{,}5$

Aus $4x + 2 = 0$ ergibt sich $x_N = -0{,}5$ als Nullstelle der Funktion. Polstelle ist $x_p = -1{,}5$. Die y-Achse wird geschnitten bei $f(0) = \frac{2}{3}$.

Es ist $(4x + 2) : (2x + 3) = 2 - \frac{4}{2x + 3}$.

$y = 2$ ist die Gleichung der Asymptote (siehe *Bild 5.30*).

5.48 $y = \frac{2x^2 + x + 2}{x + 1}$ mit $x \in \mathbb{R}$, $x \neq -1$

Es ist $(2x^2 + x + 2) : (x + 1) = 2x - 1 + \frac{3}{x + 1}$.

Somit ist $y = 2x - 1$ eine Asymptote der Funktion (siehe *Bild 5.31*).

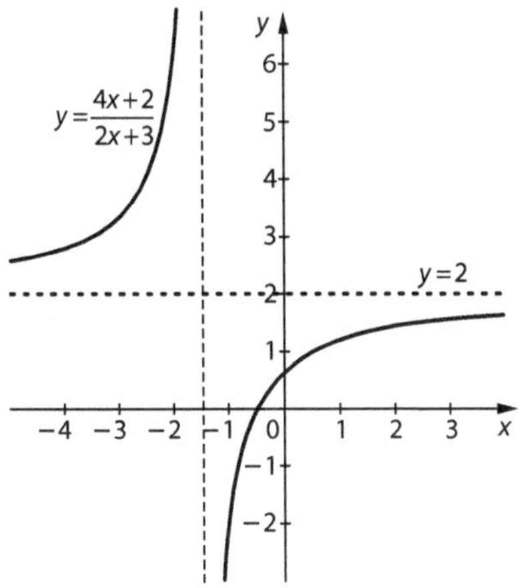

Bild 5.30

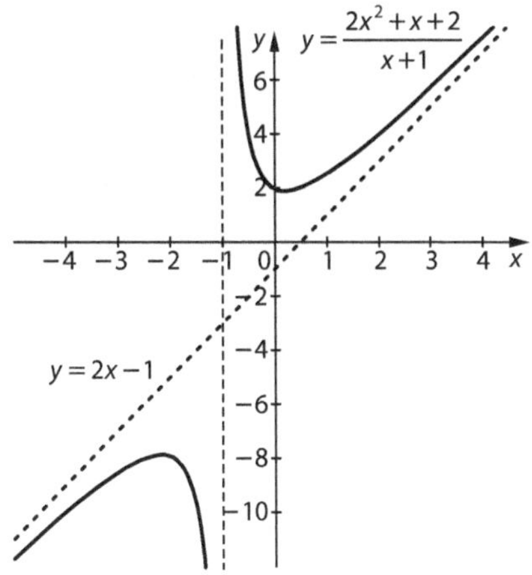

Bild 5.31 ■

Bei höherem Grad der Zähler- oder Nennerpolynome ergeben sich recht kompliziert gestaltete Funktionskurven. Neben einer Wertetabelle sind zu ihrer Ermittlung die Berechnung von Nullstellen, Polstellen, Asymptoten bzw. Grenzkurven hilfreich. Es ist zweckmäßig, die ermittelten Grenzkurven zuerst in das Koordinatensystem einzuzeichnen, weil dadurch der prinzipielle Verlauf des zu zeichnenden Funktionsgraphen erkannt wird. Oft können solche gebrochenrationalen Funktionen erst mit weitergehenden Mitteln der Analysis untersucht werden.

Kontrollfragen

5.40 Mit welcher Funktionsgleichung werden die gebrochenrationalen Funktionen dargestellt?

5.41 Wie werden Nullstellen und Polstellen gebrochenrationaler Funktionen ermittelt?

5.42 Welche Art Kurve bringt den Sachverhalt zum Ausdruck, dass das Produkt zweier Größen stets konstant ist?

5.43 Welche Art der Symmetrie liegt bei einer Hyperbel ungerader Ordnung vor?

5.44 Woran erkennt man eine echt gebrochenrationale Funktion?

5.45 Wie wird die Grenzfunktion einer unecht gebrochenrationalen Funktion ermittelt?

Aufgabe: *5.36*

■ 5.7 Exponential- und Logarithmusfunktionen

5.7.1 Exponentialfunktionen und ihre Eigenschaften

Eine Exponentialfunktion hat die Funktionsgleichung

$$y = a^x \quad \text{mit} \quad a > 0 \quad \text{und} \quad a \neq 1 \tag{5.7}$$

Anmerkung:

Die Basis $a = 1$ wird nicht zugelassen, weil $y = 1^x = 1$ bereits als Sonderfall einer konstanten Potenzfunktion definiert wurde.

Dass bei negativen Basen nicht immer reelle Funktionswerte entstehen, soll das folgende Beispiel demonstrieren.

Beispiel

5.49 Es sei $a = -3$ eine gewünschte negative Basis. Dann wäre $y = (-3)^x$ mit $x \in \mathbb{R}$ die entsprechende Exponentialfunktion. Ist beispielsweise $x_1 = 0{,}5$, so ergibt sich mit $f(0{,}5) = (-3)^{0{,}5} = \sqrt{-3}$ keine reelle Zahl als Funktionswert. Deshalb sind für Exponentialfunktionen keine negativen Basen zugelassen. ■

In *Bild 5.32* sind die Funktionsgraphen von Exponentialfunktionen für ausgewählte Basen a dargestellt.

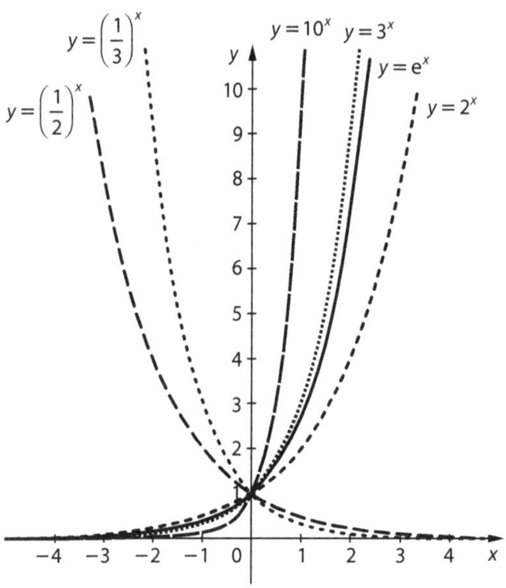

Bild 5.32

Der Graph einer Exponentialfunktion verläuft nur im ersten und zweiten Quadranten und hat keine Nullstelle, d. h. der Funktionsgraph liegt stets oberhalb der Abszisse.

Gilt für zwei Basen a_1 und a_2 die Beziehung $a_2 = \dfrac{1}{a_1}$, so liegen die Graphen der zugehörigen Exponentialfunktionen symmetrisch zur Ordinate.

Für $0 < a < 1$ sind die Exponentialfunktionen degressiv fallend, für $a > 1$ sind sie progressiv steigend.

Alle Exponentialfunktionen haben den Punkt (0; 1) gemeinsam und nähern sich der x-Achse an, ohne sie jedoch jemals zu berühren. Ein solcher Kurvenverlauf ist auch bei anderen Funktionen vorhanden, z. B. bei unecht gebrochenrationalen Funktionen (siehe *Abschnitt 5.6*), und dies gibt Anlass zu folgender Definition.

Definition 5.13

Eine Kurve, der sich eine andere Kurve immer weiter annähert, ohne dass eine kleinste Entfernung beider angegeben werden kann, heißt **Grenzkurve**. Handelt es sich bei der Grenzkurve um eine Gerade, so heißt sie **Asymptote**.

Dieser Definition entsprechend ist die x-Achse eine Asymptote für die Graphen aller Exponentialfunktionen (siehe *Bild 5.32*).

Ist die Basis einer Exponentialfunktion die Eulersche Zahl e (siehe *Abschnitt 1.4.2*), so nennt man diese Funktion auch kurz **e-Funktion**. In manchen Fällen ist es sinnvoll, eine Exponentialfunktion mit der beliebigen Basis a in eine e-Funktion umzurechnen. Dies erfolgt über die Identität $a = \mathrm{e}^{\ln a}$:

$$a^x = \mathrm{e}^{x \ln a} \tag{5.8}$$

Die besondere Eigenschaft der Exponentialfunktionen besteht darin, dass sie in der Natur vorkommende Wachstumsprozesse, wie z. B. das organische Wachstum bei Pflanzen und Tieren oder den radioaktiven Zerfall eines Isotops, beschreiben können. Noch weiter verallgemeinert kann gezeigt werden, dass alle Prozesse, bei denen ein entstehender Größenzuwachs selbst wieder Quelle eines weiteren Größenzuwachses ist, ihrem Wesen entsprechend durch eine Exponentialfunktion dargestellt werden müssen. Unter Zuwachs ist hierbei auch negativer Zuwachs, also eine Abnahme zu verstehen.

Beispiele

5.50 Bezeichnet b_0 den Anfangsbestand der zum Zeitpunkt t_0 in einem Wald vorhandenen Holzmenge und α die Wachstumsrate pro Zeiteinheit, so ergibt sich mit $b(t) = b_0 \cdot \mathrm{e}^{\alpha t}$ der Bestand zu einem beliebigen Zeitpunkt t.

5.51 Die Anzahl der Isotope eines radioaktiven Stoffes wird durch $N(t) = N_0 \cdot \mathrm{e}^{-\lambda t}$ beschrieben, wobei N_0 die Isotopenanzahl zu Beginn der Messung und λ die stoffcharakterisierende Zerfallskonstante darstellen.

5.52 Wird ein Kondensator mit der Kapazität C, zwischen dessen Elektroden eine Spannung U_0 herrscht, über einen Widerstand R entladen, gilt für die zeitliche Abhängigkeit der Spannung zwischen den Elektroden $U(t) = U_0 \cdot \mathrm{e}^{-t/\tau}$, wobei $\tau = R \cdot C$ die kondensatorspezifische Zeitkonstante bezeichnet. ■

Aus dem ökonomischen Bereich sind die Verzinsung eines Guthabens in Form von Zinseszins oder die Entwicklung betriebswirtschaftlicher Kennziffern wie Umsatz oder Warenproduktion weitere Beispiele für ein im Prinzip exponentielles Wachstum. Das charakteristische Merkmal ist hierbei, dass die auf eine Zeiteinheit bezogenen prozentualen Steigerungsraten konstant sind, z. B. 5 % jährliche Steigerung. In den Fällen, wo die Wachstums- oder Verringerungsraten prozentual vorliegen, wird man für die zugehörige Exponentialfunktion eine Basis wählen, die sich auf den prozentualen Wert bezieht.

Beispiele

5.53 Ein Kapital von 7500,00 € wird über 4 Jahre zu einem festen Zinssatz von 2,75 % angelegt. Wie groß ist der Zinsertrag nach der Anlagezeit?

Lösung: Die Entwicklung des Kapitals wird beschrieben durch die Exponentialfunktion $K_n = K_0 \cdot \left(1 + p\,\%\right)^n$.

Dabei sind K_n das Kapital nach dem n-ten Laufzeitjahr, K_0 das anfänglich angelegte Kapital, p der Zinsfuß und n die (einheitenlose) Zahl der bereits vergangenen Anlagejahre. Es ist also K_5 zu bestimmen.

$K_5 = K_0 \cdot (1 + 2{,}75\,\%)^5 = 7500{,}00\,€ \cdot 1{,}0275^5 = 8589{,}55\,€$.

Der Zinsertrag beträgt also $8589{,}55\,€ - 7500{,}00\,€ = 1089{,}55\,€$.

5.54 Das Ziel eines Unternehmens für die nächsten drei Jahre ist es, die Energiekosten EK jährlich im Schnitt um 4 % zu senken. Um wie viel Prozent sind die Energiekosten innerhalb der drei Jahre gesunken, wenn das Unternehmenszziel erreicht wird?

Lösung: Die Energiekosten betragen nach drei Jahren $EK_3 = EK_0 \cdot (1 - 4\,\%)^3 = EK_0 \cdot 0{,}96^3$. Somit sind die Energiekosten um $\frac{EK_0 - EK_3}{EK_0} \cdot 100\,\% = \frac{EK_0 - EK_0 \cdot 0{,}96^3}{EK_0} \cdot 100\,\% = \frac{EK_0 \cdot (1 - 0{,}96^3)}{EK_0} \cdot 100\,\% = (1 - 0{,}96^3) \cdot 100\,\% = 0{,}115 \cdot 100\,\% = 11{,}5\,\%$ gesunken. ■

5.7.2 Logarithmusfunktionen und ihre Eigenschaften

Die Umkehrfunktionen zu den Exponentialfunktionen sind die **Logarithmusfunktionen**. Da alle Exponentialfunktionen eineindeutig sind (siehe *Bild 5.32*), gibt es zu jeder Exponentialfunktion $y = a^x$ mit $x \in \mathbb{R}$ und $y = (0; \infty)$ eine Logarithmusfunktion:

$$y = \log_a x \text{ mit } x \in (0; \infty) \tag{5.9}$$

Bezogen auf die in der Technik bevorzugten Basen hat die Funktion

$$\begin{aligned}
&y = 2^x && \text{die Umkehrfunktion} && y = \log_2 x = \operatorname{lb} x && \text{mit } x \in (0;\ \infty)\,,\\
&y = \mathrm{e}^x && \text{die Umkehrfunktion} && y = \log_e x = \ln x && \text{mit } x \in (0;\ \infty)\,,\\
&y = 10^x && \text{die Umkehrfunktion} && y = \log_{10} x = \lg x && \text{mit } x \in (0;\ \infty)\,.
\end{aligned}$$

Die Basis e führt zu dem „natürlichen" Logarithmus. Diese Bezeichnung wurde gewählt, weil mehrere in der Natur vorkommende und besonders die Sinneswahrnehmung des Menschen betreffende Zusammenhänge und Gesetzmäßigkeiten durch den natürlichen Logarithmus erfasst werden.

In *Bild 5.33* sind die Funktionsverläufe einiger Logarithmusfunktionen dargestellt. Sie sind Spiegelbilder der jeweiligen Exponentialfunktionen an der Geraden $y = x$.

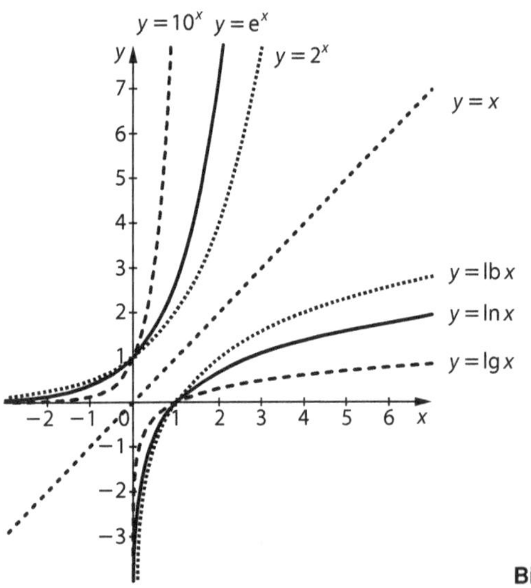

Bild 5.33

Die Eigenschaften der Exponentialfunktionen spiegeln sich in denen der Logarithmusfunktionen wider:

Das Argument der Logarithmusfunktionen muss positiv sein, d. h. der Graph der Logarithmusfunktionen liegt stets rechts von der Ordinate.

Der Graph der Logarithmusfunktionen ist degressiv steigend.

Alle Logarithmusfunktionen haben bei $x_\mathrm{N} = 1$ ihre einzige Nullstelle.

Die Ordinate ist eine Asymptote für die Logarithmusfunktionen.

Auch wenn der Graph der Logarithmusfunktionen nur sehr langsam ansteigt, ist er nicht nach oben beschränkt, d. h. jeder noch so große Funktionswert wird angenommen, wenn das Argument nur groß genug gewählt wird.

Wie bei den Exponentialfunktionen, so ist es auch bei den Logarithmusfunktionen möglich, sie stets auf die Basis e umzurechnen. Es gilt

$$\log_a x = \frac{1}{\ln a} \ln x \tag{5.10}$$

vgl. *Gl. (1.60)* in *Abschnitt 1.4.2* und *Gl. (5.8)* in *Abschnitt 5.7.1*.

Kontrollfragen

5.46 Wie lautet die allgemeine Funktionsgleichung einer Exponentialfunktion?

5.47 Welche gemeinsame Eigenschaften haben alle Exponentialfunktionen?

5.48 Woran ist an der Funktionsgleichung erkennbar, ob eine Exponentialfunktion steigt oder fällt?

5.49 Welche Beziehung liegt zwischen den Basen zweier Exponentialfunktionen vor, wenn die Graphen beider Funktionen durch Spiegelung in der Ordinate ineinander übergehen?

5.50 Was versteht man unter einer Grenzkurve?

5.51 Was versteht man unter einer Asymptote?

5.52 Worin besteht die besondere Bedeutung der Exponentialfunktionen?

5.53 Wann spricht man bei einer Exponentialfunktion kurz von „e-Funktion"?

5.54 Welche gemeinsamen Eigenschaften haben alle Logarithmusfunktionen?

5.55 Welches sind die für die Logarithmusfunktionen hauptsächlich verwendeten Basen?

Aufgaben: *5.37* **bis** *5.41*

5.8 Trigonometrische Funktionen und ihre Umkehrfunktionen

Die wesentlichste Eigenschaft der trigonometrischen Funktionen ist, dass durch sie periodisch ablaufende Vorgänge dargestellt werden können.

Definition 5.14

Eine Funktion heißt **periodisch** mit der Periode $p > 0$, wenn für alle $x \in D$ stets $f\left(x + kp\right) = f(x)$ mit $k \in \mathbb{Z}$ gilt.

Ein Hauptvertreter der trigonometrischen Funktionen ist die **Sinusfunktion**

$$y = \sin x \quad \text{mit} \quad x \in \mathbb{R}$$

In *Bild 5.34* ist dargestellt, wie aus dem Quotienten $\frac{\text{Gegenkathete}}{\text{Hypotenuse}}$ im rechtwinkligen Dreieck innerhalb eines Einheitskreises die Funktionswerte der Sinusfunktion für beliebige Winkel x abgeleitet werden können. Der Funktionswert der Sinusfunktion ergibt sich aus dem Schatten, den ein rotierender Zeiger, der mit der waagerechten Achse einen Winkel x einschließt, wirft, wenn er von links beleuchtet wird.

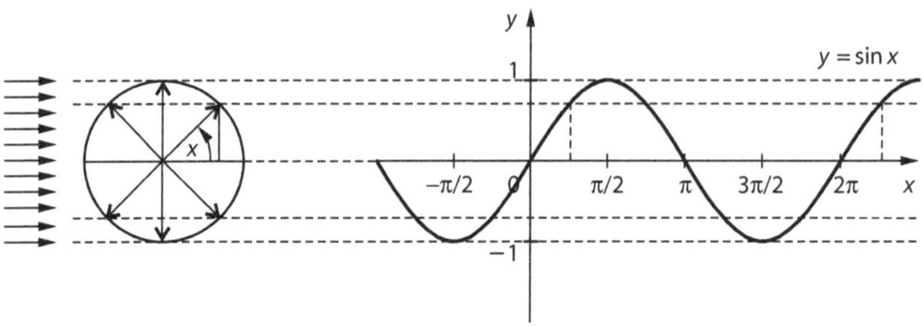

Bild 5.34

Leicht lässt sich erkennen, dass es sich um eine periodische Funktion mit der kleinsten Periode $p = 2\pi$ handelt („**2π-periodisch**"), denn 2π als Winkel im Bogenmaß entspricht dem Vollwinkel $360°$, d. h. einer vollen Umdrehung des den Schatten werfenden Zeigers im Einheitskreis.

Die Funktionswerte der Sinusfunktion sind durch die Länge 1 des Zeigers **beschränkt**, nach oben durch $o = 1$ und nach unten durch $u = -1$.

Für alle ganzzahligen Vielfachen von π wirft der Zeiger keinen Schatten, d. h. die Sinusfunktion hat für diese Winkel ihre **Nullstellen**: $x_{\mathrm{N}_k} = k \cdot \pi,\ k \in \mathbb{Z}$.

Die Sinusfunktion hat ihre **Maxima**, wenn der Zeiger senkrecht nach oben zeigt, d. h. $x_{\mathrm{Max}_k} = \frac{\pi}{2} + k \cdot 2\pi,\ k \in \mathbb{Z}$.

Die Sinusfunktion hat ihre **Minima**, wenn der Zeiger senkrecht nach unten zeigt, d. h. $x_{\mathrm{Min}_k} = \frac{3\pi}{2} + k \cdot 2\pi,\ k \in \mathbb{Z}$.

Schließlich ist an *Bild 5.34* erkennbar, dass die Sinusfunktion **punktsymmetrisch** zum Koordinatenursprung ist und somit eine **ungerade Funktion** ist: $\sin(-x) = -\sin x$ (siehe *Beispiel 5.35*).

Zu beachten ist, dass die Argumente der Sinusfunktion als Winkel im Bogenmaß reelle Zahlen sind.

In einem sehr engen Zusammenhang mit der Sinusfunktion steht die **Kosinusfunktion**

$$y = \cos x \quad \text{mit} \quad x \in \mathbb{R}$$

Sie kann aufgefasst werden als die Sinusfunktion des zum Winkel x zugehörigen Komplementwinkels $(\pi/2 - x)$ (vgl. *Gl. (4.2)* in *Abschnitt 4.1.2*), d. h. es ist $y = \cos x = \sin(\pi/2 - x)$ mit $x \in \mathbb{R}$. Diese Beziehung macht deutlich, dass die Form des Graphen der Kosinusfunktion der des Graphen der Sinusfunktion gleicht, jedoch liegt eine Verschiebung in Abszissenrichtung vor.

Wie die Sinuskurve kann auch die Kosinuskurve aus dem Schatten eines im Einheitskreis rotierenden Zeigers konstruiert werden, jedoch muss der Schatten bei der Beleuchtung von oben verwendet werden, da in dem jeweils entstehenden rechtwinkligen Dreieck der Quotient $\frac{\text{Ankathete}}{\text{Hypotenuse}}$ betrachtet werden muss. Der Graph der Kosinusfunktion sieht folgendermaßen aus:

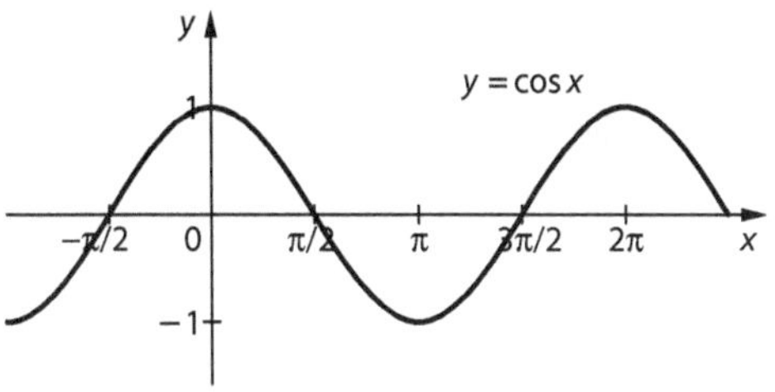

Bild 5.35

Auch bei der Kosinusfunktion handelt es sich also um eine periodische Funktion mit der kleinsten Periode $p = 2\pi$ („**2π-periodisch**").

Die Funktionswerte der Kosinusfunktion sind ebenfalls nach oben durch $o = 1$ und nach unten durch $u = -1$ **beschränkt**.

Ihre **Nullstellen** liegen bei allen ungeradzahligen Vielfachen von $\frac{\pi}{2}$: $x_{N_k} = (2k+1)\cdot\frac{\pi}{2}$, $k \in \mathbb{Z}$.

Die Kosinusfunktion hat ihre **Maxima** bei allen ganzzahligen Vielfachen von 2π: $x_{\text{Max}_k} = k \cdot 2\pi$, $k \in \mathbb{Z}$.

Sie hat ihre **Minima** bei allen ungeradzahligen Vielfachen von π: $x_{\text{Min}_k} = (2k+1)\,\pi$, $k \in \mathbb{Z}$.

Schließlich ist an *Bild 5.35* erkennbar, dass die Kosinusfunktion **achsensymmetrisch** zur Ordinate ist und somit eine **gerade Funktion** ist: $\cos(-x) = \cos x$ (siehe *Beispiel 5.35*).

Diese letzte Eigenschaft ist besonders wichtig, wenn man sich den Unterschied zwischen den Graphen der Sinusfunktion und der Kosinusfunktion merken will.

Abgeleitet aus der Beziehung $\tan\alpha = \sin\alpha/\cos\alpha$ (vgl. *Satz 4.2* in *Abschnitt 4.1.5*) ist die **Tangensfunktion** als das Verhältnis von Sinus- zu Kosinusfunktion erklärt:

$$y = \tan x = \frac{\sin x}{\cos x} \quad \text{mit} \quad x \in \mathbb{R}, \quad x \neq (2k+1)\cdot\frac{\pi}{2}, \quad k \in \mathbb{Z}$$

Da die Tangensfunktion ein Quotient zweier anderer Funktionen ist, ist sie nur für solche x definiert, die den Nenner nicht zu null werden lassen. Alle diejenigen x, bei denen die Kosinusfunktion den Wert null hat, also ihre Nullstellen (siehe *Bild 5.35*), liegen nicht im Definitionsbereich der Tangensfunktion. Im Hinblick auf die Tangensfunktion handelt es sich um Stellen, bei denen die Tangenskurve eine senkrechte Asymptote hat. Die Funktionswerte streben bei Annäherung der unabhängigen Variablen x an diese Stellen gegen unbegrenzt große positive bzw. negative Werte.

Auch der Graph der Tangensfunktion lässt sich über einen in einem Einheitskreis rotierenden Zeiger konstruieren. Dazu muss der Zeiger verlängert werden, bis er die lotrechte Tangente an den Kreis trifft. Bei den entstehenden rechtwinkligen Dreiecken ist der Quotient $\frac{\text{Gegenkathete}}{\text{Ankathete}}$ auszuwerten. Der Funktionswert der Tangensfunktion ergibt sich demnach aus dem Schatten, den dieser verlängerte rotierender Zeiger, der mit der waagerechten Achse einen Winkel x einschließt, wirft, wenn er von links beleuchtet wird (*Bild 5.36*).

Bei der Tangensfunktion handelt es sich also – im Unterschied zur Sinus- und zur Kosinusfunktion – um eine periodische Funktion mit der kleinsten Periode $p = \pi$ („**π-periodisch**").

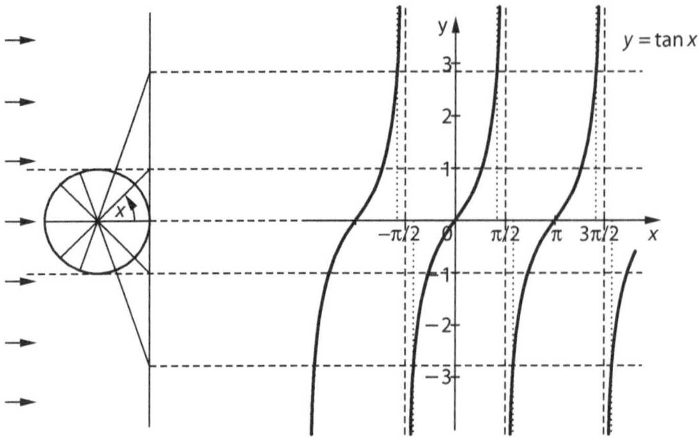

Bild 5.36

Die Funktionswerte der Tangensfunktion sind – ebenfalls im Unterschied zur Sinus- und zur Kosinusfunktion – **unbeschränkt.**

Ihre **Nullstellen** liegen bei den Nullstellen der Sinusfunktion, also allen ganzzahligen Vielfachen von π: $x_{\mathrm{N}_k} = k \cdot \pi,\ k \in \mathbb{Z}$.

Die Tangensfunktion hat ihre **Polstellen** bei den Nullstellen der Kosinusfunktion, also bei allen ungeradzahligen Vielfachen von $\frac{\pi}{2}$: $x_{\mathrm{N}_k} = (2k+1) \cdot \frac{\pi}{2},\ k \in \mathbb{Z}$.

Schließlich ist an *Bild 5.36* erkennbar, dass die Tangensfunktion **punktsymmetrisch** zum Koordinatenursprung ist und somit eine **ungerade Funktion** ist: $\tan(-x) = -\tan x$.

Die Kotangensfunktion

$$y = \cot x = \frac{\cos x}{\sin x} = \frac{1}{\tan x} \quad \text{mit} \quad x \in \mathbb{R}, x \neq k \cdot \pi,\ k \in \mathbb{Z}$$

spielt bei der Durchführung von Berechnungen nur eine untergeordnete Rolle. Sie wird aber in technischen Formeln verwendet, um die Formelstruktur zu vereinfachen. Darum soll hier lediglich das Bild des Funktionsgraphen dargestellt werden, dem die Eigenschaften der Kotangensfunktion entnommen werden können (*Bild 5.37*).

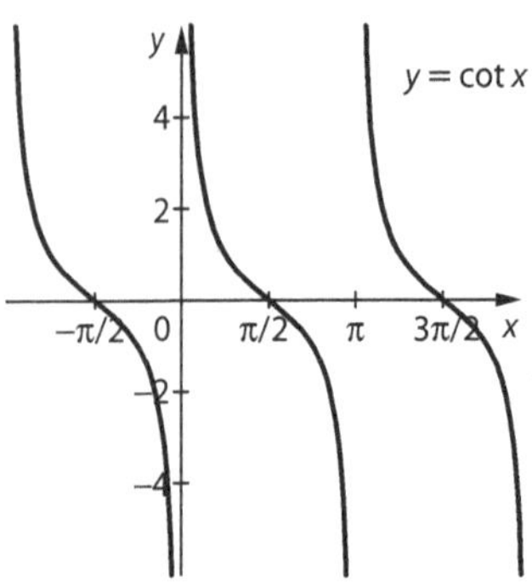

Bild 5.37

Die Umkehrfunktionen zu den trigonometrischen Funktionen sind die **zyklometrischen Funktionen**, auch **Arkusfunktionen** genannt. Wegen ihrer Periodizität haben alle trigonometrischen Funktionen unendlich viele Umkehrfunktionen. Es ist deshalb notwendig, durch Aufspaltung des Definitionsbereiches die umzukehrende Funktion in jeweils monotone Teilfunktionen zu zerlegen.

Bild 5.38 zeigt die Funktion $y = \sin x$ mit $x \in \left[-\frac{\pi}{2};\ \frac{\pi}{2}\right]$ als monotone Teilfunktion der für alle reellen Zahlen definierten Sinusfunktion und die zugehörige Umkehrfunktion

$$y = \arcsin x \quad \text{mit} \quad x \in [-1;\ 1],$$

die sogenannten **Hauptwerte**. Sie sind diejenigen Winkel (im Bogenmaß!) aus dem Intervall $\left[-\frac{\pi}{2};\ \frac{\pi}{2}\right]$, deren Sinuswerte gleich x sind.

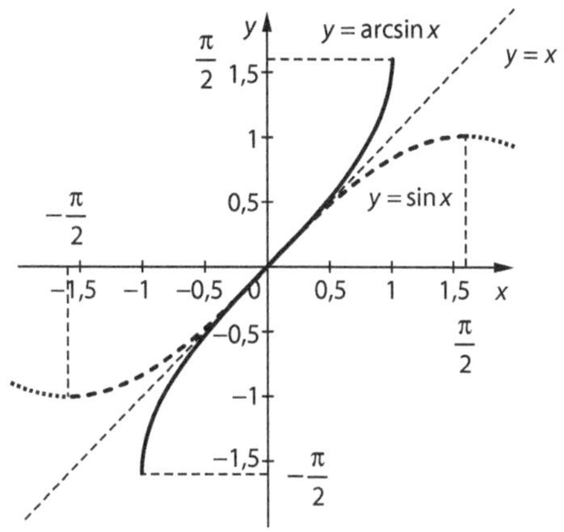

Bild 5.38

Auf gleiche Weise lassen sich auch die Hauptwerte der anderen zyklometrischen Funktionen gewinnen:

Zu $y = \cos x$ mit $x \in [0;\ \pi]$ gehört $y = \arccos x$ mit $x \in [-1;\ 1]$;

zu $y = \tan x$ mit $x \in \left(-\frac{\pi}{2};\ \frac{\pi}{2}\right)$ gehört $y = \arctan x$ mit $x \in \mathbb{R}$

als jeweilige Hauptwerte der Umkehrfunktionen. Diese sind in den *Bildern 5.39* und *5.40* dargestellt.

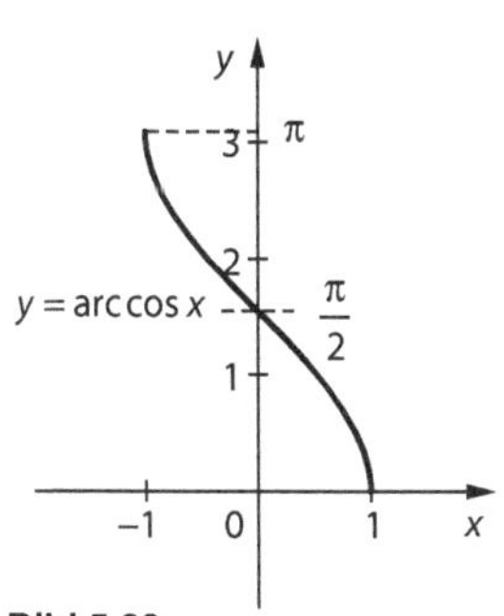

Bild 5.39

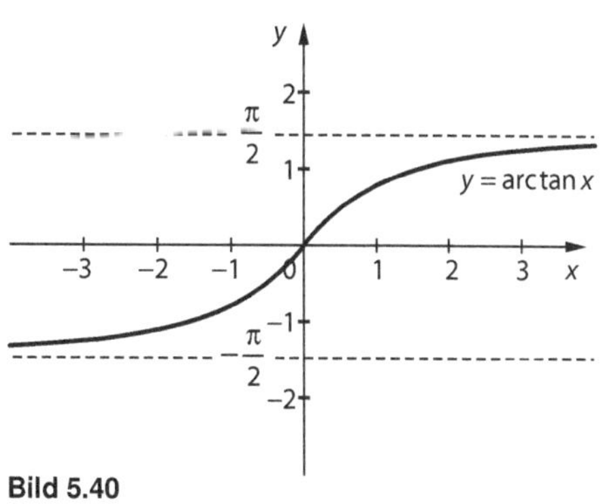

Bild 5.40

Bei der Berechnung von Funktionswerten zyklometrischer Funktionen mit dem Taschenrechner werden nur die in den *Bildern 5.39* und *5.40* eingezeichneten Hauptwerte angezeigt:

Funktion	**Wertebereich**
$y = \arcsin x$ mit $x \in [-1;\ 1]$	$y \in \left[-\frac{\pi}{2};\ \frac{\pi}{2}\right]$
$y = \arccos x$ mit $x \in [-1;\ 1]$	$y \in [0;\ \pi]$
$y = \arctan x$ mit $x \in \mathbb{R}$	$y \in \left(-\frac{\pi}{2};\ \frac{\pi}{2}\right)$
$y = \text{arccot}\, x$ mit $x \in \mathbb{R}$	$y \in (0;\ \pi)$

Die Beziehung $\cot x = \dfrac{1}{\tan x}$ hat ihre Entsprechung in der Beziehung

$$\begin{aligned} \text{arccot}\, x &= \arctan \frac{1}{x} && \text{für } x > 0 \\ &= \pi + \arctan \frac{1}{x} && \text{für } x < 0 \end{aligned} \tag{5.11a}$$

zwischen der Arkuskotangens- und der Arkustangensfunktion. Dieser Zusammenhang kann für die Berechnung von Werten der Arkuskotangensfunktion verwendet werden.

Beispiel

5.55 Es sind

a) $\arcsin\left(\frac{1}{2}\sqrt{3}\right)$,

b) $\arccos\left(\frac{1}{2}\sqrt{3}\right)$,

c) $\arctan(-2{,}4)$,

d) $\arccos 0{,}6$ und

e) $\text{arccot}(-0{,}6)$ zu bestimmen.

Lösungen:

a) Es ist $\arcsin\left(\frac{1}{2}\sqrt{3}\right) = \frac{\pi}{3} = 60°$, denn $\sin 60° = \frac{1}{2}\sqrt{3}$.

b) Es ist $\arccos\left(\frac{1}{2}\sqrt{3}\right) = \frac{\pi}{6} = 30°$, denn $\cos 30° = \frac{1}{2}\sqrt{3}$.

c) Es ist $\arctan(-2{,}4) = -1{,}176 = -67{,}38°$, denn $\tan(-67{,}38°) = -2{,}4$.

d) Es ist $\arccos(0{,}6) = 0{,}927 = 53{,}13°$, denn $\cos 53{,}13° = 0{,}6$.

e) Es ist $\text{arccot}(-0{,}6) = \pi + \arctan\left(-\frac{1}{0{,}6}\right) = \pi - 1{,}030 = 2{,}111 = 120{,}96°$, denn $\cot 120{,}96° = -0{,}6$. ■

Nach *Beispiel 5.55a)* und *b)* ist für $x = \frac{1}{2}\sqrt{3}$ die Summe von $\arcsin x$ und $\arccos x$ gleich $\frac{\pi}{2}$. Diese Beziehung gilt allgemein für ein beliebiges Argument $x \in D$ (auch für die Summe von $\arctan x$ und $\text{arccot}\, x$) und folgt aus der *Komplementwinkelbeziehung (4.2)* in *Abschnitt 4.1.2*:

$$\begin{aligned} \arcsin x + \arccos x &= \frac{\pi}{2} \\ \arctan x + \text{arccot}\, x &= \frac{\pi}{2} \end{aligned} \tag{5.11b}$$

Aus der letzten Gleichung ergibt sich $\operatorname{arccot} x = \frac{\pi}{2} - \arctan x$. Diese Beziehung kann ebenso wie *Gl. (5.11a)* zur Berechnung von Funktionswerten der Arkuskotangensfunktion benutzt werden. Weitere nützliche Beziehungen sind:

$$\pi = 4 \cdot \arctan 1 \tag{5.11c}$$

$$\arcsin x = \arctan\left(\frac{x}{\sqrt{1-x^2}}\right) \tag{5.11d}$$

Gl. (5.11c) folgt aus $\arctan 1 = \frac{\pi}{4}$.

Gl. (5.11d) ergibt sich aus einer Formel der *Tabelle 4.4* in *Abschnitt 4.1.5*:

$$\tan\alpha = \frac{\sin\alpha}{\sqrt{1-\sin^2\alpha}} \quad \text{ergibt} \quad \alpha = \arctan\left(\frac{\sin\alpha}{\sqrt{1-\sin^2\alpha}}\right)$$

mit $\alpha = \arcsin x$ folgt *Gl. (5.11d)*.

Kontrollfragen

5.56 Was ist die charakteristischste Eigenschaft der trigonometrischen Funktionen?

5.57 Welcher Unterschied zwischen der Sinus- und der Kosinusfunktion ist am besten geeignet, die Graphen der beiden Funktionen voneinander zu unterscheiden?

5.58 Wo hat die Tangensfunktion ihre Polstellen?

5.59 Warum spielt die Kotangensfunktion in den Anwendungsfächern keine große Rolle?

5.60 Wie heißen die Umkehrfunktionen der trigonometrischen Funktionen?

5.61 In welchen Bereichen liegen bei den Arkusfunktionen für negative Argumente x die Funktionswerte?

Aufgaben: *5.42* und *5.43*

5.9 Der Einfluss von Funktionsparametern auf Funktionsgraphen

Um Zusammenhänge oder Gesetzmäßigkeiten auch quantitativ richtig darstellen zu können, reichen die Funktionen in ihrer Grundform meist nicht aus. Sie müssen häufig durch passende Summanden oder Faktoren oder durch Verkettung, d. h. Verschachtelung modifiziert werden. Welchen Einfluss diese Modifikation auf die Lage und die Form der Funktionsgraphen hat, soll im Folgenden anhand eines Beispiels aus dem Bereich der Elektrotechnik dargestellt werden.

Die zeitliche Abhängigkeit der Spannung zwischen den Elektroden eines Kondensators mit der Kapazität C, der über einen Widerstand R mithilfe einer Gleichspannung U_0 aufgeladen wird, ist gegeben durch

$$U(t) = U_0 \cdot (1 - \mathrm{e}^{-\frac{t}{R \cdot C}}) \quad \text{(siehe } \textit{Beispiel 5.52}\text{)}$$

Bild 5.41 zeigt den grafischen Verlauf einer Kondensatoraufladung für $C = 4{,}7\,\mu\text{F}$, $R = 4{,}7\,\Omega$ und $U_0 = 10\,\text{V}$ im Bereich von $0 \leqq t \leqq 120\,\mu\text{s}$.

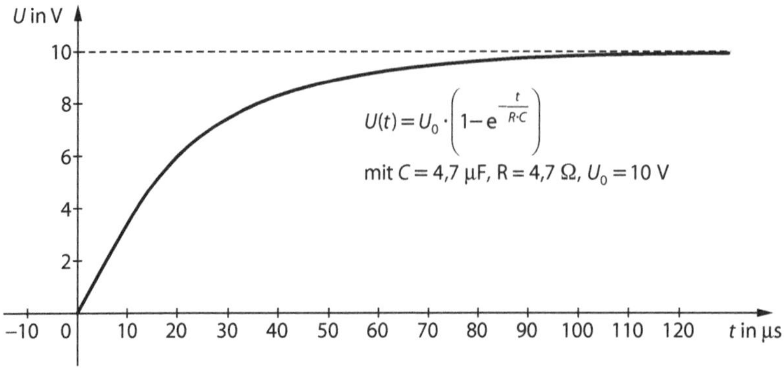

Bild 5.41

Die Funktion, die grundsätzlich einer Kondensatoraufladung zugrunde liegt, ist offensichtlich die e-Funktion (*Bild 5.42*).

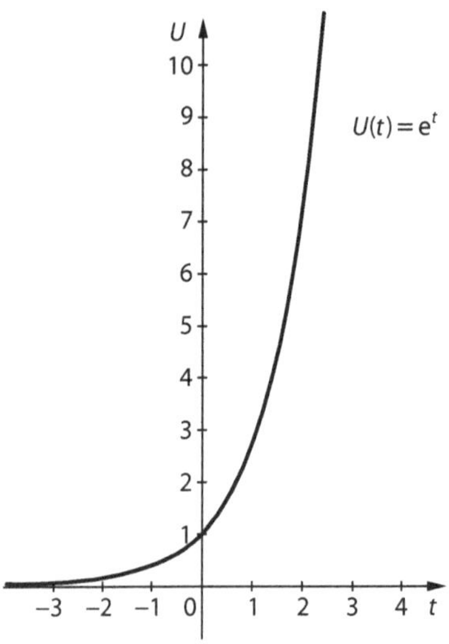

Bild 5.42

Diese e-Funktion soll nun Schritt für Schritt modifiziert werden, bis sie die Gestalt der Kurve der Kondensatoraufladung angenommen hat.

1. Schritt: Veränderung des Vorzeichens der Funktion, d. h. $U(t) = \mathrm{e}^t$ wird modifiziert zu $U(t) = -\mathrm{e}^t$.

Da bei der Multiplikation einer Funktion mit -1 jeder Funktionswert sein Vorzeichen ändert, gilt:

> Die Veränderung des Vorzeichens einer Funktion führt im kartesischen Koordinatensystem zu einer Spiegelung des Funktionsgraphen an der Abszisse.

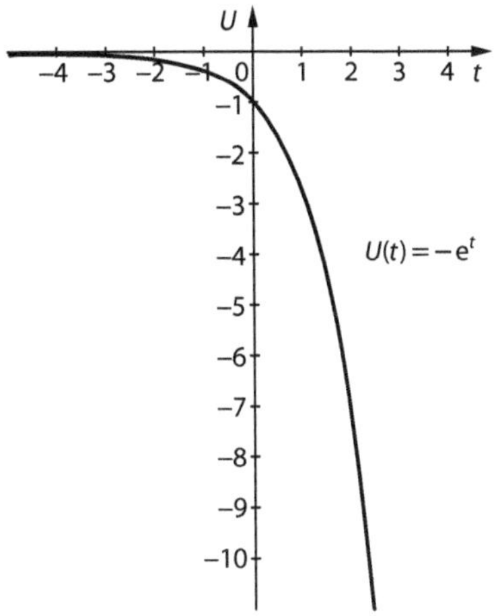

Bild 5.43

2. Schritt: Addition einer Zahl zu einer Funktion. In unserem Beispiel heißt das, $U(t) = -\mathrm{e}^t$ wird modifiziert zu $U(t) = -\mathrm{e}^t + 1 = 1 - \mathrm{e}^t$.

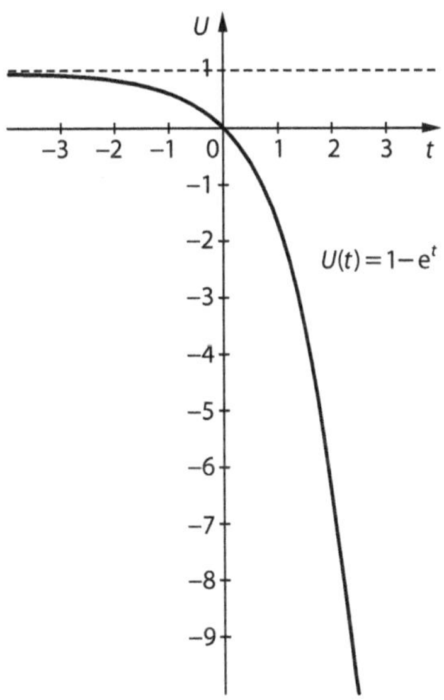

Bild 5.44

Der Graph dieser Funktion entsteht offenbar durch eine Verschiebung um eine Einheit nach oben. Allgemein gilt:

Die Addition einer Konstanten b zu einer Funktion führt im kartesischen Koordinatensystem zu einer Verschiebung des Funktionsgraphen um b Einheiten nach oben ($b > 0$) bzw. nach unten ($b < 0$).

3. Schritt: Multiplikation einer Funktion mit einem positiven Wert. In unserem Beispiel heißt das, $U(t) = 1 - \mathrm{e}^t$ wird modifiziert zu $U(t) = U_0\left(1 - \mathrm{e}^t\right)$ mit $U_0 = 10\,\mathrm{V}$. Die Ordinate ist nun einheitenbehaftet (*Bild 5.45*).

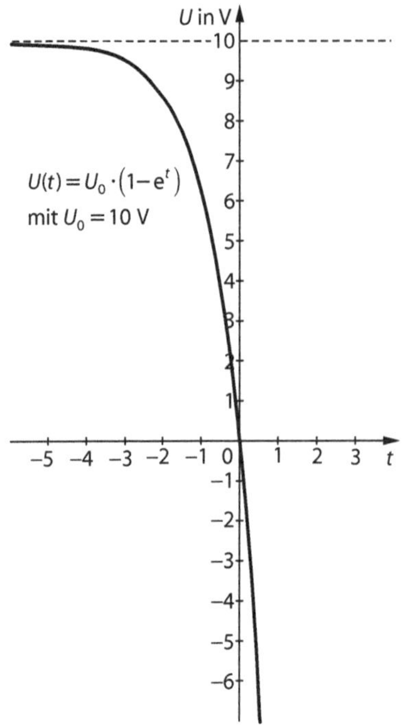

Bild 5.45

Offensichtlich wird die von uns betrachtete Funktion durch die Multiplikation mit $U_0 = 10\,\text{V}$ in senkrechter Richtung stark gestreckt. Da jeder Funktionswert mit dem entsprechenden Faktor multipliziert wird, gilt allgemein:

Durch die Multiplikation einer Funktion mit einem positiven Wert m wird der Funktionsgraph im kartesischen Koordinatensystem in senkrechter Richtung gestreckt ($m > 1$) bzw. gestaucht ($0 < m < 1$).

Anmerkung:

Die Multiplikation einer Funktion mit einer negativen Zahl kann als Hintereinanderausführung einer Vorzeichenveränderung und einer Multiplikation mit einer positiven Zahl angesehen werden: Zur Streckung bzw. Stauchung kommt in diesem Fall noch eine Spiegelung an der Abszisse.

4. Schritt: Veränderung des Vorzeichens des Arguments, d. h. $U(t) = U_0\left(1 - \mathrm{e}^{t}\right)$ wird modifiziert zu $U(t) = U_0\left(1 - \mathrm{e}^{-t}\right)$.

Dem *Bild 5.46* kann entnommen werden:

Die Veränderung des Vorzeichens des Arguments einer Funktion führt im kartesischen Koordinatensystem zu einer Spiegelung des Funktionsgraphen an der Ordinate.

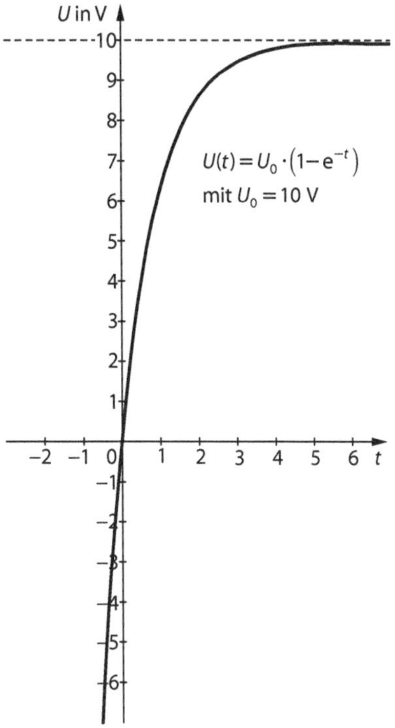

Bild 5.46

5. Schritt: Multiplikation des Arguments einer Funktion mit einem positiven Wert. In unserem Beispiel heißt das, $U(t) = U_0\left(1 - e^{-t}\right)$ wird modifiziert, indem das Argument t mit dem positiven Wert $\frac{1}{R \cdot C}$ multipliziert wird: $U(t) = U_0\left(1 - e^{-\frac{t}{R \cdot C}}\right)$ mit $U_0 = 10\,\text{V}$, $R = 4{,}7\,\Omega$ und $C = 4{,}7\,\mu\text{F}$. Nun ist die Abszisse ebenfalls einheitenbehaftet, das Argument t steht für die Zeit, hier gemessen in µs (*Bild 5.47*).

Offenbar liegt in diesem Fall eine Verzerrung in waagerechter Richtung vor. Allgemein gilt:

Durch die Multiplikation des Arguments einer Funktion mit einem positiven Wert k wird der Funktionsgraph im kartesischen Koordinatensystem in waagerechter Richtung gestreckt ($0 < k < 1$) bzw. gestaucht ($k > 1$).

Anmerkung:

Die Multiplikation des Arguments einer Funktion mit einer negativen Zahl kann als Hintereinanderausführung einer Vorzeichenveränderung und einer Multiplikation mit einer positiven Zahl angesehen werden: Zur Streckung bzw. Stauchung kommt in diesem Fall noch eine Spiegelung an der Ordinate.

Offenbar stimmen für $t \geqq 0$ die Graphen der Funktionen aus *Bild 5.41* und *Bild 5.47* überein. Hiermit wurde exemplarisch gezeigt, wie sich der Graph einer modifizierten Funktion aus dem Graphen der Grundfunktion entwickeln lässt.

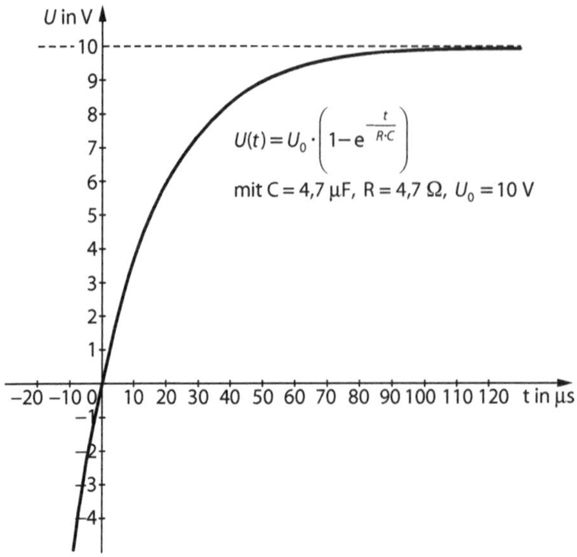

Bild 5.47

Eine weitere Modifikation tritt in diesem Beispiel nicht auf, ist aber in anderen Zusammenhängen von großer Bedeutung (siehe *Beispiele 5.56* bis *5.58*): Was geschieht, wenn man zum Argument einer Funktion eine Zahl addiert?

> Die Addition einer Zahl c zum Argument einer Funktion führt im kartesischen Koordinatensystem zu einer Verschiebung des Funktionsgraphen um c Einheiten nach links ($c > 0$) bzw. nach rechts ($c < 0$).

Beispiele

5.56 Die Parabel $y = -\frac{1}{4} \cdot (x - 3)^2 + 10$ geht aus der Normalparabel $y = x^2$ durch folgende Modifikationen hervor (siehe *Bild 5.48*):

Multiplikation der Funktion mit $\frac{1}{4}$ (Stauchung in senkrechter Richtung), Änderung des Vorzeichens der Funktion (Spiegelung an der Abszisse), Addition der -3 zum Argument (Verschiebung um drei Einheiten nach rechts) und Addition der 10 zur Funktion (Verschiebung um 10 Einheiten nach oben).

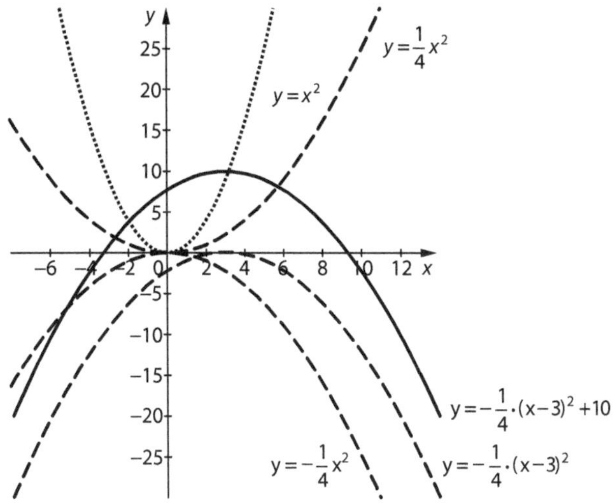

Bild 5.48

5.57 Die Logarithmusfunktion $y = \frac{1}{2} \cdot \lg(x+3) + 2$ geht aus der Funktion $y = \lg x$ durch folgende Modifikationen hervor (siehe *Bild 5.49*):

Addition der Zahl 3 zum Funktionsargument (Verschiebung nach links um 3), Multiplikation der Funktion mit dem Faktor 0,5 (Stauchung in senkrechter Richtung) und Addition der Zahl 2 zu der Funktion (Verschiebung um 2 Einheiten nach oben).

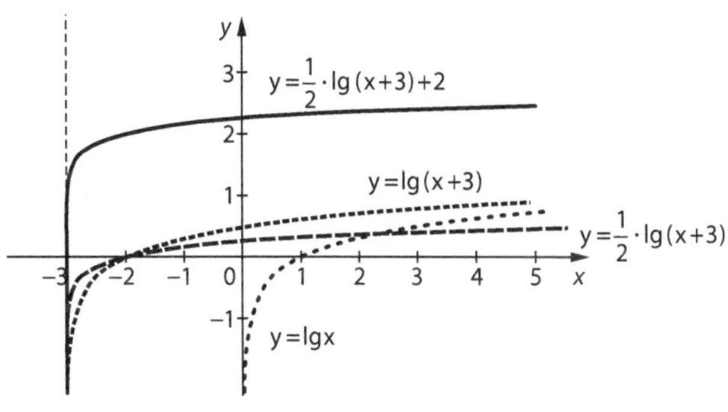

Bild 5.49

5.58 Die Sinusfunktion $y = 2 \cdot \sin(3x - 2) = 2 \cdot \sin\left(3 \cdot (x - \frac{2}{3})\right)$ geht aus der Funktion $y = \sin x$ durch folgende Modifikationen hervor (siehe *Bild 5.50*):

Addition der Zahl $-\frac{2}{3}$ zum Funktionsargument (Verschiebung nach rechts um $\frac{2}{3}$), Multiplikation des Arguments (d. h. der Differenz $x - \frac{2}{3}$) mit 3 (Stauchung in waagerechter Richtung) und Multiplikation des Funktionsterms mit dem Faktor 2 (Streckung in senkrechter Richtung).

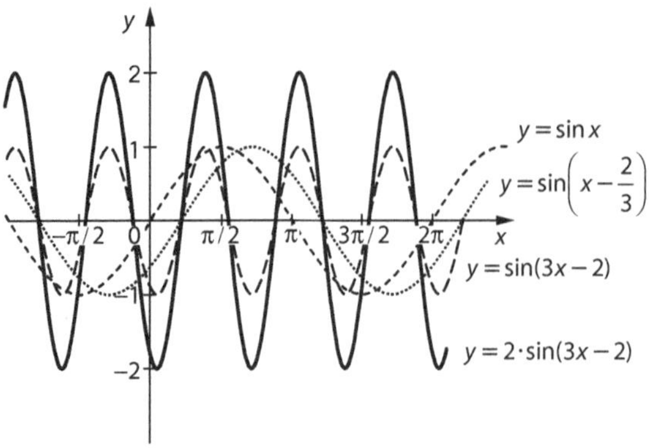

Bild 5.50 ■

Die Verknüpfung einer Funktion mit einer anderen stellt eine weitere Möglichkeit dar, komplexere Zusammenhänge durch Funktionen zu beschreiben. Die Zusammenhänge von Größen liegen in der Technik oft nur in grafischer Form vor, z. B. als Messwertkurven oder Kennlinien. Für einen Techniker ist es dann von Vorteil, wenn er in der Lage ist, die einem vorliegenden Kurvenzug zugrunde liegenden Funktionen zu erkennen und die möglicherweise vorhandenen Verschiebungen und Streckungen analysieren zu können. In den beiden folgenden Beispielen werden die Summe und das Produkt zweier unterschiedlicher Funktionstypen betrachtet, die bei komplexeren Prozessabläufen, z. B. bei der Überlagerung von Schwingungen bzw. bei gedämpften Schwingungen, auftreten.

Beispiel

5.59 a) $y = |\sin x| + x$ mit $x \geqq 0$

Im *Bild 5.51* ist die Kurve dieser Funktion ausschnittweise dargestellt. Zusätzlich eingezeichnet sind $y = |\sin x|$ und $y = x$, die sich überlagern,

b) $y = \mathrm{e}^{-t} \sin 2t$ mit $t \geqq 0$

$y = \mathrm{e}^{-t}$ ist der sich ändernde Dämpfungsfaktor für $y = \sin 2t$. In *Bild 5.52* sind die Kurven von $y = \mathrm{e}^{-t}$ und $y = -\mathrm{e}^{-t}$ gestrichelt eingezeichnet.

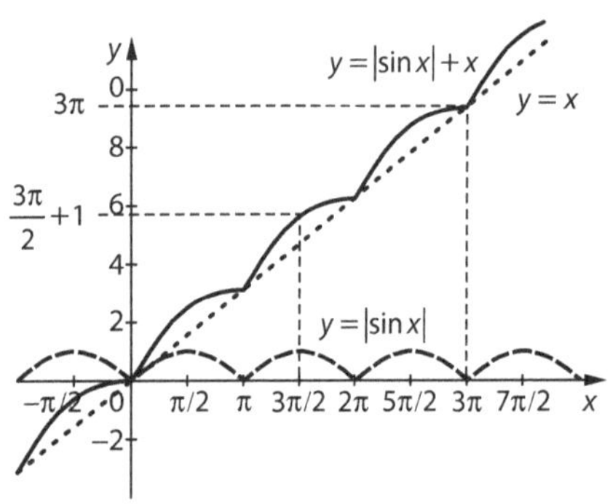

Bild 5.51

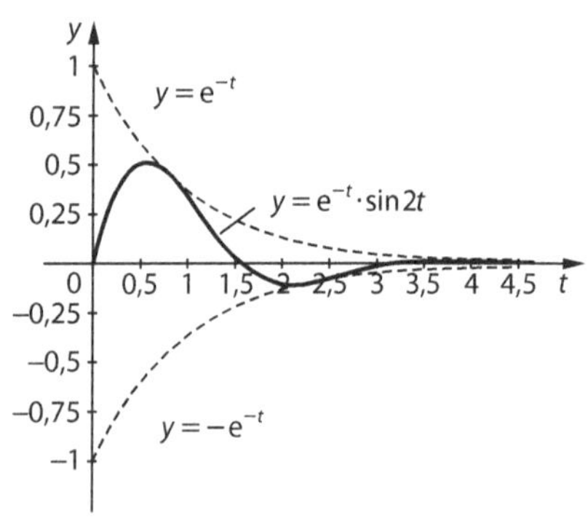

Bild 5.52 ■

Eine Verknüpfung von Funktionen kann auch dadurch erzeugt werden, dass von einer Funktion eine weitere Funktion gebildet wird. Dieser dadurch entstehende Funktionstyp heißt **verkettete Funktion** oder **mittelbare Funktion**.

Eine durch einen einfachen Sachverhalt begründete Verkettung soll im folgenden Beispiel verdeutlicht werden.

Beispiel

5.60 Der Kohleverbrauch K eines Kraftwerkes ist abhängig von der Außentemperatur T, d. h., es ist $K = K(T)$.

Die Außentemperatur T ist aber selbst wieder abhängig von der Jahreszeit t, d. h., es ist $T = T(t)$.

Zusammengefasst entsteht die Verkettung oder mittelbare Funktion $K = K(T(t))$ mit $t \in D$. ■

Mit den in der Mathematik üblichen Variablenbezeichnungen lässt sich eine Verkettung zweier Funktionen folgendermaßen symbolisieren:

Ist eine Funktion $y = f(u)$ mit $u \in D_f$ und eine weitere durch

$$u = \varphi(x) \quad \text{mit} \quad x \in D_\varphi$$

gegeben, so ist

$$y = f\left(\varphi(x)\right) \quad \text{mit} \quad x \in D_f \cap D_\varphi$$

eine **Verkettung** der Funktionen f und φ. Dabei ist f die äußere Funktion und φ die innere Funktion.

Da die Funktionswerte der inneren Funktion $u = \varphi(x)$ die Argumente der äußeren Funktion sind, muss $W_\varphi \subseteqq D_f$ gelten, da sonst die Verkettung nicht existieren kann.

Beispiel

5.61 a) $y = (x-3)^2$ mit $x \in \mathbb{R}$. Innere Funktion ist $u = x - 3$, äußere Funktion ist $y = u^2$.

b) $y = \ln\left(2x^2 - 8\right)$ mit $|x| > 2$. Innere Funktion ist $u = 2x^2 - 8$, äußere Funktion ist $y = \ln u$.

c) $y = \ln\left(-2x^2 - 8\right)$ ist keine mittelbare Funktion, denn die innere Funktion $u = -2x^2 - 8$ liefert nur negative Funktionswerte, und für diese ist die Logarithmusfunktion nicht definiert. ■

Kontrollfragen

5.62 Wie ändert sich der Kurvenverlauf einer Funktion, wenn sie mit einer Konstanten c multipliziert oder zu ihr eine Konstante c addiert wird?

5.63 Wie ändert sich der Kurvenverlauf einer Funktion, wenn ihr Argument mit einer Konstanten c multipliziert oder zu ihrem Argument eine Konstante c addiert wird?

5.64 Wann spricht man von einer Verkettung von Funktionen?

5.65 Welcher Zusammenhang muss zwischen dem Wertebereich einer inneren Funktion und dem Definitionsbereich einer äußeren Funktion bestehen, damit diese Funktionen verkettet werden können?

Aufgaben: *5.44* **bis** *5.50*

5.10 Bestimmung von Funktionsgleichungen

In der Technik werden häufig Messdaten aufgenommen, von denen man weiß, welchem funktionalen Zusammenhang sie grundsätzlich unterliegen, die aber dazu dienen sollen, die Parameter der zugrunde liegenden Funktion zu bestimmen. Der einfachste Fall, der in *Abschnitt 5.2* bereits behandelt wurde, ist der lineare Zusammenhang (siehe auch *Beispiel 5.38*). Zur Bestimmung einer linearen Funktion genügen bereits zwei Paare von Messwerten bzw. zwei Punkte im kartesischen Koordinatensystem, um die Funktionsgleichung zu bestimmen. Dazu noch einmal ein technisch orientiertes

Beispiel

5.62 Die Temperaturabhängigkeit des ohmschen Widerstandes eines Leiters ist in erster Näherung gegeben durch $R(\vartheta) = R_{20} \cdot (1 + \alpha_{20} \cdot (\vartheta - 20\,°\mathrm{C}))$. Dabei sind R_{20} der Widerstand bei der Temperatur $\vartheta = 20\,°\mathrm{C}$ und α_{20} der materialspezifische Temperaturkoeffizient, dessen Einheit mit 1/K(elvin) angegeben wird. Eine Messreihe bei einer Leitertemperatur von $\vartheta_1 = 60\,°\mathrm{C}$ ergibt einen mittleren ohmschen Widerstand von $R(60\,°\mathrm{C}) = 2{,}88\,\Omega$ und eine weitere Messreihe bei einer Leitertemperatur von $\vartheta_2 = 100\,°\mathrm{C}$ einen mittleren ohmschen Widerstand von $R(100\,°\mathrm{C}) = 3{,}26\,\Omega$. Wie groß sind R_{20} und α_{20}?

Lösung: Einsetzen der Messwertepaare in die zugrunde liegende Funktionsgleichung ergibt

(1) $2{,}88\,\Omega = R_{20} \cdot (1 + \alpha_{20} \cdot (60\,°\mathrm{C} - 20\,°\mathrm{C}))$
$\Leftrightarrow 2{,}88\,\Omega = R_{20} \cdot (1 + \alpha_{20} \cdot 40\,\mathrm{K})$

(2) $3{,}26\,\Omega = R_{20} \cdot (1 + \alpha_{20} \cdot (100\,°\mathrm{C} - 20\,°\mathrm{C}))$
$\Leftrightarrow 3{,}26\,\Omega = R_{20} \cdot (1 + \alpha_{20} \cdot 80\,\mathrm{K}) \Leftrightarrow R_{20} = \dfrac{3{,}26\,\Omega}{1 + \alpha_{20} \cdot 80\,\mathrm{K}}$

Anmerkung: Eine Differenz von Temperaturen, gemessen in °C, wird in der Physik und in der Technik in K(elvin) angegeben.

(2) eingesetzt in (1) ergibt:

$$2{,}88\,\Omega = \frac{3{,}26\,\Omega}{1 + \alpha_{20} \cdot 80\,K} \cdot (1 + \alpha_{20} \cdot 40\,\mathrm{K})$$

$$\Leftrightarrow 2{,}88\,\Omega \cdot (1 + \alpha_{20} \cdot 80\,\mathrm{K}) = 3{,}26\,\Omega \cdot (1 + \alpha_{20} \cdot 40\,\mathrm{K})$$

$$\Leftrightarrow 2{,}88\,\Omega + 2{,}88\,\Omega \cdot \alpha_{20} \cdot 80\,\mathrm{K} = 3{,}26\,\Omega + 3{,}26\,\Omega \cdot \alpha_{20} \cdot 40\,\mathrm{K}$$

$$\Leftrightarrow 2{,}88\,\Omega \cdot \alpha_{20} \cdot 80\,\mathrm{K} - 3{,}26\,\Omega \cdot \alpha_{20} \cdot 40\,\mathrm{K} = 3{,}26\,\Omega - 2{,}88\,\Omega$$

$$\Leftrightarrow \alpha_{20} \cdot (2{,}88\,\Omega \cdot 80\,\mathrm{K} - 3{,}26\,\Omega \cdot 40\,\mathrm{K}) = 0{,}38\,\Omega$$

$$\Leftrightarrow \alpha_{20} \cdot 100{,}4\,\Omega \cdot \mathrm{K} = 0{,}38\,\Omega \Leftrightarrow \alpha_{20} = \frac{0{,}38\,\Omega}{100{,}4\,\Omega \cdot \mathrm{K}} \Leftrightarrow \alpha_{20} = 3{,}8 \cdot 10^{-3}\,\frac{1}{K}$$

Setzt man diesen Wert von α_{20} in die nach R_{20} aufgelöste Gleichung (2) ein, so erhält man

$$R_{20} = \frac{3{,}26\,\Omega}{1 + \alpha_{20} \cdot 80\,\mathrm{K}} = \frac{3{,}26\,\Omega}{1 + 3{,}8 \cdot 10^{-3}\,\frac{1}{\mathrm{K}} \cdot 80\,\mathrm{K}} = \frac{3{,}26\,\Omega}{1{,}304} = 2{,}5\,\Omega$$

Der ermittelte Temperaturkoeffizient ist der von Silber und für den ohmschen Widerstand des vorliegenden Leiters gilt:

$$R(\vartheta) = 2{,}5\,\Omega \cdot \left(1 + 3{,}8 \cdot 10^{-3}\,\frac{1}{\mathrm{K}} \cdot (\vartheta - 20\,°\mathrm{C})\right)$$

■

Häufig liegt Messwerten, die in der Technik erhoben werden, ein quadratischer Zusammenhang zugrunde (siehe *Beispiele 5.20, 5.37* und *5.39*). Darum soll auch dieser Fall noch einmal dargestellt werden.

Beispiel

5.63 Das Leiterseil einer 110-kV-Leitung hat infolge des Durchhangs annähernd die Form einer nach oben geöffneten Parabel. Der waagerechte Abstand zweier Masten beträgt $s = 284{,}6\,\text{m}$, der Höhenunterschied der Aufhängepunkte A und B ist $h = 21{,}2\,\text{m}$ und der in der Mitte zwischen A und B gemessene „Durchhang" ist $f = 7{,}8\,\text{m}$ (*Bild 5.53*). Gesucht werden die Gleichung der Parabel in dem angegebenen Koordinatensystem und die Koordinaten des Scheitelpunktes.

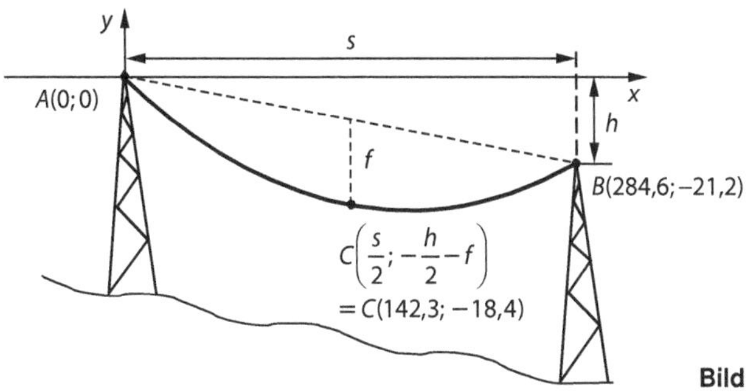

Bild 5.53

Lösung: Da die Leitung annähernd die Form einer Parabel hat, ist der Ansatz $y = ax^2 + bx + c$ zu wählen und die Parameter a, b und c sind zu bestimmen. Nach *Bild 5.53* sind die Punkte $A\,(0;\,0)$, $B\,(284{,}6;\,-21{,}2)$ und $C\,(142{,}3;\,-18{,}4)$ gegeben. Ihre Koordinaten müssen jeweils die Funktionsgleichung erfüllen:

(1) $0 = c$

(2) $-21{,}2 = 284{,}6^2 \cdot a + 284{,}6 \cdot b + c$

(3) $-18{,}4 = 142{,}3^2 \cdot a + 142{,}3 \cdot b + c$

Aus diesem Gleichungssystem werden die Unbekannten a, b und c berechnet:

$$a = 0{,}000\,385, \quad b = -0{,}184 \quad \text{und} \quad c = 0$$

Die Parabelgleichung lautet also $y = 0{,}000\,385\,x^2 - 0{,}184\,x$.

Um die Koordinaten des Scheitelpunktes zu erhalten, wird diese Parabelgleichung in allgemeiner Form mithilfe der quadratischen Ergänzung in die Scheitelform überführt (siehe *Beispiel 5.27*), dabei wird mit den ungerundeten Werten gerechnet:

$$2\,596\,y = x^2 - 478{,}0\,x \Leftrightarrow 2\,596\,y + 57\,117 = x^2 - 478{,}0\,x + 57\,117$$

$$\Leftrightarrow 2\,596\,y + 57\,117 = (x - 239{,}0)^2$$

$$\Leftrightarrow 2\,596\,y = (x - 239{,}0)^2 - 57\,117 \Leftrightarrow y = 0{,}000\,385 \cdot (x - 239{,}0)^2 - 22{,}0$$

Aus dieser Scheitelform der Parabelgleichung lassen sich die Koordinaten des Scheitelpunktes ablesen (siehe *Abschnitt 5.3.1*): $S(239{,}0;\,22{,}0)$. ■

In der Wirtschaftslehre treten Kostenfunktionen auf, die durch ein Polynom 3. Grades gegeben sind. Aus diesem Grund soll hier exemplarisch gezeigt werden, wie man aus vier gegebenen Punkten die zugehörige ganzrationale Funktion 3. Grades berechnet.

Beispiel

5.64 Aus praktischen Erfahrungen sind einige Wertepaare einer dem Produktionsprozess zugrunde liegenden Kostenfunktion 3. Grades bekannt. Die Fixkosten betragen 10 000 Geldeinheiten (GE), die Kosten für die Produktion von 1 Mengeneinheit (ME) betragen 12 991,01 GE, die für 10 ME 39 110 GE und die für 20 ME 66 480 GE. Zu bestimmen ist die Gleichung der Kostenfunktion.

Lösung: Da es sich bei der gesuchten Funktion um eine ganzrationale Funktion 3. Grades handelt, muss sie sich in der Form $y = ax^3 + bx^2 + cx + d$ schreiben lassen. Zu bestimmen sind die Parameter a, b, c und d.

Der Aufgabenstellung kann man vier Punkte entnehmen, die die Funktionsgleichung erfüllen müssen:

$P_1(0;\ 10\,000)$, $P_2(1;\ 12\,991{,}01)$, $P_3(10;\ 39\,110)$ und $P_4(20;\ 66\,480)$

Somit ist das folgende Gleichungssystem zu lösen:

(1) $10\,000 = d$

(2) $12\,991{,}01 = a + b + c + d$

(3) $39\,110 = 10^3 \cdot a + 10^2 \cdot b + 10c + d \Leftrightarrow 39\,110 = 1\,000a + 100b + 10c + d$

(4) $66\,480 = 20^3 \cdot a + 20^2 b + 20c + d \Leftrightarrow 66\,480 = 8\,000a + 400b + 20c + d$

Setzt man die erste Gleichung in alle anderen ein, d. h. ersetzt man d durch 10 000, so ergibt sich

(2′) $12991{,}01 = a + b + c + 10000 \Leftrightarrow 2991{,}01 = a + b + c \Leftrightarrow c = 2991{,}01 - a - b$

(3′) $39\,110 = 1\,000a + 100b + 10c + 10\,000 \Leftrightarrow 29\,110 = 1\,000a + 100b + 10c$

(4′) $66\,480 = 8\,000a + 400b + 20c + 10\,000 \Leftrightarrow 56\,480 = 8\,000a + 400b + 20c$

Setzt man (2′) in (3′) und (4′) ein, so erhält man

(3″) $29\,110 = 1\,000a + 100b + 10 \cdot (2\,991{,}01 - a - b) \Leftrightarrow -800{,}1 = 990a + 90b \Leftrightarrow b = -8{,}89 - 11a$

(4″) $56\,480 = 8\,000a + 400b + 20 \cdot (2\,991{,}01 - a - b) \Leftrightarrow -3\,340{,}2 = 7\,980a + 380b$

Setzt man (3’) in (4’) ein, so erhält man

(4‴) $-3\,340{,}2 = 7\,980a + 380 \cdot (-8{,}89 - 11a) \Leftrightarrow 38 = 3\,800a \Leftrightarrow a = 0{,}01$

(4‴) eingesetzt in (3″) ergibt $b = -8{,}89 - 11 \cdot 0{,}01 = -9$

Setzt man die Werte von a und b in (2′) ein, so erhält man $c = 2\,991{,}01 - 0{,}01 - (-9) = 3\,000$

Die Gleichung der gesuchten Kostenfunktion lautet also

$y = 0{,}01x^3 - 9x^2 + 3\,000x + 10\,000$ ■

Alle ungestörten natürlichen Wachstums- und Abklingvorgänge lassen sich mit einer e-Funktion beschreiben, die im konkreten Fall durch zwei Parameter spezifiziert werden muss: $y = a \cdot e^{kx}$. Wegen $y(0) = a \cdot e^0 = a$ wird diese Konstante oft als **Anfangswert** bezeichnet. Die Konstante k wird als **Wachstums-** oder **Abklingkonstante** bezeichnet. Für Wachstumsvorgänge ist k stets positiv, bei Abklingprozessen dagegen negativ. Daher ist es üblich, die Konstante k in jedem Fall als positiv zu definieren und Abklingvorgänge durch ein Minuszeichen im Exponenten der e-Funktion anzuzeigen:

$$y = a \cdot e^{kx} \quad \text{(Wachstum)} \quad \text{bzw.} \quad y = a \cdot e^{-kx} \quad \text{(Abschwächung) mit } k > 0$$

Wegen ihrer vielfältigen Anwendungsfälle besonders in der Biologie und der Physik, aber auch in vielen technischen Gebieten hat die zweiparametrische e-Funktion eine überragende Bedeutung (siehe *Beispiele 5.50* bis *5.52*). An dieser Stelle werden daher eine Wachstumsfunktion und eine Abklingfunktion bestimmt.

Beispiele

5.65 Zweieinhalb Stunden nach dem Ansetzen einer Escherichia-coli-Kultur zählt man eine Population von 384 Bakterien, eine weitere Stunde später bereits 1 536 Bakterien. Wie viele Bakterien waren beim Ansetzen der Kultur vorhanden und nach welcher Zeit wird die Anzahl der Bakterien 12 500 betragen?

Lösung: Da es sich beim Wachstum einer Bakterienkultur um einen exponentiellen Vorgang handelt, ist von der Funktion $y = a \cdot e^{kt}$ auszugehen. In diesem Anwendungsfall wählt man

idealerweise andere Bezeichnungen: $N(t) = N(0) \cdot e^{kt}$, die Parameter $N(0)$ (Bakterienanzahl zur Zeit $t = 0$) und k sind zu bestimmen.
Offenbar gelten die folgenden Beziehungen:
(1) $N(t = 2{,}5\,\text{h}) = N(0) \cdot e^{k \cdot 2{,}5\,\text{h}} = 384$ und
(2) $N(t = 3{,}5\,\text{h}) = N(0) \cdot e^{k \cdot 3{,}5\,\text{h}} = 1\,536$.
(1) $N(0) \cdot e^{k \cdot 2{,}5\,\text{h}} = 384 \Leftrightarrow N(0) = \dfrac{384}{e^{k \cdot 2{,}5\,\text{h}}} = 384 \cdot e^{-k \cdot 2{,}5\,\text{h}}$.
Setzt man diesen Ausdruck für $N(0)$ in (2) ein, so erhält man
(2) $N(0) \cdot e^{k \cdot 3{,}5\,\text{h}} = 1\,536 \Leftrightarrow 384 \cdot e^{-k \cdot 2{,}5\,\text{h}} \cdot e^{k \cdot 3{,}5\,\text{h}} = 1\,536$
$\Leftrightarrow e^{-k \cdot 2{,}5\,\text{h} + k \cdot 3{,}5\,\text{h}} = 4 \Leftrightarrow e^{k \cdot 1\,\text{h}} = 4 \Leftrightarrow k \cdot 1\,\text{h} = \ln 4$
Man berechnet $k = 1{,}386\,\dfrac{1}{\text{h}}$.
Setzt man diesen Wert in die nach $N(0)$ umgestellte Gleichung (1) ein, so ergibt sich
$N(0) = 384 \cdot e^{-1{,}386\,\frac{1}{\text{h}} \cdot 2{,}5\,\text{h}} = 12$
Die der Bakterienvermehrung zugrunde liegende Funktion lautet also $N(t) = 12 \cdot e^{-1{,}386\,\frac{1}{\text{h}} \cdot t}$.
Folglich waren 12 Bakterien beim Ansetzen der Kultur vorhanden.
Umstellung dieser Funktionsgleichung nach t:
$N(t) = 12 \cdot e^{-1{,}386\,\frac{1}{\text{h}} \cdot t} \Leftrightarrow \dfrac{N(t)}{12} = e^{-1{,}386\,\frac{1}{\text{h}} \cdot t} \Leftrightarrow \ln \dfrac{N(t)}{12} = -1{,}386\,\dfrac{1}{\text{h}} \cdot t \Leftrightarrow t = 0{,}7215 \cdot \ln \dfrac{N(t)}{12}\,\text{h}$
Für $N(t) = 12\,500$ ergibt sich: $t = 0{,}721\,5 \cdot \ln\left(\dfrac{12\,500}{12}\right)\,\text{h} = 5{,}01\,\text{h}$, d. h. etwa fünf Stunden nach Ansetzen der Bakterienkultur haben sich die Bakterien auf 12 500 Stück vermehrt.

5.66 Ein erhitzter Körper, dem keine weitere Energie zugeführt wird, wird mit der Zeit abkühlen und die Umgebungstemperatur annehmen. Diese Abkühlung verläuft exponentiell. Ein auf 170 °C erhitzter Metallblock ist bei einer Umgebungstemperatur von 20 °C nach 110 Minuten auf 70 °C abgekühlt. Wie viel weitere Minuten müssen vergehen, bis seine Temperatur 40 °C beträgt?

Lösung: Da es sich bei der Temperaturabnahme um einen exponentiellen Abklingvorgang handelt, ist von der Funktion $y(t) = a \cdot e^{-kt}$ auszugehen. Auch hier sollte man die Bezeichnung anpassen: $\vartheta(t) = \vartheta(0) \cdot e^{-kt}$. Zur Zeit $t = 0$ liegt die Temperatur des Körpers 150 °C über der Umgebungstemperatur, d. h. $\vartheta(0) = 150\,°\text{C}$. Zur Zeit $t = 110$ min liegt die Temperatur noch um 50 °C über der Umgebungstemperatur: $\vartheta(110\,\text{min}) = 50\,°\text{C}$. Nun lässt sich die Abklingkonstante k bestimmen:

$$\vartheta(t) = \vartheta(0) \cdot e^{-kt} \Leftrightarrow \frac{\vartheta(t)}{\vartheta(0)} = e^{-kt} \Leftrightarrow \ln \frac{\vartheta(t)}{\vartheta(0)} = -kt \Leftrightarrow k = -\frac{1}{t} \cdot \ln \frac{\vartheta(t)}{\vartheta(0)}$$

Für die Zeit $t = 110$ min gilt dann: $k = -\dfrac{1}{110\,\text{min}} \cdot \ln \dfrac{50\,°\text{C}}{150\,°\text{C}} - 0{,}01\,\dfrac{1}{\text{min}}$. Das Abkühlungsgesetz lautet also:

$$\vartheta(t) = 150\,°\text{C} \cdot e^{-\frac{t}{100\,\text{min}}}$$

Diese Funktionsgleichung muss nun nach t umgestellt werden:

$$\vartheta(t) = 150\,°\text{C} \cdot e^{-\frac{t}{100\,\text{min}}} \Leftrightarrow \frac{\vartheta(t)}{150\,°\text{C}} = e^{-\frac{t}{100\,\text{min}}} \Leftrightarrow \ln \frac{\vartheta(t)}{150\,°\text{C}} = -\frac{t}{100\,\text{min}}$$

$$\Leftrightarrow t = -100\,\text{min} \cdot \ln \frac{\vartheta(t)}{150\,°\text{C}}$$

Zu welcher Zeit also liegt die Temperatur des Körpers bei 40 °C, also 20 K über der Umgebungstemperatur?
$t = -100\,\text{min} \cdot \ln \dfrac{20\,°\text{C}}{150\,°\text{C}} = 201{,}5\,\text{min}$, d. h. nach weiteren 91,5 Minuten ist der Körper auf 40 °C abgekühlt. ■

Kontrollfragen

5.66 Wie viele Punkte müssen mindestens gegeben sein, damit sich eindeutig eine quadratische Funktion bestimmen lässt, auf deren Graphen diese Punkte liegen?

5.67 Warum spielen Exponentialfunktionen in der Technik eine so wichtige Rolle?

5.68 Woran erkennt man den Unterschied zwischen einer Wachstums- und einer Abklingfunktion?

Aufgaben: *5.51* **bis** *5.59*

5.11 Aufgaben

5.1 Die explizite Form der folgenden Funktionsgleichungen ist zu bestimmen.

a) $4x + 8y - 10 = 0$; b) $2x^2y + 3y - 4 = 0$;

c) $xy - 40 = 0$; d) $y^2 + x = 0$ mit $y \leqq 0$

5.2 Für alle in *Aufgabe 5.1* gegebenen Funktionen ist $y(-3)$ zu berechnen.

5.3 In welchen Intervallen ist die im *Bild 5.54* dargestellte Funktion monoton wachsend, monoton fallend bzw. konstant?

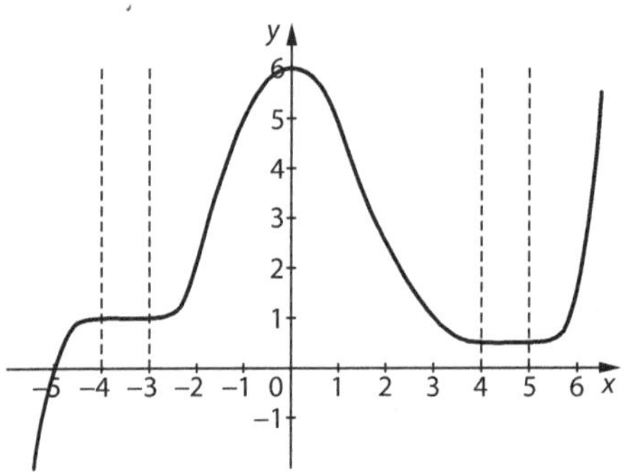

Bild 5.54

5.4 Die nachstehenden Funktionen sind im Bereich $-4 \leqq x \leqq 4$ grafisch darzustellen. In welchen Intervallen sind die Funktionen progressiv steigend bzw. degressiv fallend?

a) $y = -0{,}75x$ mit $x \in \mathbb{R}$; b) $y = \sin x$ mit $x \in \mathbb{R}$;

c) $y = e^x$ mit $x \in \mathbb{R}$; d) $y = \sqrt[3]{x}$ mit $x \in [0; \infty)$

5.5 Welche der durch die nachstehenden Wertetabellen gegebenen Funktionen mit $D = \mathbb{R}$ und $W = \mathbb{R}$ sind injektiv bzw. bijektiv (eineindeutig)?

a)

x	−2	−1	0	1	2
y	3	3	3	3	3

b)

x	−2	−1	0	1	2
y	3	2	1	0	−1

c)

x	−2	−1	0	1	2
y	3	2	1	2	3

d)

x	−2	−1	0	1	2
y	0,01	0,1	1	10	100

5.6 Welche der in *Aufgabe 5.4* gegebenen Funktionen ist nach unten oder nach oben beschränkt?

5.7 Von den in *Aufgabe 5.4* gegebenen Funktionen sind die Nullstellen zu ermitteln.

5.8 Zu ermitteln sind alle eventuell vorhandenen Schnittpunkte des Graphen der Funktion $y = 3x$ mit $x \in \mathbb{R}$ mit den Graphen der Funktionen

a) $y = -2x$; b) $y = 3x + 2$; c) $y = x - 4$;

d) $y = \sqrt{x^2 + 32}$; e) $y = x^2 + 2x - 6$; f) $y = \dfrac{3x^3}{x^2 + 2}$ (jeweils $x \in \mathbb{R}$)

5.9 Der größtmögliche Definitionsbereich der folgenden Funktionen ist zu bestimmen.

a) $y = 2x - 15$; b) $y = -4x^2 + 0{,}5$; c) $y = \frac{x-1}{x+1}$;

d) $y = \sqrt{1-x} + 5$; e) $y = 3 \cdot 2^{x-1}$; f) $y = -\log_{10}(2x-1)$

5.10 Von den folgenden Funktionen ist der Wertebereich zu bestimmen.

a) $y = -x$ mit $x \in \mathbb{R}$; b) $y = \frac{1}{x+2}$ mit $0 \leqq x \leqq 8$;

c) $y = 2x^2 - 1$ mit $x \geqq 0$; d) $y = \sqrt{4-x^2}$ mit $|x| < 2$;

e) $y = 10^x$ mit $x \in \mathbb{R}$; f) $y = \log_{10} x$ mit $x \geqq 1$

5.11 Von den nachstehend aufgeführten Funktionen sind im Falle der Bijektivität (Eineindeutigkeit) die Umkehrfunktionen zu bilden.

a) $y = -3x$ mit $x \in \mathbb{R}$; b) $s = 0{,}5t^2$ mit $|t| < 10$;

c) $y = 4x + 8$ mit $x \in [-2;\ 2]$; d) $y = -\frac{4}{3}x - 2$ mit $x \leqq 0$

5.12 Der größtmögliche Definitionsbereich der folgenden Funktionen ist so zu bestimmen, dass die Funktionen umkehrbar sind. Wie lauten dann die Funktionsgleichung und der Definitionsbereich der Umkehrfunktion?

a) $y = -3x + 9\pi$; b) $s(t) = \frac{1}{t^2}$; c) $y = \sqrt{x-4}$; d) $y = -3x^2 + 3$

5.13 Welche der Punkte $P_1\ (2{,}50;\ -2{,}91)$, $P_2\ (7{,}50;\ -0{,}80)$, $P_3\ (4{,}00;\ -2{,}28)$ liegen auf der durch die Funktion $y = 0{,}42x - 3{,}96$ gegebenen Geraden?

5.14 Wie heißt die Gleichung der Geraden, die durch die Punkte P_1 und P_2 geht?

a) $P_1\ (-2{,}2;\ 5{,}1)$, $P_2\ (7{,}5;\ 1{,}6)$; b) $P_1\ (1{,}2;\ 5{,}4)$, $P_2\ (-4{,}8;\ 2{,}1)$;

c) $P_1\ (6{,}4;\ 2{,}8)$, $P_2\ (-9{,}6;\ -4{,}2)$; d) $P_1\ (-1{,}7;\ 3{,}4)$, $P_2\ (3{,}1;\ 3{,}4)$

5.15 Für die folgenden Geraden sind der Anstiegswinkel α und der Achsenabschnitt der y-Achse zu bestimmen.

a) $y = 0{,}4x + 1{,}8$; b) $5x + 3y - 7 = 0$; c) $x + y = 0$;

d) $3{,}8x + 2{,}5y + 11{,}2 = 0$; e) $y + 3{,}7 - 0$

5.16 Wie heißt die Gleichung der Geraden, die durch den Punkt P_0 geht und den Anstiegswinkel α hat?

a) $P_0\ (-2{,}4;\ 3{,}2)$, $\alpha = 35°$; b) $P_0\ (5{,}4;\ -1{,}0)$, $\alpha = -38°$;

c) $P_0\ (-0{,}7;\ 1{,}15)$, $\alpha = 0°$; d) $P_0\ (-3{,}0;\ -6{,}2)$, $\alpha = 45°$

5.17 Wie heißen die Gleichungen der in *Bild 5.55* gezeichneten Geraden?

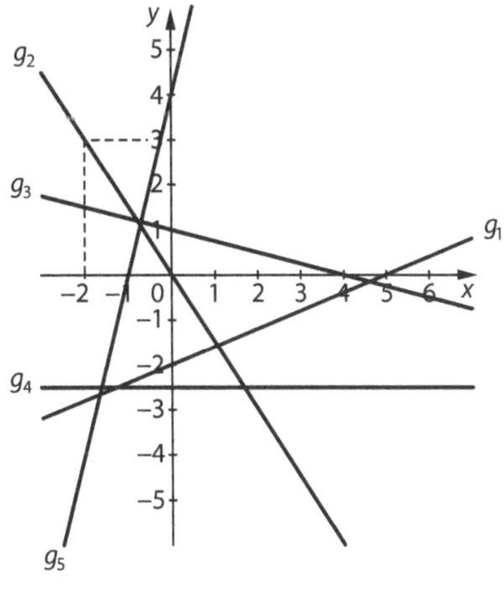

Bild 5.55

5.18 In welchen Punkten schneiden die folgenden Geraden die Koordinatenachsen?

a) $y = 1{,}5x - 3$; b) $s = -4{,}8t + 2$; c) $y = 3{,}24x$;
d) $y = -4{,}6$; e) $y = 2{,}2x + 11$; f) $s = -3{,}5t - 14$

5.19 Im *Bild 5.56* sind mit g_1 und g_2 die Graphen zweier linearer Funktionen gegeben.

a) Wie lauten die zu den Graphen gehörenden Funktionsgleichungen?

b) Wie lautet die Gleichung der Funktion, deren Graph parallel zu g_1 verläuft und die y-Achse im gleichen Punkt schneidet wie g_2?

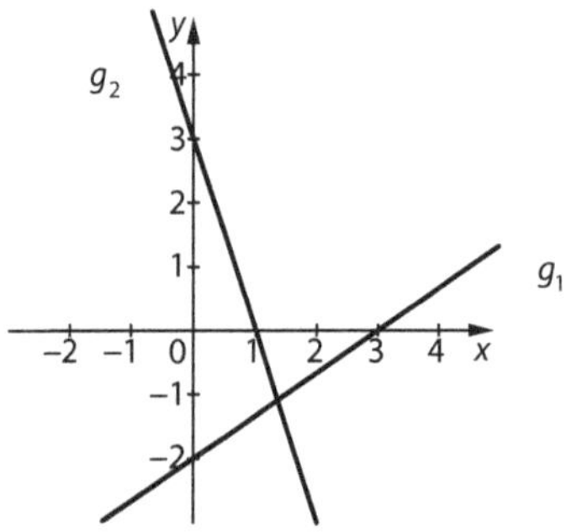

Bild 5.56

5.20 Gegeben sind zwei Funktionen durch die Gleichungen $y_1 = 0{,}5x + 1$ und $y_2 = 1{,}5x - 3$ mit $x \in \mathbb{R}$.

a) Diese Funktionen sollen grafisch dargestellt werden und die Nullstellen und die Koordinaten des Schnittpunktes aus der Zeichnung abgelesen werden.

b) Die Schnittpunktskoordinaten sind zu berechnen.

5.21 Der Tarif eines Mobilfunkproviders beinhaltet eine monatliche Grundgebühr von 5,00 € und Verbindungskosten von 8 ct/min, während ein anderer Provider keine Grundgebühr erhebt, aber Verbindungskosten von 12 ct/min in Rechnung stellt. Ab wie viel Minuten monatlicher Gesprächsdauer lohnt sich der Tarif des ersten Providers?

5.22 Es ist jeweils die Lagebeziehung zwischen den folgenden Geraden zu bestimmen, ggf. sind die Koordinaten des Schnittpunkts und der Schnittwinkel zu berechnen.

a) $g_1 \colon y = 2x - 3$; $g_2 \colon y = 3x - 2$; b) $g_1 \colon y = -4x + 3{,}8$; $g_2 \colon y = -4x - 2{,}2$;
c) $g_1 \colon 2y - 3{,}5x = -4$; $g_2 \colon 14x = 16 + 8y$; d) $g_1 \colon x - 4{,}2y + 3 = 0$; $g_2 \colon -1{,}5x - 2{,}7y = -4{,}5$

5.23 Zu berechnen sind der Schnittpunkt und der Schnittwinkel der Geraden g_1 und g_2.

a) $g_1 \colon y = x - 6$, $g_2 \colon y = -3x + 10$; b) $g_1 \colon y = 4x - 3{,}6$, $g_2 \colon y = -0{,}25x + 6{,}1$;
c) $g_1 \colon y = 0{,}75x + 2$, $g_2 \colon y = 0{,}75x - 5$; d) $g_1 \colon y = 0{,}8x + 3{,}2$, $g_2 \colon y = -\frac{1}{9}x + 3{,}2$

5.24 Zu bestimmen sind – falls möglich – die Umkehrfunktionen der folgenden linearen Funktionen:

a) $y = -2x + 6$; b) $s = t - 4$; c) $y = 7{,}5$; d) $y = 2{,}5x$

5.25 Gegeben sind zwei Funktionen durch $y = m_1x + n_1$ und $y = m_2x + n_2$. Welche Bedingungen müssen die Parameter m_1, m_2, n_1 und n_2 erfüllen, damit die Graphen der Funktionen

a) einander in einem rechten Winkel schneiden;

b) parallel, aber nicht identisch sind?

5.26 Wie lautet die Gleichung der Geraden, die durch den Punkt $P_0(-1{,}2;\ 2{,}8)$ geht und

a) parallel,

b) senkrecht zur Geraden mit der Gleichung $3{,}2x - 2{,}0y - 6{,}4 = 0$ verläuft?

5.27 Zu berechnen sind für die Parabeln der nachstehenden quadratischen Funktionen die Koordinaten $(x_S;\ y_S)$ des Scheitelpunktes. Ferner sind die Nullstellen der Parabeln zu berechnen und die Parabeln sind im Intervall $x \in [x_{N_2} - 1;\ x_{N_1} + 1]$ $(x_{N_1} > x_{N_2})$ grafisch darzustellen.

a) $y = x^2 - 13x + 12,\ x \in \mathbb{R}$; b) $y = -x^2 - 2x + 3,\ x \in \mathbb{R}$;
c) $y = (x+3)^2 - 1,\ x \in \mathbb{R}$; d) $y = 0{,}1x^2 - 2x,\ x \in \mathbb{R}$

5.28 Für die nachfolgenden quadratischen Funktionen sind alle weiteren möglichen Darstellungsformen zu bestimmen:

a) $y = 3x^2 - 3x - 18$; b) $s = 5 \cdot (t-2)(t+4)$; c) $y = -2 \cdot (x+1)^2 - 5$;
d) $s = -1{,}5t^2 + 6$; e) $y = -2{,}5x^2$

5.29 Es sind die Normalform, die Scheitelform und – wenn möglich – die Produktform der durch die folgenden Eigenschaften bestimmten quadratischen Funktionen anzugeben.

a) Die Funktion hat ihre Nullstellen bei $x_{N_1} = -4$ und $x_{N_2} = 4$ und schneidet die Ordinate bei $y_S = -8$;
b) die Funktion hat ihren Scheitel bei $S(-2;\ 3)$ und verläuft durch den Koordinatenursprung;
c) die Funktion schneidet die Achsen bei $x_{N_1} = -2{,}5$ und $y_S = -1$ und verläuft durch den Punkt $P(-5;\ -1)$;
d) die Funktion hat ihre Nullstellen bei $x_{N_1} = 1$ und $x_{N_2} = 5$ und schneidet die Ordinate bei $y_S = 10$;
e) die Funktion verläuft durch die Punkte $P_1(1;\ 8)$, $P_2(-1;\ 12)$ und $P_3(0{,}5;\ 10{,}5)$.

5.30 Zu berechnen sind die Koordinaten der Schnittpunkte für die Graphen nachstehender Funktionen.

a) $y = 2x + 3$ und $y = x^2 - 2x + 5,\ x \in \mathbb{R}$;
b) $y = -2x^2 + 13$ und $y = x^2 - 18x - 10,\ x \in \mathbb{R}$;
c) $y = x^2 + 12$ und $y = -3x - 4,\ x \in \mathbb{R}$

5.31 Für die in *Bild 5.53* gezeigte Parabel ist die Produktform zu bestimmen. Welchen Wert hat die zweite Nullstelle der Parabel?

5.32 Die vier quadratischen Funktionen aus *Aufgabe 5.27* sind auf Umkehrbarkeit zu untersuchen.

5.33 Es ist zu untersuchen, ob die folgenden Funktionen gerade oder ungerade sind.

a) $y = x$; b) $y = 2x^3 - x + 2$; c) $y = \frac{1}{x}$;
d) $y = \frac{1}{x+1}$; e) $y = \frac{1}{x^2+1}$; f) $y = \frac{x}{x^2+1}$;
g) $y = -5x^4 + 2{,}3x^2 + 13$; h) $y = 4x^2 - 2x$; i) $y = \sqrt{x}$;
j) $y = \sqrt{x^2+1}$; k) $y = \sqrt{x^2-4}$

5.34 Die Funktionsgleichungen von Polynomfunktionen sind zu bestimmen, deren grafische Darstellungen den folgenden Wertetabellen genügen.

a)

x	2	5
y	3	−3

b)

x	3	6	9
y	7	9	11

c)

x	−3	−1	2
y	−12	12	18

d)

x	−1	1	3	5
y	−8	0	0	−8

e)

x	−2	0	1	2
y	1	−7	−5	−15

5.35 Die folgenden Funktionen sind auf eine mögliche Produktzerlegung zu untersuchen.

a) $y = x^2 - 4$; b) $s = -5t^2 - 45$; c) $y = 6x^2 - 6x - 36$;
d) $y = -3x^2 + 5x - 8$; e) $y = 0{,}5x^3 - x^2 - 4x$; f) $s = 4t^3 + 2t^2$;
g) $y = x^4 - 16$; h) $s = 3t^4 - 78t^2 + 75$; i) $y = -2x^4 + 8x^2$;
j) $y = 5x^4 + 10x^2 + 1$; k) $y = x^5 - 4x^4 - 21x^3$

5.36 Die Nullstellen, Polstellen und Asymptoten der nachstehenden Funktionen sind – falls vorhanden – zu bestimmen.

a) $y = \frac{2}{3x+4}$; b) $y = \frac{3x}{4x-10}$; c) $y = \frac{12x+15}{x-6}$;

d) $y = \frac{3x^2+4}{x-2}$; e) $y = \frac{x^2-4}{x^2-1}$; f) $y = \frac{x^2+2x-4}{x^2-2x+4}$;

g) $s = \frac{6t^2-54}{8t-24}$; h) $y = \frac{4}{9x^2+1}$; i) $y = \frac{-3x^3-3x^2+6x}{2x^2+6x+4}$

5.37 Mithilfe der *Gln. (5.8)* und (*5.10*) sind die nachstehend aufgeführten Funktionen in Exponential- bzw. Logarithmusfunktionen zur Basis e umzuwandeln.

a) $y = 4^x$; b) $y = 0{,}2^x$; c) $y = 10^x$;

d) $y = \log_6 x$; e) $y = \log_{0,8} x$; f) $y = \lg x$

5.38 Der radioaktive Zerfall verläuft gemäß der Funktion $N(t) = N_0 \cdot \mathrm{e}^{-\lambda t}$, wobei N_0 die Isotopenanzahl zu Beginn der Messung und λ die stoffcharakterisierende Zerfallskonstante darstellen.

a) Die Zerfallskonstante des Cäsium-Isotops ^{134}Cs hat den Wert $1{,}064 \cdot 10^{-8}\,\mathrm{s}^{-1}$. Nach welcher Zeit halbiert sich die Anzahl der ^{134}Cs-Isotope (gesucht ist also die Halbwertszeit dieses Isotops)?

b) Nach welcher Zeit ist die Anzahl der ^{134}Cs-Isotope auf 25 % des Ausgangswertes gesunken?

c) Wie viele ^{134}Cs-Isotope waren zu Beginn der Messung vorhanden, wenn die Anzahl der Isotope nach einem Jahr 7 150 000 beträgt?

5.39 Wie viele Jahre muss ein Kapital fest angelegt werden, damit es sich bei einem Zinssatz von

a) 2 %; b) 4 %; c) 6 %; d) 8 % verdoppelt ($K_n = K_0 \cdot \left(1 + p\,\%\right)^n$)?

5.40 Ein Kondensator mit einer Kapazität $C = 120\,\mu\mathrm{F}$ wird über einen ohmschen Widerstand $R = 150\,\Omega$ entladen. Nach welcher Zeit beträgt die Spannung zwischen den Elektroden weniger als 1 % der Ausgangsspannung? ($U(t) = U_0 \cdot \mathrm{e}^{-\frac{t}{\tau}}$, mit $\tau = R \cdot C$). Die Zeit ist sowohl in Millisekunden als auch als Vielfaches der Zeitkonstante τ anzugeben.

5.41 Bei der Umschlingung eines Pollers mit einem Seil, wie das beispielsweise beim Anlegen eines Schiffes am Kai geschieht, entsteht eine Reibungskraft, die durch die Eytelweingleichung $F = \mathrm{e}^{\mu_\mathrm{H} \cdot \alpha}$ beschrieben wird. Dabei sind μ_H der Haftreibungskoeffizient und α der Umschlingungswinkel (im Bogenmaß). Wie viel Prozent der Zugkraft, die ein Schiff ausübt, muss am Halteseil aufgebracht werden, um das Schiff zu halten (d. h. $F_\mathrm{Zug} = F_\mathrm{Halteseil} \cdot \mathrm{e}^{\mu_\mathrm{H} \cdot \alpha}$), wenn das Seil

a) einfach;

b) doppelt;

c) dreifach

um den Poller gelegt ist ($\mu_\mathrm{H} \approx 0{,}15$ für ein Stahlseil und einen Poller aus Stahl)?

5.42 Die nachstehend aufgeführten Funktionswerte sind allein durch die Kenntnis des Funktionsverlaufes in den Einheiten Radiant und Grad zu ermitteln.

a) arcsin 0,5; b) arccos 0,5; c) arcsin 2; d) arccos(−1);

e) arctan 1; f) arcsin 1; g) arctan 0; h) arccos 0

5.43 Die Funktionswerte sind in Radiant und Grad anzugeben.

a) arctan 1,73; b) arccos(−0,24); c) arcsin(−0,81);

d) arctan(−12,47); e) arccos(−3,96)

5.44 Gegeben sind die Funktionen

a) $y = x^3, x \in \mathbb{R}$; b) $y = \sqrt[7]{x}, x \geqq 0$; c) $y = 6^x, x \in \mathbb{R}$;

d) $y = \lg x, x > 0$; e) $y = \sin x, x \in [0;\ 1]$; f) $y = \tan x, x \neq \frac{(2k+1)}{2}\pi$.

Welche der folgenden Bedingungen werden durch die einzelnen Funktionen erfüllt?

(1) Die Funktion hat genau eine Nullstelle.

(2) Die Funktion ist im gesamten Definitionsbereich monoton wachsend.

(3) Die Funktion ist periodisch.

5.45 Die folgenden Funktionen sind grafisch darzustellen.

a) $y = -x^2 + 2$ mit $x \in [-3; 3]$; b) $y = 4x - 3$ mit $x \in [0; 2]$;

c) $y = 2\sqrt[3]{x} + 1$ mit $x \in [0; 3]$; d) $y = 1 - 2\ \sin x$ mit $x \in [-3; 3]$;

e) $y = 2{,}5 - \ln x$ mit $0 < x \leqq 6$

5.46 Die folgenden Funktionen sind grafisch darzustellen.

a) $y = (x-3)^2$; b) $y = \sqrt{x-2}$ mit $x \geqq 2$;

c) $y = \sqrt{2-x}$ mit $x \leqq 2$; d) $y = \mathrm{e}^{-x+1}$ mit $x \in [0; 3]$;

e) $y = \sin(3x+1)$ mit $x \in [-1; 1]$; f) $y = \dfrac{-1}{(x+3)^2}$, $x \neq -3$

5.47 Art und Verlauf der Graphen der folgenden Funktionen sind in Worten zu beschreiben.

a) $y = 2\ \ln(x+1)$ mit $x > -1$; b) $y = -\dfrac{4}{5}(x-2)^2 + 3$;

c) $y = \dfrac{1}{2}\cos\left(\dfrac{x}{3} + \pi\right) - 6$; d) $y = \dfrac{3}{3+9x}$, $x \neq -\dfrac{1}{3}$;

e) $y = 1 - \arcsin(x-3)$ mit $|x-3| \leqq \dfrac{\pi}{2}$

5.48 Der Funktionsterm der in Worten beschriebenen Funktionen ist anzugeben:

a) Eine Gerade, die gegenüber der den I. Quadranten halbierenden Ursprungsgeraden in y-Richtung um den Faktor 3,5 gestreckt und um 2 Einheiten nach unten verschoben ist.

b) Eine Parabel, die im Vergleich zur Normalparabel in y-Richtung um den Faktor 0,5 gestaucht ist und um 1 Einheit nach rechts und 3 Einheiten nach oben verschoben ist.

c) Eine an der x-Achse gespiegelte Wurzelfunktion, die gegenüber der Funktion $y = \sqrt{x}$ in x-Richtung um den Faktor 2 gestaucht ist und jeweils um 4 Einheiten nach links und nach oben verschoben ist.

d) Eine an der y-Achse gespiegelte e-Funktion, die gegenüber der Funktion $y = \mathrm{e}^x$ in y-Richtung um den Faktor 1,2 gestreckt und in x-Richtung um den Faktor 0,4 gestreckt ist sowie um 4,8 Einheiten nach unten verschoben ist.

e) Eine Kosinusfunktion, die gegenüber der Funktion $y = \cos x$ in x-Richtung um den Faktor 4 gestaucht und jeweils um 3 Einheiten nach unten und nach rechts verschoben ist.

5.49 Die nachstehend aufgeführten Funktionen sind grafisch darzustellen.

a) $t = t(s) = \sqrt{\dfrac{2s}{g}}$ mit $g = 9{,}81\ \mathrm{ms}^{-2}$ und $0\ \mathrm{m} \leqq s \leqq 500\ \mathrm{m}$;

b) $s = s(t) = \dfrac{1}{2}gt^2$ mit $g = 9{,}81\ \mathrm{ms}^{-2}$ und $0\ \mathrm{s} < t \leqq 10\ \mathrm{s}$;

c) $u = u(t) = U_0\,\mathrm{e}^{-\frac{t}{RC}}$ mit $U_0 = 220\ \mathrm{V}$, $R = 600\ \mathrm{k\Omega}$, $C = 20\ \mathrm{\mu F}$ und $0\ \mathrm{s} \leqq t \leqq 90\ \mathrm{s}$;

d) $I = I(R) = \dfrac{U}{R}$ mit $U = 6\ \mathrm{V}$ und $0\ \Omega < R \leqq 10\ \Omega$;

e) $G = G(\alpha) = F\cos\alpha$ mit $F = 30\ \mathrm{N}$ und $0 \leqq \alpha \leqq \dfrac{\pi}{2}$;

f) $U = U(t) = U_0\sin(2\pi f \cdot t + \varphi_0) + U_1$ mit $U_0 = 311\ \mathrm{V}$, $f = 50\ \mathrm{s}^{-1}$, $\varphi_0 = 0$, $U_1 = 40\ \mathrm{V}$ und $0\ \mathrm{s} \leqq t \leqq 0{,}1\ \mathrm{s}$.

5.50 Die nachstehenden Funktionen sind im Intervall $0 \leqq x \leqq 2\pi$ einzeln und als Summe grafisch darzustellen.

a) $y = 0{,}5x + \sin 2x$; b) $y = \sin x + \sin 2x$

5.51 Der parabolische Träger einer Brücke mit aufgehängter Fahrbahn $\overline{CD}$ hat die Spannweite l und die zugehörige Pfeilhöhe $h + a$ (*Bild 5.57*).

a) Es ist die Gleichung der Parabel im angegebenen System aufzustellen.

b) Es sei in a) speziell $a = h$. Wie groß ist die Länge $\overline{CD}$ der Fahrbahn?

c) Für $l = 36\,\text{m}$, $h = 6\,\text{m}$, $a = 3\,\text{m}$ berechne man die Länge der Fahrbahn $\overline{CD}$ sowie die Längen der Vertikalstäbe, die 5 m bzw. 10 m von der Brückenmitte entfernt angebracht sind.

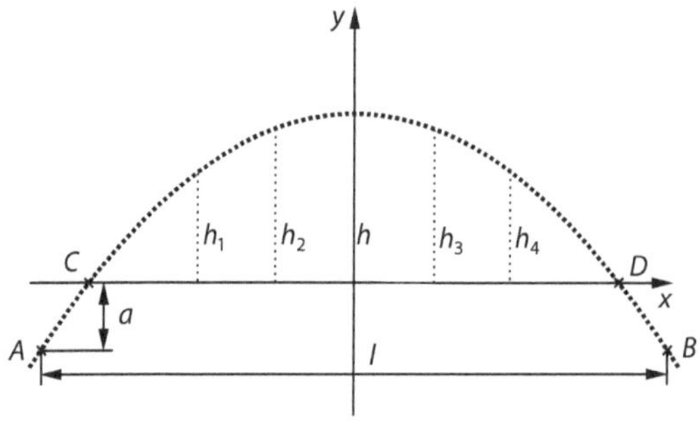

Bild 5.57

5.52 Eine Parabel soll durch die Eckpunkte eines gleichseitigen Dreiecks mit der Seitenlänge a verlaufen. Wie lautet die Gleichung der Parabel, wenn das Dreieck achsensymmetrisch zur Ordinate liegt und eine Seite auf der Abszisse liegt?

5.53 Wie lautet die Gleichung der ganzrationalen Funktion 3. Grades, die eine Nullstelle bei $x_N = -2{,}5$ besitzt, durch den Punkt $P(1;\ 1)$ verläuft und eine ungerade Funktion ist?

5.54 Zu bestimmen ist die Gleichung einer geraden ganzrationalen Funktion 4. Grades, die durch den Koordinatenursprung verläuft und die die Punkte $A(2;\ 8)$ und $B(-1;\ -2{,}5)$ trifft.

5.55 Ein Kapital K_0 vermehrt sich bei gleichbleibendem Zinssatz innerhalb von 4 Jahren um 9,52 %.

a) Es ist eine Gleichung zur Bestimmung des Kapitals nach n Jahren anzugeben.

b) Nach wie vielen Jahren hat sich das Kapital um 25 % vermehrt?

5.56 a) Wie lautet die Gleichung einer Funktion, die den Zerfall des Mangan-Isotops ^{156}Mn mit der Halbwertszeit $t_{0,5} = 2{,}6\,\text{h}$ beschreibt?

b) Nach welcher Zeit ist die Anzahl der Isotope auf 25 % der Ausgangsanzahl gefallen?

c) Wie viele Isotope liegen zur Zeit $t = 1{,}5\,\text{h}$ vor, wenn zur Zeit $t = 12\,\text{min}$ 12 500 Isotope vorlagen?

5.57 Der Luftdruck der Erdatmosphäre nimmt mit zunehmender Höhe um ca. 12,5 % je 1000 m Höhenunterschied ab. Der Luftdruck in Meereshöhe beträgt durchschnittlich 1013 hPa.

a) Wie lautet die zugehörige Funktionsgleichung?

b) Welchen Wert hat der Luftdruck in 8000 m Höhe?

c) In welcher Höhe beträgt der Luftdruck nur noch 150 hPa?

5.58 In einer Wasserprobe soll die Keimzahl bestimmt werden. Die entnommene Probe enthielt nach einer Stunde 1200 Keime. Eine Stunde später waren es dann 2070 Keime. Der Wachstumsprozess kann durch eine Exponentialfunktion beschrieben werden.

a) Zu bestimmen ist die Keimzahl im Augenblick der Probenahme.

b) Nach welcher Zeit hat sich die Keimzahl verdoppelt?

c) Wie lautet die Funktionsgleichung, die diesen Zunahmeprozess beschreibt?

5.59 Betrachtet werden zwei Bakterienarten. Beide verdoppeln ihre Anzahl nach 20 Minuten auf einem nährstoffreichen Kulturmedium und nach 50 Minuten auf einem nährstoffarmen Kulturmedium.

a) Wie lauten die Funktionsgleichungen, die beide Wachstumsvorgänge beschreiben?

b) Die Anfangspopulation auf dem nährstoffarmen Kulturmedium sei zehnmal größer als die Anfangspopulation auf dem nährstoffreichen Medium. Nach wie vielen Minuten sind die beiden Populationen gleich groß?

5.12 Lösungen

5.1 a) $y = -0{,}5x + 1{,}25$ b) $y = \dfrac{4}{2x^2+3}$ c) $y = \dfrac{40}{x}$ d) $y = -\sqrt{-x}$

5.2 a) 2,75 b) $\dfrac{4}{21} = 0{,}19$ c) $-\dfrac{40}{3} = -13{,}\overline{3}$ d) $-\sqrt{3} = -1{,}73$

5.3 monoton wachsend in $(-\infty; -4]$, $[-3; 0]$ und $[5; \infty)$, monoton fallend in $[0; 4]$, konstant in $[-4; -3]$ und $[4; 5]$

5.4 a) weder progressiv steigend noch degressiv fallend

b) progressiv steigend in $[-\frac{\pi}{2} + 2k\pi; 2k\pi]$ und degressiv fallend in $[\pi + 2k\pi; \frac{3\pi}{2} + 2k\pi]$, $k \in \mathbb{Z}$

c) progressiv steigend in $(-\infty; \infty)$

d) weder progressiv steigend noch degressiv fallend

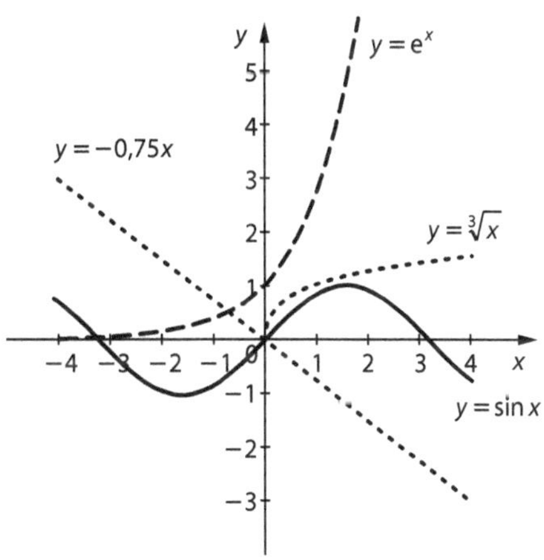

Bild L5.1

5.5 a) weder injektiv noch bijektiv

b) injektiv und bijektiv

c) weder injektiv noch bijektiv

d) injektiv, aber nicht bijektiv

5.6 a) Die Funktion $y = -0{,}75x$ ist weder nach oben noch nach unten beschränkt

b) $y = \sin x$ ist nach oben beschränkt (z. B. durch $o = 1$) und nach unten beschränkt (z. B. durch $u = -1$)

c) Die Funktion $y = e^x$ ist nach oben unbeschränkt, aber nach unten beschränkt (z. B. durch $u = 0$)

d) Die Funktion $y = \sqrt[3]{x}$ ist nach oben unbeschränkt, aber nach unten beschränkt (z. B. durch $u = 0$)

5.7 a) $x_N = 0$

b) $x_N = k \cdot \pi,\ k \in \mathbb{Z}$

c) die Funktion hat keine Nullstelle

d) $x_N = 0$

5.8 a) $S(0;\ 0)$

b) es gibt keinen Schnittpunkt

c) $S(-2;\ -6)$

d) $S(2;\ 6)$

e) $S_1(3;\ 9),\ S_2(-2;\ -6)$

f) $S(0;\ 0)$

5.9 a) $D = \mathbb{R}$ b) $D = \mathbb{R}$

c) $D = \{x \in \mathbb{R} \mid x \neq -1\}$ d) $D = \{x \in \mathbb{R} \mid x \leqq 1\}$

e) $D = \mathbb{R}$ f) $D = \{x \in \mathbb{R} \mid x > 0{,}5\}$

5.10 a) $W = \mathbb{R}$ b) $W = \{y \in \mathbb{R} \mid 0{,}5 \geqq y \geqq 0{,}1\}$

c) $W = \{y \in \mathbb{R} \mid y \geqq -1\}$ d) $W = \{y \in \mathbb{R} \mid 0 < y \leqq 2\}$

e) $W = \{y \in \mathbb{R} \mid y > 0\}$ f) $W = \{y \in \mathbb{R} \mid y \geqq 0\}$

5.11 a) $y = -\frac{1}{3}x$ mit $x \in \mathbb{R}$ b) nicht bijektiv

c) $y = \frac{1}{4}x - 2$ mit $x \in [0;\ 16]$ d) $y = -0{,}75x - 1{,}5$ mit $x \geqq -2$

5.12 a) $D = \mathbb{R},\ y = -\frac{1}{3}x + 3\pi$ mit $D = \mathbb{R}$

b) $D = \mathbb{R}_{>0},\ s = \frac{1}{\sqrt{t}}$ mit $D = \mathbb{R}_{>0}$ oder $D = \mathbb{R}_{<0},\ s = \frac{1}{-\sqrt{t}}$ mit $D = \mathbb{R}_{>0}$

c) $D = \{x \in \mathbb{R} \mid x \geqq 4\},\ y = x^2 + 4$ mit $D = \mathbb{R}_{\geqq 0}$

d) $D = \mathbb{R}_{\geqq 0},\ y = \sqrt{-\frac{1}{3}x + 1}$ mit $D = \{x \in \mathbb{R} \mid x \leqq 3\}$ oder $D = \mathbb{R}_{\leqq 0},\ y = -\sqrt{-\frac{1}{3}x + 1}$ mit $D = \{x \in \mathbb{R} \mid x \leqq 3\}$

5.13 P_1 und P_3 liegen auf der Geraden, P_2 nicht.

5.14 a) $y = -0{,}36x + 4{,}31$ b) $y = 0{,}55x + 4{,}74$

c) $y = 0{,}4375x$ d) $y = 3{,}4$

5.15 a) $\alpha = 21{,}8°,\ b = 1{,}8$ b) $\alpha = -59{,}0°,\ b = 2{,}33$

c) $\alpha = -45°,\ b = 0$ d) $\alpha = -56{,}7°,\ b = -4{,}5$

e) $\alpha = 0°,\ b = -3{,}7$

5.16 a) $y = 0{,}70x + 4{,}88$ b) $y = -0{,}78x + 3{,}22$

c) $y = 1{,}15$ d) $y = x - 3{,}20$

5.17 $g_1\colon y = 0{,}4x - 2$; $g_2\colon y = -1{,}5x$; $g_3\colon y = -0{,}25x + 1$; $g_4\colon y = -2{,}5$; $g_5\colon y = 4x + 4$

5.18 a) $S_x(2;\ 0),\ S_y(0;\ -3)$ b) $S_t(0{,}42;\ 0),\ S_s(0;\ 2)$

c) $S_{xy}(0;\ 0)$ d) keine Schnittstelle mit der x-Achse, $S_y(0;\ -4{,}6)$

e) $S_x(-5;\ 0),\ S_y(0;\ 11)$ f) $S_t(-4;\ 0),\ S_s(0;\ -14)$

5.19 a) $y_1 = 0{,}67 \cdot x - 2,\ y_2 = -3 \cdot x + 3$

b) $y = 0{,}67 \cdot x + 3$

5.20 a)

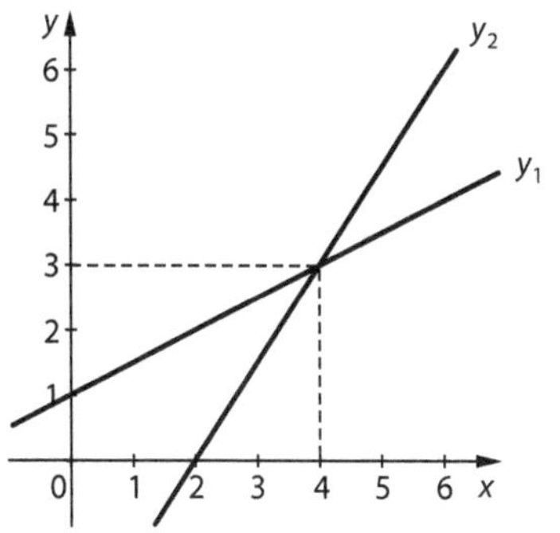

Bild L5.2

b) $S(4; 3)$

5.21 Ab 125 min

5.22 a) Die Geraden schneiden sich im Punkt $S(-1; -5)$ unter einem Winkel von 8,13°
b) die Geraden verlaufen parallel und haben keinen gemeinsamen Punkt
c) die Geraden sind identisch
d) die Geraden schneiden sich im Punkt $S(1{,}2; 1)$ unter einem Winkel von 42,45°

5.23 a) $S(4; -2)$, $\delta = 116{,}6°$ b) $S(2{,}28; 5{,}53)$, $\delta = 90°$
c) die Geraden schneiden sich nicht d) $S(0; 3{,}2)$, $\delta = 45°$

5.24 a) $y = -0{,}5x + 3$ b) $s = t + 4$
c) es existiert keine Umkehrfunktion d) $y = 0{,}4x$

5.25 a) $m_1 \cdot m_2 = -1$, n_1 und n_2 beliebig b) $m_1 = m_2$, $n_1 \neq n_2$

5.26 a) $y = 1{,}6x + 4{,}72$ b) $y = -0{,}625x + 2{,}05$

5.27 a) $(x_S; y_S) = (6{,}5; -30{,}25)$, $x_{N_1} = 12$, $x_{N_2} = 1$
b) $(x_S; y_S) = (-1; 4)$, $x_{N_1} = 1$, $x_{N_2} = -3$
c) $(x_S; y_S) = (-3; -1)$, $x_{N_1} = -2$, $x_{N_2} = -4$
d) $(x_S; y_S) = (10; -10)$, $x_{N_1} = 20$, $x_{N_2} = 0$

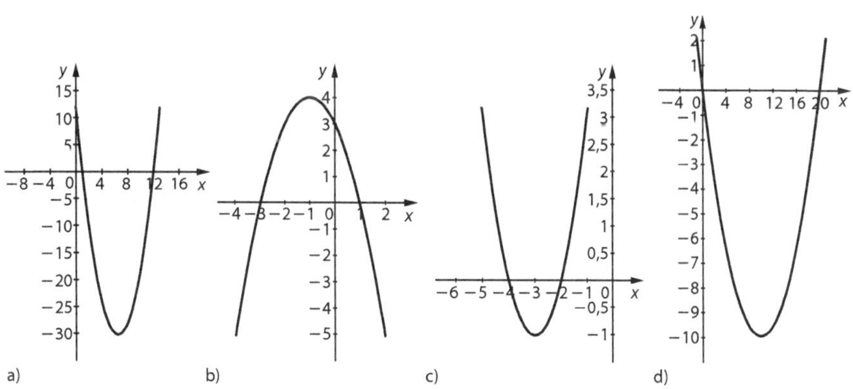

Bild L5.3

5.28 a) Scheitelform: $y = 3 \cdot (x - 0{,}5)^2 - 18{,}75$, Produktform: $y = 3 \cdot (x - 3) \cdot (x + 2)$
b) Scheitelform: $s = 5 \cdot (t + 1)^2 - 45$, Normalform: $s = 5t^2 + 10t - 40$

c) Normalform: $y = -2x^2 - 4x - 7$, eine Produktform kann nicht angegeben werden

d) Scheitelform und Normalform sind identisch, Produktform: $s = -1{,}5 \cdot (t-2) \cdot (t+2)$

e) Scheitelform und Normalform sind identisch, eine Produktform kann nicht angegeben werden

5.29 a) Normalform und Scheitelform: $y = 0{,}5x^2 - 8$, Produktform: $y = 0{,}5 \cdot (x-4) \cdot (x+4)$

b) Normalform: $y = -0{,}75x^2 - 3x$, Scheitelform: $y = -0{,}75 \cdot (x+2)^2 + 3$, Produktform: $y = -0{,}75 \cdot x \cdot (x+4)$

c) Normalform: $y = -0{,}16x^2 - 0{,}8x - 1$, Scheitelform und Produktform: $y = -0{,}16 \cdot (x+2{,}5)^2$

d) Normalform $y = 2x^2 - 12x + 10$, Scheitelform: $y = 2 \cdot (x-3)^2 - 8$, Produktform: $y = 2 \cdot (x-1) \cdot (x-5)$

e) Normalform: $y = -2x^2 - 2x + 12$, Scheitelform: $y = -2 \cdot (x+0{,}5)^2 + 12{,}5$, Produktform: $y = -2 \cdot (x-2) \cdot (x+3)$

5.30 a) $(x_{S_1}; y_{S_1}) = (3{,}414; 9{,}828)$, $(x_{S_2}; y_{S_2}) = (0{,}586; 4{,}172)$

b) $(x_{S_1}; y_{S_1}) = (7{,}082; -87{,}323)$, $(x_{S_2}; y_{S_2}) = (-1{,}082; 10{,}656)$

c) es existieren keine Schnittpunkte

5.31 $y = 0{,}000\,385x \cdot (x - 478{,}0)$, $x_{N_2} = 478{,}0$

5.32 a) Umkehrfunktion für $x \in (-\infty; 6{,}5]$: $y^{-1} = -\sqrt{x + 30{,}25} + 6{,}5$ mit $D = [-30{,}25; \infty)$ und $W = (-\infty; 6{,}5]$;
Umkehrfunktion für $x \in [6{,}5; \infty)$: $y^{-1} = \sqrt{x + 30{,}25} + 6{,}5$ mit $D = [-30{,}25; \infty)$ und $W = [6{,}5; \infty)$

b) Umkehrfunktion für $x \in (-\infty; -1]$: $y^{-1} = -\sqrt{4-x} - 1$ mit $D = (-\infty; 4]$ und $W = (-\infty; -1]$;
Umkehrfunktion für $x \in [-1; \infty)$: $y^{-1} = \sqrt{4-x} - 1$ mit $D = (-\infty; 4]$ und $W = [-1; \infty)$

c) Umkehrfunktion für $x \in (-\infty; -3]$: $y^{-1} = -\sqrt{x+1} - 3$ mit $D = [-1; \infty)$ und $W = (-\infty; -3]$;
Umkehrfunktion für $x \in [-3; \infty)$: $y^{-1} = \sqrt{x+1} - 3$ mit $D = [-30{,}25; \infty)$ und $W = [-3; \infty)$

d) Umkehrfunktion für $x \in (-\infty; 10]$: $y^{-1} = -\sqrt{10x + 100} + 10$ mit $D = [-10; \infty)$ und $W = (-\infty; 10]$;
Umkehrfunktion für $x \in [10; \infty)$: $y^{-1} = \sqrt{10x + 100} + 10$ mit $D = [-10; \infty)$ und $W = [10; \infty)$

5.33 a) ungerade b) – c) ungerade d) – e) gerade f) ungerade
g) gerade h) – i) – j) gerade k) gerade

5.34 a) $y = -2x + 7$ b) $y = \frac{2}{3}x + 5$ c) $y = -2x^2 + 4x + 18$
d) $y = -x^2 + 4x - 3$ e) $y = -2x^3 + 4x - 7$

5.35 a) $y = (x+2) \cdot (x-2)$ b) –
c) $y = 6 \cdot (x-3) \cdot (x+2)$ d) –
e) $y = 0{,}5x \cdot (x-4) \cdot (x+2)$ f) $s = 2t^2(2t+1)$
g) $y = (x^2+4) \cdot (x-2) \cdot (x+2)$ h) $s = 3 \cdot (t+5) \cdot (t-5) \cdot (t+1) \cdot (t-1)$
i) $y = -2x^2 \cdot (x+2) \cdot (x-2)$ j) –
k) $y = x^3 \cdot (x-7) \cdot (x+3)$

5.36 a) es existiert keine Nullstelle, $x_p = -\frac{4}{3}$, $y = 0$ und die Senkrechte durch x_p sind Asymptoten

b) $x_N = 0$, $x_p = 2{,}5$, $y = 0{,}75$ und die Senkrechte durch x_p sind Asymptoten

c) $x_N = -1{,}25$, $x_p = 6$, $y = 12$ und die Senkrechte durch x_p sind Asymptoten

d) es existiert keine Nullstelle, $x_p = 2$, $y = 3x + 6$ und die Senkrechte durch x_p sind Asymptoten

e) $x_{N_1} = 2$, $x_{N2} = -2$, $x_{p1} = 1$, $x_{p2} = -1$, $y = 1$ und die Senkrechte durch x_{p1} und x_{p2} sind Asymptoten

f) $x_{N1} = 1{,}236$, $x_{N2} = -3{,}236$, es existiert keine Polstelle, $y = 1$ ist Asymptote

g) $t_N = -3$, es existiert keine Polstelle, der Graph ist eine Gerade, die an der Stelle $t = 3$ eine Lücke hat

h) es existiert keine Nullstelle, es existiert keine Polstelle, $y = 0$ ist Asymptote

i) $x_{N1} = 0$, $x_{N2} = 1$, $x_p = -1$, $y = -1{,}5x + 3$ und die Senkrechte durch x_p sind Asymptoten

5.37 a) $y = e^{1{,}386x}$ b) $y = e^{-1{,}609x}$ c) $y = e^{2{,}303x}$
d) $y = 0{,}558 \cdot \ln x$ e) $y = -4{,}481 \cdot \ln x$ f) $y = 0{,}434 \cdot \ln x$

5.38 a) $65\,145\,412\,\text{s} \approx 1\,085\,757\,\text{min} \approx 18\,096\,\text{h} \approx 754\,\text{d} \approx 2\,\text{a}\,24\,\text{d}$
b) $130\,290\,823\,\text{s} \approx 2\,171\,514\,\text{min} \approx 36\,192\,\text{h} \approx 1\,508\,\text{d} \approx 4\,\text{a}\,47\,\text{d}$
c) es waren etwa 10^7 Isotope vorhanden

5.39 a) 36 Jahre b) 18 Jahre c) 12 Jahre d) 10 Jahre

5.40 $t = 82{,}9\,\text{ms} = 4{,}6 \cdot \tau$

5.41 a) 39,0 % b) 15,2 % c) 5,9 %

5.42 a) $\frac{\pi}{6} = 30°$ b) $\frac{\pi}{3} = 60°$ c) arcsin 2 existiert nicht d) $\pi = 180°$
e) $\frac{\pi}{4} = 45°$ f) $\frac{\pi}{2} = 90°$ g) $0 = 0°$ h) $\frac{\pi}{2} = 90°$

5.43 a) $1{,}047 = 59{,}97°$ b) $1{,}813 = 103{,}89°$ c) $-0{,}944 = -54{,}10°$ d) $-1{,}491 = -85{,}42°$
e) arccos $(-3{,}96)$ existiert nicht

5.44 a) zutreffend: (1) und (2), nicht zutreffend: (3)
b) zutreffend: (1) und (2), nicht zutreffend: (3)
c) zutreffend: (2), nicht zutreffend: (1) und (3)
d) zutreffend: (1) und (2), nicht zutreffend: (3)
e) zutreffend: (1) und (2), nicht zutreffend: (3)
f) zutreffend: (3), nicht zutreffend: (1) und (2)

5.45 a), b) und c) *Bild L5.4*, d) und e) *Bild L5.5*

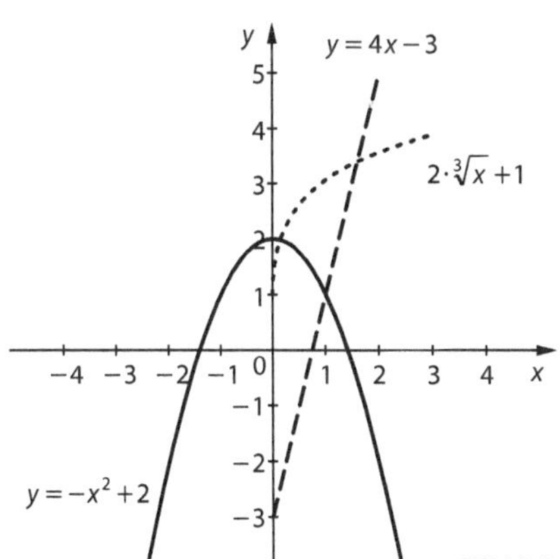

Bild L5.4

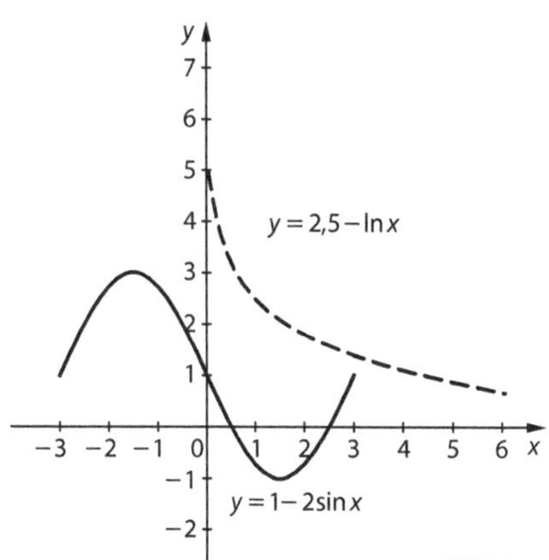

Bild L5.5

5.46 a), b) und c) *Bild L5.6*, d), e) und f) *Bild L5.7*

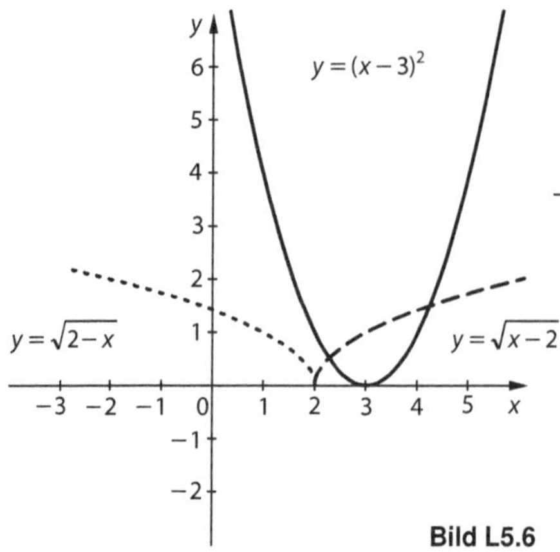

Bild L5.6

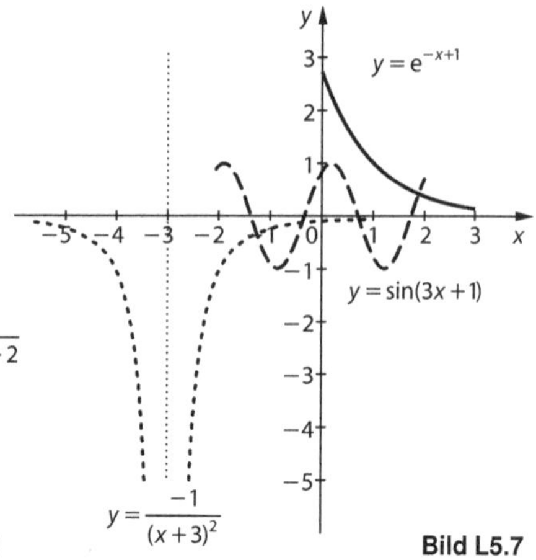

Bild L5.7

5.47 a) $y = \ln x$: gestreckt in y-Richtung mit Faktor 2 und verschoben in x-Richtung um 1 nach links

b) $y = x^2$: gestaucht in y-Richtung mit Faktor 0,8, gespiegelt an der x-Achse, verschoben in x-Richtung um 2 nach rechts und in y-Richtung um 3 nach oben

c) $y = \cos x$: gestaucht in y-Richtung mit Faktor 0,5, gestreckt in x-Richtung mit Faktor 3, verschoben in x-Richtung um 3π nach links und in y-Richtung um 6 nach unten

d) $y = \dfrac{1}{x}$: gestaucht in y-Richtung mit Faktor $\dfrac{1}{3}$ und verschoben in x-Richtung um $\dfrac{1}{3}$ nach links

e) $y = \arcsin x$: gespiegelt an der x-Achse, verschoben in x-Richtung um 3 nach rechts und in y-Richtung um 1 nach oben

5.48 a) $y = 3{,}5x - 2$ b) $y = 0{,}5 \cdot (x-1)^2 + 3$

c) $y = -\sqrt{2x+8} + 4$ d) $y = 1{,}2 \cdot e^{-0{,}4x} - 4{,}8$

e) $y = \cos(4x - 0{,}75) - 3$

5.49 a) *Bild L5.8*; b) *Bild L5.9*; c) *Bild L5.10*; d) *Bild L5.11*; e) *Bild L5.12*; f) *Bild L5.13*

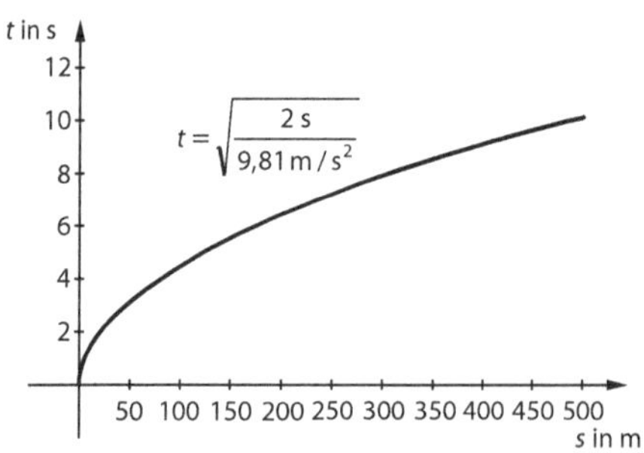

Bild L5.8

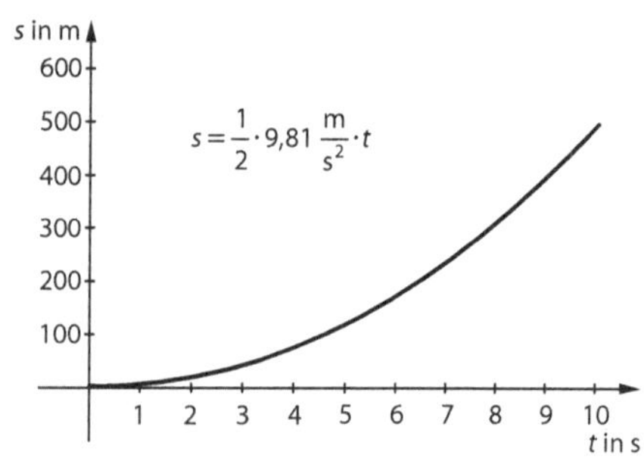

Bild L5.9

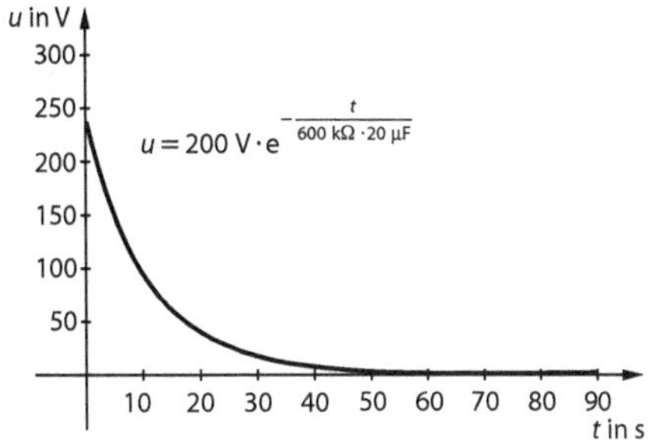

Bild L5.10

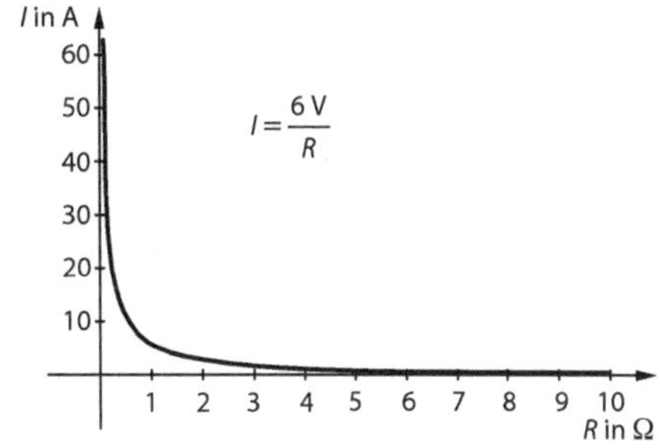

Bild L5.11

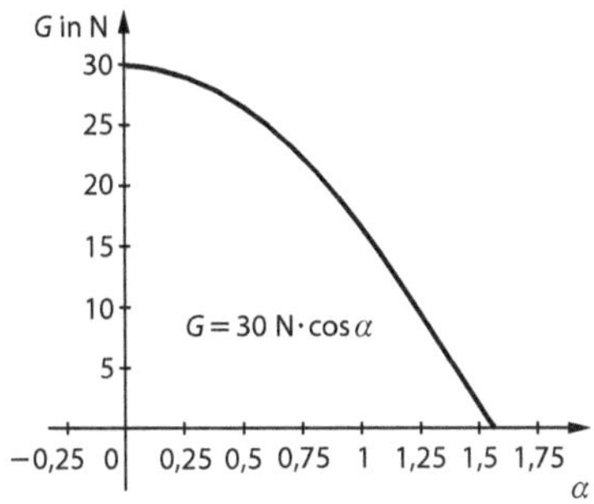

Bild L5.12

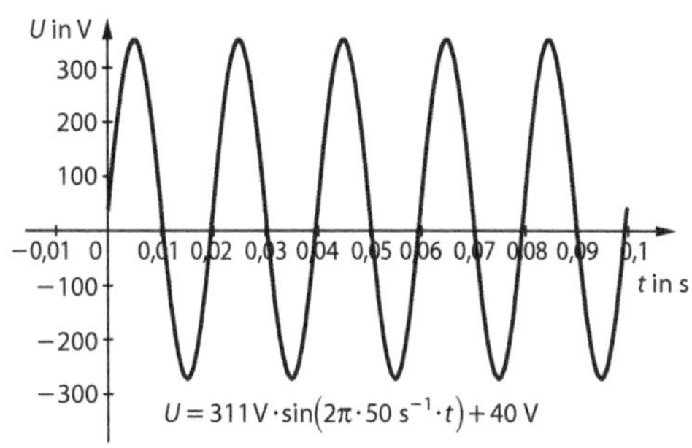

Bild L5.13

5.50 a) *Bild L5.14*; b) *Bild L5.15*

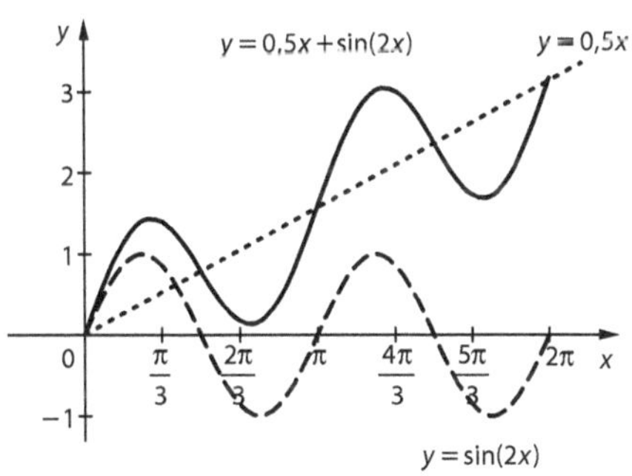

Bild L5.14

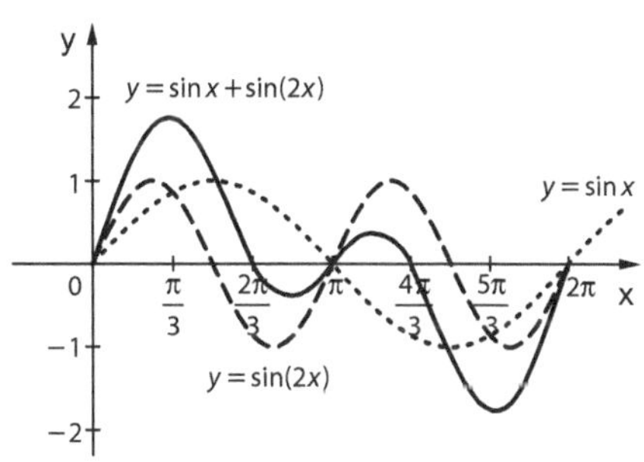

Bild L5.15

5.51 a) $y = -\dfrac{4 \cdot (a+h)}{l^2} x^2 + h$

b) $\overline{|CD|} = \dfrac{l}{\sqrt{2}}$

c) $\overline{|CD|} = 29{,}39\,\text{m}$, $h_1 = h_4 = 3{,}22\,\text{m}$, $h_2 = h_3 = 5{,}31\,\text{m}$

5.52 $y = -\dfrac{2 \cdot \sqrt{3}}{a} \cdot x^2 + \dfrac{\sqrt{3} \cdot a}{2}$

5.53 $y = -0{,}19x^3 + 1{,}19x$

5.54 $y = 1{,}5x^4 - 4x^2$

5.55 a) $K_n = K_0 \cdot (1 + 2{,}3\,\%)^n$

b) nach knapp 10 Jahren

5.56 a) $N(t) = N_0 \cdot e^{-0{,}267\frac{1}{h}\cdot t}$

b) nach 5,2 h

c) es werden 8 834 Isotope vorliegen

5.57 a) $p(h) = 1013\,\text{hPa} \cdot (1 - 12{,}5\,\%)^{\frac{h}{1\,000\,\text{m}}} = 1\,013\,\text{hPa} \cdot (0{,}875)^{\frac{h}{1\,000\,\text{m}}}$

b) $p(8\,000\,\text{m}) = 348\,\text{hPa}$

c) $h = 14304\,\text{m}$

5.58 a) $N_0 = 696$

b) nach etwa 76 min

c) $N(t) = 696 \cdot e^{0{,}009\,1\,\frac{1}{\text{min}}\cdot t}$

5.59 a) $N(t) = N_0 \cdot 2^{\frac{t}{20\,\text{min}}} = N_0 \cdot e^{0{,}035\,\frac{1}{\text{min}}\cdot t}$ bzw. $N(t) = N_0 \cdot 2^{\frac{t}{50\,\text{min}}} = N_0 \cdot e^{0{,}014\,\frac{1}{\text{min}}\cdot t}$

b) nach ca. 111 min

6 Zahlenfolgen

6.0 Vorbemerkung

Für das Verständnis zahlreicher technischer und ökonomischer Prozesse haben die Zahlenfolgen – oft kurz **Folgen** genannt – eine große Bedeutung.

Sie bilden die Grundlage für die Normung von Hauptabmessungen industrieller Erzeugnisse und ermöglichen die Wahl zweckmäßiger Größenstufungen bei Drehzahlen, Vorschüben, Gewindedurchmessern, Batterien, Schreibmaterialien und dergleichen mehr. Eine weitere Anwendung finden Folgen bei der Lösung spezieller ökonomischer Probleme. So können durch die Berechnung eines durchschnittlichen jährlichen Wachstumstempos wirtschaftliche Entwicklungen quantitativ erfasst werden. Auf dem Gebiet des Geld- und Bankwesens (Zinseszinsrechnung) ermöglichen es Folgen, Aussagen über das Anwachsen eines Guthabens durch jährliche Verzinsung zu machen, wenn die Zinsen nicht abgehoben werden. Folgen bilden die mathematische Grundlage für die lineare und geometrisch-degressive Abschreibung von planmäßigen und außerplanmäßigen Wertminderungen von Vermögensgegenständen im betrieblichen Rechnungswesen.

Zunächst werden in diesem Abschnitt die elementaren Eigenschaften von Zahlenfolgen betrachtet. Danach folgt die Behandlung arithmetischer und geometrischer Zahlenfolgen mit einigen Anwendungen.

Abgeschlossen wird das Kapitel mit der Einführung des Begriffs „Grenzwert einer Zahlenfolge". Der Begriff ist Voraussetzung für das Verständnis der Differenzial- und Integralrechnung. Mit seiner Hilfe kann man auch das Verhalten einer Funktion an der Stelle $x = a$ untersuchen und z. B. die Stetigkeit einer Funktion definieren.

6.1 Grundbegriffe

Zu den oben genannten Anwendungsgebieten von Folgen soll ein Beispiel betrachtet werden.

Beispiel

6.1 Eine Drehmaschine soll 11 Drehzahlstufen erhalten. Die Drehzahlen sollen von Stufe zu Stufe um 25 % wachsen. Für den Bereich von 100 min^{-1} bis 1 000 min^{-1} ergeben sich folgende gerundete Werte:

Stufe	1	2	3	4	5	6	7	8	9	10	11
Drehzahl in min^{-1}	100	125	160	200	250	315	400	500	630	800	1 000

■

Aus dem Beispiel folgt, dass in der Praxis Probleme auftreten, in denen durch eine Größe ein Vorgang beschrieben wird, der mehrere Stufen durchläuft und diese Größe deshalb eine Folge von Zahlen annimmt. Hinsichtlich der Anordnung der Elemente erkennt man, welches an erster, welches an zweiter, ..., welches an n-ter Stelle steht. Damit kann eine Zuordnung zwischen den natürlichen Zahlen und den Elementen der Menge vorgenommen werden.

Definition 6.1

Eine reelle Zahlenfolge ist eine reelle Funktion mit der Menge (oder einer endlichen Teilmenge) der natürlichen Zahlen als Definitionsbereich.

Die Elemente des Wertebereichs heißen **Glieder der Zahlenfolge**. Enthält der Definitionsbereich endlich viele natürliche Zahlen, heißt die Zahlenfolge **endlich**. Besteht der Definitionsbereich aus unendlich vielen Zahlen, heißt sie **unendlich**. Folgende Symbolik wird meist verwendet:

k für das Argument,
a_k für das zu k gehörende Glied der Zahlenfolge,
(a_k) für die gesamte Folge, ausführlich auch $(a_k) = (a_1;\ a_2;\ \ldots;\ a_k;\ \ldots)$.

Für die eindeutige Fortsetzung einer Zahlenfolge wird – wenn möglich – das allgemeine Glied a_k angegeben. Anstelle von a und k werden auch andere Buchstaben verwendet.

Das erste Glied (**Anfangsglied**) der Folge wird meist mit a_1 bezeichnet. Aus dem Definitionsbereich wird deshalb die 0 ausgeschlossen $(k = 1, 2, 3, \ldots)$.

$a_k = f(k)$ ist eine Zuordnungsvorschrift der Folge und entspricht einer Funktionsgleichung. Sie gibt an, wie das Glied a_k (der Funktionswert) aus der Gliednummer (dem Argument) zu berechnen ist. In den *Beispielen 6.2 bis 6.8* werden die unterschiedlichen Möglichkeiten der Darstellung von Folgen charakterisiert.

Beispiele

6.2 **Wortdarstellung:** Den positiven ganzen Zahlen k $(k = 1, 2, 3, 4)$ ist die zweite Potenz von k zuzuordnen. Aus der Wortdarstellung folgt die

- **unabhängige Darstellung:** Die gesamte Zahlenfolge lässt sich durch die Funktionsgleichung $(a_k) = k^2$ $(k = 1, 2, 3, 4)$ beschreiben. Es kann jedes beliebige Glied der Folge angegeben werden, wenn man weiß, an welcher Stelle es steht.
- **tabellarische Darstellung:**

k	1	2	3	4
$a_k = k^2$	1	4	9	16

- **grafische Darstellung:** siehe *Bild 6.1*.

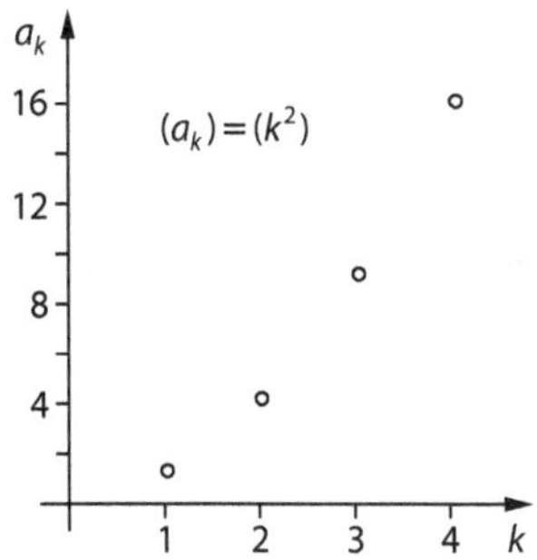

Bild 6.1

6.3 **Darstellung durch Angabe der ersten Glieder:**

$$(a_k) = \left(1; \frac{1}{2}; \frac{1}{3}; \frac{1}{4}; \ldots\right)$$

6.4 **Rekursive Darstellung:** Mitunter ist die unabhängige Darstellung einer Zahlenfolge etwas kompliziert, daher schwer zu finden und unbequem im Gebrauch. In solchen Fällen wählt man eine rekursive Darstellung. Bei dieser wird angegeben, wie man jedes Glied aus voranstehenden Gliedern gewinnen kann. Die Folge

$$(a_k) = (4k + 2) = (6;\ 10;\ 14;\ \ldots), \quad (k = 1, 2, 3, \ldots)$$

kann auch folgendermaßen festgelegt werden:

$$a_1 = 6;\ a_{k+1} = a_k + 4; \quad (k = 1, 2, 3, \ldots)$$

Die rekursive Darstellung ist erst dann vollständig, wenn eine Anfangsbedingung, z. B. das Glied a_1, gegeben ist.

Zu beachten ist, dass sich nicht jede Folge durch eine unabhängige oder rekursive Darstellung angeben lässt.

6.5 $(a_k) = (3k - 1), \quad (k = 1, 2, 3, \ldots); \quad (a_k) = (2;\ 5;\ 8;\ \ldots)$

6.6 $(a_k) = (2), \quad (k = 1, 2, 3, \ldots); \quad (a_k) = (2;\ 2;\ 2;\ \ldots)$

6.7 $(a_k) = \left(-k^2\right), \quad (k = 1, 2, 3, \ldots); \quad (a_k) = (-1;\ -4;\ -9;\ \ldots)$

6.8 $(a_k) = \left((-1)^{k+1} \cdot 2k\right), \quad (k = 1, 2, 3, \ldots 10); \quad (a_k) = (2;\ -4;\ 6;\ \ldots;\ -20)$ ■

In den *Beispielen 6.2* und *6.8* sind **endliche Folgen** angegeben. Alle anderen Beispiele sind **unendliche Folgen**.

Definition 6.2

Eine Zahlenfolge heißt

$$\left.\begin{array}{r}\text{monoton } \textbf{wachsend}\\ \text{monoton } \textbf{fallend}\\ \textbf{alternierend}\\ \textbf{konstant}\end{array}\right\}, \quad \text{wenn für alle } k \text{ gilt} \quad \left\{\begin{array}{l} a_k \leqq a_{k+1}\\ a_k \geqq a_{k+1}\\ a_k \cdot a_{k+1} < 0\\ a_k = a_{k+1}\end{array}\right.$$

Gilt für eine Folge (a_k) stets $a_k < a_{k+1}$ bzw. $a_k > a_{k+1}$, heißt sie **streng monoton wachsend** bzw. **streng monoton fallend**. Die Folgen in den *Beispielen 6.2, 6.4* und *6.5* sind streng monoton wachsend, die in den *Beispielen 6.3* und *6.7* streng monoton fallend.

Im *Beispiel 6.8* liegt eine alternierende Folge vor (das Vorzeichen der Glieder wechselt). Eine konstante Folge findet man im *Beispiel 6.6*.

Kontrollfragen

6.1 Wie wird der Begriff „Zahlenfolge" definiert?

6.2 Welche Darstellungsarten von Zahlenfolgen gibt es?

6.3 Welche Eigenschaften für Folgen konnten bisher formuliert werden?

Aufgaben: *6.1* **bis** *6.4*

6.2 Arithmetische Folgen

Definition 6.3

Eine Zahlenfolge (a_k) heißt **arithmetische Folge**, wenn für alle $k = 1, 2, 3, \ldots, n$ die Differenz der Glieder $a_{k+1} - a_k = d = \text{const.}$ ist.

Aus der Definition folgt die rekursive Darstellung für arithmetische Folgen:

$$a_{k+1} = a_k + d \tag{6.1}$$

Betrachtet werden nur endliche arithmetische Folgen. Das letzte Glied a_n heißt **Endglied**.

Für $d > 0$ ist die arithmetische Folge streng monoton wachsend und für $d < 0$ streng monoton fallend. Eine Folge mit konstanten Gliedern kann als arithmetische Folge mit $d = 0$ angesehen werden. Nach der Definition erhält man mit dem Anfangsglied a_1 und der Differenz d die endliche arithmetische Folge

$$a_1;\ a_1 + d;\ a_1 + 2d;\ \ldots;\ a_1 + \left(k - 1\right) d;\ \ldots;\ a_1 + (n - 1)\, d$$

und ihre **unabhängige Darstellung**

$$a_k = a_1 + (k - 1)d \quad \text{mit} \quad k = 1, 2, \ldots, n \tag{6.2}$$

Für das Endglied ist in (6.2) $k = n$ zu setzen.

In bestimmten Fällen ist es notwendig, die **Summe** der Glieder einer Folge zu berechnen. Man erhält dann die **endliche Reihe**

$$s_n = a_1 + a_2 + \ldots + a_k + \ldots + a_n$$

Definition 6.4

Unter einer **endlichen Reihe** versteht man einen Ausdruck der Form

$$\sum_{k=1}^{n} a_k = a_1 + a_2 + \ldots + a_k + \ldots + a_n$$

Sind die Summanden Elemente einer endlichen arithmetischen Folge (a_k), spricht man von einer **endlichen arithmetischen Reihe**.

Die Summenformel dieser Reihe erhält man durch die Addition der Gleichungen

$$\begin{aligned} s_n &= a_1 + (a_1 + d) + (a_1 + 2d) + \ldots + a_n \quad \text{und} \\ s_n &= a_n + (a_n - d) + (a_n - 2d) + \ldots + a_1 \\ \hline 2s_n &= (a_1 + a_n) + (a_1 + a_n) + (a_1 + a_n) + \ldots + (a_1 + a_n) \\ 2s_n &= n\,(a_1 + a_n) \end{aligned}$$

$$s_n = \frac{n}{2}\,(a_1 + a_n) \tag{6.3}$$

Mit $a_n = a_1 + (n-1)\,d$ lässt sich die Summenformel auch in folgender Weise formulieren:

$$s_n = \frac{n}{2}\,\left[2a_1 + (n-1)\,d\right] \tag{6.4}$$

Beispiele

6.9 Von einer arithmetischen Folge sind bekannt: $a_1 = 4$, $a_n = 44$ und $d = 4$. Gesucht werden die Anzahl n der Glieder und die Summe s_n.

Lösung: Aus der *Gl. (6.2)* folgt

$44 = 4 + (n-1)\,4, \quad n = 11$

s_n erhält man aus der *Summenformel (6.3)*

$$s_n = \frac{11}{2}\,(4 + 44) = 264$$

6.10 Von einer arithmetischen Folge sind bekannt:

$a_3 = 11, \quad a_8 = 31$

Gesucht werden das Anfangsglied a_1, die konstante Differenz d, a_{20} und s_{20}.

Lösung: Aus der *Gleichung (6.2)* folgt

$a_3 = 11 = a_1 + 2d$

$a_8 = 31 = a_1 + 7d.$

Die Lösung des linearen Gleichungssystems liefert $d = 4$ bzw. $a_1 = 3$ und damit folgt

$a_{20} = 3 + 19 \cdot 4 = 79$

Mit der *Gl. (6.3)* ergibt sich

$$s_{20} = \frac{20}{2}\,(3 + 79) = 820$$

6.11 Von einer arithmetischen Folge sind bekannt:

$d = -0{,}5, \quad a_1 = 3 \quad \text{und} \quad s_n = -222$

Gesucht werden die Anzahl der Glieder n und das Endglied a_n.

Lösung: Umstellen der *Gl. (6.4)* nach n und Einsetzen der gegebenen Werte, liefert die quadratische Gleichung

$n^2 - 13n - 888 = 0$ mit $n_1 = 37$, $n_2 = -24$

Da die Anzahl der Glieder nicht negativ sein kann, scheidet n_2 aus der Lösungsmenge aus. Die Anzahl der Glieder ist somit $n = 37$.
Aus der *Gl. (6.2)* folgt für $k = n$

$a_n = 3 + (37 - 1)\,(-0{,}5) = -15$

6.12 Bei einem trapezförmigen Walmdach liegen in der obersten Reihe 50 Ziegel, in jeder folgenden Reihe liegen zwei Ziegel mehr. Wie viele Ziegel hat diese Dachfläche, wenn 34 Reihen gezählt werden?

Gegeben sind $a_1 = 50$, $d = 2$, $n = 34$.

Gesucht wird S_{34}.

Lösung:

$$a_n = a_1 + (n-1)\,d, \qquad a_{34} = 50 + (34-1)\,2, \qquad a_{34} = 116$$

$$s_n = \frac{n}{2}\,(a_1 + a_n)\,, \qquad S_{34} = \frac{34}{2}\,(50 + 116)\,, \qquad S_{34} = 2\,822$$

Die Dachfläche hat 2 822 Ziegel.

6.13 Ein Körper wird senkrecht nach oben geschossen und erreicht in der ersten Sekunde eine Höhe von 80 m. In jeder folgenden Sekunde legt er etwa 8 m weniger zurück als in der vorhergehenden. Wie lange und wie hoch steigt er?

Gegeben sind $a_1 = 80$, $a_n = 0$, $d = -8$.

Gesucht werden n und S_n.

Lösung:

$$a_n = a_1 + (n-1)\,d, \qquad 0 = 80 + (n-1)\,(-8)\,, \qquad n = 11$$

Der Körper steigt 11 s.

$$S_n = \frac{n}{2}\,\left[2a_1 + (n-1)\,d\right], \qquad S_n = \frac{11}{2}\,[160 + 10\,(-8)]\,, \qquad S_n = 440$$

Der Körper steigt 440 m hoch.

6.14 Ein Betrag von 100,00 € wird zu 2,4 % p. a. (pro anno (lat.) = für ein Jahr) d. h. mit einfacher Verzinsung angelegt. Man gebe eine Zahlenfolge für das Guthaben nach einem, zwei, drei, ..., zwölf Monaten an.

Lösung: Die Verzinsungsperiode beträgt ein Jahr. Da es sich um einfache Zinsen handelt, also um ein lineares Wachstum, kann diese durch eine arithmetische Folge beschrieben werden.

Für 100,00 € betragen die Zinsen für das ganze Jahr 2,4 % von 100,00 € gleich 2,40 € bzw. für einen Monat 1/12 von 2,40 € gleich 0,20 €. Das Guthaben beträgt nach einem Monat daher 100,20 €, nach zwei Monaten 100,40 €, nach drei Monaten 100,60 €, ..., nach zwölf Monaten 102,40 €. Für das Guthaben nach einem, zwei, drei, ..., zwölf Monaten kann man daher die Zahlenfolge ⟨100,20; 100,40; 100,60; 100,80; 101,00; 101,20; 101,40; 101,60; 101,80; 102,00; 102,20; 102,40⟩ angeben.

6.15 Eine Anlage in einem Betrieb verursachte im Januar des laufenden Jahres 100 000 € Kosten. Diese sollen bis Dezember des laufenden Jahres durchschnittlich um 300 € pro Monat gesenkt werden. Wie groß sind die im Dezember des laufenden Jahres zu erwartenden Kosten? Welche Kostensumme ergibt sich für den genannten Zeitraum?

Lösung: Die Kosten bilden eine arithmetische Folge mit $a_1 = 100\,000$ und $d = -300$. Mit *Gl. (6.2)* ergeben sich die Kosten im Dezember des laufenden Jahres

$$a_{12} = 100\,000 + 11\,(-300) = 96\,700$$

Aus der *Gl. (6.3)* folgt

$$s_{12} = 6\,(100\,000 + 96\,700) = 1\,180\,200$$

Die Kosten im Dezember des laufenden Jahres betragen 96 700,00 €. Für den genannten Zeitraum ergibt sich eine Kostensumme von 1 180 200,00 €. ■

Lineare Abschreibung

Die lineare Abschreibung ist bei allen beweglichen und unbeweglichen, abnutzbaren Anlagegegenständen erlaubt. Sie ist eine Abschreibung vom Anschaffungswert. Die jährlichen Abschreibungsbeträge sind immer gleichbleibend und die Anschaffungskosten werden gleichmäßig über die Nutzungsdauer verteilt. Der Buchwert nach der Nutzungsdauer ist 0,00 € bzw. 1,00 € Erinnerungswert.

Der **Abschreibungsbetrag** und der **Abschreibungssatz** werden wie folgt berechnet:

$$\text{Abschreibungsbetrag:} \quad \frac{\text{Bemessungswert}}{\text{Nutzungsdauer}}$$

$$\text{Abschreibungssatz (\%):} \quad \frac{100\,\%}{\text{Nutzungsdauer}}$$

Hinweis: Im folgenden Beispiel wird das Grundprinzip der linearen Abschreibung erläutert. Die aktuellen gesetzlichen Reglungen sind dem Einkommensteuergesetz § 7 Absetzung für Abnutzung oder Substanzverringerung zu entnehmen.

Beispiel

6.16 Ein Unternehmen kauft eine Maschine für 50 000 €. Die Nutzungsdauer für die Maschine beträgt laut AfA-Tabelle (Absetzung für Abnutzung; lineare Abschreibung) 5 Jahre. Ermitteln Sie den Abschreibungsplan.

Lösung:

1. Errechnung des Abschreibungsbetrages (50 000 €/5 Jahre = 10 000 €)
2. Errechnung des Abschreibungssatzes (100 %/5 = 20 %)
3. Die Maschine wird 5 Jahre lang jährlich mit 10 000 € abgeschrieben.
4. Der Abschreibungssatz beträgt 20 %.
5. Abschreibungstabelle:

Jahr	Abschreibungsbetrag	Restbuchwert
0	0 €	50 000 €
1	10 000 €	40 000 €
2	10 000 €	30 000 €
3	10 000 €	20 000 €
4	10 000 €	10 000 €
5	10 000 €	0 €

■

Kontrollfragen

6.4 Was ist das Kennzeichen einer arithmetischen Zahlenfolge?

6.5 Wie ist der Begriff „endliche Reihe“ definiert?

Aufgaben: *6.5* **bis** *6.12*

6.3 Geometrische Folgen

Definition 6.5

Eine Zahlenfolge (a_k) heißt **geometrische Folge**, wenn für alle $k = 1, 2, 3, \ldots, n$ der Quotient der Glieder $a_{k+1}/a_k = q =$ const. ist.

Aus der Definition folgt die **rekursive Darstellung** für geometrische Folgen:

$$a_{k+1} = a_k \cdot q \tag{6.5}$$

Die Glieder einer endlichen geometrischen Folge mit dem Anfangsglied a_1 und dem Quotient q lassen sich wie folgt angeben

$$a_1;\ a_1 \cdot q;\ a_1 \cdot q^2;\ \ldots;\ a_1 \cdot q^{k-1};\ \ldots;\ a_1 \cdot q^{n-1}$$

Die **unabhängige Darstellung** einer geometrischen Zahlenfolge lautet somit

$$a_k = a_1 \cdot q^{k-1} \quad \text{mit} \quad k = 1, 2, \ldots, n \tag{6.6}$$

Die Auflösung der *Gl. (6.6)* nach k und q liefert

$$k = \frac{\lg a_k - \lg a_1}{\lg q} + 1\,, \qquad q = \sqrt[k-1]{\frac{a_k}{a_1}} \tag{6.7}$$

Für das Endglied ist in *(6.6)* $k = n$ zu setzen.

Geometrische Folgen sind für $a_1 > 0$, $q > 1$ und für $a_1 < 0$, $0 < q < 1$ streng monoton wachsend, sowie für $a_1 > 0$, $0 < q < 1$ bzw. für $a_1 < 0$, $q > 1$ streng monoton fallend.

Mit $q = 1$ ergibt sich eine Folge mit konstanten Gliedern und für $q < 0$ eine alternierende geometrische Folge.

Eine Zusammenstellung zur Klassifizierung von Folgen wird im *Beispiel 6.17* gegeben.

Beispiel

6.17

a_1	q	Allgemeines Glied der Folge (a_k) $(k = 1, 2, 3, \ldots)$	Einzelglieder a_k $a_1;\ a_2;\ a_3;\ \ldots$	Monotonieverhalten
2	3	$2 \cdot 3^{k-1}$	$2;\ 6;\ 18;\ \ldots$	streng monoton wachsend
-2	$\frac{1}{2}$	$-2 \cdot \left(\frac{1}{2}\right)^{k-1}$	$-2;\ -1;\ -\frac{1}{2};\ \ldots$	streng monoton wachsend
4	$\frac{1}{4}$	$4\left(\frac{1}{4}\right)^{k-1}$	$4;\ 1;\ \frac{1}{4};\ \ldots$	streng monoton fallend
$-\frac{1}{2}$	2	$-\frac{1}{2} \cdot 2^{k-1}$	$-\frac{1}{2};\ -1;\ -2;\ \ldots$	streng monoton fallend
3	1	$3 \cdot 1^{k-1}$	$3;\ 3;\ 3;\ \ldots$	konstant
5	-2	$5\,(-2)^{k-1}$	$5;\ -10;\ 20;\ \ldots$	alternierend

■

Die Summe der ersten n Glieder einer endlichen geometrischen Folge erhält man durch die Subtraktion der Gleichungen:

$$\begin{array}{ll} s_n &= a_1 + a_1 \cdot q + a_1 \cdot q^2 + \ldots + a_1 \cdot q^{n-1} \qquad \text{und} \\ s_n q &= \qquad a_1 \cdot q + a_1 \cdot q^2 + \ldots + a_1 \cdot q^{n-1} + a_1 \cdot q^n \\ \hline \end{array}$$

$$s_n - s_n q = a_1 - a_1 \cdot q^n$$

$$s_n (1 - q) = a_1 (1 - q^n)$$

$$s_n = a_1 \frac{1 - q^n}{1 - q} = a_1 \frac{q^n - 1}{q - 1}, \quad q \neq 1 \tag{6.8}$$

Mit $a_n = a_1 \cdot q^{n-1}$ lässt sich die Summenformel auch in folgender Weise formulieren:

$$s_n = \frac{a_1 - a_1 q^n}{1 - q} = \frac{a_1 - a_1 \cdot q^{n-1} q}{1 - q}$$

$$s_n = \frac{a_1 - a_n q}{1 - q} = \frac{a_n q - a_1}{q - 1}, \quad q \neq 1 \tag{6.9}$$

Beispiele

6.18 Von einer geometrischen Folge sind bekannt:

$a_4 = 16, \quad a_n = 256, \quad q = 2$

Gesucht werden das allgemeine Glied a_k, die Anzahl n der Glieder und die Summe s_n.

Lösung: Aus der *Gl. (6.6)* folgt

$16 = a_1 \cdot 2^3, \quad a_1 = 2$

Für $k = n$ folgt aus der *Gl. (6.7)*

$$n = \frac{\lg 256 - \lg 2}{\lg 2} + 1 = 8$$

Das allgemeine Glied ist $a_k = 2 \cdot 2^{k-1} = 2^k$.
s_8 ergibt sich aus der *Gl. (6.9)*

$$s_8 = \frac{256 \cdot 2 - 2}{2 - 1} = 510$$

6.19 Von einer geometrischen Folge sind bekannt:

$$a_3 = 160, \quad a_8 = \frac{1024}{625}, \quad n = 8$$

Gesucht werden das Anfangsglied a_1, der Quotient q und s_8.

Lösung: Aus der *Definition 6.5* der geometrischen Folge folgt

$$a_8 = a_3 \cdot q^5, \quad \frac{1024}{625} = 160 \cdot q^5$$

$$q = \sqrt[5]{\frac{1024}{625 \cdot 160}} = 0{,}4$$

Mit der *Gl. (6.6)* ergibt sich a_1

$$a_1 = \frac{\frac{1\,024}{625}}{0{,}4^7} = 1\,000$$

Aus der *Summenformel (6.8)* folgt

$$s_8 = 1\,000 \cdot \frac{1-0{,}4^8}{1-0{,}4} = 1\,665{,}574\,4$$

■

Kontrollfragen

6.6 Was ist das Kennzeichen einer geometrischen Zahlenfolge?

6.7 Wann ist eine geometrische Folge streng monoton wachsend bzw. fallend?

Aufgaben: *6.13* bis *6.16*

6.4 Anwendungsbeispiele der geometrischen Folge

Durchschnittliches Wachstumstempo

Die prozentuale Änderung der Glieder einer geometrischen Folge ist konstant, da die Quotienten benachbarter Glieder gleich sind.

Ökonomische Kennziffern, denen eine gleichbleibende prozentuale Entwicklung zugrunde liegt, können deshalb mit den Gleichungen der geometrischen Folge mathematisch beschrieben werden. Es sei a_i $(i = 1, 2, 3, \ldots, n)$ der jährliche Nettogewinn eines Betriebes. Da bei den einzelnen statistischen Werten bestimmte Abweichungen gegenüber einer gleichmäßigen prozentualen Entwicklung auftreten, spiegelt q in der *Gl. (6.7)* das durchschnittliche Wachstumstempo im betrachteten Zeitraum wider. Das durchschnittliche jährliche Wachstumstempo q berechnet sich nach

$$q = \sqrt[n-1]{\frac{a_n}{a_1}} \qquad (6.10)$$

$n-1$ ist die Anzahl der Wachstumsintervalle
n ist die Wachstumsdauer (z. B. Jahre)

Die Zuwachsrate r ergibt sich aus

$$r = q - 1 \qquad (6.11)$$

Das Produkt $q \cdot 100\,\%$ gibt an, **auf** wie viel Prozent die ökonomische Kennziffer (z. B. Nettogewinn) im betrachteten Zeitraum (z. B. Jahre) gewachsen ist, dagegen gibt $r \cdot 100\,\%$ an, **um** wie viel Prozent dieses Wachstum erfolgte.

Beispiel

6.20 Ein neugegründeter Reparaturbetrieb erzielte im ersten Jahr Leistungen in Höhe von 35,7 Mill. € und plant bei konstanter prozentualer Steigerung für das fünfte Jahr 45,3 Mill. €. Wie groß muss das jährliche durchschnittliche Wachstumstempo bzw. die Zuwachsrate sein? Mit welchem Ergebnis ist im dritten Jahr zu rechnen?

Lösung: Aus der *Gl. (6.10)* folgt

$$q = \sqrt[4]{\frac{45{,}3}{35{,}7}} = 1{,}061\,3 = 106{,}13\,\%$$

a_3 erhält man aus der *Gl. (6.6)*

$a_3 = a_1 \cdot q^2, \quad a_3 = 35{,}7 \cdot 1{,}0613^2 = 40{,}21$

Das mittlere jährliche Wachstumstempo beträgt 106,13 %, die Zuwachsrate pro Jahr 6,13 %. Im dritten Jahr werden bei konstanter prozentualer Steigerung Reparaturleistungen von 40,21 Mill. € erzielt. ■

Normzahlen

Normzahlen erhält man, indem zwischen zwei aufeinanderfolgende Zehnerpotenzen die Glieder einer geometrischen Zahlenfolge mit dem Quotienten $q = \sqrt[n]{10}$ für $n = 5, 10, 20, 40, 80, 160$ eingeschoben werden. Der Quotient q der geometrischen Folge wird hier **Stufensprung** genannt und mit φ bezeichnet. Die Kurzschreibweise für diese Reihen wird mit $R5$, $R10$, $R20$, $R40$, $R80$, $R160$ angegeben. Die auf 5 Stellen errechneten **Genauwerte** der Normzahlen werden im Allgemeinen in der Praxis nicht benutzt. Zur Anwendung kommen gerundete Genauwerte, die **Hauptwerte**. Die Normzahlen werden in den Normen ISO 3 und DIN 323 spezifiziert.

Die ISO 3 ist eine internationale Norm, die von der Internationalen Organisation für Normung (ISO) veröffentlicht wurde. Sie definiert die Normzahlen und Normzahlreihen für die Anwendung im metrischen System. Die DIN 323 ist eine deutsche Norm, die vom Deutschen Institut für Normung (DIN) veröffentlicht wurde. Sie basiert auf der ISO 3 und ergänzt diese um einige zusätzliche Regelungen.

Durch die Verwendung von Normzahlen wird die Kompatibilität von Produkten unterschiedlicher Hersteller erleichtert. So können beispielsweise Schrauben und Muttern von verschiedenen Herstellern miteinander verwendet werden, wenn sie die gleiche Normzahl haben.

Beispiele

6.21 Die Hauptwerte der Grundreihe $R5$ und $R10$ sind zu ermitteln.

Lösung: Folgende Stufensprünge ergeben sich

$R5: \sqrt[5]{10} \approx 1{,}5849, \quad R10: \sqrt[10]{10} \approx 1{,}2589$

Gerundete Stufensprünge sind

$R5: \varphi = 1{,}6; \quad R10: \varphi = 1{,}25$

Für den Bereich von 1 ... 10 ergeben sich damit folgende Hauptwerte für $R5$ und $R10$:

$R5 = (1{,}0;\ 1{,}6;\ 2{,}5;\ 4{,}0;\ 6{,}3;\ 10{,}0)$

$R10 = (1{,}00;\ 1{,}25;\ 1{,}60;\ 2{,}00;\ 2{,}50;\ 3{,}15;\ 4{,}00;\ 5{,}00;\ 6{,}30;\ 8{,}00;\ 10{,}0)$

6.22 Für Maschinenschrauben ist der Nenndurchmesser des metrischen Gewindes nach $R10$ zu stufen. Für den Bereich von 4 mm bis 36 mm ergibt sich mit dem Stufensprung $\varphi = 1{,}25$ die Folge (Werte gerundet)

$(d) = (4{,}00;\ 5{,}00;\ 6{,}25;\ 7{,}80;\ 9{,}80;\ 12{,}20;\ 15{,}30;\ 19{,}10;\ 23{,}80;\ 29{,}80;\ 37{,}20\,\text{mm})$

Stellt man der geometrischen Stufung des Nenndurchmessers die arithmetische gegenüber, erhält man folgende Ergebnisse:

$$d = \frac{a_k - a_1}{k - 1} = \frac{36 - 4}{10} = 3{,}2$$

$(d) = (4{,}0;\ 7{,}2;\ 10{,}4;\ 13{,}6;\ 16{,}8;\ 20{,}0;\ 23{,}2;\ 26{,}4;\ 29{,}6;\ 32{,}8;\ 36)\ \text{mm}$

Es wird deutlich, dass bei arithmetischer Stufung des Nenndurchmessers der prozentuale Zuwachs sehr unausgeglichen ist. Von der ersten zur zweiten Schraube beträgt er 80 %, von der fünften zur sechsten Schraube etwa 19 %. Dagegen ist der prozentuale Zuwachs des Nenndurchmessers bei geometrischer Stufung von Schraubendurchmesser zu Schraubendurchmesser gleich. Die geometrische Stufung wird deshalb in der Praxis vorgezogen. Eine weitere Anwendung der Normzahlen wurde im *Beispiel 6.1* dargestellt. ■

Zinseszinsrechnung

Die Gesetze der geometrischen Folge bilden die mathematische Grundlage zur Berechnung von Zins für mehrere Verzinsungsperioden, wenn der in einer Verzinsungsperiode anfallende Zins zum Grundbetrag addiert wird und von da ab seinerseits der Verzinsung unterliegt. Die **Zinseszinsformel** kann wie folgt hergeleitet werden.

Ein Guthaben b_0 wird zu einem Zinssatz p verzinst, d. h., 1 % von b_0 sind $\frac{b_0}{100}$ und p % von b_0 sind $\frac{p}{100} \cdot b_0$. Die Jahreszinsen $z = b_0 \frac{p}{100}$ werden diesem Grundbetrag b_0 zugeschrieben und im folgenden Jahr ebenfalls verzinst.

Werden diese Überlegungen fortgeführt, erhält man die Guthaben nach dem ersten, zweiten, ..., n-ten Jahr: $b_1, b_2, \ldots, b_n$.

$$\begin{aligned}
b_1 &= b_0 + b_0 \frac{p}{100} &&= b_0 \left(1 + \frac{p}{100}\right) &&= b_0 \cdot q \\
b_2 &= b_1 + b_1 \frac{p}{100} &&= b_1 \left(1 + \frac{p}{100}\right) &&= b_0 \cdot q^2 \\
&\vdots && \vdots && \vdots \\
b_n &= b_{n-1} + b_{n-1} \frac{p}{100} &&= b_{n-1} \left(1 + \frac{p}{100}\right) &&= b_0 \cdot q^n
\end{aligned}$$

Die Beträge $b_1, b_2, \ldots, b_n$ bilden eine geometrische Folge mit dem Anfangsglied b_0 und dem konstanten Quotienten q. Die Formel der Zinseszinsrechnung ist

$$b_n = b_0 \cdot q^n \tag{6.12}$$

b_n	Endbetrag
p	Zinssatz
$\frac{p}{100}$	Zinsrate
$\left(1 + \frac{p}{100}\right) = q$	Aufzinsungsfaktor
n	Verzinsungsdauer in Jahren

Die Berechnung heißt **Aufzinsen**.

Sind der Endbetrag b_n und der Aufzinsungsfaktor q bekannt, kann mithilfe der Zinseszinsformel der Anfangsbetrag b_0 berechnet werden.

Aus der *Formel (6.12)* folgt

$$b_0 = b_n \cdot q^{-n}$$

Mit dem Abzinsungs- oder Diskontierungsfaktor $v = \frac{1}{q}$ ergibt sich

$$b_0 = b_n \cdot v^n \tag{6.13}$$

Diesen Sachverhalt bezeichnet man als **Diskontierung**.

Beispiele

6.23 Ein Guthaben von 6 000 € soll bei $3\frac{1}{4}$ % 3 Jahre auf Zinseszins stehen. Wie groß ist das Guthaben nach dieser Zeit?

Gegeben sind $b_0 = 6\,000\,€$, $p = 3{,}25 n = 3$.

Lösung: Aus der *Gl. (6.13)* folgt mit

$$q = 1 + \frac{3{,}25}{100} = 1{,}0325, \quad b_3 = 6\,000 \cdot 1{,}0325^3 = 6\,604{,}22$$

6 000 € wachsen bei $3\frac{1}{4}$ %iger Jahresverzinsung in 3 Jahren auf 6 604,22 € an.

6.24 Diskontieren Sie einen nach 5 Jahren fälligen Betrag von 10 000 € bei 5 % Zinseszins auf die Gegenwart.
Gegeben sind $b_5 = 10\,000\,€$, $p = 5$, $n = 5$.

Lösung: Aus der *Gl. (6.13)* folgt mit

$$q = 1 + \frac{5}{100} = 1{,}05 \quad \text{und} \quad v = \frac{1}{q} = 0{,}952\,381$$

$$b_0 = 10\,000 \cdot 0{,}952\,381^5 = 7\,835{,}26$$

Der Barwert eines nach 5 Jahren fälligen Betrages von 10 000 € beträgt bei 5 % Zinsen 7 835,26 €. ■

Geometrisch-degressive Abschreibung

Im Rahmen von Konjunkturprogrammen zur Belebung der Wirtschaft wird oft die degressive Abschreibung befristet für bewegliche Anlagengegenstände eingeführt. Man kann dann bis zu 25 % der Anschaffungs- oder Herstellungskosten schon im Jahr der Anschaffung geltend machen. Aus diesem Grund soll hier auch die degressive Abschreibung betrachtet werden. Die geometrisch-degressive Abschreibung ist eine Abschreibung vom Buchwert. Die Abschreibungsbeträge sind unterschiedlich. Kennzeichen der degressiven Abschreibung sind:

- der Buchwert geht nie ganz auf 0,00 €, es bleibt immer ein Restwert
- der Abschreibungsbetrag ist zu Beginn am höchsten
- der Abschreibungssatz kann bis zum 2,5-Fachen des linearen Abschreibungssatzes betragen, darf aber 25 % nicht überschreiten.

Der Abschreibungssatz und der Abschreibungsbetrag werden wie folgt berechnet:

AfA-Satz = 100/Nutzungsdauer (ND) · 2,5 = %-Wert, der nicht höher als 25 ist (wenn doch, dann wird mit 25 % weitergerechnet)

AfA-Betrag = AfA-Satz vom Buchwert (bzw. den Anschaffungskosten) – %-Wert

AfA: Diese Abkürzung steht für „Absetzung für Abnutzung". Ein anderes Wort für die AfA ist „Abschreibung".

Hinweis: Im folgenden Beispiel wird das Grundprinzip der geometrisch-degressiven Abschreibung erläutert. Die aktuellen gesetzlichen Reglungen sind dem Einkommensteuergesetz § 7 Absetzung für Abnutzung oder Substanzverringerung zu entnehmen.

Beispiel

6.25 Ein Unternehmen kauft sich eine Computeranlage für 100 000 €. Die Nutzungsdauer beträgt 6 Jahre.

a) Berechnen Sie für 5 Jahre den Abschreibungsplan.

b) In welchem Jahr beträgt der Restbuchwert erstmals weniger als 30 % des Anschaffungspreises?

Lösung: AfA-Satz = 100/6 · 2,5 = 41,67 % (erlaubt sind aber nur 25 %, also wird mit 25 % weiter gerechnet)

$$\text{AfA-Betrag} = \frac{100\,000 \cdot 25}{100} = 25\,000\,€$$

Abschreibungstabelle:

Jahr	Abschreibungsbetrag	Restbuchwert
0	0 €	100 000,00 €
1	25 000,00 €	75 000,00 €
2	18 750,00 €	56 250,00 €
3	14 062,50 €	42 187,50 €
4	10 546,88 €	31 640,63 €
5	7 910,00 €	23 730,63 €

Der Restbuchwert beträgt erstmals im 5. Nutzungsjahr weniger als 30 % (23,73 %).

Der Übergang von der degressiven Abschreibung zur linearen Abschreibung ist zulässig. Vom Zeitpunkt des Übergangs an bemisst sich die lineare Abschreibung nach dem dann noch vorhandenen Restwert und der Restnutzungsdauer des Anlagegegenstands (§ 7 Abs. 3 EStG). §7 Absatz 3 Einkommensteuergesetz (EStG) regelt den Übergang von der Absetzung für Abnutzung in fallenden Jahresbeträgen zur Absetzung für Abnutzung in gleichen Jahresbeträgen. Ein Übergang von der linearen zur degressiven Abschreibung ist hingegen unzulässig. Dieser Wechsel wird sehr häufig vorgenommen, damit der Anlagegegenstand nach dem Ablauf seiner Nutzungsdauer keinen Restbuchwert mehr aufweist – damit er also voll abgeschrieben ist. Zweckmäßig wird in dem Jahr von der degressiven zur linearen Abschreibung übergegangen, in dem die lineare Abschreibung höher oder gleich ist als die fortgesetzte degressive Abschreibung. Daher wird zweckmäßigerweise eine Vergleichsrechnung zwischen degressiver und fortgeführter linearer AfA durchgeführt, um den günstigsten Zeitpunkt für den Übergang festzustellen. Dazu wird ein Beispiel betrachtet.

6.26 Ein PKW wird für 40 000,00 € angeschafft. Die betriebliche Nutzungsdauer beträgt 6 Jahre.

Geometrisch-degressive Abschreibung:

AfA-Satz = 100/6 · 2,5 = 41,67 %

Der Höchstsatz ist 25 %.

$$\text{AfA-Betrag} = \frac{40\,000 \cdot 25}{100} = 10\,000\,€$$

Jahr	Abschreibungsbetrag	Restbuchwert
0	40 000,00 €	0
1	10 000,00 €	30 000,00 €
2	7 500,00 €	22 500,00 €
3	5 625,00 €	16 875,00 €
4	4 218,75 €	12 656,25 €
5		
6		

Lineare Abschreibung:

AfA-Betrag = 40 000/6 = 6 666,67 €

AfA-Satz = 100 %/6 = 16,67 %

Jahr	Abschreibungsbetrag	Restbuchwert
0		40 000,00 €
1	40 000,00 €/6 = 6 666,67 €	
2	30 000,00 €/5 = 6 000,00 €	
3	22 500,00 €/4 = 5 625,00 €	
4	12 656,25 €/3 = 4 218,75 €	8 437,50 €
5	8 437.50/2 = 4 218,75 €	4 218,75 €
6	4 218,75 €	0 €

Der Wechsel macht im 4. Abschreibungsjahr Sinn. Demnach wird der PKW ab dem 4. Jahr mit dem degressiven Abschreibungssatz linear abgeschrieben. ■

Tabelle 6.1 Gegenüberstellung der beiden Abschreibungsmethoden

Merkmal	Geometrisch-degressive Abschreibung	Lineare Abschreibung
Abschreibungsbetrag	Sinkt von Jahr zu Jahr	Bleibt konstant
Abschreibungsdauer	Kann kürzer sein	Immer gleich
Anschaffungswert	Wird vollständig abgeschrieben	Wird nicht vollständig abgeschrieben
Restwert	Erreicht Null	Erreicht nicht Null

Hinweis: Auf die „**Abschreibung nach Leistung**" wird in diesem Rahmen nicht eingegangen.

Aufgaben: *6.17* **bis** *6.27*

6.5 Grenzwert einer Zahlenfolge

In diesem Abschnitt sollen die unendlichen Folgen näher betrachtet werden. Von besonderem Interesse ist dabei das Verhalten der Glieder der Folge bei unbeschränkt wachsender Gliednummer. Die grafische Darstellung der unendlichen Zahlenfolge

$$(a_k) = 1;\ 1{,}5;\ 1{,}66;\ 1{,}75;\ \ldots;\ 2 - \frac{1}{k};\ \ldots \quad (k = 1, 2, 3\ \ldots)$$

(*Bild 6.2*) zeigt, dass sich die Glieder mit wachsenden Gliednummern immer mehr von unten her der Zahl 2 nähern. Der Abstand zwischen a_k und der Zahl 2 wird beliebig klein, wenn man k genügend groß wählt. Trotzdem wird wegen $2 - \frac{1}{k} < 2$ der Wert 2 nicht erreicht. Das Verhalten der Folge in der Umgebung von 2 soll näher untersucht werden. Dazu wird der Begriff der ε-Umgebung eingeführt.

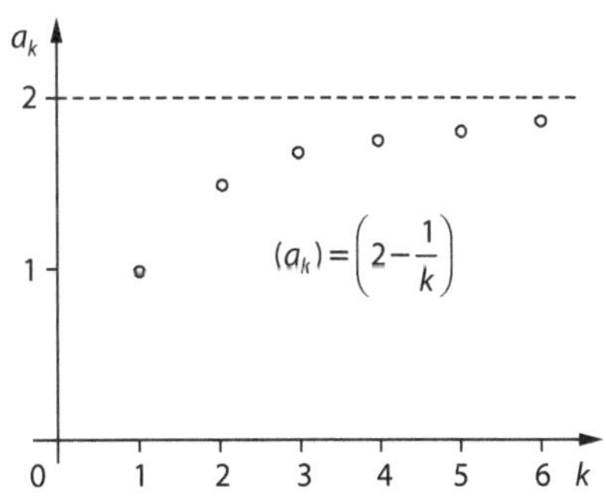

Bild 6.2

Definition 6.6

Das offene Intervall $(a - \varepsilon;\ a + \varepsilon)$ nennt man die **ε-Umgebung von a** wobei a eine beliebige reelle Zahl und ε eine beliebige positive reelle Zahl ist.

(ε griechischer Buchstabe; gelesen: „epsilon"). Die ε-Umgebung der Zahl a ist im *Bild 6.3* dargestellt. Für das vorliegende Beispiel ist $a = 2$. Wählt man $\varepsilon = \frac{1}{10}$, so ist die ε-Umgebung das offene Intervall $\left(2-\frac{1}{10}; 2+\frac{1}{10}\right)$. Da jedoch oberhalb von 2 keine Glieder der Folge existieren, genügt es, als Umgebung das Intervall $\left(2-\frac{1}{10}; 2\right) = (1{,}9;\ 2)$ zu betrachten (*Bild 6.4*). Für $\varepsilon = \frac{1}{10}$ erkennt man, dass nur endlich viele Glieder – $a_1, a_2, \ldots\ a_{10}$ – kleiner oder gleich 1,9 sind. **Fast alle Glieder** a_k der Folge – das heißt vom Glied a_{11} an – liegen in der ε-Umgebung von 2 (*Bild 6.4*). Wie man auch eine ε-Umgebung von 2 wählt, stets gilt: Von einer bestimmten Gliedernummer an liegen alle Glieder der Folge (a_k) in der ε-Umgebung von 2. Die Zahl 2 ist **Grenzwert der Folge** (a_k).

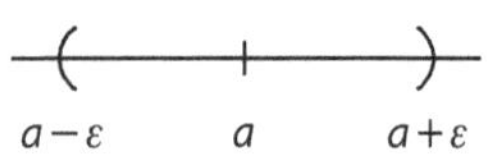

Bild 6.3

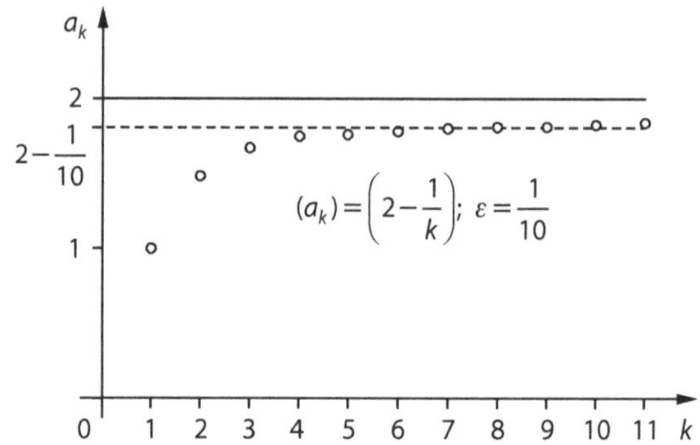

Bild 6.4

Definition 6.7

Eine Zahl g heißt **Grenzwert** g der Zahlenfolge (a_k), wenn für jede Zahl $\varepsilon > 0$ fast alle Glieder der Folge in der Umgebung $(g-\varepsilon;\ g+\varepsilon)$ liegen.

Hat eine Zahlenfolge einen Grenzwert, so heißt sie **konvergent** (lat: „convergere, zusammenstreben"). Zahlenfolgen, die keinen Grenzwert haben, heißen **divergent** (lat: „divergere, auseinanderstreben"). Konvergiert eine Zahlenfolge, so hat sie einen Grenzwert g. Man schreibt dafür auch:

$$\lim_{k\to\infty} a_k = g$$

(gelesen: „limes a_k für k gegen unendlich ist gleich g"). Im Lateinischen steht das Wort „Limes" für Grenze. Auf die vorhergehende Folge bezogen bedeutet dies: Für $k \to \infty$ strebt die Folge $\left(2-\frac{1}{k}\right)$ gegen den Wert 2. Die Zahl 2 ist Grenzwert der Folge, d. h., $\lim\limits_{k\to\infty}\left(2-\frac{1}{k}\right) = 2 = g$.

Wachsen bzw. fallen die Glieder einer Zahlenfolge (a_k) für $k \to \infty$ unbeschränkt, strebt die Zahlenfolge gegen $+\infty$ bzw. $-\infty$. Diese Zahlenfolgen haben keinen Grenzwert. Sie sind divergent. Obwohl kein Grenzwert existiert, schreibt man symbolisch

$$\lim_{k\to\infty} (a_k) = +\infty \quad \text{bzw.} \quad -\infty$$

Allgemein werden sie **uneigentliche Grenzwerte** genannt. In den nachfolgenden Beispielen sollen einige Folgen näher charakterisiert werden.

Beispiele

6.27 $(a_k) = \left(\frac{1}{k^2+1}\right) \quad k = 1, 2, 3, 4, \ldots$

Glieder der Folge: $(a_k) = \left(\frac{1}{2}; \frac{1}{5}; \frac{1}{10}; \frac{1}{17}; \ldots\right)$

Grenzwert der Folge für $k \to \infty$: $\lim\limits_{k\to\infty} \frac{1}{k^2+1} = 0$

Bezeichnung der Folge: konvergent

Eine Zahlenfolge mit dem Grenzwert $g = 0$ heißt **Nullfolge**.

6.28 $(a_k) = \left(2 + \frac{1}{k^2}\right) \quad k = 1, 2, 3, 4, \ldots$

Glieder der Folge: $(a_k) = (3;\ 2{,}25;\ 2{,}11;\ 2{,}06;\ \ldots)$

Grenzwert der Folge für $k \to \infty$: $\lim\limits_{k\to\infty} \left(2 + \frac{1}{k^2}\right) = 2$

Bezeichnung der Folge: konvergent

6.29 $(a_k) = (k^2) \quad k = 1, 2, 3, 4, \ldots$

Glieder der Folge: $(a_k) = (1;\ 4;\ 9;\ 16;\ \ldots)$

Grenzwert der Folge für $k \to \infty$: $\lim\limits_{k\to\infty} (k^2) = \infty$

Bezeichnung der Folge: divergent

6.30 $(a_k) = (-3k) \quad k = 1, 2, 3, 4, \ldots$

Glieder der Folge: $(a_k) = (-3;\ -6;\ -9;\ -12;\ \ldots)$

Grenzwert der Folge für $k \to \infty$: $\lim\limits_{k\to\infty} (-3\,k) = -\infty$

Bezeichnung der Folge: divergent

6.31 $(a_k) = \left((-1)^{k+1} \cdot k^3\right) \quad k = 1, 2, 3, 4, \ldots$

Glieder der Folge: $(a_k) = (1;\ -8;\ 27;\ -64;\ \ldots)$

Bezeichnung der Folge: divergent ■

Grenzwerte gewisser Zahlenfolgen lassen sich mithilfe der **Grenzwertsätze** bestimmen. Diese Sätze und einige ausgewählte Grenzwerte sollen ohne Beweis angegeben werden.

Satz 6.1

Sind die Folgen (a_k) und (b_k) konvergent mit den Grenzwerten

$$\lim_{k\to\infty} (a_k) = a \quad \text{und} \quad \lim_{k\to\infty} (b_k) = b, \quad \text{so gilt}$$

$$\lim_{k\to\infty} (a_k \pm b_k) = \lim_{k\to\infty} a_k \pm \lim_{k\to\infty} b_k = a \pm b$$

$$\lim_{k\to\infty} c \cdot a_k = c \lim_{k\to\infty} a_k = c \cdot a \quad (c = \text{const.})$$

$$\lim_{k\to\infty} (a_k \cdot b_k) = \lim_{k\to\infty} a_k \cdot \lim_{k\to\infty} b_k = a \cdot b$$

$$\lim_{k\to\infty} \frac{a_k}{b_k} = \frac{\lim\limits_{k\to\infty} a_k}{\lim\limits_{k\to\infty} b_k} = \frac{a}{b} \quad (b \neq 0)$$

Einige ausgewählte Grenzwerte

$$\lim_{k\to\infty} \frac{c}{k} = 0; \quad c \in \mathbb{R} \tag{6.14}$$

$$\lim_{k\to\infty} \frac{1}{k^p} = 0; \quad p > 0 \tag{6.15}$$

$$\lim_{k\to\infty} \left(1 + \frac{1}{k}\right)^k = \mathrm{e} = 2{,}718\,28\ldots \quad (\mathrm{e}\ \text{Eulersche Zahl}) \tag{6.16}$$

Die Zahl e ist die Basis der natürlichen Logarithmen $(\log_{\mathrm{e}} x = \ln x)$.

Beispiele

6.32 $\lim\limits_{k\to\infty} \left(3 + \frac{2}{k^2}\right) = \lim\limits_{k\to\infty} 3 + \lim\limits_{k\to\infty} \frac{2}{k^2} = 3 + 0 = 3$

6.33 $\lim\limits_{k\to\infty} \left(\frac{2}{k} - \frac{4}{k^3}\right) = \lim\limits_{k\to\infty} \frac{2}{k} - \lim\limits_{k\to\infty} \frac{4}{k^3} = 0 - 0 = 0$

6.34 $\lim\limits_{k\to\infty} \frac{2k^2 + 5}{5k^2 - 3}$ ■

Die Folgen $(2k^2 + 5)$ und $(5k^2 - 3)$ wachsen für $k \to \infty$ monoton. Sie sind divergent. Eine Aussage über das Konvergenzverhalten ist zunächst nicht möglich. Vor dem Grenzübergang sind Umformungen notwendig. Für die Berechnung des Grenzwertes eines Quotienten zweier Folgen wird im Zähler und im Nenner die höchste im Nenner auftretende Potenz von k ausgeklammert und anschließend gekürzt.

$$\lim_{k\to\infty} \frac{k^2\left(2 + \frac{5}{k^2}\right)}{k^2\left(5 - \frac{3}{k^2}\right)} = \frac{\lim\limits_{k\to\infty} 2 + \lim\limits_{k\to\infty} \frac{5}{k^2}}{\lim\limits_{k\to\infty} 5 - \lim\limits_{k\to\infty} \frac{3}{k^2}} = \frac{2+0}{5-0} = \frac{2}{5}$$

Kontrollfragen

6.8 Was versteht man unter einer ε-Umgebung einer Zahl a?

6.9 Wie ist der Grenzwert einer Zahlenfolge definiert?

6.10 Was bringt man mit dem Symbol $k \to \infty$ zum Ausdruck?

6.11 Welche Folgen werden als Nullfolgen bezeichnet?

6.12 Wann spricht man von konvergenten bzw. divergenten Folgen?

Aufgaben: ***6.28*** **und** ***6.29***

6.6 Grenzwert einer Funktion

6.6.1 Grenzwert einer Funktion an der Stelle $x = a$

Betrachtet man die grafischen Darstellungen der Funktionen

$$f(x) = x^2; \tag{1}$$

$$f(x) = \frac{x^2 - 4}{x - 2}; \tag{2}$$

$$f(x) = \begin{cases} x + 1 & \text{für} \quad x < 2 \\ x + 2 & \text{für} \quad x \geqq 2 \end{cases} \tag{3}$$

$$f(x) = \frac{1}{x - 2} \tag{4}$$

(vgl. *Bilder 6.5* bis *6.8*), erkennt man, dass die *Funktionen (1) und (3)* an der Stelle $x = 2$ definiert und die *Funktionen (2) und (4)* an der Stelle $x = 2$ nicht definiert sind.

Will man nun das Verhalten der Funktion in der näheren Umgebung von $x = a$ (für die Beispiele ist $a = 2$) untersuchen, so setzt man für x eine Folge aus dem Definitionsbereich mit dem Grenzwert a ein.

$$(x_k) = (x_1, x_2, x_3, \ldots) \quad \text{mit} \quad \lim_{k \to \infty} x_k = a$$

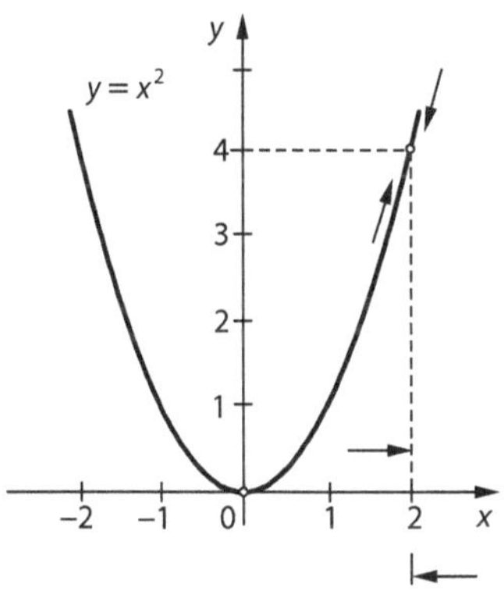

Bild 6.5

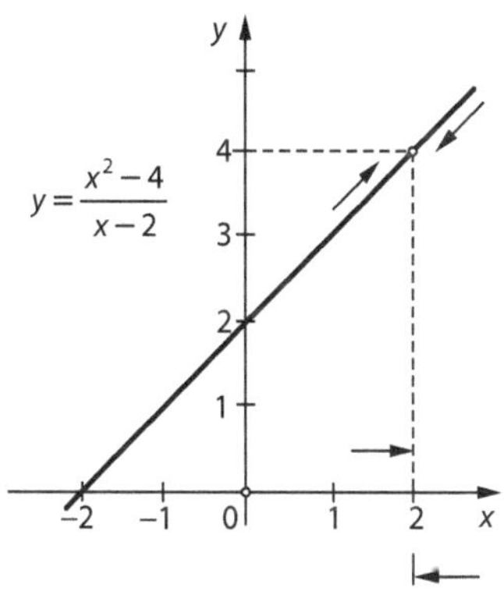

Bild 6.6

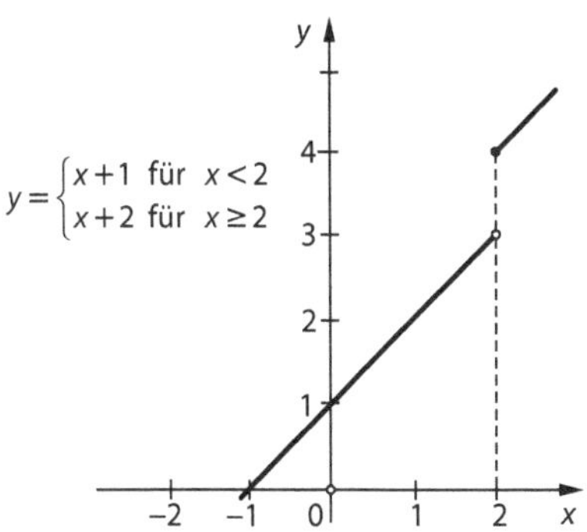

Bild 6.7

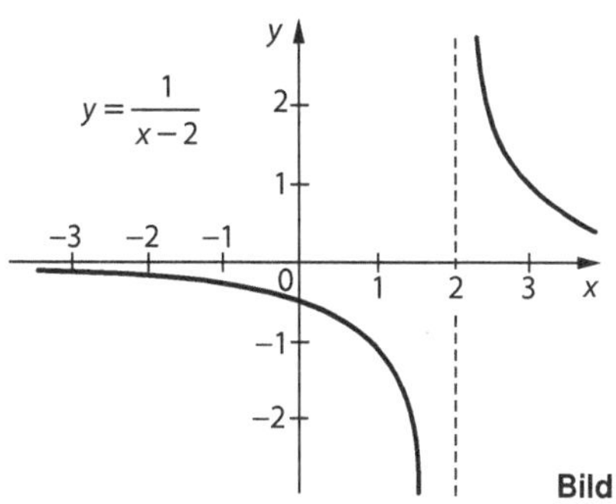

Bild 6.8

Die Funktionswerte ergeben dann die Folge

$$(f(x_k)) = (f(x_1), f(x_2), f(x_3), \ldots)$$

Die Glieder dieser Folge bzw. ihr Grenzwert geben Auskunft über das Verhalten der Funktion in der Umgebung von $x = a$. Konvergiert die Folge (x_k) aus dem Definitionsbereich von links oder von rechts gegen a, spricht man vom **linksseitigen Grenzwert** $\lim\limits_{x\to a^-} f(x) = g-$ oder vom **rechtsseitigen Grenzwert** $\lim\limits_{x\to a^+} f(x) = g+$ der Funktion an der Stelle $x = a$.

Die Zeichen $-$ und $+$ kennzeichnen die Richtung der Annäherung. Die Berechnung der Grenzwerte wird oft mithilfe der Substitution

$$x = a \pm h \quad \text{für} \quad h \to 0 \quad \text{oder} \quad x = a \pm \frac{1}{k} \quad \text{für} \quad k \to \infty \quad \text{möglich.}$$

Da aus den Grenzwertsätzen für Folgen sich analoge Sätze für Grenzwerte von Funktionen ergeben, können sie zur Ermittlung von Grenzwerten mit genutzt werden.

An einem Beispiel soll erläutert werden, wie eine Funktion $y = f(x)$ an der Stelle $x = a$ untersucht wird.

Beispiel

6.35 Die Funktion $y = \dfrac{x^2 - 4}{x - 2}$ ist an der Stelle $x = 2$ zu untersuchen. Der Grenzwert dieser Funktion an der Stelle $x = 2$ soll dadurch bestimmt werden, indem man x von rechts und links her gegen 2 streben lässt. Eine Wertetabelle liefert folgende Ergebnisse:

x	1,9	1,95	1,99	1,999	...	2,001	2,01	2,05	2,1
y	3,9	3,95	3,99	3,999	...	4,001	4,01	4,05	4,1

Der Graph der Funktion hat an der Stelle $x = 2$ eine Lücke. Für $x \to 2$ strebt die Funktion dem Wert 4 zu.

Es ist

$$\lim_{x\to 2} \frac{x^2 - 4}{x - 2} = 4$$

Zum gleichen Ergebnis gelangt man auch, wenn man aus dem Definitionsbereich der Funktion zwei beliebige Folgen auswählt, die den Grenzwert 2 haben. Eine Folge soll von rechts, die andere von links gegen den Grenzwert konvergieren.

$$(x_k) = \left(2 + \frac{1}{k}\right) \quad (k = 1, 2, 3, \ldots) \qquad (x_k) = (3;\ 2{,}5;\ 2{,}33;\ \ldots)$$

$$(x_k) = \left(2 - \frac{1}{k}\right) \quad (k = 1, 2, 3, \ldots) \qquad (x_k) = (1;\ 1{,}5;\ 1{,}67;\ \ldots) \qquad (\text{vgl. } \textit{Bild 6.6})$$

Nun bestimmt man die Grenzwerte $\lim\limits_{k\to\infty} f(x_k)$ der zugehörigen Funktionswertfolgen $(f(x_k))$, $g+$ und $g-$.

$$g+ = \lim_{k\to\infty} f(x_k) = \lim_{k\to\infty} \frac{\left(2 + \frac{1}{k}\right)^2 - 4}{2 + \frac{1}{k} - 2} = \lim_{k\to\infty} \frac{\left(4 + \frac{4}{k} + \frac{1}{k^2} - 4\right) \cdot k}{1}$$

$$\lim_{k\to\infty} \left(4 + \frac{1}{k}\right) = 4$$

$$g- = \lim_{k\to\infty} f(x_k) = \lim_{k\to\infty} \frac{\left(2 - \frac{1}{k}\right)^2 - 4}{2 - \frac{1}{k} - 2} = \lim_{k\to\infty} \frac{\left(4 - \frac{4}{k} + \frac{1}{k^2} - 4\right) \cdot k}{-1}$$

$$\lim_{k\to\infty}\left(4-\frac{1}{k}\right)=4$$

Die Ergebnisse zeigen, dass beide Grenzwerte gleich sind, $g+ = g- = 4$ (vgl. *Bild 6.6*). ■

Definition 6.8

Konvergiert für jede Argumentwertfolge $(x_k) \to a$ $(k = 1, 2, 3, \ldots)$, die dazugehörige Funktionswertfolge $\left(f(x_k)\right)$ $(k = 1, 2, 3, \ldots)$ stets gegen denselben Wert g, heißt g **Grenzwert** der Funktion $f(x)$ an der Stelle $x = a$:

$$\lim_{x\to a} f(x) = g$$

(gelesen: „limes $f(x)$ für x gegen a ist gleich g").

Die Untersuchung der *Funktionen (1), (3)* und *(4)* an der Stelle $x = 2$ liefert folgende Ergebnisse.

Beispiele

6.36 $f(x) = x^2$, gesucht wird $\lim\limits_{x\to 2} f(x)$

Lösung: Die Berechnung der Grenzwerte erfolgt über die Substitution $x = 2 \pm \frac{1}{k}$ für $k \to \infty$. Man erhält für den rechtsseitigen und linksseitigen Grenzwert

$$g+ = \lim_{k\to\infty}\left(2+\frac{1}{k}\right)^2 = \lim_{k\to\infty}\left(4+\frac{4}{k}+\frac{1}{k^2}\right) = 4,$$

$$g- = \lim_{k\to\infty}\left(2-\frac{1}{k}\right)^2 = \lim_{k\to\infty}\left(4-\frac{4}{k}+\frac{1}{k^2}\right) = 4$$

Da $g+ = g-$, gilt $\lim\limits_{x\to 2} x^2 = 4$ (vgl. *Bild 6.5*).

Die Funktion hat an der Stelle $x = 2$ den Grenzwert $g = 4$.

6.37 $f(x) = \begin{cases} x+1 & \text{für} \quad x < 2 \\ x+2 & \text{für} \quad x \geqq 2 \end{cases}$, gesucht wird $\lim\limits_{x\to 2} f(x)$.

Lösung: Für x wird die Folge $x = 2 \pm \frac{1}{k}$ mit $k \to \infty$ eingesetzt. Man erhält

$$g- = \lim_{k\to\infty}\left(2-\frac{1}{k}+1\right) = 3, \quad g+ = \lim_{k\to\infty}\left(2+\frac{1}{k}+2\right) = 4$$

Da $g+ \neq g-$ ist, hat die Funktion an der Stelle $x = 2$ keinen Grenzwert. ■

Sind der linksseitige und der rechtsseitige Grenzwert an der Stelle $x = a$ verschieden voneinander, nennt man a **Sprungstelle** der Funktion (vgl. *Bild 6.7*).

Beispiel

6.38 $f(x) = \dfrac{1}{x-2}$, gesucht wird $\lim\limits_{x\to 2} f(x)$.

Lösung: Für x wird die Folge $x = 2 \pm \frac{1}{k}$ mit $k \to \infty$ eingesetzt. Man erhält

$$g+ = \lim_{k\to\infty}\frac{1}{2+\frac{1}{k}-2} = \infty, \quad g- = \lim_{k\to\infty}\frac{1}{2-\frac{1}{k}-2} = -\infty$$

Obwohl die Argumentwertfolgen gegen einen endlichen Wert streben, ist zu erkennen, dass die Funktionswertfolgen gegen $+\infty$ bzw. $-\infty$ divergieren (vgl. *Bild 6.8*). Die Funktion hat an der Stelle einen Pol. Auf der Grundlage der vorhergehenden Untersuchungen kann nun der Begriff „stetige Funktion" definiert werden. Weist eine Funktionskurve in einem zusammenhängenden Intervall I einen ununterbrochenen Linienzug auf, so ist die Funktion im Intervall I stetig. Das bedeutet, dass die Funktion an jeder Stelle des Intervalls definiert ist und dass der Grenzwert an jeder Stelle des Intervalls existiert und gleich dem Funktionswert ist. ■

Definition 6.9

Eine Funktion $f(x)$ ist an der Stelle $x = a$ **stetig**, wenn

1. die Funktion an der Stelle $x = a$ definiert ist,
2. der Grenzwert $\lim\limits_{x \to a} f(x) = g$ existiert und
3. $\lim\limits_{x \to a} f(x) = f(a)$ gilt.

Ist eine der drei Bedingungen der Definitionen nicht erfüllt, dann ist die Funktion an der betrachteten Stelle unstetig.

Definition 6.10

Eine Funktion $f(x)$ heißt stetig in einem Intervall I, wenn sie an jeder Stelle des Intervalls I stetig ist.

Die Funktionen $f(x) = \sin x$ und $f(x) = \cos x$ sind für $x \in \mathbb{R}$ stetig.

Beispiele

6.39 $y = x^2$ ist für $x \in \mathbb{R}$ stetig (vgl. *Bild 6.5*).

6.40 $y = \dfrac{x^2 - 4}{x - 2}$ ist bei $x = 2$ unstetig, da die Funktion für $x = 2$ nicht definiert ist (vgl. *Bild 6.6*). Sind bei einer Funktion $f(x)$ an der Stelle $x = a$, an der sie nicht definiert ist, der linksseitige und rechtsseitige Grenzwert gleich, $g- = g+ = g$, so kann durch die zusätzliche Festlegung $f(a) = g$ der fehlende Funktionswert ergänzt werden. Definition: $f(2) = g = 4$.
Die Unstetigkeit wird hebbare Unstetigkeit genannt.

6.41 $y = \begin{cases} x+1 & \text{für} \quad x < 2 \\ x+2 & \text{für} \quad x \geqq 2 \end{cases}$ ist bei $x = 2$ unstetig, da der Grenzwert $\lim\limits_{x \to 2} f(x)$ nicht existiert, weil der rechts- und linksseitige Grenzwert voneinander verschieden sind (vgl. *Beispiel 6.37* und *Bild 6.7*). ■

Kontrollfragen

6.13 Durch welche Methode kann das Verhalten einer Funktion in einer Umgebung einer Stelle beschrieben werden?

6.14 Was bedeuten die Schreibweisen $x \to a$, $x \to a+$ und $x \to a-$?

6.15 Wann ist eine Funktion an einer Stelle stetig?

6.16 Wann ist eine Funktion in einem Intervall stetig?

Aufgaben: *6.30* und *6.31*

6.6.2 Grenzwert einer Funktion für $x \to \pm\infty$

Der Begriff des Grenzwertes g einer Funktion $y = f(x)$ kann auch auf den Fall unbeschränkt wachsender oder fallender Argumentwertfolgen, d. h. $x \to +\infty$ oder $x \to -\infty$ ausgedehnt werden. Die Grenzwerte $\lim\limits_{x \to +\infty} f(x)$ und $\lim\limits_{x \to -\infty} f(x)$ der Funktion $f(x)$ charakterisieren, falls sie existieren, den Verlauf der Funktion im Unendlichen, d. h. wenn x unbeschränkt wächst bzw. fällt. Zur Berechnung des Grenzwertes können die Umformungsregeln, die bereits im *Abschnitt 6.5* erläutert wurden, angewandt werden.

Beispiele

6.42 Der Grenzwert der Funktion $f(x) = -5x^3 + 2x^2 + 3x + 5$ ist für $x \to \pm\infty$ zu ermitteln.

Lösung: $\lim\limits_{x \to \pm\infty} (-5x^3 + 2x^2 + 3x + 5) = \lim\limits_{x \to \pm\infty} x^3 \left(-5 + \frac{2}{x} + \frac{3}{x^2} + \frac{5}{x^3}\right) = \mp\infty$

Der Grenzwert des Klammerterms ist -5, da die anderen Glieder Nullfolgen sind. (Berechnet wurden zwei Grenzwerte.)

6.43 Der Grenzwert der Funktion $f(x) = \frac{x^2 - 1}{x^2 + 1}$ ist für $x \to \pm\infty$ zu berechnen.

Lösung: $\lim\limits_{x \to \pm\infty} \frac{x^2 - 1}{x^2 + 1} = \lim\limits_{x \to \pm\infty} \frac{x^2 \left(1 - \frac{1}{x^2}\right)}{x^2 \left(1 + \frac{1}{x^2}\right)} = 1$. (Berechnet wurden zwei Grenzwerte.)

Der Graph der Funktion $f(x)$ kommt der Geraden $y = 1$ bei unbeschränkt wachsendem bzw. fallendem x beliebig nahe (vgl. *Bild 6.9*). Man nennt die Gerade $y = 1$ eine **Asymptote** (Näherungslinie) der Kurve.

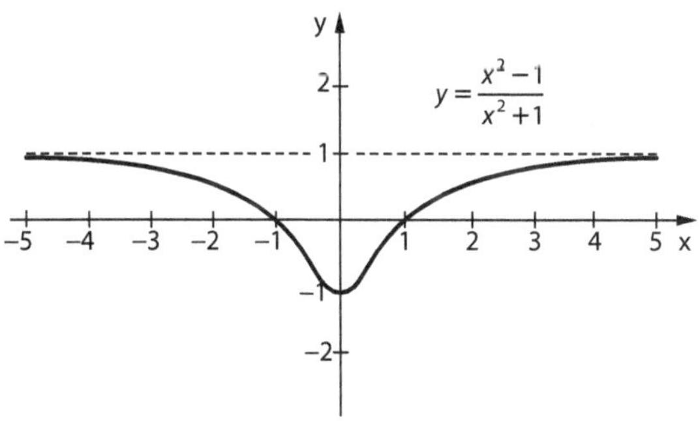

Bild 6.9 ■

Kontrollfragen

6.17 Was wird unter dem Verhalten einer Funktion für $x \to \pm\infty$ verstanden?

6.18 Was versteht man unter einer Asymptote?

Aufgabe: *6.32*

6.7 Aufgaben

6.1 Geben Sie die ersten fünf Glieder der nachstehenden Zahlenfolgen an ($k = 1, 2, 3, \dots$)!

a) $\left(\frac{1}{3}k\right)$ b) $\left(\frac{k}{k+2}\right)$ c) $\left[(-1)^k \cdot 2^k\right]$

d) $(\cos k\pi)$ e) $(3-2k)$ f) $(3k-k^2)$

g) $\left((-1)^k \cdot \frac{3-k}{k^2}\right)$ h) $\left(\sqrt[k]{8}+2\right)$ i) $\left(\frac{5k+(-1)^k}{k}\right)$

6.2 Charakterisieren Sie die Folgen der *Aufgabe 6.1* hinsichtlich Monotonie und Vorzeichenwechsel!

6.3 Geben Sie für die nachfolgenden Folgen das allgemeine Glied an!

a) 2; 6; 10; 14; 18; … b) −3; 6; −9; 12; −15; …

6.4 Stellen Sie die Folge (a_k) mit $a_1 = 1$; $a_k = a_{k-1} + \frac{1}{2}$ und $k = 2, 3, \dots, 6$ grafisch dar!

6.5 Für die nachstehenden arithmetischen Folgen sind das allgemeine Glied und die Anzahl der Glieder anzugeben.

a) −3; 2; …; 32 b) 2; −1; …; −25

6.6 Wie lautet das allgemeine Glied der arithmetischen Folge?

a) $a_3 = 10, a_{10} = 31$ b) $a_4 = 0{,}13$ $a_8 = 0{,}21$

6.7 Es sind die fehlenden Größen der arithmetischen Folgen zu berechnen.

	a_1	d	n	a_n	s_n
a)	12	–	15	–	225
b)	0,8	0,2	–	10,6	–
c)	−3	5	–	–	351
d)	–	0,7	–	30	483

6.8 Von einer arithmetischen Folge (a_k) sind gegeben

a) $a_3 = 5, d = -3$ b) $a_4 = 1{,}3, a_{10} = 2{,}5$ c) $a_3 = 8, s_9 = 126$

Ermitteln Sie a_8 und s_{15}.

6.9 Berechnen Sie die Summe aller durch 13 teilbaren natürlichen Zahlen zwischen 100 und 1 000.

6.10 Welche Gesamtkosten entstehen beim Bohren eines 18 m tiefen Brunnens, wenn für das erste Meter 25,00 €, für das achtzehnte Meter 93,00 € in Rechnung gestellt werden? (Die Kosten steigen linear.)

Wie groß ist die Kostenzunahme je Meter Tiefe?

6.11 Auf einem Holzplatz sollen 51 Baumstämme auf Lücke übereinander gestapelt werden, sodass in jeder Schicht ein Baumstamm weniger liegt als in der vorigen. Die oberste Schicht soll aus 6 Baumstämmen bestehen. Wie viele Baumstämme müssen in die unterste Schicht gelegt werden, und wie viele Schichten umfasst der ganze Stapel?

6.12 Eine Fertigungsmaschine wurde für 110 000,00 € gekauft. Diese soll linear abgeschrieben werden. Die Nutzungsdauer beträgt 8 Jahre.

a) Berechnen Sie den AfA-Betrag und den AfA-Satz

b) Bestimmen Sie den Restbuchwert nach 1, 2, 3 und 6 Jahren.

6.13 Berechnen Sie q für die geometrische Folge (a_k)

a) 2; 6; 18; … b) $3x$; $6xy$; $12xy^2$; …

c) 3; $\sqrt{3}$; 1; … d) $3a^2$; $\frac{9}{2}$; $\frac{27}{4a^2}$; …

6.14 Berechnen Sie n für die geometrische Folge (a_k).

a) $72; 36; \ldots; \frac{9}{64}$ b) $4; -8; \ldots; -128$

c) $1\,024; 256; \ldots; \frac{1}{4}$ d) $-\frac{25}{8}; -\frac{5}{2}; \ldots; -\frac{128}{125}$

6.15 Von einer geometrischen Folge (a_k) sind

a) gegeben $a_1 = 729$, $q = \frac{1}{3}$; gesucht a_6, s_6

b) gegeben $a_1 = 4$, $a_n = 4\,096$, $q = 4$; gesucht n

c) gegeben $a_1 = 3$, $q = 2$, $s_n = 381$; gesucht a_n, n

6.16 Es sind die fehlenden Größen der geometrischen Folge (a_k) zu berechnen.

	a_1	q	n	a_n	s_n
a)	920	0,8	12	–	–
b)	3	–	5	12	–
c)	10	1,4	–	147,58	–
d)	0,6	2	–	–	306,6

6.17 In eine Nährflüssigkeit werden 6 Bakterien gebracht, die sich in 40 Minuten einmal teilen. Wie viele Bakterien sind nach

a) 6 Stunden,

b) 24 Stunden vorhanden, wenn die Lebensdauer der Bakterien mindestens 24 Stunden beträgt.

6.18 An einem Regelwiderstand sollen die 10 abgreifbaren Widerstände

a) eine arithmetische

b) eine geometrische Folge bilden.

Der erste beträgt 20 kΩ, der zehnte 1 500 Ω. Berechnen Sie den dritten Widerstand und den prozentualen Abfall vom Widerstand a_1 zu a_2 sowie vom Widerstand a_2 zu a_3.

6.19 Ein Betrieb plant, die Materialkosten im Laufe eines Jahres monatlich um 1,5 % zu senken. Die Kosten betrugen im Januar 180 000,00 €. Bestimmen Sie die Kosten im Monat Juni und die Gesamtkosten für das laufende Jahr.

6.20 Für Achsen und Wellen ist der Durchmesser nach R5 zu stufen. Ermitteln Sie mit dem Stufensprung $\varphi = 1{,}6$ für den Bereich von 10 mm bis 100 mm die einzelnen Stufen.

6.21 Auf welchen Betrag wachsen 6 000,00 € bei 4 % Zinseszins in 3 und 5 Jahren an?

6.22 Ein Laptop mit Anschaffungskosten in Höhe von 1 200,00 € soll geometrisch-degressiv abgeschrieben werden. Die Nutzungsdauer beträgt 5 Jahre. Erlaubt ist ein Afa-Satz von 25 %.

a) Berechnen Sie den AfA-Satz und den Afa-Betrag.

b) Berechnen Sie den Restbuchwert nach 1, 2, und 3 Jahren.

6.23 Zwei Zahnräder haben die Durchmesser $d = 90$ mm und $D = 360$ mm. Zwischen ihnen sollen 4 weitere Zahnräder eingeschoben werden, die geometrisch gestuft sind. Berechnen Sie den Stufensprung und den Durchmesser der vier Zahnräder.

6.24 Für Papierformate legt die Norm fest, dass die Breite und Länge des Bogens im Verhältnis $1 : \sqrt{2}$ stehen muss. Nach der DIN 476 ist das Ausgangsformat der Reihe A ein Rechteck mit der Fläche von 1 m^2. Durch wiederholtes Halbieren der langen Seite erhält man die weiteren Formate. Wie lauten die Abmessungen (in mm) der Formate A0, A4 und A6?

6.25 Ein Betrieb will bei gleichbleibender Zuwachsrate seine Produktion in 5 Jahren von 14,90 Mill. € auf 18,50 Mill. € steigern. Berechnen Sie

a) die durchschnittliche jährliche Zuwachsrate,

b) die Produktion für das dritte Jahr.

6.26 Ein Guthaben von 2 000,00 € verbleibt 5 Jahre auf einem Sparkonto und wird mit 3,25 % verzinst. Wie groß ist der gesamte Zinsbetrag, wenn

a) die Zinsen jährlich abgehoben werden,

b) die Zinsen jeweils nach Ablauf eines Jahres dem Guthaben zur weiteren Verzinsung zugeschlagen werden?

6.27 Die Intensität einer radioaktiven Strahlung nimmt beim Durchgang einer Bleiplatte um 20 % ab. Wie viel Prozent des Anfangswertes (100 %) sind nach Durchdringung der 5. Bleiplatte noch vorhanden?

6.28 Berechnen Sie die Grenzwerte der Folgen!

a) $\lim\limits_{k\to\infty} \frac{8}{k^6}$ b) $\lim\limits_{k\to\infty} \frac{2+3k}{3-2k}$ c) $\lim\limits_{k\to\infty} \frac{2k^2+2}{k}$

d) $\lim\limits_{k\to\infty} \frac{-3k+2k^2}{k^2+3}$ e) $\lim\limits_{k\to\infty} \frac{5k^2-2k+3}{-3k^2-3k+4}$ f) $\lim\limits_{n\to\infty} \frac{(2n-1)^2-2n^2}{(3n+1)^2+n^2}$

g) $\lim\limits_{n\to\infty} \frac{(n+1)(n-1)}{(n+2)}$

6.29 Geben Sie jeweils eine Folge (a_n) mit folgenden Eigenschaften an!

a) (a_n) ist monoton fallend und $\lim\limits_{n\to\infty} a_n = 2$

b) (a_n) ist monoton wachsend und $\lim\limits_{n\to\infty} a_n = -1$

c) (a_n) ist monoton fallend und $\lim\limits_{n\to\infty} a_n = \frac{3}{2}$

d) (a_n) ist nicht monoton und $\lim\limits_{n\to\infty} a_n = +3$

6.30 Bestimmen Sie den Grenzwert der Funktionen durch Einsetzen einer geeigneten Substitution!

a) $\lim\limits_{x\to-3} \frac{x+3}{3x^2-27}$ b) $\lim\limits_{x\to2} \frac{x^2+2x-8}{x-2}$ c) $\lim\limits_{x\to0} \frac{x^2+3x}{x^2+2x}$ d) $\lim\limits_{x\to\frac{1}{2}} \frac{2x^2+x-1}{4x^2-1}$

6.31 Untersuchen Sie die Funktionen auf Unstetigkeiten!

a) $y = \frac{x^2-25}{x+5}$ b) $y = \frac{x^2-1}{x^2+1}$ c) $y = 3^{\frac{1}{x}}$

6.32 Untersuchen Sie das Verhalten der Funktionen im Unendlichen!

a) $y = 3x^3 - 2x^2 + 6x - 7$ b) $y = -2x^2 + 3x$

c) $y = \frac{3x-2}{3x^2+4}$ d) $y = 7 - 3\,\mathrm{e}^{-x}$

6.8 Lösungen

6.1 a) $\frac{1}{3}; \frac{2}{3}; 1; \frac{4}{3}; \frac{5}{3}$ b) $\frac{1}{3}; \frac{1}{2}; \frac{3}{5}; \frac{2}{3}; \frac{5}{7}$ c) $-2; 4; -8; 16; -32$

d) $-1; 1; -1; 1; -1$ e) $1; -1; -3; -5; -7$ f) $2; 2; 0; -4; -10$

g) $-2; \frac{1}{4}; 0; -\frac{1}{16}; +\frac{2}{25}$ h) 10; 4,83; 4; 3,68; 3,52 i) $4; \frac{11}{2}; \frac{14}{3}; \frac{21}{4}; \frac{24}{5}$

6.2 a) streng monoton wachsend

b) streng monoton wachsend

c) alternierend

d) alternierend

e) streng monoton fallend
f) monoton fallend
g) alternierend
h) streng monoton fallend
i) weder wachsend noch fallend

6.3 a) $a_k = 4k - 2$ b) $a_k = (-1)^k \cdot 3k$

6.4 *Bild L6.1*

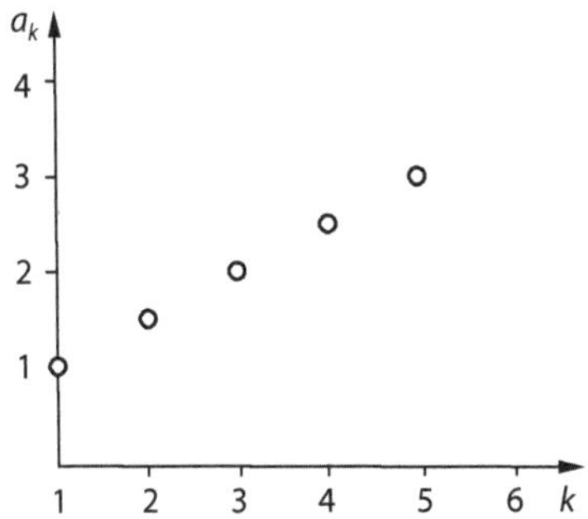

Bild L6.1

6.5 a) $a_k = -8 + 5k,\ k = 1, 2, \ldots, 8$ b) $a_k = 5 - 3k,\ k = 1, 2, \ldots, 10$

6.6 a) $a_k = -1 + 3k$ b) $a_k = 0{,}05 + 0{,}02k$

6.7 a) $d = \frac{3}{7},\ a_{15} = 18$ b) $n = 50,\ s_{50} = 285$ c) $n = 13,\ a_{13} = 57$
d) 1. Lösung $n_1 = 21,\ a_1 = 16$; 2. Lösung $n_2 = 65{,}71$ entfällt

6.8 a) $a_8 = -10,\ s_{15} = -150$ b) $a_8 = 2{,}1,\ s_{15} = 31{,}5$ c) $a_8 = 23,\ s_{15} = 345$

6.9 37 674

6.10 $d = 4$; $s_{18} = 1\,062$; Kostenzunahme: 4,– € je m; Gesamtkosten: 1 062,– €

6.11 11 Baumstämme, 6 Schichten

6.12 a) AfA-Betrag: 13 759,– €; AfA-Satz: 12,5 %
b) Restbuchwert: 1. Jahr 96 259,– €; 2. Jahr 82 500,– €; 3. Jahr 68 759,– €; 6. Jahr 41 250,– €

6.13 a) $q = 3$ b) $q = 2y$ c) $q = \frac{\sqrt{3}}{3}$ d) $q = \frac{3}{2a^2}$

6.14 a) $q = 0{,}5,\ n = 10$ b) $q = -2,\ n = 6$ c) $n = 7$ d) $n = 6$

6.15 a) $a_6 = 3,\ s_6 = 1\,092$ b) $n = 6$ c) $a_7 = 192,\ n = 7$

6.16 a) $a_{12} = 79{,}027\,4,\ s_{12} = 4\,283{,}890\,4$ b) $q = \sqrt{2},\ s_n = 33{,}727\,9$
c) $n = 9,\ s_n = 491{,}53$ d) $n = 9,\ a_n = 153{,}6$

6.17 a) 384 Bakterien b) $6 \cdot 2^{35}$ Bakterien

6.18 a) $d = -2\,055{,}56,\ a_3 = 15\,888{,}9\,\Omega \approx 15{,}9\,\text{k}\Omega$; 10,3 %; 11,5 %
b) $q = 0{,}749\,9,\ a_3 = 11\,247{,}18\,\Omega \approx 11{,}2\,\text{k}\Omega$; 25 %; 25 %

6.19 $q = 1 - 0{,}015 = 0{,}985$, Kosten im Juni 166 898,97 €, Gesamtkosten 1 990.416,–€

6.20 d (in mm) = (10; 16; 25,6; 40,96; 65,54; 104,86)

6.21 6 749,18 €, 7 299,92 €

6.22 a) AfA-Satz: 50 %; Erlaubt sind per Gesetz nur 25 %; AfA-Betrag: 350,– €
b) Restbuchwert nach dem 1. Jahr 850,– €; 2. Jahr 637,69 €, 3. Jahr 478,27 €

6.23 $q = 1{,}319\,5$, $a_2 = 119$, $a_3 = 157$, $a_4 = 207 a_5 = 273$ (Werte gerundet)

6.24 A0: $841 \times 1\,189$, A4: 210×297 (Briefblatt), A6: 105×148 (Normalpostkarte)

6.25 a) $q = 105{,}56\,\%$, Zuwachsrate 5,56 %
b) Produktion im dritten Jahr 16,60 Mill. €

6.26 a) 325,–€ b) 346,82€

6.27 32,77 %

6.28 a) 0 b) $-\frac{3}{2}$ c) ∞ d) 2 e) $-\frac{5}{3}$ f) $\frac{1}{5}$ g) ∞

6.29 a) $(a_n) = \left(2 + \frac{1}{n}\right)$ b) $(a_n) = \left(-1 - \frac{1}{n}\right)$ c) $(a_n) = \left(\frac{3}{2} + \frac{1}{n}\right)$
d) $(a_n) = \left((-1)^n \left(3 + \frac{1}{n}\right)\right)$

6.30 a) $-\frac{1}{18}$ b) 6 c) $\frac{3}{2}$ d) $\frac{3}{4}$

6.31 a) unstetig bei $x = -5$ b) überall stetig c) unstetig bei $x = 0$

6.32 Grenzwert für $x \to \pm\infty$
a) ∞; $-\infty$ b) $-\infty$; $-\infty$ c) 0; 0 d) 7; $-\infty$

7 Differenzialrechnung

7.0 Vorbemerkung

In der zweiten Hälfte des 17. Jahrhunderts entwickelten der englische Physiker und Mathematiker Isaac Newton (1643–1727) und der deutsche Mathematiker und Philosoph Gottfried Wilhelm Leibniz (1646–1716) unabhängig voneinander die Grundlagen der Differenzialrechnung. Während Newton vom Geschwindigkeitsproblem ausging, gelangte Leibniz durch die Untersuchung des Tangentenproblems zur Differenzialrechnung. Mit ihrer Hilfe konnten eine Reihe wichtiger naturwissenschaftlicher, technischer und ökonomischer Fragestellungen beantwortet werden.

Der zentrale und grundlegende Begriff der Differenzialrechnung ist die Ableitung. Mit ihm kann der gemeinsame mathematische Inhalt solcher Begriffe wie Geschwindigkeit oder Kurventangente erfasst werden. Auf der Grundlage der Definition der Ableitung als Grenzwert werden Ableitungsregeln von Funktionen hergeleitet bzw. angegeben. Es folgt die Erklärung des **Differenzials** mit einfachen Anwendungen in der Fehlerrechnung. Über die geometrische Interpretation der ersten und zweiten Ableitung wird gezeigt, wie man die Differenzialrechnung sinnvoll zur Untersuchung von Funktionen mit einer unabhängigen Variablen anwenden kann.

7.1 Grundbegriffe

Das Problem der Ermittlung der Augenblicksgeschwindigkeit v_0 eines **ungleichförmig bewegten Körpers** zum Zeitpunkt t_0 soll näher betrachtet werden. Erfolgt die Bewegung **gleichförmig**, so ist die Geschwindigkeit für jeden Zeitpunkt der Bewegung konstant. Der **Differenzenquotient**

$$\frac{\text{Wegdifferenz}}{\text{Zeitdifferenz}} = \frac{\Delta s}{\Delta t} = \frac{s_1 - s_0}{t_1 - t_0}$$

gibt die Geschwindigkeit an, mit der sich der Körper bewegt (vgl. *Bild 7.1*).

Ist die Bewegung des Körpers **ungleichförmig**, d. h., die Geschwindigkeit ist zu jedem Zeitpunkt eine andere, liefert uns der Differenzenquotient $\Delta s/\Delta t$ nur die Durchschnittsgeschwindigkeit $\overline{v}$, mit der sich der Körper in der Zeit Δt bewegt. Er ist gleich dem Anstieg der Sekante durch die Punkte P_0 und P_1 (vgl. *Bild 7.2*). Die Augenblicksgeschwindigkeit v_0 eines Körpers zum Zeitpunkt t_0 erhält man auf diese Weise nicht. Man erhält einen Näherungswert, der umso besser ist, je kleiner man das Zeitintervall Δt und damit die Messstrecke Δs wählt. Die Durchschnittsgeschwindigkeit $\overline{v}$ wird dann der Augenblicksgeschwindigkeit v_0 zum Zeitpunkt t_0 immer besser angenähert (vgl. *Bild 7.2*). Strebt dieser Differenzenquotient für $\Delta t \to 0$ einem Grenzwert zu, so kann er als die Augenblicksgeschwindigkeit v_0 zum Zeitpunkt t_0 angesehen werden.

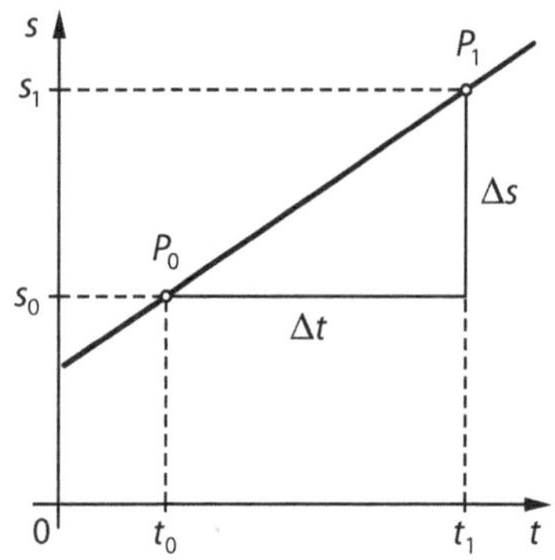

Bild 7.1

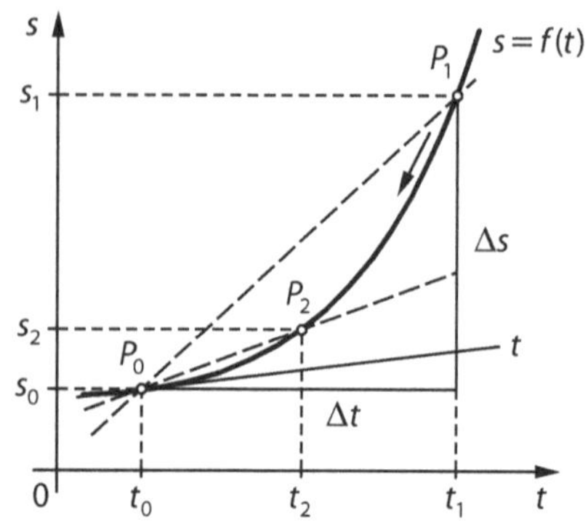

Bild 7.2

Existiert der **Grenzwert des Differenzenquotienten**

$$v_0 = \lim_{\Delta t \to 0} \frac{\Delta s}{\Delta t} = \lim_{\Delta t \to 0} \frac{f(t_0 + \Delta t) - f(t_0)}{\Delta t}$$

so versteht man darunter die **Augenblicksgeschwindigkeit v_0 zum Zeitpunkt t_0**. Die Augenblicksgeschwindigkeit v_0 zum Zeitpunkt t_0 entspricht dem Anstieg der Tangente t an dem Graphen von f im Punkt P_0 (vgl. *Bild 7.2*).

Auf das gleiche mathematische Problem stößt man, wenn in einem beliebigen Kurvenpunkt die Tangente t an die Kurve der Funktion $y = f(x)$ gelegt werden soll (Tangentenproblem). Es lässt sich folgendermaßen charakterisieren:

Gegeben sind eine im Intervall $I \in \mathbb{R}$ definierte Funktion $y = f(x)$, $P_n(x_n, y_n)$ ein Punkt auf der Bildkurve K der Funktion und $P_0(x_0; y_0)$ ein fester Punkt von K (vgl. *Bild 7.3*). Lässt man nun P_n eine beliebige Folge von Punkten $(P_1, P_2, \ldots, P_n, \ldots)$, $P_n \neq P_0$, durchlaufen, gibt es immer genau je eine Sekante durch die Kurvenpunkte $P_0(x_0; y_0)$ und $P_n\left(x_n; y_n\right)$.

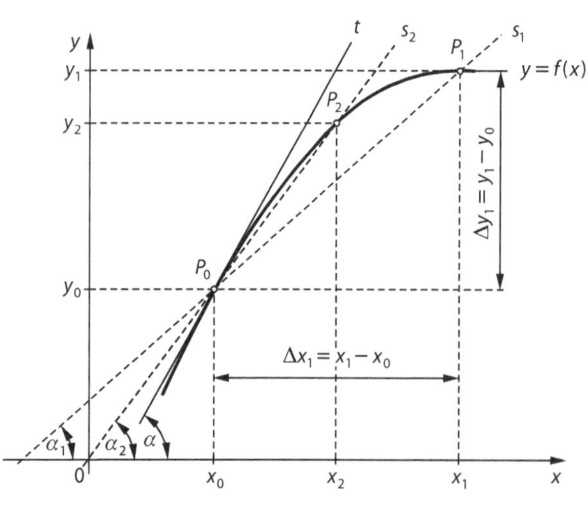

Bild 7.3

Strebt $P_n \to P_0$, so dreht sich die Sekante um den Punkt P_0 und strebt immer mehr einer „Grenzgeraden" t zu. Die Grenzlage der Sekante wird als Tangente t der Kurve im Punkt P_0 definiert (vgl. *Bild 7.3*).

Die Lage der Tangente t wird durch den Punkt P_0 und die Richtung der Tangente bestimmt. Zur Ermittlung des Anstiegs der Tangente im Punkt P_0 der Kurve der Funktion $y = f(x)$ geht man vom Sekantenanstieg der Funktion $y = f(x)$ aus, der durch den **Differenzenquotienten** gegeben ist (vgl. *Bild 7.3*).

$$m = \tan \alpha_n = \frac{\Delta y_n}{\Delta x_n} = \frac{y_n - y_0}{x_n - x_0} = \frac{f(x_n) - f(x_0)}{x_n - x_0} = \frac{f(x_0 + \Delta x_n) - f(x_0)}{\Delta x_n} \tag{7.1}$$

Der Differenzenquotient stellt geometrisch den Anstieg $\tan \alpha_n$ der Geraden durch die Punkte P_0 und P_n dar. Die Zahl m ist der mittlere Anstieg der Kurve der Funktion innerhalb des Intervalls $[x_0;\ x_0 + \Delta x_n]$. Strebt $\Delta x_n \to 0$, d. h., $x_n \to x_0$ und $y_n \to y_0$, dreht sich die Sekante in die Lage der Tangente (vgl. *Bild 7.3*). Zur Bestimmung des Anstiegs der Tangente im Punkt P_0 muss daher der Grenzwert des Differenzenquotienten gebildet werden:

$$\lim_{\Delta x_n \to 0} \tan \alpha_n = \lim_{\Delta x_n \to 0} \frac{\Delta y_n}{\Delta x_n} = \lim_{\Delta x_n \to 0} \frac{f(x_0 + \Delta x_n) - f(x_0)}{\Delta x_n} = \tan \alpha$$

Da dieser Sachverhalt für jeden beliebigen Punkt P_n auf der Bildkurve gilt, kann n als Index weggelassen werden.

Definition 7.1

Ist f eine in der Umgebung von x_0 definierte Funktion und existiert der Grenzwert

$$\lim_{\Delta x \to 0} \frac{\Delta y}{\Delta x} = \lim_{\Delta x \to 0} \frac{f(x_0 + \Delta x) - f(x_0)}{\Delta x}$$

so heißt die Funktion f an der Stelle x_0 differenzierbar. Der Grenzwert heißt **Ableitung** der Funktion f an der Stelle x_0.

Die Bildung des Grenzwertes nennt man Ableiten oder Differenzieren, den Vorgang Differenziation. Für die Ableitung der Funktion f an der Stelle x_0 werden folgende Schreibweisen verwendet:

$f'(x_0)$ (gelesen: „f Strich von x_0") *oder*

$y'(x_0)$ (gelesen: „y Strich von x_0").

Geometrisch bedeutet die Ableitung $f'(x_0)$ den Anstieg der Tangente der Funktion f an der Stelle $x = x_0$:

$$f'(x_0) = \tan \alpha \tag{7.2}$$

Beispiel

7.1 Für die Kurve der Funktion $y = f(x) = 0{,}4x^2$ sind der Kurvenanstieg und der Anstiegswinkel α der Tangente an der Stelle $x_0 = 1$ zu ermitteln.

Lösung: P_0 hat die Koordinaten (1; 0,4). Wählt man zunächst $\Delta x = 1$, so ergibt sich für P_1

$x_0 + \Delta x = 1 + 1 = 2$

$f(x_0 + \Delta x) = 0{,}4 \cdot 2^2 = 1{,}6$

Der Punkt P_1 hat die Koordinaten (2; 1,6) (vgl. *Bild 7.4*). Der Anstieg der Sekante ist nach *Gl. (7.1)*

$$m = \tan \alpha_1 = \frac{f(x_0 + \Delta x) - f(x_0)}{\Delta x} = \frac{1{,}6 - 0{,}4}{1} = 1{,}2,$$

$$\alpha_1 \approx 50{,}19^\circ$$

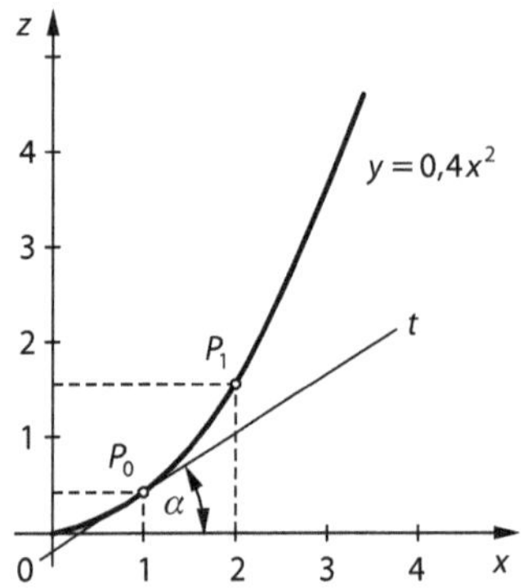

Bild 7.4

Lässt man nun P_1 gegen P_0 wandern, indem für Δx nacheinander die Werte 1; 0,5; 0,1; 0,01; 0,001 eingesetzt werden, streben die Werte von $\tan \alpha_1$ mit Annäherung von P_1 an P_0 einem Grenzwert zu (siehe *Tabelle 7.1*). Dieser Grenzwert ist der Anstieg der Tangente im Punkt P_0 (1; 0,4).

Tabelle 7.1

x_0	$f(x_0)$	Δx	$x_0 + \Delta x$	$f(x_0 + \Delta x)$	Δy	$\frac{\Delta y}{\Delta x} = \tan \alpha_1$	α_1
1	0,4	1	2	1,6	1,2	1,2	50,19°
1	0,4	0,5	1,5	0,9	0,5	1,0	45,00°
1	0,4	0,1	1,1	0,484	0,084	0,84	40,03°
1	0,4	0,01	1,01	0,408 04	0,008 04	0,804	38,80°
1	0,4	0,001	1,001	0,400 800 4	0,000 800 4	0,800 4	38,67°
…	…	…	…	…	…	…	…

Jetzt soll gezeigt werden, wie der Anstieg der Kurve der Funktion durch Bilden des Grenzwerts des Differenzenquotienten der Funktion ermittelt wird.

Der Differenzenquotient der Funktion $y = f(x)$ an der Stelle x_0 ist (siehe *Gl. (7.1)*):

$$\frac{\Delta y}{\Delta x} = \frac{f(x_0 + \Delta x) - f(x_0)}{\Delta x},$$

$$\frac{\Delta y}{\Delta x} = \frac{0{,}4\,(x_0 + \Delta x)^2 - (0{,}4x_0^2)}{\Delta x}$$

Durch Umformungen folgt

$$\frac{\Delta y}{\Delta x} = \frac{0{,}4\left[x_0^2 + 2x_0\Delta x + (\Delta x)^2\right] - 0{,}4x_0^2}{\Delta x},$$

$$\frac{\Delta y}{\Delta x} = \frac{0{,}8x_0\Delta x + 0{,}4\,(\Delta x^2)}{\Delta x} = 0{,}8x_0 + 0{,}4\Delta x$$

Der Kurvenanstieg der Tangente ergibt sich durch den Grenzwert dieses Differenzenquotienten für $\Delta x \to 0$:

$$\tan\alpha = f'(x_0)$$
$$= \lim_{\Delta x \to 0} \left(0{,}8x_0 + 0{,}4\Delta x\right)$$
$$\tan\alpha = 0{,}8x_0$$

Der Anstieg der Kurve der Funktion an der Stelle $x_0 = 1$ ist $y'(1) = \tan\alpha = 0{,}8$. Für den Anstiegswinkel der Tangente an die Kurve an der Stelle $x_0 = 1$ erhält man $\alpha \approx 38{,}66°$ (*Bild 7.4*). ■

Die Existenz der Ableitung einer Funktion f an der Stelle x_0 kann nicht immer vorausgesetzt werden.

Definition 7.2

Eine Funktion f sei an der Stelle x_0 definiert. Nimmt der Grenzwert des Differenzenquotienten

$$\lim_{\Delta x \to 0} \frac{f\left(x_0 + \Delta x\right) - f\left(x_0\right)}{\Delta x}$$

an der Stelle x_0 einen bestimmten Wert $y'\left(x_0\right) = g$ an, dann heißt die Funktion f an der Stelle x_0 differenzierbar.

Aus der Definition folgt, dass eine an der Stelle x_0 differenzierbare Funktion f dann auch in x_0 stetig ist. Die Stetigkeit ist eine notwendige, aber nicht hinreichende Bedingung für die Differenzierbarkeit. Es gibt Funktionen, die an einer Stelle stetig, aber nicht differenzierbar sind. Die Funktion $y = \dfrac{1}{x-1}$ ist an der Stelle $x = 1$ nicht definiert und damit an dieser Stelle nicht differenzierbar. Betrachtet man die im *Bild 7.5* dargestellte Funktion, erkennt man, dass die Funktion zwar an der Stelle x_0 stetig, aber nicht differenzierbar ist. Im Punkt $P_0\left(x_0;\ y_0\right)$ hat die Kurve der Funktion zwei Tangenten mit unterschiedlichem Anstieg. Durch die Bildung des links- und rechtsseitigen Grenzwertes kann man dies nachweisen.

Definition 7.3

Ist eine Funktion f an jeder Stelle eines Intervalls I differenzierbar, so heißt sie im Intervall I differenzierbar.

Die Menge f' der geordneten Paare $\left(x;\ f'(x)\right)$ mit $x \in I$ ist wieder eine Funktion. Die Funktion f' nennt man **Ableitungsfunktion** von der Funktion f im Intervall I. Die Funktion $y = 0{,}4x^2$ (vgl. *Beispiel 7.1*) ist im gesamten Intervall $x \in I$ differenzierbar, weil der Grenzwert $f'\left(x_0\right) = 0{,}8x_0$ für jedes $x_0 \in \mathbb{R}$ existiert.

Satz 7.1

Eine im Intervall I differenzierbare Funktion f ist dort auch stetig.

Die Umkehrung dieses Satzes gilt nicht (vgl. *Bild 7.5*).

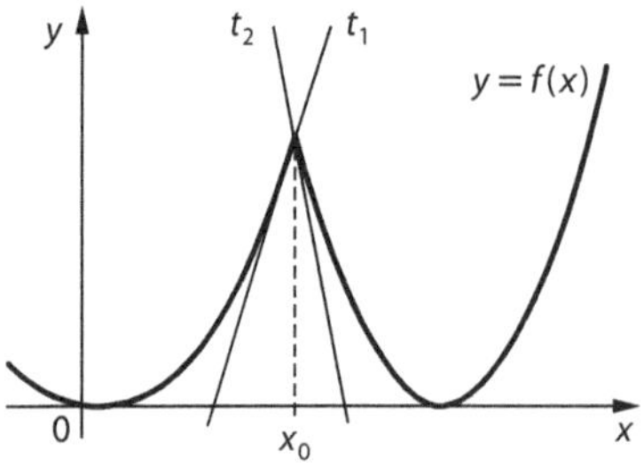

Bild 7.5

Kontrollfragen

7.1 Was versteht man unter dem Anstiegswinkel einer Kurve in einem Punkt P?

7.2 Wie wird die Ableitung einer Funktion f an der Stelle x_0 definiert?

7.3 Welche geometrische Bedeutung haben der Differenzenquotient und die Ableitung einer Funktion f an der Stelle x_0?

7.4 Unter welchen Voraussetzungen kann eine Funktion f an der Stelle x_0 differenziert werden?

7.5 Folgt aus der Stetigkeit von f im Intervall I die Differenzierbarkeit von f im Intervall I?

Aufgaben: ***7.1*** **bis** ***7.3***

7.2 Ableitung der Potenzfunktion

Die Bestimmung der Ableitung einer Funktion über den Differenzenquotient ist sehr aufwendig. Aus diesem Grund sollen in den folgenden Abschnitten Ableitungen elementarer Funktionen und Grundregeln der Differenziation zusammengestellt und davon nur einige hergeleitet werden.

Gegeben ist die Potenzfunktion $y = f(x) = x^n$ $(n \in \mathbb{N})$. Die Ableitung an der Stelle x_0 ist:

$$f'(x_0) = \lim_{\Delta x \to 0} \frac{(x_0 + \Delta x)^n - x_0^n}{\Delta x}$$

$(x_0 + \Delta x)^n$ lässt sich nach dem binomischen Lehrsatz (vgl. *Abschnitt 1.4.3*) wie folgt entwickeln:

$$\begin{aligned}(x_0 + \Delta x)^n &= x_0^n + n x_0^{n-1} \Delta x + \binom{n}{2} x_0^{n-2} (\Delta x)^2 + \ldots + \binom{n}{n} (\Delta x)^n \\ &= x_0^n + n x_0^{n-1} \Delta x + \frac{n(n-1)}{2} x_0^{n-2} (\Delta x)^2 + \ldots + (\Delta x)^n\end{aligned}$$

Somit folgt

$$\begin{aligned}f'(x) &= \lim_{\Delta x \to 0} \frac{x_0^n + n x_0^{n-1} \Delta x + \frac{n(n-1)}{2} x_0^{n-2} (\Delta x)^2 + \ldots + (\Delta x)^n - x_0^n}{\Delta x} \\ &= \lim_{\Delta x \to 0} \left(n x_0^{n-1} + \frac{n(n-1)}{2} x_0^{n-2} \Delta x + \ldots + (\Delta x)^{n-1} \right) \\ &= n x_0^{n-1}\end{aligned}$$

Da jedem Wert x aus dem Definitionsbereich eine Ableitung zugeordnet werden kann, gilt die Regel

$$(x^n)' = nx^{n-1} \tag{7.3}$$

Das Ergebnis kann auch für jeden reellen Exponenten n angewandt werden. Für $n \notin \mathbb{N}$ muss die Voraussetzung der Differenzierbarkeit überprüft werden.

Auf die Angabe der Gültigkeitsbereiche der Ableitungsregeln soll im Folgenden verzichtet werden.

Beispiele

7.2 a) $y = f(x) = x^5, \quad y' = f'(x) = 5x^{5-1} = 5x^4.$

b) $y = f(x) = \sqrt{x} = x^{\frac{1}{2}}, \quad y' = f'(x) = \frac{1}{2}x^{\frac{1}{2}-1} = \frac{1}{2}x^{-\frac{1}{2}} = \frac{1}{2\sqrt{x}}.$

Die Ableitungsfunktion ist nur für $x > 0$ definiert.

c) $y = f(x) = \frac{1}{x^5} = x^{-5}, \quad y' = f'(x) = -5x^{-5-1} = -5x^{-6} = -\frac{5}{x^6}.$

d) $v = f(t) = \sqrt[5]{t^2} = t^{\frac{2}{5}}, \quad v' = f'(t) = \frac{2}{5}t^{\frac{2}{5}-1} = \frac{2}{5}t^{-\frac{3}{5}} = \frac{2}{5\sqrt[5]{t^3}}.$

7.3 Unter welchem Winkel steigt die Tangente der Funktion $y = f(x) = \sqrt[3]{x}$ an der Stelle $x_0 = 8$ an, und wie lautet die Gleichung der Tangente an die Kurve der Funktion im Punkt $P_0\,(8;\,2)$?

Lösung: Die Ableitungsfunktion ist

$$y' = f'(x) = \frac{1}{3\sqrt[3]{x^2}}$$

Für $x_0 = 8$ erhält man

$$f'(8) = \frac{1}{3\sqrt[3]{64}} = \frac{1}{12} = 0{,}083$$

Es gilt

$$\tan\alpha = f'(8) = 0{,}083, \quad \alpha = 4{,}76°$$

Der Anstiegswinkel der Tangente beträgt $\alpha = 4{,}76°$. Durch Einsetzen von $P_0(8;\,2)$ und $m = \tan\alpha = \frac{1}{12}$ in die Punktrichtungsgleichung $y - y_0 = m\,(x - x_0)$ ergibt sich die Gleichung der Tangente:

$$y - 2 = \frac{1}{12}\,(x - 8)\,, \quad y = \frac{1}{12}x + \frac{4}{3}$$

7.4 An welcher Stelle hat die Tangente an die Kurve $y = f(x) = x^3$ eine Neigung von 45° gegen die x-Achse?

Lösung: Die Ableitungsfunktion lautet

$$y' = f'(x) = 3x^2$$

Es gilt

$$y' = \tan\alpha = 3x^2$$

Mit $\alpha = 45°$ folgt

$$\tan 45° = 3x^2, \quad 1 = 3x^2$$

Löst man die Gleichung nach x auf, erhält man die Lösungen:

$$x_1 = +\sqrt{\frac{1}{3}}, \quad x_2 = -\sqrt{\frac{1}{3}}$$

Die Tangente hat an den Stellen $x_1 = \sqrt{\frac{1}{3}}$ und $x_2 = -\sqrt{\frac{1}{3}}$ eine Neigung von 45° gegen die x-Achse. ■

Aufgaben: *7.4* **und** *7.5*

7.3 Ableitung einer konstanten Funktion und einer Funktion mit konstantem Faktor

Die Funktion $y = f(x) = c$ ($c = \text{const.}$) ist zu differenzieren. Da das Bild der Funktion eine Parallele zur x-Achse im Abstand c ergibt, ist ihr Anstieg an jeder Stelle x gleich Null, d. h., $\tan \alpha = 0$. Es gilt demnach

$$(c)' = 0 \tag{7.4}$$

Die Ableitung einer Konstanten ist gleich Null.

Die Funktion $y = af(x)$ ($a = \text{const.}$) soll abgeleitet werden. Bei der Bildung des Differenzenquotienten kann der Faktor a ausgeklammert werden. Unter Beachtung der Grenzwertsätze (*Kapitel 6*) erhält man die Ableitungsregel

$$[af(x)]' = af'(x) \tag{7.5}$$

Ein konstanter Faktor bleibt beim Differenzieren erhalten.

Beispiele

7.5 $y = f(x) = 5x^7, \quad y' = f'(x) = 5 \cdot 7x^6 = 35x^6.$

7.6 $y = f(x) = \frac{x^3}{9}, \quad y' = f'(x) = \frac{1}{9} \cdot 3x^2 = \frac{1}{3}x^2.$ ■

Aufgabe: *7.6*

7.4 Ableitung einer Summe von Funktionen

Die Funktion $y = f(x) = u(x) + v(x)$ soll differenziert werden. Die Ableitung ist:

$$y' = f'(x) = \lim_{\Delta x \to 0} \frac{u(x + \Delta x) + v(x + \Delta x) - [u(x) + v(x)]}{\Delta x}$$

Nach den Rechenregeln für Grenzwerte folgt

$$y' = f'(x) = \lim_{\Delta x \to 0} \frac{u(x + \Delta x) - u(x)}{\Delta x} + \lim_{\Delta x \to 0} \frac{v(x + \Delta x) - v(x)}{\Delta x},$$

$$y' = u'(x) + v'(x)$$

Es gilt also:

$$y' = [u(x) + v(x)]' = u'(x) + v'(x)$$

in abgekürzter Form geschrieben:

$$y' = (u + v)' = u' + v' \quad (7.6)$$

Eine Summe von Funktionen wird differenziert, indem man jeden einzelnen Summanden differenziert. Die Regel gilt auch für mehr als zwei Summanden.

Beispiele

7.7 $y = f(x) = 3x - \sqrt{x} + \frac{2}{x} - 4, \quad y' = f'(x) = 3 - \frac{1}{2\sqrt{x}} - \frac{2}{x^2}.$

7.8 In welchen Punkten hat die Funktion $y = f(x) = x^2 + 2x - 15$ waagerechte Tangenten?

Lösung: Hat die Kurve der Funktion waagerechte Tangenten, dann ist $\alpha = 0°$ und damit $f'(x) = \tan\alpha = 0$. Aus $y' = 2x + 2$ folgt mit $y' = 0$ die Stelle $x = -1$.

Aus der Ausgangsgleichung folgt der zu $x = -1$ gehörende Wert der Ordinate $y = -16$. Die Kurve der Funktion hat im Punkt $P\,(-1;\,-16)$ eine waagerechte Tangente. ■

Aufgaben: *7.7* bis *7.13*

■ 7.5 Differenzial einer Funktion

Gegeben ist eine in einem Intervall I differenzierbare Funktion $y = f(x)$. Ändert man das Argument $x = x_0$ um Δx, so ändert sich der Funktionswert um Δy (vgl. *Bild 7.6*).

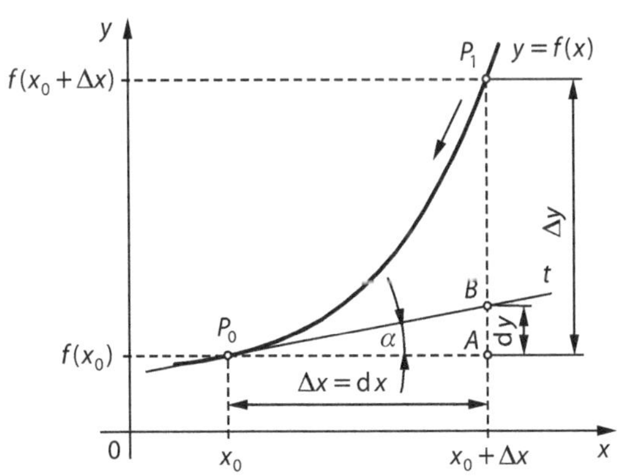

Bild 7.6

Es soll jetzt von der Annahme ausgegangen werden, dass die Kurve von Punkt $P_0(x_0;\,y_0)$ an durch die Tangente an $y = f(x)$ linear fortgesetzt wird. Erteilt man x_0 den Argumentzuwachs $\Delta x = \mathrm{d}x$, so ist $\overline{AB}$ der Funktionszuwachs (vgl. *Bild 7.6*). Diese Änderung $\overline{AB}$ wird mit $\mathrm{d}y$ bezeichnet und **Differenzial** der Funktion $y = f(x)$ genannt. Aus dem Tangentendreieck P_0AB folgt:

$$\overline{AB} = \mathrm{d}y = \mathrm{d}f(x_0) = \tan\alpha\,\Delta x$$

Die Größe dx heißt Differenzial der unabhängigen Variablen. Es gilt stets $\mathrm{d}x = \Delta x$. Mit $\tan\alpha = f'(x)$ gilt:

$$\mathrm{d}y = f'(x_0)\,\mathrm{d}x \tag{7.7}$$

Das Differenzial $\mathrm{d}y$ der Funktion $y = f(x)$ ist der Zuwachs der Tangentenordinate für den Argumentenzuwachs Δx an der Stelle x_0. Δy ist dagegen der wirkliche Funktionszuwachs. Es gilt im Allgemeinen $\Delta y \neq \mathrm{d}y$.

Für die konstante und lineare Funktion ist $\Delta y = \mathrm{d}y$.

Der Unterschied von Δy und $\mathrm{d}y$ soll an einem Beispiel erläutert werden.

Beispiel

7.9 Für die Funktion $y = f(x) = x^2$ sind Δy und $\mathrm{d}y$ an der Stelle $x = x_0 = 1$ zu berechnen, wenn für $\Delta x = \mathrm{d}x$ die Werte 10; 1; 0,1; 0,01; 0,001; 0,000 1 gewählt werden.

Lösung: Aus $y = f(x) = x^2$ folgt $y' = 2x$ und $\mathrm{d}y = 2x_0\,\mathrm{d}x$. Für Δy erhält man

$\Delta y = f(x_0 + \Delta x) - f(x_0) = (x_0 + \Delta x)^2 - x_0^2,$

$\Delta y = x_0^2 + 2x_0\Delta x + (\Delta x)^2 - x_0^2,$

$\Delta y = 2x_0\Delta x + (\Delta x)^2$

An der Stelle $x_0 = 1$ gilt:

$\mathrm{d}y = 2\,\mathrm{d}x, \quad \Delta y = 2\Delta x + (\Delta x)^2$

Für die gewählten Werte von $\Delta x = dx$ ergibt sich folgende Tabelle

x_0	Δx	Δy	$\mathrm{d}y$	$\Delta y - \mathrm{d}y$
1	10	120	20	100
1	1	3	2	1
1	0,1	0,21	0,2	0,01
1	0,01	0,020 1	0,02	0,000 1
1	0,001	0,002 001	0,002	0,000 001
1	0,000 1	0,000 200 01	0,000 2	0,000 000 01

Aus der Tabelle ist zu erkennen, dass das Differenzial $\mathrm{d}y$ sich vom tatsächlichen Funktionswertzuwachs Δy umso weniger unterscheidet, je kleiner der Abszissenzuwachs $\Delta x = \mathrm{d}x$ ist. Für genügend kleine $\Delta x = \mathrm{d}x$ gilt die Näherungsformel $\Delta y \approx \mathrm{d}x$. Die Tangente durch $P_0\,(1;\,1)$ stellt deshalb eine lineare Annäherung der Bildkurve von $f(x) = x^2$ in der **Umgebung** von P_0 dar (vgl. *Bild 7.7*).

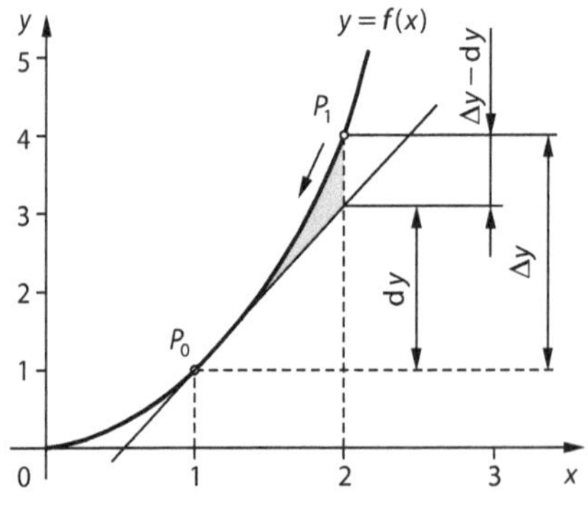

Bild 7.7 ■

Diese Beziehung spielt in der Fehlerrechnung eine große Rolle. An einem Beispiel soll dieser Sachverhalt erläutert werden.

Beispiel

7.10 Es ist die Änderung der Periodendauer T eines mathematischen Pendels zu berechnen, wenn sich die Pendellänge l von 100 cm auf 100,5 cm ändert.

Lösung: Die Änderung der Länge ist $\Delta l = 0{,}5\,\text{cm}$. Da Δl im Vergleich zu l klein ist, kann ΔT näherungsweise durch das Differenzial $\mathrm{d}\,T$ berechnet werden.
Es ist

$$T = f\,(l) = 2\pi\sqrt{\frac{l}{g}} = \frac{2\pi}{\sqrt{g}} \cdot l^{\frac{1}{2}},$$

daraus folgt

$$\frac{\mathrm{d}\,T}{\mathrm{d}\,l} = \frac{2\pi}{\sqrt{g}} \cdot \frac{1}{2} l^{-\frac{1}{2}} = \frac{\pi}{\sqrt{g \cdot l}} \quad \text{und}$$

$$\mathrm{d}\,T = \frac{\pi}{\sqrt{g \cdot l}}\,\mathrm{d}\,l$$

Mit $g = 981\,\text{cm} \cdot \text{s}^{-2}$ und $\mathrm{d}\,l = \Delta l = +0{,}5\,\text{cm}$ erhält man

$$\mathrm{d}\,T \approx +0{,}005\,015\,\text{s}$$

Der Wert $\mathrm{d}\,T \approx +0{,}005\,015\,\text{s}$ heißt absoluter Maximalfehler der Periodendauer T, wenn die Pendellänge l mit dem absoluten Fehler $\Delta l = 0{,}5\,\text{cm}$ gemessen wird.
Der Wert von ΔT ist

$$\Delta T = 2\pi\sqrt{\frac{100{,}5\,\text{cm}}{981\,\text{cm} \cdot \text{s}^{-2}}} - 2\pi\sqrt{\frac{100\,\text{cm}}{981\,\text{cm} \cdot \text{s}^{-2}}},$$

$$\Delta T \approx 2{,}011\,075\,6\,\text{s} - 2{,}006\,066\,7\,\text{s},$$

$$\Delta T \approx +0{,}005\,008\,9\,\text{s}$$

Der Wert von ΔT ist auf 4 Dezimalen dem berechneten Näherungswert $\mathrm{d}\,T$ gleich. ■

Allgemein gilt bei hinreichend kleinem $\Delta x = \mathrm{d}x$

$$\Delta y \approx \mathrm{d}y \quad \text{mit} \quad \mathrm{d}y = f'(x)\,\mathrm{d}x \tag{7.8}$$

Diese Beziehung gilt für jedes $x = x_0$, für die die Funktion differenzierbar ist. Aus diesem Grund wird der Index 0 weggelassen.

Dividiert man *Gl. (7.8)* durch $\mathrm{d}x$ (nach Voraussetzung ist $\mathrm{d}x \neq 0$), so folgt

$$\frac{\mathrm{d}y}{\mathrm{d}x} = f'(x) \tag{7.9}$$

Der Quotient $\frac{\mathrm{d}y}{\mathrm{d}x}$ heißt **Differenzialquotient**. Nach *Gl. (7.9)* kann die Ableitung einer Funktion auch als Differenzialquotient geschrieben werden, d. h., $\lim\limits_{\Delta x \to 0} \frac{\Delta y}{\Delta x} = \frac{\mathrm{d}y}{\mathrm{d}x}$.

Diese Symbolik soll an den physikalischen Größen Geschwindigkeit und Beschleunigung erläutert werden.

Für die ungleichförmige Bewegung gilt die Beziehung $v_{\mathrm{m}} = \frac{\Delta s}{\Delta t}$. Die Augenblicksgeschwindigkeit ist der Grenzwert der mittleren Geschwindigkeit für $\Delta t \to 0$ (vgl. *Gl. (7.1)*):

$$v = \lim_{\Delta t \to 0} \frac{\Delta s}{\Delta t} = \frac{\mathrm{d}s}{\mathrm{d}t} = \dot{s}(t) \tag{7.10}$$

In der Physik wird durch das Setzen des Punktes über ein Größensymbol immer die Ableitung dieser Größe nach der Zeit gekennzeichnet. Differenziert man die Geschwindigkeit nach der Zeit, so erhält man die Beschleunigung zum Zeitpunkt t:

$$a = \lim_{\Delta t \to 0} \frac{\Delta v}{\Delta t} = \frac{\mathrm{d}v}{\mathrm{d}t} = \dot{v}(t) \tag{7.11}$$

Beispiel

7.11 Ein PKW fährt mit einer Geschwindigkeit von $v_0 = 80\,\mathrm{km/h}$. Zur Zeit $t = 0$ wird der PKW mit einer Verzögerung von $a = 3\,\mathrm{m/s^2}$ gebremst.

a) Welche Geschwindigkeit hat das Fahrzeug 2,8 s nach dem Einleiten des Bremsvorganges?

b) Wie groß ist die Bremsstrecke bis zum Stillstand des Fahrzeugs?

Lösung:

a) Das Weg-Zeit-Gesetz für die Bewegung lautet:

$$s(t) = v_0 t - \frac{a}{2} t^2$$

Das Geschwindigkeits-Zeit-Gesetz folgt aus der Ableitung des Weg-Zeit-Gesetzes

$$v(t) = v_0 - at$$

Für $t = 2{,}8\,\mathrm{s}$ ergibt sich $v \approx 50\,\mathrm{km/h}$.

b) Aus $v(t) = 0$ folgt $t = \frac{v_0}{a}$ und

$$s = v_0 \cdot \frac{v_0}{a} - \frac{a}{2} \cdot \frac{v_0^2}{a^2} = \frac{v_0^2}{2a}$$

Der Bremsweg beträgt 82,3 m.

Die Aufgabe kann auch ohne Anwendung der Differenzialrechnung gelöst werden. ■

Kontrollfragen

7.6 Wie ist das Differenzial definiert?

7.7 Wie kann das Differenzial am Graph der Funktion gedeutet werden?

7.8 Welcher Unterschied und welche Beziehung besteht zwischen $\mathrm{d}y$ und Δy?

Aufgaben: ***7.14*** **bis** ***7.16***

7.6 Weitere Grundregeln der Differenzialrechnung

7.6.1 Ableitung eines Produktes von Funktionen

Es ist die Ableitung des Produktes $y = f(x) = u(x) \cdot v(x)$ der differenzierbaren Funktionen $u(x)$ und $v(x)$ zu bilden. Der Differenzenquotient ist:

$$y' = \lim_{\Delta x \to 0} \frac{\Delta y}{\Delta x} = \lim_{\Delta x \to 0} \frac{u\left(x + \Delta x\right) \cdot v\left(x + \Delta x\right) - u(x) \cdot v(x)}{\Delta x}$$

Der rechts stehende Bruch muss so umgeformt werden, dass die Differenzenquotienten von $u(x)$ und $v(x)$ auftreten. Dazu muss im Zähler der Term $u(x)\ v\left(x + \Delta x\right)$ gleichzeitig addiert und subtrahiert werden.

$$\begin{aligned} y' &= \lim_{\Delta x \to 0} \frac{u\left(x + \Delta x\right)\ v\left(x + \Delta x\right) - u(x)\ v\left(x + \Delta x\right) + u(x)\ v\left(x + \Delta x\right) - u(x)\ v(x)}{\Delta x} \\ &= \lim_{\Delta x \to 0} \frac{u\left(x + \Delta x\right) - u(x)}{\Delta x} \cdot v\left(x + \Delta x\right) + u(x) \cdot \lim_{\Delta x \to 0} \frac{v\left(x + \Delta x\right) - v(x)}{\Delta x} \\ &= u'(x) \cdot v(x) + u(x) \cdot v'(x) \end{aligned}$$

oder kurz

$$(u \cdot v)' = u' \cdot v + u \cdot v' \qquad (7.12)$$

Die erhaltene Differenziationsregel nennt man **Produktregel**. Die Produktregel gilt auch für mehr als zwei Faktoren. Für drei bzw. n Faktoren folgt

$$\begin{aligned} (u \cdot v \cdot w)' &= u'\, v\, w + u\, v'\, w + u\, v\, w', \\ (u_1 \cdot u_2 \cdot \ldots \cdot u_n)' &= u_1'\, u_2 \ldots u_n + u_1\, u_2' \ldots u_n + \ldots + u_1\, u_2 \ldots u_n' \end{aligned}$$

Beispiel

7.12 Die Funktion $y = f(x) = (x + 3)\,(3x - 1)$ ist nach der Produktregel zu differenzieren.

Lösung:

$u(x) = x + 3, \quad u'(x) = 1,$

$v(x) = 3x - 1, \quad v'(x) = 3$

Nach *Gl. (7.12)* folgt

$$y' = f'(x) = 1 \cdot (3x - 1) + (x + 3) \cdot 3,$$

$y' = 6x + 8$

Die Aufgabe kann auch ohne Anwendung der Produktregel gelöst werden. ■

7.6.2 Ableitung eines Quotienten zweier Funktionen

Für die Ableitung des Quotienten $y = f(x) = \frac{u(x)}{v(x)}$, $v(x) \neq 0$ der differenzierbaren Funktion $u(x)$ und $v(x)$ lässt sich gleichfalls eine Regel finden. Auf die Herleitung soll an dieser Stelle verzichtet werden. Die **Quotientenregel** hat die Form

$$f'(x) = \left(\frac{u(x)}{v(x)}\right)' = \frac{u'(x) \cdot v(x) - u(x) \cdot v'(x)}{v(x)^2}$$

in abgekürzter Schreibweise

$$\left(\frac{u}{v}\right)' = \frac{u'v - uv'}{v^2} \tag{7.13}$$

Beispiele

7.13 $y = \frac{2x - 1}{x^2 + 5}$. Es ist y' zu berechnen.

Lösung: Es ist

$u(x) = 2x - 1, \quad u'(x) = 2,$

$v(x) = x^2 + 5, \quad v'(x) = 2x$

Nach *Gl. (7.13)* folgt

$$y' = \frac{2\left(x^2 + 5\right) - (2x - 1)\,2x}{\left(x^2 + 5\right)^2}, \quad y' = \frac{-2x^2 + 2x + 10}{\left(x^2 + 5\right)^2}$$

7.14 Unter welchen Winkeln schneidet die Funktion $y = f(x) = \frac{x^2 - 4}{x^2 + 4}$ die x-Achse?

Lösung: Aus der Gleichung $0 = \frac{x^2 - 4}{x^2 + 4}$ ergeben sich folgende Schnittstellen mit der x-Achse: $x_1 = 2$, $x_2 = -2$. Zur Ermittlung der Schnittwinkel an diesen Stellen ist die Ableitung der Funktion zu bilden.

$$y' = \frac{2x\left(x^2 + 4\right) - \left(x^2 - 4\right)2x}{\left(x^2 + 4\right)^2} = \frac{16x}{\left(x^2 + 4\right)^2}$$

Aus der Beziehung

$$y' = \tan\alpha = \frac{16x}{\left(x^2 + 4\right)^2}$$

folgt für $x_1 = 2$ und $x_2 = -2$

$$y'(2) = \tan\alpha_1 = \frac{1}{2}, \quad \alpha_1 = 26{,}57°; \quad \text{bzw.}$$

$$y'(-2) = \tan\alpha_2 = -\frac{1}{2}, \quad \alpha_2 = -26{,}57°, \quad \text{oder} \quad \alpha_2 = 180° - 26{,}57° = 153{,}43°$$

Die gegebene Funktion schneidet die x-Achse unter den Winkeln $\alpha_1 = 26{,}57°$ und $\alpha_2 = -26{,}57°$. ■

Ableitung der mittelbaren Funktion

Die Funktion $y = f(x) = \sqrt{2x-1}$ kann mit den bisher erarbeiteten Regeln nicht differenziert werden, da $y = f(x)$ eine mittelbare Funktion ist. Mittelbare Funktionen entstehen, wenn man Funktionen verkettet (zusammensetzt).

Die Funktion $y = \sqrt{2x-1}$ ist die Verkettung der Funktion $z = g(x) = 2x-1$ mit der Funktion $y = f(z) = \sqrt{z}$. Man nennt $g(x)$ die **innere** und $y = f(z)$ die **äußere Funktion**.

Die allgemeine Schreibweise von mittelbaren Funktionen ist

$$y = f\left[g(x)\right]$$

Die Funktion $y = f(x) = \sqrt{2x-1}$ soll nun differenziert werden. Durch die **Substitution** $z = g(x) = 2x - 1$ geht die betrachtete Funktion über in

$$y = f(z) = \sqrt{z}$$

y erscheint als Funktion von z, wobei z selbst wieder eine Funktion von x ist. Verkettet man beide Funktionen, so entsteht

$$y = f\left[g(x)\right] = \sqrt{2x-1}$$

Um die Ableitung $y' = \frac{\mathrm{d}y}{\mathrm{d}x}$ zu erhalten, müssen zunächst die Ableitungen $\frac{\mathrm{d}y}{\mathrm{d}z}$ und $\frac{\mathrm{d}z}{\mathrm{d}x}$ gebildet werden. Voraussetzung ist, dass die Ableitungen der Funktionen $y = f(z)$ und $z = g(x)$ existieren. Die Ableitung ergibt sich dann aus dem Produkt der Ableitungen und $\frac{\mathrm{d}z}{\mathrm{d}x}$.

Es ist also

$$\frac{\mathrm{d}y}{\mathrm{d}x} = \frac{\mathrm{d}y}{\mathrm{d}z} \cdot \frac{\mathrm{d}z}{\mathrm{d}x} \tag{7.14}$$

oder in anderer Schreibweise

$$\{f\left[g(x)\right]\}' = f'\left[g(x)\right] g'(x) \tag{7.15}$$

Die erhaltene Differenziationsregel nennt man **Kettenregel**. Eine mittelbare Funktion wird also differenziert, indem man die Ableitung der äußeren Funktion mit der Ableitung der inneren Funktion multipliziert.

Wendet man die Kettenregel auf die Funktion $y = f\left[g(x)\right] = \sqrt{2x-1}$ an, so folgt

$$y = f(z) = \sqrt{z}, \qquad \frac{\mathrm{d}y}{\mathrm{d}z} = \frac{1}{2\sqrt{z}},$$

$$z = g(x) = 2x - 1, \qquad \frac{\mathrm{d}z}{\mathrm{d}x} = 2,$$

$$\frac{\mathrm{d}y}{\mathrm{d}x} = \frac{\mathrm{d}y}{\mathrm{d}z} \cdot \frac{\mathrm{d}z}{\mathrm{d}x} = \frac{1}{2\sqrt{z}} \cdot 2$$

Für z den Term $2x - 1$ wieder eingesetzt, ergibt

$$\frac{\mathrm{d}y}{\mathrm{d}x} = \frac{1}{2\sqrt{2x-1}} \cdot 2 = \frac{1}{\sqrt{2x-1}}$$

Beispiele

7.15 Die Ableitung der Funktion $y = f(x) = \left(2x^2 + 3x + 1\right)^{10}$ ist zu ermitteln.

Lösung: $y = f(z) = z^{10}$ ist die äußere und $z = g(x) = 2x^2 + 3x + 1$ die innere Funktion.
Durch Differenzieren erhält man $\frac{\mathrm{d}y}{\mathrm{d}z} = 10z^9$ und $\frac{\mathrm{d}z}{\mathrm{d}x} = 4x + 3.$
Nach *Gl. (7.14)* folgt

$$y' = \frac{\mathrm{d}y}{\mathrm{d}x} = 10z^9\,(4x + 3)$$

Für z den Term $2x^2 + 3x + 1$ eingesetzt, ergibt

$$y' = \frac{\mathrm{d}y}{\mathrm{d}x} = 10\left(2x^2 + 3x + 1\right)^9 (4x + 3)$$

7.16 Die Ableitung der Funktion $y = f(x) = x^2\sqrt{2x - 3}$ ist zu ermitteln.

Lösung: Zur Lösung der Aufgabe wird die Kettenregel in Verbindung mit der Produktregel angewandt.
Nach *Gl. (7.12)* folgt

$$u = x^2, \quad u' = 2x, \quad v = \sqrt{2x - 3}$$

Für v' folgt nach *Gl. (7.14)* mit $z = 2x - 3$ als innere und $v = \sqrt{z}$ als äußere Funktion mit den Ableitungen

$$\frac{\mathrm{d}z}{\mathrm{d}x} = 2 \quad \text{und} \quad \frac{\mathrm{d}v}{\mathrm{d}z} = \frac{1}{2\sqrt{z}}$$

$$v' = \frac{2}{2\sqrt{2x - 3}} = \frac{1}{\sqrt{2x - 3}}$$

Durch Anwenden der Produktregel *Gl. (7.12)* auf $y = f(x)$ erhält man

$$y' = 2x\sqrt{2x - 3} + \frac{x^2}{\sqrt{2x - 3}} = \frac{5x^2 - 6x}{\sqrt{2x - 3}}$$ ■

Kontrollfragen

7.9 Nach welchen Regeln wird ein Produkt bzw. Quotient zweier Funktionen differenziert?

7.10 Wie wird eine mittelbare Funktion differenziert?

Aufgaben: ***7.17* bis *7.21***

■ 7.7 Regeln für die Ableitung weiterer Funktionen

Ähnlich wie für die Ableitung der Potenzfunktion (vgl. *Gl. (7.2)* lassen sich durch das Bilden des Grenzwertes des Differenzenquotienten die Ableitungen weiterer Funktionen herleiten. Für einige ausgewählte Funktionen sind die Ableitungen in der folgenden Übersicht zusammengestellt:

1. $(\sin x)' = \cos x$ (7.16)
2. $(\cos x)' = -\sin x$ (7.17)

3. $$(\tan x)' = \frac{1}{\cos^2 x} = 1 + \tan^2 x, \quad x \neq (2n+1) \cdot \frac{\pi}{2}; \quad n \in \mathbb{Z} \tag{7.18}$$

4. $$(\cot x)' = -\frac{1}{\sin^2 x} = -(1 + \cot^2 x), \quad x \neq n\pi; \quad n \in \mathbb{Z} \tag{7.19}$$

5. $$(\ln x)' = \frac{1}{x}, \quad x > 0 \tag{7.20}$$

6. $$(\log_a x)' = \frac{1}{\ln a} \cdot \frac{1}{x}, \quad a > 0, \quad a \neq 1, \quad x > 0 \tag{7.21}$$

7. $$(a^x)' = a^x \ln a, \quad a > 0 \tag{7.22}$$

8. $$(e^x)' = e^x \tag{7.23}$$

9. $$(\arcsin x)' = \frac{1}{\sqrt{1-x^2}}, \quad |x| < 1 \tag{7.24}$$

10. $$(\arccos x)' = \frac{-1}{\sqrt{1-x^2}}, \quad |x| < 1 \tag{7.25}$$

11. $$(\arctan x)' = \frac{1}{1+x^2} \tag{7.26}$$

12. $$(\operatorname{arccot} x)' = -\frac{1}{1+x^2} \tag{7.27}$$

Beispiele

Bilden Sie die erste Ableitung.

7.17 $y = x^2 \cdot \sin x$.
Nach der Produktregel folgt

$$y' = 2x \sin x + x^2 \cos x,$$
$$y' = x\left(2 \sin x + x \cos x\right)$$

7.18 $z = f(s) = \tan^2(3s+1)$.
Es liegt eine mittelbare Funktion vor:

$$u(s) = 3s + 1, \quad v(u) = \tan u, \quad z(v) = v^2,$$
$$\frac{du}{ds} = 3, \quad \frac{dv}{du} = \frac{1}{\cos^2 u}, \quad \frac{dz}{dv} = 2v,$$
$$\frac{dz}{ds} = \frac{3 \cdot 2 \tan(3s+1)}{\cos^2(3s+1)},$$
$$z' = 6\frac{\tan(3s+1)}{\cos^2(3s+1)}$$

7.19 $y = \ln(2x+1)$.
Es liegt eine mittelbare Funktion vor:

$$z(x) = 2x + 1, \quad y(z) = \ln z,$$
$$\frac{dz}{dx} = 2, \quad \frac{dy}{dz} = \frac{1}{z},$$
$$y' = \frac{2}{2x+1}$$

7.20 $y = \ln \dfrac{x+1}{3x-1} = \ln(x+1) - \ln(3x-1)$.
Auf beide Terme ist die Kettenregel anzuwenden.

$$y' = \frac{1}{x+1} - \frac{3}{3x-1} = \frac{-4}{(x+1)(3x-1)}$$

7.21 $y = 2x \ln x$.
Nach der Produktregel folgt

$$y' = 2\ln x + \frac{2x}{x} = 2\ln x + 2, \quad y' = 2\left(\ln x + 1\right)$$

7.22 $y = \mathrm{e}^{3x-2}$.
Nach der Kettenregel folgt

$$z(x) = 3x - 2, \quad y(z) = \mathrm{e}^{z},$$
$$\frac{\mathrm{d}z}{\mathrm{d}x} = 3, \quad \frac{\mathrm{d}y}{\mathrm{d}z} = \mathrm{e}^{z},$$
$$y' = 3\,\mathrm{e}^{3x-2}$$

7.23 $y = \sin x \cdot \mathrm{e}^{1-x}$.
Nach der Produkt- und Kettenregel folgt

$$y' = \cos x\left(\mathrm{e}^{1-x}\right) + \sin x\left(-\mathrm{e}^{1-x}\right),$$
$$y' = \mathrm{e}^{1-x}\left(\cos x - \sin x\right)$$

■

Aufgaben: *7.22* **bis** *7.27*

■ 7.8 Höhere Ableitungen

Ist $y = f(x)$ eine Funktion von x, so ist auch ihre Ableitung $f'(x)$ selbst wieder eine Funktion von x. Die Ableitungsfunktion $f'(x)$ kann dann wiederum differenziert werden. Voraussetzung ist, dass $f'(x)$ eine differenzierbare Funktion ist. Die neue Ableitung heißt **zweite Ableitung** der Funktion $y = f(x)$. Diese Funktion bezeichnet man durch

$$y'' = f''(x) = \frac{\mathrm{d}^2 y}{\mathrm{d}x^2}$$

(gelesen: „d zwei y nach $\mathrm{d}x$ Quadrat“).

Da auch die zweite Ableitung wieder eine Funktion von x ist, kann die dritte Ableitung von $f(x), f'''(x)$ gebildet werden usw.

Für die weiteren höheren Ableitungen wird

$$y''' = \frac{\mathrm{d}^3 y}{\mathrm{d}x^3}; \quad y^{(4)} = \frac{\mathrm{d}^4 y}{\mathrm{d}x^4}; \quad \ldots; \quad y^{(n)} = \frac{\mathrm{d}^n y}{\mathrm{d}x^n}$$

geschrieben.

Beispiele

7.24 Von der Funktion $y = 3x^3 + 2x^2 + 5x - 1$ ist die dritte Ableitung zu bilden.

Lösung: $y' = 9x^2 + 4x + 5; \quad y'' = 18x + 4; \quad y''' = 18.$

7.25 Es sind die erste und zweite Ableitung der Funktion $y = x \ln x$ zu berechnen.

Lösung: $y' = \ln x + 1; \quad y'' = \frac{1}{x}.$ ■

Aufgabe: *7.28*

7.9 Geometrische Interpretation der ersten und zweiten Ableitung

Der Verlauf der Kurve einer Funktion musste bisher mittels einer Wertetabelle ermittelt werden. Die Differenzialrechnung gibt die Möglichkeit, die Untersuchung von Funktionen zu vereinfachen. Die geometrische Bedeutung der ersten und zweiten Ableitung soll anhand der Funktion

$$y = f(x) = \frac{1}{3}x^3 - 3x^2 + 8x + 1$$

erklärt werden. Die erste, zweite und dritte Ableitung der Funktion ist

$$y' = x^2 - 6x + 8,$$
$$y'' = 2x - 6,$$
$$y''' = 2.$$

Betrachtet man den Verlauf der Kurve $y = f(x)$ (vgl. *Bild 7.8a*), erkennt man, dass diese mit wachsenden x-Werten bis zum Punkt H wächst. Der Anstiegswinkel α der Tangente liegt im Intervall $-\infty < x < x_H$ zwischen 0° und 90°, und es gilt $y' = f'(x) > 0$ (vgl. auch *Bild 7.8b*). Vom Punkt H bis zum Punkt T fällt die Kurve. Der Anstiegswinkel α der Tangente liegt im Intervall $x_H < x < x_T$ zwischen −90° und 0°, und es gilt $y' = f'(x) < 0$ (vgl. auch *Bild 7.8b*). Im Intervall $x_T < x < \infty$ wächst die Kurve wieder, und es gilt $y' = f'(x) > 0$.

Das Vorzeichen der ersten Ableitung einer Funktion gibt somit Auskunft, ob die Kurve wächst oder fällt.

Definition 7.4

Die Kurve einer im Intervall I differenzierbaren Funktion f **wächst** bzw. **fällt monoton**, wenn für alle x aus diesem Intervall I gilt $y' = f'(x) \geqq 0$ bzw. $y' = f'(x) \leqq 0$. Der zugehörige Kurvenbogen heißt **wachsender** bzw. **fallender Monotoniebogen**.

Für das Zeichnen einer Kurve ist es notwendig, neben dem Anstieg der Kurve die Art ihrer Krümmung zu bestimmen. Im *Bild 7.9* sind Kurvenstücke gezeichnet, die deutlich machen, dass es zwei Arten wachsender bzw. fallender Kurven gibt.

Bei wachsenden Funktionen kann die Tangente oberhalb (vgl. *Bild 7.9a*) bzw. unterhalb (vgl. *Bild 7.9b*) der Kurven liegen. Entsprechendes stellt man auch für die fallenden Kurvenstücke fest (vgl. *Bild 7.9c* und *d*). Liegt die Tangente **unterhalb** bzw. **oberhalb** der Kurve, so sagt man, die Kurve ist von unten **konvex** (erhaben) bzw. von unten **konkav** (hohl). Die Kurvenbögen nennt man **Konvex**- bzw. **Konkavbogen**.

Wendet man diese Betrachtungen auf die im *Bild 7.8* dargestellte Funktion an, folgt:

Im Intervall $0 \leqq x < x_W$ ist die Kurve $y = f(x)$ konkav. Die zweite Ableitung $y'' = f''(x)$ ist in diesem Intervall negativ. Im Intervall $x_W < x \leqq 5$ ist die Kurve $y = f(x)$ konvex. Die zweite Ableitung ist in diesem Intervall positiv. Dieses Ergebnis gilt allgemein.

Definition 7.5

Eine im Intervall I zweimal differenzierbare Funktion f ist konvex bzw. konkav, wenn für die zweite Ableitung $y'' = f''(x) > 0$ bzw. $y'' = f''(x) < 0$ gilt.

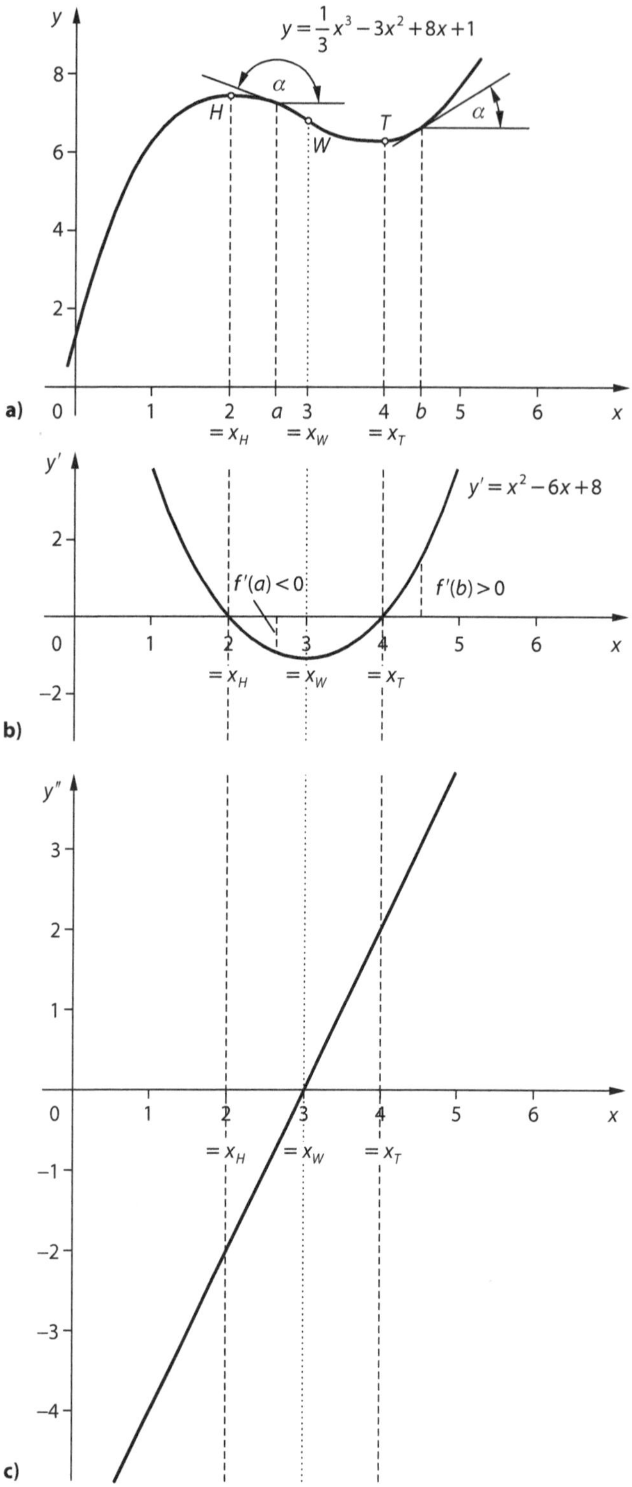

y
y = 1/3 x³ − 3x² + 8x + 1
α
H
W
T
α
a)
0 1 2 a 3 4 b 5 6 x
= x_H = x_W = x_T
y'
y' = x² − 6x + 8
f'(a) < 0
f'(b) > 0
b)
y''
c)

Bild 7.8

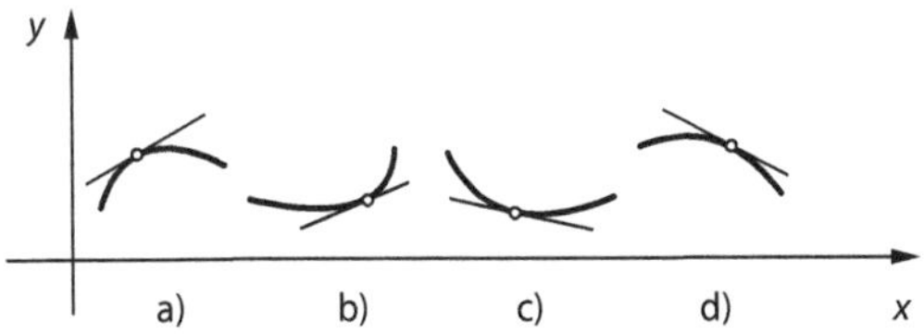

Bild 7.9

Das Vorzeichen der zweiten Ableitung gibt somit Auskunft über die Krümmungsart der Kurve.

Werden naturwissenschaftliche, technische bzw. ökonomische Zusammenhänge durch Funktionen beschrieben, ist die Ermittlung von charakteristischen Punkten der zugehörigen Kurve oft von besonderem Interesse. Betrachtet man im *Bild 7.10* den Punkt H, so erkennt man, dass seine Ordinate, d. h. der Funktionswert $f(x_{\text{H}})$, größer ist als die Funktionswerte in der näheren Umgebung U von x_{H}. (Eine Umgebung von x_{H} ist ein offenes Intervall $U = (x_1;\, x_2)$, das x_{H} enthält: $x_{\text{H}} \in U$, wobei die Breite des Intervalls $x_2 - x_1$ beliebig klein sein kann, vgl. *7.1*). Die Funktion nimmt an der Stelle x_{H} im Vergleich zu anderen Funktionswerten in der näheren Umgebung von $y = f(x)$ einen Höchstwert an. Dieser Wert $f(x_{\text{H}})$ wird (**relatives**) **Maximum** von $y = f(x)$ genannt. Entsprechend gilt für den Punkt T, dass seine Ordinate, d. h. der Funktionswert $f(x_{\text{T}})$, kleiner ist als die Funktionswerte in der näheren Umgebung U von x_{T}. Der Wert $f(x_{\text{T}})$ heißt (**relatives**) **Minimum** von $y = f(x)$ (vgl. *Bild 7.10*).

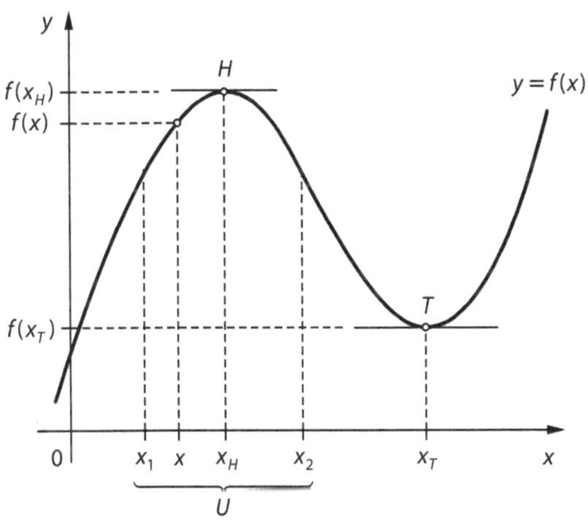

Bild 7.10

Definition 7.6

Die Funktion f hat in $\begin{Bmatrix} x_{\text{H}} \\ x_{\text{T}} \end{Bmatrix}$ eine (relative) $\begin{Bmatrix} \text{Maximumstelle} \\ \text{Minimumstelle} \end{Bmatrix}$, wenn eine Umgebung

$U = (x_1;\, x_2)$ von $\begin{Bmatrix} x_{\text{H}} \\ x_{\text{T}} \end{Bmatrix}$ existiert,

sodass für alle $x \in U$ $\begin{Bmatrix} f(x) \leqq f(x_{\text{H}}) \\ f(x) \geqq f(x_{\text{T}}) \end{Bmatrix}$ ist.

Der Funktionswert $\begin{Bmatrix} y_{\text{H}} = f(x_{\text{H}}) \\ y_{\text{T}} = f(x_{\text{T}}) \end{Bmatrix}$ heißt (relatives) $\begin{Bmatrix} \text{Maximum} \\ \text{Minimum} \end{Bmatrix}$ von f.

Minimum und Maximum werden auch unter dem Begriff Extremum zusammengefasst. Die Punkte H und T sind (relative) Extrempunkte, speziell (relativer) Maximum- oder Hochpunkt H bzw. (relativer) Minimum- oder Tiefpunkt T. Zu beachten ist, dass die Extremwerte nur in einem bestimmten Intervall Höchst- und Tiefstwerte sind.

Aus dem *Bild 7.11* wird ersichtlich, dass der Funktionswert an der Stelle $x = c$ kleiner ist als der Funktionswert an der Stelle $x = g$, obwohl sich an der Stelle $x = c$ ein relatives Maximum befindet. An den Stellen $x = b$ und $x = d$ liegt ein relatives Minimum vor. Daraus folgt, dass Extremwerte nicht die absolut größten bzw. kleinsten Funktionswerte sind. Sie sind nur die größten bzw. kleinsten Werte einer Funktion bezüglich ihrer unmittelbaren Umgebung. Deshalb bezeichnet man sie auch als relative Extremwerte. Gilt für den gesamten Definitionsbereich $f(x_H) \geqq f(x)$ bzw. $f(x_T) \leqq f(x)$ so spricht man von einem **absoluten Maximum** oder **absoluten Minimum**. Da absolute Extremwerte hier nicht behandelt werden, wird der Zusatz „relativ" nachfolgend weggelassen.

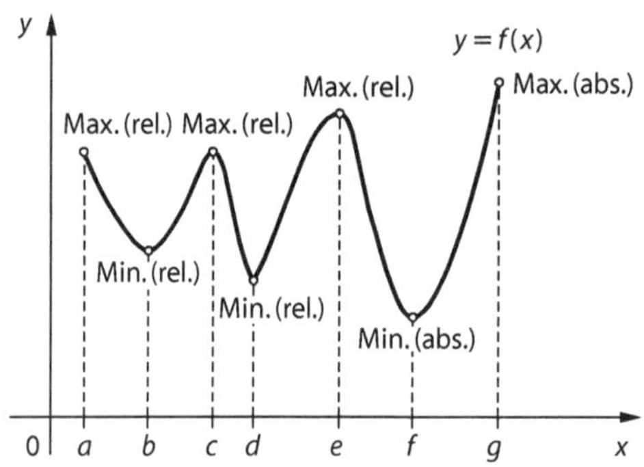

Bild 7.11

Betrachtet man im *Bild 7.11* alle die Punkte der Kurve, die den Extrema der Funktion f entsprechen und keine Randpunkte des Definitionsbereichs sind, so haben sie eine charakteristische Eigenschaft: Wenn die Tangente an den Graphen existiert, so verläuft sie parallel zur x-Achse, d. h., dass die Ableitung von f an den Extremstellen gleich 0 ist. Allgemein gilt folgender Satz:

Satz 7.2

Wenn eine Funktion f in $x = x_E$ eine Extremstelle hat und f in einer Umgebung U von x_E differenzierbar ist so gilt $f'(x_E) = 0$.

Die Bedingung $f'(x_E) = 0$ ist eine notwendige Bedingung für das Vorhandensein eines Extremwertes von f an der Stelle $x = x_E$. Nur die Lösungen der Gleichung $f'(x_E) = 0$ können Extremstellen der Funktion f sein. Darunter können aber auch Lösungen sein, die keine Extremstellen von f sind.

Beispiel

7.26 $y = (x-1)^3 + 1$.

Es ist $y' = 3(x-1)^2$. Die Gleichung $3(x-1)^2 = 0$ liefert die Lösung $x_0 = 1$. Die Funktion f hat dennoch an der Stelle $x_0 = 1$ kein Extremum. In jeder Umgebung U von $x = 1$ gibt es sowohl Funktionswerte, die kleiner als $f(1)$, als auch größer als $f(1)$ sind (vgl. *Bild 7.12*).

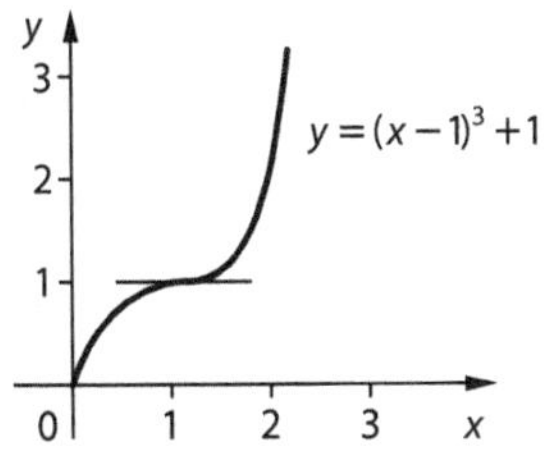

Bild 7.12

■

Zur Bestimmung der Extrema einer Funktion muss deshalb ein ergänzendes Kriterium gefunden werden, das es gestattet, die tatsächlichen Extrema einer Funktion auszusondern. Aus den *Bildern 7.8* und *7.10* erkennt man, dass in den Extrema jeweils die Funktion f ihr Monotonieverhalten ändert. Diese Eigenschaft besitzt die im *Bild 7.12* dargestellte Funktion f nicht. Sie hat deshalb in $f(1)$ kein Extremum. Allgemein lässt sich für den Wechsel des Monotonieverhaltens einer Funktion f an den Stellen ihrer Extrema folgender Satz formulieren (hinreichende Bedingung für Extrema).

Satz 7.3

Ist eine Funktion f im Intervall I zweimal differenzierbar und ist

$$f'(x) = 0 \left\{ \begin{array}{l} f''(x_E) < 0 \\ f''(x_E) > 0 \end{array} \right\}, \text{ dann ist } x_E \text{ eine } \left\{ \begin{array}{l} \text{Maximumstelle} \\ \text{Minimumstelle} \end{array} \right\}.$$

Der Fall $f'(x) = f''(x) = 0$ wird zunächst ausgeschlossen.

Betrachtet man den Punkt W im *Bild 7.8a*, erkennt man, dass die Kurve dort ihren Krümmungssinn ändert. Deshalb wird dieser Punkt **Wendepunkt** genannt. Der Wendepunkt trennt ein konvexes Kurvenstück von einem konkaven Kurvenstück. Die Funktion $y' = f(x)$ besitzt an der Stelle x_W ein Minimum (vgl. *Bild 7.8b*). Der Anstiegswinkel der Tangente beträgt an der Stelle x_W gleich 0^0. Daraus folgt, dass $f''(x_W) = 0$ sein muss (vgl. *Bild 7.8b* und *c*). Im Allgemeinen muss nach der hinreichenden Bedingung über Extremwerte die übernächste Ableitung, also $f'''(x) \neq 0$ sein. Die dritte Ableitung von $y = f(x)$ an dieser Stelle ist $y''' = 2$.

Als notwendige Bedingung für das Auftreten eines Wendepunktes von einer Funktion $y = f(x)$ in x_W lässt sich folgender Satz formulieren.

Satz 7.4

Ist eine Funktion f in einer Umgebung U von x_W zweimal differenzierbar und ist W ein **Wendepunkt** der zu f gehörigen Kurve, dann ist $f''(x_W) = 0$.

Die hinreichende Bedingung für die Existenz eines Wendpunktes lautet:

Satz 7.5

Ist eine Funktion f in einer Umgebung U von x_W zweimal differenzierbar und ist $f''(x_W) = 0$ und $f'''(x_W) \neq 0$, dann ist W ein **Wendepunkt** der zugehörigen Kurve.

Ein Wendepunkt mit waagerechter Wendetangente heißt **Stufen-** oder **Terrassenpunkt** (vgl. *Bild 7.12*). Für ihn lautet die notwendige Bedingung $y'(x_W) = 0$ und $y''(x_W) = 0$.

Beispiel

7.27 Die Funktion $y = f(x) = 2x^3 + 1$ soll auf Extrem- und Wendepunkte untersucht werden.

Lösung: $y' = 6x^2, \quad y'' = 12x, \quad y''' = 12$
Aus $y' = 0$ folgt $6x^2 = 0$, $x_{1/2} = 0$.
Setzt man den errechneten x-Wert in die zweite Ableitung ein, ergibt sich $y''(0) = 0$. Eine Entscheidung über das Vorliegen eines Extremwertes kann noch nicht getroffen werden. Da die dritte Ableitung $y''' \neq 0$ ist, liegt an der Stelle $x_{1/2}$ ein Wendepunkt vor. Die Koordinaten lauten: $W(0; 1)$ (horizontaler Wendepunkt). Da aber auch $y'(0) = 0$ ist handelt es sich um einen Stufen- oder Terrassenpunkt (vgl. *Bild 7.13*).

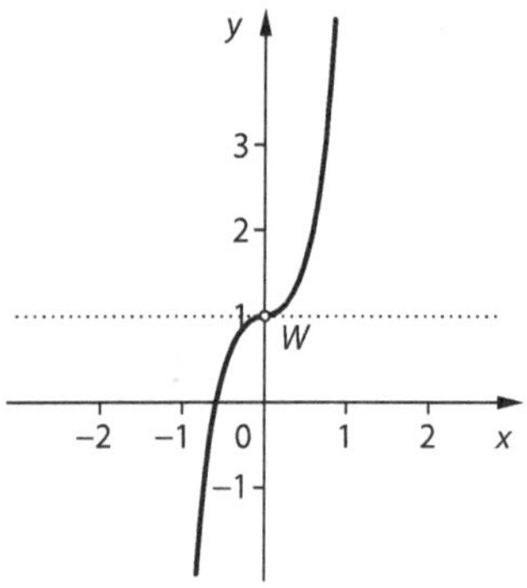

Bild 7.13 ■

Kontrollfragen

7.11 Wann wächst bzw. fällt eine im Intervall I differenzierbare Funktion f?

7.12 Wie verhält sich die Kurve einer Funktion f in der Umgebung einer Extremstelle?

7.13 Welcher Unterschied besteht zwischen einem relativen und einem absoluten Maximum?

7.14 Geben Sie die notwendige und hinreichende Bedingung für die Existenz des Extremwertes einer Funktion f an!

7.15 Geben Sie notwendige und hinreichende Bedingung für die Existenz des Wendepunktes einer Funktion f an?

7.16 Wann ist eine im Intervall I zweimal differenzierbare Funktion f konvex bzw. konkav?

■ 7.10 Kurvendiskussion

In den Naturwissenschaften, in der Technik und in der Ökonomie werden viele Zusammenhänge mit Funktionen beschrieben. Eine in der Praxis häufige Aufgabenstellung ist, sich für eine gegebene Funktion schnell einen Überblick über den Verlauf der Kurve der Funktion zu verschaffen. Eine Wertetabelle ist dazu nicht immer geeignet, da solche charakteristischen Punkte der Kurve, wie z. B. die Extrempunkte, im Allgemeinen nicht erfasst werden. Mithilfe der Differenzialrechnung kann man meist recht schnell die charakteristischen Punkte und Eigenschaften der Kurve der Funktion erfassen und sie im Koordinatensystem darstellen. Die Untersuchungen zur Gewinnung des Bildes einer Funktion nennt man **Kurvendiskussion**.

Zweckmäßig werden dabei folgende wichtige Punkte und Eigenschaften einer Kurve untersucht:

1. Nullstellen
2. Unstetigkeitsstellen
3. Definitionsbereich
4. Symmetrie
5. Schnittpunkt mit der y-Achse
6. Extrempunkte und Art der Extremwerte
7. Wendepunkte
8. Verhalten der Funktion im Unendlichen
9. Asymptoten bei gebrochenrationalen Funktionen
10. Skizze der Funktion
11. Wertebereich

1. Nullstellen

Nullstellen der Funktion $y = f(x)$ sind die reellen Lösungen der Gleichung $y = f(x) = 0$. Nullstellen gebrochenrationaler Funktionen erhält man als Nullstellen des Zählers, für die nicht gleichzeitig der Nenner Null wird.

2. Unstetigkeitsstellen

Ist die grafische Darstellung einer Funktion an einer Stelle unterbrochen, so heißt die Stelle **Unstetigkeitsstelle**. Dort existiert entweder kein Funktionswert oder kein Grenzwert, oder es sind beide vorhanden, aber einander nicht gleich. **Unendlichkeitsstellen** oder **Pole** gebrochenrationaler Funktionen gehören zu den Unstetigkeitsstellen. Sie erhält man als Nullstellen des Nenners, für die nicht gleichzeitig der Zähler Null wird. Liegt an der Stelle $x = x_p$ eine Polstelle vor, stellt die Gerade $x = x_p$ eine **Asymptote** (Näherungslinie) der Kurve der Funktion dar.

Wird bei gebrochenrationalen Funktionen an einer Stelle $x = x_L$ sowohl der Zähler als auch der Nenner gleich Null, ergibt sich der unbestimmte Ausdruck $y = \frac{0}{0}$. Eine solche Stelle wird **Lücke** der Funktion genannt. Der fehlende Funktionswert kann dann durch den Grenzwert der Funktion an dieser Stelle ergänzt werden (vgl. *Abschnitt 6.6.1*).

3. Definitionsbereich

Wenn keine einschränkenden Bedingungen bezüglich des Definitionsbereiches vorliegen (z. B. bei Wurzelfunktionen), soll er allgemein der Bereich der reellen Zahlen $\mathbb{R}$ sein. Unstetigkeitsstellen gehören nicht zum Definitionsbereich.

4. Symmetrie

Gilt $f(x) = f(-x)$ für alle $x \in D_f$, so ist die Funktion f **achsensymmetrisch zur y-Achse.**

Gilt $f(-x) = -f(x)$ für alle $x \in D_f$, so ist die Funktion f **punktsymmetrisch zum Ursprung** $P(0; 0)$.

5. Schnittpunkt mit der y-Achse

Aus der Bedingung $x = 0$ ergibt sich der Schnittpunkt mit der y-Achse.

6. Extrempunkte und Art der Extremwerte

Ist $x = x_E$ eine Lösung der Gleichung $y' = 0$, so hat die Funktion an der Stelle x_E ein Maximum, wenn $f''(x_E) < 0$ ist und ein Minimum, wenn $y''(x_E) > 0$ ist.

7. Wendepunkte

Ist $x = x_W$ eine Lösung der Gleichung $y'' = 0$ und gilt $y'''(x_W) \neq 0$ so besitzt die Funktion f an der Stelle x_W eine Wendestelle.

8. Verhalten der Funktion im Unendlichen

Das Verhalten der Funktion im Unendlichen wird durch die Grenzwertbildung $\lim\limits_{x\to\pm\infty} f(x)$ untersucht (vgl. *Abschnitt 6.6.2*).

9. Asymptoten bei gebrochenrationalen Funktionen

Jede echt gebrochenrationale Funktion hat die x-Achse zur Asymptote. Eine unecht gebrochenrationale Funktion $y = f(x)$ kann durch Partialdivision in eine ganzrationale $g(x)$ und eine echt gebrochenrationale Funktion $h(x)$ zerlegt werden, sodass $y = f(x) = g(x) + h(x)$ ist. Für $x \to \pm\infty$ strebt $h(x)$ gegen Null, und die Kurve von $f(x)$ nähert sich asymptotisch der Kurve von $g(x)$. $g(x)$ wird **Grenzkurve** genannt. Wenn sie linear ist, heißt sie auch **Asymptote**.

10. Skizze der Funktion

Die berechneten Punkte werden in ein Koordinatensystem gezeichnet. Asymptoten erscheinen als Hilfslinien. Falls erforderlich, muss zusätzlich eine Wertetabelle aufgestellt werden.

11. Wertebereich

Der Wertebereich y wird zweckmäßigerweise unter Berücksichtigung des Bildes der Funktion ermittelt.

Beispiele

7.28 Die Funktion $y = x^3 - 3x^2 - x + 3$ ist zu diskutieren.

Lösung:

1. Nullstellen: Nach dem Schema von Horner (vgl. *Abschnitt 2.1.2*) folgt:

	1	−3	−1	3
		1	−2	−3
1	1	−2	−3	0
	x^2	$-2x$	−3	= 0

$x_1 = 1,\quad x_2 = -1,\quad x_3 = 3$

2. Unstetigkeitsstellen: Unstetigkeitsstellen gibt es bei ganzrationalen Funktionen nicht.
3. Definitionsbereich: $x \in \mathbb{R}$.
4. Symmetrie: $f(-x) = (-x)^3 - 3(-x)^2 - (-x) + 3 = -x^3 - 3x^2 + x + 3 \neq \begin{Bmatrix} f(x) \\ -f(x) \end{Bmatrix}$
   Es liegt weder Symmetrie zur y-Achse noch zum Ursprung vor.
5. Schnittpunkt mit der y-Achse: Aus der Bedingung $x = 0$ folgt $y = 3$.
6. Extrempunkte und Art der Extremwerte:
   Es ist $y' = 3x^2 - 6x - 1$, $y'' = 6x - 6$, $y''' = 6$.
   Aus $y' = 3x^2 - 6x - 1 = 0$ folgt $x_4 \approx 2{,}15$, $x_5 \approx -0{,}15$.
   Die Funktionsgleichung liefert die zugehörigen y-Werte $y_4 \approx -3{,}08$, $y_5 \approx 3{,}08$.

Da $f''(2{,}15) \approx 6{,}9 > 0$ und $f''(-0{,}15) \approx -6{,}9 < 0$ ist, liegt an der Stelle $x_4 \approx 2{,}15$ eine lokale Minimumstelle und an der Stelle $x_5 \approx -0{,}15$ eine lokale Maximumstelle vor. Die Extrempunkte sind $T\,(2{,}15;\ -3{,}08)$, $H\,(-0{,}15;\ 3{,}08)$.

7. Wendepunkte:

   Aus $y'' = 6x - 6 = 0$ folgt $x_6 = 1$. Aus der Funktionsgleichung erhält man den zugehörigen y-Wert, $y_6 = 0$. Da $y''' = 6 \neq 0$ ist, ist der Punkt $W(1;0)$ ein Wendepunkt

8. Verhalten der Funktion im Unendlichen:

   $$\lim_{x\to\pm\infty} \left(x^3 - 3x^2 - x + 3\right) = \pm\infty$$

9. Asymptoten:

   Es liegen keine Asymptoten vor.

10. Skizze: Das Koordinatensystem wird mit geeigneten Teilungen auf den Achsen gezeichnet, die errechneten Punkte werden eingetragen, und der Kurvenverlauf wird skizziert (vgl. *Bild 7.14*).

11. Wertebereich: $W = (-\infty;\ \infty) = \mathbb{R}$.

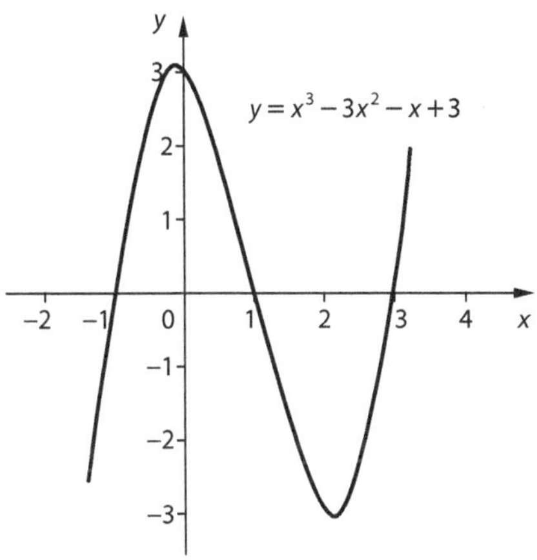

Bild 7.14

7.29 Die Funktion $y = \dfrac{x^2 - 5}{3 - x}$ ist zu diskutieren.

Lösung:

1. Nullstellen: Aus $x^2 - 5 = 0$ folgt

   $$x_1 = \sqrt{5} \approx 2{,}24, \quad x_2 = -\sqrt{5} \approx -2{,}24$$

   Da der Nenner an diesen Stellen ungleich Null ist, sind x_1 und x_2 die Nullstellen der Funktion.

2. Unstetigkeitsstellen: Aus $3 - x = 0$ folgt die Polstelle $x_3 = 3$, denn der Zähler ist ungleich Null für $x = x_3$.

3. Definitionsbereich: $x \in \mathbb{R} \setminus \{3\}$.

4. Symmetrie:

   $$\left.\begin{aligned} f(1) &= -2 \\ f(-1) &= 1 \\ -f(1) &= 2 \end{aligned}\right\}$$

   Es gilt weder $f(1) = f(-1)$ noch $f(-1) = -f(1)$. Es liegt keine Symmetrie vor.

5. Schnittpunkt mit der y-Achse: Aus der Bedingung $x = 0$ folgt $y = -\dfrac{5}{3} \approx -1{,}67$.

6. Extrempunkte und Art der Extremwerte: Es ist $y' = \dfrac{-x^2+6x-5}{(3-x)^2}$, $y'' = \dfrac{8}{(3-x)^3}$. Aus $y' = 0$ folgt $-x^2+6x-5 = 0$ und damit $x_4 = 5$, $x_5 = 1$. Die zugehörigen Funktionswerte sind $y(5) = -10$ und $y(1) = -2$. Wegen $y''(5) = -1 < 0$ und $y''(1) = 1 > 0$ ist $x_4 = 5$ eine lokale Maximumstelle und $x_5 = 1$ eine lokale Minimumstelle. Extrempunkte sind: $T(1;-2)$, $H(5;10)$.
7. Wendepunkte: keine
8. Verhalten der Funktion im Unendlichen:

$$\lim_{x\to\pm\infty}\frac{x^2-5}{3-x} = \lim_{x\to\pm\infty}\frac{x\left(x-\dfrac{5}{x}\right)}{x\left(\dfrac{3}{x}-1\right)} = \lim_{x\to\pm\infty}\frac{x-\dfrac{5}{x}}{\dfrac{3}{x}-1} = \mp\infty$$

9. Asymptoten: Mithilfe der Partialdivision (vgl. *Abschnitt 5.6*) folgt

$$y = \left(x^2-5\right) : (-x+3) = -x-3+\frac{4}{-x+3}$$

$$\begin{array}{l} (x^2-5) : (-x+3) = -x-3+4/(-x+3) \\ \underline{-(x^2-3x)} \\ \quad -3x-5 \\ \quad \underline{-(3x-9)} \\ \qquad +4 \end{array}$$

$y_A = -x-3$ ist die Asymptote der Funktion.
10. Skizze: Mit den errechneten Punkten kann das Bild der Funktion annähernd gezeichnet werden (vgl. *Bild 7.15*).
11. Wertebereich: $W = (-\infty\;\; -10] \cup [-2;\, \infty)$.

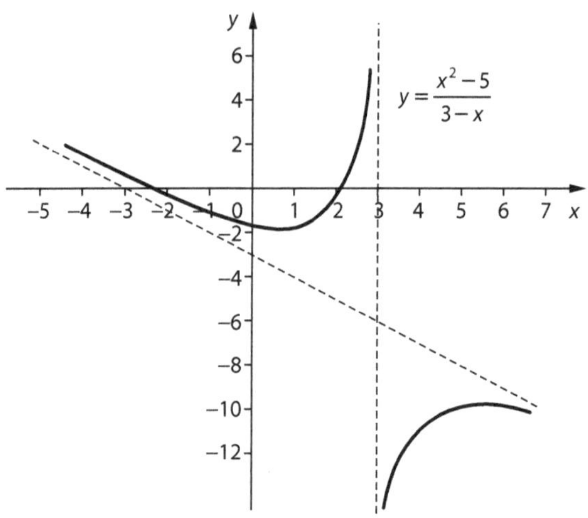

Bild 7.15

7.30 Die Funktion $y = e^{-x^2}$ ist zu diskutieren.

Lösung:

1. Nullstellen: Die Funktion besitzt keine Nullstellen (denn Potenzwerte mit der Basis e ≈ 2,7 sind stets positiv).
2. Unstetigkeitsstellen: Unstetigkeitsstellen gibt es nicht.
3. Definitionsbereich: $x \in \mathbb{R}$.
4. Symmetrie: Da $f(1) = e^{-1}$ gleich $f(-1) = e^{-1}$ liegt der Graph von $f(x)$ symmetrisch zur y-Achse.
5. Schnittpunkt mit der y-Achse: Aus der Bedingung $x = 0$ folgt $y = 1$.

6. Extrempunkte und Art der Extremwerte: Es ist

   $y' = -2x\,e^{-x^2}\, y'' = 2\,e^{-x^2}(2x^2 - 1)$

   Aus $y' = -2x\,e^{-x^2} = 0$ folgt $x_1 = 0$. Der zugehörige y-Wert ist $y_1 = 1$. Wegen $y''(0) = -2 < 0$ ist x_1 Maximumstelle.

   Der Punkt $H\,(0;\ 1)$ ist ein Hochpunkt.
7. Wendepunkte: Aus $f''(x) = 0$ folgt $2\,e^{-x^2}(2x^2 - 1) = 0$, $x_2 \approx 0{,}71$ und $x_3 \approx -0{,}71$. Die zugehörigen y-Werte sind $y_2 \approx 0.61$ und $y_3 \approx 0{,}61$. Da aus $y''' = 2\,e^{-x^2}(-4x^3 + 6x)$ folgt $y'''(0{,}7) \approx 3{,}4 \neq 0$ und $y'''(-0{,}7) \approx -3{,}4 \neq 0$ sind die Punkte $W_1(0{,}71; 0{,}61)$ und $W_2(-0{,}71; 0{,}61)$ Wendepunkte der Funktion.
8. Verhalten der Funktion im Unendlichen:

   $\lim\limits_{x\to\pm\infty} e^{-x^2} = 0$
9. Asymptoten:

   Die x-Achse ist Asymptote (vgl. *Pkt. 9* Kurvendiskussion).
10. Skizze: vgl. *Bild 7.16*.
11. Wertebereich: $W = (0;\ 1]$.

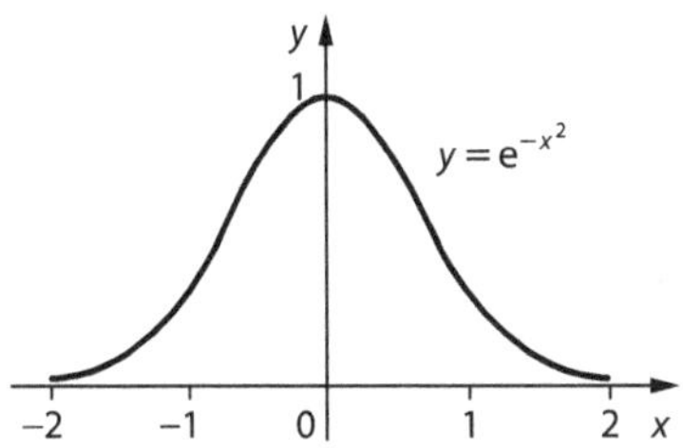

Bild 7.16

7.31 Die Funktion $y = (x - 1)\ln(x - 1); x > 1$ ist zu diskutieren.

Lösung:

1. Nullstellen: Die Nullstellen ergeben sich aus der Gleichung $(x - 1)\ln(x - 1) = 0$. Die Lösung $x = 1$ entfällt, da $x > 1$ sein muss. Aus der Gleichung $\ln(x - 1) = 0$ folgt $x_1 = 2$.
2. Unstetigkeitsstellen: Unstetigkeitsstellen gibt es nicht.
3. Definitionsbereich: $x > 1$.
4. Symmetrie: Es liegt keine Symmetrie vor.
5. Schnittpunkt mit der y-Achse: Kein Schnittpunkt mit der y-Achse; *siehe Definitionsbereich*
6. Extrempunkte und Art der Extrempunkte: Es ist $y' = \ln(x - 1) + 1$ und $y'' = \dfrac{1}{x - 1}$

   Aus $f'(x) = 0$ folgt $\ln(x - 1) + 1 = 0$, $x_3 = e^{-1} + 1 \approx 1{,}37$. Der zugehörige y-Wert ist $y_3 \approx -0{,}37$. Wegen $y''(1{,}37) \approx 2{,}72 > 0$ ist $x_3 \approx 1{,}37$ Minimumstelle. Extrempunkt ist $T(1{,}37; -0{,}37)$.
7. Wendepunkte: keine
8. Verhalten der Funktion im Unendlichen:

   $\lim\limits_{x\to\infty}(x - 1)\ln(x - 1) = \infty$
9. Asymptote bei gebrochenrationalen Funktionen: keine
10. Skizze: vgl. *Bild 7.17*. Es ist zweckmäßig, eine Wertetabelle aufzustellen.

x	1,05	1,1	1,2
y	−0,15	−0,23	−0,32

11. Wertebereich: $-0{,}37 < y < \infty$

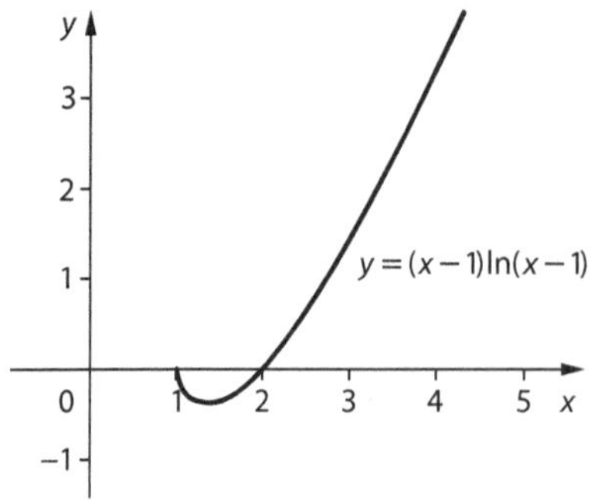

Bild 7.17

Kontrollfrage

7.17 Welche Punkte und Eigenschaften der Kurve werden bei einer Kurvendiskussion am zweckmäßigsten untersucht?

Aufgaben: *7.29* **bis** *7.31*

7.11 Extremwertaufgaben

In der Naturwissenschaft, Technik und Ökonomie gibt es Probleme, bei denen ein Optimum (Maximum oder Minimum) einer Größe unter Berücksichtigung bestimmter Vorgaben gesucht ist. Die Optimalwerte, wie z. B. minimaler Verschleiß, Materialaufwand, minimale Kosten, maximale Leistungen, Volumen usw., sind dann die Extrema der Funktion, die den betreffenden Sachverhalt charakterisieren. Wenn die Funktion nichtlinear ist, lässt sich eine solche Extremwertaufgabe mithilfe der Differenzialrechnung lösen.

Beispiel

7.32 Ein unterirdischer Kanal zur Aufnahme von Abwässern hat einen rechteckigen Querschnitt. Der Umfang soll 5 m betragen. Welche Abmessungen sind zu wählen, damit die Querschnittsfläche möglichst groß wird?

Lösung: Es muss die Funktion ermittelt werden, die die Querschnittsfläche des Kanals in Abhängigkeit von der Tiefe x und der Breite y ausdrückt. Die Querschnittsfläche A muss ein Maximum werden (vgl. *Bild 7.18*). Es gilt:

$$A = f\left(x;\, y\right) = x \cdot y \rightarrow \text{Maximum} \qquad \text{(I)}$$

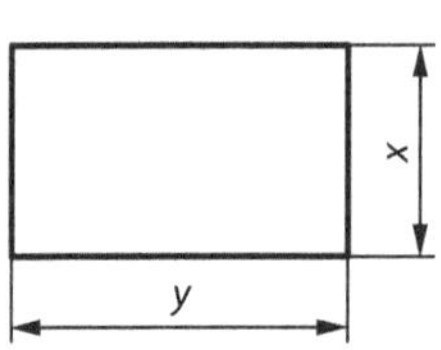

Bild 7.18

Die Variablen sind x und y, von denen A abhängig ist. Die *Funktion (I)* kann noch nicht differenziert werden, da zwei unabhängige Variablen vorliegen. Durch die Berücksichtigung der Nebenbedingung $U = 5\,\text{m}$ kann y durch x und U bzw. x durch y und U ausgedrückt werden. Es ist

$U = 2\,(y + x) = 5\,\text{m}$ und damit

$$x = \frac{U}{2} - y \quad \text{bzw.} \qquad \text{(II)}$$

$$y = \frac{U}{2} - x$$

Setzt man *(II)* in *(I)* ein, erhält man eine Funktion mit einer unabhängigen Variablen:

$$A = f\,(y) = y\left(\frac{U}{2} - y\right) = \frac{Uy}{2} - y^2, \quad y > 0$$

Zur Ermittlung der Extremwerte wird die erste und zweite Ableitung gebildet:

$$\frac{\mathrm{d}A}{\mathrm{d}y} = \frac{U}{2} - 2y, \quad \frac{\mathrm{d}^2A}{\mathrm{d}y^2} = -2$$

Aus $\frac{\mathrm{d}A}{\mathrm{d}y} = \frac{U}{2} - 2y = 0$ folgt

$$y_\mathrm{E} = \frac{U}{4}$$

Mit $U = 5\,\text{m}$ ergibt sich die Lösung $y_\mathrm{E} = 1{,}25\,\text{m}$. Da $\frac{\mathrm{d}^2A}{\mathrm{d}y^2} = -2 < 0$ ist, liegt an dieser Stelle ein Maximum vor.

Aus *(II)* kann die Tiefe des Kanals $x_\mathrm{E} = 1{,}25\,\text{m}$ berechnet werden. Die größte Querschnittsfläche des Kanals ergibt sich für die Abmessungen $y_\mathrm{E} = 1{,}25\,\text{m}$ und $x_\mathrm{E} = 1{,}25\,\text{m}$, d. h., der Querschnitt ist quadratisch. ■

Zusammengefasst ergeben sich zur **Lösung einer Extremwertaufgabe** folgende Schritte:

1. Analyse der Problemstellung. Welche Größen sind gegeben bzw. gesucht? Welche Größe soll ein Extremum annehmen? Wenn möglich, ist vom Sachverhalt eine Skizze anzufertigen.
2. Aufstellen der Funktionsgleichung für die Größe, die ein Extremwert werden soll. Diese Funktion heißt **Zielfunktion**.
3. Treten in der Funktionsgleichung zwei oder mehrere unabhängige Variablen auf, so muss unter Verwendung der in der Aufgabe gegebenen **Nebenbedingungen** die Zahl der unabhängigen Variablen bis auf eine reduziert werden. Dies erfolgt dadurch, dass man sie durch diese eine Variable und die konstanten Größen ausdrückt. Es entsteht eine Funktionsgleichung der Form $y = f(x)$, deren Definitionsbereich zu ermitteln ist.
4. Die Funktionsgleichung wird auf das Vorhandensein von Extremwerten untersucht. Praktisch bedeutungslose Ergebnisse werden ausgeschlossen (Beachtung des Definitionsbereichs).
5. Alle zu ermittelnden Größen werden dann mit dem errechneten Wert bestimmt.
6. Treten scheinbar mehrere brauchbare Lösungen auf, muss die zweite Ableitung $f''(x)$ zur Entscheidung über die Art des Extremwertes herangezogen werden.
7. Formulieren des Ergebnisses (Antwortsatz).

Beispiel

7.33 Ein oben offenes Sammelbecken (*Bild 7.19*) mit einem Volumen von $50\,\text{m}^3$ soll mit möglichst geringem Materialaufwand hergestellt werden. Die Breite soll zur Länge im Verhältnis 2 : 3 stehen. Welche Innenabmessungen muss das Sammelbecken haben?

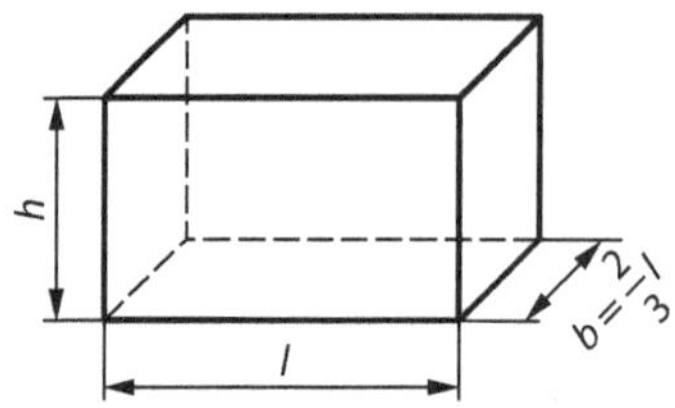

Bild 7.19

Lösung: Die benötigte Materialmenge wird durch den Oberflächeninhalt A_0 bestimmt. Sie muss ein Minimum werden (vgl. *Bild 7.19*). Für den Oberflächeninhalt A_0 gilt, wenn l, b und h die Kantenlängen des Beckens sind

$$A_0 = f\,(l, b, h) = 2bh + 2lh + lb \rightarrow \text{Minimum} \qquad \text{(I)}$$

A_0 hängt von l, b und h ab. Über Nebenbedingungen müssen zwei Variable durch die dritte ausgedrückt werden.

Nebenbedingungen:

$$b : l = 2 : 3 \quad \text{und} \quad V = lbh = 50\,\text{m}^3$$

Die zweite Nebenbedingung wird nach h aufgelöst, $h = \frac{V}{lb}$, und in *(I)* eingesetzt.

$$A_0 = f\,(l, b) = 2b\frac{V}{lb} + 2l\frac{V}{lb} + lb$$

$$A_0 = f\,(l, b) = \frac{2V}{l} + \frac{2V}{b} + lb \qquad \text{(II)}$$

Die erste Nebenbedingung nach b umgestellt $\left(b = \frac{2}{3}l\right)$ und in *(II)* eingesetzt, ergibt

$$A_0 = f\,(l) = \frac{2V}{l} + \frac{3V}{l} + \frac{2}{3}l^2,$$

$$A_0 = f\,(l) = \frac{5V}{l} + \frac{2}{3}l^2$$

Zur Ermittlung der Extremwerte wird die erste und zweite Ableitung gebildet.

$$A_0' = f'\,(l) = -\frac{5V}{l^2} + \frac{4}{3}l, \quad A_o'' = \frac{10V}{l^3} + \frac{4}{3}$$

Aus $A_0' = 0$ folgt

$$-\frac{5V}{l^2} + \frac{4}{3}l = 0, \quad l^3 = \frac{15}{4}V, \quad l_E = \sqrt[3]{\frac{15}{4}V}$$

Mit $V = 50\,\text{m}^3$ ergibt sich

$$l_E \approx 5{,}72\,\text{m}$$

Da $A_0''(5{,}72) \approx 4{,}00 > 0$ ist, liegt an dieser Stelle ein Minimum vor.

Aus der Beziehung $b = \frac{2}{3}l$ folgt $b \approx 3{,}82\,\text{m}$.

Aus $h = \frac{50\,\text{m}^3}{l \cdot b}$ ergibt sich $h \approx 2{,}29\,\text{m}$.

Der geringste Materialverbrauch entsteht, wenn man das Sammelbecken mit den Abmessungen $l \approx 5{,}72\,\text{m}$, $b \approx 3{,}82\,\text{m}$ und $h \approx 2{,}29\,\text{m}$ baut. ■

Kontrollfrage

7.18 Welche Schritte sind zur Lösung einer Extremwertaufgabe zu beachten?

Aufgaben: *7.32* **bis** *7.40*

7.12 Aufstellen von Funktionsgleichungen mittels der Ableitungen

Im *Abschnitt 7.10* wurden gegebene Funktionen mithilfe von Funktionsgleichungen auf charakteristische Eigenschaften, wie Nullstellen, Extrempunkte, Wendepunkte usw., untersucht. In der Praxis kennt man oft aus Messreihen einige Eigenschaften von Funktionen. Die Funktionskurven lassen sich in einigen Fällen durch ganzrationale Funktionen gut beschreiben. In diesem Abschnitt soll ausgehend von den charakteristischen Eigenschaften einer Funktion f die zugehörige Funktionsgleichung einer ganzrationalen Funktion f bestimmt werden.

Beispiele

7.34 Der Graph der Funktion f mit $y = f(x) = ax^2 + bx + c$ schneidet die x-Achse an der Stelle $x = -3$ und die y-Achse an der Stelle $y = -2$. An der Stelle $x = 4$ hat die Tangente an den Graphen der Funktion einen Anstieg $m = 1$. Wie lautet die Funktionsgleichung?

Lösung:

1. Ansatz für die Funktionsgleichung:

$$f(x) = ax^2 + bx + c$$
$$f'(x) = 2ax + b$$

2. Eigenschaften der Funktion:

$$f(-3) = 0$$
$$f(0) = -2$$
$$f'(4) = 1$$

3. Lösung des Gleichungssystems (vgl. *Abschnitt 2.3*):

$$f(-3) = 0 \Rightarrow 9a - 3b + c = 0 \qquad \text{(I)}$$
$$f(0) = -2 \Rightarrow c = -2 \qquad \text{(II)}$$
$$f'(4) = 1 \Rightarrow 8a + b = 1 \qquad \text{(III)}$$

(II) in *(I)*

$$9a - 3b = 2$$
$$8a + b = 1$$

4. Lösung des Gleichungssystems:

$$a = \frac{5}{33}, \quad b = -\frac{7}{33}, \quad c = -2$$

5. Angabe der Funktionsgleichung und Graph:

$$f(x) = \frac{5}{33}x^2 - \frac{7}{33}x - 2 \quad \text{(vgl. \textit{Bild 7.20})}$$

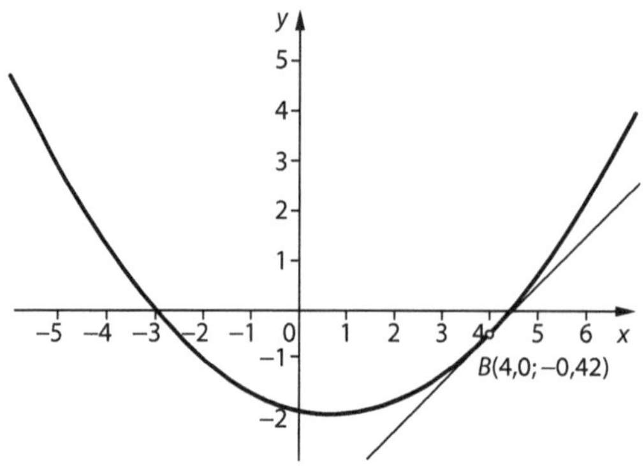

Bild 7.20

Vor der Lösung weiterer Beispiele sollen häufig auftretende Funktionseigenschaften ganzrationaler Funktionen und deren Verwendung zum Aufstellen einer Gleichung in Form einer Tabelle zusammengestellt werden.

Tabelle 7.2

Nr.	Eigenschaften der ganzrationalen Funktion	Umsetzung der Eigenschaften in eine Gleichung
1	$P_1(x_1, y_1)$ ist Punkt der Funktion f; m ist der Anstieg der Tangente in diesem Punkt an f	$f(x_1) = y_1$ $f'(x_1) = m = \tan\alpha$
2	x_N ist Nullstelle der Funktion f	$f(x_N) = 0$
3	Der Graph schneidet die *y-Achse* bei y_A	$x = 0$
4	$E(x_E, y_E)$ ist Extrempunkt der Funktion f	$f(x_E) = y_E$ $f'(x_E) = 0$
5	$W(x_W, y_W)$ ist Wendepunkt der Funktion f	$f(x_W) = y_W$ $f'(x_W) = m$ $f''(x_W) = 0$
6	$S(x_S, y_S)$ ist Sattelpunkt der Funktion f	$f(x_S) = y_S$ $f'(x_S) = 0$ $f''(x_S) = 0$

7.35 Ermitteln Sie die Funktionsgleichung einer ganzrationalen Funktion 3. Grades, die im Punkt $W(0; 3)$ einen Wendepunkt hat. Die Wendetangente in diesem Punkt verläuft parallel zur Geraden $y = 3x$. Der Graph der Funktion hat an der Stelle $x = 6$ eine Nullstelle.

Lösung:

1. Ansatz für die Funktionsgleichung:

$$f(x) = ax^3 + bx^2 + cx + d$$
$$f'(x) = 3ax^2 + 2bx + c$$
$$f''(x) = 6ax + 2b$$

2. Eigenschaften der Funktion:

$$f(0) = 3$$
$$f(6) = 0$$
$$f'(0) = 3$$
$$f''(0) = 0$$

3. Lösung des Gleichungssystems:

$$f(0) = 3 \Rightarrow d = 3 \quad \text{(I)}$$
$$f(6) = 0 \Rightarrow 216a + 36b + 6c = -3 \quad \text{(II)}$$
$$f'(0) = 3 \Rightarrow c = 3 \quad \text{(III)}$$
$$f''(0) = 0 \Rightarrow b = 0 \quad \text{(IV)}$$

4. Lösung des Gleichungssystems:
Mit $b = 0$, $c = 3$ und $d = 3$ folgt aus *(II)*

$$a = -\frac{7}{72}$$

5. Angabe der Funktionsgleichung und Graph:

$$f(x) = -\frac{7}{72}x^3 + 3x + 3 \quad \text{(vgl. } \textit{Gl. (7.21)}\text{)}$$

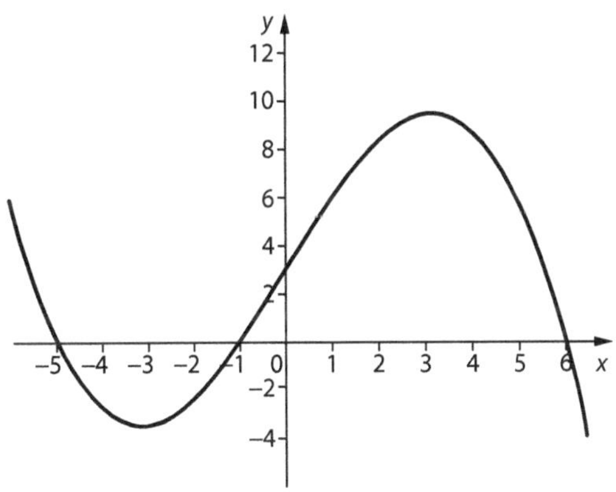

Bild 7.21 ■

Kontrollfrage

7.19 Welche Punkte einer Funktion sind für das Aufstellen einer Funktionsgleichung verwendbar?

Aufgaben: ***7.41*** **bis** ***7.45***

7.13 Aufgaben

7.1 Bilden Sie von der gegebenen Funktion f den Differenzenquotienten allgemein und davon ausgehend die Ableitung an der Stelle x_0:

a) $y = f(x) = x^2 - 1, \quad x_0 = 2,$

b) $y = f(x) = x^3 + 2, \quad x_0 = 1,$

c) $v = f(a) = -2a^3 + a, \quad a_0 = 1$

Bestimmen Sie jeweils die Gleichung der Tangente im Punkt $P_0\left(x_0;\ f(x_0)\right)$ und den Schnittwinkel α der Tangente mit der x-Achse!

7.2 Ermitteln Sie für den freien Fall durch Differenziation der Weg-Zeit-Funktion $s = f(t) = g\frac{t^2}{2}$ nach der Zeit t die Geschwindigkeit v zur Zeit $t = t_0$!

7.3 Ermitteln Sie die Gleichung der Tangente an die Kurve der Funktion $y = f(x) = \sqrt[3]{x^2}$ im Punkt $P(1;\ 1)$!

7.4 Ermitteln Sie die Ableitung der Funktionen:

a) $y = f(x) = x^{10}$ b) $y = f(x) = \sqrt[4]{x}$ c) $y = f(x) = \dfrac{1}{x^3}$

d) $s = f(r) = \dfrac{1}{\sqrt[3]{r^2}}$ e) $y = f(x) = \dfrac{\sqrt[3]{x}}{4}$

7.5 Wie groß sind der Anstieg und der Anstiegswinkel der Funktion $y = f(x)$ an der Stelle $x = -2$:

a) $y = f(x) = x^4$ b) $y = f(x) = \dfrac{1}{x^2}$

7.6 Ermitteln Sie die Ableitung der Funktionen:

a) $y = f(x) = 9x^{10}$ b) $y = f(x) = \dfrac{x^{10}}{20}$

7.7 Ermitteln Sie die Ableitung der Funktionen:

a) $y = f(x) = 3x^4 - 5x^3 + 2x + 7$ b) $y = f(x) = \dfrac{1}{x} + 2\sqrt{x} + e$

c) $s = f(t) = (t-3)(t+2)$ d) $n = f(r) = \dfrac{3}{r^2} - \dfrac{1}{r} + 3$

e) $y = f(x) = \sqrt{x}\sqrt[5]{x^3}$ f) $y = f(x) = \left(x^5 + 2\right)x^{-2}$

g) $y = f(x) = \dfrac{3x-1}{\sqrt{x}}$ h) $s = f(t) = (2t+1)\left(\sqrt{t} - 1\right)$

7.8 Welchen Wert hat die Ableitung der Funktion $y = f(x)$ an der Stelle x_0, und welchen Winkel bildet dort die Kurventangente mit der x-Achse?

a) $y = x^2 - 4x + 3, \quad x_0 = 1$ b) $y = x\sqrt[3]{x} + 1, \quad x_0 = 8$

c) $y = \dfrac{x+2}{\sqrt{x}}, \quad x_0 = 4$ d) $y = \left(2 + \sqrt{x}\right)\left(1 + 3\sqrt{x}\right), \quad x_0 = 9$

7.9 Bestimmen Sie diejenigen Punkte, wo die Kurve mit der Gleichung $y = f(x)$ waagerechte Tangenten hat:

a) $y = 3x^2 + 12x + 8$ b) $s = f(t) = t^3 - 2t^2 - 6$

c) $y = f(x) = 0{,}2x^3 - 0{,}3x^2 - 3{,}6x + 1$

7.10 Geben Sie die Gleichung der Tangente an der Stelle x_0 für die gegebenen Funktionen an:

a) $y = 4x^2 + 2x, \quad x_0 = \dfrac{1}{2}$ b) $y = x + \dfrac{1}{2x}, \quad x_0 = 1$

c) $y = f(x) = \dfrac{2x}{\sqrt[3]{x}} + 2, \quad x_0 = 8$

7.11 Bestimmen Sie die Winkel, unter denen die Kurven der Funktionen die x-Achse schneiden:

a) $y = x\left(x^2 - 4\right)$ b) $y = \dfrac{x^3 - 2x}{x}$ c) $y = f(x) = \dfrac{1}{x} - \dfrac{1}{2x^2}$

7.12 An welchen Stellen der Kurve mit der Gleichung $y = f(x) = 2x^3 - 9x^2 - 23x + 112$ bildet die Tangente mit der x-Achse einen Winkel von 45°?

7.13 Die Kurve einer ganzrationalen Funktion der Form $y = ax^2 + bx + c$ schneidet die y-Achse bei $y = 6$ und steigt im Punkt $P\,(-3;\,0)$ unter dem Winkel $-45°$ an. Ermitteln Sie die Gleichung der Funktion.

7.14 Ermitteln Sie das Differenzial der Funktionen!

a) $y = 2x^3 + 3x^2 - 3$ b) $y = \dfrac{1}{x^2} - \sqrt{x}$ c) $A(r) = \pi r^2$

d) $F(r) = m\dfrac{v^2}{r}$

7.15 Die Spannung eines von Gleichstrom durchflossenen Leiters mit dem Widerstand $R = 20\,\Omega$ wird mithilfe des Ohmschen Gesetzes bestimmt. Mit welchem Fehler ist die Spannung behaftet, wenn die Stromstärke mit $I = (5 \pm 0{,}2)$ A gemessen wurde?

7.16 Ein Körper wird vom Boden aus mit einer Anfangsgeschwindigkeit $v_0 = 200$ m/s nach oben geschossen. Berechnen Sie seine Geschwindigkeit nach 2 s ($g = 9{,}81$ m/s^2).

7.17 Differenzieren Sie folgende Funktionen nach der Produktregel:

a) $y = (2x^2 - 1)\,(3x^3 + 3)$ b) $a = f(z) = \left(2z + \dfrac{1}{z}\right)(z^2 - 2)$

c) $a = f(t) = \left(t^2 - \dfrac{1}{t}\right)\left(t^3 + \dfrac{1}{t^2}\right)$

7.18 Differenzieren Sie nachstehende Funktionen:

a) $y = \dfrac{5}{1 + x^2}$ b) $y = \dfrac{3 - x}{x + 1}$ c) $y = \dfrac{x^3 + 5x - 2}{3x^2 + 1}$

d) $z = f\,(a) = \dfrac{a^2 - 3a + 1}{2a^2 + 6a - 5}$ e) $z = f(t) = \dfrac{1 + \sqrt{t}}{2 - \sqrt{t}}$

7.19 Differenzieren Sie nachstehende Funktionen:

a) $y = \left(3x^2 + 5\right)^7$ b) $y = \sqrt{x^2 + 3}$ c) $e = f(r) = r \cdot \sqrt{2r + 1}$

d) $y = \dfrac{x}{\sqrt{2x^3 - 1}}$ e) $y = \left(\dfrac{4x + 5}{2x - 1}\right)^3$

7.20 Bestimmen Sie den Anstieg und den Anstiegswinkel der Kurve $y = f(x)$ an der Stelle x_0:

a) $y = \left(\dfrac{x}{2} - 1\right)^{10} + \sqrt{2x + 1},\quad x_0 = 4$ b) $y = \sqrt{x^2 - x + 1},\quad x_0 = 3$

7.21 Geben Sie die Gleichung der Tangente mit dem Anstieg m für die Kurven der gegebenen Funktionen an. Berechnen Sie die Koordinaten des Berührungspunktes.

a) $y = \dfrac{x - 2}{x + 2},\quad m = 1$ b) $y = \sqrt{2 + x^2},\quad m = 0{,}5$

7.22 Differenzieren Sie nachstehende Funktionen:

a) $y = \sin x - x\cos x$ b) $f(t) = \sin(5t - 1)$ c) $y = (1 - \tan x)^2$

d) $y = \dfrac{\sin x + 1}{\cos x}$ e) $y = \sin\sqrt{2x}$ f) $z = f(t) = \cot t\,(1 - \tan t)$

7.23 Differenzieren Sie nachstehende Funktionen:

a) $y = x^2 \ln x$ b) $y = \ln\sin x$ c) $y = \left(\ln 2x\right)^4$

d) $z = f(t) = \dfrac{\ln t}{t}$ e) $y = \dfrac{\mathrm{e}^x}{x^2}$ f) $y = 3^x$

g) $y = \mathrm{e}^{5x+1} + \mathrm{e}^{x^3}$ h) $y = \mathrm{e}^{2x} \cdot \sin 2x$ i) $y = \arctan 2x$

7.24 Differenzieren Sie nachstehende Funktionen:

a) $y = \ln \sqrt[3]{3x - 2}$ b) $y = \dfrac{\ln 2x}{e^{3x}}$

c) $z = f(t) = e^{\cos \omega t}$ d) $y = \ln\left(x \cdot e^{x}\right)$

7.25 An welchen Stellen hat die Kurve von $y = 3x \cdot e^{x}$ waagerechte Tangenten?

7.26 Unter welchem Winkel schneidet der Graph von $y = x \cdot \ln x$ die x-Achse?

7.27 Ermitteln Sie den Wert der Ableitung der nachfolgenden Funktionen an der Stelle x_0:

a) $y = e^{-\frac{x^2}{2}}, \quad x_0 = 2$ b) $y = e^{\cos 2x}, \quad x_0 = \dfrac{\pi}{4}$

7.28 Bilden Sie die erste und die zweite Ableitung der folgenden Funktionen:

a) $y = 6x^5 - 12x^3 + 5$ b) $y = \dfrac{x}{e^{x}}$

7.29 Diskutieren Sie die zu den angegebenen Funktionen gehörigen Kurven:

a) $y = x^3 - \dfrac{15}{2}x^2 + 18x$ b) $y = 0{,}2x^4 - 2x^2 + 1{,}8$ c) $y = \dfrac{8x}{x^2 + 2}$

d) $s = f(v) = \dfrac{v^2 - 4}{v^2 + 4}$ e) $y = \dfrac{x^2 - 16}{x - 5}$ f) $y = 2x\,e^{-x+1}$

g) $k = f(s) = \dfrac{\ln 2s}{s}$

7.30 Die Kurve der Funktion $y = e^{\sin t}$ ist zu diskutieren ($0 \leqq t \leqq 2\pi$).

7.31 Durch die Funktion f mit $y = f(t) = 2\,e^{-t}\cos t$ ($0 \leqq t \leqq 2\pi$) wird die Elongation eines Federschwingers in Abhängigkeit von der Zeit beschrieben. Die Kurve der Funktion ist zu diskutieren.

7.32 Die Zahl 80 ist in zwei Summanden zu zerlegen, sodass ihr Produkt am größten ist.

7.33 Einem Kreis mit dem Radius r ist ein gleichschenkliges Dreieck mit größtem Flächeninhalt einzubeschreiben. Wie groß ist die Fläche?

7.34 Einer Kugel mit dem Radius $R = 20\,\text{cm}$ ist ein Zylinder mit maximalem Volumen einzubeschreiben. Berechnen Sie seine Abmessungen und sein Volumen.

7.35 Ein Fenster soll die Form eines Rechtecks mit aufgesetztem Halbkreis haben. Welche Abmessungen muss das Fenster erhalten, damit bei einem vorgegebenen Umfang $U = 10\,\text{m}$ die Fensterfläche A ein Maximum wird.

7.36 Welche Abmessungen müssen zylindrische Schöpfwerkzeuge mit dem Volumen $V = 3\,\text{dm}^3$ haben, damit möglichst wenig Material verbraucht wird?

7.37 Ein Graben hat einen trapezförmigen Querschnitt (*Bild 7.22*). Wie groß ist α zu wählen, damit die Querschnittsfläche des Grabens möglichst groß wird?

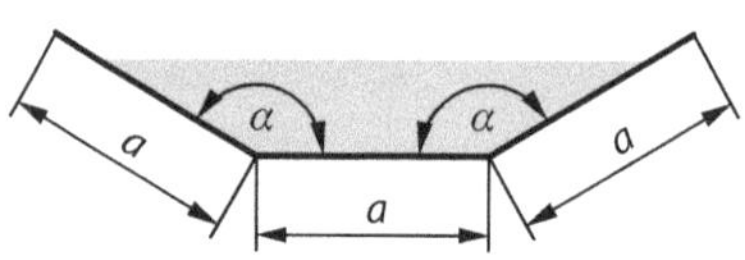

Bild 7.22

7.38 Ein Geschoss wird mit einer Anfangsgeschwindigkeit $v_0 = 200\,\text{m/s}$ aus einer Schusswaffe senkrecht nach oben geschossen. Welche maximale Höhe erreicht es, wenn der Luftwiderstand vernachlässigt wird ($g = 9{,}81\,\text{m/s}^2$).

7.39 Zwei ohmsche Widerstände R_1 und R_2 ergeben bei Parallelschaltung einen Gesamtwiderstand von $160\,\Omega$. In Reihenschaltung soll ihr Gesamtwiderstand minimal sein. Berechnen Sie R_1 und R_2.

7.40 Der jährliche Absatz eines Erzeugnisses (gemessen in 100 000 Stück) ändert sich mit der Zeit (t), gemessen in Jahren. Die zeitliche Entwicklung kann im Zeitraum bis zu 10 Jahren durch die Funktion $y = f(t) = 1 - \frac{t}{10} - e^{-0,5(t-1)}$ dargestellt werden. Berechnen Sie in diesem Intervall den Zeitpunkt für maximalen Absatz. Wie groß ist dieser Absatz?

7.41 Ein Polynom 3. Grades hat einen Tiefpunkt bei $T(5; -12{,}5)$ und einen Hochpunkt bei $H(1; 3{,}5)$. Bestimmen Sie die Funktionsgleichung des Polynoms $f(x)$!

7.42 Der zur *y-Achse* symmetrische Graph einer ganzrationalen Funktion *4. Grades* geht bei $x = 2$ durch die *x-Achse* und hat im Punkt $P(1; -6)$ die Steigung $m = -2$. Ermitteln Sie den Funktionsterm $f(x)$.

7.43 Der Graph einer ganzrationalen Funktion *3. Grades* hat im Punkt $P(3; 6)$ die Gerade t mit der Gleichung $f(x) = 11x - 27$ als Tangente und der Punkt $W(1; 0)$ ist Wendepunkt des Graphen. Bestimmen Sie die Funktionsgleichung des Polynoms $f(x)$!

7.44 Die Funktion $f(x)$ verläuft durch den Punkt $P(2; 0)$ und hat in diesem Punkt eine Steigung von $m = 2$. Sie besitzt eine Wendestelle bei $x = -1$. Sie ist ein Polynom *4. Grades* und sie ist achsensymmetrisch. Bestimmen Sie die Funktionsgleichung des Polynoms $f(x)$!

7.45 Eine rotationssymmetrische Trommel einer Seilwinde (vgl. *Bild 7.23*) hat in ihrem Axialschnitt den Graphen einer ganzrationalen Funktion 2. Grades. Bestimmen Sie die Funktionsgleichung des Polynoms $f(x)$. Entnehmen Sie die Punkte für das Aufstellen der Funktionsgleichung aus dem *Bild 7.23*.

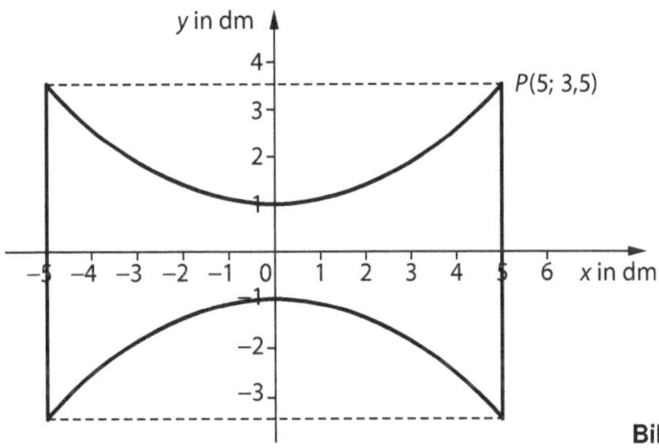

Bild 7.23

7.14 Lösungen

7.1 a) $\frac{\Delta y}{\Delta x} = 2x_0 + \Delta x,\ f'(x_0) = 2x_0,\ f'(2) = 4;$

$y - y_0 = m(x - x_0),\ y_t = 4x - 5,\ \alpha = 75{,}96^\circ$

b) $\frac{\Delta y}{\Delta x} = 3x_0^2 + 3x_0\Delta x + (\Delta x)^2$

$f'(x_0) = 3x_0^2,\ f'(1) = 3;$

$y_t = 3x,\ \alpha = 71{,}56^\circ$

c) $\frac{\Delta v}{\Delta a} = -6a_0^2 - 6a_0\Delta a - 2(\Delta a)^2 + 1,\ f'(a_0) = -6a_0^2 + 1,\ f'(1) = -5;$

$v_t = -5a + 4,\ \alpha = -78{,}69^\circ$

7.2 $\frac{\mathrm{d}s}{\mathrm{d}t} = gt_0$

7.3 $y' = \frac{2}{3\sqrt[3]{x}}$, $m = \frac{2}{3}$, $y = \frac{2}{3}x + \frac{1}{3}$

7.4 a) $y' = 10x^9$ b) $y' = \frac{1}{4\sqrt[4]{x^3}}$ c) $y' = -\frac{3}{x^4}$ d) $s' = -\frac{2}{3\sqrt[3]{r^5}} = -\frac{2}{3r\sqrt[3]{r^2}}$

e) $y' = \frac{1}{12\sqrt[3]{x^2}}$

7.5 a) $y' = 4x^3$, $m = -32$, $\alpha = -88{,}21°$

b) $y' = -\frac{2}{x^3}$, $m = 0{,}25$, $\alpha = 14{,}04°$

7.6 a) $y' = 90x^9$ b) $y' = \frac{1}{2}x^9$

7.7 a) $y' = 12x^3 - 15x^2 + 2$ b) $y' = -\frac{1}{x^2} + \frac{1}{\sqrt{x}}$

c) $s' = 2t - 1$ d) $n' = \frac{-6}{r^3} + \frac{1}{r^2}$

e) $y' = \frac{11}{10} \cdot \sqrt[10]{x}$ f) $y' = 3x^2 - \frac{4}{x^3}$

g) $y^1 = \frac{3}{2\sqrt{x}} + \frac{1}{2x\sqrt{x}}$ h) $s' = 3\sqrt{t} - 2 + \frac{1}{2\sqrt{t}}$

7.8 a) $y' = 2x - 4$, $y'(1) = -2$, $\alpha = -63{,}43°$

b) $y' = \frac{4}{3}\sqrt[3]{x}$, $y'(8) = \frac{8}{3}$, $\alpha = 69{,}44°$

c) $y' = \frac{1}{2\sqrt{x}} - \frac{1}{x\sqrt{x}}$, $y'(4) = \frac{1}{8}$, $\alpha = 7{,}12°$

d) $y' = \frac{7}{2\sqrt{x}} + 3$, $y'(9) = \frac{25}{6}$, $\alpha = 76{,}5°$

7.9 a) $P(-2; -4)$ b) $P_1(0; -6)$ und $P_2\left(\frac{4}{3}; -\frac{194}{27}\right)$

c) $P(-2; 5{,}4)$, $P(3; 14{,}5)$

7.10 a) $y = 6x - 1$ b) $y = \frac{1}{2}x + 1$ c) $y = \frac{2}{3}x + \frac{14}{3}$

7.11 a) $x = 0$, $\alpha = -75{,}96°$ und $x = \pm 2$, $\alpha = 82{,}87°$

b) $x = \sqrt{2}$, $\alpha = 70{,}53°$ und $x = -\sqrt{2}$, $\alpha = -70{,}53°$

c) $x = \frac{1}{2}$, $\alpha = 75{,}96°$

7.12 $x_1 = -1$, $x_2 = 4$

7.13 $y = x^2 + 5x + 6$

7.14 a) $\mathrm{d}y = (6x^2 + 6x)\,\mathrm{d}x$ b) $\mathrm{d}y = \left(-\frac{2}{x^3} - \frac{1}{2\sqrt{x}}\right)\mathrm{d}x$

c) $\mathrm{d}A = 2\pi r\,\mathrm{d}r$ d) $\mathrm{d}F = -m\frac{v^2}{r^2}\,\mathrm{d}r$

7.15 $U = R \cdot I$, $\Delta U = R \cdot \Delta I$, $\Delta U = \pm 4V$

7.16 $s = v_0 \cdot t - \frac{g}{2}t^2$, $v = v_0 - gt$, $v = 180{,}38\,\mathrm{m/s}$

7.17 a) $y' = 30x^4 - 9x^2 + 12x$

b) $\frac{\mathrm{d}a}{\mathrm{d}z} = 6z^2 - 3 + \frac{2}{z^2} = \frac{6z^4 - 3z^2 + 2}{z^2}$

c) $\frac{\mathrm{d}a}{\mathrm{d}t} = 5t^4 - 2t + \frac{3}{t^4} = \frac{5t^8 - 2t^5 + 3}{t^4}$

7.18 a) $y' = -\dfrac{10x}{\left(1+x^2\right)^2}$ b) $y' = \dfrac{-4}{(x+1)^2}$

c) $y' = \dfrac{3x^4 - 12x^2 + 12x + 5}{\left(3x^2+1\right)^2}$ d) $\dfrac{\mathrm{d}z}{\mathrm{d}a} = \dfrac{12a^2 - 14a + 9}{\left(2a^2 + 6a - 5\right)^2}$

e) $\dfrac{\mathrm{d}z}{\mathrm{d}t} = \dfrac{3}{2\sqrt{t}\left(2-\sqrt{t}\right)^2}$

7.19 a) $y' = 42x\left(3x^2+5\right)^6$

b) $y' = \dfrac{x}{\sqrt{x^2+3}}$

c) $\dfrac{\mathrm{d}e}{\mathrm{d}r} = \sqrt{2r+1} + \dfrac{r}{\sqrt{2r+1}} = \dfrac{3r+1}{\sqrt{2r+1}}$

d) $y' = -\dfrac{x^3+1}{\sqrt{2x^3-1}\cdot\left(2x^3-1\right)}$

e) $y' = 3\left(\dfrac{4x+5}{2x-1}\right)^2 \cdot \dfrac{-14}{(2x-1)^2} = \dfrac{-42\,(4x+5)^2}{(2x-1)^4}$

7.20 a) $m = \dfrac{16}{3}$; $\varphi = 79{,}38°$ b) $m = 0{,}945$; $\varphi = 43{,}38°$

7.21 a) $P_1\,(0;\,-1)$, $P_2\,(-4;\,3)$ $y_1 = x - 1$, $y_2 = x + 7$

b) $P\left(\sqrt{\dfrac{2}{3}};\,\sqrt{\dfrac{8}{3}}\right)$, $y = 0{,}5x + 1{,}22$

7.22 a) $y' = x\sin x$ b) $y' = 5\cos(5t-1)$ c) $y' = -\dfrac{2\,(1-\tan x)}{\cos^2 x}$

d) $y' = \dfrac{\cos^2 x + \sin^2 x + \sin x}{\cos^2 x}$, $y' = \dfrac{1+\sin x}{\cos^2 x} = \dfrac{1}{1-\sin x}$

e) $y' = \dfrac{\cos\sqrt{2x}}{\sqrt{2x}}$ f) $z' = \dfrac{1}{\sin^2 t}$

7.23 a) $y' = x\left(2\ln x + 1\right)$ b) $y' = \cot x$ c) $y' = \dfrac{4\left(\ln 2x\right)^3}{x}$

d) $f'(t) = \dfrac{1-\ln t}{t^2}$ e) $y' = \dfrac{\mathrm{e}^x\,(x-2)}{x^3}$ f) $y' = 3^x \cdot \ln 3$

g) $y' = 5\,\mathrm{e}^{5x+1} + 3x^2\,\mathrm{e}^{x^3}$ h) $y' = 2\,\mathrm{e}^{2x}\left(\sin 2x + \cos 2x\right)$

i) $y' = \dfrac{2}{1+4x^2}$

7.24 a) $y' = \dfrac{1}{3x-2}$ b) $y' = \dfrac{1}{\mathrm{e}^{3x}}\left(\dfrac{1}{x} - 3\ln 2x\right)$

c) $f'(t) = -\omega\sin\omega t\,\mathrm{e}^{\cos\omega t}$ d) $y' = 1 + \dfrac{1}{x}$

7.25 $y' = 3\,\mathrm{e}^x\,[1+x]$, $x = -1$

7.26 $\alpha = 45°$

7.27 a) $y' = -0{,}271$ b) $y' = -2$

7.28 a) $y' = 30x^4 - 36x^2$, $y'' = 120x^3 - 72x$

b) $y' = \dfrac{1-x}{\mathrm{e}^x}$, $y'' = \dfrac{x-2}{\mathrm{e}^x}$

7.29 a) $P\,(0;\,0)$, $x \in \mathbb{R}$, $H\,(2;\,14)$, $T\,(3;\,13{,}5)$, $W(2{,}5;\,13{,}75)$ $\lim\limits_{x\to\pm\infty} y = \pm\infty$, *Bild L7.1*, $y \in \mathbb{R}$.

b) $P_1\,(-3;\,0)$, $P_2\,(-1;\,0)$, $P_3\,(1;\,0)$, $P_4\,(3;\,0)$, $x \in \mathbb{R}$, $P_5\,(0;\,1{,}8)$, $T_1\,(-2{,}24;\,-3{,}20)$, $H\,(0;\,1{,}8)$, $T_2\,(2{,}24;\,-3{,}20)$, $W_1(-1{,}29;\,-0{,}97)$, $W_2(1{,}29;\,-0{,}97)$, $\lim\limits_{x\to\pm\infty} y = \infty$, *Bild L7.2*,

$y \in [-3{,}20;\,\infty)$.

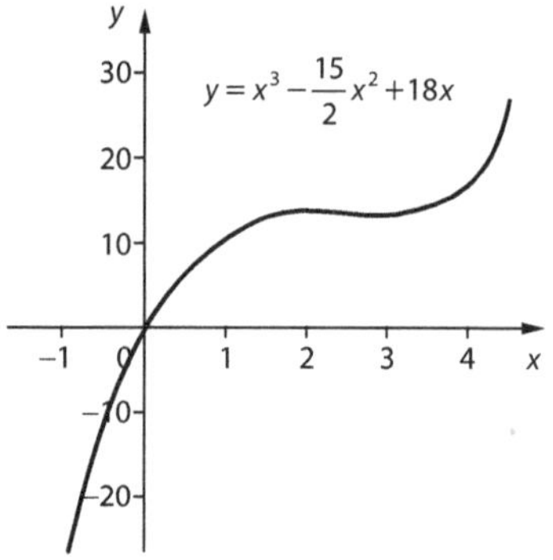

Bild L7.1

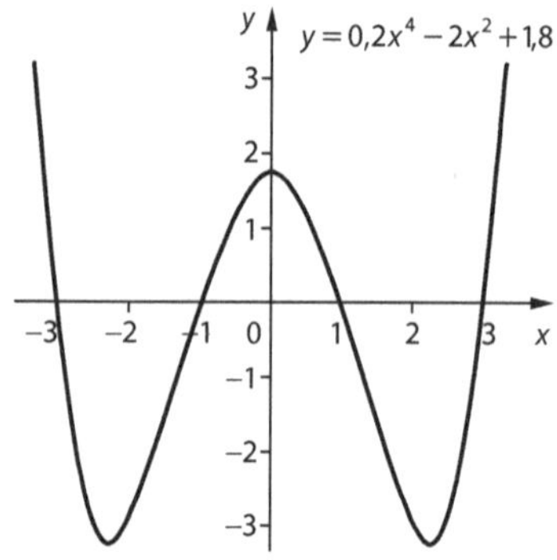

Bild L7.2

c) $P_1\,(0;\,0)$, $x \in \mathbb{R}$, $T\,(-1{,}41;\ -2{,}83)$, $H\,(1{,}41;\ 2{,}83)$, $W_1(0;0)$, $W_2(-2{,}45;-0{,}52)$, $W_3(2{,}45;0{,}52)$, $\lim\limits_{x\to\pm\infty} y = 0$, $y_A = 0$, *Bild L7.3*, $y \in [-2{,}83;\ 2{,}83]$.

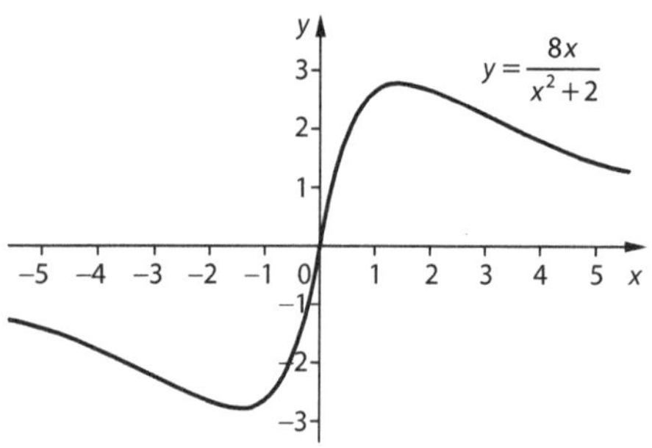

Bild L7.3

d) $P_1\,(-2;\,0)$, $P_2\,(2;\,0)$, $v \in \mathbb{R}$, $P_3\,(0;\ -1)$, $T\,(0;\ -1)$, $W_1(-1{,}15;-0{,}5)$, $W_2(1{,}15;-0{,}5)$, $\lim\limits_{x\to\pm\infty} s = 1$, $s_A = 1$, *Bild L7.4*, $s \in [-1;\ 1)$.

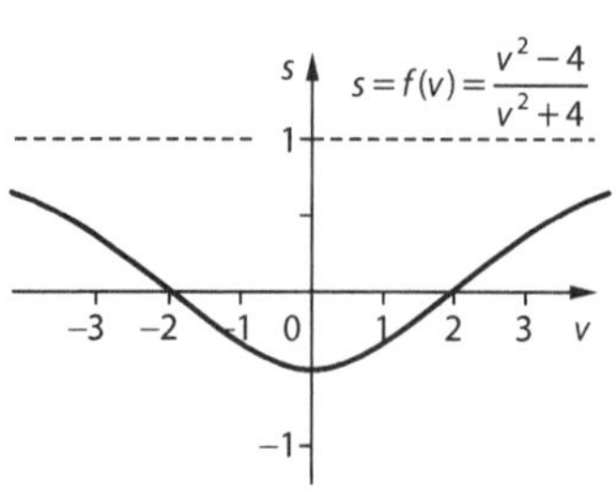

Bild L7.4

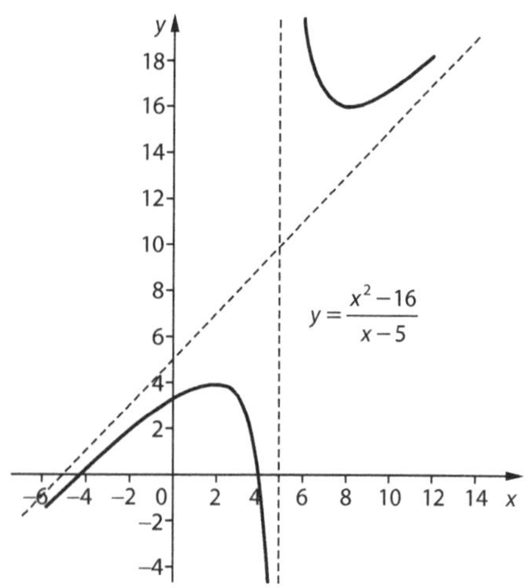

Bild L7.5

e) $P_1(-4;\,0)$, $P_2(4;\,0)$, Pol bei $x=5$, $x\in\mathbb{R}\setminus\{5\}$, $P_3(0;\,3{,}2)$, $H(2;\,4)$, $T(8;\,16)$, $\lim\limits_{x\to\pm\infty} y=\pm\infty$, $y_A=x+5$, *Bild L7.5*, $y\in(-\infty,4]\cup[16;\,\infty)$

f) $P(0;\,0)$, $x\in\mathbb{R}$, $H(1;\,2)$,$W(2;\,1{,}47)$, $\lim\limits_{x\to\pm\infty} y=\begin{cases}0\\-\infty\end{cases}$, *Bild L7.6*. $y\in(-\infty;\,2]$.

g) $P_1(0{,}5;\,0)$, $s\in(0;\,\infty)$, senkrechte Asymptote bei $s=0$, $H(1{,}36;\,0{,}74)$, $W(2{,}24;0{,}67)$, *Bild L7.7*, $k\in(-\infty;\,0{,}74]$.

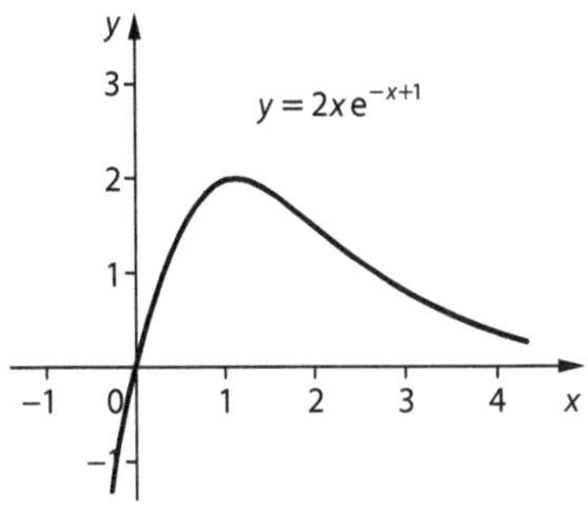

Bild L7.6

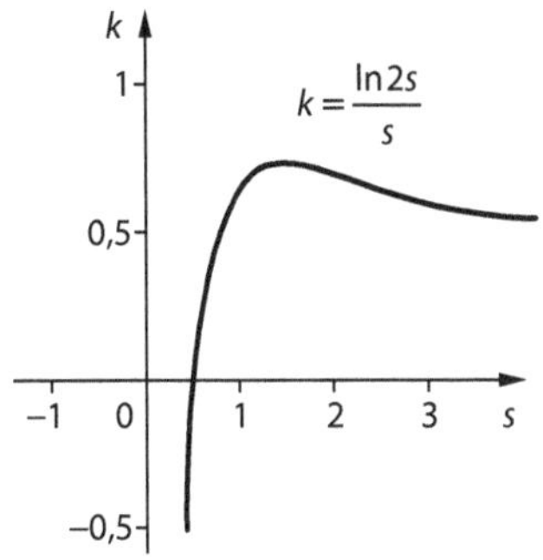

Bild L7.7

7.30 $P(0;\,1)$, $H(\pi/2;\,e)$, $T\left(\frac{3}{2}\pi;\ e^{-1}\right)$, $W_1(0{,}62;1{,}68)$, $W_2(2{,}47;1{,}86)$, *Bild L7.8*, $0{,}37\leqq y\leqq 2{,}72$

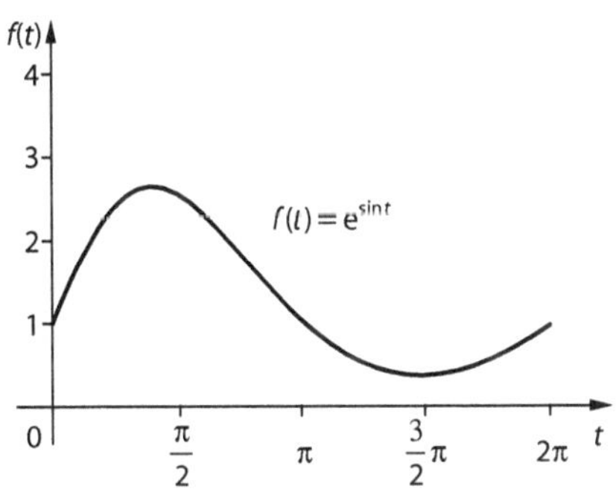

Bild L7.8

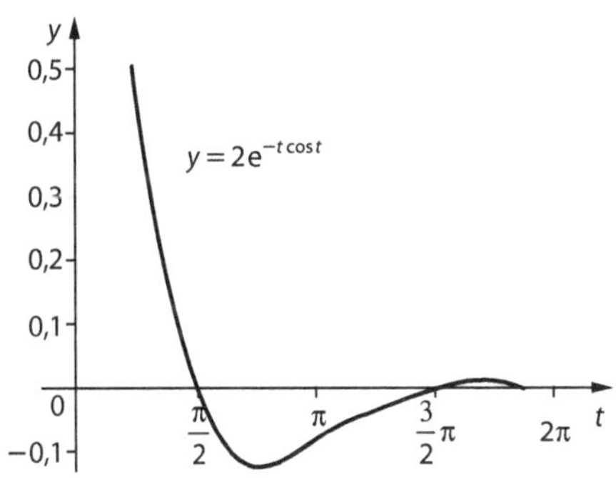

Bild L7.9

7.31 $P_1(\pi/2;\,0)$, $P_2\left(\frac{3}{2}\pi;\,0\right)$, $T\left(\frac{3}{4}\pi;\,-0{,}13\right)$, $H\left(\frac{7}{4}\pi;\,0{,}006\right)$, $W_1(\pi;-0{,}086)$, $W_2(2\pi;0{,}0037)$, *Bild L7.9*, $-0{,}13\leqq y\leqq 2$.

Es liegt eine gedämpfte Schwingung vor. Da e^{-t} monoton fällt, nimmt die Amplitude mit wachsender Zeit ab.

7.32 Die Summanden sind $x=y=40$.

7.33 $A=f(h)=h\sqrt{2hr-h^2}$ (h Höhe des Dreiecks), $h_E=\frac{3}{2}r$, Grundlinie $a_E=\sqrt{3}\,r$, $A_E=\frac{3\sqrt{3}}{4}\cdot r^2$

7.34 $V_z=f(h)=\pi\left(R^2h-\frac{h^3}{4}\right)$, $h_E=\frac{2}{3}\sqrt{3}\,R$, Radius $r\approx 16{,}33$ cm, Höhe $h\approx 23{,}1$ cm

7.35 $A=f(r)=U\cdot r-2r^2-0{,}5\pi r^2$, $r_E\approx 1{,}4$ m, $h\approx 1{,}4$ m, $a\approx 2{,}8$ m

7.36 $A_0 = f(r) = \dfrac{2V}{r} + \pi r^2$, $r_E \approx 0{,}98\,\text{dm}$, $h_E \approx 0{,}98\,\text{dm}$; $r_E = h_E$

7.37 $\alpha_1 = \alpha - 90°$; $A = f(\alpha_1) = a^2\left(\cos\alpha_1 + \sin\alpha_1\cos\alpha_1\right)$,
$A' = a^2\left(-2\sin^2\alpha_1 - \sin\alpha_1 + 1\right)$; $\left(\sin\alpha_1\right)_1 = 0{,}5$, $\left(\sin\alpha_1\right)_2 = -1$;
$\alpha_1 = 30°$, $\alpha_E = \alpha_1 + 90° = 120°$

7.38 $s(t) = v_0 t - \dfrac{g}{2}t^2$, $t \geqq 0$, $t_\text{E} = \dfrac{v_0}{g}$,
$s_\text{E} = s\left(\dfrac{v_0}{g}\right) = \dfrac{1}{2}\cdot\dfrac{v_0^2}{g}$; $s_\text{E} = 2\,038{,}74\,\text{m}$

7.39 $R = f(R_2) = \dfrac{160\,R_2}{R_2 - 160} + R_2$, $R_2 = 320\,\Omega$, $R_1 = 320\,\Omega$

7.40 $t_\text{E} \approx 4{,}22$ Jahre, $f(4{,}22) \approx 0{,}38\cdot 10^5$ Stück

7.41 $f(x) = 0{,}5x^3 - 4{,}5x^2 + 7{,}5x$

7.42 $f(x) = x^4 - 3x^2 - 4$

7.43 $f(x) = x^3 - 3x^2 + 2x$

7.44 $f(x) = \dfrac{1}{4}x^4 - \dfrac{3}{2}x^2 + 2$

7.45 $f(x) = \dfrac{1}{10}x^2 + 1$

8 Integralrechnung

8.0 Vorbemerkung

In diesem Abschnitt werden zwei Begriffe der Analysis – das unbestimmte und das bestimmte Integral – definiert. Beide Begriffe stehen in enger Beziehung zur Differenzialrechnung. Die Bildung des unbestimmten Integrals kann als Umkehrung der Differenziation aufgefasst werden, d. h., es ist eine Funktion zu ermitteln, deren Ableitung vorliegt. Mit der Definition des bestimmten Integrals kann das Problem der Berechnung des Flächeninhaltes unter Kurven von Funktionen gelöst werden.

Zusammen mit der Einführung der beiden Integralbegriffe werden Grundintegrale und Integrationsregeln gegeben bzw. hergeleitet und einfache Anwendungen behandelt. Das Verfahren der numerischen Integration wird anhand der Simpsonschen Regel erläutert.

8.1 Unbestimmtes Integral

Im *Beispiel 7.11* wurde gezeigt, dass die Ableitung der Weg-Zeit-Funktion einer Bewegung nach der Zeit die Geschwindigkeits-Zeit-Funktion ist ($v = \frac{\mathrm{d}s}{\mathrm{d}t} = \frac{\mathrm{d}s(t)}{\mathrm{d}t}$).

Oft tritt die Umkehrung dieser Fragestellung auf, d. h., die Geschwindigkeits-Zeit-Funktion einer Bewegung ist bekannt, und es wird die Weg-Zeit-Funktion gesucht. Mathematisch gesehen ist eine Funktion zu ermitteln, deren Ableitung vorliegt. Dieser Vorgang wird **Integration** genannt.

Die **Grundaufgabe der Integralrechnung** lässt sich wie folgt formulieren:

Zu einer im Intervall I gegebenen Funktion $f(x)$ ist eine im betrachteten Intervall I differenzierbare Funktion $F(x)$ so zu bestimmen, dass ihre Ableitung $F'(x) = f(x)$ ist.

Damit wird deutlich, dass die Integralrechnung die Umkehrung der Differenzialrechnung ist.

Beispiel

8.1 Gegeben: $y = f(x) = x^3$. Gesucht ist die Funktion $F(x)$, deren Ableitung gleich x^3 ist.

Lösung: $F(x) = \frac{x^4}{4}$, denn $F'(x) = x^3 = f(x)$.

Offensichtlich ist dies aber nicht die einzige Lösung, denn die Funktion $F(x) = \frac{x^4}{4} + 4$ oder $F(x) = \frac{x^4}{4} - 2$ erfüllt auch die Bedingung $F'(x) = x^3 = f(x)$. Es können beliebig viele Lösungen angegeben werden. Die Lösungsfunktionen unterscheiden sich nur durch eine additive

Konstante. Sie wird mit C bezeichnet. Allgemein ergibt sich deshalb folgende Lösung:

$$F(x) = \frac{x^4}{4} + C, \quad C \in \mathbb{R}, \quad \text{denn} \quad F'(x) = x^3 = f(x)$$ ■

Die Funktion $F(x)$ heißt **Stammfunktion** oder **Integralfunktion** und C **Integrationskonstante**. Die Gesamtheit aller Stammfunktionen von $f(x)$ heißt **unbestimmtes Integral** der Funktion $y = f(x)$ und wird mit $\int f(x)\,\mathrm{d}x$ (gelesen: „Integral über f von x dx") bezeichnet. Es gilt:

$$\int f(x)\,\mathrm{d}x = F(x) + C; \quad [F(x) + C]' = f(x), \quad C \in \mathbb{R} \tag{8.1}$$

$f(x)$ heißt **Integrand**, x **Integrationsvariable** und $\mathrm{d}x$ ist das Differenzial der Integrationsvariablen x. Die Ermittlung des unbestimmten Integrals wird Integration genannt.

Beispiele

8.2 $f(x) = x^6; \quad \int x^6\,\mathrm{d}x = \frac{x^7}{7} + C, \quad \text{denn} \left(\frac{x^7}{7} + C\right)' = x^6.$

8.3 Die Stammfunktionen der Funktion $y = f(x) = 2x$ sind für $C = -1, 0, 1, 2$ grafisch darzustellen.

Lösung: $\int 2x\,\mathrm{d}x = x^2 + C$, denn $(x^2 + C)' = 2x$.

Das unbestimmte Integral $\int 2x\,\mathrm{d}x = x^2 + C$ kann durch eine Kurvenschar veranschaulicht werden, wenn für die Integrationskonstante C reelle Zahlen eingesetzt werden (vgl. *Bild 8.1*).

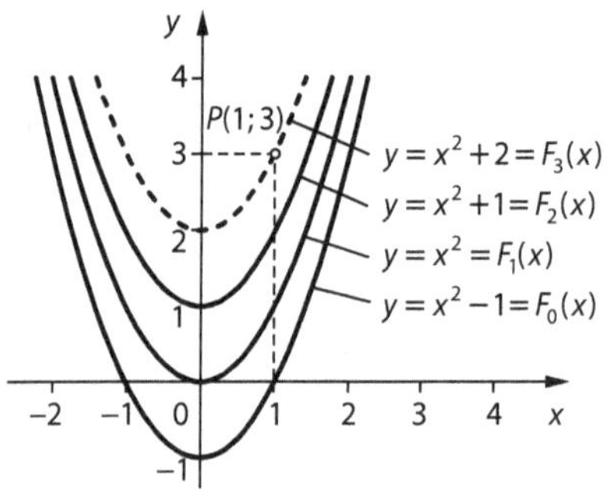

Bild 8.1

8.4 $f(x) = \cos x; \quad \int \cos x\,\mathrm{d}x = \sin x + C, \quad \text{denn } (\sin x + C)' = \cos x.$

Wird die *Gl. (8.1)* differenziert, so folgt

$$\left(\int f(x)\,\mathrm{d}x\right)' = (F(x) + C)' = F'(x) = f(x)$$

Die Beziehung lässt sich auch wie folgt schreiben

$$\frac{d}{\mathrm{d}x} \int f(x)\,\mathrm{d}x = f(x)$$

oder

$$\mathrm{d} \int f(x)\,\mathrm{d}x = f(x)\,\mathrm{d}x$$ ■

Aus der Beziehung geht hervor, dass sich die Zeichen d und $\int$, also Integration und Differenziation, aufheben. Die Umkehrung der Beziehung gilt ebenfalls.

Unter Berücksichtigung der bekannten Differenziationsregeln kann man weitere einfache Integrale lösen. Diese Integrale werden **Grundintegrale** genannt. Sie sind in der folgenden Übersicht zusammengestellt.

Grundintegrale

1. $$\int 0\,\mathrm{d}x = C \tag{8.2}$$
2. $$\int 1\,\mathrm{d}x = \int \mathrm{d}x = x + C \tag{8.3}$$
3. $$\int x^n\,\mathrm{d}x = \frac{x^{n+1}}{n+1} + C \quad (n \neq -1) \tag{8.4}$$
4. $$\int \frac{1}{x}\,\mathrm{d}x = \int \frac{\mathrm{d}x}{x} = \ln|x| + C \quad (x \neq 0) \tag{8.5}$$
5. $$\int \mathrm{e}^x\,\mathrm{d}x = \mathrm{e}^x + C \tag{8.6}$$
6. $$\int a^x\,\mathrm{d}x = \frac{a^x}{\ln a} + C = a^x \cdot \log_a \mathrm{e} + C \quad (a > 0;\ a \neq 1) \tag{8.7}$$
7. $$\int \sin x\,\mathrm{d}x = -\cos x + C \tag{8.8}$$
8. $$\int \cos x\,\mathrm{d}x = \sin x + C \tag{8.9}$$
9. $$\int \frac{\mathrm{d}x}{\cos^2 x} = \tan x + C \quad \left(x \neq \frac{(2n+1)\,\pi}{2};\ n \in \mathbb{Z}\right) \tag{8.10}$$
10. $$\int \frac{\mathrm{d}x}{\sin^2 x} = -\cot x + C \quad (x \neq n\pi;\ n \in \mathbb{Z}) \tag{8.11}$$
11. $$\int \frac{\mathrm{d}x}{\sqrt{1-x^2}} = \arcsin x + C = -\arccos x + \overline{C} \quad \left(|x| < 1\right) \tag{8.12}$$
12. $$\int \frac{\mathrm{d}x}{1+x^2} = \arctan x + C = -\operatorname{arccot} x + \overline{C} \tag{8.13}$$

Zum *Grundintegral Nr. 11* beachte man die Beziehung $\arcsin x = \frac{\pi}{2} - \arccos x$, also ist $\overline{C} = C + \frac{\pi}{2}$. Zum *Grundintegral Nr. 12* beachte man die Beziehung $\arctan x = \frac{\pi}{2} - \operatorname{arccot} x$, also ist $\overline{C} = C + \frac{\pi}{2}$.

Weitere Grundintegrale können aus mathematischen Formelsammlungen oder weiterführender Literatur entnommen werden.

Beispiele

8.5 $$\int \frac{1}{x^5}\,\mathrm{d}x = \int x^{-5}\,\mathrm{d}x = \frac{x^{-5+1}}{-5+1} + C = -\frac{1}{4x^4} + C$$

8.6 $$\int \sqrt[4]{x}\,\mathrm{d}x = \int x^{\frac{1}{4}}\,\mathrm{d}x = \frac{x^{\frac{1}{4}+1}}{\frac{1}{4}+1} + C = \frac{4}{5}x^{\frac{5}{4}} + C = \frac{4}{5}x\,\sqrt[4]{x} + C$$

8.7 $$\int 5^x\,\mathrm{d}x = \frac{5^x}{\ln 5} + C$$ ■

Aus den Differenziationsregeln ergeben sich unmittelbar folgende Integrationsregeln:

a) **Integranden mit konstanten Faktoren**

Ein konstanter Faktor a des Integranden darf vor das Integralzeichen geschrieben werden.

$$\int af(x)\,\mathrm{d}x = a\int f(x)\,\mathrm{d}x, \quad a \neq 0 \tag{8.14}$$

b) **Integration einer Summe**

Eine Summe von Funktionen wird integriert, indem man jeden Summanden einzeln integriert.

$$\int [f(x) \pm g(x)]\,\mathrm{d}x = \int f(x)\,\mathrm{d}x \pm \int g(x)\,\mathrm{d}x \tag{8.15}$$

Beispiele

8.8 $\int 3x^4\,\mathrm{d}x = 3\int x^4\,\mathrm{d}x = \frac{3}{5}x^5 + C$

8.9 $\int 2x\cos u\,\mathrm{d}u = 2x\int \cos u\,\mathrm{d}u = 2x\,\sin u + C$

8.10 $\int (3\,\mathrm{e}^x + \sin x)\,\mathrm{d}x = 3\int \mathrm{e}^x\,\mathrm{d}x + \int \sin x\,\mathrm{d}x$

$= 3\,\mathrm{e}^x + C_1 - \cos x + C_2 = 3\,\mathrm{e}^x - \cos x + C \quad \text{mit} \quad C = C_1 + C_2$

8.11 $\int \left(\frac{1}{x} - \frac{1}{\sqrt{x}} + 2\right)\mathrm{d}x = \int \frac{1}{x}\,\mathrm{d}x - \int x^{-\frac{1}{2}}\,\mathrm{d}x + 2\int \mathrm{d}x = \ln|x| - 2\sqrt{x} + 2x + C$ ■

Kontrollfragen

8.1 Welche Beziehung besteht zwischen der Integral- und Differenzialrechnung?

8.2 Wie kann das unbestimmte Integral geometrisch gedeutet werden?

8.3 Wie wird ein konstanter Faktor bei Integration behandelt?

8.4 Wie wird eine Summe integriert?

Aufgabe: *8.1* **und** *8.2*

■ 8.2 Bestimmtes Integral

Das unbestimmte Integral ist die Menge aller Stammfunktionen $y = F(x) + C$, $C \in \mathbb{R}$. Es soll nun aus dieser Kurvenschar eine bestimmt werden, die durch den Punkt $P\left(x_1;\, y_1\right)$ verläuft. Eine solche Forderung wird **Anfangsbedingung** genannt. Aus der im *Bild 8.1* (*Beispiel 8.3*) dargestellten Kurvenschar soll die Kurve ausgewählt werden, die durch den Punkt $P\,(1;\,3)$ geht. Das Integral $\int 2x\,\mathrm{d}x = x^2 + C = y$ (y Menge der Stammfunktionen) muss dann für $x = 1$ den Wert 3 annehmen. Setzt man die Koordinaten in das unbestimmte Integral $y = x^2 + C$ ein, so folgt $C = 2$. Die Lösungsfunktion $y = F_3(x) = x^2 + 2$ erfüllt die vorgegebene Anfangsbedingung (vgl. *Bild 8.1*).

Jede Stammfunktion, deren Integrationskonstante aufgrund einer Anfangsbedingung festliegt, heißt **partikuläres Integral**. Es soll jetzt aus der Menge der Stammfunktionen $y = F(x) + C$ das partikuläre Integral bestimmt werden, welches an der Stelle $x = a$ eine Nullstelle hat, d. h. durch den Punkt $P\,(a;\,0)$ geht. Durch Einsetzen der Koordinaten $0 = F(a) + C$ erhält man: $C = -F(a)$. Damit ist das partikuläre Integral $y = F(x) - F(a)$. Diese Differenz wird symbolisch wie folgt ausgedrückt:

$$F(x)\Big|_a^x = F(x) - F(a)$$

(gelesen: „$F(x)$ in den Grenzen von a bis x").

Die Nullstelle bei $x = a$ wird als untere Grenze und die unabhängige Variable als obere Grenze an das Integralzeichen geschrieben. Für das partikuläre Integral ergibt sich damit

$$I(x) = \int_a^x f(x)\,\mathrm{d}x = F(x)\Big|_a^x = F(x) - F(a) \qquad (8.16)$$

(gelesen: „Integral von a bis x über $f(x)\,\mathrm{d}x$").

Für das Symbol $F(x)\Big|_a^x$ ist auch die Schreibweise $[F(x)]_a^x$ gebräuchlich.

In der *Gl. (8.16)* sind Integrationsvariable und obere Grenze mit der gleichen Variablen x bezeichnet. Um den Unterschied hervorzuheben, werden für Integrationsvariable und obere Grenze auch verschiedene Variablen geschrieben, z. B.

$$\int_a^x f(t)\,\mathrm{d}t = F(t)\Big|_a^x = F(x) - F(a)$$

Beispiel

8.12 $\displaystyle\int_0^t \sin x\,\mathrm{d}x = -\cos x\Big|_0^t = -\cos t - (-\cos 0) = -\cos t + 1$ ■

Nachdem das partikuläre Integral definiert wurde, soll nun auf das Problem der Flächenberechnung eingegangen werden. Mithilfe der Formeln der Planimetrie kann man nur die Flächeninhalte von Vielecken und Kreisen berechnen. Im folgenden Abschnitt soll das Problem gelöst werden, wie man den Flächeninhalt eines krummlinig begrenzten ebenen Flächenstückes definiert und berechnet.

Es sei $y = f(x)$ eine im Intervall $a \leqq x \leqq b$ streng monoton wachsende, stetige und differenzierbare Funktion, die dort nur positive Werte annimmt. Gesucht ist der Inhalt der Fläche A zwischen der Kurve $y = f(x)$ und der x-Achse im Intervall $a \leqq x \leqq b$ (*Bild 8.2*). Der Flächeninhalt A ist von der Wahl der seitlichen Begrenzungslinien abhängig. Der variable Flächeninhalt $A(x)$ soll zunächst untersucht werden. Dazu wird die untere Grenze a als fest und die obere Grenze b als variabel angesehen (*Bild 8.2*). Der Flächeninhalt ist eine Funktion der oberen Grenze, $A = A(x)$. Wird x um Δx geändert, wächst die Ordinate y um Δy und der Flächeninhalt $A(x)$ um ΔA. Ein Vergleich des Flächenstückes ΔA mit dem einbeschriebenen Rechteck (Höhe: y, Breite: Δx) und dem umbeschriebenen Rechteck (Höhe: $y + \Delta y$, Breite: Δx) liefert die Beziehung

$$y\,\Delta x \leqq \Delta A \leqq (y + \Delta y)\,\Delta x$$

und

$$y \leqq \frac{\Delta A}{\Delta x} \leqq y + \Delta y$$

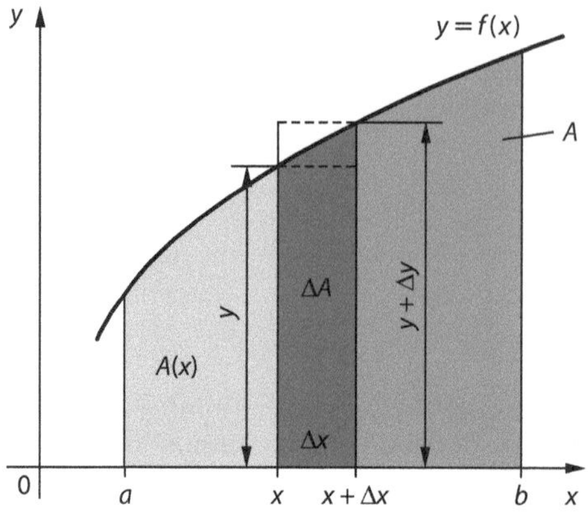

Bild 8.2

Da $y = f(x)$ ist, lässt sich auch schreiben

$$f(x) \leqq \frac{\Delta A}{\Delta x} \leqq f\left(x + \Delta x\right)$$

Strebt Δx gegen Null, geht der Differenzenquotient $\dfrac{\Delta A}{\Delta x}$ in den Differenzialquotienten

$$\frac{\mathrm{d}A}{\mathrm{d}x} = A'(x) = \lim_{\Delta x \to 0} \frac{\Delta A}{\Delta x}$$

über.

Es entsteht die Ungleichung

$$f(x) \leqq A'(x) \leqq f(x)$$

Diese Beziehung gilt nur, wenn

$$f(x) = A'(x)$$

Das Ergebnis lässt sich wie folgt formulieren:

Die Ableitung $A'(x)$ des veränderlichen Flächeninhaltes $A(x)$ wird durch die Funktion $f(x)$ der begrenzenden Kurve dargestellt.

Aus diesem Zusammenhang und der Definition des unbestimmten Integrals (*8.1*) folgt für die Flächenfunktion

$$A(x) = \int f(x)\,\mathrm{d}x = F(x) + C$$

Da die Fläche einen ganz bestimmten Inhalt hat, muss C einen speziellen Wert annehmen. Wird die rechte Begrenzungslinie soweit nach links verschoben, bis sie mit der linken Begrenzungslinie zusammenfällt, ist der Flächeninhalt gleich Null. Für $x = a$ gilt also

$$A(x) = F(x) + C; \quad 0 = F(a) + C; \quad C = -F(a);$$
$$A(x) = F(x) - F(a)$$

Aufgrund der Ausführungen über das partikuläre Integral (*8.16*) folgt für den variablen Flächeninhalt

$$A(x) = \int_a^x f(x)\,\mathrm{d}x = F(x)\Big|_a^x = F(x) - F(a)$$

Nimmt die obere Grenze x den Wert b an, so erhält man den gesuchten Inhalt der Fläche zwischen der Kurve $y = f(x)$ und der x-Achse in den Grenzen von $x = a$ bis $x = b$ (*Bild 8.2*).

$$A = \int_a^b f(x)\,\mathrm{d}x = F(x)\Big|_a^b = F(b) - F(a) \tag{8.17}$$

Definition 8.1

$\int_a^b f(x)\,\mathrm{d}x$ heißt **bestimmtes Integral**

über die Funktion $f(x)$ in den Grenzen von $x = a$ bis $x = b$. Die Berechnung erfolgt, indem zunächst $f(x)$ unbestimmt integriert und dann die Differenz der Funktionswerte $F(b) - F(a)$ der gefundenen Stammfunktion $F(x)$ ermittelt wird. Die Zahlen a und b heißen untere bzw. obere **Integrationsgrenze**, $a \leqq x \leqq b$ **Integrationsintervall**, x **Integrationsvariable**, $f(x)$ Integrand.

Das bestimmte Integral $\int_a^b f(x)\,\mathrm{d}x$ bedeutet geometrisch die Maßzahl für den Inhalt der Fläche zwischen der Kurve mit der Gleichung $y = f(x)$ und der x-Achse in den Grenzen von $x = a$ bis $x = b$. Die Maßzahl für den Inhalt der Fläche ist gleich dem Funktionswert der Flächenfunktion $A(x)$, die als partikuläres Integral diejenige von allen zu $f(x)$ gehörigen Stammfunktionen ist, die bei $x = a$ eine Nullstelle hat (*Bild 8.3*). Die *Gl. (8.17)* beschreibt den Inhalt einer Fläche nur dann richtig, wenn die eingangs gemachten Voraussetzungen über die Funktion $f(x)$ (Stetigkeit, Differenzierbarkeit und positive Funktionswerte) im Intervall $a \leqq x \leqq b$ erfüllt sind.

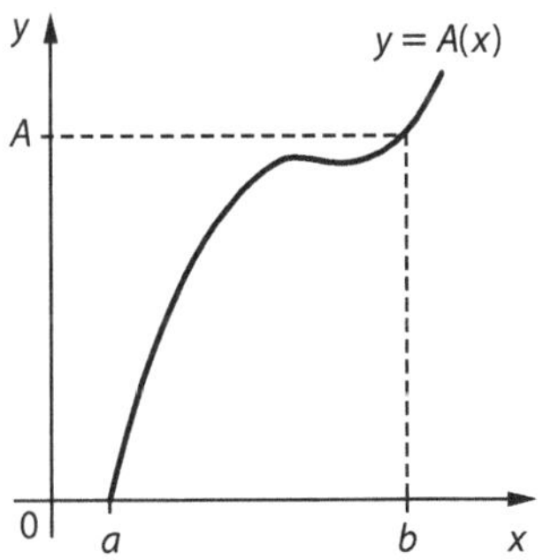

Bild 8.3

Beispiele

8.13 Es ist der Flächeninhalt des Trapezes unter der Geraden $y = f(x) = x + 1$ in den Grenzen von $x = 1$ bis $x = 3$ zu berechnen (*Bild 8.4*).

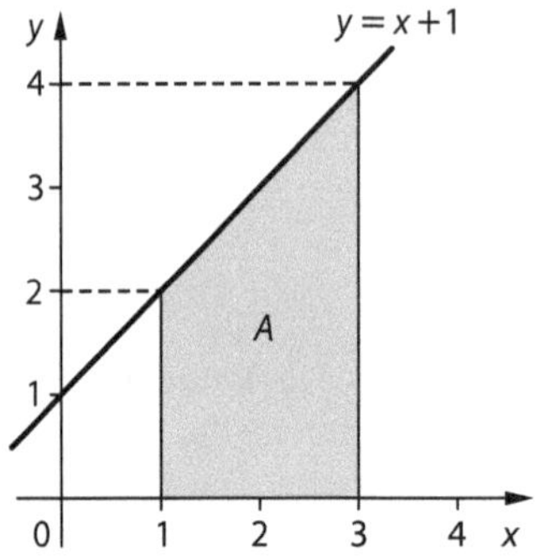

Bild 8.4

Lösung:

$$A = \int_1^3 (x+1)\,\mathrm{d}x = \left(\frac{x^2}{2} + x\right)\Big|_1^3 = \left(\frac{9}{2} + 3\right) - \left(\frac{1}{2} + 1\right) = 6FE$$

Treten in der Stammfunktion mehrere Summanden auf, ist eine Klammersetzung zweckmäßig. Als Maßeinheit werden Flächeneinheiten (FE) eingeführt. Prüft man das Ergebnis mit der Trapezformel nach, folgt:

$$A = \frac{a+c}{2} \cdot h = \frac{2+4}{2} \cdot 2 = 6FE$$

Wurden die Grundseiten a, c und die Höhe h in cm gegeben, so beträgt der Flächeninhalt $A = 6\,\text{cm}^2$. Im *Bild 8.4* ist diese Fläche schattiert dargestellt. Ihre Maßzahl ist gleich der Differenz der Funktionswerte $F(b) - F(a)$ der Stammfunktion $F(x)$ von $f(x)$ (*Bild 8.5*) bzw. gleich dem Funktionswert der zugehörigen Flächenfunktion $A(x)$ an der Stelle $x = 3$, die bei $x = 1$ eine Nullstelle hat (*Bild 8.6*).

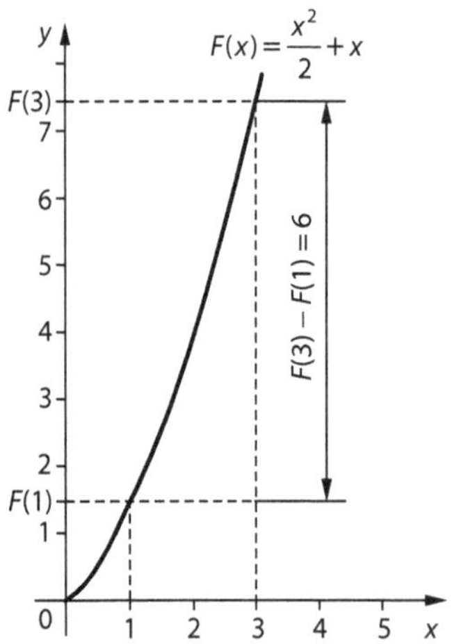

Bild 8.5

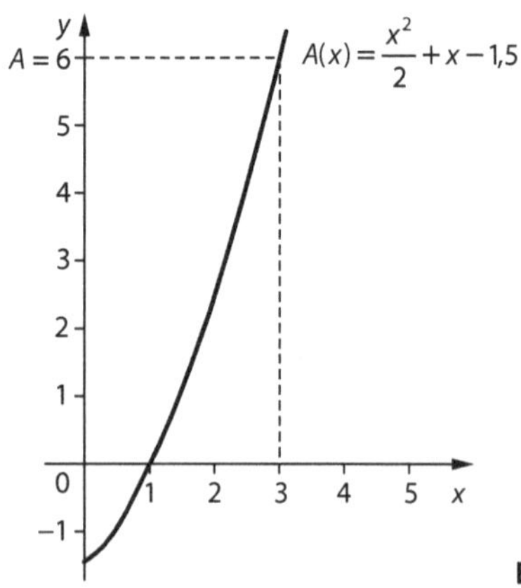

Bild 8.6

8.14 Es ist der Inhalt der Fläche unter der Parabel $y = 3x^2$ für das Intervall $0 \leqq x \leqq 3$ (*Bild 8.7*) zu berechnen.

Lösung:

$$A = \int_0^3 3x^2 \, \mathrm{d}x = x^3 \Big|_0^3 = 27 - 0 = 27$$

Der Inhalt der Fläche beträgt 27 Flächeneinheiten.

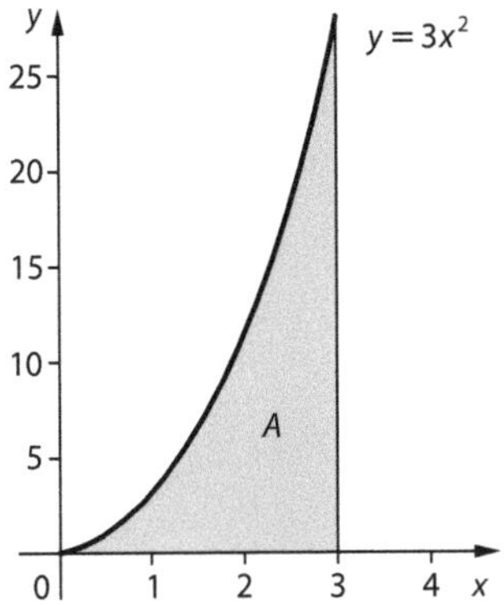

Bild 8.7

■

Kontrollfragen

8.5 Was versteht man unter einem partikulären Integral?

8.6 Wie kann das partikuläre Integral grafisch gedeutet werden?

8.7 Welche beiden geometrischen Deutungen des bestimmten Integrals kennen Sie?

8.8 Wie berechnet man den Inhalt der Fläche zwischen der Kurve $y = f(x)$ und der x-Achse in den Grenzen von $x = a$ bis $x = b$?

8.9 Welche Bedingung muss zur Berechnung des Flächeninhaltes unter Funktionskurven erfüllt sein?

Aufgaben: *8.3* **und** *8.5*

■ 8.3 Eigenschaften bestimmter Integrale

Ohne Beweis sollen zwei Eigenschaften bestimmter Integrale angegeben werden.

Zerlegen des Integrationsintervalls in Teilintervalle

Der Wert des bestimmten Integrals ändert sich nicht, wenn man das Integrationsintervall in Teile zerlegt und die Funktion über die einzelnen Teilintervalle integriert.

$$\int_a^c f(x) \, \mathrm{d}x = \int_a^b f(x) \, \mathrm{d}x + \int_b^c f(x) \, \mathrm{d}x \qquad (8.18)$$

Beispiel

8.15 $\int\limits_1^4 t^2 \, \mathrm{d}t = \frac{1}{3} t^3 \Big|_1^4 = \frac{4^3}{3} - \frac{1}{2} = 21$

Wird das Integrationsintervall $1 \leqq t \leqq 4$ in die Teilintervalle $1 \leqq t \leqq 2$ und $2 \leqq t \leqq 4$ zerlegt, folgt

$$\int\limits_1^2 t^2 \, \mathrm{d}t + \int\limits_2^4 t^2 \, \mathrm{d}t - \frac{1}{3} t^3 \Big|_1^2 + \frac{1}{3} t^3 \Big|_2^4 = \left(\frac{2^3}{3} - \frac{1}{3}\right) + \left(\frac{4^3}{3} - \frac{2^3}{3}\right) = 21$$

■

Vertauschen der Integrationsgrenzen

Durch Vertauschen der Integrationsgrenzen ändert das bestimmte Integral sein Vorzeichen:

$$\int\limits_a^b f(x) \, \mathrm{d}x = -\int\limits_b^a f(x) \, \mathrm{d}x \tag{8.19}$$

Beispiel

8.16 a) $\int\limits_1^2 \mathrm{e}^x \, \mathrm{d}x = \mathrm{e}^x \Big|_1^2 \approx 4{,}67$ b) $\int\limits_2^1 \mathrm{e}^x \, \mathrm{d}x = \mathrm{e}^x \frac{1}{2} \approx -4{,}67$

■

Kontrollfrage

8.10 Wie ändert sich der Wert des bestimmten Integrals, wenn die Grenzen vertauscht werden?

8.4 Bestimmtes Integral als Grenzwert einer Summenfolge

Im folgenden Abschnitt soll das bestimmte Integral unabhängig von der Differenzialrechnung hergeleitet werden, und zwar als Grenzwert einer Summenfolge. Diese Darstellung ist für die Anwendung der Integralrechnung auf Probleme der Naturwissenschaft und Technik, wie z. B. die Berechnung der Arbeit, von großer Bedeutung.

Es sei $y = f(x)$ eine im Intervall $a \leqq x \leqq b$ streng monoton wachsende und stetige Funktion, die dort nur positive Werte annimmt. Der Inhalt der Fläche zwischen der Kurve $y = f(x)$ und der x-Achse in den Grenzen von $x = a$ bis $x = b$ ist zu berechnen. Dazu wird das Intervall $a \leqq x \leqq b$ in n gleiche Teilintervalle der Breite $\Delta x = \frac{b-a}{n}$ zerlegt. Um den Flächeninhalt A zu berechnen, werden dem Flächenstück n Rechtecke einbeschrieben und umbeschrieben. Ein Vergleich des Flächenstückes ΔA mit dem einbeschriebenen Rechteck und dem umbeschriebenen Rechteck (*Bild 8.8*) liefert die Beziehung

$$m_i \cdot \Delta x \leqq \Delta A \leqq M_i \cdot \Delta x \tag{8.20}$$

Für die Summen der Rechteckflächen gilt dann

$$\sum_{i=1}^{n} m_i \cdot \Delta x \leqq A \leqq \sum_{i=1}^{n} M_i \cdot \Delta x \tag{8.21}$$

Die links stehende Summe wird auch als **Untersumme** s_n, die rechts stehende Summe als **Obersumme** S_n bezeichnet. Es gilt

$$s_n \leqq A \leqq S_n$$

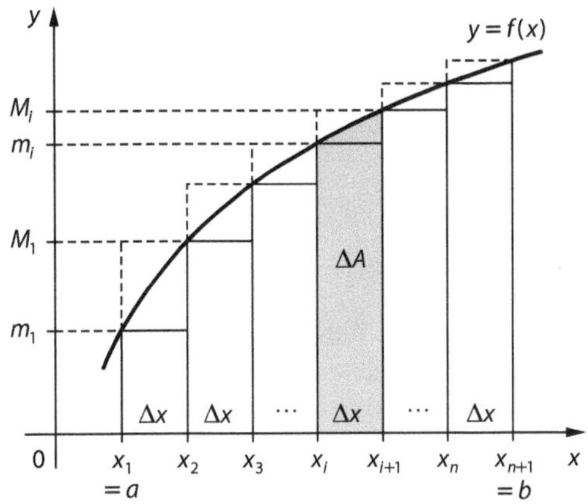

Bild 8.8

Wird die Teilung verfeinert, indem man die Anzahl n der Streifen erhöht (vgl. *Bild 8.8*) und damit die Breite Δx verringert, kann die Untersumme höchstens größer und die Obersumme nur kleiner werden. Die Untersumme s_n kann aber nicht größer bzw. die Obersumme S_n nicht kleiner als der Inhalt der Fläche zwischen Kurve und x-Achse werden.

Verfeinert man die Teilung weiter, d. h., die Anzahl n der Streifen wächst unbegrenzt ($n \to \infty$) und die Breite Δx wird beliebig klein ($\Delta x \to 0$), bilden die Untersummen s_n eine monoton wachsende Folge und die Obersummen S_n eine monoton fallende Folge. Da jede beschränkte und monotone Folge konvergent ist, streben beide Folgen einem Grenzwert zu:

$$\lim_{n\to\infty} s_n = s \quad \text{bzw.} \quad \lim_{n\to\infty} S_n = S$$

Haben die Folgen (s_n) und (S_n) einen gemeinsamen Grenzwert, d. h. gilt

$$\lim_{n\to\infty} s_n = \lim_{n\to\infty} S_n = I$$

so nennt man diesen gemeinsamen Grenzwert I das **bestimmte Integral** der Funktion $y = f(x)$ im Intervall $a \leqq x \leqq b$. Man schreibt dafür:

$$I = \lim_{\substack{n\to\infty \\ \Delta x\to 0}} \sum_{i=1}^{n} m_i \Delta x = \lim_{\substack{n\to\infty \\ \Delta x\to 0}} \sum_{i=1}^{n} M_i \Delta x = \int_a^b f(x)\,\mathrm{d}x \tag{8.22}$$

Der Grenzwert I kann als Flächeninhalt der gesuchten Fläche definiert werden. Nach der *Gl. (8.22)* ist der Flächeninhalt A für die Folge (s_n) eine obere und für die Folge (S_n) eine untere Schranke. Die Grenzwerte s und S können deshalb nur identisch sein, wenn sie beide gleich A sind. Somit folgt unter den gegebenen Voraussetzungen $I = A$. Leibniz führte für die *Beziehung (8.22)* das Integralzeichen $\int$ ein. Es stellt ein stilisiertes S (Summe) dar. Ohne Beweis sollen die Bedingungen für die Existenz des bestimmten Integrals angegeben werden.

Satz 8.1

Jede im Intervall $a \leqq x \leqq b$ stetige Funktion ist dort integrierbar.

Satz 8.2

Jede im Intervall $a \leqq x \leqq b$ beschränkte Funktion, die im Intervall $a \leqq x \leqq b$ nur endlich viele Unstetigkeitsstellen hat, ist dort integrierbar.

Satz 8.3

Ist die Funktion f im ganzen Intervall $a \leqq x \leqq b$ negativ, d. h. $f(x) < 0$ für $a \leqq x \leqq b$, so ist auch

$$I = \int_a^b f(x)\,\mathrm{d}x < 0$$

Der Flächeninhalt der entsprechenden Fläche unterhalb der x-Achse hat dann ein negatives Vorzeichen. Nimmt die Funktion im betrachteten Intervall teils positive und teils negative Funktionswerte an, so ist das bestimmte Integral die Differenz zwischen der Summe aller Flächeninhalte der Flächenstücke oberhalb und unterhalb der x-Achse. Weitere Hinweise dazu erfolgen in *Abschnitt 8.5*.

Der in der *Gl. (8.22)* dargelegte Sachverhalt lässt noch eine etwas veränderte Deutung zu, die für die Anwendung der Integralrechnung wichtig ist.

Gegeben sei eine integrierbare Funktion $y = f(x)$. Der Inhalt der Fläche zwischen der Kurve $y = f(x)$ und der x-Achse in den Grenzen von $x = a$ bis $x = b$ ist zu berechnen.

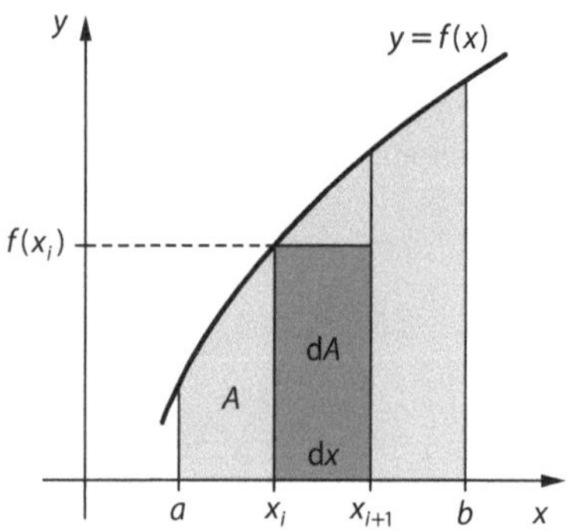

Bild 8.9

Die Fläche wird in n gleiche Streifen der Breite $\Delta x = \mathrm{d}x = \frac{b-a}{n}$ zerlegt (*Bild 8.9*). Ihr Flächeninhalt sei ΔA. ΔA kann näherungsweise durch den Inhalt $\mathrm{d}A$ eines Rechtecks mit der Höhe $f\left(x_i\right)$ und der Breite $\mathrm{d}x$ ersetzt werden. Es gilt demnach

$$\Delta A \approx \mathrm{d}A = f\left(x_i\right) \cdot \mathrm{d}x$$

Das Rechteck $\mathbf{d}\boldsymbol{A}$ wird als **Flächenelement** bezeichnet. Das vorgesetzte d deutet an, dass es sich nur um einen Näherungswert handelt, während das Δ grundsätzlich die wahre oder genaue Größe der Teilstücke kennzeichnet (Man vergleiche in diesem Zusammenhang noch einmal die Bedeutung des Differenzials $\mathrm{d}y$, vgl. *Abschnitt 7.5*).

Den Inhalt der Gesamtfläche erhält man durch Integration über alle Flächenelemente $\mathrm{d}A$. Dies bedeutet stets die Summierung der Flächeninhalte der endlich vielen Rechteckstreifen mit anschließender Berechnung des Grenzwertes dieser Summe für $n \to \infty$ und $\mathrm{d}x \to 0$:

$$A = \int_A \mathrm{d}A = \lim_{\substack{n\to\infty \\ \mathrm{d}x\to 0}} \sum_{i=1}^{n} f(x_i)\ \mathrm{d}x = \int_a^b f(x)\ \mathrm{d}x \tag{8.23}$$

Der an das erste Integral angesetzte Buchstabe A soll besagen, dass die Grenzen bei der Berechnung des Integrals so zu wählen sind, dass die gesamte Fläche A erfasst wird.

Geht man beim Lösungsansatz immer gleich zum Näherungswert und dann direkt zur Integration über, kann man in einfacher Weise auch zu Regeln für die Berechnung von Anwendungsaufgaben kommen.

Beispiel

8.17 Mithilfe des bestimmten Integrals soll eine Formel für die Berechnung der mechanischen Arbeit hergeleitet werden. Die Kraft wirkt in Richtung des Weges und ist eine wegabhängige Größe.

Lösung: Wenn die Kraft F konstant ist und in Richtung des Weges wirkt, beträgt die Arbeit im Wegintervall $s_1 \leqq s \leqq s_2$:

$W = F(s_2 - s_1)$

Ist die Kraft F vom Weg abhängig, $F = f(s)$, wird zur Berechnung der Arbeit W das Intervall $s_1 \leqq s \leqq s_2$ in n gleiche Wegelemente $\mathrm{d}s = \dfrac{s_2 - s_1}{n}$ zerlegt, in denen die Kraft $F(s_i)$ als konstant betrachtet wird. Die Arbeit ΔW längs des Wegelementes $\mathrm{d}s$ lässt sich näherungsweise durch das Arbeitselement $\mathrm{d}W(s) = F(s_i) \cdot \mathrm{d}s$ darstellen (*Bild 8.10*). Durch Integration über alle Arbeitselemente folgt nach *Gl. (8.23)*:

$$W = \int_W \mathrm{d}W = \lim_{\substack{n\to\infty \\ \mathrm{d}s\to 0}} \sum_{i=1}^{n} F(s_i)\ \mathrm{d}s = \int_{s_1}^{s_2} F(s)\ \mathrm{d}s$$

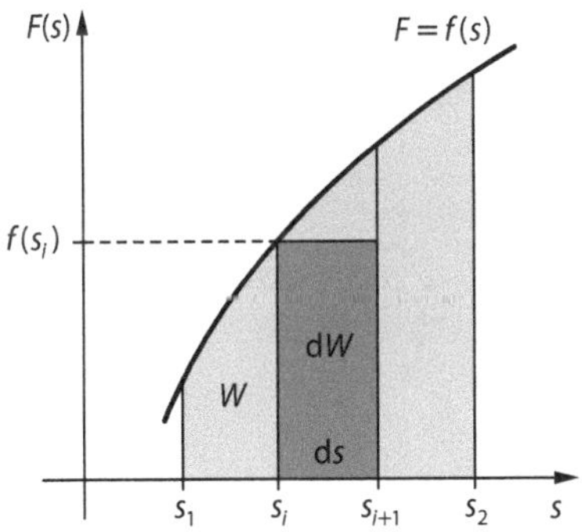

Bild 8.10

Unter Berücksichtigung der Tatsache, dass jedes bestimmte Integral als Flächeninhalt gedeutet werden kann, lässt sich die Arbeit auch geometrisch als Inhalt der Fläche unter der Kurve $F = f(s)$ und der s-Achse in den Grenzen von s_1 bis s_2 im (F, s)-Diagramm darstellen. ■

Für eine stetige Funktion lässt sich nachweisen, dass das durch die *Gl. (8.22)* definierte bestimmte Integral mit dem in *Gl. (8.17)* definierten übereinstimmt. Für stetige Integranden wird deshalb für die Berechnung des bestimmten Integrals die leichter handhabbare *Gl. (8.17)* bevorzugt.

Beispiel

8.18 Eine Schraubenfeder soll um die Länge $l = s_2 - s_1$ gedehnt und die hierbei verrichtete Arbeit berechnet werden. Die Kraft F ist proportional zum Weg s.

Lösung: Es gilt $F = f(s) = k \cdot s$.

Der Einfluss des Materials und der Abmessungen der Feder wird in dem Proportionalitätsfaktor k (Federkonstante) zusammengefasst. Die aufzuwendende Arbeit beträgt

$$W = \int_{s_1}^{s_2} F\,\mathrm{d}s = \int_{s_1}^{s_2} ks\,\mathrm{d}s = k\int_{s_1}^{s_2} s\,\mathrm{d}s = \left.\frac{ks^2}{2}\right|_{s_1}^{s_2},$$

$$W = \frac{k}{2}\left(s_2^2 - s_1^2\right)$$

Für eine Dehnung der Feder aus der Ruhelage ($s_1 = 0$) um $s_2 = s_e$ folgt

$$W = \frac{1}{2}ks_e^2$$

■

Kontrollfragen

8.11 Wie ist das bestimmte Integral als Grenzwert einer Summenfolge definiert?

8.12 Wann ist eine Funktion f im Intervall $a \leqq x \leqq b$ integrierbar?

Aufgaben: *8.6* **und** *8.7*

8.5 Flächeninhalte ebener Flächen zwischen einer Kurve und der x-Achse

Ist der Inhalt der Fläche zwischen einer Kurve $f(x)$ und der x-Achse in den Grenzen von $x = a$ bis $x = b$ zu berechnen, so müssen zunächst die Nullstellen der Funktion ermittelt werden. Das Integrationsintervall wird unter Berücksichtigung der Nullstellen, die im Integrationsintervall liegen, in Teilintervalle zerlegt. Der Inhalt der Gesamtfläche ergibt sich dann als Summe der Beträge der Inhalte der Teilflächen.

Beispiel

8.19 Es ist der Inhalt der Fläche zwischen der Kurve $y = x^2 - 4x + 3$ und der x-Achse in den Grenzen von $a = 0$ und $b = 4$ zu berechnen (*Bild 8.11*).

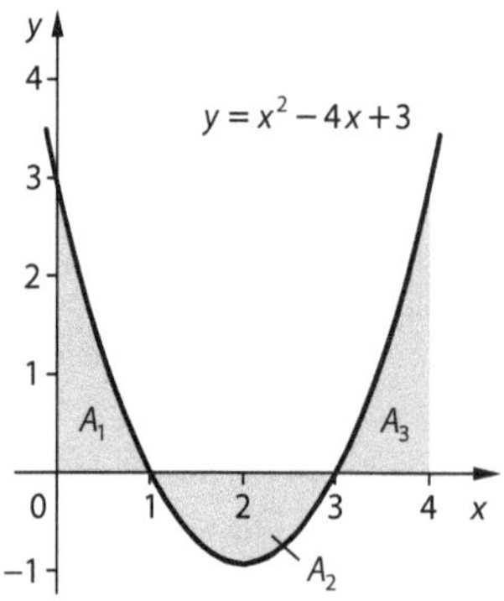

Bild 8.11

Lösung:

1. Berechnung der Nullstellen der Funktion

   $$x^2 - 4x + 3 = 0, \quad x_1 = 1, \quad x_2 = 3$$

2. Auswahl der Nullstellen, die im Integrationsintervall $0 \leqq x \leqq 4$ liegen: $x_1 = 1, x_2 = 3$.
3. Berechnung der Teilintegrale

   $$I_1 = \int_0^1 (x^2 - 4x + 3)\ \mathrm{d}x = \left[\frac{x^3}{3} - 2x^2 + 3x\right]_0^1 = \left(\frac{1}{3} - 2 + 3\right) - 0 = \frac{4}{3},$$

   $$I_2 = \int_1^3 (x^2 - 4x + 3)\ \mathrm{d}x = \left[\frac{x^3}{3} - 2x^2 + 3x\right]_1^3 = (9 - 18 + 9) - \left(\frac{1}{3} - 2 + 3\right) = -\frac{4}{3},$$

   $$I_3 = \int_3^4 (x^2 - 4x + 3)\ \mathrm{d}x = \left[\frac{x^3}{3} - 2x^2 + 3x\right]_3^4 = \left(\frac{64}{3} - 32 + 12\right) - (9 - 18 + 9) = \frac{4}{3}$$

   Betrachtet man die Berechnung des Teilintegrals I_2, so folgt:

   Sind im Integrationsintervall die Funktionswerte des Integranden negativ, so erscheint auch das Flächenstück mit negativen Vorzeichen (vgl. *Bild 8.12*). Zur Ermittlung des Gesamtflächeninhalts müssen deshalb die Absolutbeträge der Teilintegrale gebildet werden.
4. Ermittlung der Gesamtfläche

   $$A = |I_1| + |I_2| + |I_3|,$$

   $$A = \left|\frac{4}{3}\right| + \left|-\frac{4}{3}\right| + \left|\frac{4}{3}\right|,$$

   $$A = 4FE$$

   Der Inhalt der Fläche beträgt 4 Flächeneinheiten. Die Maßeinheiten werden bei allen folgenden Beispielen weggelassen. Bereits vor der Rechnung ist zu klären, welche Maßeinheit zu erwarten ist. An dieser Stelle soll noch einmal auf den Unterschied der Aufgabe hingewiesen werden, den Inhalt einer eingeschlossenen Fläche oder den Wert des Integrals zu ermitteln. Der Wert des Integrals berechnet sich im obigen Beispiel wie folgt:

   $$\int_0^4 (x^2 - 4x + 3)\ \mathrm{d}x = \left[\frac{x^3}{3} - 2x^2 + 3x\right]_0^4 = \left(\frac{64}{3} - 32 + 12\right) - (0) = \frac{4}{3}$$ ■

Das Vorzeichen des Flächenstücks hängt mit dem Umlaufsinn zusammen, der sich beim Durchlaufen des Flächenrandes ergibt. Wenn dabei das Integrationsintervall auf der x-Achse stets in Richtung von der unteren nach der oberen Grenze durchlaufen wird, stimmt das Vorzeichen des Flächenstücks mit dem Vorzeichen des Umlaufsinns überein (*Bild 8.12*).

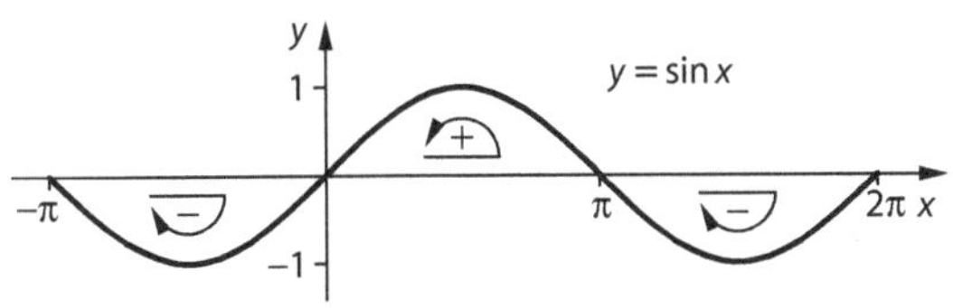

Bild 8.12

Beispiel

8.20 Es ist der Inhalt der Fläche zwischen der Kurve $y = \cos x$ in den Grenzen von $a = \frac{\pi}{4}$ und $b = \pi$ zu berechnen (*Bild 8.13*).

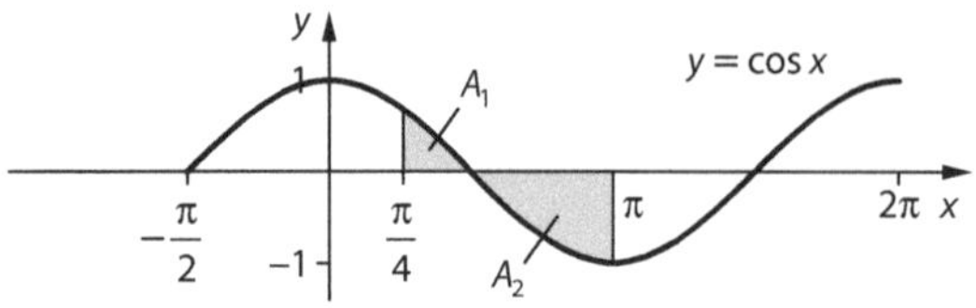

Bild 8.13

Lösung:

1. Berechnung der Nullstellen

$$\cos x = 0, \quad x_N = \frac{\pi}{2} \pm k\pi, \quad k \in \mathbb{Z}$$

2. Auswahl der Nullstellen, die im Integrationsintervall $\frac{\pi}{4} \leqq x \leqq \pi$ liegen: $x_N = \frac{\pi}{2}$.
3. Berechnung der Teilintegrale

$$I_1 = \int\limits_{\frac{\pi}{4}}^{\frac{\pi}{2}} \cos x \, \mathrm{d}x = \sin x \Big|_{\frac{\pi}{4}}^{\frac{\pi}{2}} = \sin \frac{\pi}{2} - \sin \frac{\pi}{4} \approx 0{,}293,$$

$$I_2 = \int\limits_{\frac{\pi}{2}}^{\pi} \cos x \, \mathrm{d}x = \sin x \Big|_{\frac{\pi}{2}}^{\pi} = \sin \pi - \sin \frac{\pi}{2} = -1$$

4. Ermittlung der Gesamtfläche

$A = |I_1| + |I_2| \approx |0{,}293| + |-1| = 1{,}293\,\text{FE}.$

Der Inhalt der Fläche beträgt 1,293 Flächeneinheiten. ■

Kontrollfragen

8.13 Welche Arbeitsschritte sind notwendig, um den Inhalt von Flächen zwischen Kurve und x-Achse zu berechnen? Was ist besonders zu beachten?

8.14 Welche Regel gilt zur Bestimmung des Vorzeichens der einzelnen Flächenstücke?

Aufgabe: *8.8* **und** *8.9*

8.6 Flächen zwischen zwei Kurven

Wird ein Flächenstück in den Grenzen von a bis b durch zwei Kurven eingeschlossen, so wird sein Flächeninhalt als Betrag der Differenz der Flächeninhalte unter den beiden Kurven berechnet (*Bild 8.14*).

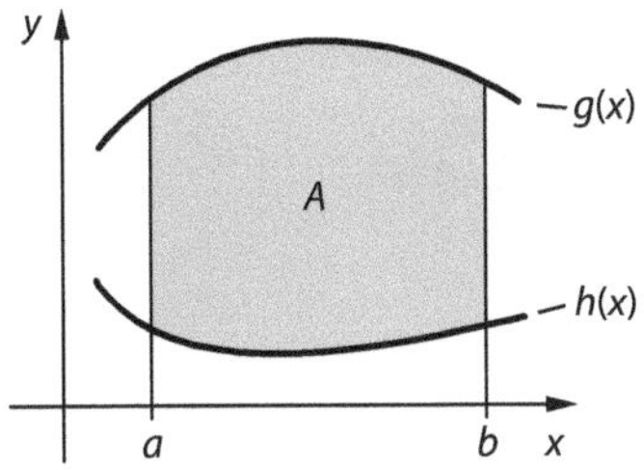

Bild 8.14

Der Flächeninhalt unter der Kurve $g(x)$ ergibt sich aus dem Integral $\int_a^b g(x)\,\mathrm{d}x$, und den Flächeninhalt unter der Kurve $h(x)$ liefert das Integral

$$\int_a^b h(x)\,\mathrm{d}x.$$

Der eingeschlossene Flächeninhalt A ist der Betrag der Differenz beider Integrale

$$A = \left| \int_a^b g(x)\,\mathrm{d}x - \int_a^b h(x)\,\mathrm{d}x \right|$$

Nach *Gl. (8.15)* folgt

$$A = \left| \int_a^b [g(x) - h(x)]\,dx \right| \tag{8.24}$$

Liegt die eingeschlossene Fläche teilweise oder vollständig unterhalb der x-Achse, gilt die Beziehung auch. Man verschiebt beide Kurven in Richtung der y-Achse, bis das eingeschlossene Flächenstück oberhalb der x-Achse liegt. Beide Funktionen ändern sich um die gleiche additive Konstante. Beim Bilden der Differenz entfällt diese.

Schneiden sich die beiden Kurven $g(x)$ und $h(x)$ in $[a;\, b]$, ist die Gesamtfläche in Teilflächen zu zerlegen. Dazu müssen die Schnittstellen, die im Integrationsintervall liegen, aus der Beziehung $g(x) = h(x)$ ermittelt werden (*Bild 8.15*).

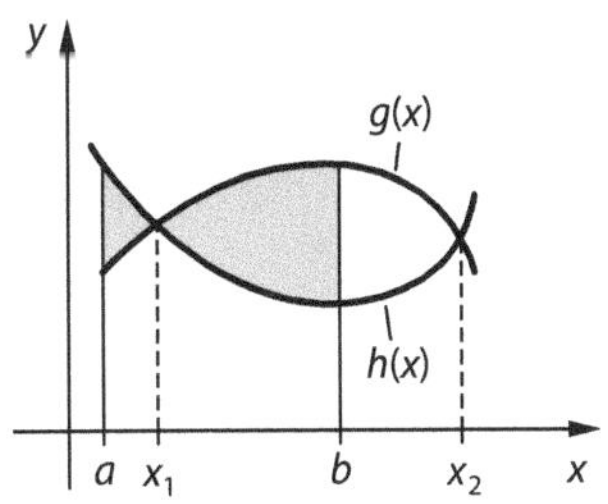

Bild 8.15

Der Inhalt der eingeschlossenen Fläche wird dann wie folgt ermittelt:

$$A = \left| \int_a^{x_1} [g(x) - h(x)]\,\mathrm{d}x \right| + \left| \int_{x_1}^b [g(x) - h(x)]\,\mathrm{d}x \right| \tag{8.25}$$

Beispiel

8.21 Es ist der Inhalt der Fläche zwischen den Kurven mit den Gleichungen $y = x^2 - 4x - 1$ und $y = x - 1$ in den Grenzen von $a = -1$ bis $b = 3$ zu berechnen (*Bild 8.16*).

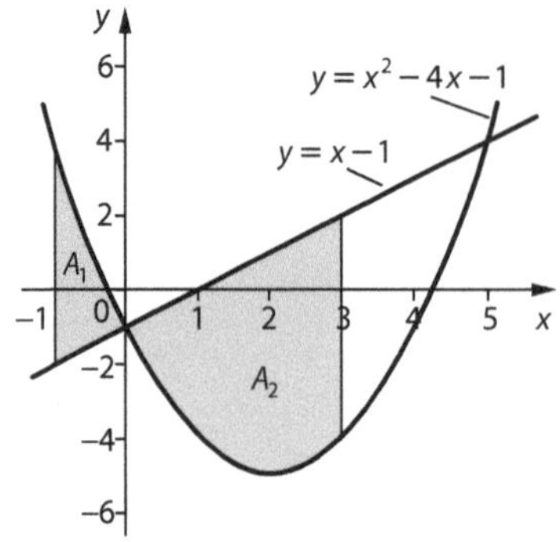

Bild 8.16

Lösung:

1. Ermittlung der Schnittstellen der beiden Kurven durch Gleichsetzen der Funktionsgleichungen:

$$x^2 - 4x - 1 = x - 1$$

$$x^2 - 5x = 0, \quad x_1 = 0, \quad x_2 = 5$$

2. Auswahl der Schnittstellen, die im Intervall $-1 \leqq x \leqq 3$ liegen. Es folgt: $x_1 = 0$.
3. Berechnung der Teilintegrale:

$$I_1 = \int_{-1}^{0} \left[(x^2 - 4x - 1) - (x - 1)\right] \,\mathrm{d}x$$

$$= \int_{-1}^{0} (x^2 - 5x) \,\mathrm{d}x = \left[\frac{x^3}{3} - \frac{5x^2}{2}\right]_{-1}^{0}$$

$$= (0) - \left(-\frac{1}{3} - \frac{5}{2}\right) = \frac{17}{6},$$

$$I_2 = \int_{0}^{3} (x^2 - 5x) \,\mathrm{d}x = \left[\frac{x^3}{3} - \frac{5}{2} \cdot x^2\right]_{0}^{3}$$

$$= \left(9 - \frac{45}{2}\right) - (0) = -\frac{27}{2}$$

4. Ermittlung der Gesamtfläche:

$$A = |I_1| + |I_2|,$$

$$A = \frac{17}{6} + \frac{27}{2} = 16{,}33 \text{ FE}$$

Der Inhalt der eingeschlossenen Fläche beträgt 16,33 Flächeneinheiten. ■

Kontrollfrage

8.15 Wie berechnet man den Inhalt der Fläche zwischen zwei Kurven in den Grenzen von a bis b?

Aufgaben: *8.10* bis *8.12*

8.7 Integration durch Substitution

Ein bestimmtes Integral lässt sich sofort integrieren, wenn es in Form eines Grundintegrals vorliegt. Das ist aber meistens nicht der Fall. In diesem Abschnitt sollen Methoden und Verfahren dargestellt werden, die die Berechnung weiterer bestimmter Integrale ermöglichen.

Ist der Integrand der Term einer mittelbaren Funktion, lässt sich das Integral mitunter durch Substitution auf ein Grundintegral umformen. Das ist besonders dann möglich, wenn die innere Funktion linear ist. Für den gesamten Integranden oder geeignete Teile davon wird eine neue Veränderliche eingeführt. Die gegebene Integrationsvariable und neue Variable müssen dabei in einem funktionalen Zusammenhang stehen.

Beispiele

8.22 $\int (3x+1)^7 \, \mathrm{d}x$

Lösung: Aus $z = 3x + 1$ erhält man durch Differenziation $z' = \frac{\mathrm{d}z}{\mathrm{d}x} = 3$ und $\mathrm{d}x = \frac{1}{3}\,\mathrm{d}z$.
Daraus folgt $\int (3x+1)^7 \, \mathrm{d}x = \int z^7 \frac{1}{3}\,\mathrm{d}z = \frac{1}{3}\int z^7 \,\mathrm{d}z = \frac{1}{24} z^8 + C$ unter Beachtung von $z = 3x + 1$ folgt

$$\int (3x-1)^7 \, \mathrm{d}x = \frac{1}{24}(3x+1)^8 + C$$

8.23 $\int \sin(5x-2) \, \mathrm{d}x$

Lösung: Substitution: $z = 5x - 2$; $\mathrm{d}z = 5\,\mathrm{d}x$; $\mathrm{d}x = \frac{1}{5}\,\mathrm{d}z$

$$\int \sin(5x-2)\,\mathrm{d}x = \frac{1}{5}\int \sin z \,\mathrm{d}z = -\frac{1}{5}\cos z + C$$

Rücksubstitution unter Beachtung von $z = 5x - 1$: $\int \sin(5x-2)\,\mathrm{d}x = -\frac{1}{5}\cos(5x-2) + C$

8.24 $\int \sqrt[5]{\left(\frac{1}{3}x-2\right)^2}\,\mathrm{d}x$

Lösung: Substitution: $z = \frac{1}{3}x - 2$; $\mathrm{d}z = \frac{1}{3}\,\mathrm{d}x$; $\mathrm{d}x = 3\,\mathrm{d}z$

$$\int \sqrt[5]{\left(\frac{1}{3}x-2\right)^2}\,\mathrm{d}x = 3\int z^{\frac{2}{5}}\,\mathrm{d}z = \frac{15}{7} z^{\frac{7}{5}} + C$$

Rücksubstitution unter Beachtung von $z = \frac{1}{3}x - 2$:

$$\int \sqrt[5]{\left(\frac{1}{3}x-2\right)^2}\,\mathrm{d}x = \frac{15}{7}\left(\frac{1}{3}x-2\right)\sqrt[5]{\left(\frac{1}{3}x-2\right)^2} + C$$

■

In den *Beispielen 8.22* bis *8.24* ist der Integrand eine mittelbare Funktion und die innere Funktion selbst linear. Eine Verallgemeinerung der Aufgabenstellung führt zur allgemeinen *Substitutionsregel.*

Mit der Substitution $z = \varphi(x)$; $\mathrm{d}z = \varphi'(x)\,\mathrm{d}x$ wird

$$\int f(z)\,\mathrm{d}z = \int f\left[\varphi(x)\right]\varphi'(x)\,\mathrm{d}x \tag{8.26}$$

Durch eine geeignete Substitution $z = \varphi(x)$ kann das Integral in ein Grundintegral

$$\int f\left[\varphi(x)\right]\varphi'(x)\,\mathrm{d}x$$

überführt und danach ermittelt werden. Die Substitution führt nur dann zum Erfolg, wenn $f(z)$ integriert werden kann.

Aus der *allgemeinen Substitutionsregel (8.26)* ergeben sich einige wichtige Sonderfälle.

$$\int f\left(ax+b\right)\,\mathrm{d}x$$

Substitution: $z = ax + b$; $\mathrm{d}z = a\,\mathrm{d}x$; $\mathrm{d}x = \frac{1}{a}\,\mathrm{d}z$

$$\int f\left(ax+b\right)\,\mathrm{d}x = \frac{1}{a}\int f(z)\,\mathrm{d}z \qquad (8.27)$$

$$\int f(x)f'(x)\,\mathrm{d}x$$

Substitution: $z = f(x)$; $\mathrm{d}z = f'(x)\,\mathrm{d}x$

$$\int f(x)f'(x)\,\mathrm{d}x = \int z\,\mathrm{d}z = \frac{1}{2}z^2 + C = \frac{1}{2}\left[f(x)\right]^2 + C \qquad (8.28)$$

$$\int \frac{f'(x)}{f(x)}\,\mathrm{d}x$$

Der Zählerterm ist die Ableitung des Nennerterms. Substitution: $z = f(x)$; $\mathrm{d}z = f'(x)\,\mathrm{d}x$

$$\int \frac{f'(x)}{f(x)}\,\mathrm{d}x = \int \frac{\mathrm{d}z}{z} = \ln|z| + C = \ln|f(x)| + C \qquad (8.29)$$

Beispiele

8.25 $\int \cos\left(\omega t+\varphi\right)\,\mathrm{d}t$

Substitution nach *Gl. (8.27)* $z = \omega t + \varphi$; $\mathrm{d}z = \omega\,\mathrm{d}t$; $\mathrm{d}t = \frac{1}{\omega}\,\mathrm{d}z$

$$\int \cos\left(\omega t+\varphi\right)\,\mathrm{d}t = \frac{1}{\omega}\int \cos(z)\,\mathrm{d}z = \frac{1}{\omega}\sin(z) + C = \frac{1}{\omega}\sin\left(\omega t+\varphi\right) + C$$

8.26 $\int \sin x\cos x\,\mathrm{d}x$

Substitution nach *Gl. (8.28)* $z = \sin x$; $\mathrm{d}z = \cos x\,\mathrm{d}x$; $\mathrm{d}x = \frac{1}{\cos x}\,\mathrm{d}z$

$$\int \sin x\cos x\,\mathrm{d}x = \int z\,\mathrm{d}z = \frac{1}{2}z^2 + C = \frac{1}{2}\sin^2 x + C$$

8.27 $\int \frac{\mathrm{d}x}{x\ln x}$

Substitution nach *Gl. (8.29)* $z = \ln x$; $\mathrm{d}z = \frac{1}{x}\,\mathrm{d}x$; $\mathrm{d}x = x\,\mathrm{d}z$

$$\int \frac{\mathrm{d}x}{x\ln x} = \int \frac{1}{z}\,\mathrm{d}z = \ln|z| + C = \ln|\ln z| + C$$

8.28 $\int\limits_{2}^{3} (4x-7)^3 \, \mathrm{d}x$

Substitution: $z = 4x - 7$; $\mathrm{d}z = 4\,\mathrm{d}x$; $\mathrm{d}x = \frac{1}{4}\,\mathrm{d}z$

Transformation der Integrationsgrenzen nach $z = 4x - 7$ liefert mit
$x_1 = 2$ für $z_1 = 4 \cdot 2 - 7 = 1$, $x_2 = 2$ für $z_2 = 4 \cdot 3 - 7 = 5$. Es folgt das Integral

$$\frac{1}{4}\int\limits_{1}^{5} z^3 \,\mathrm{d}z = \frac{1}{16} z^4 \Big|_1^5 = \frac{1}{16}\left(5^4 - 1^4\right) = 39$$

Die Rücksubstitution entfällt.

Werden die Integrationsgrenzen nicht transformiert, werden sie bis zur Rücktransformation eingeklammert mitgeführt.

$$\frac{1}{4}\int\limits_{(1)}^{(5)} z^3 \,\mathrm{d}z = \frac{1}{16} z^4 \Big|_{(1)}^{(5)} = \frac{1}{16}(4x-7)^4 \Big|_2^3 = \frac{1}{16}\left[(4 \cdot 3 - 7)^4 - (4 \cdot 2 - 7)^4\right] = 39$$

■

Kontrollfrage

8.16 Mit welchem Faktor ist die Stammfunktion F zu multiplizieren, wenn der Integrand des Integrals, das integriert werden soll, die Form $f(ax + b)$ hat?

Aufgaben: *8.13* und *8.14*

8.8 Der Rauminhalt von Rotationskörpern

Gegeben sei eine im Intervall $[a;\ b]$ stetige Funktion (*Bild 8.17*).

Wird die zwischen der Kurve f und der x-Achse liegende grau unterlegte Fläche um die x-Achse gedreht, so entsteht ein Rotationskörper (*Bild 8.18*).

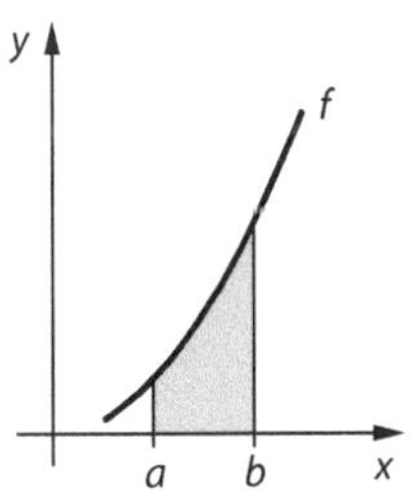

Bild 8.17

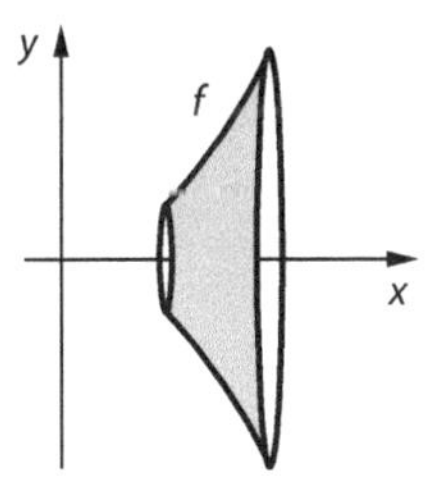

Bild 8.18

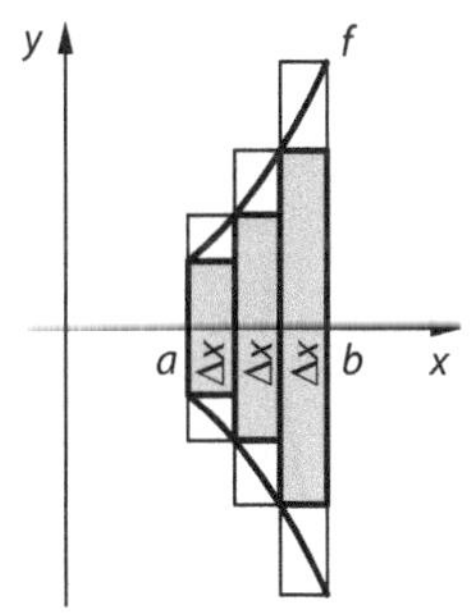

Bild 8.19

Der Rauminhalt V_x (der Index x gibt die Rotationsachse an) soll berechnet werden. Dazu wird der Rotationskörper in zylindrische Scheiben der Dicke Δx zerlegt (*Bild 8.19*).

Die Summe der im Rotationskörper liegenden zylindrischen Scheiben ist die **Untersumme** V_u und die Summe der umhüllenden zylindrischen Scheiben ist die **Obersumme** V_o. Das Volumen einer zylindrischen Scheibe beträgt (vgl. Formel für Kreiszylinder *Gl. (3.19)*, S. 191):

$$V_i = \pi \cdot f^2\left(x_i\right) \cdot \Delta x$$

Daraus folgt für V_u und V_o:

$$V_u = \sum_{i=1}^{n} \pi \cdot f^2(x_i) \cdot \Delta x \quad \text{und} \quad V_o = \sum_{i=1}^{n} \pi \cdot f^2(x_i) \cdot \Delta x$$

Für die Summen der zylindrischen Scheiben gilt dann

$$V_u \leqq V_x \leqq V_o$$

Geht die Anzahl der zylindrischen Scheiben gegen unendlich und ihre Höhe Δx gegen null, umso mehr nähern sich die Summen einander und dem tatsächlichen Rauminhalt V_x. Nach *Abschnitt 8.4, Gl. (8.22)* führt der Grenzwert der beiden Summen für $n \to \infty$ zum Integral:

$$V_x = \int_a^b \pi \cdot [f(x)]^2 \cdot \mathrm{d}x$$

Wird der konstante Faktor π vor das Integralzeichen geschrieben, erhält man

$$V_x = \pi \cdot \int_a^b [f(x)]^2 \cdot \mathrm{d}x = \pi \int_a^b y^2 \cdot \mathrm{d}x \qquad (8.30)$$

Durch ähnliche Überlegungen erhält man das Volumen V_y eines Rotationskörpers bei Drehung um die y-Achse.

$$V_y = \pi \cdot \int_c^d [\varphi(y)]^2 \cdot \mathrm{d}y = \pi \int_c^d x^2 \cdot \mathrm{d}y \qquad (8.31)$$

Beispiele

8.29 Es ist das Volumen V_x des Rotationskörpers zu berechnen, der durch Rotation der Kurve der Funktion $y = x^2 - 4$ in den Grenzen von $x_1 = 2$ bis $x_2 = 3$ um die x-Achse entsteht (*Bild 8.20*).

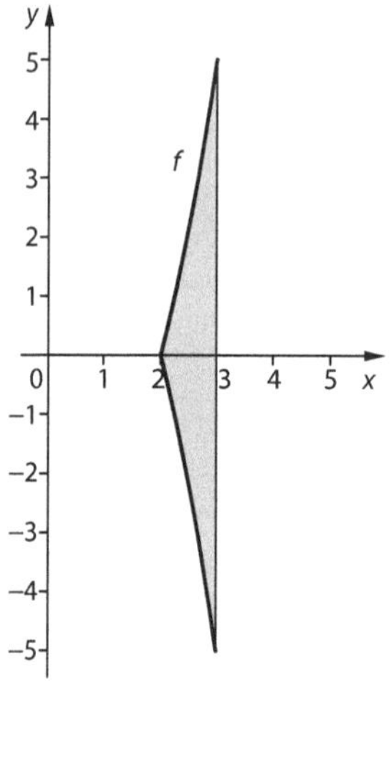

Bild 8.20

Lösung:

$$V_x = \pi \int_2^3 (x^2-4)^2\, \mathrm{d}x = \pi \int_2^3 (x^4 - 8x^2 + 16)\ \mathrm{d}x$$

$$V_x = \pi \left[\frac{x^5}{5} - \frac{8x^3}{3} + 16x\right]_2^3 = \pi \left[\frac{243}{5} - \frac{216}{3} + 48\right] - \left[\frac{32}{5} - \frac{64}{3} + 32\right]$$

$$V_x = \frac{113}{15}\pi \approx 23{,}67 \text{ Volumeneinheiten (VE)}$$

8.30 Eine Schale entstehe durch Rotation des Graphen der Funktion $y = \sqrt{3x+1}$ um die x-Achse im Intervall [0; 5] (Angaben in cm).

a) Man berechne das Volumen der Schale.

b) In die Schale wird 0,1 Liter Flüssigkeit eingefüllt. Wie hoch steht die Flüssigkeit im Gefäß?

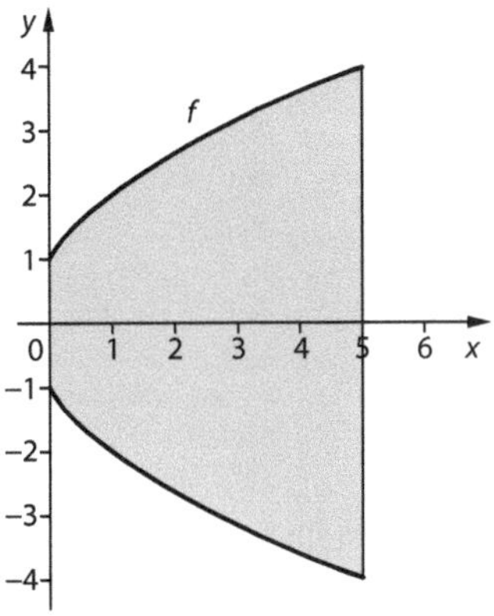

Bild 8.21

Lösung:

a) $V_x = \pi \int_0^5 \left(\sqrt{3x+1}\right)^2 \mathrm{d}x = \pi \int_0^5 (3x+1)\ \mathrm{d}x = \pi \left[\frac{3x^2}{2} + x\right]_0^5$

$= \pi \left[\frac{75}{2} + 5\right] - 0 \sim 133{,}51\,\text{cm}^3 \sim 0{,}133\,\text{l}$

b) $100 = \pi \left[\frac{3x^2}{2} + x\right]_0^x; \quad \frac{100}{\pi} = \frac{3x^2}{2} + x; \quad x^2 + \frac{2x}{3} - \frac{200}{3\pi} = 0; \quad x_1 = 4{,}29\,\text{cm}.$

Die Lösung x_2 entfällt.

8.31 Es ist das Volumen V_y des Rotationskörpers zu berechnen, der durch Rotation der Kurve der Funktion $y = -x^2 + 4$ in den Grenzen von $x_1 = 0$ bis $x_2 = 2$ um die y-Achse entsteht (*Bild 8.22*).

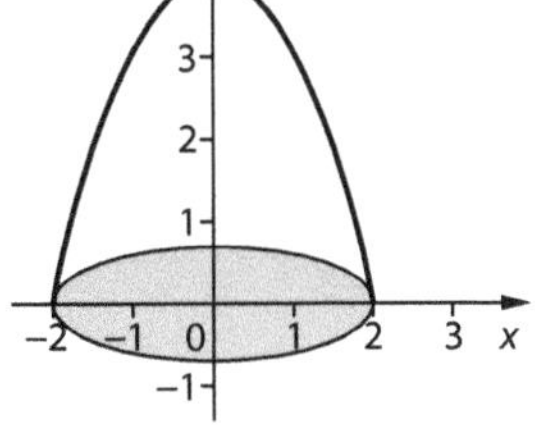

Bild 8.22

Lösung: Berechnung der Integrationsgrenzen: Aus $y = -x^2 + 4$ folgt für $x = 0$: $y = 4$ und für $x = 2$: $y = 0$.

Das Volumen V_y des Drehkörpers ist dann:

$$V_y = \pi \int_0^4 x^2 \, \mathrm{d}y$$

Aus $y = -x^2 + 4$ folgt $x^2 = -y + 4$.

$$V_y = \pi \int_0^4 (-y + 4) \, \mathrm{d}y = \pi \left[-\frac{1}{2}y^2 + 4y \right]_0^4 = \pi \left[-8 + 16 \right]$$

$$V_y = 8\pi \text{ VE}$$

■

Kontrollfrage

8.17 Wie lautet die Formel zur Berechnung des Volumens eines Rotationskörpers bei Rotation um die x-Achse bzw. y-Achse?

Aufgaben: ***8.15*** **und** ***8.16***

8.9 Numerische Integration

In den nachfolgenden Ausführungen soll ein Verfahren dargestellt werden, welches es gestattet, bestimmte Integrale näherungsweise mit beliebiger Genauigkeit zu berechnen. Unter der numerischen Integration wird die näherungsweise zahlenmäßige Berechnung des bestimmten Integrals

$$I = \int_{x_0}^{x_n} f(x) \, \mathrm{d}x$$

verstanden, wenn z. B. sich die Stammfunktion $F(x)$ der Funktion $y = f(x)$ (*Bild 8.17*) nicht durch reelle Funktionen ausdrücken lässt oder nur mit großem Aufwand integrierbar ist, die zu integrierende Funktion nur als Wertetabelle oder als Kurve vorliegt. Anhand der Simpsonschen Regel soll ein Verfahren der numerischen Integration erläutert werden. Ihr Wesen lässt sich wie folgt darstellen:

Das Integrationsintervall $x_0 \leqq x \leqq x_n$ der Funktion $y = f(x)$ wird in eine gerade Anzahl n gleichbreiter Teilintervalle $h = \dfrac{x_n - x_0}{n}$ zerlegt (vgl. *Bild 8.23*). Im Bereich eines Doppelstreifens wird die begrenzende Kurve $y = f(x)$ durch eine Parabel mit der Gleichung

$$y = a_0 + a_1 x + a_2 x^2 \tag{8.32}$$

ersetzt. An den Stützstellen (Randpunkte eines Teilintervalls) x_{i-1}, x_i, x_{i+1} sollen die Parabeln jeweils die gleichen Ordinaten wie $y = f(x)$ haben (*Bild 8.23*). Der Flächeninhalt unter jeder Parabel ist ein Näherungswert für die Fläche unter der Kurve $y = f(x)$ in diesem Intervall.

Zur Berechnung des Flächeninhalts des ersten Doppelstreifens soll x_1 in den Nullpunkt auf der x-Achse verschoben werden, sodass $x_0 = -h$, $x_1 = 0$, $x_2 = h$ wird (*Bild 8.24*). Da die

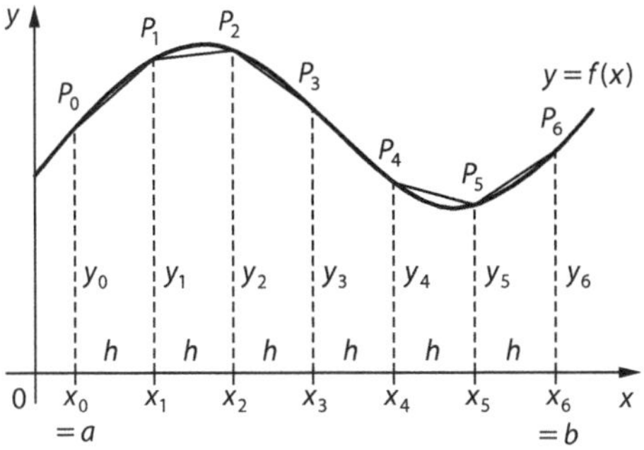

Bild 8.23

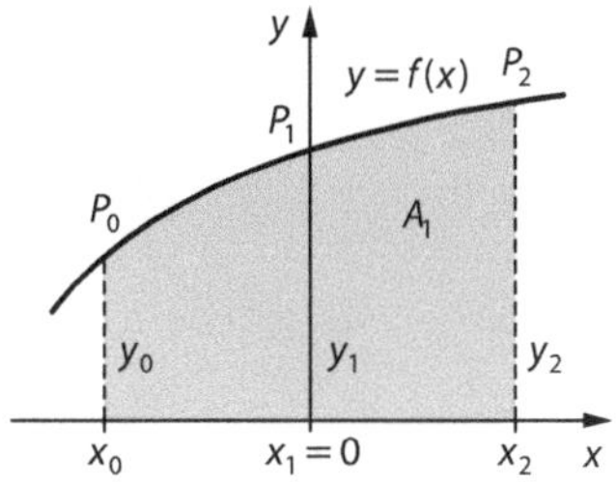

Bild 8.24

Parabel durch die Punkte $P_0\,(-h;\,y_0)$, $P_1\,(0;\,y_1)$ und $P_2\,(h;\,y_2)$ gehen soll, müssen sie die *Parabelgleichung (8.32)* erfüllen.

Es folgt

$$y_0 = a_0 - a_1 h + a_2 h^2$$
$$y_1 = a_0$$
$$y_2 = a_0 + a_1 h + a_2 h^2$$

und hieraus

$$a_0 = y_1, \quad a_1 = \frac{1}{2h}\,(y_2 - y_0), \quad a_2 = \frac{1}{2h^2}\,(y_0 - 2y_1 + y_2)$$

Für die Fläche des Doppelstreifens unter der Parabel

$$y = a_0 + a_1 x + a_2 x^2$$

gilt

$$A_1 = \int_{-h}^{h} \left(a_0 + a_1 x + a_2 x^2\right) \mathrm{d}x = \left[a_0 x + a_1 \frac{x^2}{2} + a_2 \frac{x^3}{3}\right]_{-h}^{h}$$
$$= 2a_0 h + 2a_2 \frac{h^3}{3}$$

Werden a_0 und a_2 in den berechneten Ausdruck für A_1 eingesetzt, so erhält man angenähert den Flächeninhalt des Doppelstreifens

$$A_1 \approx \frac{h}{3}\,(y_0 + 4y_1 + y_2) \qquad \textbf{Keplersche Fassregel} \qquad (8.33)$$

Die Formel wurde 1615 von dem deutschen Astronomen Johannes Kepler (1571–1630) veröffentlicht.

Wird *Gl. (8.33)* nun auf den zweiten Doppelstreifen angewandt, so folgt

$$A_2 \approx \frac{h}{3}\,(y_2 + 4y_3 + y_4)$$

Der Inhalt der gesamten Fläche A und damit das bestimmte Integral $I = \int_{x_0}^{x_n} f(x)\,\mathrm{d}x$ ergibt sich als Summe der Flächeninhalte von $\frac{n}{2}$ Doppelstreifen:

$$A = \int_{x_0}^{x_n} f(x)\,\mathrm{d}x \approx \frac{h}{3}\,(y_0 + 4y_1 + 2y_2 + 4y_3 + 2y_4 + \ldots + 2y_{n-2} + 4y_{n-1} + y_n)$$

Nach Umformungen und mit $h = \frac{x_n - x_0}{n}$ folgt die **Simpsonsche Regel**:

$$A = \int_{x_0}^{x_n} f(x)\,\mathrm{d}x \approx \frac{x_n - x_0}{3n}\Big[y_0 + y_n + 2\,(y_2 + y_4 + \ldots + y_{n-2}) + 4\,(y_1 + y_3 + \ldots + y_{n-1})\Big] \quad (n \text{ gerade}) \tag{8.34}$$

Die Formel wurde 1743 von dem englischen Mathematiker Simpson (1710–1761) veröffentlicht.

Treten im Kurvenverlauf von $y = f(x)$ Ecken oder Sprungstellen auf, so darf über diese nicht hinweg integriert werden. Die Intervallteilung ist dann so zu wählen, dass diese Stellen mit dem Anfang oder Ende eines Doppelstreifens zusammenfallen. Die *Simpsonsche Regel (8.34)* gilt auch dann, wenn die Funktion $y = f(x)$ im Intervall $x_0 \leqq x \leqq x_n$ negative Werte annimmt.

Die praktische Berechnung eines bestimmten Integrals mittels der Simpsonschen Regel soll an den nachfolgenden Beispielen erläutert werden.

Beispiele

8.32 $\int_0^1 \mathrm{e}^x \,\mathrm{d}x$

Lösung: Das Integral ist elementar lösbar. Das Ergebnis der exakten Lösung soll deshalb mit dem der Näherungslösung verglichen werden.

1. Exakte Lösung: $\int_0^1 \mathrm{e}^x \,\mathrm{d}x = \mathrm{e}^x \Big|_0^1 = \mathrm{e}^1 - 1 \approx 1{,}7183$
2. Näherungslösung nach Simpson: Das Intervall $0 \leqq x \leqq 1$ muss in eine gerade Anzahl Streifen eingeteilt werden. Es soll hier $n = 10$ und damit $h = \frac{1-0}{10} = 0{,}1$ gewählt werden.

   Die Berechnung erfolgt nach folgendem Schema:

i	x_i	y_i
0	0	1
1	0,1	1,1052
2	0,2	1,2214
3	0,3	1,3499
4	0,4	1,4918
5	0,5	1,6487
6	0,6	1,8221
7	0,7	2,0138
8	0,8	2,2255
9	0,9	2,4596
10	1,0	2,7183

$S_0 = y_0 + y_{10} = 3{,}7183$

$S_1 = y_1 + y_3 + y_5 + y_7 + y_9 = 8{,}5772$

$S_2 = y_2 + y_4 + y_6 + y_8 = 6{,}7608$

$$\int_0^1 e^x \, dx \approx \frac{h}{3}(S_0 + 2 \cdot S_2 + 4 \cdot S_1)$$
$$= \frac{0{,}1}{3}(3{,}718\,3 + 13{,}521\,6 + 34{,}308\,8)$$
$$= \frac{0{,}1}{3} \cdot 51{,}548\,7 = 1{,}718\,3$$

Man erkennt, dass der mit der Simpsonschen Regel berechnete Wert mit den angegebenen fünf signifikanten Ziffern des exakten Wertes übereinstimmt.

8.33 $\int_0^1 \frac{\sin x}{x} \, dx, \quad h = 0{,}1$

Lösung: Das Integral ist nicht geschlossen integrierbar.

i	x_i	y_i
0	0	1,000 0
1	0,1	0,998 3
2	0,2	0,993 3
3	0,3	0,985 1
4	0,4	0,973 5
5	0,5	0,958 9
6	0,6	0,941 1
7	0,7	0,920 3
8	0,8	0,896 7
9	0,9	0,870 4
10	1,0	0,841 5

Es gilt $\lim\limits_{x \to 0} \frac{\sin x}{x} = 1$

$$S_0 = y_0 + y_{10} = 1{,}841\,5$$
$$S_1 = y_1 + y_3 + y_5 + y_7 + y_9 = 4{,}733\,0$$
$$S_2 = y_2 + y_4 + y_6 + y_8 = 3{,}804\,6$$

$$\int_0^1 \frac{\sin x}{x} \, dx \approx \frac{h}{3}(S_0 + 2 \cdot S_2 + 4 \cdot S_1)$$
$$= \frac{0{,}1}{3}(1{,}841\,5 + 7{,}609\,2 + 18{,}932\,0)$$
$$= \frac{0{,}1}{3} \cdot 28{,}382\,7 = 0{,}946\,1$$

Mit der Simpsonschen Formel kann theoretisch jede gewünschte Genauigkeit erzielt werden. Man braucht dazu nur die Zahl n der Teilintervalle genügend groß zu wählen. Zweckmäßig ist dann der entsprechende Einsatz von Computerprogrammen zur numerischen Integration. Soll eine eingehendere Behandlung der numerischen Integration erfolgen, muss weiterführende Literatur benutzt werden. ■

Kontrollfragen

8.18 Was ist beim Auftreten von Ecken oder Sprungstellen im Kurvenverlauf von $y = f(x)$ bei der näherungsweisen Berechnung des bestimmten Integrals nach der Simpsonschen Regel zu beachten?

8.19 Wie könnte man jede theoretisch gewünschte Genauigkeit mit der Simpsonschen Regel erzielen?

Aufgabe: *8.17*

8.10 Aufgaben

8.1 a) $\int x^5\,dx$ b) $\int \sqrt[3]{x}\,dx$ c) $\int \frac{1}{x^3}\,dx$

d) $\int a\cdot 2^s\,ds$ e) $\int 2e^t\,dt$ f) $\int (2x-3)\,dx$

g) $\int x\sqrt[4]{x}\,dx$ h) $\int \left(\frac{1}{\sqrt[3]{x}}+\sin x\right)dx$ i) $\int (u+2)^2\,du$

j) $\int \left(\cos\alpha+\frac{3}{\sin^2\alpha}\right)d\alpha$ k) $\int \frac{x^3-1}{x}\,dx$ l) $\int \frac{2-3\tan^2 x}{\sin^2 x}\,dx$

8.2 Es sind zu integrieren:

a) $\int \frac{(u+3)^2}{u^2}\,du$ b) $\int \frac{x^2-5\sqrt[4]{x}}{\sqrt[3]{x}}\,dx$

c) $\int \sqrt[3]{t\cdot\sqrt[5]{t^2}}\,dt$ d) $\int \frac{1}{e^{-u}}\left(2+\frac{e^{-u}}{u^2}\right)du$

8.3 Ermitteln Sie die Integrale:

a) $\int\limits_0^x (u^3+1)\,du$ b) $\int\limits_1^t t^5\,dt$

8.4 Berechnen Sie die Werte der Integrale:

a) $\int\limits_0^3 x^2\,dx$ b) $\int\limits_1^4 \sqrt{x}\,dx$ c) $\int\limits_0^2 e^t\,dt$

d) $\int\limits_{-2}^2 10^x\,dx$ e) $\int\limits_1^4 (x+2\sqrt{x})\,dx$ f) $\int\limits_{-\pi/4}^{\pi/4} \left(3\sin x+\frac{1}{\cos^2 x}\right)dx$

8.5 Es sind zu integrieren:

a) $\int\limits_1^9 \left(\frac{1}{x^2}+\frac{1}{\sqrt{x}}\right)dx$ b) $\int\limits_{-2}^2 (2^u+3e^u)\,du$

8.6 Berechnen Sie die verrichtete Arbeit:

a) Konstante Kraft: $F=10\,\text{N}$, $s=25\,\text{m}$;

b) Hangabtriebskraft auf der geneigten Ebene: $F=F_G\sin\alpha$, Gewichtskraft $F_G=25\,\text{N}$, $\alpha=30°$, überwundener Höhenunterschied $s=3\,\text{m}$

c) Zugkraft einer Schraubenfeder: $F=k\cdot s$. Federkonstante $k=0{,}2\,\text{N}\cdot\text{cm}^{-1}$. Berechnen Sie die Arbeit W für eine Federverlängerung von 0 cm auf 10 cm, von 5 cm auf 15 cm und von 10 cm auf 20 cm. (Die Aufgabe kann auch ohne Anwendung der Integralrechnung gelöst werden.)

8.7 Aufgrund schwankender Belastung gibt ein Motor eine von der Zeit abhängige Leistung ab. Dabei gilt

$$P=f(t)=\begin{cases} t^3 & \text{für}\quad 0\leqq t\leqq 1 \quad t\text{ in s}\\ t-1 & \text{für}\quad 1\leqq t\leqq 6 \quad P\text{ in kW}\end{cases}$$

Berechnen Sie die vom Motor verrichtete Arbeit im Zeitintervall von 0 bis 6 Sekunden!

8.8 Es ist der Inhalt der Fläche zwischen der Kurve von $y=f(x)$ und der x-Achse in den Grenzen von $x=a$ bis $x=b$ zu bestimmen:

a) $y=-x^2-2x$, $a=-1{,}5$, $b=1$ b) $y=x^2-8x+15$, $a=4$, $b=6$

c) $y=\frac{1}{x^2}-\frac{1}{4}$, $a=1$, $b=4$ d) $y=\sqrt{x}-2$, $a=1$, $b=9$

8.9 Es ist der Inhalt der Fläche zwischen der Kurve von $y = f(x)$ und der x-Achse in den Grenzen von $x = a$ bis $x = b$ zu berechnen (Skizze!):

a) $y = x^3 - 3x^2 + 2x, \quad a = -1, \quad b = 3$ b) $y = 3^x - 3, \quad a = -1, \quad b = 2$

8.10 Es ist der Inhalt der Fläche zwischen den Kurven f und g in den Grenzen von $x = a$ bis $x = b$ zu berechnen:

a) $f\colon y = x^2 - 2, \quad g\colon y = 2x + 1, \quad a = -2, \quad b = 1$

b) $f\colon y = -x^2 + 4x + 2, \quad g\colon y = 2x - 6, \quad a = 0, \quad b = 4$

8.11 Bestimmen Sie den Inhalt der Flächen, die von den folgenden Funktionen eingeschlossen werden.

a) $y = x^2, \quad y = \sqrt{x}$ b) $xy = 6, \quad y = -x + 7$ c) $y = 3x^2 + 2x - 1, \quad y = -x + 5$

8.12 Bestimmen Sie den Inhalt der Flächen, die von den folgenden Funktionen eingeschlossen werden.

a) $y = x^2 - x + 6, \quad y = -x^2 + 5x + 2$ b) $y = x^3 + x^2 - 3x + 5, \quad y = 3x^2 + 2x - 1$

8.13 Bestimmen Sie die folgenden Integrale durch Substitution:

a) $\int e^{4x+1}\,dx$ b) $\int \frac{x}{\sqrt{2+x^2}}\,dx$ c) $\int e^{\sin x} \cos x\,dx$

8.14 Berechnen Sie die bestimmten Integrale:

a) $\int_0^{\pi} \sin(4x + \pi)\,dx$ b) $\int_0^{-1} \frac{u^2}{2 - 3u^3}\,du$ c) $\int_2^4 2\,e^{3y-6}\,dy$

8.15 Es ist das Volumen V_x des Rotationskörpers zu berechnen, der durch Rotation von f in den Grenzen von x_1 bis x_2 um die x-Achse entsteht (Skizze anfertigen).

a) $y = \frac{1}{3}x^3 + 1; \quad x_1 = 0; \quad x_2 = 2$ b) $y = \frac{1}{x} + 1; \quad x_1 = 1; \quad x_2 = 2$

8.16 Es ist das Volumen V_y des Rotationskörpers zu berechnen, der durch Rotation von f in den Grenzen von y_1 bis y_2 um die y-Achse entsteht (Skizze anfertigen).

a) $y = \frac{1}{x}; \quad y_1 = \frac{1}{2}; \quad y_2 = 1$ b) $y = \sqrt{4 - x}; \quad y_1 = 0; \quad y_2 = 2$

8.17 Berechne Sie die folgenden Integrale nach der Simpsonschen Regel:

a) $\int_0^{1{,}2} e^{-x^2}\,dx$ b) $\int_0^1 \frac{dx}{1 + x^2}$ c) $\int_0^{1{,}2} \sin^2 x\,dx$

8.11 Lösungen

8.1 a) $\frac{x^6}{6} + C$ b) $\frac{3}{4}x \cdot \sqrt[3]{x} + C$ c) $-\frac{1}{2x^2} + C$

d) $\frac{a \cdot 2^s}{\ln 2} + C$ e) $2\,e^t + C$ f) $x^2 - 3x + C$

g) $\frac{4}{9}x^2\sqrt[4]{x} + C$ h) $\frac{3}{2}\sqrt[3]{x^2} - \cos x + C$ i) $\frac{u^3}{3} + 2u^2 + 4u + C$

j) $\sin\alpha - 3\cot\alpha + C$ k) $\frac{x^3}{3} - \ln|x| + C$ l) $-2\cot x - 3\tan x + C$

8.2 a) $u + 6\ln|u| - \frac{9}{u} + C$ b) $\frac{3}{8}x^2\sqrt[3]{x^2} - \frac{60}{11}\sqrt[12]{x^{11}} + C$

c) $\frac{15}{22}t\,\sqrt[15]{t^7} + C$ d) $2\,e^u - \frac{1}{u} + C$

8.3 a) $I(x) = \frac{x^4}{4} + x$ b) $I(t) = \frac{1}{6}\left(t^6 - 1\right)$

8.4 a) 9 b) $\frac{14}{3}$ c) $e^2 - 1 \approx 6{,}39$
d) 43,425 e) 16,83 f) 2,00

8.5 a) 4,89 b) 27,17

8.6 a) $W = 250\,\mathrm{N \cdot m}$ b) $W = 37{,}5\,\mathrm{N \cdot m}$
c) $W_1 = 0{,}1\,\mathrm{N \cdot m}$, $W_2 = 0{,}2\,\mathrm{N \cdot m}$, $W_3 = 0{,}3\,\mathrm{N \cdot m}$

8.7 $W = 12{,}75\,\mathrm{kW \cdot s}$

8.8 a) $I_1 = 1{,}125$, $I_2 = -1{,}333$, $A = 2{,}458$ b) $I_1 = -\frac{2}{3}$, $I_2 = \frac{4}{3}$, $A = 2$
c) $I_1 = \frac{1}{4}$, $I_2 = -\frac{1}{4}$, $A = \frac{1}{2}$ d) $I_1 = -\frac{4}{3}$, $I_2 = \frac{8}{3}$, $A = 4$

8.9 a) $I_1 = -\frac{9}{4}$, $I_2 = \frac{1}{4}$, $I_3 = -\frac{1}{4}$, $I_4 = \frac{9}{4}$, $A = 5$
b) $x_N = 1$, $I_1 \approx -3{,}573$, $I_2 \approx 2{,}461$, $A \approx 6{,}034$

8.10 a) $I_1 = \frac{7}{3}$, $I_2 = \left|-\frac{16}{3}\right|$, $A = \frac{23}{3}$ b) $A = \frac{80}{3}$

8.11 a) $A = \frac{1}{3}$ b) $x_1 = 1$, $x_2 = 6$, $A \approx 6{,}75$ c) $x_1 = -2$, $x_2 = 1$, $A = \frac{27}{2}$

8.12 a) $x_1 = 1$, $x_2 = 2$, $A = 0{,}33$
b) $x_1 = -2$, $x_2 = 1$, $x_3 = 3$, $A = \frac{253}{12} \approx 21{,}08$

8.13 a) $\frac{1}{4}\,e^{4x+1} + C$ b) $\frac{1}{2}\sqrt{2 + x^2} + C$ c) $e^{\sin x} + C$

8.14 a) 0,5 b) −0,1018 c) ≈ 268,29

8.15 a) $V_x = \frac{422}{63} \approx 21{,}04\,\mathrm{VE}$ b) $V_x \approx 4{,}71\,\mathrm{VE}$ (VE = Volumeneinheiten)

8.16 a) $V_y = \pi \approx 3{,}14\,\mathrm{VE}$ b) $V_y = \pi \cdot 17\frac{1}{15} \approx 53{,}6\,\mathrm{VE}$

8.17 a) 0,8067 b) 0,7854 c) 0,4311

9 Einführung in die Wahrscheinlichkeitsrechnung

9.0 Vorbemerkung

Die Wahrscheinlichkeitstheorie und die im nächstfolgenden Kapitel beschriebene beurteilende Statistik bilden das mathematische Teilgebiet – die Stochastik. Diese relativ junge mathematische Disziplin beschreibt Vorgänge aus der Natur und des Alltags, deren Verlauf nicht eindeutig voraussagbar ist bzw. bei dem das Ergebnis zufällig eintreten kann. Diese Ergebnisse heißen stochastische (zufällige) Erscheinungen und sind somit Gegenstand der Wahrscheinlichkeitsrechnung.

9.1 Zufällige Erscheinungen und Ereignisse

Die Wahrscheinlichkeitsrechnung verwendet zur Erklärung des Eintretens eines bestimmten Ergebnisses in einem Versuch wahrscheinlichkeitstheoretische Modelle. Diese Modelle stützen sich dabei auf folgende begriffliche Abstraktionen:

- Unter einem **Zufallsversuch** oder auch **Zufallsexperiment** versteht man einen Vorgang, der sich unter gleichen Bedingungen beliebig oft wiederholen lässt (auch gedanklich), und dessen Ergebnis bei jeder Wiederholung nicht vorhersagbar ist.
- Jedes mögliche registrierte Resultat eines Zufallsexperimentes bezeichnet man als **Ergebnis** ω.
- Alle eintretenden Ergebnisse eines Zufallsversuches oder Zufallsexperimentes fasst man zu der **Ergebnismenge** bzw. **Ergebnisraum** Ω zusammen.
- Jede Teilmenge A mit $A \subseteq \Omega$ heißt **Ereignis** dieses Zufallsexperiments.
- Das **Gegenereignis** (komplementäre Ereignis) $\overline{A}$ von A tritt dann ein, wenn A nicht eintritt.
- Bei jeder Wiederholung eines Zufallsexperimentes tritt das **sichere Ereignis** stets und das **unmögliche Ereignis** niemals ein. Die unechte Teilmenge $\Omega \subseteq \Omega$ gibt das **sichere Ereignis** an und die Teilmenge $\emptyset \subseteq \Omega$ erklärt das **unmögliche Ereignis**.
- Die Menge aller Teilmengen von Ω beschreibt den **Ereignisraum** oder die Ereignismenge.
- Die **Mächtigkeit des Ergebnisraumes** gibt die Anzahl der Ergebnisse eines Zufallsexperimentes an. Man schreibt:

  $$|\Omega| = n$$

Die Bedingung, dass ein zufälliger Versuch beliebig oft wiederholbar sein muss, lässt sich damit begründen, dass bei einem Einzelversuch keine Aussagen über das Versuchsergebnis und sich daraus herleitende Gesetzmäßigkeiten möglich sind. Dazu bedarf es einer Vielzahl von Wiederholungen des Versuchs. Ein zufälliger Versuch ist demnach das Modell einer Massenerscheinung.

Beispiele für zufällige Versuche (V) und mögliche Ereignisse E_4 sind:

1. V: Messung des Durchmessers eines Zylinderkolbens
   E_i: Die sich ergebenden Messwerte
2. V: Messung des elektrischen Widerstandes
   E_i: Die Klassen, in denen die Messwerte liegen können
3. V: Untersuchung eines Kondensators auf Funktionsfähigkeit
   E_i: Funktionsfähigkeit (E_1), Ausschuss (E_2). Es sind nur diese beiden Ereignisse möglich
4. V: Leistungskontrolle eines Fachschülers
   E_i: „Sehr gut" (E_1), „Gut" (E_2), ..., „Ungenügend" (E_6)
5. V: 1 Wurf mit einem Würfel
   E_i: Es sind 6 Ereignisse möglich, die Zahlen 1 bis 6

Beispiele

9.1 Zu untersuchen ist das Zufallsexperiment „zweimaliges Werfen einer idealen Münze" mit folgenden Bezeichnungen:

Zahl Z und Wappen W

Ergebnisraum:	$\Omega = \{ZZ; ZW; WW; WZ\}$
Mächtigkeit des Ergebnisraumes:	$\|\Omega\| = 4$
Sicheres Ereignis:	$E_1 = \Omega = \{ZZ; ZW; WZ; WW\}$
E_2: „Werfen gleicher Merkmale":	$E_2 = \{ZZ; WW\}$
E_3: „Es wird mindestens einmal Wappen geworfen":	$E_3 = \{WW; WZ; ZW\}$
E_4: „Es wird genau zweimal Wappen geworfen":	$E_4 = \{WW\}$ (= Elementarereignis)
E_5: „Es wird höchstens einmal Zahl geworfen":	$E_5 = \{ZW; WZ; WW\}$
E_6: „Es wird genau dreimal Wappen geworfen":	$E_6 = \{WWW\}$ (= unmögl. Ereignis)

9.2 Das Zufallsexperiment „einmaliges Werfen eines idealen Würfels" soll betrachtet werden.

Ergebnisraum:	$\Omega = \{1; 2; 3; 4; 5; 6\}$
Mächtigkeit des Ergebnisraumes:	$\|\Omega\| = 6$
Sicheres Ereignis:	$E_1 = \Omega = \{1; 2; 3; 4; 5; 6\}$
E_2: „Würfeln gerader Augenzahlen":	$E_2 = \{2; 4; 6\}$
E_3: „Es wird mindestens die Augenzahl 4 gewürfelt":	$E_3 = \{4; 5; 6\}$
E_4: „Es wird genau die Augenzahl 3 gewürfelt":	$E_4 = \{3\}$ (= Elementarereignis)
E_5: „Es wird höchstens die Augenzahl 5 gewürfelt":	$E_5 = \{1; 2; 3; 4; 5\}$
E_6: „Es wird die Augenzahl 7 gewürfelt":	$E_6 = \{7\}$ (= unmögliches Ereignis)
E_7: „Es werden ungerade Augenzahlen gewürfelt":	$E_7 = \{1; 3; 5\}$
E_8: „Es werden Primzahlen gewürfelt":	$E_8 = \{2; 5\}$ ■

Verknüpfung von Ereignissen

Zwischen Ereignissen und Mengen besteht eine Analogie. Deshalb werden die folgenden **Relationen und Operationen zwischen Ereignissen** mit den gleichen Symbolen wie bei Mengen bezeichnet. Ereignisse sind Teilmengen der Ergebnismenge Ω eines Zufallsexperimentes. Durch eine geeignete Verknüpfung von ausgewählten Ereignissen (Mengen) kann man neue Ereignisse (Mengen) erstellen.

Tabelle 9.1 Ausgewählte Verknüpfungen von Ereignissen

Symbol	Erläuterung	Mengenbild	Beispiel: „Wurf mit einem Würfel“
$B \cap C = \emptyset$	Die Ereignisse B und C **schließen einander aus**, sie sind unvereinbar. B und C können nicht gleichzeitig eintreten.	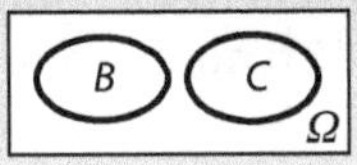	Aus $B = \{2;3\}$ und $C = \{4;5\}$ folgt $B \cap C = \emptyset$.
$B \subset C$	Das Ereignis B ist **Teilereignis** von C; wenn B eintritt, so tritt auch C ein.	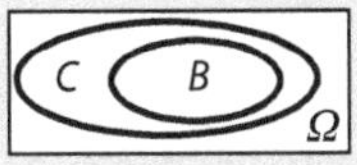	Aus $B = \{4\}$ und $C = \{2;4;6\}$ folgt: $B \subset C$.
$\overline{B}$	$\overline{B}$ ist das **Gegenereignis** von B; $\overline{B}$ tritt ein, wenn B $(B \neq \Omega)$ nicht eintritt.	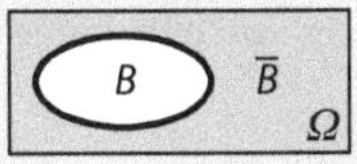	Aus $B = \{2;4;6\}$ folgt $\overline{B} = \{1;3;5\}$.
$B \cap C$	Das Ereignis B und C tritt ein, wenn **sowohl** B **als auch** C **eintritt** (Produkt).	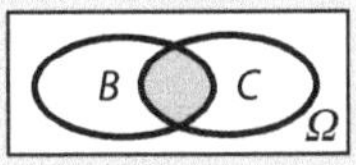	Aus $B = \{1;3;5\}$ und $C = \{1;2;3;4\}$ folgt $B \cap C = \{1;3\}$
$B \cup C$	B **oder** C tritt ein, wenn mindestens eines der beiden Ereignis B oder C eintritt (Summe).	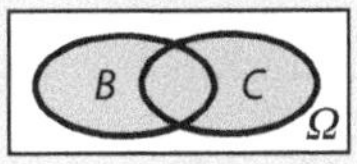	Aus $B = \{1;3;5\}$ und $C = \{1;2;3;4)$ folgt $B \cup C = \{1;2;3;4;5\}$
$B \backslash C$	B tritt **ohne** C ein, wenn B eintritt und gleichzeitig C nicht eintritt.	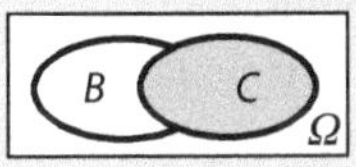	Aus $B = \{1;3;5\}$ und $C = \{1;2;3;4)$ folgt $B \setminus C = \{5\}$
$\overline{B} \cup \overline{C}$	Ereignis $\overline{B}$ oder $\overline{C}$ tritt ein, wenn **nicht beide** Ereignisse B, C $(B \neq \Omega; C \neq \Omega)$ eintreten.	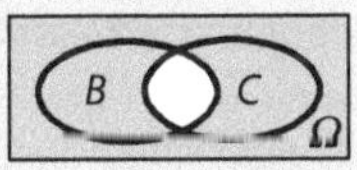	Aus $B = \{1;2;3\}$; $\overline{B} = \{4;5;6\}$ $C = \{2;4;6\}$; $\overline{C} = \{1;3;5\}$ folgt $\overline{B} \cup \overline{C} = \{1;3;4;5;6\}$
$\overline{B} \cap \overline{C}$	**Weder Ereignis** B **noch** C tritt ein, wenn keines der Ereignisse B, C eintritt.	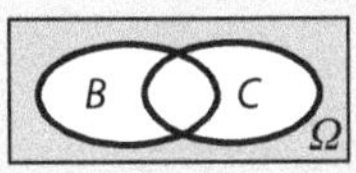	Aus $B = \{1;2;3\}$; $\overline{B} = \{4;5;6\}$ $C = \{2;4;6\}$; $\overline{C} = \{1;3;5\}$ folgt $\overline{B} \cap \overline{C} = \{5\}$
$B \cap \overline{C} \cup \overline{B} \cap C$	**Entweder** B **oder** C tritt ein, wenn genau eines der beiden Ereignisse B, C eintritt.	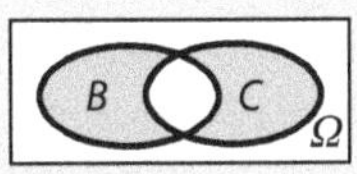	Aus $B = \{1;2;3\}$; $\overline{B} = \{4;5;6\}$ $C = \{2;4;6\}$; $\overline{C} = \{1;3;5\}$ folgt $B \cap \overline{C} \cup \overline{B} \cap C = \{1;3;4;6\}$

Die Regeln von de Morgan

Die de Morganschen Regeln wurden durch den englischen Mathematiker Augustus de Morgan im 19. Jahrhundert veröffentlicht. Diese Gesetze der Booleschen Algebra vereinen bestimmte Eigenschaften der logischen Operatoren „UND; ODER; NICHT“ sowie Eigenschaften von mengentheoretischen Verknüpfungen.

Regeln:

$$\begin{aligned} &(1)\quad \overline{B} \cap \overline{C} = \overline{B \cup C} \\ &(2)\quad \overline{B} \cup \overline{C} = \overline{B \cap C} \end{aligned} \qquad (9.1)$$

Beispiel

9.3 Ein Zufallsexperiment beschreibt das Ziehen einer Kugel aus einer Urne. In dieser Urne befinden sich neun von eins bis neun durchnummerierte Kugeln. Ansonsten unterscheiden sie sich nicht. Gegeben seien folgende Ereignisse A: „Es soll eine Nummer von höchstens 7 gezogen werden“ und B: „Es soll eine gerade Zahl gezogen werden“.

Ergebnisraum:	$\Omega = \{1; 2; 3; 4; 5; 6; 7; 8; 9\}$
Mächtigkeit des Ergebnisraumes:	$\lvert\Omega\rvert = 9$
Ereignismenge A:	$A = \{1; 2; 3; 4; 5; 6; 7\}$
Ereignismenge B:	$B = \{2; 4; 6; 8\}$
Ergebnismenge für „höchstens 7 und gerade Zahl“:	$A \cap B = \{2; 4; 6\}$
Ergebnismenge für „höchstens 7 oder gerade Zahl“:	$A \cup B = \{1; 2; 3; 4; 5; 6; 7\}$
Ergebnismenge für „nicht: höchstens 7 und gerade Zahl“:	$\overline{A \cap B} = \{1; 3; 5; 7; 9\}$
Ergebnismenge für „weder höchstens 7 noch gerade Zahl“:	$\overline{A \cup B} = \{9\}$
Ergebnismenge für „nicht: höchstens 7“ = „mindestens 8“:	$\overline{A} = \{8; 9\}$
Ergebnismenge für „ungerade Zahl“:	$\overline{B} = \{1; 3; 5; 7; 9\}$
Bestätigung der de Morganschen Regel 1:	$\overline{A} \cap \overline{B} = \{9\} = \overline{A \cup B}$
Bestätigung der de Morganschen Regel 2:	$\overline{A} \cup \overline{B} = \{1; 3; 5; 7; 8; 9\} = \overline{A \cap B}$ ■

Kontrollfragen

9.1 Definieren Sie den Begriff: Zufallsexperiment.

9.2 Erläutern Sie, was Sie unter dem Ergebnisraum eines Zufallsexperimentes verstehen.

9.3 Beschreiben und erläutern Sie das Eintreten eines möglichen Ereignisses, sein Gegenereignis und ein unmögliches Ereignis am Zufallsexperiment: „Werfen eines Würfels“.

9.4 Die Regeln von de Morgan beinhalten drei logische Operatoren. Nennen Sie diese.

9.2 Wahrscheinlichkeitsbegriff

Klassische Definition der Wahrscheinlichkeit

Der französische Mathematiker Pierre-Simon Laplace untersuchte in Verbindung mit Glücksspielen das Auftreten von abhängigen und unabhängigen Ereignissen. Im Jahre 1812 formulierte er in seinem zweibändigen Werk *„Théorie Analytique des Probabilités“* die Definition der Wahrscheinlichkeit. Diese ist die Grundlage der klassischen Wahrscheinlichkeitstheorie.

Ausgangspunkt der mathematischen Grundlage ist stets ein Zufallsversuch bzw. Zufallsexperiment. Es basiert auf der Annahme, dass jedes seiner endlich vielen Ergebnisse x aus Ω dieselbe Chance eingeräumt wird, einzutreten.

Es gilt:

$$P(\{x\}) = \frac{1}{\text{Anzahl der Elemente in } \Omega} = \frac{1}{|\Omega|} \tag{9.2}$$

$$P(A) = \frac{\text{Anzahl der für } A \text{ günstigen elementaren Ereignisse}}{\text{Anzahl aller elementaren Ereignisse}} = \frac{|A|}{|\Omega|} \tag{9.3}$$

Es gelten folgende Eigenschaften für die definierte Wahrscheinlichkeit:

- $P(A)$ ist eine rationale Zahl für die gilt: $0 \leqq P(A) \leqq 1$.
- $P(A \cup B) = P(A) + P(B) - P(A \cap B)$
- $P(\Omega) = 1$
- $P(\emptyset) = 0$

Ein Laplace-Experiment kann durch folgende Redewendungen angedeutet werden:

- „Jedes Ergebnis erhält die **gleiche Chance**."
- „Die Laplace-Annahme ist **gerechtfertigt**."
- „**Keines** der möglichen Ergebnisse wird **bevorzugt**."
- Spezielle Anwendungen können auch folgender Maßen beschrieben werden:
- „aus einer Urne wird ein Los oder eine Kugel „**blind**" oder „**auf gut Glück**" oder „**rein zufällig**" oder „**wahllos**" gezogen."
- „ein „**idealer**", oder „**nicht gezinkter**" oder „**fairer**" oder „**nicht manipulierter**" Würfel wird geworfen."

Beispiele

9.4 Es wird folgendes Zufallsexperiment betrachtet: „Einmaliges Werfen eines nicht manipulierten Würfels mit der Ergebnismenge $\Omega = \{1; 2; 3; 4; 5; 6\}$".
Für folgende Ereignisse sollen die Wahrscheinlichkeiten berechnet werden:

$A = \{6\}$, $B = \{$„Die Augenzahl ist gerade"$\}$; $C = \{$„Die Augenzahl ist mindestens 5"$\}$.

Lösung: Wenn der Würfel ideal ist, gibt es bei einem Wurf 6 gleichmögliche Elementarereignisse. Die Voraussetzung für die Anwendung der klassischen Definition ist erfüllt.

$$P(A) = \frac{1}{6} = 0{,}1667; \quad P(B) = \frac{3}{6} = 0{,}5; \quad P(C) = P(5;6) = \frac{2}{6} = 0{,}333$$

9.5 Für einen Wurf mit zwei idealen Würfeln sind die Wahrscheinlichkeiten für die Ereignisse zu berechnen: Sechserpasch, d. h. zweimal die Zahl 6 (E_1), beliebiger Pasch (E_2), Gesamtzahl 3 (E_3), Gesamtzahl 8 (E_4).

Lösung: Die Elementarereignisse sind alle möglichen Paare (1; 1), (1; 2) usw. bis (6; 6). Nach *Gl. (9.4)* ist

$P(E_1) = P(\{(6;6)\}) = 1/36 = 0{,}0278$;
$P(E_2) = P(\{(1;1), (2;2), \ldots, (6;6)\}) = 6/36 = 1/6 = 0{,}1667$;
$P(E_3) = P(\{(1;2), (2;1)\}) = 2/36 = 0{,}0556$;
$P(E_4) = P(\{(2;6), (3;5), \ldots, (6;2)\}) = 5/36 = 0{,}1389$

Die Wahrscheinlichkeit, eine 8 zu werfen, ist also etwas kleiner als die Wahrscheinlichkeit, einen beliebigen Pasch zu werfen. ■

Die Voraussetzung für die Anwendung der klassischen Definition der Wahrscheinlichkeit ist in der Praxis meist nicht erfüllt.

Weder beim Würfel oder bei anderen Glücksspielen sind die Elementarereignisse gleich möglich. Deshalb ist die klassische Definition in beiden Fällen in der Realität nicht anwendbar.

Axiomatische Definition der Wahrscheinlichkeit

Die **Wahrscheinlichkeitsverteilung** ist eine Funktion P, die jeder Teilmenge A einer endlichen Ergebnismenge eine reelle Zahl $P(A)$ zuordnet, wenn sie den drei Bedingungen genügt:

Axiom 1: $P(A) \geqq 0$ (Nichtnegativität) (9.4)

Axiom 2: $P(\Omega) = 1$ (Normiertheit) (9.5)

Axiom 3: $P(A \cup B) = P(A) + P(B)$, falls $A \cap B = \emptyset$ (Additivität) (9.6)

Die Menge aller Teilmengen von Ω bezeichnet man **Ereignisraum** 2^{Ω}, welcher $2^{|\Omega|}$ Elemente besitzt.

- Die Definition stammt von dem sowjetischen Mathematiker Kolmogorov und wurde von ihm 1933 erstmalig veröffentlicht. Seitdem ist sie die Grundlage der modernen Wahrscheinlichkeitsrechnung.
- Der Wahrscheinlichkeitsbegriff wird durch 3 Axiome definiert. Axiome sind grundlegende Aussagen, die so offensichtlich sind, dass sie ohne Beweis als gültig anerkannt werden.
- Die Aussage des Axiom 2 ist nicht umkehrbar, d. h., wenn ein Ereignis die Wahrscheinlichkeit 1 hat, tritt es „mit an Sicherheit grenzender Wahrscheinlichkeit" ein. Es ist ein fast sicheres Ereignis, d. h., es ist möglich, dass es bei einer großen Zahl von Wiederholungen des Versuchs bei einigen wenigen nicht eintritt.

Rechenregeln für Wahrscheinlichkeiten

Die ersten beiden Regeln werden aus den Axiomen hergeleitet, die folgenden aus der Analogie zwischen Ereignissen und Mengen gewonnen.

1. Wahrscheinlichkeit des zu E entgegengesetzten Ereignisses $\overline{E}$:
   Es ist $E \cup \overline{E} = \Omega$ (d. h., es ist sicher, dass E entweder eintritt oder nicht), folglich $P(E \cup \overline{E}) = P(\Omega)$.
   Wegen $E \cap \overline{E} = \emptyset$ ist nach *Axiom (9.6)*, $P(E \cup \overline{E}) = P(E) + P(\overline{E})$ und nach *Axiom (9.5)* ist $P(\Omega) = 1$.
   $$P(E) + P(\overline{E}) = 1$$
   $$P(\overline{E}) = 1 - P(E) \qquad (9.7)$$
2. Wahrscheinlichkeit des unmöglichen Ereignisses $\emptyset$:
   Ω und $\emptyset$ sind entgegengesetzte Ereignisse.
   Nach *Gl. (9.7)* ist $P(\emptyset) = 1 - P(\Omega) = 1 - 1$ folgt:
   $$P(\emptyset) = 0 \qquad (9.8)$$
   Diese Aussage ist nicht umkehrbar (vgl. Anmerkung 3 zur axiomatischen Definition): Wenn ein Ereignis die Wahrscheinlichkeit 0 hat, ist es ein fast unmögliches Ereignis.

Additionsregel (Wahrscheinlichkeit der Summe zweier beliebiger Ereignisse):

In *Abschnitt 9.1* sind Ereignisse durch Mengen dargestellt. Ihre Wahrscheinlichkeiten lassen sich als Verhältnis von Flächeninhalten deuten, z. B. ist

$$P(E_1) = \frac{\text{Inhalt der Fläche } E_1}{\text{Inhat der Fläche } \Omega}$$

Wegen $P(\Omega) = 1$ wird die Maßzahl des Flächeninhalts von Ω gleich 1 gesetzt. Damit wird

$$P(E_1) = \frac{\text{Inhlat der Fläche } E_1}{1} = \text{Inhalt der Fläche } E_1$$

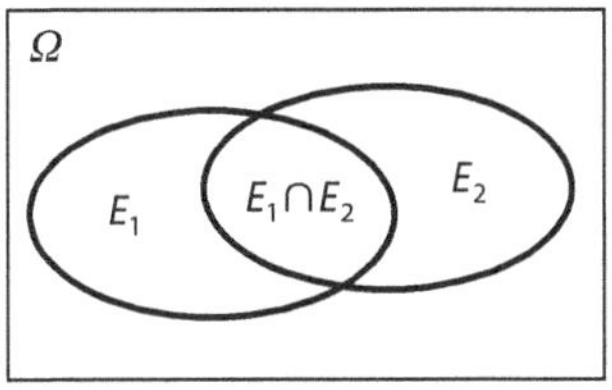

Bild 9.1

Die Wahrscheinlichkeiten der Ereignisse in *Bild 9.1* werden demnach durch die Maßzahlen der Flächeninhalte dargestellt. Es gilt:

$$P(E_1 \cup E_2) = P(E_1) + P(E_2) - P(E_1 \cap E_2) \tag{9.9}$$

Nach *Bild 9.1* überdeckt nämlich die Summe $P(E_1) + P(E_2)$ die Fläche $P(E_1 \cap E_2)$ doppelt, während sie in $P(E_1 \cup E_2)$ nur einfach enthalten ist.

Beispiel

9.6 Für die Ereignisse E_i sind nach *Gl. (9.7)* aus $P(E_i)$ die Wahrscheinlichkeiten für die entgegengesetzten Ereignisse zu ermitteln:

a) E_1: Nicht funktionierendes Maschinenteil; Ausschusswahrscheinlichkeit $P(E_1) = 3{,}5\,\% = 0{,}035$;

b) $E_2 = \{1;\, 2\}$ (eine Zahl weniger als 3 bei 1 Wurf mit einem idealen Würfel);

c) E_{10} in *Beispiel 9.3*; $P(E_{10}) = 0{,}866\,6$

Lösung:

a) $P(\overline{E}_1) = 1 - 0{,}035 = 0{,}965$ (Funktionswahrscheinlichkeit)

b) $P(E_2) = 2/6$; $P(\overline{E}_2) = 1 - 2/6 = 0{,}667$

c) $P(\overline{E}_{10}) = 1 - 0{,}8666 = 0{,}133\,4$ (vgl. *Beispiel 9.3*) ■

Mit *Gl. (9.9)* lässt sich die Wahrscheinlichkeit für die Summe zweier beliebiger Ereignisse berechnen, d. h., auch dann, wenn sie nicht unvereinbar sind (wenn $E_1 \cap E_2 = \emptyset$ ergibt sich *Axiom (9.6)* als Sonderfall). Allerdings kann *Gl. (9.9)* nur dann genutzt werden, wenn $P(E_1 \cap E_2)$ bekannt ist oder sich berechnen lässt. Das ist genau dann möglich, wenn die **Ereignisse** E_1, E_2 **unabhängig voneinander** sind. Darunter versteht man die Eigenschaft, dass die Wahrscheinlichkeit für E_1 konstant bleibt unabhängig davon, ob E_2 eintritt oder nicht. In *Bild 9.1* muss demnach das Verhältnis der Fläche E_1 zur Gesamtfläche Ω gleich dem Verhältnis der Flächen $E_1 \cap E_2$ und E_2 sein (denn $E_1 \cap E_2$ ist der Anteil von E_1, der in E_2 liegt):

$$\frac{P(E_1)}{P(\Omega)} = \frac{P(E_1 \cap E_2)}{P(E_2)} \quad \text{mit} \quad P(\Omega) = 1$$

Auflösen der Gleichung nach $P(E_1 \cap E_2)$ ergibt die **Multiplikationsregel**:

$$P(E_1 \cap E_2) = P(E_1) \cdot P(E_2) \tag{9.10}$$

Sie gilt nur dann, wenn E_1, E_2 voneinander unabhängig sind. Umgekehrt folgt: Wenn die Regel gilt, sind die Ereignisse voneinander unabhängig.

Mit *Gl. (9.10)* folgt aus *Gl. (9.9)*

$$\begin{aligned} P(E_1 \cup E_2) &= P(E_1) + P(E_2) - P(E_1)\,P(E_2) \\ &= 1 - [1 - P(E_1) - P(E_2) + P(E_1)P(E_2)] \\ P(E_1 \cup E_2) &= 1 - [1 - P(E_1)] \cdot [1 - P(E_2)] \end{aligned}$$

Additionsregel für unabhängige Ereignisse

Eine einfachere Form ergibt sich nach *Gl. (9.7)*:

$$P(E_1 \cup E_2) = 1 - P\left(\overline{E}_1\right) P\left(\overline{E}_2\right) \tag{9.11}$$

1. Mit $P(E_1) = p_1$, $P(E_2) = p_2$, $1 - p_1 = q_1$, $1 - p_2 = q_2$ folgen die Gleichungen:

   $$P(E_1 \cup E_2) = 1 - (1 - p_1)(1 - p_2) = 1 - q_1 q_2$$

2. Die Regel lässt sich leicht verallgemeinern. Für 3 unabhängige Ereignisse ist z. B.

   $$P(E_1 \cup E_2 \cup E_3) = 1 - q_1 q_2 q_3$$

3. Die Regel lässt sich auch über das entgegengesetzte Ereignis herleiten: Es ist $\overline{E_1 \cup E_2} = \overline{E}_1 \cap \overline{E}_2$, d. h., wenn E_1 oder E_2 (oder beide) nicht eintreten, dann ist das gleichbedeutend damit, dass E_1 nicht eintritt und auch E_2 nicht eintritt. Damit ist

   $$P\left(\overline{E_1 \cup E_2}\right) = P\left(\overline{E}_1 \cap \overline{E}_2\right) = q_1 q_2 \quad \text{und} \quad P(E_1 \cup E_2) = 1 - P\left(\overline{E_1 \cup E_2}\right) = 1 - q_1 q_2$$

4. Es wird noch einmal betont, dass diese Regel nur unter der Annahme gilt, dass die Ereignisse voneinander unabhängig sind. Eine andere Möglichkeit, $P(E_1 \cup E_2)$ allgemein zu berechnen, gibt es nicht. Deshalb wird bei allen folgenden Überlegungen die Unabhängigkeit der betrachteten Ereignisse vorausgesetzt.

Beispiel

9.7 Bei einem Wettkampf schießen 3 Personen je einmal auf ein Ziel. Die Wahrscheinlichkeiten, bei einem Schuss zu treffen, sind $P(E_1) = 0{,}8$, $P(E_2) = P(E_3) = 0{,}6$ (d. h., die erste Person schießt besser als die beiden anderen). Mit welcher Wahrscheinlichkeit wird das Ziel a) 3-mal, b) genau 2-mal, c) mindestens 1-mal getroffen?

Lösung:

a) $P(E_1 \cap E_2 \cap E_3) = 0{,}8 \cdot 0{,}6 \cdot 0{,}6 = 0{,}228$ (*Gl. (9.10)*)

b) Es gibt 3 mögliche Ereignisse, die unvereinbar sind; bei jedem treffen jeweils 2 Personen und die dritte nicht:

$$P\left[\left(\overline{E}_1 \cap E_2 \cap E_3\right) \cup \left(E_1 \cap \overline{E}_2 \cap E_3\right) \cup \left(E_1 \cap E_2 \cap \overline{E}_3\right)\right]$$
$$= 0{,}2 \cdot 0{,}6 \cdot 0{,}6 + 0{,}8 \cdot 0{,}4 \cdot 0{,}6 + 0{,}8 \cdot 0{,}6 \cdot 0{,}4 = 0{,}456 \qquad \text{(Gln. (9.10), (9.6))}$$

c) Es trifft die erste oder zweite oder dritte Person; die Ereignisse sind nicht unvereinbar:

$$P(E_1 \cup E_2 \cup E_3) = 1 - 0{,}2 \cdot 0{,}4 \cdot 0{,}4 = 0{,}968 \qquad \text{(Gl. (9.11))}$$ ■

Eine praktisch wichtige Anwendung ist die Berechnung der Funktionswahrscheinlichkeit eines Systems von Elementen in der Zuverlässigkeitstheorie. Es werden zwei Grundstrukturen unterschieden:

- Serienschaltung (*Bild 9.2a*): Das System arbeitet ausfallfrei, wenn alle Elemente (d. h. Element 1 und Element 2) ausfallfrei arbeiten.
- Parallelschaltung (*Bild 9.2b*): Das System arbeitet ausfallfrei, wenn mindestens ein Element (d. h. Element 1 oder Element 2) ausfallfrei arbeitet.

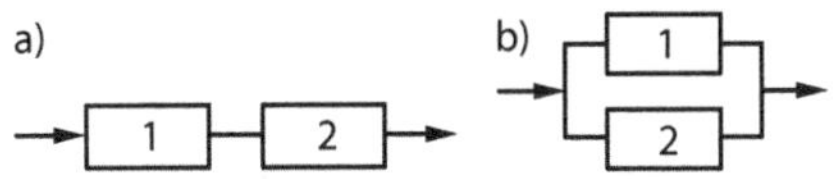

Bild 9.2

Die Funktionswahrscheinlichkeiten für die einzelnen Elemente (d. h. die Wahrscheinlichkeiten, dass die Elemente bis zum Zeitpunkt t unfallfrei arbeiten) seien p_1 und p_2. Sie sind zeitabhängig, denn die Elemente sind funktions- und umgebungsbedingten Beanspruchungen ausgesetzt, und nehmen ab, je größer das Zeitintervall $[0;\ t]$ wird. Um die Regeln der Wahrscheinlichkeitsrechnung anwenden zu können, wird vorausgesetzt, dass die Elemente unabhängig voneinander funktionieren sollen. Für die Funktionswahrscheinlichkeiten der Systeme zur Zeit t ergibt sich damit:

Seriensystem:

$$p_S = p_1 \cdot p_2$$

Parallelsystem:

$$p_P = 1 - (1 - p_1)\,(1 - p_2)$$

Bei einem Parallelsystem sind ein Element als Grund- und die anderen Elemente als Reserveelemente aufzufassen, die dazu dienen, die Zuverlässigkeit zu erhöhen. Dagegen ist bei Parallelschaltungen im physikalischen Sinn (z. B. 2 Widerstände) jedes Element zur Funktion der Parallelschaltung nötig; deshalb ist eine solche Schaltung im Sinne der Zuverlässigkeitstheorie eine Serienschaltung.

Beispiele

9.8 Ein Element mit der Funktionswahrscheinlichkeit $p = 0{,}6$ wird zur Erhöhung der Zuverlässigkeit durch

a) 1 Reserveelement,

b) 2 Reserveelemente mit der gleichen Funktionswahrscheinlichkeit ergänzt. Um wie viel Prozent erhöht sich jeweils die Funktionswahrscheinlichkeit?

Lösung:

a) $p_P = 1 - 0{,}4 \cdot 0{,}4 = 0{,}84$; Erhöhung um $(0{,}84 - 0{,}6)\,/0{,}6 = 40\,\%$.

b) $p_P = 1 - 0{,}4 \cdot 0{,}4 \cdot 0{,}4 = 0{,}936$; Erhöhung um $(0{,}936 - 0{,}84)\,/0{,}84 = 11\,\%$.

Beim zweiten Reserveelement ist der Zuwachs an Zuverlässigkeit geringer als beim ersten.

9.9 Für das gemischte System in *Bild 9.3* ist die Funktionswahrscheinlichkeit zu berechnen. Es ist $p_1 = 0{,}6$; $p_2 = p_3 = 0{,}3$; $p_4 = 0{,}8$; $p_5 = 0{,}7$; $p_6 = 0{,}6$.

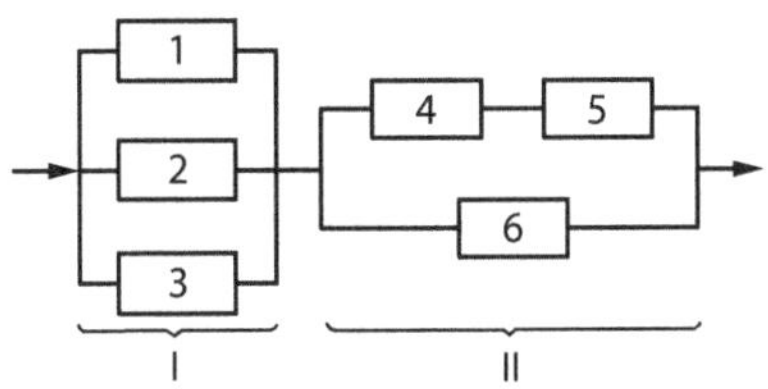

Bild 9.3

Lösung:

$$p_{\mathrm{I}} = 1 - q_1 q_2 q_3 = 1 - 0{,}4 \cdot 0{,}7 \cdot 0{,}7 = 0{,}804$$
$$p_{45} = 0{,}8 \cdot 0{,}7 = 0{,}56$$
$$p_{\mathrm{II}} = 1 - q_{45} q_6 = 1 - 0{,}44 \cdot 0{,}4 = 0{,}824$$
$$p = p_{\mathrm{I}}\, p_{\mathrm{II}} = 0{,}66$$

■

Die folgenden Probleme benötigen zu ihrer Lösung Kenntnisse aus dem Gebiet der Kombinatorik. In der **Kombinatorik** wird untersucht, wie viele Möglichkeiten es gibt, die Elemente einer Menge oder einer aus ihr gebildeten Teilmenge anzuordnen. Im Folgenden werden ohne Beweis die für die Anwendung wichtigsten Formeln gegeben.

Permutationen (Anordnungsmöglichkeiten von n Elementen)

n verschiedene Elemente

$$P_n = n! = 1 \cdot 2 \cdot \ldots \cdot n \tag{9.12}$$

(lies „n Fakultät"); $n_1, n_2, \ldots, n_m$ gleiche Elemente

$$P_n^{(n_1,\, n_2,\, \ldots,\, n_m)} = \frac{n!}{n_1!\, n_2! \ldots n_m!} \tag{9.12a}$$

$$(n_1 + n_2 + \ldots + n_m = n)$$

Beispiel

9.10 a) Für 10 verschiedene Elemente gibt es $10! = 3\,628\,800$ Anordnungsmöglichkeiten (z. B. Sitzordnungen für 10 Personen).

b) Für 2 weiße, 3 rote und 5 blaue Kugeln gibt es $\frac{10!}{2!3!5!} = 2\,520$ Möglichkeiten, sie zu einer Kette zu ordnen. ■

Kombinationen (Anordnungsmöglichkeiten von k Elementen, die aus n Elementen ausgewählt werden)

Es gibt 2 Auswahlmöglichkeiten: Jedes Element wird entweder nach der Auswahl wieder zurückgelegt (es kann so mehrfach gewählt werden) oder nicht. Auch die Reihenfolge, in der ausgewählt wird, kann berücksichtigt werden oder nicht. Damit ergeben sich 4 Möglichkeiten: Kombinationen mit/ohne Berücksichtigung der Anordnung und mit/ohne Wiederholung. Praktisch von Bedeutung sind Kombinationen mit Berücksichtigung der Anordnung (Variationen) und mit Wiederholung

$${}^{w}V_n^k = n^k; \tag{9.13}$$

Kombination ohne Berücksichtigung der Anordnung (Kombinationen) und ohne Wiederholung

$$C_n^k = \binom{n}{k} = \frac{n!}{(n-k)!k!} = \frac{n(n-1)\ldots(n-k+1)}{k!} \tag{9.14}$$

$\binom{n}{k}$ lies „n über k").

Speziell wird definiert:

$$0! = 1; \quad 1! = 1; \quad \binom{n}{0} = 1 \tag{9.14a}$$

Beispiel

9.11 a) Ein Bit kann eine von zwei Informationen speichern (0 oder 1). Ein Speicher, der aus 16 Bit besteht, wobei jedes Bit eine Ziffer einer 16-stelligen Binärzahl bedeutet, kann nach *Gl. (9.13)* eine von $2^{16} = 65\,537$ Zahlen speichern; denn aus der Menge, die die Elemente 0 und 1 enthält ($n = 2$), werden mit Berücksichtigung der Anordnung $k = 16$ Auswahlvorgänge durchgeführt, wobei nach jeder Auswahl das Element wieder zurückgelegt wird.

b) Bei einer Umfrage werden 8 Personen um Bewertung einer Ware gebeten (Wertungsnoten 1 bis 5). Es gibt ${}^{w}V_5^8 = 5^8 = 390\,625$ Möglichkeiten

c) Im Lotto „6 aus 49" gibt es $C_{49}^6 = \binom{49}{6} = \frac{49 \cdot 48 \cdot 47 \cdot 46 \cdot 45 \cdot 44}{1 \cdot 2 \cdot 3 \cdot 4 \cdot 5 \cdot 6} = 13\,983\,816$ Möglichkeiten.

Eine von ihnen ist ein Sechser; seine Wahrscheinlichkeit ist nach der klassischen Definition *Gl. (9.3)* gleich $1/13\,983\,816 = 7 \cdot 10^{-8}$.

d) Anzahl der Dreier bei „6 aus 49": Wenn 6 Gewinnzahlen gezogen werden, wird die Menge der 49 Zahlen in zwei Teilmengen mit 6 bzw. 43 Zahlen zerlegt. Ein Dreier besteht aus 3 beliebigen Gewinnzahlen aus der ersten Teilmenge [$\binom{43}{3}$ Kombinationen] und 3 beliebigen Zahlen aus der zweiten Teilmenge [$\binom{6}{3}$ Kombinationen]. Jede der $\binom{6}{3}$ Kombinationen tritt $\binom{43}{3}$-fach auf, es gibt also $\binom{6}{3} \cdot \binom{43}{3} = 246\,800$ Dreier. Die Wahrscheinlichkeit für einen Dreier ist $246\,800/13\,983\,816 = 0{,}017\,65 \approx 1/57$. Das bedeutet etwa jeder 57. Tipp ist ein Dreier. ■

Kontrollfragen

9.5 Was versteht man unter der Summe und dem Produkt zweier Ereignisse?

9.6 Welches sind die Axiome der axiomatischen Definition der Wahrscheinlichkeit?

9.7 Unter welcher Voraussetzung ist die klassische Definition der Wahrscheinlichkeit anwendbar?

9.8 Unter welchen Voraussetzungen gelten a) das Additionsaxiom, b) die Multiplikationsregel?

9.9 Wie heißt die Additionsregel für unabhängige Ereignisse?

■ 9.3 Anzahl von Ergebnissen und Wahrscheinlichkeiten mehrstufiger Zufallsversuche

Einstufiger und mehrstufiger Zufallsversuch

In dem vorangegangenen Abschnitt betrachtete man das einstufige Zufallsexperiment bzw. den einstufigen Zufallsversuch. In der Realität laufen Zufallsexperimente sehr häufig mehrstufig ab.

Ein Zufallsexperiment bzw. Zufallsversuch heißt **mehrstufig**, wenn jedes seiner Ergebnisse durch die Nacheinanderausführung mehrerer Zufallsexperimente zustande kommt.

Ein Zufallsexperiment kann auch durch ein **Urnenmodell** bzw. **Urnenexperiment** beschrieben werden. Unter einer Urne versteht man in der Stochastik einen Behälter in dem Kugeln, zum Beispiel mit unterschiedlicher Anzahl von Farben oder beschrifteten Nummern/Buchstaben enthalten sein können.

Demzufolge nach kann man die möglichen Ausgänge eines Zufallsexperimentes gedanklich mit dem Ziehen von Kugeln aus einer Urne ersetzen.

Beispiel

9.12 a) Würfelt man den Würfel einmal und achtet auf das Eintreten des Ereignisses: A „Augenzahl 6“, dann beschreibt dieser Vorgang ein einstufiges Zufallsexperiment. Wird der Würfel jedoch zweimal geworfen, so liegt ein zweistufiges Zufallsexperiment vor. Beim dreimaligen Werfen des gleichen Würfels würde ein dreistufiges Zufallsexperiment vorliegen.

b) In einer Urne befinden sich 2 rote, 3 blaue und 4 grüne Kugeln. Beim einmaligen Ziehen einer Kugel aus der Urne liegt ein einstufiges Zufallsexperiment vor. Wird ein zweites Mal eine Kugel aus der Urne gezogen, so liegt ein zweistufiges Zufallsexperiment vor. Beim dreimaligen Hineingreifen würde dann ein dreistufiges Zufallsexperiment vorliegen. ■

Baumdiagramme

Ein mögliches Ergebnis eines Zufallsversuches lässt sich übersichtlicher anhand eines **Pfades in einem Baumdiagramm** erkennen. Ein Baumdiagramm sieht bei einem mehrstufigen Zufallsexperiment wie ein „kleiner Baum mit Stamm und seinen Verästelungen“ aus. Der Pfad beginnt im Startpunkt („Stamm“) des Versuchs bzw. Experimentes und verläuft durch eine Abfolge von Verzweigungen zum entsprechenden Ergebnis, der Stelle in der „Baumkrone“.

Beispiele

9.13 Eine ideale Münze wird zweimal geworfen. Es interessieren die Ereignisse: „Wappen W“ und „Zahl Z“.

a) Zeichnen Sie das Baumdiagramm

b) Geben Sie den Ergebnisraum und dessen Mächtigkeit an.

Lösung:

a) Baumdiagramm

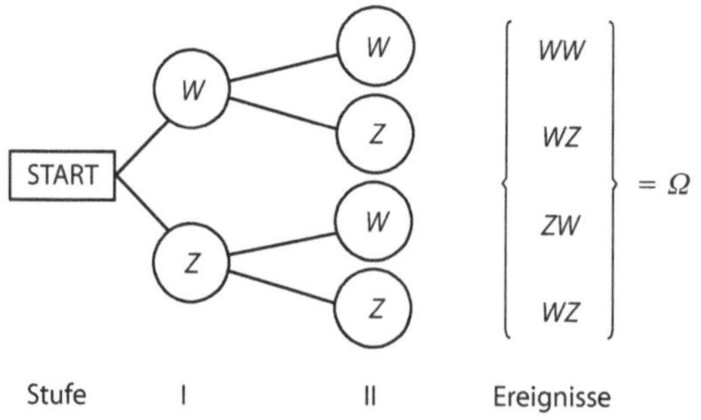

Bild 9.4

b) Der Ergebnisraum ergibt sich aus dem Baumdiagramm und umfasst alle eingetretenen Ereignisse des zweistufigen Zufallsexperimentes:

$\Omega = \{WW; WZ; ZW; ZZ\}$

Die Mächtigkeit des Ergebnisraumes beträgt: $|\Omega| = 4$.

9.14 Eine Urne enthält neun verschieden farbige Kugeln: 2 rote, 3 blaue und 4 grüne Kugeln. Nacheinander werden zwei Kugeln ohne Zurücklegen gezogen.

a) Zeichnen Sie das Baumdiagramm!

b) Geben Sie den Ergebnisraum und dessen Mächtigkeit an.

Lösung:

a) Baumdiagramm: Oberhalb des Kreises, welcher die zu betrachtende farbige Kugel darstellen soll, findet man die Anzahl der nach einem Versuch noch in der Urne vorhandenen Kugeln.

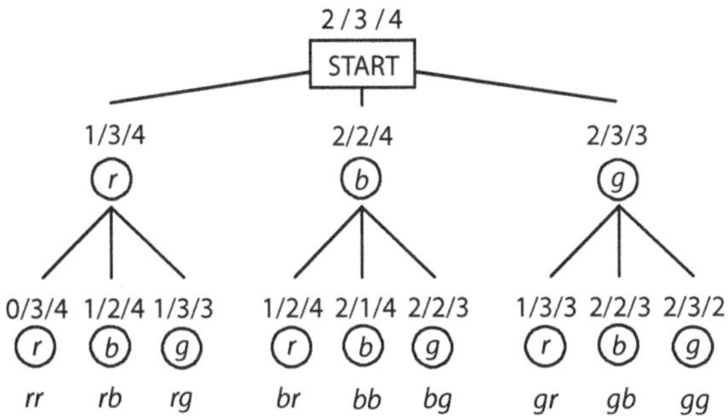

Bild 9.5

b) Der Ergebnisraum ergibt sich aus den einzelnen Pfaden des Baumdiagramms:

$\Omega = \{rr; rb; rg; br; bb; bg; gr; gb; gg\}$

Die Mächtigkeit des Ergebnisraumes beträgt: $|\Omega| = 9$. ■

Pfadregeln

Ein Baumdiagramm ermöglicht eine klar strukturierte Darstellung sowie eine genaue Untersuchung eines mehrstufigen Zufallsexperimentes. Entsprechende **Pfadregeln** können zur Berechnung von Wahrscheinlichkeiten der eintretenden Ereignisse eines mehrstufigen Zufallsexperimentes verwendet werden.

1. Pfadregel (Produktregel)

Die Wahrscheinlichkeit eines Elementarereignisses lässt sich berechnen, indem man die Wahrscheinlichkeiten der Teilstücke entlang des entsprechenden Pfades miteinander **multipliziert**.

2. Pfadregel (Summenregel)

Die Wahrscheinlichkeit eines Ereignisses lässt sich berechnen, indem man die Wahrscheinlichkeiten der zu untersuchenden Elementarereignisse am Ende der Pfade **addiert**.

Im *Beispiel 9.13* betrachtet man den zweifachen „Münzwurf" mit den möglichen Ereignissen „Wappen W" und „Zahl Z" (*Bild 9.6*). Nacheinander wird die ideale Münze zweimal geworfen. Es soll die Wahrscheinlichkeit des Eintretens des Ereignisses A = „Wappen" betrachtet werden.

Die Wahrscheinlichkeit, dass beim zweimaligen Werfen einer Münze das Ereignis A eintritt, lässt sich berechnen:

$$P(A) = \frac{1}{4} + \frac{1}{4} + \frac{1}{4} = \frac{3}{4} = 0{,}75 = 75\,\%$$

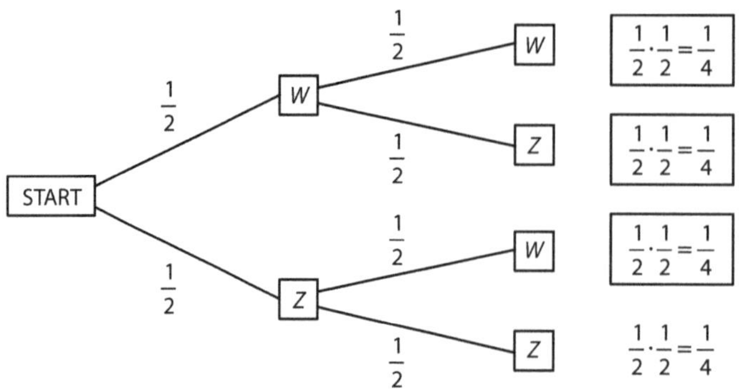

Bild 9.6

Das Werfen einer idealen Münze ist ein Laplace-Experiment, denn die Wahrscheinlichkeit ist bei jedem Teilereignis gleich:

$$p = \frac{1}{2} = 0{,}5 = 50\,\%$$

Im *Beispiel 9.14* betrachtet man eine Urne mit neun verschieden farbigen Kugeln: 2 **r**ote, 3 **b**laue und 4 **g**rüne. Nacheinander werden zwei Kugeln **ohne Zurücklegen** gezogen. Es interessiert nun die Wahrscheinlichkeit des Ereignisses B = „Die gezogene Kugel ist rot".

Das bereits erstellte Baumdiagramm wird jetzt entsprechend der Pfadregeln für das Zuordnen der Teilwahrscheinlichkeiten ergänzt: Die Gesamtanzahl der Kugeln in der Urne beträgt $n = 9$.

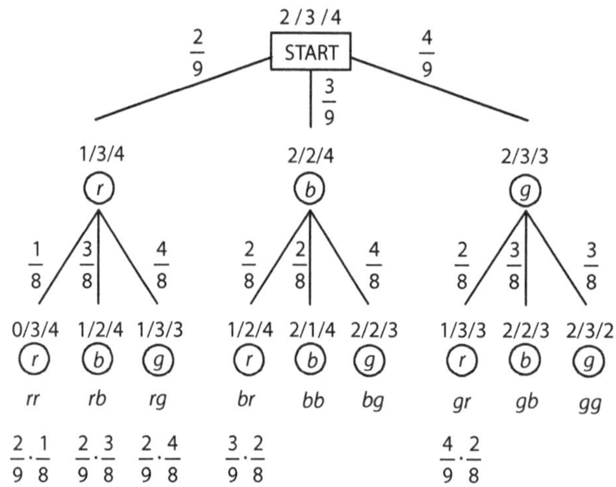

Bild 9.7

Die Anwendung der ersten Pfadregel ergibt die Wahrscheinlichkeit jedes einzelnen Ereignisses bei diesem Zufallsversuch wieder. Wenn man aber die Wahrscheinlichkeit des Eintretens des Ereignisses B erhalten möchte, muss man die zweite Pfadregel anwenden:

$$P(B) = \frac{2}{9}\cdot\frac{1}{8} + \frac{2}{9}\cdot\frac{3}{8} + \frac{2}{9}\cdot\frac{4}{8} + \frac{3}{9}\cdot\frac{2}{8} + \frac{4}{9}\cdot\frac{2}{8} = \frac{5}{12} = 0{,}41\overline{6} \approx 41{,}7\,\%$$

Urnenmodelle

Modelle werden in den Naturwissenschaften zum Erklären, Erläutern und Beschreiben von in der Natur stattfindenden Prozessen oder Erscheinungen verwendet. Man stellt in einem Modell das Wesentlichste dar. Modelle spiegeln die objektive Realität wider, besitzen aber keine Beweiskraft.

In der Mathematik verwendet man im Bereich der Stochastik sehr häufig das Urnenmodell. Es ist ein wichtiges Zufallsgerät, weil mit ihm alle Zufallsexperimente mit endlich vielen Ergebnissen, deren Wahrscheinlichkeiten rationale Zahlen sind, simuliert werden können. Dabei muss man die zwei Auswahlbedingungen beachten:

(1) Handelt es sich bei dem Zufallsexperiment um den Vorgang des Ziehens ohne Zurücklegen oder Ziehens mit Zurücklegen?

(2) Wird bei der Ziehung der einzelnen Objekte aus der Urne die Reihenfolge beachtet?

Um eine genaue Antwort auf die Auswahlbedingungen in einem Zufallsexperiment geben zu können, müssen entsprechende mathematische Begriffe aus der Kombinatorik eingeführt und erläutert werden.

Jede mögliche Anordnung von ***n* Objekten**, in der alle Elemente verwendet werden, bezeichnet man als **Permutation** genau dieser Elemente. Bei der Frage nach der Wiederholung des Experimentes, muss man zwischen der **Permutation ohne Wiederholung** und **Permutation mit Wiederholung** unterscheiden.

Definition 9.1

Für jede Anordnung von n paarweise verschiedenen Elementen in einer bestimmten Reihenfolge ohne Wiederholung gilt: $n! = (n-1)\cdot(n-2)\cdot\ldots\cdot3\cdot2\cdot1$. ($n!$, gelesen: n Fakultät.) Weiterhin gilt:

$$1! = 1 \quad \text{und} \quad 0! = 1$$

Bei den Taschenrechnern gibt es für das Berechnen der Fakultät eine dafür vorgesehene Taste.

Beispiel

9.15 a) $4! = 4 \cdot 3 \cdot 2 \cdot 1 = 24$

b) Die Schüler Alex, Berta, Casandra, Detlef, Emil und Frank sollen sich im Sportunterricht in einer Reihe aufstellen.

Wie viele Möglichkeiten gibt es?

Es sind 6 Schüler, daraus ergibt sich die Überlegung: $6! = 6\cdot5\cdot4\cdot3\cdot2\cdot1 = 720$ Möglichkeiten, die Schüler in verschiedene Reihenfolgen aufstellen zu lassen. ■

Stellt man die Frage, ob unter den n Elementen auch gleiche Elemente sein können, so ist man bei der **Permutation mit Wiederholung** angekommen.

Definition 9.2

Bei n Elementen, von denen $k_1, k_2, \ldots, k_i$ gleich sind, gibt es $\frac{n!}{k_1!\cdot k_2!\cdot\ldots k_i!}$ verschiedene Möglichkeiten der Anordnung.

Beispiel

9.16 Holgers Koffer ist mit einem dreistelligen Kofferschlosscode der Zahlen $0, 1, \ldots, 9$ versehen. Leider hat er die Codenummer vergessen. Er weiß jedoch, dass er in seiner Codenummer die Zahlen 1, 2 und 3 verwendet hat. Wie viele Möglichkeiten muss er ausprobieren, um an seine Codenummer zu gelangen?

Aus der Aufgabenstellung lassen sich folgende Inhalte ableiten: $n = 3$, $k_1 = 1$, $k_2 = 2$, $k_3 = 3$.

Daraus ergeben sich für Holger: $\frac{3!}{1! \cdot 2! \cdot 3!} = \frac{6}{2} = 3$ Möglichkeiten. ■

Bei den nun folgenden Abzählverfahren werden aus n Elementen jeweils k ausgewählt, die Reihenfolge wird dabei beachtet. In der Mathematik bezeichnet man so eine geordnete Zusammenstellung oder Menge von Objekten, deren Elemente eine festgelegte Reihenfolge haben als ***k*-Tupel**.

Unter Berücksichtigung der Reihenfolge heißt jede mögliche Anordnung aus k von n Elementen mit $k \leqq n$ **Variation** genau dieser Elemente. Auch hier muss man unterscheiden zwischen **Variation ohne Wiederholung** (V_n^k) und **Variation mit Wiederholung** (${}_W V_n^k$). Dabei beschreibt V_n^k die Anzahl der Möglichkeiten bei einer geordneten Stichprobe vom Umfang k, die aus einer Urne mit n unterscheidbaren Objekte zu entnehmen sind.

Bei jeder auftretenden möglichen Anordnung (ohne Berücksichtigung der Reihenfolge) aus k von n Elementen mit $k \leqq n$ in einer Stichprobe spricht man von einer **Kombination** genau dieser Elemente. Auch hier muss man zwischen der **Kombination ohne Wiederholung** und **mit Wiederholung** unterscheiden. Mit der Erschließung dieser Begriffe aus der Kombinatorik erschließt sich folgende Übersicht:

Unter Beachtung dieser beider Bedingungen ergibt sich die Übersicht in *Tabelle 9.2*

Tabelle 9.2 Kombinatorik

Anzahl der Möglichkeiten	Mit Zurücklegen	Ohne Zurücklegen
Mit Berücksichtigung der Reihenfolge	**Variation** mit $_W V_n^k = n^k$	**Variation** mit $V_n^k = \frac{n!}{(n-k)!} = \binom{n}{k} \cdot k!$
Ohne Berücksichtigung der Reihenfolge	**Kombination** mit $_W C_n^k = \binom{n+k-1}{k}$	**Kombination** mit $C_n^k = \binom{n}{k}$ mit $k \leqq n$

Ziehen ohne Zurücklegen

Beim Ziehen von Objekten aus einem Urnenmodell verwendet man sehr oft gleich große Kugeln mit einer Anzahl an unterschiedlichen Farben. Man unterscheidet genauer genommen lediglich zwischen zwei Farben, zum Beispiel: rot und nicht rot und berechnet dann die Wahrscheinlichkeit beim Ziehen von n Kugeln genau k der Farbe. Beim Ziehen ohne Zurücklegen gilt:

Definition 9.3

Beim n-maligen Ziehen ohne Zurücklegen mit einer Anzahl von N Kugeln (K: z. B. rot, mit $K \leqq N$ und $n \leqq N$) genau k rote zu erhalten ($k \leqq K$ und $k \leqq n$), beträgt die Wahrscheinlichkeit

$$P(Z = k) = \frac{\binom{K}{k} \cdot \binom{N-K}{n-k}}{\binom{N}{n}} \quad (k \leqq n)$$

Die Schreibweise $\binom{n}{k}$ mit $\binom{n}{k} = \begin{cases} \dfrac{n!}{k!\,(n-k)!}, & \text{falls} \quad 0 \leqq k \leqq n \\ 0, & \text{falls} \quad k > n \end{cases}$

heißt **Binomialkoeffizient**.

(Gelesen: „n über k“ oder „k aus n“)

Diese Binomialkoeffizienten lassen sich mit der nCr-Taste des Taschenrechners bestimmen. Die Schreibweise $n!$ heißt n-Fakultät und entspricht dem Vorgang einer Permutation ohne Wiederholung.

Beispiel

9.17 In einer Urne befinden sich 8 Kugeln, davon sind 3 rot, der Rest besitzt die Farbe grün. Ohne Zurücklegen werden 5 Kugeln aus der Urne entnommen. Es soll das Ereignis A untersucht werden: „Es werden zwei rote Kugeln aus der Urne gezogen“ und deren Wahrscheinlichkeit berechnet werden.

Es gilt: $N = 8$ und $K = 3$ sowie $n = 5$ und $k = 2$. Daraus folgt:

$$P(A) = P(Z = 2) = \frac{\binom{3}{2} \cdot \binom{5}{3}}{\binom{8}{5}} = \frac{3 \cdot 10}{56} = \frac{15}{28} \approx 0{,}536 \mathrel{\widehat{=}} 53{,}6\%$$

■

Ziehen mit Zurücklegen

Aus einem Urnenmodell zieht man zwei Sorten von Kugeln (zum Beispiel: die rote oder nicht die rote Kugel). Diese Kugeln werden danach wieder in die Urne zurückgelegt. Die daraus folgenden stochastischen Berechnungen führen zu der von Jakob Bernoulli (1655–1705) aufgestellten Bernoulli-Formel.

Die Wahrscheinlichkeit, beim n-maligen Ziehen mit Zurücklegen aus einer Urne mit roten und nicht roten Kugeln genau k rote zu erhalten ($k \leqq n$), ist durch

$$P(Z = k) = \binom{n}{k} \cdot p^k \cdot q^{n-k} = \binom{n}{k} \cdot p^k \cdot (1-p)^{n-k} \tag{9.15}$$

erfüllt, wenn der Anteil der roten Kugeln p beträgt.

Beispiel

9.18 a) In einer Urne befinden sich 10 Kugeln von denen 4 rote und 6 nicht rote Kugeln enthalten sind. Es werden 3 Kugeln mit Zurücklegen aus der Urne entnommen.

Bestimmen Sie mithilfe der Bernoulli-Formel die Wahrscheinlichkeit für das zweimalige Ziehen einer roten Kugel.

Lösung: Das Ereignis „Zweimaliges Ziehen einer roten Kugel“ wird beschrieben durch: A: „$Z = 2$“. Eine weitere Erkenntnis erhält man aus der Anzahl der farbigen Kugeln: 10 Kugeln, bedeutet: $N = 10$; 4 von 10 Kugeln werden durch die rote Farbe beschrieben, das heißt: $p = \frac{4}{10} = \frac{2}{5}$. Daraus lässt sich die Überlegung für die Wahrscheinlichkeit der nicht roten Kugeln ableiten:

$$q = 1 - p = 1 - \frac{2}{5} = \frac{5}{5} - \frac{2}{5} = \frac{3}{5}$$

Durch eine Probe am mathematischen Inhalt erkennt man, dass die Wahrscheinlichkeit der Anzahl der nicht roten Kugeln sich berechnen lässt:

$$q = \frac{6}{10} = \frac{3}{5}$$

Weiterhin erfährt man einmal aus der Textaufgabe, dass 3 Kugeln mit Zurücklegen aus der Urne entnommen werden, dass bedeutet: $n = 3$ und das andere Mal wird noch das Interesse auf das zweimalige Ziehen einer roten Kugel gelenkt, dies bedeutet, dass $k = 2$ ist.

Daraus folgt unter Anwendung der Bernoulli-Formel:

$$P(Z = 2) = \binom{3}{2} \cdot \left(\frac{2}{5}\right)^2 \cdot \left(1 - \frac{2}{5}\right)^{3-2} = \binom{3}{2} \cdot \left(\frac{2}{5}\right)^2 \cdot \left(\frac{3}{5}\right)^1 = 3 \cdot \frac{4}{25} \cdot \frac{3}{5} = 0{,}288 \mathrel{\widehat{=}} 28{,}8\,\%$$

b) Eine Urne enthält 5 blaue, 6 rote, 3 gelbe und 6 grüne Kugeln. Es wird 10-mal mit Zurücklegen eine Kugel entnommen.

(1) Wie groß ist die Wahrscheinlichkeit, beim 10-maligen Ziehen genau viermal eine blaue Kugel zu ziehen?

Lösung: Aus der Aufgabenstellung kann man folgende stochastische Angaben ableiten und formulieren:

Ereignis A: „$Z = 4$“; Anzahl der Kugeln: $N = 20$; $n = 10$; $k = 4$; $p\,(\text{blaue Kugel}) = \frac{5}{20} = \frac{1}{4}$, daraus folgt: $q\,(\text{nicht blaue Kugel}) = 1 - p = 1 - \frac{1}{4} = \frac{4}{4} - \frac{1}{4} = \frac{3}{4}$.

Das Einsetzen in die Bernoulli-Formel ergibt:

$$P(Z = 4) = \binom{10}{4} \cdot \left(\frac{1}{4}\right)^4 \cdot \left(\frac{3}{4}\right)^6 = 210 \cdot \frac{1}{256} \cdot \frac{729}{4096} \approx 0{,}146 \mathrel{\widehat{=}} 14{,}6\,\%$$

1. Wie groß muss n sein, damit die Wahrscheinlichkeit, mindestens eine blaue Kugel zu ziehen, 99 % übersteigt?

Aus der Textformulierung entnimmt man den Hinweis: „mindestens eine blaue Kugel“. Daraus ergibt sich folgende Überlegung:

$$P(\text{„mindestens eine blaue Kugel“}) = 1 - P(\text{„keinmal blau“}) = 1 - P(Z = 0)$$

$$= 1 - \binom{n}{0} \cdot \left(\frac{1}{4}\right)^0 \cdot \left(\frac{3}{4}\right)^n = 1 - 1 \cdot 1 \cdot \left(\frac{3}{4}\right)^n$$

$$= 1 - \left(\frac{3}{4}\right)^n$$

Weiterhin ergibt sich aus der Bedingung:

$$1-\left(\frac{3}{4}\right)^n \geqq 0{,}99 \rightarrow 1-0{,}99 \geqq \left(\frac{3}{4}\right)^n \rightarrow 0{,}01 \geqq \left(\frac{3}{4}\right)^n$$

Um diese Ungleichung nach der Unbekannten n auflösen zu können, verwendet man die Logarithmengesetze.
Man schreibt:

$$\log 0{,}01 \geqq \log\left(\frac{3}{4}\right)^n \rightarrow \log 0{,}01 \geqq n\cdot\log\left(\frac{3}{4}\right) / \log\left(\frac{3}{4}\right) \rightarrow n \geqq \frac{\log 0{,}01}{\log\left(\frac{3}{4}\right)} \rightarrow$$

$$n \geqq \log\left(\frac{3}{4}\right)0{,}01 \approx 16{,}008$$

Es muss mindestens 17-mal gezogen werden. ■

Vierfeldertafel

Beziehungen bzw. Verknüpfungen zwischen Ereignissen lassen sich auch durch die Anwendung der Vierfeldertafel erklären. Diese rechteckige Tafel wird in vier gleichgroße Felder aufgeteilt. Jedes Feld entspricht einem Ereignis, dem Ereignis B und C sowie deren Gegenereignissen $\overline{B}$ und $\overline{C}$.

Tabelle 9.3 Vierfeldertafel

Symbol	Erläuterung	Mengenbild	Vierfeldertafel
$\overline{B}$	$\overline{B}$ ist das **Gegenereignis** von B; $\overline{B}$ tritt ein, wenn B ($B \neq \Omega$) nicht eintritt.	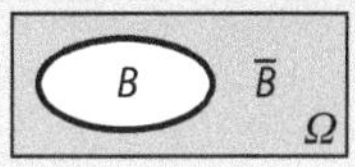	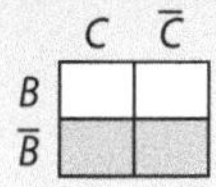
$B \cap C$	Das Ereignis B und C tritt ein, wenn **sowohl** B **als auch** C **eintritt** (Produkt).	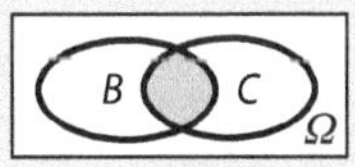	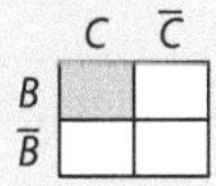
$B \cup C$	B **oder** C tritt ein, wenn mindestens eines der beiden Ereignis B oder C eintritt (Summe).	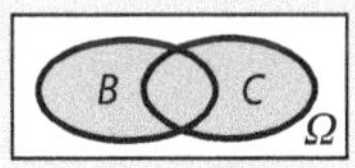	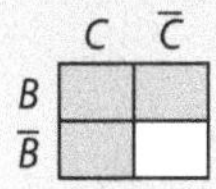
$B\backslash C$	B tritt **ohne** C ein, wenn B eintritt und gleichzeitig C nicht eintritt.	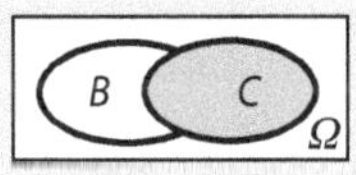	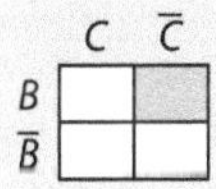
$\overline{B\cap C}=\overline{B}\cup\overline{C}$	Ereignis $\overline{B}$ oder $\overline{C}$ tritt ein, wenn **nicht beide** Ereignisse B, C ($B \neq \Omega$; $C \neq \Omega$) eintreten.	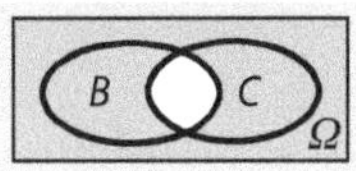	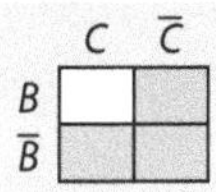
$\overline{B\cup C}=\overline{B}\cap\overline{C}$	**Weder Ereignis** B **noch** C tritt ein, wenn keines der Ereignisse B, C eintritt.	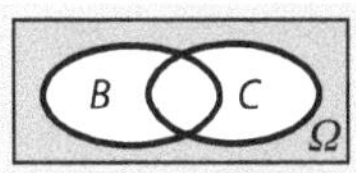	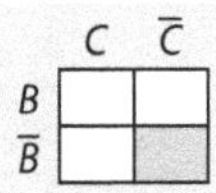
$B\cap\overline{C}\cup\overline{B}\cap C$	**Entweder** B **oder** C tritt ein, wenn genau eines der beiden Ereignisse B, C eintritt.	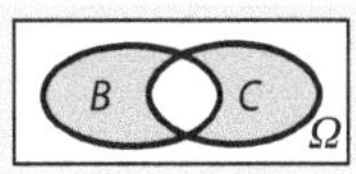	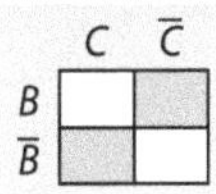

Bedingte Wahrscheinlichkeiten

Bei mehrstufigen Zufallsversuchen mit Ziehen ohne Zurücklegen hängen die Wahrscheinlichkeiten der 2. Stufe von den Ergebnissen der ersten Stufe ab. In dem Begriff der bedingten Wahrscheinlichkeit wird darauf Bezug genommen.

Definition 9.4

Bei einem Zufallsexperiment treten die Ereignisse B und C mit $P(C) \neq 0$ ein.

$P_C(B) = \dfrac{P\left(B \cap C\right)}{P(C)}$ beschreibt die durch C bedingte Wahrscheinlichkeit von B, kurz: $P(B)$, gegeben C.

Die bedingte Wahrscheinlichkeit lässt sich auch für ein zweistufiges Zufallsexperiment anhand eines Baumdiagramms (*Bild 9.8*), eines Mengendiagramms (*Bild 9.9*) und einer Vierfeldertafel (*Tabelle 9.4*) darstellen.

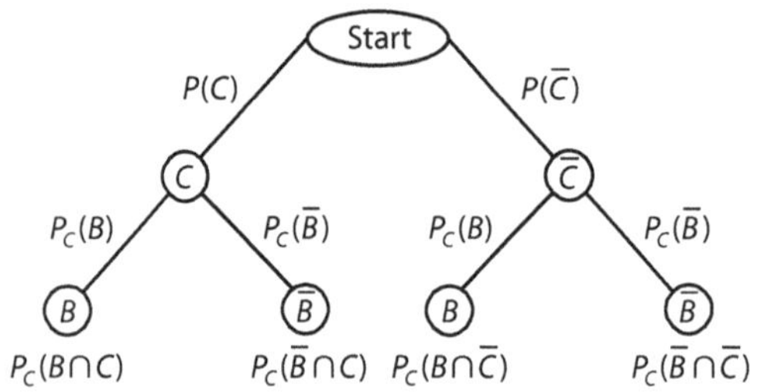

Bild 9.8 Baumdiagramm

Durch das Anwenden der ersten Pfadregel ergibt sich für $P\left(B \cap C\right) = P(B) \cdot P(C)$ die Produktform und durch das Einsetzen die bedingte Wahrscheinlichkeit $P(B)$, gegeben C:

$$P_C(B) = \frac{P\left(B \cap C\right)}{P(C)}.$$

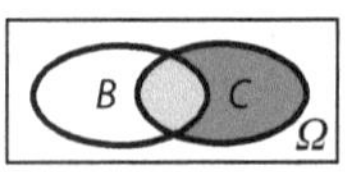

Bild 9.9 Mengendiagramm

In dem Mengendiagramm (*Bild 9.9*) wird der Anteil, den B aus C ausschneidet, bezogen auf C als eine Wahrscheinlichkeitsverteilung, die bedingte Wahrscheinlichkeit, dargestellt.

Tabelle 9.4 Vierfeldertafel

	C	$\overline{C}$	
B	$P(B \cap C) = p_1$	$P(B \cap \overline{C}) = p_2$	$P(B) = 1 - P(\overline{B}) = p_1 + p_2$
$\overline{B}$	$P(\overline{B} \cap C) = p_3$	$P(\overline{B} \cap \overline{C}) = p_4$	$P(\overline{B}) = 1 - P(B) = p_3 + p_4$
	$P(C) = 1 - P(\overline{C}) = p_1 + p_3$	$P(\overline{C}) = 1 - P(C) = p_2 + p_4$	$P_{\text{Gesamt}} = 1$

Beispiel

9.19 Beim Zufallsexperiment mit dem Würfeln interessieren die Ereignisse B: „Augenzahl 6“ und C: „Gerade Augenzahlen“. Gesucht ist die durch C bedingte Wahrscheinlichkeit von B, kurz: gesucht ist die Wahrscheinlichkeit von B, gegeben C.

Lösung: Es gilt: $P(B) = \frac{1}{6}$; $P(C) = P(2,4,6) = \frac{3}{6} = \frac{1}{2}$. Aus $B \cap C$; $P(B \cap C) = \frac{1}{6}$ folgt für die Wahrscheinlichkeit von B, gegeben C: $P_C(B) = \frac{P(B \cap C)}{P(C)} = \frac{\frac{1}{6}}{\frac{3}{6}} = \frac{1}{3}$. Wenn man dieses Ergebnis interpretiert, so kann man formulieren: Durch das Eintreten des Ereignisses C: „Gerade Augenzahl" ist eine Zusatzinformation gegeben. Sie erhöht die Wahrscheinlichkeit für das Eintreten der Augenzahl 6 auf $\frac{1}{3}$. ■

Multiplikationssatz (1. Pfadregel)

Es wird ein zweistufiges Zufallsexperiment mit den Ereignissen B und C durchgeführt. Es ergibt sich das in *Bild 9.10* dargestellte Baumdiagramm.

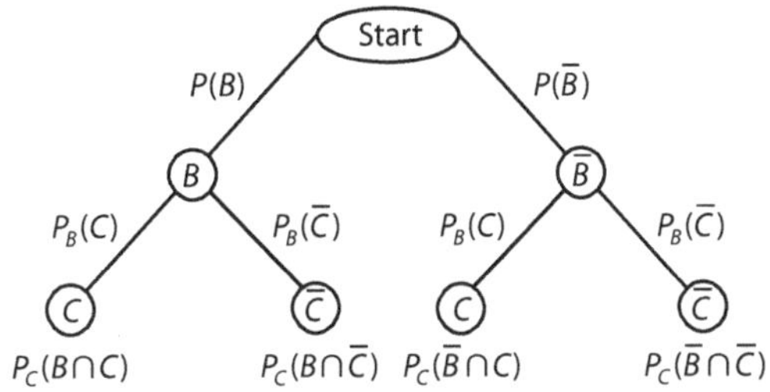

Bild 9.10

Anhand des Baumdiagramms für die bedingte Wahrscheinlichkeit eines mehrstufigen Zufallsexperimentes und der Anwendung der 1. Pfadregel lässt sich der Multiplikationssatz durch beliebig viele „Und"-Verknüpfungen von Ereignissen erweitern. Man erhält entsprechend der Anwendung der 1. Pfadregel folgende Erweiterungen:

$$P(B \cap C) = P(B) \cdot P_B(C); \qquad P(B \cap \overline{C}) = P(B) \cdot P_B(\overline{C});$$
$$P(\overline{B} \cap C) = P(\overline{B}) \cdot P_{\overline{B}}(C); \qquad P(\overline{B} \cap \overline{C}) = P(\overline{B}) \cdot P_{\overline{B}}(\overline{C})$$

Beispiel

9.20 Die Wahrscheinlichkeit, dass ein Schüler in einem Frühjahr an einer Grippe erkrankt, betrage 40 %. Die Wahrscheinlichkeit, dass dieser grippale Infekt mit Fieber einhergeht, betrage 75 %. Mit welcher Wahrscheinlichkeit hat ein Schüler eine Grippe ohne Fieber?

Lösung: Die Wahrscheinlichkeit des Ereignisses B: „Grippaler Infekt" beträgt $P(B) = 0{,}40$ und die Wahrscheinlichkeit des Eintretens des Ereignisses C: „Fieber" lässt sich angeben mit $P(C) = 0{,}75$. Daraus ergibt sich durch die Anwendung des Multiplikationssatzes die Wahrscheinlichkeit $P(B \cap \overline{C}) = P(B) \cdot P_B(\overline{C}) = 0{,}40 \cdot (1 - 0{,}75) = 0{,}40 \cdot 0{,}25 = 0{,}1 = 10\,\%$. Die Wahrscheinlichkeit, dass ein Schüler an einer Grippe ohne Fieber erkrankt, beträgt 10 %. ■

Totale Wahrscheinlichkeit (2. Pfadregel)

Es wird das gleiche zweistufige Zufallsexperiment betrachtet. Die erste Pfadregel findet ihre Anwendung. Danach wird entsprechend einer Aufgabenstellung die zweite Pfadregel für Baumdiagramme angewendet. Zum Beispiel soll die Wahrscheinlichkeit des Eintretens des Ereignisses C betrachtet werden.

Entsprechend der Anwendung der zweiten Pfadregel ergibt sich für das Eintreten des Ereignisses B die Wahrscheinlichkeit $P(B)$ folgender Rechenweg: $P(C) = P(B \cap C) + P(\overline{B} \cap C) = P(B) \cdot P_B(C) + P(\overline{B}) \cdot P_{\overline{B}}(C)$. Solche Betrachtungen und Berechnungen nach dem Satz der

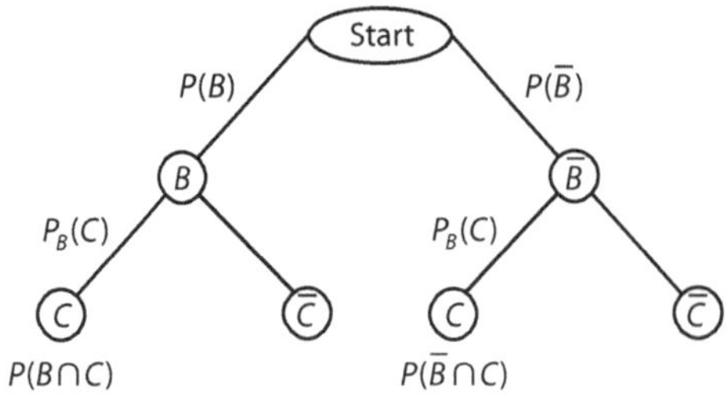

Bild 9.11

totalen Wahrscheinlichkeit lassen sich auf alle eintretenden Ereignisse eines Zufallsexperimentes übertragen.

Eingehend auf das *Beispiel 9.20* ergibt sich folgende Überlegung: Die Wahrscheinlichkeit, dass ein Schüler in einem Frühjahr an einer Grippe erkrankt, betrage 40 %. Die Wahrscheinlichkeit, dass dieser grippale Infekt mit Fieber einhergeht, betrage 75 %. Mit welcher Wahrscheinlichkeit erkrankt ein Schüler an Fieber?

Lösung: Die Wahrscheinlichkeiten der einzelnen Ereignisse betragen P (B = „Erkrankung an einer Grippe") = 0,40 und P (C = „Fieber") = 0,75. Es ergibt sich das Baumdiagramm (*Bild 9.12*).

Für das Eintreten des Ereignisses C, dass der Schüler auf jeden Fall Fieber bekommen kann, lässt sich deren Wahrscheinlichkeit wie folgt berechnen: $P(C) = 0{,}40 \cdot 0{,}75 + 0{,}60 \cdot 0{,}75 = 0{,}75 = 75\,\%$. Der Schüler erkrankt zu 75 % an Fieber.

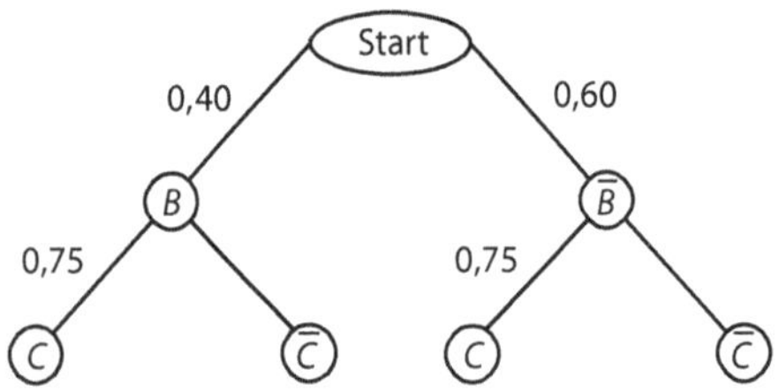

Bild 9.12

Dieses Ergebnis erhält man auch durch die Berechnungen in der Vierfeldertafel (*Tabelle 9.5*).

Tabelle 9.5

	C	$\overline{C}$	
B	$P(B \cap C) = p_1$ $= 0{,}4 \cdot 0{,}75$ $= 0{,}3$	$P(B \cap \overline{C}) = p_2$ $= 0{,}4 \cdot (1 - 0{,}75)$ $= 0{,}1$	$P(B) = 1 - 0{,}6$ $= 0{,}3 + 0{,}1$ $= 0{,}4$
$\overline{B}$	$P(\overline{B} \cap C) = p_3$ $= (1 - 0{,}4) \cdot 0{,}75$ $= 0{,}45$	$P(\overline{B} \cap \overline{C}) = p_4$ $= (1 - 0{,}4) \cdot (1 - 0{,}75)$ $= 0{,}15$	$P(\overline{B}) = 1 - 0{,}4$ $= 0{,}45 + 0{,}15$ $= 0{,}6$
	$P(C) = 1 - (1 - 0{,}75)$ $= 0{,}3 + 0{,}45$ $= 0{,}75$	$P(\overline{C}) = 1 - 0{,}75$ $= 0{,}1 + 0{,}15$ $= 0{,}25$	$P_{\text{Gesamt}} = 1$

Satz von Bayes

Der Satz von Bayes (Bayes-Theorem) wurde von dem englischen Mathematiker Thomas Bayes im 18. Jahrhundert formuliert. Diese Formel ist ein Ergebnis der Wahrscheinlichkeitstheorie, das die Berechnung bedingter Wahrscheinlichkeit beschreibt.

Es werden zwei Ereignisse B und C mit ihren bedingten Wahrscheinlichkeiten $P(B)$ und $P(C)$ in ihrem unterschiedlichen Ablauf in zwei Baumdiagrammen (*Bild 9.13*) betrachtet.

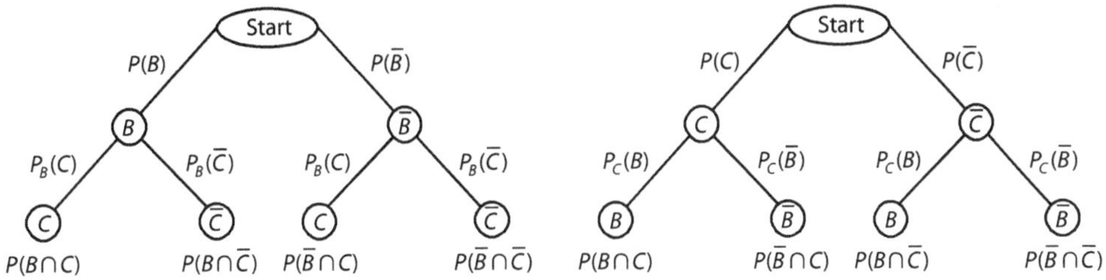

Bild 9.13

Aus der Betrachtung $P\left(B \cap C\right) = P(B) \cdot P_B(C)$ mit $P(C) \neq 0$ ergibt sich die Gleichung für die bedingte Wahrscheinlichkeit nach Bayes:

$$P_C(B) = \frac{P(B) \cdot P_B(C)}{P(C)} = \frac{P(B) \cdot P_B(C)}{P(B) \cdot P_B(C) + P\left(\overline{B}\right) \cdot P_{\overline{B}}(C)} \tag{9.16}$$

Die Wahrscheinlichkeit $P(B)$ bezeichnet man als **B-priori-Wahrscheinlichkeit** (entspricht dem Wahrscheinlichkeitswert eines Zufallsexperimentes, der aufgrund von Vorwissen gewonnen wird). Der Wahrscheinlichkeitswert $P_C(B)$ wird als B-posteriori-Wahrscheinlichkeit bezeichnet. Diese Gleichung lässt sich auf alle eintretenden Ereignisse eines mehrstufigen Zufallsexperimentes übertragen.

Beispiel

9.21 Eine Lieferung von Glühlampen stammt zu 70 % aus dem Werk A, zu 30 % aus dem Werk B. 96 % der Glühlampen aus A und 94 % der Glühlampen aus B sind normgerecht. Ermitteln Sie die Wahrscheinlichkeit für eine defekte Glühlampe aus dem Werk A!

Lösung: Es gilt für die Wahrscheinlichkeit der Lieferung von Glühlampen aus Werk A: $P(A) = 0{,}70$ und aus dem Werk B: $P(B) = 0{,}30$.

Für das normgerechte Angebot der Glühlampen lässt sich folgendes schlussfolgern: $P(N_A) = 0{,}96$ und $P(N_B) = 0{,}94$. Es folgt die Darstellung im Baumdiagramm (*Bild 9.14*).

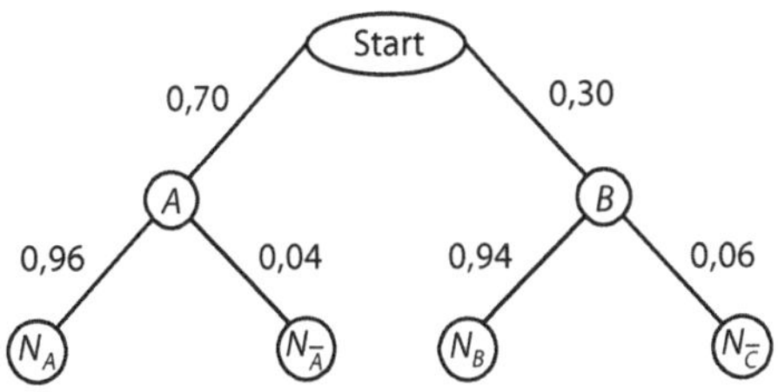

Bild 9.14

Um die Wahrscheinlichkeit für eine defekte Glühlampe aus dem Werk A zu berechnen, gilt nach Bayes:

$$P_{N_{\overline{A}}}(A) = \frac{P(A) \cdot P_A\left(N_{\overline{A}}\right)}{P\left(N_{\overline{A}}\right)} = \frac{P(A) \cdot P_A\left(N_{\overline{A}}\right)}{P(A) \cdot P_A\left(N_{\overline{A}}\right) + P(B) \cdot P_B\left(N_{\overline{B}}\right)} = \frac{0{,}7 \cdot 0{,}04}{0{,}7 \cdot 0{,}04 + 0{,}3 \cdot 0{,}06}$$

$$= \frac{0{,}028}{0{,}046} \approx 0{,}6087 \mathrel{\hat{=}} 60{,}87\,\%$$

■

Kontrollfragen

9.10 Erläutern Sie, was man unter einem mehrstufigen Zufallsexperiment versteht.

9.11 Beschreiben Sie drei Möglichkeiten der Beschreibung bzw. Darstellung von mehrstufigen Zufallsexperimenten.

9.12 Mit einem idealen Würfel wird zweimal gewürfelt. Stellen Sie ein entsprechendes Baumdiagramm auf und erläutern Sie daran die zwei Pfadregeln.

■ 9.4 Simulation von Zufallsversuchen

Von mehrstufigen Zufallsexperimenten lassen sich die Wahrscheinlichkeiten für das Eintreten eines bestimmten Ereignisses anhand von Computersimulationen in einem Tabellenkalkulationsprogramm oder einem grafischen Taschenrechner mit Computer-Algebra-System (CAS) mathematisch berechnen und veranschaulichen. Ein integrierter Zufallsgenerator im jeweiligen Gerät ist Hilfsmittel zur stochastischen Betrachtung und Untersuchung realer Vorgänge. Mithilfe dieses Gerätes lassen sich Zufallsexperimente wie zum Beispiel: „Das Werfen einer Münze", „Das Werfen eines Würfels", „Das Ziehen von einer bestimmten Anzahl von Kugeln aus einer Urne" sinnvoll nachvollziehen und aufzeichnen. Diese Zufallsexperimente werden durch die **Simulation** nachgeahmt. Diese Methode entspricht einer experimentellen Problemlösungsmethode und hilft der Analyse bzw. dem besseren Verständnisses des mathematischen Problems. Eine **Simulation** besteht in der Regel aus drei Phasen:

Phase 1: Modellierung des Zufallsexperimentes

Suchen und Auswählen eines geeigneten Modells, welches dem ursprünglichen Problem bzw. Zufallsexperiment entspricht.

Phase 2: Entwerfen und Nachspielen des Problems

Ein geeignetes Simulationsprogramm wird ausgewählt oder selbst erstellt. Das Simulationsexperiment wird genügend oft durchgeführt, damit sich die **relative Häufigkeit** des zu betrachtenden Ereignisses entsprechend dem empirischen Gesetz der großen Zahlen stabilisieren kann.

Phase 3: Auswertung des Zufallsexperimentes

Das aus der Simulation erhaltene Ergebnis wird auf die ursprüngliche Fragestellung bzw. auf das eigentliche Problem übertragen.

Die folgenden Beispiele:

(1) Erzeugen einer ganzzahligen Zufallszahl;

(2) Werfen einer Münze;

(3) Werfen eines Würfels;

(4) Ziehen einer Kugel aus einer Urne;

(5) Radioaktiver Zerfall eines instabilen Atomkerns

sollen einige einfache mögliche Zufallsexperimente in ihrer Simulation anhand eines Tabellenkalkulationsprogramms zeigen.

Folgende definierte Funktionen eines Tabellenkalkulationsprogramms helfen bei der Erstellung der Simulation von mehrstufigen Zufallsexperimenten (*Tabelle 9.6*).

Tabelle 9.6

Befehl im Tabellenkalkulationsprogramm	Welche Aktion löst der Befehl im Programm aus?
=**ZUFALLSZAHL()**	Es wird eine Zufallszahl aus dem Intervall [0/1] erzeugt.
=**GANZZAHL(***Zahl***)**	Es wird von dem Ausdruck in der Klammer der ganzzahlige Rest gebildet.
=**WENN(***Bedingung;Dann_Wert;Sonst_Wert***)**	Es wird die Aussage auf ihre Wahrheit hin überprüft und ordnet einen Wert zu.
=**MIN(***Bereich***)**	Es wird der kleinste Wert aus dem vorgegebenen Bereich ausgewählt.
=**MAX(***Bereich***)**	Es wird der größte Wert aus dem vorgegebenen Bereich ausgewählt.
=**ZÄHLENWENN(***Bereich;Suchkriterien***)**	Es werden Zellen mit einem bestimmten Inhalt gezählt.
=**ODER(***Wahrheitswert1;Wahrheitswert2;...***)**	Überprüfung der Bedingungen auf WAHR oder FALSCH.
Funktionstaste **F9**	Es werden Zufallszahlen der Tabelle entsprechend des angewiesenen Bereichs neu berechnet.

Jede folgende Simulation der aufgeführten Zufallsexperimente bezieht sich auf das Erzeugen einer Zufallszahl. Hat man mithilfe eines Tabellenkalkulationsprogramms eine Simulation erstellt, so kann man die durch das Betätigen der Funktionstaste F9 stets neu arbeiten bzw. neu ablaufen lassen.

Beispiel (1): „Erzeugen einer ganzzahligen Zufallszahl"

Aufgabe:

a) Erzeugen Sie eine ganzzahlige Zufallszahl mit $0 < Z < 1$.

b) Erzeugen Sie eine ganzzahlige Zufallszahl mit $0 \leqq Z \leqq 10$.

Lösung: Die Simulation lässt sich starten, indem man zum Beispiel in die Zelle B2 (Spalte 2/Zeile 2) des Tabellenkalkulationsprogramms (siehe *Tabelle 9.7*) die Funktion: „=Zufallszahl()" eingibt. Der Zufallsgenerator des Computers erzeugt durch diesen Befehl eine ganzzahlige Zufallszahl Z mit $0 < Z < 1$. Eine ganzzahlige Zahl im Intervall [0; 10] erhält man, indem in die Zelle C2 (Spalte 3/Zeile 2) der Befehl: „=B2*10" eingegeben wird. Durch das weitere Formatieren der Zelle lässt sich das Runden der Zahl ohne Kommastellen einstellen.

Tabelle 9.7 (1) Erzeugen einer ganzzahligen Zufallszahl

Nr.	$0 < Z < 1$	$0 \leq Z \leq 10$
1	0,172 994 75	2
2	0,924 091 20	9
3	0,264 897 15	3
4	0,207 907 95	2
5	0,020 711 54	0
6	0,535 921 67	5
7	0,720 853 13	7
8	0,723 459 08	7
9	0,704 681 07	7
10	0,297 954 19	3
Mittelwert	0,45734717	5

Beispiel (2): „Werfen einer Münze"

Der Ausgangspunkt dieses Zufallsexperimentes ist das vorhergehende Experiment. Folgende Aufgabenstellung wird formuliert:

Aufgabe: Erzeugen Sie in einer tabellarischen Übersicht das Vorkommen der Ereignisse „Wappen/Zahl".

Lösung: In die Zelle C2 (Spalte 2/Zeile 2) wird folgende Funktion:
=WENN(RUNDEN(Zufallszahlen!B4;0)=1;"Z";"W")
eingegeben. Dieser Befehl wird von Zelle C2 bis zur Zelle C10 übertragen. Über die Funktionstaste F9 kann die Münze wieder „neu geworfen" werden. Das Wurfergebnis stellt sich automatisch in der Tabelle ein. In einem mit der Tabelle verbundenem Diagramm kann man das Ergebnis grafisch darstellen und auswerten.

Tabelle 9.8 (2) Werfen einer Münze mit Zahl = 1, Wappen = 0

Nr.		*W* oder *Z*
1	1	*Z*
2	1	*Z*
3	1	*Z*
4	0	*W*
5	1	*Z*
6	1	*Z*
7	1	*Z*
8	1	*Z*
9	0	*W*
10	1	*Z*
Mittelwert	1	

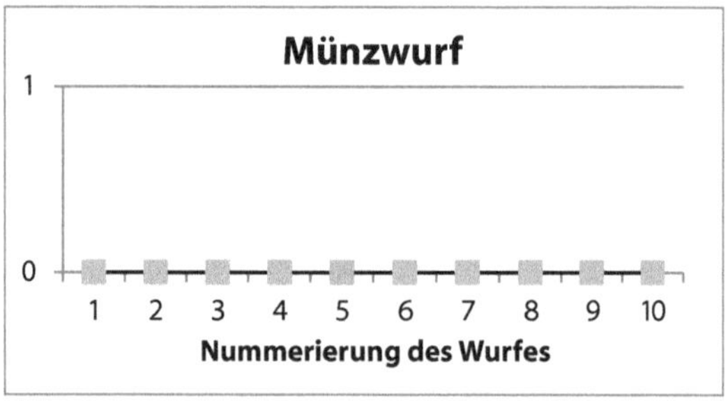

Beispiel (3): „Werfen eines Würfels"

Aufgabe: Ein idealer Würfel wir 100-mal geworfen. Notieren Sie die Augenzahl des Würfels.

Lösung: Die Anzahl der Zufallszahlen aus Spalte *A* wird von 10 auf 100 erweitert. Man kann in einer zweiten Tabelle die Anzahl der Augenzahlen beim 100-maligen Würfeln registrieren lassen. Durch die Eingabe des Befehls: =ZÄHLENWENN($C$2:$C$103;F3) (siehe *Tabelle 9.9*) in die Zelle F4 wird das Erscheinen der Augenzahl 2 registriert und gezählt. Damit lassen sich weitere stochastische Untersuchungen und Berechnungen, wie zum Beispiel: Bestimmen der relativen Häufigkeit, Berechnen der Wahrscheinlichkeit für das Eintreten eines bestimmten Ereignisses durchführen.

Tabelle 9.9

(1) Erzeugen einer ganzzahligen Zufallszahl		(3) Werfen eines Würfels
Nr.	$0 < Z < 1$	Augenzahl
1	0,018 688 27	1
2	0,577 160 48	4
3	0,130 233 90	1
4	0,064 693 57	1
5	0,658 772 44	4
6	0,210 220 27	2
7	0,111 014 03	1
8	0,675 746 29	5
9	0,526 218 37	4
10	0,726 614 43	5
11	0,668 645 12	5

Anzahl der Würfe mit ...						Summe der Würfe
1	2	3	4	5	6	
20	20	10	17	16	17	100

Beispiel (4): „Ziehen einer Kugel aus einer Urne“

Aufgabe: In einer Urne befinden sich 10 Kugeln. Es soll 30 mal aus der Urne eine Kugel entnommen, deren Farbe registriert und wieder zurückgelegt werden.

Lösung: Ausgangspunkt ist auch hier wieder das zuerst aufgeführte Zufallsexperiment: „Das Erzeugen einer Zufallszahl“. Man kann bei diesem Experiment selbst bestimmen, welche Zufallszahl welcher Kugelfarbe entsprechen soll. Zum Beispiel ist in der Zelle C2 (siehe *Tabelle 9.10*) die Funktion mit einer Abfrage:
=WENN(B2=1;"rot";WENN(B2=2;"rot";WENN(B2=3;"rot";WENN(B2=4;"rot";"schwarz"))))
hinterlegt. Diesen Befehl kann man auf die fortführenden Zellen dieser Spalte übertragen. Anhand dieser Simulation lassen sich weitere stochastische Untersuchungen und Berechnungen entwickeln und durchführen.

Tabelle 9.10 Ziehen von Kugeln

Ziehung	Zufallszahl	gez. Kugel
1	3	rot
2	5	schwarz
3	8	schwarz
4	6	schwarz
5	9	schwarz
6	1	rot
7	7	schwarz
8	2	rot
9	4	rot
10	8	schwarz
11	10	schwarz
12	1	rot
13	8	schwarz
14	7	schwarz
15	6	schwarz
16	1	rot
17	7	schwarz
18	5	schwarz
19	4	rot
20	10	schwarz
21	6	schwarz
22	3	rot
23	1	rot
24	2	rot
25	10	schwarz
26	2	rot
27	2	rot
28	6	schwarz
29	8	schwarz
30	6	schwarz

Anzahl rot	Anzahl schwarz
12	18

Beispiel (5): „Radioaktiver Zerfall eines instabilen Atomkerns“

In der Natur laufen Prozesse ab, die sich stochastisch untersuchen und anhand von Computersimulationen veranschaulichen lassen. Das folgende Beispiel „Zerfall eines instabilen Atomkerns“ bezieht sich auf das Fachwissen aus der Atom- und Kernphysik. Instabile Atomkerne besitzen eine ungleiche Anzahl von Protonen und Neutronen im Kern. Diese Kerne zerfallen in Sekunden oder in Millionen von Jahren in stabile Atomkerne und senden dabei radioaktive Strahlung aus.

Diesem radioaktiven Zerfall genügt das Zerfallsgesetz:

$$N(t) = N_0 \cdot \mathrm{e}^{-\lambda \cdot t}$$

$N(t)$ Anzahl der zum Zeitpunkt t noch nicht zerfallenen Kerne
N_0 Zahl der zum Zeitpunkt $t = 0$ vorhandenen Kerne
e Eulersche Zahl
λ Zerfallskonstante des radioaktiven Stoffes
t Zeit in Sekunden/Stunden/Jahren

Aufgabe: Entwerfen Sie eine Computersimulation, die den radioaktiven Zerfall eines instabilen Atomkerns gemäß des Zerfallsgesetzes: $N(t) = N_0 \cdot \left(\frac{5}{6}\right)^t$ berechnet und in einem $N(t)$-t-Diagramm darstellt.

Lösung: Ausgangspunkt ist wieder das erste Experiment: „Das Erzeugen einer Zufallszahl". Diese Zufallszahl wird mit 1 000 multipliziert, um eine große Anzahl von Kernen zu haben. Über die Funktion: =AUFRUNDEN(ZUFALLSZAHL()*1000;0) wird ein ganzzahliger zufälliger Wert erzeugt. Dieser ist Ausgangspunkt des Zerfallsprozesses. Über die Funktion mit der Formel: =AUFRUNDEN($C$2*((5/6)^D2);0) werden die zum jeweiligen Zeitpunkt t noch nicht zerfallenen Kerne berechnet.

Tabelle 9.11

Zeitschritte	0	1	2	3	4	5	6	7	8	9
Zahl der Kerne $N(t)$	790	659	549	458	381	318	265	221	184	154

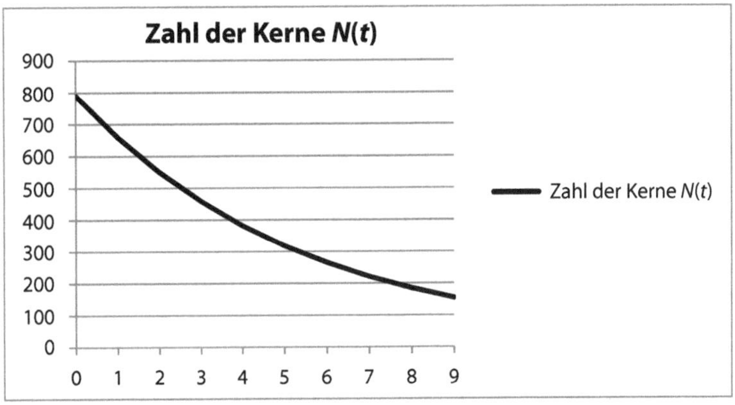

Durch das Betätigen der Funktionstaste F9 startet die Simulation von Neuem. Anhand des Zerfallsgesetzes lassen sich noch weitere Teilaufgaben ableiten, wie zum Beispiel: das Bestimmen und Anzeigen der Halbwertszeit aus der Zerfallskurve des Diagramms.

9.5 Aufgaben

9.1 Eine Stichprobe mit $n = 400$ Längenmessungen ergab (Maße in mm):

i	$x_{i-1} \leqq x < x_i$	h_i
1	$126{,}0 \leqq x < 126{,}2$	40
2	$126{,}2 \leqq x < 126{,}4$	60
3	$126{,}4 \leqq x < 126{,}6$	90
4	$126{,}6 \leqq x < 126{,}8$	120
5	$126{,}8 \leqq x < 127{,}0$	70
6	$127{,}0 \leqq x < 127{,}2$	20

Wenn x in der Klasse i liegt, sei das Ereignis E_i eingetreten; $P(E_i)$ wird durch h_i/n geschätzt ($i = 1, 2, \ldots, 6$).

Berechnen Sie die Wahrscheinlichkeiten für

a) $E_7 = E_3 \cup E_4 \cup E_5$; $E_8 = E_4 \cup E_5 \cup E_6$,

b) Summe und Produkt von E_7 und E_8,

c) das entgegengesetzte Ereignis der Summe von E_7 und E_8,

d) das Ereignis, dass $x \geqq 126{,}8$ mm ist,

e) das Ereignis, dass $x < 126{,}6$ mm ist.

9.2 Berechnen Sie die Funktionswahrscheinlichkeit für das gemischte System in *Bild 9.15*. Es ist $p_1 = 0{,}6$; $p_2 = 0{,}8$; $p_3 = p_4 = p_5 = 0{,}5$; $p_6 = p_8 = 0{,}9$; $p_7 = p_9 = 0{,}75$; $p_{10} = 0{,}4$.

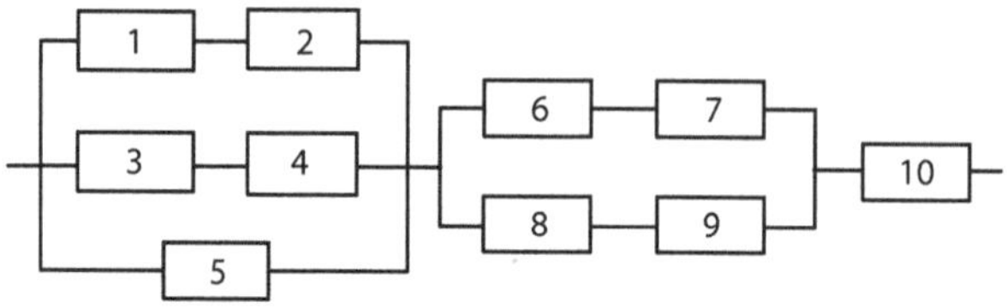

Bild 9.15

9.3 Zwei Elemente mit den Funktionswahrscheinlichkeiten $p_1 = 0{,}8$ und $p_2 = 0{,}6$ sind im Sinne der Zuverlässigkeitstheorie in Serie geschaltet. Um wie viel Prozent erhöht sich die Funktionswahrscheinlichkeit des Systems, wenn zum zweiten Element ein Reserveelement mit der gleichen Funktionswahrscheinlichkeit p_2 parallel geschaltet wird?

9.4 Ein Element hat die Funktionswahrscheinlichkeit 0,7. Durch Parallelschaltung von Reserveelementen, von denen jedes die Funktionswahrscheinlichkeit 0,3 hat, soll die Funktionswahrscheinlichkeit des Systems auf mindestens 0,95 erhöht werden. Wie viele Elemente sind zuzuschalten?

9.5 Mit der klassischen Definition der Wahrscheinlichkeit sind die Wahrscheinlichkeiten für folgende Ereignisse zu berechnen:

a) bei 3 Würfen mit einer Münze genau zweimal „Zahl“;

b) bei 1 Wurf mit 2 Würfeln eine Gesamtzahl, die größer als 4 und kleiner als 8 ist;

c) bei 1 Wurf mit 3 Würfeln einen Fünfer- oder Sechserpasch;

d) bei 1 Wurf mit 3 Würfeln genau zweimal Sechs;

e) bei 1 Wurf mit 3 Würfeln die Gesamtzahl 14.

9.6 a) An einem Handballturnier nehmen 12 Mannschaften teil, von denen jede Mannschaft gegen jede andere spielen soll. Wie viele Spiele sind zu spielen?

b) Wie viele Mannschaften können an einem Turnier teilnehmen, wenn jede Mannschaft gegen jede andere spielen soll und höchstens 200 Spiele gespielt werden können?

9.7 Ein Schütze hat die Treffwahrscheinlichkeit 0,8. Berechnen Sie die Wahrscheinlichkeiten, bei 6 Schuss a) 6-mal, b) genau 4-mal, c) mindestens 1-mal, d) höchstens 3-mal zu treffen.

9.8 Im Morsealphabet gibt es 30 Kombinationen mit höchstens 4 kurzen oder langen Impulsen, mit denen die 26 Buchstaben von a bis z sowie ä, ch, ö, ü dargestellt werden. Werden damit alle möglichen Kombinationen genutzt?

9.9 Berechnen Sie die Funktionswahrscheinlichkeit für das gemischte System in *Bild 9.16*. Es ist $p_1 = 0{,}6$; $p_2 = 0{,}7$; $p_3 = 0{,}4$; $p_4 = 0{,}3$.

9.10 *Bild 9.17a* stellt eine Brückenschaltung im Sinne der Zuverlässigkeitstheorie dar. Die Funktionswahrscheinlichkeit ist die Summe der Wahrscheinlichkeiten für die beiden Ereignisse „Element 5 funktioniert und die Elemente 1 bis 4 sind eine Serie von 2 Parallelschaltungen“ (*Bild 9.17b*) und „Element 5 funktioniert nicht und die Elemente 1 bis 4 sind eine Parallelschaltung von 2 Serienschaltungen“ (*Bild 9.17c*). Berechnen Sie die Funktionswahrscheinlichkeit für $p_1 = p_2 = p_3 = p_4 = 0{,}3$; $p_5 = 0{,}4$.

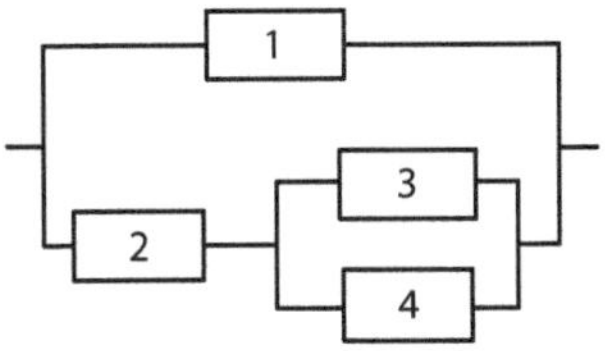

Bild 9.16

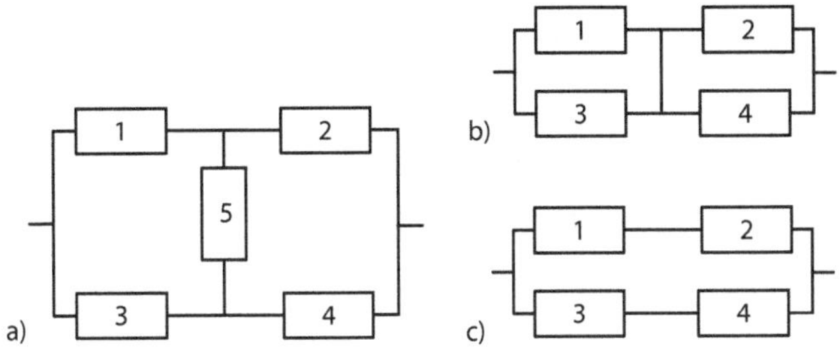

Bild 9.17

9.11 Eine Parallelschaltung von n Elementen mit gleicher Funktionswahrscheinlichkeit p soll eine Funktionswahrscheinlichkeit von mindestens 0,90 haben. Berechnen Sie p allgemein und speziell für $n = 2$ und $n = 3$.

9.12 Ein Werkstück wird mit 20 % Ausschusswahrscheinlichkeit hergestellt. Wie groß ist die Wahrscheinlichkeit, dass in einem Posten von 15 Stück weniger als 3 Stück Ausschuss sind?

9.13 Die Treffwahrscheinlichkeiten von 3 Schützen sind $p_1 = p_2 = 0{,}6$; $p_3 = 0{,}7$. Jeder schießt höchstens einmal. Der zweite schießt nur, wenn der erste nicht trifft und der dritte nur, wenn der zweite nicht trifft. Mit welcher Wahrscheinlichkeit wird das Ziel getroffen?

9.14 Drei Granatwerfer schießen mit 3 Salven auf ein Ziel. Die Treffwahrscheinlichkeit je Schuss ist 0,1. Ein Treffer genügt, um das Ziel zu vernichten. Mit welcher Wahrscheinlichkeit wird das Ziel vernichtet?

9.15 Berechnen Sie die Wahrscheinlichkeit für einen Vierer bei Lotto „6 aus 49“.

9.6 Lösungen

9.1 a) 0,7; 0,525 b) 0,75; 0,475 c) 0,25 d) 0,225 e) 0,475

9.2 $p_{\mathrm{I}} = 1 - 0{,}52 \cdot 0{,}75 \cdot 0{,}5 = 0{,}805$; $p_{\mathrm{II}} = 1 - 0{,}325^2 = 0{,}894$

$p = p_{\mathrm{I}} \cdot p_{\mathrm{II}} \cdot 0{,}4 = 0{,}29$

9.3 um 40 % (von 0,48 auf 0,672)

9.4 $1 - 0{,}3 \cdot 0{,}7^n = 0{,}95$; $n = 5{,}02$; zuzuschalten sind 6 Elemente

9.5 a) $P(E) = 0{,}5; \binom{3}{2} = 0{,}375$

b) $P(\{(1;\,4),\,(2;\,3),\,\ldots,\,(5;\,2),\,(6;\,1)\}) = 15/36 = 0{,}4167$

c) $2/216 = 0{,}0093$

d) $\binom{3}{2} \cdot \frac{1}{6} \cdot \frac{1}{6} \cdot \frac{5}{6} = 0{,}0694$

e) $P(\{(2;\,6;\,6),\,(3;\,5;\,6),\,(3;\,6;\,5),\,\ldots,\,(6;\,6;\,2)\}) = 15/216 = 0{,}0694$

9.6 a) $\binom{12}{2} = 66$ b) $\binom{n}{2} = 200;\ n = 20$

9.7 a) $0{,}8^6 = 0{,}262\,1$

b) $\binom{6}{4} 0{,}8^4 \cdot 0{,}2^2 = 0{,}245\,8$

c) $1 - 0{,}2^6 = 0{,}999\,9$

d) „höchstens 3-mal“ bedeutet „0-mal oder 1-mal oder 2-mal oder 3-mal“: 0,098 9

9.8 alle Kombinationen, denn $2^1 + 2^2 + 2^3 + 2^4 = 30$

9.9 0,762 4

9.10 $p_5\,(1 - q_1q_3)\,(1 - q_2q_4) + q_5\,[1 - (1 - p_1p_2)\,(1 - p_3p_4)] = 0{,}207$

9.11 $1 - (1 - p)^n = 0{,}90;\ p\,(n) = 1 - \sqrt[n]{0{,}10};\ p\,(2) = 0{,}683\,8;\ p\,(3) = 0{,}535\,8$

9.12 $0{,}2^0 \cdot 0{,}8^{15} + \binom{15}{1} 0{,}2^1 \cdot 0{,}8^{14} + \binom{15}{2} 0{,}2^2 \cdot 0{,}8^{13} = 0{,}398\,0$

9.13 $P\left[E_1 \cup (\overline{E_1} \cap E_2) \cup (\overline{E_1} \cap \overline{E_2} \cap E_3)\right] = 0{,}952$

9.14 Treffwahrscheinlichkeit je Salve: $1 - 0{,}9^3 = 0{,}271;$

$0{,}271 + 0{,}729 \cdot 0{,}271 + 0{,}729^2 \cdot 0{,}271 = 0{,}613$

9.15 Kombination ohne Wiederholung: $\dfrac{49!}{6! \cdot (49 - 3)!} = 139\,838\,16$

10 Einführung in die Statistik

10.0 Vorbemerkung

Die Statistik ist das nach der Wahrscheinlichkeit zweite wichtigste Gebiet der Stochastik. In vielen Bereichen der Natur-, Technik- und Gesellschaftswissenschaften werden empirische Untersuchungen zu verschiedensten Themen unter einer Vielzahl von Menschen durchgeführt. Diese Umfragen, Stichproben liefern eine Menge quantitative Informationen, die Daten. Diese Datenmenge kann sehr umfangreich und unübersichtlich sein. Aufgabe der Statistik ist, Verfahren zur Beschreibung und Auswertung eines solchen aus der Erfahrung gewonnenen (empirischen) Zahlenmaterials bereitzustellen.

Deshalb bezeichnet man diese Form auch als beurteilende Statistik. Beispiele für die Anwendung statistischer Verfahren sind die Auswertung von Versuchsergebnissen und die statistische Qualitätskontrolle in der Industrie.

10.1 Statistische Erhebung, Auswertung und Darstellung von Daten

Grundbegriffe

Bei einer Erhebung von Daten werden alle Objekte der Erhebung hinsichtlich eines bestimmten qualitativen oder quantitativen Merkmals in ihrer Gesamtheit untersucht und die daraus folgenden Merkmalsausprägungen gemessen. Diese Merkmalsausprägungen werden in einer Urliste, Strichliste oder einem entsprechenden Fragebogen festgehalten.

Gegenstand einer statistischen Untersuchung sind Einheiten: einzelne Objekte (Lebewesen, Stücke oder Stoffmengen), die ein bestimmtes Merkmal haben, das untersucht werden soll. (Es gibt auch statistische Untersuchungen, bei denen mehrere Merkmale bei jeder Einheit untersucht werden.)

Die *Tabelle 10.1* enthält Beispiele für Einheiten und Merkmale, die Gegenstand einer Untersuchung sein können.

Merkmale treten in verschiedenen **Ausprägungen** auf. Sie sind **quantitativer Art**, wenn sie sich durch Zahlen darstellen lassen, die aus Messungen gewonnen werden (siehe die Nummern 1, 2, 4, 6, 7 der *Tabelle 10.1*); sie sind **qualitativer Art**, wenn sie Eigenschaften der Einheiten sind, die sich in bestimmten (voneinander verschiedenen) Kategorien angeben lassen (siehe die Nummern 3, 5, 8).

In der Literatur werden quantitative Merkmale auch als messbare oder Variablenmerkmale, qualitative Merkmale auch als Attributmerkmale bezeichnet. Jedes Merkmal ist entweder

Tabelle 10.1

Nr.	Einheit	Merkmal
1	Zylinderkolben	Durchmesser
2	Kondensator	Kapazität
3	Kondensator	Funktionsfähigkeit
4	Arbeitnehmer	Alter
5	Arbeitnehmer	Beruf
6	Beton-Probewürfel	Würfeldruckfestigkeit
7	1 Hektar Nutzfläche	Hektarertrag von Weizen
8	Prüfungsarbeit	Prüfungsergebnis (verbal)

stetig (kontinuierlich) oder **nicht stetig** (diskret). Bei einem stetigen Merkmal können die Ausprägungen jeden Wert (in einem Bereich möglicher Werte) annehmen (siehe die Nummern 1, 2, 6, 7), während bei einem diskreten Merkmal nur endlich viele Werte oder Kategorien möglich sind (siehe die Nummern 3, 4, 5, 8). Den Kategorien eines qualitativen Merkmals können Zahlen zugeordnet werden, z. B. bei Nr. 3 der Tabelle für „funktionsfähig" die Zahl „1", für „nicht funktionsfähig" die Zahl „0", oder bei Nr. 8 die Zuordnungen „sehr gut" – „1", „gut" – „2" usw.Merkmale mit nur zwei möglichen Ausprägungen heißen **alternative Merkmale** (siehe die Nr. 3 der Tabelle).

Ziel einer statistischen Untersuchung ist, für eine vorliegende Menge von Einheiten bei jeder Einheit die Merkmalsausprägung zu ermitteln (z. B. bei Zylinderkolben den Durchmesser zu messen) und die Ergebnisse in knapper und übersichtlicher Form zu beschreiben. Die zu untersuchende Menge wird **Gesamtheit** (auch Posten, Los oder Charge) genannt. Um bei großen Gesamtheiten Kosten, Arbeitszeit und Arbeitskräfte einzusparen, wird oft eine **Stichprobe** aus der Gesamtheit ausgewählt, untersucht und ausgewertet. Sie ist eine Teilmenge der Gesamtheit und muss diese bezüglich des zu untersuchenden Merkmals möglichst gut widerspiegeln. Eine solche Stichprobe, die **repräsentativ** heißt, erhält man, wenn die Einheiten vor der Auswahl gut durchmischt und dann nach einem bestimmten Plan entnommen werden (Zufallsauswahl). Zum Beispiel würde sich nach der Entnahme jeder zwanzigsten Einheit eine Stichprobe ergeben, deren Umfang fünf Prozent des Umfangs der Gesamtheit wäre. Untersuchungen, bei denen die Einheit zerstört wird (z. B. Lebensdaueruntersuchungen), sind nur als Stichprobenuntersuchungen möglich.

Kontrollfragen

10.1 Welche Arten von Merkmalsausprägungen werden unterschieden?

10.2 Wie unterscheidet sich ein stetiges von einem diskreten Merkmal?

10.3 Wie können Sie erreichen, dass eine Stichprobe repräsentativ für die Gesamtheit ist?

Verteilungstafeln

Grundlage einer statistischen Auswertung sind Messungen an den Einheiten einer Gesamtheit oder einer Stichprobe. Die Anzahl der Einheiten, der **Umfang,** wird bei einer Gesamtheit mit N, bei einer Stichprobe mit n bezeichnet. Im Folgenden wird stets eine Stichprobenuntersuchung angenommen.

Die **Urliste** enthält die Messwerte in der Reihenfolge, wie sie gemessen wurden, also ungeordnet. Eine erste Information über ihre Streuung, d. h. über die Breite des Bereichs, in dem sie verteilt sind, gibt die **Spannweite (Variationsbreite)** R. Sie ist die Differenz zwischen dem größten und dem kleinsten Messwert:

$$\omega = x_{\text{Max}} - x_{\text{Min}} \tag{10.1}$$

Wenn die Messwerte der Größe nach geordnet werden, ergibt sich die **primäre Verteilungstafel** (h_i ist die absolute Häufigkeit des Messwertes x_i).

Beispiel

10.1 Bei 20 Probewürfeln aus Beton wird die Druckfestigkeit gemessen. Die Messwerte sind in *Tabelle 10.3* aufgeführt.

Tabelle 10.2

x_i in $\text{N} \cdot \text{mm}^{-2}$				
38,0	33,1	34,4	35,2	38,0
39,6	31,5	30,6	33,2	33,1
28,2	28,7	30,6	41,2	46,1
42,3	42,3	38,0	42,3	40,1

Es ist die Spannweite zu berechnen, und die Messwerte der Urliste sind in einer primären Verteilungstafel darzustellen.

Lösung: Spannweite: $R_w = (46{,}1 - 28{,}2)\ \text{N} \cdot \text{mm}^{-2}$
Primäre Verteilungstafel:

Tabelle 10.3

x_i in $\text{N} \cdot \text{mm}^{-2}$	h_i	x_i in $\text{N} \cdot \text{mm}^{-2}$	h_i
28,2	1	35,2	1
28,7	1	38,0	3
30,6	2	39,6	1
31,5	1	40,1	1
33,1	2	41,2	1
33,2	1	42,3	3
34,4	1	46,1	1

■

Die primäre Verteilungstafel kann bei großem Stichprobenumfang unübersichtlich werden. Um das zu vermeiden, fasst man mehrere aufeinanderfolgende Werte zu **Klassen** zusammen. Die entstehende Darstellung heißt **sekundäre Verteilungstafel**.

Für die Klassenbildung werden folgende Regeln empfohlen:

1. Die Klassenbreite d sollte konstant sein;
2. für die Anzahl k der Klassen ist ein Wert zwischen 5 und 20 zu wählen;
3. die Klassengrenzen sind eindeutig den Klassen zuzuordnen.

Regel 3 wird erfüllt, wenn die Klassen entweder rechts offene („von a bis unter b“, d. h., $a \leqq x_i < b$) oder links offene Intervalle sind („von über a bis b“, d. h., $a < x_i \leqq b$). Mit der Klassenbildung ist ein Informationsverlust verbunden, da man die in der gleichen Klasse liegenden Werte nicht mehr unterscheiden kann. Als Repräsentanten der Klassen werden die Klassenmitten gewählt. Bei manueller Auswertung der Urliste wird empfohlen, die Verteilungstafel mithilfe einer Strichliste zu erarbeiten. Die Werte in der Urliste werden der Reihe nach abgearbeitet, indem jeder Wert durch einen Strich in der Klasse markiert wird, in der er liegt (senkrechte Striche, jeder fünfte waagerecht).

Beispiel

10.2 Die Werte der Urliste in *Beispiel 10.1* sind in einer sekundären Verteilungstafel darzustellen.

Lösung: Wegen des kleinen Umfangs werden nach Regel 2 fünf Klassen gewählt ($k = 5$); als Klassenbreite wird $d = 4\,\text{N} \cdot \text{mm}^{-2}$ festgelegt (wegen $R/k = 17{,}9\,\text{N} \cdot \text{mm}^{-2}/5 \approx 4\,\text{N} \cdot \text{mm}^{-2}$); es werden rechts offene Klassen gewählt, beginnend bei $28\,\text{N} \cdot \text{mm}^{-2}$ (wegen $x_{\text{min}} = 28{,}2\,\text{N} \cdot \text{mm}^{-2}$).

Tabelle 10.4

Klassen (Grenzen in N · mm^{-2})	Strichliste	Klassenmitten (N · mm^{-2})	absolute Häufigkeit
von 28 bis unter 32	卌	30	5
von 32 bis unter 36	卌	34	5
von 36 bis unter 40	IIII	38	4
von 40 bis unter 44	卌	42	5
von 44 bis unter 48	I	46	1
			$n = 20$

■

Die Summe der Klassenhäufigkeiten ist gleich dem Stichprobenumfang.

Die Verteilungstafel kann noch um zwei Spalten erweitert werden, indem aus den absoluten (Klassen-)Häufigkeiten h_i die relativen (Klassen-)Häufigkeiten h_i/n und aus diesen durch zeilenweises Summieren die relativen Summenhäufigkeiten $\sum_{m=1}^{i} h_m/n$ berechnet werden. Beide werden oft in Prozent angegeben. Die Spalte mit den relativen Summenhäufigkeiten ist die tabellarische Darstellung der empirischen **Verteilungsfunktion**.

Beispiel

10.3 Die Werte der folgenden Urliste (55 Messungen an Widerständen) sind in einer sekundären Verteilungstafel darzustellen.

Tabelle 10.5

x_i in Ω	($n = 55$)										
210	214	222	222	224	219	228	216	210	228	233	231
232	228	222	223	223	219	219	217	216	221	220	227
212	214	223	224	224	221	219	228	232	215	218	224
225	224	224	229	219	218	218	224	229	213	222	229
219	220	223	220	225	220	228	225	224	228	228	222

Lösung: Spannweite: $R_{\text{w}} = (233 - 210)\,\Omega = 23\,\Omega$

Anzahl der Klassen: Gewählt wird $k = 6$.

Die Klassen seien rechts offen, Breite $d = 4\,\Omega$ (wegen $R/k = 3{,}8\,\Omega \approx 4\,\Omega$); für die untere Grenze der ersten Klasse wird $210\,\Omega$ (wegen $x_{\text{min}} = 210\,\Omega$) gewählt.

Tabelle 10.6

Klassen von X_{m-1} bis unter x_m (Grenzen in Ω)	Strichliste	Klassenmitten x_i in Ω	absolute Häufigkeit h_i	relative Häufigkeit h_i/n in %	relative Summenhäufigkeit in %
(1)	(2)	(3)	(4)	(5)	(6)
von 210 bis unter 214	IIII	212	4	6,67	6,67
von 214 bis unter 218	~~IIII~~ I	216	6	10,00	16,67
von 218 bis unter 222	~~IIII~~ ~~IIII~~ ~~IIII~~	220	15	25,00	41,67
von 222 bis unter 226	~~IIII~~ ~~IIII~~ ~~IIII~~ ~~IIII~~	224	20	33,33	75,00
von 226 bis unter 230	~~IIII~~ ~~IIII~~ I	228	11	18,33	93,33
von 230 bis unter 234	IIII	232	4	6,67	100,00
			60	100,00	

Anmerkungen:

1. Zu den Klassengrenzen (Spalte (1)): Während $x_1 = 210\,\Omega$ zur ersten Klasse gehört, ist $x_2 = 214\,\Omega$ der zweiten Klasse zuzuordnen, denn die erste Klasse geht bis unter $R = 214\,\Omega$, und die zweite beginnt bei $214\,\Omega$.
2. Zur empirischen Verteilungsfunktion (Spalte (6)): Die Häufigkeiten in Spalte (6) geben den Anteil der Werte an, die kleiner sind als die jeweilige obere Klassengrenze der betreffenden Zeile (Beispiel: Die 41,67 % in Zeile 3 sagen aus, dass 41,67 % aller Werte kleiner sind als $R = 222\,\Omega$.) Damit lassen sich Intervallhäufigkeiten berechnen (Beispiel: Der Anteil der Werte, die zwischen $218\,\Omega$ und $230\,\Omega$ liegen, ist gleich der Differenz der Summenhäufigkeiten in den Zeilen mit $218\,\Omega$ und $230\,\Omega$ als oberen Klassengrenzen, also $93{,}33\,\% - 16{,}67\,\% = 76{,}66\,\%$; dieser Wert ist gleich der Summe der relativen Häufigkeiten für die Klassen von $218\,\Omega$ bis $230\,\Omega$.) ■

Die Form der sekundären Verteilungstafel hängt von der unteren Grenze der ersten Klasse, der **Reduktionslage**, und der Klassenbreite d ab. Je größer d gewählt wird, umso kleiner ist k; die Anzahl der Werte pro Klasse vergrößert sich, und da in der gleichen Klasse liegende Werte sich nicht mehr unterscheiden lassen, verringert sich der Informationsgehalt der Tafel. Andererseits ergibt eine zu kleine Klassenbreite eine unnötige Differenziertheit und unübersichtliche Darstellung.

Den Einfluss der Reduktionslage auf die Form der Verteilungstafel zeigt das nächste Beispiel.

Beispiel

10.4 Für die Urliste in *Beispiel 10.3* ist mit $d = 4\,\Omega$ und der Reduktionslage $208\,\Omega$ die sekundäre Verteilungstafel darzustellen (Spalten (1) bis (4)).

Lösung:

Tabelle 10.7

Klassen (Grenzen in Ω)	Strichliste	Klassenmitten x_i in Ω	absolute Häufigkeit h_i
(1)	(2)	(3)	(4)
von 208 bis unter 212	III	210	3
von 212 bis unter 216	~~IIII~~ I	214	6
von 216 bis unter 220	~~IIII~~ ~~IIII~~ IIII	218	14
von 220 bis unter 224	~~IIII~~ ~~IIII~~ ~~IIII~~ IIII	222	19
von 224 bis unter 228	~~IIII~~ ~~IIII~~ I	226	11
von 228 bis unter 232	~~IIII~~ I	230	6
von 232 bis unter 236	I	234	1
			60

■

Grafische Darstellungen

Die gebräuchlichsten Darstellungsarten von Häufigkeitsverteilungen sind das Histogramm und das Häufigkeitspolygon.

Das **Histogramm** (Staffelbild, Treppenpolygon) ist ein Flächendiagramm: Auf der waagerechten Achse (der Merkmalsachse) werden die Klassengrenzenabgetragen und über den Klassen Rechtecke errichtet, deren Höhe die (absoluten oder relativen) Klassenhäufigkeiten darstellen. Die Strichliste kann man als ein um 90° gedrehtes Histogramm auffassen. Das Histogramm für die Verteilung in *Beispiel 10.3* ist in *Bild 10.1* dargestellt.

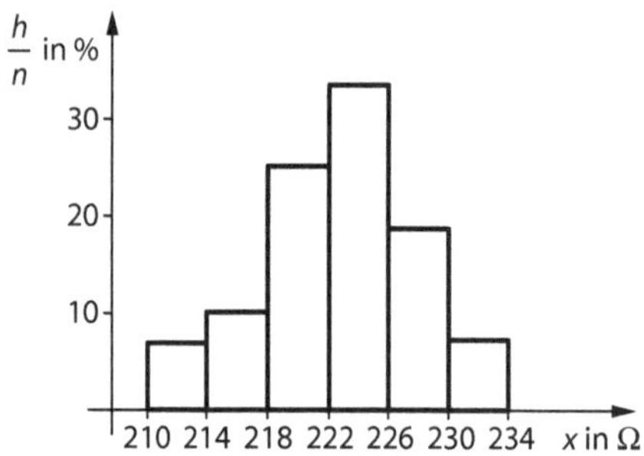

Bild 10.1

Das **Häufigkeitspolygon** ist ein Liniendiagramm: Auf der Merkmalsachse werden die Klassenmitten abgetragen und über ihnen Senkrechte errichtet, deren Höhe die (absoluten oder relativen) Klassenhäufigkeiten darstellen, und die Endpunkte miteinander verbunden. Das Polygon beginnt über der Mitte der ersten Klasse und endet über der Mitte der letzten. Man kann es auf beiden Seiten bis zur Merkmalsachse fortsetzen; das Polygon beginnt und endet dann jeweils eine halbe Klassenbreite außerhalb der äußeren Klassengrenzen. In *Bild 10.2* ist das Häufigkeitspolygon für die Verteilung in *Beispiel 10.3* dargestellt.

Entsprechend lässt sich auch die empirische Verteilungsfunktion als Treppen- oder Häufigkeitspolygon darstellen. Die Häufigkeiten werden jeweils über den oberen Klassengrenzen errichtet (siehe Anm. 2. in *Beispiel 10.3*): *Bilder 10.3* und *10.4*.

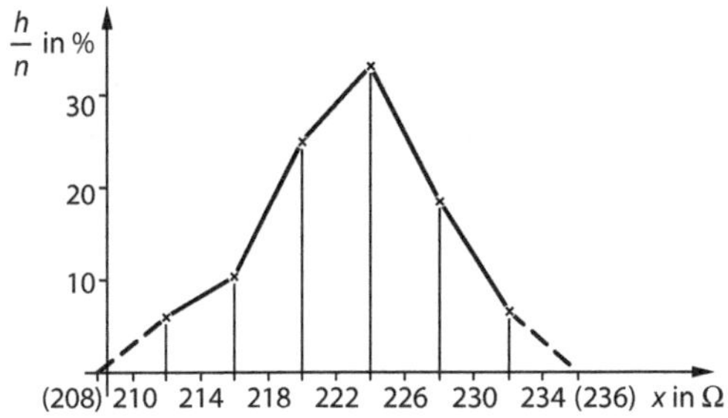

Bild 10.2

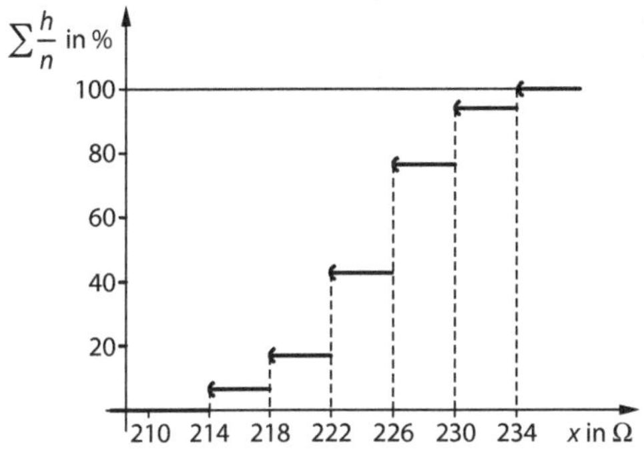

Bild 10.3

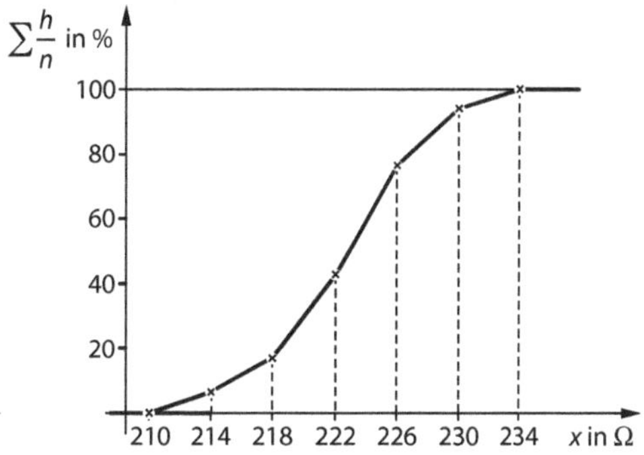

Bild 10.4

Typische Verteilungsformen für Häufigkeitsverteilungen sind die symmetrische (*Bild 10.5 a*) und die links- oder rechtssteile Verteilung (*Bild 10.5 b, c*). Symmetrische Verteilungen haben oft (etwa) glockenförmige Gestalt. *Bild 10.6* stellt eine zweigipflige linkssteile Verteilung dar.

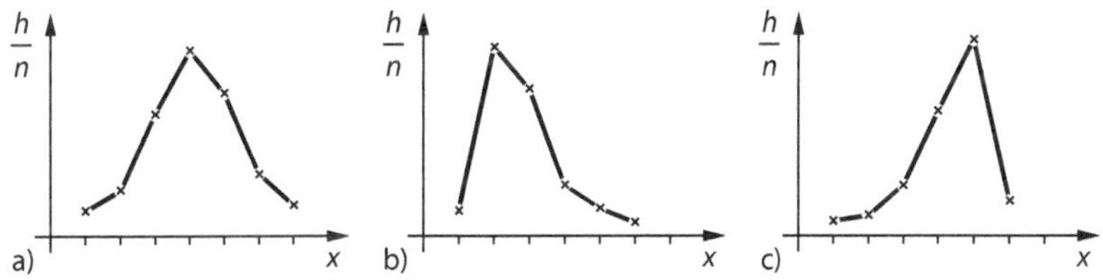

Bild 10.5

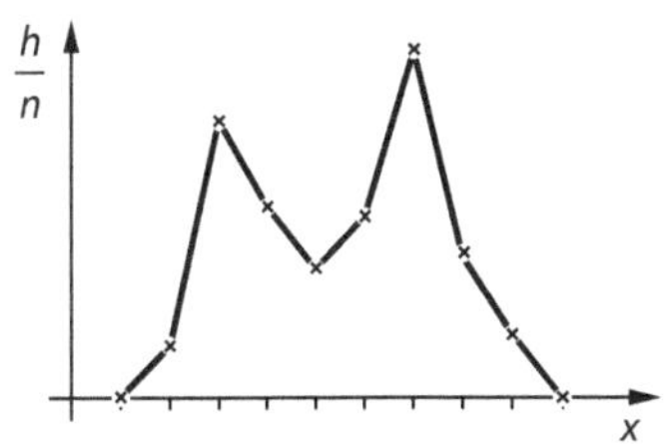

Bild 10.6

Mittelwerte und Streuungsmaße

Um Häufigkeitsverteilungen zu beschreiben und miteinander vergleichen zu können, berechnet man statistische Maßzahlen. Die wichtigsten sind die Mittelwerte und die Streuungsmaße.

Mittelwerte

Von besonderer Bedeutung ist das **arithmetische Mittel** $\overline{x}$ (lies: „x quer"). Es wird in der Statistik am häufigsten verwendet. Man berechnet es, indem man die Summe aller Messwerte bildet und durch ihre Anzahl dividiert:

$$\overline{x} = \frac{1}{n} \sum_{i=1}^{n} x_i \tag{10.2}$$

Mit den Werten einer Verteilungstafel wird $\overline{x}$ nach folgender Formel berechnet:

$$\overline{x} = \frac{1}{n} \sum_{i=1}^{n} x_i h_i; \quad n = \sum_{i=1}^{k} h_i \tag{10.3}$$

Bei einer **primären** Verteilungstafel sind die x_i die Messwerte, h_i ihre absoluten Häufigkeiten, und k ist die Anzahl der in der Tafel stehenden x_i; bei einer **sekundären** Verteilungstafel sind die x_i die Klassenmitten, h_i die absoluten Klassenhäufigkeiten, und k ist die Anzahl der Klassen.

Die Berechnung des arithmetischen Mittels mithilfe der Klassenmitten ergibt einen Fehler, der aber in den meisten Fällen so gering ist, dass er vernachlässigt wird.

Eigenschaften des arithmetischen Mittels

1. Die Summe der Abweichungen aller Messwerte von $\overline{x}$ ist null:

$$\sum_{i=1}^{k} h_i \left(x_i - \overline{x}\right) = 0$$

2. Die Summe der Quadrate der Abweichungen aller Messwerte von einem beliebigen Wert a ist für $a = \overline{x}$ ein Minimum.

Eigenschaft 1 eignet sich als Probe für die richtige Berechnung des arithmetischen Mittels.

Zum Beweis der Eigenschaft 1 wird die Summe umgeformt:

$$\sum_{i=1}^{k} h_i \left(x_i - \overline{x}\right) = \sum_{i=1}^{k} h_i x_i - h_i \overline{x} = \sum_{i=1}^{k} h_i x_i - \sum_{i=1}^{k} h_i \overline{x}$$

Der konstante Faktor $\overline{x}$ wird ausgeklammert und der Ausdruck umgeformt:

$$\ldots = \sum_{i=1}^{k} h_i x_i - \overline{x} \sum_{i=1}^{k} h_i = \overline{x}\, n - \overline{x}\, n = 0$$

Eigenschaft 2 wird nicht bewiesen (es werden Kenntnisse der Differenzialrechnung gebraucht); stattdessen wird im nächsten Beispiel anhand von angenommenen Werten für a gezeigt, dass sie gilt.

Beispiel

10.5 a) Für die Verteilung in *Beispiel 10.3* ist aus den Werten der sekundären Verteilungstafel $\overline{x}$ zu berechnen.

b) Es ist zu zeigen, dass für $\overline{x}$ die Eigenschaften 1 und 2 gelten.

Lösung:

a) Mit den Werten der Spalten (3) und (4) der Verteilungstafel ergibt sich

$$\overline{x}/\Omega = \frac{1}{60}\,(212 \cdot 4 + 216 \cdot 6 + \ldots + 232 \cdot 4)$$
$$= \frac{1}{60}\,13\,360 = 222{,}67$$
$$\overline{x}/\Omega = 223$$

(Wenn $\overline{x}$ direkt aus den Werten der Urliste berechnet wird, ergibt sich $\overline{x}/\Omega = (210 + 214 + \ldots + 222)/60 = 222{,}23$. Der Fehler ist $0{,}44/222{,}23 = 0{,}2$ %, also vernachlässigbar klein, der Rechenaufwand – wenn mit den Werten der Verteilungstafel gerechnet wird – aber wesentlich geringer.)

b) Um die Eigenschaften 1 und 2 zu bestätigen, wird mit $\overline{x}/\Omega = 222{,}67$ gerechnet, damit die Rundungsfehler möglichst klein bleiben; für a wird $a_1 = \overline{x}$, $a_2 = 220\,\Omega$ gewählt:
Eigenschaft 1:

$$S/\Omega = \sum_{i=1}^{6} h_i\,(x_i - 222{,}67)$$
$$= 4\,(212 - 222{,}67) + 6\,(216 - 222{,}67) + \ldots + 4\,(232 - 222{,}67)$$
$$= (-42{,}68) + (-40{,}02) + \ldots + (37{,}72) = -0{,}2$$

Es müsste sich $S = 0$ ergeben; die Abweichung von null entsteht, weil mit einem gerundeten Wert für $\overline{x}$ gerechnet wurde.
Eigenschaft 2:

$$S_1/\Omega^2 = \sum_{i=1}^{6} h_i\,(x_i - 222{,}67)^2$$
$$= 4\,(212 - 222{,}67)^2 + 6\,(216 - 222{,}67)^2 + \ldots + 34\,(232 - 222{,}67)^2$$
$$= 455{,}395\,6 + 266{,}933\,4 + \ldots + 348{,}195\,6 = 1\,525{,}334$$

$$S_2/\Omega^2 = \sum_{i=1}^{6} h_i\,(x_i - 220)^2$$
$$= 4\,(212 - 220)^2 + 6\,(216 - 220)^2 + \ldots + 4\,(232 - 220)^2$$
$$= 256 + 96 + \ldots + 576 = 1\,952$$

Eigenschaft 2 gilt für die Werte a_1 und a_2, denn es ist $S_1 < S_2$. ■

Das arithmetische Mittel lässt sich in physikalischer Sicht anschaulich deuten: $\overline{x}$ ist für die Fläche zwischen Histogramm und Merkmalsachse die Abszisse des Schwerpunkts.

Ein weiterer Mittelwert ist der **Median** (Zentralwert) $\tilde{x}$ (lies: „x Schlange"). Er wird vor allem in der statistischen Qualitätskontrolle angewendet.

Definition 10.1

Für n Messwerte x_i, die der Größe nach geordnet sind, ist der Median $\tilde{x}$

- der mittelste Wert, wenn die Anzahl n ungerade ist,
- das arithmetische Mittel der beiden mittleren Werte, wenn die Anzahl n gerade ist.

Beispiel

10.6 Für folgende Messreihen ist der Median zu ermitteln:

a) $x_i/\text{cm} = 12;\ 15;\ 17;\ 20;\ 24$

b) $x_i/\text{kg} = 200;\ 300;\ 500;\ 600;\ 700;\ 900$

c) für die Werte in *Beispiel 10.1*

Lösung:

a) Da $n = 5$ (ungerade Zahl) ist, liegt genau ein Wert in der Mitte: $\tilde{x}/\text{cm} = 17$.

b) Wegen $n = 6$ (gerade Zahl) liegen 2 Werte in der Mitte:

$$\tilde{x}/\text{kg} = \frac{1}{2}(500 + 600) = 550.$$

c) Aus der primären Verteilungstafel folgt wegen $n = 20$, dass $\tilde{x}$ das arithmetische Mittel aus dem zehnten und elften Wert ist: $\tilde{x}/(\text{N} \cdot \text{mm}^{-2}) = \frac{1}{2}(35{,}2 + 38{,}0) = 36{,}6$. ■

Der Median lässt sich bei kleinen Stichproben schnell bestimmen. Deshalb wird er in der Kontrollkartentechnik, einem Hilfsmittel zur laufenden Kontrolle eines Fertigungsprozesses, dem arithmetischen Mittel vorgezogen. Der laufenden Produktion werden periodisch kleine Stichproben (5 oder 7 Einheiten) entnommen, aus den Messwerten wird der Median bestimmt und in eine Kontrollkarte eingetragen. Aus ihr kann man erkennen, ob der Prozess stabil ist oder außer Kontrolle gerät.

Ein weiterer Mittelwert, der sich besonders zur Charakterisierung von zwei- oder mehrgipfligen Verteilungen eignet, ist der **Modalwert** (Dichtemittel) m:

Der Modalwert ist derjenige Wert einer Verteilung, der (bezüglich seiner Nachbarwerte) die größte Häufigkeit hat.

Eine zweigipflige Verteilung hat zwei Modalwerte (siehe *Bild 10.6*).

Für spezielle statistische Untersuchungen, besonders in der Wirtschaftsstatistik, wird das **geometrische Mittel** g genutzt:

Für n positive Messwerte $x_1, x_2, \ldots, x_n$ ist:

$$G = \sqrt[n]{x_1 \cdot x_2 \cdot \ldots \cdot x_n} \tag{10.4}$$

Mit ihm können durchschnittliche relative (prozentuale) Änderungen berechnet werden: Es sei k_0 der Wert einer ökonomischen Kennziffer zu Beginn des Untersuchungszeitraums; $k_1, k_2, \ldots, k_5$ seien ihre Werte nach $1, 2, \ldots, 5$ Jahren. Die jährlichen relativen Änderungen sind dann $x_1 = k_1/k_0, x_2 = k_2/k_1, \ldots, x_5 = k_5/k_4$. Das geometrische Mittel ist

$$G = \sqrt[5]{\frac{k_1}{k_0} \cdot \frac{k_2}{k_1} \cdot \frac{k_3}{k_2} \cdot \frac{k_4}{k_3} \cdot \frac{k_5}{k_4}} = \sqrt[5]{\frac{k_5}{k_0}}$$

Man erhält das gleiche Ergebnis für den Quotienten q einer geometrischen Folge mit Anfangsglied k_0 Endglied k_5 und $n - 1 = 5$ Intervallen. Er ist bekanntlich die konstante relative Änderung der Glieder der geometrischen Folge, und wegen $G = q$ ist G die durchschnittliche jährliche Änderung der Kennziffern k_i. $G = q$ heißt das (durchschnittliche) Wachstumstempo, $r = q - 1$ die (durchschnittliche) Zuwachsrate.

Beispiele

10.7 Die Nettoproduktion p (in 10^3 €) eines Betriebes betrug:

Tabelle 10.8

Jahr	2000	2001	2002	2003	2004	2005
$p/(10^3\,€)$	4 545	5 350	6 494	8 034	9 472	10 788

Es sind das durchschnittliche jährliche Wachstumstempo und die durchschnittliche jährliche Zuwachsrate zu berechnen.

Lösung: Es ist

$x_1 = 5\,350/4\,545 = 1{,}177, \quad x_2 = 6\,494/5\,350 = 1{,}214, \quad x_3 = 1{,}237, \quad x_4 = 1{,}179, \quad x_5 = 1{,}139$

$G = \sqrt[5]{1{,}177 \cdot 1{,}214 \cdot 1{,}237 \cdot 1{,}179 \cdot 1{,}139} = 1{,}189$

Kürzer: $G = \sqrt[5]{\dfrac{10\,788}{4\,545}} = 1{,}189$

Durchschnittliches Wachstumstempo pro Jahr: 118,9 %; durchschnittliche Zuwachsrate pro Jahr: 18,9 %.

10.8 Eine Kennziffer ändert sich in 4 aufeinanderfolgenden Jahren um +12 %, −20 %, −30 %, +8 % (jährliche Änderungsraten). Es ist die durchschnittliche jährliche Änderungsrate zu berechnen.

Lösung: Die durchschnittliche Änderung nach *Gl. (10.4)* berechnet sich aus den jährlichen Wachstumstempi

$x_1 = 100\,\% + 12\,\% = 1{,}12\,\%, \quad x_2 = 0{,}80, \quad x_3 = 0{,}70, \quad x_4 = 1{,}08;$

$G = \sqrt[4]{1{,}12 \cdot 0{,}80 \cdot 0{,}70 \cdot 1{,}08} = 0{,}907$

Die durchschnittliche jährliche Änderungsrate beträgt

$r = 0{,}907 - 1 = -0{,}093 = -9{,}3\,\%$ ■

Streuungsmaße

Die beiden Stichproben

$$S_1 : x_i/\text{cm} = 85;\ 90;\ 95;\ 100;\ 105;\ 110;\ 115$$
$$S_2 : x_i/\text{cm} = 40;\ 60;\ 80;\ 100;\ 120;\ 140;\ 160$$

haben zwar das gleiche arithmetische Mittel $\overline{x} = 100$ cm, aber in S_2 sind die Abweichungen von ihm größer als in S_1. Die Abweichungen der Messwerte vom arithmetischen Mittel werden als Streuung bezeichnet. S_2 hat demnach eine größere Streuung als S_1.

Ein einfach zu berechnendes Streuungsmaß ist die **Spannweite** (siehe *Gl. (10.1)*). Sie wird deshalb zusammen mit dem Median in der Kontrollkartentechnik verwendet.

Ein anderes Streuungsmaß ist der Mittelwert aller Abweichungen $(x_i - \overline{x})$. Allerdings ist das arithmetische Mittel dieser Abweichungen nicht brauchbar, denn dieses ist nach Eigenschaft 1 des arithmetischen Mittels stets gleich null. Deshalb wird als Streuungsmaß der quadratische Mittelwert, d. h. die Wurzel aus dem arithmetischen Mittel der Quadrate dieser Abweichungen, definiert.

Streuung (Empirische Varianz)

$$s^2 = \frac{1}{n-1} \sum_{i=1}^{n} (x_i - \overline{x})^2 \qquad (10.5)$$

Wenn die Werte einer Verteilungstafel entnommen werden, so ist

$$s^2 = \frac{1}{n-1}\sum_{i=1}^{k}(x_i - \overline{x})^2 h_i \qquad (10.6)$$

Die Quadratwurzel aus s^2 heißt **Standardabweichung** (mittlere quadratische Abweichung) s. In der Literatur findet man diese Formeln auch mit dem Divisor n statt $n-1$, analog zur Definition des arithmetischen Mittels. Aus theoretischen Gründen, die an dieser Stelle nicht erläutert werden können, folgt, dass die Definitionen mit dem Divisor $n-1$ vorzuziehen sind.

Um die Berechnung zu vereinfachen, wird *Gl. (10.6)* umgeformt:

$$\begin{aligned} s^2 &= \frac{1}{n-1}\sum_{i=1}^{k}\left(x_i^2 h_i - 2x_i\overline{x}h_i + \overline{x}^2 h_i\right) \\ &= \frac{1}{n-1}\left(\sum_{i=1}^{k} x_i^2 h_i - 2\overline{x}\sum_{i=1}^{k} x_i h_i + \overline{x}^2 \sum_{i=1}^{k} h_i\right) \\ &= \frac{1}{n-1}\left(\sum_{i=1}^{k} x_i^2 h_i - 2\overline{x}\cdot n\overline{x} + \overline{x}^2\cdot n\right) \\ s^2 &= \frac{1}{n-1}\left(\sum_{i=1}^{k} x_i^2 h_i - n\overline{x}^2\right) \qquad (10.7) \end{aligned}$$

Beispiel

10.9 Für die Verteilung in *Beispiel 10.3* sind aus der sekundären Verteilungstafel Streuung und Standardabweichung zu berechnen.

Lösung:

1. Möglichkeit: Berechnung nach *Gl. (10.6)*

$$s^2/\Omega^2 = \frac{1}{59}\cdot 1\,525{,}334 \quad \text{(siehe } S_1 \text{ in } \textit{Beispiel 10.5}\text{)}$$

$$s^2/\Omega^2 = 25{,}85; \quad s/\Omega = 5{,}1 \approx 5$$

2. Möglichkeit: Berechnung nach *Gl. (10.7)*

$$\sum_{i=1}^{6} x_i^2 h_i = 212^2\cdot 4 + 216^2\cdot 6 + \ldots + 232^2\cdot 4 = 2\,976\,352$$

$$s^2/\Omega^2 = \frac{1}{59}\left(2\,976\,352 - 60\cdot\left(\frac{13\,360}{60}\right)^2\right) = 25{,}84; \quad s/\Omega = 5{,}1 \approx 5$$ ■

Um die Streuung von Häufigkeitsverteilungen miteinander vergleichen zu können, wird der **Variationskoeffizient** berechnet:

$$v = \frac{s}{\overline{x}}\cdot 100\,\% \qquad (10.8)$$

Beispiel

10.10 Es sind zwei Verteilungen mit

$\overline{x}_1 = 365{,}3\,\text{cm}; \quad s_1 = 6{,}5\,\text{cm}$

$\overline{x}_2 = 1\,245{,}6\,\text{cm}; \quad s_2 = 15{,}3\,\text{cm}$

miteinander zu vergleichen. Welche Verteilung hat die größere Streuung?

Lösung: Es ist

$$v_1 = \frac{6{,}5\,\text{cm}}{365{,}3\,\text{cm}} = 1{,}8\,\%; \quad v_2 = \frac{15{,}3\,\text{cm}}{1\,245{,}6\,\text{cm}} = 1{,}2\,\%$$

Die zweite Verteilung hat zwar die größere absolute Streuung, aber v_2 ist kleiner als v_1, d. h., die auf das arithmetische Mittel bezogene relative Standardabweichung ist kleiner. ■

Ein Berechnungsverfahren für $\overline{x}$ und s, das zum großen Teil manuell ausgeführt werden kann, ist das **Verfahren des angenommenen Mittelwertes** (Multiplikationsverfahren). Es ist nur anwendbar, wenn die Klassen der sekundären Verteilungstafel konstante Breite haben.

1. Wahl eines Schätzwertes $\overline{x}_\text{a}$ für das arithmetische Mittel (angenommener Mittelwert): $\overline{x}_\text{a}$ muss eine Klassenmitte sein, empfohlen wird das Dichtemittel D.
2. Berechnen von Hilfswerten (Klassennummern) $m_i = \left(x_i - \overline{x}_\text{a}\right)/d$ (d ist die Klassenbreite); die Klassennummern sind ganze Zahlen (Vorzeichen beachten!).
3. Berechnen der Summen

$$P = \sum_{i=1}^{k} h_i m_i; \quad Q = \sum_{i=1}^{k} h_i m_i^2$$

4. Berechnen von $\overline{x}$ und s^2 nach den Formeln

$$\overline{x} = \overline{x}_\text{a} + \frac{d}{n}P; \quad s^2 = \frac{d^2}{n-1}\left(Q - \frac{P^2}{n}\right) \tag{10.9}$$

Das Verfahren ist unabhängig von der Wahl des angenommenen Mittelwertes, d. h., wenn man für $\overline{x}_\text{a}$ eine andere Klassenmitte als das Dichtemittel D wählt, erhält man das gleiche Ergebnis.

Herleitung der Formel für $\overline{x}$:

$$\overline{x} = \frac{1}{n}\sum_{i=1}^{k} h_i x_i = \frac{1}{n}\sum_{i=1}^{k} h_i\left(\overline{x}_\text{a} + x_i - \overline{x}_\text{a}\right)$$

$$= \frac{1}{n}\sum_{i=1}^{k} h_i \overline{x}_\text{a} + \frac{1}{n}\sum_{i=1}^{k} h_i\left(x_i - \overline{x}_\text{a}\right) = \overline{x}_\text{a}\frac{1}{n}\sum_{i=1}^{k} h_i + \frac{d}{n}\sum_{i=1}^{k} h_i \frac{x_i - \overline{x}_\text{a}}{d}$$

(der zweite Summand wurde mit d erweitert)

$$\overline{x} = \overline{x}_\text{a}\frac{1}{n}n + \frac{d}{n}\sum_{i=1}^{k} h_i m_i = \overline{x}_\text{a} + \frac{d}{n}P$$

Die Formel für s^2 wird nicht hergeleitet. Sie ergibt sich durch analoge Umformungen, die aber wesentlich umfangreicher sind.

Beispiel

10.11 Für die Verteilung in *Beispiel 10.3* sind $\overline{x}$ und s nach dem Verfahren des angenommenen Mittelwertes zu berechnen.

Lösung: Die Werte für P und Q werden mithilfe der *Tabelle 10.9* berechnet.

Die Spalten (l) und (2) dieser Tabelle sind die Spalten (3), (4) der Tabelle in *Beispiel 10.3*. Aus Spalte (1) folgt $d/\Omega = 4$ (das ist die konstante Differenz der Werte in dieser Spalte); die Summe der Werte in Spalte (2) ergibt $n = 60$. Als Schätzwert für das arithmetische Mittel wird $\overline{x}_\text{a}/\Omega = 224$ gewählt, denn die betreffende Klasse (Zeile 4 der Tabelle) enthält mit $h_i = 20$ die meisten Messwerte. Nun werden in Spalte (3) die Klassennummern eingetragen: Man beginnt mit der Zeile, die den Schätzwert $\overline{x}_a$ enthält, und gibt ihr die Nummer Null. Die Klassennummern der anderen Zeilen ergeben sich, indem jeweils eins addiert bzw. subtrahiert wird.

Als Nächstes berechnet man die Werte in Spalte (4) als Produkte der Werte in den Spalten (2) und (3), danach die Werte in Spalte (5) als Produkte der Werte in den Spalten (3) und (4) (denn es ist $m_i \cdot h_i m_i = h_i m_i^2$).

Die Summen der Werte in den Spalten (4) und (5) ergeben P und Q.

Es ergibt sich die *Tabelle 10.9*.

Tabelle 10.9

x_i in Ω	h_i	m_i	$h_i m_i$	$h_i m_i^2$
(1)	(2)	(3)	(2)·(3) = (4)	(3)·(4) = (5)
212	4	−3	−12	36
216	6	−2	−12	24
220	15	−1	−15	15
224	20	0	0	0
228	11	1	11	11
232	4	2	8	16
	60		$P = -20$	$Q = 102$

Damit ergibt sich

$$\overline{x}/\Omega = 224 + \frac{4}{60} \cdot (-20) = 222{,}67$$

$$s^2/\Omega^2 = \frac{16}{59}\left[102 - \frac{(-20)^2}{60}\right] = 25{,}85; \quad s/\Omega = 5{,}1 \approx 5$$

■

Kontrollfragen

10.4 Worin unterscheiden sich primäre und sekundäre Verteilungstafel?

10.5 Welche Regeln sind beim Bilden von Klassen zu beachten?

10.6 Worin unterscheiden sich Histogramm und Häufigkeitspolygon?

10.7 Welche Eigenschaften hat das arithmetische Mittel?

10.8 Welche Voraussetzung muss erfüllt sein, um das Verfahren des angenommenen Mittelwertes anwenden zu können?

Aufgaben: *10.1* bis *10.6*

Verfahren für zwei quantitative Merkmale

Zwischen zwei Merkmalen kann ein Zusammenhang bestehen, der mehr oder weniger stark ausgeprägt sein kann.

Beispiele für solche Merkmalspaare sind:

1. der Spannungsabfall über einem ohmschen Widerstand und der durch ihn fließende Strom
2. Geschwindigkeit und Kraftstoffverbrauch eines Personenkraftwagens
3. der Einsatz eines Düngemittels und der Ertrag an Getreide
4. der Anteil an Zuschlagstoffen im Beton und die Druckfestigkeit.

Während in Beispiel 1 ein linearer Zusammenhang zwischen Spannung und Strom besteht (Ohmsches Gesetz: $I = U/R$), ist in den Beispielen 2 bis 4 die Art des Zusammenhangs nur durch Messungen feststellbar, und es ist auch von vornherein nicht sicher, ob er so eng ist, dass er sich durch eine Funktion beschreiben lässt. Vermutlich ist in Beispiel 2 der Kraftstoffverbrauch umso größer, je höher die Geschwindigkeit ist, während in Beispiel 4 mit höherem Anteil an Zuschlagstoffen die Druckfestigkeit abnimmt. Falls sich in Beispiel 3 kein Zusammenhang feststellen lässt, kann man daraus schließen, dass das Düngemittel wirkungslos ist. Genauere Aussagen sind nur auf der Grundlage von Messungen möglich. Sie haben eine umso größere Aussagekraft, je umfangreicher sie sind.

Die beiden Merkmale sollen allgemein mit X und Y bezeichnet werden, die Messwerte mit x_i und y_i. Für eine Stichprobe mit n Einheiten Umfang ergibt sich eine Urliste in der Form von *Tabelle 10.10*.

Tabelle 10.10

X	x_1	x_2	$\dots$	x_i	$\dots$	x_n
Y	y_1	y_2	$\dots$	y_i	$\dots$	y_n

Fasst man die Wertepaare (x_i, y_i) als Koordinaten von Punkten auf und trägt diese in ein Koordinatensystem ein, so erhält man eine Punktwolke (Punkt-, Streuungsdiagramm). Sie vermittelt einen Eindruck über die Art und die Stärke des Zusammenhangs. Er wird als **Korrelation** bezeichnet. Die Korrelation ist positiv, wenn die Punktwolke nach rechts oben ansteigt. Es gilt dann: Je größer x_i ist, desto größer ist (i. Allg.) y_i. Je schmaler die Punktwolke ist (d. h. je enger die Punkte um eine Gerade streuen), umso stärker ist die Korrelation. In den *Bildern 10.7a* und *10.7b* sind positive Korrelationen dargestellt, wobei die Korrelation in *Bild 10.7a* stärker ist als in *Bild 10.7b*. Eine extrem starke positive Korrelation zeigt *Bild 10.7c*: Die Punkte liegen auf einer Geraden. In *Bild 10.7d* sind die Punkte etwa gleichmäßig verteilt, d. h., die Merkmale X und Y sind nahezu unkorreliert. Wenn die Punktwolke nach rechts unten fällt, liegt negative Korrelation vor: Je größer x_i ist, desto kleiner ist (i. Allg.) y_i. Die Merkmalspaare in den Beispielen 1, 2 und – falls das Düngemittel den Ertrag beeinflusst – 3 sind positiv korreliert, in Beispiel 4 liegt negative Korrelation vor.

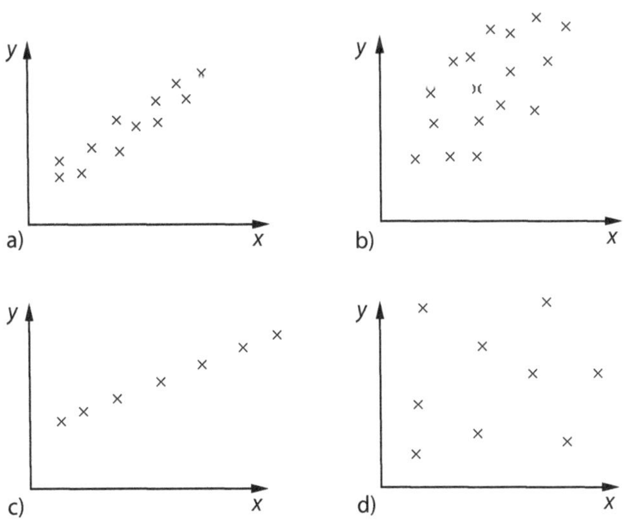

Bild 10.7

Unter Korrelation versteht man i. Allg. einen (mehr oder weniger starken) linearen Zusammenhang. Er kann mit den in diesem Abschnitt betrachteten Verfahren untersucht werden. Es gibt auch nichtlineare Korrelation (siehe *Bild 10.8*). Auf diese sind die folgenden Verfahren nicht anwendbar.

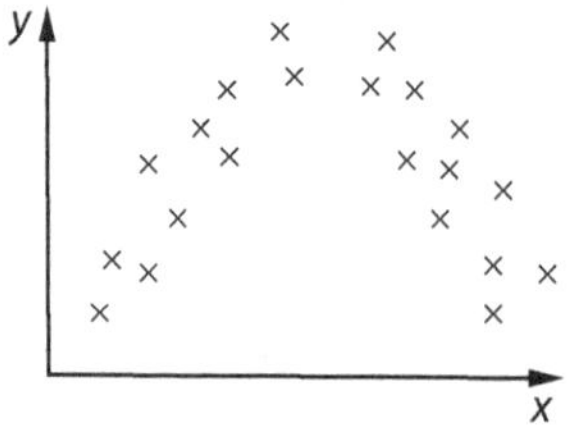

Bild 10.8

Die Stärke des linearen Zusammenhangs zwischen X und Y wird durch den **Korrelationskoeffizienten** ausgedrückt:

$$r_{xy} = \frac{\sum_{i=1}^{n} (x_i - \overline{x})(y_i - \overline{y})}{\sqrt{\sum_{i=1}^{n} (x_i - \overline{x})^2 \sum_{i=1}^{n} (y_i - \overline{y})^2}} \qquad (10.10)$$

Umformungen, die denen in der Herleitung der *Gl. (10.7)* entsprechen, ergeben

$$r_{xy} = \frac{\sum_{i=1}^{n} (x_i y_i - n\overline{x}\overline{y})}{\sqrt{\left(\sum_{i=1}^{n} x_i^2 - n\overline{x}^2\right)\left(\sum_{i=1}^{n} y_i^2 - n\overline{y}^2\right)}} \qquad (10.11)$$

Der Korrelationskoeffizient liegt zwischen -1 und $+1$. Für $r_{xy} > 0$ liegt positive Korrelation vor (steigende Punktwolke), für $r_{xy} < 0$ negative Korrelation (fallende Punktwolke). Wenn $r_{xy} = 1$ oder $r_{xy} = -1$ ist, liegen alle Punkte auf einer (steigenden oder fallenden) Geraden; wenn $r_{xy} = 0$ ist, sind X und Y nicht korreliert.

Der entscheidende Teil in der Formel ist der Zählerterm. Der Wurzelterm im Nenner hat nur die Funktion, den Wert zu normieren, d. h. auf das Intervall zwischen -1 und $+1$ zu beschränken.

Beispiele

10.12 Bei einem Pkw wurden die CO-Leerlaufemission (X) und der Kraftstoffverbrauch (Y) gemessen (*Tabelle 10.11*).

Tabelle 10.11

x_i in Vol.-%	2	4	5,6	3,2	2,8	6	3,5	7,2	8	10
y_i in g/Test	360	380	420	380	375	392	390	416	418	424

Es ist zu untersuchen, ob ein Zusammenhang besteht, d. h., ob die Vergasereinstellung den Kraftstoffverbrauch beeinflusst.

Lösung: Nach *Gl. (10.11)* wird der Korrelationskoeffizient berechnet:

(1) Zunächst die arithmetischen Mittel ($n = 10$)

$$\overline{x} = \frac{1}{10}(2 + 4 + \ldots + 10) = 5{,}23; \quad \overline{y} = 395{,}5$$

(2) dann die Summen

$$S_{xy} = \sum_{i=1}^{10} x_i y_i = 2 \cdot 360 + 4 \cdot 380 + \ldots + 10 \cdot 424 = 21\,154{,}2$$

$$S_{xx} = \sum_{i=1}^{10} x_i^2 = 2^2 + 4^2 + \ldots + 10^2 = 333{,}53$$

$$S_{yy} = \sum_{i=1}^{10} y_i^2 = 360^2 + 380^2 + \ldots + 424^2 = 1\,568\,745$$

(3) mit ihnen ergibt sich

$$r_{xy} = \frac{S_{xy} - n\overline{x}\,\overline{y}}{\sqrt{\left(S_{xx} - n\overline{x}^2\right)\left(S_{yy} - n\overline{y}^2\right)}} = \frac{469{,}55}{\sqrt{60{,}001 \cdot 4\,542{,}5}} = 0{,}9$$

r_{xy} liegt nahe an 1. X und Y sind demnach stark positiv korreliert; unvollständige Verbrennung führt zu erhöhtem Kraftstoffverbrauch.

10.13 Welche Korrelation besteht zwischen X und Y in den Beispielen aus *Tabelle 10.12a)* und *b)*?

Tabelle 10.12

a)

x_i	200	250	280	300	350
y_i	90	110	70	85	80

b)

x_i	20	30	35	40	50
y_i	7	40	5	20	10

Lösung:

a) $\overline{x} = 276, \overline{y} = 87; S_{xy} = 118\,600, S_{xx} = 393\,400, S_{yy} = 38\,725; r_{xy} = -0{,}4$
Die Korrelation ist negativ von mittlerer Stärke (*Bild 10.9*).

b) $\overline{x} = 35, \overline{y} = 16{,}4; S_{xy} = 2\,815, S_{xx} = 6\,625, S_{yy} = 2\,174; r_{xy} = -0{,}085$
r_{xy} liegt nahe an null: X und Y sind sehr schwach korreliert (*Bild 10.10*), möglicherweise auch nicht korreliert. Da die Urliste nur wenige Wertepaare enthält, ist ihre Aussagekraft gering. In der statistischen Praxis würde man durch weitere Messungen den Umfang n der Stichprobe vergrößern, um aus ihr einen Korrelationskoeffizienten mit stärkerer Aussagekraft zu erhalten.

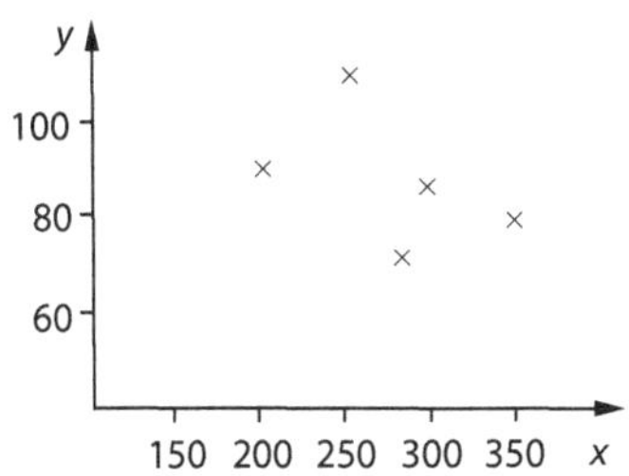

Bild 10.9

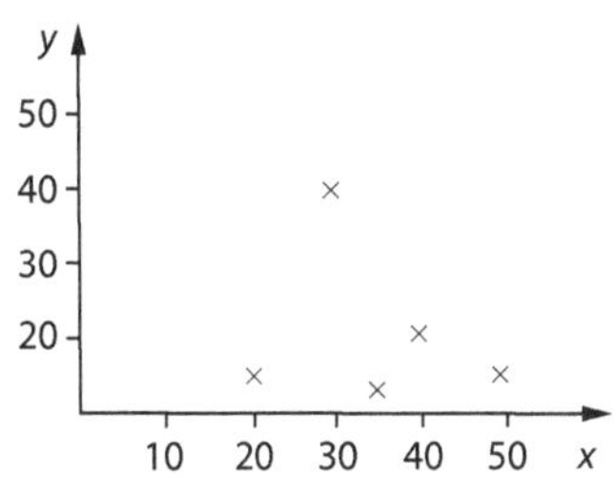

Bild 10.10 ■

Wenn sich für die Merkmale X und Y eine mittlere bis starke Korrelation ergibt, kann diese durch eine Gerade beschrieben werden: **Regressions-**(Ausgleichs-)**gerade**. Sie soll den Verlauf der Punktwolke möglichst gut wiedergeben. Wenn $y = a_x + b_x x$ die Gleichung der Regressionsgeraden sein soll, so folgen Formeln für die Berechnung von a_x und b_x aus der Bedingung: Die Summe der Quadrate der vertikalen Abstände zwischen jedem Messpunkt P_i und dem entsprechenden Punkt $P_{g\,i}$ auf der Geraden soll ein Minimum werden (*Bild 10.11*), d. h.:

$$\sum_{i=1}^{n} \left[y_i - \left(a_x + b_x x_i\right)\right]^2 \rightarrow \text{Min}$$

(Die Ordinate von P_i ist der Messwert y_i, die Ordinate von $P_{g\,i}$ ist $a_x + b_x x_i$.)

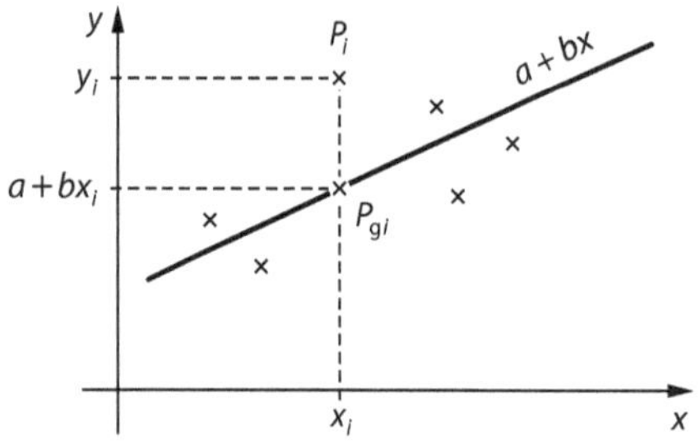

Bild 10.11

Mit den Verfahren der Differenzialrechnung erhält man:

$$b_x = \frac{\sum\limits_{i=1}^{n} (x_i - \overline{x})\left(y_i - \overline{y}\right)}{\sum\limits_{i=1}^{n} (x_i - \overline{x})^2} = \frac{\sum\limits_{i=1}^{n} x_i y_i - n\overline{x}\,\overline{y}}{\sum\limits_{i=1}^{n} x_i^2 - n\overline{x}^2} \tag{10.12}$$

mit $a_x = \overline{y} - b_x\overline{x}$; $y = a_x + b_x x$.

Der Koeffizient b_x heißt **Regressionskoeffizient**. Er ist der Anstieg der Regressionsgeraden, d. h., er gibt die (durchschnittliche) Änderung der Merkmalswerte von Y an, wenn sich die Merkmalswerte von X um eine Einheit ändern.

Beispiel

10.14 Für die Wertepaare der Urliste in *Beispiel 10.11* ist die Gleichung der Regressionsgeraden zu berechnen.

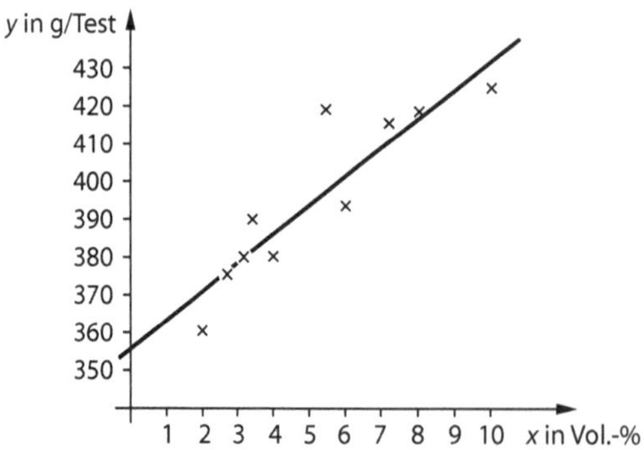

Bild 10.12

Lösung: Mit den in *Beispiel 10.12* berechneten Werten ergibt sich

$$b_x = \frac{S_{xy} - n\overline{x}\,\overline{y}}{S_{xx} - n\overline{x}^2} = \frac{469{,}55}{60{,}001} = 7{,}8257,$$

$b_x \approx 7{,}8\,(\text{g/Test})/\text{Vol.-}\%,$

$a_x = 354{,}57; \quad a_x \approx 355\,\text{g/Test}$

Regressionsgleichung: $y/(\text{g/Test}) = 355 + 7{,}8x$ (*Bild 10.12*). Aus b_x folgt, dass der Kraftstoffverbrauch durchschnittlich um 7,8 g/Test für jedes Vol.-% CO-Leerlaufemission zunimmt. ■

Anmerkungen:

1. Während r_{xy} dimensionslos ist, haben a_x und b_x eine Dimension.
2. Die Regressionsgerade wird aus einer Bedingung berechnet, die der Eigenschaft 2 des arithmetischen Mittels entspricht. Es gibt auch eine der Eigenschaft 1 entsprechende Eigenschaft: Die Summe aller vertikalen Abweichungen ist null.

Wenn das Merkmal X die Zeit ist, wird durch die Werte y_i eine zeitliche Entwicklung des Merkmals Y ausgedrückt. Man nennt die Folge der y_i $(i = 1, 2, \ldots, n)$ eine Zeitreihe, ihre grafische Darstellung heißt Entwicklungskurve. Die Entwicklungstendenz einer Zeitreihe heißt **Trend**. Eventuelle periodische Schwankungen werden dabei nicht berücksichtigt. Ein Trend kann linear steigend oder fallend sein (*Bilder 10.13 a, b*). Er heißt progressiv (steigend oder fallend), wenn seine Änderung pro Zeiteinheit zunimmt (*Bilder 10.13 c, d*); wenn sie abnimmt, heißt er degressiv (*Bilder 10.13 e, f*).

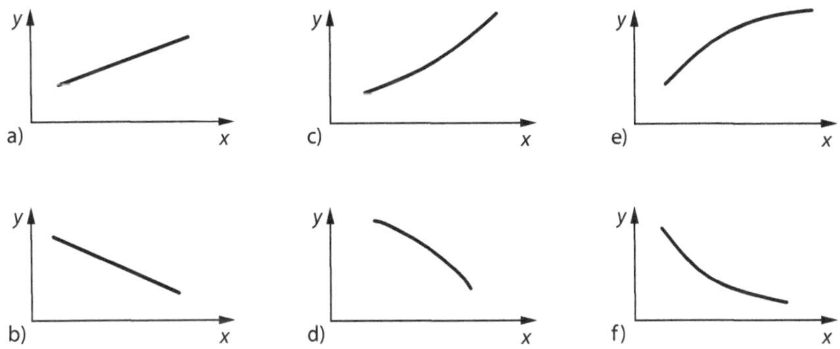

Bild 10.13

Die Gleichung der linearen **Trendfunktion** (Trendgerade) kann nach *Gl. (10.12)* berechnet werden. Man sollte aber vor Beginn der Rechnung anhand einer grafischen Darstellung überprüfen, ob auch wirklich linearer Trend vorliegt.

Wenn die Zeitpunkte äquidistant sind, d. h. wenn sie gleichen Abstand haben, lässt sich das Berechnungsverfahren vereinfachen: Für die Werte x_i werden durch Substitution neue Werte z_i eingeführt, die die Bedingung:

$$\sum_{i=1}^{n} z_i = 0 \tag{I}$$

erfüllen. Das kann man mit ganzen Zahlen erreichen, die äquidistant sind und symmetrisch zur Null liegen. Die beiden folgenden Beispiele zeigen mögliche Substitutionen für eine gerade und eine ungerade Anzahl n von Werten (*Tabelle 10.13*).

Tabelle 10.13

x_i	2001	2002	2003	2004
z_i	−3	−1	1	3

x_i	6.15 Uhr	6.45 Uhr	7.15 Uhr	7.45 Uhr	8.15 Uhr
z_i	−2	−1	0	1	2

Aus der Bedingung (I) folgt $\overline{z} = \frac{1}{n}\sum_{i=1}^{n} z_i = 0$. Damit ergibt sich aus der *Gl. (10.12)*

$$b_z = \frac{\sum_{i=1}^{n} z_i y_i - n\overline{z}\,\overline{y}}{\sum_{i=1}^{n} z_i^2 - n\overline{z}^2}; \quad a_z = \overline{y} - b_z\overline{z}$$

$$b_z = \frac{\sum_{i=1}^{n} z_i y_i}{\sum_{i=1}^{n} z_i^2}; \quad a_z = y \quad \text{mit} \quad y = a_z + b_z z \tag{10.13}$$

Beispiel

10.15 Für die folgenden Zeitreihen ist die Gleichung der linearen Trendfunktion zu berechnen und der Wert, der für 2014 zu erwarten ist, wenn gleichbleibender Trend vorausgesetzt wird.

a) Produktion p (in Stück) eines Erzeugnisses in einem Betrieb

Tabelle 10.14

Jahr	2009	2010	2011	2012	2013
p/(Stück)	233 726	234 153	238 052	240 304	243 444

b) Index des spezifischen Materialverbrauchs in einem Industriezweig (2005 $\widehat{=}$ 100)

Tabelle 10.15

Jahr	2005	2009	2010	2011	2012	2013
Index	95,7	90,2	86,9	84,7	83,4	80,2

Lösung:

a)

z_i	−2	−1	0	1	2
y_i	233 726	234 153	238 052	240 304	243 444

$$\sum_{i=1}^{5} z_i y_i = (-2)\cdot 233\,726 + \ldots + 2\cdot 243\,444 = 25\,587$$

$$\sum_{i=1}^{5} z_i^2 = 10; \quad b_z = \frac{25\,587}{10} = 2\,558{,}7$$

$$a_z = \frac{1}{5}(233\,726 + \ldots + 243\,444) = 237\,935{,}8$$

Gleichung der Trendgeraden: $y = 237\,935{,}8 + 2\,558{,}7 \cdot z$

Der Jahreszahl $x_i = 2014$ entspricht $z_i = 3$.

Die Trendgleichung ergibt $y = 245\,611{,}9$.

Im Jahr 2014 ist eine Produktion von 245 612 Stück zu erwarten.

b)

z_i	−5	−3	−1	1	3	5
y_i	95,7	90,2	86,9	84,7	83,4	80,2

$$b_z = \frac{-100{,}1}{70} = -1{,}43; \quad a_z = \frac{521{,}1}{6} = 86{,}85$$

Gleichung der Trendgeraden: $y = 86{,}85 - 1{,}43\,z$

Der Jahreszahl $x_i = 2014$ entspricht $z_i = 7$ (z_i wächst pro Jahr um 2 Einheiten), folglich $y = 76{,}84$.

Im Jahr 2014 ist der Indexwert 76,8 zu erwarten. ■

Kontrollfragen

10.9 Welche Werte kann der Korrelationskoeffizient annehmen?

10.10 Wie groß ist der Korrelationskoeffizient, wenn die Punkte der Punktwolke genau auf einer fallenden Geraden liegen?

10.11 Was sagt der Regressionskoeffizient über den Zusammenhang zwischen den Merkmalen X und Y aus?

10.12 Was bedeutet Trend?

10.13 Welche Bedingung müssen bei der vereinfachten Trendberechnung die durch Substitution eingeführten Werte z_i erfüllen, und wie lässt sie sich für geradzahlige und ungeradzahlige Stichprobenumfänge n realisieren?

Aufgaben: *10.7* bis *10.15*

■ 10.2 Zufallsgrößen und Wahrscheinlichkeitsverteilung

Zufallsgrößen

Eine **Zufallsgröße** (Zufallsvariable) X beschreibt ein Zufallsexperiment. Die möglichen Versuchsergebnisse (Ereignisse) werden **Realisierungen** der Zufallsgröße genannt. Wenn die Ereignisse keine Zahlenwerte sind, ist es zweckmäßig, sie auf reelle Zahlen abzubilden. Zufallsgrößen werden mit großen lateinischen Buchstaben ($X, Y, \ldots$), ihre Realisierungen mit kleinen lateinischen Buchstaben ($x, y, \ldots$; evtl. mit Index) bezeichnet.

Definition 10.2

Wenn jedem Ergebnis e aus einer endlichen Ergebnismenge Ω eine reelle Zahl mit $\Omega \to \mathbb{R}$ zugeordnet wird, so beschreibt sie die Funktion X. Diese Funktion X wird als endliche Zufallsgröße bezeichnet.

Um eine Zufallsgröße vollständig zu beschreiben, muss ihre **Wahrscheinlichkeitsverteilung/Verteilungsfunktion** (kurz: **Verteilung**) angegeben werden.

Sie gibt Auskunft, wie sich die Gesamtwahrscheinlichkeit 1 auf die Realisierungen verteilt. Eine Zufallsgröße heißt **diskret**, wenn sie endlich (oder abzählbar unendlich) viele Werte annehmen kann; sie heißt **stetig**, wenn sie innerhalb eines Intervalls jeden beliebigen Wert annehmen kann. Die Verteilung einer diskreten Zufallsgröße kann durch eine **Verteilungstabelle** beschrieben werden.

Beispiele

10.16 In einem Lieferposten Kondensatoren werden 5 % Ausschuss festgestellt. Die Zufallsgröße X soll angeben, ob ein zufällig dem Posten entnommener Kondensator Ausschuss ist oder nicht. Den zwei möglichen Ereignissen „Ausschuss“ (E) und „kein Ausschuss“ ($\overline{E}$) werden die Zahlen 1 und 0 zugeordnet: $E = (X = 1), \overline{E} = (X = 0)$; diese beiden Zahlen sind damit die Realisierungen von X. Die Verteilungstabelle enthält die zu den Realisierungen gehörenden Wahrscheinlichkeiten:

X:

1	0
0,05	0,95

Lösung: $P(X = 1) = 0{,}05$, d. h., die Wahrscheinlichkeit, dass X den Wert 1 annimmt, ist 0,05. Entsprechend ist $P(X = 0) = 0{,}95$.

10.17 Beim Würfeln mit einem Würfel wurden bei $n = 120$, 360, 480 und 600 Würfen die Zahlen 1 bis 6 mit folgenden Häufigkeiten geworfen (*Tabelle 10.16*).

Tabelle 10.16

n	Zahl					
	1	2	3	4	5	6
120	19	19	18	24	25	15
360	45	75	57	73	69	41
480	60	95	76	99	95	55
600	71	119	98	127	118	67

a) Es sind die relativen Häufigkeiten zu berechnen und die Wahrscheinlichkeiten für $E_1 = \{1\}, E_2 = \{2\}, \ldots, E_6 = \{6\}$, d. h. für das Werfen der Zahlen 1 bis 6, zu schätzen.

Lösung: Die relativen Häufigkeiten sind in *Tabelle 10.17* aufgeführt.

Tabelle 10.17

n	Zahl					
	1	2	3	4	5	6
120	0,1583	0,1583	0,1500	0,2000	0,2083	0,1250
360	0,1250	0,2083	0,1583	0,2028	0,1917	0,1139
480	0,1250	0,1979	0,1583	0,2062	0,1979	0,1146
600	0,1183	0,1983	0,1633	0,2117	0,1967	0,1117

Für $n = 480$ und $n = 600$ unterscheiden sich die Werte in jeder Spalte um weniger als 0,01. Die Werte für $n = 600$ werden (auf Hundertstel gerundet) als Schätzwerte für die Wahrscheinlichkeiten genommen:

$$P(\{1\}) = 0{,}12; \quad P(\{2\}) = 0{,}20; \quad P(\{3\}) = 0{,}16;$$
$$P(\{4\}) = 0{,}21; \quad P(\{5\}) = 0{,}20; \quad P(\{6\}) = 0{,}11$$

Für die Zahlen 1 und 6 ergibt sich eine geringere Wahrscheinlichkeit als für die anderen. Da im Idealfall jede Zahl die gleiche Wahrscheinlichkeit haben müsste (bei 600 Würfen müsste jede etwa 100-mal eintreten, d. h., $P(E_i) = 100/600 \approx 0{,}17$ für $i = 1, 2, \ldots, 6$), ist der untersuchte Würfel offenbar kein „idealer" Würfel.

b) Für dieses Zufallsexperiment ist die Verteilungstabelle anzugeben. Die Zufallsgröße X sei das Ergebnis eines Wurfs. Die Wahrscheinlichkeiten für das Werfen einer geraden Zahl und für das Werfen einer Zahl kleiner als 3 sind zu berechnen.

Lösung:

X:

1	2	3	4	5	6
0,12	0,20	0,16	0,21	0,20	0,11

$P((X = 2) \cup (X = 4) \cup (X = 6)) = 0{,}20 + 0{,}21 + 0{,}11 = 0{,}52$
$P(X < 3) = P((X = 1) \cup (X = 2)) = 0{,}12 + 0{,}20 = 0{,}32$

Wenn der Würfel ein idealer Würfel wäre, hätten alle Wahrscheinlichkeiten der Verteilungstabelle den gleichen Wert $1/6$, und X wäre eine **gleichmäßig verteilte Zufallsgröße**.

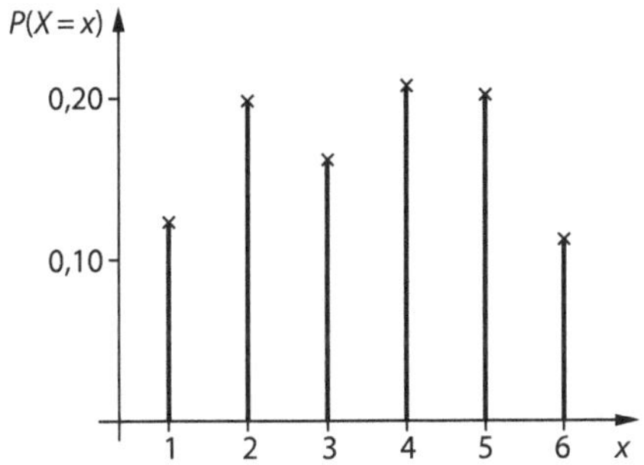

Bild 10.14

■

Eine andere Möglichkeit, die Verteilung einer Zufallsgröße zu beschreiben, ist die Verteilungsfunktion.

Die Verteilungsfunktion einer Zufallsgröße X gibt für Realisierungen x die Wahrscheinlichkeit an, mit der X einen Wert annimmt, der kleiner als x ist: $F(x) = P(X < x)$.

Definition 10.3

Die Funktion $P(X = x_i) = P(\{e \mid e \in \Omega \text{ und } X(e) = x_i\})$; mit $i \in \{1; 2; 3; \ldots; n\}$ beschreibt die Wahrscheinlichkeitsverteilung der Zufallsgröße X, bei der eine endliche Zufallsgröße $X\colon \Omega \to \mathbb{R}$ nur die Werte $x_1; x_2; x_3; \ldots; x_n$ annehmen kann. Die Funktion $\Phi(x) = P(X \leqq x)$ beschreibt die summierte Wahrscheinlichkeitsverteilung von X.

1. In der Literatur findet man auch das Symbol $F_X(x)$. Damit soll ausgedrückt werden, dass es sich um die Verteilungsfunktion der Zufallsgröße X handelt.
2. Mit der Verteilungsfunktion lässt sich die Verteilung diskreter und stetiger Zufallsgrößen angeben. Mit der Verteilungstabelle kann man nur die Verteilung diskreter Zufallsgrößen beschreiben; denn wenn X stetig ist, gibt es unendlich viele Realisierungen, und diese können nicht alle in einer Tabelle angegeben werden.

Mithilfe der Verteilungsfunktion lassen sich mühelos Intervallwahrscheinlichkeiten berechnen.

Nach *Bild 10.15* ist $P\left(x_1 \leqq X < x_2\right) = P\left(X < x_2\right) - P\left(X < x_1\right)$.

$$P\left(x_1 \leqq X < x_2\right) = F\left(x_2\right) - F\left(x_1\right) \tag{10.14}$$

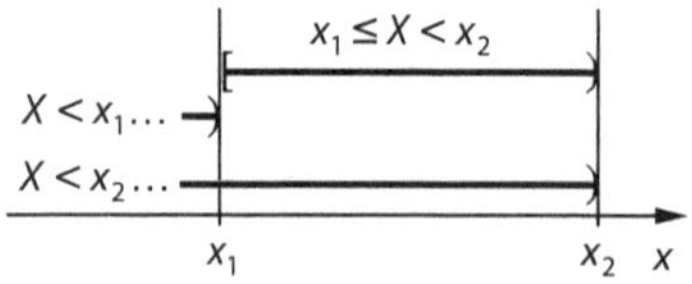

Bild 10.15

Beispiel

10.18 Für den Würfel in *Beispiel 10.1* und die Zufallsgröße X: „Ergebnis eines Wurfs" ist die Verteilungsfunktion anzugeben. Mit ihr ist die Wahrscheinlichkeit zu berechnen, mit der eine Zahl zwischen 3 und 5 geworfen wird.

Lösung: Die Wahrscheinlichkeiten für $F(x)$ ergeben sich durch schrittweise Addition der Einzelwahrscheinlichkeiten (siehe dazu $P(X < 3)$ in *Beispiel 10.17*).

x	$F(x)$
$-\infty < x \leqq 1$	0
$1 < x \leqq 2$	0,12
$2 < x \leqq 3$	0,32
$3 < x \leqq 4$	0,48
$4 < x \leqq 5$	0,69
$5 < x \leqq 6$	0,89
$6 < x < \infty$	1

$F(x)$ ist für jedes reelle x definiert (*Bild 10.16*), z. B. ist

$F(2{,}6) = P(X < 2{,}6) = P((X = 1) \cup (X = 2)) = 0{,}32$;

für $x > 6$ ist $F(x) = 1$, d. h., es ist sicher, dass eine Zahl kleiner als z. B. 7 geworfen wird.

Berechnung der Intervallwahrscheinlichkeit: Die Zahlen 3 bis 5 liegen im rechts offenen Intervall $3 \leqq x < 6$, und es ist $P\left(3 \leqq x < 6\right) = F(6) - F(3) = 0{,}89 - 0{,}32 = 0{,}57$.

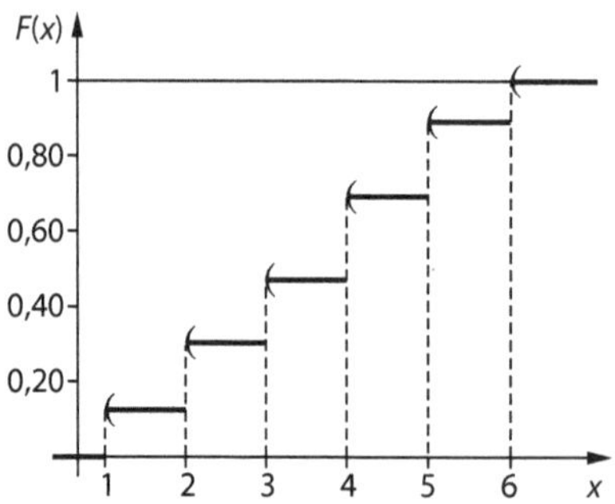

Bild 10.16 ■

In den beiden folgenden Aussagen sind Eigenschaften der Verteilungstabelle und der Verteilungsfunktion zusammengefasst:

A 1: In einer Verteilungstabelle ist die Summe aller Wahrscheinlichkeiten gleich 1. In ihrer grafischen Darstellung als Strecken- oder Balkendiagramm ist die Summe der Längen aller Strecken (Balken) gleich 1.

A 2: Die Verteilungsfunktion ist eine monoton nichtabnehmende Funktion, die Werte zwischen 0 und 1 annimmt. Für immer kleiner werdendes x geht sie gegen 0 und für immer größer werdendes x gegen 1.

10.3 Erwartungswert, Varianz und Standardabweichung

Die Verteilung einer Zufallsgröße wird durch Parameter charakterisiert, denen Maßzahlen der beschreibenden Statistik entsprechen. Dem arithmetischen Mittel entspricht der **Erwartungswert**; das ist der Mittelwert μ aller möglichen Realisierungen von X, also der bei einem Versuch zu erwartende „durchschnittliche" Wert. Der zweite Parameter ist die **Varianz** $V(x)$ bzw. **Streuung** $V(X) = \sigma^2$.

Es ist $\overline{x} = \frac{1}{n}\sum\limits_{i=1}^{k} x_i h_i = \sum\limits_{i=1}^{k} x_i \frac{h_i}{n}$, und da $\frac{h_i}{n}$ Schätzwerte für die Wahrscheinlichkeiten p_i sind, ergibt sich

$$E(X) = \mu = \sum_{i=1}^{k} x_i \cdot p_i = x_1 \cdot P(X = x_1) + x_2 \cdot P(X = x_2) + \ldots + x_n \cdot P(X = x_n) \quad (10.15)$$

Durch entsprechende Umformungen folgt aus den *Gln. (10.6)* und *(10.7)* (wobei $n-1$ durch n ersetzt werden muss):

$$V(X) = \sigma^2 = \sum_{i=1}^{k} (x_i - \mu)^2 \cdot p_i = \sum_{i=1}^{k} x_i^2 \cdot p_i - \mu^2 \quad (10.16)$$

Die Quadratwurzel aus s^2 und s heißt **Standardabweichung** von X und man schreibt:

$$\sigma = \sqrt{V(X)} \quad (10.17)$$

Beispiel

10.19 a) Für die Zufallsgröße X mit $p = 1$; $q = 1 - p = 0$ (d. h., ein Ergebnis tritt entweder mit der Wahrscheinlichkeit p ein oder mit q nicht ein) ist $E(X) = \mu = 1 \cdot p + 0 \cdot (1 - p) = p$ und $V(X) = \sigma^2 = 1 \cdot p + 0 \cdot (1 - p) - p^2 = p - p^2 = p(1 - p)$.

Für die Zufallsgröße in *Beispiel 10.16* ist demnach

$$\mu = 0{,}05; \quad \sqrt{V(X)} = \sigma = 0{,}218$$

b) Für X in *Beispiel 10.17* ist

$$E(X) = \mu = 1 \cdot 0{,}12 + \ldots + 6 \cdot 0{,}11 = 3{,}5$$

$$V(X) = \sigma^2 = (1 \cdot 0{,}12 + 4 \cdot 0{,}20 + \ldots + 36 \cdot 0{,}11) - 3{,}5^2$$

$$\sqrt{V(X)} = \sigma = 1{,}56$$

■

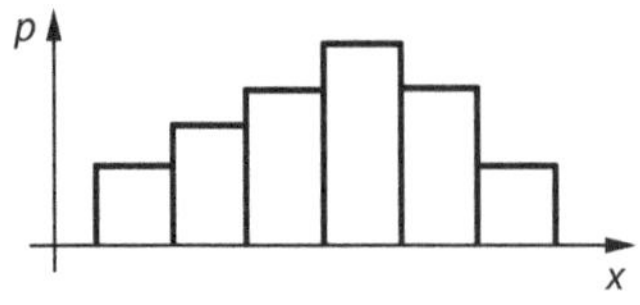

Bild 10.17

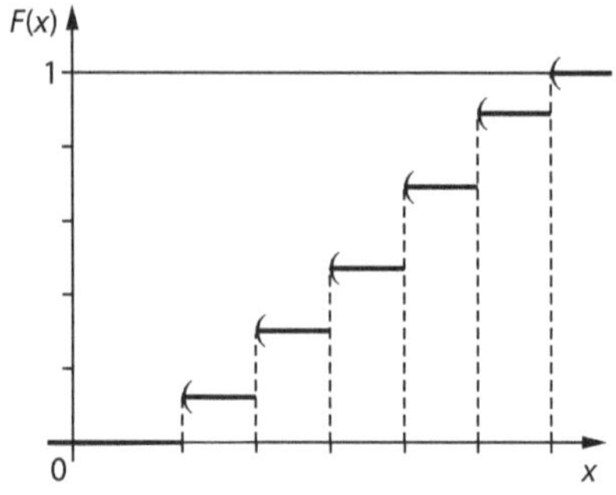

Bild 10.18

Bisher wurden nur diskrete Zufallsgrößen betrachtet. Ihre Verteilungstabelle und Verteilungsfunktion können als Balkendiagramm dargestellt werden (*Bilder 10.17* und *10.18*).

Wenn die Zufallsgröße stetig ist, wird die Verteilungstabelle durch eine stetige Funktion f, die **Wahrscheinlichkeitsdichte**, ersetzt, und auch die Verteilungsfunktion F ist stetig (*Bilder 10.19* und *10.20*). Um Aussagen über beide Funktionen exakt formulieren zu können, werden Kenntnisse der Differenzial- und Integralrechnung gebraucht. In $A1'$ sind Eigenschaften der Wahrscheinlichkeitsdichte zusammengestellt. Sie werden ohne Differenzial- und Integralrechnung elementar anhand der grafischen Darstellungen erklärt.

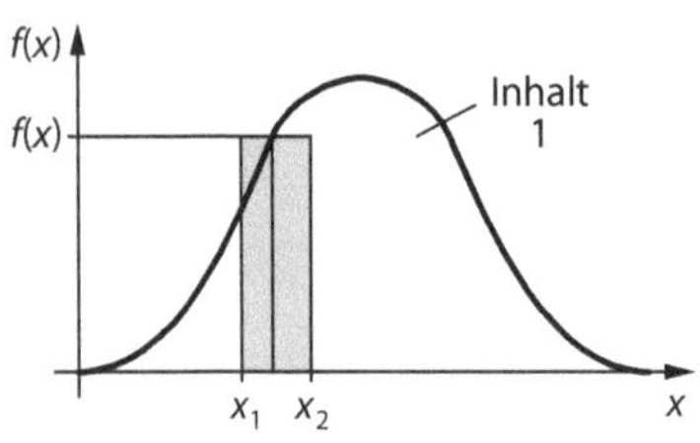

Bild 10.19

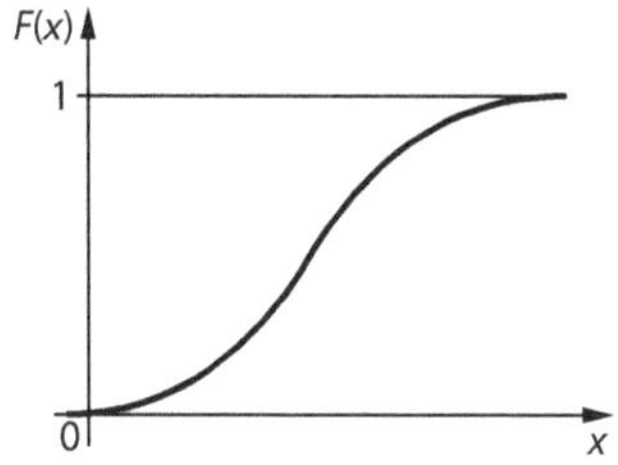

Bild 10.20

$A1'$: Die Wahrscheinlichkeitsdichte ist eine Funktion mit nichtnegativen Funktionswerten $(f(x) \geqq 0)$.

Die Fläche zwischen der grafischen Darstellung der Wahrscheinlichkeitsdichte und der x-Achse hat den Inhalt 1. Die Wahrscheinlichkeit dafür, dass$X$ einen Wert im Intervall $[x_1;\ x_2)$ annimmt, ist gleich dem Inhalt des Flächenstreifens, der über $[x_1;\ x_2)$ liegt und oben von $f(x)$ begrenzt wird (schraffierte Fläche in *Bild 10.19*).

Für die stetige Verteilungsfunktion gilt die Aussage $A2$ in unveränderter Form.

1. Den Wert $f(x)$ kann man als Wahrscheinlichkeit pro Längeneinheit der x-Achse deuten (daraus erklärt sich der Name Wahrscheinlichkeitsdichte). Daraus folgt für das Intervall $[x_1;\ x_2)$ mit der Breite $(x_2 - x_1)$, dass das Produkt $f(x) \cdot (x_2 - x_1)$ eine (Wahrscheinlichkeit/Länge) Länge ist, also eine Wahrscheinlichkeit bedeutet. Es ist die Wahrscheinlichkeit, mit der X einen Wert in $[x_1;\ x_2)$ annimmt ($f(x)$ ist für einen Wert x aus $[x_1;\ x_2)$ zu berechnen). Andererseits ist dieses Produkt (und damit die Wahrscheinlichkeit) gleich dem Inhalt des Rechteckstreifens über $[x_1;\ x_2)$ mit der Höhe $f(x)$, und dieser ist annähernd gleich dem Inhalt des Flächenstreifens mit gleicher Breite, der oben von der Kurve von $f(x)$ begrenzt wird.

2. Mit den Mitteln der Differenzial- und Integralrechnung erhalten $A1'$ und $A2$ die Form:

$$\int_{-\infty}^{\infty} f(x)\,\mathrm{d}x = 1; \quad P(x_1 \leqq X < x_2) = \int_{x_1}^{x_2} f(x)\,\mathrm{d}x;$$

$$\lim_{x \to -\infty} F(x) = 0; \quad \lim_{x \to \infty} F(x) = 1$$

Beziehung zwischen f und F:

$$\int_{x_1}^{x_2} f(x)\,\mathrm{d}x = [F(x)]_{x_1}^{x_2} = F(x_2) - F(x_1)$$

Vergleich mit *Gl. (10.13)* ergibt: Die Verteilungsfunktion F ist Stammfunktion der Wahrscheinlichkeitsdichte f.

In den Formeln für $E(X) = \mu$ und $\sqrt{V(X)} = \sigma$ werden bei einer stetigen Zufallsgröße die Summenzeichen zu Integralzeichen:

$$E(X) = \mu = \int_{-\infty}^{\infty} x \cdot f(x)\,\mathrm{d}x; \quad V(X) = \sigma^2 = \int_{-\infty}^{\infty} (x-\mu)^2 \cdot f(x)\,\mathrm{d}x$$

Aus $A1'$ folgt der Sonderfall:

Die Wahrscheinlichkeit dafür, dass eine stetige Zufallsgröße X einen bestimmten Wert x_1 annimmt, ist 0: $P(X = x_1) = 0$.

Wenn nämlich die Breite des Intervalls $[x_1;\, x_2)$ immer kleiner wird, wird auch der Inhalt des über ihm liegenden Flächenstreifens immer kleiner und geht gegen null. Damit lässt sich für stetige Zufallsgrößen X die Formel für die Intervallwahrscheinlichkeit (*Gl. (10.14)*) auf abgeschlossene Intervalle erweitern:

$$P\left(x_1 \leqq X \leqq x_2\right) = F(x_2) - F(x_1) \qquad (10.18)$$

Kontrollfragen

10.14 Was sagt die Verteilung einer Zufallsgröße aus? Womit kann sie bei einer diskreten Zufallsgröße beschrieben werden?

10.15 Was versteht man unter der Verteilungsfunktion einer Zufallsgröße?

10.16 Welche Eigenschaften hat die Verteilungsfunktion?

10.17 Welche Eigenschaften hat die Wahrscheinlichkeitsdichte?

10.18 Beschreiben und erläutern Sie anhand eines selbstgewählten Beispiels die Parameter einer Zufallsgröße in der Statistik: Erwartungswert, Streuung, Varianz und Standardabweichung.

Aufgaben: ***10.16*** **bis** ***10.18***

10.4 Binomialverteilte Zufallsgrößen

Binomialverteilung

Bei einem Bernoulli-Experiment werden die Anzahl der Erfolge in einer Hintereinanderausführung von gleichartigen und unabhängigen Zufallsversuchen stochastisch untersucht, die genau zwei mögliche Ergebnisse aufweisen, den „Erfolg" und „Misserfolg" oder „Farbe Rot" und „Farbe nicht rot" wird gezogen. Diese Zufallsexperimente bezeichnet man auch als Bernoulli-Prozess/Bernoulli-Kette. So ein Bernoulli-Prozess beschreibt einen zeitlich diskreten stochastischen Prozess, der durch eine Bernoulli-Verteilung näher beschrieben werden kann. Die Binomialverteilung ist eine diskrete Wahrscheinlichkeitsverteilung. Es wird ein Versuch durchgeführt und festgestellt, ob ein zufälliges Ereignis eintritt (E) oder nicht $(\overline{E})$. Die Wahrscheinlichkeit für das Eintreten des Ereignisses E ist bekannt: $P(E) = p$; dann entspricht die Wahrscheinlichkeit $P(\overline{E}) = 1 - p = q$ dem Eintreten des entsprechende Gegenereignisses $\overline{E}$.

Wenn der Versuch n-mal durchgeführt wird, soll das Ereignis E_k-mal eintreten. Die Zufallsgröße X ist die Zahl k der Versuche, bei denen E eintritt. Für X gibt es $n + 1$ Realisierungen $(k = 0, 1, \ldots, n)$, d. h., X ist diskret. Die Versuche sollen unabhängig voneinander durchgeführt werden (um die Multiplikationsregel anwenden zu können).

Beispiel

10.20 Bei einer Gütekontrolle wird ein Posten Erzeugnisse geprüft. Die Ausschusswahrscheinlichkeit beträgt $p = 40\,\%$. Wie groß ist die Wahrscheinlichkeit dafür, dass unter $n = 6$ Erzeugnissen $k = 4$ Stücke Ausschuss sind?

Lösung: Mit 4 Stücken Ausschuss sind zugleich 2 Stücke brauchbar. Nach der Multiplikationsregel der Wahrscheinlichkeiten $P(E_1 \cap E_2) = P(E_1) \cdot P(E_2)$ ist $P(E \cap E \cap E \cap E \cap \overline{E} \cap \overline{E}) = p^4 \cdot (1-p)^2$. Die Ausschuss- und die brauchbaren Stücke können aber auch in anderer Reihenfolge auftreten, z. B. $E \cap \overline{E} \cap E \cap E \cap \overline{E} \cap E$. Bei einer Kombination ohne Berücksichtigung der Anordnung C_4^6 gibt es $\binom{6}{4}$ Möglichkeiten, die miteinander unvereinbar sind. Durch die Anwendung der stochastischen Gesetze ergibt sich:

$$P(X = 4) = \binom{6}{4} 0{,}4^4 \cdot 0{,}6^2 = 15 \cdot 0{,}4^4 \cdot 0{,}6^2 = 0{,}138\,24$$ ■

Allgemein gilt:

Definition 10.4

Für die Wahrscheinlichkeit P bei einer Bernoulli-Kette der Länge n, mit der Erfolgswahrscheinlichkeit p mit $0 < p < 1$ gilt:

$$P(\{\text{„Genau } k \text{ Erfolge sind zu erwarten"}\}) = B_p^n(k)$$
$$= P(X = k) = \binom{n}{k} \cdot p^k \cdot q^{n-k} = (1-p)^{n-k} \text{ mit } k = 0, 1, \ldots, n$$

$$P(\{\text{„Höchstens } k \text{ Erfolge sind zu erwarten"}\}) = B_p^n(k)$$
$$= P(X = 0) + P(X = 1) + \ldots + P(X = k)$$

(Gesprochen: „B-n-p von k")

Die stochastische Größe X hängt vom Zufall ab und wird als **Zufallsgröße** bezeichnet. Sie beschreibt die Zahl der Treffer bei einer Bernoulli-Kette der Länge n. Sie ist binomialverteilt und kann in einem Intervall nur endlich viele Werte annehmen.

Beispiel

10.21 Franzi loggt sich bei Facebook ein und findet mit 70 % Wahrscheinlichkeit auf Anhieb ihre alte Freundin Susi.

Berechnen Sie die Wahrscheinlichkeit, dass Franzi bei drei Einlogg-Versuchen zweimal Erfolg hat?

Lösung: Mit $n = 3$, $k = 2$ und $p = 70\,\% = 0{,}7$ folgt:

$$B_{0,7}^{3}(2) = P(X = 2) = \binom{3}{2} \cdot 0{,}7^2 \cdot (1 - 0{,}7)^{3-2} = 0{,}441 = 44{,}1\,\%$$

■

Erwartungswert

Bei einer Bernoulli-Verteilung besitzt eine binomialverteilte Zufallsgröße X die Kenngrößen, die sich wie folgt berechnen lassen:

$$\begin{aligned}
&\text{Erwartungswert:} && E(X) = \mu = n \cdot p \\
&\text{Varianz:} && V(X) = \sigma^2 = n \cdot p \cdot (1 - p) \qquad (10.19) \\
&\text{Standardabweichung:} && \sigma(X) = \sqrt{V(X)}
\end{aligned}$$

Diese Maßzahlen ermöglichen einen raschen Überblick über die Wahrscheinlichkeitsverteilung.

Der Erwartungswert gibt bei einem mehrmalig durchgeführten Zufallsexperiment den Mittelwert für die Zufallsvariable an. Man bezeichnet den Erwartungswert auch als Lagemaß. Mithilfe der Streuungsmaße: Varianz und Standardabweichung lassen sich die Abweichungen der Werte der Zufallsgröße um den Erwartungswert untersuchen.

Beispiel

10.22 Für die Zufallsgröße in *Beispiel 10.20* sind die Verteilungstabelle, Erwartungswert und Standardabweichung zu berechnen.

Lösung: Es ist

$$P(X = k) = \binom{6}{k} 0{,}4^k \cdot 0{,}6^{6-k}$$

Auf 3 Dezimalen gerundet:

$$P(X = 0) = \binom{6}{0} 0{,}4^0 \cdot 0{,}6^6 = 0{,}047$$

$$P(X = 1) = \binom{6}{1} 0{,}4^1 \cdot 0{,}6^5 = 0{,}187 \quad \text{usw.}$$

k	0	1	2	3	4	5	6
$P(X = k)$	0,047	0,187	0,311	0,277	0,138	0,037	0,004

$EX = \mu = 6 \cdot 0{,}4 = 2{,}4$; $\quad VX = \sigma^2 = 6 \cdot 0{,}4 \cdot 0{,}6$; $\quad \sigma = 1{,}2$

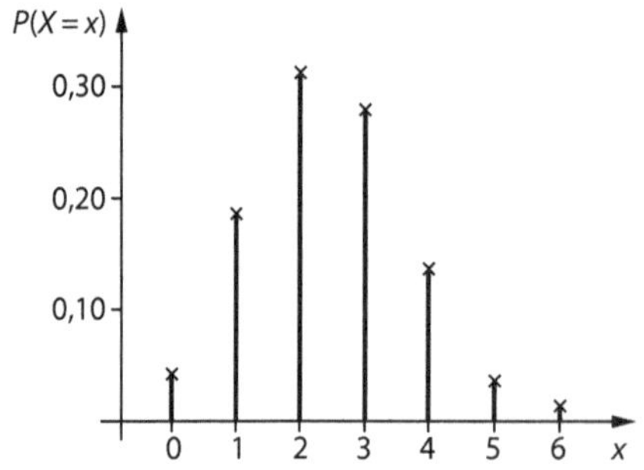

Bild 10.21

Die Berechnung der Binomialwahrscheinlichkeiten kann aufwendig werden, wenn n groß ist. In diesem Fall kann mit Näherungsformeln gerechnet werden (siehe Poisson-Verteilung, Normalverteilung).

Kontrollfragen

10.19 Erläutern und beschreiben Sie, wann ein mehrstufiges Zufallsexperiment ein Bernoulli-Experiment ist.

10.20 Nennen Sie die Gleichung zur Berechnung der Wahrscheinlichkeit P bei einer Bernoulli-Kette der Länge n mit der Erfolgswahrscheinlichkeit p mit $0 < p < 1$. Interpretieren Sie die Gleichung.

10.5 Anwendungen zur Binomialverteilung

Berechnungen anhand eines mathematischen Modells

Eine mechanische Anwendung der Binomialverteilung stellt das von dem britischen Naturforscher und Schriftsteller Sir Francis Galton (1822–1911) entworfene und nach ihm bezeichnete Galton-Brett dar. Dieses Brett stellt einen speziellen Zufallsgenerator dar, das viele Physiker bei ihren Untersuchungen der Molekularbewegung von Teilchen inspirierte. Das Galton-Brett ist ein Modell zur Demonstration von stochastischen Wahrscheinlichkeistverteilungen.

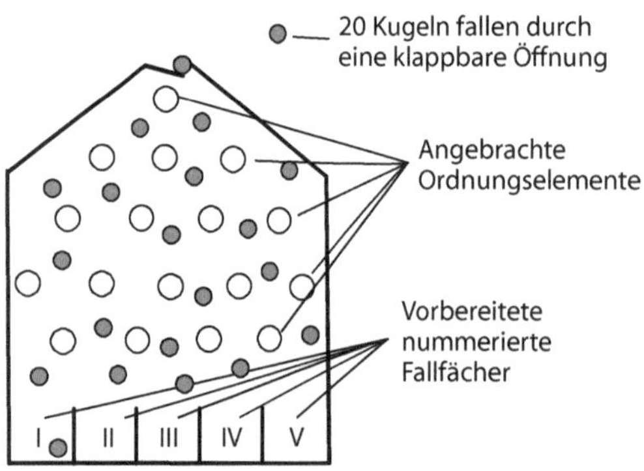

Bild 10.22

Dieses Brett wird etwas geneigt aufgestellt. Die kleinen Kugeln befinden sich im oberen Teil und werden der Reihe nach durch die darunter liegende Öffnung rollen. Jede der Kugeln wird sich durch mehrere Reihen von Nägeln bewegen. Die Kugeln bewegen sich mit der gleichen Wahrscheinlichkeit nach links oder nach rechts. Man kann ihren Weg nicht genau voraussagen. Diese Kugeln fallen zum Schluss in Fächer, deren Nummer die Anzahl der registrierten Ablenkungen angibt.

Die Wahrscheinlichkeit $P(Z = k)$ für einen Zufallsversuch am Galton-Brett lässt durch die schon kennengelernte Bernoulli-Formel jeweils für das k-te Fach einer Linksablenkung berechnen.

$$P_p^n(k) = \binom{n}{k} \cdot p^k \cdot q^{n-k} = \binom{n}{k} \cdot p^k \cdot (1-p)^{n-k}$$

$$\text{mit} \quad n \in \mathbb{N};\ 0 < p < 1 \quad \text{und} \quad k \in \mathbb{N};\ 0 \leqq k \leqq n$$

Beispiele

10.23 Ermitteln Sie die Binomialverteilung für ein siebenreihiges Galton-Brett mit $p = 0{,}5$.

Lösung: Durch das Einsetzen der gegebenen Werte in die Bernoulli-Formel erhält man:

$$P_{0,5}^7(k) = \binom{7}{k} \cdot 0{,}5^k \cdot (1-0{,}5)^{7-k} = \binom{7}{k} \cdot \frac{1}{128}$$

Für die Bionomialverteilung erhält man folgende Tabellenübersicht:

Tabelle 10.18

k	0	1	2	3	4	5	6	7
$P(X = k)$	$\frac{1}{128}$	$\frac{7}{128}$	$\frac{21}{128}$	$\frac{35}{128}$	$\frac{35}{128}$	$\frac{21}{128}$	$\frac{7}{128}$	$\frac{1}{128}$

■

Berechnungen anhand von Tabellen

Alle Binomialverteilungen besitzen die gleichen Parameter p und n. Dabei spielt es keine Rolle, auf Inhalt und Umfang der Grundgesamtheit zu achten. Die einzelnen zu beachtenden Parameter p und n werden zusammengefasst im Wahrscheinlichkeitswert $P_p^n\,(X = k)$. In den Binomialverteilungstabellen sind die Werte für $P_p^n\,(X = k)$ bzw. $P_{1-p}^n\,(X = n - k)$ eingetragen. Im Folgenden ist ein Tabellenausschnitt zur Binomialverteilung gegeben (*Tabelle 10.19*).

Tabelle 10.19

	k	$p = 0{,}05$	$p = 0{,}1$	$p = 0{,}2$	$p = 0{,}4$	$p = 0{,}5$
	0	0,598 736 94	0,348 678 44	0,107 374 18	0,006 046 62	0,000 976 56
	1	0,315 124 7	0,387 420 49	0,268 435 46	0,040 310 78	0,009 765 63
	2	0,074 634 8	0,193 710 24	0,301 989 89	0,120 932 35	0,043 945 31
	3	0,010 475 06	0,057 395 63	0,201 326 59	0,214 990 85	0,117 187 5
	4	0,000 964 81	0,011 160 26	0,088 080 38	0,250 822 66	0,205 078 13
10	5	6,09E-05	0,001 488 03	0,026 424 12	0,200 658 12	0,246 093 75
	6	2,67E-06	0,000 137 78	0,005 505 02	0,111 476 74	0,205 078 13
	7	8,04E-08	8,75E-06	0,000 786 43	0,042 467 33	0,117 187 5
	8	1,59E-09	3,65E-07	7,37E-05	0,010 616 83	0,043 945 31
	9	1,86E-11	9,00E-09	4,10E-06	0,001 572 86	0,009 765 63
	10	9,77E-14	1,00E-10	1,02E-07	0,000 104 86	0,000 976 56

Anhand der Tabelle kann man zum Beispiel den Wahrscheinlichkeitswert für $n = 10$; $k = 3$ und $p = 0{,}1$ ablesen: $B_{0,1}^{10}\ (X = 3) \approx 0{,}0574 \mathrel{\widehat{=}} 5{,}74\ \%$.

Bei der Verwendung eines Taschenrechners wird der mathematische Befehl für diese Binomialverteilung: binomialPDf(x; n; p) verwendet. Dabei bedeuten die verwendeten Abkürzungen x: Anzahl der Treffer; n: Umfang der Versuche und p: Erfolgswahrscheinlichkeit.

Betrachtet wird nun die kumulative Binomialverteilung. Sie beschreibt die Wahrscheinlichkeitswerte, die sich aus dem Addieren der einzelnen Wahrscheinlichkeitswerte mit $B_p^n\left(X \leqq k\right)$ zusammensetzen.

Dafür ergibt sich eine Anwendung in einem Tabellendokument folgender Ausschnitt für $n = 10$; $0 \leqq k \leqq 10$ und $0 < p < 1$ (*Tabelle 10.20*).

Tabelle 10.20

	k	p = 0,05	p = 0,1	p = 0,2	p = 0,4	p = 0,5
	0	0,598 736 94	0,348 678 44	0,107 374 18	0,006 046 62	0,000 976 56
	1	0,913 861 64	0,736 098 93	0,375 809 64	0,046 357 40	0,010 742 19
	2	0,988 496 44	0,929 809 17	0,677 799 53	0,16728975	0,05468750
	3	0,998 971 5	0,987 204 80	0,879 126 12	0,382 280 60	0,171 875 00
	4	0,999 936 31	0,998 365 06	0,967 206 50	0,633 103 26	0,376 953 13
10	5	0,999 997 25	0,999 853 10	0,993 630 62	0,833 761 38	0,623 046 88
	6	0,999 999 92	0,999 990 88	0,999 135 64	0,945 238 12	0,828 125 00
	7	1,000 000 00	0,999 999 63	0,999 922 07	0,987 705 45	0,945 312 50
	8	1,000 000 00	0,999 999 99	0,999 995 80	0,998 322 28	0,989 257 81
	9	1,000 000 00	1,000 000 00	0,999 999 90	0,999 895 14	0,999 023 44
	10	1,000 000 00	1,000 000 00	1,000 000 00	1,000 000 00	1,000 000 00

Anhand *Tabelle 10.20* kann man zum Beispiel den Wahrscheinlichkeitswert für folgende Aufgabentypen ablesen:

$$B_{0,2}^{10}\left(Z \leqq 6\right) = 0{,}999\,135\,64 \approx 0{,}9991 \mathrel{\widehat{=}} 99{,}91\ \%$$

Wenn man diesen Tabellenauszug verwenden möchte, um eine weitere Aufgabe zu lösen, sollten alle Wahrscheinlichkeitswerte in die Form „$X \leqq k$" umgeschrieben werden.

Aus $P_p^n\left(X = k\right) = \binom{n}{k} \cdot p^k \cdot q^{n-k}$ folgt:

(1) $P_p^n\left(X < k\right) = P_p^n\left(X \leqq k - 1\right)$:

$$P_{0,2}^{10}\left(X < 6\right) = P_{0,2}^{10}\left(X \leqq 5\right) = 0{,}993\,63 \mathrel{\widehat{=}} 99{,}36\ \%$$

(2) $P_p^n\left(X > k\right) = 1 - P_p^n\left(X \leqq k\right)$:

$$P_{0,5}^{10}\left(X > 9\right) = 1 - P_{0,5}^{10}\left(X \leqq 9\right) = 1 - 0{,}999\,023\,44 = 0{,}000\,976\,56 \mathrel{\widehat{=}} 0{,}098\ \%$$

(3) $P_p^n\left(X \geqq k\right) = 1 - P_p^n\left(X \leqq k - 1\right)$:

$$P_{0,5}^{10}\left(X \geqq 8\right) = 1 - P_{0,5}^{10}\left(X \leqq 7\right) = 1 - 0{,}945\,312\,50 = 0{,}054\,687\,5 \mathrel{\widehat{=}} 5{,}47\ \%$$

(4) $P_p^n\left(k_1 < X \leqq k_2\right) = P_p^n\left(X \leqq k_2\right) - P_p^n\left(X \leqq k_1\right)$:

$$P_{0,5}^{10}\left(4 < X \leqq 7\right) = P_{0,5}^{10}\left(X \leqq 7\right) - P_{0,5}^{10}\left(X \leqq 4\right) = 0{,}945\,312\,50 - 0{,}376\,953\,13$$

$$= 0{,}568\,359\,37 \approx 0{,}568\,4 \mathrel{\widehat{=}} 56{,}84\ \%$$

Bei der Verwendung eines Taschenrechners wird der mathematische Befehl für diese kumulative Binomialverteilung: binomialCDf(x; o; n; p) verwendet. Dabei bedeuten die verwendeten Abkürzungen: u: untere Grenze bzw. x: Anzahl der Treffer; o: obere Grenze; n: Umfang der Versuche und p: Erfolgswahrscheinlichkeit.

Lösen von Anwendungsaufgaben

Bei der Bearbeitung des Gebietes der Binomialverteilung kann man vier Typen von Aufgaben unterscheiden:

Typ I: Berechnen von Wahrscheinlichkeiten bei gegebenen n und p
Typ II: Berechnen der Länge in einer Bernoulli-Kette n, wenn p und P gegeben sind.
Typ III: Berechnen der Trefferwahrscheinlichkeit p, wenn P und n gegeben sind
Typ IV: Ermitteln der wahrscheinlichsten Treffer-/Versuchszahl k

Typ I: Berechnen von Wahrscheinlichkeiten P bei gegebenen n und p

In den Anwendungsaufgaben werden sehr häufig mit folgenden Formulierungen wie zum Beispiel: „genau“, „mindestens“ und „höchstens“ die zu berechnenden Wahrscheinlichkeitswerte abgesteckt. Bei der Verwendung eines Taschenrechners wird der mathematische Befehl für die kumulierte Binomialverteilung: „binomialCDf(x,o; n; p)“ verwendet. Dabei bedeuten die verwendeten Abkürzungen u: untere Grenze bzw. minimale Trefferzahl; o: obere Grenze bzw. maximale Trefferzahl; n: Umfang der Versuche und p: Erfolgswahrscheinlichkeit.

Beispiel

10.24 Bei der Herstellung von Kondensatoren sind erfahrungsgemäß 10 % defekt. Diese gelangen ohne Kontrolle in den Handel.
Mit welcher Wahrscheinlichkeit findet man unter 100 Kondensatoren

a) genau 3
b) mindestens 5
c) höchstens 4
d) mehr als 2 und weniger als 6 defekte Kondensatoren?

Lösung:

a) $P(A := \{$„*Genau drei* Kondensatoren sind defekt“$\}) \Rightarrow$

$$P_{0,1}^{100}(X=3) = \binom{100}{3} \cdot 0{,}1^3 \cdot (1-0{,}1)^{100-3} \approx 0{,}005\,892 \mathrel{\widehat{=}} 0{,}589\,2\,\%$$

Man findet mit einer Wahrscheinlichkeit von 0,59 % genau drei defekte unter 100 Kondensatoren.

b) $P\left(B := \{\right.$„*Mindestens* 5 Kondensatoren sind defekt“$\left.\}\right) \Rightarrow$

$$\begin{aligned} P_{0,1}^{100}(X \geqq 5) &= 1 - P_{0,1}^{100}(X \leqq 4) \\ &= 1 - (P(X=4) + P(X=3) + P(X=2) + P(X=1) + P(X=0)) \\ &= 1 - 0{,}023\,711 = 0{,}976\,3 \mathrel{\widehat{=}} 97{,}63\,\% \end{aligned}$$

Man findet mit einer Wahrscheinlichkeit von 97,63 % 5 defekte Kondensatoren.

c) $P\left(C := \{\right.$„*Höchstens* 4 defekte Kondensatoren“$\left.\}\right) \Rightarrow$

$$\begin{aligned} P_{0,1}^{100}(X \leqq 4) &= P(X=4) + P(X=3) + P(X=2) + P(X=1) + P(X=0) \\ &\approx 0{,}023\,71 \mathrel{\widehat{=}} 2{,}371\,\% \end{aligned}$$

Man findet mit einer Wahrscheinlichkeit von 2,37 % unter 100 Kondensatoren höchstens 4 defekte Kondensatoren.

d) $P\left(D := \{\text{„Mehr als 2 und weniger als 6 defekte Kondensatoren“}\}\right) \Rightarrow$

$$\begin{aligned} P_{0,1}^{100}(2 < X < 6) &= P_{0,1}^{100}(X \leqq 5) - P_{0,1}^{100}(X \leqq 2) \\ &= 0{,}057\,576\,886\,49 - 0{,}001\,944\,88 \\ &\approx 0{,}055\,6 \mathrel{\widehat{=}} 5{,}56\,\% \end{aligned}$$

Man findet bei einer Produktion von 100 Kondensatoren mit einer Wahrscheinlichkeit von 5,56 % mehr als 2 und weniger als 6 defekte Kondensatoren. ■

Typ II: Berechnen der Länge in einer Bernoulli-Kette n, wenn p und P gegeben sind

Ausgangspunkt ist die Bernoulli-Gleichung: $P_p^n(X = k) = \binom{n}{k} \cdot p^k \cdot (1-p)^{n-k}$.

Beispiele

10.25 Auf einer bestimmten Tramlinie rechnet man mit 3 % Schwarzfahrern. Wie viele Fahrgäste muss der Kontrolleur mindestens nach der Fahrkarte fragen, bis er mit einer Wahrscheinlichkeit von mindestens 85 % mindestens einen Schwarzfahrer ertappt hat?

Lösung: Gegeben: $p = 0{,}03$; $P \geqq 0{,}85$

Gesucht: n

Es gilt:

$$P_{0,03}^{n}(X \geqq 1) \geqq 0{,}85$$

$$1 - P(X = 0) \geqq 0{,}85$$

$$1 - \binom{n}{0} \cdot 0{,}03^0 \cdot (1 - 0{,}03)^{n-0} \geqq 0{,}85 \quad \text{mit} \quad \binom{n}{0} = 1$$

$$1 - 1 \cdot 0{,}97^n \geqq 0{,}85 / -1$$

$$-0{,}97^n \geqq -0{,}15 / \cdot (-1)$$

$$0{,}97^n \leqq 0{,}15 / \ln$$

$$n \cdot \ln(0{,}97) \leqq \ln(0{,}15) / \div \ln(0{,}97); \qquad \text{Beachte: } \ln(0{,}97) < 0!$$

$$n \geqq \frac{\ln(0{,}15)}{\ln(0{,}97)} \Rightarrow n \geqq 62{,}28$$

Es müssen mindestens 63 Fahrgäste kontrolliert werden.

10.26 Nach wissenschaftlichen Untersuchungen ist die Blutgruppe AB in Deutschland bei ca. 81,5 Millionen Einwohnern mit einer relativen Häufigkeit von 5 % vertreten.

a) Ermitteln Sie die Wahrscheinlichkeit dafür, dass unter 25 zufällig ausgewählten Deutschen mindestens einer die Blutgruppe AB besitzt.

b) Es werden 300 Personen in Deutschland für die Bereitschaft Blut zu spenden geworben. 100 von ihnen werden sofort zufällig ausgewählt. Berechnen Sie die Wahrscheinlichkeit, dass mindestens einer davon die Blutgruppe AB besitzt.

c) Man weiß, dass die Wahrscheinlichkeit Blut zu spenden ca. bei 90 % liegt. Ermitteln Sie die Anzahl an notwendigen Spendern.

Lösung: Die relative Häufigkeit liegt bei $h = 5\,\% = 0{,}05 \mathrel{\widehat{=}} p$; $q = 1 - p = 1 - 0{,}05 = 0{,}95$

a) $P\left(A := \{\text{„mindestens einer besitzt die Blutgruppe AB“}\}\right) \Rightarrow$

$$\begin{aligned} P_{0,05}^{25}(X \geqq 1) &= 1 - P(X = 0) = 1 - (1 - 0{,}05)^{25} \\ &= 1 - 0{,}277\,389\,6 \approx 0{,}722\,61 \mathrel{\widehat{=}} 72{,}26\,\% \end{aligned}$$

b) $P(X \geqq 1) = 1 - (1 - 0{,}05)^{300} = 1 - 3{,}27679476 \cdot 10^{-6} \approx 1$;

100 Personen ist der Anteil von $\frac{1}{3}$ der 300 Blutspender. Damit folgt: $P(X \geqq 1) = \frac{1}{3} \cdot 1 = 0{,}3\overline{3} \mathrel{\widehat{=}} 33{,}3\overline{3}\,\%$.

c) Mit mindestens einer Wahrscheinlichkeit von 0,9 tritt $X \geqq 1$ ein. Man stellt folgende Ungleichung aus der mathematischen Beziehung $P(n;\ p) = 1 - (1-p)^n \geqq 0{,}9$ auf:

$1 - 0{,}05^n \geqq 0{,}9$

Weiterhin gilt für $p = 0{,}05$:

$\Rightarrow 0{,}05^n \leqq 0{,}1$ Logarithmengesetze anwenden

Eingesetzt ergibt sich:

$\Rightarrow n \cdot \ln(0{,}05) \geqq \ln(0{,}1) / \div \ln(0{,}05)$

$\Rightarrow n \geqq \dfrac{\ln(0{,}1)}{\ln(0{,}05)}$

$\Rightarrow n \geqq 0{,}768\,6$

Man muss mindestens 77 Spender finden. ■

Typ III: Berechnen der Trefferwahrscheinlichkeit p, wenn P und n gegeben sind

Beispiel

10.27 Ein technisches Gerät besteht aus 7 voneinander unabhängigen Bauteilen, deren Funktionswahrscheinlichkeit gleich groß ist. Wenn ein Bauteil ausfallen sollte, dann arbeitet das ganze Gerät nicht mehr. Berechnen Sie die Funktionswahrscheinlichkeit der Bauteile, wenn das Gerät mit einer Wahrscheinlichkeit von mehr als 95 % funktionieren soll.

Lösung: Gegeben: X: Bauteil ist funktionstüchtig; $n = 7$; $P > 0{,}95$;
Gesucht: p
Es gilt:

$P(X = 7) > 0{,}95 \Rightarrow p^7 > 0{,}95 / \sqrt[7]{\ } \Rightarrow p > \sqrt[7]{0{,}95} \Rightarrow p > 0{,}9927 \approx 99{,}27\,\%$

Die einzelnen Bauteile müssen eine Funktionswahrscheinlichkeit von mehr als 99,27 % besitzen. ■

Typ IV: Ermitteln der wahrscheinlichsten Treffer-/Versuchszahl k bei gegebenen n und p

Für diesen Aufgabentyp gibt es zwei Methoden. Entweder liest man bei bekannten n und p die gesuchte Größe k aus einer Tabelle zur Binomialverteilung ab oder man berechnet sie.

Beispiel

10.28 Eine Großbäckerei versorgt 10 Geschäfte, von denen jedes Bestellungen mit einer Wahrscheinlichkeit von $p = 0{,}4$ täglich aufgibt.

a) Wie viele Bestellungen erhält die Großbäckerei mit größter Wahrscheinlichkeit?
b) Mit welcher Wahrscheinlichkeit weicht die Zahl der Bestellungen um höchstens 1 vom wahrscheinlichsten Wert ab?

Lösung: Gegeben: X: Anzahl der Bestellungen; $n = 10$; $p = 0{,}4$;
Gesucht: k

a) Ablesen aus einem Stochastik- Tafelwerk ergibt: $k = 4$; da $P_{0,4}^{10}(k = 4) \approx 0{,}250\,82 \mathrel{\widehat{=}} 25{,}1\,\%$
Dieser Wahrscheinlichkeitswert ist in *Tabelle 10.20* für diese Angaben der größte Wert, den man ablesen kann.
b) $P_{0,4}^{10}(3 \leqq X \leqq 5) = P(X \leqq 5) - P(X \leqq 2) = 0{,}833\,76 - 0{,}167\,29 \approx 0{,}666\,5 \mathrel{\widehat{=}} 66{,}65\,\%$ ■

10.6 Aufstellen und Testen von Hypothesen

Alternativtest

Vor einer stochastischen Untersuchung stellt man eine Vermutung auf oder formuliert eine Behauptung über einen Parameter der Grundgesamtheit. Danach führt man eine Stichprobe durch, deren Ergebnis dazu verwendet wird, um eine Aussage über die aufgestellte These zu treffen. Anschließend vergleicht man die anfangs aufgestellte Hypothese mit dem Stichprobenergebnis nach ihrer Verträglichkeit. Der Begriff „Hypothese" stammt aus dem altgriechischem „hypothesis" und bedeutet „Voraussetzung, Grundlage" einer Aussage. In statistischen Tests bilden Annahmen und Vermutungen zur Wahrscheinlichkeitsverteilung in einer Grundgesamtheit den Ausgangspunkt. Dabei bezeichnet man die Ausgangsvermutung zur Wahrscheinlichkeitsverteilung in der Grundgesamtheit als **Nullhypothese** H_0. Stellt man zur Nullhypothese eine entsprechende **Gegenhypothese** C, genannt die Alternativhypothese, auf, so sind sie zueinander disjunkt und stehen zueinander in Konkurrenz.

Ein statistischer Test beschreibt ein Verfahren, durch das entschieden wird, ob sich die von einer durchgeführten Stichprobe gelieferten Daten einer Hypothese über die unbekannte Grundgesamtheit widersprechen.

Ein statistischer Test heißt Alternativtest, wenn bei einem Testverfahren die Entscheidung zwischen zwei Hypothesen gefällt wird.

Führt man einen Alternativtest durch, so benötigt man zwei Hypothesen, die **Arbeitshypothese** H_1 und die **Alternativhypothese** H_2. Voraussetzungen für das Durchführen eines Alternativtests sind:

das Festlegen des Stichprobenverfahrens mit einer Länge n, Annahmebereich B und Ablehnungsbereich $\overline{B}$ für H_1.

Es gibt in der Statistik verschiedene Formen an Hypothesen. Von **einfachen** Hypothesen spricht man, wenn sie der Form H: $p = p_0$ genügen. **Zusammengesetzte** Hypothesen genügen der Form H: $p \leqq p_0$ bzw. H: $p \geqq p_0$. Führt man einen Alternativtest durch, so ist im Vorfeld zu klären, ob in einer Grundgesamtheit ein Merkmal A mit einer nicht bekannten Wahrscheinlichkeit $p = p(A)$ mit beinhaltenden p_0 und p_1 vorkommt. Durch einen Alternativtest kann man über die nicht bekannte Wahrscheinlichkeit p untersuchen, ob die Nullhypothese H_0: $p = p_0$ oder die Gegenhypothese H_1: $p = p_1$; $p_0 \neq p_1$ eine treffende Aussage beinhaltet. Bei dem Arbeiten mit Hypothesen können Fehlentscheidungen auftreten, wenn

(1) die Nullhypothese abgelehnt wird; Fehler 1. Art,

(2) die Nullhypothese wird angenommen, obwohl man weiß, dass sie falsch ist; Fehler 2. Art.

Ein Maß für die Möglichkeit der Trennung der Nullhypothese und der Alternativhypothese entsprechend der angegebenen Entscheidungsregel beschreibt die **Trennschärfe** $1 - f_t$.

Bei der Durchführung eines Alternativtests sollte man folgende Arbeitsschrittfolge für eine binomialverteilte Zufallsgröße beachten (*Bild 10.23*).

Bei der Durchführung eines Alternativtests treten vier Entscheidungsmöglichkeiten auf. Zwei von diesen Entscheidungen sind, wie schon erwähnt, dabei Fehlentscheidungen.

- H_0 beinhaltet eine wahre Aussage, aber das Ergebnis der durchgeführten Stichprobe ist in $\overline{B}$ enthalten. Hierbei entsteht ein Fehler f_1 1. Art.
- H_1 beschreibt die wahre Aussage, aber das Ergebnis der durchgeführten Stichprobe ist in B enthalten. Hierbei entsteht ein Fehler f_2 2. Art.

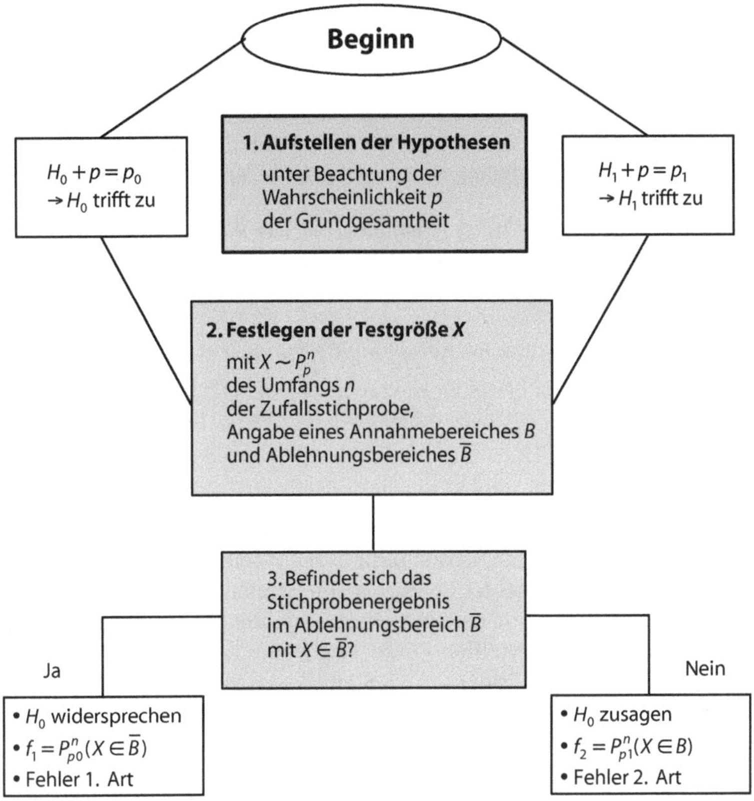

Bild 10.23

Beispiele

10.29 In einem Zeitungsartikel wird behauptet, dass sich mindestens 40 % der Enten an dem Vogelgrippe-Virus V infiziert haben. Bei dem Test wurden 100 Enten untersucht. Wenn höchstens 30 an V erkrankt sind, dann soll die Behauptung abgelehnt werden.

a) Berechnen der Wahrscheinlichkeit für die fälschlicherweise Ablehnung der Behauptung.

b) Berechnen der Wahrscheinlichkeit für die fälschlicherweise angenommene Behauptung, obwohl nur 25 % aller Enten an V erkrankt sind.

Lösung:

a) H_0: $p_0 \geqq 0{,}4$; $n = 100$; $\overline{B} = \{0, 1, \ldots, 30\}$; X: Anzahl der erkrankten Enten

H_0 wird fälschlicherweise nicht zugelassen, wenn ein Ergebnis aus dem Ablehnungsbereich $\overline{B}$ stammt. Die Wahrscheinlichkeit für das Eintreten dieses Ereignisses beträgt:

$$f_1 = P_{0,4}^{100}\,(X \leqq 30) = 0{,}024\,78 \mathrel{\hat{=}} 2{,}48\,\%$$

b) $H_1 \div p_1 = 0{,}25$; H_0 wird fälschlicherweise zugesagt, wenn ein Ergebnis aus dem Annahmebereich $B = \{31, 32, \ldots, 100\}$ stammt. Die Wahrscheinlichkeit beträgt dafür:

$$f_2 = P_{0,25}^{100}\,(X \geqq 31) = 1 - P_{0,25}^{100}\,(X \leqq 30) = 1 - 0{,}896\,21 = 0{,}103\,79 \mathrel{\hat{=}} 10{,}38\,\%$$

10.30 Peter verteilt Werbeprospekte eines Einkaufcenters, um sein monatliches Taschengeld zu erhöhen. Bei Vertragsabschluss erfährt er, dass er nur dann eine entsprechende Entlohnung erhält, wenn mindestens 90 % aller Haushalte je ein Prospekt erhält. Der Leiter des Einkaufcenters plant eine Nachprüfung der Arbeit des Verteilers und führt eine Stichprobe von 100 zufällig ausgewählten Haushalten durch.

Um das Ergebnis seiner Umfrage richtig zu deuten, legt der Leiter fest, dass er sich beim Eintreten der Forderung von mindestens 90 % aller Haushalte mit einer Wahrscheinlichkeit von höchstens 5 % irren wird.

Lösung:

- Zufallsgröße $X := \{$„Anzahl der Haushalte, die ein Prospekt erhalten"$\}$
- Mindestens 90 % der Haushalte erhalten ein Prospekt; Aufstellen der Nullhypothese mit H_0: $p_0 \geqq 0{,}90$;
- Annahmebereich: $B = \{k + 1, \ldots, 100\}$; Ablehnungsbereich: $\overline{B} = \{0, \ldots, k\}$

Der Leiter lehnt die Nullhypothese H_0 fälschlicherweise ab, wenn sich das Ergebnis aus $\overline{B}$ ergibt. Dann würde sich für diese Fehlentscheidung f_1 der 1. Art die Wahrscheinlichkeit ergeben:

$f_1 = P_{0,9}^{100}\,(X = k) \leqq 0{,}5 \Rightarrow$ Aus der Binomialverteilungstabelle kann man $k = 84$ ablesen.

Das Ergebnis bedeutet, dass der Leiter des Einkaufscenters dem Peter keine Vergütung bezahlen wird, wenn er unter den 100 zufällig ausgewählten Haushalten nur höchstens 84 findet, die ein Prospekt erhalten haben. ■

Signifikanztest

Bei dem Alternativtest stellt man zwei Hypothesen auf: die Nullhypothese mit $p = p_0$ und die Alternativhypothese mit $p = p_1$. In der Praxis kommt es recht selten vor, dass man sich zwischen diesen zwei Hypothesen entscheiden muss. Darum ist man gezwungen eine Gegenhypothese H_G zur Nullhypothese H_0 aufzustellen. Diese Gegenhypothese beinhaltet die logische Negation der Eigenschaften der Nullhypothese. Es gilt somit: H_G: $p \neq p_0$. Die Test, die auf dieser Grundlage basieren, bezeichnet man als **Signifikanztest**. Das Risikoniveau α heißt **Signifikanzniveau**. Bei den Signifikanztests unterscheidet man zwei Formen: den **einseitigen** und **zweiseitigen Signifikanztest**.

Ein einseitiger Signifikanztest liegt vor, wenn

- der Annahmebereich B und Ablehnungsbereich $\overline{B}$ ein Intervall beschreibt,
- H_0: $p \leqq p_0$ wird nicht angenommen, wenn die die Zufallsgröße X mit der Wertemenge $\{0, \ldots, n\}$ sehr groß wird und es gilt $\overline{B} = \{k, \ldots, n\}$.
- H_0: $p \geqq p_0$ wird nicht angenommen, wenn die Zufallsgröße X mit der Wertemenge $\{0, \ldots, n\}$ sehr klein wird und es gilt $\overline{B} = \{0, \ldots, k\}$.

Ein zweiseitiger Signifikanztest liegt vor,

- wenn aus der Vermutung keine eindeutige Richtung (keine großen oder kleinen Werte) erkennbar ist.
- wenn der Ablehnungsbereich $\overline{B}$ in zwei Intervalle mit $\overline{B} = \{0, \ldots, k_1\} \cup \{k_2, \ldots, n\}$ zerlegt wird. Für den Annahmebereich gilt: $B = \{k_1 + 1;\ k_1 + 2;\ \ldots;\ k_2 - 2;\ k_2 - 1\}$. Dabei wird die Fehlerwahrscheinlichkeit bzw. das Signifikanzniveau α gleichmäßig auf beide Bereiche von $\overline{B}$, wie im *Bild 10.24* dargestellt, verteilt und es gilt:

$$B_{p_0}^{n}\,(X \in \overline{B}) = B_{p_0}^{n}\,(X \in \{0; \ldots; k_1\}) + B_{p_0}^{n}\,(X \in \{k_2; \ldots; n\}) \leqq \alpha$$

$$B_{p_0}^{n}\,(X \in \{0; \ldots; k_1\}) = \sum_{i=0}^{k_1} B_{p_0}^{n}\,(X = i) \leqq \frac{\alpha}{2}$$

$$B_{p_0}^{n}\,(X \in \{k_2; \ldots; n\}) = \sum_{i=k_2}^{n} B_{p_0}^{n}\,(X = i) \leqq \frac{\alpha}{2}$$

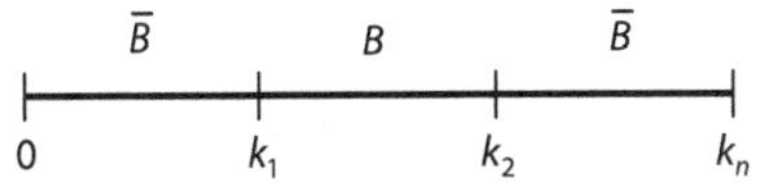

Bild 10.24

Bei einem zweiseitigen Signifikanztest mit einem vorgegebenen Signifikanzniveau α, einem festgelegten Stichprobenumfang n mit den kritischen Werten k_1 und k_2, wird zuerst das Risikoniveau α auf beiden Seiten der Binomialverteilung gleichmäßig aufgeteilt. Es gilt für die Binomialverteilung:

$$P_{p_0}^{n}\left(X \in \overline{B}\right) = P_{p_0}^{n}\left(X \in \{0; \ldots; k_1\}\right) + P_{p_0}^{n}\left(X \in \{k_2; \ldots; n\}\right) \leqq \alpha$$

Die Wahrscheinlichkeit für das Eintreten des Fehlers der ersten Art beim zweiseitigen Signifikanztest bezeichnet man auch als Irrtumswahrscheinlichkeit.

Schrittfolge zum Bearbeiten eines Signifikanztests:

(1) Formulieren der Nullhypothese H_0: $p = p_0 \Rightarrow$
Formulieren der Gegenhypothese H_G: $p \neq p_0$

(2) Angabe des Stichprobenumfangs des Signifikanztests mit dem Risikoniveau α

(3) Angabe der Zufallsgröße X (Prüfgröße) und des Ablehnungsbereichs $\overline{B}$

(4) Bekanntgabe der Entscheidung entsprechend des Stichprobenergebnisses

Beispiele

10.31 Beispiel für einseitigen und rechtsseitigen Test: Die ICEs bei einer Bahngesellschaft zeigen eine häufige Verspätung. Ein Mitreisender dieser Bahn behauptet, dass diese Verspätung bei mindestens 40 % aller ICEs vorkommt. Er schlägt einem Bahnvorsteher vor, die nächsten 100 ICEs auf Verspätung hin zu überprüfen, das bedeutet die Anwendung der Hypothese H_0: $p_0 \geqq 0{,}4$ auf dem 5 %-Signifikanzniveau zu testen. Es wurden 40 Verspätungen der ICEs ermittelt. Wie wird sich die Bahn entscheiden?

Lösung: Entsprechend der Schrittfolge ergibt sich folgender Lösungsweg:

(1) H_0: $p_0 \geqq 0{,}40$

(2) $n = 100$; $\alpha = 5\,\% = 0{,}05$

(3) X: „Anzahl der verspäteten ICEs", $\overline{B} = \{0, \ldots, k\}$

(4) Es gilt: $\alpha = P_{0,4}^{100}\left(X = k\right) \leqq 0{,}05$. Aus der Tabelle einer entsprechenden Formelsammlung liest man $k_{\max}$ ab: $k_{\max} = 31 \Rightarrow \overline{B} = \{0, \ldots, 31\}$.

Weil $40 \notin \overline{B}$, kann die Hypothese H_0 aufgrund des Stichprobenergebnisses in Bezug des 5 %-Signifikanzniveaus nicht abgelehnt werden.

10.32 Beispiel zu zweiseitigem Test: Bei Kühen tritt die Maul- und Klauenseuche MKS auf. Das Veterinäramt ordnet einen zweiseitigen Signifikanztest mit dem Risikoniveau von 5 % mit der Nullhypothese H_0: „10 % der Kühe des Bundeslandes X sind an der MKS erkrankt" und mit einer Stichprobe der Länge $n = 200$ an. Wann wird der Test abgelehnt?

(1) H_0: $p_0 = 0{,}10$;

(2) $n = 200$; $\alpha = 5\,\% = 0{,}05$;

(3) X: „Anzahl der an MKS erkrankten Kühe"; $\overline{B} = \{0, \ldots, k_1\} \cup \{k_2, \ldots, 200\}$;

(4) $P_{0,10}^{200}\left(X \leqq k_1\right) \leqq \frac{\alpha}{2} \Rightarrow P_{0,10}^{200}\left(X \leqq k_1\right) \leqq 0{,}025$;

$P_{0,10}^{200}\left(X \geqq k_2\right) = 1 - P_{0,10}^{200}\left(X \leqq k_2 - 1\right) \leqq 0{,}025 \Rightarrow P_{0,10}^{200}\left(X \leqq k_2 - 1\right) \geqq 1 - 0{,}025 \Rightarrow$
$P_{0,10}^{200}\left(X \leqq k_2 - 1\right) \geqq 0{,}975$

Aus der Binomialverteilungstabelle liest man $k_1 = 11$ ab. Daraus ergibt sich für k_2: $k_2 - 1 = 29 \Rightarrow k_2 = 30$. Für den Ablehnungsbereich ergibt sich: $\overline{B} = \{0, \ldots, 11\} \cup \{30, \ldots, 200\}$. Daraus folgt weiter, dass die Nullhypothese abgelehnt wird, wenn höchstens 11 oder mindestens 30 Kühe bei dem Test an MKS erkrankt sind. ■

Kontrollfragen

10.21 Erläutern Sie, was man unter einem Alternativtest versteht. Wie ist dieser stochastische Test aufgebaut?

10.22 Erklären Sie, was man bei Hypothesen unter dem Begriff der Trennschärfe versteht.

10.23 Wann spricht man beim Alternativtest von einem Signifikanztest?

10.7 Anwendungsaufgaben

Aufgabe 1: Gesucht sind die Fehlerwahrscheinlichkeiten

Es werden die zwei Farben rot und weiß von reinerbig blühenden Tulpen gekreuzt. In der ersten Tochtergeneration der rot blühenden Tulpen beträgt der Anteil beim dominant-rezessiven Erbgang $\frac{3}{4}$ und beim intermediären Erbgang $\frac{1}{4}$. Bei einer Stichprobe vom Umfang $n = 10$ soll die Hypothese „Es liegt ein intermediärer Erbgang vor“ verworfen werden, wenn mehr als die Hälfte der Pflanzen rot blühenden Tulpen sind. Wie hoch ist dabei das Risiko einer Fehlentscheidung?

Lösung:

(1) Nullhypothese: H_0: $p = p_0 = \frac{1}{4} = 0{,}25$; Gegenhypothese: H_1: $p = p_1 = \frac{3}{4} = 0{,}75$

(2) $n = 10$; $\overline{B} = \{6, 7, 8, 9, 10\}$ und $B = \{1, 2, 3, 4, 5\}$

(3) Ermitteln der Wahrscheinlichkeit mithilfe der Binomialverteilungstabelle für das Eintreten des Fehlers der 1. Art:

$$f_1 = P_{0,25}^{10}\left(X \in \overline{B}\right) = P_{0,25}^{10}\left(\{6, 7, 8, 9, 10\}\right) \approx 0{,}020$$

Ermitteln der Wahrscheinlichkeit mithilfe der Binomialverteilungstabelle für das Eintreten des Fehlers der 2. Art:

$$f_2 = P_{0,75}^{10}(X \in B) = P_{0,75}^{10}\left(\{1, 2, 3, 4, 5\}\right) \approx 0{,}078$$

Berechnen des Gesamtrisikos für eine Fehlentscheidung der 1. oder 2. Art beträgt:

$$f_1 + f_2 = P_{0,25}^{10}\left(X \in \overline{B}\right) + P_{0,75}^{10}(X \in B) \approx 0{,}020 + 0{,}078 \approx 0{,}098$$

Das Risiko nach der durchgeführten Stichproben eine Fehlentscheidung zu treffen beträgt 9,80 %.

Aufgabe 2: Gesucht ist der Ablehnungsbereich

In einem Karton befinden sich 50 Porzellantassen von entweder 1. Wahl (5 % Ausschuss) oder 2. Wahl (10 % Ausschuss). Durch eine zufällig durchgeführte Stichprobenerhebung der Länge $n = 10$ will man erfahren, ob die die Tassen in dem Karton der Zuordnung von 1. und 2. Wahl entsprechen.

Lösung:

(1) Nullhypothese: H_0: $p = p_0 = 0{,}05$; Gegenhypothese: H_1: $p = p_1 = 0{,}1$; $n = 10$

(2) $\overline{B} = \{k, k+1, \ldots, 10\}$; $B = \{0, 1, \ldots, k-1\}$; X: zufällige Anzahl an defekten Tassen bei der Stichprobe $n = 10$

(3) Ermitteln der Wahrscheinlichkeit mithilfe der Binomialverteilungstabelle für das Eintreten des Fehlers der 1. Art:

k	$P_{0,05}^{10}(\{0, \ldots, k\})$	$1 - P_{0,05}^{10}(\{0, \ldots, k\})$
0	0,598 74	$1 - 0{,}598\,74 \approx 0{,}401$
1	0,913 86	$1 - 0{,}913\,86 \approx 0{,}086$
2	0,988 50	$1 - 0{,}988\,50 \approx 0{,}012$
3	0,998 97	$1 - 0{,}998\,97 \approx 0{,}001$
…	…	…

$$f_1 = P_{0,05}^{10}(X \in \overline{B}) = P_{0,05}^{10}(\{k, k+1, \ldots, 10\}) \leqq 0{,}05$$
$$1 - P_{0,05}^{10}(\{0, 1, \ldots, k-1\}) \leqq 0{,}05$$
$$2 \leqq k - 1 \rightarrow 3 \leqq k$$
$$\rightarrow k \geqq 3\colon \overline{B} = \{3, 4, 5, 6, 7, 8, 9, 10\}$$

Für den Fehler 2. Art ergibt sich daraus mit $k < 3$:

$$B = \{0, 1, 2\} \rightarrow P_{0,20}^{10}(X \in B) = P_{0,20}^{10}(\{0, 1, 2\}) \approx 0{,}678$$

Ergebnisinterpretation: Sind in der zufällig durchgeführten Stichprobe von 10 Tassen mindestens drei defekte Tassen enthalten, so wird die Nullhypothese H_0 verworfen und diese Tassen werden als Tassen der 2. Wahl eingestuft.

Aufgabe 3: Gesucht sind die Fehler 1. und 2. Art

Ein Saatguthersteller bietet Bohnen in zwei Güteklassen mit unterschiedlicher Keimgarantie an: Bohnen 1. Qualitätsstufe keimen zu 90 % und Bohnen 2. Qualitätsstufe keimen zu nur 75 %. Ein Großhändler kauft aus Gründen von Kostenersparnis Bohnensaatgut unbekannter Qualitätsstufe und will anhand einer Stichprobe aus 100 zufällig entnommenen Bohnen die Qualität testen.

Ermitteln Sie für beide Hypothesen eine Entscheidungsregel für ein Risiko $\alpha \leqq 5\,\%$. Geben Sie das entsprechende Risiko 2. Art an.

Lösung:

(1) $H_0\colon p = p_0 = 0{,}9$; $H_1\colon p = p_1 = 0{,}75$

(2) $n = 100$; $f_1 = \alpha = P_{0,9}^{100}(X \leqq k) \leqq 0{,}05$; Aus der Binomialverteilungstabelle erhält man entsprechend: $k = 84$.

(3) Daraus kann man folgende Hypothesenannahme formulieren:

Es erfolgt eine Annahme der Hypothese bei mehr als 84 keimenden Bohnenpflanzen. Und es gilt weiterhin:

(4) $f_1 = \alpha = P_{0,9}^{100}(X \leqq 84) = 0{,}0398\,9 \mathrel{\hat{=}} 3{,}99\,\%$ mit $f_2 = \beta = P_{0,75}^{100}(X \geqq 85) = 0{,}011 \mathrel{\hat{=}} 1{,}1\,\%$

Für die Hypothese H_1 erhält man dementsprechend: $f_1 = \alpha = P_{0,75}^{100}(X \geqq k) \leqq 0{,}05$ aus der Binomialverteilungstabelle: $k = 83$ mit

$$f_1 = \alpha = P_{0,75}^{100}(X \geqq 83) = 0{,}038 \mathrel{\hat{=}} 3{,}8\,\%$$

Die Annahme der zweiten Hypothese erfolgt bei weniger als 83 keimenden Bohnenpflanzen. Für den Fehler der 2. Art ergibt sich:

$$f_2 = \beta = P_{0,9}^{100}\left(X \leqq 82\right) = 0{,}010\,01 \mathrel{\widehat{=}} 1{,}001\,\%$$

Aufgabe 4: Gesucht sind die Fehler 1. und 2. Art

Eine Herstellerfirma von Süßigkeiten möchte eine Stichprobe unter 100 willkürlich ausgesuchten Personen zum Bekanntheitsgrad ihrer Schokoladensorte durchführen. Die Firmenleitung schätzt den Bekanntheitsgrad ihrer Schokolade mit 50 % und die Werbeabteilung mit 30 % ein. Anhand dieser geplanten Umfrage möchte man herausfinden, ob eine Werbekampagne notwendig ist.

Geben Sie für beide Hypothesen eine Entscheidungsregel mit $\alpha < 10\,\%$ an und bestimmen Sie β.

Lösung:

(1) H_0: $p = p_0 = 0{,}50$; H_1: $p = p_1 = 0{,}30$

(2) $n = 100$; X: Anzahl der Personen, die die Schokolade kennen

(3) $f_1 = \alpha = P_{0,50}^{100}\left(X \leqq k\right) \leqq 0{,}1$; unter Verwendung der Binomialverteilungstabelle erhält man für $k = 43$:

$$P_{0,50}^{100}\left(X \leqq 43\right) = 0{,}096\,67 \mathrel{\widehat{=}} 9{,}7\,\%$$

Interpretation des Ergebnisses: Die Hypothese wird angenommen, wenn mehr als 43 Personen die Schokolade kennen.

(4) Für die Gegenhypothese ergibt sich folgender Rechenweg: Wähle $k = 41$.

Daraus ergibt sich:

$$f_1 = \alpha = P_{0,30}^{100}\left(X \geqq 41\right) = 0{,}012\,5 \mathrel{\widehat{=}} 1{,}25\,\%$$

Ergebnisinterpretation: Die Hypothese wird angenommen, wenn weniger als 41 Personen die Schokolade kennen.

Für den Fehler 2. Art ergibt sich folgender Rechenweg:

$$f_2 = \beta = P_{0,50}^{100}\left(X \leqq 40\right) \approx 0{,}028\,44 \mathrel{\widehat{=}} 2{,}84\,\%$$

10.8 Die Poisson-Verteilung

Definition 10.5

Eine diskrete Zufallsgröße X heißt Poisson-verteilt mit dem Parameter λ ($\lambda > 0$), wenn sie die Werte $k = 0, 1, 2, \ldots$ (abzählbar unendlich viele) mit den Wahrscheinlichkeiten

$$P\left(X = k\right) = \frac{\lambda^k}{k!}\,\mathrm{e}^{-\lambda} \quad (k = 0, 1, 2, \ldots)$$

annehmen kann.

Erwartungswert, Streuung

$$\mu = \lambda; \quad \sigma^2 = \lambda \tag{10.20}$$

Die Form der Verteilung wird durch den Parameter λ bestimmt.

Wenn man annimmt, dass eine Zufallsgröße Poisson-verteilt ist, bildet man aus den Realisierungen x_i einer Stichprobe das arithmetische Mittel $\overline{x}$. Dieses ist ein Schätzwert für μ und nach *Gl. (10.20)* auch für λ.

Die Poisson-Verteilung ist nach S. D. Poisson (1781–1840) benannt, der sie als erster beschrieb und wesentliche Eigenschaften entdeckte.

Beispiele

10.33 Für a) $\lambda = 4$, b) $\lambda = 0{,}4$ sind die Verteilungstabellen (auf 2 Dezimalen genau) zu berechnen und grafisch darzustellen.

Lösung:

a)

k	0	1	2	3	4	5	6	7	8	9	10	11	...
$P(X=k)$	0,02	0,07	0,15	0,20	0,20	0,16	0,10	0,06	0,03	0,01	0,01	0,00	...

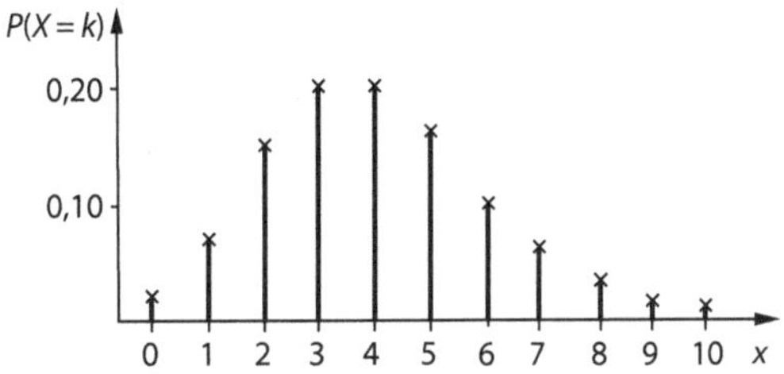

Bild 10.25

b)

k	0	1	2	3	4	...
$P(X=k)$	0,67	0,27	0,05	0,01	0,000	...

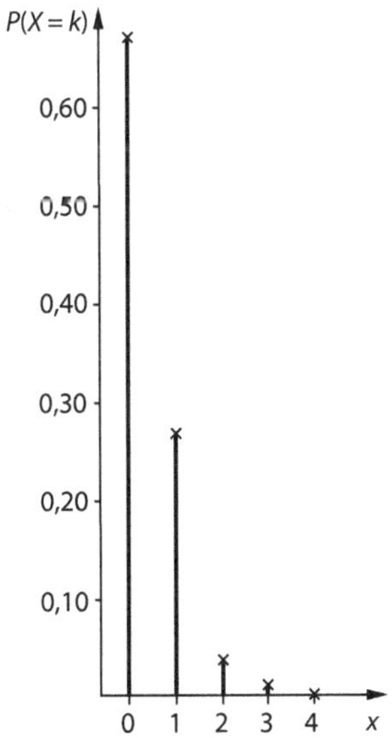

Bild 10.26

■

Die grafische Darstellung der Verteilungstabelle ist unsymmetrisch (linkssteil). Wenn λ groß ist, wird sie fast symmetrisch.

Poisson-verteilte Zufallsgrößen treten bei vielen Problemen der Praxis auf. Beispiele sind die Anzahl der in einer bestimmten Zeiteinheit ankommenden Gespräche in einer Telefonzentrale, die Anzahl der Fadenbrüche pro Zeiteinheit bei einer bestimmten Garnsorte in einer Spinnerei oder die Anzahl der auf einem Parkplatz pro Zeiteinheit ankommenden Personenkraftwagen.

Wenn für eine Zufallsgröße mit unbekannter Verteilung eine Poisson-Verteilung vermutet wird, können als erster Anhaltspunkt zur Bestätigung dieser Vermutung die *Gl. (10.20)* überprüft werden: Aus einer Stichprobe mit n Realisierungen von X werden als Schätzwerte für μ und σ die Maßzahlen $\overline{x}$ und s berechnet; nach *Gl. (10.20)* müsste $\overline{x} = s^2$ gelten.

Beispiele

10.34 In einer Telefonzentrale kommen durchschnittlich 240 Gespräche pro Stunde an. Wie groß ist die Wahrscheinlichkeit dafür, dass höchstens 3 Gespräche pro Minute ankommen?

Lösung: Nach den oben genannten Beispielen ist X Poisson-verteilt. Wegen $\overline{x} = 240/\text{h}$ ist $\lambda = 4$ Gespräche pro Minute.

$P\left((X=0) \cup (X=1) \cup (X=2) \cup (X=3)\right) = 0{,}02 + 0{,}07 + 0{,}15 + 0{,}20 = 0{,}44$

(siehe *Beispiel 10.33 a)*) ■

Die Binomialverteilung wird zur Poisson-Verteilung, wenn die Anzahl n der Versuche immer größer und die Wahrscheinlichkeit p immer kleiner wird. Der Parameter λ berechnet sich nach $\lambda = n \cdot p$.

Genauer: Die Poisson-Verteilung ist der Grenzwert der Binomialverteilung für $n \to \infty$ und $p \to 0$, wobei $n \cdot p = \lambda = \text{const}$.

Diese Eigenschaft wird genutzt, um Wahrscheinlichkeiten für binomialverteilte Zufallsgrößen zu berechnen, wenn n groß und p klein ist.

Beispiele

10.35 Für 200 Personen ist die Wahrscheinlichkeit dafür zu berechnen, dass eine von ihnen am 25. oder 26. Dezember Geburtstag hat.

Lösung: Es wird angenommen, dass jeder Tag des Jahres als Geburtstag gleich möglich ist. Dann ist nach der Gleichung der klassischen Wahrscheinlichkeit $p = \frac{2}{365}$. X ist binomialverteilt. Da n groß und p klein ist, ist X näherungsweise Poisson-verteilt mit $\lambda = 200 \cdot \frac{2}{365} \approx 1{,}096$.

$$P(X=1) = \frac{\lambda^1}{1!}\,\mathrm{e}^{-\lambda} = 0{,}37$$

Die exakte Rechnung $P(X=1) = \binom{200}{1}\left(\frac{2}{365}\right)^1\left(\frac{363}{365}\right)^{199}$ ergibt gleichfalls 0,37, ist aber aufwändiger. ■

Aufgaben: ***10.19*** **bis** ***10.21***

10.9 Die Normalverteilung

Die Normalverteilung ist ein Beispiel für die Verteilung einer stetigen Zufallsgröße X. Sie tritt in der Praxis am häufigsten auf, weil Zufallsgrößen, die das Ergebnis einer Überlagerung von vielen unabhängigen und etwa gleichstarken Einflüssen sind, normalverteilt sind.

Beispiele sind

- Messfehler, die bei mehrfacher Messung derselben Größe auftreten,
- Abweichungen von einem Sollmaß bei Werkstücken, die auf einem Automaten hergestellt werden,
- Inhalt von Gefäßen, die automatisch abgefüllt werden.

Definition 10.6

Eine stetige Zufallsgröße X heißt normalverteilt mit den Parametern μ und σ^2($N(\mu,\sigma^2)$-verteilt), wenn ihre **Wahrscheinlichkeitsdichte** die Form hat

$$\varphi(x,\mu,\sigma^2) = \frac{1}{\sqrt{2\pi\cdot\sigma^2}}\cdot \mathrm{e}^{-\frac{(x-\mu)^2}{2\sigma^2}} = \frac{1}{\sigma}\cdot\varphi\left(\frac{x-\mu}{\sigma}\right)$$

und ihre Verteilungsfunktion heißt:

$$F(x,\mu,\sigma) = \frac{1}{\sqrt{2\pi}\cdot\sigma}\int_{-\infty}^{x} \mathrm{e}^{-\frac{(t-\mu)^2}{2\cdot\sigma^2}}dt = \Phi\left(\frac{x-\mu}{\sigma}\right)$$

$EX=\mu$ ist der Erwartungswert, σ^2 die Streuung, e: Eulersche Zahl.

Die grafische Darstellung der Wahrscheinlichkeitsdichte wird Glockenkurve oder Gauß'sche Fehlerkurve genannt und ist in *Bild 10.27* dargestellt. Die Kurve ist symmetrisch zur Symmetrieachse $x=\mu$. Sie hat ein Maximum bei $x=\mu$ mit dem Wert $\dfrac{1}{\sigma\sqrt{2\pi}}$ und bei $x=\mu\pm\sigma$ zwei Wendepunkte. Für immer kleiner und größer werdendes x schmiegt sie sich an die x-Achse an.

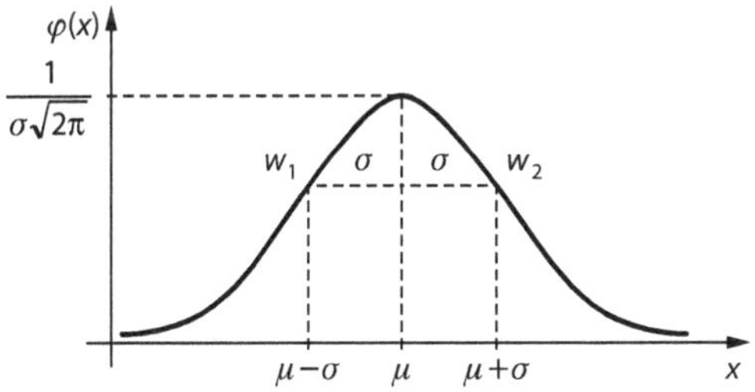

Bild 10.27

Die Parameter μ und σ bedeuten nach *Bild 10.27*:

Der **Erwartungswert** $EX=\mu$ ist die Stelle, an der die Glockenkurve das Maximum hat; die **Standardabweichung** $\sigma=\sqrt{VarX}$ ist der Abstand der beiden Wendepunkte von der Symmetrieachse mit $VarX=\sigma^2$ (Varianz).

1. Die Glockenkurve hat Carl Friedrich Gauß (1777–1855) im Zusammenhang mit Arbeiten über die Theorie der Beobachtungsfehler entdeckt.
2. In der Literatur wird bei der Normalverteilung das Funktionszeichen f für die Wahrscheinlichkeitsdichte durch das Zeichen φ ersetzt.
3. Der Wendepunkt ist ein Punkt einer Kurve, für den die zu beiden Seiten liegenden Kurvenbögen verschiedene Krümmungsart haben (wenn man die Verhältnisse auf eine Straße überträgt, gibt es die beiden Arten „Linkskurve“ und „Rechtskurve“).

Beispiel

10.36 Für $\mu = 3$ und a) $\sigma = \frac{1}{2}$, b) $\sigma = \frac{3}{2}$ sind die Glockenkurven grafisch darzustellen.

Lösung:

a) $\varphi(x) = \frac{1}{1{,}25}\,\mathrm{e}^{-\frac{(x-3)^2}{0{,}5}}$

x	3	$3 \pm 0{,}25$	$3 \pm 0{,}5$	$3 \pm 0{,}75$	3 ± 1	$3 \pm 1{,}25$
$\varphi(x)$	0,80	0,70	0,48	0,26	0,11	0,04

b) $\varphi(x) = \frac{1}{3{,}76}\,\mathrm{e}^{-\frac{(x-3)^2}{4{,}5}}$

x	3	$3 \pm 0{,}5$	3 ± 1	$3 \pm 1{,}5$	3 ± 2
$\varphi(x)$	0,27	0,25	0,21	0,16	0,11

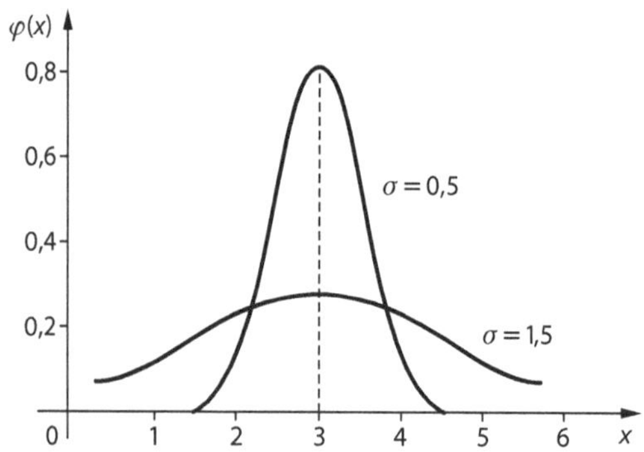

Bild 10.28 ■

Je größer die Streuung σ^2 einer $N(\mu, \sigma^2)$-verteilten Zufallsgröße ist (z. B. die Streuung der Messwerte einer Messreihe um ihren Mittelwert), umso breiter ist die Glockenkurve. Da der Inhalt zwischen Kurve und x-Achse stets gleich 1 ist (siehe Aussage $A1'$), muss die Glockenkurve umso flacher verlaufen, je größer die Streuung ist. Dieser Zusammenhang ist in *Bild 10.28* gut zu erkennen.

Für $N(\mu, \sigma^2)$-verteilte Zufallsgrößen kann man mithilfe der Verteilungsfunktion, die entsprechend der Wahrscheinlichkeitsdichte mit $\Phi(x)$ bezeichnet wird, Intervallwahrscheinlichkeiten nach *Gl. (10.15)* berechnen. Die Werte für $\varphi(x)$ und $\Phi(x)$ sind tabellarisiert und können der Fachliteratur entnommen werden.

Von praktischer Bedeutung sind Wahrscheinlichkeiten für Intervalle, die symmetrisch zum Erwartungswert liegen (*Bild 10.28*).

Es ist

$$P(\mu - \sigma \leqq X \leqq \mu + \sigma) = 0{,}683;$$
$$P(\mu - 2\sigma \leqq X \leqq \mu + 2\sigma) = 0{,}955; \quad (10.21)$$
$$P(\mu - 3\sigma \leqq X \leqq \mu + 3\sigma) = 0{,}997$$

Die letzte Intervallwahrscheinlichkeit besagt, dass bei einer normalverteilten Zufallsgröße X 99,7 % aller Werte innerhalb der „3-Sigma-Grenzen" liegen, d. h., von 1 000 Werten liegen etwa 3 Werte außerhalb. Es ist also praktisch fast sicher, dass eine Zahl in diesem Bereich liegt (**3-σ-Regel**). Jeder Wert innerhalb des Bereichs ist eine Realisierung von X, seine Abweichung von μ ist zufälliger Natur. Auch ein Wert außerhalb des Bereichs kann eine solche Realisierung sein, aber nur mit 0,3 % Wahrscheinlichkeit. Man entscheidet in diesem Fall, dass seine Abweichung von μ nicht mehr zufällig ist. Diese Entscheidung ist in nur 0,3 % aller Fälle fehlerhaft. In der statistischen Qualitätskontrolle wird der 3-Sigma-Bereich genutzt.

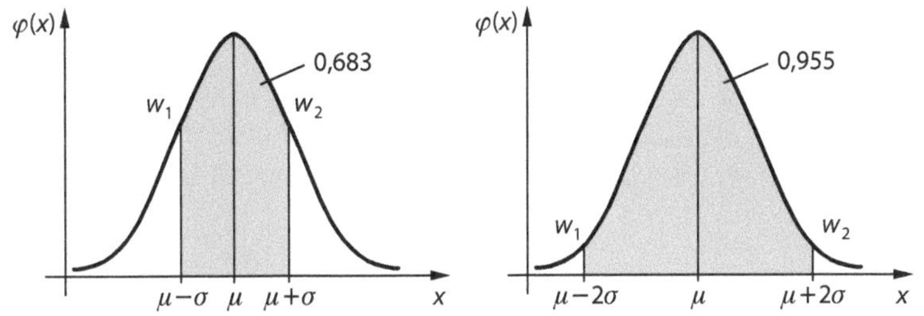

Bild 10.29

Beispiel

10.37 Der Durchmesser eines in Serie produzierten Werkstückes ist $N(\mu;\, \sigma^2)$-verteilt mit $\mu = 12{,}83$ mm und $\sigma = 0{,}06$ mm. Es ist zu untersuchen, ob der Durchmesser $d_1 = 12{,}99$ mm im 3-Sigma-Bereich liegt.

Lösung: Es ist $\mu + 3\sigma = 13{,}01$; $\mu - 3\sigma = 12{,}65$

Der 3-Sigma-Bereich ist $12{,}65 \leqq d/\text{mm} \leqq 13{,}01$.

d_1 liegt in diesem Bereich, d. h., die Abweichung von μ ist eine Zufallsabweichung. ■

In den Anwendungen (z. B. bei den Prüfverfahren der mathematischen Statistik) ist es üblich, mit ganzzahligen Prozentwerten für die Wahrscheinlichkeiten zu arbeiten.

Es ist

$$P(\mu - z_\alpha\sigma \leqq X \leqq \mu + z_\alpha\sigma) = S = 1 - \alpha \quad (10.22)$$

α	S	z_α
0,05	0,95	1,960
0,01	0,99	2,576
0,001	0,999	3,291

Die Wahrscheinlichkeit S heißt statistische Sicherheit, α heißt Irrtumswahrscheinlichkeit.

Beispiel

10.38 Die Masse (in Gramm) eines in Serie produzierten Werkstückes ist $N(8{,}435;\, 0{,}025^2)$-verteilt. In welchem Bereich liegen die Werte mit a) 5 %, b) 1 % Irrtumswahrscheinlichkeit?

Lösung: Mit $\mu = 8{,}435$ und $\sigma = 0{,}025$ ergeben sich die Bereiche

a) $\mu \pm 1{,}960 \cdot \sigma = 8{,}435 \pm 0{,}049$ oder $8{,}386 \leqq X \leqq 8{,}484$

b) $\mu \pm 2{,}576 \cdot \sigma = 8{,}435 \pm 0{,}064$ oder $8{,}371 \leqq X \leqq 8{,}499$

Je kleiner die Irrtumswahrscheinlichkeit ist, umso größer ist der Bereich der zufällig um μ streuenden Werte. ■

Definition 10.7

Eine spezielle Form der Normalverteilung ist die **standardisierte Normalverteilung** mit $\mu = 0$ und $\sigma = 1$ ($N(0;\ 1)$-Verteilung): $\varphi\,(x;\ 0{,}1) = \dfrac{1}{\sqrt{2\pi}}\,\mathrm{e}^{-\frac{x^2}{2}}$.

Bei der Binomialverteilung der Länge n kann in diesem Fall die Standardnomalverteilung durch die folgende Näherungsformeln von Laplace angewendet werden:

(1) Für die lokale Näherung gilt: $P_p^n\,(X = k) \approx \dfrac{1}{\sigma} \cdot \varphi\left(\dfrac{k-\mu}{\sigma}\right)$ mit $\varphi(t) = \dfrac{1}{\sqrt{2\pi}} \cdot \mathrm{e}^{-\frac{t^2}{2}}$ und $t = \dfrac{k-\mu}{\sigma}$.

(2) Für die globale Näherung gilt: $P_p^n\,(X \leqq k) \approx \Phi\left(\dfrac{k+0{,}5-\mu}{\sigma}\right)$ mit $\Phi\,(X) = \int\limits_{-\infty}^{x} \varphi(t)\,\mathrm{d}t$.

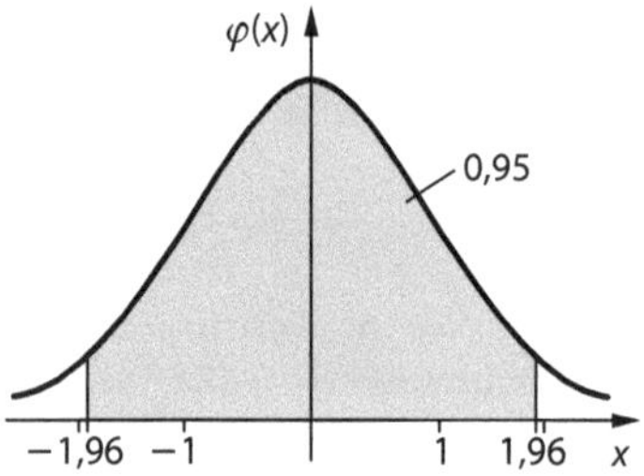

Bild 10.30

Die Glockenkurve liegt symmetrisch zur senkrechten Achse. Die Bereiche, in denen die zufällig von $\mu = 0$ abweichenden Werte liegen, sind von $-z_\alpha$ und z_α begrenzt. In *Bild 10.30* ist z. B. der Bereich für $\alpha = 5\,\%$ dargestellt.

Jede $N(\mu;\ \sigma^2)$-verteilte Zufallsgröße kann durch eine Transformation in eine $N(0;\ 1)$-verteilte Zufallsgröße umgeformt werden:

Wenn X eine $N(\mu;\ \sigma^2)$-verteilte Zufallsgröße ist, so ist $\dfrac{X-\mu}{\sigma}$ eine $N(0;\ 1)$-verteilte Zufallsgröße.

Definition 10.8

Aus dem Erwartungswert $x = \mu$ wird z. B. $\dfrac{\mu-\mu}{\sigma} = 0$, und aus $x = \mu + \sigma$ (Abszisse des Wendepunktes W_2) wird $\dfrac{(\mu+\sigma)-\mu}{\sigma} = 1$.

Umgekehrt lässt sich auch jede $N(\mu;\ \sigma^2)$-Verteilung durch Transformation aus der $N(0;1)$-Verteilung gewinnen. Deshalb findet man in der Literatur nur Tabellen für die $N(0;1)$-Verteilung.

Beispiel

10.39 Bei der Herstellung von Kondensatoren mit 2 µF Kapazität ist die Kapazität eine normalverteilte Zufallsgröße mit $\mu = 2{,}00$ und $\sigma = 0{,}03$. Bei der Qualitätskontrolle werden 2,08 µF gemessen, also 0,08 µF Abweichung von μ. Ist diese Abweichung (bei 5 % Irrtumswahrscheinlichkeit) noch als Zufallsabweichung aufzufassen?

Lösung: Zu $\alpha = 5\,\%$ gehört nach *Gl. (10.22)* $z_\alpha = 1{,}96$.

Der Bereich der Zufallsabweichungen ist $\mu \pm 1{,}96\,\sigma = 2{,}00 \pm 0{,}06$.

Der Wert 2,08 liegt außerhalb des Bereichs. Die Abweichung ist keine Zufallsabweichung. Ein zweiter Lösungsweg, der in der statistischen Praxis oft gegangen wird, ist die Transformation auf die $N(0;\ 1)$-Verteilung: Dabei wird geprüft, ob die transformierte Größe $\frac{x-\mu}{\sigma} = \frac{2{,}08-2{,}00}{0{,}03} = 2{,}67$ innerhalb des Bereichs der Zufallsabweichungen von $\mu = 0$ liegt (statt X wird x geschrieben, weil eine Realisierung der Zufallsgröße X gemeint ist). Für $\alpha = 5\,\%$ ist dieser Bereich $[-z_\alpha;\ z_\alpha] = [-1{,}96;\ 1{,}96]$. Da 2,67 außerhalb des Bereichs liegt, ist die Abweichung nicht zufällig. ■

Aussagen über normalverteilte Zufallsgrößen lassen sich auf binomialverteilte Zufallsgrößen übertragen, wenn n hinreichend groß ist:

Wenn X binomialverteilt und n groß ist, so ist X näherungsweise $N(\mu;\ \sigma^2)$-verteilt mit

$$\mu = np, \quad \sigma^2 = np\,(1-p) \tag{10.23}$$

Insbesondere gelten dann auch näherungsweise die Aussagen in den *Gln. (10.21)* und *(10.22)* über Intervallwahrscheinlichkeiten.

Als Forderung an die Mindestgröße von n findet man u. a. in der Literatur die Faustregel:

Die binomialverteilte Zufallsgröße X ist näherungsweise normalverteilt, wenn das Kriterium erfüllt ist:

$$n \geqq \frac{5}{p} \quad \text{(für } p \leqq 0{,}5) \quad \text{bzw.} \quad n \geqq \frac{5}{1-p} \quad \text{(für } p \geqq 0{,}5) \tag{10.24}$$

Beispiel

10.40 Widerstände werden in Posten zu je 500 Stück geliefert. Sie werden mit einer Ausschussquote von 4 % produziert. Wie viel Stück Ausschuss sind in einem Posten zu erwarten ($\alpha = 5\,\%$)?

Lösung: X ist binomialverteilt und n hinreichend groß, denn das *Kriterium (10.24)* ist mit $n = 500$ erfüllt (wegen $p = 0{,}04$ muss $n \geqq \frac{5}{0{,}04} = 125$ gelten).

Mit *Aussage (10.23)* und *Gl. (10.22)* ist

$\mu = 500 \cdot 0{,}04 = 20; \quad \sigma^2 = 500 \cdot 0{,}04 \cdot 0{,}96; \quad \sigma = 4{,}38$

$\mu \pm 1{,}96\,\sigma = 20 \pm 8{,}59 \approx 20 \pm 9$

Es sind zwischen 11 und 29 Stück Ausschuss zu erwarten. ■

10.10 Anwendungen der Normalverteilung

Aufgabe 1

Im Rahmen eines einjährigen Schulungsprogramms stellt eine Automobilfirma Jungingenieure ein. Nach der Absolvierung dieses Programms werden die besten von 20 Teilnehmern ausgewählt. Aus Erfahrung weiß man, dass sich 80 % der Schulungsteilnehmer zur Besetzung der freien Stellen eignen werden.

1.1 Mit welcher Wahrscheinlichkeit sind nach der Absolvierung des Schulungsprogramms genau 15 Teilnehmer zur Besetzung genau einer freien Stelle geeignet?

1.2 Mit welcher Wahrscheinlichkeit sind nach der Absolvierung des Schulungsprogramms mindestens 15 Teilnehmer zur Besetzung genau einer freien Stelle geeignet?

1.3 Wie viele Bewerber müssen mindestens für die Schulung zugelassen werden, damit mit einer Wahrscheinlichkeit von mehr als 95 % mindestens 15 Ingenieure geeignet sind?

Lösung: Es gilt: $n = 20$; $p = 0{,}80$; X: „Anzahl der geeigneten Teilnehmer"

1.1 $P_{0,80}^{20}(X = 15) = \binom{20}{15} \cdot 0{,}80^{10} \cdot (1 - 0{,}80)^{20-15} = 0{,}174\,56 \mathrel{\widehat{=}} 17{,}46\,\%$

1.2 $P_{0,80}^{20}\left(X \geqq 15\right) = 1 - P_{0,80}^{20}\left(X \leqq 14\right) \approx 1 - 0{,}195\,792 \approx 0{,}804\,21 \mathrel{\widehat{=}} 80{,}42\,\%$

1.3 Es gilt: $p = 0{,}80$ und n ist gesucht;

$$P_{0,80}^{n}\left(X \geqq 20\right) > 0{,}95$$
$$1 - P_{0,80}^{n}\left(X \leqq 19\right) > 0{,}95 / - P_{0,80}^{n} - 0{,}95$$
$$1 - 0{,}95 > P_{0,80}^{n}\left(X \leqq 19\right)$$
$$0{,}05 > P_{0,80}^{n}\left(X \leqq 19\right)$$

Nach der Näherung von Moivre-Laplace gilt:

$$\mu = n \cdot p = n \cdot 0{,}80;$$
$$\sigma = \sqrt{n \cdot p \cdot q} = \sqrt{n \cdot p \cdot q} = \sqrt{n \cdot p \cdot (1 - p)}$$
$$= \sqrt{n \cdot 0{,}80 \cdot (1 - 0{,}80)} = \sqrt{n \cdot 0{,}16} = 0{,}4 \cdot \sqrt{n}$$

Aus der globalen Näherungsgleichung folgt:

$$\Phi\left(\frac{k + 0{,}5 - \mu}{\sigma}\right) = \Phi\left(\frac{19 + 0{,}5 - 0{,}80 \cdot n}{0{,}4 \cdot \sqrt{n}}\right) < 0{,}05$$

Weiterhin folgt aus der Tabelle der Quantile der Normalverteilung (siehe Formelsammlung):

$$\frac{19 + 0{,}5 - 0{,}80 \cdot n}{0{,}4 \cdot \sqrt{n}} < -1{,}6449 / \cdot 0{,}4 \cdot \sqrt{n}$$
$$19 + 0{,}5 - 0{,}80 \cdot n < -1{,}6449 \cdot 0{,}4 \cdot \sqrt{n} / \text{ Zusammenfassen}$$
$$19{,}5 - 0{,}80 \cdot n < -0{,}65796 \cdot \sqrt{n} / + 0{,}65796 \cdot \sqrt{n}$$
$$-0{,}80 \cdot n + 0{,}65796 \cdot \sqrt{n} + 19{,}5 < 0 / \cdot (-1)$$
$$0{,}80n - 0{,}65796\sqrt{n} - 19{,}5 > 0$$

Mithilfe der Lösungsformel für die quadratische Gleichung ergibt sich: $n > 28{,}79 \Rightarrow n \geqq 29$.

Interpretation des Ergebnisses: Es müssten mindestens 29 geeignete Bewerber eingestellt werden.

Aufgabe 2

Die Zufallsgröße X ist normalverteilt und besitzt den Erwartungswert $\mu = 10$ und die Standardabweichung $\sigma = 4$. Bestimmen Sie folgende Wahrscheinlichkeiten:

a) $P\left(X \geqq 13\right)$,

b) $P\left(X < 11\right))$,

c) $P\left(|X - 10| < 5\right)$,

d) $P\left(|X - 10| < \varepsilon\right) \geqq 0{,}95$.

Lösung: Unter Verwendung der Gleichung $P\left(X \leqq x\right) = \Phi\left(\frac{x-\mu}{\sigma}\right)$ folgt:

a) $$P\left(X \geqq 13\right) = 1 - P\left(X < 13\right) = 1 - \Phi\left(\frac{13-10}{4}\right) = 1 - \Phi\left(0{,}75\right)$$
$$\approx 1 - 0{,}767\,2 = 0{,}232\,8 \mathrel{\widehat{=}} 23{,}28\,\%$$

b) $$P\left(X < 11\right) = \Phi\left(\frac{11-10}{4}\right) = \Phi\left(0{,}25\right) \approx 0{,}592\,5 \mathrel{\widehat{=}} 59{,}25\,\%$$

c) $$P\left(|X - 10| < 5\right) = P\left(5 < X < 15\right) = \Phi\left(\frac{15-10}{4}\right) - \Phi\left(\frac{5-10}{4}\right) = \Phi(1{,}25) - \Phi(-1{,}25)$$
$$= \Phi(1{,}25) - 1 + \Phi(1{,}25) = 2 \cdot \Phi(1{,}25) - 1 = 2 \cdot 0{,}682\,7 - 1$$
$$\approx 0{,}365\,4 \mathrel{\widehat{=}} 36{,}54\,\%$$

d) $P\left(|X - 10| < \varepsilon\right) \geqq 0{,}95$

Mit dem Ergebnis aus Teilaufgabe c) folgt:

$$P\left(|X - 10| < \varepsilon\right) = P\left(10 - \varepsilon < X < 10 + \varepsilon\right)$$
$$= 2 \cdot \Phi\left(\frac{10+\varepsilon-10}{4}\right) - 1 = 2 \cdot \Phi\left(\frac{\varepsilon}{4}\right) - 1 < 0{,}95 \Rightarrow \Phi\left(\frac{\varepsilon}{4}\right) > 0{,}975$$

Aus der Tabelle der Quantile der Normalverteilung folgt für $p_{0,975} = 1{,}960$: $\frac{\varepsilon}{4} = 1{,}960 \Rightarrow$ $\varepsilon = 7{,}84$. Quantil ist in der Statistik ein Maß für die Lage, wird anschaulich auch als Schwellwert bezeichnet.

Aufgabe 3

Eine Firma der Modeschmuckbranche plant mit einem Entwurf in Produktion zu gehen. Dafür muss sie wissen, wie schwer das Stück ist. Sie treffen folgende Überlegungen: das Gewicht X des Schmuckstückes ist mit $\mu = 25$ g bei einer Standardabweichung von $\sigma = 0{,}1$ g normalverteilt.

Folgende Fragen möchte die Firma beantwortet wissen:

Wird das Schmuckstück a) schwerer als 25,05 g oder b) höchstens 24,8 g sein?

Lösung:

a) $$P\left(X > 25{,}05\right) = 1 - P\left(X \leqq 25{,}05\right) = 1 - \Phi\left(\frac{25{,}05-25}{0{,}1}\right)$$
$$= 1 - \Phi\left(0{,}5\right) = 1 - 0{,}691\,46 = 0{,}308\,54 \mathrel{\widehat{=}} 30{,}85\,\%$$

b) $$P\left(X \leqq 24{,}8\right) = \Phi\left(\frac{24{,}8-25}{0{,}1}\right) = \Phi\left(-2\right) \approx 0{,}022\,75 \mathrel{\widehat{=}} 2{,}28\,\%$$

10.11 Exponentialverteilung

Definition 10.9

Eine stetige Zufallsgröße X heißt exponentialverteilt mit dem Parameter α ($\alpha > 0$), wenn sie die Wahrscheinlichkeitsdichte hat:

$$f(x) = \begin{cases} 0 & \text{für} \quad x < 0 \\ \alpha\,\mathrm{e}^{-\alpha x} & \text{für} \quad x \geqq 0 \end{cases}$$

Erwartungswert, Streuung

$$\mu = \frac{1}{\alpha}; \quad \sigma^2 = \frac{1}{\alpha^2} \tag{10.25}$$

Verteilungsfunktion:

$$F(x) = \begin{cases} 0 & \text{für} \quad x < 0 \\ 1 - \mathrm{e}^{-\alpha x} & \text{für} \quad x > 0 \end{cases} \tag{10.26}$$

Während sich bei der Exponentialverteilung $F(x)$ als Funktionsgleichung angeben lässt, ist das bei der Normalverteilung mithilfe von elementaren reellen Funktionen nicht möglich.

In *Bild 10.31* ist $f(x)$ für $\alpha = 1$ und $\alpha = 2$ dargestellt.

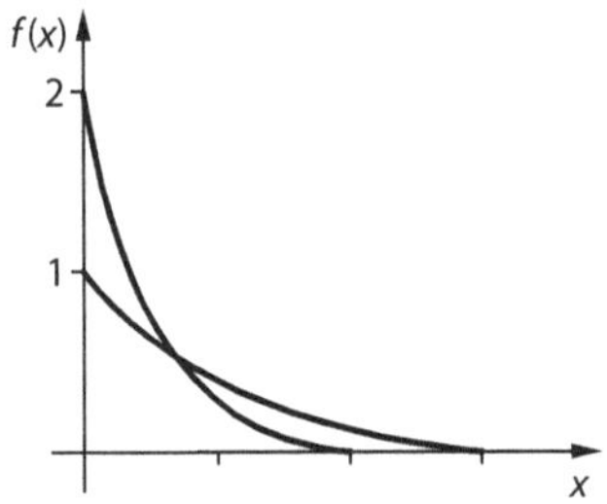

Bild 10.31

In der Praxis treten exponentialverteilte Zufallsgrößen auf, wenn diese z. B. eine zufallsabhängige Zeit oder Zeitdifferenz sind. Beispiele sind

- die Zeitdauer von Telefongesprächen,
- die Reparaturzeiten in einem Reparaturwerk,
- die Lebensdauer von Werkstücken oder Lebewesen.

Wenn vermutet wird, dass X exponentiell verteilt ist, kann als erster Anhaltspunkt überprüft werden, ob bei einer Stichprobe vom Umfang n für die Maßzahlen $\overline{x}$ und s die Gleichung $\overline{x} = s$ gilt, denn $\overline{x}$ und s sind Schätzwerte für μ und σ, für die nach *Gl. (10.26)* $\mu = \sigma$ gilt.

Beispiel

10.41 Ein elektrisches Haushaltgerät hat eine durchschnittliche Lebensdauer von 2 600 Betriebsstunden. Wie groß ist die Wahrscheinlichkeit dafür, dass es eine Lebensdauer von a) höchstens 100, b) zwischen 1 500 und 2 000, c) mindestens 2 000 Betriebsstunden hat?

Lösung: Die Lebensdauer T ist eine exponentialverteilte Zufallsgröße. Aus dem Mittelwert $\bar{t} = 2\,600\,\text{h}$ folgt nach *Gl. (10.25)*:

$\alpha = 1/(2\,600\ h) = 3{,}846 \cdot 10^{-4}\,h\,\text{h}^{-1}$

a) $P(0 \leqq T \leqq 100) = F(100) - F(0)$
$= (1 - \text{e}^{-\alpha \cdot 100}) - (1 - \text{e}^{-\alpha \cdot 0})$
$= (1 - 0{,}96) - (1 - 1) = 0{,}04 = 4\,\%$

b) $F(2\,000) - F(1\,500) = 0{,}536\,6 - 0{,}438\,4 = 10\,\%$

c) $F(\infty) - F(2\,000) = (1 - 0) - (1 - 0{,}463\,4) = 46\,\%$ ■

Mit der Exponentialverteilung wird die Zusammenstellung spezieller Verteilungen abgeschlossen. Informationen über weitere Verteilungen (z. B. die geometrische Verteilung, die Weibull-Verteilung und die Prüfverteilungen der mathematischen Statistik) sind der Fachliteratur zu entnehmen.

Kontrollfragen

10.24 Nennen Sie Beispiele von Zufallsgrößen, die a) Poisson-verteilt, b) exponentialverteilt sind!

10.25 Unter welcher Bedingung ist eine binomialverteilte Zufallsgröße a) Poisson-, b) normalverteilt?

10.26 An welchen Stellen liegen Maximumpunkt und Wendepunkte der Glockenkurve der Normalverteilung?

10.27 Durch welche Transformation wird eine $N(\mu;\ \sigma^2)$-Verteilung zu einer $N(0;\ 1)$-Verteilung?

Aufgaben: *10.22* bis *10.28*

■ 10.12 Aufgaben

10.1 Stellen Sie die Verteilung der Werte der folgenden Urliste (Messungen an Kondensatoren) als sekundäre Verteilungstafel und als Histogramm dar und berechnen Sie aus den Werten der Tafel R, D, $\bar{x}$, s (nach den *Gln. (10.3)* und (*10.7*)) und v

a) für die Reduktionslage 135 pF und $d = 5\,\text{pF}$;

b) für die Reduktionslage 134 pF und $d = 4\,\text{pF}$.

x_i/pF									
139	144	149	149	152	152	147	147	151	151
155	155	145	143	144	147	147	157	160	145
135	143	142	145	146	150	156	160	152	153
147	151	157	157	150	140	141	137	148	149
160	161	156	150	151	153	146	147	141	147
157	151	161	150	136	140	150	146	151	142
156	150	135	143	147	156	161	138	144	146
158	151	154	158	151	158	149	149	144	148

10.2 Berechnen Sie $\bar{x}$ und s für die Werte der gegebenen Verteilung nach dem Verfahren des angenommenen Mittelwertes

a) mit $\bar{x}_a = D$

b) mit $\bar{x}_a = 148\,\text{kg}$

x_i/kg	h_i
128	4
133	8
138	14
143	10
148	8
153	6

10.3 Berechnen Sie für die gegebene Verteilung die Werte der empirischen Verteilungsfunktion und daraus die Intervallhäufigkeiten für $3{,}20 \leqq x_i/\text{k}\Omega < 3{,}40$ und für $3{,}35 \leqq x_i/\text{k}\Omega < 3{,}50$.

Klassen (Grenzen in kΩ)	h_i
von 3,15 bis unter 3,20	12
von 3,20 bis unter 3,25	18
von 3,25 bis unter 3,30	24
von 3,30 bis unter 3,35	36
von 3,35 bis unter 3,40	24
von 3,40 bis unter 3,45	18
von 3,45 bis unter 3,50	10

10.4 Für die Werte der folgenden Urliste (Zeitdauer von Telefongesprächen in Sekunden) sind R, $\tilde{x}$, $\overline{x}$ und s zu berechnen.

x_i/s									
5	7	12	25	10	16	32	18	12	14
16	15	9	22	17	13	11	10	12	10

10.5 a) Der Index des spezifischen Materialverbrauchs für ein Erzeugnis war $(2\,000 \mathrel{\hat{=}} 100)$

Jahr	2007	2008	2009	2010
Index	73,9	70,9	69,6	67,0

Berechnen Sie die jährlichen prozentualen Änderungen und die jährliche Änderungsrate.

b) Berechnen Sie die jährliche Änderungsrate für eine Kennziffer, die in einem Jahr um 40 % abnahm und im folgenden um 40 % zunahm.

c) In einem Industriezweig war die jährliche Änderung der Bruttoproduktion von 2005 bis 2010:

−18,6 %, − 5,4 %, − 4,2 %, 7,6 %, 3,4 %

Berechnen Sie das jährliche Wachstumstempo und die jährliche Änderungsrate.

10.6 Ermitteln Sie für die folgenden Messwerte den Median und die Spannweite:

a) x_i/cm: 32, 30, 28, 26, 40, 50, 31, 25

b) x_i/g: 6, 8, 12, 11, 10, 10, 8, 8, 6, 7, 6, 6, 11, 12, 7

c)

x_i/m	3,25	3,28	3,29	3,30
h_i	4	8	7	6

10.7 Bei Zementbeton hängt die Druckfestigkeit Y vom Wasser-Zement-Verhältnis X ab. Für 15 Prüfwürfel (Kantenlänge 150 mm, Zementfestigkeitsklasse 45) ergab sich

x_i	0,4	0,6	0,7	0,9	0,45	0,95	0,8	0,35
y_i/MPa	52	36	28	18	46	16	23	53

x_i	0,75	0,65	0,5	0,55	0,85	0,3	1,0
y_i/MPa	25	32	44	40	20	54	17

Berechnen Sie den Korrelationskoeffizienten und die Gleichung der Regressionsgeraden.

10.8 Welcher Zusammenhang besteht zwischen der relativen Kapazitätsänderung $\Delta C/C$ eines Papierkondensators und der Frequenz f?

f/kHz	15	20	30	40	60	10	45	55
$\Delta C/C$	−15	−20	−18	−25	−23	−14	−23	−21

Wie groß ist die relative Kapazitätsänderung pro Kilohertz Frequenzänderung in dem untersuchten Bereich?

10.9 In einem Betrieb waren die spezifischen Produktionskosten k für ein Erzeugnis (in €/Stück):

Jahr	2005	2006	2007	2008	2009	2010	2011	2012
k	5930	5922	5917	5912	5907	5894	5881	5875

Berechnen Sie die Gleichung der linearen Trendfunktion. Wie groß war die durchschnittliche jährliche Änderung?

10.10 Der Grundmittelbestand änderte sich in einem Betrieb von 2005 bis 2009 (in 10^3 €):

2005	2006	2007	2008	2009
8119,9	8165,0	8749,6	9498,1	10546,6

Berechnen Sie die Gleichung der linearen Trendfunktion. Welcher Wert ist für 2010 zu erwarten, wenn gleichbleibender Trend vorausgesetzt wird?

10.11 Stellen Sie die Verteilung der Werte der folgenden Urliste (Längenmessungen an einem Werkstück) als sekundäre Verteilungstafel dar und berechnen Sie mit den Werten der Tafel $\overline{x}$, s und v

a) für die Reduktionslage 18,8 mm, $d = 0{,}4$ mm;
b) für die Reduktionslage 18,5 mm, $d = 0{,}5$ mm.

x_i/mm											
19,6	19,6	20,1	20,4	20,1	18,9	20,7	19,8	20,1	19,8	19,8	20,4
19,9	20,1	20,4	19,9	20,3	20,6	20,0	20,7	19,5	20,1	20,4	19,6
20,0	19,6	20,2	19,7	20,0	19,8	19,2	20,1	20,4	19,5	19,8	20,0
20,3	19,4	20,0	20,2	19,2	19,7	20,1	19,2	20,1	20,0	20,0	20,3
19,6	20,1	19,2	19,9	19,7	20,3	20,4	20,0	19,7	20,7	19,7	20,1
19,4	20,4	19,7	20,6	20,6	19,0	19,8	19,7	19,3	19,8	20,8	20,0
20,1	19,2	20,4	19,7	20,2	19,7	20,1	19,0	20,5	19,6	19,7	20,3
20,3	19,7	20,1	19,3	20,5	20,2	19,3	20,5	19,8	19,1	20,5	20,0
20,1	19,6	19,8	20,3	19,8	20,6	20,1	20,2	19,6	20,5	19,7	20,5
19,6	20,1	20,2	19,9	20,5	20,9	19,6	20,7	20,2	20,1	20,6	20,1

10.12 Berechnen Sie für die Werte der folgenden Verteilung D, $\overline{x}$, s und v:

Klassen (Grenzen in m)	h_i
von 623 bis unter 630	7
von 630 bis unter 636	26
von 636 bis unter 641	23
von 641 bis unter 646	25
von 646 bis unter 652	8
von 652 bis unter 660	3

10.13 Die jährlichen Änderungen einer Kennziffer sind −60 %, −20 %, −30 %, 10 %, 15 %. Berechnen Sie das jährliche Wachstumstempo und die jährliche Änderungsrate.

10.14 Bei einem Motor wurden Drehzahl (X) und Leistung (Y) gemessen:

x_i/min^{-1}	1 500	1 800	2 000	2 100	2 250	2 300	2 450	2 500	2 600
y_i/kW	5	10	12	18	25	28	31	37	38

x_i/min^{-1}	2 750	2 800	2 900	3 000	3 100
y_i/kW	42	51	53	58	59

Berechnen Sie den Korrelationskoeffizienten, die Gleichung der Regressionsgeraden und den durchschnittlichen Leistungszuwachs pro 100 min^{-1}.

10.15 Der Index des Außenhandelsumsatzes in einem Betrieb (1993 ≙ 100) war:

2004	2005	2006	2007	2008	2009	2010	2011	2012	2013
154	161	184	211	229	231	271	269	280	292

Welcher Wert ist für 2014 zu erwarten, wenn gleichbleibender Trend vorausgesetzt wird?

10.16 Eine Zufallsgröße X hat die Verteilungstabelle

X:	10	15	20	30	35
	0,10	0,40	0,25	0,20	0,05

a) Berechnen Sie Erwartungswert und Standardabweichung

b) geben Sie die Tabelle der Verteilungsfunktion an und stellen Sie sie grafisch dar

c) berechnen Sie mit ihr die Wahrscheinlichkeit für das Intervall $18 \leqq X < 32$.

10.17 Die Funktionswahrscheinlichkeit eines Motors nach 5 Jahren Betrieb ist 85 %. Mit welcher Wahrscheinlichkeit sind von 8 Motoren dieser Bauart nach 5 Jahren a) mindestens 4, b) höchstens 4 funktionsfähig?

10.18 Ein Schütze schießt mit 75 % Treffwahrscheinlichkeit. Berechnen Sie die Verteilungstabelle für 8 Schüsse. Welche Trefferzahl hat die größte Wahrscheinlichkeit?

10.19 In einer Fernsprechzentrale wird im Mittel aller 8 Sekunden eine Gesprächsanforderung registriert. Berechnen Sie die Wahrscheinlichkeit dafür, dass a) höchstens 4, b) 5 bis 8, c) mindestens 9 Anforderungen pro Minute registriert werden.

10.20 Auf einem Parkplatz kommt durchschnittlich alle 6 Minuten ein Fahrzeug an. Mit welcher Wahrscheinlichkeit kommen a) 5, b) mindestens 8 Fahrzeuge pro Stunde an?

10.21 Ein Bauteil wird in Stückzahlen zu je 100 Stück geliefert. Berechnen Sie die Wahrscheinlichkeit dafür, dass in einem Posten höchstens 3 Stück Ausschuss sind, wenn die Ausschusswahrscheinlichkeit 2 % ist.

10.22 Bei der Herstellung von Widerständen sind die Werte normalverteilt mit $\mu = 1{,}50\,\text{k}\Omega$, $\sigma = 0{,}07\,\text{k}\Omega$. Berechnen Sie den 1-, 2- und 3-Sigma-Bereich.

10.23 Bei der Herstellung von Bohrungen mit Nennmaß 60 mm ist die Abweichung vom Nennmaß normalverteilt mit $\mu = 24\,\mu\text{m}$ und $\sigma = 7{,}5\,\mu\text{m}$. Liegt der 3-Sigma-Bereich innerhalb des Maßtoleranzfeldes von 0 bis 46 μm?

10.24 Für eine Längenmessung wird eine Messreihe durchgeführt. Die Beobachtungsfehler sind $N(\mu;\,\sigma^2)$-verteilt mit $\mu = 38{,}42$ und $\sigma = 0{,}13$ (Maße in mm). In welchem Bereich liegen die Messwerte bei a) 5 %, b) 1 % Irrtumswahrscheinlichkeit?

10.25 Die Messwerte in *Beispiel 10.3* sollen einer normalverteilten Grundgesamtheit entstammen mit $\mu = 223\,\Omega$ und $\sigma = 5\,\Omega$ (vgl. *Beispiele 10.5, 10.9*).

a) Berechnen Sie die Grenzen des 1-Sigma- und des 3-Sigma-Bereichs

b) In welchem Bereich liegen bei 5 % Irrtumswahrscheinlichkeit die Werte?

10.26 In einer Werkstatt ist für ein Gerät die durchschnittliche Reparaturzeit 95 Minuten. Mit welcher Wahrscheinlichkeit wird es in einer Zeit von a) höchstens 1 Stunde, b) 1 bis 2 Stunden, c) mehr als 2 Stunden repariert?

10.27 Für einen Parkplatz werden 2,3 Stunden als mittlere Parkdauer gemessen. Berechnen Sie die Wahrscheinlichkeit für eine Parkdauer von a) 30 Minuten bis 2 Stunden, b) mehr als 3 Stunden.

10.28 In einem Betrieb sind 850 gleichartige Aggregate eingesetzt, von denen jedes eine Ausfallrate $\lambda = 3 \cdot 10^{-4}\ \text{h}^{-1}$ hat. Wie viele Ausfälle sind in den ersten 2 000 Betriebsstunden zu erwarten? (Die Ausfallrate λ ist gleich dem Parameter α der Exponentialverteilung.)

10.29 Nach dem Statistischen Jahrbuch ist die Wahrscheinlichkeit für die Geburt eines Jungen konstant gleich 0,513. Wie groß ist die Wahrscheinlichkeit dafür, dass in einer Familie mit 4 Kindern a) 3 Jungen, b) mindestens 2 Jungen, c) 3 Mädchen geboren werden?

10.30 Der Anteil der Wegeunfälle an den meldepflichtigen Arbeits- und Wegeunfällen war 2012 und 2013 im Durchschnitt 28,3 %.

a) Berechnen Sie für $n = 35$ Erwartungswert und Standardabweichung.

b) Wie groß ist die Wahrscheinlichkeit dafür, dass von 35 Unfällen in einem Betrieb höchstens 10 Wegeunfälle sind?

c) Wie viele Wegeunfälle sind bei 35 Unfällen mit 5 % Irrtumswahrscheinlichkeit mindestens und höchstens zu erwarten?

10.31 Ein Betrieb stellt ein Bauelement mit 76 % Funktionswahrscheinlichkeit her. Berechnen Sie, wie viele von 700 Bauelementen einer Lieferung funktionsfähig sind, $\alpha = 5\,\%$.

10.32 Bei der Herstellung von Wellen mit Nennmaß 150 mm sind die Abweichungen vom Nennmaß $N(50;\ 12^2)$-verteilt (Maße in µm).

a) In welchem Bereich liegen diese Abweichungen (($\alpha = 5\,\%$)?

b) Wird das Maßtoleranzfeld 0 ... 103 µm eingehalten?

10.33 Für die Wahrscheinlichkeitsdichte der $N(0;\ 1)$-Verteilung sind als Hilfsmittel für die grafische Darstellung die Funktionswerte für $x = 0;\ \pm 0{,}5;\ \pm 1;\ \pm 2$ zu berechnen und gerundet in der Form $\frac{k}{8} \cdot y_{\max}$ ($y_{\max} = \varphi(0)$) anzugeben.

10.34 In einer Montagehalle werden im Mittel 2 Maschinenausfälle in 8 Stunden registriert. Wie groß ist die Wahrscheinlichkeit dafür, dass a) keine, b) 1 bis 2, c) 3 Maschinen pro Stunde ausfallen?

10.35 In der Werkzeugausgabe eines Betriebes wird die Anzahl der Anforderungen durch Arbeiter registriert. Auf 15-Minuten-Intervalle bezogen, ergibt sich:

x_i	3 ... 5	6 ... 8	9 ... 11	12 ... 14	15 ... 17	18 ... 20	21 ... 23
h_i	2	3	16	36	26	13	4

a) Überprüfen Sie mittels $\overline{x}$ und s nach *Gl. (10.20)*, ob eine Poisson-Verteilung angenommen werden kann ($\overline{x}$ und s werden mit den Klassenmitten berechnet, z. B. $x_1 = 4$).

b) Mithilfe der Poisson-Verteilung ist $P(X < 15)$ zu berechnen und mit dem aus der Tabelle gewonnenen Wert zu vergleichen.

10.36 In einer Fernsprechzentrale wurde als mittlere Gesprächsdauer 3,6 Minuten gemessen. Wie groß ist die Wahrscheinlichkeit für eine Gesprächsdauer von a) 2 bis 3, b) mehr als 15, c) genau 4 Minuten?

10.37 In einem Supermarkt wurde bei 1 000 Personen die zum Einkauf benötigte Zeit gemessen. Auf Intervalle mit 200 Sekunden Breite bezogen ergab sich

t_i/s	h_i	t_i/s	h_i
0 ... 200	500	1 000 ... 1 200	17
200 ... 400	258	1 200 ... 1 400	9
400 ... 600	115	1 400 ... 1 600	4
600 ... 800	60	1 600 ... 1 800	2
800 ... 1 000	33	1 800 ... 2 000	1
		2 000 ... 2 200	1

a) Überprüfen Sie mittels $\overline{t}$ und s nach *Gl. (10.25)*, ob eine Exponentialverteilung angenommen werden kann ($\overline{t}$ und s werden mit den Klassenmitten berechnet, z. B. $t_1 = 100$).

b) Mithilfe der Exponentialverteilung ist die Wahrscheinlichkeit dafür zu berechnen, dass die Einkaufszeit weniger als 400 Sekunden dauert und mit dem aus der Tabelle gewonnenen Wert zu vergleichen.

10.13 Lösungen

10.1 a)

Klassen (Grenzen in pF)	x_i in pF	h_i	h_i/n in %	$\sum h_i/n$ in %
von 135 bis unter 140	137,5	6	7,50	7,50
von 140 bis unter 145	142,5	13	16,25	23,75
von 145 bis unter 150	147,5	22	27,50	51,25
von 150 bis unter 155	152,5	20	25,00	76,25
von 155 bis unter 160	157,5	13	16,25	92,50
von 160 bis unter 165	162,5	6	7,50	100,00

$R = (161 - 135)\ \text{pF} = 26\,\text{pF};\ D = 147{,}5\,\text{pF}$

$\overline{x}/\text{pF} = 11\,995/80 \approx 149{,}9$

$s^2/(\text{pF})^2 = \frac{1}{79}\left(1\,793\,664 - 80\overline{x}^2\right);\ s/\text{pF} = 6{,}750 \approx 6{,}8$

$v = 4{,}4\,\%$, *Bild L10.1*

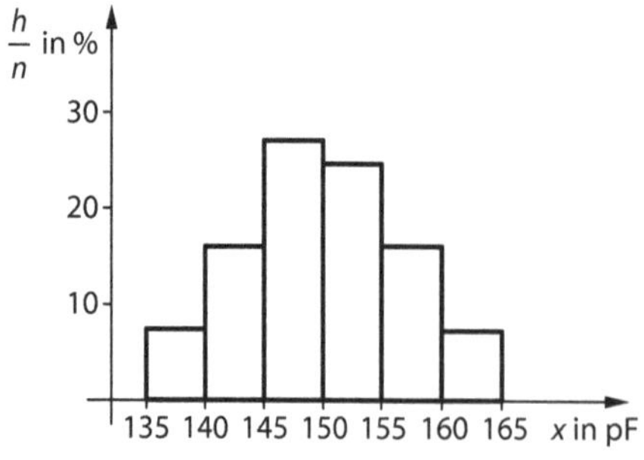

Bild L10.1

b)

Klassen (Grenzen in pF)	x_i in pF	h_i	h_i/n in %	$\sum h_i/n$ in %
von 134 bis unter 138	136	4	5,00	5,00
von 138 bis unter 142	140	6	7,50	12,50
von 142 bis unter 146	144	12	15,00	27,50
von 146 bis unter 150	148	19	23,75	51,25
von 150 bis unter 154	152	19	23,75	75,00
von 154 bis unter 158	156	11	13,75	88,75
von 158 bis unter 162	160	9	11,25	100,00

$R = 26\,\text{pF}$; $D_1 = 148\,\text{pF}$; $D_2 = 152\,\text{pF}$

$\overline{x}/\text{pF} = 11\,968/80 = 149{,}6$

$s^2/(\text{pF})^2 = \frac{1}{79}\left(1\,793\,664 - 80\overline{x}^{2}\right)$; $s/\text{pF} = 6{,}4$; $v = 4{,}3\,\%$, *Bild L10.2*

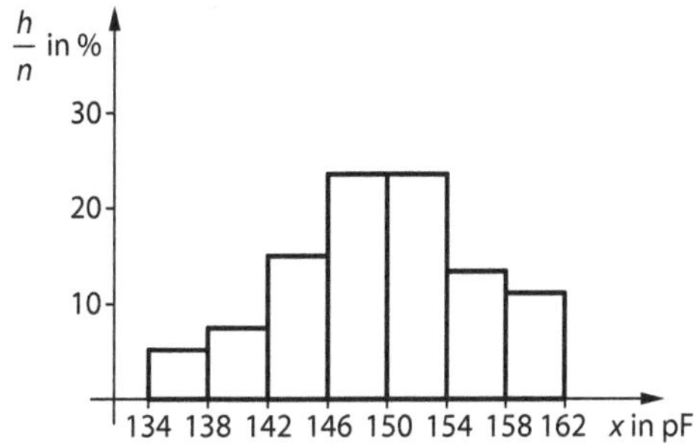

Bild L10.2

10.2 a)

x_i in kg	h_i	m_i
128	4	−2
133	8	−1
138	14	0
143	10	1
148	8	2
153	6	3

$n = 50$; $d = 5\,\text{kg}$; $P = 28$; $Q = 120$;

$\overline{x} = 140{,}8\,\text{kg}$; $s = 7{,}296\,\text{kg} \approx 7{,}3\,\text{kg}$

b)

x_i in kg	h_i	m_i
128	4	−4
133	8	−3
138	14	−2
143	10	−1
148	8	0
153	6	1

$P = -72$; $Q = 208$;

$\overline{x}$, s

siehe *10.2 a)*

10.3 $80{,}28\,\% - 8{,}45\,\% = 71{,}83\,\%$; $100{,}00\,\% - 63{,}38\,\% = 36{,}62\,\%$

10.4 $R = 27\,\text{s}$; $\tilde{x} = 12{,}5\,\text{s}$; $\overline{x} = 14{,}3\,\text{s}$; $s = 6{,}4\,\text{s}$

10.5 a) $-4{,}1\,\%$; $-1{,}8\,\%$; $-3{,}7\,\%$

$Q = \sqrt[3]{0{,}959 \cdot 0{,}982 \cdot 0{,}963} = \sqrt[3]{67{,}0/73{,}9} = 0{,}968$

$r = -3{,}2\,\%$

b) $-8{,}3\,\%$

c) 96,1 %; –3,9 %

10.6 a) $\tilde{x} = 30{,}5\,\text{cm}$; $R = 25\,\text{cm}$

b) $\tilde{x} = 8\,\text{g}$; $R = 6\,\text{g}$

c) $\tilde{x} = 3{,}29\,\text{m}$; $R = 0{,}05\,\text{m}$

10.7 $r_{xy} = -0{,}983$; $y/\text{MPa} = 73{,}3 - 61{,}1x$

10.8 $r_{xy} = -0{,}797$ starke negative Korrelation; $y = -14{,}06 - 0{,}17x$; Kapazitätsänderung $-0{,}17/\text{kHz}$

10.9 $y/(€/\text{Stück}) = 5\,904{,}75 - 3{,}95z$;
durchschnittliche jährliche Änderung: $2(-3{,}95)€/\text{Stück} = -7{,}90\,€/\text{Stück}$

10.10 $y/\left(10^3\,€\right) = 9\,015{,}84 + 618{,}65z$;
für 2006 ($z = 3$): $10\,871{,}8 \cdot 10^3\,€$

10.11 a)

Klassen (Grenzen in mm)	x_i in mm	h_i	h_i/n in %	$\sum h_i/n$ in %
von 18,8 bis unter 19,2	19,0	4	3,33	3,33
von 19,2 bis unter 19,6	19,4	12	10,00	13,33
von 19,6 bis unter 20,0	19,8	36	30,00	43,33
von 20,0 bis unter 20,4	20,2	42	35,00	78,33
von 20,4 bis unter 20,8	20,6	24	20,00	98,33
von 20,8 bis unter 21,2	21,0	2	1,67	100,00

$\overline{x}/\text{mm} = 2\,406{,}4/120 = 20{,}05$

$s^2/(\text{mm})^2 = \frac{1}{119}\left(48\,278{,}0\dot{8} - 120\overline{x}^2\right)$; $s/\text{mm} = 0{,}43$

$v = 2{,}1\,\%$

b)

Klassen (Grenzen in mm)	x_i in mm	h_i	h_i/n in %	$\sum h_i/n$ in %
von 18,5 bis unter 19,0	18,75	1	0,83	0,83
von 19,0 bis unter 19,5	19,25	13	10,83	11,66
von 19,5 bis unter 20,0	19,75	38	31,67	43,33
von 20,0 bis unter 20,5	20,25	50	41,67	85,00
von 20,5 bis unter 21,0	20,75	18	15,00	100,00

$\overline{x}/\text{mm} = 2\,405{,}5/120 = 20{,}05$

$s^2/\text{mm}^2 = \frac{1}{119}\left(48\,244{,}5 - 120\overline{x}^2\right)$; $s/\text{mm} = 0{,}45$

$v = 2{,}2\,\%$

10.12 Berechnung mithilfe der Klassenmitten
$D_1 = 633\,\text{m}$; $D_2 = 643{,}5\,\text{m}$; $\overline{x} = 638{,}9\,\text{m}$; $s = 6{,}8\,\text{m}$; $v = 1{,}1\,\%$

10.13 77,7 %; –22,3 %

10.14 $r_{xy} = 0{,}984$; $y/\text{kW} = -58{,}31 + 0{,}038x$
durchschnittlicher Zuwachs $3{,}8\,\text{kW}/\left(100\,\text{min}^{-1}\right)$

10.15 $y = 228{,}2 + 8{,}13z$; für 1991 ($z = 11$) : 318

10.16 a) $\mu = 19{,}75$; $\sigma = 7{,}15$

b)

x	$F(x)$
$-\infty < x \leqq 10$	0
$10 < x \leqq 15$	0,10
$15 < x \leqq 20$	0,50
$20 < x \leqq 30$	0,75
$30 < x \leqq 35$	0,95
$35 < x < \infty$	1

c) $F(32) - F(18) = 0{,}45$

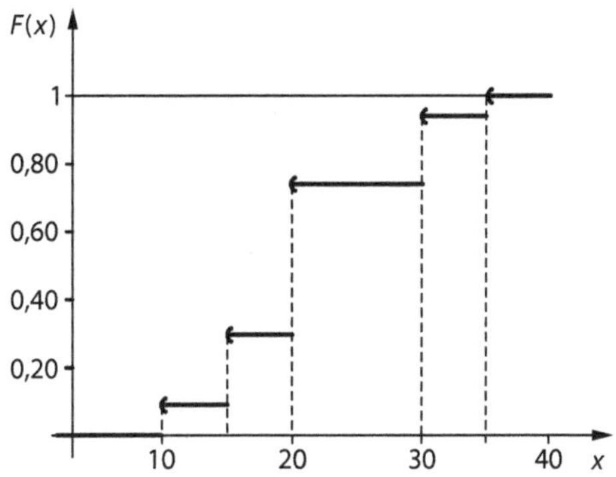

Bild L10.3

10.17 a) $P(X = 4) + P(X = 5) + \ldots P(X = 8) = 0{,}997$

b) 0,021

10.18 X:

0	1	2	3	4	5	6	7	8
0,000	0,000	0,004	0,023	0,087	0,208	0,311	0,267	0,100

wahrscheinlichste Trefferzahl: 6

10.19 X ist Poisson-verteilt: $\lambda = 7{,}5\,\text{min}^{-1}$;

a) $\sum\limits_{k=0}^{4} P(X = k) = 0{,}132$ b) 0,530 c) $1 - \sum\limits_{k=0}^{8} P(X = k) = 0{,}338$

10.20 X ist Poisson-verteilt: $\lambda = 10\,\text{h}^{-1}$

a) 0,038 b) 0,780

10.21 X ist näherungsweise Poisson-verteilt: $\lambda = np = 2$; 0,857

10.22 $1{,}43 \leqq R/\text{k}\Omega \leqq 1{,}57$; $1{,}36 \leqq R/\text{k}\Omega \leqq 1{,}64$; $1{,}29 \leqq R/\text{k}\Omega \leqq 1{,}71$

10.23 $\mu \pm 3\sigma = (24 \pm 22{,}5)$ µm; das Maßtoleranzfeld wird überschritten.

10.24 a) $38{,}17 \leqq x/\text{mm} \leqq 38{,}67$ b) $38{,}09 \leqq x/\text{mm} \leqq 38{,}75$

10.25 a) $218 \leqq x/\Omega \leqq 228$; $208 \leqq x/\Omega \leqq 238$

b) $223 \pm 1{,}96 \cdot 5$; $213 \leqq x/\Omega \leqq 233$

Ein Vergleich mit den Häufigkeiten in *Beispiel 10.3* ergibt annähernd Übereinstimmung.

10.26 X ist exponentialverteilt: $\alpha = 1/1{,}583\,\text{h}^{-1}$

a) $F(1) = 0{,}468$ b) $F(2) - F(1) = 0{,}249$ c) $1 - F(2) = 0{,}283$

10.27 X ist exponentialverteilt: $\alpha = 1/2{,}3\,\text{h}^{-1}$

a) 0,386 b) 0,271

10.28 $F(2\,000) = 0{,}45$; 384 Aggregate

10.29 a) 0,263 b) 0,668 c) 0,237

10.30 a) $\mu = 9{,}91 \approx 10$; $\sigma = 2{,}66$

b) $\sum\limits_{k=0}^{10} P(X = k) = 0{,}598$

c) Kriterium $n \geqq \dfrac{5}{p} = 18$ ist erfüllt;

$\mu \pm 1{,}96\sigma = 9{,}91 \pm 5{,}21$; mindestens 5, höchstens 15

10.31 $\mu = 532$; $\sigma = 11{,}3$; zwischen 510 und 554 Bauelemente

10.32 a) Bereich von 26,5 µm bis 73,5 µm

b) 50 ± 36; das Maßtoleranzfeld wird eingehalten

10.33

x	0	$\pm 0{,}5$	± 1	± 2
$\varphi(x)$	y_{max}	$\frac{7}{8}y_{max}$	$\frac{5}{8}y_{max}$	$\frac{1}{8}y_{max}$

10.34 $\lambda = 0{,}25\,\text{h}^{-1}$

a) 0,779 b) 0,219 c) 0,002

10.35 a) $\overline{x} = 14{,}08$; $s^2 = 13{,}37$; $s = 3{,}66$. $\overline{x} = s^2$ ist näherungsweise erfüllt

b) $\lambda \approx 14$; $\sum\limits_{k=0}^{14} P(X = k) \approx 0{,}57$

nach Tabelle: $\frac{2}{100} + \frac{3}{100} + \ldots + \frac{36}{100} \approx 0{,}57$

10.36 $\alpha = 1/3{,}6\,\text{min}^{-1}$; a) 0,139; b) 0,016; c) 0

10.37 a) $\overline{t} = 300{,}4$; $s = 285{,}5$. $\overline{t} = s$ ist näherungsweise erfüllt.

b) $\alpha = 1/300{,}4\,\text{s}^{-1}$; $F\,(400) = 0{,}74$

nach Tabelle: $\frac{500}{1\,000} + \frac{258}{1\,000} = 0{,}758$

11 Komplexe Zahlen

11.0 Vorbemerkung

Nicht alle Rechenoperationen lassen sich im Bereich der reellen Zahlen uneingeschränkt durchführen. So lassen sich im Reellen keine Wurzeln aus negativen Zahlen ziehen und das Logarithmieren ist auf positive Zahlen beschränkt. Durch die Erweiterung der Menge der reellen Zahlen zur Menge der komplexen Zahlen werden diese Einschränkungen überwunden.

Die anfänglich etwas willkürlich erscheinenden Definitionen, die zur Menge der komplexen Zahlen führen, haben sich innerhalb der Mathematik, besonders aber auch in der Physik und hier speziell im Bereich der Elektrotechnik als außerordentlich fruchtbar erwiesen. Aus diesem Grund wird in der Schreibweise der komplexen Zahlen und in der Wahl der anwendungsbezogenen Aufgaben der Bezug zur Elektrotechnik besonders hervorgehoben.

11.1 Die arithmetische Form der komplexen Zahlen

11.1.1 Imaginäre und komplexe Zahlen

Im Bereich der reellen Zahlen hat die Gleichung $x^2 + 1 = 0$ keine Lösung, da bei der Anwendung der p-q-Formel eine negative Diskriminante auftritt:

$$x^2 + 1 = 0 \quad \Rightarrow \quad p = 0, q = 1 \quad \rightarrow$$

$$x_{1,2} = -\frac{p}{2} \pm \sqrt{\frac{p^2}{4} - q} = 0 \pm \sqrt{0 - 1} = \pm\sqrt{-1} \notin \mathbb{R} \qquad \text{(vgl. } \textit{Gl. (2.5)}\text{)}$$

Die Lösung dieses Problems führt zu folgender Definition.

Definition 11.1

Unter der **imaginären Zahleneinheit** j versteht man diejenige Zahl, deren Quadrat -1 beträgt:

$$\mathrm{j}^2 = -1$$

Anmerkungen:

In der Mathematik wird die imaginäre Zahleneinheit mit i bezeichnet. In der Elektrotechnik wird jedoch j verwendet, um Verwechselungen mit i als Symbol der Stromstärke zu vermeiden.

Keinesfalls sollte j als Wurzel aus -1 (~~$\mathrm{j} = \sqrt{-1}$~~) angesehen werden, da die Anwendung der Wurzelgesetze sonst zu unlösbaren Konflikten führt. Beim Rechnen mit der imaginären Zahleneinheit wird dies auch nie nötig sein.

Die imaginäre Zahleneinheit und ihre Gegenzahl $-\mathrm{j}$ sind damit Lösungen der Gleichung $x^2 + 1 = 0$:

$$x_{1,2} = \pm\sqrt{-1} = \pm\sqrt{\mathrm{j}^2} = \pm\mathrm{j}$$

Dass dies korrekt ist, zeigen die Proben:

(1) für $x_1 = \mathrm{j}$: $\quad x_1^2 + 1 = \mathrm{j}^2 + 1 = -1 + 1 = 0 \quad \checkmark$

(2) für $x_2 = -\mathrm{j}$: $\quad x_1^2 + 1 = (-\mathrm{j})^2 + 1 = (-1)^2 \cdot \mathrm{j}^2 + 1 = 1 \cdot (-1) + 1 = -1 + 1 = 0 \quad \checkmark$

Eine ähnliche Gleichung: $x^2 + 9 = 0$

$$x^2 + 9 = 0 \Rightarrow p = 0,\, q = 9 \Rightarrow$$

$$x_{1,2} = 0 \pm \sqrt{0-9} = \pm\sqrt{-9} = \pm\sqrt{9 \cdot (-1)} = \pm\sqrt{9} \cdot \sqrt{-1} = \pm 3 \cdot \sqrt{\mathrm{j}^2} = \pm 3 \cdot \mathrm{j}$$

In diesem Fall tritt das Produkt einer reellen Zahl mit der imaginären Zahleneinheit j auf. Dies gibt Anlass zu folgender Definition.

Definition 11.2

Das Produkt einer reellen Zahl b mit der imaginären Zahleneinheit j bezeichnet man als **imaginäre Zahl** $b\,\mathrm{j}$ ($b \in \mathbb{R}$, j: imaginäre Zahleneinheit).

Anmerkungen:

Die imaginäre Zahleneinheit j ist selbst eine imaginäre Zahl, da sie als Produkt der reellen Zahl 1 mit j selbst aufgefasst werden kann.

Die Zahl Null kann sowohl als reelle Zahl als auch als imaginäre Zahl aufgefasst werden, da $0 = 0\,\mathrm{j}$.

Für das Rechnen mit imaginären Zahlen gelten alle Rechenregeln, die von den reellen Zahlen her bekannt sind.

Beispiele

11.1 a) $4\,\mathrm{j} + 3\,\mathrm{j} = 7\,\mathrm{j}$ b) $-1{,}2\,\mathrm{j} + 2{,}5\,\mathrm{j} = 1{,}3\,\mathrm{j}$
c) $-4{,}5\,\mathrm{j} + (-6{,}2)\,\mathrm{j} = -10{,}7\,\mathrm{j}$ d) $4\,\mathrm{j} + 2\,\mathrm{j} + 3\,\mathrm{j} = 9\,\mathrm{j}$

11.2 a) $5\,\mathrm{j} - 3\,\mathrm{j} = 2\,\mathrm{j}$ b) $4\,\mathrm{j} - \mathrm{j} = 4\,\mathrm{j} - 1\,\mathrm{j} = 3\,\mathrm{j}$
c) $6{,}3\,\mathrm{j} - (-3{,}1)\,\mathrm{j} = 9{,}4\,\mathrm{j}$ d) $9\,\mathrm{j} - 9\,\mathrm{j} = 0\,\mathrm{j} = 0$

11.3 a) $4 \cdot 12\,\mathrm{j} = 48\,\mathrm{j}$ b) $1{,}25\,\mathrm{j} \cdot 6 = 7{,}5\,\mathrm{j}$
c) $10 \cdot (-5\,\mathrm{j}) = -50\,\mathrm{j}$ d) $-2 \cdot (-8\,\mathrm{j}) = 16\,\mathrm{j}$

11.4 a) $3\,\mathrm{j} \cdot 8\,\mathrm{j} = 24\,\mathrm{j}^2 = 24 \cdot (-1) = -24$ b) $5\,\mathrm{j} \cdot (-7)\,\mathrm{j} = -35\,\mathrm{j}^2 = -35 \cdot (-1) = 35$

11.5 a) $\frac{8\,\mathrm{j}}{4} = 2\,\mathrm{j}$ b) $\frac{-5\,\mathrm{j}}{2} = -2{,}5\,\mathrm{j}$

c) $\frac{-1\,\mathrm{j}}{-10} = 0{,}1\,\mathrm{j}$ d) $\frac{5\,\mathrm{j}}{-5} = -1\,\mathrm{j} = -\mathrm{j}$

11.6 a) $\frac{1}{\mathrm{j}} = \frac{1}{\mathrm{j}} \cdot \frac{\mathrm{j}}{\mathrm{j}} = \frac{\mathrm{j}}{\mathrm{j}^2} = \frac{\mathrm{j}}{-1} = -\mathrm{j}$ b) $\frac{-6}{5\,\mathrm{j}} = \frac{-6\,\mathrm{j}}{5\,\mathrm{j}^2} = \frac{-6\,\mathrm{j}}{5(-1)} = 1{,}2\,\mathrm{j}$ (Erweiterung mit j!)

11.7 a) $\frac{10\,\mathrm{j}}{4\,\mathrm{j}} = 2{,}5$ b) $\frac{-\mathrm{j}}{8\,\mathrm{j}} = -0{,}125$

c) $\frac{-12\,\mathrm{j}}{-3\,\mathrm{j}} = 4$ (j kann gekürzt werden!)

11.8 a) $\mathrm{j}^3 = \mathrm{j}^2 \cdot \mathrm{j} = -1 \cdot \mathrm{j} = -\mathrm{j}$ b) $(2\,\mathrm{j})^4 = 2^4 \cdot \mathrm{j}^4 = 16\,\mathrm{j}^2 \cdot \mathrm{j}^2 = 16(-1) \cdot (-1) = 16$

c) $\mathrm{j}^{-3} = \frac{1}{\mathrm{j}^3} = \frac{\mathrm{j}}{\mathrm{j}^4} = \frac{\mathrm{j}}{\mathrm{j}^2 \cdot \mathrm{j}^2} = \frac{\mathrm{j}}{-1 \cdot (-1)} = \mathrm{j}$ ■

Allgemein gelten folgende Gesetzmäßigkeiten:

Summen und Differenzen imaginärer Zahlen ergeben wieder imaginäre Zahlen:

$$b_1\,\mathrm{j} + b_2\,\mathrm{j} = (b_1 + b_2) \cdot \mathrm{j}; \quad b_1\,\mathrm{j} - b_2\,\mathrm{j} = (b_1 - b_2) \cdot \mathrm{j}$$

Produkte und Quotienten je einer reellen und einer imaginären Zahl sind imaginär:

$$b_1 \cdot (b_2\,\mathrm{j}) = b_2\,\mathrm{j} \cdot b_1 = (b_1 \cdot b_2)\,\mathrm{j}; \quad \frac{b_1\,\mathrm{j}}{b_2} = \frac{b_1}{b_2}\,\mathrm{j} \quad (b_2 \neq 0);$$

$$\frac{b_1}{b_2\,\mathrm{j}} = \frac{b_1\,\mathrm{j}}{b_2\,\mathrm{j}^2} = \frac{b_1\,\mathrm{j}}{-b_2} = -\frac{b_1}{b_2}\,\mathrm{j} \quad (b_2 \neq 0)$$

Produkte und Quotienten zweier imaginärer Zahlen sind reell:

$$(b_1\,\mathrm{j}) \cdot (b_2\,\mathrm{j}) = b_1 b_2\,\mathrm{j}^2 = -b_1 b_2 \in \mathbb{R}; \quad \frac{b_1\,\mathrm{j}}{b_2\,\mathrm{j}} = \frac{b_1}{b_2} \in \mathbb{R} \quad (b_2 \neq 0)$$

Die Potenzwerte von j wiederholen sich periodisch und sind abwechselnd imaginär oder reell:

$\mathrm{j}^{-3} = \mathrm{j}$ (vgl. *Beispiel 11.8*);

$$\mathrm{j}^{-2} = \frac{1}{\mathrm{j}^2} = \frac{\mathrm{j}^2}{\mathrm{j}^2 \cdot \mathrm{j}^2} = \frac{-1}{-1 \cdot (-1)} = -1;$$

$\mathrm{j}^{-1} = \frac{1}{\mathrm{j}} = -\mathrm{j}$ (vgl. *Beispiel 11.6*);

$$\mathrm{j}^0 = 1; \quad \mathrm{j}^1 = \mathrm{j}; \quad \mathrm{j}^2 = -1; \quad \mathrm{j}^3 = -\mathrm{j}; \quad \mathrm{j}^4 = \mathrm{j}^2 \cdot \mathrm{j}^2 = -1 \cdot (-1) = 1;$$

$$\mathrm{j}^5 = \mathrm{j} \cdot \mathrm{j}^4 = \mathrm{j} \cdot 1 = \mathrm{j}; \quad \mathrm{j}^6 = \mathrm{j}^2 \cdot \mathrm{j}^4 = -1 \cdot 1 = -1; \quad \ldots$$

Um zum Begriff der komplexen Zahl zu kommen, wird die folgende Gleichung gelöst: $x^2 + 2x + 5 = 0$

$$x^2 + 2x + 5 = 0 \Rightarrow p = 2,\, q = 5 \Rightarrow$$

$$x_{1,2} = -1 \pm \sqrt{1-5} = -1 \pm \sqrt{-4} = -1 \pm \sqrt{4 \cdot (-1)} = -1 \pm \sqrt{4} \cdot \sqrt{-1} = -1 \pm 2 \cdot \sqrt{\mathrm{j}^2}$$
$$= -1 \pm 2 \cdot \mathrm{j}$$

Hier tritt nun die Summe einer reellen Zahl und einer imaginären Zahl auf. Dies gibt Anlass zu folgender Definition.

Definition 11.3

Die Summe einer reellen Zahl a und einer imaginären Zahl $b\,\mathrm{j}$ bezeichnet man als **komplexe Zahl** $\underline{z} = a + b\,\mathrm{j}$ ($a, b \in \mathbb{R}$, j: imaginäre Zahleneinheit).

Die Schreibweise $\underline{z} = a + b\,\mathrm{j}$ wird als **arithmetische Form** (oder: algebraische Form) komplexer Zahlen bezeichnet.

Die reelle Zahl a heißt **Realteil** von $\underline{z}$:

$$a = \mathrm{Re}(\underline{z})$$

Die reelle Zahl b heißt **Imaginärteil** von $\underline{z}$:

$$b = \mathrm{Im}(\underline{z}) \quad (b \in \mathbb{R}!)$$

Zwei komplexe Zahlen heißen zueinander **konjugiert komplex**, wenn sie sich nur im Vorzeichen des Imaginärteils unterscheiden:

$$\underline{z} = a + b\,\mathrm{j} \Rightarrow \underline{z}^* = a - b\,\mathrm{j}$$

($\underline{z}^*$: die zu $\underline{z}$ konjugiert komplexe Zahl)

Anmerkungen:

In der Elektrotechnik werden komplexe Größen grundsätzlich mit einem Unterstrich als solche gekennzeichnet. Diese Schreibweise wird im Folgenden verwendet.

Neben der algebraischen Form komplexer Zahlen gibt es auch noch weitere Schreibweisen (siehe *Abschnitt 11.2* und *11.3*).

Zwei komplexe Zahlen werden als gleich definiert, wenn sie in Realteil und Imaginärteil übereinstimmen.

Es muss betont werden, dass der Imaginärteil einer komplexen Zahl eine reelle Zahl ist!

Beispiele

Tabelle 11.1

	$\underline{z}$	$\mathrm{Re}(\underline{z})$	$\mathrm{Im}(\underline{z})$	$\underline{z}^*$
11.9	$1 + 2\,\mathrm{j}$	1	2	$1 - 2\,\mathrm{j}$
11.10	$4 - \mathrm{j}$	4	-1	$4 + \mathrm{j}$
11.11	$-0{,}5 + 0{,}3\,\mathrm{j}$	$-0{,}5$	$0{,}3$	$-0{,}5 - 0{,}3\,\mathrm{j}$
11.12	$-\sqrt{2} - 2\sqrt{5}\,\mathrm{j}$	$-\sqrt{2}$	$-2\sqrt{5}$	$-\sqrt{2} + 2\sqrt{5}\,\mathrm{j}$
11.13	$6\,\mathrm{j} - 4$	-4	6	$-6\,\mathrm{j} - 4 = -4 - 6\,\mathrm{j}$
11.14	$x^2 + y^2\,\mathrm{j}$	x^2	y^2	$x^2 - y^2\,\mathrm{j}$
11.15	$-\mathrm{j} + 4{,}5$	$4{,}5$	-1	$\mathrm{j} + 4{,}5 = 4{,}5 + \mathrm{j}$
11.16	-2	-2	0	-2
11.17	$\pi\,\mathrm{j}$	0	π	$-\pi\,\mathrm{j}$
11.18	0	0	0	0

■

Diese Beispiele machen Folgendes deutlich:

Steht zwischen dem Realteil und der imaginären Zahl einer komplexen Zahl ein Minuszeichen, so ist der Imaginärteil dieser komplexen Zahl negativ (*Beispiele 11.10* und *11.12*).

Der Realteil und die imaginäre Zahl einer komplexen Zahl können „vertauscht“ auftreten (*Beispiele 11.13* und *11.15*).

Reelle Zahlen können als Sonderfall von komplexen Zahlen aufgefasst werden, nämlich als komplexe Zahlen mit einem Imaginärteil von 0 (*Beispiel 11.16*). In diesem Fall ist $\underline{z}^* = \underline{z}$.

Rein imaginäre Zahlen können als komplexe Zahlen mit einem Realteil von Null aufgefasst werden (*Beispiel 11.17*). In diesem Fall ist $\underline{z}^* = -\underline{z}$.

Die Null kann ebenfalls als Spezialfall einer komplexen Zahl aufgefasst werden (*Beispiel 11.18*).

Damit wird das System der Zahlenmengen erweitert (*Bild 11.1*).

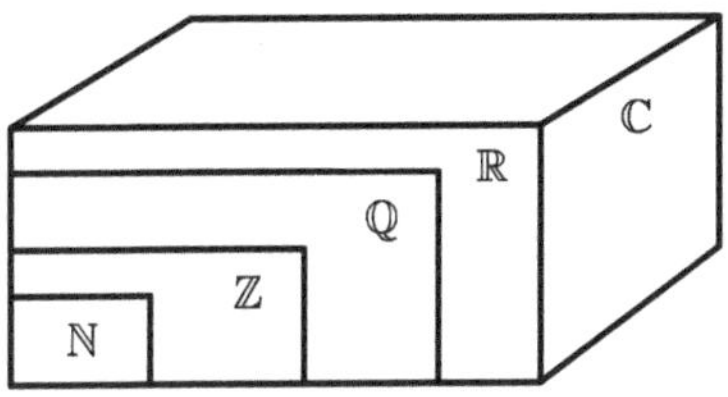

$\mathbb{N}$: Menge der natürlichen Zahlen
$\mathbb{Z}$: Menge der ganzen Zahlen
$\mathbb{Q}$: Menge der rationalen Zahlen
$\mathbb{R}$: Menge der reellen Zahlen
$\mathbb{C}$: Menge der komplexen Zahlen

Bild 11.1

11.1.2 Rechnen mit komplexen Zahlen in der arithmetischen Form

Für die Addition und die Subtraktion komplexer Zahlen gelten alle aus dem Reellen bekannten Rechenregeln.

Beispiele

11.19 $(2+3\,\mathrm{j}) + (1+5\,\mathrm{j}) = 3+8\,\mathrm{j}$;
$(-0{,}5+4\,\mathrm{j}) + (1{,}5-2{,}5\,\mathrm{j}) = 1+1{,}5\,\mathrm{j}$;
$(-\sqrt{2}+\mathrm{j}) + (\mathrm{j}+\sqrt{2}) = 2\,\mathrm{j}$

11.20 $(2+3\,\mathrm{j}) - (1+5\,\mathrm{j}) = 1-2\,\mathrm{j}$;
$(-0{,}5+4\,\mathrm{j}) - (1{,}5-2{,}5\,\mathrm{j}) = -2+6{,}5\,\mathrm{j}$;
$(-\sqrt{2}+\mathrm{j}) - (\mathrm{j}+\sqrt{2}) = -2\sqrt{2}$

11.21 $(2+3\,\mathrm{j}) + (2-3\,\mathrm{j}) = 4$;
$(-0{,}5+4\,\mathrm{j}) - (-0{,}5-4\,\mathrm{j}) = 8\,\mathrm{j}$;
$(-\sqrt{2}-\sqrt{2}\,\mathrm{j}) - (-\sqrt{2}+\sqrt{2}\,\mathrm{j}) = -2\sqrt{2}\,\mathrm{j}$ ■

Diese Beispiele zeigen:

Die Summe und die Differenz zweier komplexer Zahlen ist wieder eine komplexe Zahl:

$$(a_1 + b_1\,\mathrm{j}) \pm (a_2 + b_2\,\mathrm{j}) = (a_1 \pm a_2) + (b_1 \pm b_2)\,\mathrm{j} \in \mathbb{C}$$

Die Summe einer komplexen Zahl und ihrer konjugiert komplexen ergibt eine reelle Zahl:

$$(a + b\,\mathrm{j}) + (a - b\,\mathrm{j}) = 2a \in \mathbb{R} \quad \text{(siehe } \textit{Beispiel 11.21}\text{)}$$

Die Differenz zwischen einer komplexen Zahl und ihrer konjugiert komplexen ergibt eine imaginäre Zahl:

$$(a + b\,\mathrm{j}) - (a - b\,\mathrm{j}) = 2b\,\mathrm{j} \in \mathbb{C} \quad \text{(siehe } \textit{Beispiel 11.21}\text{)}$$

Auch für die Multiplikation komplexer Zahlen gelten alle aus dem Reellen bekannten Rechenregeln, jedoch ist hierbei zu beachten, dass $\mathrm{j}^2 = -1$ ist.

Beispiele

11.22 $(1 - 2\,\mathrm{j}) \cdot (2 + 5\,\mathrm{j}) = 2 + 5\,\mathrm{j} - 4\,\mathrm{j} - 10\,\mathrm{j}^2 = 2 + 5\,\mathrm{j} - 4\,\mathrm{j} + 10 = 12 + \mathrm{j}$

11.23 $6 \cdot (0{,}5\,\mathrm{j} - 2) = 3\,\mathrm{j} - 12;$

$(-3 - 5\,\mathrm{j}) \cdot (-3\,\mathrm{j}) = 9\,\mathrm{j} + 15\,\mathrm{j}^2 = 9\,\mathrm{j} - 15$

11.24 $(1 + 2\,\mathrm{j})^2 = 1 + 2 \cdot 2\,\mathrm{j} + (2\,\mathrm{j})^2 = 1 + 4\,\mathrm{j} + 4\,\mathrm{j}^2 = 1 + 4\,\mathrm{j} - 4 = -3 + 4\,\mathrm{j}$

11.25 $(-1 - 4\,\mathrm{j}) \cdot (-1 + 4\,\mathrm{j}) = 1 - 4\,\mathrm{j} + 4\,\mathrm{j} - 16\,\mathrm{j}^2 = 1 + 16 = 17;$

$(3 + 4\,\mathrm{j}) \cdot (3 - 4\,\mathrm{j}) = 3^2 - (4\,\mathrm{j})^2 = 9 - 16\,\mathrm{j}^2 = 25$

11.26 $\dfrac{1 - \mathrm{j}}{3 + 4\,\mathrm{j}} = \dfrac{(1 - \mathrm{j}) \cdot (3 - 4\,\mathrm{j})}{(3 + 4\,\mathrm{j}) \cdot (3 - 4\,\mathrm{j})} = \dfrac{3 - 4\,\mathrm{j} - 3\,\mathrm{j} + 4\,\mathrm{j}^2}{3^2 - (4\,\mathrm{j})^2} = \dfrac{3 - 7\,\mathrm{j} - 4}{9 - 16\,\mathrm{j}^2} = \dfrac{-1 - 7\,\mathrm{j}}{25} = -\dfrac{1}{25} - \dfrac{7}{25}\,\mathrm{j}$

11.27 $\dfrac{10\,\mathrm{j} - 8}{\mathrm{j} - 2} = \dfrac{(10\,\mathrm{j} - 8)(-\mathrm{j} - 2)}{(\mathrm{j} - 2)(-\mathrm{j} - 2)} = \dfrac{-10\,\mathrm{j}^2 - 20\,\mathrm{j} + 8\,\mathrm{j} + 16}{-\mathrm{j}^2 - 2\,\mathrm{j} + 2\,\mathrm{j} + 4} = \dfrac{10 - 12\,\mathrm{j} + 16}{1 + 4} = \dfrac{26 - 12\,\mathrm{j}}{5}$

$= \dfrac{26}{5} - \dfrac{12}{5}\,\mathrm{j} = 5{,}2 - 2{,}4\,\mathrm{j}$ ■

Diese Beispiele zeigen:

Das Produkt zweier komplexer Zahlen ist wieder eine komplexe Zahl:

$$\begin{aligned}(a_1 + b_1\,\mathrm{j}) \cdot (a_2 + b_2\,\mathrm{j}) &= a_1 \cdot a_2 + a_1 \cdot b_2\,\mathrm{j} + a_2 \cdot b_1\,\mathrm{j} + b_1 \cdot b_2\,\mathrm{j}^2 \\ &= (a_1 \cdot a_2 - b_1 \cdot b_2) + (a_1 \cdot b_2 + a_2 \cdot b_1) \cdot \mathrm{j} \in \mathbb{C}\end{aligned}$$

Das Produkt einer komplexen Zahl mit ihrer konjugiert komplexen ergibt eine reelle Zahl, die **Norm** der komplexen Zahl:

$$(a + b\,\mathrm{j}) \cdot (a - b\,\mathrm{j}) = a^2 + b^2 = \mathrm{Norm}\,(a + b\,\mathrm{j}) \in \mathbb{R} \quad \text{(siehe } \textit{Beispiel 11.25}\text{)}$$

Die *Beispiele 11.24* und *11.25* zeigen auch, dass selbstverständlich die binomischen Formeln beim Rechnen mit komplexen Zahlen angewendet werden können.

Die Division komplexer Zahlen in der algebraischen Form ist etwas komplizierter. Um den Realteil und den Imaginärteil eines Quotienten zweier komplexer Zahlen zu bestimmen, erweitert man den Bruch mit der konjugiert Komplexen des Nenners. Man erhält damit im Nenner die Norm des Divisors und mithin eine reelle Zahl.

Beispiele

11.28 $\dfrac{4}{2 - 2\,\mathrm{j}} = \dfrac{4 \cdot (2 + 2\,\mathrm{j})}{(2 - 2\,\mathrm{j}) \cdot (2 + 2\,\mathrm{j})} = \dfrac{8 + 8\,\mathrm{j}}{2^2 - (2\,\mathrm{j})^2} = \dfrac{8 + 8\,\mathrm{j}}{4 - 4\,\mathrm{j}^2} = \dfrac{8 + 8\,\mathrm{j}}{8} = \dfrac{8}{8} + \dfrac{8}{8}\,\mathrm{j} = 1 + \mathrm{j}$

11.29 $\dfrac{24 + 36\,\mathrm{j}}{3} = \dfrac{24}{3} + \dfrac{36}{3}\,\mathrm{j} = 8 + 12\,\mathrm{j};$

$\dfrac{\sqrt{2} - \sqrt{2}\,\mathrm{j}}{-1} = \dfrac{\sqrt{2}}{-1} - \dfrac{-\sqrt{2}}{-1}\,\mathrm{j} = -\sqrt{2} + \sqrt{2}\,\mathrm{j}$

Anmerkung:

Beispiel 11.29 macht deutlich, dass die Division einer komplexen Zahl durch eine reelle Zahl ohne eine Erweiterung des Bruches durchgeführt werden kann.

11.30 Zu bestimmen ist die komplexe Zahl $\underline{z}$, die die Gleichung $2\underline{z}+1=\underline{z}^*-2\,\mathrm{j}$ erfüllt.

Lösung: Mit $\underline{z}=a+b\,\mathrm{j}$ ergibt sich:

$$2\cdot(a+b\,\mathrm{j})+1=a-b\,\mathrm{j}-2\,\mathrm{j}\Leftrightarrow 2a+2b\,\mathrm{j}+1=a-b\,\mathrm{j}-2\,\mathrm{j}\Leftrightarrow a+3b\,\mathrm{j}+1+2\,\mathrm{j}=0$$

$$\Leftrightarrow (a+1)+(3b+2)\,\mathrm{j}=0\Leftrightarrow a+1=0\wedge(3b+2)=0\Leftrightarrow a=-1\wedge b=-\frac{2}{3}$$

d. h. $\underline{z}=-1-\frac{2}{3}\,\mathrm{j}$

11.31 Die Gleichung $\frac{2\underline{z}-1}{\underline{z}^2-4\underline{z}}=\frac{\underline{z}+3}{3\underline{z}-12}$ mit $\underline{z}\in\mathbb{C}$ und $\underline{z}\notin\{0;\,4\}$ ist zu lösen.

Lösung: Um die Brüche zu beseitigen ist es zweckmäßig, mit dem kleinsten gemeinschaftlichen Vielfachen der Nenner, also mit $3\underline{z}\left(\underline{z}-4\right)$ zu multiplizieren. Dies führt zu folgender quadratischer Gleichung:

$$\left(2\underline{z}-1\right)\cdot 3=\left(\underline{z}+3\right)\cdot\underline{z}\Leftrightarrow 6\underline{z}-3=\underline{z}^2+3\underline{z}\Leftrightarrow\underline{z}^2-3\underline{z}+3=0$$

Nach *Gl. (2.5)* ist dann $\underline{z}_{1;2}=1{,}5\pm\sqrt{2{,}25-3}$.
Lösungen der Gleichung sind also die zueinander konjugiert komplexen Zahlen

$$\underline{z}_1=1{,}5+\sqrt{-0{,}75}=1{,}5+\sqrt{0{,}75\,\mathrm{j}^2}=1{,}5+0{,}866\,\mathrm{j}$$

$$\underline{z}_2=1{,}5-\sqrt{-0{,}75}=1{,}5-\sqrt{0{,}75\,\mathrm{j}^2}=1{,}5-0{,}866\,\mathrm{j}$$

Die Voraussetzung $\underline{z}\notin\{0;\,4\}$ ist erfüllt.

11.32 Welche Eigenschaften haben die komplexen Zahlen, die die Gleichung $\frac{\underline{z}}{\underline{z}^*}=\mathrm{j}\ (\underline{z}\neq 0)$ erfüllen?

Lösung:

$$\frac{a+b\,\mathrm{j}}{a-b\,\mathrm{j}}=\mathrm{j}\Leftrightarrow a+b\,\mathrm{j}=\mathrm{j}(a-b\,\mathrm{j})\Leftrightarrow a+b\,\mathrm{j}=a\,\mathrm{j}-b\,\mathrm{j}^2$$

$$\Leftrightarrow a+b\,\mathrm{j}=a\,\mathrm{j}+b\Leftrightarrow a-b+b\,\mathrm{j}-a\,\mathrm{j}=0$$

$$\Leftrightarrow (a-b)+(b-a)\,\mathrm{j}=0\Leftrightarrow a-b=0\wedge b-a=0\Leftrightarrow a=b$$

d. h. alle komplexen Zahlen außer Null, deren Realteil und Imaginärteil gleich sind, erfüllen die Gleichung.

11.33 Für $\underline{z}=R+\mathrm{j}\omega L$ sind der Realteil und der Imaginärteil des reziproken Ausdrucks zu bestimmen.

Lösung:

$$\frac{1}{R+\mathrm{j}\omega L}=\frac{R-\mathrm{j}\omega L}{(R+\mathrm{j}\omega L)\cdot(R-\mathrm{j}\omega L)}=\frac{R-\mathrm{j}\omega L}{R^2-(\mathrm{j}\omega L)^2}=\frac{R-\mathrm{j}\omega L}{R^2-\mathrm{j}^2(\omega L)^2}=\frac{R-\mathrm{j}\omega L}{R^2+(\omega L)^2}$$

$$=\frac{R}{R^2+(\omega L)^2}-\frac{\omega L}{R^2+(\omega L)^2}\,\mathrm{j}\Rightarrow\mathrm{Re}(\underline{z})=\frac{R}{R^2+(\omega L)^2};$$

$$\mathrm{Im}(\underline{z})=-\frac{\omega L}{R^2+(\omega L)^2}$$

■

Anmerkung:

In der Elektrotechnik stehen der Realteil einer komplexen Größe (z. B. Impedanz, komplexe Leistung) für ihren Wirkanteil und der Imaginärteil für ihren Blindanteil. Die algebraische Form der komplexen Zahlen wird daher zur Bestimmung von Wirkanteil und Blindanteil elektrotechnischer Größen verwendet.

11.1.3 Die Darstellung komplexer Zahlen in der Gauß'schen Zahlenebene

Die Gauß'sche (komplexe) Zahlenebene ist ein rechtwinkliges Koordinatensystem, dessen waagerechte Achse als **reelle Achse** (Bezeichnung: Re($\underline{z}$)) und dessen senkrechte Achse als **imaginäre Achse** (Bezeichnung: Im($\underline{z}$)) definiert sind. Jede komplexe Zahl ist ein Punkt in der Gaußschen Zahlenebene, dessen erste Koordinate den Realteil dieser Zahl und dessen zweite Koordinate den Imaginärteil dieser Zahl darstellt. Aus anwendungsorientierten Gründen zeichnet man komplexe Zahlen als einen Vektor in die Gauß'sche Zahlenebene, der seinen Ursprung im Nullpunkt des Koordinatensystems hat und dessen Spitze den Punkt trifft, der die komplexe Zahl repräsentiert. Man erhält damit die **vektorielle Darstellung komplexer Zahlen in der Gauß'schen Zahlenebene**.

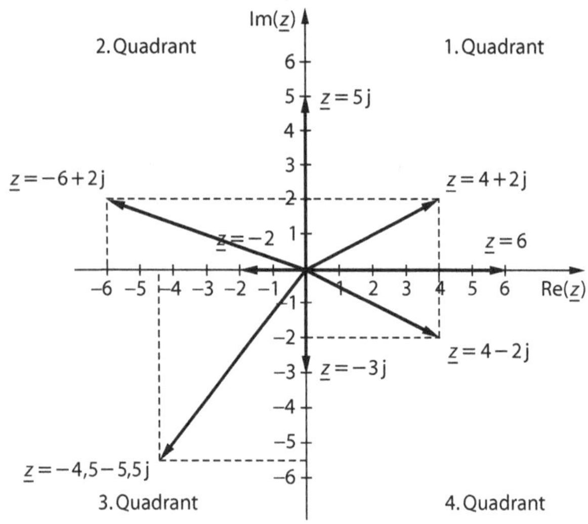

Bild 11.2

Anmerkungen:

In der Elektrotechnik wird die vektorielle Darstellung komplexer Größen auch „**Zeigerdarstellung**" genannt.

Anhand der Zeigerdarstellung der komplexen Zahlen $\underline{z} = 4 + 2\,\mathrm{j}$ und $\underline{z} = 4 - 2\,\mathrm{j}$ kann man erkennen, **dass zueinander konjugiert komplexe Zahlen symmetrisch zur reellen Achse liegen**.

Die Lage einer komplexen Zahl in der Gauß'schen Ebene lässt sich an den Vorzeichen von Real- und Imaginärteil ablesen (*Tabelle 11.2*).

Tabelle 11.2

	1. Quadrant	2. Quadrant	3. Quadrant	4. Quadrant
Re($\underline{z}$)	+	−	−	+
Im($\underline{z}$)	+	+	−	−

Die Länge eines Zeigers, der eine komplexe Zahl repräsentiert, ist die Hypotenuse in einem rechtwinkligen Dreieck, dessen Katheten eine dem Realteil bzw. dem Imaginärteil entsprechende Länge haben. Dies führt zu folgender Definition.

Definition 11.4

Unter dem Betrag einer komplexen Zahl versteht man ihren Abstand vom Koordinatenursprung (was der Länge des diese Zahl repräsentierenden Zeigers entspricht):

$$|\underline{z}| = \sqrt{(\mathrm{Re}(\underline{z}))^2 + (\mathrm{Im}(\underline{z}))^2} = \sqrt{\mathrm{Norm}\,(\underline{z})} = \sqrt{a^2 + b^2}$$

mit $a = \mathrm{Re}(\underline{z})$, $\quad b = \mathrm{Im}(\underline{z})$

Anmerkungen:

Aus dieser Definition folgt sofort, dass zueinander konjugiert komplexe Zahlen den gleichen Betrag haben.

Komplexe Zahlen lassen sich nicht der Größe nach vergleichen, d. h. es gibt für sie keine Ordnungsrelation, die Zeichen $>$ und $<$ sowie die Eigenschaften „positiv“ und „negativ“ sind für komplexe Zahlen also sinnlos. Allerdings können sie hinsichtlich Gleichheit und Ungleichheit verglichen werden (siehe Anmerkungen zu *Definition 11.3*). Lediglich der stets positive Betrag einer komplexen Zahl (d. h. die Zeigerlänge) lässt einen Vergleich auf größer oder kleiner zu.

Beispiele

11.34 $\underline{z} = 3 + 4\,\mathrm{j} \Rightarrow |\underline{z}| = \sqrt{3^2 + 4^2} = \sqrt{9 + 16} = \sqrt{25} = 5;$

$\underline{z} = -3 + 4\,\mathrm{j} \Rightarrow |\underline{z}| = \sqrt{(-3)^2 + 4^2} = \sqrt{9 + 16} = \sqrt{25} = 5$

11.35 $\underline{z} = 1 - 2\,\mathrm{j} \Rightarrow |\underline{z}| = \sqrt{1^2 + (-2)^2} = \sqrt{1 + 4} = \sqrt{5};\ \underline{z} = 10\,\mathrm{j} \Rightarrow |\underline{z}| = \sqrt{0^2 + 10^2} = \sqrt{100} = 10$

11.36 $\underline{z} = -7{,}5 \Rightarrow |\underline{z}| = \sqrt{(-7{,}5)^2 + 0^2} = \sqrt{56{,}25} = 7{,}5;\ \underline{z} = 0 \Rightarrow |\underline{z}| = \sqrt{0^2 + 0^2} = \sqrt{0} = 0$

11.37 Gegeben seien die komplexen Zahlen $\underline{z}_1 = \dfrac{26}{2 + 3\,\mathrm{j}}$ und $\underline{z}_2 = \left(\sqrt{2} + 2\,\mathrm{j}\right)^2$. Gesucht sind der Realteil, der Imaginärteil und der Betrag von $\underline{z}_1 + \underline{z}_2$.

Lösung:

$$\underline{z}_1 = \frac{13}{2 - 3\,\mathrm{j}} = \frac{13 \cdot (2 + 3\,\mathrm{j})}{(2 - 3\,\mathrm{j}) \cdot (2 + 3\,\mathrm{j})} = \frac{26 + 39\,\mathrm{j}}{4 + 9} = \frac{26}{13} + \frac{39}{13}\,\mathrm{j} = 2 + 3\,\mathrm{j}$$

$$\underline{z}_2 = \left(1 + \sqrt{2}\,\mathrm{j}\right)^2 = 1 + 2 \cdot \sqrt{2}\,\mathrm{j} + \left(\sqrt{2}\,\mathrm{j}\right)^2 = 1 + 2 \cdot \sqrt{2}\,\mathrm{j} + 2\,\mathrm{j}^2 = 1 + 2 \cdot \sqrt{2}\,\mathrm{j} - 2 = -1 + 2{,}83\,\mathrm{j}$$

$$\underline{z}_1 + \underline{z}_2 = 2 + 3\,\mathrm{j} + (-1 + 2{,}83\,\mathrm{j}) = 2 + 3\,\mathrm{j} - 1 + 2{,}83\,\mathrm{j} = 1 + 5{,}83\,\mathrm{j}$$

$$\Rightarrow \mathrm{Re}(\underline{z}_1 + \underline{z}_2) = 1, \quad \mathrm{Im}(\underline{z}_1 + \underline{z}_2) = 5{,}83, \quad |\underline{z}_1 + \underline{z}_2| = \sqrt{1^2 + 5{,}83^2} = 5{,}92$$ ■

Stellt man $\underline{z}_1$, $\underline{z}_2$ und $\underline{z}_1 + \underline{z}_2$ aus *Beispiel 11.37* in der Gauß'schen Zahlenebene dar, so ergibt sich *Bild 11.3*.

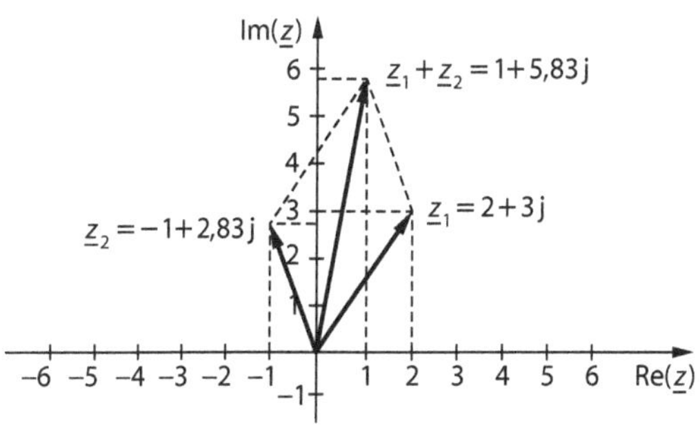

Bild 11.3

Dieses Beispiel zeigt, dass sich komplexe Zahlen in der Gauß'schen Zahlenebene nach den Regeln der **Vektoraddition** grafisch addieren lassen. Der Summenzeiger ist demnach die Diagonale in dem Parallelogramm, das durch die Zeiger der Summanden gebildet wird (siehe *Kapitel 12*). Sinngemäß lässt sich das auch auf die Subtraktion komplexer Zahlen übertragen: man addiert den negativen Vektor.

Kontrollfragen

11.1 Wie ist die imaginäre Zahleneinheit definiert?

11.2 Was ist eine imaginäre Zahl?

11.3 Was ist eine komplexe Zahl?

11.4 Welchen Wert müssen der Real- und der Imaginärteil einer komplexen Zahl $\underline{z}$ haben, damit $\underline{z}$ reell bzw. imaginär ist?

11.5 Welchen Wert haben j^3, j^6, j^{-1}, j^{-4} und j^{-7}?

11.6 Welchen Wert haben die Summe und das Produkt zweier zueinander konjugiert komplexer Zahlen?

11.7 Wie werden komplexe Zahlen in der algebraischen Form dividiert?

11.8 Wann ist eine komplexe Zahl größer als eine andere?

11.9 Wodurch wird ein kartesisches Koordinatensystem zu einer Gauß'schen Zahlenebene?

11.10 Welche anschauliche Bedeutung hat der Betrag einer komplexen Zahl?

11.11 Wie lassen sich komplexe Zahlen grafisch in der Gauß'schen Zahlenebene addieren?

Aufgaben: ***11.1*** **bis** ***11.6***

11.2 Die trigonometrische Form der komplexen Zahlen

Die Darstellung komplexer Zahlen in der Gauß'schen Zahlenebene legt neben der arithmetischen Form eine weitere Form nahe: Offenbar ist die Lage einer komplexen Zahl in der Gauß'schen Zahlenebene durch die Länge des repräsentierenden Zeigers und den Winkel, den er mit der positiven reellen Achse einschließt, eindeutig festgelegt.

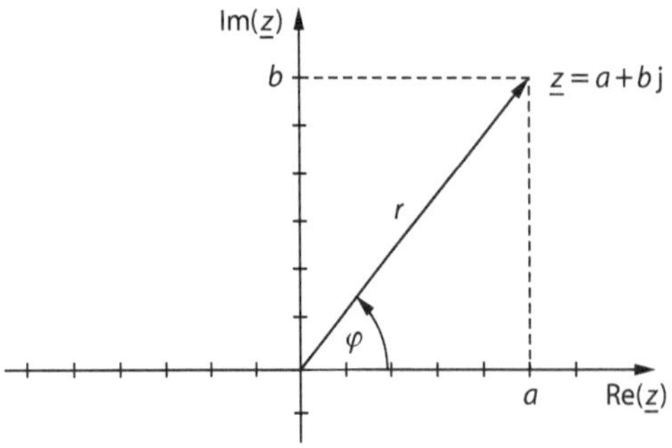

Bild 11.4

Offenbar gilt für das durch die Hypotenuse r und die Katheten a und b gebildete rechtwinklige Dreieck:

$$r = |\underline{z}| = \sqrt{a^2 + b^2} = \sqrt{\left(\mathrm{Re}(\underline{z})\right)^2 + \left(\mathrm{Im}(\underline{z})\right)^2} \quad \text{und} \tag{11.1}$$

$$\tan\varphi = \frac{b}{a} = \frac{\mathrm{Im}(\underline{z})}{\mathrm{Re}(\underline{z})} \quad (a \neq 0) \quad \text{bzw.} \tag{11.2}$$

$$a = r \cdot \cos\varphi \quad \text{und} \tag{11.3}$$

$$b = r \cdot \sin\varphi \tag{11.4}$$

Definition 11.5

$r = |\underline{z}|$, („Betrag der komplexen Zahl $\underline{z}$") und $\varphi = \arg(\underline{z})$, („Argument der komplexen Zahl $\underline{z}$") heißen Polarkoordinaten der komplexen Zahl $\underline{z}$.

Für das Argument φ einer komplexen Zahl gilt: $-180° < \varphi \leqq 180°$

$a = \mathrm{Re}(\underline{z})$ und $b = \mathrm{Im}(\underline{z})$ heißen **Rechteckkoordinaten** oder **kartesische Koordinaten** der komplexen Zahl $\underline{z}$.

Anmerkungen:

In der Elektrotechnik steht der Betrag einer komplexen Wechselgröße für ihre Amplitude und das Argument für den Phasenwinkel.

Das Argument φ ist der Winkel, den der Zeiger einer komplexen Zahl mit der **positiven** reellen Achse einschließt. Winkel, die im mathematisch positiven Drehsinn (entgegen dem Uhrzeigersinn) gemessen werden, haben ein positives Vorzeichen, und Winkel, die im mathematisch negativen Drehsinn (im Uhrzeigersinn) gemessen werden, haben ein negatives Vorzeichen.

Die Einschränkung auf den Winkelbereich zwischen $-180°$ (ausschließlich) und $+180°$ (einschließlich) garantiert die **Eindeutigkeit** der Darstellung einer komplexen Zahl durch ihre Polarkoordinaten. Diesen Sachverhalt zeigen folgende Beispiele.

Beispiele

11.38

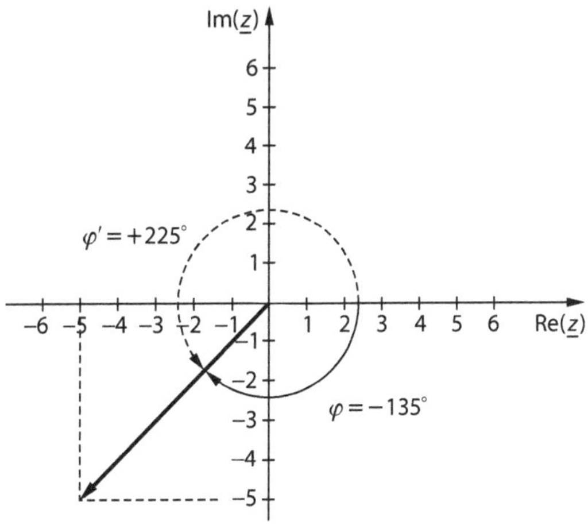

Bild 11.5

Für die komplexe Zahl $\underline{z} = -5 - 5\,\mathrm{j}$ könnte man das Argument mit $\varphi' = +225°$ oder mit $\varphi = -135°$ angeben, das wäre nicht eindeutig.

Durch die in *Definition 11.5* gemachte Einschränkung $-180^\circ < \varphi \leqq 180^\circ$ ist die Eindeutigkeit erzwungen: $\varphi = \arg(-5 - 5\,\mathrm{j}) = -135^\circ$.

11.39

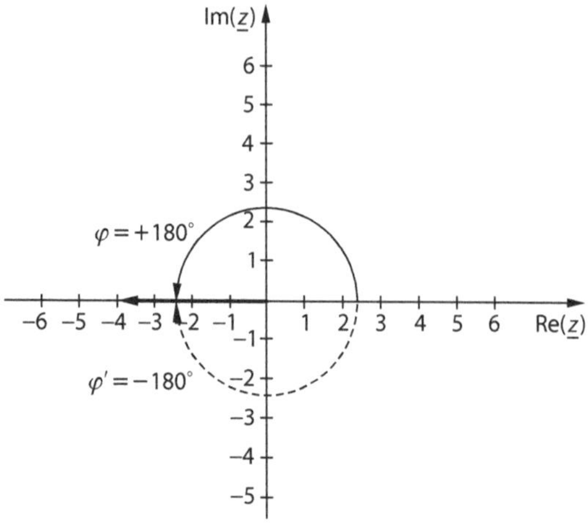

Bild 11.6

Die komplexe Zahl $\underline{z} = -4$ stellt einen Grenzfall dar:

Man könnte das Argument mit $\varphi = +180^\circ$ oder mit $\varphi' = -180^\circ$ angeben, damit wäre die Eindeutigkeit verletzt. Durch den in *Definition 11.5* vorgegebenen Bereich für das Argument einer komplexen Zahl ist die Eindeutigkeit hergestellt: $\varphi = \arg(-4) = +180^\circ$. ■

Die Umrechnung von Polarkoordinaten in Rechteckkoordinaten erfolgt eindeutig über die *Gln. (11.3)* und *(11.4)* (vgl. *Tabelle 11.3*).

Die Umrechnung von Rechteckkoordinaten in Polarkoordinaten ist wegen der *Gl. (11.2)* schwieriger: Berechnet man $\tan\varphi$ aus den Rechteckkoordinaten, so liefert die Anwendung der Arkustangens-Funktion auf den Quotienten aus Imaginärteil und Realteil grundsätzlich nur Winkel zwischen -90° und $+90^\circ$ (jeweils ausschließlich). Man erhält also ein falsches Argument für komplexe Zahlen, die im 2. oder 3. Quadranten der Gauß'schen Zahlenebene liegen. So gilt beispielsweise für die komplexe Zahl $\underline{z} = -1 - \mathrm{j}$, die im 3. Quadranten liegt und deren Argument $\varphi = -135^\circ$ beträgt: $\tan\varphi = 1$. Die Anwendung der Arkustangens-Funktion liefert: $\varphi = \arctan 1 = 45^\circ$. Durch die Bildung des Quotienten aus Imaginärteil und Realteil gehen eben für komplexe Zahlen aus dem 2. oder 3. Quadranten entscheidende Vorzeicheninformationen verloren. Dieses Beispiel zeigt aber auch, dass eine Korrektur des Arguments um einen Winkelbetrag von 180° zum richtigen Ergebnis führt.

Ein weiteres Problem ist dadurch gegeben, dass sich die *Gl. (11.2)* nicht auf komplexe Zahlen anwenden lässt, deren Realteil 0 ist. In diesem Fall liegt die komplexe Zahl auf der imaginären Achse ($\varphi = \pm 90^\circ$) und das Vorzeichen des Imaginärteils entscheidet über das Vorzeichen des Arguments.

Die *Tabelle 11.3* fasst diese Überlegungen zusammen.

Anmerkungen:

Für $\underline{z} = 0$ (d. h. $a = 0 \wedge b = 0$) ist das Argument nicht definiert.

Bei jeder Umrechnung wird empfohlen, sich die Lage des Zeigers in der Gauß'schen Zahlenebene vorzustellen.

Taschenrechner, die Funktionen zur Umwandlung von Rechteck- in Polarkoordinaten bzw. umgekehrt besitzen, geben bei Anwendung dieser Funktionen das korrekte Argument aus, eine Korrektur ist dann nicht notwendig.

Tabelle 11.3

$a = \text{Re}(\underline{z}), b = \text{Im}(\underline{z})$	$\underline{z}$ liegt	$\arg(\underline{z})$	Korrektur
$a > 0 \wedge b > 0$	im 1. Quadranten	$0° < \varphi < 90°$	keine
$a > 0 \wedge b < 0$	im 4. Quadranten	$-90° < \varphi < 0°$	keine
$a > 0 \wedge b = 0$	auf der positiven reellen Achse	$\varphi = 0°$	keine
$a < 0 \wedge b > 0$	im 2. Quadranten	$90° < \varphi < 180°$	$+180°$
$a < 0 \wedge b < 0$	im 3. Quadranten	$-180° < \varphi < -90°$	$-180°$
$a < 0 \wedge b = 0$	auf der negativen reellen Achse	$\varphi = 180°$	$+180°$
$a = 0 \wedge b > 0$	auf der positiven imaginären Achse	$\varphi = 90°$	–
$a = 0 \wedge b < 0$	auf der negativen imaginären Achse	$\varphi = -90°$	–

Zusammenhang zwischen den beiden bisher bekannten Darstellungsformen komplexer Zahlen:

- **Arithmetische (oder algebraische) Form**, Darstellung in Rechteckkoordinaten:

$$\begin{aligned} \underline{z} &= a + b\,\mathrm{j} \\ &= r \cdot \cos\varphi + \mathrm{j} \cdot r \cdot \sin\varphi \qquad \text{(vgl. } \textit{Gln. (11.3)} \text{ und } \textit{(11.4)}\text{)} \end{aligned}$$

- **Trigonometrische (oder goniometrische) Form**, Darstellung in Polarkoordinaten:

$$\underline{z} = r \cdot (\cos\varphi + \mathrm{j} \cdot \sin\varphi)$$

Beispiele

Tabelle 11.4

	$\underline{z}$ in arithmetischer Form	$a = \text{Re}(\underline{z})$	$b = \text{Im}(\underline{z})$	$r = \lvert\underline{z}\rvert$	$\varphi = \arg(\underline{z})$	$\underline{z}$ in trigonometrischer Form
11.40	$1 + \mathrm{j}$	1	1	$\sqrt{2}$	45°	$\sqrt{2} \cdot (\cos 45° + \mathrm{j} \cdot \sin 45°)$
11.41	$3 - 4\mathrm{j}$	3	−4	5	−53,1°	$5 \cdot (\cos(-53{,}1°) + \mathrm{j} \cdot \sin(-53{,}1°))$
11.42	$-12 - 5\mathrm{j}$	−12	−5	13	−157,4°	$13 \cdot (\cos(-157{,}4°) + \mathrm{j} \cdot \sin(-157{,}4°))$
11.43	$-6 + 8\mathrm{j}$	−6	8	10	126,9°	$10 \cdot (\cos 126{,}9° + \mathrm{j} \cdot \sin 126{,}9°)$
11.44	7	7	0	7	0°	$7 \cdot (\cos 0° + \mathrm{j} \cdot \sin 0°)$
11.45	$-0{,}5\mathrm{j}$	0	−0,5	0,5	−90°	$0{,}5 \cdot (\cos(-90°) + \mathrm{j} \cdot \sin(-90°))$
11.46	−3	−3	0	3	180°	$3 \cdot (\cos 180° + \mathrm{j} \cdot \sin 180°)$
11.47	$1 - \sqrt{3}\mathrm{j}$	1	$-\sqrt{3}$	2	−60°	$2 \cdot (\cos(-60°) + \mathrm{j} \cdot \sin(-60°))$
11.48	j	0	1	1	90°	$1 \cdot (\cos 90° + \mathrm{j} \cdot \sin 90°)$
11.49	$3{,}70 - 1{,}53\mathrm{j}$	3,70	−1,53	4	−22,5°	$4 \cdot (\cos(-22{,}5°) + \mathrm{j} \cdot \sin(-22.5°))$

■

In der technischen Anwendung der komplexen Zahlen wird die trigonometrische Form selten verwendet, sie macht jedoch deutlich, wie es zu einer dritten Darstellungsform – der Exponentialform – der komplexen Zahlen kommt, die sehr häufig Anwendung findet.

Kontrollfragen

11.12 Was versteht man unter dem Betrag und dem Argument einer komplexen Zahl?

11.13 Auf welchen Winkelbereich ist die Angabe des Argumentes einer komplexen Zahl eingeschränkt und warum ist diese Einschränkung notwendig?

11.14 In welchen Fällen muss das unter Verwendung der Arkustangensfunktion errechnete Argument einer komplexen Zahl korrigiert werden und wie sieht diese Korrektur aus?

11.15 Wie bestimmt man das Argument einer komplexen Zahl, deren Realteil Null ist?

11.16 Wie bestimmt man aus den Polarkoordinaten einer komplexen Zahl ihre arithmetische Form?

Aufgabe: *11.7*

11.3 Die Exponentialform der komplexen Zahlen

11.3.1 Die Multiplikation und die Division komplexer Zahlen in der Exponentialform

Im Jahr 1748 veröffentliche Leonhard Euler (1707–1783), einer der bedeutendsten Mathematiker überhaupt, die später nach ihm benannte **Eulersche Formel**, die für beliebige Winkel φ im Bogenmaß gilt:

$$\cos\varphi + \mathrm{j}\cdot\sin\varphi = \mathrm{e}^{\mathrm{j}\varphi} \tag{11.5}$$

Durch Multiplikation dieser Gleichung mit dem Betrag r einer komplexen Zahl ergibt sich eine dritte Darstellungsform komplexer Zahlen:

Exponentialform komplexer Zahlen:

$$\underline{z} = a + b\,\mathrm{j} = r\cdot(\cos\varphi + \mathrm{j}\cdot\sin\varphi) = r\,\mathrm{e}^{\mathrm{j}\varphi} \tag{11.6}$$

Anmerkungen:

Obwohl die Eulersche Form nur für Winkel im Bogenmaß gilt, wird in der Elektrotechnik das Argument in der Regel im Gradmaß angegeben.

Für Anwendungen in der Elektrotechnik wird häufig eine von Kennelly vorgeschlagene Abkürzung benutzt:

$$\mathrm{e}^{\mathrm{j}\varphi} = \underline{/\varphi} \quad \text{(gelesen „}\textbf{Versor}\ \varphi\text{“)}$$

Damit wird aus *Gl. (11.6)*:

$$\underline{z} = r\underline{/\varphi}$$

In der Elektrotechnik steht der Betrag einer komplexen Wechselgröße für die Amplitude einer sinusförmigen Größe und der Versor für den Nullphasenwinkel.

Die komplexen Zahlen aus den *Beispielen 11.40–11.49* können demnach folgende unterschiedliche Darstellungen haben:

$$\underline{z} = 1 + \mathrm{j} = \sqrt{2}\cdot(\cos 45^\circ + \mathrm{j}\cdot\sin 45^\circ) = \sqrt{2}\,\mathrm{e}^{\mathrm{j}45^\circ} = \sqrt{2}\underline{/45^\circ}$$

$$\underline{z} = 3 - 4\,\mathrm{j} = 5\cdot(\cos(-53{,}1^\circ) + \mathrm{j}\cdot\sin(-53{,}1^\circ)) = 5\,\mathrm{e}^{-\mathrm{j}53{,}1^\circ} = 5\underline{/-53{,}1^\circ}$$

$$\underline{z} = -12 - 5\,\mathrm{j} = 13\cdot(\cos(-157{,}4^\circ) + \mathrm{j}\cdot\sin(-157{,}4^\circ)) = 13\,\mathrm{e}^{-\mathrm{j}157{,}4^\circ} = 13\underline{/-157{,}4^\circ}$$

$$
\begin{aligned}
&\underline{z} = -6 + 8\,\mathrm{j} && = 10 \cdot (\cos 126{,}9^\circ + \mathrm{j} \cdot \sin 126{,}9^\circ) && = 0\,\mathrm{e}^{\mathrm{j}126{,}9^\circ} && = 10\underline{/126{,}9^\circ}\\
&\underline{z} = 7 && = 7 \cdot (\cos 0^\circ + \mathrm{j} \cdot \sin 0^\circ) && = 7\,\mathrm{e}^{\mathrm{j}0^\circ} && = 7\underline{/0^\circ}\\
&\underline{z} = -0{,}5\,\mathrm{j} && = 0{,}5 \cdot (\cos(-90^\circ) + \mathrm{j} \cdot \sin(-90^\circ)) && = 0{,}5\,\mathrm{e}^{-\mathrm{j}90^\circ} && = 0{,}5\underline{/-90^\circ}\\
&\underline{z} = -3 && = 3 \cdot (\cos 180^\circ + \mathrm{j} \cdot \sin 180^\circ) && = 3\,\mathrm{e}^{\mathrm{j}180^\circ} && = 3\underline{/180^\circ}\\
&\underline{z} = 1 - \sqrt{3}\,\mathrm{j} && = 2 \cdot (\cos(-60^\circ) + \mathrm{j} \cdot \sin(-60^\circ)) && = 2\,\mathrm{e}^{-\mathrm{j}60^\circ} && = 2\underline{/-60^\circ}\\
&\underline{z} = \mathrm{j} && = 1 \cdot (\cos 90^\circ + \mathrm{j} \cdot \sin 90^\circ) && = 1\,\mathrm{e}^{\mathrm{j}90^\circ} && = 1\underline{/90^\circ}\\
&\underline{z} = 3{,}70 - 1{,}53\,\mathrm{j} && = 4 \cdot (\cos(-22{,}5^\circ) + \mathrm{j} \cdot \sin(-22.5^\circ)) && = 4\,\mathrm{e}^{-\mathrm{j}22{,}5^\circ} && = 4\underline{/-22{,}5^\circ}
\end{aligned}
$$

Wie lässt sich die konjugiert komplexe Zahl einer in Exponentialform gegebenen komplexen Zahl bestimmen? Da zueinander konjugiert komplexe Zahlen in der Gauß'schen Zahlenebene symmetrisch zur reellen Achse liegen, haben sie den gleichen Betrag. Auch die Größe des Winkels zur reellen Achse bleibt durch die Symmetrie erhalten, allerdings haben die Argumente einer komplexen Zahl und ihrer konjugiert komplexen unterschiedliche Vorzeichen. Somit ergibt sich:

Die konjugiert komplexe Zahl einer in Exponentialform gegebenen komplexen Zahl erhält man durch die Änderung des Vorzeichens des Arguments:

$$\underline{z} = r\,\mathrm{e}^{\mathrm{j}\varphi} \Rightarrow \underline{z}^* = r\,\mathrm{e}^{-\mathrm{j}\varphi} \qquad (11.7)$$

Während sich die Addition und die Subtraktion komplexer Zahlen in der Exponentialform nicht durchführen lassen, weil sich unterschiedliche Potenzen nicht gemäß einem Potenzgesetz addieren bzw. subtrahieren lassen, ist die Exponentialform komplexer Zahlen für mathematische Operationen der zweiten und der dritten Stufe sehr geeignet.

Beispiele

11.50 Das Produkt der komplexen Zahlen $\underline{z}_1 = 1 + \sqrt{3}\,\mathrm{j}$ und $\underline{z}_2 = \sqrt{3} - \mathrm{j}$ ist zu berechnen:

a) In arithmetischer Form:

$$(1 + \sqrt{3}\,\mathrm{j}) \cdot (\sqrt{3} - \mathrm{j}) = \sqrt{3} - \mathrm{j} + (\sqrt{3})^2\,\mathrm{j} - \sqrt{3}\,\mathrm{j}^2 = \sqrt{3} - \mathrm{j} + 3\,\mathrm{j} + \sqrt{3} = 2\sqrt{3} + 2\,\mathrm{j} = 4\,\mathrm{e}^{\mathrm{j}30^\circ}$$

b) In der Exponentialform:

$$2\,\mathrm{e}^{\mathrm{j}60^\circ} \cdot 2\,\mathrm{e}^{-\mathrm{j}30^\circ} = 4 \cdot \mathrm{e}^{\mathrm{j}60^\circ} \cdot \mathrm{e}^{-\mathrm{j}30^\circ} = 4\,\mathrm{e}^{\mathrm{j}60^\circ - \mathrm{j}30^\circ} = 4\,\mathrm{e}^{\mathrm{j}30^\circ} = 3{,}46 + 2\,\mathrm{j}$$

11.51 Der Quotient der komplexen Zahlen $\underline{z}_1 = 1 + \sqrt{3}\,\mathrm{j}$ und $\underline{z}_2 = \sqrt{3} - \mathrm{j}$ ist zu berechnen:

a) In arithmetischer Form:

$$\frac{(1 + \sqrt{3}\,\mathrm{j})}{(\sqrt{3} - \mathrm{j})} = \frac{(1 + \sqrt{3}\,\mathrm{j})}{(\sqrt{3} - \mathrm{j})} \cdot \frac{(\sqrt{3} + \mathrm{j})}{(\sqrt{3} + \mathrm{j})} = \frac{\sqrt{3} + \mathrm{j} + (\sqrt{3})^2\,\mathrm{j} + \sqrt{3}\,\mathrm{j}^2}{(\sqrt{3})^2 - \mathrm{j}^2} = \frac{\sqrt{3} + \mathrm{j} + 3\,\mathrm{j} - \sqrt{3}}{3 + 1}$$

$$= \frac{4\,\mathrm{j}}{4} = \mathrm{j} = 1\,\mathrm{e}^{\mathrm{j}90^\circ}$$

b) In der Exponentialform:

$$\frac{2\,\mathrm{e}^{\mathrm{j}60^\circ}}{2\,\mathrm{e}^{-\mathrm{j}30^\circ}} = \frac{2}{2} \cdot \frac{\mathrm{e}^{\mathrm{j}60^\circ}}{\mathrm{e}^{-\mathrm{j}30^\circ}} = 1\,\mathrm{e}^{\mathrm{j}60^\circ - (-\mathrm{j}30^\circ)} = 1\,\mathrm{e}^{\mathrm{j}90^\circ} = \mathrm{j}$$ ■

Diese beiden Beispiele zeigen, dass die Anwendung der Potenzgesetze auf komplexe Zahlen, die in Exponentialform vorliegen, ihre Multiplikation und Division recht einfach macht.

Allgemein gilt:

Komplexe Zahlen in Exponentialform werden multipliziert, indem man ihre Beträge multipliziert und ihre Argumente addiert:

$$r_1\,\mathrm{e}^{\mathrm{j}\varphi_1} \cdot r_2\,\mathrm{e}^{\mathrm{j}\varphi_2} = r_1 r_2\,\mathrm{e}^{\mathrm{j}(\varphi_1+\varphi_2)} \tag{11.8}$$

Komplexe Zahlen in Exponentialform werden dividiert, indem man ihre Beträge dividiert und die Differenz der Argumente bildet:

$$\frac{r_1\,\mathrm{e}^{\mathrm{j}\varphi_1}}{r_2\,\mathrm{e}^{\mathrm{j}\varphi_2}} = \frac{r_1}{r_2}\,\mathrm{e}^{\mathrm{j}(\varphi_1-\varphi_2)}, \quad (r_2 \neq 0) \tag{11.9}$$

Anmerkung:

Ergibt sich durch eine Rechnung ein Argument φ, das nicht im Bereich zwischen $-180°$ und $+180°$ liegt, so kann das Argument durch die Addition von 360° (falls $\varphi \leqq -180°$) bzw. durch die Subtraktion von 360° (falls $\varphi > 180°$) korrigiert werden. Die komplexe Zahl ändert sich dadurch nicht.

Beispiele

11.52 Mit $\underline{z}_1 = 12\,\mathrm{e}^{\mathrm{j}42°}$, $\underline{z}_2 = 5\,\mathrm{e}^{\mathrm{j}15°}$ und $\underline{z}_3 = 15\,\mathrm{e}^{\mathrm{j}22°}$ ist $\underline{z} = \dfrac{\underline{z}_1 \cdot \underline{z}_2}{\underline{z}_3}$ zu berechnen.

$\underline{z}$ ist auch in der arithmetischen Form anzugeben.

Lösung:

$$\underline{z} = \frac{12\,\mathrm{e}^{\mathrm{j}\,42°} \cdot 5\,\mathrm{e}^{\mathrm{j}\,15°}}{15\,\mathrm{e}^{\mathrm{j}\,22°}} = \frac{12 \cdot 5}{15}\,\mathrm{e}^{\mathrm{j}\,(42°+15°-22°)} = 4\,\mathrm{e}^{\mathrm{j}\,35°} = 4\cos 35° + 4\sin 35° \cdot \mathrm{j} = 3{,}3 + 2{,}3\,\mathrm{j}$$

11.53 Mit $\underline{z}_1 = 520\underline{/25°}$ und $\underline{z}_2 = 280\underline{/-75°}$ ist $\underline{z} = \dfrac{\underline{z}_1 \cdot \underline{z}_2}{\underline{z}_1 + \underline{z}_2}$ zu berechnen.

Lösung: Die Summe $\underline{z}_1 + \underline{z}_2$ kann mit Formen in Polarkoordinaten nicht berechnet werden. Deshalb sind die gegebenen komplexen Zahlen in ihre arithmetischen Formen umzuwandeln.

$$\underline{z}_1 = 520 \cdot (\cos 25° + \mathrm{j}\sin 25°) = 471{,}3 + 219{,}8\,\mathrm{j}$$

$$\underline{z}_2 = 280 \cdot [\cos(-75°) + \mathrm{j}\sin(-75°)] = 72{,}5 - 270{,}5\,\mathrm{j}$$

$$\underline{z}_1 + \underline{z}_2 = 543{,}8 - 50{,}7\,\mathrm{j} = 546{,}2\underline{/-5{,}3°}$$

Damit wird:

$$\underline{z} = \frac{520\underline{/25°} \cdot 280\underline{/-75°}}{546{,}2\underline{/-5{,}3°}} = \frac{520 \cdot 280}{546{,}2}\underline{/25° + (-75°) - (-5{,}3°)} = 267\underline{/-44{,}7°} = 190 - 188\,\mathrm{j} \quad \blacksquare$$

11.3.2 Das Potenzieren, das Radizieren und das Logarithmieren komplexer Zahlen

Das Radizieren und das Logarithmieren komplexer Zahlen lassen sich ausschließlich in der Exponentialform durchführen, während das Potenzieren mit ganzzahligen Exponenten grundsätzlich auch in der arithmetischen Form möglich ist, wie das folgende Beispiel zeigt.

Beispiel

11.54 Die dritte Potenz der komplexen Zahl $\underline{z}_1 = 1 + \sqrt{3}\,\mathrm{j}$ ist zu berechnen:

a) In arithmetischer Form:

$$(1+\sqrt{3}\,\mathrm{j})^3 = (1+\sqrt{3}\,\mathrm{j})^2 \cdot (1+\sqrt{3}\,\mathrm{j}) = (1+2\sqrt{3}\,\mathrm{j}+3\,\mathrm{j}^2)(1+\sqrt{3}\,\mathrm{j})$$
$$= (-2+2\sqrt{3}\,\mathrm{j})(1+\sqrt{3}\,\mathrm{j}) = -2-2\sqrt{3}\,\mathrm{j}+2\sqrt{3}\,\mathrm{j}+2\cdot 3\,\mathrm{j}^2 = -2-6 = -8$$

b) In der Exponentialform:

$$(2\,\mathrm{e}^{\mathrm{j}60^\circ})^3 = 2^3 \cdot (\mathrm{e}^{\mathrm{j}60^\circ})^3 = 8\,\mathrm{e}^{\mathrm{j}60^\circ\cdot 3} = 8\,\mathrm{e}^{\mathrm{j}180^\circ} = -8$$ ■

Offenbar ist das Potenzieren von komplexen Zahlen in der Exponentialform durch die Anwendung des entsprechenden Potenzgesetzes erheblich einfacher als in der arithmetischen Form. Es gilt:

Eine komplexe Zahl in Exponentialform wird potenziert, indem man ihren Betrag potenziert und ihr Argument mit dem Exponenten multipliziert:

$$\left(r\,\mathrm{e}^{\mathrm{j}\varphi}\right)^n = r^n\,\mathrm{e}^{\mathrm{j}n\varphi} \qquad (11.10)$$

Beispiel

11.55 Gegeben ist die komplexe Zahl $\underline{z} = 1 - \mathrm{j}$. Zu berechnen ist $(\underline{z}^*)^5$.

Lösung: $\underline{z} = 1 - \mathrm{j} = \sqrt{2}\,\mathrm{e}^{-\mathrm{j}45^\circ}$. Mit *Gl. (11.7)* folgt: $\underline{z}^* = \sqrt{2}\,\mathrm{e}^{\mathrm{j}45^\circ}$.
Nach *Gl. (11.10)* ist nun

$$(\underline{z}^*)^5 = \left(\sqrt{2}\,\mathrm{e}^{\mathrm{j}45^\circ}\right)^5 = (\sqrt{2})^5\,\mathrm{e}^{\mathrm{j}5\cdot 45^\circ} = 5{,}66\,\mathrm{e}^{\mathrm{j}225^\circ} = 5{,}66\,\mathrm{e}^{-\mathrm{j}135^\circ} = -4-4\,\mathrm{j}$$ ■

Überraschend im Vergleich zur Potenzierung ist das Ergebnis des Radizierens komplexer Zahlen, weil das Radizieren nach *Gl. (1.43)* letztlich Potenzieren mit gebrochenen Exponenten bedeutet.

Da es kein Wurzelgesetz gibt, dass das Radizieren einer Summe erlaubt, ist das Ziehen einer Wurzel aus komplexen Zahlen nur in der Exponentialform möglich. Das folgende Beispiel zeigt die Besonderheit auf.

Beispiel

11.56 Aus der komplexen Zahl $\underline{z} = 3 + 4\,\mathrm{j}$ ist die dritte Wurzel zu ziehen:

$$\sqrt[3]{\underline{z}} = \sqrt[3]{3+4\,\mathrm{j}} = \sqrt[3]{5\,\mathrm{e}^{\mathrm{j}53{,}1^\circ}} = (5\,\mathrm{e}^{\mathrm{j}53{,}1^\circ})^{\frac{1}{3}} = 5^{\frac{1}{3}}\,\mathrm{e}^{\mathrm{j}\frac{1}{3}\cdot 53{,}1^\circ} = \sqrt[3]{5}\,\mathrm{e}^{\mathrm{j}\frac{53{,}1^\circ}{3}} = 1{,}7\,\mathrm{e}^{\mathrm{j}17{,}7^\circ}$$

Nun ist aber das Argument einer komplexen Zahl nur bis auf ein additives Vielfaches von 360° bestimmt: $\mathrm{e}^{\mathrm{j}\varphi} = \mathrm{e}^{\mathrm{j}(\varphi + k\cdot 360^\circ)}$, $k \in \mathbb{Z}$ (Wir erinnern uns an dieser Stelle: Eigentlich gilt die *Eulersche Formel (11.5)* nur für Winkel im Bogenmaß, d. h. eigentlich muss es heißen: $\mathrm{e}^{\mathrm{j}\varphi} = \mathrm{e}^{\mathrm{j}(\varphi + k\cdot 2\pi)}$, wir bleiben aber bei der anwenderfreundlichen Notation im Gradmaß.) Aus unserer Rechnung wird nun

$$\sqrt[3]{\underline{z}} = \sqrt[3]{5\,\mathrm{e}^{\mathrm{j}(53{,}1^\circ + k\cdot 360^\circ)}} = (5\,\mathrm{e}^{\mathrm{j}(53{,}1^\circ + k\cdot 360^\circ)})^{\frac{1}{3}} = 5^{\frac{1}{3}}\,\mathrm{e}^{\mathrm{j}\frac{1}{3}\cdot(53{,}1^\circ + k\cdot 360^\circ)} = \sqrt[3]{5}\,\mathrm{e}^{\mathrm{j}\frac{53{,}1^\circ + k\cdot 360^\circ}{3}}$$
$$= 1{,}7\,\mathrm{e}^{\mathrm{j}\left(\frac{53{,}1^\circ}{3} + \frac{k\cdot 360^\circ}{3}\right)} = 1{,}7\,\mathrm{e}^{\mathrm{j}(17{,}1^\circ + k\cdot 120^\circ)}, \quad k \in \mathbb{Z}$$

Je nachdem, welchen Wert k annimmt, erhalten wir also verschiedene Werte für $\sqrt[3]{\underline{z}}$!

Wie viele verschiedene Werte sind das? Wir setzten einige Werte für den Parameter k ein:

$k = 0$: $\sqrt[3]{\underline{z}} = 1{,}7\,\mathrm{e}^{\mathrm{j}(17{,}1^\circ + 0\cdot 120^\circ)} = 1{,}7\,\mathrm{e}^{\mathrm{j}17{,}1^\circ}$

Dieser Wert (für $k = 0$) heißt **Hauptwert** der Wurzel.

$k = 1$: $\sqrt[3]{\underline{z}} = 1{,}7\,\mathrm{e}^{\mathrm{j}(17{,}1^\circ + 1\cdot 120^\circ)} = 1{,}7\,\mathrm{e}^{\mathrm{j}137{,}1^\circ}$

$k = 2$: $\sqrt[3]{\underline{z}} = 1{,}7\,\mathrm{e}^{\mathrm{j}(17{,}1^\circ + 2\cdot 120^\circ)} = 1{,}7\,\mathrm{e}^{\mathrm{j}257{,}1^\circ} = 1{,}7\,\mathrm{e}^{\mathrm{j}(257{,}1^\circ - 360^\circ)} = 1{,}7\,\mathrm{e}^{-\mathrm{j}102{,}9^\circ}$

$k = 3$: $\sqrt[3]{\underline{z}} = 1{,}7\,\mathrm{e}^{\mathrm{j}(17{,}1^\circ + 3\cdot 120^\circ)} = 1{,}7\,\mathrm{e}^{\mathrm{j}377{,}1^\circ} = 1{,}7\,\mathrm{e}^{\mathrm{j}(377{,}1^\circ - 360^\circ)} = 1{,}7\,\mathrm{e}^{\mathrm{j}17{,}1^\circ}$

Dieser Wert ist bereits bekannt (Hauptwert)! Erhöht man den Laufparameter k weiter um eins, so erhält man periodisch nur noch bekannte Werte. Mit negativen Werten von k verhält es sich genau so:

$k = -1$: $\sqrt[3]{\underline{z}} = 1{,}7\,\mathrm{e}^{\mathrm{j}(17{,}1^\circ + (-1)\cdot 120^\circ)} = 1{,}7\,\mathrm{e}^{\mathrm{j}(17{,}1^\circ - 1\cdot 120^\circ)} = 1{,}7\,\mathrm{e}^{-\mathrm{j}102{,}9^\circ}$,

auch dieser Wert ist nicht neu.

Offensichtlich gibt es drei verschiedene Werte für die dritte Wurzel einer komplexen Zahl. ■

Allgemein gilt:

Die n-te Wurzel einer komplexen Zahl hat n verschiedene Werte:

$$\sqrt[n]{\underline{z}} = \sqrt[n]{r\,\mathrm{e}^{\mathrm{j}\varphi}} = \sqrt[n]{r}\,\mathrm{e}^{\mathrm{j}\left(\frac{\varphi}{n} + k\cdot\frac{360^\circ}{n}\right)}, \quad k = 0; \ldots; n-1 \qquad (11.11)$$

Anmerkung:

Die n Zeiger, die alle die gleiche Länge $\sqrt[n]{r}$ haben, teilen also einen Kreis um den Ursprung der Gauß'schen Zahlenebene in n Sektoren mit dem Öffnungswinkel $\frac{360^\circ}{n}$.

Das Logarithmieren komplexer Zahlen ist in ähnlicher Weise uneindeutig wie das Radizieren. Beim Logarithmieren ist allerdings darauf zu achten, dass das Argument in der Exponentialdarstellung ein Winkel im Bogenmaß sein muss. Da es kein Logarithmusgesetz gibt, das das Logarithmieren einer Summe erlaubt, ist das Logarithmieren aus komplexen Zahlen nur in der Exponentialform möglich.

Wegen der Eulerschen Zahl als Basis in der Exponentialdarstellung verwendet man ausschließlich den natürlichen Logarithmus:

$$\ln(\underline{z}) = \ln(r\,\mathrm{e}^{\mathrm{j}\varphi}) = \ln(r) + (\varphi + k\cdot 2\pi)\,\mathrm{j}, \quad k \in \mathbb{Z} \qquad (11.12)$$

Beispiele

11.57 $\ln(3+4\,\mathrm{j}) = \ln(5\,\mathrm{e}^{\mathrm{j}(53{,}13^\circ\cdot\frac{\pi}{180^\circ} + k\cdot 2\pi)}) = \ln(5\,\mathrm{e}^{\mathrm{j}(0{,}93 + k\cdot 2\pi)}) = \ln 5 + (0{,}93 + k\cdot 2\pi)\,\mathrm{j}$
$= 1{,}61 + (0{,}93 + k\cdot 2\pi)\,\mathrm{j}, \quad k \in \mathbb{Z}$

11.58 Betrachtet man negative reelle Zahlen als spezielle komplexe Zahlen, so lassen sich (im Komplexen!) auch negative Zahlen logarithmieren:

$\ln(-1) = \ln(1\,\mathrm{e}^{\mathrm{j}180^\circ}) = \ln(1\,\mathrm{e}^{\mathrm{j}(\pi + k\cdot 2\pi)}) = \ln 1 + (\pi + k\cdot 2\pi)\,\mathrm{j} = (\pi + k\cdot 2\pi)\,\mathrm{j}, \quad k \in \mathbb{Z}$ ■

Kontrollfragen

11.17 Wie bestimmt man zu einer in Exponentialform gegebenen komplexen Zahl ihre konjugiert komplexe?

11.18 Wie multipliziert man komplexe Zahlen in der Exponentialform?

11.19 Wie dividiert man komplexe Zahlen in der Exponentialform?

11.20 Wie potenziert man komplexe Zahlen in der Exponentialform?

11.21 Wie viele verschiedene Werte hat die n-te Wurzel einer komplexen Zahl?

11.22 Wie kommt es zu der Uneindeutigkeit beim Radizieren komplexer Zahlen?

11.23 Was versteht man unter dem Hauptwert der n-ten Wurzel einer komplexen Zahl?

11.24 Warum sind das Radizieren und das Logarithmieren komplexer Zahlen nur in der Exponentialform möglich?

Aufgaben: ***11.8* bis *11.14***

11.4 Aufgaben

11.1 Für die folgenden komplexen Zahlen sind jeweils der Realteil, der Imaginärteil und die konjugiert komplexe Zahl zu bestimmen.

a) $2+3\,\mathrm{j}$ b) $-\sqrt{2}+2\,\mathrm{j}$ c) $6\,\mathrm{j}$ d) $6-\mathrm{j}$

e) $6\,\mathrm{j}^2$ f) $\dfrac{6}{\mathrm{j}}$ g) $\dfrac{\mathrm{j}}{6}$ h) e (Eulersche Zahl)

i) $-6-6\,\mathrm{j}$ j) $6\,\mathrm{j}-\mathrm{j}^4$ k) $a-b\,\mathrm{j}-b+a\,\mathrm{j}$ l) $\mathrm{j}+\mathrm{j}^2+\mathrm{j}^3+\mathrm{j}^4+\mathrm{j}^5$

11.2 Gegeben sind die komplexen Zahlen $\underline{z}_1=2\,\mathrm{j}-4$ und $\underline{z}_2=1+3\,\mathrm{j}$. Für die folgenden komplexen Zahlen sind jeweils der Realteil, der Imaginärteil und die konjugiert komplexe Zahl zu bestimmen.

a) $\underline{z}_1+\underline{z}_2$ b) $\underline{z}_1-\underline{z}_2$ c) $\underline{z}_1\cdot\underline{z}_2$ d) $\dfrac{\underline{z}_1}{\underline{z}_2}$

e) $\underline{z}_1^2$ f) $\underline{z}_1+\underline{z}_1^*$ g) $\underline{z}_2\cdot\underline{z}_2^*$ h) $\dfrac{\underline{z}_1}{\underline{z}_2^*}$

i) $\left(\underline{z}_2^*\right)^3$ j) $\dfrac{4+\underline{z}_1}{\underline{z}_2-1}$ k) $5-\underline{z}_1+\underline{z}_2^*\cdot\mathrm{j}$ l) $\left(2\,\mathrm{j}-\underline{z}_1^*\right)^2$

m) $\left(\underline{z}_1+\underline{z}_2\right)\cdot\left(\underline{z}_1-\underline{z}_2\right)$ n) $\dfrac{\underline{z}_1\cdot\underline{z}_2^*}{\underline{z}_2\cdot\underline{z}_1^*}$

11.3 Die Gültigkeit der folgenden Beziehungen ist nachzuweisen:

a) $\mathrm{Re}(\underline{z})=\dfrac{\underline{z}+\underline{z}^*}{2}$ b) $\mathrm{Im}(\underline{z})=\dfrac{\underline{z}-\underline{z}^*}{2\,\mathrm{j}}$

11.4 Zu bestimmen sind die Lösungen der folgenden Gleichungen.

a) $2\underline{z}-\mathrm{j}=\underline{z}+5$ b) $\dfrac{2+\underline{z}}{\mathrm{j}-\underline{z}}=\dfrac{\mathrm{j}-\underline{z}}{2+\underline{z}}$ c) $\underline{z}^2=2\underline{z}-2$ d) $2-\dfrac{6}{\underline{z}}=\dfrac{4}{3-\underline{z}}$

e) $\underline{z}^*+2\,\mathrm{j}=2\underline{z}+1$ f) $\underline{z}^*=\dfrac{7+\mathrm{j}}{\underline{z}+1}$

11.5 Die Lösungen von *Aufgabe 11.4* sind in der Gauß'schen Zahlenebene darzustellen.

11.6 Die folgenden komplexen Zahlen sind arithmetisch und grafisch zu addieren.

a) $\underline{z}_1=1-\mathrm{j},\ \underline{z}_2=1+3\,\mathrm{j}$ b) $\underline{z}_1=-2-\sqrt{2}\,\mathrm{j},\ \underline{z}_2=-2+\sqrt{2}\,\mathrm{j}$

c) $\underline{z}_1=0{,}5\,\mathrm{j},\ \underline{z}_2=-1{,}5\,\mathrm{j}$ d) $\underline{z}_1=-3\,\mathrm{j},\ \underline{z}_2=4$

11.7 Die Lösungen von *Aufgabe 11.4* sind in der trigonometrischen Form darzustellen.

11.8 Die Lösungen von *Aufgabe 11.4* sind in der Exponentialform darzustellen.

11.9 Von den folgenden komplexen Zahlen sind der Realteil und der Imaginärteil zu bestimmen.

a) $2\,e^{j60°}$ b) $\sqrt{5}\,e^{-j45°}$ c) $0{,}8\,e^{j0°}$ d) $4\,e^{j180°}$
e) $\sqrt{2}\,e^{-j135°}$ f) $e^{j90°}$ g) $3\,e^{j120°}$

11.10 Gegeben sind die komplexen Zahlen $\underline{z}_1 = 3 - 4\,j$ und $\underline{z}_2 = 2\,e^{j60''}$. Für die folgenden komplexen Zahlen sind jeweils der Realteil, der Imaginärteil, der Betrag und das Argument zu bestimmen.

a) $\underline{z}_1 + \underline{z}_2$ b) $\underline{z}_1 \cdot \underline{z}_2$ c) $\dfrac{\underline{z}_1}{\underline{z}_2}$ d) $(\underline{z}_1 + \underline{z}_2) \cdot (\underline{z}_1 - \underline{z}_2)$
e) $(\underline{z}_2^*)^3$ f) $(1 - \underline{z}_2)^5$ g) $\dfrac{\underline{z}_1^*}{\underline{z}_2^*}$

11.11 Der Realteil und der Imaginärteil aller Werte der folgenden Wurzeln aus komplexen Zahlen sind anzugeben.

a) $\sqrt{3 + 4\,j}$ b) $\sqrt[3]{-2 + 5\,j}$ c) $\sqrt[4]{j}$ d) $\sqrt{-1}$ e) $\sqrt[3]{1}$
f) $\sqrt[3]{-\sqrt{2} - \sqrt{6}\,j}$

11.12 Der Realteil und der Imaginärteil des Hauptwertes der folgenden Logarithmen aus komplexen Zahlen sind anzugeben.

a) $\ln(1 + j)$ b) $\ln(12 - 5\,j)$ c) $\ln(-1)$ d) $\ln(j^3)$ e) $\ln(-e - e^2\,j)$
f) $\ln(-\sqrt{0{,}5} + \sqrt{0{,}5}\,j)$

11.13 In einer Zweipolschaltung ($f = 1\,000\,\text{Hz}$) mit dem ohmschen Widerstand $R = 4{,}7\,\Omega$ und einem Kondensator mit der Kapazität $C = 10\,\mu\text{F}$, die in Reihe geschaltet sind, sind die Impedanz $\underline{Z} = R - j\dfrac{1}{\omega C}$ und der Phasenwinkel $\varphi = \arg(\underline{Z})$ zwischen Strom und Spannung zu berechnen.

11.14 In einer Zweipolschaltung ($f = 50\,\text{Hz}$) mit dem ohmschen Widerstand $R = 7{,}5\,\text{k}\Omega$ und einem Kondensator mit der Kapazität $C = 470\,\text{nF}$, die parallel geschaltet sind, sind der Scheinleitwert $\underline{Y} = G + jB_C = \dfrac{1}{R} + j\omega C$, der Scheinwiderstand $\underline{Z} = \dfrac{1}{\underline{Y}}$ und der Phasenwinkel $\varphi = \arg(\underline{Z})$ zwischen Strom und Spannung zu berechnen.

11.5 Lösungen

11.1 a) $\text{Re}(\underline{z}) = 2; \text{Im}(\underline{z}) = 3; \underline{z}^* = 2 - 3\,j$
b) $\text{Re}(\underline{z}) = -\sqrt{2}; \text{Im}(\underline{z}) = 2; \underline{z}^* = -\sqrt{2} - 2\,j$
c) $\text{Re}(\underline{z}) = 0; \text{Im}(\underline{z}) = 6; \underline{z}^* = -6\,j$
d) $\text{Re}(\underline{z}) = 6; \text{Im}(\underline{z}) = -1; \underline{z}^* = 6 + j$
e) $\text{Re}(\underline{z}) = -6; \text{Im}(\underline{z}) = 0; \underline{z}^* = -6$
f) $\text{Re}(\underline{z}) = 0; \text{Im}(\underline{z}) = -6; \underline{z}^* = 6\,j$
g) $\text{Re}(\underline{z}) = 0; \text{Im}(\underline{z}) = \dfrac{1}{6}; \underline{z}^* = -\dfrac{j}{6}$
h) $\text{Re}(\underline{z}) = e; \text{Im}(\underline{z}) = 0; \underline{z}^* = e$
i) $\text{Re}(\underline{z}) = -6; \text{Im}(\underline{z}) = -6; \underline{z}^* = -6 + 6\,j$
j) $\text{Re}(\underline{z}) = -1; \text{Im}(\underline{z}) = 6; \underline{z}^* = -1 - 6\,j$

k) $\text{Re}(\underline{z}) = a - b$; $\text{Im}(\underline{z}) = a - b$; $\underline{z}^* = a - b + (-a + b) \cdot \text{j}$

l) $\text{Re}(\underline{z}) = 0$; $\text{Im}(\underline{z}) = 1$; $\underline{z}^* = -\text{j}$

11.2 a) $\text{Re}(\underline{z}) = -3$; $\text{Im}(\underline{z}) = 5$; $\underline{z}^* = -3 - 5\,\text{j}$

b) $\text{Re}(\underline{z}) = -5$; $\text{Im}(\underline{z}) = -1$; $\underline{z}^* = -5 + \text{j}$

c) $\text{Re}(\underline{z}) = -10$; $\text{Im}(\underline{z}) = -10$; $\underline{z}^* = -10 + 10\,\text{j}$

d) $\text{Re}(\underline{z}) = 0{,}2$; $\text{Im}(\underline{z}) = 1{,}4$; $\underline{z}^* = 0{,}2 - 1{,}4\,\text{j}$

e) $\text{Re}(\underline{z}) = 12$; $\text{Im}(\underline{z}) = -16$; $\underline{z}^* = 12 + 16\,\text{j}$

f) $\text{Re}(\underline{z}) = -8$; $\text{Im}(\underline{z}) = 0$; $\underline{z}^* = -8$

g) $\text{Re}(\underline{z}) = 10$; $\text{Im}(\underline{z}) = 0$; $\underline{z}^* = 10$

h) $\text{Re}(\underline{z}) = -1$; $\text{Im}(\underline{z}) = -1$; $\underline{z}^* = -1 + \text{j}$

i) $\text{Re}(\underline{z}) = -26$; $\text{Im}(\underline{z}) = 18$; $\underline{z}^* = -26 - 18\,\text{j}$

j) $\text{Re}(\underline{z}) = \frac{2}{3}$; $\text{Im}(\underline{z}) = 0$; $\underline{z}^* = \frac{2}{3}$

k) $\text{Re}(\underline{z}) = 10$; $\text{Im}(\underline{z}) = -5$; $\underline{z}^* = 10 + 5\,\text{j}$

l) $\text{Re}(\underline{z}) = 0$; $\text{Im}(\underline{z}) = 32$; $\underline{z}^* = -32\,\text{j}$

m) $\text{Re}(\underline{z}) = 20$; $\text{Im}(\underline{z}) = -22$; $\underline{z}^* = 20 + 22\,\text{j}$

n) $\text{Re}(\underline{z}) = -0{,}96$; $\text{Im}(\underline{z}) = 0{,}28$; $\underline{z}^* = -0{,}96 - 0{,}28\,\text{j}$

11.3 Mit $z = a + b\,\text{j}$ gilt:

a) $\dfrac{\underline{z} + \underline{z}^*}{2} = \dfrac{(a + b\,\text{j}) + (a - b\,\text{j})}{2} = \dfrac{2a}{2} = a = \text{Re}(\underline{z})$

b) $\dfrac{\underline{z} - \underline{z}^*}{2\,\text{j}} = \dfrac{(a + b\,\text{j}) - (a - b\,\text{j})}{2\,\text{j}} = \dfrac{2b\,\text{j}}{2\,\text{j}} = b = \text{Im}(\underline{z})$

11.4 a) $\underline{z} = 5 + \text{j}$ b) $\underline{z} = -1 + 0{,}5\,\text{j}$

c) $\underline{z}_1 = 1 + \text{j} \vee \underline{z}_2 = 1 - \text{j}$ d) $\underline{z}_1 = 2 + \sqrt{5}\,\text{j} \vee \underline{z}_2 = 2 - \sqrt{5}\,\text{j}$

e) $\underline{z} = -1 + \frac{2}{3}\,\text{j}$ f) $\underline{z}_1 = -3 - \text{j} \vee \underline{z}_2 = 2 - \text{j}$

11.5

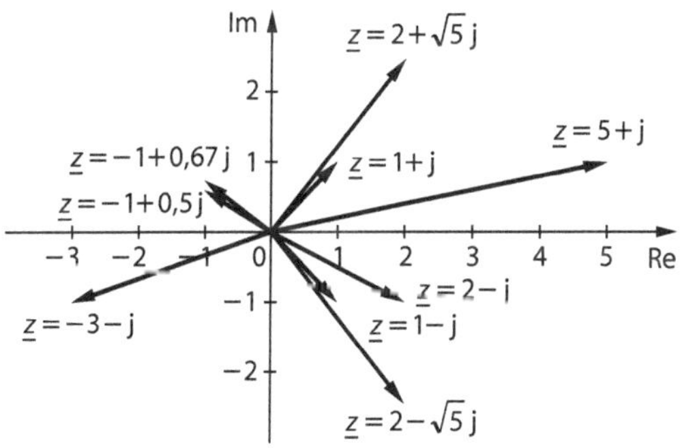

Bild L11.1

11.6

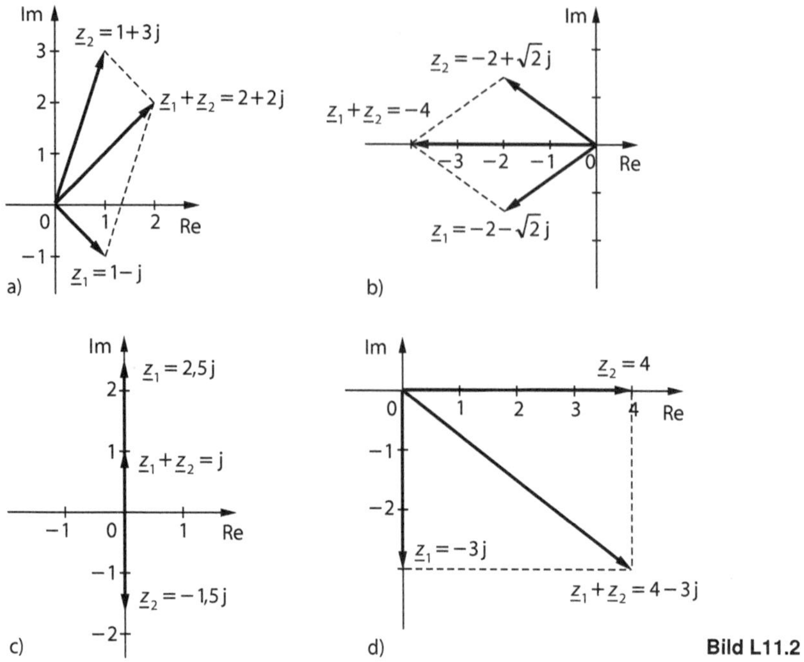

Bild L11.2

11.7 a) $\underline{z} = 5{,}1 \cdot (\cos 11{,}3^\circ + j \cdot \sin 11{,}3^\circ)$

b) $\underline{z} = 1{,}1 \cdot (\cos 153{,}4^\circ + j \cdot \sin 153{,}4^\circ)$

c) $\underline{z}_1 = 1{,}4 \cdot (\cos 45^\circ + j \cdot \sin 45^\circ)$ bzw. $\underline{z}_2 = 1{,}4 \cdot (\cos(-45^\circ) + j \cdot \sin(-45^\circ))$

d) $\underline{z}_1 = 3 \cdot (\cos 48{,}2^\circ + j \cdot \sin 48{,}2^\circ)$ bzw. $\underline{z}_2 = 3 \cdot (\cos(-48{,}2^\circ) + j \cdot \sin(-48{,}2^\circ))$

e) $\underline{z} = 1{,}2 \cdot (\cos 146{,}3^\circ + j \cdot \sin 146{,}3^\circ)$

f) $\underline{z}_1 = 3{,}2 \cdot (\cos(-161{,}6^\circ) + j \cdot \sin(-161{,}6^\circ))$ bzw. $\underline{z}_2 = 2{,}2 \cdot (\cos(-26{,}6^\circ) + j \cdot \sin(-26{,}6^\circ))$

11.8 a) $\underline{z} = 5{,}1\,e^{j11{,}3^\circ}$ b) $\underline{z} = 1{,}1\,e^{j153{,}4^\circ}$

c) $\underline{z}_1 = 1{,}4\,e^{j45^\circ}$ bzw. $\underline{z}_2 = 1{,}4\,e^{-j45^\circ}$ d) $\underline{z}_1 = 3\,e^{j48{,}2^\circ}$ bzw. $\underline{z}_2 = 3\,e^{-j48{,}2^\circ}$

e) $\underline{z} = 1{,}2\,e^{j146{,}3^\circ}$ f) $\underline{z}_1 = 3{,}2\,e^{-j161{,}6^\circ}$ bzw. $\underline{z}_2 = 2{,}2\,e^{-j26{,}6^\circ}$

11.9 a) $\text{Re}(\underline{z}) = 1$; $\text{Im}(\underline{z}) = 1{,}73$ b) $\text{Re}(\underline{z}) = 1{,}58$; $\text{Im}(\underline{z}) = -1{,}58$

c) $\text{Re}(\underline{z}) = 0{,}8$; $\text{Im}(\underline{z}) = 0$ d) $\text{Re}(\underline{z}) = -4$; $\text{Im}(\underline{z}) = 0$

e) $\text{Re}(\underline{z}) = -1$; $\text{Im}(\underline{z}) = -1$ f) $\text{Re}(\underline{z}) = 0$; $\text{Im}(\underline{z}) = 1$

g) $\text{Re}(\underline{z}) = -1{,}5$; $\text{Im}(\underline{z}) = 2{,}60$

11.10 a) $\text{Re}(\underline{z}) = 4$; $\text{Im}(\underline{z}) = -2{,}27$; $|\underline{z}| = 4{,}60$; $\arg(\underline{z}) = -29{,}6^\circ$

b) $\text{Re}(\underline{z}) = 9{,}93$; $\text{Im}(\underline{z}) = 1{,}20$; $|\underline{z}| = 10$; $\arg(\underline{z}) = 6{,}9^\circ$

c) $\text{Re}(\underline{z}) = 0{,}98$; $\text{Im}(\underline{z}) = 2{,}30$; $|\underline{z}| = 2{,}5$; $\arg(\underline{z}) = -113{,}1^\circ$

d) $\text{Re}(\underline{z}) = -5$; $\text{Im}(\underline{z}) = -27{,}46$; $|\underline{z}| = 27{,}92$; $\arg(\underline{z}) = -100{,}3^\circ$

e) $\text{Re}(\underline{z}) = -8$; $\text{Im}(\underline{z}) = 0$; $|\underline{z}| = 8$; $\arg(\underline{z}) = 180^\circ$

f) $\text{Re}(\underline{z}) = 0$; $\text{Im}(\underline{z}) = -15{,}59$; $|\underline{z}| = 15{,}59$; $\arg(\underline{z}) = -90^\circ$

g) $\text{Re}(\underline{z}) = -0{,}98$; $\text{Im}(\underline{z}) = 2{,}30$; $|\underline{z}| = 2{,}5$; $\arg(\underline{z}) = 113{,}1^\circ$

11.11 a) $\text{Re}(\underline{z}_0) = 2$; $\text{Im}(\underline{z}_0) = 1$ (Hauptwert); $\text{Re}(\underline{z}_1) = -2$; $\text{Im}(\underline{z}_1) = -1$

b) $\text{Re}(\underline{z}_0) = 1{,}39$; $\text{Im}(\underline{z}_0) = 1{,}06$ (Hauptwert); $\text{Re}(\underline{z}_1) = -1{,}62$; $\text{Im}(\underline{z}_1) = 0{,}68$; $\text{Re}(\underline{z}_2) = 0{,}24$; $\text{Im}(\underline{z}_2) = -1{,}74$

c) $\text{Re}(\underline{z}_0) = 0{,}92$; $\text{Im}(\underline{z}_0) = 0{,}38$ (Hauptwert); $\text{Re}(\underline{z}_1) = -0{,}38$; $\text{Im}(\underline{z}_1) = 0{,}92$; $\text{Re}(\underline{z}_2) = -0{,}92$; $\text{Im}(\underline{z}_2) = -0{,}38$; $\text{Re}(\underline{z}_3) = 0{,}38$; $\text{Im}(\underline{z}_3) = -0{,}92$

d) $\mathrm{Re}(\underline{z}_0) = 0$; $\mathrm{Im}(\underline{z}_0) = 1$ (Hauptwert); $\mathrm{Re}(\underline{z}_1) = 0$; $\mathrm{Im}(\underline{z}_1) = -1$

e) $\mathrm{Re}(\underline{z}_0) = 1$; $\mathrm{Im}(\underline{z}_0) = 0$ (Hauptwert); $\mathrm{Re}(\underline{z}_1) = -0{,}50$; $\mathrm{Im}(\underline{z}_1) = 0{,}87$; $\mathrm{Re}(\underline{z}_2) = -0{,}50$; $\mathrm{Im}(\underline{z}_2) = -0{,}87$

f) $\mathrm{Re}(\underline{z}_0) = 1{,}08$; $\mathrm{Im}(\underline{z}_0) = -0{,}91$ (Hauptwert); $\mathrm{Re}(\underline{z}_1) = 0{,}25$; $\mathrm{Im}(\underline{z}_1) = 1{,}39$; $\mathrm{Re}(\underline{z}_2) = -1{,}33$; $\mathrm{Im}(\underline{z}_2) = -0{,}48$

11.12 a) $\mathrm{Re}(\underline{z}) = 0{,}35$; $\mathrm{Im}(\underline{z}) = 0{,}79$

b) $\mathrm{Re}(\underline{z}) = 2{,}56$; $\mathrm{Im}(\underline{z}) = -0{,}39$

c) $\mathrm{Re}(\underline{z}) = 0$; $\mathrm{Im}(\underline{z}) = \pi = 3{,}14$

d) $\mathrm{Re}(\underline{z}) = 0$; $\mathrm{Im}(\underline{z}) = -\dfrac{\pi}{2} = -1{,}57$

e) $\mathrm{Re}(\underline{z}) = 2{,}06$; $\mathrm{Im}(\underline{z}) = -1{,}92$

f) $\mathrm{Re}(\underline{z}) = 0$; $\mathrm{Im}(\underline{z}) = \dfrac{3\pi}{4} = 2{,}36$

11.13 $\underline{Z} = 4{,}7\,\Omega - \mathrm{j} \cdot 15{,}9\,\Omega = 16{,}6\,\Omega \cdot \mathrm{e}^{-\mathrm{j}73{,}5^\circ}$; $\varphi = -73{,}5^\circ$

11.14 $\underline{Y} = 0{,}133\,\mathrm{mS} + \mathrm{j} \cdot 0{,}148\,\mathrm{mS} = 0{,}2\,\mathrm{mS} \cdot \mathrm{e}^{\mathrm{j}47{,}9^\circ}$; $\underline{Z} = 5\,000\,\Omega \cdot \mathrm{e}^{-\mathrm{j}47{,}9^\circ} = 3\,352\,\Omega - \mathrm{j} \cdot 3\,709\,\Omega$; $\varphi = -47{,}9^\circ$

12 Vektorrechnung

12.0 Vorbemerkung

Mithilfe der Vektorrechnung lassen sich Lagebeziehungen zwischen geometrischen Objekten im Raum und verschiedene Eigenschaften dieser Objekte sehr elegant und einfach beschreiben.

In der Physik werden Vektoren verwendet, um Größen wie Kräfte und Geschwindigkeiten zu beschreiben, die sich nicht nur durch eine Zahl erfassen lassen, sondern auch eine Richtung besitzen.

In diesem Kapitel wird der Begriff des Vektors definiert, und es werden die verschiedenen mathematischen Verknüpfungen zwischen Vektoren und zwischen einem Vektor und einem Skalar behandelt. Ferner wird die vektorielle Definition von Geraden und Ebenen im dreidimensionalen Raum thematisiert und die möglichen Lagebeziehungen zwischen ihnen untersucht.

12.1 Punkte und Vektoren im kartesischen Koordinatensystem

12.1.1 Punkte im kartesischen Koordinatensystem

Durch ein **Koordinatensystem** hat man die Möglichkeit, die Lage und bestimmte Eigenschaften geometrischer Objekte mathematisch zu beschreiben bzw. zu berechnen. Ein **kartesisches Koordinatensystem** besteht aus mehreren Zahlengeraden, die sich orthogonal in

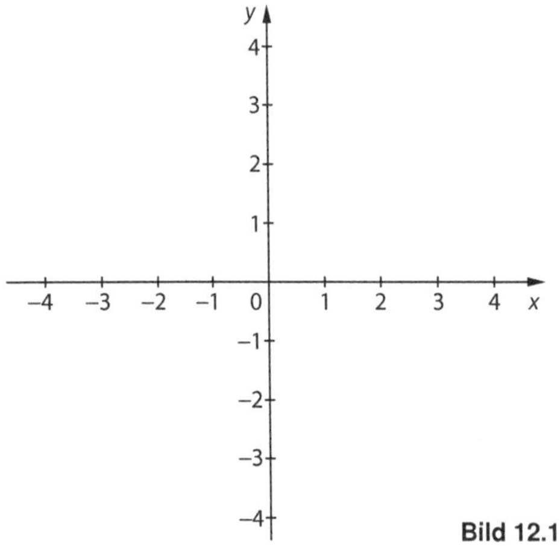

Bild 12.1

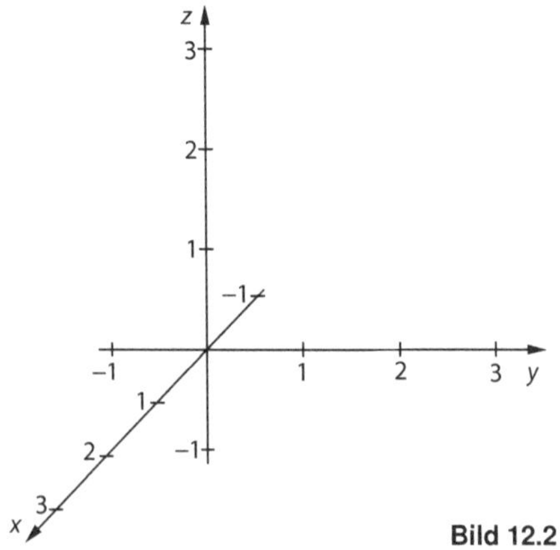

Bild 12.2

einem Punkt – dem **Koordinatenursprung** – schneiden und die arithmetisch skaliert sind. Die Anzahl der Zahlengeraden legt die **Dimension** des Koordinatensystems fest. *Bild 12.1* zeigt ein zweidimensionales, *Bild 12.2* ein dreidimensionales kartesisches Koordinatensystem.

Beim dreidimensionalen kartesischen Koordinatensystem zeichnet man die Achsen nach der „Rechten-Hand-Regel" („rechtshändiges" Koordinatensystem): Der Daumen der rechten Hand bildet die x-Achse, der Zeigefinger die y-Achse und der Mittelfinger die z-Achse.

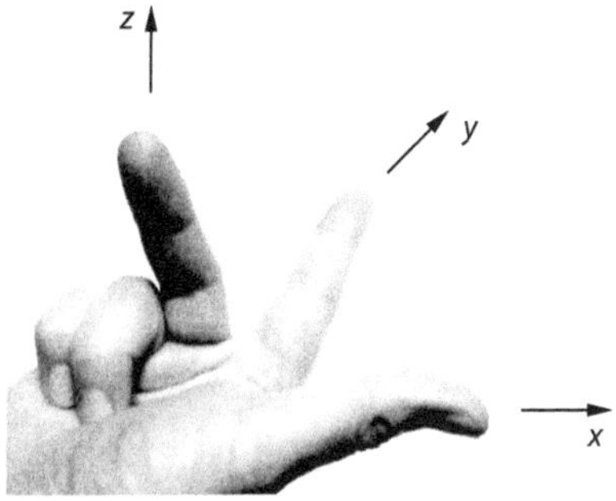

Bild 12.3

Mithilfe eines Koordinatensystems kann jeder Punkt der Ebene bzw. des Raums durch seine **Koordinaten** identifiziert werden.

Der Punkt P lässt sich im zweidimensionalen Koordinatensystem durch seine x- und seine y-Koordinate beschreiben: $P(x;\ y)$. Im dreidimensionalen Koordinatensystem kommt noch die z-Koordinate dazu: $P(x;\ y;\ z)$.

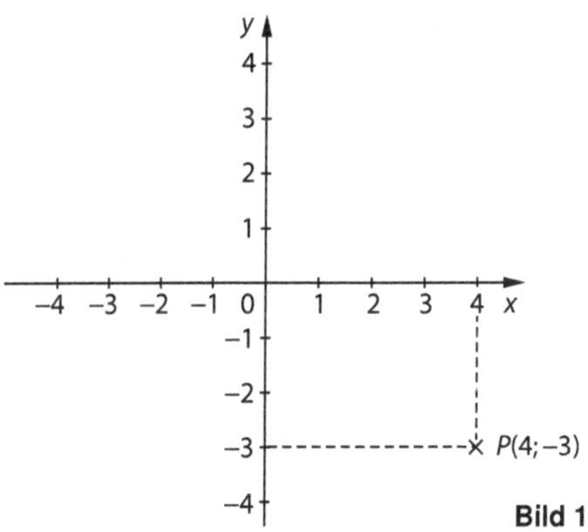

Bild 12.4

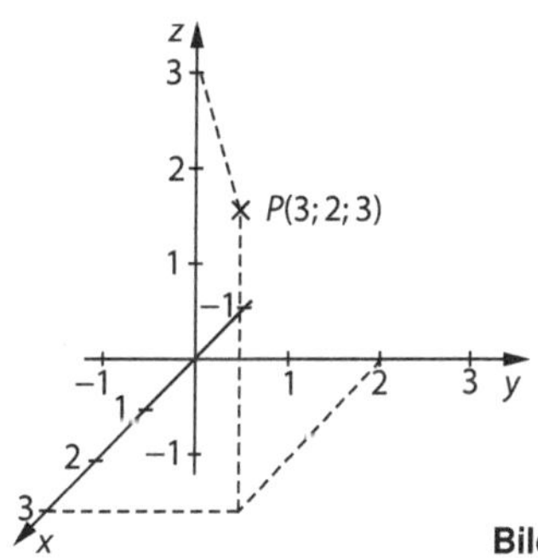

Bild 12.5

12.1.2 Vektoren im kartesischen Koordinatensystem

Verbindet man einen Punkt P des Koordinatensystems mit dem Koordinatenursprung und zeichnet an die entstandene Strecke in P eine Pfeilspitze, so erhält man einen **Vektor**.

Ein Vektor ist also eine gerichtete und orientierte Strecke, d. h. er ist durch seine **Länge**, seine **Richtung** und seine **Orientierung** (**Richtungssinn**) eindeutig bestimmt. Da sich durch die Translation eines Vektors weder seine Länge, noch seine Richtung und seine Orientierung ändern, ist ein Vektor im Koordinatensystem frei parallel verschiebbar.

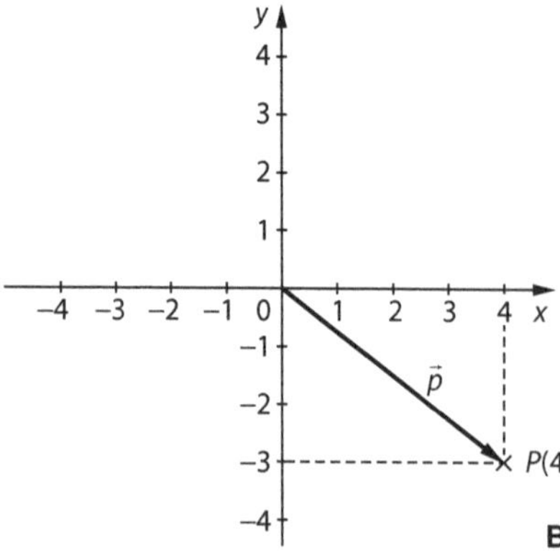

Bild 12.6

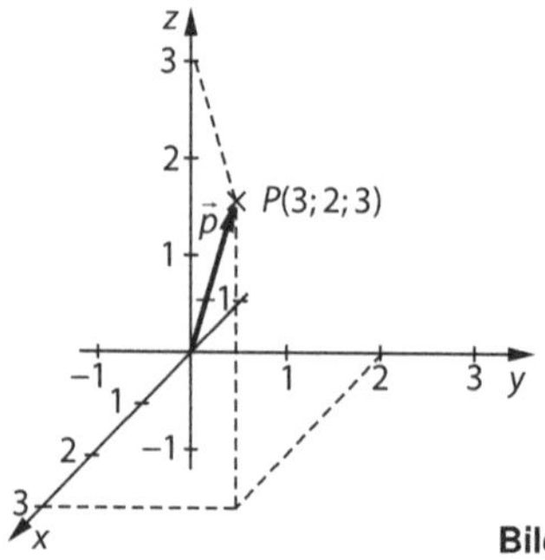

Bild 12.7

Die Länge eines Vektors – die man auch **Betrag** des Vektors nennt – ist durch die Skalierung der Koordinatenachsen festgelegt, die Richtung beschreibt die Lage des Vektors im Raum und durch die Orientierung ist festgelegt, an welchem Ende der Strecke die Pfeilspitze liegt.

Vektoren werden benötigt, um richtungsabhängige Größen wie Kräfte oder Geschwindigkeiten mathematisch zu beschreiben.

Der **Ortsvektor** eines Punktes $P(x;\ y)$ bzw. $P(x;\ y;\ z)$ hat die gleichen Koordinaten wie der Punkt P, man schreibt diese Koordinaten dann untereinander als Spalte:

$$\vec{p} = \overrightarrow{0P} = \begin{pmatrix} x \\ y \end{pmatrix} \quad \text{bzw.} \quad \vec{p} = \overrightarrow{0P} = \begin{pmatrix} x \\ y \\ z \end{pmatrix}$$

Vektoren werden in der Regel mit kleinen lateinischen Buchstaben bezeichnet, über die man einen Pfeil setzt. Alternativ können der Anfangspunkt und der Endpunkt des Vektors angegeben werden, über die man dann ebenso einen Pfeil setzt.

Um richtungsunabhängige Größen – also (Maß-)Zahlen mit oder ohne Einheit – von den Vektoren deutlich zu unterscheiden, nennt man sie auch **Skalare**. Der Betrag eines Vektors $|\vec{p}|$ stellt einen Skalar dar, der sich mithilfe des Satzes des Pythagoras aus seinen Koordinaten berechnen lässt. Die Länge des Vektors aus *Bild 12.6* entspricht der Hypotenuse des rechtwinkligen Dreiecks, das durch die Katheten mit der Länge $|-3|$ bzw. $|4|$ gebildet wird: $|\vec{p}| = \sqrt{(-3)^2 + 4^2} = \sqrt{9+16} = \sqrt{25} = 5$. Allgemein gilt:

$$\vec{v} = \begin{pmatrix} v_1 \\ v_2 \end{pmatrix} \Rightarrow |\vec{v}| = \sqrt{v_1^2 + v_2^2} \quad \text{bzw.} \quad \vec{v} = \begin{pmatrix} v_1 \\ v_2 \\ v_3 \end{pmatrix} \Rightarrow |\vec{v}| = \sqrt{v_1^2 + v_2^2 + v_3^2} \tag{12.1}$$

Anmerkung:

Einen Vektor, der einen Betrag von 1 hat, nennt man **Einheitsvektor**.

Beispiel

12.1 a) Für den Vektor $\vec{v} = \begin{pmatrix} 4 \\ -4 \end{pmatrix}$ ergibt sich der Betrag zu

$$|\vec{v}| = \sqrt{4^2 + (-4)^2} = \sqrt{16+16} = \sqrt{32} = 5{,}66$$

b) Der Vektor $\overrightarrow{0P} = \begin{pmatrix} -6 \\ 5 \\ -5 \end{pmatrix}$ hat einen Betrag von

$$\left|\overrightarrow{0P}\right| = \sqrt{(-6)^2 + 5^2 + (-5)^2} = \sqrt{36 + 25 + 25} = \sqrt{86} = 9{,}27$$

c) Der Vektor $\vec{v} = \begin{pmatrix} -0{,}8 \\ 0 \\ 0{,}6 \end{pmatrix}$ ist ein Einheitsvektor, denn

$$|\vec{v}| = \sqrt{(-0{,}8)^2 + 0^2 + 0{,}6^2} = \sqrt{0{,}64 + 0{,}36} = \sqrt{1} = 1$$

■

Sind in einem Koordinatensystem zwei Punkte $P(p_1;\ p_2;\ p_3)$ und $Q(q_1;\ q_2;\ q_3)$ gegeben, so erhält man die Koordinaten des Vektors $\overrightarrow{PQ}$ durch Subtraktion der Punktkoordinaten:

$$\overrightarrow{PQ} = \begin{pmatrix} q_1 - p_1 \\ q_2 - p_2 \\ q_3 - p_3 \end{pmatrix} \tag{12.2}$$

Sinngemäß gilt dies natürlich auch für zweidimensionale Vektoren.

Beispiel

12.2 Der Vektor, der den Punkt $A(1;\ 0;\ 2)$ als Anfangspunkt und den Punkt $E(0;\ 2;\ 1)$ als Endpunkt hat, lässt sich durch $\vec{v} = \begin{pmatrix} 0-1 \\ 2-0 \\ 1-2 \end{pmatrix} = \begin{pmatrix} -1 \\ 2 \\ -1 \end{pmatrix}$ beschreiben (siehe *Bild 12.8*). Auch dieser Vektor lässt sich frei im Raum verschieben. Eine Translation des Punktepaares A und E so, dass der Punkt A in den Koordinatenursprung fällt und der Punkt E die Koordinaten $E(-1;\ 2;\ -1)$ hat, führt auf den die Punkte verbindenden Vektor $\vec{v}\,' = \begin{pmatrix} -1-0 \\ 2-0 \\ -1-0 \end{pmatrix} = \begin{pmatrix} -1 \\ 2 \\ -1 \end{pmatrix}$. Die räumliche Parallelverschiebung hat die Koordinaten des Vektors offenbar nicht geändert (siehe *Bild 12.9*).

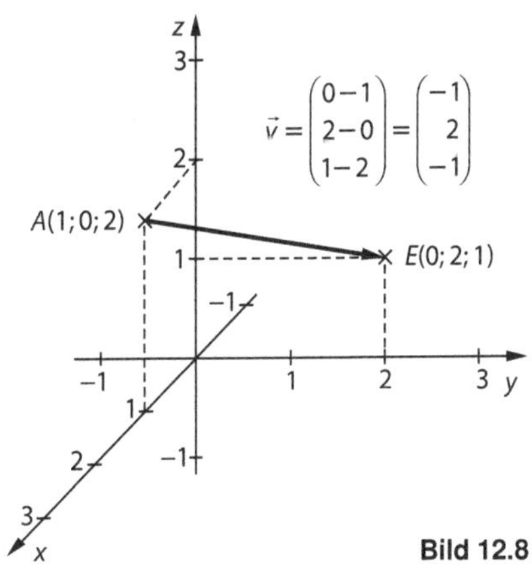

Bild 12.8

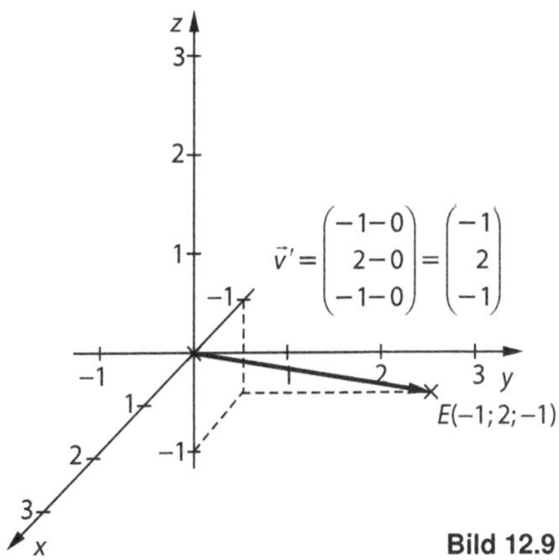

Bild 12.9

■

Den Vektor, dessen Koordinaten alle 0 sind, bezeichnet man als **Nullvektor**: $\vec{0} = \begin{pmatrix} 0 \\ 0 \\ 0 \end{pmatrix}$.

Der Nullvektor ist der einzige Vektor, der einen Betrag von 0 hat.

Wir haben oben gesehen: Verschiebt man einen Vektor parallel zu sich selbst, verändern sich weder seine Länge, noch seine Richtung, noch seine Orientierung und auch seine Koordinaten bleiben gleich – es bleibt also der gleiche Vektor. Somit beschreiben alle zueinander parallelen Pfeile gleicher Länge und gleicher Orientierung den gleichen Vektor: Jeder dieser Pfeile ist eine **Repräsentant** des Vektors. Jeder Vektor – außer dem Nullvektor – hat also unendlich viele Repräsentanten.

Unterscheiden sich zwei Vektoren nur in der Orientierung, nicht aber im Betrag und in der Richtung, so ist ein Vektor der **Gegenvektor** des anderen. Sie unterscheiden sich dann nur in den Vorzeichen ihrer Koordinaten.

Beispiel

12.3 Der Vektor $\vec{p}$, der den Punkt $P(3;\,3;\,1)$ als Anfangspunkt und den Punkt $Q(2;\,2;\,2)$ als Endpunkt hat, hat die Koordinaten $\vec{p} = \begin{pmatrix} 2-3 \\ 2-3 \\ 2-1 \end{pmatrix} = \begin{pmatrix} -1 \\ -1 \\ 1 \end{pmatrix}$, sein Gegenvektor muss dann die Koordinaten $\vec{p}\,' = \begin{pmatrix} 1 \\ 1 \\ -1 \end{pmatrix}$ haben (siehe *Bild 12.10*).

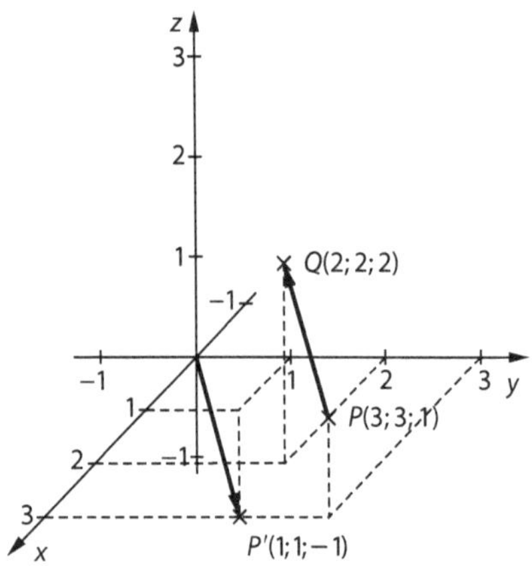

Bild 12.10 ■

Kontrollfragen

12.1 Woran erkennt man die Dimension eines kartesischen Koordinatensystems?

12.2 Was sagt die „Rechte-Hand-Regel“ aus?

12.3 Was versteht man unter einer skalaren Größe?

12.4 Was ist ein Vektor und wodurch ist er festgelegt?

12.5 Was versteht man unter dem Betrag eines Vektors und wie wird er berechnet?

12.6 Wie berechnet man aus den Koordinaten zweier Punkte die Koordinaten des Vektors, der diese Punkte als Anfangs- und Endpunkt hat?

12.7 Was versteht man unter dem Gegenvektor eines Vektors?

Aufgaben: ***12.1*** **bis** ***12.3***

12.2 Rechnen mit Vektoren

12.2.1 Addition und Subtraktion von Vektoren

Ein typisches und wichtiges Beispiel für Größen, die durch einen Vektor repräsentiert werden können, sind mechanische Kräfte: Die Richtung und die Orientierung des Vektors geben an, in welche Richtung die Kraft wirkt, seine Länge den Betrag der Kraft.

Beispiel

12.4 Zwei Kräfte $\vec{F}_1$ und $\vec{F}_2$ wirken auf einen beweglichen Massenpunkt ein. Welches ist die resultierende Kraft $\vec{F}_{res}$, d. h. welche Kraft wirkt auf den Massenpunkt ein und in welche Richtung wird er sich daraufhin bewegen?

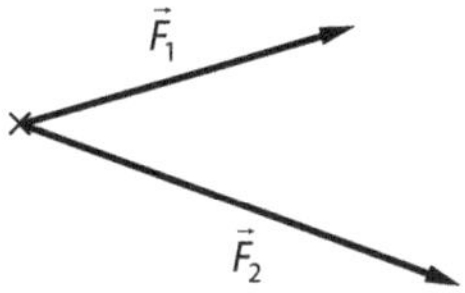

Lösung: Die Vektoren müssen addiert werden. Zeichnerisch geschieht das durch Parallelverschiebung der Vektoren $\vec{F}_1$ und $\vec{F}_2$ zu einem Kräfteparallelogramm:

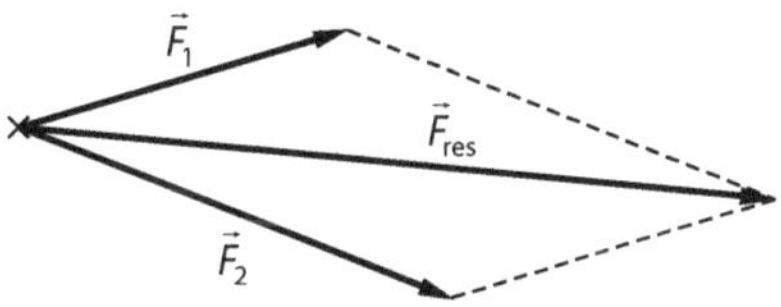

Die Richtung und Orientierung der resultierenden Kraft ist nun ersichtlich, ihr Betrag ist durch die Länge des resultierenden Vektors gegeben. ■

Zwei Vektoren werden *zeichnerisch* addiert, indem man den Anfangspunkt des zweiten Vektors in den Endpunkt des ersten Vektors verschiebt. Der Summenvektor hat seinen Anfangspunkt im Anfangspunkt des ersten Vektors und seinen Endpunkt im Endpunkt des zweiten Vektors. Ergänzt man die entstehende Figur durch eine Parallelverschiebung der ursprünglichen Vektoren zu einem **(Vektor-)Parallelogramm**, so ergibt sich der Summenvektor als eine seiner Diagonalen.

Anmerkungen:

- Da bei dieser Konstruktion nicht festgelegt ist, welches der erste Vektor und welches der zweite Vektor ist, sind ihre Rollen vertauschbar: Die Vektoraddition ist **kommutativ**.
- Bei der Addition von mehr als zwei Vektoren geht man paarweise vor: Erst werden zwei Vektoren addiert, dann wird der Summenvektor mit dem nächsten Vektor addiert usw. Es zeigt sich, dass für die Vektoraddition das **Assoziativgesetz** gilt.

Beispiel

12.5 Die Vektoren $\vec{v}_1 = \begin{pmatrix} 0 \\ 1 \\ 3 \end{pmatrix}$ und $\vec{v}_2 = \begin{pmatrix} 3 \\ 2 \\ 0 \end{pmatrix}$ sollen addiert werden.

Lösung:

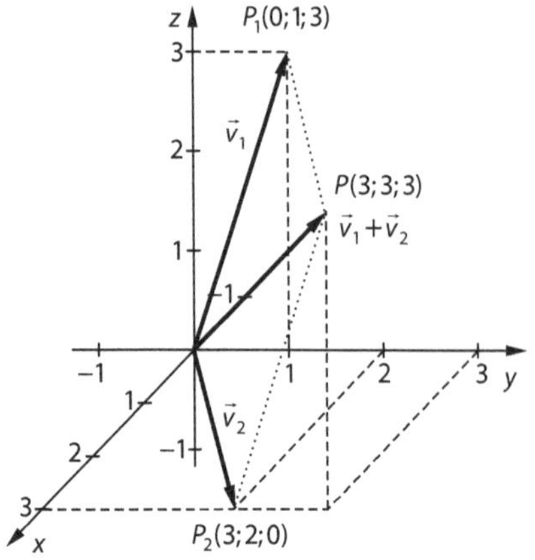

Bild 12.11 ■

Bild 12.11 zeigt die grafische Addition der Vektoren $\vec{v}_1 = \begin{pmatrix} 0 \\ 1 \\ 3 \end{pmatrix}$ und $\vec{v}_2 = \begin{pmatrix} 3 \\ 2 \\ 0 \end{pmatrix}$. Der Summenvektor hat die Koordinaten $\vec{v} = \begin{pmatrix} 3 \\ 3 \\ 3 \end{pmatrix}$, die sich offenbar ergeben, wenn man die entsprechenden Koordinaten der Vektoren $\vec{v}_1$ und $\vec{v}_2$ addiert: $\vec{v}_1 + \vec{v}_2 = \begin{pmatrix} 0 \\ 1 \\ 3 \end{pmatrix} + \begin{pmatrix} 3 \\ 2 \\ 0 \end{pmatrix} = \begin{pmatrix} 3 \\ 3 \\ 3 \end{pmatrix} = \vec{v}$.

Allgemein gilt:

Zwei Vektoren werden *rechnerisch* addiert, indem man ihre entsprechenden Koordinaten addiert:

$$\vec{a} = \begin{pmatrix} a_1 \\ a_2 \\ a_3 \end{pmatrix}, \quad \vec{b} = \begin{pmatrix} b_1 \\ b_2 \\ b_3 \end{pmatrix} \quad \Rightarrow \vec{a} + \vec{b} = \begin{pmatrix} a_1 + b_1 \\ a_2 + b_2 \\ a_3 + b_3 \end{pmatrix} \tag{12.3}$$

Anmerkungen:

- Sinngemäß gilt diese Rechenregel auch für zweidimensionale Vektoren und für die Addition von mehr als zwei Vektoren.
- Auch anhand der rechnerischen Addition von Vektoren kann man die Gültigkeit des Kommutativ- und des Assoziativgesetzes für die Vektoraddition erkennen, da diese auf die normale algebraische Addition reeller Zahlen zurückgeführt wird.

Die **Subtraktion** eines Vektors von einem anderen Vektor wird auf die **Addition des Gegenvektors** zurückgeführt:

$$\vec{a} = \begin{pmatrix} a_1 \\ a_2 \\ a_3 \end{pmatrix}, \vec{b} = \begin{pmatrix} b_1 \\ b_2 \\ b_3 \end{pmatrix} \Rightarrow \vec{a} - \vec{b} = \begin{pmatrix} a_1 \\ a_2 \\ a_3 \end{pmatrix} - \begin{pmatrix} b_1 \\ b_2 \\ b_3 \end{pmatrix} = \begin{pmatrix} a_1 \\ a_2 \\ a_3 \end{pmatrix} + \begin{pmatrix} -b_1 \\ -b_2 \\ -b_3 \end{pmatrix} = \begin{pmatrix} a_1 - b_1 \\ a_2 - b_2 \\ a_3 - b_3 \end{pmatrix} \tag{12.4}$$

Anmerkung:

- Da die Subtraktion auf die normale algebraische Subtraktion reeller Zahlen zurückgeführt wird, können für die Vektorsubtraktion weder das Kommutativ- noch das Assoziativgesetz gelten.

Auch die zeichnerische Subtraktion zweier Vektoren wird über die Addition des Gegenvektors durchgeführt:

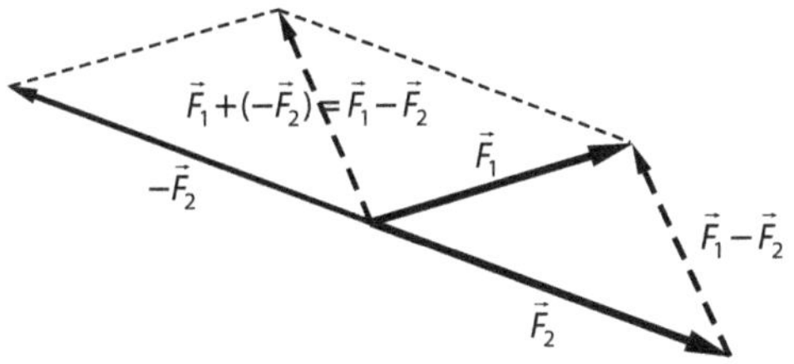

Obige Skizze verdeutlicht:

Subtrahiert man einen zweiten Vektor *zeichnerisch* von einem ersten Vektor, so hat der Differenzvektor seinen Anfangspunkt im Endpunkt des zweiten Vektors und seinen Endpunkt im Endpunkt des ersten Vektors. Er stellt also eine Diagonale im Vektorparallelogramm dar.

Beispiel

12.6 Der Vektor $\vec{v}_2 = \begin{pmatrix} 3 \\ 2 \\ 0 \end{pmatrix}$ soll vom Vektor $\vec{v}_1 = \begin{pmatrix} 0 \\ 1 \\ 3 \end{pmatrix}$ subtrahiert werden.

Lösung:

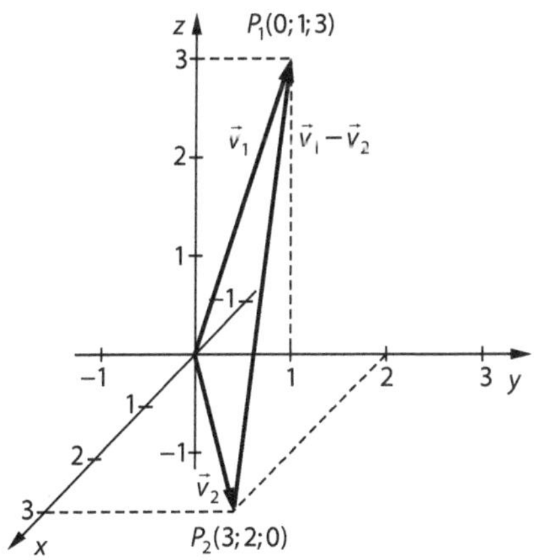

Bild 12.12

Der Differenzvektor hat die Koordinaten $\vec{v}_1 - \vec{v}_2 = \begin{pmatrix} 0 \\ 1 \\ 3 \end{pmatrix} - \begin{pmatrix} 3 \\ 2 \\ 0 \end{pmatrix} = \begin{pmatrix} -3 \\ -1 \\ 3 \end{pmatrix}$. ■

Mithilfe der Vektorsubtraktion lässt sich der Abstand, den zwei Punkte im Koordinatensystem voneinander haben, und mithin die Länge einer Strecke im Raum bestimmen.

Beispiel

12.7 Für den Abstand der Punkte $P_1(0;\ 1;\ 3)$ und $P_2(3;\ 2;\ 0)$ aus *Beispiel 12.6* gilt nach *Gl. (12.1)*:

$$\left|\overline{P_1P_2}\right| = |\vec{v}_1 - \vec{v}_2| = \left|\begin{pmatrix}0\\1\\3\end{pmatrix} - \begin{pmatrix}3\\2\\0\end{pmatrix}\right| = \left|\begin{pmatrix}-3\\-1\\3\end{pmatrix}\right| = \sqrt{(-3)^2 + (-1)^2 + 3^2} = \sqrt{9+1+9}$$

$$= \sqrt{19} = 4{,}36 \quad \text{(Längeneinheiten)}$$ ■

Zur Bestimmung der Länge einer Strecke in einem zwei- oder dreidimensionalen Raum bildet man den Differenzvektor der Ortsvektoren des Anfangs- und des Endpunktes und bestimmt dessen Betrag:

$$\left|\overline{AB}\right| = \left|\vec{b} - \vec{a}\right| = \left|\begin{pmatrix}b_1 - a_1\\ b_2 - a_2\end{pmatrix}\right| = \sqrt{(b_1 - a_1)^2 + (b_2 - a_2)^2} \quad \text{bzw.} \tag{12.5a}$$

$$\left|\overline{AB}\right| = \left|\vec{b} - \vec{a}\right| = \left|\begin{pmatrix}b_1 - a_1\\ b_2 - a_2\\ b_3 - a_3\end{pmatrix}\right| = \sqrt{(b_1 - a_1)^2 + (b_2 - a_2)^2 + (b_3 - a_3)^2} \tag{12.5b}$$

12.2.2 Die Multiplikation von Vektoren mit reellen Zahlen

Definition 12.1

Das **Vielfache eines Vektors** erhält man, indem man ihn mit einer reellen Zahl multipliziert. Rechnerisch bedeutet dies, dass jede Koordinate mit dieser reellen Zahl multipliziert wird:

$$k \cdot \vec{a} = k \cdot \begin{pmatrix}a_1\\a_2\\a_3\end{pmatrix} = \begin{pmatrix}k \cdot a_1\\k \cdot a_2\\k \cdot a_3\end{pmatrix}, \quad k \in \mathbb{R} \tag{12.6}$$

Zeichnerisch bedeutet die Multiplikation mit einer Zahl s, dass der Vektor um den Faktor s gestreckt (für $|s| > 1$) bzw. gestaucht (für $|s| < 1$) wird. Ist s negativ ($s < 0$), wird außerdem die Orientierung des Vektors verändert. Die Richtung eines Vektors bleibt aber bei der Multiplikation des Vektors mit einem Skalar stets unverändert.

Für die Multiplikation eines Vektors mit einem Skalar gelten folgende Rechenregeln:

$r \cdot \vec{a} = \vec{a} \cdot r$, d. h. ein Vektor und der Skalar, mit dem er multipliziert wird, können vertauscht werden (**Kommutativgesetz**);

$r \cdot (s \cdot \vec{a}) = (r \cdot s) \cdot \vec{a}$, d. h. das r-Fache des s-Fachen eines Vektors ist das $(r \cdot s)$-Fache des Vektors (**Assoziativgesetz**);

$r \cdot \vec{a} + s \cdot \vec{a} = (r + s) \cdot \vec{a}$, d. h. ein Vektor kann ausgeklammert werden (**1. Distributivgesetz**);

$s \cdot \vec{a} + s \cdot \vec{b} = s \cdot \left(\vec{a} + \vec{b}\right)$, d. h. ein Skalar kann ausgeklammert werden (**2. Distributivgesetz**).

Beispiele

12.8 Mit $\vec{x} = \begin{pmatrix} -1 \\ 4 \\ 0 \end{pmatrix}$ und $\vec{y} = \begin{pmatrix} 2 \\ -2 \\ 3 \end{pmatrix}$ gilt:

$$\begin{aligned} 2 \cdot (5\vec{x}) - 3 \cdot (\vec{x} + \vec{y}) - 4 \cdot (\vec{y} - \vec{x}) + 3 \cdot (-4\vec{y}) &= 10\vec{x} - 3\vec{x} - 3\vec{y} - 4\vec{y} + 4\vec{x} - 12\vec{y} \\ &= (10 - 3 + 4)\,\vec{x} - (3 + 4 + 12)\,\vec{y} \\ &= 11\vec{x} - 19\vec{y} = \begin{pmatrix} -11 \\ 44 \\ 0 \end{pmatrix} - \begin{pmatrix} 38 \\ -38 \\ 57 \end{pmatrix} = \begin{pmatrix} -49 \\ 82 \\ -57 \end{pmatrix} \end{aligned}$$

12.9 Im Dreieck *ABC* mit *A* (2; 0; 0), *B* (0; 3; 0) und *C* (0; 0; 3) ist die Länge der Seitenhalbierenden *CM* gesucht (siehe *Bild 12.13*).

Lösung:

$$\begin{aligned} |\overrightarrow{CM}| &= \left|\overrightarrow{CA} + 0{,}5 \cdot \overrightarrow{AB}\right| \\ &= \left| \left(\begin{pmatrix} 2 \\ 0 \\ 0 \end{pmatrix} - \begin{pmatrix} 0 \\ 0 \\ 3 \end{pmatrix} \right) + 0{,}5 \cdot \left(\begin{pmatrix} 0 \\ 3 \\ 0 \end{pmatrix} - \begin{pmatrix} 2 \\ 0 \\ 0 \end{pmatrix} \right) \right| = \left| \begin{pmatrix} 2 \\ 0 \\ -3 \end{pmatrix} + 0{,}5 \cdot \begin{pmatrix} -2 \\ 3 \\ 0 \end{pmatrix} \right| \\ &= \left| \begin{pmatrix} 2 \\ 0 \\ -3 \end{pmatrix} + \begin{pmatrix} -1 \\ 1{,}5 \\ 0 \end{pmatrix} \right| = \left| \begin{pmatrix} 1 \\ 1{,}5 \\ -3 \end{pmatrix} \right| = \sqrt{1^2 + 1{,}5^2 + (-3)^2} = \sqrt{1 + 2{,}25 + 9} = \sqrt{12{,}25} \\ &= 3{,}5 \end{aligned}$$

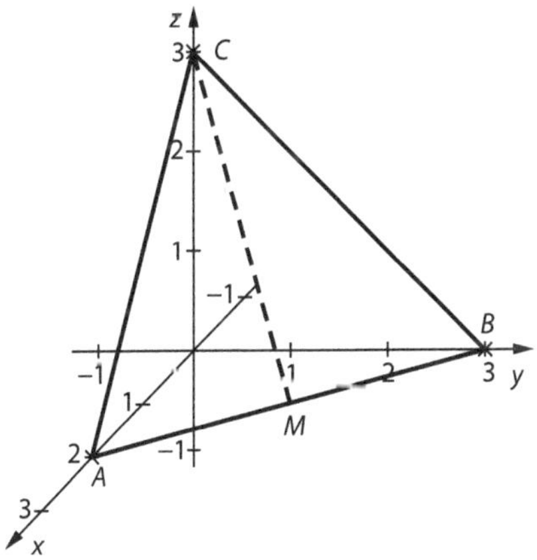

Bild 12.13 ■

12.2.3 Das Skalarprodukt

Aus den Koordinaten zweier Vektoren lässt sich der Winkel bestimmen, den diese Vektoren miteinander einschließen.

Beispiel

12.10 Der Winkel zwischen den Vektoren $\vec{a} = \begin{pmatrix} 3 \\ 6 \end{pmatrix}$ und $\vec{b} = \begin{pmatrix} 6 \\ 2 \end{pmatrix}$ soll berechnet werden.

Lösung: Mit den Bezeichnungen aus *Bild 12.14* und *Gl. (4.10)* gilt:

$$\cos\delta = \cos(\alpha - \beta) = \cos\alpha \cdot \cos\beta + \sin\alpha \cdot \sin\beta$$

$$= \frac{a_1}{|\vec{a}|} \cdot \frac{b_1}{|\vec{b}|} + \frac{a_2}{|\vec{a}|} \cdot \frac{b_2}{|\vec{b}|} = \frac{a_1 \cdot b_1 + a_2 \cdot b_2}{|\vec{a}| \cdot |\vec{b}|} = \frac{3 \cdot 6 + 6 \cdot 2}{\sqrt{3^2 + 6^2} \cdot \sqrt{6^2 + 2^2}}$$

$$= \frac{30}{\sqrt{45} \cdot \sqrt{40}} = \frac{30}{\sqrt{1\,800}} = \frac{30}{\sqrt{2} \cdot 30} = \frac{1}{\sqrt{2}} \Rightarrow \delta = \arccos\left(\frac{1}{\sqrt{2}}\right) = 45°$$

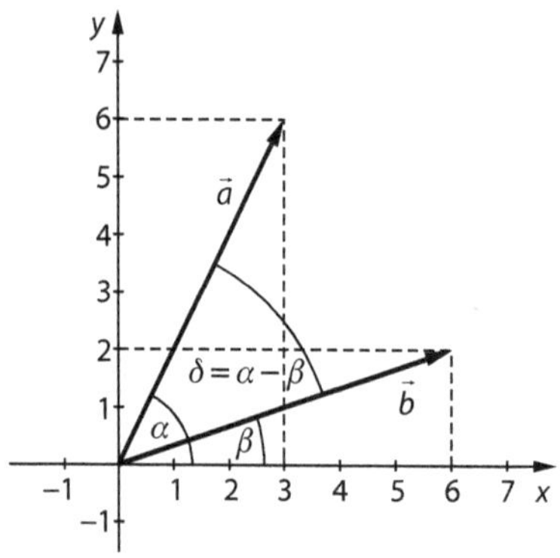

Bild 12.14 ■

Allgemein gilt:

Der Kosinus des von den Vektoren $\vec{a} = \begin{pmatrix} a_1 \\ a_2 \end{pmatrix}$ und $\vec{b} = \begin{pmatrix} a_1 \\ a_2 \end{pmatrix}$ bzw. $\vec{a} = \begin{pmatrix} a_1 \\ a_2 \\ a_3 \end{pmatrix}$ und $\vec{b} = \begin{pmatrix} b_1 \\ b_2 \\ b_3 \end{pmatrix}$ eingeschlossenen Winkels $\varphi(0° \leqq \varphi \leqq 180°)$ lässt sich folgendermaßen bestimmen:

$$\cos\varphi = \frac{a_1 b_1 + a_2 b_2}{|\vec{a}| \cdot |\vec{b}|} = \frac{a_1 b_1 + a_2 b_2}{\sqrt{a_1^2 + a_2^2} \cdot \sqrt{b_1^2 + b_2^2}} \quad \text{bzw.} \tag{12.7a}$$

$$\cos\varphi = \frac{a_1 b_1 + a_2 b_2 + a_3 b_3}{|\vec{a}| \cdot |\vec{b}|} = \frac{a_1 b_1 + a_2 b_2 + a_3 b_3}{\sqrt{a_1^2 + a_2^2 + a_3^2} \cdot \sqrt{b_1^2 + b_2^2 + b_3^2}}, \quad (\vec{a} \neq \vec{0}, \vec{b} \neq \vec{0}) \tag{12.7b}$$

Beispiele

12.11 a) Der Winkel φ zwischen den Vektoren $\vec{v} = \begin{pmatrix} -2 \\ 3 \\ -1 \end{pmatrix}$ und $3\vec{v} = \begin{pmatrix} -6 \\ 9 \\ -3 \end{pmatrix}$ soll berechnet werden.

Lösung: Nach *Gl. (12.7b)* ist

$$\cos\varphi = \frac{-2\cdot(-6)+3\cdot 9+(-1)\cdot(-3)}{\sqrt{(-2)^2+3^2+(-1)^2}\cdot\sqrt{(-6)^2+9^2+(-3)^2}} = \frac{12+27+3}{\sqrt{14}\cdot\sqrt{126}} = \frac{42}{\sqrt{1764}} = \frac{42}{42} = 1$$

also $\varphi = \arccos(1) = 0°$.

Der Winkel von 0° war zu erwarten, da ein Vektor und sein mit einem positiven Faktor gebildetes Vielfaches die gleiche Richtung und die gleiche Orientierung haben.

b) Der Winkel φ zwischen den Vektoren $\vec{v} = \begin{pmatrix} 0{,}5 \\ -1{,}5 \end{pmatrix}$ und $-6\vec{v} = \begin{pmatrix} -3 \\ 9 \end{pmatrix}$ soll berechnet werden.

Lösung: Nach *Gl. (12.7a)* ist

$$\cos\varphi = \frac{0{,}5\cdot(-3)+(-1{,}5)\cdot 9}{\sqrt{(0{,}5)^2+(-1{,}5)^2}\cdot\sqrt{(-3)^2+9^2}} = \frac{-1{,}5-13{,}5}{\sqrt{2{,}5}\cdot\sqrt{90}} = \frac{-15}{\sqrt{225}} = \frac{-15}{15} = -1$$

also $\varphi = \arccos(-1) = 180°$.

Dieses Ergebnis war ebenfalls zu erwarten, da ein Vektor und sein mit einem negativen Faktor gebildetes Vielfaches die gleiche Richtung, aber die entgegengesetzte Orientierung haben und somit einen gestreckten Winkel bilden.

c) Der Winkel α zwischen den Vektoren $\vec{v} = \begin{pmatrix} 2 \\ -4 \\ 1 \end{pmatrix}$ und $\vec{w} = \begin{pmatrix} 3 \\ 3 \\ 6 \end{pmatrix}$ soll berechnet werden.

Lösung: Nach *Gl. (12.7b)* ist

$$\cos\alpha = \frac{2\cdot 3+(-4)\cdot 3+1\cdot 6}{\sqrt{2^2+(-4)^2+1^2}\cdot\sqrt{3^2+3^2+6^2}} = \frac{6-12+6}{\sqrt{21}\cdot\sqrt{54}} = 0$$

also $\alpha = \arccos(0) = 90°$.

Die Vektoren $\vec{v}$ und $\vec{w}$ bilden also einen rechten Winkel, d. h. sie stehen senkrecht aufeinander.

12.12 Es ist der Winkel α im Dreieck zu berechnen, das durch die Punkte $A(-4;\,-1)$, $B(3;\,-3)$ und $C(2;\,4)$ gebildet wird (siehe *Bild 12.15*).

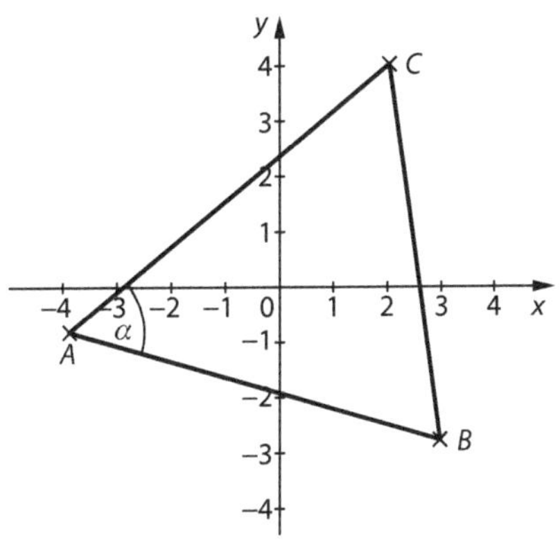

Bild 12.15

Lösung: Gesucht ist der Winkel zwischen dem Vektor $\overrightarrow{AC} = \begin{pmatrix} 2 \\ 4 \end{pmatrix} - \begin{pmatrix} -4 \\ -1 \end{pmatrix} = \begin{pmatrix} 6 \\ 5 \end{pmatrix}$ und dem Vektor $\overrightarrow{AB} = \begin{pmatrix} 3 \\ -3 \end{pmatrix} - \begin{pmatrix} -4 \\ -1 \end{pmatrix} = \begin{pmatrix} 7 \\ -2 \end{pmatrix}$. Dann ist nach *Gl. (12.7a)*

$$\alpha = \arccos\left(\frac{6 \cdot 7 + 5 \cdot (-2)}{\sqrt{6^2 + 5^2} \cdot \sqrt{7^2 + (-2)^2}}\right) = \arccos\left(\frac{32}{\sqrt{61} \cdot \sqrt{53}}\right) = \arccos\left(\frac{32}{56{,}86}\right)$$
$$= \arccos(0{,}5629) = 55{,}7°$$

12.13 Für eine gerade Pyramide mit quadratischer Grundseite ($a = 2\,\text{m}$) und einer Höhe von $h = 2{,}5\,\text{m}$ ist der Winkel σ zu berechnen, den die Seitenlinien an der Pyramidenspitze miteinander bilden (siehe *Bild 12.16*).

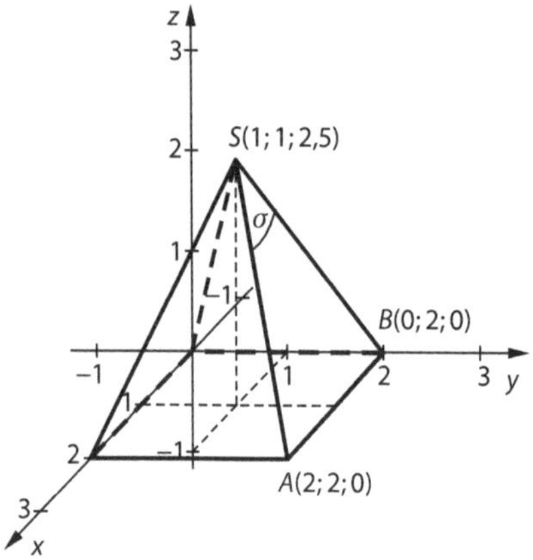

Bild 12.16

Lösung: Gesucht ist der Winkel zwischen dem Vektor $\overrightarrow{AS} = \begin{pmatrix} 1 \\ 1 \\ 2{,}5 \end{pmatrix} - \begin{pmatrix} 2 \\ 2 \\ 0 \end{pmatrix} = \begin{pmatrix} -1 \\ -1 \\ 2{,}5 \end{pmatrix}$ und dem Vektor $\overrightarrow{BS} = \begin{pmatrix} 1 \\ 1 \\ 2{,}5 \end{pmatrix} - \begin{pmatrix} 0 \\ 2 \\ 0 \end{pmatrix} = \begin{pmatrix} 1 \\ -1 \\ 2{,}5 \end{pmatrix}$. Dann ist nach *Gl. (12.7b)*

$$\sigma = \arccos\left(\frac{-1 \cdot 1 + (-1) \cdot (-1) + 2{,}5 \cdot 2{,}5}{\sqrt{(-1)^2 + (-1)^2 + 2{,}5^2} \cdot \sqrt{1^2 + (-1)^2 + 2{,}5^2}}\right) = \arccos\left(\frac{6{,}25}{\sqrt{8{,}25} \cdot \sqrt{8{,}25}}\right)$$
$$= \arccos\left(\frac{6{,}25}{8{,}25}\right) = \arccos(0{,}7576) = 40{,}7°$$

■

Betrachtet man zwei **Einheitsvektoren** (d. h. Vektoren mit dem Betrag 1), so ist der Kosinus des Winkels offenbar nur durch den Zähler von *Gl. (12.7a)* bzw. (*12.7b*) gegeben. Diese Summe erzeugt aus den Koordinaten zweier Vektoren einen Skalar (eine reelle Zahl). Daher kann man diese Verknüpfung als eine Abbildung auffassen, die zwei Vektoren eine reelle Zahl zuordnet. Diese Abbildung nennt man **Skalarprodukt** (manchmal auch „**inneres Produkt**", seltener **Punktprodukt**) und sie wird folgendermaßen geschrieben:

Definition 12.2

$$\vec{a} \cdot \vec{b} = \begin{pmatrix} a_1 \\ a_2 \end{pmatrix} \cdot \begin{pmatrix} b_1 \\ b_2 \end{pmatrix} = a_1 b_1 + a_2 b_2 = \sum_{i=1}^{2} a_i b_i \quad \text{bzw.}$$

$$\vec{a} \cdot \vec{b} = \begin{pmatrix} a_1 \\ a_2 \\ a_3 \end{pmatrix} \cdot \begin{pmatrix} b_1 \\ b_2 \\ b_3 \end{pmatrix} = a_1 b_1 + a_2 b_2 + a_3 b_3 = \sum_{i=1}^{3} a_i b_i$$

Anmerkungen:

- Das Skalarprodukt zwischen den Vektoren $\vec{a}$ und $\vec{b}$ wird manchmal auch durch spitze Klammern gekennzeichnet: $< \vec{a}, \vec{b} >$
- Da diese Definition des Skalarprodukts sich auf die Koordinaten der Vektoren bezieht, nennt man sie die **Koordinatenform des Skalarprodukts**.
- Das Skalarprodukt eines Vektors mit sich selbst ergibt das Quadrat seines Betrages: $\vec{a} \cdot \vec{a} = |\vec{a}|^2$

  Aus diesem Grund ist das Skalarprodukt eines Vektors mit sich selbst ist genau dann 0, wenn der Vektor selbst der Nullvektor ist: $\vec{a} \cdot \vec{a} = 0 \Leftrightarrow \vec{a} = \vec{0}$.
- Der Ausdruck $\vec{a} \cdot \vec{b} \cdot \vec{c}$ ist sinnlos, sowohl in der Klammerung $(\vec{a} \cdot \vec{b}) \cdot \vec{c}$ als auch in der Klammerung $\vec{a} \cdot (\vec{b} \cdot \vec{c})$, da das Skalarprodukt nicht aus einem Vektor und einer reellen Zahl gebildet werden kann.

Da das Skalarprodukt auf die Multiplikation und die Addition reeller Zahlen zurückgeführt wird, ist es **kommutativ**: $\vec{a} \cdot \vec{b} = \vec{b} \cdot \vec{a}$.

Aus dem gleichen Grund gilt für das Skalarprodukt das **Assoziativgesetz** in folgendem Sinne: $r \cdot (\vec{a} \cdot \vec{b}) = (r \cdot \vec{a}) \cdot \vec{b} = \vec{a} \cdot (r \cdot \vec{b}),\ r \in \mathbb{R}$.

Ebenso gilt für das Skalarprodukt das **Distributivgesetz**: $(\vec{a} + \vec{b}) \cdot \vec{c} = \vec{a} \cdot \vec{c} + \vec{b} \cdot \vec{c}$.

Beispiel

12.14 a) Für $\vec{a} = \begin{pmatrix} 2 \\ -3 \end{pmatrix}$ und $\vec{b} = \begin{pmatrix} -1 \\ 4 \end{pmatrix}$ ist

$$\vec{a} \cdot \vec{b} = \begin{pmatrix} 2 \\ -3 \end{pmatrix} \cdot \begin{pmatrix} -1 \\ 4 \end{pmatrix} = 2 \cdot (-1) + (-3) \cdot 4 = -2 - 12 = -14$$

b) Für $\vec{x} = \begin{pmatrix} -1 \\ 4 \\ 2 \end{pmatrix}$ und $\vec{y} = \begin{pmatrix} 6 \\ -2 \\ 7 \end{pmatrix}$ ist

$$\vec{x} \cdot \vec{y} = \begin{pmatrix} -1 \\ 4 \\ 2 \end{pmatrix} \cdot \begin{pmatrix} 6 \\ -2 \\ 7 \end{pmatrix} = -1 \cdot 6 + 4 \cdot (-2) + 2 \cdot 7 = -6 - 8 + 14 = 0$$

Das letzte Beispiel zeigt, dass das Skalarprodukt den Wert 0 annehmen kann, ohne dass einer der beiden beteiligten Vektoren der Nullvektor ist. ■

Vergleicht man die *Gln. (12.7a)* bzw. *(12.7b)* mit der *Definition 12.2*, so erkennt man, dass das Skalarprodukt zweier Vektoren dividiert durch den Betrag beider Vektoren dem Kosinus des durch die Vektoren eingeschlossenen Winkels gleich ist:

$$\cos\varphi = \frac{\vec{a}\cdot\vec{b}}{|\vec{a}|\cdot|\vec{b}|} \quad \text{oder} \quad \vec{a}\cdot\vec{b} = |\vec{a}|\cdot|\vec{b}|\cdot\cos\varphi, \quad (\vec{a}\neq\vec{0}, \vec{b}\neq\vec{0}) \tag{12.8}$$

wenn φ ($0° \leqq \varphi \leqq 180°$) der von den Vektoren $\vec{a}$ und $\vec{b}$ eingeschlossene Winkel ist.

Anmerkungen:

- Da diese Schreibweise des Skalarprodukts sich nicht auf die Koordinaten der Vektoren bezieht, nennt man sie die **koordinatenfreie Form des Skalarprodukts**.
- Die *Gl. (12.8)* zeigt, dass das Skalarprodukt durch den Betrag zweier Vektoren und den durch sie eingeschlossenen Winkel φ eindeutig bestimmt ist.
- Für $\vec{a} = \vec{b}$ ergibt sich auch aus dieser Form des Skalarprodukts: $\vec{a}\cdot\vec{a} = |\vec{a}|\cdot|\vec{a}|\cos 0° = |\vec{a}|^2$, also $|\vec{a}| = \sqrt{\vec{a}\cdot\vec{a}} = \sqrt{\vec{a}^2}$.

Offenbar ist das Skalarprodukt genau dann 0, wenn einer der Vektoren der Nullvektor ist oder der Kosinus des von den Vektoren eingeschlossenen Winkels 0 ist ($\cos\varphi = 0$). Letzteres ist genau dann der Fall, wenn φ ein ungeradzahliges Vielfaches von 90° ist, also wenn die Vektoren senkrecht aufeinander stehen. Diesen Sachverhalt bezeichnet man als **Orthogonalitätsbedingung**:

Zwei Vektoren, von denen keiner der Nullvektor ist, stehen genau dann senkrecht aufeinander, wenn ihr Skalarprodukt 0 ist:

$$\vec{a}\perp\vec{b} \Leftrightarrow \vec{a}\cdot\vec{b} = 0, \quad (\vec{a}\neq\vec{0}, \vec{b}\neq\vec{0}) \tag{12.9}$$

Beispiele

12.15 Die Vektoren $\vec{x}$ und $\vec{y}$ aus *Beispiel 12.14b* stehen offenbar senkrecht aufeinander.

12.16 Gesucht ist ein Vektor $\vec{c}$, der zu den Vektoren $\vec{a} = \begin{pmatrix}1\\0\\4\end{pmatrix}$ und $\vec{b} = \begin{pmatrix}2\\-2\\3\end{pmatrix}$ orthogonal ist.

Lösung: Nach der Orthogonalitätsbedingung (*Gl. (12.9)*) muss für die Koordinaten des Vektors $\vec{c} = \begin{pmatrix}c_1\\c_2\\c_3\end{pmatrix}$ gelten:

$$\vec{a}\cdot\vec{c} = \begin{pmatrix}1\\0\\4\end{pmatrix}\cdot\begin{pmatrix}c_1\\c_2\\c_3\end{pmatrix} = c_1 + 4c_3 = 0, \quad \text{sowie} \tag{1}$$

$$\vec{b}\cdot\vec{c} = \begin{pmatrix}2\\-2\\3\end{pmatrix}\cdot\begin{pmatrix}c_1\\c_2\\c_3\end{pmatrix} = 2c_1 - 2c_2 + 3c_3 = 0 \tag{2}$$

Aus (1) folgt: $c_1 = -4c_3$, eingesetzt in (2) ergibt sich: $-8c_3 - 2c_2 + 3c_3 = -2c_2 - 5c_3 = 0$. Diese Gleichung ist offenbar für $c_2 = 5$ und $c_3 = -2$ erfüllt, für c_1 ergibt sich dann: $c_1 = 8$.

Der Vektor $\vec{c} = \begin{pmatrix}8\\5\\-2\end{pmatrix}$ und alle seine Vielfachen stehen also senkrecht sowohl auf dem gegebenen Vektor $\vec{a}$ als auch auf dem gegebenen Vektor $\vec{b}$.

12.17 Gesucht ist die Länge der Raumdiagonalen eines Quaders mit den Seitenlängen $a = 2\,\text{cm}$, $b = 3\,\text{cm}$ und $c = 2{,}5\,\text{cm}$ sowie der Winkel, unter dem sich jeweils zwei Raumdiagonalen schneiden.

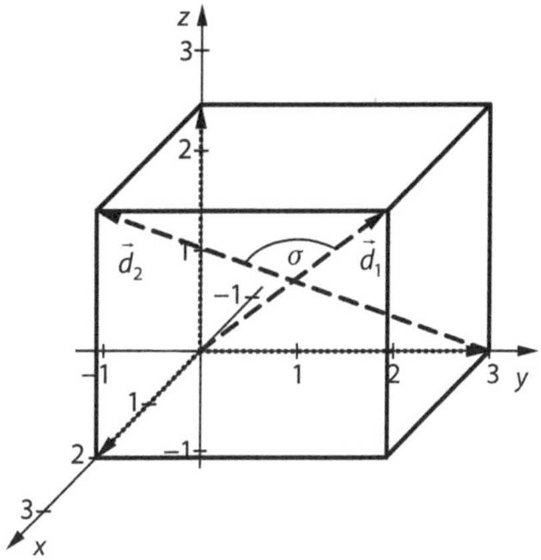

Bild 12.17

Lösung: Nach *Bild 12.17* lassen sich die Raumdiagonalen folgendermaßen als Vektoren darstellen:

$$\vec{d}_1 = \begin{pmatrix} 2 \\ 0 \\ 0 \end{pmatrix} + \begin{pmatrix} 0 \\ 3 \\ 0 \end{pmatrix} + \begin{pmatrix} 0 \\ 0 \\ 2{,}5 \end{pmatrix} = \begin{pmatrix} 2 \\ 3 \\ 2{,}5 \end{pmatrix} \quad \text{und} \quad \vec{d}_2 = \begin{pmatrix} 2 \\ 0 \\ 0 \end{pmatrix} + \begin{pmatrix} 0 \\ -3 \\ 0 \end{pmatrix} + \begin{pmatrix} 0 \\ 0 \\ 2{,}5 \end{pmatrix} = \begin{pmatrix} 2 \\ -3 \\ 2{,}5 \end{pmatrix}$$

Demzufolge ist $\left|\vec{d}_1\right| = \left|\vec{d}_2\right| = \sqrt{4 + 9 + 6{,}25} = \sqrt{19{,}25} = 4{,}39$, d. h. die Raumdiagonalen haben eine Länge von 4,39 cm.
Für den Schnittwinkel σ gilt nach *Gl. (12.8)*:

$$\cos\sigma = \frac{\vec{d}_1 \cdot \vec{d}_2}{\left|\vec{d}_1\right| \cdot \left|\vec{d}_2\right|} = \frac{2 \cdot 2 - 3 \cdot 3 + 6{,}25}{\sqrt{19{,}25} \cdot \sqrt{19{,}25}} = \frac{1{,}25}{19{,}25} = 0{,}065 \quad \Rightarrow \quad \sigma = \arccos(0{,}065) = 86{,}3^\circ$$

12.18 Zu zeigen ist, dass jeder Umfangswinkel über dem Durchmesser eines Kreises ein rechter ist (Satz des Thales).

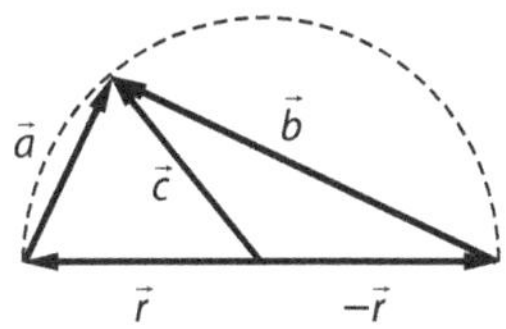

Bild 12.18

Lösung: Mit den Bezeichnungen von *Bild 12.18* gilt: $\vec{a} \cdot \vec{b} = \left(\vec{c} - \vec{r}\right) \cdot \left(\vec{c} + \vec{r}\right) = \vec{c}^2 - \vec{r}^2 = |\vec{c}|^2 - |\vec{r}|^2 = 0$, da $|\vec{c}| = |\vec{r}|$ ($\vec{c}$ ist ein Radius im Kreis!). Wegen der Orthogonalitätsbedingung (*Gl. (12.9)*) bilden $\vec{a}$ und $\vec{b}$ also einen rechten Winkel. ■

12.2.4 Das Vektorprodukt (Kreuzprodukt)

Das Vektorprodukt $\vec{a}\times\vec{b}$ zwischen zwei Vektoren $\vec{a}$ und $\vec{b}$ stellt im Gegensatz zum Skalarprodukt selbst wieder einen Vektor dar, der folgende Eigenschaften hat:

Ist $\vec{c} = \vec{a}\times\vec{b}$, so ist $\vec{c}$ orthogonal zu $\vec{a}$ und $\vec{b}$, nach der „Rechten-Hand-Regel" orientiert (vgl. *Bild 12.3*) und hat einen Betrag, der vom Betrag der Vektoren $\vec{a}$ und $\vec{b}$ sowie von dem Winkel α, den beide Vektoren einschließen, abhängt:

$$|\vec{c}| = |\vec{a}|\cdot|\vec{b}|\cdot\sin\alpha \tag{12.10}$$

Somit entspricht der Betrag des Vektorprodukts $\vec{a}\times\vec{b}$ dem Flächeninhalt des Parallelogramms, das durch die Vektoren $\vec{a}$ und $\vec{b}$ aufgespannt wird (*Bild 12.19*).

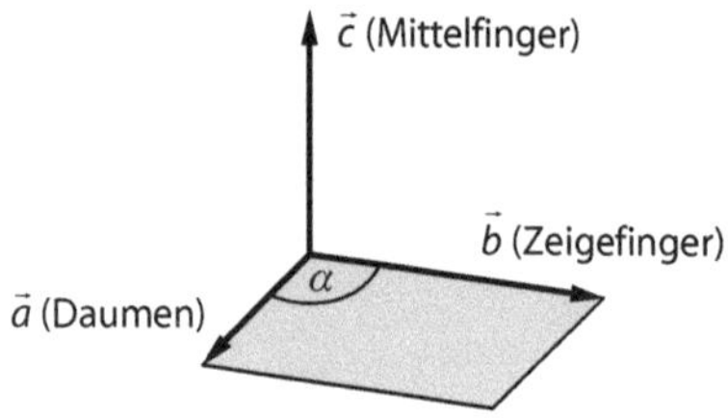

Bild 12.19

Anmerkungen:

- Das Vektorprodukt wird auch als Kreuzprodukt bezeichnet.
- Das Vektorprodukt $\vec{a}\times\vec{b}$ ergibt genau dann den Nullvektor, wenn einer der Vektoren $\vec{a}$ oder $\vec{b}$ der Nullvektor ist oder beide Vektoren gleichgerichtet sind, d. h. einen Winkel von 0° oder 180° bilden.

Das Vektorprodukt ist nur für dreidimensionale Vektoren definiert und lässt sich durch

$$\vec{a}\times\vec{b} = \begin{pmatrix} a_2b_3 - a_3b_2 \\ a_3b_1 - a_1b_3 \\ a_1b_2 - a_2b_1 \end{pmatrix} \quad \text{berechnen, wenn} \quad \vec{a} = \begin{pmatrix} a_1 \\ a_2 \\ a_3 \end{pmatrix} \quad \text{und} \quad \vec{b} = \begin{pmatrix} b_1 \\ b_2 \\ b_3 \end{pmatrix} \tag{12.11}$$

Für das Vektorprodukt gilt das **Assoziativgesetz** in folgendem Sinne: $r\cdot(\vec{a}\times\vec{b}) = (r\cdot\vec{a})\times\vec{b} = \vec{a}\times(r\cdot\vec{b})$, $r\in\mathbb{R}$.

Auch das **Distributivgesetz** hat für das Vektorprodukt Gültigkeit: $\vec{a}\times(\vec{b}+\vec{c}) = \vec{a}\times\vec{b}+\vec{a}\times\vec{c}$.

Aber das Vektorprodukt $\vec{a}\times\vec{b}$ ist **nicht kommutativ**, denn

$$\vec{a}\times\vec{b} = \begin{pmatrix} a_2b_3 - a_3b_2 \\ a_3b_1 - a_1b_3 \\ a_1b_2 - a_2b_1 \end{pmatrix} = -\begin{pmatrix} b_2a_3 - b_3a_2 \\ b_3a_1 - b_1a_3 \\ b_1a_2 - b_2a_1 \end{pmatrix} = -\vec{b}\times\vec{a} \tag{12.12}$$

Die Vertauschung der am Vektorprodukt beteiligten Vektoren führt also zu einer Vorzeichenänderung.

Beispiel

12.19 Das Vektorprodukt der Vektoren $\vec{a} = \begin{pmatrix} 2 \\ 0 \\ 1 \end{pmatrix}$ und $\vec{b} = \begin{pmatrix} 3 \\ 1 \\ 0 \end{pmatrix}$ ist nach *Gl. (12.11)* der Vektor

$$\vec{c} = \begin{pmatrix} 0-1 \\ 3-0 \\ 2-0 \end{pmatrix} = \begin{pmatrix} -1 \\ 3 \\ 2 \end{pmatrix}.$$

Tatsächlich ist $\vec{c}$ orthogonal zu $\vec{a}$ und $\vec{b}$, denn

$$\vec{a} \cdot \vec{c} = \begin{pmatrix} 2 \\ 0 \\ 1 \end{pmatrix} \cdot \begin{pmatrix} -1 \\ 3 \\ 2 \end{pmatrix} = -2+0+2 = 0 \text{ und } \vec{b} \cdot \vec{c} = \begin{pmatrix} 3 \\ 1 \\ 0 \end{pmatrix} \cdot \begin{pmatrix} -1 \\ 3 \\ 2 \end{pmatrix} = -3+3+0 = 0$$

Der Winkel, den die Vektoren $\vec{a}$ und $\vec{b}$ bilden, beträgt

$$\alpha = \arccos\left(\frac{\vec{a} \cdot \vec{b}}{|\vec{a}| \cdot |\vec{b}|}\right) = \arccos\left(\frac{2 \cdot 3 + 0 + 0}{\sqrt{4+0+1} \cdot \sqrt{9+1+0}}\right) = \arccos\left(\frac{6}{\sqrt{5} \cdot \sqrt{10}}\right) = 31{,}95^\circ$$

Somit ist nach *Gl. (12.10)* $|\vec{c}| = |\vec{a}| \cdot |\vec{b}| \cdot \sin\alpha = \sqrt{5} \cdot \sqrt{10} \cdot \sin 31{,}95^\circ = 3{,}74$, was sich auch mit $|\vec{c}| = \sqrt{\vec{c}^2} = \sqrt{1+9+4} = \sqrt{14} = 3{,}74$ ergibt. ■

Das Kreuzprodukt wird u. a. benötigt, um das Spatprodukt definieren zu können, das wie das Vektorprodukt nur für dreidimensionale Vektoren existiert.

Definition 12.3

Das **Spatprodukt** $\left(\vec{a} \times \vec{b}\right) \cdot \vec{c}$ ist das Skalarprodukt aus dem Kreuzprodukt zweier Vektoren $\vec{a}$ und $\vec{b}$ und einem dritten Vektor $\vec{c}$ und ist somit ein Skalar.

Anmerkungen:

- Die Berechnung des Spatprodukts ergibt sich aus der Berechnung des Kreuzprodukts und des Skalarprodukts:

$$\begin{aligned}\left(\begin{pmatrix} a_1 \\ a_2 \\ a_3 \end{pmatrix} \times \begin{pmatrix} b_1 \\ b_2 \\ b_3 \end{pmatrix}\right) \cdot \begin{pmatrix} c_1 \\ c_2 \\ c_3 \end{pmatrix} &= \begin{pmatrix} a_2b_3 - a_3b_2 \\ a_3b_1 - a_1b_3 \\ a_1b_2 - a_2b_1 \end{pmatrix} \cdot \begin{pmatrix} c_1 \\ c_2 \\ c_3 \end{pmatrix} \\ &= (a_2b_3 - a_3b_2) \cdot c_1 + (a_3b_1 - a_1b_3) \cdot c_2 + (a_1b_2 - a_2b_1) \cdot c_3 \\ &= a_2b_3c_1 - a_3b_2c_1 + a_3b_1c_2 - a_1b_3c_2 + a_1b_2c_3 - a_2b_1c_3 \end{aligned} \tag{12.13}$$

- Mit *Gl. (12.13)* kann man leicht nachrechnen, dass $\left(\vec{a} \times \vec{b}\right) \cdot \vec{c} = \left(\vec{b} \times \vec{c}\right) \cdot \vec{a} = (\vec{c} \times \vec{a}) \cdot \vec{b}$, d. h. die am Spatprodukt beteiligten Vektoren können zyklisch vertauscht werden.

  Bei antizyklischer Vertauschung der Vektoren kommt es wegen *Gl. (12.12)* zu einer Vorzeichenänderung: $\left(\vec{a} \times \vec{b}\right) \cdot \vec{c} = -\left(\vec{c} \times \vec{b}\right) \cdot \vec{a}$.

- Das Spatprodukt lässt sich leicht veranschaulichen: Betrachtet man den Spat (oder Parallelepiped oder Parallelflach), der von den Vektoren $\vec{a}$, $\vec{b}$ und $\vec{c}$ aufgespannt wird, so ergibt sich durch den Betrag des Spatproduktes dieser drei Vektoren das Volumen dieses Spats (*Bild 12.20*).

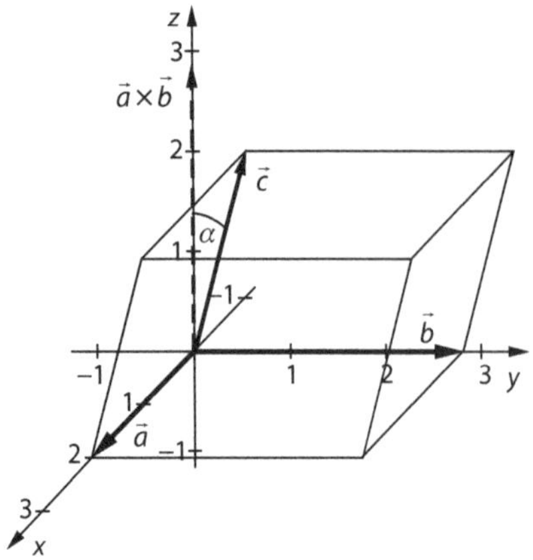

Bild 12.20

Beispiel

12.20 Zu berechnen ist das Volumen des Spats, der durch die Vektoren $\vec{a} = \begin{pmatrix} 2{,}3 \\ 0 \\ 0 \end{pmatrix}$, $\vec{b} = \begin{pmatrix} 0 \\ 2{,}8 \\ 0 \end{pmatrix}$ und $\vec{c} = \begin{pmatrix} 0{,}5 \\ 1 \\ 2 \end{pmatrix}$ gebildet wird.

Lösung: Das Volumen des Spats ergibt sich nach *Gl. (12.13)* zu

$$V = a_2 b_3 c_1 - a_3 b_2 c_1 + a_3 b_1 c_2 - a_1 b_3 c_2 + a_1 b_2 c_3 - a_2 b_1 c_3 = 0 + 0 + 0 + 0 + 12{,}88 - 0$$
$$= 12{,}88 \quad \text{(Volumeneinheiten)}$$

■

Kontrollfragen

12.8 Wie werden Vektoren zeichnerisch addiert?

12.9 Wie werden Vektoren rechnerisch addiert und subtrahiert?

12.10 Wie bestimmt man mithilfe der Vektorrechnung die Länge einer Strecke im Raum?

12.11 Wie multipliziert man einen Vektor mit einer reellen Zahl?

12.12 Wie verändert sich ein Vektor, wenn man ihn mit einer reellen Zahl multipliziert (Fallunterscheidung!)?

12.13 Wie lässt sich der Winkel bestimmen, den zwei Vektoren miteinander einschließen?

12.14 Wie berechnet man das Skalarprodukt zweier Vektoren?

12.15 Was versteht man unter der „Orthogonalitätsbedingung“?

12.16 Welche anschauliche Bedeutung hat der Betrag des Vektorprodukts?

12.17 Unter welchen Bedingungen ergibt das Vektorprodukt den Nullvektor?

12.18 Welche anschauliche Bedeutung hat der Betrag des Spatproduktes?

Aufgaben: ***12.4* bis *12.23***

12.3 Die vektorielle Beschreibung von Geraden

12.3.1 Die Vektorgleichung einer Geraden

Eine Gerade ist durch zwei Punkte P und Q in einem Koordinatensystem eindeutig bestimmt. Versteht man diese beiden Punkte als Anfangs- und Endpunkt eines Vektors $\vec{r} = \vec{q} - \vec{p}$ ($\vec{p}$, $\vec{q}$: Ortsvektoren der Punkte P und Q), so stellt dieser einen **Richtungsvektor** für diese Gerade dar. Mit einem Richtungsvektor $\vec{r}$ und dem Ortsvektor eines beliebigen Punktes S der Geraden – einem **Stützvektor** $\vec{s}$ – lässt sich diese Gerade dann auch vektoriell beschreiben. Sie wird durch alle Punkte G gebildet, deren Ortsvektor $\vec{g}$ durch folgende Gleichung beschrieben wird:

$$\vec{g} = \vec{s} + k \cdot \vec{r} = \begin{pmatrix} s_1 \\ s_2 \end{pmatrix} + k \cdot \begin{pmatrix} r_1 \\ r_2 \end{pmatrix} = \begin{pmatrix} s_1 \\ s_2 \end{pmatrix} + k \cdot \begin{pmatrix} q_1 - p_1 \\ q_2 - p_2 \end{pmatrix}, \quad k \in \mathbb{R},$$

bzw. im dreidimensionalen Raum

$$\vec{g} = \vec{s} + k \cdot \vec{r} = \begin{pmatrix} s_1 \\ s_2 \\ s_3 \end{pmatrix} + k \cdot \begin{pmatrix} r_1 \\ r_2 \\ r_3 \end{pmatrix} = \begin{pmatrix} s_1 \\ s_2 \\ s_3 \end{pmatrix} + k \cdot \begin{pmatrix} q_1 - p_1 \\ q_2 - p_2 \\ q_3 - p_3 \end{pmatrix}, \quad k \in \mathbb{R} \tag{12.14}$$

Man nennt dies die **vektorielle Darstellung einer Geraden** im zwei- bzw. dreidimensionalen Raum.

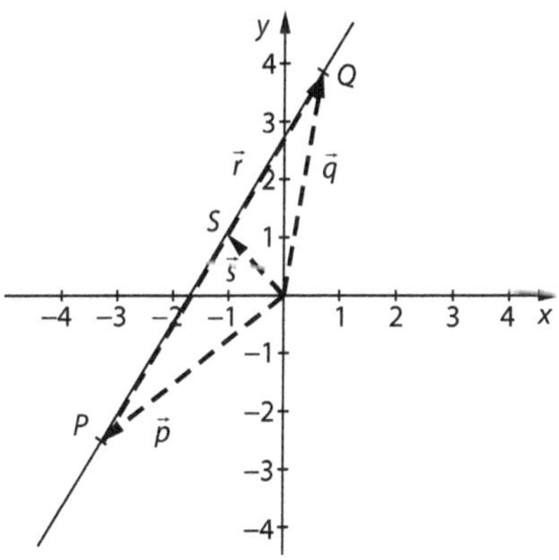

Bild 12.21

Ein Punkt liegt genau dann auf einer gegebenen Geraden, wenn sich ein eindeutiger Wert für den **Parameter** k der Vektorgleichung finden lässt, für den der zugehörige Ortsvektor den Punkt trifft.

Beispiele

12.21 Gegeben ist die Gerade $\vec{g} = \begin{pmatrix} 2 \\ 6 \end{pmatrix} + k \cdot \begin{pmatrix} -1 \\ 3 \end{pmatrix}$, $k \in \mathbb{R}$. Es ist zu prüfen, ob der Punkt $P(5; -3)$ auf der Geraden liegt.

Lösung: Der Punkt $P(5;\ -3)$ liegt genau dann auf der Geraden, wenn sich ein Wert für den Parameter k finden lässt, der die Gleichung $\begin{pmatrix} 5 \\ -3 \end{pmatrix} = \begin{pmatrix} 2 \\ 6 \end{pmatrix} + k \cdot \begin{pmatrix} -1 \\ 3 \end{pmatrix}$ erfüllt.

Für die erste Koordinate ergibt sich die Gleichung $5 = 2 - k$, was für k den Wert -3 ergibt.

Die Gleichung für die zweite Koordinate lautet $-3 = 6 + 3k$. Da diese für $k = -3$ offenbar erfüllt ist, liegt der Punkt $P(5;\ -3)$ auf der gegebenen Geraden.

12.22 Eine Gerade verläuft durch die Punkte $P(-1;\ 3)$ und $Q(3;\ -1)$. Es ist zu prüfen, ob die Gerade durch den Koordinatenursprung verläuft.

Lösung: Eine vektorielle Darstellung der Geraden lautet mit *Gl. (12.14)* $\vec{g} = \begin{pmatrix} -1 \\ 3 \end{pmatrix} + k \cdot \begin{pmatrix} 3-(-1) \\ -1-3 \end{pmatrix} = \begin{pmatrix} -1 \\ 3 \end{pmatrix} + k \cdot \begin{pmatrix} 4 \\ -4 \end{pmatrix}$, $k \in \mathbb{R}$. Wenn die Gerade den Koordinatenursprung trifft, gibt es eine reelle Zahl k, die die Vektorgleichung $\begin{pmatrix} 0 \\ 0 \end{pmatrix} = \begin{pmatrix} -1 \\ 3 \end{pmatrix} + k \cdot \begin{pmatrix} 4 \\ -4 \end{pmatrix}$ erfüllt.

Für die erste Koordinate ergibt sich die Gleichung $0 = -1 + 4k$, die für $k = 0{,}25$ erfüllt ist.

Die Gleichung $0 = 3 - 4k$ für die zweite Koordinate ist aber für $k = 0{,}25$ nicht erfüllt: $0 \neq 2$.

Demzufolge verläuft die durch die Punkte P und Q gegebene Gerade nicht durch den Koordinatenursprung.

12.23 Gegeben ist die Gerade $\vec{g} = \begin{pmatrix} 0 \\ 2 \\ 0 \end{pmatrix} + k \cdot \begin{pmatrix} 1 \\ 2 \\ -4 \end{pmatrix}$, $k \in \mathbb{R}$. Es ist zu prüfen, ob der Punkt $P(-2;\ -2;\ -2)$ auf der Geraden liegt.

Lösung: Der Punkt $P(-2;\ -2;\ -2)$ liegt genau dann auf der Geraden, wenn sich ein Wert für den Parameter k finden lässt, der die Gleichung $\begin{pmatrix} -2 \\ -2 \\ -2 \end{pmatrix} = \begin{pmatrix} 0 \\ 2 \\ 0 \end{pmatrix} + k \cdot \begin{pmatrix} 1 \\ 2 \\ -4 \end{pmatrix}$ erfüllt.

Für die erste Koordinate ergibt sich die Gleichung $-2 = 0 + k \cdot 1$, was für k den Wert -2 ergibt.

Die Gleichung für die zweite Koordinate lautet $-2 = 2 + 2k$. Diese Gleichung ist für $k = -2$ offenbar erfüllt. Die Gleichung für die dritte Koordinate lautet $-2 = -4k$. Diese Gleichung ist allerdings für $k = -2$ nicht erfüllt, d. h. der Punkt $P(-2;\ -2;\ -2)$ liegt nicht auf der gegebenen Geraden.

12.24 Die Parameter a und b der Geraden $\vec{g} = \begin{pmatrix} 4 \\ -3 \\ -1 \end{pmatrix} + k \cdot \begin{pmatrix} -2 \\ a \\ a+b \end{pmatrix}$ sind so zu bestimmen, dass die Gerade durch den Punkt $P(0;\ 1;\ -1)$ verläuft.

Lösung: Damit der Punkt $P(0;\ 1;\ -1)$ auf der Geraden liegt, muss sich ein Wert für den Parameter k finden lassen, der die Gleichung $\begin{pmatrix} 0 \\ 1 \\ -1 \end{pmatrix} = \begin{pmatrix} 4 \\ -3 \\ -1 \end{pmatrix} + k \cdot \begin{pmatrix} -2 \\ a \\ a+b \end{pmatrix}$ erfüllt.

Die Gleichung für die erste Koordinate lautet $0 = 4 - 2k$. Folglich muss k den Wert 2 annehmen.

Die Gleichung für die zweite Koordinate lautet $1 = -3 + ak = -3 + 2a$. Folglich hat a ebenfalls den Wert 2. Die Gleichung für die dritte Koordinate lautet $-1 = -1 + (a+b) \cdot k = -1 + (2+b) \cdot 2 = -1 + 4 + 2b = 3 + 2b$. Diese Gleichung ist für $b = -2$ erfüllt. Die gesuchten Parameter lauten also $a = 2$ und $b = -2$. ■

Die vektorielle Darstellung einer Geraden ist keineswegs eindeutig.

So beschreiben $\vec{g}_1 = \begin{pmatrix}-1\\1\end{pmatrix} + k\cdot\begin{pmatrix}2\\-3\end{pmatrix}$ und $\vec{g}_2 = \begin{pmatrix}1\\-2\end{pmatrix} + l\cdot\begin{pmatrix}-4\\6\end{pmatrix}$ dieselbe Gerade: Die Richtungsvektoren sind gleichgerichtet (der Richtungsvektor von $\vec{g}_2$ ist das -2-Fache des Richtungsvektors von $\vec{g}_1$) und der Stützvektor einer Geradengleichung weist auf einen Punkt, der sich auch durch die jeweils andere Geradengleichung erreichen lässt:

$$\begin{pmatrix}-1\\1\end{pmatrix} = \begin{pmatrix}1\\-2\end{pmatrix} + 0{,}5\cdot\begin{pmatrix}-4\\6\end{pmatrix} \quad \text{bzw.} \quad \begin{pmatrix}1\\-2\end{pmatrix} = \begin{pmatrix}-1\\1\end{pmatrix} + 1\cdot\begin{pmatrix}2\\-3\end{pmatrix}$$

12.3.2 Die Lagebeziehungen zwischen Geraden

Haben zwei Geraden einen Schnittpunkt, dann ist dies ein gemeinsamer Punkt beider Geraden, d. h. der Punkt liegt sowohl auf der einen als auch auf der anderen Geraden. Für die vektorielle Darstellung bedeutet das, dass sich für die Parameter der Vektorgleichungen Werte finden lassen, die auf den gleichen Ortsvektor führen.

Beispiel

12.25 Gegeben sind die Geraden $\vec{g} = \begin{pmatrix}-1\\4\\-3\end{pmatrix} + k\cdot\begin{pmatrix}3\\-2\\-1\end{pmatrix}$ und $\vec{h} = \begin{pmatrix}0\\-2\\-3\end{pmatrix} + l\cdot\begin{pmatrix}1\\2\\-0{,}5\end{pmatrix}$, $k, l \in \mathbb{R}$.

Zur Bestimmung eines möglichen Schnittpunktes werden die Geradengleichungen gleichgesetzt.

Dies ergibt die Vektorgleichung $\begin{pmatrix}-1\\4\\-3\end{pmatrix} + k\cdot\begin{pmatrix}3\\-2\\-1\end{pmatrix} = \begin{pmatrix}0\\-2\\-3\end{pmatrix} + l\cdot\begin{pmatrix}1\\2\\-0{,}5\end{pmatrix}$.

Für die erste Koordinate erhält man die Gleichung $-1 + 3k = l$.

Für die zweite Koordinate ergibt sich die Gleichung $4-2k = -2+2l$. Setzt man den Ausdruck für l aus der Gleichung der ersten Koordinate ein, so erhält man

$$4-2k = -2+2\cdot(-1+3k) \Leftrightarrow 4-2k = -2-2+6k \Leftrightarrow 4-2k = -4+6k \Leftrightarrow 8 = 8k \Leftrightarrow k = 1$$

Mithin ist $l = -1+3k = -1+3 = 2$.

Mit diesen Werten für die Parameter k und l ist nun die Gleichung für die dritte Koordinate erfüllt:

$$-3-k = -3-0{,}5l \Leftrightarrow -3-1 = -3-1$$

Die Geraden haben also einen Schnittpunkt S. Er hat die Koordinaten $S(2;\ 2;\ -4)$, denn sein Ortsvektor lautet

$$\vec{s} = \begin{pmatrix}-1\\4\\-3\end{pmatrix} + 1\cdot\begin{pmatrix}3\\-2\\-1\end{pmatrix} = \begin{pmatrix}2\\2\\-4\end{pmatrix} \quad \left(\text{bzw. } \vec{s} = \begin{pmatrix}0\\-2\\-3\end{pmatrix} + 2\cdot\begin{pmatrix}1\\2\\-0{,}5\end{pmatrix} = \begin{pmatrix}2\\2\\-4\end{pmatrix}\right)$$ ■

Es seien zwei Geraden $\vec{g}_1 = \vec{p}_1 + k\cdot\vec{r}_1$ und $\vec{g}_2 = \vec{p}_2 + l\cdot\vec{r}_2$, $k, l \in \mathbb{R}$ gegeben. Zur Untersuchung der Geraden auf Schnittpunkte setzt man die Geradengleichung gleich und sucht die Lösung(en) der entstandenen Vektorgleichung. Dabei können folgende Fälle auftreten:

1. *Die Geraden schneiden sich in genau einem Punkt.*

   In diesem Fall hat die Vektorgleichung $\vec{p}_1 + k \cdot \vec{r}_1 = \vec{p}_2 + l \cdot \vec{r}_2$ genau eine Lösung, d. h. es gibt genau ein Wertepaar für k und l, das diese Vektorgleichung erfüllt (vgl. *Beispiel 12.25*). Der Schnittwinkel ist gegeben durch den Winkel, den die Richtungsvektoren miteinander bilden.

2. *Die Geraden sind identisch, d. h. sie liegen aufeinander.*

   In diesem Fall gibt es unendlich viele Lösungen der Vektorgleichung $\vec{p}_1+k\cdot\vec{r}_1 = \vec{p}_2+l\cdot\vec{r}_2$. Dieser Fall wird in *Beispiel 12.26* dargestellt.

3. *Die Geraden haben keinen gemeinsamen Punkt.*

   In diesem Falle gibt es keine Lösung der Vektorgleichung. Die Geraden sind dann entweder parallel, d. h. ihre Richtungsvektoren beschreiben die gleiche Richtung, oder sie liegen „windschief" zueinander – was allerdings nur im dreidimensionalen Raum möglich ist. Diese Fälle werden in den *Beispielen 12.27* und *12.28* dargestellt.

Beispiele

12.26 Die Geraden $\vec{g} = \begin{pmatrix} 21 \\ -9 \\ -24 \end{pmatrix} + k \cdot \begin{pmatrix} 3 \\ -1 \\ -3 \end{pmatrix}$ und $\vec{h} = \begin{pmatrix} 0 \\ -2 \\ -3 \end{pmatrix} + l \cdot \begin{pmatrix} 9 \\ -3 \\ -9 \end{pmatrix}$, $k, l \in \mathbb{R}$ sind auf ihre Lagebeziehung hin zu überprüfen.

Dazu werden die Geradengleichungen gleichgesetzt:

$$\begin{pmatrix} 21 \\ -9 \\ -24 \end{pmatrix} + k \cdot \begin{pmatrix} 3 \\ -1 \\ -3 \end{pmatrix} = \begin{pmatrix} 0 \\ -2 \\ -3 \end{pmatrix} + l \cdot \begin{pmatrix} 9 \\ -3 \\ -9 \end{pmatrix}$$

Für die erste Koordinate erhält man die Gleichung $21 + 3k = 9l \Leftrightarrow l = \frac{7}{3} + \frac{k}{3}$.

Für die zweite Koordinate ergibt sich die Gleichung $-9-k = -2-3l$. Setzt man den Ausdruck für l aus der Gleichung der ersten Koordinate ein, so erhält man

$$-9 - k = -2 - 3 \cdot \left(\frac{7}{3} + \frac{k}{3}\right) \Leftrightarrow -9 - k = -2 - 7 - k \Leftrightarrow -9 - k = -9 - k$$

Diese Gleichung ist offenbar für jeden reellen Parameter k erfüllt.

Die Gleichung für die dritte Koordinate lautet $-24 - 3k = -3 - 9l$. Setzt man den Ausdruck für l aus der Gleichung der ersten Koordinate ein, so erhält man

$$-24 - 3k = -3 - 9 \cdot \left(\frac{7}{3} + \frac{k}{3}\right) \Leftrightarrow -24 - 3k = -3 - 21 - 3k \Leftrightarrow -24 - 3k = -24 - 3k$$

Auch diese Gleichung ist offenbar für jeden reellen Parameter k erfüllt.

Dies bedeutet, dass die Vektorgleichung $\vec{g} = \vec{h}$ unendlich viele Lösungen hat und die Geraden damit identisch sind.

12.27 Die Geraden $\vec{g} = \begin{pmatrix} -14 \\ 9 \end{pmatrix} + k \cdot \begin{pmatrix} 2 \\ -6 \end{pmatrix}$ und $\vec{h} = \begin{pmatrix} 0 \\ 4 \end{pmatrix} + l \cdot \begin{pmatrix} -1 \\ 3 \end{pmatrix}$, $k, l \in \mathbb{R}$ sind auf ihre Lagebeziehung hin zu überprüfen.

Die Geradengleichungen müssen wieder gleichgesetzt werden:

$$\begin{pmatrix} -14 \\ 9 \end{pmatrix} + k \cdot \begin{pmatrix} 2 \\ -6 \end{pmatrix} = \begin{pmatrix} 0 \\ 4 \end{pmatrix} + l \cdot \begin{pmatrix} -1 \\ 3 \end{pmatrix}$$

Die Gleichung für die erste Koordinate lautet $-14 + 2k = -l \Leftrightarrow l = 14 - 2k$.

Aus der zweiten Koordinate ergibt sich die Gleichung $9-6k = 4+3l$. Setzt man den Ausdruck für l aus der Gleichung der ersten Koordinate ein, so erhält man

$$9 - 6k = 4 + 3 \cdot (14 - 2k) \Leftrightarrow 9 - 6k = 4 + 42 - 6k \Leftrightarrow 9 - 6k = 4 + 46 - 6k \Leftrightarrow 9 = 50$$

Es entsteht eine falsche Aussage, d. h. die Vektorgleichung $\vec{g} = \vec{h}$ hat keine Lösung: Die Gleichungen verlaufen parallel, sind aber nicht identisch. Die Parallelität der Geraden ist auch an den Richtungsvektoren der Geradengleichungen erkennbar: Sie sind gleichgerichtet, da sie sich nur um den Faktor −2 unterscheiden.

12.28 Die Geraden $\vec{g} = \begin{pmatrix} 2 \\ -3 \\ -2 \end{pmatrix} + k \cdot \begin{pmatrix} 2 \\ 1 \\ -3 \end{pmatrix}$ und $\vec{h} = \begin{pmatrix} 4 \\ -2 \\ 7 \end{pmatrix} + l \cdot \begin{pmatrix} 0 \\ -3 \\ -2 \end{pmatrix}$, $k, l \in \mathbb{R}$ sind auf ihre Lagebeziehung hin zu überprüfen.

Wieder werden die Geradengleichungen gleichgesetzt:

$$\begin{pmatrix} 2 \\ -3 \\ -2 \end{pmatrix} + k \cdot \begin{pmatrix} 2 \\ 1 \\ -3 \end{pmatrix} = \begin{pmatrix} 4 \\ -2 \\ 7 \end{pmatrix} + l \cdot \begin{pmatrix} 0 \\ -3 \\ -2 \end{pmatrix}$$

Für die erste Koordinate ergibt sich $2 + 2k = 4 \Leftrightarrow k = 1$.

Die zweite Koordinate führt auf die Gleichung

$$-3 + k = -2 - 3l \Leftrightarrow -1 + k = -3l \Leftrightarrow l = \frac{-1 + k}{-3}$$

Setzt man den Wert für k aus der Gleichung der ersten Koordinate ein, so erhält man

$$l = \frac{-1 + 1}{-3} = 0$$

Nun betrachtet man die Gleichung $-2 - 3k = 7 - 2l$, die sich aus der dritten Koordinate ergibt, und setzt die für k und l ermittelten Werte ein: $-2 - 3 \cdot 1 = 7 - 2 \cdot 0 \Leftrightarrow -5 = 7$. Diese Aussage ist falsch, d. h. die Gleichung $\vec{g} = \vec{h}$ hat keine Lösung und die beiden Geraden haben somit keinen gemeinsamen Punkt. Da die Richtungsvektoren der Geraden aber nicht gleichgerichtet sind, sind die Geraden auch nicht parallel zueinander: Sie liegen „windschief" im Raum.

12.29 Der Parameter a ist so zu wählen, dass sich die Geraden $\vec{g} = \begin{pmatrix} 2 \\ 0 \\ -3 \end{pmatrix} + k \cdot \begin{pmatrix} 1 \\ 1 \\ a \end{pmatrix}$ und $\vec{h} = \begin{pmatrix} 2 \\ -2 \\ 1 \end{pmatrix} + l \cdot \begin{pmatrix} 3 \\ -1 \\ 5 \end{pmatrix}$, $k, l \in \mathbb{R}$ in genau einem Punkt schneiden. Welchen Wert hat der Schnittwinkel?

Lösung: Da die Richtungsvektoren der Geraden nicht gleichgerichtet sind, liegen die Geraden nicht parallel zueinander, es sollte sich also ein Wert für a finden lassen, der zu einem eindeutigen Schnittpunkt führt.

Dazu werden die Geradengleichungen wieder gleichgesetzt:

$$\begin{pmatrix} 2 \\ 0 \\ a \end{pmatrix} + k \cdot \begin{pmatrix} 1 \\ 1 \\ -1 \end{pmatrix} = \begin{pmatrix} 2 \\ -2 \\ 1 \end{pmatrix} + l \cdot \begin{pmatrix} 3 \\ -1 \\ 5 \end{pmatrix}$$

Die Gleichung der zweiten Koordinate liefert für k den Ausdruck $k = -2 - l$.

Setzt man diesen Ausdruck für k in die Gleichung $2 + k = 2 + 3l$ ein, die sich aus der ersten Koordinate ergibt, erhält man $2 + (-2 - l) = 2 + 3l \Leftrightarrow -l = 2 + 3l \Leftrightarrow l = -0{,}5$.

Dieser Wert für l ergibt für k den Wert $k = -2 - (-0{,}5) = -2 + 0{,}5 = -1{,}5$.

Mit diesen beiden Werten für die Parameter k und l muss nun auch die Gleichung für die dritte Koordinate erfüllt sein: $a - k = 1 + 5l \Leftrightarrow a = 1 + k + 5l \Leftrightarrow a = 1 - 1{,}5 + 5 \cdot (-0{,}5) = -3$.

Für $a = -3$ hat die Vektorgleichung $\vec{g} = \vec{h}$ also genau eine Lösung, d. h. in diesem Fall schneiden sich die Geraden in genau einem Punkt ($S(0{,}5;\ -1{,}5;\ -1{,}5)$).

Der Schnittwinkel σ ergibt sich als Winkel zwischen den Richtungsvektoren nach *Gl. (12.8)* zu

$$\sigma = \arccos\left(\frac{\left|\begin{pmatrix}1\\1\\-1\end{pmatrix}\cdot\begin{pmatrix}3\\-1\\5\end{pmatrix}\right|}{\sqrt{1^2+1^2+(-1)^2}\cdot\sqrt{3^2+(-1)^2+5^2}}\right) = \arccos\left(\frac{|3-1-5|}{\sqrt{3}\cdot\sqrt{35}}\right) = \arccos 0{,}293$$
$$= 72{,}96^\circ$$

wobei die Betragsstriche dafür sorgen, dass der Schnittwinkel vereinbarungsgemäß stets zwischen 0° und 90° liegt. ■

Einen zusammenfassenden Überblick über die möglichen Lagebeziehungen zweier Geraden gibt *Tabelle 12.1*.

Tabelle 12.1

Relative Lage	Schnittmenge	Lösungsmenge des aus der Vektorgleichung entstehenden linearen Gleichungssystems
Die Geraden schneiden sich in einem Punkt	Ein Punkt	Eindeutige Lösung
Die Geraden sind identisch	Eine Gerade	Unendlich viele Lösungen
Die Geraden sind parallel, aber nicht identisch	Leere Schnittmenge	Keine Lösung
Die Geraden sind windschief (nur im dreidimensionalen Raum)	Leere Schnittmenge	Keine Lösung

Kontrollfragen

12.19 Aus welchen Elementen besteht die vektorielle Darstellung einer Geraden?

12.20 Wie kann man überprüfen, ob ein Punkt auf einer gegebenen Geraden liegt?

12.21 Welche Lagebeziehung kann zwischen zwei Geraden im zweidimensionalen Raum bestehen?

12.22 Welche weitere Lagebeziehung ergibt sich, wenn man zwei Geraden im dreidimensionalen Raum betrachtet?

12.23 Wie überprüft man die Lagebeziehung zweier Geraden?

12.24 Welche Fälle können sich rechnerisch ergeben, wenn man Geraden auf ihre Lagebeziehung hin untersucht und für welche Lagebeziehung stehen diese Fälle?

Aufgaben: *12.24* **bis** *12.30*

■ 12.4 Die vektorielle Beschreibung von Ebenen

12.4.1 Die Vektorgleichung einer Ebene

Durch drei Punkte P, A und B im Raum, die nicht auf einer Geraden liegen, ist eindeutig eine Ebene bestimmt. Sind $\vec{p}$, $\vec{a}$ und $\vec{b}$ die Ortsvektoren dieser Punkte, dann lässt sich die Ebene nach dem gleichen Prinzip wie bei der Geraden durch die folgende Vektorgleichung beschreiben:

$$\vec{e} = \vec{p} + k \cdot \vec{q} + l \cdot \vec{r}$$
$$= \begin{pmatrix} p_1 \\ p_2 \\ p_3 \end{pmatrix} + k \cdot \begin{pmatrix} q_1 \\ q_2 \\ q_3 \end{pmatrix} + l \cdot \begin{pmatrix} r_1 \\ r_2 \\ r_3 \end{pmatrix} \qquad (12.15)$$
$$= \begin{pmatrix} p_1 \\ p_2 \\ p_3 \end{pmatrix} + k \cdot \begin{pmatrix} a_1 - p_1 \\ a_2 - p_2 \\ a_3 - p_3 \end{pmatrix} + l \cdot \begin{pmatrix} b_1 - p_1 \\ b_2 - p_2 \\ b_3 - p_3 \end{pmatrix}, \quad k, l \in \mathbb{R}$$

Dies ist die **vektorielle Darstellung einer Ebene im dreidimensionalen Raum.**

$\vec{p}$ ist der **Stützvektor**, $\vec{q}$ und $\vec{r}$ sind die **Spannvektoren** der Ebene, da die Ebene durch diese Vektoren „aufgespannt" wird (*Bild 12.22*).

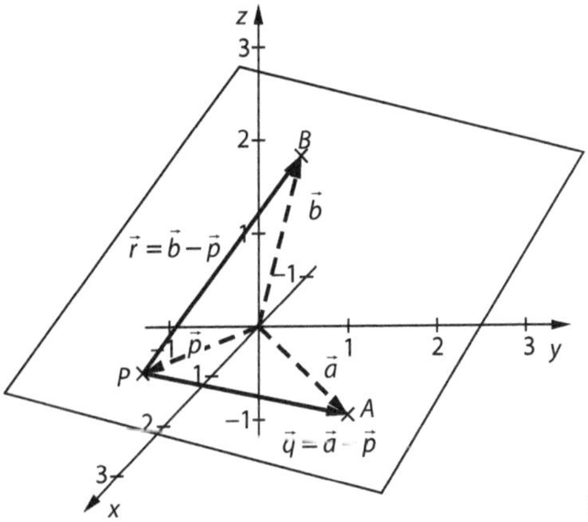

Bild 12.22

Anmerkungen:

- Wenn die Punkte P, A und B auf einer Geraden liegen, so sind die Spannvektoren gleichgerichtet und „spannen" dann lediglich eine Gerade, aber keine Ebene auf.
- Ebenso wie bei der vektoriellen Darstellung von Geraden ist die vektorielle Darstellung von Ebenen nicht eindeutig (vgl. *Beispiel 12.33*).

Liegt ein Punkt auf einer durch eine Vektorgleichung gegebenen Ebene, so muss sich jeweils ein eindeutiger Wert für die **Parameter *k* und *l*** der Vektorgleichung finden lassen, für den der zugehörige Ortsvektor den Punkt trifft.

Beispiele

12.30 Gegeben ist die Ebene $\vec{e} = \begin{pmatrix} 2 \\ -1 \\ 3 \end{pmatrix} + k \cdot \begin{pmatrix} 0 \\ -4 \\ 2 \end{pmatrix} + l \cdot \begin{pmatrix} 2 \\ 0 \\ -2 \end{pmatrix}$, $k, l \in \mathbb{R}$. Es ist zu prüfen, ob der Punkt $P(8;\ 7;\ -7)$ auf der Ebene liegt.

Lösung: Der Punkt $P(8;\ 7;\ -7)$ liegt genau dann auf der Ebene, wenn sich jeweils ein Wert für die Parameter k und l finden lässt, der die Gleichung

$$\begin{pmatrix} 8 \\ 7 \\ -7 \end{pmatrix} = \begin{pmatrix} 2 \\ -1 \\ 3 \end{pmatrix} + k \cdot \begin{pmatrix} 0 \\ -4 \\ 2 \end{pmatrix} + l \cdot \begin{pmatrix} 2 \\ 0 \\ -2 \end{pmatrix}$$

erfüllt.

Für die erste Koordinate ergibt sich die Gleichung $8 = 2 + 2l \Leftrightarrow 6 = 2l \Leftrightarrow l = 3$.
Die zweite Koordinate führt auf die Gleichung $7 = -1 - 4k \Leftrightarrow 8 = -4k \Leftrightarrow k = -2$.
Setzt man in die Gleichung $-7 = 3 + 2k - 2l$, die sich aus der dritten Koordinate ergibt, die ermittelten Werte für die Parameter k und l ein so ergibt sich eine wahre Aussage:

$$-7 = 3 + 2 \cdot (-2) - 2 \cdot 3 \Leftrightarrow -7 = -7$$

Demzufolge liegt der Punkt $P(8;\ 7;\ -7)$ auf der gegebenen Ebene $\vec{e}$.

12.31 Es ist zu prüfen, ob die Ebene $\vec{e} = \begin{pmatrix} 0 \\ -3 \\ 5 \end{pmatrix} + k \cdot \begin{pmatrix} 1 \\ -1 \\ 2 \end{pmatrix} + l \cdot \begin{pmatrix} 4 \\ -1 \\ -2 \end{pmatrix}$, $k, l \in \mathbb{R}$, durch den Koordinatenursprung verläuft.

Lösung: Wieder ist zu prüfen, ob die Vektorgleichung

$$\begin{pmatrix} 0 \\ 0 \\ 0 \end{pmatrix} = \begin{pmatrix} 0 \\ -3 \\ 5 \end{pmatrix} + k \cdot \begin{pmatrix} 1 \\ -1 \\ 2 \end{pmatrix} + l \cdot \begin{pmatrix} 4 \\ -1 \\ -2 \end{pmatrix}$$

eine Lösung für die Parameter k und l hat.
Für die erste Koordinate erhält man die Gleichung $0 = 0 + k + 4l \Leftrightarrow k = -4l$.
Die zweite Koordinate führt auf die Gleichung $0 = -3 - k - l \Leftrightarrow k = -3 - l$.
Setzt man diese beiden Ausdrücke für k gleich, so ergibt sich ein Wert für l: $-4l = -3 - l \Leftrightarrow l = 1$.
In der Folge erhält man für den Parameter k den Wert -4.
Diese Werte von k und l werden in die Gleichung $0 = 5 + 2k - 2l$ eingesetzt, die sich aus der dritten Koordinate ergeben: $0 = 5 + 2 \cdot (-4) - 2 \cdot 1 \Leftrightarrow 0 = 5 - 8 - 2 \Leftrightarrow 0 = -5$.
Da dies offenbar eine falsche Aussage ist, verläuft die gegebene Ebene nicht durch den Koordinatenursprung.

12.32 Der Parameter a der vektoriell gegebenen Ebene $\vec{e} = \begin{pmatrix} -3 \\ a \\ 3 \end{pmatrix} + k \cdot \begin{pmatrix} 0 \\ -1 \\ a \end{pmatrix} + l \cdot \begin{pmatrix} 4 \\ -1 \\ -2 \end{pmatrix}$, $k, l \in \mathbb{R}$, soll so bestimmt werden, dass die Ebene den Punkt $P(1;\ 1;\ 1)$ trifft.

Lösung: Der Wert von a ist so zu bestimmen, dass die Vektorgleichung

$$\begin{pmatrix} 1 \\ 1 \\ 1 \end{pmatrix} = \begin{pmatrix} -3 \\ a \\ 3 \end{pmatrix} + k \cdot \begin{pmatrix} 0 \\ -1 \\ a \end{pmatrix} + l \cdot \begin{pmatrix} 4 \\ -1 \\ -2 \end{pmatrix}$$

für einen Wert des Parameters k und einen Wert des Parameters l erfüllt ist.
Die Gleichung für die erste Koordinate lautet $1 = -3 + 4l \Leftrightarrow 4 = 4l \Leftrightarrow l = 1$.
Die zweite Koordinate führt auf die Gleichung $1 = a - k - l$.
Setzt man den aus der Gleichung für die erste Koordinate gewonnenen Wert 1 für l ein, so erhält man: $1 = a - k - 1 \Leftrightarrow 2 = a - k \Leftrightarrow k = a - 2$.
Aus der dritten Koordinate ergibt sich die Gleichung $1 = 3 + ak - 2l$.
Setzt man in diese dritte Gleichung den Wert 1 für l und den aus der zweiten Gleichung gewonnen Ausdruck für k ein, erhält man die Gleichung

$$1 = 3 + a \cdot (a - 2) - 2 \Leftrightarrow 1 = a^2 - 2a + 1 \Leftrightarrow 0 = a^2 - 2a \Leftrightarrow 0 = a \cdot (a - 2)$$

In der vorliegenden faktorisierten Form sind die Lösungen leicht ablesbar: $a = 0 \vee a = 2$.
Für $a = 0$ ergibt sich $k = -2$, und die Vektorgleichung

$$\begin{pmatrix} 1 \\ 1 \\ 1 \end{pmatrix} = \begin{pmatrix} -3 \\ 0 \\ 3 \end{pmatrix} - 2 \cdot \begin{pmatrix} 0 \\ -1 \\ 0 \end{pmatrix} + 1 \cdot \begin{pmatrix} 4 \\ -1 \\ -2 \end{pmatrix}$$

ist offenbar wahr.

Für $a = 2$ ergibt sich $k = 0$, sodass die Vektorgleichung

$$\begin{pmatrix}1\\1\\1\end{pmatrix} = \begin{pmatrix}-3\\2\\3\end{pmatrix} - 0 \cdot \begin{pmatrix}0\\-1\\2\end{pmatrix} + 1 \cdot \begin{pmatrix}4\\-1\\-2\end{pmatrix}$$

ebenso wahr ist.

12.33 Es soll nachgewiesen werden, dass die Ebenen $\vec{e}_1 = \begin{pmatrix}2\\0\\1\end{pmatrix} + k \cdot \begin{pmatrix}0\\1\\1\end{pmatrix} + l \cdot \begin{pmatrix}3\\2\\0\end{pmatrix}$ und $\vec{e}_2 = \begin{pmatrix}5\\3\\2\end{pmatrix} + k \cdot \begin{pmatrix}3\\4\\2\end{pmatrix} + l \cdot \begin{pmatrix}6\\5\\1\end{pmatrix}$, $k, l \in \mathbb{R}$, identisch sind.

Lösung: Es werden drei Punkte bestimmt, die auf der Ebene $\vec{e}_1$ liegen, indem für die Parameter k und l feste Werte gewählt werden.

Für $k = l = 0$ erhält man den Vektor $\begin{pmatrix}2\\0\\1\end{pmatrix}$, d. h. der Punkt $A(2;\ 0;\ 1)$ liegt auf der Ebene $\vec{e}_1$.

Für $k = 0$ und $l = 1$ erhält man den Vektor $\begin{pmatrix}5\\2\\1\end{pmatrix}$, d. h. der Punkt $B(5;\ 2;\ 1)$ liegt auf der Ebene $\vec{e}_1$.

Für $k = 1$ und $l = 0$ erhält man den Vektor $\begin{pmatrix}2\\1\\2\end{pmatrix}$, d. h. der Punkt $C(2;\ 1;\ 2)$ liegt auf der Ebene $\vec{e}_1$.

Damit sichergestellt ist, dass diese Punkte nicht zufällig auf einer möglichen Schnittgeraden der Ebenen $\vec{e}_1$ und $\vec{e}_2$ liegen, muss überprüft werden, dass beispielsweise die Differenzvektoren $\overrightarrow{AB} = \begin{pmatrix}5\\2\\1\end{pmatrix} - \begin{pmatrix}2\\0\\1\end{pmatrix} = \begin{pmatrix}3\\2\\0\end{pmatrix}$ und $\overrightarrow{AC} = \begin{pmatrix}2\\1\\2\end{pmatrix} - \begin{pmatrix}2\\0\\1\end{pmatrix} = \begin{pmatrix}0\\1\\1\end{pmatrix}$ nicht gleichgerichtet sind. Dass $\overrightarrow{AB}$ und $\overrightarrow{AC}$ nicht gleichgerichtet sind erkennt man daran, dass der eine Vektor nicht ein Vielfaches des anderen Vektors ist.

Nun bleibt zu überprüfen, ob die Punkte A, B und C auch auf der anderen Ebene liegen.

Für den Punkt A ergibt sich die Vektorgleichung $\begin{pmatrix}2\\0\\1\end{pmatrix} = \begin{pmatrix}5\\3\\2\end{pmatrix} + k \cdot \begin{pmatrix}3\\4\\2\end{pmatrix} + l \cdot \begin{pmatrix}6\\5\\1\end{pmatrix}$.

Die Lösung des entstehenden Gleichungssystems lautet $k = l = -\frac{1}{3}$.

Für den Punkt B ergibt sich die Vektorgleichung $\begin{pmatrix}5\\2\\1\end{pmatrix} = \begin{pmatrix}5\\3\\2\end{pmatrix} + k \cdot \begin{pmatrix}3\\4\\2\end{pmatrix} + l \cdot \begin{pmatrix}6\\5\\1\end{pmatrix}$.

Die Lösung des entstehenden Gleichungssystems lautet $k = -\frac{2}{3} \wedge l = \frac{1}{3}$.

Für den Punkt C ergibt sich die Vektorgleichung $\begin{pmatrix}2\\1\\2\end{pmatrix} = \begin{pmatrix}5\\3\\2\end{pmatrix} + k \cdot \begin{pmatrix}3\\4\\2\end{pmatrix} + l \cdot \begin{pmatrix}6\\5\\1\end{pmatrix}$.

Die Lösung des entstehenden Gleichungssystems lautet $k = \frac{1}{3} \wedge l = -\frac{2}{3}$.

Somit ist nachgewiesen, dass die Ebenen $\vec{e}_1$ und $\vec{e}_2$ die gleiche Punktmenge beschreiben, also identisch sind. ■

12.4.2 Die Lagebeziehungen zwischen einer Ebene und einer Geraden

Für die Lage einer Ebene $\vec{e} = \vec{p} + k \cdot \vec{q} + l \cdot \vec{r}$ und einer Geraden $\vec{g} = \vec{s} + m \cdot \vec{v}$, $k, l, m \in \mathbb{R}$ gibt es drei Möglichkeiten (*Bilder 12.23, 12.24 und 12.25*).

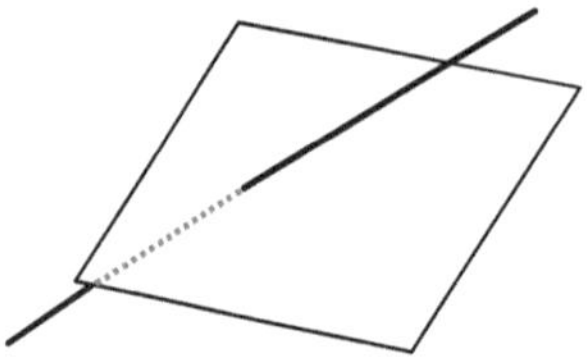

Bild 12.23

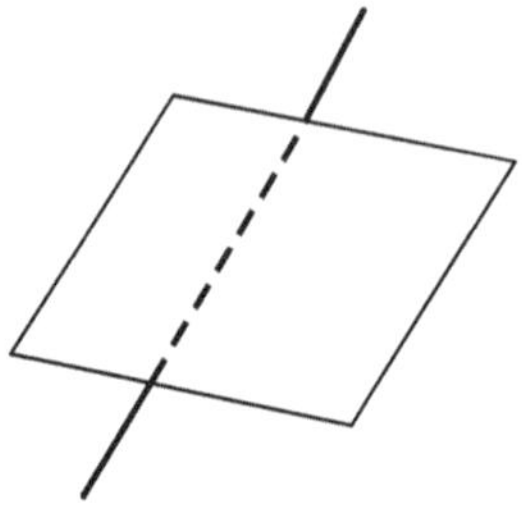

Bild 12.24

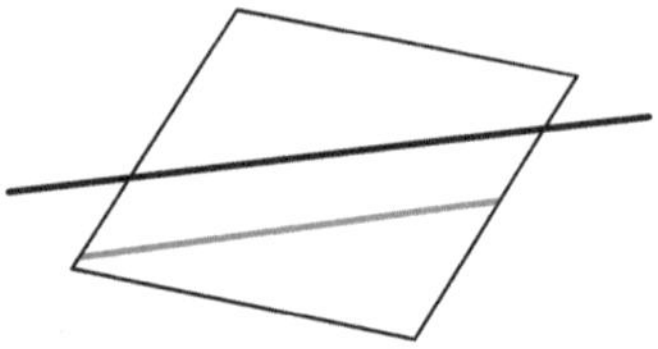

Bild 12.25

Zur Untersuchung der Lagebeziehung zwischen einer Ebene und einer Geraden setzt man ihre Vektorgleichungen gleich und sucht die Lösung(en) des entstandenen Gleichungssystems. Dabei können folgende Fälle auftreten:

1. *Die Ebene und die Gerade schneiden sich in einem Punkt, dem* ***„Durchstoßpunkt“*** (*Bild 12.23*). In diesem Fall hat die Vektorgleichung $\vec{p}+k\cdot\vec{q}+l\cdot\vec{r} = \vec{s}+m\cdot\vec{v}$ genau eine Lösung, d. h. es gibt genau ein Wertetripel für k, l und m, das diese Vektorgleichung erfüllt (vgl. *Beispiel 12.34*).
2. *Die Gerade liegt in der Ebene* (*Bild 12.24*). In diesem Fall gibt es unendlich viele Lösungen der Vektorgleichung $\vec{p} + k \cdot \vec{q} + l \cdot \vec{r} = \vec{s} + m \cdot \vec{v}$ (vgl. *Beispiel 12.35*).
3. *Die Gerade und die Ebene haben keinen gemeinsamen Punkt, d. h. die Gerade liegt parallel zur Ebene, ohne in ihr zu liegen* (*Bild 12.25*). In diesem Falle gibt es keine Lösung der Vektorgleichung (vgl. *Beispiel 12.36*).

Beispiele

12.34 Gegeben sind die Ebene $\vec{e} = \begin{pmatrix} 2 \\ -1 \\ 3 \end{pmatrix} + k \cdot \begin{pmatrix} 0 \\ -4 \\ 2 \end{pmatrix} + l \cdot \begin{pmatrix} 2 \\ 0 \\ -2 \end{pmatrix}$ und die Gerade $\vec{g} = \begin{pmatrix} 3 \\ 9 \\ 2 \end{pmatrix} + m \begin{pmatrix} -1 \\ 2 \\ 1 \end{pmatrix}$, $k, l, m \in \mathbb{R}$. Es ist die Lagebeziehung zwischen der Ebene $\vec{e}$ und der Geraden $\vec{g}$ zu untersuchen.

Lösung: Die Vektorgleichung

$$\vec{e} = \vec{g} \Leftrightarrow \begin{pmatrix} 2 \\ -1 \\ 3 \end{pmatrix} + k \cdot \begin{pmatrix} 0 \\ -4 \\ 2 \end{pmatrix} + l \cdot \begin{pmatrix} 2 \\ 0 \\ -2 \end{pmatrix} = \begin{pmatrix} 3 \\ 9 \\ 2 \end{pmatrix} + m \begin{pmatrix} -1 \\ 2 \\ 1 \end{pmatrix}$$

ist auf ihre Lösbarkeit zu untersuchen.

Die erste Koordinate führt auf die Gleichung $2 + 2l = 3 - m \Leftrightarrow m = 1 - 2l$.

Aus der zweiten Koordinate ergibt sich die Gleichung $-1 - 4k = 9 + 2m$. Setzt man den für den Parameter m gefundenen Term ein, so lässt sich der Parameter k durch den Parameter l beschreiben: $-1 - 4k = 9 + 2 \cdot (1 - 2l) \Leftrightarrow -4k = 12 - 4l \Leftrightarrow k = -3 + l$.

Die Gleichung für die dritte Koordinate lautet $3+2k-2l = 2+m$. Setzt man für die Parameter m und k die oben gefunden Terme ein, so ergibt sich:

$$3 + 2 \cdot (-3 + l) - 2l = 2 + (1 - 2l) \Leftrightarrow 3 - 6 = 3 - 2l \Leftrightarrow l = 3$$

Daraus folgt: $k = 0 \wedge m = -5$.

Da die Vektorgleichung $\vec{e} = \vec{g}$ genau eine Lösung besitzt, nämlich das Wertetripel $(k;\ l;\ m) = (0;\ 3;\ -5)$, schneiden sich die Ebene $\vec{e}$ und die Gerade $\vec{g}$ in genau einem Durchstoßpunkt S. Dieser lässt sich bestimmen, indem man die gefundenen Parameterwerte in die Ebenengleichung oder in die Geradengleichung einsetzt – es muss sich in beiden Fällen der gleiche Punkt ergeben.

Setzt man die gefundenen Werte für die Parameter k und l in die Ebenengleichung ein, so erhält man den Ortsvektor des Durchstoßpunktes: $\vec{s} = \begin{pmatrix} 2 \\ -1 \\ 3 \end{pmatrix} + 3 \cdot \begin{pmatrix} 2 \\ 0 \\ -2 \end{pmatrix} = \begin{pmatrix} 8 \\ -1 \\ -3 \end{pmatrix}$. Setzt man zur Probe den Parameter m in die Geradengleichung ein, ergibt sich tatsächlich der gleiche Ortsvektor: $\vec{s} = \begin{pmatrix} 3 \\ 9 \\ 2 \end{pmatrix} - 5 \cdot \begin{pmatrix} -1 \\ 2 \\ 1 \end{pmatrix} = \begin{pmatrix} 8 \\ -1 \\ -3 \end{pmatrix}$.

Der Durchstoßpunkt hat also die Koordinaten $S(8;\ -1;\ -3)$.

12.35 Gegeben sind die Ebene $\vec{e} = \begin{pmatrix} 1 \\ 2 \\ 3 \end{pmatrix} + k \cdot \begin{pmatrix} 0 \\ 1 \\ 4 \end{pmatrix} + l \cdot \begin{pmatrix} -3 \\ 1 \\ -1 \end{pmatrix}$ und die Gerade $\vec{g} = \begin{pmatrix} -2 \\ 4 \\ 6 \end{pmatrix} + m \begin{pmatrix} 3 \\ -3 \\ -7 \end{pmatrix}$, $k, l, m \in \mathbb{R}$. Es ist die Lagebeziehung zwischen der Ebene $\vec{e}$ und der Geraden $\vec{g}$ zu untersuchen.

Lösung: Wieder ist die Vektorgleichung

$$\vec{e} = \vec{g} \Leftrightarrow \begin{pmatrix} 1 \\ 2 \\ 3 \end{pmatrix} + k \cdot \begin{pmatrix} 0 \\ 1 \\ 4 \end{pmatrix} + l \cdot \begin{pmatrix} -3 \\ 1 \\ -1 \end{pmatrix} = \begin{pmatrix} -2 \\ 4 \\ 6 \end{pmatrix} + m \begin{pmatrix} 3 \\ -3 \\ -7 \end{pmatrix}$$

auf ihre Lösungsmenge für die Parameter k, l und m hin zu untersuchen.

Für die erste Koordinate ergibt sich $1 - 3l = -2 + 3m \quad \Leftrightarrow \quad l = 1 - m$.

Die zweite Koordinate führt auf die Gleichung $2 + k + l = 4 - 3m \Leftrightarrow k = 2 - l - 3m$.

Setzt man den aus der ersten Koordinaten gefunden Term für den Parameter l ein, kann der Parameter k durch den Parameter m ausgedrückt werden: $k = 2 - (1 - m) - 3m = 1 - 2m$.

Diese Ausdrücke für die Parameter k und l setzt man nun in die Gleichung ein, die sich aus der dritten Koordinate ergibt:

$$3 + 4k - l = 6 - 7m \Leftrightarrow 3 + 4 \cdot (1 - 2m) - (1 - m) = 6 - 7m \Leftrightarrow 6 - 7m = 6 - 7m$$

Somit lässt sich der Wert des Parameters m beliebig wählen: Die Vektorgleichung $\vec{e} = \vec{g}$ hat unendlich viele Lösungen und die Gerade liegt mithin in der Ebene.

12.36 Gegeben sind die Ebene $\vec{e} = \begin{pmatrix} 1 \\ 0 \\ 1 \end{pmatrix} + k \cdot \begin{pmatrix} -2 \\ 0 \\ 3 \end{pmatrix} + l \cdot \begin{pmatrix} 4 \\ -2 \\ 0 \end{pmatrix}$ und die Gerade $\vec{g} = \begin{pmatrix} 1 \\ 3 \\ -5 \end{pmatrix} + m \begin{pmatrix} 0 \\ -2 \\ 6 \end{pmatrix}$, $k, l, m \in \mathbb{R}$. Es ist zu zeigen, dass die Ebene $\vec{e}$ und die Gerade $\vec{g}$ keinen gemeinsamen Punkt besitzen.

Lösung: Es muss nachgewiesen werden, dass die Vektorgleichung

$$\vec{e} = \vec{g} \Leftrightarrow \begin{pmatrix} 1 \\ 0 \\ 1 \end{pmatrix} + k \cdot \begin{pmatrix} -2 \\ 0 \\ 3 \end{pmatrix} + l \cdot \begin{pmatrix} 4 \\ -2 \\ 0 \end{pmatrix} = \begin{pmatrix} 1 \\ 3 \\ -5 \end{pmatrix} + m \begin{pmatrix} 0 \\ -2 \\ 6 \end{pmatrix}$$

keine Lösung für die Parameter k, l und m besitzt.

Die erste Koordinate führt auf die Gleichung $1 - 2k + 4l = 1 \Leftrightarrow k = 2l$.
Aus der zweiten Koordinate erhält man $-2l = 3 - 2m \Leftrightarrow m = 1{,}5 + l$.
Diese Terme für die Parameter k und m setzt man nun in die Gleichung ein, die sich aus der dritten Koordinate ergibt:

$$1 + 3k = -5 + 6m \Leftrightarrow 1{+}3 \cdot (2l) = -5 + 6 \cdot (1{,}5 + l) \Leftrightarrow 1 + 6l = 4 + 6l$$

Da diese Gleichung unerfüllbar ist, hat die Vektorgleichung $\vec{e} = \vec{g}$ keine Lösung, und folglich haben die Ebene $\vec{e}$ und die Gerade $\vec{g}$ keinen gemeinsamen Punkt.

12.37 Der Parameter a der Gerade $\vec{g} = \begin{pmatrix} 2 \\ 0 \\ -4 \end{pmatrix} + m \cdot \begin{pmatrix} 2 \\ -1 \\ a+1 \end{pmatrix}$, $m \in \mathbb{R}$, ist so zu bestimmen, dass die Gerade die x-y-Ebene nicht durchstößt.

Lösung: Die x-y-Ebene wird am einfachsten durch die Gleichung

$$\vec{e}_{xy} = \begin{pmatrix} 0 \\ 0 \\ 0 \end{pmatrix} + k \cdot \begin{pmatrix} 1 \\ 0 \\ 0 \end{pmatrix} + l \cdot \begin{pmatrix} 0 \\ 1 \\ 0 \end{pmatrix}, \quad k, l \in \mathbb{R}$$

beschrieben. Setzt man die Ebenengleichung und Geradengleichung gleich, so erhält man folgende Vektorgleichung:

$$\begin{pmatrix} 0 \\ 0 \\ 0 \end{pmatrix} + k \cdot \begin{pmatrix} 1 \\ 0 \\ 0 \end{pmatrix} + l \cdot \begin{pmatrix} 0 \\ 1 \\ 0 \end{pmatrix} = \begin{pmatrix} 2 \\ 0 \\ -4 \end{pmatrix} + m \cdot \begin{pmatrix} 2 \\ -1 \\ a+1 \end{pmatrix}$$

In diesem Fall genügt es, die aus der dritten Koordinate resultierende Gleichung zu betrachten: $0 = -4 + m \cdot (a + 1)$. Diese Gleichung hat offenbar keine Lösung, wenn a den Wert -1 annimmt. (Wäre aber $a \neq -1$, so erhält man: $m = \frac{4}{a+1}$. Die erste Koordinate führt auf $k = 2 + 2m = 2 + \frac{8}{a+1}$ und die zweite Koordinate auf $l = -m = -\frac{4}{a+1}$, d. h. die Vektorgleichung hätte in diesem Fall eine eindeutige Lösung, mithin gäbe es einen Durchstoßpunkt.)
Der gesuchte Parameter a hat also den Wert -1. ■

Einen zusammenfassenden Überblick über die möglichen Lagebeziehungen zwischen einer Ebene und einer Geraden gibt *Tabelle 12.2*.

Tabelle 12.2

Relative Lage	Schnittmenge	Lösungsmenge des aus der Vektorgleichung entstehenden linearen Gleichungssystems
Die Gerade hat einen Durchstoßpunkt	Ein Punkt	Eindeutige Lösung
Die Gerade liegt in der Ebene	Eine Gerade	Unendlich viele Lösungen
Die Gerade ist parallel zur Ebene ohne einen gemeinsamen Punkt	Leere Schnittmenge	Keine Lösung

12.4.3 Die Lagebeziehung zwischen Ebenen

Für die Lage zweier Ebenen $\vec{e}_1 = \vec{p} + k \cdot \vec{q} + l \cdot \vec{r}$ und $\vec{e}_2 = \vec{s} + m \cdot \vec{v} + n \cdot \vec{w}$, $k, l, m, n \in \mathbb{R}$ zueinander sind drei Fälle möglich (*Bilder 12.26, 12.27 und 12.28*).

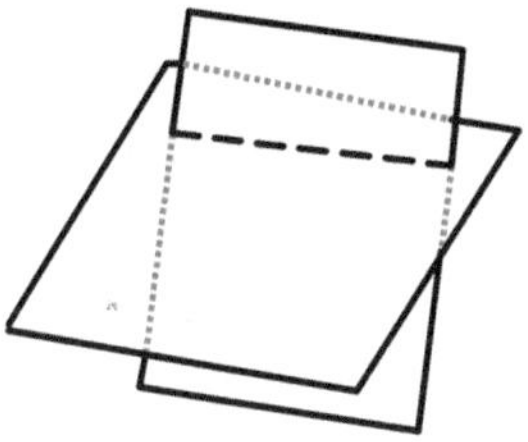

Bild 12.26

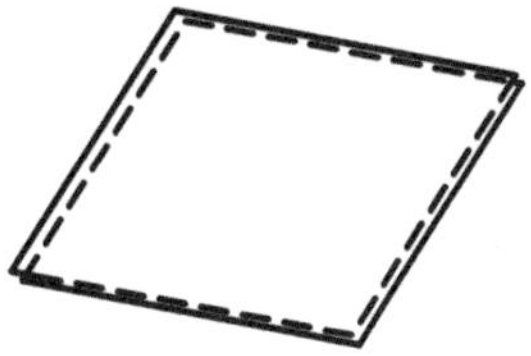

Bild 12.27

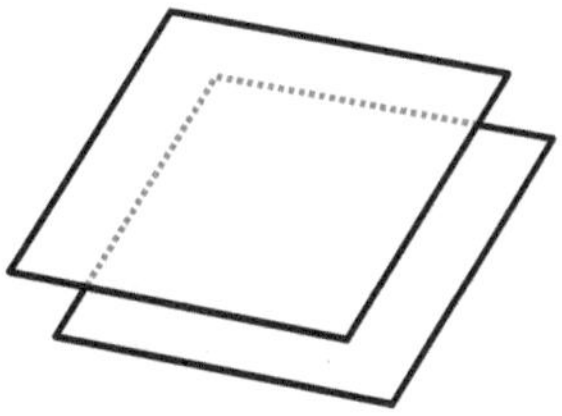

Bild 12.28

Zur Untersuchung der Lagebeziehung zwischen zwei Ebenen setzt man ihre Vektorgleichungen gleich und sucht die Lösung(en) des entstandenen Gleichungssystems. Dabei können folgende Fälle auftreten:

1. *Die Ebenen schneiden sich in einer Geraden* (*Bild 12.26*). In diesem Fall hat die Vektorgleichung $\vec{p} + k \cdot \vec{q} + l \cdot \vec{r} = \vec{s} + m \cdot \vec{v} + n \cdot \vec{w}$ unendlich viele Lösungen, jedoch gibt es nur einen „freien" Parameter (vgl. *Beispiel 12.38*).
2. *Die Ebenen sind identisch* (*Bild 12.27*). Auch in diesem Fall hat die Vektorgleichung $\vec{p} + k \cdot \vec{q} + l \cdot \vec{r} = \vec{s} + m \cdot \vec{v} + n \cdot \vec{w}$ unendlich viele Lösungen, allerdings gibt jetzt zwei „freie" Parameter (vgl. *Beispiel 12.39*).
3. *Die Ebenen sind parallel zueinander, ohne einen gemeinsamen Punkt zu haben* (*Bild 12.28*). Dann hat die Vektorgleichung keine Lösung (vgl. *Beispiel 12.40*).

Beispiele

12.38 Gegeben sind die Ebenen

$$\vec{e}_1 = \begin{pmatrix} -2 \\ 0 \\ 1 \end{pmatrix} + k \cdot \begin{pmatrix} 1 \\ 1 \\ 0 \end{pmatrix} + l \cdot \begin{pmatrix} 2 \\ 0 \\ -1 \end{pmatrix} \text{ und } \vec{e}_2 = \begin{pmatrix} 1 \\ -1 \\ 0 \end{pmatrix} + m \cdot \begin{pmatrix} 4 \\ 0 \\ 2 \end{pmatrix} + n \cdot \begin{pmatrix} 1 \\ 1 \\ -2 \end{pmatrix}, \; k, l, m, n \in \mathbb{R}.$$

Es ist nachzuweisen, dass die Ebenen sich in einer Geraden schneiden. Wie lautet die Gleichung der Schnittgeraden?

Lösung: Die Vektorgleichung

$$\vec{e}_1 = \vec{e}_2 \Leftrightarrow \begin{pmatrix} -2 \\ 0 \\ 1 \end{pmatrix} + k \cdot \begin{pmatrix} 1 \\ 1 \\ 0 \end{pmatrix} + l \cdot \begin{pmatrix} 2 \\ 0 \\ -1 \end{pmatrix} = \begin{pmatrix} 1 \\ -1 \\ 0 \end{pmatrix} + m \cdot \begin{pmatrix} 4 \\ 0 \\ 2 \end{pmatrix} + n \cdot \begin{pmatrix} 1 \\ 1 \\ -2 \end{pmatrix}$$

sollte unendlich viele Lösungen und genau einen freien Parameter haben.
Die erste Koordinate liefert die Gleichung $-2 + k + 2l = 1 + 4m + n \Leftrightarrow k = 3 - 2l + 4m + n$
Die zweite Koordinate führt auf die Gleichung $k = -1 + n$.
Setzt man diese nach k umgestellten Gleichungen gleich, ergibt sich

$$3 - 2l + 4m + n = -1 + n \Leftrightarrow -2l = -4 - 4m \Leftrightarrow l = 2 + 2m$$

Aus der dritten Koordinate erhält man die Gleichung $1 - l = 2m - 2n \Leftrightarrow l = 1 - 2m + 2n$.
Setzt man nun wiederum die nach l umgestellten Gleichungen gleich, ergibt sich

$$2 + 2m = 1 - 2m + 2n \Leftrightarrow 4m = -1 + 2n \Leftrightarrow m = -0{,}25 + 0{,}5n$$

Nun kann n als freier Parameter aufgefasst werden: Für n kann ein beliebiger Wert gewählt werden, der die anderen Parameter dann ebenfalls bestimmt. Die Ebenen haben also eine gemeinsame Schnittgerade.
Wählt man beispielsweise $n = 0$, so erhält man: $m = -0{,}25 \wedge l = 1{,}5 \wedge k = -1$.

Durch Einsetzen der Parameter in die Ebenengleichungen kann man leicht überprüfen, dass sich für beide Ebenen der Ortsvektor $\vec{p} = \begin{pmatrix} 0 \\ -1 \\ -0{,}5 \end{pmatrix}$, ergibt, d. h. beide Ebenen haben den Punkt $P(0;\ -1;\ -0{,}5)$ gemeinsam.

Zur Bestimmung der Gleichung der Schnittgeraden ist es zweckmäßig, einen weiteren Punkt zu bestimmen, der auf beiden Ebenen liegt. Wählt man $n = 0{,}5$, so erhält man:

$m = 0 \wedge l = 2 \wedge k = -0{,}5$

Durch Einsetzen dieser Parameter in die Ebenengleichungen erhält man den Punkt

$Q(1{,}5;\ -0{,}5;\ -1)$

Nun lässt sich eine Gleichung der Schnittgeraden nach *Gl. (12.14)* angeben:

$$\vec{g}_s = \begin{pmatrix} p_1 \\ p_2 \\ p_3 \end{pmatrix} + k \cdot \begin{pmatrix} q_1 - p_1 \\ q_2 - p_2 \\ q_3 - p_3 \end{pmatrix} = \begin{pmatrix} 0 \\ -1 \\ -0{,}5 \end{pmatrix} + k \cdot \begin{pmatrix} 1{,}5 - 0 \\ -0{,}5 - (-1) \\ -1 - (-0{,}5) \end{pmatrix} = \begin{pmatrix} 0 \\ -1 \\ -0{,}5 \end{pmatrix} + k \cdot \begin{pmatrix} 1{,}5 \\ 0{,}5 \\ -0{,}5 \end{pmatrix}, \quad k \in \mathbb{R}$$

12.39 Gegeben sind die Ebenen

$$\vec{e}_1 = \begin{pmatrix} 1 \\ 1 \\ 1 \end{pmatrix} + k \cdot \begin{pmatrix} 1 \\ -1 \\ -6 \end{pmatrix} + l \cdot \begin{pmatrix} 4 \\ 0 \\ 1 \end{pmatrix} \text{ und } \vec{e}_2 = \begin{pmatrix} 6 \\ 0 \\ -4 \end{pmatrix} + m \cdot \begin{pmatrix} 5 \\ -1 \\ -5 \end{pmatrix} + n \cdot \begin{pmatrix} 9 \\ -1 \\ -4 \end{pmatrix}, k, l, m, n \in \mathbb{R}.$$

Die Ebenen sind auf ihre Lagebeziehung hin zu überprüfen.

Lösung: Die Ebenengleichungen müssen gleichgesetzt werden und die entstandene Vektorgleichung auf ihre Lösungsmenge und die Anzahl der möglicherweise freien Parameter untersucht werden.

Die erste Koordinate führt auf die Gleichung $1 + k + 4l = 6 + 5m + 9n \Leftrightarrow k = 5 - 4l + 5m + 9n$

Aus der zweiten Koordinate erhält man die Gleichung $1 - k = -m - n \Leftrightarrow k = 1 + m + n$

Setzt man die beiden nach k umgestellten Gleichung gleich, so ergibt sich:

$5 - 4l + 5m + 9n = 1 + m + n \Leftrightarrow -4l = -4 - 4m - 8n \Leftrightarrow l = 1 + m + 2n$

Aus der dritten Komponente folgt:

$1 - 6k + l = -4 - 5m - 4n \Leftrightarrow l = -5 + 6k - 5m - 4n$

Das Gleichsetzen der nach l umgestellten Gleichungen und das Einsetzen des aus der zweiten Koordinate gefundenen Ausdrucks für k führt auf

$1 + m + 2n = -5 + 6 \cdot (1 + m + n) - 5m - 4n \Leftrightarrow 1 + m + 2n = 1 + m + 2n$

Da diese Gleichung eine Identität darstellt, gibt es zwei freie Parameter (die Parameter m und n sind frei wählbar), d. h. die Ebenen sind identisch.

12.40 Gegeben sind die Ebenen

$$\vec{e}_1 = \begin{pmatrix} 1 \\ 2 \\ 3 \end{pmatrix} + k \cdot \begin{pmatrix} 0 \\ 4 \\ 2 \end{pmatrix} + l \cdot \begin{pmatrix} -1 \\ 1 \\ 1 \end{pmatrix} \text{ und } \vec{e}_2 = \begin{pmatrix} 0 \\ 7 \\ 0 \end{pmatrix} + m \cdot \begin{pmatrix} -1 \\ 5 \\ 3 \end{pmatrix} + n \cdot \begin{pmatrix} -4 \\ 0 \\ 2 \end{pmatrix}, k, l, m, n \in \mathbb{R}.$$

Gesucht ist ein gemeinsamer Punkt der Ebenen.

Lösung: Das Gleichsetzen der Ebenengleichungen führt auf eine Vektorgleichung, deren Koordinaten wieder lineare Gleichungen repräsentieren.

Die Gleichung der ersten Koordinate lautet $1 - l = -m - 4n \Leftrightarrow l = 1 + m + 4n$

Die zweite Koordinate führt auf die Gleichung $2 + 4k + l = 7 + 5m \Leftrightarrow l = 5 - 4k + 5m$

Setzt man die beiden nach l umgestellten Gleichung gleich, so ergibt sich:

$1 + m + 4n = 5 - 4k + 5m \Leftrightarrow -4m = 4 - 4k - 4n \Leftrightarrow m = -1 + k + n$

Aus der dritten Koordinate erhält man die Gleichung

$$3 + 2k + l = 3m + 2n \Leftrightarrow 2k = -3 - l + 3m + 2n$$

Ersetzt man l durch den aus der ersten Koordinate gefundenen Term und m durch den Ausdruck, der sich aus dem Gleichsetzen ergeben hat, so entsteht die Gleichung

$$\begin{aligned} 2k &= -3 - (1 + m + 4n) + 3 \cdot (-1 + k + n) + 2n = -3 - 1 - m - 4n - 3 + 3k + 3n + 2n \\ &= -7 - (-1 + k + n) + n + 3k = -7 + 1 - k - n + n + 3k = -6 + 2k \end{aligned}$$

Da diese Gleichung unerfüllbar ist, liegen beide Ebenen parallel zueinander ohne identisch zu sein. Demzufolge gibt es keinen gemeinsamen Punkt für beide Ebenen.

12.41 Es sind zwei verschiedene Ebenen zu bestimmen, die die Gerade $\vec{g}_s = \begin{pmatrix} 1 \\ 1 \\ -3 \end{pmatrix} + k \cdot \begin{pmatrix} -2 \\ -2 \\ 2 \end{pmatrix}$, $k \in \mathbb{R}$, als Schnittgerade haben.

Lösung: Zur Bestimmung einer Ebenengleichung genügen drei Punkte, die nicht auf einer Geraden liegen. Da eine Schnittgerade gegeben ist, werden zwei Punkte gewählt, die auf dieser Geraden liegen:

Für $k = 0$ erhält man den Ortsvektor des Punktes $A(1;\ 1;\ -3)$, für $k = 1$ den des Punktes $B(-1;\ -1;\ -1)$.

Zur Bestimmung der ersten Ebenengleichung wird ein dritter Punkt gewählt, der nicht auch auf dieser Geraden liegt: Der Punkt $C(0;\ 0;\ 0)$ liegt gewiss nicht auf der Geraden $\vec{g}_s$, da die Vektorgleichung $\begin{pmatrix} 0 \\ 0 \\ 0 \end{pmatrix} = \begin{pmatrix} 1 \\ 1 \\ -3 \end{pmatrix} + k \cdot \begin{pmatrix} -2 \\ -2 \\ 2 \end{pmatrix}$ keine Lösung hat. Die erste und die zweite Koordinate führen auf die Gleichung $0 = 1 - 2k \Leftrightarrow k = 0{,}5$, während die dritte Koordinate auf $0 = -3 + 2k \Leftrightarrow k = 1{,}5$ führt.

Nun lässt sich die Gleichung der ersten Ebene nach *Gl. (12.15)* angeben:

$$\begin{aligned} \vec{e}_1 &= \begin{pmatrix} c_1 \\ c_2 \\ c_3 \end{pmatrix} + k \cdot \begin{pmatrix} a_1 - c_1 \\ a_2 - c_2 \\ a_3 - c_3 \end{pmatrix} + l \cdot \begin{pmatrix} b_1 - c_1 \\ b_2 - c_2 \\ b_3 - c_3 \end{pmatrix} \\ &= \begin{pmatrix} 0 \\ 0 \\ 0 \end{pmatrix} + k \cdot \begin{pmatrix} 1 \\ 1 \\ -3 \end{pmatrix} + l \cdot \begin{pmatrix} -1 \\ -1 \\ -1 \end{pmatrix} = k \cdot \begin{pmatrix} 1 \\ 1 \\ -3 \end{pmatrix} + l \cdot \begin{pmatrix} -1 \\ -1 \\ -1 \end{pmatrix}, \quad k, l \in \mathbb{R} \end{aligned}$$

Für die zweite Ebene wird in gleicher Weise verfahren. Gewählt wird der Punkt $D(0;\ 1;\ 0)$, der nicht auf der Geraden liegt, da die erste und die dritte Koordinate auf die gleichen unterschiedlichen Werte des Parameters k führen wie bei der ersten Geraden. Es muss aber noch überprüft werden, ob der Punkt nicht zufällig in der Ebene $\vec{e}_1$ liegt. Die Vektorgleichung $\begin{pmatrix} 0 \\ 1 \\ 0 \end{pmatrix} = k \cdot \begin{pmatrix} 1 \\ 1 \\ -3 \end{pmatrix} + l \cdot \begin{pmatrix} -1 \\ -1 \\ -1 \end{pmatrix}$ ist auf Lösbarkeit zu untersuchen.

Die erste Koordinatengleichung lautet $0 = k - l \Leftrightarrow k = l$.

Aus der zweiten Koordinate erhält man die Gleichung $1 = k - l \Leftrightarrow k = 1 + l$.

Da dies ein Widerspruch zur ersten Koordinatengleichung ist, hat die Vektorgleichung keine Lösung, und es ist gezeigt, dass der Punkt D nicht in der Ebene $\vec{e}_1$ liegt. Man erhält also mit *Gl. (12.15)*:

$$\vec{e}_2 = \begin{pmatrix} d_1 \\ d_2 \\ d_3 \end{pmatrix} + k \cdot \begin{pmatrix} a_1 - d_1 \\ a_2 - d_2 \\ a_3 - d_3 \end{pmatrix} + l \cdot \begin{pmatrix} b_1 - d_1 \\ b_2 - d_2 \\ b_3 - d_3 \end{pmatrix} = \begin{pmatrix} 0 \\ 1 \\ 0 \end{pmatrix} + k \cdot \begin{pmatrix} 1 \\ 0 \\ -3 \end{pmatrix} + l \cdot \begin{pmatrix} -1 \\ -2 \\ -1 \end{pmatrix}, \quad k, l \in \mathbb{R}$$

■

Einen zusammenfassenden Überblick über die Lagebeziehung zwischen zwei Ebenen gibt *Tabelle 12.3*.

Tabelle 12.3

Relative Lage	Schnittmenge	Lösungsmenge des aus der Vektorgleichung entstehenden linearen Gleichungssystems
Die Ebenen schneiden sich in einer Geraden	Eine Gerade	Unendlich viele Lösungen mit einem freien Parameter
Die Ebenen sind identisch	Eine Ebene	Unendlich viele Lösungen mit zwei freien Parametern
Die Ebenen sind zueinander parallel ohne gemeinsame Punkte	Leere Schnittmenge	Keine Lösung

12.4.4 Der Normalenvektor einer Ebene

In dem Fall, dass die Ebenen sich schneiden, kann der Schnittwinkel zwischen den Ebenen von Interesse sein. Um diesen bestimmen zu können, verschafft man sich für beide Ebenen einen **Normalenvektor**, d. h. einen Vektor, der senkrecht auf der Ebene – also senkrecht zu den Richtungsvektoren der Ebene – steht. Dabei darf der Normalenvektor nicht selber der Nullvektor sein. Der Schnittwinkel zwischen den Ebenen entspricht dann dem Schnittwinkel der Normalenvektoren.

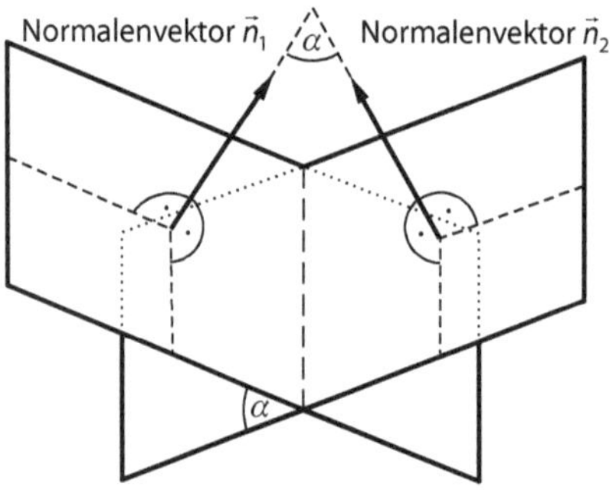

Bild 12.29

Einen Normalenvektor einer Ebene kann man mithilfe des Skalarprodukts bestimmen. Wenn der Normalenvektor senkrecht auf der Ebene steht, dann bildet er mit den Richtungsvektoren der Ebene einen rechten Winkel, d. h. das Skalarprodukt des Normalenvektors mit den Richtungsvektoren der Ebene muss 0 ergeben.

Anmerkung:

Diese Tatsache wird bei einer weiteren Art der vektoriellen Beschreibung einer Ebene ausgenutzt: Die Vektordifferenz zwischen jedem Punkt X der Ebene mit dem Ortsvektor $\vec{x}$ und dem Stützvektor $\vec{p}$ der Ebene ergibt einen Vektor, der in der Ebene liegt. Folglich muss das Skalarprodukt zwischen dieser Vektordifferenz und jedem Normalenvektor $\vec{n}$ 0 werden: $(\vec{x} - \vec{p}) \cdot \vec{n} = 0$, $\vec{n} \neq \vec{0}$ (*Normalenform der Ebenengleichung*).

Darüber hinaus gibt es noch weitere Arten, Ebenen darzustellen.

Beispiele

12.42 Gegeben ist die Ebene $\vec{e} = \begin{pmatrix} 0 \\ -3 \\ 5 \end{pmatrix} + k \cdot \begin{pmatrix} 1 \\ -1 \\ 2 \end{pmatrix} + l \cdot \begin{pmatrix} 4 \\ -1 \\ -2 \end{pmatrix}$, $k, l \in \mathbb{R}$. Gesucht ist ein Normalenvektor für diese Ebene.

Lösung: Wenn $\vec{n} = \begin{pmatrix} n_1 \\ n_2 \\ n_3 \end{pmatrix}$ ein Normalenvektor für die Ebene $\vec{e}$ sein soll, dann gelten nach *Gl. (12.9)* die Beziehungen

$$\begin{pmatrix} n_1 \\ n_2 \\ n_3 \end{pmatrix} \cdot \begin{pmatrix} 1 \\ -1 \\ 2 \end{pmatrix} = 0 \Leftrightarrow n_1 - n_2 + 2n_3 = 0 \quad \text{und} \quad \begin{pmatrix} n_1 \\ n_2 \\ n_3 \end{pmatrix} \cdot \begin{pmatrix} 4 \\ -1 \\ -2 \end{pmatrix} = 0 \Leftrightarrow 4n_1 - n_2 - 2n_3 = 0$$

Stellt man beide Gleichungen nach n_2 um und setzt diese Gleichungen gleich, ergibt sich Folgendes:

$$n_2 = n_1 + 2n_3 \wedge n_2 = 4n_1 - 2n_3 \Rightarrow n_1 + 2n_3 = 4n_1 - 2n_3 \Leftrightarrow 4n_3 = 3n_1$$

Wir haben also einen freien Parameter, da nur zwei Gleichungen mit drei Unbekannten vorliegen und – geometrisch interpretiert – der Betrag des Normalenvektors nicht festgelegt ist. Wählt man beispielsweise $n_3 = 3$, so folgen $n_1 = 4$ und $n_2 = 10$.

Mit $\vec{n} = \begin{pmatrix} 4 \\ 10 \\ 3 \end{pmatrix}$ erhält man also einen Normalenvektor für die Ebene $\vec{e}$.

Ein Normalenvektor einer Ebene lässt sich auch als das Vektorprodukt ihrer Richtungsvektoren bestimmen (*Gl. (12.11)*):

$$\vec{n} = \begin{pmatrix} 1 \\ -1 \\ 2 \end{pmatrix} \times \begin{pmatrix} 4 \\ -1 \\ -2 \end{pmatrix} = \begin{pmatrix} -1 \cdot (-2) - 2 \cdot (-1) \\ 2 \cdot 4 - 1 \cdot (-2) \\ 1 \cdot (-1) - (-1) \cdot 4 \end{pmatrix} = \begin{pmatrix} 4 \\ 10 \\ 3 \end{pmatrix}.$$

12.43 Der Schnittwinkel der Ebenen

$$\vec{e}_1 = \begin{pmatrix} 0 \\ -3 \\ 5 \end{pmatrix} + k \cdot \begin{pmatrix} 1 \\ -1 \\ 2 \end{pmatrix} + l \cdot \begin{pmatrix} 4 \\ -1 \\ -2 \end{pmatrix} \text{ und } \vec{e}_2 = \begin{pmatrix} 1 \\ -2 \\ -5 \end{pmatrix} + m \cdot \begin{pmatrix} 4 \\ -4 \\ 0 \end{pmatrix} + n \cdot \begin{pmatrix} -6 \\ 3 \\ 3 \end{pmatrix}, k, l, m, n \in \mathbb{R},$$

ist zu bestimmen.

Lösung: Zunächst müssen Normalenvektoren für die Ebenen bestimmt werden. Für $\vec{e}_1$ ist dies bereits in *Beispiel 12.42* geschehen: $\vec{n}_1 = \begin{pmatrix} 4 \\ 10 \\ 3 \end{pmatrix}$.

Jeder Normalenvektor $\vec{n}_2 = \begin{pmatrix} a \\ b \\ c \end{pmatrix}$ der Ebene $\vec{e}_2$ muss senkrecht auf den Richtungsvektoren dieser Ebene stehen:

$$\begin{pmatrix} a \\ b \\ c \end{pmatrix} \cdot \begin{pmatrix} 4 \\ -4 \\ 0 \end{pmatrix} = 4a - 4b = 0 \Leftrightarrow 4a = 4b \Leftrightarrow a = b \quad \text{und}$$

$$\begin{pmatrix} a \\ b \\ c \end{pmatrix} \cdot \begin{pmatrix} -6 \\ 3 \\ 3 \end{pmatrix} = -6a + 3b + 3c = 0 \Leftrightarrow 3b = 6a - 3c \Leftrightarrow b = 2a - c$$

Das Gleichsetzen dieser beiden Beziehungen ergibt $a = 2a - c \Leftrightarrow a = c$.

Folglich müssen die Koordinaten aller Normalenvektoren übereinstimmen, beispielsweise $\vec{n}_2 = \begin{pmatrix} 1 \\ 1 \\ 1 \end{pmatrix}$.

Nun lässt sich mit *Gl. (12.8)* der Schnittwinkel σ der Ebenen als Winkel zwischen den Normalenvektoren errechnen (vgl. *Beispiel 12.29*):

$$\sigma = \arccos\left(\frac{\left|\begin{pmatrix}4\\10\\3\end{pmatrix}\cdot\begin{pmatrix}1\\1\\1\end{pmatrix}\right|}{\sqrt{4^2+10^2+3^2}\cdot\sqrt{1^2+1^2+1^2}}\right) = \arccos\left(\frac{|4+10+3|}{\sqrt{125}\cdot\sqrt{3}}\right) = \arccos 0{,}045\,3$$
$$= 87{,}40^\circ$$

Die Betragsstriche sorgen dafür, dass der Schnittwinkel stets zwischen 0° und 90° liegt.

12.44 Zu bestimmen ist der Parameter t derart, dass die Ebenen

$$\vec{e}_1 = \begin{pmatrix}0\\-3\\5\end{pmatrix} + k\cdot\begin{pmatrix}1\\-1\\2\end{pmatrix} + l\cdot\begin{pmatrix}4\\-1\\-2\end{pmatrix} \text{ und } \vec{e}_2 = \begin{pmatrix}1\\-2\\-5\end{pmatrix} + m\cdot\begin{pmatrix}4\\-4\\0\end{pmatrix} + n\cdot\begin{pmatrix}-6\\3\\t\end{pmatrix},\ k, l, m, n \in \mathbb{R}$$

sich orthogonal schneiden (vgl. *Beispiel 12.43*).

Lösung: Als Normalenvektor für die Ebene $\vec{e}_1$ wählen wir wieder $\vec{n}_1 = \begin{pmatrix}4\\10\\3\end{pmatrix}$.

Wie in *Beispiel 12.43* wird nun ein Normalenvektor $\vec{n}_2 = \begin{pmatrix}a\\b\\c\end{pmatrix}$ für die Ebene $\vec{e}_2$ bestimmt:

$$\begin{pmatrix}a\\b\\c\end{pmatrix}\cdot\begin{pmatrix}4\\-4\\0\end{pmatrix} = 4a-4b=0 \Leftrightarrow 4a=4b \Leftrightarrow a=b \quad \text{und}$$
$$\begin{pmatrix}a\\b\\c\end{pmatrix}\cdot\begin{pmatrix}-6\\3\\t\end{pmatrix} = -6a+3b+tc=0 \Leftrightarrow 3b=6a-tc \Leftrightarrow b=2a-\frac{t}{3}c$$

Das Gleichsetzen dieser beiden Beziehungen ergibt $a = 2a - \frac{t}{3}c \Leftrightarrow a = \frac{t}{3}c$.

Ein möglicher Normalenvektor für die Ebene $\vec{e}_2$ ist also der Vektor $\vec{n}_2 = \begin{pmatrix}t\\t\\3\end{pmatrix}$.

Nach der Orthogonalitätsbedingung (*Gl. (12.9)*) stehen die Normalenvektoren senkrecht aufeinander, wenn das Skalarprodukt zwischen ihnen 0 wird:

$$0 = \vec{n}_1\cdot\vec{n}_2 = \begin{pmatrix}4\\10\\3\end{pmatrix}\cdot\begin{pmatrix}t\\t\\3\end{pmatrix} = 4t+10t+9 = 14t+9 \Leftrightarrow 14t=-9 \Leftrightarrow t=-\frac{9}{14}$$

Die Ebenen

$$\vec{e}_1 = \begin{pmatrix}0\\-3\\5\end{pmatrix} + k\cdot\begin{pmatrix}1\\-1\\2\end{pmatrix} + l\cdot\begin{pmatrix}4\\-1\\-2\end{pmatrix} \quad \text{und} \quad \vec{e}_2 = \begin{pmatrix}1\\-2\\-5\end{pmatrix} + m\cdot\begin{pmatrix}4\\-4\\0\end{pmatrix} + n\cdot\begin{pmatrix}-6\\3\\-\frac{9}{14}\end{pmatrix}$$

schneiden sich demnach orthogonal. ■

Da die Länge eines Normalenvektors ohne Bedeutung ist, normiert man ihn üblicherweise auf den Betrag 1. Man erhält dann den **Normaleneinheitsvektor** $\vec{n}_0$. Dazu muss der Normalenvektor durch seinen Betrag dividiert werden. Für den Normalenvektor aus *Beispiel 12.42* sieht das folgendermaßen aus:

$$\vec{n}_0 = \frac{\vec{n}}{|\vec{n}|} = \frac{1}{\sqrt{4^2+10^2+3^2}}\cdot\begin{pmatrix}4\\10\\3\end{pmatrix} = \frac{1}{\sqrt{125}}\cdot\begin{pmatrix}4\\10\\3\end{pmatrix} = \begin{pmatrix}0{,}36\\0{,}89\\0{,}27\end{pmatrix}$$

Sind Normalenvektoren zweier Ebenen gegeben, lässt sich einfach feststellen, ob diese Ebenen parallel zueinander sind. Dies ist genau dann der Fall, wenn die Normalenvektoren gleichgerichtet sind.

Mithilfe eines Normalenvektors einer Ebene lässt sich auch der Winkel zwischen der Ebene und einer sie schneidenden Geraden berechnen.

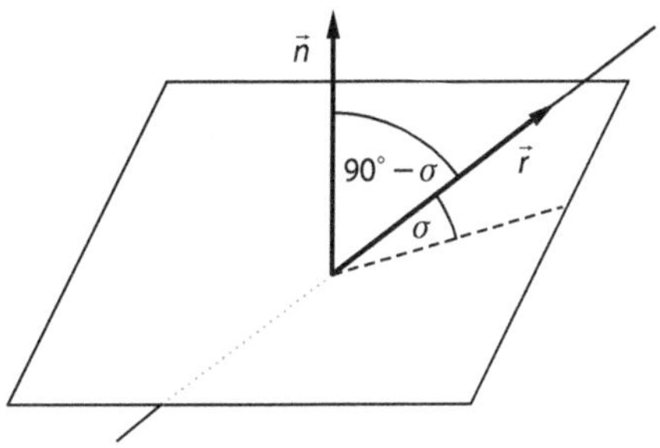

Bild 12.30

Der Normalenvektor $\vec{n}$ der Ebene und der Richtungsvektor $\vec{r}$ der Geraden schließen einen Winkel ein, der den gesuchten Schnittwinkel zu 90° ergänzt. Es gilt also mit *Gl. (12.8)*:

$$\cos(90° - \alpha) = \frac{|\vec{n} \cdot \vec{r}|}{|\vec{n}| \cdot |\vec{r}|}$$

und wegen $\cos(90° - \sigma) = \sin\sigma$ (*Gl. (4.2)*):

$$\sin\sigma = \frac{|\vec{n} \cdot \vec{r}|}{|\vec{n}| \cdot |\vec{r}|} \Leftrightarrow \sigma = \arcsin\frac{|\vec{n} \cdot \vec{r}|}{|\vec{n}| \cdot |\vec{r}|} \tag{12.16}$$

Gemäß dieser Festlegung sorgen die Betragsstriche dafür, dass der Schnittwinkel stets zwischen 0° und 90° liegt.

Beispiele

12.45 Der Schnittwinkel zwischen der Ebene $\vec{e} = \begin{pmatrix} -4 \\ -7 \\ 0 \end{pmatrix} + k \cdot \begin{pmatrix} 0 \\ 5 \\ -2 \end{pmatrix} + l \cdot \begin{pmatrix} 3 \\ -1 \\ 2 \end{pmatrix}$, $k, l \in \mathbb{R}$, und der Geraden $\vec{g} = \begin{pmatrix} 0 \\ 2 \\ 0 \end{pmatrix} + m \cdot \begin{pmatrix} 1 \\ 2 \\ -4 \end{pmatrix}$, $m \in \mathbb{R}$, ist zu bestimmen.

Lösung: Ein Normalenvektor der Ebene $\vec{e}$ ergibt sich aus dem Vektorprodukt ihrer Richtungsvektoren:

$$\vec{n} = \begin{pmatrix} 0 \\ 5 \\ -2 \end{pmatrix} \times \begin{pmatrix} 3 \\ -1 \\ 2 \end{pmatrix} = \begin{pmatrix} 5 \cdot 2 - (-2) \cdot (-1) \\ -2 \cdot 3 - 0 \cdot 2 \\ 0 \cdot (-1) - 5 \cdot 3 \end{pmatrix} = \begin{pmatrix} 8 \\ -6 \\ -15 \end{pmatrix}$$

Jetzt lässt sich der Schnittwinkel nach *Gl. (12.16)* berechnen:

$$\sigma = \arcsin\left(\frac{\left|\begin{pmatrix} 8 \\ -6 \\ -15 \end{pmatrix} \cdot \begin{pmatrix} 1 \\ 2 \\ -4 \end{pmatrix}\right|}{\left|\sqrt{8^2 + (-6)^2 + (-15)^2}\right| \cdot \left|\sqrt{1^2 + 2^2 + (-4)^2}\right|}\right) = \arcsin\left(\frac{|8 - 12 + 60|}{\sqrt{325} \cdot \sqrt{21}}\right)$$

$$= \arcsin 0{,}678 = 42{,}7°$$

12.46 Gegeben ist die Ebene $\vec{e} = \begin{pmatrix} -4 \\ -7 \\ 0 \end{pmatrix} + k \cdot \begin{pmatrix} 3 \\ 0 \\ 1 \end{pmatrix} + l \cdot \begin{pmatrix} -2 \\ 2 \\ 2 \end{pmatrix}$, $k, l \in \mathbb{R}$. Zu bestimmen ist die Gleichung einer Geraden, die diese Ebene orthogonal schneidet.

Lösung: Die gesuchte Gerade soll die Ebene orthogonal schneiden. Dies erfordert die Bestimmung eines Normalenvektors $\vec{n}$ der Ebene, der als Richtungsvektor der Geraden verwendet werden kann:

$$\vec{n} = \begin{pmatrix} 3 \\ 0 \\ 1 \end{pmatrix} \times \begin{pmatrix} -2 \\ 2 \\ 2 \end{pmatrix} = \begin{pmatrix} 0 \cdot 2 - 1 \cdot 2 \\ 1 \cdot (-2) - 3 \cdot 2 \\ 3 \cdot 2 - 0 \cdot (-2) \end{pmatrix} = \begin{pmatrix} -2 \\ -8 \\ 6 \end{pmatrix}$$

Wegen des Stützvektors der Ebene $\vec{e}$ liegt der Punkt $P(-4;\ -7;\ 0)$ in der Ebene, sodass der Ortsvektor dieses Punktes auch als Stützvektor der Gerade verwendet werden kann. Eine mögliche Geradengleichung lautet damit:

$$\vec{g} = \begin{pmatrix} -4 \\ -7 \\ 0 \end{pmatrix} + m \cdot \begin{pmatrix} -2 \\ -8 \\ 6 \end{pmatrix}, \quad m \in \mathbb{R}$$ ■

Kontrollfragen

12.25 Aus welchen Elementen besteht die vektorielle Darstellung einer Ebene?

12.26 Wie kann man überprüfen, ob ein Punkt auf einer gegebenen Ebene liegt?

12.27 Welche Lagebeziehungen können zwischen einer Ebene und einer Geraden bestehen?

12.28 Wie überprüft man die Lagebeziehung zwischen einer Ebene und einer Geraden?

12.29 Welche Lagebeziehungen kann es zwischen zwei Ebenen geben?

12.30 Wie überprüft man die Lagebeziehung zweier Ebenen?

12.31 Welche Eigenschaft hat der Normalenvektor einer Ebene?

12.32 Welche unterschiedlichen Möglichkeiten gibt es zur Bestimmung eines Normalenvektors einer Ebene?

12.33 Wie lässt sich der Schnittwinkel zweier sich schneidender Ebenen bestimmen?

12.34 Wie berechnet man den Schnittwinkel, unter dem eine Gerade eine Ebene schneidet?

12.35 Welche Bedingung erfüllt der Richtungsvektor einer Geraden, die eine Ebene senkrecht schneidet?

Aufgaben: ***12.31* bis *12.46***

■ 12.5 Aufgaben

12.1 Die Beträge der folgenden Vektoren sind zu bestimmen.

a) $\vec{v} = \begin{pmatrix} 3 \\ 4 \end{pmatrix}$ b) $\vec{v} = \begin{pmatrix} -8 \\ 6 \end{pmatrix}$ c) $\vec{v} = \begin{pmatrix} 1 \\ 1 \end{pmatrix}$ d) $\vec{v} = \begin{pmatrix} 0 \\ 0 \end{pmatrix}$

e) $\vec{v} = \begin{pmatrix} -1 \\ -1 \\ -1 \end{pmatrix}$ f) $\vec{v} = \begin{pmatrix} 0 \\ 6 \\ 0 \end{pmatrix}$ g) $\vec{v} = \begin{pmatrix} \sqrt{6} \\ 1 \\ -\sqrt{2} \end{pmatrix}$ h) $\vec{v} = \begin{pmatrix} -0{,}3 \\ 0{,}1 \\ 0{,}8 \end{pmatrix}$

12.2 a) Gegeben sind zwei Punkte: $A(-1;\ 0;\ 8)$ und $B(-3;\ 5;\ 5)$. Wie lauten die Koordinaten des Vektors $\overrightarrow{AB}$?

b) Wie groß ist der Betrag des Vektors $\overrightarrow{AB}$?

c) Wie lauten die Koordinaten des Gegenvektors von $\overrightarrow{AB}$, also des Vektors $\overrightarrow{BA}$?

d) Wie groß ist der Betrag des Vektors $\overrightarrow{BA}$?

12.3 Wie lauten die Koordinaten der Vektoren, die in *Bild 12.31* im Quader dargestellt sind?

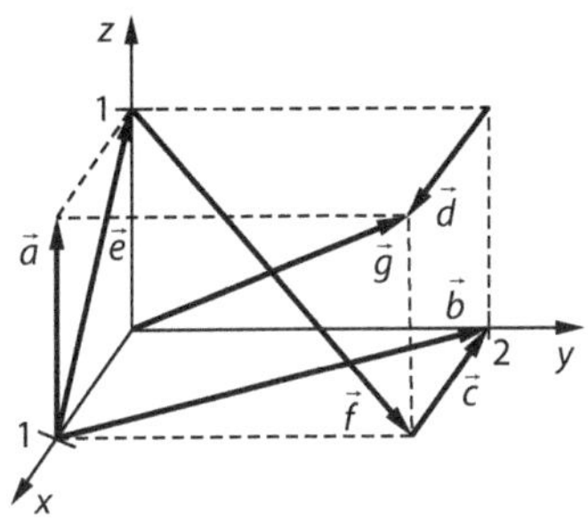

Bild 12.31

12.4 Die folgenden Vektoren sollen zeichnerisch und rechnerisch addiert werden:

a) $\vec{x} = \begin{pmatrix} -3 \\ 2 \end{pmatrix}$ und $\vec{y} = \begin{pmatrix} 2 \\ 1 \end{pmatrix}$ b) $\vec{x} = \begin{pmatrix} 2 \\ 3 \\ 0 \end{pmatrix}$ und $\vec{y} = \begin{pmatrix} -1 \\ -1 \\ 1 \end{pmatrix}$

c) $\vec{x} = \begin{pmatrix} 2 \\ 4 \end{pmatrix}$ und $\vec{y} = \begin{pmatrix} 0 \\ -5 \\ 5 \end{pmatrix}$

12.5 Welcher Vektor ergibt sich bei der Addition eines Vektors und seines Gegenvektors?

12.6 Welchen Abstand haben die folgenden Punkte voneinander?

a) $A(3; -4)$ und $B(-2; 8)$ b) $P(4; 9; -2)$ und $Q(-2; 9; 6)$

c) $S_1(0{,}3; 4{,}2; -0{,}4)$ und $S_2(0{,}8; -2{,}1; 3{,}5)$

12.7 Gegeben sind die Punkte $P(0; -2; -1)$, $Q(2; 3; 2)$, $R(-3; 0; -2)$ und $S(4; -1; 1)$. Zu bestimmen sind die Koordinaten von

a) $\overrightarrow{PS} + \overrightarrow{QR}$ b) $\overrightarrow{QP} - \overrightarrow{SP}$ c) $\overrightarrow{SR} + \overrightarrow{RS}$ d) $\overrightarrow{QS} + \overrightarrow{PR} - \overrightarrow{SR}$

e) $\overrightarrow{PR} - \overrightarrow{SR} - \overrightarrow{PS}$

12.8 Die folgenden Vektorgleichungen sind zu lösen:

a) $\vec{v} - \begin{pmatrix} -2 \\ 4 \end{pmatrix} = \begin{pmatrix} 3 \\ 2 \end{pmatrix}$ b) $\begin{pmatrix} 0 \\ -3 \end{pmatrix} + \vec{v} = \begin{pmatrix} 2 \\ 2 \end{pmatrix}$

c) $\vec{v} + \begin{pmatrix} 1 \\ 1 \\ -1 \end{pmatrix} = \begin{pmatrix} 5 \\ 2 \\ 0 \end{pmatrix} - \begin{pmatrix} 2 \\ -2 \\ 4 \end{pmatrix}$ d) $\begin{pmatrix} -3 \\ 1 \\ 1 \end{pmatrix} = \begin{pmatrix} 2 \\ -2 \\ -6 \end{pmatrix} - \vec{v}$

12.9 Zwei Kräfte $\vec{F}_1$ und $\vec{F}_2$, die miteinander einen rechten Winkel einschließen, greifen an einem Massepunkt an. Welchen Betrag hat die resultierende Kraft $\vec{F}_{Res}$, wenn $|\vec{F}_1| = 750\,\text{N}$ und $|\vec{F}_2| = 1\,000\,\text{N}$ ist?

12.10 Gegeben sind die Vektoren $\vec{v}_1 = \begin{pmatrix} -1 \\ 3 \\ 2 \end{pmatrix}$ und $\vec{v}_2 = \begin{pmatrix} 0 \\ 1{,}5 \\ -2 \end{pmatrix}$. Gesucht sind die Koordinaten der Vektoren

a) $\vec{a} = 2\vec{v}_1 + 5\vec{v}_2$ b) $\vec{b} = 3{,}5\vec{v}_1 - 2\vec{v}_2$ c) $\vec{c} = -\vec{v}_1 - 4\vec{v}_2$

d) $\vec{d} = -6\vec{v}_2 + 2\vec{v}_1 - 3 \cdot \begin{pmatrix} -2 \\ 2 \\ 0 \end{pmatrix}$

12.11 Gegeben ist ein Viereck mit den Eckpunkten $A(2; 2)$, $B(-1; 3)$, $C(-2; -1)$ und $D(1; 0)$. Mithilfe der Vektorrechnung sind die Längen aller vier Seiten sowie die Koordinaten der Punkte, die jeweils eine der Seiten halbieren, zu ermitteln.

12.12 Der Winkel, den die folgenden Vektoren miteinander einschließen, ist zu bestimmen:

a) $\vec{x} = \begin{pmatrix} 1 \\ 0 \end{pmatrix}$ und $\vec{y} = \begin{pmatrix} 0 \\ 5 \end{pmatrix}$ b) $\vec{x} = \begin{pmatrix} -1 \\ 3 \end{pmatrix}$ und $\vec{y} = \begin{pmatrix} 3 \\ 3 \end{pmatrix}$

c) $\vec{x} = \begin{pmatrix} 1 \\ -2 \\ 5 \end{pmatrix}$ und $\vec{y} = \begin{pmatrix} 2 \\ 2 \\ -3 \end{pmatrix}$ d) $\vec{x} = \begin{pmatrix} 1{,}2 \\ 2{,}5 \\ -0{,}3 \end{pmatrix}$ und $\vec{y} = \begin{pmatrix} 0{,}8 \\ -0{,}6 \\ 1{,}9 \end{pmatrix}$

e) $\vec{x} = 2 \cdot \begin{pmatrix} 3 \\ 2 \\ -1 \end{pmatrix} - 3 \cdot \begin{pmatrix} -2 \\ 0 \\ 4 \end{pmatrix}$ und $\vec{y} = -3 \cdot \begin{pmatrix} 4 \\ 0 \\ 2 \end{pmatrix} + 5 \begin{pmatrix} 1 \\ 1 \\ -1 \end{pmatrix}$

12.13 Der Parameter $a \in \mathbb{R}$ ist so zu bestimmen, dass die Vektoren

a) $\vec{v}_1 = \begin{pmatrix} a \\ 2 \end{pmatrix}$ und $\vec{v}_2 = \begin{pmatrix} -1 \\ 2a \end{pmatrix}$ senkrecht aufeinander stehen;

b) $\vec{v}_1 = \begin{pmatrix} -3 \\ 2 \end{pmatrix}$ und $\vec{v}_2 = \begin{pmatrix} a \\ 6 \end{pmatrix}$ einen Winkel von 0° bilden;

c) $\vec{v}_1 = \begin{pmatrix} 3 \\ -a \end{pmatrix}$ und $\vec{v}_2 = \begin{pmatrix} 1 \\ 4 \end{pmatrix}$ einen Winkel von 180° bilden.

12.14 Gesucht sind zwei zweidimensionale Einheitsvektoren, die einen Winkel von 120° einschließen.

12.15 Die Winkel α, β und γ in den durch die folgenden Punkte gegebenen Dreiecken sollen mithilfe der Vektorrechnung berechnet werden:

a) $A(0; 0)$, $B(2; -2)$ und $C(2; 2)$;

b) $A(0; 4)$, $B(-1; 2)$ und $C(-3; -3)$;

c) $A(1; 0; 3)$, $B(4; 2; 2)$ und $C(0; -2; 2{,}5)$.

12.16 Es ist das Skalarprodukt der folgenden Vektoren zu bestimmen:

a) $\vec{a} = \begin{pmatrix} 0 \\ -5 \end{pmatrix}$ und $\vec{b} = \begin{pmatrix} 1{,}4 \\ 0 \end{pmatrix}$ b) $\vec{a} = \begin{pmatrix} 3 \\ 2 \end{pmatrix}$ und $\vec{b} = \begin{pmatrix} 1 \\ -4 \end{pmatrix}$

c) $\vec{a} = \begin{pmatrix} x \\ y \end{pmatrix}$ und $\vec{b} = -\vec{a}$, $x, y \in \mathbb{R}$ d) $\vec{a} = \begin{pmatrix} 3 \\ 3 \\ 3 \end{pmatrix}$ und $\vec{b} = \begin{pmatrix} -4 \\ 0 \\ 4 \end{pmatrix}$

e) $\vec{a} = \begin{pmatrix} 7 \\ 1 \\ -1 \end{pmatrix}$ und $\vec{b} = \begin{pmatrix} -3 \\ 0{,}5 \\ 6 \end{pmatrix}$

f) $\vec{a} = \begin{pmatrix} -2 \\ 4 \\ 0 \end{pmatrix} - 1{,}5 \cdot \begin{pmatrix} 6 \\ 2 \\ -2 \end{pmatrix}$ und $\vec{b} = -5 \begin{pmatrix} -1 \\ -2 \\ x \end{pmatrix} + \begin{pmatrix} 3 \\ 4 \\ 4 \end{pmatrix}$, $x \in \mathbb{R}$

12.17 Gesucht ist ein Einheitsvektor, der auf dem Vektor $\vec{v}$ bzw. auf den Vektoren $\vec{x}$ und $\vec{y}$ senkrecht steht:

a) $\vec{v} = \begin{pmatrix} 2 \\ 0 \end{pmatrix}$ b) $\vec{v} = \begin{pmatrix} -1 \\ 3 \end{pmatrix}$ c) $\vec{x} = \begin{pmatrix} -3 \\ 0 \\ 0 \end{pmatrix}$ und $\vec{y} = \begin{pmatrix} 0 \\ 0 \\ 2{,}5 \end{pmatrix}$

d) $\vec{x} = \begin{pmatrix} 1 \\ 4 \\ -2 \end{pmatrix}$ und $\vec{y} = \begin{pmatrix} 1 \\ -4 \\ 2 \end{pmatrix}$ e) $\vec{x} = \begin{pmatrix} -4 \\ 1{,}5 \\ 2{,}5 \end{pmatrix}$ und $\vec{y} = \begin{pmatrix} 1 \\ 2 \\ 7 \end{pmatrix}$

12.18 Gegeben ist das Dreieck ABC mit $A(4; 0)$, $B(0; 3)$ und $C(-1; -2)$. Unter welchem Winkel treffen die Seitenhalbierenden die Seite, die sie halbieren?

12.19 Es ist mithilfe der Vektorrechnung zu zeigen, dass die Punkte $A(-1;\,-1)$, $B(3;\,2)$, $C(2;\,6)$ und $D(-2;\,3)$ die Eckpunkte eines Parallelogramms bilden. Unter welchem Winkel schneiden sich die Diagonalen dieses Parallelogramms?

12.20 Das Vektorprodukt der Vektoren $\vec{x}$ und $\vec{y}$ ist zu bestimmen:

a) $\vec{x} = \begin{pmatrix} 0 \\ 1 \\ 0 \end{pmatrix}, \quad \vec{y} = \begin{pmatrix} 0 \\ 0 \\ 1 \end{pmatrix}$ b) $\vec{x} = \begin{pmatrix} 1 \\ 2 \\ 3 \end{pmatrix}, \quad \vec{y} = \begin{pmatrix} 1 \\ -2 \\ 3 \end{pmatrix}$

c) $\vec{x} = \begin{pmatrix} 4 \\ 1 \\ -2 \end{pmatrix}, \quad \vec{y} = \begin{pmatrix} 0 \\ -3 \\ 1 \end{pmatrix}$ d) $\vec{x} = \begin{pmatrix} -2 \\ 1{,}5 \\ -4 \end{pmatrix}, \quad \vec{y} = \begin{pmatrix} 8 \\ -6 \\ 16 \end{pmatrix}$

e) $\vec{x} = \begin{pmatrix} 5 \\ 1 \\ 4{,}2 \end{pmatrix}, \quad \vec{y} = \begin{pmatrix} 4 \\ 1 \\ -5 \end{pmatrix}$ f) $\vec{x} = \begin{pmatrix} 0 \\ 1 \\ -4 \end{pmatrix}, \quad \vec{y} = \begin{pmatrix} 0 \\ 0{,}5 \\ -2 \end{pmatrix}$

12.21 Welchen Flächeninhalt hat das durch die Vektoren $\vec{a}$ und $\vec{b}$ aufgespannte Parallelogramm?

a) $\vec{a} = \begin{pmatrix} 1 \\ -1 \\ 0 \end{pmatrix}, \quad \vec{b} = \begin{pmatrix} 1 \\ 1 \\ 0 \end{pmatrix}$ b) $\vec{a} = \begin{pmatrix} -1 \\ -3 \\ 4 \end{pmatrix}, \quad \vec{b} = \begin{pmatrix} 2 \\ 2 \\ 0 \end{pmatrix}$

c) $\vec{a} = \begin{pmatrix} 2 \\ -2 \\ 3 \end{pmatrix}, \quad \vec{b} = \begin{pmatrix} -4 \\ 4 \\ -6 \end{pmatrix}$ d) $\vec{a} = \begin{pmatrix} -5 \\ -3 \\ -2 \end{pmatrix}, \quad \vec{b} = \begin{pmatrix} 5 \\ -7 \\ -2 \end{pmatrix}$

12.22 Welchen Wert muss der reelle Parameter a annehmen, damit der Flächeninhalt des durch die Vektoren $\vec{x} = \begin{pmatrix} 1 \\ 1 \\ a \end{pmatrix}$ und $\vec{y} = \begin{pmatrix} -2 \\ 3 \\ a \end{pmatrix}$ aufgespannten Parallelogramms 5 (Flächeneinheiten) beträgt?

12.23 Das Volumen des Spats, das durch die Vektoren $\vec{v}_1$, $\vec{v}_2$ und $\vec{v}_3$ aufgespannt wird, soll berechnet werden:

a) $\vec{v}_1 = \begin{pmatrix} 0 \\ 3 \\ 0 \end{pmatrix}, \quad \vec{v}_2 = \begin{pmatrix} -4 \\ 0 \\ 0 \end{pmatrix}, \quad \vec{v}_3 = \begin{pmatrix} 0 \\ 0 \\ 5 \end{pmatrix}$

b) $\vec{v}_1 = \begin{pmatrix} 1 \\ 1 \\ -5 \end{pmatrix}, \quad \vec{v}_2 = \begin{pmatrix} -3 \\ 2 \\ -2 \end{pmatrix}, \quad \vec{v}_3 = \begin{pmatrix} 1 \\ -4 \\ 5 \end{pmatrix}$

c) $\vec{v}_1 = \begin{pmatrix} 1 \\ -3 \\ 2 \end{pmatrix}, \quad \vec{v}_2 = \begin{pmatrix} -2 \\ 0 \\ 8 \end{pmatrix}, \quad \vec{v}_3 = \begin{pmatrix} 2 \\ 6 \\ -20 \end{pmatrix}$

12.24 Zu bestimmen sind jeweils drei verschiedene Punkte, die auf den folgenden Geraden liegen:

a) $\vec{g}_1 = \begin{pmatrix} 2 \\ 3 \end{pmatrix} + k \cdot \begin{pmatrix} -1 \\ 2 \end{pmatrix}, \quad k \in \mathbb{R}$ b) $\vec{g}_2 = \begin{pmatrix} 0 \\ -3 \\ 5 \end{pmatrix} + k \cdot \begin{pmatrix} 8 \\ 2 \\ 0 \end{pmatrix}, \quad k \in \mathbb{R}$

12.25 Zu bestimmen ist die vektorielle Gleichung einer Geraden, die durch die folgenden Punkte verläuft:

a) $A(0;\,0)$ und $B(-2;\,5)$ b) $P_1(4;\,-5)$ und $P_2(-3;\,8)$

c) $P(-1;\,-1;\,5{,}5)$ und $Q(0;\,0;\,0)$ d) $X(1;\,4;\,-2)$ und $Y(0;\,7;\,7)$

12.26 Es soll überprüft werden, ob die folgenden Punkte auf der Geraden

$\vec{g} = \begin{pmatrix} -1 \\ 4 \\ 9 \end{pmatrix} + k \cdot \begin{pmatrix} 2 \\ 2 \\ -3 \end{pmatrix}, \quad k \in \mathbb{R}$, liegen:

a) $P(-3;\,2;\,12)$ b) $K(0;\,0;\,0)$ c) $A(5;\,10;\,0)$ d) $P(-0{,}5;\,4{,}5;\,8{,}25)$

e) $P(-1;\,4;\,9)$ f) $S(3;\,8;\,6)$

12.27 Es ist zu überprüfen, ob die folgenden drei Punkte auf einer Geraden liegen:

a) $P_1(1;\ -1)$, $P_2(-1;\ 0)$ und $P_3(-3;\ 1)$

b) $P_1(2;\ 2)$, $P_2(8;\ 1)$ und $P_3(6;\ 0)$

c) $P_1(-1;\ 0;\ 5)$, $P_2(0;\ -1;\ 3)$ und $P_3(2;\ -3;\ -1)$

d) $P_1(-1;\ 2;\ 2)$, $P_2(0;\ 1;\ 6)$ und $P_3(-2;\ -3;\ 3)$

12.28 Für welche Werte der Parameter $a, b \in \mathbb{R}$ verläuft die Gerade

$$\vec{g} = \begin{pmatrix} 4 \\ 2 \\ -1 \end{pmatrix} + k \cdot \begin{pmatrix} 8 \\ a \\ b \end{pmatrix}, \quad k \in \mathbb{R},$$

durch den Koordinatenursprung?

12.29 Die Lagebeziehungen der folgenden Geraden und ggf. ihr Schnittpunkt sind zu bestimmen:

a) $\vec{g}_1 = \begin{pmatrix} 1 \\ 1 \end{pmatrix} + k \cdot \begin{pmatrix} 1 \\ -3 \end{pmatrix}$ und $\vec{g}_2 = \begin{pmatrix} -3 \\ 5 \end{pmatrix} + l \cdot \begin{pmatrix} 6 \\ -2 \end{pmatrix}, \quad k, l \in \mathbb{R}$

b) $\vec{g}_1 = \begin{pmatrix} -3 \\ 2 \end{pmatrix} + k \cdot \begin{pmatrix} -10 \\ 5 \end{pmatrix}$ und $\vec{g}_2 = \begin{pmatrix} 2 \\ -0{,}5 \end{pmatrix} + l \cdot \begin{pmatrix} -2 \\ 1 \end{pmatrix}, \quad k, l \in \mathbb{R}$

c) $\vec{g}_1 = \begin{pmatrix} 0 \\ -3 \end{pmatrix} + k \cdot \begin{pmatrix} 1{,}5 \\ -2{,}25 \end{pmatrix}$ und $\vec{g}_2 = \begin{pmatrix} -2{,}5 \\ 4{,}5 \end{pmatrix} + l \cdot \begin{pmatrix} -6 \\ 9 \end{pmatrix}, \quad k, l \in \mathbb{R}$

d) $\vec{g}_1 = \begin{pmatrix} 0 \\ 1 \\ 0 \end{pmatrix} + k \cdot \begin{pmatrix} -1 \\ -1 \\ -1 \end{pmatrix}$ und $\vec{g}_2 = \begin{pmatrix} -1 \\ -2 \\ 3 \end{pmatrix} + l \cdot \begin{pmatrix} 2 \\ 6 \\ -6 \end{pmatrix}, \quad k, l \in \mathbb{R}$

e) $\vec{g}_1 = \begin{pmatrix} 0{,}5 \\ 1{,}5 \\ -0{,}5 \end{pmatrix} + k \cdot \begin{pmatrix} 0{,}1 \\ -0{,}1 \\ 0{,}3 \end{pmatrix}$ und $\vec{g}_2 = \begin{pmatrix} 0 \\ -2 \\ -3 \end{pmatrix} + l \cdot \begin{pmatrix} 4 \\ 12 \\ 16 \end{pmatrix}, \quad k, l \in \mathbb{R}$

f) $\vec{g}_1 = \begin{pmatrix} 2 \\ 1 \\ 0 \end{pmatrix} + k \cdot \begin{pmatrix} -2 \\ 2{,}5 \\ 1 \end{pmatrix}$ und $\vec{g}_2 = \begin{pmatrix} -1 \\ 2 \\ -3 \end{pmatrix} + l \cdot \begin{pmatrix} 8 \\ -10 \\ -4 \end{pmatrix}, \quad k, l \in \mathbb{R}$

g) $\vec{g}_1 = \begin{pmatrix} -1 \\ 1 \\ 4 \end{pmatrix} + k \cdot \begin{pmatrix} -2 \\ 1 \\ 10 \end{pmatrix}$ und $\vec{g}_2 = \begin{pmatrix} 1 \\ -1 \\ -4 \end{pmatrix} + l \cdot \begin{pmatrix} 0 \\ 2 \\ -3 \end{pmatrix}, \quad k, l \in \mathbb{R}$

12.30 Die folgenden Geraden schneiden sich in einem Punkt S. Dieser Punkt und der Schnittwinkel σ sind jeweils zu berechnen:

a) $\vec{g}_1 = \begin{pmatrix} -3 \\ -3 \end{pmatrix} + k \cdot \begin{pmatrix} 1 \\ 0 \end{pmatrix}$ und $\vec{g}_2 = \begin{pmatrix} 4 \\ 4 \end{pmatrix} + l \cdot \begin{pmatrix} 0 \\ 1 \end{pmatrix}, \quad k, l \in \mathbb{R}$

b) $\vec{g}_1 = \begin{pmatrix} 1 \\ 0 \\ 1 \end{pmatrix} + k \cdot \begin{pmatrix} 1 \\ 1 \\ 1 \end{pmatrix}$ und $\vec{g}_2 = \begin{pmatrix} 4 \\ 5 \\ -1 \end{pmatrix} + l \cdot \begin{pmatrix} 2 \\ -2 \\ 12 \end{pmatrix}, \quad k, l \in \mathbb{R}$

c) $\vec{g}_1 = \begin{pmatrix} 1{,}5 \\ 4 \\ -2{,}5 \end{pmatrix} + k \cdot \begin{pmatrix} -1{,}5 \\ 2 \\ 2 \end{pmatrix}$ und $\vec{g}_2 = \begin{pmatrix} -3 \\ 4 \\ -1{,}5 \end{pmatrix} + l \cdot \begin{pmatrix} 0 \\ -3 \\ -2{,}5 \end{pmatrix}, \quad k, l \in \mathbb{R}$

12.31 Zu bestimmen sind drei verschiedene Punkte, die auf der Ebene

$$\vec{e} = \begin{pmatrix} -2 \\ 3{,}5 \\ -1 \end{pmatrix} + k \cdot \begin{pmatrix} -1 \\ 2 \\ 0 \end{pmatrix} + l \cdot \begin{pmatrix} 0 \\ 4 \\ 5 \end{pmatrix}, \quad k, l \in \mathbb{R} \text{ liegen.}$$

12.32 Zu bestimmen ist die vektorielle Gleichung einer Ebene, die durch die folgenden Punkte verläuft:

a) $P_1(-1;\ 2;\ 2)$, $P_2(0;\ 1;\ 6)$ und $P_3(-2;\ -3;\ 3)$

b) $P_1(4;\ -2;\ 0)$, $P_2(-4;\ 1{,}5;\ 3{,}5)$ und $P_3(-2;\ -1;\ 0)$

c) $P_1(-1;\ 0;\ 5)$, $P_2(0;\ -1;\ 3)$ und $P_3(2;\ -3;\ -1)$

12.33 Es soll überprüft werden, ob der folgende Punkt auf der Ebene

$$\vec{e} = \begin{pmatrix} -2 \\ 0 \\ 3 \end{pmatrix} + k \cdot \begin{pmatrix} 1 \\ -1 \\ -2 \end{pmatrix} + l \cdot \begin{pmatrix} 4 \\ -1 \\ 2 \end{pmatrix}, \quad k, l \in \mathbb{R}, \text{ liegt:}$$

a) $P(3;\ -2;\ 3)$ b) $P(0;\ 4;\ 0)$ c) $P(11;\ -1;\ 17)$

12.34 Es ist zu überprüfen, ob die folgenden vier Punkte auf einer gemeinsamen Ebene liegen. Eine Gleichung dieser Ebene ist ggf. zu bestimmen:

a) $P_1(-1;\ 0;\ -2), P_2(-1;\ -2;\ 1), P_3(-3;\ 6;\ -1)$ und $P_4(-3;\ 4;\ 2)$

b) $P_1(-2;\ 4;\ 2), P_2(-1;\ 5;\ 3), P_3(-2;\ 5;\ 5)$ und $P_4(-3;\ 2;\ -5)$

12.35 Es ist die Lagebeziehung zwischen der gegebenen Ebene und der gegebenen Geraden zu bestimmen, ggf. sind die Koordinaten des Durchstoßpunktes zu berechnen.

a) $\vec{e} = \begin{pmatrix} 1 \\ 0 \\ 4 \end{pmatrix} + k \cdot \begin{pmatrix} 1 \\ -1 \\ 0 \end{pmatrix} + l \cdot \begin{pmatrix} 2 \\ -1 \\ 2 \end{pmatrix}, \quad k, l \in \mathbb{R}, \quad \vec{g} = \begin{pmatrix} 1 \\ -1 \\ 0 \end{pmatrix} + m \cdot \begin{pmatrix} 0 \\ 2 \\ 8 \end{pmatrix}, \quad m \in \mathbb{R}$

b) $\vec{e} = \begin{pmatrix} 0{,}5 \\ -2{,}3 \\ 4{,}7 \end{pmatrix} + k \cdot \begin{pmatrix} 2 \\ -5 \\ 3 \end{pmatrix} + l \cdot \begin{pmatrix} 0 \\ 7 \\ -2 \end{pmatrix}, \quad k, l \in \mathbb{R}, \quad \vec{g} = \begin{pmatrix} 1{,}1 \\ -1{,}3 \\ 0{,}8 \end{pmatrix} + m \cdot \begin{pmatrix} 6 \\ -1 \\ 5 \end{pmatrix}, \quad m \in \mathbb{R}$

c) $\vec{e} = \begin{pmatrix} 2 \\ 10 \\ 0 \end{pmatrix} + k \cdot \begin{pmatrix} -3 \\ -2 \\ 4 \end{pmatrix} + l \cdot \begin{pmatrix} 1 \\ -8 \\ -4 \end{pmatrix}, \quad k, l \in \mathbb{R}, \quad \vec{g} = \begin{pmatrix} 3 \\ -3 \\ -2 \end{pmatrix} + m \cdot \begin{pmatrix} -6 \\ 6 \\ 4 \end{pmatrix}, \quad m \in \mathbb{R}$

d) $\vec{e} = \begin{pmatrix} 1 \\ 1 \\ -1 \end{pmatrix} + k \cdot \begin{pmatrix} 1 \\ 1 \\ -1 \end{pmatrix} + l \cdot \begin{pmatrix} 0 \\ -1 \\ -2 \end{pmatrix}, \quad k, l \in \mathbb{R}, \quad \vec{g} = \begin{pmatrix} -6 \\ 1 \\ 20 \end{pmatrix} + m \cdot \begin{pmatrix} -3 \\ 1 \\ 11 \end{pmatrix}, m \in \mathbb{R}$

12.36 Gegeben ist die Ebene $\vec{e} = \begin{pmatrix} -2 \\ 0 \\ 3 \end{pmatrix} + k \cdot \begin{pmatrix} 1 \\ -1 \\ -2 \end{pmatrix} + l \cdot \begin{pmatrix} 4 \\ -1 \\ 2 \end{pmatrix}, k, l \in \mathbb{R}$. Gesucht ist die Gleichung einer Geraden,

a) die mit der Ebene nur den Punkt $P(-1;\ -1;\ 1)$ gemeinsam hat

b) die in der Ebene liegt

c) keinen gemeinsamen Punkt mit der Ebene aufweist.

12.37 Die Lagebeziehung der folgenden Ebenen und ggf. eine Gleichung der Schnittgeraden sind zu bestimmen:

a) $\vec{e}_1 = \begin{pmatrix} 2 \\ 10 \\ 0 \end{pmatrix} + k \cdot \begin{pmatrix} -3 \\ -2 \\ 4 \end{pmatrix} + l \cdot \begin{pmatrix} 1 \\ -8 \\ -4 \end{pmatrix}, \quad k, l \in \mathbb{R} \quad \text{und}$

$\vec{e}_2 = \begin{pmatrix} 2 \\ -1 \\ 0 \end{pmatrix} + m \cdot \begin{pmatrix} -4 \\ 6 \\ 8 \end{pmatrix} + n \cdot \begin{pmatrix} 2 \\ 0 \\ 2 \end{pmatrix}, \quad m, n \in \mathbb{R}$

b) $\vec{e}_1 = \begin{pmatrix} 0 \\ 0 \\ 0 \end{pmatrix} + k \cdot \begin{pmatrix} 6 \\ -4 \\ 1 \end{pmatrix} + l \cdot \begin{pmatrix} -4 \\ -1 \\ 2 \end{pmatrix}, \quad k, l \in \mathbb{R} \quad \text{und}$

$\vec{e}_2 = \begin{pmatrix} 0 \\ 11 \\ -8 \end{pmatrix} + m \cdot \begin{pmatrix} 2 \\ -5 \\ 3 \end{pmatrix} + n \cdot \begin{pmatrix} 10 \\ -3 \\ -1 \end{pmatrix}, \quad m, n \in \mathbb{R}$

c) $\vec{e}_1 = \begin{pmatrix} 1 \\ 1 \\ -1 \end{pmatrix} + k \cdot \begin{pmatrix} 1 \\ 1 \\ -1 \end{pmatrix} + l \cdot \begin{pmatrix} 0 \\ -1 \\ -2 \end{pmatrix}, k, l \in \mathbb{R} \quad \text{und}$

$\vec{e}_2 = \begin{pmatrix} 2 \\ 1 \\ -4 \end{pmatrix} + m \cdot \begin{pmatrix} 2 \\ 1 \\ -4 \end{pmatrix} + n \cdot \begin{pmatrix} -1 \\ -3 \\ -3 \end{pmatrix}, m, n \in \mathbb{R}$

d) $\vec{e}_1 = \begin{pmatrix} 1 \\ 0 \\ 4 \end{pmatrix} + k \cdot \begin{pmatrix} 1 \\ -1 \\ 0 \end{pmatrix} + l \cdot \begin{pmatrix} 2 \\ -1 \\ 2 \end{pmatrix}, \quad k, l \in \mathbb{R}$ und

$\vec{e}_2 = \begin{pmatrix} 2 \\ 1 \\ 3 \end{pmatrix} + m \cdot \begin{pmatrix} 1 \\ 1 \\ 2 \end{pmatrix} + n \cdot \begin{pmatrix} -3 \\ -1 \\ 1 \end{pmatrix}, \quad m, n \in \mathbb{R}$

12.38 Gesucht sind die Gleichungen zweier unterschiedlicher Ebenen, die sich in der Geraden

$\vec{g} = \begin{pmatrix} 1 \\ -1 \\ 0 \end{pmatrix} + k \cdot \begin{pmatrix} 0 \\ 2 \\ 8 \end{pmatrix}, \quad k \in \mathbb{R},$

schneiden.

12.39 Zu bestimmen sind die Koordinaten der Punkte, in denen die Koordinatenachsen die Ebene

$\vec{e} = \begin{pmatrix} 2 \\ 1 \\ 0 \end{pmatrix} + k \cdot \begin{pmatrix} 2 \\ 1 \\ -1 \end{pmatrix} + l \cdot \begin{pmatrix} 1 \\ -2 \\ 3 \end{pmatrix}, \quad k, l \in \mathbb{R},$

durchstoßen.

12.40 Es sind die Geraden zu bestimmen, in denen die Ebene

$\vec{e} = \begin{pmatrix} 1 \\ 1 \\ 1 \end{pmatrix} + k \cdot \begin{pmatrix} 1 \\ 1 \\ -1 \end{pmatrix} + l \cdot \begin{pmatrix} 1 \\ -1 \\ 2 \end{pmatrix}, \quad k, l \in \mathbb{R},$

die Koordinatenebenen schneidet („Spurgeraden").

12.41 Die Normaleneinheitsvektoren der folgenden Ebenen sind zu bestimmen:

a) $\vec{e} = \begin{pmatrix} -1 \\ 2 \\ 3 \end{pmatrix} + k \cdot \begin{pmatrix} 0 \\ 1 \\ -4 \end{pmatrix} + l \cdot \begin{pmatrix} 3 \\ 0 \\ 2 \end{pmatrix}, \quad k, l \in \mathbb{R}$

b) $\vec{e} = k \cdot \begin{pmatrix} 1 \\ 1 \\ 3 \end{pmatrix} + l \cdot \begin{pmatrix} -1 \\ 2 \\ -1 \end{pmatrix}, \quad k, l \in \mathbb{R}$

c) $\vec{e} = \begin{pmatrix} 0 \\ 2{,}3 \\ -1{,}8 \end{pmatrix} k \cdot \begin{pmatrix} 2{,}5 \\ -2{,}5 \\ 0 \end{pmatrix} + l \cdot \begin{pmatrix} -3{,}5 \\ 1 \\ 0 \end{pmatrix}, \quad k, l \in \mathbb{R}$

12.42 Unter welchem Winkel schneidet die Gerade $\vec{g} = \begin{pmatrix} -1 \\ 4 \\ 2 \end{pmatrix} + m \cdot \begin{pmatrix} 2 \\ 2 \\ -3 \end{pmatrix}, \quad m \in \mathbb{R},$

die Ebene $\vec{e} = \begin{pmatrix} -1 \\ 4 \\ 4 \end{pmatrix} + k \cdot \begin{pmatrix} 1 \\ -1 \\ -2 \end{pmatrix} + l \cdot \begin{pmatrix} 4 \\ -1 \\ 2 \end{pmatrix}, \quad k, l \in \mathbb{R}$?

12.43 Die Gleichung einer Geraden ist zu bestimmen, die die Ebene

$\vec{e} = \begin{pmatrix} 2 \\ 1 \\ -4 \end{pmatrix} + k \cdot \begin{pmatrix} 2 \\ 1 \\ -4 \end{pmatrix} + l \cdot \begin{pmatrix} -1 \\ -3 \\ -3 \end{pmatrix}, \quad k, l \in \mathbb{R},$

im Punkt $S(5;\ 5;\ -5)$ orthogonal schneidet.

12.44 Der Parameter $t \in \mathbb{R}$ ist so zu bestimmen, dass die Gerade $\vec{g} = m \cdot \begin{pmatrix} t \\ -3{,}5 \\ -2{,}5 \end{pmatrix}, \quad m \in \mathbb{R},$

die Ebene $\vec{e} = \begin{pmatrix} 2 \\ 1 \\ 0 \end{pmatrix} + k \cdot \begin{pmatrix} 2 \\ 1 \\ -1 \end{pmatrix} + l \cdot \begin{pmatrix} 1 \\ -2 \\ 3 \end{pmatrix}, \quad k, l \in \mathbb{R},$

orthogonal schneidet.

12.45 Unter welchem Winkel schneiden sich die Ebenen

$$\vec{e}_1 = \begin{pmatrix} 5 \\ -1 \\ -1 \end{pmatrix} + k \cdot \begin{pmatrix} 3 \\ -2 \\ -3 \end{pmatrix} + l \cdot \begin{pmatrix} 0 \\ -1 \\ -2 \end{pmatrix}, \quad k, l \in \mathbb{R}, \quad \text{und}$$

$$\vec{e}_2 = \begin{pmatrix} -2 \\ -1{,}5 \\ 3 \end{pmatrix} + m \cdot \begin{pmatrix} 2 \\ 2 \\ -4 \end{pmatrix} + n \cdot \begin{pmatrix} 3 \\ 0 \\ -3 \end{pmatrix}, \quad m, n \in \mathbb{R}?$$

12.46 Der reelle Parameter a ist so zu bestimmen, dass die Ebenen

$$\vec{e}_1 = \begin{pmatrix} 1 \\ 0 \\ 4 \end{pmatrix} + k \cdot \begin{pmatrix} a \\ -3 \\ 0 \end{pmatrix} + l \cdot \begin{pmatrix} 2 \\ -1 \\ 2 \end{pmatrix}, \quad k, l \in \mathbb{R}, \quad \text{und}$$

$$\vec{e}_2 = \begin{pmatrix} 2 \\ -1 \\ 0 \end{pmatrix} + m \cdot \begin{pmatrix} -4 \\ 6 \\ 8 \end{pmatrix} + n \cdot \begin{pmatrix} 2 \\ 0 \\ 2 \end{pmatrix}, \quad m, n \in \mathbb{R},$$

sich unter einem rechten Winkel schneiden.

12.6 Lösungen

12.1 a) $|\vec{v}| = 5$ b) $|\vec{v}| = 10$ c) $|\vec{v}| = \sqrt{2}$ d) $|\vec{v}| = 0$
e) $|\vec{v}| = \sqrt{3}$ f) $|\vec{v}| = 6$ g) $|\vec{v}| = 3$ h) $|\vec{v}| = 0{,}86$

12.2 a) $\overrightarrow{AB} = \begin{pmatrix} -2 \\ 5 \\ -3 \end{pmatrix}$ b) $\left|\overrightarrow{AB}\right| = 6{,}16$ c) $\overrightarrow{BA} = \begin{pmatrix} 2 \\ -5 \\ 3 \end{pmatrix}$ d) $\left|\overrightarrow{BA}\right| = \left|\overrightarrow{AB}\right| = 6{,}16$

12.3 $\vec{a} = \begin{pmatrix} 0 \\ 0 \\ 1 \end{pmatrix}; \vec{b} = \begin{pmatrix} -1 \\ 2 \\ 0 \end{pmatrix}; \vec{c} = \begin{pmatrix} -1 \\ 0 \\ 0 \end{pmatrix}; \vec{d} = \begin{pmatrix} 1 \\ 0 \\ 0 \end{pmatrix}; \vec{e} = \begin{pmatrix} -1 \\ 0 \\ 1 \end{pmatrix}; \vec{f} = \begin{pmatrix} 1 \\ 2 \\ -1 \end{pmatrix}; \vec{g} = \begin{pmatrix} 1 \\ 2 \\ 1 \end{pmatrix}$

12.4 a) $\vec{x} + \vec{y} = \begin{pmatrix} -1 \\ 3 \end{pmatrix}$

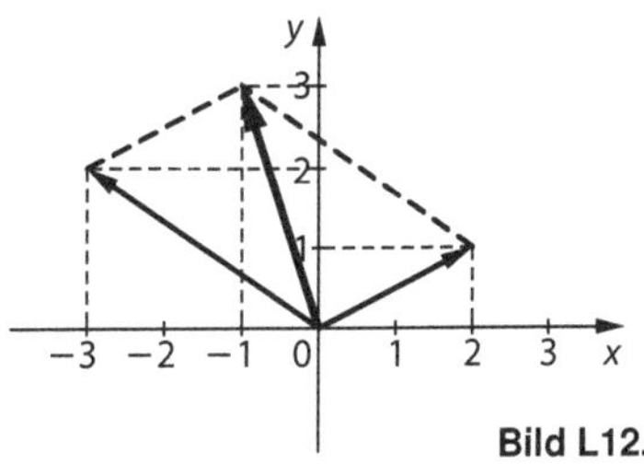

Bild L12.1

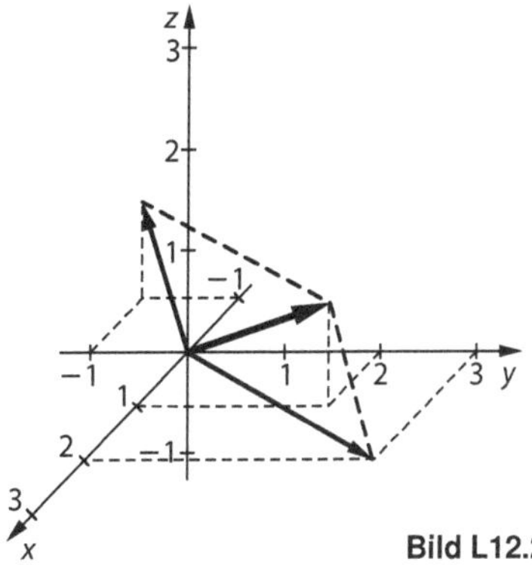

Bild L12.2

b) $\vec{x} + \vec{y} = \begin{pmatrix} 1 \\ 2 \\ 1 \end{pmatrix}$

c) Eine Addition ist nicht möglich.

12.5 Es ergibt sich der Nullvektor.

12.6 a) $\left|\overrightarrow{AB}\right| = 13$ b) $\left|\overrightarrow{PQ}\right| = 10$ c) $\left|\overrightarrow{S_1S_2}\right| = 7{,}43$

12.7 a) $\begin{pmatrix} -1 \\ -2 \\ -2 \end{pmatrix}$ b) $\begin{pmatrix} 2 \\ -4 \\ -1 \end{pmatrix}$ c) $\begin{pmatrix} 0 \\ 0 \\ 0 \end{pmatrix}$ d) $\begin{pmatrix} 6 \\ -3 \\ 1 \end{pmatrix}$ e) $\begin{pmatrix} 0 \\ 0 \\ 0 \end{pmatrix}$

12.8 a) $\vec{v} = \begin{pmatrix} 1 \\ 6 \end{pmatrix}$ b) $\vec{v} = \begin{pmatrix} 2 \\ 5 \end{pmatrix}$ c) $\vec{v} = \begin{pmatrix} 2 \\ 3 \\ -3 \end{pmatrix}$ d) $\vec{v} = \begin{pmatrix} 5 \\ -3 \\ -7 \end{pmatrix}$

12.9 $\left|\vec{F}_{\text{Res}}\right| = 1\,250\,\text{N}$

12.10 a) $\vec{a} = \begin{pmatrix} -2 \\ 13{,}5 \\ -6 \end{pmatrix}$ b) $\vec{b} = \begin{pmatrix} -3{,}5 \\ 7{,}5 \\ 11 \end{pmatrix}$ c) $\vec{c} = \begin{pmatrix} 1 \\ -9 \\ 6 \end{pmatrix}$ d) $\vec{d} = \begin{pmatrix} 4 \\ -9 \\ 16 \end{pmatrix}$

12.11 $\left|\overrightarrow{AB}\right| = 3{,}16$; $\left|\overrightarrow{BC}\right| = 4{,}12$; $\left|\overrightarrow{CD}\right| = 3{,}16$; $\left|\overrightarrow{DA}\right| = 2{,}24$;
$M_{AB}(0{,}5;\ 2{,}5)$; $M_{BC}(-1{,}5;\ 1)$; $M_{CD}(-0{,}5;\ -0{,}5)$; $M_{DA}(1{,}5;\ 1)$

12.12 a) 90° b) 63,4° c) 138,8° d) 100,7° e) 70,0°

12.13 a) $a = 0$ b) $a = -9$ c) keine Lösung ($a = -12$ ist eine Scheinlösung)

12.14 Beispielsweise $\vec{x} = \begin{pmatrix} 0 \\ 1 \end{pmatrix}$ und $\vec{y} = \begin{pmatrix} 0{,}5 \cdot \sqrt{3} \\ -0{,}5 \end{pmatrix}$

12.15 a) $\alpha = 90°$, $\beta = 45°$, $\gamma = 45°$
b) $\alpha = 3{,}366°$, $\beta = 175{,}236°$, $\gamma = 1{,}397°$
c) $\alpha = 139{,}30°$, $\beta = 15{,}25°$, $\gamma = 25{,}44°$

12.16 a) 0 b) −5 c) $-x^2 - y^2$ d) 0 e) −26,5 f) $-15x - 62$

12.17 Beispielsweise
a) $\begin{pmatrix} 0 \\ 1 \end{pmatrix}$ b) $\frac{1}{\sqrt{10}} \begin{pmatrix} 3 \\ 1 \end{pmatrix}$ c) $\begin{pmatrix} 0 \\ 1 \\ 0 \end{pmatrix}$ d) $\frac{1}{\sqrt{5}} \begin{pmatrix} 0 \\ 1 \\ 2 \end{pmatrix}$ e) $\frac{1}{\sqrt{4\,203}} \begin{pmatrix} 11 \\ 61 \\ -19 \end{pmatrix}$

12.18 Für s_a: $\alpha = 85{,}03°$; für s_b: $\beta = 91{,}25°$; für s_c: $\gamma = 94{,}05°$

12.19 $\overrightarrow{AB} = \overrightarrow{DC} = \begin{pmatrix} 4 \\ 3 \end{pmatrix}$, $\overrightarrow{BC} = \overrightarrow{AD} = \begin{pmatrix} -1 \\ 4 \end{pmatrix}$, Schnittwinkel $\delta = 101{,}9°$ (bzw. $\delta = 78{,}1°$)

12.20 a) $\begin{pmatrix} 1 \\ 0 \\ 0 \end{pmatrix}$ b) $\begin{pmatrix} 12 \\ 0 \\ -4 \end{pmatrix}$ c) $\begin{pmatrix} -5 \\ -4 \\ -12 \end{pmatrix}$ d) $\begin{pmatrix} 0 \\ 0 \\ 0 \end{pmatrix}$ e) $\begin{pmatrix} -9{,}2 \\ 41{,}8 \\ 1 \end{pmatrix}$ f) $\begin{pmatrix} 0 \\ 0 \\ 0 \end{pmatrix}$

12.21 a) 2 b) 12 c) 0 d) 54,4

12.22 $a = 0$

12.23 a) 60 b) 35 c) 0

12.24 a) Zum Beispiel $P_1(2;\ 3)$, $P_2(1;\ 5)$, $P_3(3;\ 1)$
b) Zum Beispiel $A(0;\ -3;\ 5)$, $B(8;\ -1;\ 5)$, $C(-8;\ -5;\ 5)$

12.25 a) Zum Beispiel $\vec{g} = k \cdot \begin{pmatrix} -2 \\ 5 \end{pmatrix}$, $k \in \mathbb{R}$

b) Zum Beispiel $\vec{g} = \begin{pmatrix} 4 \\ -5 \end{pmatrix} + k \cdot \begin{pmatrix} -7 \\ 13 \end{pmatrix}$, $k \in \mathbb{R}$

c) Zum Beispiel $\vec{g} = \begin{pmatrix} -1 \\ -1 \\ 5{,}5 \end{pmatrix} + k \cdot \begin{pmatrix} 1 \\ 1 \\ -5{,}5 \end{pmatrix}$, $k \in \mathbb{R}$

d) Zum Beispiel $\vec{g} = \begin{pmatrix} 1 \\ 4 \\ -2 \end{pmatrix} + k \cdot \begin{pmatrix} -1 \\ 3 \\ 9 \end{pmatrix}, k \in \mathbb{R}$

12.26 a) ja (für $k = -1$)
b) nein
c) ja (für $k = 3$)
d) ja (für $k = 0{,}25$)
e) ja (für $k = 0$)
f) nein

12.27 a) ja, z. B. auf $\vec{g} = \begin{pmatrix} 1 \\ -1 \end{pmatrix} + k \cdot \begin{pmatrix} -2 \\ 1 \end{pmatrix}, k \in \mathbb{R}$
b) nein
c) ja, z. B. auf $\vec{g} = \begin{pmatrix} -1 \\ 0 \\ 5 \end{pmatrix} + k \cdot \begin{pmatrix} 1 \\ -1 \\ -2 \end{pmatrix}, k \in \mathbb{R}$
d) nein

12.28 $a = 4$, $b = -2$

12.29 a) Die Geraden schneiden sich im Punkt $S(0;\ 4)$
b) Die Geraden sind identisch
c) Die Geraden verlaufen parallel und haben keinen gemeinsamen Punkt
d) Die Geraden sind identisch
e) Die Geraden schneiden sich im Punkt $S(1;\ 1;\ 1)$
f) Die Geraden verlaufen parallel und haben keinen gemeinsamen Punkt
g) Die Geraden sind windschief zueinander, d. h. sie sind nicht parallel und haben keinen gemeinsamen Punkt

12.30 a) Schnittpunkt $S(4;\ -3)$, Schnittwinkel $\sigma = 90°$
b) Schnittpunkt $S(5;\ 4;\ 5)$, Schnittwinkel $\sigma = 55{,}8°$
c) Schnittpunkt $S(-3;\ 10;\ 3{,}5)$, Schnittwinkel $\sigma = 151{,}6°$

12.31 Zum Beispiel $P_1(-2;\ 3{,}5;\ -1)$, $P_2(-3;\ 5{,}5;\ -1)$, $P_3(-2;\ 7{,}5;\ 4)$

12.32 a) Zum Beispiel $\vec{e} = \begin{pmatrix} -1 \\ 2 \\ 2 \end{pmatrix} + k \cdot \begin{pmatrix} 1 \\ -1 \\ 4 \end{pmatrix} + l \cdot \begin{pmatrix} -1 \\ -5 \\ 1 \end{pmatrix}, k, l \in \mathbb{R}$
b) Zum Beispiel $\vec{e} = \begin{pmatrix} 4 \\ -2 \\ 0 \end{pmatrix} + k \cdot \begin{pmatrix} -16 \\ 7 \\ 7 \end{pmatrix} + l \cdot \begin{pmatrix} 6 \\ 1 \\ 0 \end{pmatrix}, k, l \in \mathbb{R}$
c) es ist keine eindeutige Lösung möglich, da die Punkte auf einer Geraden liegen (siehe *Aufgabe 12.27 c)*). Eine parametrisierte Lösung ist z. B. $\vec{e} = \begin{pmatrix} -1 \\ 0 \\ 5 \end{pmatrix} + k \cdot \begin{pmatrix} 1 \\ -1 \\ -2 \end{pmatrix} + l \cdot \begin{pmatrix} a \\ b \\ c \end{pmatrix}$, $k, l, a, b, c \in \mathbb{R}$

12.33 a) ja (für $k = 1$ und $l = 1$)
b) nein
c) ja (für $k = -3$ und $l = 4$)

12.34 a) ja, z. B. $\vec{e} = \begin{pmatrix} -1 \\ 0 \\ -2 \end{pmatrix} + k \cdot \begin{pmatrix} 0 \\ -2 \\ 3 \end{pmatrix} + l \cdot \begin{pmatrix} -2 \\ 6 \\ 1 \end{pmatrix}, k, l \in \mathbb{R}$
b) nein

12.35 a) Die Gerade schneidet die Ebene im Punkt $P(1;\ 0;\ 4)$

b) die Gerade schneidet die Ebene nicht

c) die Gerade schneidet die Ebene im Punkt $P(0;\ 0;\ 0)$

d) die Gerade liegt in der Ebene

12.36 a) Zum Beispiel $\vec{g} = \begin{pmatrix} -1 \\ -1 \\ 1 \end{pmatrix} + k \cdot \begin{pmatrix} 0 \\ 0 \\ 1 \end{pmatrix},\ k \in \mathbb{R}$

b) z. B. $\vec{g} = \begin{pmatrix} -2 \\ 0 \\ 3 \end{pmatrix} + k \cdot \begin{pmatrix} 5 \\ -2 \\ 0 \end{pmatrix},\ k \in \mathbb{R}$

c) z. B. $\vec{g} = \begin{pmatrix} -1 \\ 0 \\ 0 \end{pmatrix} + k \cdot \begin{pmatrix} 5 \\ -2 \\ 0 \end{pmatrix},\ k \in \mathbb{R}$

12.37 a) Die Ebenen schneiden sich z. B. in der Geraden $\vec{g} = \begin{pmatrix} 4 \\ -6 \\ -8 \end{pmatrix} + k \cdot \begin{pmatrix} -2 \\ 3 \\ 4 \end{pmatrix},\ k \in \mathbb{R}$

b) die Ebenen sind identisch

c) die Ebenen haben keinen gemeinsamen Punkt

d) die Ebenen schneiden sich z. B. in der Geraden $\vec{g} = \begin{pmatrix} 1 \\ 2 \\ 8 \end{pmatrix} + k \cdot \begin{pmatrix} 3 \\ 7 \\ 20 \end{pmatrix},\ k \in \mathbb{R}$

12.38 Zum Beispiel

$\vec{e} = \begin{pmatrix} 1 \\ -1 \\ 0 \end{pmatrix} + k \cdot \begin{pmatrix} 0 \\ 2 \\ 8 \end{pmatrix} + l \cdot \begin{pmatrix} 1 \\ 0 \\ 0 \end{pmatrix},\ k, l \in \mathbb{R}$ und $\vec{e}_2 = \begin{pmatrix} 1 \\ -1 \\ 0 \end{pmatrix} + m \cdot \begin{pmatrix} 0 \\ 2 \\ 8 \end{pmatrix} + n \cdot \begin{pmatrix} 1 \\ 1 \\ 0 \end{pmatrix},\ m, n \in \mathbb{R}$

12.39 $P_x(-5;\ 0;\ 0)$, $P_y(0;\ \frac{5}{7};\ 0)$ und $P_z(0;\ 0;\ 1)$

12.40 Zum Beispiel $\vec{g}_{xy} = \begin{pmatrix} -4 \\ 0 \\ 0 \end{pmatrix} + k \cdot \begin{pmatrix} 3 \\ 1 \\ 0 \end{pmatrix},\ k \in \mathbb{R}$, z. B. $\vec{g}_{xz} = \begin{pmatrix} -4 \\ 0 \\ 0 \end{pmatrix} + k \cdot \begin{pmatrix} 2 \\ 0 \\ 1 \end{pmatrix},\ k \in \mathbb{R}$ und z. B.

$\vec{g}_{yz} = \begin{pmatrix} 0 \\ 0 \\ 2 \end{pmatrix} + k \cdot \begin{pmatrix} 0 \\ -2 \\ 3 \end{pmatrix},\ k \in \mathbb{R}$

12.41 a) $\vec{n}_0 = \begin{pmatrix} 0{,}16 \\ -0{,}96 \\ -0{,}24 \end{pmatrix}$ b) $\vec{n}_0 = \begin{pmatrix} -0{,}89 \\ -0{,}25 \\ 0{,}38 \end{pmatrix}$ c) $\vec{n}_0 = \begin{pmatrix} 0 \\ 0 \\ -1 \end{pmatrix}$

12.42 Schnittwinkel $\sigma = 53{,}4°$

12.43 Zum Beispiel $\vec{g} = \begin{pmatrix} 5 \\ 5 \\ -5 \end{pmatrix} + k \cdot \begin{pmatrix} -7 \\ 10 \\ -1 \end{pmatrix},\ k \in \mathbb{R}$

12.44 $t = 0{,}5$

12.45 Schnittwinkel $\sigma = 70{,}1°$

12.46 $a = -4$

Sachwortverzeichnis

2π-periodisch 308
2-Punkte-Form der Geradengleichung 277

A

Abbildung 263
abhängige Variable einer Funktion 263
Abklingkonstante 324
Ableitung 371
– der mittelbaren Funktion 383
– der Potenzfunktion 374
– einer konstanten Funktion 376
– eines konstanten Faktors 376
– eines Produktes 381
– eines Quotienten 382
–, geometrische Interpretation 387
–, höhere 386
–, Summe 376
– weiterer Funktionen 384
–, zweite 386
Abschreibung 347
–, geometrisch-degressive 353
–, lineare 347
Abschreibungsbetrag 347
Abschreibungssatz 347
absoluter Betrag 29
Abszisse 266
Achsenabschnitt einer Geraden 275
achsensymmetrische Funktion 294
Addition 40
Addition von Vektoren 565 f.
Additionsregel 449
Additionssystem 25
Additionstheoreme 233
Additionsverfahren 114
Ähnlichkeit 154
Ähnlichkeitssätze 160
algebraische Form komplexer Zahlen 540
algebraische Gleichung 88, 90
algebraische Summe 35
allgemeine Form der quadratischen Funktion 283
allgemeine Form eines linearen Gleichungssystems 113
allgemeines Dreieck 156
Allmenge 16
Alternative 21
Alternativhypothese 510
Alternativtest 510
analytische Darstellung einer Funktion 265
Anfangsbedingung 416
Anfangsglied 342
Anfangswert 324
äquivalente Umformung 89
Äquivalenz 18
Arbeitshypothese 510
Argument einer komplexen Zahl 547
arithmetische Form komplexer Zahlen 540
arithmetisches Mittel 482
Arkusfunktionen 310
Assoziativgesetz 565, 568, 573, 576
Assoziativität 20, 33
Asymptote 304, 363, 393 f.
Aufzinsen 352
Aussage 14
Aussageform 15
–, Erfüllung 15
axialsymmetrisch 300

B

Basis 51, 61
Baumdiagramm 454
bedingte Wahrscheinlichkeit 462
Bedingung, hinreichende 18
notwendige 18
Bernoulli-Experiment 502
Bernoulli-Formel 459
Bernoulli-Kette 502
Betrag, absoluter 29
Betrag einer komplexen Zahl 545, 547
Betrag eines Vektors 562
Bijektivität 270
binärer Logarithmus 64
Binärsystem 26
Binomialkoeffizient 69, 459
Binomialverteilung 502
–, kumulative 506
binomische Formel 36
binomischer Lehrsatz 70
Bogenmaß 103, 216

Bruch, echter 39
–, unechter 39
Bruchgleichung 91
Bruchrechnung 39

C

Cavalierisches Prinzip 195
Cramersche Regel 126

D

deckungsgleiche Geraden 279
Definitionsbereich einer Funktion 263
Definitionsbereich einer Ungleichung 111
dekadischer Logarithmus 63, 66
Determinante 126
–, dreireihige 129
–, mehrreihige 129
–, zweireihige 126
Determinantenverfahren 125
Dezimalbruch 24
Dezimalsystem 26
Differenz 19
Differenzenquotient 369
–, Grenzwert 370
Differenzial 369, 377
Differenzialquotient 379
Differenzierbarkeit 373
Dimension eines Koordinatensystems 561
direkte Proportionalität 45
disjunkte Menge 17
Diskontierung 352
diskrete Zufallsgröße 516
Distributivgesetz 568, 573, 576
Distributivität 20, 33
Divergenz 107
Division 40
Doppelbruch 43
Drehung 148
Dreieck, allgemeines 156
–, Flächeninhalt 246
–, gleichschenkliges 164
–, gleichseitiges 165
–, rechtwinkliges 163
Dreiecksberechnung 237
Dreieckstransversale 161
dreireihige Determinante, Lösung 129
Durchschnitt 19
Durchstoßpunkt 588

E

Ebene, Normalenvektor 594
–, vektorielle Beschreibung 584
echt gebrochenrationale Funktion 302
echte Teilmenge 17
echter Bruch 39
e-Funktion 305
Einheitsvektor 562, 572
Einsetzungsverfahren 114
Element 13
– einer Menge 13
empirische Verteilungsfunktion 478
Endglied 344
entgegengesetzte Zahl 29, 33
ε-Umgebung 355
Ereignis 443
Erfüllung der Aussageform 15
Ergebnis 443
Ergebnisraum 443
–, Mächtigkeit 443
Erwartungswert 499, 503, 517, 519, 522, 526
Erweitern 40
Eulersche Formel 550
Eulersche Gerade 161
explizite Form einer Funktionsgleichung 268
Exponent 51
Exponentialform komplexer Zahlen 550
Exponentialfunktionen 303
Exponentialgleichung 100
Exponentialverteilung 526
Extrempunkt 390
Extremwertaufgabe 399

F

Faktorenzerlegung 36
Fakultät 69
Fehler 1. Art 510
– 2. Art 510
Festkommadarstellung 30
Flächenelement 424
Flächeninhalt 174, 426, 428
Flächeninhalt eines Dreiecks 246
freie Variable 86
Funktion 263, 383
–, abhängige Variable 263
–, Ableitung 371
–, achsensymmetrische 294
–, allgemeine Form der quadratischen 283
–, analytische Darstellung 265
–, äußere 383
–, Definitionsbereich 263
–, ganzrationale, n-ten Grades 296
–, gebrochenrationale 300
–, gerade 293
–, grafische Darstellung 265
–, innere 383
–, konkave 387
–, konstante 269

–, konvexe 387
–, lineare 274
–, Lücke 393
–, Maschinenmodell 264
–, mittelbare 320
–, nach oben beschränkte 270
–, nach unten beschränkte 270
–, Nullstelle 270, 277 ff., 286 ff., 290 f., 298, 308 f.
–, Polstelle 300
–, Produktform einer quadratischen 287
–, Prozessmodell 264
–, punktsymmetrische 294
–, quadratische 283
–, Scheitelform einer quadratischen 286
–, stetige 362
–, streng monoton fallende 269
–, streng monoton wachsende 269
–, Stützstellen 298
–, trigonometrische 217
–, Umkehrfunktion einer linearen 277
–, unabhängige Variable 263
–, verkettete 320
–, Wertebereich 263
Funktionsgleichung 265
–, aufstellen mittels der Ableitungen 401

G

Galton-Brett 504
ganze Zahl 24
ganzrationale Funktionen 296
– *n*-ten Grades 296
Gauß'sche Zahlenebene 544
Gauß'scher Algorithmus 120
gebrochenrationale Funktion 300
gebundene Variable 86
Gegenereignis 443
Gegenhypothese 510
Gegenvektor 564
Genauwert 351
geometrisches Mittel 484
geordnetes *n*-Tupel 114
geordnetes Paar 114
geordnetes Quadrupel 114
geordnetes Tripel 114
Gerade 143
–, Achsenabschnitt 275
–, deckungsgleiche 279
–, Lagebeziehung 279, 581
–, Parallelität 279
–, Schnittpunkt 280
–, senkrechter Schnitt zweier 282
–, Steigungsfaktor 275
–, Steigungswinkel 276
–, Vektorgleichung 579
gerade Funktionen 293
gestaffelte Form 120
gleichschenkliges Dreieck 164
gleichseitiges Dreieck 165
Gleichsetzungsverfahren 114
Gleichung 86
–, algebraische 88, 90
–, Bruch- 91
– dritten und höheren Grades 97
–, Exponential- 100
–, goniometrische 100, 102
–, grafische Lösung 105
–, identische 88
–, kubische 97
–, linear abhängige 118
–, logarithmische 100 f.
– *n*-ten Grades 97
–, quadratische 93
–, transzendente 88, 99 f.
–, Wurzel- 91
Gleichungssystem, lineares 113
Gleitkommadarstellung 30
goniometrische Form komplexer Zahlen 549
goniometrische Gleichung 100, 102
Gradmaß 215
grafische Darstellung einer Funktion 265
grafische Lösung 105
Grenze, obere 49
–, untere 49
Grenzkurve 302, 304
Grenzwert 361, 369 f.
– einer Folge 356
– einer Funktion 359
–, linksseitiger 360
–, rechtsseitiger 360
–, uneigentlicher 356
Grundbereich 15
Grundintegrale 415
Grundkonstruktion 151
Grundziffer 25

H

Häufigkeit, relative 466
Häufigkeitspolygon 480
Hauptwert 351, 554
Hauptwerte der Arkussinusfunktion 311
Hexadezimalsystem 26
Histogramm 480
Hochpunkt 390
Höhensatz 164
Hornersches Rechenschema 98
Hyperbel 300

I

Idempotenz 21
identische Gleichungen 88
Identität 88
imaginäre Achse 544
imaginäre Zahl 538
imaginäre Zahleneinheit 537
Imaginärteil 540
Implikation 18
implizite Form einer Funktionsgleichung 268
indirekte Proportionalität 46
Injektivität 270
Inklusion 16
inneres Produkt 572
Integral 413
- als Grenzwert 422
–, bestimmtes 416, 419, 423
–, partikuläres 417
–, unbestimmtes 414
Integralfunktion 414
Integralrechnung, Grundaufgabe 413
Integrand 414
Integration 413
- durch Substitution 431
–, Flächenberechnung 417
–, numerische 436
Integrationsgrenzen 419
Integrationsintervall 421
Integrationskonstante 414
Integrationsvariable 414
Intervall 28
irrationale Zahl 25
Iteration 105

K

Kardinalzahl 23
kartesische Koordinaten 547
kartesisches Koordinatensystem 265, 560
Kathetensatz 163
Kegel 190
Kegelstumpf 191
Kennziffer 66
Keplersche Fassregel 437
Kettenregel 383
Klasse 477
Kombination 452, 458
- mit Wiederholung 458
- ohne Wiederholung 458
Kombinatorik 452
Kommutativgesetz 568
Kommutativität 20, 33
Komplement einer Menge 21
komplexe Zahl 540
–, algebraische Form 540
–, Argument einer 547
–, arithmetische Form 540
–, Betrag einer 545, 547
–, Exponentialform 550
–, goniometrische Form 549
–, konjugiert 540
–, Norm einer 542
trigonometrische Form 549
–, vektorielle Darstellung 544
Kongruenz 149
Kongruenzsätze 158
konjugiert komplexe Zahl 540
Konjunktion 21
konstante Funktion 269
Konvergenz 107
Konvertieren 27
Konvertierung 26
Koordinaten eins Punktes 561
Koordinatenform des Skalarprodukts 573
koordinatenfreie Form des Skalarprodukts 574
Koordinatensystem, Dimension 561
–, kartesisches 560
Koordinatenursprung 266, 561
Korrelation 489
Korrelationskoeffizient 490
Kosinus 217
Kosinusfunktion 308
–, Maximum und Minimum 309
Kosinussatz 242
Kotangens 217
Kreis 170
Kreisdiagramm 266
Kreuzprodukt 576
kubische Gleichung 97
Kugel 195
kumulative Binomialverteilung 506
Kurvendiskussion 392
–, Asymptoten 394
–, Definitionsbereich 393
–, Extrempunkte und Art der Extremwerte 394
–, Nullstellen 393
–, Schnittpunkt mit der y-Achse 393
–, Skizze der Funktion 394
–, Symmetrie 393
–, Unstetigkeitsstellen 393
–, Verhalten im Unendlichen 394
–, Wendepunkte 394
–, Wertebereich 394
Kürzen 40

L

Lagebeziehung zwischen Ebenen 590
- zwischen einer Ebene und einer Geraden 588
- zwischen Geraden 279, 581
Laplace-Experiment 447
leere Menge 14
linear abhängige Gleichung 118
lineare Funktion 274
lineares Gleichungssystem 113
–, allgemeine Form 113
Linearfaktoren 298
Logarithmensystem 63
logarithmische Gleichung 100 f.
Logarithmus 51, 61
–, Basis 61
–, binärer 64
–, dekadischer 63, 66
–, natürlicher 63
–, Numerus 61
Logarithmusfunktionen 306
Lösung der Aussageform 15
Lücke 393

M

Mächtigkeit des Ergebnisraumes 443
Mantisse 66
Maschinenmodell von Funktionen 264
Maximum 389
–, absolutes 390
–, relatives 389
Median 483
mehrreihige Determinante 129
mehrstufiger Zufallsversuch 453
Menge 13
–, Differenz 19
–, disjunkte 17
–, Durchschnitt 19
–, Komplement 21
–, leere 14
–, Vereinigung 19
Mengenoperation 19
Merkmal, qualitatives 475
–, quantitatives 475
Minimum 389
–, absolutes 390
–, relatives 389
Mittel, arithmetisches 482
–, geometrisches 484
mittelbare Funktion 320
Mittelwert 481
mittlere Proportionale 44
Modalwert 484
Monotonie von Funktionen 269
Monotoniebogen 387
Multiplikation 40
Multiplikation eines Vektors 568
Multiplikationsregel 450
Multiplikationssatz 463

N

nach oben beschränkte Funktion 270
nach unten beschränkte Funktion 270
Näherungsverfahren 104
natürliche Zahl 23
natürlicher Logarithmus 63
Nebenbedingungen 399
Nebenwinkel 146
n-Eck 168
Negation 22
Nenner, Rationalmachen 58
Neugrad 216
Norm einer komplexen Zahl 542
Normaleneinheitsvektor 596
Normalenform der Ebenengleichung 594
Normalenvektor einer Ebene 594
Normalform der Geradengleichung 275
Normalform einer quadratischen Funktion 283
Normalparabel 285
Normalverteilung 519
–, standardisierte 522
Normzahlen 351
Nullfolge 357
Nullhypothese 510
Nullpunkt 266
Nullstelle 393
- einer Funktion 270, 277 ff., 286 ff., 290 f., 298, 308 f.
- einer Parabel 287
Nullvektor 564
Numerus 51, 61

O

obere Grenze 49
obere Schranke 270
Obermenge 17
Obersumme 423
Ordinalzahl 23
Ordinate 266
Orientierung eines Vektors 561
Orthogonalitätsbedingung 574
Ortsvektor eines Punktes 562

P

Paar, geordnetes 114

Parabel 283
– n-ter Ordnung 293
–, Nullstelle 287
Parallelität zweier Geraden 279
Parameter 117
Partialdivision 38
Pascalsches Dreieck 68
π-periodisch 309
periodische Funktionen 307
Permutation 452, 457
– mit Wiederholung 457
– ohne Wiederholung 457
Pfadregel 455
Pivotelement 121
Planimetrie 143
Poisson-Verteilung 516
Polarkoordinaten 228, 547
Polstelle einer Funktion 300
Polynom 89
Polynomfunktion n-ten Grades 296
Positionssystem 26
Potenzfunktionen 293
Potenzgesetz 51
primäre Verteilungstafel 477, 482
Prinzip der Mengenbildung 16
Prisma 183
Prismatoid 188
Probe 90
Produktform einer quadratischen Funktion 287
Produktgleichung 44
Produktregel 381, 455
Promille 47
Proportion 44
Proportionalität, direkte 45
–, indirekte 46
Prozentrechnung 47
Prozessmodell von Funktionen 264
Punkt 143
punktsymmetrische Funktion 294
Pyramide 185
Pyramidenstumpf 189

Q

Quader 181
Quadranten 266
Quadrantenrelationen 225
quadratische Ergänzung 289
quadratische Funktionen 283
quadratische Gleichung 93
Quadrupel, geordnetes 114
qualitatives Merkmal 475
quantitatives Merkmal 475
Quotientenregel 382

R

Radikand 51, 54
rationale Zahl 24
Rationalmachen des Nenners 58
Rauminhalt von Rotationskörpern 433
Realteil 540
Rechenoperation 32
– dritter Stufe 51
– erster Stufe 32
– zweiter Stufe 32
Rechenschema von Horner 98
Rechteckkoordinaten 547
Rechte-Hand-Regel 561
rechtwinkliges Dreieck 163
rechtwinkliges Koordinatensystem 265
reelle Achse 544
reelle Zahl 23, 25
Regel zum Konvertieren 27
Regel von Sarrus 130
Regressionsgerade 492
Regressionskoeffizient 492
regula falsi 108
Reihe 344
Relation 263
relative Häufigkeit 466
Repräsentant eines Vektors 564
reziproke Zahl 33
Richtung eines Vektors 561
Richtungssinn 561
Richtungsvektor 579
Runden von Zahlen 31

S

Satz des Pythagoras 164
Satz von Bayes 465
Säulendiagramm 266
Scheitelform einer quadratischen Funktion 286
Scheitelwinkel 146
Schnittpunkt zweier Geraden 280
Schreibweise von Zahlen 30
Sekantenverfahren 108
sekundäre Verteilungstafel 477, 482
senkrechter Schnitt zweier Geraden 282
signifikante Ziffer 30
Signifikanztest 512
Signum 29
Simpsonsche Regel 438
Simulation 466
Sinus 216
Sinusfunktion 308
–, Maximum und Minimum 308
Sinussatz 239
Skalar 562

Skalarprodukt 572
–, Koordinatenform 573
–, koordinatenfreie Form 574
Spannvektoren 585
Spannweite 476
Spatprodukt 577
Spiegelachse 272
Spiegelung 148
Sprungstelle 361
Stammfunktion 414
Standardabweichung 486, 499, 503
standardisierte Normalverteilung 522
Steigungsdreieck 276
Steigungsfaktor einer Geraden 275
Steigungswinkel einer Geraden 276
Stereometrie 180
Stichprobe 476
Strahl 144
Strecke 144
Streckung, zentrische 154
streng monoton fallende Funktion 269
streng monoton wachsende Funktion 269
Streuung 485, 499, 517, 519, 526
Streuungsmaß 481
Stufenpunkt 391
Stufensprung 351
Stufenwinkel 146
Stützstellen einer Funktion 298
Stützvektor 579
Stützwerte einer Funktion 298
Substitutionsregel 431
Subtraktion von Vektoren 565 ff.
Summationsgrenze 49
Summationsindex 49
Summe, algebraische 35
Summenregel 455
Summenzeichen 49
Surjektivität 270
Symmetrie 150

T

Tangens 217
Tangensfunktion 309
Teilmenge 16
–, echte 17
Term 35
Terrassenpunkt 391
Tiefpunkt 390
totale Wahrscheinlichkeit 463
transzendente Gleichung 88, 99 f.
Trend 493
trigonometrische Form komplexer Zahlen 549
trigonometrische Funktion 217, 307
trigonometrischer Pythagoras 231
Tripel, geordnetes 114
Tupel, n-, geordnetes 114

U

Umkehrfunktion 272
– einer linearen Funktion 277
unabhängige Variable einer Funktion 263
unecht gebrochenrationale Funktion 302
unechter Bruch 39
Unendlichkeitsstelle 393
ungerade Funktionen 293
Ungleichung 110
–, Definitionsbereich 111
Unstetigkeit, hebbare 362
Unstetigkeitsstelle 393
untere Grenze 49
untere Schranke 270
Untermenge 17
Untersumme 423
Urliste 476
Urnenmodell 454
Ursprungsgerade 275

V

Variable 15, 86
–, freie 86
–, gebundene 86
Varianz 499, 503
Variation 452, 458
– mit Wiederholung 458
– ohne Wiederholung 458
Variationskoeffizient 486
Vektor 561
–, Addition 565 f.
–, Betrag 562
–, Multiplikation 568
–, Orientierung 561
–, Repräsentant 564
–, Richtung 561
–, Subtraktion 565 ff.
–, Vielfaches 568
–, Winkel 570
Vektoraddition 546
Vektorgleichung einer Geraden 579
vektorielle Beschreibung von Ebenen 584
vektorielle Darstellung komplexer Zahlen 544
Vektorparallelogramm 565
Vektorprodukt 576
Vereinigung 19
verkettete Funktion 320
Verschiebung 148
Versor 550
Verteilungsfunktion 496, 526
–, empirische 478

Verteilungstafel 476
–, primäre 477, 482
–, sekundäre 477, 482
Vielfaches eines Vektors 568
Viereck 166
Vierfeldertafel 461
Vorzeichenregel 34

W

Wachstumskonstante 324
Wachstumstempo 350
Wahrheitswert 14
Wahrscheinlichkeit, bedingte 462
–, totale 463
Wahrscheinlichkeitsdichte 500, 519, 526
Wahrscheinlichkeitsverteilung 496
Wechselwinkel 146
Wendepunkt 391
Wertebereich einer Funktion *W* 263
Wertetabelle 265
Winkel 144
Winkel zwischen Vektoren 570
Wurzel 54
Wurzelexponent 51, 54
Wurzelfunktionen 295
Wurzelgleichung 91
Wurzelsatz von Vieta 96

Z

Zahl, entgegengesetzte 29, 33
–, ganze 24
–, irrationale 25
–, natürliche 23
–, rationale 24
–, reelle 23, 25
–, reziproke 33
–, Runden 31
–, Schreibweise 30
Zahlenfolge 341
–, alternierende 343
–, arithmetische 344
–, divergente 356
–, endliche 342 f.
–, fallende 343, 348
–, geometrische 348
–, Glied einer 342
–, grafische Darstellung 342
–, Grenzwert einer 355
–, konstante 343
–, konvergente 356
–, rekursive Darstellung 343 f., 348
–, streng monoton fallend 343 f., 348
–, streng monoton wachsend 343 f., 348
–, tabellarische Darstellung 342
–, unabhängige Darstellung 342, 344, 348
–, unendliche 342 f.
–, wachsende 343
–, Wortdarstellung 342
Zahlensystem 25
zentralsymmetrisch 300
zentrische Streckung 154
Zielfunktion 399
Ziffer 25
–, signifikante 30
Zinseszinsrechnung 352
Zinsrechnung 47
Zufallsexperiment 443
Zufallsgröße 495, 503
–, diskrete 516
Zufallsversuch 443, 453
zweireihige Determinante 126
Zweiwertigkeit 14
zyklometrische Funktionen 310
Zylinder 190

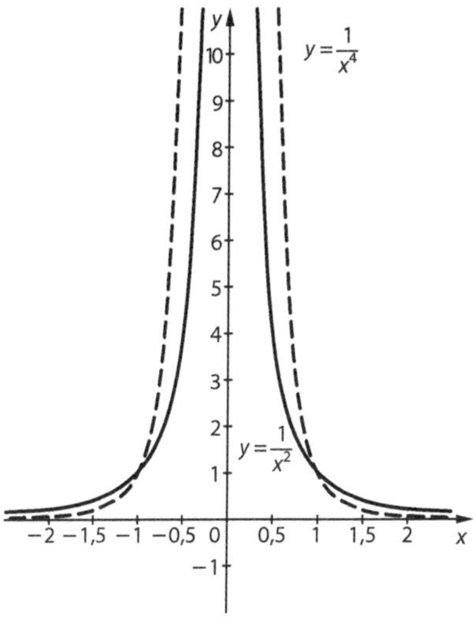
y = 1/x^4
y = 1/x^2
x
y

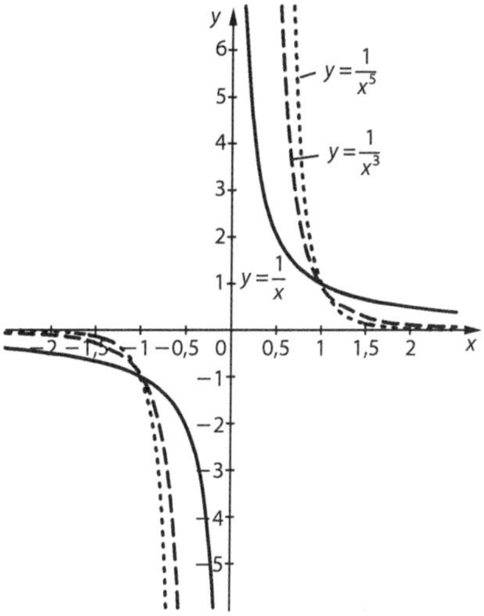
y = 1/x^5
y = 1/x^3
y = 1/x
x
y

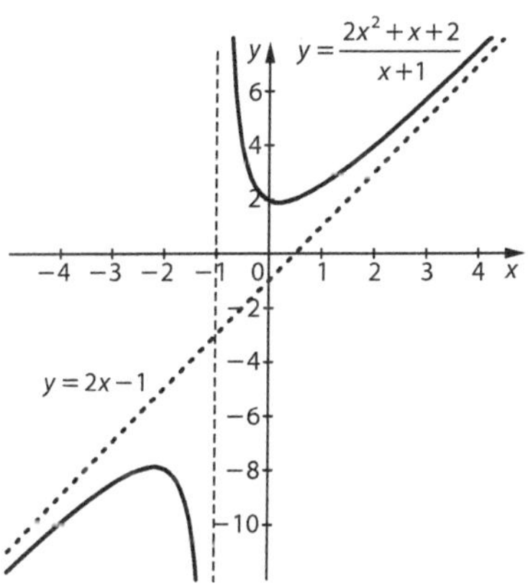
y = (2x^2 + x + 2)/(x + 1)
y = 2x − 1
x
y

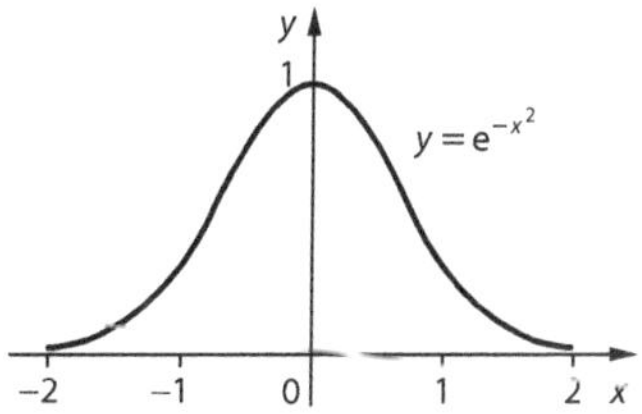
y = e^(−x^2)
x
y

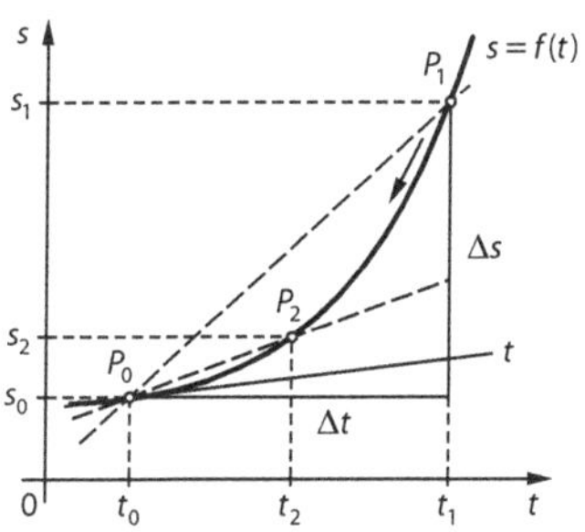
s = f(t)
P1
P2
P0
Δs
Δt
s1
s2
s0
t0
t2
t1
t
s

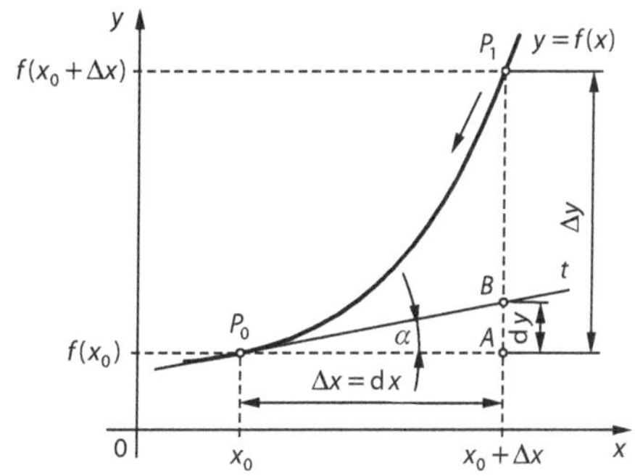
y = f(x)
P1
P0
f(x0 + Δx)
f(x0)
Δy
dy
B
A
α
Δx = dx
x0
x0 + Δx
t
x
y

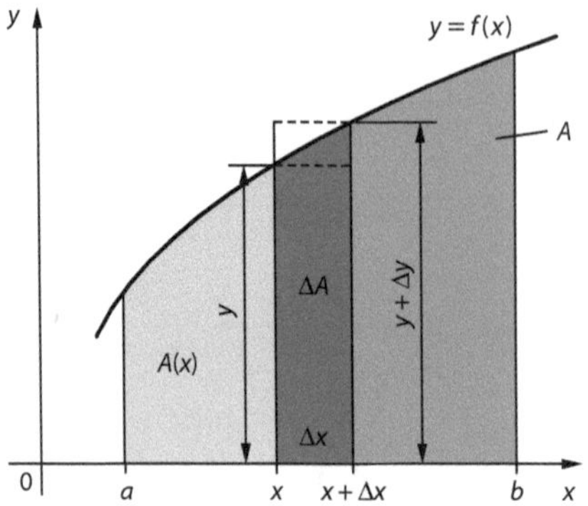
y
y = f(x)
A
ΔA
A(x)
y
y + Δy
Δx
0
a
x
x + Δx
b
x

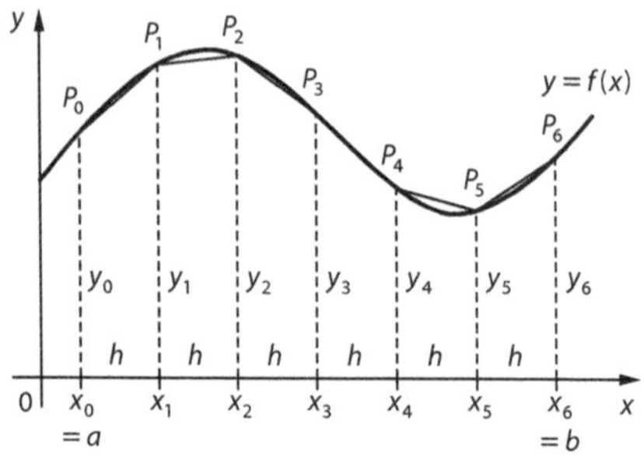
y
P0 P1 P2 P3 P4 P5 P6
y = f(x)
y0 y1 y2 y3 y4 y5 y6
h h h h h h
0
x0 = a
x1 x2 x3 x4 x5
x6 = b
x

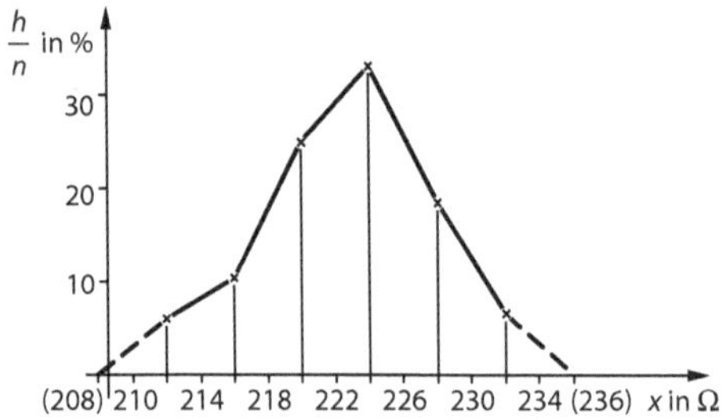
h/n in %
30
20
10
(208) 210 214 218 222 226 230 234 (236) x in Ω

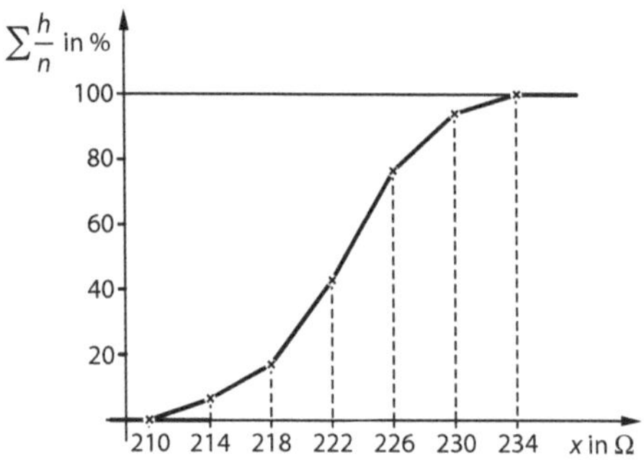
∑ h/n in %
100
80
60
40
20
210 214 218 222 226 230 234 x in Ω

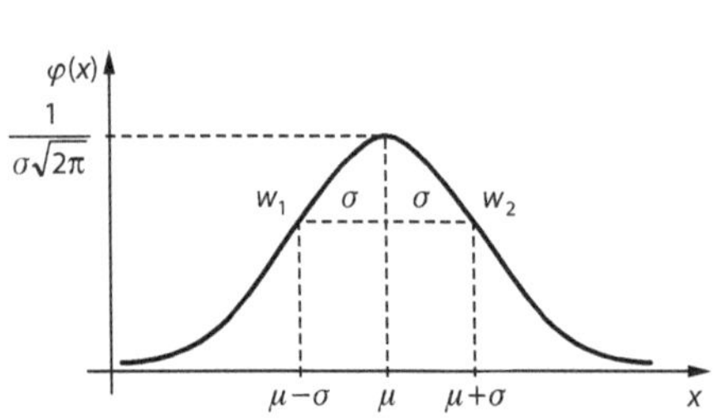
φ(x)
1/(σ√2π)
w1 σ σ w2
μ−σ μ μ+σ x

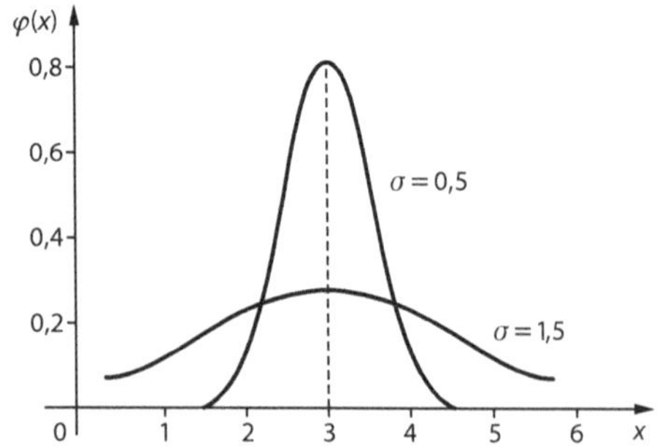
φ(x)
0,8
0,6
0,4
0,2
σ = 0,5
σ = 1,5
0 1 2 3 4 5 6 x